『十二五』國家重點圖書出版規劃項目
二〇一一—二〇二〇年國家古籍整理出版規劃項目
國家古籍整理出版專項經費資助項目

中國古農書集粹

王思明——主編

鳳凰出版社

ISBN 978-7-5506-4086-3

圖書在版編目（CIP）數據

農政全書 / (明) 徐光啓撰. -- 南京 : 鳳凰出版社,
2024.5
（中國古農書集粹 / 王思明主編）
ISBN 978-7-5506-4086-3

Ⅰ. ①農… Ⅱ. ①徐… Ⅲ. ①農學－中國－明代
Ⅳ. ①S-092.48

中國國家版本館CIP數據核字(2024)第041810號

書　　名	農政全書
著　　者	(明)徐光啓 撰
主　　編	王思明
責任編輯	孫　州
裝幀設計	姜　嵩
責任監製	程明嬌
出版發行	鳳凰出版社(原江蘇古籍出版社) 發行部電話025-83223462
出版社地址	江蘇省南京市中央路165號,郵編:210009
印　　刷	常州市金壇古籍印刷廠有限公司 江蘇省金壇市晨風路186號,郵編:213200
開　　本	889毫米×1194毫米　1/16
印　　張	52.5
版　　次	2024年5月第1版
印　　次	2024年5月第1次印刷
標準書號	ISBN 978-7-5506-4086-3
定　　價	520.00圓

(本書凡印裝錯誤可向承印廠調換,電話:0519-82338389)

《中國古農書集粹》編委會

序

中國是世界農業的重要起源地之一，農耕文化有着上萬年的歷史，在農業方面的發明創造舉世矚目。中國幾千年的傳統文明本質上就是農業文明。農業是國民經濟中不可替代的重要的物質生産部門，在傳統社會中一直是支柱産業。農業的自然再生産與經濟再生産曾奠定了中華文明的物質基礎。在漫長的歷史進程中，中華農業文明孕育出南方水田農業文化與北方旱作農業文化、漢民族與其他少數民族農業文化等不同的發展模式。無論是哪種模式，都是人與環境協調發展的路徑選擇。中國之所以能够在十九世紀以前的一兩千年中，長期保持着世界領先的地位，就在於中國農民能够根據不斷變化的人口狀況以及自然、經濟環境作出正確的判斷和明智的選擇。

中國農業文化遺産十分豐富，包括思想、技術、生産方式以及農業遺存等。在傳統農業生産過程中，形成了以尊重自然、順應自然，天、地、人『三才』協調發展的農學指導思想；形成了以種植業爲主，種植業和養殖業相互依存、相互促進的多樣化經營格局；凸顯了『寧可少好，不可多惡』的農業經營策略和精耕細作的技術特點；藴含了『地可使肥，又可使棘』『地力常新壯』的辯證土壤耕作理論；總結了輪作復種、間作套種和多熟種植的技術經驗；形成了北方旱地保墒栽培與南方合理管水用水相結合的農業生産模式。與世界其他國家或民族的傳統農業以及現代農學相比，中國傳統農業自身的特色明顯，既有成熟的農學理論，又有獨特的技術體系。

世代相傳的農業生産智慧與技術精華，經過一代又一代農學家的總結提高，涌現了數量龐大、種類繁多的農書。《中國農業古籍目録》收録存目農書十七大類，二千零八十四種。閔宗殿等學者在此基礎上又根據江蘇、浙江、安徽、江西、福建、四川、臺灣、上海等省市的地方志，整理出明清時期二百三十六種『新書目』。[一] 隨着時間的推移和學者的進一步深入研究，還將會有不少沉睡在古籍中的農書被不斷地揭示出來。作爲中華農業文明的重要載體，這些古農書總結了不同歷史時期中國農業經營理念和傳統農業科技的精華，是人類寶貴的文化財富。

中國古代農書豐富多彩、源遠流長，反映了中國農業科學技術的起源、發展、演變與轉型的歷史進程與發展規律，折射出中華農業文明發展的曲折而漫長的發展歷程。這些農書中包含了豐富的農業實用技術、農業經濟智慧、農村社會發展思想等，覆蓋了農、林、牧、漁、副等諸多方面，廣泛涉及傳統社會中農業生産、農村社會、農民生活等主要領域，還記述了許許多多關於生物學、土壤學、氣候學、地理學、水利工程等自然科學原理。存世豐富的中國古農書，不僅指導了我國古代農業生産與農村社會的發展，也包含了許多當今經濟社會發展中所迫切需要解決的問題——生態保護、可持續發展、農村建設、鄉村振興等思想和理念。

作爲中國傳統農業智慧的結晶，中國古農書通過各種途徑傳播到世界各地，對世界農業文明産生了深遠影響，例如《齊民要術》在唐代已傳入日本。被譽爲『宋本中之冠』的北宋天聖年間崇文院本《齊民要術》被日本視爲『國寶』，珍藏在京都博物館。而以《齊民要術》爲对象的研究被稱爲日本『賈學』。江户時代的宮崎安貞曾依照《農政全書》的體系、格局，撰寫了適合日本國情的《農業全書》十

[一] 閔宗殿《明清農書待訪録》，《中國科技史料》二〇〇三年第四期。

卷，成爲日本近世時期最有代表性、最系統、水準最高的農書，被稱爲『人世間一日不可或缺之書』。據不完全統計，受《農政全書》或《農業全書》影響的日本農書達四十六部之多。[一]中國古農書直接或間接地推動了當時整個日本農業技術的發展，提升了農業生產力。

朝鮮在新羅時期就可能已經引進了《齊民要術》。[二]高麗宣宗八年（一〇九一）李資義出使中國，宋哲宗（一〇八六—一一〇〇）要求他在高麗覆刊的書籍目錄裏有《氾勝之書》。高麗後期的一三四九年與一三七二年，曾兩次刊印《元朝正本農桑輯要》。朝鮮太宗年間（一三六七—一四二二），學者從《農桑輯要》中抄錄養蠶部分，譯成《養蠶經驗撮要》，摘取《農桑輯要》中穀和麻的部分譯成吏讀，並以此爲底本刊印了《農書輯要》。朝鮮的《閒情錄》以《陶朱公致富奇書》爲基礎出版，《農政會要》則主要引自《授時通考》。《農家集成》《農事直説》以及姜希孟的《四時纂要》主要根據王禎《農書》等多部中國古農書編成。據不完全統計，目前韓國各文教單位收藏中國農業古籍四十種，[三]包括《齊民要術》《農政全書》《授時通考》《御製耕織圖》《江南催耕課稻編》《廣群芳譜》《農桑輯要》等。

中國古農書還通過絲綢之路傳播至歐洲各國。《農政全書》至遲在十八世紀傳入歐洲，一七三五年法國杜赫德（Jean-Baptiste Du Halde）主編的《中華帝國及華屬韃靼全志》卷二摘譯了《農政全書》卷三十一至卷三十九的《蠶桑》部分。至遲在十九世紀末，《齊民要術》已傳到歐洲。達爾文的《物種起源》和《動物和植物在家養下的變異》援引《中國紀要》中的有關事例佐證其進化論，達爾文在談到人

[一]韓興勇《〈農政全書〉在近世日本的影響和傳播——中日農書的比較研究》，《農業考古》二〇〇三年第一期。
[二][韓]崔德卿《韓國的農書與農業技術——以朝鮮時代的農書和農法爲中心》，《中國農史》二〇〇一年第四期。
[三]王華夫《韓國收藏中國農業古籍概況》，《農業考古》二〇一〇年第一期。

工選擇時説：『如果以爲這種原理是近代的發現，就未免與事實相差太遠。……在一部古代的中國百科全書中，已有關於選擇原理的明確記述。』〔一〕而《中國紀要》中有關家畜人工選擇的内容主要來自《齊民要術》。〔二〕中國古農書間接地爲生物進化論提供了科學依據。英國著名學者李約瑟（Joseph Needham）編著的《中國科學技術史》第六卷『生物學與農學』分册以《齊民要術》爲重要材料，説它『即使在世界範圍内也是卓越的、傑出的、系統完整的農業科學理論與實踐的巨著』。〔三〕

世界上許多國家都收藏有中國古農書，如大英博物館、巴黎國家圖書館、柏林圖書館、聖彼得堡（列寧格勒）圖書館、美國國會圖書館、哈佛大學燕京圖書館、日本内閣文庫、東洋文庫等，大多珍藏有《齊民要術》《茶經》《農桑輯要》《農書》《農政全書》《授時通考》《花鏡》《植物名實圖考》等早期刻本。不少中國著名古農書還被翻譯成外文出版，如《齊民要術》有日文譯本（缺第十章），《天工開物》與《茶經》有英、日譯本，《農政全書》《授時通考》《群芳譜》的個别章節已被譯成英、法、俄等文字，《元亨療馬集》有德、法文節譯本。法蘭西學院的斯坦尼斯拉斯·儒蓮（一七九九—一八七三）翻譯的法文版《蠶桑輯要》廣爲流行，並被譯成英、德、意、俄等多種文字。顯然，中國古農書已經是全世界人民的共同財富，也是世界了解中國的重要媒介之一。

近代以來，有不少學者在古農書的搜求與整理出版方面做了大量工作。晚清務農會於光緒二十三年（一八九七）鉛印《農學叢刻》，但是收書的規模不大，僅刊古農書二十三種。一九二〇年，金陵大學在

〔一〕［英］達爾文《物種起源》，謝蘊貞譯。科學出版社，一九七二年，第二十四—二十五頁。
〔二〕《中國紀要》即十八世紀在歐洲廣爲流行的全面介紹中國的法文著作《北京耶穌會士關於中國人歷史、科學、技術、風俗、習慣等紀要》。一七八〇年出版的第五卷介紹了《齊民要術》，一七八六年出版的第十一卷介紹了《齊民要術》中的養羊技術。
〔三〕轉引自繆啓愉《試論傳統農業與農業現代化》，《傳統文化與現代化》一九九三年第一期。

全國率先建立了農業歷史文獻的專門研究機構，在萬國鼎先生的引領下，開始了系統收集和整理中國古代農業歷史文獻的研究工作，着手編纂《先農集成》，從浩如煙海的農業古籍文獻資料中，搜集整理了三千七百多萬字的農史資料，後被分類輯成《中國農史資料》四百五十六册，是巨大的開創性工作。

民國期間，影印興起之初，《齊民要術》、王禎《農書》、《農政全書》等代表性古農學著作均有石印本或影印本。一九四九年以後，爲了保存農書珍籍，曾影印了一批國内孤本或海外回流的古農書珍本，如中華書局上海編輯所分别在《中國古代科技圖録叢編》和《中國古代版畫叢刊》的總名下，影印了《天工開物》（崇禎十年本）、《便民圖纂》（萬曆本）、《救荒本草》（嘉靖四年本）、《授衣廣訓》（嘉慶原刻本）等。上海圖書館影印了元刻大字本《農桑輯要》（孤本）。一九八二年至一九八三年，農業出版社以《中國農學珍本叢書》之名，先後影印了《全芳備祖》（日藏宋刻本），《金薯傳習録、種薯譜合刊》（前者刊本僅存福建圖書館，後者朝鮮徐有榘以漢文編寫，内存徐光啓《甘薯蔬》全文），以及《新刻注釋馬牛駝經大全集》（孤本）等。

古農書的輯佚、校勘、注釋等整理成果顯著。萬國鼎、石聲漢先生都曾對《四民月令》《氾勝之書》等進行了輯佚、整理與深入研究。到二十世紀末，具有代表性的古農書基本得到了整理，如夏緯瑛的《管子地員篇校釋》和《呂氏春秋上農等四篇校釋》，石聲漢的《齊民要術今釋》《農桑輯要校注》《農政全書校注》等，繆啓愉的《齊民要術校釋》和《四時纂要》，王毓瑚的《農桑衣食撮要》，馬宗申的《授時通考校注》等。特别是農業出版社自二十世紀五十年代一直持續到八十年代末的《中國農書叢刊》，先後出版古農書整理著作五十餘部，涉及範圍廣泛，既包括綜合性農書，也收録不少畜牧、蠶桑、水利等專業性農書。此外，中華書局、上海古籍出版社等也有相應的古農書整理著作出版。

一些有識之士還致力於古農書的編目工作。一九二四年，金陵大學毛邕、萬國鼎編著了最早的農書簡目《中國農書目錄彙編》，存佚兼收，薈萃七十餘種古農書。但因受時代和技術手段的限制，規模較小。一九四九年以後，古農書的編目、典藏等得以系統進行。一九五七年，王毓瑚的《中國農學書錄》出版（一九六四年增訂），含英咀華，精心考辨，共收農書五百多種。一九五九年，北京圖書館據全國二十五個圖書館的古農書書目彙編成《中國古農書聯合目錄》，收錄古農書及相關整理研究著作六百餘種。一九九〇年，中國農業歷史學會和中國農業博物館據各農史單位和各大圖書館所藏農書彙編成《農業古籍聯合目錄》，收書較此前更加豐富。二〇〇三年，張芳、王思明的《中國農業古籍目錄》收錄了古農書存目二千零八十四種。經過幾代人的艱辛努力，中國古農書的規模已基本摸清。上述基礎性工作爲古農書的搜求、彙集、出版奠定了堅實的基礎。

目前，以各種形式出版的中國古農書的數量和種類已經不少，具有代表性的重要農書還被反復出版。但是，仍有不少農書尚存於各館藏單位，一些孤本、珍本急待搶救出版。部分大型叢書已經注意到古農書的彙集與影印，《續修四庫全書》『子部農家類』收錄農書六十七部，《中國科學技術典籍通匯》『農學卷』影印農書四十三種。相對於存量巨大的古代農書而言，上述影印規模還十分有限。可喜的是，在鳳凰出版社和中華農業文明研究院的共同努力下，《中國古農書集粹》被列入《二〇一一—二〇二〇年國家古籍整理出版規劃》。本《集粹》是一個涉及目錄、版本、館藏、出版的系統工程，工作於二〇一二年啓動，經過近八年的醞釀與準備，影印出版在即。《集粹》原計劃收錄農書一百七十七部，後根據時代的變化以及各農書的自身價值情況，幾易其稿，最終決定收錄代表性農書一百五十二部。

《中國古農書集粹》填補了目前中國農業文獻集成方面的空白。本《集粹》所收錄的農書，歷史跨度時間長，從先秦早期的《夏小正》一直至清代末期的《撫郡農産考略》，既展現了中國古農書的萌芽、形成、發展、成熟、定型與轉型的完整過程，也反映了中華農業文明的發展進程。明清時期是中國傳統農業發展的巔峰，它繼承了中國傳統農業中許多好的東西並將其發展到極致，而這一階段的農書恰是本《集粹》收録的重點。本《集粹》還具有專業性强的特點。古農書屬大宗科技文獻，而非傳統意義的歷史文獻，本《集粹》更側重於與古代農業密切相關的技術史料的收録。本《集粹》所收農書覆蓋面廣，涵蓋了綜合性農書、時令占候、農田水利、農具、土壤耕作、大田作物、園藝作物、竹木茶、植物保護、畜牧獸醫、蠶桑、水産、食品加工、物産、農政農經、救荒賑災等諸多領域。收書規模也爲目前中國農業古籍集成之最。

《中國古農書集粹》彙集了中國古代農業科技精華，是研究中國古代農業科技的重要資料。同時，中國古農書也廣泛記載了豐富的鄉村社會狀況、多彩的民間習俗、真實的物質與文化生活，反映了中國古代農民的宗教信仰與道德觀念，體現了科技語境下的鄉村景觀。不僅是科學技術史研究不可或缺的第一手資料，還是研究傳統鄉村社會的重要依據，對歷史學、社會學、人類學、哲學、經濟學、政治學及其他社會科學都具有重要參考價值。古農書是傳統文化的重要載體，是繼承和發揚優秀農業文化遺産的主要文獻依憑，對我們認識和理解中國農業、農村、農民的發展歷程，乃至整個社會經濟與文化的歷史脉絡都具有十分重要的意義。本《集粹》不僅可以加深我們對中國農業文化、本質和規律的認識，還可以鑒古知今，把握國情，爲今天的經濟與社會發展政策的制定提供歷史智慧。

本《集粹》的出版，可以加强對中國古農書的利用與研究，加深對農業與農村現代化歷史進程的必然性和艱巨性的認識。祖先們千百年耕種這片土地所積累起來的知識和經驗，對於如今人們利用這片土地仍具有指導和借鑒作用，對今天我國農業與農村存在問題的解決也不無裨益。現代農學雖然提供了一些『普適』的原理，但這些原理要發揮作用，仍要與這個地區特殊的自然環境相適應。而且現代農學原理並不否定傳統知識和經驗的作用，也不能完全代替它們。中國這片土地孕育了有中國特色的傳統農業，積累了有自己特色的知識和經驗，有利於建立有中國特色的現代農業科技體系。人類文明是世界各個民族共同創造的，人類文明未來的發展當然要繼承各個民族已經創造的成果。中國傳統的農業知識必將對人類未來農業乃至社會的發展作出貢獻。

王思明

二〇一九年二月

目錄

農政全書

（明）徐光啓 撰

《農政全書》，（明）徐光啓撰。徐光啓（一五六二—一六三三），字子先，號玄扈，南直隸松江府上海縣（今屬上海）人。十九歲（一五八一）取秀才，三十五歲（一五九七）中舉人，四十二歲（一六〇四）成進士。官至禮部尚書。崇禎七年（一六三四）卒，享年七十一歲。贈少保，謚文定。徐光啓治學嚴謹刻苦，擅長詩賦、書法和八股文。萬曆三十二年（一六〇四）進入翰林院之後，轉攻兵、農、水利、天文、曆算等實用科學，在農業研究方面用力尤多。爲撰寫此書，他查檢了大量典籍，並作了大量的調查研究，『嘗躬執耒耜之器，親嘗草木之味，隨時採集，兼之訪問，綴而成書』。他還在天津、上海等地進行多方面的試驗研究，先後寫出《甘薯疏》《農遺雜疏》等八九種農學著作，爲此書的編寫作了充分準備。

天啓元年至崇禎元年（一六二一—一六二八），徐氏因遭宦官排擠，辭官回上海。在此期間，他把以往積累的資料加以整理，編成農書初稿（當時暫名爲《種藝書》）。可惜尚未最後定稿，他便於崇禎元年（一六二八）奉詔赴京復職，並於崇禎六年（一六三三）病逝於北京，臨終前囑咐其孫爾爵『速繕成《農政全書》進呈』。崇禎十二年（一六三九），門人陳子龍率領謝廷正、張密等人對徐氏原稿進行修訂補充，『删者十之三，增者十之二，其評點俱仍舊觀』。修訂完畢，即於當年刻板印行。

該書共六十卷。其寫作『雜採衆家，兼出獨見』。據統計，徐氏本人的文字共有六萬餘字，約占全書的九分之一。全書分爲十二大類，每類又分若干細目，對中國古代農業及農學作了高度概括，内容完備，特色鮮明。第一，作者把農本、開墾、水利、荒政等看作是保證農業生產與農民生活的政策措施，置於書的首要部分，其篇幅幾占全書之半。這説明作者寫書之目的，不光是爲了傳授具體的農業技術，更重要的是希望當政者能推行他所籌劃的農政措施。第二，開始運用近代科學研究治蝗等問題。在《除蝗疏》中，徐光啓分析了從春秋到元代所記一百一十一次蝗災發生的月份，得出蝗災發生『最盛於夏秋之間，與百穀長養成熟之時正相值也』的結論，準確地指出了中國蝗災發生的時間；又從分析統計《元史》所載近四百次蝗災發生的地點入手，結合本人見聞，得出蝗災大都發生在『幽涿以南，長淮以北，青兗以西，梁宋以東諸郡』，準確劃定了中國的蝗區。第三，記載作者本人研究農學的心得，在棉花、甘薯種植技術的總結和推廣方面很有成就。作者生長於盛産棉花的松江，深明棉花直關人民生計，因而非常重視棉花栽培的研究。書中對棉花的種植制度、種植時間、種子處理、防寒措施、施肥技術，以至紡紗織布技術均有詳盡記述。還用通俗易懂的語言概括植棉技術要點，如把棉花收成不好的原因概括爲『四病』，即『一秕、二密、三瘠、四蕪』，把植棉技術要領歸納爲『精揀核，早下種，深根短幹，稀科肥壅』。對於甘薯種植，作者總結説甘薯有十三項優點，『農人之家不可一歲不種』，並注意將甘薯向北方推廣。

該書最早的版本是崇禎十二年（一六三九）平露堂刊本。清代以來曾經多次重刻，版本很多，有道光十七年（一八三七）貴州糧署刊本、道光二十三年（一八四三）上海曙海樓刊本、同治十三年（一八七四）山東書局刊本等，官撰《授時通考》也予大量引錄，對清代農業和農學的發展均有較大影響。一九五六年中華書局出版了鄒樹文等八人校訂本。一九七九年上海古籍出版社出版石聲漢《農政全書校注》。今據南京大學圖書館藏明崇禎十二年平露堂刊本影印。

（惠富平）

序

班史藝文志列農書爲諸家之一後世因之隋唐所收僅十有九家宋

中興書演至六十四家鄭漁仲博精載籍其所裒乃僅得十二部四十七卷內最著者如漢議郎氾勝之書三卷後魏賈思勰齊民要術十卷又有李淳風續賈書若干卷李書當時已湮没

而賈氏所傳在宋遂爲祕本非勸農使者不得受賜民間傳寫紕陋特贋本耳而賈元道農經

王珉要術及何亮本書流行最廣下迨禾譜耕織圖併花木竹藥諸譜各隨好事之手以闢新

領異合之則皆農家言也今爲末作奇巧者一日作而五日食農夫終歲之作不足以自食也

然則民舍本事而事末作則田荒國貧之患誰實受之故凡農者月不足而歲有餘者也語亦

有之農之氣杲乎如登於天杳乎如入於淵淖乎如在於海卒乎如在於已是故此氣也不可

止以力而可安以德不可呼以聲而可迎以音非舉八政四術之要以安集而招徠之則民腹

嘗餒民情嘗迫而尚可諭以仁義懾以刑威乎且人所以惡雀鼠者謂其有攘竊之行雀鼠所

以疑人者謂其懷盜賊之心上以食而辱下下以食而欺上上不得不惡下下不得不欺上各

有所切也則何不舉其平日所切而豫爲訓之戒之且圖之策之是以無逸首陳艱難而王制

急先儲蓄思文率育則
上配昊穹分地用天則
敦立人極下至霸國之
佐盡力之教莫不辨纑

墾沙塥之形討蚼蛆狠
穗之實故曰智如禹湯
不如嘗耕聖如宣尼不
如農圃夫有所用之也

國家當經綸之始首重民
事以農桑責諸郡邑以
屯種責之衞所合文武
垠兵而總圉於滋源罔

本之內此王業所繇寖
昌也
高皇帝有志復井田之舊
其於驗丁限畝酌古准

今既嚴禁拋荒又深惡侵占而於郡國水利設有專官誠見陂塘池堰無可蓄之利則溝遂疆

理無可劃之防水利不興而欲挈農政之要領此必不得之術也江南千古稱爲樂國不第廣

川大澤畫斷戎馬卽有鯨鯢封豕無所縱其馳驅至於物產所宜稅賦所出地無不耕之土而

農無不貢之毛假令惠綏拊循利濟率作猶可息其疲轍而責以重擔今如病尫之人日行百

里巾箱囊篋喘汗臨深
而猶鞭叱不令稍止噫
亦危矣余前刻有水利
全書所謂急則治標因
序十一
病立劑者今又得徐少
保農政全帙所謂緩則
治本懸方救病者也雲
間陳臥子以爾綸巨手

羽翼經術博綜羣雅而
尤留心於經濟之書是
帙則其手加闡潤提要
鉤玄農扈之言纖悉備
序十二
具余同年方君守松扶
衰起敝治以驗方欲公
之同志謀梓之於余余
讀之而輾然喜借爲叙

數言以付剞劂氏典型具在亦唯漁陽蒲亭愛民之長實實舉行之耳豈僅列籤揷軸誇爲百

家之一而已哉

時

崇禎已卯歲仲秋

欽差總理糧儲提督軍務兼巡撫應天等處地方都察院右僉都御史張國維書於蘇署之待旦堂

序

平天下章言人言土言農也生衆四句其孔夫子之農書乎得乎丘民而爲天子丘民農也不違農時章易其田疇章其孟夫子之農書乎周禮及漢唐宋諸儒所著論頗簡不一其兩

夫子農書之疏解乎農者王業之根本也爲

天子之命吏而農書未之讀惡在其爲愛養元元也卽所爲讀大學讀孟子者安在也亦知今之農視昔有間乎

國初人民稀少又無處不屯

所以穀値恒平上下饒樂今生齒且百倍矣地日以蕪夫日以遊而亦止仰食於農金賤穀貴舉火之家

日兼三日之用間左安得不貧度支安得不匱而且今日議生生則取之農耳明日議節節究亦取之農

耳加榷稅加捐助究亦加之農耳豳風陳詩使人主知稼穡艱難而詎知今日之農更有此不可計數之

艱難也哉以天下之大時事之棘一農夫支撐之忍弗與之究心農書也間從臥子先生處得徐文定公

所輯數十卷自夫溝封景候器物皆可伸指知寸舒掌知尺既悉其事復列其圖農之爲道凡既備矣蠶

序五　方

桑以勤女紅六畜以供祭祀羞耇老皆農之所有事也故次之水毁木饑火旱天行何常故常平社倉之

制蹲鴟蒲蛤之屬以備荒政終焉公昔嘗小試之三輔現有成績倣而準之庶幾天下無石田穰凶無艱

序六　方

食斯亦上下兩利之道也已是以大中丞張公保釐南土適見此書大加會賞亟命梓之所以率羣吏以

惠黔首奉承
天子德意至渥也予不佞
亦得遵弘訓而觀成事焉
嗟乎治亂無象農之獲安

於農與否是卽其象彼罹
兵罹寇者以死亾轉徙失
先疇而不獲安幸而免此
又以勦餉練餉急罹兵罹

寇者之患而岌岌乎不獲
安愛養元元者其務所以
安之哉
松江府知府襄西方岳

貢題於雲間公署

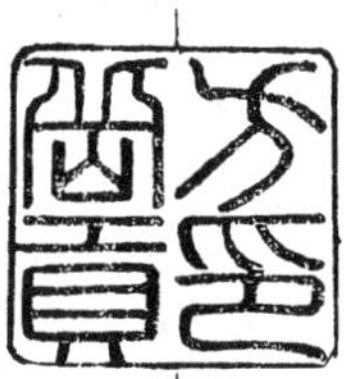

序

當

神廟時海上徐文定公以命世大

儒讀書中秘抒其天人之學治

安之才受知

宸眷因從金馬玉堂旁領振[illegible]

舍之司卓著嘉猷至

今上遂晉翼

青宮論思

鰲禁天下人士咸想望以為姚

宋韓范于今再見憲雖生晚仰

止久矣及承乏而入公之里不

意典型云邈僅得瞻拜廡下恭

遇

聖天子悼念重臣遣官為築神道

循故事建坊邑吏幸得為元老

襄事諸簡役庀工繕脩唯謹因

獲識嗣君安友翁暨諸孫五文

學咸繼序思不忘竊意手澤昭

垂當有奏對語錄傳之通都大

邑俾章不朽私心直竊寐不釋焉茲縻之氏以大中丞張公郡大尊方公樟公平日所著農政全書相示余手讀竟益欽公之經國務大體重本計直上符有郃氏之立我烝民也墾治邁金城之方畧占候究玉燭之爕調水利救荒直挽神化功用蠶桑樹畜弘挈衣食源流將使游惰輩知淬胼胝而趨事矣末作輩

序三　王

知謝奇羸而轉緣南畝矣屯興而溝塍列家給而牛犢佩又何胡馬之敢牧而潢池之生心哉公所以安

國家而厚蒼生其大端已見於是書宜乎卧子先生心公之心覆較而詳爲裒次令天下人士因得見公之心較昔姚宋韓范綿亘尤稱遠大何者謀斷經畧功在一時立我烝民功在萬世

序四　王

惟萬世之功當食萬世之報今
安友翁璞玉渾金清慎一節而
麋之諸君俱昂然龍鳳不減忠
彥諸公子行見天下鼓腹而樂
十千之耦且加額而祝畢萬之

大

崇禎己卯長至日上海縣知縣

廬陵王大憲頓首拜書

序

予生也晚猶獲侍先師徐
文定公蓋歲辛未之季春
也公時以春官尚書守詹
次當讀卷亟賞予

廷對一策予因得以謁公京
邸公進予而前勉以讀書
經世大義若謂孺子可教
者予退而矢感早夜惕厲
聞公方究泰西曆學予邀

同年徐退谷往問所疑見公掃室端坐下筆不休室廣僅丈一榻無帷則公卧起處也公初筮仕入館職卽身任天下講求治道博

極羣書要諸體用詩賦書法素所善也既謂雕蟲不足學悉屏不爲專以神明治歷律兵農窮天人指趣堯典敬授洪範厚生古今

大業莫有先也聞孫麇之旋之嘗言公精默好學冬不爐夏不扇予在長安親見公推筭緯度昧爽細書迄夜半乃罷登政府日惟

一老班役衣短後衣應門出入傳語易簀旅舍囊中不盈十金古來執政大臣廉仁博雅鮮公之比趙孟公孫寧足道哉農政全書

公經綸之一種張大中丞
與方郡伯兩公篤念民生
屬陳卧子進士編次廣傳
刻竟予得卒讀益歎吾師
命指深遠周天際地也農

家者流出自稷官班史記
之其後種樹試穀育蠶養
魚耕牛之經花竹之譜人
各有書然碎布民間事不
相攝耕奴織婢號爲小道

雅人墨士或諱而不言若
總自王朝編於太府采明
農之衆篇勤一代之大典
上探井田下殫荒政皀茈
可食螽螟不憂率天下而

豐衣食絕饑寒使盜賊屏
息禮樂盛興非至治乎郎
名卿大儒亦何庸丘蓋也
公察地理辨物宜考之載
記訪之土人輶軒穟穡盡

列筆削汜崔賈韓方此蔑
如揆厥制作其豳風之嗟
農夫無逸之知小人乎公
爲諸生時有田數弓茀不
治稍施疏鑿功植椰其地

歲獲薪燒利反倍於租入
因悟世無棄土人病坐食
李悝之法至今可行後官
翰林適議拯遼患屯田津
門功半破沮豈眞東屯之

效反難於沮洳三百步哉
言易而行難獨成而衆敗
事無大小顧所任者何如
耳即今幅員關陝襄鄧許
雒齊魯與夫朔方五原雲

代遼西其地可耕等於東
南設倣耕植導水利近給
京師大省輓輸何所不贍
而空以委盜害莫鉅焉公
書不尚奇華言期可用使

早宼其業塞下民實五穀土價非虛談也遲之七十之年始登畀軸復不久慭遺予所爲抱書而泣也公一子五孫皆當代賢傑推廣先志尤兢兢八政云

婁東門人張溥西銘謹

序

凡例

古之聖人疇不重農政哉垂於詩書者彰彰也然其文煩其旨約故經典之言著其尤要者以明所始

漢書藝文志載農家者流其書多不傳今所採全篇者惟管子呂覽其單辭雜說諸子百家皆有之如氾勝之之流最多然散見於諸書不備論後之彙其全者則後魏賈勰齊民要術也宋元以後爲農書者孟祺苗好謙暢師文王禎之流也

國朝爲種藝之書者俞貞木黃省曾之屬也外若馮應京月令廣義雖紀歲時李時珍本草綱目雖爲醫藥而取材甚博

故多採擇焉
夫金銀錢幣所以衡財也而不可爲財
方今之患在於日求金錢而不勤五穀
宜其貧也益甚此不識本末之故也
二祖
列宗明農知稼者於功令者煌煌爾莫詳於
馮慕岡先生重農考故全載之

井田之制不可行於今然川遂溝澮則
萬古不易也今西北之多荒蕪者患正
坐此故玄扈先生作井田考著古制以
明今用
内則關陝襄鄧許洛齊魯外則朔方五
原雲代遼西皆耕地也棄而蕪之專仰
輸輓國何得不重困與語開墾播植之

事則疑駭而弗信不知古者列國之時
何以自立豈皆倚糴於隣境耶
國家設官多兼領營田屯田之職撫道皆
載
敕書今則掛壁耳然愚以爲當專責之賢
守令古之修厥績者史不勝書今列林
侍御諸葛令及玄扈先生之論以其近

而切也
管子曰不知四時乃失治國之基不知
五穀之故國家乃路夫氣序占測豈必
季冬所須疇人所習哉農師耕父能言
之矣故載其易通而驗者
水利者農之本也無水則無田矣水利
莫急於西北以其久廢也西北莫先於

京東以其事易興而近於郊畿也其議始於元虞集而徐孺東先生潞水客談備矣玄扈先生嘗試於天津三年大獲其利會有尼之者而止此已然之成効也謀國者其舉而措之

或曰鄭國於關中史起於鄴李氷於蜀召信臣於南陽宇內之可興水利者多矣何獨於京東曰曷能盡哉此可類推也因時勢察土宜弗棄利弗鑿空是在良有司耳

東南水利莫重於震澤三江張大中丞三吳水利全書詳矣茲其大略焉附以越東滇南則溪澗陂池之制可推也

灌溉之有圖也江河溪澗塘濼井櫃之

異其用焉利用之有圖也因勢制器各極巧焉是不可以言詳也聯機而撲矣奚必抱甕而搰搰哉

泰西之學輸墨遜其巧矣水法數卷採其有裨於農者其文則駿駿乎攻工之亞哉豈曰禮失而求諸夷

易曰耒耨之利以教天下蓋取諸益後世代以增制其用日備夫耕耘之物刈獲之具田夫野稚能辨之而薦紳大夫有見而不能名者矣故據王禎所圖稍刪其繁使覽之者惕然稼穡之艱難焉然禎元之魯人也或有北拙而南巧古繁而今簡者未敢妄增以俟博雅

穀以百者所以別地宜防水旱也今北

多黍稷南僅稌稻乖備種之義矣

蔬蓏所以助饔飧禦凶饉也五果所以備籩豆輔時氣也故次百穀

夫一女不織必有受其寒者樹墻下以桑周制也民田五畝栽桑半畝

高皇帝令甲也今栽桑最盛者惟稱湖閩欲以供天下之織安得不空杼軸乎蠶事

載圖者欲廣其事且使內子命婦之屬皆知勤於其業也

古之爲布麻苧之屬耳皆疎薄不堪禦寒今之木棉其用溥矣尤莫盛於吾鄉其所以供重賦執煩役者率賴于此故玄扈先生所著農遺雜疏首詳之今並採焉

周禮太宰以九職任萬民二曰園圃毓草木三曰虞衡作山澤之材蓋或勤樹藝之功或收自然之利百姓之所給也工師之所化也器用物釆之所自出也安可以忽諸

畜牧者大以修兵農而極富强小以養老疾而備讌享帝舜有益之命魯頌有

駉之篇周禮有圉人較人之屬是可見也下至蟲魚苟利資用靡弗及焉

製造食物器用者齊民要術所記也採其切於農事者一卷其濃腆而淫奇者雖典如内則後如食經巧於工垂神于歐冶非野人之所知也

周禮大司徒以荒政十有二聚萬民其

說詳矣以愚計之預弭爲上有備爲中賑濟爲下預弭者濬河築堤寬民力祛民害也有備者尚蓄積禁奢侈設常平通商賈也賑濟者給米煑糜計戸而救之苟非綜畫有法不煩不遺民之死者過半矣此編凡

本朝詔令前賢經畫條目詳貫所以重民

命而過亂萌也

饑饉之歲凡木葉草實皆可以濟農民之能通其性味辨其形質者鮮矣周藩憲王有救荒本草一書既著其說復圖其狀仁哉其用心乎但所載皆河洛秦晉之產南方草木多所未備後之君子其以所知而補焉

徐文定公忠亮匪躬之節開物成務之姿海內具瞻久矣其生平所學博究天人而皆主於實用至於農事尤所用心葢以爲生民率育之源國家富強之本故嘗躬執耒耜之器親嘗草木之味隨時採集兼之訪問綴而成書往公以大

宗伯掌詹子龍謁之

都下問當世之務時秦盜初起公曰自今以往國所患者貧而盜未易平也中原之民不耕久矣不耕之民易與爲非難與爲善因言所緝農書若巳不能行其言當俟之知者後三年公薨又二年子龍於公次孫爾爵得農書而錄焉偶以呈大中丞張公公以爲經國之書也亟

以示郡大夫方公公亦大喜共謀梓之嗚呼食爲民天雖百世不易也有輔世之責者豈徒託諸空言而已哉

文定所集雜採衆家兼出獨見有得即書非有條貫故有略而未詳者有重複而未及删定者初中丞公屬子龍以潤飾也自愧不敏則以友人謝茂才廷楨

張茂才密皆博雅多識使任旁搜覆較之役而子龍總其大端遂燦然成書矣大約删者十之三增者十之二其評點俱仍舊觀恐有深意不敢臆易也中丞公與大夫公所以闡揚前哲加惠元元之意庶幾無負乎外若相與商榷者李孝廉待問徐太學孚遠宋孝廉徵璧徐太學鳳彩也較訂者文定之甥陳貢士于階暨其長嗣廕君驥諸孫爾覺爾爵爾斗爾默爾路也

華亭陳子龍漫記

農政全書總目

龍　魚　蠶

圖譜三

卷之二十四

農器

圖譜四

卷之二十五

樹藝

穀部上 穀名攷 黍 稷 稻 粱 粱秫 蜀秫 稗附

卷之二十六

樹藝

穀部下 大豆 小豆 菉豆 赤豆 蠶豆 豌豆 豇豆 穞豆 刀豆 黎豆 麥 蕎麥 胡麻

卷之二十七

樹藝

蓏部 種瓜法 黃瓜 王瓜 絲瓜 西瓜 茄子 瓠 芋 香芋 蓮 菱 芡 烏芋 慈姑 菰 山藥 甘藷 蘿蔔 胡蘿蔔

卷之二十八

樹藝

蔬部 葵 蜀葵 龍葵 菾葵 蔓菁 烏松 夏松 蒜 葱 韭 薤 薑 芥 芫荽 蕓薹 菠菜 莧 萵苣 甜菜 芹 蘧 苜蓿 紫蘇 蓼 蘭香 蘘荷 菌

卷之二十九

樹藝

果部上 棗 桃 李 梅 杏 梨 栗 榛 柰 林檎 柿 椑柹 君遷子 安石榴

卷之三十

樹藝

果部下 荔枝 龍眼 楊梅 葡萄 銀杏 野葡萄 橘 枇杷 柑 柚 佛手柑 金橘 金豆 桑椹 木瓜 樝子 榠樝 榲桲 山樝 甘蔗

卷之三十一

蠶桑

總論 養蠶法

卷之三十二

蠶桑

栽桑法

卷之三十三

蠶桑

蠶事圖譜

卷之三十四

蠶桑

桑事圖譜　織紝圖譜

卷之三十五

蠶桑廣類

木棉

卷之三十六

蠶桑廣類

麻 苧麻 葛附　大麻　檾麻

卷之三十七

種植

總論

卷之三十八

種植

木部 榆 梓 松 杉 柘 檜 椿 梧桐 楓 穀 槐 楊柳 白楊 女貞 冬青 木槿 楮 烏臼 漆 皁莢 椶櫚 柞 楝 棠梨 澥紅 椰 梔子 椬

卷之三十九

種植

雜種上 竹 茶 菊

卷之四十

種植

雜種下 紅花 藍 紫草 枸杞 茱萸 決明 黃精 百合 薏苡 芭蕉 萱 芥藍 蓴 葦 蒲 蓆草 燈草

卷之四十一

牧養

六畜 雜附○ 馬 驢 牛 羊 豬 狗 猫 鵞 鴨 雞 魚 蜜蜂

卷之四十二

制造

食物 雜附

卷之四十三

荒政

備荒總論　備荒考上

卷之四十四

荒政
備荒考中
卷之四十五
荒政
備荒考下
卷之四十六
荒政
救荒本草一 草部○葉可食三十四種
卷之四十七

荒政
救荒本草二 草部○葉可食三十二種
卷之四十八
荒政
救荒本草三 草部○葉可食三十一種
卷之四十九
荒政
救荒本草四 草部○葉可食三十六種
卷之五十
荒政
救荒本草五 草部○葉可食二十六種
卷之五十一
荒政
救荒本草六 草部○根可食二十四種
卷之五十二
荒政
救荒本草七 草部○實可食二十種 葉及實皆可食十二種
卷之五十三

荒政
救荒本草八 草部○根葉可食二十三種 莖可食三種 笋及食帚可食一種
卷之五十四
荒政
救荒本草九 木部○葉可食四十一種
卷之五十五
荒政
救荒本草十 木部○實可食二十種

目終

農政全書卷之一

特進光祿大夫太子太保禮部尚書兼文淵閣大學士贈少保謚文定上海徐光啓纂輯
欽差總理糧儲提督軍務兼巡撫應天等處地方都察院右僉都御史東陽張國維鑒定
直隸松江府知府穀城方岳貢同鑒

農本

經史典故

神農氏曰炎帝以火名官斲木爲耜揉木爲耒耒耨之用以教萬人始教耕故號神農氏白虎通云古之人民皆食禽獸肉至於神農用天之時分地之利制耒耜教民農作神而化之使民宜之故謂之神農典語云神農嘗草別穀烝民粒食後世至今賴之農丈人一星在斗西南老農主稼穡也其占與糠畧同與箕宿邉杵星相近蓋人事作乎下天象應乎上農星其殆始於此也后稷名曰棄棄爲兒時如巨人之志其遊戲好種植麻麥及爲成人遂好耕農相地之宜宜穀者稼穡之民皆法之帝堯聞之舉爲農師帝舜曰棄黎民阻饑汝后稷播時百穀詩曰思文后稷克配彼天立我烝民莫匪爾極帝命率育奄有下國俾

民稼穡豳風七月之詩陳王業之艱難蓋周家以農事開國實祖於后稷所謂配天社而祭者皆後世仰其功德尊之之禮實萬世不廢之典也

嘗聞古之耕者用耒耜以二耜爲耦而耕皆人力也至春秋之間始有牛耕用犂山海經曰后稷之孫叔均始作牛耕是也嘗考之牛之有星在二十八宿丑位其來著矣謂牛生於丑宜以是月至祭牛宿及令各加蔬豆養牛以備春耕

漢食貨志后稷始甽田以二耜爲耦

藝文志農九家百四十一篇農家者流蓋出農稷之官播百穀勸耕桑以足衣食

書洪範八政一曰食二曰貨玄扈先生曰生之者衆食之者寡此言食也爲之者疾用之者舒此言貨也

周公曰嗚呼君子所其無逸先知稼穡之艱難乃逸則知小人之依

禮王制國無九年之蓄曰不足無六年之蓄曰急無三年之蓄曰國非其國也三年耕必有一年之食九年耕必有三年之食以三十年之通雖有凶旱水溢民無菜色

孝經庶人章用天之道春則耕種夏則芸苗秋則穫刈冬則入廩分地之利分別五土之高下隨所宜而播種之謹身節用身恭謹則遠恥辱用節省則免饑寒以養父母此庶人之孝也

周制種穀必雜五種以備災害種即五穀謂黍稷麻麥豆也還廬樹桑菜茹有畦瓜瓠果蓏殖於疆場雞豚狗彘毋失其時女脩蠶織則五十可以衣帛七十可以食肉入者必持薪樵輕重相分班白不提挈冬民既入婦人同巷相從夜績女工一月得四十五日服虔曰一月之中又得夜半爲十五日凡四十五日必相從者所以省費燎火同巧拙而合習俗也

管子民無所游食必農民事農則田墾田墾則粟多粟多則國富玄扈先生曰有所游食必不農今世是也

管仲相齊與俗同好惡其稱曰倉廩實而知禮節衣食足而知榮辱

莊子長梧封人曰昔予爲禾稼而鹵莽種之其實亦鹵莽而報予芸而滅裂之其實亦滅裂而報予來年深其耕而熟耰之其禾繁以滋予終年厭飱

李悝爲魏文侯作盡地力之敎，以爲地方百里，提封九萬頃，除山澤邑居參分去一，爲田六百萬晦。治田勤謹，則晦益三升（臣瓚曰：當言三斗。謂治田勤，則晦加三斗也。），不勤則損亦如之。地方百里之增減，輒爲粟百八十萬石矣。又曰：糴甚貴傷民，甚賤傷農；民傷則離散，農傷則國貧。故甚貴與甚賤，其傷一也。

氾勝之書：湯有旱災，伊尹作爲區田，敎民糞種，負水澆稼。（氾，扶嚴反，水名，又姓。出燉煌、濟北二望，本姓凡氏，避地於氾水，因改焉。）

史記太史公曰：居之一歲，種之以穀；十歲，樹之以木；

百歲，來之以德。德者，人物之謂也。今有無秩祿之奉、爵邑之入，而樂與之比者，命曰素封。故曰陸地牧馬二百蹄（漢書音義曰：五十疋。）、牛蹄角千（漢書音義曰：百六十七頭也。馬貴而牛賤，以此爲率。）、千足羊、澤中千足彘（韋昭曰：二百五十頭。）、水居千石魚陂（徐廣曰：魚以斤兩爲計也。）、山居千章之材、安邑千樹棗、燕秦千樹栗、蜀漢江陵千樹橘、淮北常山已南河濟之間千樹萩、陳夏千畝漆、齊魯千畝桑麻、渭川千畝竹，及名國萬家之城，帶郭千畝畝鍾之田（徐廣曰：六斛四斗也。），若千畝卮茜（徐廣曰：卮音支，鮮支也。茜音倩，一名紅藍，其花染繒赤黄也。）、千畦薑韭（徐廣曰：千畦二十五畝。駰案：韋昭曰：畦猶壠也。），此其人皆與千戶侯等。

漢文帝時，賈誼說上曰：漢之爲漢，幾四十年矣，公私之積，猶可哀痛。卽不幸有方二三千里之旱，國胡以相恤？卒然邊境有急，數十百萬之衆，國胡以餽之？夫積貯者，天下之大命也。苟粟多而財有餘，何爲而不成？以攻則取，以守則固，以戰則勝，懷敵附遠，何招而不至？今毆民而歸之農，使天下各食其力，末技游食之人，轉而緣南畝，則蓄積足而人樂其所矣。

張堪拜漁陽太守，開稻田八千餘頃，勸民耕種，以致

殷富。百姓歌曰：桑無附枝，麥穗兩岐；張君爲政，樂不可支。（漁陽猶在乎。）

王符曰：一夫不耕，天下受其飢；一婦不織，天下受其寒。今舉俗舍本農，趨商賈，是則一夫耕，百人食之；一婦桑，百人衣之。以一奉百，孰能供之？

劉陶曰：民可百年無貨，不可一朝有饑，故食爲至急也。

仇覽爲蒲亭長，勸人生業，爲制科令，至於果菜爲限，雞豚有數。農事旣畢，乃令子弟羣居就學。其剽輕游

惷者皆役以田桑嚴設科罰躬助喪事振恤窮寡期年稱太化。

唐張全義爲河南尹經黄巢之亂繼以秦宗權孫儒殘暴居民不滿百戸四境俱無耕者全義招懷流散勸之樹藝數年之後都城坊曲漸復舊制諸縣戸口率皆歸復桑麻蔚然野無曠土全義出見田疇美者輒下馬與僚佐共觀之召田主勞以酒食有蠶麥善收者或親至其家悉呼出老幼賜以茶綵衣物民間言張公不喜聲伎見之未嘗笑獨見佳麥良繭則笑

耳有田荒穢者則集衆杖之或訴以乏人牛乃召其鄰里責之曰彼誠乏人牛何不助之衆皆謝乃釋之由是鄰里有無相助故比戸皆有蓄積凶年不饑遂成富庶焉

李襲譽嘗謂子孫曰吾負京有田十頃能耕之足以食河内千樹桑事之可以衣能勤此無資於人矣

諸家雜論上

管子曰夫管仲之匡天下也其施七尺瀆田悉徙五種無不宜其立後而手實其木宜蚖蕎與杜松其草宜楚棘見是土也命之曰五施五七三十五尺而至於泉呼音中角　赤壚歷強肥五種無不宜其麻白其布黄其草宜白茅與雚其木宜赤棠見是土也命之曰四施四七二十八尺而至於泉呼音中商其水白而甘其民壽　黄堂無宜也唯宜黍秫也宜縣澤行廧（墻同）落地潤數毀難以立邑置廧其草宜黍秫與茅其木宜櫄擾桑見是土也命之曰三施三七二十一尺而至於泉呼音中宮其泉黄而糗流徙　斥埴宜大菽與麥其草宜萯雚其木宜杞見是土也命之

曰再施二七十四尺而至於泉呼音中羽其泉鹹水流徙　黑埴宜稻麥其草宜苹蓨其木宜白棠見是土也命之曰一施七尺而至於泉呼音中徵其水黑而苦凡聽徵如負猪豕覺而駭凡聽羽如鳴馬在野（一作鳴鳥在樹）凡聽宮如牛鳴窌中凡聽商如離羣羊凡聽角如雉登木以鳴音疾以清凡將起五音凡首先主一而三之四開以合九九以是生黄鍾小素之首以成宮三分而益之以一爲百有八爲徵不無有三分而去其乘適足以是生商有分而復於其所以是成

羽有三分而去其乘適足以是生角　墳延者六施六七四十二尺而至於泉陜之芳七施七七四十九尺而至於泉祀陜八施八七五十六尺而至於泉杜陵九施七九六十三尺而至於泉延陵十施七十尺而至於泉環陵十一施七十七尺而至於泉蔓山十二施八十四尺而至於泉付山十三施九十一尺而至於泉付山白徒十四施九十八尺而至於泉中陵十五施百五尺而至於泉青山十六施百一十二尺而至於泉青龍之所居庚泥不可得泉赤壤势山十

七施百一十九尺而至於泉其下青商不可得泉陞山白壤十八施百二十六尺而至於泉其下駢石不可得泉徒山十九施百三十三尺而至於泉其下有灰壤不可得泉高陵土山二十施百四十尺而至於泉。

山之上命之曰縣泉其地不乾其草如茅與走其木乃樠鑿之二尺乃至於泉山之上命曰復呂其草魚腸與莤其木乃柳鑿之三尺而至於泉山之上命曰泉英其草蘄白昌其木乃楊鑿之五尺而至於泉山之材其草兢與薔其木乃格鑿之二七十四尺而至於泉山之側其草䕦與蔞其木乃品榆鑿之三七二十一尺而至於泉。

凡草土之道各有穀造或高或下各有草木葉下於攀攀下於莧莧下於蒲蒲下於葦葦下於雚雚下於蔞蔞下於荓荓下於蕭蕭下於薜薜下於萑萑下於茅凡彼草物有十二衰各有所歸

九州之土爲九十物每州有常而物有次羣土之長是爲五粟五粟之物或赤或青或黑或黃或白五粟五章五粟之狀淖而不肕剛而不觳不濘車輪不汙手足其種大重細重白莖白秀無不宜

也五粟之土若在陵在山在隫在衍其陰其陽盡宜桐柞莫不秀長其榆其柳其檿其桑其柘其櫟其槐其楊羣木蕃滋數大條直以長其澤則多魚牧則宜牛羊其地其樊俱宜竹箭藻龜楢檀五臭生之薜荔白芷蘪蕪椒連五臭所校寡疾難老士女皆好其民工巧其泉黃白其人夷姤五粟之土乾而不格湛而不澤無高下葆澤以處是謂粟土粟土之次曰五沃五沃之物或赤或青或黃或白或黑五沃之物各有異則五沃之狀剽忞橐土蟲易全處忞剽不白下乃

以澤其種大苗細苗、䅌莖黑秀箭長、五沃之土、若在丘在山在陵、在岡若在陬陵之陽、其左其右、宜彼群木、桐柞扶櫄及彼白梓、其梅其杏、其桃其李、其秀生莖起、其棘其棠、其槐其楊、其榆其桑、其杞其枋、羣木數大條直以長、其陰則生、又之楂梨、其陽則安樹之五麻、若高若下、不擇疇所、其麻大者如箭如葦、大長以美、其細者如雚如蒸、欲有與名、大者不類、小者則治、揣而藏之、若衆練絲、五臭疇生、蓮與蘪蕪、藁本白芷、其澤則多魚、牧則宜牛羊、其泉白青、其人堅勁、寡

有疥騷、終無痟酲、五沃之土、乾而不斥、湛而不澤、無高下葆澤以處、是謂沃土、沃土之次曰五位、五位之物、五色雜色、各有異章、五位之狀、不塥不灰、青怷以落、及其種大葦無、細葦無、䅌莖白秀、五位之土、若在岡在陵、在墳在衍、在丘在山、皆宜竹箭求黽楢檀、其山之淺、有蘢與斥、羣木安逐、條長數大、其桑其松、其杞其茸、種木胥容、榆桃柳楝、羣藥安生、姜與桔梗、小辛大蒙、其山之梟、多桔符榆、其山之末、有箭與苑、其山之傍、有彼黃䖟、及彼白昌、山藜葦芒、羣藥安聚、以

圂民殃、其林其漉、其槐其楝、其柞其榖、羣木安逐、鳥獸安施、旣有麋鹿、又且多鹿、其泉青黑、其人輕直、省事少食、無高下葆澤以處、是謂位土、位土之次曰五隱、五隱之狀、黑土黑菭、青怵以肥、芬然若灰、其種櫑葛、䅌莖黃秀、恚目、其葉若苑、以蓄殖果木、不若三土、以十分之二、是謂蘟土、蘟土之次曰五壤、五壤之狀芬然若澤若屯土、其種大水腸、細水腸、䅌莖黃秀以慈、忍水旱、無不宜也、蓄殖果木、不若三土、以十分之二、是謂壤土、壤土之次曰五浮、五浮之狀、捍然如米、

以葆澤、不離不坼、其種忍蘟、忍葉如雚葉以長狐茸、黃莖黑莖黑秀、其粟大、無不宜也、蓄殖果木、不如三土、以十分之二、凡上土三十物、種十二物、　中土曰五怷、五怷之狀、廪焉如壏、潤濕以處、其種大稷細稷、䅌莖黃秀、以慈忍水旱、細粟如麻、蓄殖果木、不若三土、以十分之三、怷土之次曰五纑、五纑之狀、强力剛堅、其種大邯鄲、細邯鄲、莖葉如扶櫄、其粟大、蓄殖果木、不若三土、以十分之三、纑土之次曰五壏、五壏之狀、芬焉若糠、以肥、其種大荔細荔、青莖黃秀、蓄殖果

木不若三土以十分之三。墳土之次曰五剽，五剽之狀華然如芬以脤。其種大秬細秬，黑莖青秀。蓄殖果木，不若三土以十分之四。剽土之次曰五沙，五沙之狀，粟焉如屑塵厲。其種大萯細萯，白莖青秀以蔓。蓄殖果木不若三土以十分之四。沙土之次曰五塥，五塥之狀，累然如僕累，不忍水旱。其種大樛杞細樛杞，黑莖黑秀。蓄殖果木不若三土以十分之四。凡中土三十物，種十二物。

下土曰五猶，五猶之狀如糞。其種大華細華，白莖黑秀。蓄殖果木不如三土以十分

之五。猶土之次曰五弘，五弘之狀如鼠肝。其種青梁，黑莖黑秀。蓄殖果木不如三土以十分之五。弘土之次曰五殖，五殖之狀甚澤以疏，離坼以臞塉。其種鴈膳黑實，朱跗黃實。蓄殖果木不如三土以十分之六。五殖之次曰五觳，五觳之狀婁婁然，不忍水旱。其種大菽細菽，多白實。蓄殖果木不如三土以十分之六。觳土之次曰五鳧，五鳧之狀堅而不骼。其種陵稻黑鵝馬夫。蓄殖果木不如三土以十分之七。鳧土之次曰五桀，五桀之狀甚鹹以苦，其物爲下。其種白稻長狹。蓄殖果木不如三土以十分之七。凡下土三十物，其種十二物。凡土物九十，其種三十六。

野與市爭民，金與粟爭貴。又曰：狄諸侯畝鍾之國也，故粟十鍾而錙金。程諸侯出東之國也，故粟五釜而錙金。商子曰：金生而粟死，粟死而金生。金一兩生於境內，粟十二石死於境外；粟十二石生於境內，金一兩死於境外。好生金於境內，則金粟兩死，倉府兩虛，國弱；好生粟於境內，則金粟兩生，倉府兩盈，國強。

呂覽曰：玄扈先生曰：古農家之書甚多，于今罕傳。呂相所集諸篇，概有所本，亦可覩見一二矣。

凡農之道，厚之爲寶。斬木不時，不折必穗；稼就而不穫，必遇天菑。夫稼，爲之者人也，生之者地也，養之者天也。是以人稼之容足，耨之容耰，據之容手，此之謂耕道。是以得時之禾，長稠而穗大，本而莖殺，疏穖而穗大。其粟圓而薄糠，其米多沃而食之彊。如此者不風。先時者莖葉帶芒以短衡，穗鉅而芳奪，秮米而不香。後時者莖葉帶芒而末衡，穗閱而青零，多秕而不滿。得時之黍，芒莖而徼下，穗芒以長，摶米而薄糠，舂之易而食之不噮而香。如此者不飴。先時者大本而

華莖殺而不遂葉藁短穗後時者小莖而麻長短穗而厚糠小米鉗而不香得時之稻大本而莖葆長稠疏機穗如馬尾大粒無芒搏米而薄糠舂之易而食之香如此者不益先時者大本而莖葉格對短稠短穗多粃厚糠薄米多芒後時者纖莖而不滋厚糠多粃庬辟米不得恃定熟印天而死得時之麻必芒以長踈節而色陽小本而莖堅厚枲以均後熟多榮日夜分復生如此者不蝗得時之菽長而短足其美二七以為族多枝數節競葉蕃實大菽則圓小菽則搏

以芳稱之重食之息以香如此者不蟲先時者必長以蔓浮葉疏節小英不實後時者短莖疏節本虛不實得時之麥稠長而莖黑二七以為行而服薄糕而赤色稱之重食之致香以息使人肌澤且有力如此者不蚼蛆先時者暑雨未至朋動蚼蛆而多疾其次羊以節後時者弱苗而穗蒼狼薄色而美芒是故得時之稼興失時之稼約莖相若稱之得時者重粟之多量粟相若而舂之得時者多米量米相若而食之得時者忍饑是故得時之稼其臭香其味甘其氣章百日食之耳目聰明心意叡智四衛變彊殉氣不入身無苛殃黃帝曰四時之不正也正五穀而已矣審時篇

后稷曰子能以窐為突乎子能藏其惡而揖之以陰乎子能使吾土靖而甽浴土乎子能使保溼安地而處乎子能使雚夷毋淫乎子能使子之野盡為冷風乎子能使藁數節而莖堅乎子能使穗大而堅均乎子能使粟圜而薄糠乎子能使米多沃而食之彊乎無之若何凡耕之大方力者欲柔柔者欲力息者欲

勞勞者欲息棘者欲肥肥者欲棘急者欲緩緩者欲急溼者欲燥燥者欲溼上田棄畝下田棄甽五耕五耨必審以盡其深殖之度陰土必得大草不生又無螟蜮今茲美禾來茲美麥是以六尺之耜所以成畝也其博八寸所以成甽也耨柄尺此其度也其耨六寸所以間稼也地可使肥又可使棘人肥必以澤使苗堅而地隙人耨必以旱使地肥而土緩草諯大月冬至後五旬七日菖始生菖者百草之先生者也於是始耕孟夏之昔殺三葉而穫大麥日至苦菜死而

資生而樹麻與菽此告民地寶盡死凡草生藏日中出稀首生而麥無葉而從事於蓄藏此告民究也五時見生而樹生見死而獲死天下時地生財不與民謀有年瘞土無年瘞土無失民時無使之治下知貧富利器皆時至而作渴時而止是以老弱之力可盡起其用日半其功可使倍不知事者時未至而逆之時既往而慕之當時而薄之使其民而郄之民既郄乃以良時慕此從事之下也操事則苦不知高下民乃逾處種稑禾不爲稑種重禾不爲重是以粟少而

失功

任地篇

凡耕之道必始於壚爲其寡澤而後枯必厚其靹爲其唯厚而及鎗者菑之堅者耕之澤其靹而後之上田則被其處下田則盡其汙無與三盜任地夫四序參發大甽小畆爲青魚胠苗若直獵地竊之也既種而無行耕而不長則苗相竊也弗除則蕪除之則虛則草竊之也故去此三盜者而後粟可多也所謂今之耕也營而無獲者其蚤者先時晚者不及時寒暑不節稼乃多菑實其爲晦也高而危則澤奪陂則埒見風則僨高培則拔寒則彫熱則修一時而五六死故不能爲來不俱生而俱死虛稼先死衆盜乃竊望之似有餘就之則虛農夫知其田之易也不知其稼之疏而不適也知其田之際也不知其稼居地之虛也不除則蕪除之則虛此稼之傷也故晦欲廣以平甽欲小以深下得陰上得陽然後咸生稼欲生於塵而殖於堅者慎其種勿使數亦無使疏於其施土無使不足亦無使有餘熟有耰也必務其培其耰也植植者其生也必先其施土也均均者其生也必堅是以晦廣以平則不喪本莖生於地者五分之以地莖

生有行故遫長弱不相害故遫大衡行必得縱行必術正其行通其風夫心中央帥爲泠風苗其弱也欲孤長也欲相與居其熟也欲相扶是故三以爲族乃多粟凡禾之患不俱生而俱死是以先生者美米後生者爲秕是故其耨也長其兄而去其弟樹肥無使扶疏樹墝不欲專生而族居肥而扶疏則多秕墝而專居則多死不知稼者其耨也去其兄而養其弟不收其粟而收其粗上下安則禾多死厚土則孽不通

薄土則蕃轓而不發壚埴冥色剛土柔種免耕殺匿使農事得辨土篇

亢倉子曰人捨本事末則不一令不一令則不可守不可戰人捨本事末則其產約其產約則輕流徙輕流徙則國家時有災患皆生遠志無復居心人忘本而事末則好智好智則多詐多詐則巧法令巧法令則以是為非以非為是古先聖王之所以理人者先務農業農業非徒為地利也貴其志也人農則樸樸則易用易用則邊境安邊境安則主位尊人農則童

童則少私義少私義則公法立力博深農則其產複其產複則重流散重流散則死其處無二慮是天下為一心矣天下一心軒轅几蘧之理不是過也古先聖王之所以茂耕織者以為本教也是故天子躬率諸侯耕籍田大夫士第有功級勸人尊地產也后妃率嬪御蠶於郊桑公田勸人力婦教也男子不織而衣婦人不耕而食男女貿功資相為業此聖王之制也故敬時受日埒實課功非老不休非疾不息一人勤之十人食之當時之務不興土功不料師旅男不

出御女不外嫁以妨農也黃帝曰四時之不可正正五穀而已耳夫稼為之者人也生之者地也養之者天也是以稼之容足耨之容耰耘之容手是謂耕道農攻食工攻器賈攻貨時事不龔欲之以土功是謂大凶凡稼蚤者先時暮者不及時寒暑不節稼乃生災冬至已後五旬有七日而昌生於是乎始耕事農之道見生而藝生見死而獲死天發時地產財不與人期有年祀土無年祀土無失人時迨時而作遇時而止老弱之力可使盡起不知時者未至而逆之既

往而慕之當其時而薄之此從事之下也夫耨必以旱使地肥而土緩稼欲產於塵土而殖於地堅者慎其種勿使數亦無使疏於其施土無使不足亦無使有餘畝欲深以端畝欲沃以平下得陰上得陽然後咸生立苗有行故速長強弱不相害故速大正其行通其中疏為冷風則有收而多功率稼望之有餘就之則疏是地之竊也不除則蕪除之則虛是事之傷也苗其弱也欲孤其長也欲相與居其熟也欲相扶三以為族稼乃多穀凡苗之患不俱生而俱死是

千古要論

以先生者美米後生者爲粃是故其耨也長其兄而去其弟樹肥無使扶疎樹墝不欲專生而獨居肥而扶疎則多粃墝而專居則多死不知耨者去其兄而養其弟不收其粟而收其粃上下不安則稼多死得時之禾長稠而大穗圜粟而薄糠米飴而香舂之易而食之强失時之禾深芒而小莖穗銳多粃而青蘦得時之黍穗不芒以長團米而寡糠失時之黍大本華莖葉膏短穗得時之稻莖葆長稠穗如馬尾失時之稻纖莖而不滋厚糠而菑死得時之麻疏節而色

陽堅枲而小本失時之麻蕃柯短莖岸節而葉蟲得時之菽長莖而短足其莢二七以爲族多枝數節競葉繁實稱之重食之息失時之菽必長以蔓浮葉虛本疎節而小莢得時之麥長稠而頸族二七以爲行薄翼而䵃色食之使人肥且有力失時之麥胕腫多病弱苗而翜穗是故得時之稼豐失時之稼約庶穀盡宜從而食之使人四衛變强耳目聰明凶氣不入身無苛殃善乎孔子之言冬飽則身溫夏飽則身涼夫溫涼時適則人無病疢人無病疢是疫癘不行疫癘不行咸得遂其天年故曰穀者人之天是以興王務農王不務農是棄人也王而棄人將何國哉農道篇

栽垣論曰玄扈先生曰書不删無逸詩不廢豳風夫子告須之辭亦猶孟子下欲並耕之意耳樊遲學稼學圃夫子固以須無志於大而鄙之然夫子所謂不如老農圃則是眞實之辭古者人各有一業一事一物皆有傳授問樂必須夔問刑必須皐農事非后稷不可禾麻菽麥秬秠穈芑各有土地之宜方苞種褎發秀穎栗各有前後之序本末源流特槩見於生民七月周禮欲職事曰稼穡樹藝及任農以

耕事任圃以樹事是各有職老農老圃蓋習聞其故家遺俗窮耕直之理者也此許行所以學農家今以所傳齊民要術亦可想農圃之梗槩管子地員一篇載土地所宜比禹貢尤詳悉亢倉子說農道大有意義稼容足耨容櫌耘容手謂之耕道人耨以旱使地肥而土緩稼欲產於塵而殖於堅其種勿使數亦無使跡疎施土無使不足亦無使有餘畝欲深而端畝欲以平下得陰上得陽然後盛生吾苗有行故速長强弱不相害故速大苗其弱也欲孤其長也欲相與

居。其熟也欲相扶。其耨也長其兄而去其弟。樹肥無扶疏。樹墝不欲專生而獨居。肥而扶疏。則多粃。墝而專居。則多死。其說禾黍稻麻菽麥得時失時尤詳。且悉與呂氏春秋大槩畧同。昔李斯請史官非秦紀皆燒。所不去者醫藥卜筮種樹之書。藝文志神農二十篇。野老十七篇。宰氏十七篇。董安國十六篇。尹都尉十四篇。趙氏五篇。氾勝之十八篇。王氏六篇。蔡癸一篇。凡九家百十四篇。要之各有傳授。不可例以夫子鄙須。遂謂無此學也。

賈思勰齊民要術敘曰。蓋神農爲耒耜以利天下。堯命四子。敬授民時。舜命后稷。食爲政首。禹制土田。萬國作乂。殷周之盛。詩書所述。要在安民。富而教之。管子曰。一農不耕。民有饑者。一女不織。民有寒者。倉廩實知禮節。衣食足知榮辱。傳曰。人生在勤。勤則不匱。語曰。力能勝貧。謹能勝禍。蓋言勤力可以不貧。謹身可以避禍。故李悝爲魏文侯作盡地利之教。國以富強。秦孝公用商君急耕戰之賞。傾奪鄰國而雄諸侯。淮南子曰。聖人不恥身之賤也。愧道之不行也。不憂

命之長短而憂百姓之窮。是故禹爲治水。以身解於陽盱之河。湯由苦旱。以身禱於桑林之祭。神農憔悴。堯瘦臞。舜黎黑。禹胼胝。由此觀之。則聖人之憂勞百姓亦甚矣。故自天子以下至於庶人。四肢不勤。思慮不用。而事治求贍者。未之聞也。故田者不強。囷倉不盈。將相不強。功烈不成。仲長子曰。天爲之時而我不農。穀亦不可得而取之。青春至焉。時雨降焉。始之耕田。終之簠簋。惰者釜之。勤者鍾之。矧夫不爲而尚乎食也哉。譙子曰。朝發而夕異宿。勤則菜盈傾筐。且苟

有羽毛。不織不衣。不能茹草飲水。不耕不食。安可以不自力哉。晁錯曰。聖王在上。而民不凍不饑者。非能耕而食之。織而衣之。爲開其資財之道也。夫寒之於衣。不待輕煖。饑之於食。不待甘旨。饑寒至身。不顧廉恥。一日不再食則饑。終歲不製衣則寒。夫腹饑不得食。體寒不得衣。慈母不能保其子。君亦安得以有民。夫珠玉金銀。饑不可食。寒不可衣。粟米布帛。一日不得而饑寒至。是故明君貴五穀而賤金玉。劉陶曰。民可百年無貨。不可一朝有饑。故食爲至急。陳思王曰。寒

者不貪尺玉而思裋褐、饑者不願千金而美一食、千
金尺玉至貴、而不若一食裋褐之惡者、物時有所急
也、誠哉言乎、神農倉頡、聖人者也、其於事也有所不
能矣、故趙過始爲牛耕、實勝耒耜之利、蔡倫立意造
紙、豈方縑牘之煩、且耿壽昌之常平倉、桑弘羊之均
輸法、益國利民、不朽之術也、諺曰、智如禹湯、不如常
耕、是以樊遲請學稼、孔子答曰、吾不如老農、然則聖
賢之智、猶有所未達、而況於凡庸者乎、猗頓魯窮士、
聞陶朱公富、問術焉、告之曰、欲速富、畜五牸、乃畜牛

羊、子息萬計、九真廬江、不知牛耕、每致困乏、任延王
景、乃令鑄作田器、教之墾闢、歲歲開廣、百姓充給、燉
煌不曉作耬犂及種、人牛功力既費、而收穀更少、皇
甫隆乃教作耬犂、所省傭力過半、得穀加五、又燉煌
俗婦女作裙、攣縮如羊腸、用布一疋、隆又禁改之、所
省復不貲、茨充爲桂陽令、俗不種桑、無蠶織絲麻之
利、類皆以麻枲頭貯衣、民惰窳、少麤履、足多剖裂血
出、盛冬皆然火燎炙、充教民益種桑柘、養蠶織履、復
令種苧麻、數年之間、大賴其利、衣履溫煖、今江南知

桑蠶織履、皆充之教也、五原土宜麻枲、而俗不知績
織、民冬月無衣、積細草臥其中、見吏則衣草而出、崔
寔爲作紡績織紝之具、以教民、得免寒苦、黃霸爲潁
川使、郵亭鄉官皆畜雞豚、以贍鰥寡貧窮者、及務耕
桑、節用殖財、種樹、鰥寡孤獨、有死無以葬者、鄉部書
言、霸具爲區處、某所大木可以爲棺、某亭豚子可以
爲祭、吏往皆如言、龔遂爲渤海、勸民務農桑、令口種
一株榆、百本薤、五十本蔥、一畦韭、三畝家二母彘、五
母雞、民有帶持刀劒者、使賣劒買牛、賣刀買犢、曰何

如帶牛佩犢、春夏不得不趣田畝、秋冬課收斂、益畜
果實菱芡、吏民皆富實、召信臣爲南陽、好爲民興利、
務在富之、躬勸耕農、出入阡陌、止舍鄉亭、稀有安居、
時行視郡中水泉、開通溝瀆、起水門提閼、凡數十處、
以廣溉灌、民得其利、畜積有餘、禁止嫁娶送終奢靡、
務出於儉約、郡中莫不耕稼力田、吏民親愛信臣、號
曰召父、童恢爲不其令、率民養一豬、雌雞四頭、以供
祭祀、買棺木、顏裴爲京兆、乃令整阡陌、樹桑果、又課
以閑月取材、使得轉相告戒、教匠作車、又課民無牛

者。今畜豬。投貴時賣以買牛。始者民以為煩。一二年間家丁車大牛。整頓豐足。王丹家累千金。好施與。周人之急。每歲時後察其强力收多者。輒歷載酒肴。從而勞之。便於田頭樹下。飲食勸勉之。因留其餘肴而去。其惰者獨不見勞。各自恥不能致丹。其後無不力田者。聚落以致殷富。杜畿為河東。課勸耕桑。民畜牸牛草馬。下逮雞豚。皆有章程。家家豐實。此等豈好為頓擾而輕費損哉。蓋以庸人之性。率之則自力。縱之則惰窳耳。故仲長子曰。叢林之下。為倉庾之坻。魚鼈

之堀。為耕稼之場者。此君長所用心也。是以太公封而斥鹵播嘉穀。鄭白成而關中無饑年。蓋食魚鼈而藪澤之形可見。觀草木而肥墝之勢可知。又曰。稼穡不修。桑果不茂。畜產不肥。鞭之可也。柂落不完。垣墻不牢。掃除不淨。笞之可也。此督課之方也。且天子親耕。皇后親蠶。況夫田父而懷窳惰乎。李衡於武陵龍陽汎洲上作宅。種甘橘千樹。臨卒。勅兒曰。吾州里有千頭木奴。不責汝衣食。歲上一疋絹。亦可足用矣。吳末甘橘成。歲得絹數千疋。恒稱太史公所謂江陵千

樹橘。與千戶侯等者也。樊重欲作器物。先種梓漆。時人嗤之。然積以歲月。皆得其用。向之笑者。咸求假焉。此種殖之不可已也。玄扈先生曰。余勸人種樹。或曰不能待。何法而可。余曰不能待速種為可。諺曰。一年之計。莫如種穀。十年之計。莫如樹木。此之謂也。書曰。稼穡之艱難。孝經曰。用天之道。因地之利。論語曰。百姓不足。君孰與足。漢文帝曰。朕為天下守財矣。安敢妄用哉。孔子曰。居家理。故治可移於官。然則家猶國。國猶家。是以家貧思良妻。國亂思良相。其義一也。夫財貨之生。既艱難矣。用之又無節。凡

人之性。好懶惰矣。率之又不篤。加以政令失所。水旱為災。一穀不登。胔腐相繼。古今同患。所不能止也。嗟乎。且饑者有過甚之願。渴者有兼量之情。既飽而後輕食。既煖而後輕衣。或由年穀豐穰。而忽於蓄積。或由布帛優贍。而輕於施與。窮窘之來。所由有漸。故管子曰。桀有天下而用不足。湯有七十里而用有餘。天非獨為湯雨菽粟也。蓋言用之以節。仲長子曰。鮑魚之肆。不自以氣為臭。四夷之人。不自以食為異。生習然也。居積習之中。見生然之事。孰自知也。斯何異蓼

中之蟲而不知藍之甘乎。今采拓經傳、爰及歌謠、詢之老成、驗之行事、起自耕農、終於醯醢、資生之業、靡不畢書、號曰齊民要術、其有五穀果蓏非中國所植者、存其名目而已。種植之法、蓋無聞焉、捨本逐末、賢哲所非、日富歲貧、饑寒之漸、故商賈之事、闕而不錄、花草之流、可以悅目、徒有春花而無秋實、匹諸浮僞。蓋不足存。鄙意曉示家童、未敢聞之有識、故丁寧周至、言提其耳、每事指斥、不尚浮辭、覽者無或嗤焉、

齊民要術云、淮南子曰、夫地勢水東流、人必事焉、然後水潦得谷行、禾稼春生、人必加功焉、故五谷遂長、聽其自流。待其自生。大禹之功不立。而后稷之智不用。禹決江疏河、以為天下興利。不能使水西流、后稷闢土墾草、以為百姓力農、然而不能使禾冬生、豈其人事不至哉、其勢不可也。食者民之本、民者國之本、國者君之本、是故人君上因天時、下盡地利。中用人力。是以羣生遂長。五穀蕃殖。教民養育六畜。以時種樹。務修田疇。滋殖桑麻。肥墝高下。各因其宜。丘陵阪險。不生五穀者。以樹竹木。春伐枯槁。夏取果蓏。秋蓄蔬食、菜食曰蔬、穀食曰食冬伐薪蒸。以為民資。是故生無乏用。死無轉屍、故先王之政、四海之雲至而修封疆、四海雲至之月也蝦蟆鳴、燕降、而通路除道矣、燕降二月陰降百泉、則修橋梁、陰降百泉十月昏張中、則務種穀、一月昏張星中於南方朱鳥之宿大火中、則種黍菽、大火昏中六月虛中、則種宿麥、虛昏中九月昴星中、則收斂蓄積、伐薪木、昴星西方白虎之宿季秋之月收斂蓄積所以應時修備、富國利民、霜降而樹穀、水泮而求獲、欲得食則難矣、又曰、為治之本、務在安民、安民之本、在於足用、足用之本、在於勿奪時、言不奪民之農要時

勿奪時之本。在於省事。省事之本。在於節欲。節止貪欲節欲之本。在於反性。反其所受於天之所性也未有能搖其本而靜其末、濁其源而清其流者也、夫日回而月周、時不與人遊、故聖人不貴尺璧而重寸陰、難得而易失也、故禹之趨時也、履遺而不納、冠挂而不顧、非其爭先也、而爭其得時也、楊泉物理論曰、種作曰稼、收斂曰穡、稼欲熟、穡欲速、此良農之務也。漢書食貨志曰、種穀必雜五種、以備災害、師古曰、歲田有宜及水旱之利也、種即五穀、謂黍稷麻麥豆也田中不得有樹、用妨五穀、不在樹而當五穀且倍焉、麗焉者乎、齊桓公問於管子曰、饑寒室屋漏而不治、

垣墻壞而不築、爲之柰何、管子對曰、沐塗樹之枝、公令左右沐塗樹之枝、其年民被布帛治屋築垣、公問此何故、管子對曰、齊夷萊之國也、一樹而百乘息其下、以其不稍也、衆鳥居其上、丁壯者挾丸操彈居其下、終日不歸、父老柎枝而論、終日不去、今吾沐塗樹之枝、日方中無尺陰、行者疾走、父老歸而治產、丁壯歸而有業、力耕數耘、收穫如寇盜之至、恐爲風雨所損也還廬樹桑、菜茹有畦、還繞也瓜瓠果蓏、殖於疆場、雞豚狗彘、毋失其時、女修蠶織、則五十可以衣帛、七十可以食肉、入者必持薪樵、輕重相分、班白不提攜、冬民既入、婦人同巷、相從夜績、女工一月、得四十五日、服虔曰一月之中又得夜半爲十五日凡四十五日也必相從者、所以省費燎火、同巧拙而合習俗、師古曰省費燎火之費也燎所以爲明火所以爲溫也董仲舒曰、春秋他穀不書、至於麥禾不成、則書之、以此見聖人於五穀最重麥禾也、趙過爲搜粟都尉、過能爲代田、一畝三甽、歲代處、故曰代田、此爲代田歲易甽非歲易田也代田與區田同意古法也、苗生葉以上、稍耨隴草、因隤其土、以附苗根、故其詩曰、或芸或芓、黍稷儗儗、芸除草也、耔附根也、言苗稍壯、每耨輒附根、比盛暑隴盡而根深、能風與旱、能讀曰耐故儗儗而盛也、其耕耘下種田器、皆有便巧、便巧之爲利如此曷不便巧率十二夫爲田一井一屋、故畝五頃、用耦犂、二牛三人、一歲之收、常過縵田畝一斛以上、善者倍之、善者之爲利如此曷不善過使教田太常三輔、大農置功巧奴與從事、爲作田器、二千石遣令長三老力田及里父老善田者受田器、學耕稼養苗狀、君臣之用心于民如此蘇林曰爲法意狀也民或苦少牛、亡以趨澤、趨及也澤雨之潤澤也故平都令光教過以人輓犂、過奏光以爲丞、教民相與庸輓犂、能者之虛心如此不虛不能不能不虛師古曰庸功也言換功共作也義亦與庸賃同率多人者田日三十畝、少者十三畝、以故田多墾闢、過試以離宮卒田其宮壖地、宮壖地謂外垣之內內垣之外也守離宮卒閒而無事因令壖地爲田也此時未有刑家者言幸不受其排擯生于郭璞之後者難矣課得穀皆多其旁田畝一斛以上、令命家田三輔公田、豈有無賞而能成所欲成者乎韋昭曰命家謂受爵命一爵謂文士以上令得田以優之也師古曰令力成反又教邊郡及居延城、韋昭曰居延張掖縣也時有田卒也是後邊城河東弘農三輔太常民皆便代田、用力少而得穀多。

農政全書卷之一 終

農政全書卷之二

特進光祿大夫太子太保禮部尚書兼文淵閣大學士贈少保諡文定上海徐光啓纂輯
欽差總理糧儲提督軍務巡撫應天等處地方都察院右僉都御史東陽張國維鑒定
直隸松江府知府穀城方岳貢同鑒

農本

諸家雜論下

閻閎序王禎農桑通訣曰、巡撫山東右副都御史安州邵公、得元王禎氏農書、顧右布政使長輿顧公謂茲實大關民事、而政之首也、當轉寫善本、即布政使司刻之、以廣流布、示吾民勤衣食之原、而期享樂利之休、盛心也、刻半、左布政使固始李公至、乃趣完刻、余爲言以著公意、言曰、天之生也、與以所長、則限之以短、其于人也、賦性獨靈、而制生養之材甚艱、人之欲生也、固不待聖人有作、孰不求所以自活、而聖人（惟聖能前民用）者亦人之欲生者也、今無論羲農軒堯以來、想巢燧之初、覩時造始、實求自永其生、而天遂命之、人遂宗之、君臣道興、衣食之原漸以開矣、是故耕穫鉏報陰陽蚤莫之節、宜順也、高下邃隰燥濕寒煖之氣、宜候

也、減制生化土木金石之物、宜悉也、糞灌培蒔剛柔疏密之性、宜辨也、水旱蟲盜捍禦守視之役、宜力也、采摘修捋生熟急緩之度、宜中也、飲飼閑放好惡新故之情、宜調也、牝牡生息老嫩去留之班、宜審也、堆稞攤曬風雨霧露之防、宜豫也、碾礡碓磑精麤麓簸之計、宜準也、倉窖轉般鼠雀浥漏之虞、宜察也、積散出內盈縮低翔之數、宜筭也、是故農事修則食用贏、衣用裕、器用精、財用饒、而生養遂矣、是故天子則君人養人者也、士以上皆裨君長民者也、君不知稼穡

遑欲殄物、民因以極、民火動而元命捨、醫論且然、況君以民爲命者乎、故君知稼穡、則知懼長民而戮民事、衣食縣官不宣心力、猶傭者懈、主人將轉雇、君子當廉勤自樹、恐以穀恥乎、故仕知民事則知媿、是故聖人之重衣食也、王公躬藉以先耕、后夫人親蠶以先織、卿大夫士以及内子胥與事焉、而治本重矣、故曰民事不可緩也、今簡王氏書、首以通訣、繼以器譜、而終以諸種、民事通諸上下者蓋備矣、是故得嘉種而缺利器、則難播、與失種同、制利器而昧要訣、則逆

時與無器同、故得其訣、器可假而使也。利諸器、便可羅而下也。度要訣以達冲和之化。儲利器以運制用之機。富嘉種以取十千之報。比屋上農矣。吾又恐浮食末作、未緣南畝。藝將孰載、方農之殷。使輒不時。則功孰與成。今民不但六也。盡歸而農、誠未即得。盍若寬見農而不妨其務、俾自趨利而樂生乎。是故解內之遠重也。黠集之煩數也。迎候之紛沓也。力役之勤悴也。守戍之隔離也。讞報之留滯也。六者于古已然。而害農一也。嗚呼。是書據六經。該羣史。旁兼諸子百

家。以及殊方異俗。咸著。亦用心矣。從政者無害農、皆以此利農者訓農、則王氏撰述之初意、邵公刊布之盛心、當惠徧吾人、豈有窮乎、雖然、以今昏旦之中考農祥、則失度。西京白麥之熟、較南夏則違時、故雪而迅霆。桃源之夫呼凍雷、父椎牛骨而子漸之谿峒土人。數十年而食假鬼。或驫馬驢耕。或鴨羣鉏稻。稻一熟也。或三熟。蕎秋種也。或春種。是以有老媪揷秧。有少婦刈肆。有以蕨肥田。又淋其灰汁作葅。南河之南有車鐵輪。野馬之川。牛服鞍。甌越之徼。塗篾釜。或隔年見如樹。或二月食櫻桃。蠶家于舟苗獨藏穗。罽龐之野尚營窟而土處。則九域民事物僞。固多端而難悉也。中土耕一犂三牛。水田水牛。故一犂一牛。一牛三犂。耬犂也而載之墾耕篇則誤矣。王氏又謂餘甘獨泉產也。徃滇昆明則食之。是猶賈勰要術附檗多摩廚徒示博耳。故擊壤食葵。今俗所少。蔦籠牧笛取具事目聞之農老曰。必毋倉生烝下種則一年可耩之日少。余亦嘗曰。必草人法糞田。亦恐潟澤不得鹿墳壞之不得麋也。故曰通其變。使民不倦。神而明之。

存乎其人。眞知農哉。邵公名錫、李公名緋、顧公名應祥。皆以進士顯。余徃給事中、邵公則都給事中云

王盤農桑輯要序曰。聖天子臨御天下、使斯民生業富樂而永無饑寒之憂、詔立大司農司不治他事、而專以勸課農桑爲務。行之五六年、功効大著。民間墾闢種藝之業增前數倍。農司諸公、又慮夫田里之人雖能勤身從事、而播殖之宜。蠶繅之節。或未得其術。則力勞而功寡。獲約而不豐矣。於是徧求古今所有農家之書、披閱參考、删其繁重、摭其要切、纂成一書、

曰農桑輯要凡七卷鏤爲板本以進呈畢將頒布天下屬余題其卷首余嘗論豳詩知周家所以成八百年興王之業者皆由稼穡艱難積累以致之讀孟子書見論說王道丁寧反覆皆不出乎夫畊婦蠶五雞二彘無失其時老者衣帛食肉黎民不饑不寒數十字而已大哉農桑眞斯民衣食之源有國者富强之本王者所以興教化厚風俗敦孝弟崇禮教致太平躋斯民於仁壽未有不權輿於此者矣然則二書之出其利益天下豈可一二言之哉

于永清序鄜廷瑞便民圖纂曰昔漢太子家令晁錯紆籌計邊事募民徙塞實廣虛以威匈奴先爲居室置田具器相其陰陽之和流泉之味土地之宜草木之饒使民樂其業有長居心無他使之也上谷雲中壤接三輔哀漢控胡巍然西北重鎭於今稱絕塞焉虜款以來烽燧無警者二十餘年矣完固阜殷宜益倍曩昔乃閈陌耗敝磬懸杼倚蒲羸豨稴不給於南畝而庾鷫韋韝告匱於北山關以北石田敝土蕪穢汚萊無耕桑林澤之業一切機利悉倒制於借壤鴈民自登以西計文讕滿羼名規役租積逋且萬計尺伍執殳之夫雕劾脫巾單産孱民飴堇荼練緼不銖於體乃裔徼習呰窳猥云輸財効力彊腹殊其藉令方內有數千里水旱之災大庾之金不輦於塞林林寄生之衆將安所哺啜褸裋慰啼號哉汜勝齊民之術顧安可置弗講也鄜廷瑞便民圖纂凡三卷分類凡一十有一列條凡八百六十有六自樹藝占法以及祈涓之事起居調攝之節芻牧之宜微瑣製造之事捆摭該備大要以衣食生人爲本是故繪圖篇首

而附纂其後歌咏嗟嘆以勸勉服習其艱難一切日用飲食治生之具展卷臚列無煩咨諏所稱便民者非耶雖然是便民者也非民所能自便者也長民者衣食縣官受若値而斆民事不幾以穀恥乎其務宣厥心力以惠綏拊循若人期會必審毋奪時徵發有度毋盡力約束有章毋煩令故曰表地掩畝刺草殖穀農夫庶衆之事也利濟百姓使民不偷將率之事也農夫庶衆之事圖纂既纚纚詳之矣將率之事長人者其勗諸

王禎農桑通訣孝弟力田篇曰孝弟力田古人曷爲而竝言也孝弟爲立身之本力田爲養身之本二者可以相資而不可以相離也聖人使天下之人莫不衣其衣而食其食親其親而長其長然其教之者莫先於士養之者莫重於農士之本在學農之本在耕是故士爲上農次之工商爲下本末輕重昭然可見者田有井黨有庠遂有序家有塾新穀既入子弟始入塾距冬至四十五日而出聚則行鄉飲正齒位讀教法散則從事於耕故天下無不學之農詩曰黍稷薿薿攸介攸止烝我髦士即漢力田之科是已帝舜聖人也萬世而下言孝者莫加焉而耕歷山伊尹之訓曰立愛惟親立敬惟長而耕於莘野其他如冀缺長沮桀溺荷蓧丈人之徒皆以耕爲事故天下亦少不耕之士周官大司徒三歲大比考其德行道藝而先孝友即漢孝悌之科是已古者崇本抑末其教民也以孝弟爲先其制刑也亦以不孝不弟爲重加意於立身之本如此當其生也宅不毛者有里布田不耕者出屋粟民無職事者出夫家之征及其死也不畜

者祭無牲不耕者祭無盛不樹者無椁不蠶者不帛不績者不衰加意於養身之本又如此于斯時也家給人足上下有序親疏有禮末作之流亦鮮矣又安有游惰者哉至於瘖聾跛躃斷趾侏儒各以其器食之彼癈疾之人猶有所事而後食况於手足耳目無故者哉漢代去古未遠立爲孝弟力田之科高帝令賈人不得衣絲乘車重租稅以困辱之惠帝雖稍弛商賈之禁然猶市井子孫不得爲官仕皆所以崇本而抑末也至文帝時風俗之靡公私之匱賈誼尚以爲言帝感其説乃開籍田嘗詔曰孝弟天下之大順也其遣謁者勞賜又詔曰力田民生之本也其賜力田帛二匹而以戶口率置力田常員各率其意以導民焉唐太宗亦詔民有見業農者不得轉爲工賈工賈有舍見業而力田者免其調夫末作之民尚有益於世用古人且若是抑之而况世降俗末又有出於末作之外者舍其人倫惰其身體衣食之費反倍於齊民以有限之物供無益之人上之人不惟不抑之反從而崇之何哉農人受飢寒之苦見游惰之樂反

從而羨之。至去隴畝。棄耒耜。而趨之。是民之害也。又豈特逐末而已哉。

王禎農桑通訣地利篇曰、周禮遂人以歲時稽其人民而授之田野、教之稼穡、凡治野。以土宜教甿。今去古已遠、江野散閑在上者可不稽諸古而驗於今而以教之民哉、夫封畛之別、地勢遼絕、其間物產所宜者、亦往往而異焉、何則、風行地上、各有方位、土性所宜、因隨氣化、所以遠近彼此之間、風土各有別也、自黃帝畫野分州、得百里之國萬區、至帝嚳創制九州、

統領萬國、堯遭洪水、天下分絕、使禹治之、水土既平、舜分爲十有二州、尋復爲九州、禹平水土、可專種藝、乃命棄曰、黎民阻飢、汝后稷播時百穀、是水平之後、始播百穀者稷也、孟子謂后稷教民稼穡、樹藝五穀、謂之教民、意者不止教以耕耘播種而已、其亦因九州之別、土性之異、視其土宜而教之歟、今按禹貢冀州厥土惟白壤、厥田惟中中、兗州厥土黑墳、厥田惟中下、青州厥土白墳、厥田爲上下、徐州厥土赤埴墳、厥田爲上中、揚州厥土惟塗泥、厥田惟下下、荊州厥土惟塗泥、厥田惟下中、豫州厥土惟壤、下土墳壚、厥田惟中上、梁州厥土青黎、厥田惟下上、雍州厥土黃壤、厥田惟上上、由是觀之、九州之內、田各有等、土各有差、山川阻隔、風氣不同、凡物之種、各有所宜、故宜於冀兗者、不可以青徐論、宜於荊揚者、不可以雍豫擬、率人爲惰者。必此言也此聖人所謂分地之利者也、周禮保章氏掌天星、以星土辨九州之地、所封封域皆有分星、今按淮南子、中央曰鈞天、其星角亢氐、東方曰蒼天、其星房心尾、東北曰變天、其星箕斗牽牛、北方曰玄天、其星須女虛危營室、西北方曰幽天、其星東北

奎婁、西方曰皓天、其星胃昴畢、西南方曰朱天、其星觜嶲參東井、南方曰炎天、其星輿鬼柳七星、東南方曰陽天、其星張翼軫、角亢氐鄭兗州東郡入角一度東平任城山陰入角六度泰山入角十二度濟北陳留入亢五度濟陰入氐一度東平入氐七度房心宋豫州潁川入房一度汝南入房二度沛郡入房四度梁國入房五度淮陽入心一度魯國入心三度楚國入心四度箕尾燕幽州上谷入尾一度漁陽入尾三度右北平入尾七度西河上郡北地遼西東入尾十度涿郡入尾十六度渤海入箕一度樂浪入箕三度玄菟入箕六度廣陽入箕九度凉入箕十度斗牽牛須女吳越揚州九江入斗一度廬江入斗六度豫章入斗十度丹陽入斗十六度會稽入牛一度臨淮入牛四度廣陵入牛八度泗水入

文一度六安入女六度 危齊青州齊國入虛六度北海入虛九度濟南入危一度樂安入危四度東萊入危九度平原入危十一度菑州入危十四度營室東壁衛并州安定入營室一度天水室八度隴西入營室四度酒泉入營室十一度張掖入營室十二度武都入東壁一度金城入東壁四度武威入東壁六度燉煌入東壁八度奎婁胃魯徐州東海入奎一度瑯琊入奎六度高密入婁一度城陽入婁九度膠東入胃一度昴畢趙冀州魏郡入昴一度鉅鹿入昴三度恒山入昴五度廣平入昴七度中山入昴八度清河入昴九度信都入畢三度趙郡入畢八度安平入畢四度河間入畢十度眞定入畢十三度觜參魏益州廣漢入觜一度越巂入觜三度蜀郡入參一度犍爲入參三度牂牁入參五度巴郡入參八度漢中入參九度益州入參七度東井輿鬼秦雍州雲中入東井一度定襄入東井八度雁門入東井十六度代郡入東井二十八度太原入東井二十九度上黨入輿鬼二度柳七星張周三輔弘農入柳一度河南入七

星二度河東入張一度河內入張九度翼軫楚荊州南陽入翼六度南郡入翼十度江夏入翼十二度零陵入軫十一度桂陽入軫六度武陵入軫十度長沙入軫十六度 其土產名物、各有證驗、此天地覆載、一定古今不可易者。蓋其土地之廣、不外乎是、但所屬邊裔、不無遼絕、若能自內而外求、由近而及遠、則土產之物、皆可推而知之矣。大抵風土之說、總而言之、則方域之多、大有不同、詳而言之、雖一州之域、亦有五土之分、似無多異。周禮大司徒以土會之法、辨五地之物生、一曰山林、二曰川澤、三曰丘陵、四曰墳衍、五曰原隰。以土宜之法、辨十有二土之名物、十二分野之土各有所宜下其名謂白壤黑墳之類辨其物謂所生之物以相民宅而知其利害、以阜人民、以蕃鳥獸、以育草木以任土事。辨十有二壤之物、而知其種、以教稼穡樹藝、遂以教民春耕秋穡然稼穡樹藝、只有周禮草人掌土化之法、以物土相其宜、以爲之種。凡糞種、騂剛用牛、赤緹用羊、墳壤用麋、渴澤用鹿、鹹潟用貆、勃壤用狐、埴壚用豕、強檃堅也用蕡、輕爂脆也用犬。凡所以糞種者皆謂煮取汁也此謂占地形色、爲之種者、一取牛羊等汁以漬種、而化之使美、則得其宜矣。若今之善農者、審方域田壤之異、

以分其類、參土化土會之法、以辨其種、如此可不失種土之宜、而能盡稼穡之利、是圖之成、非獨使民爲爲訓則、抑亦望當世之在民上者、按圖考傳、隨地所在、悉知風土所別、種藝所宜、雖萬里而遙、四海之廣舉在目前、如指掌上、庶乎得天下農種之總要、國家教民之先務、此圖之所以作也、幸試覽之、

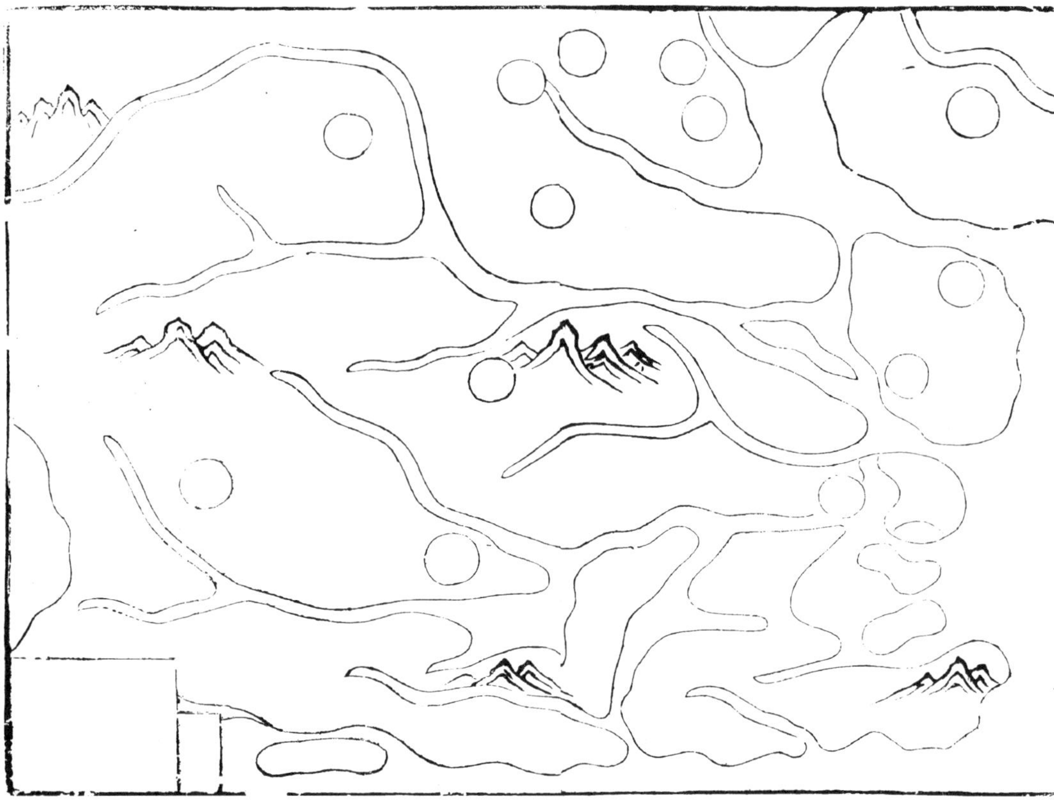

卷之二　又十二號

玄扈先生曰、五地十二壤。周官舊法。此可通變用之者也。若謂土地所宜。一定不易。此則必無之理。立論若斯。固後世惰窳之吏。游閒之民。偷不事事者之口實耳。古來蔬果。如頗稜安石榴海棠蒜之屬。自外國來者多矣。今薑荸薺之屬移栽北方。其種特盛。亦向時所謂土地不宜者也。凡地方所無。皆是昔無此種。或有之而偶絕。果若盡力樹蓺。殆無不可宜者。就令不宜。或是天時未合。人力未至耳。試爲之。無事空言抵捍也。第其中亦有不宜者。則是寒暖相違。天氣所

絕。無關於地。若荔枝龍眼。不能踰嶺。橘柚橙柑。不能過淮。他若蘭茉莉之類。亦千百中之一二。故此書載二十八宿周天經度甚無謂。吾意欲載南北緯度如云某地北極出地若干度。令知寒暖之宜。以辨土物。以與樹蓺庶爲得之。

馬一龍農說曰、農爲治本。食乃民天。天畀所生。人食其力。周書無逸曰、君子所其無逸。先知稼穡之艱難。則知小人之依。故聖人治天下。必本於農。神農之教。歷山不改其業。禹稷之後。莘野猶振其風。蓋斯民之生。以食爲天。而人無穀氣七日則死者。其天絕也。天之生人。必賦以資生之物。稼穡是也。物產於地。人得爲食。力不致者。資生不茂矣。故世有游食之民。

則民窮而財盡。況以供無厭之欲，而欲天下安生樂業，以無叛也得乎。古者一夫受田百畝，不奪其時，仰事頫育，皆有賴也，其上不求，其民不爭，以力足食而已。至於後世，人皆厭於力食，而務以其力食人，是以獸相食矣，而天下嘗不治。嗚呼，君以民爲重，民以食爲天，食以農爲本，農以力爲功，所因如此，而司農之官、教農之法、勸農之政、憂農之心，見諸詩書者，惓惓焉。

力不失時，則食不困。知時不先，終歲僕僕爾。故知時爲上，知土次之。知其所宜，用其不可棄；知其所宜，避其不可爲，力足以勝天矣。知不踰力者，雖勞無功。此總言用力體要。時，言天時；土，言地脉；所宜，主稼穡力之所施，視以爲用。不可棄，若欲棄之而不可也。不可爲亦然。合天時、地脉、物性之宜，而無所差失，則事半而功倍矣。知其可不先乎。

故畜陽不極，發生乃微。此以下詳說知時之義。皆

用不可棄、避不可爲之事。上云時者，主陰陽之候而言。陽主發生，陰主斂息，物之生息，隨氣生降。故冬至之後，一陽起於下，則羣陰推而漸出，寒凝固結於上，所以遏其洩耳。及陽氣出地，物生呈露，流行布獲而不窮，畜之盛大致然。是以桃李冬花，無氷不殺草，春秋犯之，以病愆陽。農家者有云：冬耕宜早，春耕宜遲。云早，其在冬至之前；云遲，其在春分之後。冬至前者，地中陽氣未生也；春分後者，陽氣半於土之上下也。其意皆在陽榮陰衛，欲使微陽之氣不洩，求其壯盛而已。於此不知所避，一則初升而踏其蹷，一則方啓而裂其膚，豈非童而牿，未壯盛而先亢者乎。亢則害，牿則亡，傷氣殆盡，其生安得不微乎。畜陽之意，不止於冬。凡日爲陽，雨爲陰；和暢爲陽，沍結爲陰；展伸爲陽，斂詘爲陰；動爲陽，靜爲陰；淺爲陽，深爲陰；晝爲陽，夜爲陰。繁殖之道，惟欲陽含土中，運而不息；陰乘其外，謹毖而不出。若陽洩於外，而陰入其中，生機轉爲殺機矣。

凝陰在土，其氣固嗇。歲久不畊之地，純陰固結，非假太陽之力追攝，何以得散。又冬春二時不見天陽，亦猶是耳。今夫圖塲之上未嘗生物，正以內不含陽，陰不外固，而火煖之地藏氷不融者，絕其地脉，而中無陽氣來至也。竊究神化之玅，陽根陰，物之所以生也；陰根陽，物之所以成也。生者謂之化，成者謂之變。○玄扈先生曰：火煖藏氷，別有理。今藏熱炭之甕，暑月可藏氷，豈亦絕地脉耶。

陽自下起，發其內之一本以出於外，諸陰皆斂者。陰自下起，斂其外之散齊以入於內，諸陽皆生者。此蓋言二氣始終之定理也。諸陽謂自復以至夬也。復，十一月之卦也；夬，三月之卦也。十二月爲臨，正月爲泰，二月爲大壯。復自坤中來，一陽始生，成位於冬至。至泰而開，開而壯，壯而夬，四月復全乎乾矣。諸陰謂自姤以至剝也。姤，五月之卦也；剝，九月之卦也。六月爲遯，七月爲否，八月爲觀。姤自乾中來，一陰始生，成位於夏至。至否而塞，塞而觀，觀而剝，十月復全乎坤矣。上下者，乾坤分列之位；升降者，陰陽往來之氣；內外

者，神化合辟之玅；斂發者，萬物生成之機；出入者，循環無窮之端。一本散殊，相禪以爲始終者也。大抵二氣陰陽之至，當主日月爲義。春秋二分，晝夜相半，氣之平也。春分後，晝漸永，日在地下之刻少；秋分後，夜漸永，日在地下之刻多。陰陽消長，係於是矣。

陽上而不抑，遂以精泆；陰下而不濟，亦難以形堅。捐有餘、補不足，則精不泆而形可堅矣。天地之間，陽常有餘，陰常不足，然扶陽抑陰，古聖至言。易曰：亢龍有悔。又曰：下濟而光。以是見陽之精泆，由於不抑；陰之形脆者，由於無所濟也。今有上農，土地饒美，糞多而力勤，其苗勃然興之矣。其後徒有美穎，而無實粟，俗名肥腸，此正不知抑損其過而稍泆者耳。其法，可以斷其浮根，剪其附葉，去田中積潦，以燥裂其膚，犂斯抑矣。及其總秸俱成，農功已畢，或土力既衰，潤滋不繼，淫潦未去，清氣有傷，此正不知補助，故粒米有空頭秕粰粉災諸病也。

是故含生者，陽以陰化；達生者，陰以陽變。察陰

陽之故參變化之機其知生物之功乎生則化成則變然必成而後有生陽根陰也生而後有成陰根陽也成者謂之變脫其本根易其故體生者謂之化融液所畜暢茂其緒故冬至之後生意皆含夏至之後生色皆達含者化之機達者變之漸陰陽互為其根求其所以然微妙而難悉也一化一變理不盡顯物自相形機緘所存非審察參詳則天地生物之功莫之有知矣夫含生者先天也以後天為之體達生者後天也以先天為之神養生家欲求先天之氣當思化裏一變非化不能變非變則化者終於化矣推之事理亦然凡事之立其始甚幾微充廣必盛大盛必衰衰必敝敝則變不變則毀毀則熄此知道者之所深故聖人推憂乎圖善變而不毀者其諸取法於農日星定四時分節候而示民以則陰陽列於四時早晩見於節候歲氣係於日星期三百有六旬有六日也日窮於次月離於紀星回於天此一歲之終也日行速而月遲故有

餘日而以閏月收之天行健而日月不能及故有歲差而以六十年約之一歲之中春而夏夏而秋秋而冬四時順布也四時有八節立春春分立夏夏至立秋秋分立冬冬至也冬至以後陽漸長立春陽之出也春分陽氣之中也立夏得陽三之二至夏至而極矣夏至以後陰漸長立秋陰之出也秋分陰氣之中也立冬得陰三之二至冬至而極矣堯命羲和日中星鳥以殷仲春日永星火以正仲夏宵中星虛以殷仲秋日短星昴以正仲冬不詳其餘者以一中一極前後測之耳冬至一陽生主生主長夏至一陰生主殺主成故曰生者陽也成者陰也含雖未見其生達雖未見其殺而幾已在矣夫發其生者與其晩也寧早收其成者與其早也寧晩此陽進而前陰退而後之道也衆知膏瘠不如原隰衆知蕪平不如淺深肥饒為膏砂瘦為瘠高者為原下者為隰蕪荒而不治者也平成熟也農家栽禾啓土九寸為深三寸為淺土之生物膏則茂瘠則不茂而人之相地成熟則美荒廢則不美

此皆易知而莫不知也至如地之高下有氣脈所行而生氣鍾其下者有氣脈所不鍾而假天陽以為生氣者故原之下多土骨而隰之下皆積泥啓原宜深啓隰宜淺深以接其生氣淺以就其天陽蓋土骨如人身之經絡而積泥如人身之餘肉耳經絡者氣血流行之所餘肉者塊然附贅之區也當治者氣必衰再易者功必倍患因無備命在有滋將衰而沃之助其力也欲倍而壯焉收其全矣沃莫妙於滋源壯須求其固本此因土材而以人力補相之衰者土力衰也倍者所獲倍也患言水暵蟲傷之類溝堰陂泖桔槔蓑笠潤燥以時濟及浚築制造為之預者則有備而無患矣命言生發收藏之元所滋之事有二以人力者灌溉鋤耘塗盪也以物力者泥糞灰秕稿卉也禾苗資土以生土力乏則衰沃之所以助土力之乏易田併兩歲之力不壯則不能兼收所生以致倍然沃助其衰壯求其倍勢也

猶有不待其衰來而先沃之白塊之間者此素問所謂滋化源之意耳此說至當滋其衰者過滋或至於不能勝而病矣滋源則無是也固本者要令其根深入土中法在禾苗初旺之時斷去浮面絲根略燥根下土皮俾頁根直生向下則根深而氣壯可以任其土力之發生實穎實栗矣亢而過洩者水奪此謂獨陽不長者濟之以陰也何謂亢如既獲之後犂土在田冬春二時皆無雨雪太陽燥烈破塊之間盡為枯體陰不外周陽不內畜氣之過洩矣水奪者以水奪之也奪其過洩之陽藉其潤澤之液包含融結以成發生之功蓋天一生水水為陰氣之微過火俱化化則合併為用不惟不為害而反為利焉故君子貴不驕富不侮賢智不先人處崇高而憂履盛滿而戒不待以水奪之而自然不至於亢也歛而固結者火攻此謂獨陰不生者濟之以陽也何為歛失於鋤犁蕪翳蔽其天陽污濁淫其膚理陰沍久而不開生意寒而不達氣之固結矣火攻者以火攻之也攻其故結之陰假其焚燎之力

疏道蒸騰以宣發育之氣蓋地二生火火爲陽氣之微遇水俱變變則轉易爲氣以爲生亦不害矣水云奪者必久浸而後可奪火云攻者必猛烈而後可攻然奪之欲其過洩於外者返而攻之欲其固結於內者去也陰陽善惡其用舍去留之分有不可誣者如此

鎡錤寸隙不立一毛鬱蒸所至並鍾五賊

此又揭工力時氣所害爲甚者言也鎡錤寸隙墾之不適也雖所餘徑寸他日禾根適當之則詰屈不入葉雖叢生亦必以漸消盡而至於濯濯然今俗云縮科是已故犁鋤者必使翻抄數過田無不耕之土則土無不毛之病五賊食禾之蟲也熱氣積於土塊之間暴得雨水醞釀蒸濕未經信宿則其氣不去禾根受之遂生蝨烈日之下忽生細雨灌入葉底留注節幹或當晝汲太陽之氣得水激射熱與濕相蒸遂生螣朝露浥日濛雨日中點綴葉間單則化氣合則化形遂生蟊熱蘊根下濕行於稿爽日與雨外薄其膚遂生蟘歲交熱化不雨不暘晝晦夜暘而風氣不行遂生蟗五賊不

去則嘉禾不興故灌田者先須以水遍過收其熱氣旋即去之然後易以新水栽禾無害不過一遍易去者雖久浸不見日中雨露或以長牽或以疎齒披拂勿以凝着則蟲不生近者田家治蟲之法多以石灰桐油布於葉上亦可殺也

知天之時識地之宜時其苞命亦無以善其後

此承上以起下也苞命見下

故祖氣不足母胎有虧其踵不踵胎氣不完其胎不胎雖成必敗蓋親下之本既久去地而傷母之體豈能全天哉

祖氣主穀子之在秸者言也母胎主穀子之脫秸者言也祖氣不足謂未及冬至而先刈者其一成之氣既未充足以之爲種母胞有虧矣草木之生其命在土生成化變不離土氣踵踵相接生生無已焉若脫土久氣不連屬生之雖具於胎成之則不全其數或半途而剝或成穗而秕故收種者當於冬至之後熟治高土散布其上覆以疎草障蔽鳥

[illegible]瘞以畚灰滋潤燥枯至清明時沃之使芽除草護養頻助其長此第一義也其次草畧美種縣之風簷季春之始置諸深汪勿令近泥半月氣足布地而生此雖不傷已落第二義矣但世俗浸種晝沉夜暴釀鬱蒸過之使速胎中受病拔不可去長芽嫩脆拋擲下田跌蹼折損種種不免迷而不悟不知何見耳

夫善本者斯圖末慮終者貴謀始推陳而致新氣以交併積盛脫胎而洗髓精以剝換化生

上言大時土性人力種穀備矣此下言治禾也種得水始萌芽得土始苗移苗置之別土二土之氣交併於一苗生氣積盛矣然其始不脫則陳腐之體猶在髓不洗則濁淫之氣終在欲其稚而壯壯而盛盛而不衰也得乎故天地之間氣之積盛者力在交併精之化生者功在剝換不然同類而異形一本而殊末果何故哉此在交併與剝換者得不得之差耳

達順則豐覆逆乃稿縱橫成列紀律不違

客遏爲儔尺寸如范

栽苗者當如是也先以一指搪泥然後以二指嵌苗置其中則苗根順而不逆縱橫之列整則易於耘盪疎密各因其地之肥瘠爲儔疎者每畝約七千二百科密則數踰於萬地肥而密所收倍於疏者矣○地肥更不宜密農書曰瘠田欲稠

但害生於稂莠法謹於芟耘與其滋蔓而難圖孰若先務於決去故上農者治未萌其次治已萌矣已萌不治農其農何

稂莠惡草之害苗者芟耘皆去草之事蔓草之延生也滋益甚也蔓難圖也出左氏皆務決去而求必得之亦古語小此以見惡不可縱漸不可長之意上農深於農理勤於農事者也未萌根株在土也上農者智力兼全知稂莠之害苗不惟不容其延蔓於根芽未萌之時先有以治之矣是以用力少而成功多不使其害及於苗所養至而所以生全者大也已萌而治之其功次於是矣已萌而不治者必至於蔓而不

可圖。爲農也、何以謂之農哉、歎而哀之之詞、知道者可以深長思也。夫雜草之法，藪與草齊，南稉北黍，天所生，地所宜，人所𧃍以養者，種之良也。物之良者必貴，貴非賤等，良畏惡朋。雜，治也。惡草之害苗者，不可勝數，而其爲物也，尤易生焉，所治之法，不多則不可去。天生五穀，所以養人，可貴之物也。貴者難成而易傷，賤者易起而難制，於此辨之不早，媄其潛滋暗長，而後治之，則其根株深固，枝葉暢茂，盤結而輔翼者，勢盛於苗矣，雖其上農，亦無如之何。故農家者流，思其力不足以盡圖之，備假諸物。其始也直木而耒，其次也橫木而耜，又其次編木而齒，曲木末而鏟，鑿木首而鋤，繼之以櫌，終之以塗，無不加以鐵焉，以直木而錢堅也。攻

之無遺類矣。草之滋生無窮，而人之用力有限，不能不假於物，以爲力勝之具耳。今之耒而耕者，有大畊、小畊、開挑、㩜掄，大抵勤與惰之殊也。耡抄遍過之說，已見於前，其耙者亦多不求細熟平整。粗塊朧泥，凸則曝日先燥，窪則注水過深，是以一堰之間，禾之豐瘁頓異。且又妙在旋抄旋耙旋耙旋蒔，則燥濕和均，渾水澄泥，聚於根坎，有壅培之力也。多苗新土，黃色轉青，乃用搗盪，搗盪雖以去草，實以面苗蓋田之浮泥，易行橫根，而下之實土，難入頂本。頂本入土不深，橫根布於泥面，則得土之生氣不厚，枝葉雖繁，抽心不茂矣。搗欲斷其泥面橫根，使其頂根入土深，受積厚多生之氣，其後抽心始高而結穗長頎也。鏟鋤皆削草器，撥以手拾去餘草，塗以泥壅蔽田皮。既撥則洩去多水，留少水在田，夾泥爲塗，塗時以手捻去禾心宿水，候田中有燥裂，即上水灌之。禾心宿水既去，燥時免其濕釀漬入，新水又助潤滋清氣矣。養苗至此，除草已盡，物不能再假，力不可再加，然意外之虞，尚不保其無也。○玄扈先生曰：至哉言

矣。鋤棉鋤桑，斷其橫根，皆此理也。說者謂種樹不宜斷其直根，非也。正宜留直根，去橫根耳。但樹大者，宜漸去之。如是而猶存者，可不畏夫。此又申言穫莠之難去，可畏之甚也。蓋惡草賤而易生，有一根蹤遺於地，忽不覺其蔓矣。衛生固難，成功亦不易，孳而欲實，風雨不作，時將穫矣，燥則多損，侵以成腐。此言養之係於人，而成之係於天也。稻花必在日色中始放，雨久則閉其竅而不花，風烈則損其花而不實，二者皆伐殺之患也。及其成穀將穫，土太燥則米粒乾損，水太濕而過浸則斑黑成腐，二者又皆毀成之病也。陰晴燥濕，是豈人力可致哉。農家至此，猶不得自盡，況以委之蕪藜，而求其不敗也，可乎。故可貴之物，不產非時，不安非類，欲其至足以遂斯民之天，而農也如之何不力。此總結通篇旨意，蓋穀不足則食不足，食不足則民之所天不遂，物之可貴如此，苟非順時調護，何以得之，農者當知自力矣。

農政全書卷之三

特進光祿大夫太子太保禮部尚書兼文淵閣大學士贈少保謚文定上海徐光啓纂輯
欽差總理糧儲提督軍務巡撫應天等處地方都察院右僉都御史東陽張國維鑒定
直隸松江府知府穀城方岳貢同鑒

農本

國朝重農考

馮應京曰：昔黃帝畫井分疆，依神農耒耨之教，導生民之利，稼穡爲寶，所從來矣。堯謹授時，禹勤溝洫，稷播嘉種，弘配天之烈，而邠風陳詩，於耜舉趾，築場納稼之間，王化基焉。周官體國經野，安擾邦國，辨以土宜，分爲井牧，有徑畛涂道，以正其疆界，有溝洫澮川以宣其水澤，安甿以田里，利甿以興鋤，勸甿以時器，任甿以疆予，而帝王所爲因天規地，率育羣生之良法，於是乎大備。秦開阡陌而井制廢。玄扈先生曰：商鞅相秦，專以農戰强國，蓋開塞耕戰書可見矣。而謂其廢先王井田經理溝洫道涂之制，可乎。後世不曉，以爲廣地計也，不知廢此古制，地則荒矣。世有若是之愚商君乎。夫鞅之開阡陌者，古者一夫受田百畝，皆有限制，鞅尚首功，得五甲首而隸五家，又制爲武功爵，使有功者田連阡陌。廢先王百畝限田之法耳。太史病之，以是爲并兼之始也。豈謂其剗平疆理，廢先王之徑畛溝洫，而變爲平原廣隰乎哉。漢去古未遠，

文帝有其時而不爲，唐太宗銳意復古，可爲而無其臣，新莽非其人，周世宗非其時，而王道卒不可復矣。三代以後，善法古而師其意，唯是　皇祖，二百年來，籍餘烈以休養，庶幾登平上理矣。而邇乃財殫民窮，誰獨無根本之慮，書不云乎，法祖攸行。　皇祖宵旰民依，垂憲萬世，芳躅固班班可述也。而　列宗踵武恤民，亦各有懿政，任謹用揚勵，綴以諸臣末議，備考鏡焉。繫我　太祖高皇帝天縱聖神，憫元政之昏虐，目擊羣雄，無救民者，親提一劍，拯元元於水火諸艱凶疾阨之苦，業身嘗在田間，復與衆英賢深究民生利病，故注意於農事者獨詳。渡江初，即以康茂才爲營田使，諭之曰：比兵亂，隄防頹圮，民廢耕作，而軍用浩般，理財莫先於務農，故設營田司，命爾此職，巡行隄防水利之事，俾高無患乾，卑不病潦，務以時蓄洩，毋負委托。已又以茂才所屯田積穀獨充仞，而他將皆不及，申令各督率軍士，及時開墾，以收地利。又下令田五畝至十畝者，栽桑麻木棉各半畝，十畝以上倍之。有司親臨督勸，惰不如令者罰，謂中書省臣曰，

爲國以足食爲本，大亂未平，民多轉徙，失本業，而軍國費悉自民出。今春和時，宜令有司勸農事，勿奪其時，仍觀其一歲中之收獲多寡，立爲勸懲。吳元年冬祀圜丘。 世子從。 上命左右導之，徧歷農家。觀其居處飲食器用。還謂之曰：汝一嘗知吾農民之勞苦至此乎。夫農樹藝五穀，身不離泥塗，手不釋耒耜，而茅茨草榻，麄衣糲飯，其以供國家經費甚苦。故令汝一知之。欲汝常念農勞，取用有節，使不至於飢寒也。上自舉義旗以來，兵革倥偬，百務草創，未遑獨計，所

爲救寧吾民，以厚其生，蓋不啻勤摯如此矣。比登大寶，洪武元年，即詔遣周等百六十四人，往浙西覈田畝，經理以實聞，毋妄有增損爲民病。二年二月 上躬享先農，以后稷氏配，遂耕籍田於南郊。又命 皇后率內外命婦蠶北郊，供郊廟衣服如儀。自是歲爲常。是歲五月，駕幸鍾山，由獨龍岡步至淳化門，乃騎而入，謂侍臣曰：朕不歷農畝者久，適見田者冒烈暑而耘，心惻然憫之，不覺徒步至於此。農爲國本，百需皆所出，而苦辛若是，爲司牧者亶嘗憫念之乎。三年以中原久被兵，田多荒蕪，命省臣議計民授田，設司農司掌其事。夏久不雨，乃擇六月朔四鼓， 帝素服草履，徒步詣山川壇，躬禱，設藁席露坐，晝暴於日，夜臥於地。 皇太子捧榼進農家食，凡三日。已而大雨霑足。中書省臣奏言太原等衛屯田宜稅。 上曰：邊軍勞苦，能自給足矣，其勿徵。四年興廣西水利，修治興安縣馬援故所築靈渠，三十六陡水，可溉田萬頃。已又命工部遣官往廣東買耕牛，給中原諸屯種之民。有司考課，令必書農桑學校之績，違者罰。今皆紙上栽桑

矣。聞士卒有饋運渡遼海溺死者，終夕不寐，乃命羣臣議屯田法，以圖長久。十四年。 上加意重本抑末。下令農民之家，許穿細紗絹布；商賈之家，止許穿布。農民之家但有一人爲商賈者，亦不許穿紬紗。著大誥，言古田井於官，驗丁給民，士農工各有專務，商出於農，貿易於農隙。朕思治窮源，與民約告，凡鄰里互相知丁，互知務業，絕不許有逸夫。二十年 上又念民貧富不均，富者畏避差役，往往以田產詭寄飛灑，奸弊百出，有司至莫能詰，而貧者益困，乃遣國子生

武淳等隨所在稅糧多寡定爲九區區設糧長四人集耆民履畝丈量圖其田之方圓曲直美惡寬狹若丈尺書主名及田四至如魚鱗相比次彙爲冊謂之魚鱗圖冊上之而經界於是乎始正先是詔兵興來所在流徙所棄田許諸人開墾業之果行此二百年百倍富於文景矣卽田主歸有司於附近撥給耕作不聽爭惟墳塋房舍還故主不聽占巳又詔陝西河東山東北平等處民間田土聽所在民儘力開墾爲永業毋起科二十一年戶部郎劉九皐言古狹鄉民遷於寬鄉欲地

不失利民有恒業也河北諸處自兵後田荒居民少宜徙山東西之民往就耕　上曰山東多曠土不必遷遷山西潞澤民無田者往業之令耕種蠲科繇仍戶給鈔二十錠備農具焉冬下令五軍都督府謂養兵而不病於農莫若屯田若但使兵坐食於農農必敝其令天下各衛所督兵屯種以紓國用巳又命移湖杭溫台蘇松諸郡無田之民往耕淮河迤南滁和等處閒田仍爲蠲賦給鈔諭戶尚書楊靖曰國家使百姓衣食足給不過因其利而利之要在處置得宜毋使有司爲侵擾也武定侯郭英請築魯王壂所享堂周垣　上曰使民以時奈何當耕種之日怠築垣以奪農時乎止之二十七年令戶部移文天下課百姓植桑棗里百戶種秧二畝始同力運柴草燒地巳乃耕比三燒三耕巳乃種秧高三尺分植之五尺闊爲壠每百戶初年課二百株次年四百株三年六百株栽種訖具如目報違者謫戍邊又以湖廣辰永寶衡等處宜桑而種者少命於淮徐取桑種二十石送其處給民種之尋遣監生人材詣天下督吏民修農

田水利而具勅天下諸陂塘湖堰可瀦畜旱暵宜洩瀉防霖潦者各因地修治毋怠亦毋得妄興工役疲吾民二十八年　旨下戶尚書言百戶爲里春秋耕獲之時一家無力百家代之又命天下鄉置一鼓遇農月晨鳴鼓衆皆會及時力服田其惰者里老督併之不率者罰里老惰不督勸亦罰蓋當是時榛莽之地在在禾麻游散之民人人錢鎛每月旦召京師父老躬諭以力田敦行於都哉　高皇帝之爲烈也體天地養萬物之心師帝王經井牧之意仁義旣效樂

利無窮、而猶蠲租之詔、無歲不下、遣賑之使、有玩必誅、恒若飢寒之迫吾民、注坒子臣之繼厥志至今讀嘉瓜一贊、雖千萬世休忘勸農之句而情見乎詞矣。則豈非世世率繇之盛軌哉。 建文帝嗣極之元年。即下養老墾田、賑貧減租之詔。而方孝孺志恢王道。謂井田爲必可行。雖當羽檄旁午。一時君若臣然不忘保民之思焉 文皇帝入纘大統、乃命寶源局鑄農器給山東等諸被兵處、徵耕牛於朝鮮、送至萬頭每頭酧以絹一疋、布四疋、以其牛分給遼東諸屯士

當謂戶尚書曰、近因兵戈蝗旱、民流徙廢業、不及今勸相使儘力農畝、將不免有失所者、其悉遣人督勸毋忽、首命靖安侯王忠、往北平安屯田軍民、整理屯種、已又允工尚書黃福奏、給陝西行都司所屬屯田牛具、如北平例、諭令寧夏各屯於四五屯內擇一屯有水草者。四圍浚濠廣丈五尺。深如廣之半。築土城高二丈開八門以便出入。而聚旁近四五屯輜重糧草於此。俾無警。各分屯耕牧。有警則驅牛羊入保。待援兵。使寇至無所掠。又命各都司摘差官軍給牛種耕閑田。視歲收之數。定考較法。謂之樣田。除官收正糧及種子外、餘糧悉以與軍、廣東奏蕃夷入貢方物、請運民力接運、 上曰、爲君務養民、今蕃貢無定期、而農民少暇日、假令自春至秋、入貢不絕、皆役民豈不妨農事其俟十一月農畢、乃令接運、聞柳州自正月至六月不雨、憂形於色乃命戶部亟遣人往視之、又下 詔中外軍民子弟、自削髮冒僞僧者。并其父兄發五臺山輸作畢日就北京爲民種田、車駕北征、有告軍士取民田穀飼馬者、面責之曰、農終歲胼

胝以供國用汝獨不念耶、斬以徇、 文皇帝躬親戎馬者四五載、念民勞止、時加撫綏、已復三犁虜庭司農拮据不遑、惟是留意邊計所畫屯田法甚具、斯亦厚農裕國一長略矣、 昭皇帝當監國時、台州啓修復河道、諭工部以春秋慎用民力而譏不時、可令農隙修築、嘗赴召過鄒縣。道逢飢民。惻然下馬。入民舍視民男女皆衣百結。竈釜傾仆。歎曰。民瘼不上聞。至此乎。召父老問所苦。賜以尚食。復責山東布政使石執中曰。民窮若此。動念否。執中以奏免田租對、曰民

飢且死。尚及徵租耶。速發官粟賑之。人六斗。毋懼擅發。吾見　上自奏也。及登極、詔下言郡縣水旱缺食、有司卽體勘賑濟、其民流徙、田土拋荒者、爲蠲實除豁、召別佃中官田。聽照民田例起科。已諭戶部令天下衛所屯田軍士、不許擅差、妨其農務、違者處重法、工給事中郭永清疏乞令有司如舊制。嚴督里老百姓。以時闢田園。修陂堰。種桑棗。從之。　上嘗促詔賑淮徐山東飢、言救困窮。當如拯焚溺。不可緩。其重民命如此、伏睹實錄所載云、　上嗣位、每曰爲人君、止

於仁、故弘施濡澤、詢民隱、急農事、日以恤人爲務、在位僅十月而德政加多、廟號曰仁、允矣哉、　章皇帝舊勞於外、知小人之依、禮部進籍田儀注、　上覽之、謂侍臣曰、先王制籍田以奉粢盛、以率天下務農所貴有實心耳、誠體　祖宗之心、念創業艱難、憂恤蒼生、使明德至治、達於神明、則黍稷之薦、不待親耕、誠輕徭薄賦、使之以時、而貴農重穀、禁止遊食則人咸趨稼、不待勸率、斯益識禮之意矣、已因春雨頻降、令戶部移文郡縣、均徵徭、勸農桑、貧不給者、發倉賑之、

時有建言洪武中。命天下栽桑棗。今砍伐殆盡。有司不督民更栽。致民無所資。　上曰、古宅不毛者罰里布。　祖宗養民意甚重。其申令郡縣督民以時栽種。仍遣官巡視。嘗謁　陵。道中憫秉耒者。爲賜鈔。因御製耕夫記。識不忘。又嘗諭吏部臣以欲使農民得所。在擇賢守令。因出御製憫農詩一章示之。而喜雨則有詩。織婦則有詩。豳風圖則又有長詩。令揭便殿。資儆勵。又令北直隸地方。照洪武二十八年山東河南事例民間新墾田地無多寡不起科有氣力者儘力

種。率此言也以至于今樂利遍天下矣蓋嘗反覆　章皇帝愛養懿政。而深有味乎其言也。曰朕祇奉　祖宗成憲、諸司事有奏請者、必考舊典、兢兢民事、斯固其法祖大端云、明興七十載於茲　高皇帝深仁厚澤、業奠不拔之基、而農業艱辛。載在　皇陵碑記。且務本之訓。傳自文皇。鋤禾日當午之詩。授于　仁廟休養生息堂構相承天下方脫鋒鏑湯火之苦守令尚保舉久任肅法字下。役簡賦薄。安堵蕃富。號稱治平。比　英廟沖齡嗣位、臨以　太皇太后、猶襲餘庥、無忘民瘼、楊士

奇等上言　太祖篤意養民備荒有制又開濬陂塘修築圩壩以備水旱歲久弊滋水利多湮請遣京廉幹者往督有司平糴備荒修復陂塘圩壩即用以殿最有司得　旨令亟行之葢本朝　高章一創一守光禹湯而邁成康其傳家經國惟是重農爲啓佑而億萬載無疆惟休厥有本矣景泰間商學士輅陳邊務言口外田地極廣其附城堡膏腴先經在京勛臣等家占作莊田其餘閑田又被鎮守總叅等官占爲業軍士無近便田地可耕下所司查議繇成迄弘

蓄積寖寡而盜寖繁乃下令申飭洪武中預備四倉之制（先政蕩然矣）括鍰金糴粟及勸借里戸以備旱澇已又招民輸粟補官暨贖罪而督有司積粟視州邑大小有差法具備乃貴戚内臣則往往有莊田又有皇莊田倣宋季公田租課典以中官所侵奪鄰近民家業甚橫賴　敬皇帝仁明稍裁以法一時貴戚近幸歛手不敢肆云當弘治初　上允戸尚書請令禮部于耕籍儀註内增上中下農夫各十人服常服執農器引見行禮乃令終畝人賜布一疋又允撫臣言疏

治河南彰德等府州縣渠堰凡王府屯官之兼幷豪右碾磨之侵據悉釐正之尋又遣工侍郎濬吳淞白茅港以泄積水當是時　上方銳意圖治農桑不擾蠲恤頻行十八年培植深固延至正德之季猶能挈無缺之金甌以付　肅皇夫亦　孝廟之不忘國恤所貽者遠也　肅皇帝起自潛邸適公私蠹耗之後御宇二十年以前軫念民事尤切允給事中底蘊言改皇莊爲官田禁諸勳戚家不許朦朧陳乞一掃中葉來畿甸民之擾害又下詔言農衣食所出王政之

首務也各該撫　巡所屬官帶農田銜者不許營別差委務督令舉職循行勸課其原未設官者委佐貳主之歲嚴課其殿最其土田爲水衝沙塞江海堋淤者飭有豁除所司不能究宣獨優富家不及貧弱加之攤派包賠細民滋困其擇廉節官勘覈豁除之九年建先蠶壇於北郊十年行祈穀禮於大祀殿已而召翟學士鑾等偕往西苑視收穫　帝御邠風亭諭諸臣曰農之勞苦親見爲眞我　聖祖嘗有訓曰衣帛當思織婦之勞食粟當念農夫之苦以此觀之委爲

粒粒辛苦也又建無逸殿書周書無逸篇於其壁題其旁亭曰省耕曰省斂倉曰恒裕刻與獻考睿製農家忙律於殿壁御爲文記之意念遠矣十八年還自顯陵途中爲賦麥浪詩十九年禱雨宮中有應二十年禱雪有應皆爲賦詩志喜時蓋玄修未啓嚴嵩未柄用南北兵戈未熾而 上所爲垂章光于蔀屋灑露潤於窮畎蓋猶有恭儉之思焉 穆皇帝清淨化民寬仁馭下二年之耕籍三年之賑災休有烈光雖非久 上賓貽謀弘遠矣嗣我 皇上天挺英睿虔

始厲精萬曆初允輔臣議清丈均賦者用蘇民困非盡地利求增稅也恩意深篤一時府州縣無敢不行丈量法者撫按官督課嚴核其清强敏練撫字忠愛之吏因得自効而諸方田法令纖悉明具人習步算而賦均異時虛糧貽累之弊盡汰步算乃待此時習耶且亦何能習也十三年春久不雨屢禱未應命禮部具躬禱南郊儀以聞 上曰朕步行不乘輦百官隨行天象災旱朕爲黎庶祈禱豈憚途勞乃齋居夙戒擇四月十七昧爽步詣郊壇祭禱如儀 上於幄次諭輔臣等曰天時亢旱雖由朕不德亦因天下有司多貪暴爲民害干天和自今其愼選毋忽仍步還宮浹旬乃大雨是舉也宛然 高皇帝憂旱芳規矣已因中州大飢特出內帑遣鍾御史化民持節往賑而慈聖宮中宮各爲捐助費不下數十萬中外莫不歌舞 皇仁乃頃者征繕日煩繭絲遍天下議者惓惓罷升権譬病癰疽不遑念元氣藉使應砭而愈正費調治臣請言調治之方則無如重農矣公出獄余贈之未及勞苦輒道此數語甚切又亟與余索江南農師以治江北之田仁人之言哉 國家奠鼎燕京卽勝國之故都

勝國當泰定時翰林學士虞集議以爲京師東瀕海數千里北極遼海南濱青齊皆萑葦之所生也海潮日至淤爲沃壤請宜用浙江之法築堤捍水爲之田聽富民願耕者合其衆分授以地定其等爲之疆畔能以萬夫耕者授以萬夫之田爲萬夫之長能以千百夫耕者亦如之十年後田成有積蓄命以官高者佩印符許傳子孫如軍官之法則近可得民兵十萬以衞京師禦島夷遠可紓東南萬里航海饋運之危難而江海游食輕剽之民亦率有歸議中格後竟以

海運不繼，亟為海口萬戶之設，大都本集言。然已無及矣。本朝海運既廢，軍國大命，獨倚重於漕。儲頃復黃淮梗塞，轉運艱阻，且倉庾無二年之蓄，水旱有不時之憂，而三輔頗多曠土，海壖率成沮洳，在在可耕可鑿。嘉靖中給事中泰鰲、詹事霍韜，皆扼腕言之。邇年給事中徐貞明，念西北水利事，裹糧從二三屬吏解事者經度之，信其必可行，以為京東輔郡皆負山控海。負山則泉深而土澤，控海則潮淤而壤沃。諸州邑泉從地湧，一決即通水與田平，一引即至，其可疏

鑿成田，如密雲之燕樂莊，平峪之水峪寺及龍家務莊，三河之唐會莊、順慶屯地，皆其著者。薊州城北則有黃厓營，城西則有白馬泉、鎮國莊，城東則有馬伸橋、夾林河而下，城南則有別山鋪，夾陰流河而下，至於陰流濱，疏渠皆田也。遵化西南平安城，夾運河而下，及沙[illegible]鋪地方，又鐵廠湧珠湖，以下至韭菜溝、上素河、下素河百餘里，夾河皆可田。遷安北徐流營山下湧出五泉，合流入桃林河，又三里橋湧泉流入灤河，又蠶姑廟湧泉成河，夾河皆可田。盧龍燕河營湧泉成河，及營東五泉湧漫四出，至張家莊。撫寧西臺頭營河流，亦自燕河營湧泉而來，皆可田。豐潤南則大寨及刺榆坨、史家河、大王莊，東則榛子鎮，西則鴉洪橋，夾河五十餘里，皆可田。玉田青莊塢，導河可田。後湖莊疏湖可田。三里屯及大泉小泉，引泉可田。其間有民棄不業之地，有屯地，有牧地。民棄不業者，召民業之，助其力。屯牧地屬官者，闢其蕪而收其入。先之京東數處，兆其端，而畿內列郡可漸行也。先之畿內列郡，引其緒，而西北之地可漸行也。在邊陲則

先之薊鎮，而諸鎮可漸行。至瀕海則先之豐潤，而遼海以東，青徐以南，皆可漸而行也。乃陳興水利十四便，益言甚悉。又謂行水之地，高則開渠，卑則築圍，急則激取，緩則疏引。其最下者，遂以為受水之區，勢固不可強。如懷慶當丹沁下流，而真定尤滹沱所必衝，安能久而無患？今致力當先于水源，先其源則流微而易御。田其上流，則水殺而無衝激汎濫之虞。疏上，竟沮浮議不果行。先是，臺臣周用，因河數衝淤，議及東省水利，以為治河墾田事相表裏，田不治則水不

可治、運河以東、濟南東昌兖州三府州縣、雖有汶沂洸泗等河、與民間田地、曾不相貫注、每年泰山徂徠山水驟發。則漫爲巨浸、潰決城郭、漂没廬舍、與河無異。一值旱暵。則又故無陂塘渠堰。蓄水以待急。遂致齊魯之間。方四五千里之地。一望赤地。蝗蝻四起。草穀俱盡。此皆溝洫不修之故。今欲修溝洫。非謂一一如古也、（古人原是如此）但各因水勢地勢之宜。縱橫曲直。隨其所向。自高而下。自小而大。自近而遠。盈科而進。委之於海。莫若正疆里以稽工程。集人力以助夫役。蠲

荒糧以復流移。專委任以責成功。持定論以察羣議。毋以欲速而輒更張。毋以小利而生沮撓。則治河裕民之計也。事需後、張瀚之請墾鳳淮田也。疏稱兩府地廣人稀。一望黃茅紅蓼。多不耕之地。間有耕者。又苦旱澇。雨多則橫潦瀰漫。無處歸束。無雨則任其焦萎。救濟無資。是以飢饉窘迫。煙稀土曠。此地界連蕭碭汝頳。逋逃之藪。積久不無隱憂。宜得專官。教民稼穡。夫水土不平。耕作無以施方。必先度量地勢高下。跟尋水所歸宿。濬河以受溝之水。開溝渠以受橫潦之水。官道之衝。設大堤以通行。偏小之村。亦增卑以成徑。惟欲於道傍多開溝洫。使接續通流。水由地中行。不占平地。又度低窪處所。多開塘堰以瀦蓄之。夏潦之時。水歸溝塘。亢旱之日。可資引溉。高者麥。低者稻。平衍地多則木棉桑枲。皆得隨宜樹藝。土本膏腴。地無遺利。遍野皆衣食之資矣。次則招撫流移。寬慰安插、量撥地土。處給牛種、蠲逋貸、緩起科、又或招致江南客戶、或勸諭本土地鄰、或審擬徒夫無力者。令供役開濬。有力者出貲給食。皆僉事可得專行。議既

允、惜其時不講于任官之道、而猥以委之貪穢之史枲僉、竟令以人麋盛舉也、若東南水利、吕光洵條議特詳、謂三吳古稱澤國、其西南翕受太湖陽城諸水、形勢尤卑、而東北際海岡隴之地、視西南特高、高者田常苦旱、卑者田常苦澇、昔人治之、高下曲盡其制、旣於下流之疏爲塘浦、導諸湖之水、由北以入於江、由東以入於海、而又畝引江潮流行於岡隴之外、（岡隴海涘也岡隴之外則海矣）是以瀦洩有法、而水旱皆不爲患、近來縱浦橫塘、多湮塞不治、惟二江頗通。曰黃浦。曰劉家

涸然太湖諸水、源多而勢盛、二江不足以洩、而岡隴諸支河、此處實非岡隴蓋近海之地比下鄉稍高耳如吾松之稱沙岡竹岡者皆是也又多壅絕、無以資灌溉、於是上下俱病、而歲常告災、治之之法、當自要害始、先治澱山等處一帶茭蘆之地、導引太湖之水、散入陽城昆承三泖等湖、又開吳淞江并太盈趙屯等浦、洩澱山之水、以達於海、濬白茆港并鮎魚口等處、洩昆承之水、以注於江、開七浦鹽鐵等塘、洩陽城之水以達於江、又導田間之水、悉入於小浦、小浦之水、悉入於大浦、使流者皆有所歸。而瀦

皆有所洩。則下流之地治。而澇無所憂矣。凡岡隴支河、湮塞不治者、皆濬之深廣。使復如舊。則上流之地亦治。而旱無所憂矣。此三吳水利之大經也。潘鳳梧有言、水利微妙、通知者少、自非殫思熟見、鮮能究其源委、試舉嘉湖、餘可類推、夫防護修葺之法、小民鼂無知、全賴上人真知而禁之、如湖州之圩低、其港常闊、人憚於增外、僅爲修內、故水益闊、易衝、而湖州多淹、崇桐之土高、其港常窄、人憚於開外、日爲填出、故水益窄易涸、而崇桐多乾、此其言蓋與光洵議互相

發云、湖州地下無土、崇桐地高土多、無土者將何增外、土多者其傍河之田、不肯增土以爲岡隴、凡高下鄉皆然、低鄉築圩、高鄉開河。如是而已、中州濱河之區、歲苦馮夷衝齧、顧以全河建瓴而下、當秋水時至、百川灌河、方數千里之水。曾無一溝一澮。爲之停蓄。以故頻受其患。而不獲資尺寸之利。若乃鄴之漳水。南陽之鉗盧陂。昔人率用以廣灌溉。宋於河北諸州。水所積處。興堰六百里。置斗門引定水灌田。民賴其利。何至於今皆没没也。關中引涇通渭。故有鄭國渠白渠。諸跡可尋。并州西南。若汾若沁。盡可引注爲農田。用李冰爲蜀

守。壅江水作堋穿二江通舟楫。因以溉諸郡。今陸海固在也、三楚漢沔、西來大江中、貫洞庭浩淼、誠盡力溝洫、開渠建閘、在在腴壤、何至如今之鹵莽而穫、廣南沿海、多淤沙饒沃、容有未興之利、八閩江右。畝窄人稠。乃中原迤北之境。則極目荒莽水無嚮導田不墾發、小人之情。安土重遷。寧就飢餓、終無適樂土之慮。故民之爲言瞑也。謂瞑瞑無知。猶羣羊聚畜。然須牧者之所置之。置之茂草則肥澤繁息。置之磽鹵則零耗。善乎崔寔之言之也。我　高皇帝深維理道、數。

徙民就業寛鄉移人通財以贍蒸黎猶彷彿乎井授遺意而嗣後絕未有踵行之者何哉若屯政梳爬非不嚴也而託名逃荒巧為影占者弊仍未易究詰乃邊鎮如遼東如宣大如甘肅視國初屯糧之原額今且不啻損十之五即雖叅罰之例故未嘗廢亦惟是較多寡于催科曾未聞有以撫流移闢草萊上功幕府者又何暇責以建阡陌浚溝洫導利於非常之原乎昔有為行經界寓地綱之議者以為狄騎利在平曠易為馳突今邊塞率平原曠野險阻實稀宜因屯

田定其經界開為溝洫就用田者之力每一里共濬一溝外如古井田之制一可以息爭端二可以備旱潦三可以阻敵騎四者或我兵車禦虜即可依此為常陣免臨時掘塹之勞此蓋本吳玠在天水軍制金騎遺法也今井制堙廢久矣聞山東登萊猶存畝澮而東虜竟以勢難踰越不敢犯寧夏多水田有溝塹夏月種作則胡馬不能來故稱安寧以斯知廣畝濬川所以興利厚農亦以設險守國且也計口授田俾有恆產庶人人樂本業而安為黔首即有豪傑難以

率亂故三代盛時人必里居地必井畫帝王治天下之大經大法率不外此方正學有言流俗謂井田不可行者以吳越言之山溪險絕而人民稠也夫山溪之地雖成周之世亦用貢法而豈強欲堙卑夷高以盡井哉但使人人有田田各有公田通力趨事相救相恤不失先王之道則可矣而江漢以北平壤千里盡而井之甚易為力也嗟乎自限田名田之議先漢不即行而貧富益遠唐李翺宋林勳倣古井田意分劈講畫作平賦政本王書甚具而宋儒張子厚有買

田一方畫為數井之思且講求法制以為不刑一人而可復時皆不售淳熙中朱文公熹知漳州欲行經界獨丈量隱稅令貧富得以實自占非復若限田均田之難而亦竟為豪家猾吏所排沮所以深致慨于井制之未易復也生民之計將無已遂窮乎亦惟是我　高皇帝宸慮精詳時時體井田遺意即召人墾荒亦必驗丁撥給限定田畝不許抛荒流移而御製大誥續編且惓惓以田不井授為憾諸所為農田計久遠者酌古準今足為萬世法程至明也余嘗謂夏后五十殷

人七十非厚民而多予之田乃限民不得多種也吾
高皇帝寘得此意矣故曰朔明主意見自然到此不
可學不
必學也
當其時三尺新懸有司奉行惟謹未嘗特爲農事設專官人盡農官也以農桑責之郡縣以屯種責之衛所非農事修舉不得注上考
官愈增事愈廢
矣何也事廢而
後增官官增謂事舉
矣其實不舉事也
蓋設官分職原以爲民孔曰富之孟曰制田里教樹畜舍此更何事事哉嗣後不察而增設府州縣勸農佐貳設屯田水利臬臣又或特遣重臣諸牧民之長其賢者亦或體上愛養至意不然者且見以爲業有專官而已可弛擔也先臣吳世

忠嘗咄嗟道之矣曰臣任給事中時其言水利爲農田急務幸准覆行及備員湖藩而所屬陂塘池堰瀦塞如故爲豪家填占迷失者在在有之有塘寬十百餘畝無勺水可資
若占塘爲田則豪家也塘寬
而無勺水可資則非豪家也
召里老咨問云往朝廷重農州縣以水利爲急差官清理歲有修築於時豪强不敢填占民以實保結故亢旱而農田有救百姓有所賴也邇年州縣官惟勾攝詞訟之爲急其餘塘堰冊報類非覈實豪强填占又罷不問雖奉勘合行視特科索里尸供應而去初曷嘗

一至郊野見所謂隄塘渠堰爲何若哉及亢旱無收恩旨蠲免則已先期督徵入官民未沾惠而國用不足往往又額外科征之此獄訟所以日繁而盜賊滋有也嗚呼自昔而已然矣將何以挽其流乎古天子巡狩入其境田野闢受上賞荒蕪不治蒙顯罰近世設按察司察此務分巡御史巡此務也竊查憲綱一欵農桑乃生民衣食之源仰本府州縣行移提調官常用心勸諭農民趁時種植仍將種過桑麻等項田畝計料絲綿等項分豁舊有新收數目開報先臣霍

韜發憤言此乃巡按御史急務也今則徒爲文具而已旌舉守令何曾稱其守其令與過若干水利勸過若干農桑乞勅都察院舉行其在陝西山西北直隸河南尤爲至急而邇年都御史孫丕揚請以保民實政五事課有司庶幾申明　高皇帝要束奈何率弁髦之也守令分符而治一方儼然古封建侯伯之儔昔尼父孜孜矻矻無一同一旅以抒其猷士抱遺經遇主輒提千里之封乃民事不以關心而一任蒿萊之彌望詡詡法何
富教先勞亦私議于車塵馬足
之間而已痛哉可爲慟哭者也
趙

邦清之爲縣縣也。均田治水，儲粟賑災，恕勞有所不遺。此有司之則也。

農政全書卷之三 終

農政全書

農政全書卷之四

特進光祿大夫太子太保禮部尚書兼文淵閣大學士贈少保謚文定上海徐光啓纂輯

欽差總理糧儲提督軍務兼巡撫應天等處地方都察院右僉都御史東陽張國維鑒定

直隸松江府知府穀城方岳貢同鑒

田制

玄扈先生井田考

井田考

周禮小司徒經土地而井牧其田野，九夫爲井，四井爲邑，四邑爲丘，四丘爲甸，四甸爲縣，四縣爲都，以任地事，以令貢賦。

王禎曰：按古制井田，九夫所治之田也。鄉田同井，井九百畝，井十爲通，通十爲成，成十爲終，終十爲同，積萬井，九萬夫之田也。井間有溝，成間有洫，同

一同有澮、所以通水於川也、遂人盡主其地、歲出稅
各有等差、以治溝洫、
陳祥道曰、三屋爲井、井方一里、九夫、四井爲邑、邑
方二里、三十六夫、十六井爲丘、丘爲四里、百四十
四夫、六十四井爲甸、甸方八里、五百七十六夫、二
百五十六井爲縣、縣方十六里、二千三百四夫、一
千二十四井爲都、都方三十二里、九千四百十六
夫、
考工記匠人爲溝洫、耜廣五寸、二耜爲耦、一耦之伐

廣尺深尺、謂之畎、田首倍之、廣二尺、深二尺、謂之遂、
九夫爲井、井間廣四尺、深四尺、謂之溝、方十里爲成、
成間廣八尺、深八尺、謂之洫、方百里爲同、同間廣二
尋、深二仞、謂之澮、專達于川、凡天下之地勢、兩山之
間必有川焉、大川之上、必有涂焉、
注曰、三夫爲屋、屋具也、一井之中、三屋九夫、三三
相具以出賦稅、共治溝也、方十里爲成、成中容一
甸、甸方八里、爲出田稅、緣邊一里治洫、方百里爲
同、同中容四都、六十四成、方八十里出田稅、緣邊
十里治澮、
遂人、凡治野、夫間有遂、遂上有徑、十夫有溝、溝上有
畛、百夫有洫、洫上有涂、千夫有澮、澮上有道、萬夫有
川、川上有路、以達于畿、
注曰、十夫二鄰之田、百夫一酇之田、千夫二鄙之
田、萬夫四縣之田、遂溝洫澮、皆所以通于川也、萬
夫者方三十三里少半里、九而方一同、以南畝圖
之、則遂從溝橫、洫從澮橫、九澮而川周其外焉、去
山陵麓川澤溝洫城郭宮室涂巷三分之制、其餘

如此、以至于畿、則中雖有都鄙、遂人盡主其地、
司馬法、六尺爲步、步百爲畝、畝百爲夫、夫三爲屋、屋
三爲井、十爲成、成十爲通、通十爲終、終十爲同、
書曰、予決九川距四海、濬畎澮距川、
左氏傳曰、少康之在虞、思有田一成、有衆一旅、
按蔡氏註書畎澮之制、但據周禮言之、蓋虞夏之
制已無所考、然少康有田一成、有衆一旅、與一甸
六十四井五百一十二家之數畧同、則田制亦不
甚異也、

孟子曰、夏后氏五十而貢、殷人七十而助、周人百畝而徹、其實皆什一也、

陳祥道曰、夏商周之授田、其畝數不同、何也、禹貢於九州之地、或言土、或言作、或言乂、蓋禹平水土之後、有土見而未作、有作焉而未乂、則于是時人工未足以盡地力、故家五十畝而已、洎歷商周、則田浸闢而浸備矣、故商七十而助、周百畝而徹、詩曰、信彼南山、維禹甸之、畇畇原隰、曾孫甸之、我疆我理、東南其畝、則浸畧于夏、備于周、可知矣、

劉氏曰、王氏謂夏之民多、家五十畝而貢、商之民稀、家七十而助、周之民尤稀、家百畝而徹、熊氏謂夏政寬簡、一夫之地、稅五十畝、商政稍急、一夫之地、稅七十畝、周政極煩、一夫之地盡稅焉、而所稅皆十一、賈公彥謂夏五十而貢、據一易之地、家二百晦、而稅百畝也、商七十而助、據六遂上地百畝、萊五十畝、而稅七十五畝也、周百畝而徹、據不易之地、百畝全稅之、如三子之言、則古之民常多、而後世之民愈少、古之稅常輕、而後世之稅愈重、古之地皆一易、而後世之地皆不易、其異然哉、

玄扈先生曰、按三代制產、多寡不同、諸家之說互異、劉氏一首疑之、夫謂古民多、後世之民少、必不然也、生人之率、大抵三十年而加一倍、自非有大兵革、則不得減、唐虞至周、養民幾二千年、雖其間兼幷者歲有、度不能減生人之率、三代革命、所殺甚少、春秋時所殺亦少、直至戰國、乃殺人以數十萬計、此皆唐虞之代所留也、度殷時人當數十倍於夏、周時數十倍於殷耳、安得謂古時人多、而後世少乎、且禹驅蛇龍

以居人、謂人多而田少、欲多授而不足、無是理也、謂古稅輕、後稅重、此無從辨其然不然、但如熊氏之說、則夏商皆二十稅一矣、乃既賦田于民、又有稅有不稅、而所稅者必于十一、此成何政體乎、亦無是理也、謂古地一易、而後世之地不易、此於理宜有之、何者人少地多則歲易、人多地少則不易耳、但如賈公彥之說、則夏實二佰畝而貢、殷實百五十畝而助、即歲易者以二當一、亦當言百畝、柰何二百畝而反謂五十畝乎、亦無是理也、三家之言、大都曲說、劉氏之疑

民多少是也，而疑歲易之田亦誤，以愚意言之，此其間有一可論，有一不可論。嘗考尺度畝法，周之百畝當今田二十四畝五分有奇而已，若夏尺夏畝與周等者，其五十畝當今田十二畝有奇而已，而謂足以食八口之家乎？且聖王制產，必度民之力可治，必度民之用可足，何至夏周之間，所差一倍，非夏之民勤于食，則周之民勤于力矣。此其尺度畝法，必有異同，乃夏商之故，今不可考也。此所謂不可論者也。其可論者，則三代聖王所爲厚于民者，非以多予之田爲

厚，而以少與之田爲厚。譬食小兒者，非以多予之食爲愛，而以少予之食爲愛也。語曰：務廣地者荒。詩曰：無田甫田，惟莠驕驕。故后稷爲田，一畝三畎，伊尹作爲區田，負水澆稼。古之治田者，盡力盡法，而不務多。大禹時稷爲農師未久也，於是洪水初治，作乂之土甚多，深恐其民務于廣地，以致荒蕪，故限田五十，不得踰制，而使精于其業。人人用后稷之法，即此五十之田，可以足八口之食矣。治田既少，業既尚精，積久之後，因生便巧，如后稷之耕，兩耜爲耦，其孫叔均遂作牛耕是也。便巧既多，人力有餘，至于殷周，遂以漸加多，而其田亦治，故由七十而至于百畝，要使人之力足以治田，田之收足以食人，必不至于務廣而荒耳。然周人治田既稍廣，畜積必倍多，故周禮能以九年耕餘三年之食矣。今世貧人無卓錐，而廣虛之地，數口之家，輒田二三百畝，鹵莽滅裂，豐年則爲薄收，水旱則盡荒矣。此上之無法以教之，無制以限之故也。

周尺

貨布陰

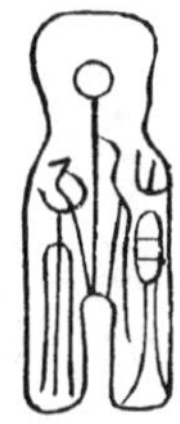

貨布陽

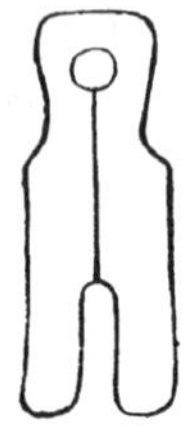

貨泉

大泉五十

考尺度，按古者度以絲起。隋志曰：蠶所吐絲爲忽，十忽爲秒，十秒爲毫，十毫爲釐，十釐爲分。考工記玉人：璧羡度尺，好三寸以爲度。好三寸，所以爲璧也。（好，璧之孔也。）裁其兩旁以益上下，所以爲羡也。袤十寸，廣八寸，所以爲度尺也。則是十寸、八寸皆爲尺矣。以十寸之尺起度，則十尺爲丈，十丈爲引；以八寸之尺起度，則八尺爲尋，倍尋爲常。此周制也。自漢以來，世無正尺，律度量衡，靡有孑遺，度無自起。儒先所謂子穀秬黍中者，徒有空言，了無實驗，心竭于思，口弊于議，不能决也。惟晉大始中，中書監荀勗尺，按古物七品多合：一曰姑洗玉律，二曰小吕，三曰西京銅望臬，四曰金錯望臬，五曰銅斛，六曰古錢，七曰建武銅尺。依尺鑄律，時得漢時故鐘，吹律命之，皆應。然時好推遷，諸代異制。隋書載尺十有五等，以荀尺爲本。大槩周尺、漢劉歆尺、建武銅尺、宋祖冲之所傳尺，皆與荀氏一體。

他如晉田父玉尺、漢官尺、魏杜夔尺、晉後尺、魏前尺、中尺、後尺、東魏後尺、銀錯銅龠尺、後周玉尺、宋氏尺、萬寶常水尺、劉曜渾儀尺、梁朝俗間尺，各與荀互異。自隋以來，荀尺亦莫傳用。唐有張文收律尺，有景表尺。五代有王朴律尺。宋則太府寺有尺四等。又高若訥嘗按古尺十五等。李照、胡翼之、鄧保信各有黍尺。崇寧中魏漢津乞用聖上指尺。又紹興中内出金字牙尺二十八，遂以其中皇祐二年所造大樂中黍尺作景鍾。然不知以何法累黍。程正叔定周尺，以爲當省尺五寸五分弱而省尺之度卒難攷詳朱元晦家禮載司馬氏及攷定雅樂黃鐘尺不明言長短則周尺之制迄無成說獨丁度建言歷代尺度屢改惟劉歆鑄銅斛之世所鑄錯刀大泉五十王莽天鳳中鑄貨布貨泉之類不聞後世有鑄者遂以此四物參校分寸正同況經藉制度皆起周世劉歆術業之博祖冲之算數之妙晉荀氏之詳密既合姬周之尺則最可法者焉但惜其事尋罷竟不施用今試以諸品泉刀攷之按漢志王莽更鑄大錢徑寸二分文曰大泉

五十天鳳五年作貨布長二寸五分廣一寸首長八分有奇廣八分其圜好徑二分半足枝長八分間廣二分其文右曰貨左曰布貨泉徑一寸文右曰貨左曰泉以貨布一分爲率參較其首身足枝長廣之數以爲尺又以大泉之寸二分貨泉之徑寸較之彼此毫釐無差足明丁之議爲至當而丁尺荀尺漢尺周尺一然無異諸家影響之說悉可廢矣蓋古人制度必徵實乃信非可以揣摩定非可以口舌爭不見古物而欲知古人之制自不可得苟丁二氏躡實之見千載同符今荀氏所攷古物七事多不可得而漢錢傳于世者則往往有之據此以求周漢之度以尋昔人定律制器營室分田之數殆爲灼然無疑者也

詳周尺一尺當今浙尺八寸當今織染所　欽降金星牙尺六寸四分自後田畝俱以周尺討定別用今尺準之

六尺爲步

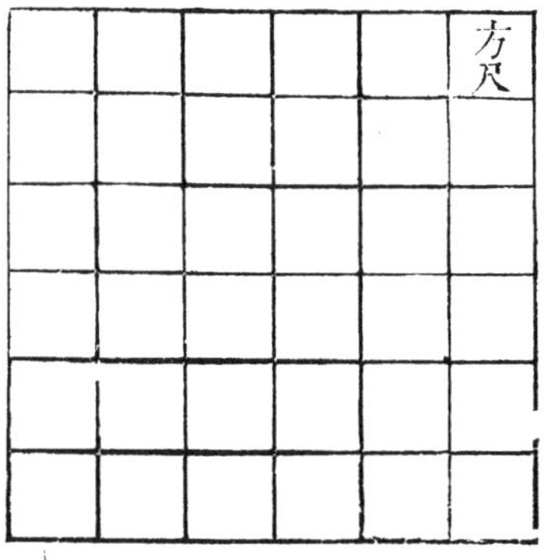

司馬法六尺爲步

每步積三十六尺

步百爲畝

司馬法步百爲畝

考工記匠人爲溝洫、耜廣五寸二耜爲耦、一耦之伐、廣尺深尺爲之畝、

古者耜一金兩人併發之、其壟中曰畝、畝上曰伐、伐之言發也、甽與代高深廣各尺、一畝之中、三甽三代、廣六尺、長六百尺、以此計畝、故曰終畝曰竟畝、鄭注畝方百步者非是、

每一畝積三千六百尺、

古之一畝、以尺計、得面方六十尺、自之得積三千

六百尺、以下畝法俱折方取易筭故

以步計得面方十步、自之得積百步、

今時畝法、以步計得面方十五步四分九釐一毫九絲三忽二微零、自之得積二百四十步爲畝、

六尺爲步、以尺計得面方九十二尺九寸五分一釐六毫零、自之得積八千六百四十尺爲畝、以三十六尺而一、得積二百四十步、

五尺爲步、以尺計得面方七十七尺四寸五分九釐六毫零、自之得積六千尺爲畝、以二十五尺而一、得積二百四十步、

以丈計畝得面方七丈七尺四寸五分九釐六毫自之得積六十丈爲畝、以二尺五寸而一得積二百四十步、

古之一畝、以今法準之、每浙尺八寸準古一尺、得面方四十八尺、自之得積二千三百零四尺、以今畝法八千六百四十尺而一得田二分六釐六毫六絲六忽零、

以六尺爲步、計之得面方八步、自之得積六十四

步，以今畝法二百四十步而一，得田二分六釐六毫六絲六忽零。後言浙尺準古，其尺法步法畝法俱倣此

若以牙尺六寸四分準古一尺，得面方三十八尺四寸，自之得一千四百七十四尺五寸六分，以今畝法六千尺而一，得田二分四釐五毫七絲六忽，以五尺爲步，計之得面方七步六分八釐，自之得積五十八步九分八釐二毫四絲，以今畝法二百四十步而一，得田二分四釐五毫七絲六忽。後言牙尺準古其尺法步畝法俱倣此

百畝爲夫

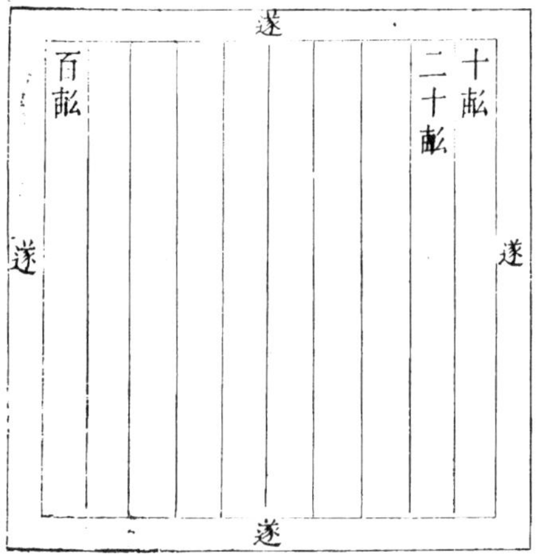

司馬法畝百爲夫

周禮遂人凡治野夫間有遂，遂上有徑。

攷工記匠人爲溝洫，廣尺深尺謂之畎，田首倍之，廣二尺深二尺謂之遂。

徑廣二尺。

每百畝積得一萬步，三十六萬尺。

面方六百尺，加遂徑八尺，共六百零八尺，自之得三十六萬九千六百六十四尺，內夫積三十六萬尺爲田百畝，遂逕積九千六百六十四尺，得二畝六分八釐四毫一六

古之百畝，今浙尺畝法筭得二十六畝六分六釐六毫六絲六忽一六

遂徑七分一釐六毫。

今牙尺筭得二十四畝五分七釐六毫。

遂徑六分五釐九毫七絲。

夫三爲屋

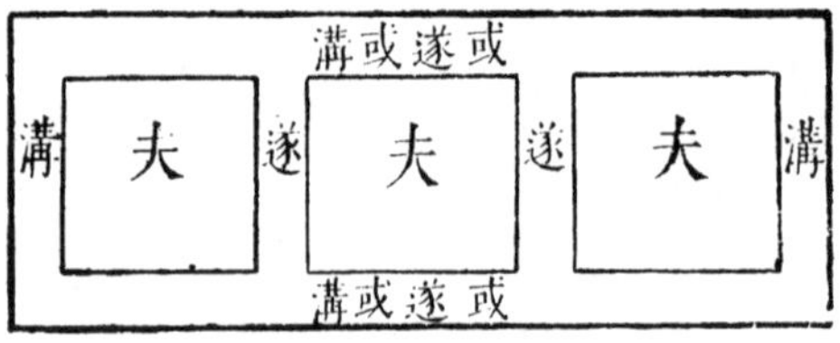

司馬法夫三爲屋、
屋具也、一井之中、三三相具出賦税共治溝也、
屋之廣長、或傍遂溝洫澮不同、今以兩濶加溝畛
兩長、一作溝畛一作遂徑計之、
長一千八百二十四尺、濶六百十二尺、自之得積
一百一十一萬六千二百八十八尺、共三百十畝
七釐九毫三六、
若以兩濶加溝畛兩長加遂徑計之、
長一千八百一十六尺、濶六百十二尺、自之得積
一百一十萬九千七百八十二尺、共三百零八畝
三分七釐三毫一二、

屋三爲井

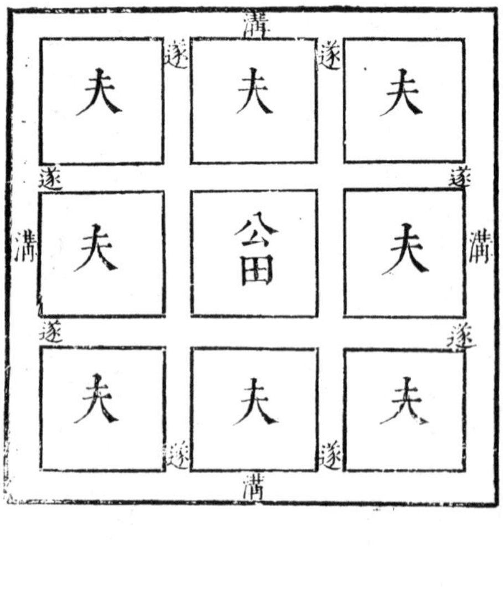

司馬法屋三爲井、

井方一里九夫、

遂人十夫有溝、溝上有畛、

考工記匠人爲溝洫、九夫爲井、井間廣四尺深四尺、謂之溝、

畛廣四尺、

一井之田、而方一千八百尺、加溝畛遂逕方一千八百二十四尺、自之得積三百三十二萬六千九百七十六尺、

内九夫積三百二十四萬尺、爲田九百畝、

溝畛積五萬七千八百五十六尺、

遂逕積二萬九千一百二十尺、二積共二十四畝一分六釐、

四井爲邑

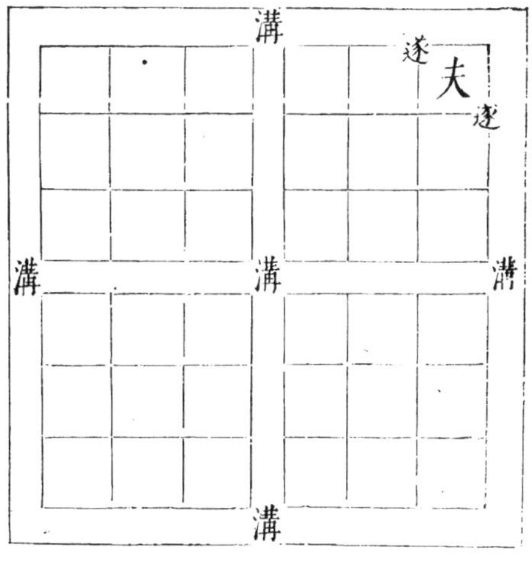

小司徒四井爲邑、

邑方二里三十六夫、

一邑之田、而方三千六百尺、加溝畛遂逕而方三千六百四十尺、自之得一千三百二十四萬九千六百尺、

内田積一千二百九十六萬尺、爲田三千六百畝、

溝畛遂逕積二十八萬九千六百尺、得八十畝四分四釐四毫一六、

四邑爲丘

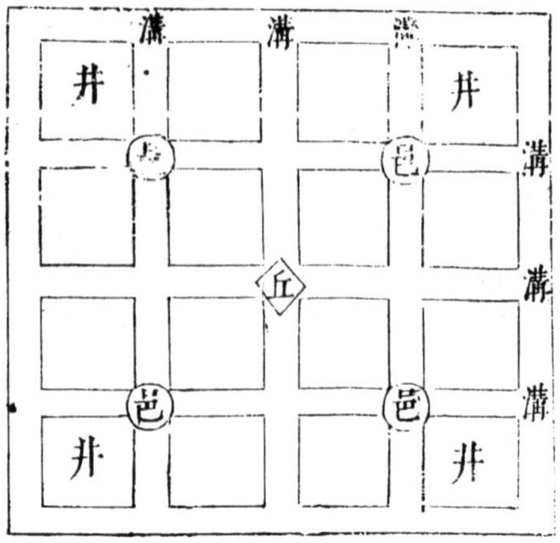

小司徒四邑爲丘
丘方四里十六百四十四夫、
一丘之田面方七千二百尺、加溝畛遂逕七十一尺、共面方七千二百七十二尺、自之得積五千一百八十八萬一千九百八十四尺、
内田積五千一百八十四萬尺、得一萬四千四百畝、
溝畛遂逕積一百零四萬一千九百八十四尺、得二百八十九畝四分四釐、

四丘爲甸

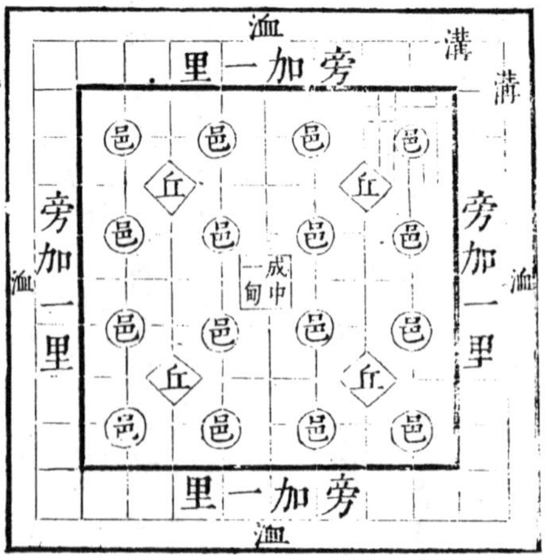

小司徒四丘爲甸、
司馬法井十爲成、
遂人百夫有洫、洫上有涂、
匠人方十里爲成、成閒八尺、深八尺、謂之洫、
成方十里、成中容一甸、甸方八里、出田稅、沿邊一里治洫、四井爲邑、四登于甸、甸方八里、旁加一里、故方十里甸之八里、開方計之、八八六十四井、五百七十六夫出稅、旁加一里、通穈隅三十六井、三百二十四夫治洫、

涂亦廣八尺、

一成之田、面方一萬八千尺、加洫涂溝畛遂逕一百八十四尺、共一萬八千一百八十四尺、自之得積三億三千零六十五萬七千八百五十六尺、內積三億二千四百萬尺、爲田九萬畝、餘積六百六十五萬七千八百五十六尺、得洫涂溝畛遂徑共一千八百四十九畝四分四毫一六、

一甸之田、面方一萬四千四百尺自之得積二億零七百三十六萬尺、爲田五萬七千六百畝、廉隅積一億一千六百六十四萬尺、爲田三萬二千四百畝、共得出稅田九萬畝、

四甸爲縣

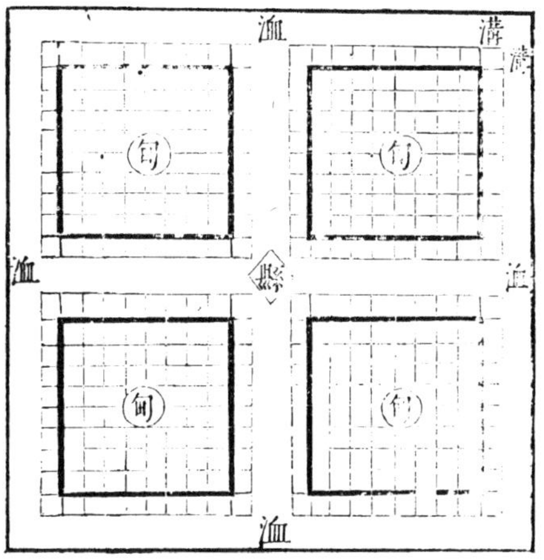

小司徒四甸爲縣、

縣方二十里、四百井、三千六百夫、

一縣之田、面方三萬六千尺、加洫涂溝畛遂徑三百五十二尺、共面方三萬六千三百五十二尺、自之得積一十三億二千二百四十六萬七千九百零四尺、 內積一十二億九千六百萬尺、爲田三十六萬畝、餘積二千六百四十六萬七千九百零四尺、得洫涂溝畛遂徑共七千三百五十二畝一分九釐五毫二、

四縣爲都

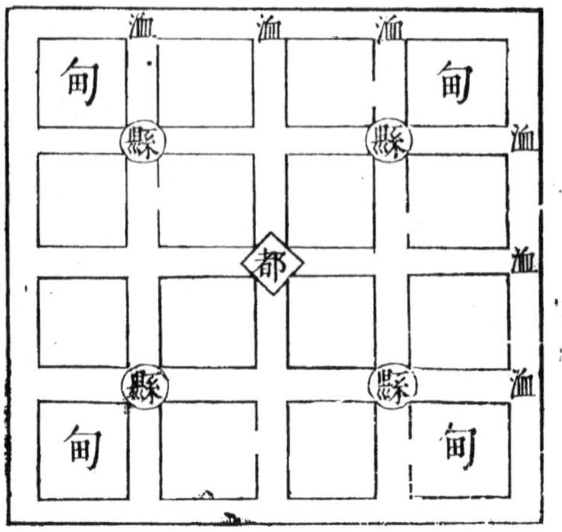

小司徒四縣爲都、
都方四十里、一千六百井、一萬四千四百夫、
面方四十里爲都、一都之田、面方七萬二千尺、加洫涂溝畛遂逕六百八十八尺、共面方七萬二千六百八十八尺、自之得積五十二億八千三百五十四萬五千三百四十四尺、內積五十一億八千四百萬尺、爲田一百四十四萬畝、餘積九千九百五十四萬五千三百四十四尺、得洫涂溝畛遂徑、共二萬七千六百五十一畝四分八釐四毫一六、

四都爲同

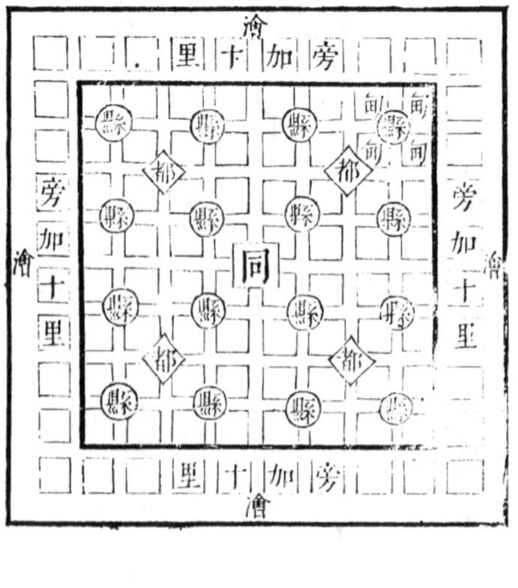

遂、八千夫有澮、澮上有道、
匠人方里爲同、同間廣二尋、深二仞、謂之澮、專達于川、
同方百里、同中容四都、方八十里、出田稅、沿邊十里治澮、四甸爲縣、四登于同、同方八十里、旁加十里、故方百里、同之八十里、開方計之、八八六十四成、六千四百井、五萬七千六百夫、出賦、旁加十里、通廉隅三十六成、三千六百井、三萬二千四百夫、治澮、

澮達于川、川者大水通流、非人力所治、
道廣二尋、
井田之制、備于一同、
一同之田面方一十八萬尺、加澮道六十四尺、洫涂一百四十四尺、溝畛七百二十尺、遂徑八百尺、共得面方一千七百二十八尺、六而一、得三萬零二百八十八步、自之得積九億一千七百三十六萬一千九百四十四步、以畝法積百步而一、得九百一十七萬三千六百二十九畝四分四釐、內六

十四成、積五億七千六百萬步、爲田五百七十六萬畝、廉隅三十六成、積三億二千四百萬步、爲田三百二十四萬畝、共得出稅田九百萬畝、澮道洫涂溝畛遂徑、共一十七萬三千六百二十九畝四分四釐、
若以面方一十八萬一千七百二十八尺、自之得積尺三百三十億零二千五百零六萬五千九百八十四尺、以畝法三千六百尺而一、得田數與前術同、

今時浙尺八寸、當古一尺、六尺爲步、二百四十步爲畝、筭得田二百四十四萬六千三百零一畝一分八釐四毫、牙尺六寸四分、當古一尺五尺、爲步二百四十步爲畝、算得田二百二十五萬四千五百一十一畝一分七釐一毫一絲七忽、
古之九百萬、
今浙尺二百四十萬畝、
今牙尺二百二十一萬一千八百四十畝、
古之澮道等十七萬三千六百二十九畝四分四

釐、
今浙尺四萬六千三百零一畝一分八釐四毫、
今牙尺四萬二千六百七十一畝一分七釐一毫一絲七忽、

農政全書卷之四終

農政全書卷之五

特進光祿大夫太子太保禮部尚書兼文淵閣大學士贈少保謚文定上海徐光啓纂輯
欽差總理糧儲提督軍務巡撫應天等處地方都察院右僉都御史東陽張國維鑒定
直隸松江府知府 穀城方岳貢同鑒

田制

農桑訣田制篇

王禎曰、器非農不作、田非器不成。周禮遂人凡治野、以土宜教甿稼穡、而後以時器勸甿、命篇之義、遵所自也。夫禹別九州、其田壤之法、固多不同、而稷教五穀、則樹藝之方、亦隨以異、故皆以人力器用所成者、書之。各有科等、用列諸篇之右。

區田

王禎曰、按舊說區田地一畝、闊一十五步、每步五尺、計七十五尺、每一行占地一尺五寸、該分五十行、長一十六步、計八十尺、每行一尺五寸、該分五十四行、長闊相乘、通二千七百區、空一行種於所種行內、隔一區種一區、除隔空外、可種六百七十五區、每區深一尺、用熟糞一升、與區土相和、布穀勻覆、以手按實、令土種相着、苗出看稀稠存留、鋤不厭頻、旱則澆灌。結子時鋤土。深壅其根。以防大風搖擺。古人依此布種、每區收穀一斗、每畝可收六十六石、今人學種可

減半計。玄扈先生曰：當攷古今度量。又參攷氾勝之書及務本書，謂湯有七年之旱，伊尹作爲區田，教民糞種，負水澆稼。諸山陵傾阪及田丘城上，皆可爲之。其區當于閒時旋旋掘下。正月種春大麥，二三月種山藥、芋子，三四月種粟及大小豆，八月種二麥、豌豆，節次爲之。不可貪多。夫儉豐不常，天之道也。故君子貴思患而預防之。如嚮年壬辰、戊戌饑歉之際，但依此法種之，皆免飢殍。此已試之明效也。竊謂古人區種之法，本爲禦旱濟時。如山郡地土高仰，歲歲如此種蓺，則可常

熟。惟近家瀕水爲上。其種不必牛犂，但鍫钁墾劚，又便貧難。大率一家五口，可種一畝，已自足食。家口多者，隨數增加。男子兼作，婦人童稚量力分工，定爲課業，各務精勤。若糞治得法，沃灌以時，人力既到，則地利自饒。雖遇災不能損耗，用省而功倍，田少而收多。全家歲計，指期可必，實救貧之捷法，備荒之要務也。詩云：昔聞伊尹相湯日，救旱有方由聖智。限將一畝作田規，討區六百六十二。星分碁布滿方疇，參錯有條相列次。耕畬元不用牛犂，短臿長鑱皆佃器。糞腴灌溉但從宜，㢠坂窮原俱美地。舉家計口各輸力，男女添工到童稚。坎餘種耨非重勞，日課同趨等娛戲。菽粟藷芋雜數品，辦作儲糧接充餌。歲餘五口儘無飢，倍種兼收仍不啻。久知豐歉歲不常，大抵古今同一致。

賈思勰曰：區田以糞氣爲美，非必須良田也。諸山陵近邑高危傾阪及丘城上，皆可爲區田。區田不耕旁地，庶盡地力。凡區種不先治地，便荒地爲之。以畝爲率，令一畝之地，長十八丈，廣四丈八尺，當橫分十八

丈，作十五町，町間分爲十四道，以通人行，道廣一尺五寸。町皆廣一尺五寸，長四丈八尺。尺直橫鑿町作溝，溝一尺，深亦一尺。積穰於溝間，相去亦一尺。嘗悉以一尺地積穰，不相受，令弘作二尺地以積穰。種禾黍於溝間，夾溝爲兩行，去溝兩邊各二寸半，中央相去五寸，旁行相去亦五寸。一溝容四十四株，一畝合萬五千七百五十株。種禾黍，令上有一寸土，不可令過一寸，亦不可令減一寸。凡區種麥，令相去二寸一行，一溝容五十二株，一畝凡四萬五千五百五十株。

麥上土令厚二寸。凡區種大豆，令相去一尺二寸，一溝容九株，一畝凡六千四百八十株。禾一斗有五萬一千餘粒，黍亦少此少許，大豆一斗一萬五千餘粒。區種荏，令相去三尺；胡麻相去一尺。區種天旱常溉之，一畝常收百斛。上農夫區方深各六寸，間相去九寸，一畝三千七百區，一日作千區。區種粟二十粒，美糞一升，合土和之。畝用種二升。秋收區別三升粟，畝收百斛。丁男長女治十畝，十畝收千石，歲食三十六石，支二十六年。中農夫區方九寸，深六寸，相去二尺，一畝千二十七區，用種一升，收粟五十一石，一日作三百區。下農夫區方九寸，深六寸，相去二尺，一畝五百六十七區，用種六升，收二十八石，一日作二百區。諺曰：頃不比畝善，謂多惡不如少善也。區中草生，茇之。區間草以剗剗之，若以鋤鋤，苗長不能耘之者，以鉤鐮比地，刈其草歲。

又曰：兗州刺史劉仁之，昔在洛陽，於宅田以七十步之地，試爲區田，收粟三十六石。然則一畝之收，有過百石矣。少地之家，所宜遵用也。

玄扈先生曰：區收一斗，畝六十六石，即區田一畝，可

食二十許人矣。蓋古今斗斛絕異，周禮食一豆肉，飲一豆酒，中人之食也。孔明每食不過數升，而仲達以爲食少事煩。若如今斗，則中人豈能頓盡孔明數升？已自不少。而廉頗五斗，得無太多？計如今之畝若斗，則每畝可收數石，可食兩人以下耳。見文學張以言有糞壅法，即今常種稻田，亦可得穀畝二十許斛也。近年中州撫院督民鑿井灌田，竊意遠水之地，自應種旱穀，若鑿井以爲水田，此令民終歲搰搰也。若云救旱穀，則炎天爍土，一井所灌，其潤幾何？必須教民爲區田，家各二三畝以上，一家糞肥多在其中，遇旱則汲井溉之。此外田畝，聽人自種旱穀，則豐年可以兩全，即遇大旱，而區田所得，亦足免於飢窘，比於廣種無收，效相遠矣。

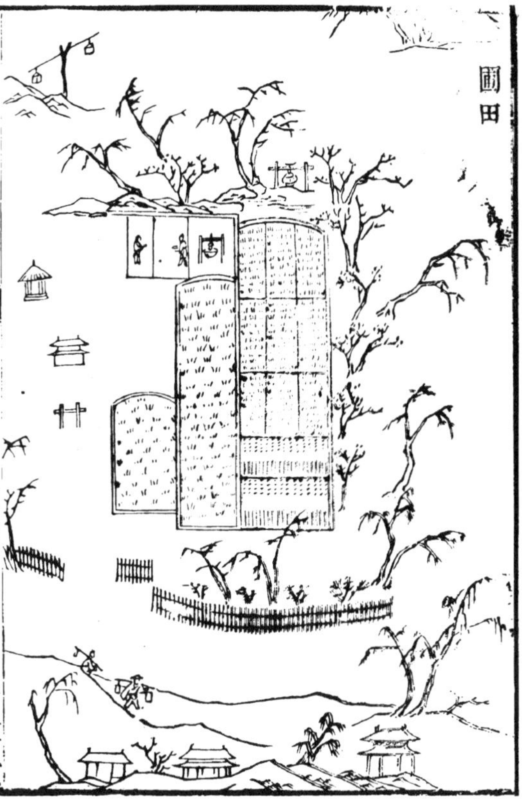
圃田

圃田。種蔬果之田也。周禮以場圃任園地。註曰。圃樹果蓏之屬。其田繚以垣墻。或限以籬塹。負郭之間。但得十畝。足贍數口。若稍遠城市。可倍添田數。至半頃而止。結廬于上。外周以桑。課之蠶利。內皆種蔬。先作長生韭一二百畦。時新菜二三十種。惟務多取糞壤。以爲膏腴之本。慮有天旱。臨水爲上。否則量地鑿井。以備灌溉。地若稍廣。又可兼種麻苧果穀等物。比之常田。歲利數倍。此園夫之業。可以代耕。至于養素之士。亦可托爲隱所。因得供贍。又可宦遊之家。若無別業。就可棲身。駐迹如漢陰之獨力灌畦。河陽之閒居鬻蔬。亦何害于助道哉。

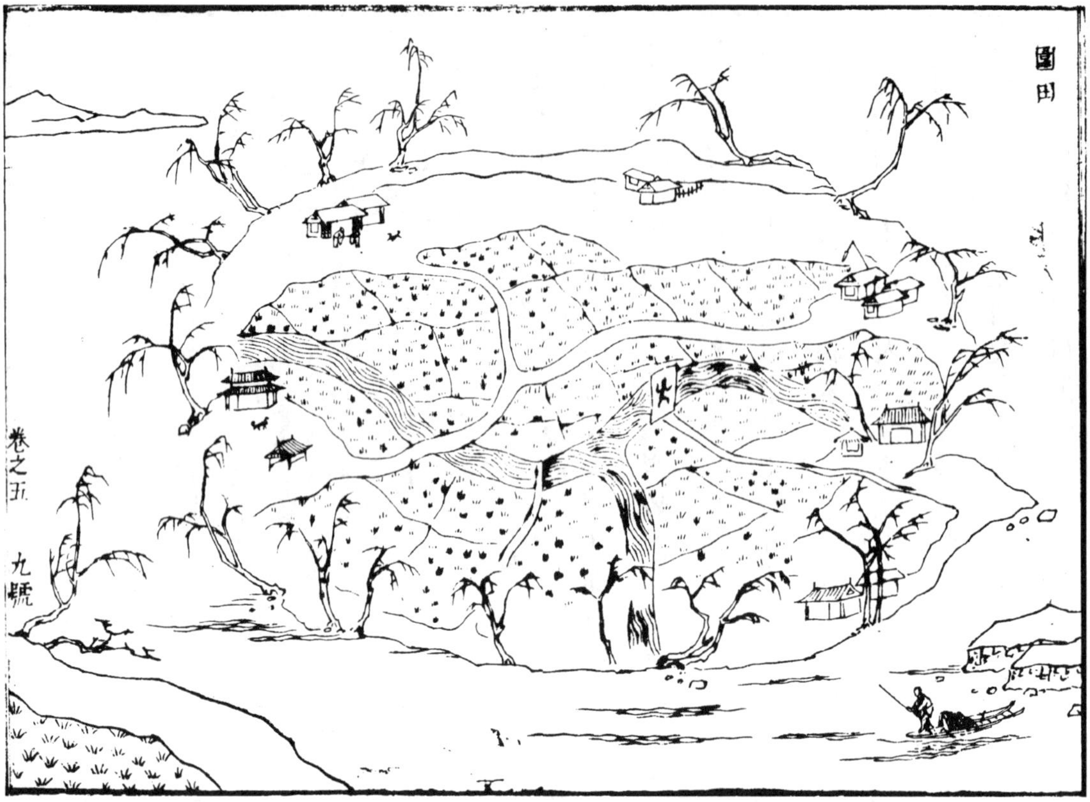

圍田、築土作圍、以繞田也。蓋江淮之間、地多數澤、或瀕水不時渰没、妨于耕種、其有力之家、度視地形、築土作堤、環而不斷、内容頃畝千百、皆爲稼地、後値諸將屯戍、因令兵衆分工起土、亦倣此制、故官民異屬。復有圩田、謂疊爲圩岸、捍護外水、與此相類、雖有水旱、皆可救禦。凡一熟餘不惟本境足食、又可贍及鄰郡、實近古之上法、將來之永利。詩云、度地置圍田、相兼水陸全、萬夫興力役、千頃入周旋、俯納環城地、穹懸覆幕天、中藏仙洞祕、外匝月宫圓、蟠亘參淮甸、紆

農政全書　卷之五　田制　十　平露堂

回際海壖、官民皆紀號、遠近不相緣。守望將同井。寬平却類川。隰桑宜葉沃、堤柳要根駢、交往無多逕、高居各一廛、偶因成土著、元不畏民編、生業團鄉社、囂塵隔市廛、溝渠通灌溉、塍埂互連延、俱樂耕耘便、猶防水旱偏、翻車能沃槁、瀽穴可抽泉、捧𫄨秧鋤後、均黄刈穫前、總治新稅籍、素表屢豐年、黍稌及億秭、倉箱累萬千、折償依市直、輸納帶逋懸、歲計仍餘羨、牙商許懋遷、補添他郡食、販入外江船、課最司農績、治優都水權、

架。田架、猶筏也、亦名葑田、集韻云、葑、菰草也、葑亦作湗、江東有葑田、又淮東二廣皆有之、東坡請開杭之西湖狀謂水涸草生、漸成葑田、玄扈曰東坡所云與此異考之農書云、若深水藪澤、則有葑田、以木縛爲田坵、浮繫水面、以葑泥附木架上而種蓺之、其木架田坵、隨水高下浮泛、自不渰浸、周禮所謂澤草所生、種之芒種是也。芒種有二義、鄭玄謂有芒之種、若今黃穋穀是也、一謂待芒種節過乃種、今人占候夏至小滿至芒種節、則大水已過、然後以黃穋穀種之於湖田、然則有芒之種、與芒種節候二義、可並用也、黃穋穀、自初種以至收刈、不過六十七日。亦以避水溢之患。竊謂架田附葑泥而種、既無旱暵之災、復有速收之效、得置田之活法、水鄉無地者宜倣之、

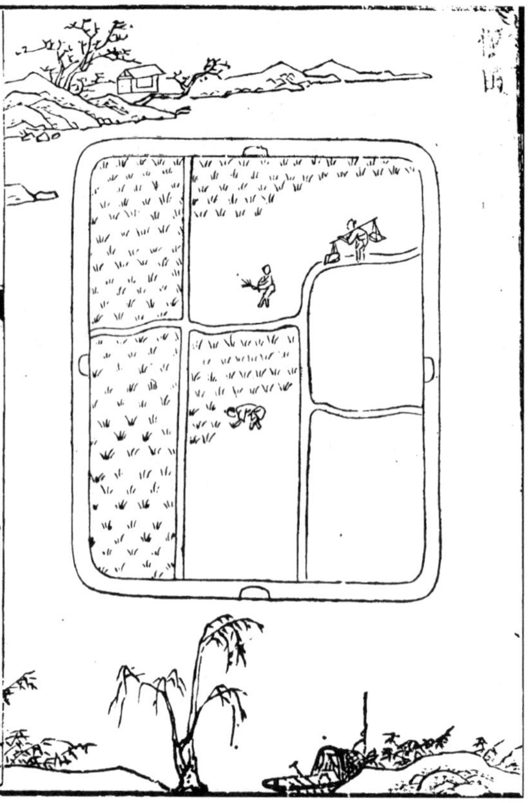

櫃田、築土護田、似圍而小、面俱置瀍穴、如此形制順置田段、便于耕蒔、若遇水荒、田制既小、堅築高峻、外水難入、內水則車之、易涸、淺浸處宜種黃穋稻。周禮謂澤草生種之、若種穋黃稻是也、黃穋稻自種至收、不過六十日則熟、以避水溢之患、如水過澤草自生、穇稗可收、高涸處亦宜陸種諸物、皆可濟飢、此救水荒之上法。一名壩水溉田、亦曰壩田、與此名同而實異、詩曰、江邊有田以櫃稱、四起封圍皆力成、有時捲地風濤生、外禦衝盪如嚴城、大至連頃或百畝、內少塍埂殊寬平、牛犂展用易為力、不妨陸耕及水耕

梯田、謂梯山為田也、夫山多地少之處、除磊石及峭壁、例同不毛、其餘所在土山、下自橫麓、上至危巔、一體之間、裁作重磴、即可種蓺、如土石相半、則必疊石相次、包土成田、又有山勢峻極、不可展足、播殖之際、人則傴僂蟻沿而上、耨土而種、躡坎而耘、此山田不等、自下登陟、俱若梯磴、故總曰梯田、上有水源、則可種秫秔、如止陸種、亦宜粟麥、蓋田盡而地、地盡而山。山鄉細民、必求墾佃、猶勝禾稼、其人力所致、雨露所養、不無少獲、然力田至此、未免藉食、又復租稅隨之

亦可憫也。詩云、世間田制多等夷、有田世外誰名題、非水非陸何所分、危巔峻麓無田蹊、層磴横削高為梯、舉手捫之足始躋、傴僂前向防顛擠、佃作有具仍兼攜、隨宜墾斸或東西、知時種早無噬臍、稺苗亟耨同高低、十九畏旱思雲霓、凌冒風日面且黧、四體臞瘁肌若刲、羹有薄穫勝稗稊、力田至此嗟彼啼、田家貧富如雲泥、貧無錐置富望迷、古稱井地今可稽、一夫百畝容可棲、餘夫田數猶半圭、我今豈獨非黔黎、可無片壤充耕犂、

農政全書　卷之五　田制　十五　平露堂

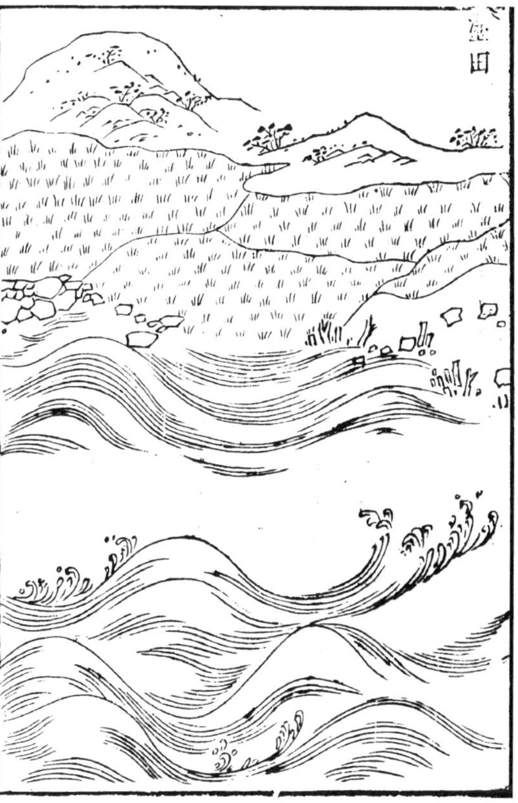

農政全書　卷之五　田制　十六　平露堂

塗。田書云、淮海惟揚州、厥土惟塗泥、夫低水種皆須塗泥、然瀕海之地、復有此等田法、其潮水所泥、沙泥積於島嶼、或墊溺盤曲、其頃畝多少不等、上有鹹草叢生。候有潮來、漸惹塗泥、初種水稗、斥鹵既盡。可為稼田。所謂瀉斥鹵分生稻粱。邊海岸築壁、或樹立椿橛、以抵潮汎、田邊開溝、以注雨潦、旱則灌溉、謂之甜水溝。其稼收比常田利可十倍、民多以為永業。又中土大河之側、及淮灣水匯之地、與所在陂澤之曲、凡潢汙洄互。壅積泥滓、退皆成淤灘、亦可種蓺。秋後

泥乾地裂。布掃麥種於上。其所收比淤田之效也。夫塗田淤田。各因潮漲而成、以地法觀之、雖若不同、其收穫之利、則無異也、詩云、書稱淮海惟揚州、厥土塗泥來已久、今云海嶠作塗田、外拒潮來古無有、霖潦滲漉斥鹵盡、沆沫巳豐三載後、又有河淤水退餘禾麥一收倉廩阜、昔聞漢世有民歌、涇水一石泥數斗且溉且糞長禾黍、衣食京師億萬口、稔知燕地多陂渠、後魏裴延儁爲幽州刺史、修復燕地、故戾陵諸碣、及范陽督亢渠溉田萬餘頃、爲利十倍、糞溉膏腴倍常畝、若云是地可塗田、先願滋培根本厚、關政令知水利先、昔司馬溫公言今關政、水利居其一、天下豈無霖雨手玄扈先生曰、溫公亦解此、但令王介甫爲之使不是、東坡輩又附會而排笮之、何哉、

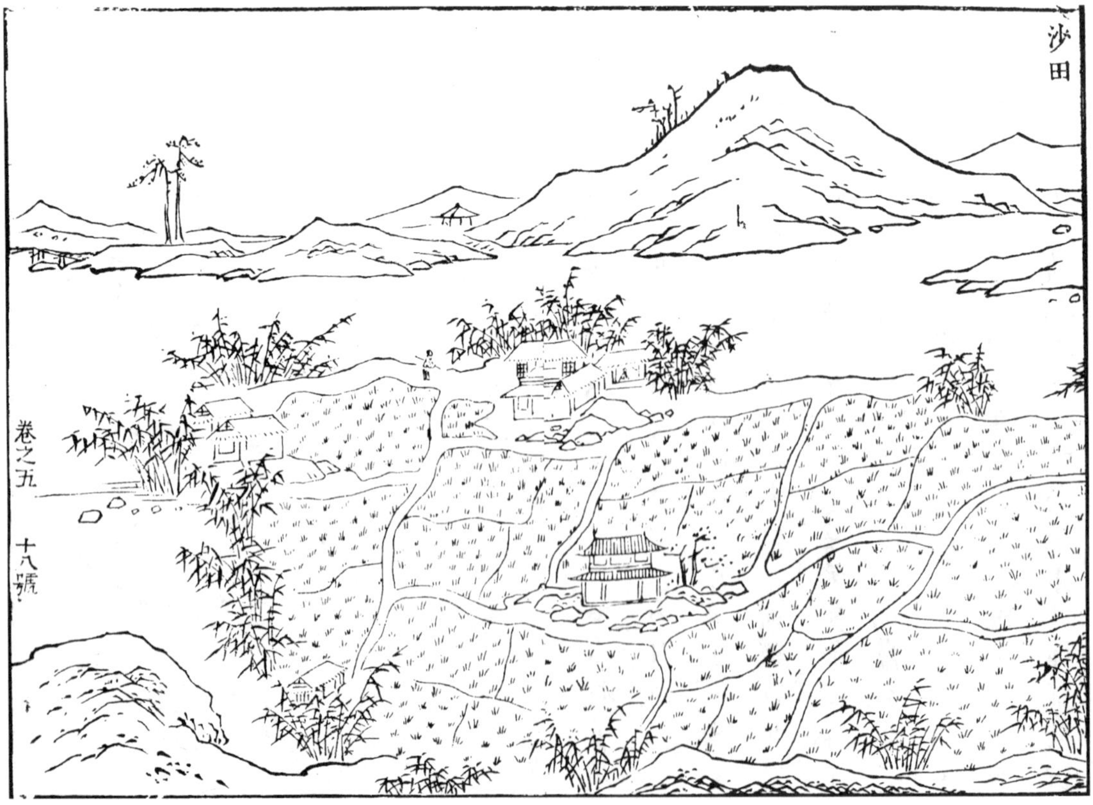
沙田

卷之五　十八號

沙田，南方江淮間沙淤之田也，或濱大江，或峙中州，四圍蘆葦駢密，以護堤岸，其地常潤澤，可保豐熟，普爲塍埂，可種稻秫，間爲聚落，可藝桑麻，或中貫湖溝。旱則平溉，或傍繞大港，澇則洩水，所以無水旱之憂，故勝他田也。舊所謂坍江之田，廢復不常，故畝無常數，稅無定額，正謂此也。宋乾道年間，近習梁俊彥請稅沙田，以助軍餉，既施行矣，時相葉顒奏曰：沙田者乃江濱出沒之地，水激於東，則沙漲于西，水激於西則沙復漲于東，百姓隨沙漲之東西而田焉，是未可以爲常也。且比年兵興，兩淮之田租並復，至今未徵，況沙田乎？其事遂寢，時論是之。今吾國家平定江南，以江淮舊爲用兵之地，尤加優恤，租稅甚輕，至於沙田，聽民耕墾自便，今爲樂土。愚嘗客居江淮，目擊其事，輒爲之贊云：江上有田，總名曰沙，中開畝畝，外繞蒹葭，耐經水旱，遠際雲霞，耕同陸土，横亘水涯，內備農具，傍泊魚杈，易勝畦埂，肥漬菭華，普宜稻秫，可殖桑麻，種則雜錯，收則倍加，潮生上溉，水夾分叉，澇須浚港，旱或戽車，地爲永業，姓隨其家，三時力穡，多稼

逾秏，公私彼此，横縱邇遐，租賦不常，豐稔惟嘉。

玄扈先生曰：肥積苔華，此四字弗輕誦過，是糞壤法也。今濱湖人漉取苔華，以當糞壅，甚肥，不可不知。王君既作贊，而糞壤篇又不盡著其法，此爲不精矣。余讀農書，謂王君之詩學勝農學，其農學絕不及苗好謙、暢師文輩也。

又曰：苔華壅田，惟濱湖之北者乃可，夏月苔乘風則聚於北岸故也。

農政全書卷之六

特進光祿大夫太子太保禮部尚書兼文淵閣大學士贈少保謚文定上海徐光啓纂輯
欽差總理糧儲提督軍務兼巡撫應天等處地方都察院右僉都御史東陽張國維鑒定
直隸松江府知府穀城方岳貢同鑒

農事

營治上

齊民要術曰。凡人家營田。須量已力。寧可少好。不可多惡。假如一犋牛。總營得小畝三頃。據齊地大畝一頃三十五畝也。每年一易。必須頻種。其雜田地。即是來年穀資。欲善其事。先利其器。悅以使人。人忘其勞。且須調習器械。務令快利。秣飼牛畜。常須肥健。撫恤其人。常遣歡悅。觀其地勢。乾濕得所。凡秋收了。先耕蕎麥地。次耕餘地。務遣深細。不得趂多。看乾濕隨時蓋磨著切。見世人耕了。仰著土塊。並待孟春蓋。若冬乏水雪。連夏亢陽。徒道秋耕不堪下種。無問耕得多少。皆須旋蓋磨如法。如一犋牛。兩個月秋耕。計得小畝三頃。經冬加料餧。至十二月內。即須排比農具使足。一入正月初。未開陽氣上。即更蓋所耕得地一遍。

凡田地中有良有薄者。即須加糞糞之。其踏糞法。凡人家秋收後。治糧場上所有穰穀穢等。並須收貯一處。每日布牛腳下。三寸厚。每平旦收聚堆積之。還依前布之。經宿。即堆聚。計經冬。一具牛。踏成三十車糞。玄扈先生曰。不止牛也。凡豬羊皆倣此作。而以灰及雜草薉布之。至十二月正月之間。即載糞糞地。計小畝。畝別用五車。計糞得六畝。勻攤耕蓋著。未須轉起。自地亢後。但所耕地。隨向蓋之。待一段總轉了。即橫蓋一遍。計正月二月兩個月。又轉一遍。然後看地。宜納粟。先種黑地。微帶下地。即種糙種。然後種高壤白地。其白地候寒食後。榆莢盛時納種。以次種大豆油麻等田。然後轉所糞得所耕五六遍。每耕一遍。蓋兩遍。最後蓋三遍。還縱橫蓋之。候昏房心中。下黍種。無問穀。小畝一升下子。則稀概得所。候黍粟苗未與壠齊。即鋤一遍。黍經五日。更報鋤第二遍。候未蠶老畢。報鋤第三遍。如無力。即止。如有餘力。秀後更鋤第四遍。油麻大豆。並鋤兩遍止。亦不厭旱鋤。穀第一遍耕科定。每科只留兩莖。更不得留多。每科相去一尺。玄扈先生曰。古一尺。大約今一尺三寸有餘。後齊民要術中尺寸倣此。

此兩壠頭空，務欲深細。第一遍鋤，未可全深；第二遍唯深是求；第三遍較淺於第二遍；第四遍較淺。

齊民要術耕田篇曰：田，陳也。樹穀曰田，象形，從口，從十，阡陌之制也。耕，種也，從來井聲。一曰古者井田。劉熙釋名曰：田，填也，五穀填滿其中。犁，利也，利發土，絕草根。耨，似鉏，以薅禾也。斸，誅也，主以誅鉏根株也。凡開荒山澤田，皆七月芟艾之，草乾即放火，至春而開墾。其林木大者，劉殺之，葉死不扇，便任耕種。三歲後，根枯莖朽，以火燒之。耕荒畢，以鐵齒編棒再徧杷之，

漫擲黍穄，勞亦再徧。明年乃中爲穀田。凡耕高下田，不問春秋，必須燥濕得所爲佳。若水旱不調，寧燥不濕。燥耕雖塊，一經得雨，地則粉解。濕耕堅垎，數年不佳。諺曰：濕耕澤鋤，不如歸去。言無益而有損。濕耕者，白背速編棒之，亦無傷，否則大惡也。春耕尋手勞，古曰耰，今曰勞。說文曰：耰，摩田器。今人亦名勞曰摩。秋耕待白背勞。秋多風，若不尋勞，地必虛燥。秋田塌實，塌勞令地硬。諺曰：耕而不勞，不如作暴。蓋言澤難遇，喜天時故也。桓寬鹽鐵論曰：茂木之下無豐草，大塊之間無美苗。凡秋耕欲深，春夏欲淺。犁欲廉，勞欲再。犁廉耕細，牛復不疲；再勞地熟，旱亦保澤也。秋耕掩青者爲上。比至冬月，青草復生者，其美與小豆同也。初耕欲深，轉地欲淺。耕不深，地不熟；轉不淺，動生土也。菅茅之地，宜縱

牛羊踐之。踐則浮根。七月耕之則死。非七月，復生矣。凡美田之法，綠豆爲上，小豆、胡麻次之。悉皆五六月中䆉美懿反漫種也。七月八月犁掩殺之，爲春穀田，則畝收十石。農桑輯要曰：一石大約今二斗七升，十石今二石七斗有奇也。後齊民要術中石斗倣此。其美與蠶矢熟糞同。凡秋收之後，牛力弱，未及即秋耕者，穀、黍、穄、粱、秫茇之下，即移羸速鋒之也。恒潤澤而不堅硬。乃至冬初，嘗得耕勞，不患枯旱。若牛力少者，但九月十月一勞之，至春穡種亦得。魏文侯曰：民春以力耕，夏以鋤耘，秋以收斂。雜陰陽書曰：亥爲天倉，耕之始。呂

氏春秋曰：冬至後五旬七日菖生。菖者，百草之先生者也，於是始耕。高誘注曰：菖，菖蒲，水草也。淮南子曰：耕之爲事也勞，織之爲事也擾。擾勞之事而民不舍者，知其可以衣食也。人之情不能無衣食，衣食之道必始於耕織。之物若耕織，始初甚勞，終必利也衆。又曰：不能耕而欲黍粱，不能織而喜縫裳，無其事而求其功，難矣。氾勝之書曰：凡耕之本，在於趣時，和土，務糞澤，旱鋤穫。春凍解，地氣始通，土一和解。夏至，天氣始暑，陰氣始盛，土復解。夏至後九十日，晝夜分，天地氣和。以此時

耕田一。而當五。名曰膏澤。皆得時功。春地氣通。可耕堅硬強地。黑壚土。輒平摩其塊以生草。草生復耕之。天有小雨復耕和之。勿令有塊。以待時。所謂強土而蒻之也。春候地氣始通。椓橛木。長尺二寸。埋尺。見其二寸。立春後。土塊散。上沒橛。陳根可拔。此時二十日以後。和氣去。即土剛。以此時耕一而當四。和氣去。耕四不當一。杏始華榮。輒耕輕土弱土。望杏花落。復耕。耕輒藺之。草生有雨澤耕重藺之。土甚輕者。以牛羊踐之。如此則土強。此謂蒻土而強之也。春氣未通。則

土歷適不保澤。終歲不宜稼。非糞不解。慎無旱耕。須草生至可種時。有雨即種。土相親。苗獨生。草穢爛。皆成良田。此一耕而當五也。不如此而旱耕。塊硬。苗穢同孔出。不可鋤治。反爲敗田。秋無雨而耕。絕土氣。土堅垎。名曰腊田。及盛冬耕。泄陰氣。土枯燥。名曰脯田。脯田與腊田。皆傷田。二歲不起稼。則一歲休之。凡愛田。常以五月耕。六月再耕。七月勿耕。玄扈先生曰。古治田者。歲易。故可夏耕。今居廣虛之地者。宜仍用古法。若麥田種秋苗。自然五六月耕。不待論也。謹摩平以待種時。五月耕一當三。六月耕一當再。若七月耕。五不當一。冬雨雪止。輒以藺之。掩地雪。勿使從風飛去。後雪復藺之。則立春保澤。凍蟲死。來年宜稼。得時之和。適地之宜。田雖薄惡。收可畝十石。崔寔四民月令曰。正月地氣上騰。土長冒橛。陳根可拔。急菑強土黑壚之田。二月陰凍畢澤。可菑美田緩土。及河渚水處。三月杏華勝。可菑沙白輕土之田。五月六月可菑麥田。崔寔政論曰。武帝以趙過爲搜粟都尉。教民耕殖。其法三犁共一牛。一人將之。下種挽耬。皆取備焉。日種一頃。至今三輔猶賴其利。今遼東耕犁。轅長四尺。

廻轉相妨。既用兩牛。兩人牽之。一人將耕。一人下種。二人挽耬。凡用兩牛六人。一日纔種二十五畝。其懸絕如此。按二犁共一牛。若今三腳耬矣。未知耕法如何。今自濟州迤西。猶用長轅犁。兩腳耬。長轅耕平地尚可。於山澗之間。則不任用。且廻轉至難。費力。未若齊人蔚犁之柔便也。兩腳耬種壠概。亦不如一腳耬之得中也。

農桑通訣墾耕篇曰。墾耕者。農功之第一義也。墾。除荒也。耕。犁也。古文耕作畊。蓋古井田之制。今從耒井聲。故作井。凡墾闢荒地。春曰燎荒。如平原草萊深者。至春燒荒。趁地氣通潤。草芽欲發。根荄柔脆。易爲開墾。夏曰罨青。夏日草茂時開。謂之罨青。可當草糞。但根鬚壯密。須籍強牛乃可。蓋莫若春爲上。秋曰

芟夷、其次秋暮草木叢密時、先用鐮刀徧地芟倒、暴乾放火。至春而開墾。乃省力。如泊下
蘆葦地內。必用钃刀引之。犂鑱隨耕。起撥音伐特易。牛
乃省力。沾山或老荒地內、科木多者、必須用钁钃杴、
餘有不盡根科、俗謂之埋頭根也、當使熟鐵鍛成鑱尖、套於退舊生鐵鑱上縱遇根株、不至擘缺、妨誤工力、或地段廣闊、不
可徧钃、則就斫枝莖覆於本根上、候乾焚之、其根即
死而易朽、又有經暑雨後、用牛曳碌碡、或輥子之所
斫根查上和泥碾之、乾則掙死、一二歲後、皆可耕種
其林木大者、則劖殺之、謂剝斷樹皮、其樹立死、葉死不扇。便任

種蒔。三歲後、根株莖朽、以火燒之、則通爲熟田矣、周
禮薙氏掌殺草、春始生而萌之、夏日至而夷之、秋繩去聲
而芟之、冬日至而耜之、書薙作夷、謂芟草也、又柞氏掌攻草
木、及林麓、夏日至、令刊陽木而火之、冬日至、令剝陰
木而水之、註云、刊剝、謂斫去次地之皮、即此謂除木
也、詩曰載芟載柞、其耕澤澤、蓋謂芟草除木而後可
耕也、大凡開荒、必趁雨後、又要調停犂道淺深麤細
淺則務盡草根。深則不至塞墢。麤則貪生費力。細則
貪熟少功。唯得中則可。耕荒畢以鐵齒鍽鍒。鍽鍒遍

漫種黍稷。或脂麻綠豆。耙勞再徧。明年乃中爲穀田。
今漢沔淮潁上。率多創開荒地。當年多種脂麻等種。
有痛收至盈溢倉箱速富者。如舊稻塍內開耕畢、便
撒稻種、直至成熟、不須薅拔、緣新開地內、草根既死、
無荒可生、若諸色種子、年年揀淨、別無稗莠、數年之
間、可無荒薉、所收常倍於熟田、蓋曠閑既久。地力有
餘。苗稼鬯茂。子粒蕃息也。諺云坐賈行商不如開荒
言其獲利多也。除荒墾闢之功如此、若夫耕犂之事、
又有本末、上古聖人制耒耜以教耕耨、三代以上、皆

耦耕、謂兩人合二耜而耕之、詩曰亦服爾耕、十千維
耦者此也、春秋之時、后稷之裔孫叔均始作牛耕、至
漢趙過增其制度、三犂一牛、則力省而功倍、今之耕
者、大率祖此、玄扈先生曰、三犂一牛者。耬犂。非耕犂也。周禮遂人治野。以
時器勸甿。言農夫之耕。當先利其器也。故詩曰、三之
日于耜、四之日舉趾、又曰有略其耜、俶載南畝、周禮
車人爲耒耜、耜有三等、今易耒耜而爲犂、不問地之
堅強輕弱、莫不任使、欲淺欲深、求之犂箭、箭一而已。
欲廉欲猛、取之犂梢、梢一而已、然則犂之爲器、豈不

簡易而利用哉。耕地之法，未耕曰生，已耕曰熟，初耕曰塌，再耕曰轉。生者欲深而猛，熟者欲淺而廉。此其略也。農書云：旱田穫刈纔畢，隨即耕治曬暴，加糞壅培，而種豆麥蔬茹，因而熟土壤而肥沃之，以省來歲功役，其所收又足以助歲計。晚田宜待春乃耕，為其藁秸堅韌，必待其朽腐，易為牛力也。北方農俗所傳：春宜早晚耕，夏宜兼夜耕，秋宜日高耕。中原地皆平曠，旱田陸地，一犂必用兩牛、三牛或四牛，以一人執之，量牛強弱，耕地多少，其耕皆有定法。所耕地內，先並耕兩犂，墢

皆內向，合為一壟，謂之浮疄。自浮疄為始，向外繳耕，終此一段，謂之一繳之外，又間作一繳，耕畢於三繳之間，歌下繳，却自外繳耕至中心，劃作一疄，蓋三繳中成一疄也。其餘欲耕平原，率皆倣此。南方水田泥耕，其田高下闊狹不等，以一犂用一牛挽之，作止回旋，惟人所便。高田早熟，八月燥耕而熯之，以種二麥。其法起墢為疄，兩疄之間，自成一畎，一段耕畢，以鋤橫截其疄，洩利其水，謂之腰溝。二麥既收，然後平溝畎，蓄水深耕，俗謂之再熟田也。下田熟晚，十月收刈既畢，即乘天晴無水而耕之，節其水之淺深，常令墢堈半出水面，日暴雪凍，土乃酥碎。仲春土膏脈起，即再耕治。又有一等水田泥淖極深，能陷牛畜，則以木杠橫亘田中，人立其上而鋤之。南方人畜耐暑，其耕四時皆以中晝。此南北地勢之異宜也。古者分田之制，一夫一婦受田百畝，以其地有肥磽，故有不易、一易、再易之別。不易之地，家百畝，謂可以歲耕之也。一易之地，家二百畝，謂歲耕其半也。再易之地，家三百畝，謂歲耕百畝，三歲而一周也。先王之制如此，非獨以為土敝則草木不長，氣衰則生物不遂也，抑欲其財力有餘，深耕易耨，而歲可常稔。今之農夫既不如古，往往租人之田而耕之，苟能量其財力之相稱，而無鹵莽滅裂之患，則豐壤可以力致，而仰事俯育之樂可必矣。今備述經傳所載農事之法，兼高原下田地勢之宜，自北自南，習俗不通，曰墾曰耕，作

事亦異，通變謂道，無泥一方，則田功修而稼穡之務可以次第而舉矣。

種蒔直說云：古農法犂一耀六，今人只知犂深為功，不知耀細為全功。耀功不到，土麁不實，下種後雖見苗，立根在麁土，根土不相着，不耐旱，有懸死、蟲咬、乾死等諸病。耀功到，土細又實，立根在細實土中，又碾過，根土相着，自耐旱，不生諸病。

韓氏直說曰：為農大綱，一則牛欺地，二則人欺苗。牛欺地，則所種不失其時；人欺苗，則省力易辦。反是則

徒勞無益矣凡地除種麥外竝宜秋耕先以鐵齒𨬍縱橫𨬍之然後插犂細耕隨耕隨耮至地大白背時更𨬍兩徧至來春地氣透時待日高復𨬍四五徧其地爽潤上有油土四指許春雖無雨時至便可下種秋耕之地荒草自少極省鋤工如牛力不及不能盡秋耕者除種粟地外其餘黍豆等地春耕亦可大抵秋耕宜早春耕宜遲秋耕宜早者乘天氣未寒將陽和之氣掩在地中其苗易榮 玄扈先生曰月令地氣沮泄之說爲近若寒暖之氣豈能掩在地中乎 遇秋天氣寒冷有霜時必待日高方可耕地恐掩寒氣在內令地薄不收子粒春耕宜遲者亦待春氣和暖日高時依前耕𨬍

農桑通訣耙勞篇曰凡治田之法犂耕既畢則有耙勞耙有渠疏之義勞有蓋磨之功今人呼耙曰渠疏勞曰蓋磨皆因其用以名之所以散撥去芟平土壤也桓寬鹽鐵論曰茂木之下無豐草大塊之間無美苗耙勞之功不至而望禾稼之秀茂實栗難矣齊民要術云耕荒畢以鐵齒錛再徧耙之蓋鐵齒鍽錛已爲之先再用耙鍽錛而後勞之也今人但耕地畢[illegible]其塊墢而後用勞平磨乃爲得也齊民要術云耕地深細不得趁多看乾濕隨時蓋磨待一段總轉了橫蓋一徧每耕一徧蓋兩徧最後蓋三徧還縱橫蓋之種麥地以五月耕三徧種麻地耕五六徧倍蓋之但依此法除蟲災外小小旱乾不至全損緣蓋磨數多故也又云春耕隨手勞秋耕待白背勞 蓋春多風不即勞則致地虛燥秋田濕濕速勞則恐致地埂 又曰耕欲廉勞欲再凡已耕耙欲受種之地非勞不可諺曰耕而不勞不如作暴切見世人耕了仰著土塊並待孟春蓋若冬乏冰雪連夏

亢陽徒道秋耕不堪下種也然耙勞之功非但施於納種之前亦有用於種苗之後者齊民要術曰穀田既出壠每一遇雨白背時蓋以帖齒鍽錛縱橫耙而勞之耙法令人坐上數以手斷其草草塞齒則傷苗如此令地熟軟易鋤省力此用於種苗之後也南方水田轉畢則耙耙畢即抄 抄見農器譜 故不用勞其耕種陸地者犂而耙之欲其土細再犂再耙後用勞乃無遺功也北方又有所謂撻者與勞相類齊民要術云春種欲深宜曳重撻 春氣冷生遲不曳撻則根虛雖生輒死 雖生夏氣

熱而速曳撻、遇雨必致堅垎、春澤多者、或亦不須撻、必欲撻者、須待白背。濕撻令地堅硬也。又用曳打塲、圖、極爲平實、令人凡下種耬種後。惟用砘車碾之。然執耬種者。亦須腰繫輕撻曳之。使壠土覆種稍深也。或耕過田畝。土性虛浮者。亦宜撻之。打令土實也。今當耕種用之、故附于耙勞之末、然南人未嘗識此。蓋南北習俗不同、故不知用撻之功、至於北方遠近之間、亦有不同、有用耙而不知用勞、有用勞而不知用耙、亦有不知用撻者、今並載之、使南北通知隨宜而用、無使偏廢、然後治田之法、可得論其全功也、

農桑輯要曰、治秧田。須殘年開墾。待氷凍過。則土酥。來春易平。且不生草。平後必晒乾入水澄清方可撒種。則種不陷土中易出。（玄扈先生曰、落秧宜清、易拔、落散宜濁、易生根。）壅田或河泥。或麻豆餅。或灰糞。各隨其地土所宜。（麻豆餅畝三十斤和灰糞、棉餅畝三百斤、揷禾前一日、將棉餅化開、勻攤田內、耖、然後揷禾、或草。）

齊民要術收種篇曰、凡五穀種子。浥鬱則不生。生者亦尋死。種雜者。禾則早晚不均。春復減而難熟。糶賣以雜糅見疵。炊爨失生熟之節。所以特宜存意。不可

徒然。粟黍穄粱秫常歲歲別收選好穗絕色者。劁刈高懸之、（玄扈先生曰、收種特宜窖藏。晉人云、函封多不生。謬也。）至春治取別種。以擬明年種子。（耬耩秫種、一斗可種一畝、量其家田所須種子多少種之。）其別種種子、嘗須加鋤。（鋤多則無秕也。）先治而別埋、（先治塲淨、不雜、窖埋、又勝器盛、）還以所治蘘草蔽窖。（玄扈先生曰、窖藏爲佳者、上中恒受生氣故。）將種前二十許日、開出水洮。（浮秕去、則無莠。）卽曬令燥。種之。依周官相地所宜而糞種之。周官曰、草人掌土化之法。以物地相其宜而爲之種。（鄭玄注曰、土化之法、化之使美、以物地占其形色爲之種、黃白宜以種禾之屬、）凡糞種、騂剛用牛、赤緹用羊、墳壤用麋、渴澤用鹿、鹹潟用貆、勃壤用狐、埴壚用豕、彊㯺用蕡、輕爂用犬、（此草人職、鄭玄注曰、凡所以糞種者、皆謂煑取汁也、赤緹縓色也、渴澤故水處也、潟鹵也、貆貒也、勃壤粉解者、埴壚粘䟽者、彊㯺強堅者、輕爂輕脆者、故書騂爲挈、墳作坌、杜子春挈讀爲騂、爲地色赤而土剛強也、鄭司農云、用牛以牛骨汁漬其種也、謂之糞種、墳壤多坌鼠也、壤白色、蕡麻也、玄謂墳壤潤解、）

氾勝之書曰、種傷濕鬱熱則生蟲也。取麥種。候熱可穫。擇穗大彊者。斬束立場中之高燥處。曝使極燥、無令有白魚。有輒揚治之。取乾艾雜藏之。麥一石。艾一把、藏以瓦器竹器。順時種之。則收常倍。取禾種。擇高大者。斬一節。下把懸高燥處。苗則不敗。

農桑輯要曰氾勝之書曰牽馬令就穀堆食數口以馬踐過爲種無虸蚄等蟲也薄而不能糞者以原蠶矢雜禾種種之則禾不蟲又取馬骨剉一石以水三石煑之三沸漉去滓以汁漬附子五枚玄扈先生曰如此農家宜種附子於今成都彰明縣民間多種之不營他業也三四日去附子以汁和蠶矢羊矢各等分撓令洞洞如稠粥先種二十日時以溲種如麥飯狀當天旱燥時溲之立乾薄布數撓令乾明日復溲天陰雨則勿溲六七溲而止輒曝謹藏勿令復濕至可種時以餘汁溲而種之則禾稼不蝗

蟲無馬骨亦可用雪汁雪汁者五穀之精也使稼耐旱常以冬藏雪汁器盛埋於地中治穀如此則收常倍玄扈先生曰北方斥鹵之地最宜積雪地方多春旱故也

農桑通訣播種篇曰書稱黎民阻饑汝后稷播時百穀詩言降之種秬穋穉菽麥奄有下國俾民稼穡蓋言天相后稷之功也後之農家者流皆祖述之以至于今其法悉備周禮司稼掌巡邦野之稼而辨其稑穋之種周知其名與其所宜地以爲法而縣于邑閭農書云種蒔之事各有攸序能知時宜不違先後之序則相繼以生成相資以利用種無虛日收無虛月何匱乏之足患凍餒之足憂哉正月種麻枲二月種粟脂麻有早晚二種三月種早麻四月種豆五月中旬種晚麻七夕以後種萊菔菘芥八月社前即可種麥經兩社即倍收而堅好如此則種之有次第所謂順天之時也地勢有良薄山澤有異宜故良田宜種晚薄田宜種早良田非獨宜晚早亦無害薄田種晚必不成實山田宜種强苗以避風霜澤田種弱苗以求華實孝經援神契曰黃白土宜禾黑墳宜麥赤土

宜菽汙泉宜稻所謂因地之宜也南方水稻其名不一大槩爲類有三早熟而緊細者曰秈晚熟而香潤者曰粳早晚適中米白而黏者曰稬二者布種同時每歲收種取其熟好堅栗無秕不雜穀子晒乾蔀藏置高爽處至清明節取出以盆盎別貯浸之三日漉出納草篅中晴則暴暖浥以水日三數遇陰寒則浥以溫湯候芽白齊透然後下種須先擇美田耕治令熟泥沃而水清以既芽之穀漫撒稀稠得所秧生既長小滿芒種之間分而蒔之旬日高下皆遍北土高

原本無陂澤、遂一曲而田者、納種如前法、既生七八寸、拔而栽之。凡下種之法、有漫種、耬種、瓠種、區種之別。漫種者、用斗穀盛種、挾左腋間、右手料取而撒之、隨撒隨行、約行三步許、卽再料取、務要布種均勻、則苗生稀稠得所。秦晉之間、皆用此法。南方惟種大麥、則點種、其餘粟豆麻小麥之類、亦用漫種。其法甚備、齊民要術云、凡種欲牛遲緩行。種人令促步。以足躡壟底。欲土實種易生也。今人製造砘車。隨耬種子後。循壟碾過。使根土相著。功力甚速。而當。瓠種者、竅瓠

貯種、隨行隨種、務使均勻。犂隨掩過覆土、既深。雖暴雨不至拍撻。暑夏最爲耐旱。且便於撮鋤。今燕趙間多用之。又曰、菜茹有畦、瓜瓠果蓏、殖於疆埸、則是五穀之外、蔬蓏亦不可闕者。故穀不熟曰飢、菜不熟曰饉。物理論云、百穀者、三穀各二十種。菜果各二十種。共爲百穀。蓋蔬果之實所以助穀之不及也。是故烹葵食瓜。乃繫之豳風農桑之詩。畜菜取蔬。互見於月令收斂之後。然地有肥瘠、能者擇焉。時有先後、勤者務焉、

若夫種蒔之法、姑略陳之、凡種蔬蓏、必先燥曝其子、地不厭良。薄卽糞之。鋤不厭頻。旱卽灌之。用力既多。收利必倍。大抵蔬宜畦種。蓏宜區種。畦地長丈餘、廣三尺、必種數日、斸起宿土、雜以蒿草。火燎之。以絕蟲類。併得爲糞臨種、益以地糞、治畦種之、區種如區田法、區深廣可一尺許、臨種、以熟糞和土拌勻、納子糞中、候苗出、料視稀稠、去留之、又有芽種凡種子。先用淘淨。頓瓠瓢中。覆以濕巾。三日後。芽生長可指許。然後下種。先於熟畦內。以水飲地。勻摻芽種。復篩細糞

土覆之。以防日曝。此法菜既出齊。草又不生。

玄扈先生曰。非草不生也。草生遲於菜、不得同孔而出少而易鋤矣。

凡菜有蟲、搗苦參根、併石灰水潑之、卽死、苟能依上法種蒔、非止家可足食、餘者亦可爲資生之利、

農政全書卷之六終

農政全書卷之七

特進光祿大夫太子太保禮部尚書兼文淵閣大學士贈少保謚文定上海徐光啓纂輯
欽差總理糧儲提督軍務巡撫應天等處地方都察院右僉都御史東陽張國維鑒定
直隸松江府知府穀城方岳貢同鑒

農事

營治下

農桑通訣鋤治篇曰、傳曰、農夫之務去草也、芟夷蘊崇之、絕其本根、勿使能殖、則善者信矣、蓋稂莠不除、則禾稼不茂、種苗者不可無鋤芸之功也、又說文云

鋤言助也、以助苗也、故字從金從助、凡穀須鋤乃可滋茂、詩曰其鎛斯趙、以薅荼蓼、按齊民要術云、苗生如馬耳、則鏃鋤、諺曰、欲得穀。馬耳鏃。稀豁之處。鋤而補之。凡五穀惟小鋤之爲良。小鋤者。非直省功。穀亦大勝。大鋤者。草根繁茂。用功多而收功亦少。苗出壠則深鋤。不厭數周而復始。勿以無草爲暫停。鋤者非止除草。乃地熟而穀多糠薄米息。鋤得十遍便得八米也。春鋤起地。夏爲鋤草。故春鋤不用觸溼。六月已後。雖溼亦無嫌。春既淺陰米覆地溼鋤則地堅夏苗陰厚地不見日故雖溼亦無害矣管子曰爲國者使民寒耕而熱芸芸除草也又云候黍粟苗未與壠齊。即鋤一徧。經五七日。更報鋤第二徧。候未蘖老畢。報鋤第三徧。無力則止。如有餘力。秀後更鋤第四徧。脂麻大豆並鋤兩徧止。亦不厭早鋤。穀第一徧。便科定。每科只留兩三莖。更不得留多。每科相去一尺。兩壠頭空。務欲深細。第一徧鋤未可全深。第二徧惟深是求。第三徧交淺于第二徧。第四徧又淺于第三徧。蓋穀科大則根浮故也。諺云、穀鋤八遍餓殺狗。爲無糠也。其穀畝得十石。斗得八米、此鋤多之效也、其所用之器。自撮苗後。可用以代耰鋤者。名曰耬鋤。見農器譜其功過鋤功數倍。所辦之田。日

不啻二十畝。或用劐子。其制頗同如耬鋤、過苗間有小豁眼不到處及壠間草薉未除者。亦須用鋤。理撥一遍爲佳。別有一器曰鏟。營州以東用之。又異于此、凡耘苗之法、亦有可鋤不可鋤者、旱耕塊墢。苗薉同孔出。不可鋤治。此耕者之失。難責鋤也、曾氏農書芸稻篇謂禮記有曰、仲夏之月、利以殺草、可以糞田疇、可以美土彊。蓋耘除之草。和泥渥漉。深埋禾苗根下。漚罨既久。則草腐爛而泥土肥美。嘉穀蕃茂矣。大抵耘治水田之法。必先審度形勢。先于最上處潴水。勿

攸走失。然後自下旋收旋芸之、其法須用芸爪、不問草之有無、必徧以手排漉、務令稻根之傍、液液然而後已。荊揚厥土塗泥、農家皆用此法、又有足芸、爲木杖如拐子。兩手倚之以用力、以趾塌撥泥上草薉、擁之苗根之下。則泥沃而苗興、其功與芸爪大類、亦各從其便也、玄扈先生曰、不如手芸之細。今剗有一器曰芸盪、以代手足、工過數倍、宜普效之。芸盪是二事、俱不可已。慕文曰、養苗之道、鋤不如耨、耨、今小鋤也、鋤後復有薅拔之法、以繼成其鋤之功也、夫狼莠荑稗、雜其稼出、蓋鋤後莖

葉漸長、使可分別、非薅不可、薅、郎芸也。故有薅鼓、薅馬之說、其北方村落之間、多結爲鋤社、成十家爲率。先鋤一家之田、本家供其飲食、其餘次之、旬日之間、各家田皆鋤治。自相率領、樂事趨功。無有偷惰、間有病患之家、共力助之。故田無荒穢、歲皆豐熟、秋成之後、豚蹄盂酒、遞相犒勞、名爲鋤社、甚可效也。今採摭南北耘耨之法、備載于篇、庶善稼者、相其土宜、擇而用之、以盡鋤治之功也、

頗有鄉田同井之風

種蒔直說曰、芸苗之法、其凡有四、第一次曰撮苗、第二次曰布、第三次曰擁、第四次曰復。俗謂添功　一次不至、則稂莠之害、秕糠之雜入之。營州之內、以鋤、營州之東以鏟、爰有一器出於鋤者、名曰耬鋤、撮苗後、用一驢帶籠觜挽之、初用一人牽、慣熟不用人、止一人輕扶、入土二三寸、其深痛過鋤力三倍。所辦之田、日不啻二十畝。今燕趙多用之、名曰劐子、劐子之制、又少異于此。劐子第一遍郎成溝子、穀根未成、不耐旱、耬鋤刃在土中、故不成溝子、第二遍加擗土木鷹翅、方成溝子、其上分壅穀根、擗土、用木厚三寸、闊三寸、長六寸、取成三角樣、前爲尖、[redacted]一穀長一寸、闊半寸、穿于鐵鋤柄上、壓鋤刃上、韓氏直說、如耬鋤過苗間、有小

豁不到處、用鋤理撥一遍、如種黍粟大小豆等田、當用一尺三寸寬腳種蒔下種、易使鋤耬故也　如種麻麥、用狹腳種蒔則可

農桑通訣糞壤篇曰、田有良薄、土有肥磽、耕農之事、糞壤爲急、糞壤者所以變薄田爲良田。化磽土爲肥土也。玄扈先生曰、田附郭多肥饒、以糞多故、村落中民居稠密處亦然、凡通水處多肥饒、以糞壅便故、古者分田之制、上地家百畝、歲一耕之、中地家二百畝、間歲耕其半、下地家三百畝、歲耕百畝、三歲一周、蓋以中下之地、瘠薄磽确、苟不息其地力、則禾稼

不蓄後世井田之法變強弱多寡不均（非爲田不均亦爲人不均）所以稠密之地農人多無立錐廣虛之野即又務廣地而荒之所有之田歲歲種之土敝氣衰生物不遂爲農者必儲糞朽以糞之則地力常新壯而收穫不減孟子所謂百畝之糞上農夫食九人也踏糞之法凡人家于秋收場上所有穰穢等並須收貯一處每日布牛之脚下三寸厚經宿牛以蹂踐便溺成糞平旦收聚除置院內堆積之每日亦如前法至春可得糞三十餘車至夏月之間即載糞糞地地畝用五車計三十車可糞六畝勻攤耕蓋

即地肥沃兼可堆糞行又有苗糞草糞火糞泥糞之類苗糞者綠豆爲上小豆胡麻次之（蚕豆大麥皆好）悉皆五六月穊種七八月犁掩殺之爲春穀田則畝收十石其美與蠶矢熟糞同此江淮迤北用爲常法草糞者于草木茂盛時芟倒就地內掩罨腐爛也記禮有曰仲夏之月利以殺草可以糞田疇可以美土疆今農夫不知此乃以其耘除之草棄置他處殊不知和泥渥漉深埋禾苗根下漚罨既久則草腐而土肥美也江南三月草長則刈以踏稻田歲歲如此地力常盛（江南壅田者如翹蕘陵苕皆特種之非野草也恐苜蓿亦可壅稻）農書云種穀必先治田積腐藁敗葉剗薙枯朽根荄遍鋪而燒之即土暖而爽及初春再三耕耙而以窖罨之肥壤雍之麻枲（舒棒灰）穀殼皆可與火糞窖罨穀殼朽腐最宜秧田必先渥漉精熟然後踏糞入泥盪平田面乃可撒種其火糞積上同草木堆疊燒之土熟冷定用碌碡細用之江南水地多冷故用火糞種麥種蔬尤佳又凡退下一切禽獸毛羽親肌之物最爲肥澤積之爲糞勝于草木（毛羽和撏湯積之久則潰腐如欲速下潰置韭菜一握其中明日爛盡矣）下

田水冷（不論下田近泉源處即冷）亦有用石灰爲糞治則土煖而苗易發（下田水不得冷惟山田泉水未經日色則冷故閩廣用骨及蚌蛤灰糞田亦因山田水冷故也爲山田者宜委曲導水使先經日色然後入田則苗不壞）然糞田之法得其中則可若驟用生糞及布糞過多糞力峻熱即燒殺物反爲害矣火糞力壯南方治田之家常於田頭置塼檻窖熟而後用之（雖熟亦不得過多多用者須臘月下之）其田甚美北方農家亦宜效此利可十倍又有泥糞於溝港內乘船以竹夾取青泥杴撥岸上凝定裁成塊子擔去同火糞和用比常糞得力甚多或用小便亦可澆灌但

生者立見損壞不可不知土壤氣脉其類不一肥沃磽确美惡不同治之各有宜也夫黑壤之地信美矣然肥沃之過不有生土以解之則苗茂而實不堅磽确之土信惡矣然糞壤滋培則苗蕃秀而實堅栗土壤雖異治得其宜皆可種植今田家謂之糞藥言用糞猶用藥也凡農居之側必置糞屋低爲簷楹以避風雨飄浸屋中必鑿深池甃以磚甓凡掃除之草薉燒燃之灰簸揚之糠秕斷槀落葉積而焚之沃以肥液積久乃多凡欲播種篩去瓦石取其細者和勻種

子疎把撮之待其苗長又撒以壅之何物不收爲圃之家于廚棧下深闊鑿一池細甃使不滲洩細甃有良法宜用水庫法造之每春米則聚礱簸穀殼及腐草敗葉漚漬其中以收滌器肥水與滲漉泔淀漚久自然腐爛一歲三四次出以糞苧因以肥桑愈久愈茂而無荒廢枯摧之患矣又有一法凡農圃之家欲要計置糞壤須用一人一牛或驢駕雙輪小車一輛諸處搬運積糞月日既久積少成多施之種藝稼穡倍收桑果愈茂歲有增羡此肥稼之計也北土不用糞壤作此甚有益夫掃除之

陳腐朽之物人視之而輕忽田得之爲膏潤唯務本者知之所謂惜糞如惜金也故能變惡爲美種少收多諺云糞田勝如買田信斯言也凡區宇之間善於稼者相其各各地理所宜而用之庶得乎土化漸漬之法沃壤滋生之效俾業擅上農矣

農桑通訣灌漑篇曰昔禹决九川距四海濬畎澮距川然後播奏庶艱食烝民乃粒此禹平水土因井田溝洫以去水也後井田之法大備于周周禮所謂遂人匠人之治夫間有遂十夫有溝百夫有洫千夫有

澮萬夫有川遂注入溝溝注入洫洫注入澮澮注入川故田畝之水有所歸焉此去水之法也若夫古之井田溝洫脉絡布于田野旱則灌漑潦則泄去故說者曰溝洫之於田野可决而决則無水溢之害可塞而塞則無旱乾之患又荀卿曰修隄防通溝洫之水潦安水藏以時决塞則溝洫豈特通水而已哉水藏即後世之水櫃考之周禮稻人掌稼下地以水澤之地種穀也以瀦蓄水以防止水以遂均水以列舍水以澮瀉水此又下地之制與遂人匠人異也後世灌漑之利實

昉於此。至秦廢井田而開阡陌，於今數千年，遂人匠人所營之迹無復可見。惟稻人之法，低溼水多之地猶祖述而用之。天下農田灌溉之利，大抵多古人之遺跡。如關西有鄭國、白公、六輔之渠，關外有嚴熊龍首渠，河內有史起十二渠，自淮泗及汴通河，自河通渭，則有漕渠（漕渠非治田也），郎州有右史渠，南陽有召信臣鉗盧陂，廬江有孫敖芍陂，潁川有鴻隙陂，廣陵有雷陂，浙左有馬臻鏡湖，興化有蕭何堰，西蜀有李冰、文翁穿江之迹，皆能灌溉民田，爲百世利。興廢修壞，存乎其人。

夫言水利者多矣（世有幾處古今有幾人而不必別求他訪乎），然不必他求別訪，但能修復故迹，足爲興利。此歷代之水利，下及民事，亦各自作陂塘，計田多少，於上流出水，以備旱涸。農書云：惟南熟于水稍，官陂官塘處處有之，民間所自爲溪堨（音曷）水蕩（而云不必別求他訪乎），難以數計，大可灌田數百頃，小可溉田數十畝。若溝渠陂堨上置水閘，以備啓閉；若塘堰之水，必置洞（音塞）竇，以便通泄。此水在上者。若田高而水下，則設機械用之，如翻車、筒輪、戽斗、桔槔之類，挈而上之。如地勢曲折而水遠，則爲槽架、連筒、陰溝、浚渠、陂柵之類，引而達之。此用水之巧者。若不灌及平澆之田爲最，或用車起水者次之，或再車三車之田又爲次也。其高田旱歲，自種至收不過五六月，其間或旱，不過澆灌四五次，此可力致其常稔也。傅子曰：陸田者命懸于天，人力雖修，水旱不時，則一年功棄（陸田獨不可灌乎？古井田之法皆爲陸田也）。水田制之由人，人力苟修，則地利可盡。天時不如地利，地利不如人事，此水田灌溉之利也（元之）。方今

（人可謂盡心于民矣，譏者尚云然，而況今乎。）

農政未盡興，土地有遺利。夫海內江淮河漢之外，復有名水萬數，枝分派別，大難悉數。內而京師，外而列

郡，至於邊境，脉絡貫通，俱可利澤。或通爲溝渠，或蓄爲陂塘，以資灌溉，安有旱暵之憂哉。復有圍田及圩田之制。凡邊江近湖，地多閑曠，霖雨漲潦，不時淹沒，或淺浸瀰漫，所以不任耕種。後因故將征進之暇，已戍于此，所統兵衆，分工起土，江淮之上，連屬相望，遂廣其利。亦有各處富有之家，度視地形，築土作堤，環而不斷，內地率有千項，旱則通水，澇則洩去，故名曰圍田。又有據水築爲堤岸，復疊外護，或高至數丈，或曲而不等，長至瀰望，每遇霖潦，以圩水勢，故名曰圩

田此等秫爲人外久而瀰多亦或妨于瀦水請瀦中復鏡湖議可見也至如北土淀水至多急而營之此而慮其爲鏡湖也尚早尚早內有溝瀆以通灌溉其田亦或不下千頃此又水田之善者又如近年懷孟路開浚廣濟渠廣陵復引雷陂廬江重修芍陂似此等處屢見舉行其餘各處陂渠川澤廢而不治不爲不多倘能循按故迹或創地利通溝瀆蓄陂澤以備水旱使斥鹵化而爲膏腴汚藪變爲沃壤國有餘糧民有餘利然考之前史後魏裴延雋爲幽州刺史范陽今涿州有舊督亢渠漁陽今薊州燕郡有故戾諸堰皆廢延雋營造而就溉田萬餘頃爲利十倍今其地京都所在尤宜疏通導達以爲億萬衣食之計故秦渠若其畧曰鄭國在前白渠起後舉臿如雲決渠爲雨且溉且糞長我禾黍衣食京師億萬之口夫舉事興工豈無今日之延雋倘有成效不失本末先後之序庶灌溉之事爲農務之大本也

農桑通訣勸助篇曰書曰相小人厥父母勤勞稼穡厥子不知稼穡之艱難乃逸蓋惡勞好逸者常人之情偷惰苟且者小人之病上之人苟不明示賞罰以

勸助之則何以獎其勤勞而率其怠惰歟周禮載師凡宅不毛者有里布謂罰以二里二十五家之泉也田不耕者出屋粟謂罰以三家之稅粟也凡民無職事者出夫家之征謂雖閑民猶當出夫稅家稅也閭師言無職者出夫布不畜者祭無牲不耕者祭無盛不植者無槨不蠶者不帛不績者不衰先王之于民如此豈爲厲農夫哉凡欲振發而飭其蠱弊使之率作興事耳是以地無遺利民無趨求田野治而禾稼遂倉廩實而府庫充則斯民寧復有餓莩流離之患哉月令孟春之月命田司相土地所宜五穀所殖以教導民必躬親之孟夏勞農勸民無或失時命農勉作無休于都仲秋乃勸種麥無或失時其有失時行罪無疑季冬命田官告民出五種命農計耦耕事古人之于農蓋未嘗一日忘也後世勸助之道不明其民往往去本而趨末故諺曰以貧求富農不如工工不如商刺繡紋不如倚市門此說一興天下之民男子棄耒耜而爭販鬻婦人舍機杼而習歌舞惰游末作習以成俗一遇凶飢食不足以充其口腹衣不足

以蔽其身體懷金形鵠立以待盡者比比皆是昔成王適于田以其婦子之饁彼南畝攘其左右而嘗其旨否愛民如此田野安得而不治黍稷安得而不豐文帝所下三十六詔力田之外無他語減租之外無異說逐末之民安得而不務本太倉之粟安得而不紅腐此上之人重農如此至于承流宣化之官又在于守令之賢各盡其職勤如勸課務求實效及覽古之循吏如黃霸之治潁川勸種樹（樹謂樹藝五穀）龔遂之治渤海課農耕何武行部必問墾田茨充為令益治桑柘召信臣治南陽開溝瀆為民利任延治九真易射獵為牛耕張堪守漁陽開稻田皇甫隆治燉煌教耬犁此先賢勸助之迹載諸史冊今天下之民寒而思衣皆知有桑麻之事飢而思食皆知有稼穡之功則男務耕鋤女事紡織蓋有不待勸而後加勤者況諄諄然諭之懇懇然勞之哉又況加實意行實惠驗實事課實功哉如或不然上之人作無益以妨農時斂無度以困民力般樂怠傲不能以身率先于下雖課督之令家至而戶說之民亦不知所勸也今長官皆

以勸農署銜（長官以勸農署銜宋元皆然所亦存古之餼羊也）農作之事已猶未知安能勸人借曰勸農比及命駕出郊先為文移（○試而今無之復何望耶）使各社各鄉預相告報期會齋斂祗為煩擾耳柳子厚有言雖曰愛之其實害之雖曰憂之其實讐之種樹之喻可以為戒庶長民者鑒之更其宿弊均其惠利但具為教條使相勉勵不期化而民自化矣又何必命駕鄉都移文期會欺下誣上而自邀功利然後為定典哉

農桑通訣收穫篇曰孔氏書傳云種曰稼斂曰穡種斂者歲事之終始也食貨志云力耕數耘收穫如盜賊之至蓋謂收之欲速也故物理論曰稼農之本穡農之末本輕而末重前緩而後急稼欲熟收欲速此良農之務也記曰種而不耨耨而不穫譏其不能圖功收終也是知收穫者農事之終為農者可不趨時致力以成其終而自隳其前功乎月令仲秋之月命有司趣民收斂季秋之月農事備收孟冬之月循行積聚無有不斂至于仲冬農有不收藏積聚者取之不詰皆所以督民收斂使無失時也禹貢曰二百里納銍三百里納秸服蓋納銍者截禾穗而納之納秸

著去穗而刈其藁納之也。詩言刈穫之事最多。臣工詩曰：命我衆人，庤乃錢鎛，奄觀銍艾。（銍艾二器見農器譜。）七月詩云：九月築場圃，十月納禾稼，言農功之備也。載芟之詩云：載穫濟濟，有實其積，萬億及秭。良耜之詩云：穫之秷秷，積之栗栗，其崇如墉，其比如櫛，以開百室。皆言收穫之富也。凡農家所種，宿麥早熟，最宜早收。故韓氏直說云：五六月麥熟，帶青收一半，合熟收一半。若候齊熟，恐被暴風急雨所摧，必致抛費。每日至晚，即便載麥上場堆積，用苫密覆，以防雨作。如搬載

不及，即于地內苫積。天晴乘夜載上場，即攤一二車，薄則易乾。碾過一遍，翻過又碾一遍，起稭下場，揚子收起。雖未淨，直待所收麥都碾盡，然後將未淨稭稈再碾。如此可一日一場，比至麥收盡，已碾訖三之一矣。大抵農家忙併，無似蠶麥。古語云：收麥如救火。若少遲慢，一值陰雨，即爲災傷。遷延過時，秋苗亦誤鋤治。今北方收麥肝釤（杉去聲）用麥綽釤麥，覆于腰後籠內，籠滿則載而積于場，一日可收十餘畝，較之南方以鐮刈者，其速十倍。（南方梅天多雨，雨時連秸刈，置著屋下，候乾。若只釤取穗，積之必腐。）凡北方種粟，秋熟當速刈之。齊民要術云：收穀熟速刈，乾速積。（刈早則鎌傷，刈晚則穗折，遇風則收減；溼積則藁爛，積晚則耗損，連雨則生耳。）南方收粟，用粟鑒摘穗。北方收粟，用鎌并藁刈之。田家刈畢，稛而束之，以十束積而爲稞，然後車載上場爲大積。積之視農功稍隙，解束以旋旋鑱穗撻之。南方水地，多種稻秫，早禾則宜早收，六月七月則收早禾，其餘則至八月九月。詩云：十月穫稻。齊民要術曰：稻至霜降穫之。此皆言晚禾大稻也。故稻有早晚大小之別。然江南地下多雨，上霖下潦，劚刈之際，則

必須假之喬扦，多則置之笐架，待晴乾曝之，可無耗損之失。齊民要術云：收禾之法，熟過半斷之。刈穄欲早，刈黍欲晚，皆即溼踐。穄踐訖，即蒸而浥之。黍宜曬之令燥。凡麻有黃莩則刈，刈畢則漚之。刈菽欲晚，葉落盡，然後刈。脂麻欲小束，以五六束爲一叢，斜倚之，候口開，乘車詣田抖擻，還叢之。三日一抖，四五遍乃盡耳。粱秫收刈欲晚，早刈損實。大抵北方禾黍，其收頗晚，而稻熟亦或宜早。南方稻秫，其收多遲，而陸禾亦或宜早。通變之道，宜審行之。

農桑通訣蓄積篇曰：古者三年耕，必有一年之食；九年耕，必有三年之食。雖有旱乾水溢，民無菜色，豈非節用預備之效歟？冢宰眡年之豐凶，以制國用，量入以爲出，祭用數之仂，而又以九貢、九賦、九式均節之。取之有制，用之有度，此理財之法有常，而國家之蓄積所以無闕也。國無九年之蓄曰不足，無六年之蓄曰急，無三年之蓄曰國非其國矣。蓄積者豈非有國之先務乎？周禮倉人掌粟入之藏，以待邦用，若不足則止餘法用，有餘則藏之，以待凶而頒之。遺人掌邦

之委積，以待施惠；鄉里之委積，以恤民之囏阸；關市之委積，以養老孤；郊里之委積，以待賓客；野鄙之委積，以待羇旅；縣都之委積，以待凶饑。以此見先王蓄積皆爲民計，非徒曰藏富于國也。彼有損下以自益（今并鉅橋洛口亦無之），剝民以自豐，如商王鉅橋之粟，隋人洛口之倉，所積雖多，豈先王預備憂民之意哉？大抵無事而爲有事之備，豐歲而爲歉歲之憂。是故國有國之蓄積，民有民之蓄積。當粒米狼戾之年，計一歲一家之用，餘多者倉箱之富，餘少者儋石之儲，莫不各節其用，以濟凶乏。此固知堯之時有九年之水，湯之時有七年之旱，而國亡捐瘠，所謂蓄積多而備先具者，豈皆藏于國哉？蓋必有藏于民者矣。今之爲農者，見小近而不慮久遠，一年豐稔，沛然自足，侈費妄用，以快一時之適，所收穀粟，耗竭無餘。一遇小歉，則舉貸出息于兼并之家，秋成備稱而償之，歲以爲常，不能振拔。其間有收刈甫畢，無以餬口者，其能給終歲之用乎？嘗聞山西汾晉之俗，居常積穀，儉以足用，雖間有飢歉之（山西之民畜甲天下，豈但救死而已乎）歲，庶免夫流離之患也。傳曰：收斂蓄藏，節用御欲，則

天不能使之貧。信斯言也。近世利民之法，如漢之常平倉，穀賤則增價糴之，不至于傷農；穀貴則減價而糶之，不使之傷民。唐之義倉，計墾田頃畝多寡，豐年納穀而藏之，凶年出穀以賙貧乏，官爲主之，務使均平。是皆斂其餘以濟不足，雖遇儉歲而不憂飢殍也。然嘗考之漢史，賈生言于文帝曰：漢之爲漢，幾四十年，公私之積，猶可哀痛。彼一時也，自文帝躬行節儉，以化天下，至景帝末年，太倉之粟，陳陳相因，而民亦富庶，人給足。古之蓄積常有餘，後之蓄積常不足，豈

天之生物、不如古之多、人之蒞事、不如古之智、蓋古之費給有限、而後之費給無窮、無怪乎有餘不足之不同也

農政全書卷之七　終

農政全書卷之八

特進光祿大夫太子太保禮部尚書兼文淵閣大學士贈少保謚文定上海徐光啓纂輯
欽差總理糧儲提督軍務巡撫應天等處地方都察院右僉都御史東陽張國維鑒定
直隸松江府知府穀城方岳貢同鑒

農事

開墾

諸葛昇選貢壽昌人定遠知縣墾田十議曰、江淮偏痺已久、流離觸目可虞、謹陳開荒十議、以盡地力、以厚民生事。兩淮古昔與兩江兩浙等。何以至是。照得卑職受事此中、三閱歲于茲熟計利弊、其有民生最利時事最急者、則無如墾田一議。墾田在西北為利、而在鳳陽一屬、尤利之利者也。竊見鳳屬頻年以來、旱澇為祟、蝗蝻再罹、疫癘流行、道殣相繼、小民蕭條滿目、則微鄉土之思。生計無聊。則寡性命之樂。以故慓悍輕生、離鄉遠竄者。十之七。而迫窮為盜。偷延喘息者。十之三。斯時也、彼已不自用其命、而督之以科條、威之以箠楚、又將安用之。則有搸之以法度。莫如養之以膏澤。膏澤者墾田是也。田墾則民自聚。民聚則財自豐。膏澤行而法度有

所恃矣此無他貨利者此中之不足而隴畝者此中之有餘因其有餘而開之則于勢易趨從其有餘而收之則爲功倍也以此謹摭墾田十議以備採擇施行

一築塘壩以通水利

古者晝井而田甽達於溝溝達於洫洫達于澮逆壅順洩而皆取利於水今淮以南田無宿水靠雨爲秋而陂塘壩堰之利脩築不時疏通無法以致雨驟則狂瀾四溢助河爲虐稍乾則揚塵涸底赤地如焚而

旱澇皆以爲民害豈直地勢使然哉甲職蒞任三稔皆遇旱荒計水利爲築陶家堰楚漢泉等壩拾數處凡近壩之田得水灌溉俱獲全熟及秋後淫霖支流就壑而亦無衝决之虞是築堤明驗也爲其事無其功者未嘗覩之也弟州縣有簿書之繁脩築有工食之費巡行阡陌動經旬日一處不督理而小民之偷惰者如故矣合無責治農一官專司水利遍歷郊圻尋徃昔舊跡如池塘之閼塞者開濬之溝澮之壅滯者疏導之瀦潤間視地之高下爲堰之淺深而閎之閘之高則開渠卑則築閘急則激取緩則疏引水由地中行無枯竭亦無泛溢而荒土皆沃壤矣鳳陽之水無可激取者不過用孺東兩成語耳

一設廬舍以復流移

江淮歲罹災祲貧民糊口四方逃竄境外郊野幾爲一空間有招集拊循稍稍復業者隴畝雖荒故土猶在惟是廬舍數椽原係草土築成初無棟宇完固歲月既久風雨摧淋遂成圮壞脩築限於無貲食息苦於無地彷徨四顧寧無轉徙之他哉議量於荒田最多之處或鄉落寥廓之場量動無礙脩理官銀爲蓋

草房每處約百十餘間使受廛之衆襁褓而來者咸得棲身而托足焉則往來行旅無戒于途犬吠雞鳴相聞于境生齒漸至庶蕃而草萊可以漸闢矣

一借籽種以時播插

炤得頻年蝗旱二釜不登民間擔石之儲方罄出以供楞腹豈復留餘爲播插計乎及無種下田始借貸於有力之家倍其息猶靳弗與者貧民計所收不足償所貸而且苦於無貸則有舍已之田代人耕作及去而之他者比比然矣本縣每春夏之交借種肆伍

千石至六月中猶有借晚種而佈者雖得升合如獲
珠璣誠籽粒之艱也合無預設種子一倉大州縣約
拾處小州縣約五六處每倉約稻乙千石歲發賑濟
不與焉專以待開荒者給借之法則酌戶內人口之
多寡及所墾田畝之廣狹以爲差實有田如干畝始
給種如干石而收成之際一視歲之荒歉爲息之厚
薄大豐則叁息之次豐則貳息之僅豐則壹息之不
豐不歉則收其本而蠲其息如或大歉則并其本而
蠲之至於杜冒濫稽眞僞則責成於鄉約保甲長官

唯爲綜核焉借種之大畧備是矣

一蕃樹畜以厚生殖

王者之政不過制田里教樹畜而已況議樹畜于江
北較江南尤易江南寸土無閑一羊一牧一豕一圈
喂牛馬之家鬻芻豆而飼焉江北則林多豐草澤盡
菹洳縱馬放牛可以無人牧圉使倣餋伍字之法而
牲畜不遍野乎江南園地最貴民間蒔葱韮于盆盎
之中植竹木於宅舍之側在郊桑麻在水菱藕而利
藪其爭誰能餘隙地江北則廢圃荒畦鞠爲茂草荒

陂廣澤一望唯蓼蘋耳使盡開百穀之利而一蔬一
菓皆民食也民有自然之利相安於婾惰而不興地
有不盡之力竟同於磽壤而莫取比饑寒切身流離
遠去始覓草根木實以延旦夕之喘何不蚤計乎議
於數口之家必畜雞豚牛羊之利開荒而外每種蔬
菓花麻各一畦有隙地者仍襍種梨棗桑柳等木保
甲長一一籍記鄉約彙送州縣稽查行之不十年而
江淮皆樂土矣此吾太祖之令甲有司之歲事也後稍凌夷當朝覲造冊則虛捏報數今都不省視并紙上栽桑云云人間亦不知爲何語

一總軍屯以覈規避

江北荒田民荒者十之三軍荒者十之七民荒者州
縣督焉軍荒者有司過而不敢問探厥所繇曰此田
係某伍下積負微糧而逃者也領其田必且償其負
而民不敢佃又曰此攤荒已久開墾必大費誅鋤之
力此方成熟而本軍還奪焉而民不敢佃所以一望
膏腴之地坐視爲黃茅紅蓼之區則已耳然亦有本
軍召佃而貽累更多本軍餬口所急先期執券收兌
貳糧以供枵腹及旗甲徵收屯官勒比而上納不前

則又藉口爲某某百姓所占。本官不察。謬呈倉屯督儲等衙門。批行所在官司。株連蔓引。壟産重輸。小民無收穫之利。而先受賠累之苦。不有視軍屯爲陷穽者乎。合無自今伊始。凡有佃屯認糧者。取其合同文券。陳告督屯衙門。准給印信執照。仍置印信文簿登記查考。民以所給印信文約。投本縣掛號。亦置文簿登記參核。俾民得安心開墾。儘力耕種。收熟之時。照所佃糧額。竟赴督屯衙門。當官完納。請給印信實收。隨以實收赴縣掛號。額糧外。每畝量出錢若干文。以

爲屯造幇搽之費。亦於交納時。交付本軍。附載印信實收之後。此外不得重科。以滋煩擾。開墾之後。須佃種十年。方許更易。不得因成熟有利。而遽奪之。庶公私兼足。軍民兩利矣。北方土地雖曠。荒然棄置不耕者。獨鳳陽爲多。皆軍屯也。此條良是。要其根本。尤在子粒額重。故在軍累軍。在民累民。天下軍皆然也。必廟堂主計者知開墾勝于拋荒。大有更張。則屯政乃可問矣。

一禁越告以專農業

江北田地拋荒。半繇訴越拖累。一詞入官。株累者必數人。一詞未結。守候者必數月。而三時已奪矣。況軍民雜處。詞訟交搆。凡遇關提。多占恡不發。而勢必批行于各屬。遠控于隔江。小民之畏赴各屬赴隔江也。猶其畏赴湯火也。更必分控于上司以抵之。故有一人而數處行提者。一罪而數處發落者。貧民將安所奔命焉。自非雉經自盡。則有迯門而竄矣。一竄之後。前案照提。數年之內。永不敢歸。而所遺田地俱荒。而三徵四差。復貽賠累於本戶。而本戶亦竄矣。則繇各屬之自立藩籬。而不繇一體關會也。本縣議詳。凡各軍民詞訟。自下而上。俱乞批原籍問理。如遇批發隔

屬。容請改批。或情輕事小。已經本處斷結者。竟申註銷。則軍民不苦於拖累。而農業得專矣。

一嚴保甲以專責成

今之保甲。即古之井田也。井田之制久湮。而出入守望相友相助之意。不可做而行乎。本縣議。每巨鎮大集人烟湊集之處。則拆爲數井。人烟稀少。鄉村聯絡之處。則合爲一井。孤懸遠僻之處。則自爲一井。每井之內。推一有行者爲甲長。推一有力者爲保長。若處中宮然。而以八家翼之。非爲不法者。同井之人得以

覺察糾舉。甲保長轉聞之官。或朋比容隱爲他人所告發。或官府另有所咨訪。則一井與本犯同罪。又責令同井之人。或遇火盜。必互相救援。爭訟須爲解分。不得坐視。當耕種收穫之時。緩急相周。各相幫助。如古通力合作之意。一人荒業。則九人共督。如其不然。則荒業者坐罪。而同井之人。罪亦如之。如此不但稽核之法有所責成、亦且保伍之中、各有聯絡、而少離竄之蹟矣、

一籍客戶以蕃丁口

聞有分土無分民。苟踐吾土食吾毛而受吾役、卽吾民也。安問土著客戶哉。夙屬當勝國兵亂之後、生齒未繁、邑里消索、　高皇帝嘗遷松常蘇杭嚴紹金處之民以實之。占籍坊里。世爲編民。今外郡之人、貿易經營於邑中者踵相接、頗亦起家、欲遷者占籍焉。望人不許。得非以客之利。主之不利乎。不知若輩占籍此中。則彼淑世業。長子孫。輸賦均徭與吾共其利。亦與我同其勞。今不許。則彼歲權子母。捆載而歸。以其家爲內帑。以吾邑爲泉府。所謂滔滔者如逝波不返

恐彼受嬴我誠受其絀。土人殆未之思耳。但是荒蕪之處。人情盡然。凶年流徙。又仰給于他方。可謂不恕矣。況每奉憲檄。招撫流移。流移尚許占籍。乃有力墾種者。獨不之許乎。本縣議令凡外郡商賈。有置事產而願受廛者。悉許其占籍坊里。入仕當差。則歸附既多。荒蕪自闢。十年生聚。十年教訓。生齒不嵬然與江以南埒乎。故當勝之何者、賦役甚輕故也。

一改折贖以資工作

凡擬罪以懲不肖也。而律文不尤嚴造意故犯之條乎。今乃槩爲收贖之例。彼豪悍之民作奸犯科者。曾何愛于錙銖。且曰吾儘捐槖中金。無幾而三尺之加

於我者止如是。而不肖之心豈有懲焉。至於貧窶之人。詿誤犯讞者。必且質田廬鬻妻子。以償完一罪。金矢方入。而囊篋已罄矣。且也出之小民。追比不勝苦剝膚。入之官帑。主司不免盜冒濫。豈直謂贖鍰所入。遂與俸祿同養廉乎哉。今議凡造意故犯徒配者、勿槩擬有力、有力杖者、問令納賑稻、勿槩折贖錢。或與無力者同准其工作。所限之期。如所笞之數。以爲差。以開無主荒田焉。則一州縣之中。計歲所徒杖者。不

下數什伯。計歲所墾之田。不下數千萬矣。（余嘗思祖宗流罪之法不廢。而北土之田盡墾。則國富兵强久矣。亦此意也。）

役徒夫以供開濬

古者城旦之役。原以備工作。亦以動其悔悟之心。而開之生前之路。今之徒配者則不然。其有力行賄者。則倩保代役。官吏染指其間。不以差委避。則以逃病申。其無力者。縲絏長羈。衣食缺乏。徒坐而斃耳。徒配非重辟。與其瘐死於獄中。孰若生全於隴畝之爲得耶。本縣看得近驛之處。每多荒田。責令有力農人。或

殷實馬戶。帶領耕作。每人月給倉穀二升。爲飯食之費。供役一日。准筭徒限一日。如有親識願助供役者。亦准通筭。總計三百六十工爲一年。滿卽釋放。有司核其所墾過田若干畝。一歲所入穀若干石。而籍記焉。除牛種工本所餘。量爲該驛廪糧之費。庶可免加派于小民也。如此。不但徒配得生全之路。而附驛一帶。無復蒿萊狐兎之區矣。亦開荒之一奇也。（如此必須驛丞吾輩人爲之。近錫山有夫頭倪某等。養徒夫以墾田甚多。如此人。以爲督郵可也。）

總督漕運巡撫軍門戶部右侍郎兼都御史陳　批

墾田一說。處處當行。而江北淮南尤急。本院數以語人。人鮮應者。得此十議。而知天下事。任之在人。非其人不能任。卽非其人不能言也。（亦有非其人而言者。知言者乃能辨之。）該縣有此識見。當遂力行。以奠一方之生。以爲各屬之望。本院將樂觀其成焉。（當世寧有幾人。非無其人也。上無其人。所求不存焉故也。）

玄扈先生曰。凡開墾。必當告明屯院。行文道府。出示禁約。庶無阻撓。北人不知墾田。有利于彼。以我南人異鄉。不無嫌忌。南北初交。定生矛盾。四五年後。或親

或友。可無爭鬭。涿州可爲驗矣。

凡買地。必得成段方員。庶可築圍打埂。隨高就低。耙平成田。畜水耕種。有奸狡之輩。不云侵占地畝。則云淹壞田禾。易起爭端。水溝必得買通。庶無阻塞。如墾新城地。原有徐尚寶開成溝瀆。但得府道明文。立碑爲記。可永無阻塞之病矣。招徠佃戶。量其財力。撥田少給牛種。近地卜居。搭橋建閘。使居民便於行走。此要務也。明年開田。今年先收買粮食。庶佃戶歸心。人衆則無餘地也。

汪應蛟海濱屯田疏曰：海濱屯田，試有成效，酌議畱軍併墾，召民兼種，以資兵餉，以永固重地。臣竊見天津葛沽一帶，咸謂此地從來斥鹵，不耕種。間有近河滋潤種藝豆者，每畝收不過一二斗。臣竊以謂此地無水則鹻，得水則潤，若以閩浙瀕海治地之法行之，穿渠灌水，未必不可爲稻田。而一時文武將吏諸人，無肯應命者。至今春始買牛制器，開渠築堤，一時並舉。計葛沽白塘二處，耕種共五千餘畝，內稻二千畝，其糞多力勤者，畝收四五石；餘三千畝，或種薥豆，或旱稻，薥豆得水灌溉，糞多者亦畝收一二石；惟旱稻竟以鹻立槁。臣近巡歷天津，親詣查勘，據副總兵陳燮稟稱：水稻約可收六千餘石，薥豆可收四五千石。于是地方軍民始信閩浙治地之法可行于北海，而臣與各官益信斥鹵可盡變爲膏腴也。夫天津當河海咽喉，爲　神京牖戶，自倭警震鄰，開府設鎮，署將增兵，而其地益重。今鯨波雖息，內備未忘，矧中原多事之秋，尤未雨徹桑之日。見在水陸兩營兵尚存四千人，歲費餉六萬餘兩，原無請給內帑，俱加派民間。欲

留兵不免于病民，欲恤民無以給兵。臣嘗早夜熟思，惟有屯田可成，斯得足食長策。然召募之兵，非有室家婦子之助，計一夫不過耕種四五畝，即畝收三石，不過六萬石；而可墾荒田連壤接畛，奚啻六七千頃。若盡依今法爲之開渠以通蓄洩，爲之築堤以防水澇，每千頃各致穀三十萬石，以七千頃計之，可得穀二百萬餘石。非獨天津六萬金之餉可以取給，即以充近鎮之年例，省司農之轉餉，無不可者。且地在三岔河外，海潮上溢，取以灌溉，于河無妨。白塘以下多

地原無粮差，白塘以上爲靜海縣民，或五畝十畝而折一畝，粮差不過一分八釐。民願賣則給價，不願則田仍給種于民，情無拂。就中經理得宜，行之久遠，可不謂國家萬世之利哉！惟是地廣則墾治之難，田多則耕種之難，又招徠數千家而後能任數千頃之地，必羣聚數萬之人而後能供數十萬畝之耕。如地方十里，爲田五百四十頃，一面濱河，三面開渠，與河水通，深廣各一丈五尺，四面築堤以防水澇，高厚各七尺，又中間溝渠之制，條分縷析，大約用夫六十萬人，

而後可以成功河中起土築堤之餘四倍于堤又四十九分堤之五不知安在何處無論北人懶惰憚于力作即有南方善耕之人誰能集衆裹粮百十爲羣越數千里以從難成之役其富商大賈衣輕乘肥操奇贏坐收三倍又誰肯捐數萬金之資以勞形哉此闢地生財之說雖屢屢 廟議而未睹成績也臣今爲計惟有用軍墾田以田分民軍能墾而不能盡種民能種而不必自墾軍有月粮而無傭値之費民無勞役而享可耕之田然後趨之若流水應之如赴聲策無便于此者然非見在水陸兩

營之兵所能獨成也彼以四千之衆勤力于二萬畝之耕又三農之餘無廢其坐作擊刺之條其操畚鍤而從事于濬築所就能幾何哉欲成此非勸誘富民不可此禹之舊法也軍墾民種而大半收之此爲何法哉臣請以防海官軍用之於海濱墾地計左右兩營軍共六千併水陸兩營之兵總得萬人除人各耕種外每歲開渠築堤可成田數百頃一面仍募邊地殷實居民及南人有資本者聽其分領承種少或五十畝多不過一二頃悉令倣焰南方取水種稻本年開耕姑免起科以償其牛種器具之費

次年每畝定收稻米五斗以後永爲世業其軍兵自種五畝每名定收稻米一石五斗如此重税民必不來則軍爲徒勞矣其有父兄子弟願領種餘田聽各營中軍總哨及天津三衛官舍有率其子弟童僕願領者聽誰願領者固宜旋舉旋廢總之多不許過二項數年之後荒地漸闢各軍兵且屯且練民間可省養兵之費重地永資保障之安邊境狼烽長靜兩營官軍嘗留屯可也萬一虜釁可虞復調春秋遞防可也至於米粟漸多可支邊鎮之年例民居漸廣可實海邑之版圖并一切署置調度

事宜容職次第區畫具奏非可以一端盡也　先是二十五年春戶部奏覆天津巡撫萬世德題天津開田一事查山東之長島遼東之千家庄俱係海墩曠地此皆海島而諱言之曰海墩其實海島何妨屯守哉近因倭儆擬調軍士且耕且防不踰年而各獲萬計又查得天津沿海一帶節該科臣戴士衡徐元正並題膠河水淡可樹嘉禾撫按設法招墾此策良是勝汪公遠矣祗因連値兵荒官無餘餉民無餘力坐是因循日久竟未奏效合候 命下本部移咨天津海防巡撫都御史督行各該兵備道

即將各哨上環海荒田地，南自靜海，北至直沽、永平等處，并諭遠近軍民人等，各自備工本，儘力開種，官給印照，世爲已業。成熟三年之後，方許收稅。酌量本地所獲花利，每畝上地納穀一斗，中地六升，下地三升。另項收貯，專備海防餉費，此外不許別項科擾。如有力大能開墾鑿池濬溝、築堤建閘，並隨便經理，不相牽制，每歲終，撫臣躬親巡督，果有成效，如長山島千家庄之補助軍餉者，即分別墾田多寡、輸餉厚薄，酌議賞格，徑自舉行。至於有力大能捐本倡率者，另題優敘。庶幾人自勸勉，地闢而根益增，兵農兼濟，上下相資，計無善于此矣。

沈一貫山東營田疏曰：臣聞軍國之需，最先足食；生財之道，貴在聚民。頃因倭氛飈起，海防戒嚴，創設天津、登萊巡撫，以圖戰守，更責內地巡撫，討處兵食器械，以資接濟。今山東巡撫缺，蒙特名以尹應元往彼整飭之。臣查其舊勅，山東巡撫原有營田一事，後亦具文而不行。今日時務，特宜重此。臣請　皇上於勅書內特許便宜，則可望山東一省，不請戶部，不派小

民而自裕其海防之資。臣惟山東古齊魯地，春秋時管仲擁魚鹽之利，通財積貨，獨稱富强，至今舉臂勝事無不服藉輔其君桓公，尊王室，攘夷狄，爲五霸首。（自秦皇帝，則輓黃腄負海之粟矣。今登萊，則古黃腄也。其菽粟狼戾，若無所洩，民甚病之。）延至漢時，尚稱十二之國，餉饋關中，冠帶天下，何其雄也。乃今則僅僅裁自給，而司農悉仰之江南，該省甫一防海，輒告不足，甘棄沃饒，坐視匱乏，此豈無土哉？無人故耳。該省六府，大抵地廣民稀，而逾東海上，尤多拋荒，謂宜脩管子之法。管子曰：凡有地牧民者，務在四時，守在倉廩。國多財則遠者來，地闢舉則民留處。今日之事，宜令巡撫得自選廉幹官員，（吏部所選何官，其官所幹何事。）將該省荒蕪土地，逐一查覈頃畝的數，多方招致能耕之民，如江西、福建、浙江、山西及嶽池等處，不問遠近，凡願入籍者，悉許報名，擇便宜爲之正疆定界，署置安揷，辯其衍沃原隰之宜，以生五穀六畜之利。語云：荒田不耕，纔耕便爭。必嚴輯土人而告戒之，毋阻毋爭。凡拋荒積逋，一切蠲貸與之，更始，或聽和買，或聽分種。其新籍之民，則爲編戶，排年爲里爲甲，循阡

復畝、勸耕勸織、或又聽其寄學應舉、量增解額以作興之、聽其試武科、充吏役、納粟官、以榮進之、毋藉爲兵、以駭其心、毋重其課、以竭其財、有恩造于新附、而無侵損于土著。務令相安相信。相生相養、既有餘力、又爲之淘濬溝渠、內接漕流。以輕其車馬負擔之力。使四方輻輳于其間、米多價平。則鳴吠相應、不煩遠輸。而獲利已多。海渠交通。則商賈坌來、魚鹽肆出。而其利益廣。不出數年。可稱天府。夫本地自稱富庶、足以省司農請發之煩、免百姓加派之苦、紓 九重東

農政全書　卷之八　開墾　八　平露堂

顧之憂、增環海長城之重矣。今第有司安循常而憚改作、居民席世業而患分授、必且曰地皆主籍、原無拋棄。田皆耰鋤。曾何荒蕪。而不知東人之習爲惰農也巳久。即所謂主籍耰鋤者、悉皆鹵莽滅裂。而與荒蕪正等耳。海內畫然。即南人亦未免此。 高允有言、方一里田三萬七千頃、若勤之則畝益三升、不勤則畝損三升、乃百里損益之率爲粟三百二十萬斛、況其廣者乎、東土之貨棄于地、東人之力藏于身、安能如新集者勤而相勸、以復周漢之齊魯哉、是事也、宜專責巡撫之力

擔、勇任、而令巡按以時稽察之、且重司道之選、如近日霍鵬之在肅州、以墾田聞、豈乏其人、可令各舉而用之、以爲率、且精有司之選、如先年申其學、趙岐楊渠輩、皆勤敏精幹。治邑如家。豈乏其人。宜不限科貢異流、而器使以爲長。不必別立農官、就府縣見職。可以責任、不許別請錢糧。就本省倉庫。可以通融。事本不難。得人即易。數年前、鄭汝璧巡撫此地、有其志矣、而被流言以去。美業不終。臣甚惜之。 皇上奮誅島夷、海內方喁喁嚮風、樂趨王事、況招狹鄉之民以就

農政全書　卷之八　開墾　九　平露堂

寬鄉之民、人心所欲、因民之利而利、事亦不勞、管仲之事功、雖不足爲天下士大夫願、而姑取救時、亦當有奮然而任者、思文后稷亦不足願歟。 且聞江北畿南可墾甚多。又不特山東爲然也。以此風之、利可益開矣、奉
聖旨、今財匱餉艱。公私俱困、地方官只圖那借、別省搜索窮民、全不講求地利生財之法、覽卿奏、具見謀國忠猷、務本正論、便行與山東巡撫督率有司、着實修舉。還着巡按御史稽查、勤惰、以行賞罰、都添入勑內、永遠遵行。

附耿橘開荒申曰、常熟縣爲設法開墾荒田以裕民生、以裨國計事、切炤本縣、坐濱江海、田地高下不齊、肥瘠参半、兼以賦役繁重、民生游惰、以故田多荒蕪、蕭條滿野、然非土性之荒也。水利未脩。旱澇無備、荒者且歲有益焉。則熟之難。流移未還、勞來未至、則熟之難。積逋未豁。原主告爭。民雖有欲墾之心。鮮不蛇豕視。則熟之難。風俗頹敗。邪行交作。民不務本。則熟之難。卷查萬曆二十八九兩年間、前任趙知縣清勘坍荒有二項焉、一曰板荒。一曰坍江。闔縣四百八十

四里內、勘出舊板荒田地一萬二千四十三畝一分九厘八毫、于內蘆葦荒田地七百一十九畝六釐四毫、茭草荒田地四千八百六十七畝六分九釐九毫、又新荒田地、一萬九千二百五十二畝九分八毫、又勘出坍江田地、并高明坍沙、二萬三百五十八畝七分五釐、坍江沉淪、遂將槩縣存留米抵補、板荒、嘿眕具存、復熟有待、第入未限緩徵蘆葦、則每巳米一石、秖徵銀二錢五分、茭草、每巳米一石、秖徵銀一錢二分五釐、並不派其本色、已經詳允立石矣、卑縣自愧

綿木無能彷彿萬一、而民生國計攸關、不敢不盡其犬馬之愚、試以荒田言之、本縣錢粮太重、催徵屬第一難事。但有緩之一字。即斷斷乎不可徵矣。自二十九年勘緩之後、及今又四閱穫矣、不聞有荒者之復熟、第見有熟者之告荒。何耶。一冒荒名。幸脫徵輸。視其田爲身外之物。頻年莽莽而弗之恤。即草澤之利。竊取私收。猶畏乎人知。而稼穡之事。東作西成。遂絕于南畝。年復一年。人效其人。將安所窮耶。卑縣查勘水利、遍詣各鄉、遂設爲方畧、招民開墾、一如左列欵

斷不少變毫芒、此令一申、未及半月、即據二十五等都、七等啚民陳福黃表等、來告共願墾田、俱發開荒多者念畝、少者十畝、最少者五畝、俱註名荒田冊中、嗣今已往、將開墾之人、日益衆、荒蕪之地日益闢、民生國計兩有裨乎、至於坍江一項、雖粮經豁免、而土之在水、原無喪失、有坍則有漲、此坍則彼漲、其常理也、合無清查沿江自白茆一帶、凡有新漲之田、俱令計畝陞科、若荒田中果有沙瘠不堪耕種者、即以此粮補之、而荒粮即與豁除、期于不失原額而已、坍者熟田。

漲者日塗，漸以成蕩，故祗補不盡。

一招撫流移人户

錢粮之重也，差役之繁也，水旱之無救也，民未有不逃徙地方者。田地拋荒，職此之繇。合無刊刻告示，遍揭各鄉，令其宗族親戚、里排公正人等，轉相告布，招致歸耕。歸耕者必曲爲安全，務俾得所。

一盡豁積逋

查得荒田一項，户係逃絕，粮從緩徵，自二十九年勘緩以至于今，實未嘗有釐毫之輸納也。二十九年以

上，又可知矣。積欠如是，民雖有告墾之心，實有所懼而不敢前。即本縣諭以免追，亦有所疑而不敢信。是荒田無復熟之期矣。田無復熟之期，即粮無可完之日矣。合無明給帖文，凡荒粮在二十九年勘緩之列者，今以往，盡免追徵，今而後，炤開墾事例，三年半稅，五載全科，仍大張告示，俾百姓家喻户曉。如是則疑懼釋而胼胝集矣。

一酌給牛種

小民應詔來耕也，有有牛種者，亦有無牛種者，乃濟農倉穀，當此春　正出陳易新之會也。合無畧倣古人補助之遺意，查開墾小民委無工本及無大户借給者，許赴縣告濟，量其墾田多寡，工力難易，酌給濟農倉穀，作牛種之資。仍令該區大户保領，至秋成後，秪炤原數還倉，不追耗利。

一矜免雜差

告認告墾之民，悉蠢愚孱弱可矜之民也。其里排總甲塘啚等項雜役，本縣斷不差用。而里排總甲塘圖等役奸民，不無乘機索詐者，如解軍巡邏、挑河築岸

諸名色是已。合無明給帖文，爲炤一切雜差，悉從矜免。如有前項人等，欺其愚弱，或勞其筋力，或科其毫釐者，許執帖赴縣口禀，即將前項人等從重究擬。

一禁絕豪强兼并

荒田之爲荒也久矣，原户何在，而任其莽莽若是。積欠若是，夫荒而棄之，熟而收之，人任其勞，已享其利，此奸民故智，而告墾者之所以不來也。合無大張告示，令新舊板荒，各原户赴縣告認，要將某區坵原田若干，自某年拋荒，今來認墾，某年半稅，某年全徵，一

一認明、以後按所認年分催科、其無人告認者、許別戶告墾、要將某區某坵某業戶田若干、一向拋荒、今來告墾、某年半稅、某年全科、一一告明、給帖爲炤、發該區公正、督領開墾、以後炤所墾年分催科、如是而成熟之後、復有原戶告爭告絕告贖者、即豪强兼并之徒也、此法立而崇本務實之人、將安心芟柞草、其有墾乎、

一禁占蘆葦茭艸微利

板荒、荒也、蘆葦茭艸、猶之乎荒也、乃有等惰民嬾戶

不爲久遠長慮、逐茭蘆之微利、棄稼穡之大寶、不惟自不力墾、抑又忌人之墾、究其心、不過借荒名以逭錢糧、挾小利而懷苟安、致令土田漸躋于石版、闔閭日入于蕭條、國計歲虧乎正額、如之何其可者、合無大張告示、凡蘆葦茭草等地、悉令開墾、復熟、即有原戶私占者、並許別戶告墾、有原戶恃頑不容別戶告墾者、許該區公正、呈舉究治、

一明定稅期

三年半稅、五載全科、凡開荒者類然、而吏書作弊、或未及應稅之期、而出帖勘查、良民受其擾、及其逾應稅之期、而沉匿不舉、奸民專其利、合無于帖文內、刊載五等年分、炤依原來斗則、填註某年免稅、某年免稅、某年起稅若干、某年起稅若干、某年全科若干、一樣二紙、合同用印、一給業戶備炤、一落該房粘卷、仍挨順年月編成字號、以便查考、使小民知稅科一定、奸者不得幸免、良者無他煩費、各各安心畢力也、更宜議寬、寬則勝于久荒萬萬矣

一分任各區公正

公正者、糧長之別名、一區之領戶也、前官查理坍荒及催徵錢糧、率用此輩、此輩亦稔熟土性民情、況且保借身家、每規畫調度、小民視以爲從違、故開荒之事、非責成此輩不可、合無將各區荒田、以十分爲率、分別難易、着該管公正、分投督開、或以身先、或借工本、或多方招徠、每年限田若干、務在開完、三年之後、必于無荒、凡告認告墾告討牛種之眞贋、與夫開墾之虛實、及秋後還倉等事、一一委之、有能盡心出力悉闢荒蕪者、本縣量行獎賞、若玩愒不忠、及有虛冒

情弊者。定按法究治。

一驅打行惡少歸農

打行之風、本縣頗盛、凡愚民有報讐復怨之事、爭投其黨、查得此輩、皆係無家惡少、東奔西趂之徒、合無寄拿渠魁、及被人告發者、枷示之後、發于各區開荒、仍着該區公正、收管、季終赴縣、遞改行從善結狀、仍隨鄉約會聽講、夫枷示以殺其飄揚跋扈之氣、開荒務使有恒產恒心之歸、此變易風俗之一道、而艸亦有墾矣、但以重農之意、復祖宗流罪之法。則此數輩。皆可歸農。否者則空言也。

一驅賭博遊手歸農

賭博之事、蕩敗之媒、盜之胚胎也、本縣此風頗盛、合無寄拿開場者、相客者、枷示、及被人告發者、悉發各區開荒、仍着大戶收管、季終赴縣、遞改行從善結狀、仍隨鄉約會聽講、夫重懲開場相客。則勾引無人。而又并驅歸農、以約其散漫之身、而抑其狂惑之志、庶此風可變、而草亦有墾矣、

一驅販鹽無藉歸農

本縣地濱江海、兼以白茆滸浦福山三丈諸港、與通泰海門各鹽場徑對、風帆一指、俄頃可達、且于彼、每鹽一觔、價不過一釐幾毫、于此、則五六釐矣、且于彼、衣布米荳之屬、咸可相貿、于此、則銀錢始售矣、無耕耨穫刈之勞。而立享數倍之利。此販鹽者之所以紛紛也。卑縣除一面責令巡鹽主簿、巡檢司巡檢、以至本縣練兵福山把總等官、各嚴緝拿外、除拒捕者斬絞、列械者遣配、毫無姑息外、其小船無械、與無船有鹽等小販。合無杖之以懲其過、發之開荒、以遂其生、仍令該區公正、收管、季終赴縣遞改行從善結狀、仍隨鄉約會聽講、夫大販必除、小販歸耕、日漸月化、草亦有墾矣、

一驅訟師扛棍歸農

俗之敝也、訟師扛棍、互相爲市、此輩多係無家窮棍、合無懲創之後、發于各區開荒、着落公正收管、每季終赴縣遞改行從善結狀、仍隨鄉約會聽講、夫重之刑威、以革其面、驅之耕種、以物其身、才狡無良之念將銷鎔于南畝、而草亦有墾矣、按耿橘號藍陽萬曆三十四年任常熟知縣水利荒政俱爲卓絕

卷之八終

農政全書卷之九

特進光祿大夫太子太保禮部尚書兼文淵閣大學士贈少保謚文定上海徐光啓纂輯

欽差總理糧儲提督軍務巡撫應天等處地方都察院右僉都御史東陽張國維鑒定

直隸松江府知府穀城方岳貢同鑒

農事

開墾

玄扈先生墾田疏曰：京東水田之議，始于元之虞集，萬曆間尚寶卿徐貞明踵行之，今良涿水田猶其遺澤也。職廣其說，爲各省直槩行墾荒之議，然以官爵

招致狹鄉之人，自輸財力，不煩官帑，則集之策不可易也。集之言曰：京師之東，瀕海數千里，北極遼海，南濱青齊，萑葦之塲也。海潮日至，淤爲沃壤，用浙人之法，築堤捍水爲田。聽富民欲得官者，合其衆分授以地，官定其畔以爲限，能以萬夫耕者，授以萬夫之田，爲萬夫之長，千夫百夫亦如之。三年後，視其成，以地之高下定額，以次漸征之。五年有積蓄，命以官，就所儲給以祿。十年不廢，得世襲如軍官之法。職按集所言海濱之地，今斥鹵難用；其可用者，或窒礙難行。而海內荒蕪之沃土至多，棄置不耕，坐受匱乏，殊非計也。職故祖述其說，稍覺未安者，別加裁酌，期于通行無滯，今并條議事宜，列欵如左：

一、墾荒足食，萬世永利，而且不煩官帑。招徠之法，計非武功世職如虞集所言不可。或疑世職所以待軍功，今輸財力以墾田而得官，與事例何異？則職嘗辯之矣。唐虞之世，治水治農，禹稷兩人耳，而能平九州之水土，粒天下之烝民，當時之經費何自出乎？葢皆用天下之巨室，使率衆而各效其力，事成之後，樹爲

五等之爵以酬之。禹貢一篇所以不言經費，茅土則壤成賦之後，終之曰錫土姓而已。故曰建萬國以親諸侯，若必以軍功封，則生民之初，何所事而得萬諸侯乎？後來兼併之世，乃以武得官，則生人而封，比之殺人而封者，猶古也。況虞集尚言世襲如軍官之法，職所擬者，不管事，不陞轉，不出征，空名而已。田在爵在，去其田，去其爵矣，即世襲又空名也。名爲給之祿，祿其所自墾者，猶食力也。事例之官爲天下之最大害者，爲其理民治事莞財耳。衛所之空銜，安得與事

例比乎今之事例歲不過六十萬此法行不數年而公私並饒即事例可罷欲重名器尤宜出此但恐空銜無實人未樂趨故必以空銜爲根著而又使得入籍登進以示勸凡狹鄉之人才必衆進取無因以此歆之自然麕集又疑土著之民不能相容則另立屯額科舉鄉試不與土人相參也以此均民而實廣虛甚易矣或又疑舉額加增則仕途壅滯不知今之壅仕途者非科貢也事例也今墾田入學其中式以漸增加若增至百名則墾田已得千萬畝歲入至輕亦得百餘萬石而藏富于民者更不可數計矣此將漸革事例以舉人入選猶患其少耳何壅滯之有

一或疑均民之說以爲人各安其居樂其業足矣何事紛紛率天下而路乎不知徙遠方之民以實廣虛漢人有此法矣自漢以來永嘉之亂靖康之亂中原之民傾國以去所存無幾耳南之人衆北之人寡南之土狹北之土蕪無怪其然也司馬遷曰本富爲上末富次之姦富爲下北人居閒曠之地衣食易足不務畜積一遇歲祲流亡載道猶不失爲務本也南人太衆耕墾無田仕進無路則去而爲末富姦富者多矣末富未害也姦富者目前爲我大蠹而他日爲我隱憂長此不已尚忍言哉今均民之法行南人漸北使末富姦富之民皆爲本富之民民力日紓民俗日厚生息日廣財用日寬唐虞三代復還舊觀矣若均漸直之民于江淮齊魯均八閩之民于兩廣此于人情爲最便而于事理爲最急者也

一虞集言三年之後視其成以地之高下定其額以次漸征之職今言開墾之月即定歲入之米何也

祖宗朝有開荒永不起科之例不行久矣必于三年之後即目前無定則之田人將恫疑而不就也職今擬定上田每畝一斗下田照本地科則折筭名爲一斗以半爲其俸入實出五升而已其止于五升者极荒無粮之地向來棄置而盡力墾治爲費已多畝出五升不爲薄也其半荒者原有本地粮額決不可少正額之外加出五升亦不輕矣且今日之大利在田墾而粟賤和糴易而畜積多耳不在多取也況有歲入之米爲據即可以定其所墾之田即可以定其入

無籍之人，彼應募者又何吝此兩年之入乎。

一耕墾武功爵例

二人耕水田十畝，入米一石。二十人耕百畝，入米十石，爲小旗，內以五石爲本名糧，餘半納官，小旗給帖，許立籍廣種。

五十人耕二百五十畝，入米二十五石，爲總旗，內以十二石五斗爲名糧，餘半納官，總旗許嫡男一名考縣童生。

一百人耕五百畝，入米五十石，爲試百戶，內以二十五石爲俸，餘半納官，試百戶許縣考童生二人。

一百五十人耕七百五十畝，入米七十五石，爲百戶，內以三十七石五斗爲俸，餘半納官，百戶許縣考童生三人。

二百人耕一千畝，入米一百石，爲副千戶，內以五十石爲俸，餘半納官，副千戶許縣考童生四人。

二百五十人耕一千二百五十畝，入米一百二十五石，爲正千戶，內以六十二石五斗爲俸，餘半納官，正千戶許縣考童生五人。

三百人耕一千五百畝，入米一百五十石，爲指揮僉事，內以七十五石爲俸，餘半納官，指揮僉事許縣考童生六人。

三百五十人耕一千七百五十畝，入米一百七十五石，爲指揮同知，內以八十七石五斗爲俸，餘半納官，指揮同知許縣考童生七人。

四百人耕二千畝，入米二百石，爲指揮使，內以一百石爲俸，餘半納官，指揮使許縣考童生八人。

一凡應募者，不論南北官民人等，但各自備工本，到閑曠地方，或認佃無主荒田，或自買半荒堪墾之田，即于本處報官府縣，即與查勘，丈量明白，編立步口號，開造魚鱗圖冊，類報本道，就令開墾成田，入米之後，該道仍親詣丈勘，申詳題請給劄，俱准世襲職銜，與衛所官一體行事，仍給劄文，令嫡親子弟孫姪考試，有司照驗帖文事理，仍准同官五員連名保結，即與收考。其以他人冒頂倖進者，依冒籍律，同保連坐。向後如闕田闕米，本身及倖進子弟，俱追劄革職除名，或雖納米而無實墾田畝者，罪同。其自副千戶以上本身願改文官職銜者或文官已經休致而願進階及加銜加服色者咨送吏部酌量相應職級奏請定奪若勛戚大臣雖不以銜所職銜爲重而能爲國爲民將自己莊田開墾成熟者聽其推及族姓或自願　請給　恩典者該部代爲陳奏取自　上裁

一凡墾田者若買到有主半荒之田此田原有本地粮差俱要于本等粮差之外另自納米爲水田歲入之數其負欠本等粮差者先將納米扣足後筭歲入

一所墾之田若是板荒地土未入粮額者聽憑告官

開墾水旱耕種止納餘米官民軍竈人等不許生端科索擾害若是民田拋荒無主者聽其告官佃種止完承佃之後本地應出粮差有司不得指以舊逋勒令賠納開墾成熟原主復來爭業者遵奉　恩詔事例斷給荒田價值

一凡墾田必須水田種稻方准作數若以旱田作數者必須貼近泉溪河沽洵泊朝夕常流不竭之水或從流水開入腹裏溝渠通達因而畦種區種旱稻二麦棉花黍稷之屬仍備有水車器具可以車水救旱

築有四圍堤岸可以捍水救潦成熟之後撤去水旱無虞者依後開法例准折水田一體作數若不近流水無法可以通濟而能鑿井起水區種畦種成熟者用力爲艱定以一畝准水田一畝其以若干畝准一畝者止納一畝餘米旱田餘米除旱稻小麦准作米數外有以黍稷豆等上納者照依時價加添作數

一旱田通水灌溉者即古人井田之制損地愈多其田愈沃今定准折之數除有見成河沽泉溪洵泊之外其以實地開作渠溝塍岸者每百畝損田十畝即

准水田百畝損田五畝准作五十畝損田三畝准作三十畝損田二畝准作二十畝二畝以下不准作數

一凡實地種水田須多開溝澮作徑畛費田二十分之一以上方爲成田近大川者減三之一寧可過之無不及焉若平原漫衍無徑涂溝洫望幸天雨水旱無備者謂之不成田不准作數勘時仝要備細查明造冊其成田入米授職考試之後復有水旱災傷以致拋荒不能遽復者許告明于別處墾補其拋荒不報止以納米搪塞者事發本身子弟俱行削革餘田

没官另募墾種有首告者以半充賞

一凡水行地皆可灌凡地得水皆可佃故地須水灌必委曲用其水水須地行必委曲用其地凡應募人衆或買或佃或認開積荒所承地土倘去江河溪澗稍遠中間開通溝洫畜洩水道須從隣田經過要從附近人戶買田開濬者須憑地方人等議同和買比于時值量加半倍多至一倍爲止墾戶不得以應募爲辭抑勒強買田主亦不得以方圓爲辭高求價值違者許各具情赴官聽候裁斷

一墾田用水其間開塞築治之事有與地方官民相關者或和害互相爭執工費互相推諉院道宜選委賢能官員親詣查勘斟酌調停務期兩利無害一切興作工費有應屬原係官民者有應屬墾田官民者有共利共害應均攤出辦者俱須從公裁處無得曲狥一面之詞致有偏累亦無得因其互爭槩從廢閣以致有害不除有利不舉兩下亦宜平心聽處如有偏執成心理屈求伸者合行盡法究罪

一墾田去處有大工作如開河渠造陠堋等有肯一力造辦者有集合衆力造辦者俱報官勘明與工功成報勘如費銀一千兩准作水田一千畝一體授職入籍但無入米亦無官俸此外本人別有開墾地畝照數納米給俸

一邊方緊急去處于耕種地所造如式吊角空心敵臺一座約用銀一千兩者准水田一千畝更高大多費者勘實遞加准田之數但造臺受職者止許受職入籍亦無入米無官俸此外開墾田畝照常入米給俸其所造敵臺平時即與本官居住仍令于臺上各

備大小火銃藥弩等件遇有虜警集戶下壯丁于臺上射打若殺賊數多獲有功級照依邊方事例一體給賞其能自備馬匹盔甲軍火器械本官率領戶下丁壯遇有零犯大舉與官軍犄角殺賊獲有功級而願陞者于屯衛職級之外另陞職級悉依軍政事例給黃世襲此項職級與耕墾無與不在闕田闕米革除職名之限願賞者聽

一衝邊要地人入悍往獨能築治臺堡開墾地畝者與內地難易逈絕應照遼東諸生順天鄉試事例特

立邊字號，令其中式稍易，以示激勸。

一今撫按司道職掌勑中，皆帶管屯官，不須另設。第人情各是所習，各安所近，須擇其尚意勸農者，使居其任，可矣。獨府州縣佐貳，宜歸併他務，選用一員專理，以便責成。

一開墾去處所選用司道府縣正佐，聽在　京九卿科道訪實保舉，通知農田水利，及有志富民足國者，從優選授。或未嘗保舉，而自願告就，查無規避情弊者，聽。果有成績，從優陞遷，或加銜管事。其任久功多

者，破格超遷，以示優異。或就于本處超遷，以便責成。

一議者言荒地有司多有隱匿私稅者，故以荒為利，最忌開墾。此或未必盡充囊橐，即以給官中公用，或抵補荒粮，亦屬非法。且境內之土盡闢，人必聚，何處無財用。今後功令既頒，就墾既衆，若猶仍故習，生端藉口，或詭言境無荒蕪，或禁止和買，或抑勒承佃，如此沮人心、撓成議者，該撫按司道訪實參處。

一新授指揮以下官員，俱用附近衛所名色，別稱屯田職銜。如附近某衛者，即銜稱某衛屯田指揮使，位本官之下。如指揮使，即序本衛指揮使之下，本衛指揮同知之上也。若此地官員既多，願自于緊要去處設立屯衛衙門及屯學者，聽其行移文案。若關職級等事，俱經繇本衛印官申詳院道；若田土錢粮事宜，經繇府州縣申詳；或有迫切及枉抑難明事情，徑自陳告院道，不關本衛所之事。

一屯衛所官員，除有軍功世襲外，其餘俱以耕墾入米為事，不在征調之限。其戶下丁夫，除自願應募充兵者聽，其餘不許邊方將官用強勒充家丁，以致人心不安，良法沮壞。如有故違者，許被害人輕則陳告，

重則奏　請處治。因而騙詐者，計贓論罪。

一凡以墾田授職者，通不許私自頂名代職，違者以假官論。子弟考試者，以冒籍論，其田沒入官，另行召募耕種。首告者，以沒田一半充賞。

一生員入學，俱于附近衛府州縣，總計與考童生二十名，進學一名；生員五名，科舉一名；科舉計二十五名，即題准加額中式一名。候本學生員滿二百名，別立屯學，設廩膳十名，增廣十名，四年一貢，滿三百名，

各設十五名。三年一貢。滿四百名。各設二十名。二年
一貢。廩生止用名目挨貢。其廩膳銀。姑俟成功之日。
財用充足。另與設處。貢生舉人進士牌坊銀兩。俱照
京府事例行文原籍支給。
一鄉塲中。另立屯字號。不論京省。每科舉二十五名。
中式一名。會塲不必遽加甲科之額。會塲腳色。要開
見在某處屯衛。原籍某處。硃墨卷要照原籍地方開
填。南北中字樣。不得用屯衛地方。開寫。驟侵北土之
額。後果鄉試中式數多。聽候臨期另行題　請定奪。

一若止願墾田。不願入籍墾仕者。或于授官入籍額
外多墾者。皆免其歲入餘米。止完本田上粮差。
一開墾成熟之田。不許地方豪右。用強奪占。用價勒
買。違者赴合于上司陳告處治。其墾田納米之外。獲
有餘米。許依時價糶賣。各衛門不許指以官價。爲名。
減値勒買。違者亦聽被害人。陳告處治。如衛門人役。
指官抑買者。告發計贓論罪。
一各省直漕粮。江南民運白粮。耗費最爲煩苦。自今
墾田以後。屯衛所官員人等。有於近　京去處收獲
餘米。自出腳力搬運。到來白粮。于戶部光祿寺等衙
門漕粮。于戶部倉塲總督等衙門告明。即許將合式
粮米。照例上納。給與印信倉收執照。類總移文彼處
漕運巡撫等衙門。轉下所司。照數給與應解正耗貼
役等米。石車水腳等銀兩。免其解運。其民戶情願扣
除本名。及子壻族親名下應納銀米者。聽其盡數扣
除。有司不得留難抑勒。重復徵收。違者。許被害人。徑
赴合于上司陳告。參處。在　京各衙門。仍照軍民粮
運。另行規則。刊刷易知單冊。給與納戶。以便交納扣
除。

一律法有流罪三等。久廢不行。大率比附軍徒。引例
擬斷。推原其故。當因枝流人犯。二三千里之外。了無
拘管。亦無資藉。勢難存立。不若軍徒。既有衛所驛遞
官長鈐束。新軍亦有月粮三斗。徒犯亦有站銀二分。
少資糊口。故流罪廢而比附軍徒。勢不得已也。今既
設立屯衛。官員皆在廣虛之地。若將流罪人犯解赴
收管。令作佃徒。以當差操擺站。即得服田食力。務本
營生。以此聚人辟土。正合古人徙民之意。亦不至牽

合比擬使罪不麗法法不當罪矣犯人本身除有血戰功級照例升賞外其餘墾田雖多終身不得除罪受職其子弟以墾田頃畝入米考試上進者聽

一既墾成熟而棄去者如未授職名另募人耕種已授者革職除名遺下田畝亦另募耕種所在有司軍衛鹽司等衙門不得指以義田貼役養廉草束產鹽條鞭等項名目勒作官田以致逆沮人心棄置永利其另募者無開墾之勞本身授職與子弟考試准其半給半給者如耕二千畝原該指揮使子弟八人與考今止授副千戶四人與考也若委係邊地危險或兵荒倥傯而能應募補缺者仍准全給

農政全書卷之九終

農政全書卷之十

特進光祿大夫太子太保禮部尚書兼文淵閣大學士贈少保謚文定上海徐
欽差總理糧儲提督軍務巡撫應天等處地方都察院右僉都御史東陽張國維鑒定
直隸松江府知府穀城方岳貢同鑒

農事

授時

農桑通訣曰授時之說始於堯典自古有天文之官重黎以上其詳不可得聞堯命羲和曆象日月星辰攷四方之中星定四時之仲月南方朱鳥七星之中殷仲春則厥民析而東作之事起矣以東方大火房星之中正仲夏則厥民因而南訛之事興矣以西方虛星之中殷仲秋則厥民夷而西成之事舉矣以北方昴星之中正仲冬則厥民隩而朔易之事定矣蓋所謂曆象之法猶未詳也舜在璿璣玉衡以齊七政說者以爲天文器後世言天之家如洛下閎鮮于妄人輩述其遺制營之度之而作渾天儀曆家推步無越此器然而未有圖也蓋二十八宿周天之度十二辰日月之會二十四氣之推移七十二候之遷變如

環之循，如輪之轉，農桒之節，以此占之。四時各有其務，十二月各有其宜。先時而種，則失之太早而不生；後時而蓺，則失之太晚而不成。故曰雖有智者，不能冬種而春收。農書天時之宜篇云：萬物因時受氣，因氣發生，時至氣至，生理因之。今人雷同以正月爲始春，四月爲始夏，不知陰陽有消長，氣候有盈縮，冒昧以作事，其克有成者，幸而已矣。此圖之作，以交立春節爲正月，交立夏節爲四月，交立秋節爲七月，交立冬節爲十月，農事早晚各疏於每月之下，星辰干支

別爲圓圖，使可運轉，北斗旋於中，以爲準則。每歲立春，斗杓建於寅方，日月會於營室，東井昏見於午，建星辰正於南，由此以往，積十日而爲旬，積三旬而爲月，積三月而爲時，積四時而成歲。一歲之中，月建相次，周而復始，氣候推遷，與日曆相爲體用，所以授民時而節農事，即謂用天之道也。夫授時曆每歲一新，授時圖常行不易，非曆無以起圖，非圖無以行曆，表裏相參，轉運而無停，渾天之儀，粲然具在是矣。然按月農時，特取天地南北之中氣立作標準，以示中道，非膠柱鼓瑟之謂。若夫遠近寒暖之漸殊，正閏常變之或異，又當推測晷度，斟酌先後，庶幾人與天合，物乘氣至，則養之節，不至差謬。此又圖之體用餘致也，不可不知。務農之家，當家置一本，考曆推圖，以定種蓺，如指諸掌，故亦名曰授時指掌活法之圖。

馮應京曰：按天地氣候，南北不同也。廣東、福建則冬木不凋，而其氣常燠；如北之宣大，則九月服纊，而天雪矣。乃草木蔬穀，自閩而浙，自浙而淮，則二候每差一旬。至于徐魯之間，則五月萌芽方茁，是則此圖當

以活法參之，蓋不可膠議以求於也。

授時之圖

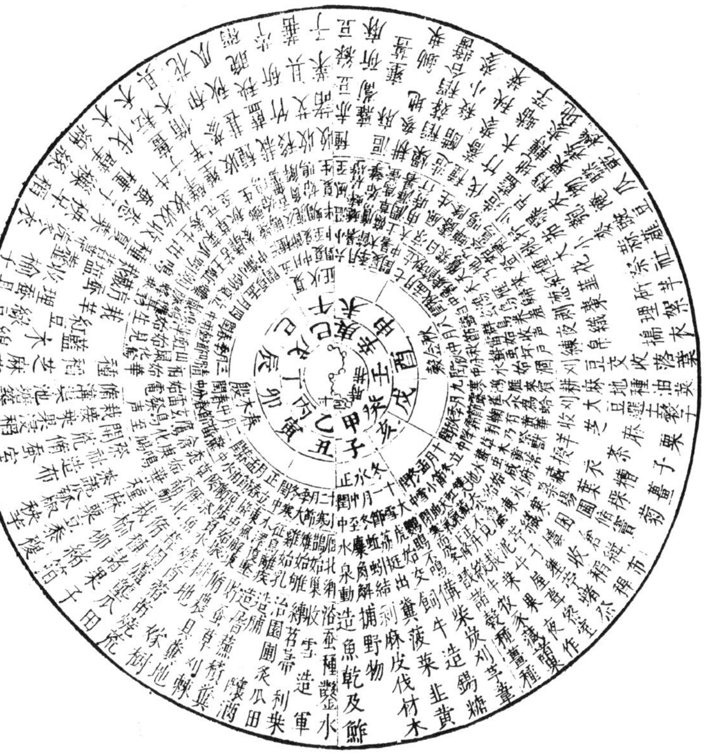

孟春，立春節氣首五日，東風解凍，次五日，蟄蟲始振，後五日，魚上冰。次雨水中氣初五日，獺祭魚，次五日，鴈候北，後五日，草木萌動。次仲春驚蟄節氣初五日，桃始華，次五日，倉庚鳴，後五日，鷹化為鳩。次春分中氣初五日，玄鳥至，次五日，雷乃發聲，後五日，始電。次季春清明節氣初五日，桐始華，次五日，田鼠化為鴽，後五日，虹始見。次穀雨中氣初五日，萍始生，次五日，鳴鳩拂其羽，後五日，戴勝降於桑。凡此六氣一十八候，皆春氣正發生之令。

月令曰：孟春之月，日在營室，昏參中，旦尾中。其日甲乙，其帝太皞，其神勾芒，其蟲鱗，其音角，律中太簇，其數八，其味酸，其臭羶，其祀戶，祭先脾。東風解凍，蟄蟲始振，魚上冰，獺祭魚，鴈候北。是月也，天子乃以元日祈穀於上帝，乃擇元辰，天子親載耒耜，措之於參保介之御間，帥三公九卿諸侯大夫，躬耕帝籍。天子三推，三公五推，卿諸侯九推。反，執爵於太寢，三公九卿諸侯大夫皆御，命曰勞酒。是月也，天氣下降，地氣上騰，天地和同，草木萌動。王命布農事，命田舍東郊，皆

脩封疆、審端經術、善相丘陵、阪險原隰、土地所宜、五
穀所殖、以教道民、必躬親之、田事既飭、先定準直、農
乃不惑、是月也、乃脩祭典、命祀山林川澤、犧牲毋用
牝、禁止伐木、毋覆巢、毋殺孩虫、胎夭飛鳥、毋麛毋卵、
毋聚大衆、毋置城郭、掩骼埋胔、若孟春行夏令、則雨
水不時、草木蚤落、國時有恐、行秋令、則其民大疫、飈
風暴雨總至、藜莠蓬蒿並興、行冬令、則水潦爲敗、霜
雪大摯、首種不入、

元日。五更雞鳴時、點火把炤棗果木等樹、則無蟲、

以刀斧斑駁敲打樹身、則結實、此謂之嫁樹。　是日
用尖刀、刮破桃樹皮、　是月命女工趨織布、典饋釀
春酒、　是月十五日、賤糶廩炒、令焦和穀種子、　是
月教牛、修農具、築墻園、開溝渠、修蠶室、整屋漏、織蠶
箔、　此月栽樹爲上時、上半月栽者多結子、南風不
可栽、

下子、　茄　瓜　薏苡　諸般花子　葫蘆　匏

扦插、　楊柳　石榴　梔子

栽種、　松　桑　榆　柳　棗　葱　葵　韭　麻

胡桃　榛子　松子　杏子　椒　牛蒡子

菠菜　竹宜初二日　雜樹木宜上日　木綿花　苦蕒

山藥　冬瓜宜十日　黃瓜　萵苣生菜　四月

芥　種葦　種芋

接換、　梨子　林檎　棗　柿　栗　桃　梅杏

李以上並雨後

澆培、　石榴　梨子　海棠　栗　棗　柿　梅

桃　杏　林檎　胡桃巳上並下旬

收藏、　無灰臘糟　蒸腊酒　合小豆醬

雜事、　接諸般花木果樹　移諸般花木果樹　攏

瓜地　脩諸色果木　修接桑樹、　騸諸色樹木

騸與嫁同

月令曰、仲春之月、日在奎、昏弧中、旦建星中、其日甲
乙、其帝大皞、其神勾芒、其虫鱗、其音角、律中夾、其數
八、其味酸、其臭羶、其祀戶、祭先脾、始雨水、桃始華、倉
庚鳴、鷹化爲鳩、是月也、日夜分、雷乃發聲、始電、蟄虫
咸動、啓戶始出、先雷三日、奮木鐸以令兆民曰、雷將
發聲、有不戒其容止者、生子不備、必有凶災。日夜分

則同度量、鈞衡石、角斗甬、正權概、是月也、耕者少舍乃修闔扇、寢廟畢備、毋作大事、以妨農之事、是月也毋竭川澤、毋漉陂池、毋焚山林、天子乃鮮羔開冰、仲春行秋令、則其國大水、寒氣總至、寇戎來征、行冬令則陽氣不勝、麥乃不熟、民多相掠、行夏令、則國乃大旱、暖氣早來、蟲螟爲害、

齊民要術曰、二月順陽習射以備不虞、春分中雷乃發聲、先後各五日、寢別內外、蠶事未起、命縫人浣冬衣、徹複爲袷、其有羸帛、遂供秋服、凡浣故帛用灰汁則色黃而且脆。擣小豆、細末。下絹、簁。投湯中、以洗之。潔白而柔韌。勝皂莢矣。可糶粟黍大小豆麻麥子等、收薪炭、炭聚之下碎末勿令棄之擣簁煮淅米泔溲之更擣令熟丸如雞子曝乾以供籠爐種火之用輒得達曙堅實耐久踰炭十倍

初二日東作興、俗謂上工日、田家雇傭工之人、俱此日執役之始、故名上工、

、泥蚕室、 春百果木根、則子牢、 此月雨水中埋諸花樹條則活、 中旬種稻爲上時、

、下子、 麻子 紅花 山藥 白扁豆 桑椹

、扦插、 蒲桃 石榴

、栽種、 槐 穀楮 栗 松 銀杏 棗 皂莢

菊 茶 薤 木瓜 桐樹 决明 百合

胡麻 黃精 木槿 茨菰 甘蔗 雜菜

藕 芋宜雨多 竹 笳 瓜 莧 枸杞 萱草

蒼术 芭蕉 萵苣 紫蘇 烏豆 豌豆

茱萸 韭 夏蘿蔔 茗帚 大葫蘆 菘菜

大豍豆

、壓條、 桑條

、接換、 柑 橘 柿 棗 橙 柚 杏 栗 桃

梅 梨 李 胡桃 銀杏 楊梅 枇杷

沙柑 石榴 紫丁香巳上春分前後皆可

、澆培、 柑 橘 橙 柚 蒲萄

、收藏、 百合曲 槐牙 皂角 新茶

、雜事、 移諸般花果並忌南風火日 理蚕事春耕宜遲恐陽氣未透 插諸色樹木 解樹上褁縛 二月二日取拘杞菜煮湯沐浴令人光澤不老不病

月令曰、季春之月、日在胃、昏七星中、旦牽牛中、其日甲乙、其帝大皥、其神句芒、其蟲鱗、其音角、律中姑洗

其數八、其味酸、其臭羶、其祀戶、祭先脾、桐始華、田鼠化爲鴽、虹始見、萍始生、天子薦鮪於寢廟、乃爲麥祈實、是月也、生氣方盛、陽氣發泄、句者畢出、萌者盡達、不可以內、是月也、命司空曰、時雨將降、下水上騰、循行國邑、周視原野、脩利隄防、道達溝瀆、開通道路、毋有障塞、田獵罝罘、羅網畢翳餧獸之藥、毋出九門、是月也、命野虞毋伐桑柘、鳴鳩拂其羽、戴勝降於桑、具曲植籧筐、后妃齊戒、親東鄉躬桑、禁婦女毋觀、省婦使以勸蠶事、既登、分繭稱絲效功、毋有敢惰、是月也、命工司、令百工審五庫之量、金鐵皮革筋角齒羽箭幹脂膠丹漆、毋或不良、百工咸理、監工日號、毋悖於時、毋或作爲淫巧、以蕩上心、是月也、乃合累牛騰馬遊牝於牧、犧牲駒犢、舉書其數、命國九門磔攘以畢春行冬令、則寒氣時發、草木皆肅、國有大恐、行夏令則民多疾疫、時雨不降、山林不收、行秋令則天多沉陰、淫雨早降、兵革並起、

齊民要術曰、是月也、蠶農尚閑、可利溝瀆、葺治牆屋、脩門戶、警設守備、以禦春饑草竊之寇、是月盡夏至、煖氣將盛、日烈暵燥、利用漆油、作諸日煎藥、可糶黍買布、四月繭既入簇、趨繰剖綿、具機杼、敬經絡、草茂可燒灰、是月也、可作棄醎以禦賓客、可糴麵及大麥弊絮、

下子　茨菰（宜谷雨日）　麻子

栽種　菉豆　茶（宜陰地）　粟　穀　大豆（宜上旬）　秫　稌　石榴　松　百合　山藥　黃瓜　紫茸　紅花　甘蔗　菱　早芝蔴　雞頭　絲瓜兒（宜社日）　葵菜　薑　香菜　早稻（宜上旬）　地黃　梔子　藍　紫蘇　茭白　芋　綿花　杏　瓠子　菠菜（宜月末）　葫蘆　桑葚　紵蔴

收藏　芥菜　桐花　毛羽衣物　清明醋　次茶　書畫入焙中　又可栽茶（宜陰地）　諸般瓜（宜初三日或辰虎日）　葫蘆（宜清明日）

移植　椒　茄秧　枸杞苗　蒲百合　柚　橘　橙　柑

接換　楊梅　橙　柑　棗　栗　柿　枇杷

雜事　犂秧田　梅上接杏杏上接梅　埋楮樹

收菌　開溝　脩墻　防雨　浸穀種　脩倉

孟夏立夏節氣初五日、螻蟈鳴、次五日、蚯蚓出、後五日、王瓜生、次小滿中氣初五日、苦菜秀、次五日、靡草死、後五日、麥秋至、次仲夏芒種節氣初五日、螳螂生、次五日、鵙始鳴、後五日、反舌無聲、次夏至中氣初五日、鹿角解、次五日、蜩始鳴、後五日、半夏生、次季夏小暑節氣初五日、溫風至、次五日、蟋蟀居壁、後五日、鷹始摯、次大暑中氣初五日、腐草爲螢、次五日、土潤溽暑、後五日、大雨時行、凡此六氣、一十八候、皆夏氣正長養之令、

月令曰、孟夏之月、日在畢、昏翼中、旦婺中、其日丙丁、其帝炎帝、其神祝融、其蟲羽、其音徵、律中仲呂、其數七、其味苦、其臭焦、其祀竈、祭先肺、螻蟈鳴、蚯蚓出、王瓜生、苦菜秀、是月也、繼長增高、毋有壞墮、毋起土工、毋發大衆、毋伐大樹、是月也、天子始絺、命野虞出行田原、爲天子勞農勸民、毋或失時、命司徒循行縣鄙、命農勉作、毋休於都、是月也、驅獸毋害五穀、毋大田獵、農乃登麥、是月也、聚畜百藥、靡草死、麥秋至、孟夏行秋令、則苦雨數來、五穀不滋、四鄙入保、行冬令、則草木蚤枯、後乃大水、敗其城郭、行春令、則蝗蟲爲災、暴風來格、秀草不實、

防有露傷麥、但有沙霧、用檾麻散絟長繩上、侵晨令兩人對持其繩、於麥上牽拽、抹去沙霧、則不生蟲、

是月收諸色菜子、斫倒就地曬打收之、用瓶罐盛貯、標記名號、　是月收蜜蜂　此月伐木不蛀、

下子、　芝麻

扦插、　梔子

栽種、　椒　松　大豆　紫蘇　麻（宜夏至前十日）　晚黃瓜　葵　蓮　菉豆　白莧　荷根（宜立夏前三日）　梔子　枇杷

收藏、　絲綿　大麥　乾葚　蒿芥　鹽春菜　蘿蔔子　筍乾　芋魁　蚕豆　蚌菜乾　晚菜乾

雜事　曬白菜　移茄　包梨　鋤葱芋　斫竹

月令曰、仲夏之月、日在東井、昏亢中、旦危中、其日丙丁、其帝炎帝、其神祝融、其蟲羽、其音徵、律中蕤賓、其數七、其味苦、其臭焦、其祀竈、祭先肺、小暑至、螳螂生、

鵙始鳴、反舌無聲、天子命有司、爲民祈祀山川百源、
祀百辟卿士有益於民者、以祈穀實、是月也、農乃登
黍、天子乃以雛嘗黍、羞以含桃、令民毋艾藍以染、毋
燒灰、毋暴布、門閭、毋閉關市、益其食、游牝別羣、則縶
騰駒、班馬政、是月也、日長至、陰陽爭、死生分、君子齋
戒、處必掩身、毋躁、止聲色、毋或進、薄滋味、毋致和、節
嗜欲、定心氣、鹿角解、蟬始鳴、半夏生、木槿榮、是月也、
毋用火南方、可以居高明、可以遠眺望、可以升山陵、
可以處臺榭、仲夏行冬令、則雹凍傷穀、道路不通、暴

兵來至、行春令、則五穀晚熟、百螣時起、其國乃飢、行
秋令、則草木零落、果實早成、民殃於疫、
齊民要術曰、五月芒種節後、陽氣始虧、陰慝將萌、煖
氣始盛、蟲蠹並興、乃弛角弓弩、解其徽絃、張竹木弓
弩、弛其絃、以灰藏旃裘毛毳之物、及箭羽、以竿挂油
衣、勿辟藏、霖雨將降、儲米穀薪炭、以備道路陷滯不
通、是月也、陰陽爭、血氣散、夏至先後、各十五日、薄滋
味、勿多食肥醲、距立秋、無食煮餅及水引餅、夏月食水時、此
二餅得水、即堅強難消、不幸便爲宿食傷寒病矣、試
以此二餅置水中、即可驗、唯酒引餅入水即爛矣

可糶大小豆胡麻、糴穬大小麥、收弊絮及布帛、至後
糴麫麴、曝乾、置甕中密封、使不虫生、至冬可養馬　十三
是竹醉日、可移竹、
下子、　夏菘菜　夏蘿蔔
栽種、　插稻秧　晚大豆　晚紅花　香菜
收藏、　豆醬　烏梅　豉豆　木綿　菜子　蠶種
豌豆　紅花　白酒　芝蔴　槐花　小麥
大蒜　藍青　椹子　蘿蔔子
雜事、　斫苧　埋桃杏李梅核在牛糞內尖向上易

出　浸蠶種　斫柴　芒種後壬日入梅梅日種
草無不活者　五月五日萵苣成片放廚櫃內辟
虫蛀衣帛等物收萵苣葉亦得
月令曰、季夏之月、日在柳、昏火中、旦奎中、其日丙丁、
其帝炎帝、其神祝融、其虫羽、其音徵、律中林鐘、其數
七、其味苦、其臭焦、其祀竈、祭先肺、溫風始至、蟋蟀居
壁、鷹乃學習、腐草爲螢、天子命漁師伐蛟取鼉、登龜
取黿、命澤人納材葦、是月也、命四監大合百縣之秩
芻、以養犧牲、令民無不咸出其力、以共皇天上帝名

山大川四方之神，以祠宗廟社稷之靈，以爲民祈福。是月也，命婦官染采，黼黻文章，必以法故，無或差貸，黑黄蒼赤，莫不質良，毋敢詐僞，以給郊廟祭祀之服，以爲旗章，以别貴賤等級之度。是月也，樹木方盛，命虞人入山行木，無有斬伐，不可以興土功，不可以合諸侯，不可以起兵動衆，毋舉大事，以摇養氣，毋發令而待以妨神農之事也，水潦盛昌，神農將持功，舉大事，則有天殃。是月也，土潤溽暑，大雨時行，燒薙行水，利以殺草，如以熱湯，可以糞田疇，可以美土疆。季夏

行春令，則穀實鮮落，國多風欬，民乃遷徙；行秋令，則丘隰水潦，禾稼不熟，乃多女災；行冬令，則風寒不時，鷹隼蚤鷙，四鄙入保。

齊民要術曰：六月，命女工織縑練，（絹及紗縠之屬）可燒灰染青紺雜色七　此月斫竹不蛀

扦、插、　楊柳

栽、種、　小蒜　冬葱　油麻（宜上月）　白莖秋葵　葵

菜、　淋淪　蘿蔔　菉豆　葫蘿蔔　晚瓜　蔓菁

收藏、　米麥醋　三黄醋　豆豉　醬瓜　瓜乾

割蘇　紫草　綿絲　蘿蔔　楮實　白朮　雨衣　麻皮　麯（宜伏中）　七寶瓜　酒藥　鮝魚

槐花　二麥　椒

雜事、　洗甘蔗　鋤竹園地　染水藍　培灌橙橘

斫柴　做冰梅　打炭墼　打糞墼　耕麥地

耘稻　鋤芋　是月飯不餿法用生莧菜薄鋪在上，蓋之，過夜則不致餿壞。

立秋之節，首五日，凉風至；次五日，白露降；後五日，寒

蟬鳴。次處暑氣，首五日，鷹乃祭鳥；次五日，天地始肅；後五日，禾乃登。次仲秋白露之節，首五日，鴻雁來；次五日，玄鳥歸；後五日，群鳥養羞。次秋分氣，初五日，雷乃收聲；次五日，蟄虫坏戶；後五日，水始涸。次季秋寒露之節，初五日，鴻雁來賓；次五日，雀入大水爲蛤；後五日，菊有黄花。次霜降氣，初五日，豺乃祭獸；次五日，草木黄落；後五日，蟄虫咸俯。凡此六氣，一十八候，皆秋氣正收斂之令。

月令曰：孟秋之月，日在翼，昏建星中，旦畢中。其日庚

辛其帝少皞其神蓐收其蟲毛其音商律中夷則其數九其味辛其臭腥其祀門祭先肝凉風至白露降寒蟬鳴鷹乃祭鳥是月也農乃登穀天子嘗新命百官始收斂完隄防謹壅塞以備水潦脩宮室坏墻垣補城郭孟秋行冬令則陰氣大勝介蟲敗穀戎兵乃來行春令則其國乃旱陽氣復還五穀無實行夏令其國多火災寒熱不節民多瘧疾

齊民要術曰七月四日命置麴室具箔槌取淨艾六日饌治五穀磨具七日遂作麴及曝經書與衣作乾

糗摙葸耳處暑中向秋節浣故製新作袷薄以備始凉糴大小麥豆收縑練

栽種　蕎麥　蒿菜　葱　苜蓿蘿蔔　菠菜宜月末日

赤豆　姜　菜　蔓青　早菜　冬葵　芥菜

立秋前

收藏　採松子　刮藍　米醋　鹹豉　茄乾　瓜乾　瓜種　瓜蒂　紫蘇　地黃　角蒿可辟蛀

花椒　荆芥　松柏子　糟茄　糟瓜　醬瓜

荷葉　楮子　芙蓉葉治雁

雜事　斫伐竹木　分薤　剝棗　刈草　作澱

耕菜地　秋耕宜早恐霜後掩入陰氣　收黃葵

花治湯火傷　七月七日晒曝革裘無蟲

月令曰仲秋之月日在角昏牽牛中旦觜觿中其日庚辛其帝少皞其神蓐收其蟲毛其音商律中南呂其數九其味辛其臭腥其祀門祭先肝盲風至鴻雁來玄鳥歸羣鳥養羞是月也養衰老授几杖行糜粥飲食乃命司服具飭衣服文繡有恒制有大小度有長短衣服有量必循其故冠帶有常是月也可以築

城郭建都邑穿竇窖脩囷倉乃命有司趣民收斂務畜菜多積聚乃勸種麥毋或失時其有失時行罪無疑是月也日夜分雷始收聲蟄蟲坏戶殺氣浸盛陽氣日衰水始涸日夜分則同度量平權衡正均石角斗甬是月也易關市來商旅納貨賄以便民事四方來集遠鄉皆至則財不匱上無乏用百事乃遂仲秋行春令則秋雨不降草木生榮國乃有恐行夏令則其國乃旱蟄蟲不藏五穀復生行冬令則風災數起收雷先行草木蚤死

齊民要術曰、八月暑退、涼風戒寒、趣練縑帛、染綵色、擘絲治絮、製新浣故、及韋履賤好、預買以備冬寒、刈萑葦芻茭、涼燥可上弓弩、繕理檠鋤、正縛鎧絃、遂以習射、弛竹木弓弧、糴種麥糴黍

栽種、 大蒜 瞿粟 寒荳 苦蕒 苧麻 蔓菁 諸般菜 葱子 大麥 牡丹 芍藥 分韭根 芥子 麗春 小麥 菱 於芋根 木瓜 花椒

收藏、 醋姜 茄醬 茄乾 糟茄 棗子 淹韭

晚黃瓜 地黃酒 芝蔴 栗子 柿子 韭花 柿漆 斫竹

移植、 早梅 橙橘 枇杷 牡丹

雜事、 踏麯 鋤竹園地 是月防霧傷棗、棗熟着霧則多損、縩麻散絟於樹枝上則可辟霧氣、或用稭稈於樹上四散絟縛亦得

月令曰、季秋之月、日在房、昏虛中、旦柳中、其日庚辛、其帝少皞、其神蓐收、其蟲毛、其音商、律中無射、其數九、其味辛、其臭腥、其祀門、祭先肝、鴻雁來賓、雀入大水爲蛤、菊有黃華、豺乃祭獸戮禽、是月也、申嚴號令、命百官貴賤無不務內、以會天地之藏、無有宣出、乃命冢宰、農事備收、舉五穀之要、藏帝籍之收於神倉、祗敬必飭、是月也霜始降、則百工休、乃命有司曰、寒氣總至、民力不堪、其皆入室、是月也、大饗帝、嘗犧牲、告備於天子、合諸侯、制百縣、爲來歲受朔日、與諸侯所稅於民輕重之法、貢職之數、以遠近地土所宜、爲度、以是月也、草木黃落、乃伐薪爲炭、蟄蟲咸俯在內、皆墐其戶、乃趨獄刑、毋留有罪、收祿秩之不當、供養

之不宜者、是月也、天子乃以犬嘗稻、先薦寢廟、季秋行夏令、則其國大水、冬藏殃敗、民多鼽嚏、行冬令、則國多盜賊、邊境不寧、土地分裂、行春令則暖風來至、民氣解惰、師興不居、

齊民要術曰、九月治場圃、塗囷倉、修竇窖、繕五兵、習戰射、以備寒凍窮厄之冠、存問九族、孤寡老病、不能自存者、分厚徹重、以救其寒、

栽種、 椒 菊 茱萸 地黃 蚕豆 牡丹 水仙（宜月初） 柿 蒜 萱草 芥菜 莜麥 芍藥

罌粟（日九） 諸般冬菜
分栽 櫻桃 桃 楊
移植 枇杷 橙 雜果木
收藏 栗 諸色豆稈 五穀種 油麻 甘蔗
梔子 紫蘇 木瓜 韭子 牛蒡子 冬瓜子
菉豆 茄種 栗子 枸杞 榧子 皂角
黃菊 槐子 蟹殼（治產後兒枕疼） 茶子 紫草子
雜事 掘姜出土 草包石榴橘栗蒲萄 米菊
築墻圃 斫竹木 斫苧 收雞種

立冬之節、首五日、水始冰、次五日、地始凍、後五日、雉
入大水為蜃、次小雪中氣、初五日、虹藏不見、次五日、
天氣騰、地氣降、後五日、閉塞而成冬、次仲冬大雪節
氣、初五日、鶡鴠不鳴、次五日、虎始交、後五日、荔挺出、
次冬至中氣、初五日、蚯蚓結、次五日、麋角解、後五日、
水泉動、次季冬小寒節氣、初五日、雁北鄉、次五日、鵲
始巢、後五日、雉始雊、次大寒中氣、初五日、雞始乳、欵
冬華、次五日、征鳥厲疾、後五日、水澤腹堅、凡此六氣、
一十八候、皆冬氣正養藏之令、

月令曰、孟冬之月、日在尾、昏危中、旦七星中、其日壬
癸、其帝顓頊、其神玄冥、其蟲介、其音羽、律中應鍾、其
數六、其味鹹、其臭朽、其祀行、祭先腎、水始冰、地始凍、
雉入大水為蜃、虹藏不見、是月也、天子始裘、命有司
曰、天氣上騰、地氣下降、天地不通、閉塞而成冬、命日
官謹蓋藏、命有司循行積聚、無有不斂、坏城郭、戒門
閭、脩鍵閉、慎管籥、固封疆、備邊境、完要塞、謹關梁、塞
徯徑、飭喪紀、辨衣裳、審棺槨之厚薄、塋丘壟之大小、
高卑厚薄之度、貴賤之等級、是月也、天子乃祈年於

天宗、大割祠於公社及門閭、臘先祖五祀、勞農以休
息之、是月也、乃命水虞漁師、收水泉池澤之賦、毋或
敢侵削眾庶兆民、以為天子取怨於下、其有若此者、
行罪無赦、孟冬行春令、則凍閉不密、地氣上泄、民多
流亡、行夏令、則國多暴風、方冬不寒、蟄蟲復出、行秋
令、則雪霜不時、小兵時起、土地侵削、
齊民要術曰、十月培築垣墻、塞向墐戶、上辛、命典饋
漬麴、釀冬酒、作脯腊、先冰凍、作涼餳、煮曝飼、可折麻、
緝績布縷、作白履不借、（草履之賤者曰不借）賣縑帛弊絮、糴粟

豆麻子、
移植、　橙　柑　橘
栽種、　大小豆　春菜　生姜　蘿蔔
收藏、　地黄　莙薘菜　天蘿子　茶子　梢皮
天豆　栗子　薏苡　椒　冬瓜子　芙蓉條
石橘　蘿蔔　山藥　枸杞　皂角　苧
雜事、　移葵　接花果　澆灌花木　穫稻　納禾
稼　開磚　煑膠　收炭　造牛衣　修牛馬
塞北戶　用葢爐　石堦砌　收二桑葉　壅苧

蔴　耘麥地　收猪種　造牛衣　泥飾牛馬屋
壓桑

月令曰、仲冬之月、日在斗、昏東壁中、旦軫中、其日壬癸、其帝顓頊、其神玄冥、其虫介、其音羽、律中黄鍾、其數六、其味鹹、其臭朽、其祀行、祭先腎、氷益壯、地始坼、鶡鴠不鳴、虎始交、天子命有司曰、土事毋作、愼毋發葢、毋發室屋、及起大衆以固而閉、地氣沮泄、是謂發天地之房、諸蟄則死、民必疾疫、又隨以喪、命之曰暢月、是月也、命奄尹申宮令、審門閭、謹房室、必重閉、省婦事、毋得淫、雖有貴戚近習、毋有不禁、乃命太酋秫稻必齊、麴糵必時、湛熾必潔、水泉必香、陶器必良、火齊必得、兼用六物、大酋監之、毋有差貸、天子命有司祈祀四海大川名源淵澤井泉、是月也、農有不收藏積聚者、馬牛畜獸有放佚者、取之不詰、山林藪澤、有能取蔬食田獵禽獸者、野虞教道之、其有相侵奪者罪之不赦、是月也、日短至、陰陽爭、諸生蕩、君子齋戒、處必掩身、身欲寧、去聲色、禁嗜欲、安形性、事欲靜以待陰陽之所定、芸始生、荔挺出、蚯蚓結、麋角解、水泉

動、日短至、則伐木取竹箭、是月也、可以罷官之無事、去器之無用者、塗闕廷門閭、築囹圄、此以助天之閉藏也、仲冬行夏令、則其國乃旱、氛霧冥冥、雷乃發聲、行秋令、則天時雨汁、瓜瓠不成、國有大兵、行春令、則蝗虫爲敗、水泉咸竭、民多疥癘、冬至日、鑽燧取火、可去瘟病、

齊民要術曰、冬十一月、陰陽爭、血氣散、冬至日、先後各五日、寢別內外、可釀醢、糴秔稻粟豆麻子、　此月如有雪、則收貯雪水、埋地中、混穀種、倍收不[illegible]

栽種、小麥 油菜 萵 桒
移植、松栢 檜
收藏、鹽水蘿蔔 牛蒡子 豆餅 水果子 鹽
菜宜冬至前
澆培、石榴 柑 橘 橙 柚 梨 栗 棗
柿
雜事、做酒藥 接雜木 造農具 夾笆籬 澆
菜 伐木 斫竹 打豆油 置碎草牛脚下糞
糞田 盦芙蓉條 試穀種 鋤油菜

月令曰、季冬之月、日在婺女、昏婁中、旦氐中、其日壬
癸、其帝顓頊、其神玄冥、其蟲介、其音羽、律中大呂、其
味鹹、其臭朽、其祀行、祭先腎、雁北鄉、鵲始巢、雉雊雞
乳、是月也、命漁師始漁、天子親往乃嘗魚、中方盛水
澤腹堅、命取冰、冰以入、令告民出五種、命農計耦耕
事、修耒耜具田器、乃命四監收秩薪柴、以共郊廟及
百祀之薪燎、是月也日窮於次、月窮於紀、星回於天
數將幾終、歲且更始、專而農民、毋有所使、天子乃與
公卿大夫、共飭國典、論時令、以待來歲之宜、凡在天
下九州之民者、無不咸獻其力、以共皇天上帝社稷
寢廟山林名川之祀、季冬行秋令則白露早降、介蟲
爲妖、四鄙入保、行春令則胎夭多傷、國多固疾、命之
曰逆、行夏令則水潦敗國、時雪不降、冰凍消釋、
齊民要術曰、十二月休農息役、惠必下浹、遂合耦田
器養耕牛、選任田者以俟農事之起、去豬盍車骨、後三
歲可合瘡膏藥及臘日祀炙箑、箑一作簍燒飲治刺入肉中及樹瓜田中四角去蟲
栽種、橘 松 花樹 麥宜臘月 桒 䅳蘇
收藏、臘米 臘水 臘酒 臘肉 臘葱 風魚

脯腊 臘糟 猪脂 氷
雜事、造農具 舂米 舂粉 浸米可止瀉痢 浸燃
心 剝桒 壓果木 添桒泥 澆牡丹土 合
臘藥 掃 以猪脂唱馬 臘水作麪糊褙背不蛀
伐竹木

農政全書卷之十終

農政全書卷之十一

特進光祿大夫太子太保禮部尚書兼文淵閣大學士贈少保謚文定上海徐光啓纂輯

欽差總理糧儲提督軍務巡撫應天等處地方都察院右僉都御史東陽張國維鑒定

直隸松江府知府穀城方岳貢同鑒

農事

占候

正月凡春雷和而反寒、必多雨、諺云春寒多雨水、元宵前後、必有料峭之風、謂之元宵風、　凡春有二十四番花信風、梅花風打頭、楝花風打末　上八日宜

晴、此夜若雨、元宵如之、諺云、上八夜弗見參星月半夜弗見紅燈、　上元日晴、春水少、括云、上元無雨多春旱、清明無雨少黃梅夏至無雲三伏熱重陽無雨一冬晴、　雨水後陰多主少水、高下大熟、諺云、正月罯坑好種田、

二月十二日夜宜晴、可折十二夜夜雨、二月最怕夜雨若此夜晴、雖雨多亦無所妨越人陳元義云二月內得十二個夜晴則一年雨晴調勻更十二夜中又雨爲水潦年歲矣十夜以上雨水、鄉人盡叫苦、　初四有水謂之春水　初八日前後必有風

諺云、清明斷雪、穀雨斷霜、言天氣之常、　東作既興、早起夜眠、春間最爲要緊、古語云、一年之計在春、一日之計在寅

三月清明晒得楊柳枯、十隻糞缸九隻浮、　清明無雨少黃梅、　雨打紙錢頭、麻麥不見收、雨打墓頭錢、今年好種田、　清明午前晴早蠶熟、午後晴晚蠶熟、

清明日喜晴諺云、簷頭插柳青、農人休望晴、簷頭插柳焦、農人好作嬌、　若清明寒食前後有水而渾、主高低田禾大熟、四時雨水調、　穀雨日雨、主魚生、

諺云、一點雨、一個魚、　穀雨前一兩朝霜、主大旱、是日雨、則魚生、必主多雨、二麥紅腐、不可食用、　月內有暴水、謂之桃花水、則多梅雨、無澇亦無乾、雪不消則九月霜不降、雷多歲稔、虹見九月米貴、

四月以清和天氣爲正、　必作寒數日、謂之麥秀寒、即月令麥秋至之後、　夏至日風色、看交時最要緊、屢驗、　月中看魚散子占水、黃梅時水邊草上看散于高低、以卜水增止、　立夏日看日暈、有則主水、諺云、一番暈、添一番湖塘、是夜雨損麥、諺云、二麥不怕

神共鬼、只怕四月八夜雨、大抵立夏後夜雨多、便損麥蓋麥花夜吐、雨多花損、故麥粒浮秕也、　月內日暖夜涼、主少水、諺云、日暖夜寒、東海也乾、虹見米貴、五月、諺云、初一雨落井泉浮、初二雨落井泉枯、初三雨落連太湖、又云、一日值雨、人食百草、又云、一日晴、一年豐、一日雨、一年歉、　立梅、芒種日是也、宜晴、陰陽家云、芒後逢壬立梅、至後逢壬梅斷、或云芒種逢壬是立黴、按風土記云、夏至前芒種後雨爲黃梅雨、田家初插秧、謂之發黃梅、逢壬爲是　芒後半月內

西南風、諺云、梅裡西南、時裡潭潭、但此風連吹雨即雨立至、　畏雷諺云、梅裡雷、低田折舍回、言低田巨浸屋無用也、甚驗、或云聲多及震響、反旱、往往經試、才有雷便有雨、遍插秧之患、大抵芒後半月謂之禁雷天、又云梅裡一聲雷、時中三日雨、　立梅日早雨、謂之迎梅雨、一云主旱、諺云、雨打梅頭、無水飲牛、雨打梅額、河底開坼、一云主水、諺云、迎梅一寸、送梅一尺、雜占云、此日雨卒未晴、試以二日比較、近年纔是無雨、雖有黃梅亦不多、不可不知也　重五日只宜

薄陰、但欲曬得蓬𤻲、步結切枯病也便好、大晴主水、雨主絲綿貴大風雨、主田內無邉帶、風水多也、　至後半月爲三時、頭時三日、中時五日、末時七日、時雨、中時主大水、若末時、縱雨一善、括云、夏至未過水袋未破、諺云、時裡一日西南風、准過黃梅雨日雨、又云、時雨西南、老龍奔潭、皆主旱、全不應、晚轉東南必晴、諺云、朝西暮東風、正是旱天公、　末時得雷、謂之送時、主久晴、諺云、迎梅雨、送時雷、送去了、便弗回、　諺云、黃梅天日幾番顛、　冬青花占水旱諺云、黃梅雨未過冬

青花未破、冬青花已開、黃梅雨不來、　夏至端午前、叉手種年田、　夏至日雨落謂淋時雨、主久雨　其年必豐、　夏至有雲三伏熱、如吹西南風急吹急沒、慢吹慢沒、　黃梅寒、井底乾、　端午日雨、來年大熟　分龍之日、農家于是日早、以米飾盛灰籍之紙、至晚視之、若有雨點迹、則秋不熟、穀價高、人多閉糶、　五月二十日大分龍、無雨而有雷、謂之鎖雷門　田家五行曰至正壬辰春末夏初、水至、既非桃花、亦非黃梅、去而復來、進退不已、余家所種低田數多、正苦于插

種過時田中積水車涭未有乾期此日尚且勉强督工吾晴固妳然八風周旋正不知吉凶如何至申時忽東南陣起見掛帆雨隨有雷三四聲方且驚愕忽見一老農拱手仰天且連稱慚愧不已因問其故答云今日無雨而有雷謂之鎖龍門復拱手相賀喜躍或問此處無雨他處却雨如何老農云晴雨各以本境所致爲占候也㓜聞父老言前宋時平江府崑山縣作水災隣縣常熟却稱旱上司謂接境一般高下之地豈有水旱如此相背之理不准後申其里人直

赴于朝訴諸史丞相丞相怪問亦然衆人因泣下而告曰崑山日日雨常熟只聞雷丞相謂有此理悉聽所陳至今吳中相傳以爲古諺又諺云夏雨隔田晴又云夏雨分牛脊又云龍行熟路正此謂也其年果熟晴多雨少自此日至立秋止雨兩番 月內虹見麥貴有三卯宜種稻有應時雨 諺云二十分龍廿一雨破車閣在弄堂裡二十分龍廿一黨拔起黃秧便種豆

六月初一一劑雨夜夜風潮到立秋 六月蓋夾襖田裡不生米 六月西風吹遍草八月無風秕子稻處暑雨不通白露枉相逢 三伏中大熱冬必多雨雪 蝍蟟蟬叫稻生芒 六月有水謂之賊水言不當有也 小暑日晴雨亦要看交時最緊 六月初三日晷得雨主秋旱收乾稻蘇秀人云此日晷得雨則西山及南海不斫篛竿 初三日雨難稿稻諺云六月初三晴山篠盡枯零六月初三一陣雨夜夜風潮到立秋 小暑日雨名黃梅顛倒轉主水東南風及成塊白雲起至半月舶棹風主水退兼旱無南

風則無舶棹風水卒不能退諺云舶棹風雲起旱魃精空歡喜仰面看青天頭巾落在麻坼裡東坡詩云三時已斷黃梅雨萬里初來舶棹風正此日也 諺云六月不熱五穀不結老農云三伏中稿稻天氣又當下壅時最要晴晴則熱故也又云六月蓋夾被田裡無張屁言凉冷則雨多雨多則水大沒田無疑矣月令云季夏行秋令則丘隰水潦禾稼不熟又云伏裡西北風臘裡船不通主冬冰堅秋稻秕又云六月無蠅新舊相登米價平 夏秋之交稿稻還水後喜

雨諺云夏末秋初一劑雨賽過唐朝一囤珠言及時雨絕勝無價寶也　諺云秋前生虫損一莖發一莖秋後生虫損了一莖無了一莖蟆蟊螣賊是也　七月秋蒔到秋六月秋便罷休　朝立秋暮颼颼夜立秋熱到頭　立秋日天晴萬物少得成熟小雨吉大雨主傷禾齊民要術云晴主歲稔未詳孰是　有雷損晚稻諺云秋霹靂損晚穀大抵秋後雷多晚稻少收非但忌此日　喜西南風主田禾倍收諺云三日三石四日四石　七月有雨名洗車雨主八月有

蓼花諺云七月七無洗車八月八無蓼花

八月早禾怕北風晚禾怕南風　朔日晴主冬旱宜蔓畧得雨宜麥一云風雨宜麥主布貴麻子貴十倍又云凡朔要晴唯此月要雨好種麥　白露雨為苦雨稻禾霑之則白颯蔬菜霑之則味苦諺云白露日個雨來一路苦一路又云白露前是雨白露後是鬼其時之雨片雲來便雨稻花見日吐出陰雨則收正吐之時暴雨忽來卒不能收遂致白颯之患若連朝雨及不為災不免擔閣吐秀有皮殼厚之病　秋[illegible]

要微雨或陰天最妙主來年高低田大熟　喜雨諺云麥秀風搖稻秀雨澆此言將秀得雨則堂肚大穀穗長秀實之後雨則米粒圓見收數　畏旱諺云田怕秋乾人怕老窮秋熱損稻旱則必熱　怕秋水撩稻諺云雨水渰沒產全收不見半　八月又作新涼諺云處暑後十八盆湯　又云立秋後四十五日浴堂乾　中旬作熱謂之潮熱又名八月小春　十八日潮生日前後有水謂之橫港水

九月初有雨多謂之秋水　早稻嵐晚稻嵐落縵天

蓼花水浴車嵐路雨　中氣前後起西北風謂之霜降信有雨謂之溼信未風先雨謂之料信雨霜降前來信易過善後來信了信必嚴毒此信乾濕後信必如之諺云霜降了布衲著得言已有暴寒之色　重九日晴則冬至元日上元清明四日皆晴雨則皆雨又主竈荒括云重陽無雨一冬晴詳上元下　諺云九日雨米成脯又云重陽溼漉漉穰草千錢束

十月立冬晴則一冬多晴雨則一冬多雨亦多陰寒諺云賣絮婆子看冬朝無風無雨哭號咷　立冬日

西北風主來年旱天熱、　晴過寒諺云、立冬晴、過寒弗要樞柴積、又主有魚、　雨主無魚、諺云、一點雨一個摸魚鴉、　冬前霜多、主來年旱、冬後多、晚禾好、

十六日爲寒婆生日、晴主冬暖、此說得之崇德舉人徐伯和、自江東石洞秩滿而歸、云彼中客旅遠出專看此日、若晴煖則但隨身衣服而已、不必他備、言極有准也、　月內有雷主災疫、諺云十月雷、人死用耙推、有霧俗呼曰沐露、主來年水大、仍相去二百單五日水至、老農咸謂極驗、或云要看霧著水面則輕、離水面則重、諺云、十月沐露塘瀊、十一月沐露塘乾、

冬初和暖、謂之十月小春、又謂之晒糯穀天、漸見天寒日短、必須夜作、諺云十月無工、只有梳頭吃飯工、

又云河東西、好使犁、河射角、好夜作、　立冬前後起南北風、謂之立冬信、月內風頻作、謂之十月五風信、　諺云、冬至前後、瀉水不走

十一月冬至、古語云明正暗至、又諺云、晴乾冬至溼漉年、二說相反、諺曰、乾冬溼年、坐了種田、又云鬧熱冬至冷淡年、蓋無人尚冬、欲晴故也、或云冬至雨、年必晴、冬至晴、年必雨、此說頗準、　至後九九氣諺云一九二九相喚弗出手、三九廿七、籬頭吹觱篥、四九三十六、夜眠如鷺宿、五九四十五、太陽開門戶、六九五十四、貧兒爭意氣、七九六十三、布衲擔頭擔、八九七十二、猫狗尋陰地、九九八十一、犁耙一齊出、　沈存中筆談云、是月中遇東南風、謂之歲露、有大毒、若飢感其氣、開年著瘟病、又云風色多與下年夏至相對、　農桑輯要云、欲知來年五穀所宜、是日取諸種各平量一升、布囊盛之、埋窖陰地、後五日發取量之、此占候之有理者也、息多者歲所宜也、　月內雨雪多、主冬春米賤、有雷主春米貴、冬至前米價長、後必賤、落則反貴、諺云、冬至前米價長、貧兒受長養、冬至前米價落、貧兒轉蕭索、有霧主來年旱、諺云、一日折過十月內三日

風、雨來春少水、

十二月立春在殘年、主冬暖、諺云、兩春夾一冬、無被暖烘烘、　至後第三戊爲臘、臘前三兩番雪、謂之臘前三白、大宜菜麥、諺云、若要麥、見三白、又云臘雪是被、春雪是鬼、又主來年豐稔、諺云、一月見三白、田翁

笑嚇嚇、又主殺蝗子、　占風諺云、今夜東北明年大熟、　月內有霧、主來年有水、風雨、主來年六月七月內横水、　十二月裡霧、無水做酒庫、霧主半月旱、准十月內五日霧、　氷結後水落、主來年旱、氷結後水漲、名上水氷、主水、若緊厚、來年大水、　十二月謂之大禁月、忽有一日稍暖、卽是大寒之候、諺云、一日赤膊、三日齷齪、　諺云、大寒須守火、無事不出門、　又云、大寒無過丑寅、大熱無過未申、

論日　日暈則雨、諺云月暈主風、日暈主雨、　日脚

占晴雨、諺云朝又天、暮又地、主晴、反此則雨　日沒後起清白光數道、下狹上闊、直起亘天、此特夏秋間有之、俗呼青白路、主來日酷熱　日生耳、主晴雨、諺云、南耳晴、北耳雨、日生雙耳、斷風截雨、若是長而下垂通地、則又名白日幢、主久晴、　日出早主雨、出晏主晴、老農云、此特言久陰之餘、夜雨連旦、正當天明之際、雲忽一掃而捲、卽光日出、所以言早、少刻必雨、立驗、言晏者日出之後、雲晏開也、必晴亦甚准、蓋日之出入自有定刻、實無早晏也、愚謂但當云晴得早主雨、晏開主晴、不當言日出早晏也、　日外自雲障中起、主晴、諺云、日頭趕雲障、晒殺老和尚、　日沒返照、主晴、俗名爲日返塢、一云日沒臙脂紅、無雨也有風、玄扈先生曰、日返塢、明朝水沒路、日打洞、明朝晒背痛、或問二候相似而所主不同、何也、老農云、返照在日沒之前、臙脂紅在日沒之後、　諺云、烏雲接日、明朝不如今日、又云日落雲沒、不雨定寒、又云日落雲裡走、雨在半夜後、已上皆主雨、此言一朶烏雲漸起、而日正落其中者、　諺云、日落烏雲半夜枵、明朝晒得背皮焦、此言半天元

有黑雲、日落雲外、其雲夜必開散、明必甚晴也、又云今夜日沒烏雲洞、明朝晒得背皮痛、此言半天上雖有雲、及日沒下去、都無雲而見日、狀如巖洞者也、已上皆主晴、甚驗、

論月　月暈主風、何方有闕、卽此方風來、

論旬中尅應　新月下有黑雲横截、主來日雨、諺云初三月下有横雲、初四日裡雨傾盆、　月盡無雨、則來月初必有風雨、諺云、廿五廿六若無雨、初三初四莫行船、　廿五日謂之月交日、有雨主久陰、　廿七

日最宜晴諺云交月無過廿七晴・廿七廿八交月雨初二初三勿肯晴

論星　諺云一個星係夜晴此言雨後天陰但見一兩星此夜必晴　星光閃爍不定主有風　夏夜見星密主熱　諺云明星照爛地來朝依舊雨言久雨正當黃昏卒然雨住雲開便見滿天星斗豈但明日有雨當夜亦未必晴　黃昏上雲半夜消黃昏消雲半夜澆若半夜後雨止雲開星月朗然則必晴無疑

論風　夏秋之交大風及有海沙雲起俗呼謂之風

潮古人名之曰颶風言其具四方之風故名颶風有此風必有霖淫大雨同作甚則拔木偃禾壞房室決堤堰其先必有如斷虹之狀者見名曰颶母航海之人見此則又名破帆風　凡風單日起單日止雙日起雙日止　諺云西南轉西北搓繩來絆屋又云半夜五更西天明拔樹枝又云日晚風和明朝再多又云惡風盡日沒又云日出三竿不急便寬大凡風日出之時必畧靜謂之風讓日大抵風自日內起者必善夜起者必毒日內息者亦和夜半息者必大凍已上並言隆冬之風　諺云風急雨落人急客作又云東風急被蓑笠風急雲起愈急必雨　諺云東北風雨太公言艮方風雨卒難得晴俗名曰牛筋風雨指丑位故也　諺云行得春風有夏雨言有夏雨應時可種田也非謂水必大也經驗　諺云春風踏脚報言易轉方如人傳報不停脚也一云既吹一日南風必還一日北風答報也二說俱應　諺云西南早到晏弗動草言早有此風向晚必靜　諺云南風尾北風頭言南風愈吹愈急北風初起便大　春南夏北

有風必雨　冬天南風三兩日必有雪　大凡喜忌風雨在得中為準假如此一時卽占候喜何方風得此風色為正微和極應若是顛狂大作則反為凶又云好此一時卽忌何方風遇此風徵最矣若得大作反不為災占雨亦然也往往歷試甚驗蓋亦過猶不及之理也琴瑟絃索調得極和則天道必是一望晷無纖毫方能如是若是調卒不齊則必陰雨之變蓋亦氣候所到而然也若高潔之弦忽自寬則因琴床潤溼故也主陰雨之象春初夏末天氣暴暄凡庭砌

鼻栿壁之類溫潤如流汗，主有陣頭雨至四[illegible]占水旱之事。燒生炭盆中法，並同，俱載十二月之內。颶母，船上人名曰破篷掛，葢言見此物，篷必爲風所破矣。　天氣溼熱鬱蒸，主有風，古語云：熱極則生風。語云：東南風跳擲，三日退一尺。

論雨　諺云：雨打五更，日晒水坑。言五更忽然雨，日中必晴，甚驗。　晏雨不晴。　雨著水面上有浮泡，主辛未晴。　諺云：一點雨似一個釘，落到明朝也不晴；一點雨似一個泡，落到明朝未得了。　諺云：天下太平，夜雨日晴。言不妨農也。　諺云：上牽晝，下牽齋，下晝雨嚌嚌。　諺云：病人怕肚脹，雨落怕天亮。亦言久雨正當昏黑，忽自明亮，則是雨候也。　雨夾雪，難得晴。　諺云：夾雨夾雪，無休無歇。　諺云：快雨快晴。道德經云：飄風不終朝，驟雨不終日。　凡雨喜少惡多。凡久雨至午少止，謂之遣晝；在正午遣，或可晴；午前遣，則午後雨不可勝。　竈灰帶溫作塊，天將變，作雨兆。　齋前風，晝後雨，並言難止。　雨怕天亮，是天明時忽雨，此川不得晴也；若昏黑忽明亮，又是雨候，則何時晴耶？

論雲　雲行占晴雨。諺云：雲行東，雨無踪，車馬通；雲行西，馬濺泥，水没犁；雲行南，雨潺潺，水漲潭；雲行北，雨便足，好晒穀。　上風雖開，下風不散，主雨。　諺云：上風皇，下風隘，無蓑衣，莫出外。　雲若砲車形起，主大風。　雲起下散四野，滿日如烟如霧，名曰風花，主風起。　諺云：西南陣，單過也落三寸。言雲陣起自西南來者，雨必多，尋常陰天西南障上亦雨。　諺云：太婆年八十八，弗曾見東南陣頭發。又云：千歲老人不曾見東南陣頭雨没子田。言雲起自東南來者，絕無雨。　凡雨陣自西北起者，必雲黑如潑墨，又必起作眉梁陣，主先大風而後雨，終易晴。　天河中有黑雲生，謂之河作堰，又謂之黑猪渡河。黑雲對起，一路相接亘天，謂之女作橋，雨下闊，則又謂之合羅陣，皆主大雨立至，少頃必作滿天陣，名通界雨，言廣闊普徧也。若是天陰之際，或作或止，忽有雨作橋，則必有掛帆雨脚，又是雨脚將斷之兆也，不可一例而取。　諺云：旱年只怕沿江跳，水年只怕北江紅。一云太湖[illegible]。

上文言亢旱之年，望雨如望恩，纔是四方遠處雲生陣起，或自東引而西，自西而東，所謂洽江跳也，則此雨非但今日不至，必每日如之，即是久旱之兆也。涝年每至晚時雨忽至，雲稍浮北似霞非霞，紅光曜日，雨必隨作，當主夜夜如此，直至大暑而後已，謂之北江紅。此吳語也，故指北江爲太湖，若是晚霽，必兼西天但晴無雨。諺云：西北赤，好晒麥。陰天卜晴。諺云：朝要天頂穿，暮要四脚懸。又云：朝看東南，暮看西北。

諺云：魚鱗天，不雨也風顛。此言細細如魚鱗斑者。

一云老鯉斑雲障，晒殺老和尚。此言滿天雲大片如鱗，故云老鯉。往往試驗各有准。秋天雲陰，若無風則無雨。冬天近晚，忽有老鯉斑雲起，漸合成濃陰者，必無雨，名曰護霜天。諺云：識每護霜天，不識每著子一夜眠。

論霧　莊子云：騰水上溢爲霧。爾雅云：地氣上天不應曰霧。凡重霧三日，主有風。諺云：三朝霧露起西風。若無風必主雨。又云：霧露不收即是雨。

論霞　諺云：朝霞暮霞，無水煎茶，主旱。此言久晴之霞也。諺云：朝霞不出市，暮霞走千里。此皆言雨後乍晴之霞。暮霞若有火焰形而乾紅者，非但主晴，必主久旱之兆。朝霞雨後乍有，定雨無疑，或是晴天隔夜雖無，今朝忽有，則要看顏色斷之：乾紅主晴，間有褐色主雨。滿天謂之霞，得過主晴；霞不過主雨。若西天有浮雲稍厚，雨當立至。

論虹　俗呼曰鱟。諺云：東鱟晴，西鱟雨。諺云：對日鱟不到晝，主雨。言西鱟也。若鱟下便雨，還主晴。

論雷　諺云：未雨先雷，船去步來，主無雨。諺云：當

頭雷無雨，卯前雷有雨。凡雷聲響烈者，雨陣雖大而易過；雷聲殷殷然響者，卒不晴。雷初發聲，微和者歲內吉，猛烈者凶。雪中有雷，主陰雨百日方晴。東州人云：一夜起雷三日雨，言雷自夜起，必連陰。

論電　夏秋之間，夜晴而見遠電，俗謂之熱閃。在南主久晴，在北主便雨。諺云：南[redacted]年，北閃眼前。北閃俗謂之北辰閃，主雨立至。諺云：北辰三夜無雨大怪，言必有大風雨也。

論冰　冰後水長名長水冰，主來年水；冰後水退，名

起木冰主旱若冰堅可履亦主水

論霜　每年初下只一朝謂之孤霜主來年歉連得兩朝以上主熟上有鋒芒者吉平者凶春多主旱毛頭霜主明日風雨

論雪　其詳在十二月下霽而不消名曰等伴主再有雪久經日照而不消亦是來年多水之兆也

論山　遠山之色清朗明爽主晴嵐氣昏暗主作雨

起雲主雨收雲主晴尋常不曾出雲小山忽然雲起主大雨　久雨在半山之上山水暴發一月則主

山崩卻非尋常之水

論地　地面溼潤甚者水珠出如流汗主暴雨若得西北風解散無雨　石磉水流亦然　四野鬱蒸亦然

論水　夏初水中生苔主有暴水諺云水底起青苔卒逢大水來　水際生靛青主有風雨諺云水面生青靛天公又作變　諺云大水無過一周時言天道久雨山澤發洪大水橫流江河陡漲之易也　諺云大旱不過周時雨大水無非百日晴言天道須是久晴則水方能退也故論潮者云晴乾無大汛合而言之可見水漲之易退之難也如此　凡東南風退水西北反爾此理蓋只是吳中大湖東南之常事往來初冬大西北風湖水泛起吳江人家皆俱浸水中風息復平謂之翻湖水纔是南風連吹半月十日便可退水三二尺又不還漲　水邊經行聞得水有香氣主雨水驟至極驗或聞水腥氣亦然　河內浸成包稻種既沒復浮主有水

論草　草得氣之先者皆有所驗薺菜先生歲欲甚

葶藶先生歲欲苦藕先生歲欲雨蒺藜先生歲欲旱蓬先生歲欲流水藻先生歲欲惡艾先生歲欲病孟月占之　五穀草占稻色草有五穗近本莖爲早色腰末爲晚禾隨其穗之美惡以斷豐歉未必極驗但其草每年根根相似　茆蕩內春初雨過菌生俗呼爲雷蕈多則主旱無則主水　草屋久雨菌生其上朝出晴暮出雨諺云朝出晒殺暮出濯殺　看窠草一名干戈謂其有刺故也蘆葦之屬叢生于地夏月暴熱之時忽自枯死主有水　諺云頭莩生子沒殺

二苧二苧生于旱殺三苧、　荅草水草也、村人嘗剝其小白嘗之、以卜水旱、味甘甜主水、巳來亦未止、味餿氣主旱、已來亦已定、

論花　梧桐花初生時赤色主旱、白色主水、　匾豆五月開花主水、　杷夏月開結主水、　藕花謂之水花魁、開在夏至前主水、　野薔薇開在立夏前主水

麥花晝夜主水、　扁豆鳳仙花開在五月、主水

槐花開一遍、糯米長一遍價、

論木　雜陰陽書曰、禾生于棗或楊、大麥生于杏、小

麥生于桃、稻生于柳或楊、黍生于榆、大豆生于槐、小豆生于李、麻生于楊或荊、　師曠占術曰、杏多實不虫者、來年秋禾善、五木者五穀之先、欲知五穀、但視五木、擇其木盛者、來年多種之、萬不失一也、　凡竹笋透林者多有水、　楊樹頭並水際根乾紅者、主水

此說恐每年如此不甚應、

論潮　每半月逐日候潮時、有詩訣云、午未未申申寅寅卯卯辰辰巳巳午午半月一遭、輪夜潮相對起、仔細與君論、　十三二十七名曰水起、是為大汛、各七日二十初五名曰下岸、是為小汛、亦各七日、　諺云、初一月半午時潮、又云初五二十夜岸潮、天亮白遥遥、又云下岸三潮登大汛、　凡天道久晴、雖當大汛、水亦不長、諺云、晴乾無大汛、雨落無小汛、

論飛禽　諺云、鴉浴風、鵲浴雨、八哥兒洗浴斷風雨鳩鳴有還聲者、謂之呼婦、主晴、無還聲者、謂之逐婦、主雨、　鵲巢低、主水、高主旱、俗傳鵲意既預知水則云終不使我沒殺、故意愈低、既預知旱、則云終不使晒殺、故意愈高、朝野僉載云、鵲巢近地、其年大水、

海燕忽成群而來、主風雨、諺云、烏肚雨、白肚風、　赤老鴉含水叫、早主雨、多人辛苦、叫晏晴、多人安閒、農作次第、　夜間聽九逍遥鳥叫、卜風雨、諺云、一聲風二聲雨、三聲四聲斷風雨、　鸛鳥仰鳴則晴、俯鳴則雨、　鵲噪早報晴、明日乾鵲、　冬寒天雀群飛、翅聲重、必有雨雪、　鬼車鳥、北人呼為九頭虫、夜聽其聲出入以卜晴雨、自北而南謂之出窠、主雨、自南而北、謂之歸窠、主晴、古詩云、月黑夜深聞鬼車、　咲鶍叫主晴、俗謂之賣蓑衣、　鶻叫諺云、朝鶻晴、暮鶻雨、

夏秋間雨陣將至、忽有白鷺飛過、雨竟不至、名曰截雨、 家雞上宿遲、主陰雨、 燕巢做不乾淨、主田內草多、 母雞背負雞雛、謂之雞跎兒、主雨 喫井水禽也、在夏至前叫、主旱、諺云、夏前喫井叫、有車個恰喫無車個嘯、 鵜鶘一名淘河、鵜鶘之屬、其狀異常每來必主大水、近至正庚寅五月十八日、方梅水漲、忽見此怪、數十、自西而東、衆謂沒田先兆、一老農云不妨、夏至前來曰犁湖、至後曰犁途、以其嘴之形狀相似、湖言水深、途言水淺、今至後八日、此後兩腳斷、

水退矣、雖然疑信不決、後果天晴、高下皆得成熟、若此至前至後便分禍福兩端、可謂奇驗、占候者慎之、
玄扈先生曰、凡異常禽鳥至、皆大水徵、

論走獸 獺窩近水主旱、登岸主水、有驗、 圍塍上野鼠爬泥、主有水、必到所爬處方止、 鼠咬麥苗、主不見收、咬稻苗亦然、倒在根下、主蠶下米貴、銜在洞口、主囷頭米貴、狗爬地主陰雨、每眠灰堆高處、亦主雨、狗咬青草吃、主晴、狗向河邊吃水、主水退、 鐵鼠其臭可惡、白日銜尾成行而出、主雨、 猫兒吃青草、主雨、 絲毛狗褪毛、不盡、主梅水未止、

論龍 龍下便雨、主晴、凡見黑龍下、主無雨、縱有亦不多、白龍下、雨必多、水鄉諺云、黑龍護世界、白龍讓世界、 龍下頻生旱、諺云、多龍多旱、 龍陣雨始自何一路、只多行此路、無處絕無、諺云、龍行熟路、

論魚 魚躍離水面、謂之秤水、主水漲、高多少、增水多少、 凡鯉鯽魚在四五月間、得暴漲、必散子、散不盡、水未止、盛散水勢必定、夏至前後得黃鱨魚、甚散子時、雨必正、雖散不甚、水終未定、最緊、 車溝內魚

來攻水逆上、得鮎、主晴、得鯉、主水、諺云、鮎乾鯉溼、又云、鯽魚主水、鱨魚主晴、 黑鯉魚脊翼長接其尾、主旱、 夏初食鯽魚、脊骨有曲、主水、 漁者網得死鱖、謂之水惡、故魚著網即死也、口開主水立至、易過、口閉來遲、水旱不定、 鰕籠中張得鱓魚、風水、 夏至前田內晒死小魚、主水、口開即至、易過、閉反是、

論雜虫 水蛇蟠在蘆青高處、主水、高若干、漲若干、回頭望下水即至、望上稍慢、 水蛇及白鰻入蝦籠中、皆主大風水作、 春暮暴煖、屋木中出飛蟻、主風

雨平地蟻陣作亦然、鸛探頭占晴雨諺云南望晴北望雨、田角小螺兒名曰鬼螄浮于水面主有風雨、石蛤蝦蟆之屬叫得響亮成通主晴諺云杜恰叫三通不用問家公言報晚晴有准也、田雞噴水叫主雨、蚱蜢蜻蜓黃蝱等虫在小滿以前生者主水俗呼是魚卩中食謂其纔經風雨俱死于水故也、黃梅三時內蝦蟆尿曲有雨大曲大雨小曲小雨、二蠶初出變化得多主水　蚯蚓俗名曲蟮朝出晴暮出雨　夏至日蟹上岸夏至後水到岸

農政全書卷之十二

特進光祿大夫太子太保禮部尚書兼文淵閣大學士贈少保謚文定上海徐光啓纂輯
欽差總理糧儲提督軍務巡撫應天等處地方都察院右僉都御史東陽張國維鑒定
直隸松江府知府穀城方岳貢同鑒

水利

總論

荒政要覽論禁淤湖蕩曰古之立國者必有山林川澤之利斯可以奠基而蓄衆川主流澤主聚川則從源頭達之澤則從委處蓄之川流淤阻其害易見人

皆知濬治者萬頃之湖千畝之蕩堤岸頹壞鮮知究心甚有縱豪强阻塞規覓小利者不知澤不得川不行川不得澤不止二者相爲體用易卦坎爲水坎則澤之象也爲上流之壑爲下流之源全繫乎澤澤廢是無川也況國有大澤涝可爲容不致驟當衝溢之害旱可爲蓄不致遽見枯竭之形必究晰於此而水利之說可徐講矣、

荒政要覽曰水利之在天下猶人之血氣然一息之不通則四體非復爲有矣故大而江河川澤微而溝

洫畝澮，其小大雖不同，而其疏通導利，不可使一息壅閼則一也。故成周溝洫之制，與井田並行，匠人之職，方井之地，廣四尺者謂之溝；十里之成，廣八尺者謂之洫；百里之同，廣二尋者謂之澮。夫自四尺之溝積而至於二尋之澮，其捐膏腴之地以爲溝洫者凡幾也。小司徒經土地而井牧其田野，說者謂田稅之所出，則百井之地，出田稅六十有四，而三十六井則治洫也。萬井之地，出田稅者四千九十有六井，而五千有奇，則治溝與洫也。夫自一成之地積而至於一

同，萬夫之衆，其損賦稅之入以治溝洫者凡幾也。成周之君，豈不愛膏腴之地、賦稅之入，而棄以爲無用之溝洫哉？誠以所棄者小，而所利者大也。然其所以得溝洫之利者，治之者非一官，領之者非一人。管溝行水之制，則職之匠人，俾任浚導之功。止水蓄水之令，則領之稻人，俾專儲蓄之利。夫既有以浚之，又有以積之，此所以旱澇均無患也。自經界之不明，而先王溝洫之制，漫無可考，至於後世與水爭地，貪尺寸之利，而遂遺無窮之害矣。

荒政要覽曰：按地平天成，禹錫玄圭，後畢世經營，只是濬渠築岸以養稼穡。夫子稱之曰：卑宮室而盡力乎溝洫。此論王夏之日也。或疑言疏瀹，不兼言封築，則堤岸似屬餘事。不知井田之制，百步爲畝，深尺廣尺爲田間水道，而不立封限。百畝爲遂，遂上有徑；十夫有溝，溝上有畛；百夫有洫，洫上有涂；千夫有澮，澮上有道；萬夫有川，川上有路。言致力溝洫，則畛涂在其中。禹貢稱九澤，必曰既陂，是彭蠡、震澤之底定，亦藉陂障圍豬成澤。開濬封築，信非兩事也。於此想見

唐虞三代之用民力，專用之于此而已。玄扈先生曰：商君傳曰爲田開阡陌封疆而賦稅平，必非破壞而平夷之也。

西北水利

郭守敬傳曰：守敬字若思，順德邢臺人，習水利，巧思絶人。世祖召見，面陳水利六事：其一，中都舊漕河，東至通州，引玉泉水以通舟，歲可省雇車錢六萬緡。通州以南，於蘭榆河口徑直開引，由蒙村跳梁務至楊村還河，以避浮雞淘盤淺風浪遠轉之患。其二，順德達泉引入城中，分爲三渠，灌城東地。海內如是者甚多。其三

順德灃河東至古任城失其故道沒民田千三百餘
頃此水開修成河其田即可耕種自小王村經滹沱
合入御河通行舟栰其四磁州東北滏漳二水合流
處引水由滏陽邯鄲洺州永年下經雞澤合入灃河
可灌田三千餘頃其五懷孟沁河雖澆灌猶有漏堰
餘水東與丹河餘水相合引東流至武陟縣北合入
御河可灌田二千餘頃其六黃河自孟州西開引少
分一渠經由新舊孟州中間順河古岸下至溫縣南
復入大河其間亦可灌田二千餘頃每奏一事世祖

歎曰任事者如此人不為素餐矣授提舉諸河渠
四年加授銀符副河渠使至元元年復張文謙行省
西夏先是古渠在中興者一名唐來其長四百里一
名漢延長二百五十里他州正渠十皆長二百里支
渠大小六十八灌田九萬餘頃兵亂以來廢壞淤淺
古今之際可恨如此守敬更立牐堰皆復其舊二年授都水少
監守敬言舟自中興沿河四晝夜至東勝可通漕運
及見查泊兀郎海古渠甚多宜加修理又言金時自
燕京之西麻峪村分引蘆溝一支東流穿西山而出

是謂金口其水自金口以東燕京以北灌田若干頃
其利不可勝計兵興以來典守者懼有所失因以大
石塞之今若按視故蹟使水得東流上可以致西山
之利下可以廣京畿之漕又言當於金口西預開減
水口西南還大河令其深廣以防漲水突入之患帝
善之十二年丞相伯顏南征議立水站命守敬行視
河北山東可通舟者不行視誰則知之非其人若何行視自陵州至大
名又自濟州至沛縣又南至呂梁又自東平至綱城
又自東平清河踰黃河古道至與御河相接又自衛

州御河至東平又自東平西南水泊至御河乃得濟
州大名東平泗汶與御河相通形勢為圖奏之二十
八年有言灤河自永平挽舟踰山而上可至開平有
言盧溝自麻峪可至尋麻林朝廷遣守敬相視灤河
不可行盧溝舟亦不通守敬因陳水利十有一事一相
視即言者莫敢妄言不相視而直指為妄言即郭生亦無由自見第非郭生罔不諳相視耳其大
都運糧河不用一畝泉舊原別引北山白浮泉水西
折而南經甕山泊自西水門入城環滙於積水潭復
東折而南出南水門合入舊運糧河每十里置一牐

北至通州凡爲牐七距牐里許上重置斗門互爲提閼以過舟止水帝覽奏喜曰當速行之於是復置都水監俾守敬領之帝命丞相以下皆親操畚牐倡工待守敬指授而後行事置牐之處往往於地中偶值舊時甎木時人爲之感服船既通行公私省便先是通州至大都陸運官糧歲若干萬石方秋霖雨驢畜死者不可勝計至是皆罷之三十年帝還自上都過積水潭見舳艫蔽水大悅名曰通惠河守敬又言於澄清牐稍東引與北壩河接且立牐麗正門西令舟

楫得環城往來志不就而罷大德二年召守敬至上都議開鐵幡竿渠守敬奏山水頻年暴下非大爲渠堰廣五七十步不可執政吝於工費以其言爲過縮其廣三之一（俗吏之爲害如此）明年大雨山水注下渠不能容漂沒人畜廬帳幾犯行殿成宗謂宰臣曰郭太史神人也（自然之理何神之有哉）守敬在西夏嘗挽舟遡流而上究所謂河源者又嘗自孟門以東循黄河故道縱廣數百里間各爲測量地平或可以分殺河勢或可以灌溉田土具有圖誌又嘗以海面較京師至汴梁地形高下之差謂汴梁之水去海甚遠其流峻急而京師之水去海至近其流且緩其言信而有徵此水利之學其不可及者也

丘濬曰井田之制雖不可行而溝洫之制則不可廢（北方正可井田正可如古人之制但不必限田耳）今京畿之地地勢平衍率多洿下一有數日之雨即便淹沒不必霖潦之久輒有害稼之苦農夫終歲勤苦盼盼然而望此麥禾以爲一年衣食之計賦役之需垂成而不得者多矣良可憫也北方地經霜雪不甚懼旱惟水潦之是懼十

歲之間旱者什一二而潦恒至六七也（旱非不懼其所傷不如潦多耳旱而蝗大可懼也而蝗又生於潦也）爲今之計莫若少倣遂人之制每郡以境中河水爲主又隨地勢各爲大溝廣一丈以上者以達于大河又各隨地勢各開小溝廣四五尺以上者以達于大溝又各隨地勢開細溝廣二三尺以上者委曲以達于小溝其大溝則官府爲之小溝則合有田者共爲之細溝則人各自爲於其田每歲二月以後官府遣人督其開挑而又時常巡視不使淤塞如此則旬月以上之雨下流盈溢或未必得

其消涸（下流何故盈溢，乃可不爲措置）若夫旬日之間縱有霖雨亦不能爲害矣朝廷於此又遣治水之官疏通大河使無壅滯又於夾河兩岸築爲長隄高一二丈許則衆溝之水皆有所歸不至溢出而田禾爲淹没之苦生民享收成之利矣是亦王政之一端也

徐貞明請亟修水利以預儲蓄疏曰臣惟神京肇據上遊以御六合兵食厥惟重務宜近取諸畿甸而自足乃食則轉漕兵則清勾若皆取給於東南不可一日缺者豈西北古稱富强之地不足以裕食而簡兵

乎夫賦稅所出括民脂膏而軍船之費夫役之煩常以數石而轉一石東南之力竭矣而河流多變運道時梗忠於謀國者鏡勝國之往事以慮變於將來竊有隱憂焉是竭東南之力而不能保國計於無虞此西北水利所當亟修者也軍丁遣戍雖有骨肉而軍裝出于戶丁幇解出于里遞每軍不下百金東南之民困而軍非土著志不久安輒賂衛官以私回衛官利其初見之賂又可以頂軍而冒糧也輒縱之而使回又皆冒支存恤月糧是困東南之民而不能使軍

政之有賴此東南軍勾所當議停者也臣待罪該科水利修舉職掌攸關先任山陰時於軍勾之苦又嘗目擊敢竭愚衷爲　皇上陳之西北之地夙號沃壤皆可耕而食也惟水利不修則旱潦無備旱潦無備則田里日荒遂使千里沃壤莽然彌望徒枵腹以待江南非策之全也臣聞陝西河南故渠廢堰在在有之山東諸泉可引水成田者甚多今且不暇遠論即如都城之外與畿輔諸郡邑或支河所經或澗泉所出可皆引之成田北人未習水利惟苦水害而水害

之未除者正以水利之未修也葢水聚之則爲害而散之則爲利（棄之則爲害，用之則爲利）今順天眞定河間等處地方桑麻之區半爲沮洳之塲撈廠所由以上流十五河之水而泄於猫兒一灣欲其不泛濫而壅塞勢不能也今誠于上流疏渠濬溝引之成田以殺水勢下流多開支河以泄橫流其淀之最下者留以瀦水淀之稍高者皆如南人圩岸之制則水利興而水患亦除矣此畿内之水利所宜修也臣又嘗考元史學士虞集建議欲於京東瀕海地方如浙人築塘捍水成

田惜其議中格及末年海運不繼始有海口萬戶之設已無救于元事矣臣嘗臨文歎惋恨集言不蚤售于當時今自永平灤州以抵滄州慶雲之境地皆萑葦土實膏腴集議斷然可行當全盛之時河漕歲通而思患預防紛然獻議獨于集議尚靡焉未講若倣其意招撫南人築塘捍水雖北起遼海南濱青齊皆可成田有不煩轉漕于江南而自足者其思患預防之深意又不止於開河通漕而已此瀕海之水利所宜修也議者或以水利久廢驟而行之必役重而民

擾勢逆而功難臣以爲不然蓋施爲緩急在當時酌而行之耳民所素業者姑置勿問而荒蕪不治人所共棄者從而經略其端則不棄者羣起以效力矣功力難施者姑置勿問而勢順費省功力易成者從而經略其端則難成者以漸而就緒矣順民之情因地之勢亦何憚而不爲哉伏乞勅下工部酌議覆請特命憲臣寔心爲國爲民者假以事權不沮浮議需以歲月不求近功將畿輔諸郡及京東瀕海水利相度土宜率先修舉或撫窮民而給其牛種或任富室而

緩其科稅或選健卒而分建屯營或招南人而許其占籍諸凡招徠勸相愼許便宜行事俟行之稍有成績次及山東河南陝西等處地方將江南歲運酌量改折助其費而究其功東南之歲運漸減西北之儲畜常裕不惟民力可紓而國計永保于無虞矣東南之民素稱柔脆本不宜於遠戍也勾補無用莫不知之而軍伍日漸虛耗又不能變其法而盡廢今徒致嚴于勾補之中而不議處于勾補之外非計之得也各處軍戶除戶絕法當除豁及戶內消耗止有老弱

不堪法當紀錄外其有應解軍戶丁田衆多不願遠戍者如匠班事例量徵軍班行分其戶爲三等而上下其班行上戶若干中戶若干下戶若干俱解赴應戍之所以資召募班行既定可免歲歲清勾軍戶無遠戍之苦里遞免解送之勞此班行之有益於民所當議者也歲徵班行或類解京師或轉發該衞就便召募土著則可揀擇壯丁不至老弱充數得備禦之實用土著安居永無逃亾之患存恤月糧又可裁革併資召募此班行之有益于國所當議者也議者或

以清勾則解丁永戍班行則每歲誅求似于軍政有礙臣以爲不然夫所裨于軍政者不當眩于勾補之虛數當求召募之實用耳今軍班歲出不甚多然積數歲以通募則一軍之班雖募兩軍可也軍戶畏於軍補漸脫戶而隱丁若止徵班銀軍戶必無隱脫則一時之召募遂爲經制可也較之清勾有虛數而無實用所得不又倍哉伏乞勑下兵部酌議覆請查照先年匠班事例將應解軍丁免其解補每年量徵班行以資召募將存恤月糧裁革以杜虛冒使南北之勾補永罷西北之行伍漸充不惟民困獲甦而軍政坐見其有賴矣又照畿內諸郡邑統轄既分事多牽制先因亟拯民溺以奠內地事宜議欲專遣憲臣一員竟以畿內差多未經允行臣以爲水利重務必專其事權方克有濟各省清軍先有專差近浙江南直隸雲貴四川因先差御史養病陞任停差令各巡按御史兼攝惟湖廣廣東廣西江西福建尚有專差是以政體未一伏乞勑下都察院酌議覆請專差老成憲臣一員經略畿內水利如畿內差多則裁減別差

并歸水利亦便將前各省清軍御史取回別差俱令巡按御史兼攝則水利之事權專而清軍之政體一矣豈有一年一差而能經略此事者若久任按臣又不可蓋此撫院之事所宜久任而責成功焉耳但得其人又何煩別設耶

徐貞明西北水利議即潞水客談

徐子徵入諫垣居無何以罪逐客有唁於潞水之湄者見徐子屏居野寺中讀書意適無懟色則數徐子曰子以外吏一朝列侍從之班際聖明在上固希世之遇也曾不能畢節馴行效尺寸以圖報塞迺抱釁而往將自棄於明時且子嘗欲乞身以奉菽水使子亟成其志寧有今日哉奔走竄逐間負國恩而違親養忠孝兩無當也予竊爲子悲之徐子聞言零淚緣纓坐客而與之語曰客之數予予則悲矣客亦惡知予哉予始待罪垣中首疏西北水利事水衡當事者迂其言置不省予乃撫膺而歎曰當今經國訏謨其大且急孰有過于西北水利者乎雖然槩而行之則效遠而難臻驟而行之則事駭而未信蓋西北皆可行也盍先之於畿輔畿輔諸郡皆可行也盍先之

於京東永平之地京東永平之地皆可行也盍先之于近山瀕海之地近山瀕海之地皆可行也盍先之數井以示可行之端則效近而易臻事鉀而人信又恐其難于遙度也則又裹糧屬二三解事者走永平瀕海近山之境相度而經略之既得其水土之性彊理之詳始信其事之必可行而猶冀其言之獲售也欲再疏以請草具將上適與罪會使予得罪稍緩則疏必再上或庶幾其言之獲售使予不欲再疏以售其言則乞養以退當在始疏報罷之時寧濡忍以及

罪譴負國恩而違親養誠如客言予則悲矣客亦惡知予哉客曰予聞天下事諫官皆得言之今　天子銳意化理子職諫數月即水利報罷寧無崇論竑議可以動聽而中當事者之指乃諰諰焉惟冀水利之復行亦左矣徐子曰禹功茂矣而濬畎距川乃其盡力而終身者騶孟談王田里樹蓄厥惟先務客惡得以水利而左之予將為客悉其利夫雨暘在天而時其蓄洩以待旱潦者人也乃西北之地旱則赤地千里潦則洪流萬頃惟寄命于天以幸其雨暘時若庶

幾樂歲無飢耳此可以常恃哉惟水利興而後旱潦有備其利一也神京北聳財賦取給于東南忠於謀國者鏡勝國之往事懷杞人之隱憂尚有出于河流外者惟興水利近取常稔視東南為外府可也中人之治生必有附居常稔之田始可以安土而無飢乃國家全盛之勢據上游以控六合獨待哺于東南近廢可耕之田遠資難繼之餉豈計之全哉今運蚤而積久儲蓄信有賴矣然運蚤而收之不及其熟有浥損之患久積而散之恒過其期有紅腐之憂水利既

興則田疇之間要皆倉庾之積其利二也東南轉輸每以數石而致一石民力竭矣而國計所賴欲暫紓之而未能也惟西北有一石之入則東南省數石之輸所入漸富則所省漸多（玄扈先生曰此條西北人所諱也慎弗言慎弗言）先則改折之法可行久則蠲租之詔可下東南民力庶幾獲甦其利三也昔禹播河海而溝洫之修尤盡力焉固以利民亦以分殺支流而不以助河之虐河之無患溝洫其本也周定王以後溝洫漸廢而河患連種矣今河自關中以入中原合涇渭漆沮汾瀍伊

洛瀝澗及丹沁諸川數千里之水，當夏秋霖潦之時，諸川所經，無一溝一澮可以停注，曠野洪流，盡入諸川，其勢既盛，而諸川又會入於河流，則河流安得不盛。流盛則其性自悍急，性悍則遷徙自不常，固勢所必至也。今誠自沿河諸郡邑，訪求古人故渠廢堰，師其意，不泥其迹，疏爲溝澮，引納支流，使霖潦不致泛溢于諸川，則並河居民得水利成田，而河流漸殺，河患可弭矣。其利四也。古人之畫地而國也，曰我疆我理，南東其畝，既順土而宜民，亦設險而禦侮也。晉之

邀齊也，必曰盡東其畝，以爲戎車之利。晉之利，齊之害也。今西北之地，平原千里，寇騎得以長驅，若使溝洫盡舉，則田野之間，皆金湯之險，而田間植以榆柳棗栗，既資民用，又可以設伏而避敵。其利五也。往者劉六劉七之亂，持竿一呼，從者數萬，則游惰歸之也。蓋業農者廢其田里，惟游惰之民，輕去鄉土，而易于爲亂。今西北之境，土曠而民游，識者常惴惴焉。誠使水利興而曠土可墾，而游民有所歸，消釁弭亂，深且遠矣。其利六也。東南之境，生齒日繁，地苦不勝其民，

而民皆不安其土。乃西北遂蒿之野，常疾耕而不能徧。蘇子謂聚則爭於不足之中，散則棄於有餘之外，其不均固如此也。今若招撫南人，修水利以耕西北之田，則民均而田亦均矣。其利七也。東南多漏役之民，而西北罹重由之苦，則以南之賦繁而役減，北之賦省而由重也。使田墾而民聚，民聚則賦增，而北由可輕。其利八也。徐公但見江浙之役，而未見他方之役耳。若三吳之苦，忍言哉，忍言哉。沿邊諸境，有轉輸不能至者，招商以代輸。蓋有數項之鹽國于一商，遂棄業以他徙，其有曲避轉輸之苦

者，則私以折色兌軍，商得苟安，軍無宿儲，即承平勿論，設有烽警，何以待之。惟近邊田墾，轉輸不煩。其利九也。屯田之成熟者，多屬隱占，久則難稽矣。然亦不必稽也。西北非無田之爲患，而不墾之爲患。彼既墾而熟矣，何必歸官始爲國家之利哉。惟自其荒蕪不理者，召募墾之，則新屯固種種也。兵之壯悍者，既心恥于負鋤，而其羸弱者，又力疲於荷戈，驅兵爲農，勢固難行。惟募之爲農，而簡之爲兵，則心安而力奮，屯政無不舉矣。不必言簡，只是人衆，便可召募。其自爲保聚者聽可也。今邊人但足衣食，便招

[illegible]官之詐欺今天下浮戶、依富家以爲佃客者何限、募而集之、可立致也、募農以修水利、修水利以舉屯政、其利十也。塞上之卒土著者少、不得已而有募軍、則居行給餉爲費不貲、又不得已而有班軍、則春秋遞往、疲于奔命、又不得已而按籍勾補、解徼方登、逃亡旋報、間閻重困、行伍又虛、若近塞水利既修、屯政大舉、田墾而人聚、人聚而兵足、可以省遠募之費。可以蘇班戍之勞。可以停勾補之苦。其利十有一也。宗祿勢將難繼、咸切憂之、而莫肯任其議。將以難遺後

人。而後之難。更有甚于今日。此不可不亟爲之圖也。世有勇于建議者、則曰裁其祿、弛其禁而已。夫不資之以謀生。而徒曰裁其祿。則飢寒者孰恤。不定之以安居。而徒曰弛其禁。則流離者孰依。我 聖天子睦族展親之仁、必不忍其至是也、昔范文正以兩府祿入、尚能廣義田以廩族人、矧以國家之大而不能使天潢之派、皆飽食而安居乎、今西北之地、曠土彌望。於其間擇人所棄者。官爲墾闢。分井而田。如中尉以下。量歲祿之意。授田若干。使得安居而食其土。其後支庶漸繁、田不再授。蓋既授之以田、開其治生之端。彼知田不再授。則皆及其始授之時。勤儉明農。于其間以歲食之餘。漸墾田而擴產。爲長子孫之計。其雄桀者不失爲富家翁。卽庸拙者亦可以依田力穡。其與坐食多餒。散處失所者相去遠矣。其利十有二也。昔之有志者、嘗欲倣井田之遺意、授民之產、而惜其時之不可、痛豪強之兼并、限民之田、而恨其勢之難行、今若於西北空閑之地、修舉水利、則倣古井田亦可也、限民名田亦可也、古昔養民之政、以漸可舉、其

其利十有三也但眞治田、卽是井田之法、舍此別無法矣。故實有意爲民、民田自均、不必限民名田。且今之舉事。正須得豪強之力。而先限之。田可乎。何時無豪強。與下民何害。顧用之何如耳。禹治水土。建萬國。其后王君公皆豪強也。古者以井畫地、度地居民、比閭族黨、井自爲界、民不可多得尺寸之地、而地亦不可多得一介之民、民與地適相均也、今通都大邑之民踵接肩摩、而爭繁習靡、多梗化而敗俗、其爭少習朴者、惟寥廓之鄉爲然、今若畫井居民、裒益其多寡、使民與地均、如古比閭族黨之意、則教化可興、而俗尚自美、其利十有四也、客曰、信如子言水之利溥矣、西

北皆可行獨先於京東者何居徐子曰京東輔郡而薊又重鎮固股肱神京緩急所必須者矧今地負山控海負山則泉深而土澤控海則潮淤而壤沃利水尤易易也予所屬二三解事者畚遍歷山海之境閲兩月而返披圖出示如指諸掌也爲言諸州邑泉從地湧一決而通（土人謂之仰泉彼中隨地可得尋覔但大小異耳）水與田平一引而至（流泉也）比比皆然姑摘其土膏腴而人曠棄即可修舉以兆其端者自西歷東如密雲縣之燕樂莊平峪縣之水峪寺及龍家務莊三河縣之唐會莊

順慶屯地皆其著者薊州城北則有黃厓營城西則有白馬泉鎮國莊城東則有馬伸橋夾林河而下城南則有別山鋪及夾陰流河而下至於陰流淀疏渠皆田也遵化西南平安城夾運河而下及沙河鋪地方又鐵廠湧珠湖以下至韭菜溝上素河下素河百餘里夾河皆可成田遷安縣北徐流營山下湧出五泉合流入桃林河又三里橋湧泉流出灤河又蠶姑廟湧泉成河（遷安栽桑甚盛故宜有蠶姑廟耶然聞其人栽桑者皆剝皮造紙恐昔人曾治蠶而後廢耳）與灤河相接夾河皆可田之地盧龍縣燕河營湧泉成河及營東五泉湧漫四出至張家莊撫寧縣西臺頭營河流亦自燕河營湧泉而來皆可田自西以東如豐潤縣南則大寨及剌榆坨史家河大王莊之地東則榛子鎮西則鴉洪橋夾河五十餘里皆可田玉田縣清莊塢導河可田（懷柔縣之鬐髻山下可作水田百頃）後湖莊疏湖可田三里屯及大泉小泉引泉可田其間有民所不業之地有屯地有牧馬草地屯草之地屬於官官爲闢其蕪而收其利不難也至于民不業者召民業之官爲助其力何至連阡以棄鞠爲茂草乎

（召民應有鼓舞之方官出費則不可恐人以爲口實也）至於瀕海可田則自水道沽關黑崖子墩起至開平衛南宋家營之地東西度之百餘里南北度之百八十里皆隸豐潤其地與吳越瀕海之沃區相等（此田成則東南一大郡也寶坻靜海皆如是靜海之葛沽高地皆巳田）今萑葦彌望而繫名於勢族然葦之利微即勢族亦無厚入於其間也若如吳越人田而耕之則利十倍于葦即捐其一以與勢族使不失其舊入勢家亦何憾焉（今勢族即十倍何害愚意止求粟多價賤耳）昔虞文靖公之議東極遼海南濱青徐瀕海皆可田之地今豐潤寶

其中境。欲舉其議而行之。茲非其先當致力者乎。蓋先之京東數處以兆其端、而京東之地、皆可漸而行也、先之京東以兆其端、而畿內而列郡、皆可漸而行也、先之畿內列郡、而西北之地、皆可漸而行也、在邊陲、則先之薊鎮、而諸鎮皆可漸而行也、至于瀕海、則先之豐潤、而遼海以東、青徐以南、皆可漸而行也、夫事有小用則宜、大則局而不通、大用則宜、小則窘而難布、茲其試之一井。究之天下。無不利者。事有旦夕計功。而遠猷不存。積久考成。而近效難覩。茲其晳之

歲收。久之永賴。無不利者。特端之于京東數處因而推之西北、一歲開其始、十年究其成、而萬世席其利矣、客曰、西北之人、歲苦水害、奈何利之、且彼宿苦其害、而子驟言其利、其不信亦何異乎、徐子曰、嗟乎、水在天壤間本以利人。非以害之也。惟不利斯爲害矣。以利爲害何事不然人實貽之而咎水可乎。蓋聚之則害。而散之則利。棄之則害。而用之則利。如血之在人身流貫于肢節。而潤澤其肌膚。一有壅注。則上而爲癰。下而爲痔。又或溢出于口鼻。而因以戕其軀。遂曰血之於人害也亦舛矣。今之咎水之害者。卽山川之委原未悉、胡不引人身觀之也。古昔盛時、列國分布、畫井而田、畎達於溝、溝達於洫、洫達于澮、澮達于川、縱橫因其地勢、以取利于水、今西北皆其故疆也、豈古以爲利、而今以爲害乎、且東南之民。爭涓流於尺寸之間。何者彼固利之也。謂水利于南。而獨爲北害。此必無之理也。客曰南北均利水矣、而北之視南、亦有難易乎、徐子曰北易。客乃咤曰、子固好奇甚、言北之利于水耳、烏得而稱北易也、徐子曰、客何異予言哉南方

之民、披簑而耕、抱濕而穫、蓋恒與雨相值也、長夏苗將立稿、則訟風伯而祝雨師、盼盼焉以一沾濡爲快乃西北之雨、多于長夏而耕穫之時少雨。其易于南天時則然也、說南北難易利害未盡事理、西北地曠而水夷、稍一疏引、水卽爲利、東南之地、高下相懸、有轉水於數仞之深者、再日不雨、則桔槔之聲、徹于郊原、竭人力以資灌溉、苦且難地勢使然也考之古昔畎深尺許遂深二尺、溝深四尺、洫深八尺、澮深二仞而已未有如東南轉水于數仞之深者、遂溝洫澮皆以去水非以與水也、至如京

東山之湧泉溢地而出。河之支流等地而平、其于西（此亦東海所少）北。尤爲易易也、東南瀕海、歲多潮患、益海之勢趨于東南也、遼海以及青徐、有海之饒、而鮮潮之患、其難易又彰彰矣、（潮患與東南等、特未饗其利、故未覩其害耳、惟仲秋之潮、挾風雨而至者、則西北所少、西北之雨、多在伏秋之間也、）奈何目爲萑葦之場、而棄之不田乎。予謂北易蓋有據而言之也、客曰、南北水利、修廢頗殊、亦有由乎。徐子曰、水利修廢。由于人之聚散、而旋轉之機、上實握之。西北在三代盛時、溝洫時修、農功畢舉、厥後魏史起引漳水溉鄴、鄴以富、秦開鄭國

渠溉舄鹵之地四萬餘頃、關中爲沃野、秦以富強、至漢文翁溉灌繁田千七百頃、而蜀饒、白公穿渠、引涇水溉田四千五百餘頃、而民以饒富、馬援引洮水種秔稻而狄道並塞之民得以樂業、虞詡復三郡、激河浚渠爲屯田、而省內郡之費、蓋三代之時、溝洫遍於列國、水之爲利也宏。魏秦國擅其利、文翁以下諸子人與其利、水之爲利也專。然皆在西北之境、若東南稱水利者、在漢以前、惟馬臻開鑑湖而已、他未有聞、也、及五胡之亂、中原生齒漸耗、從晉室而東徙者、謂

之僑人、久則安其土而樂其生、西北民散而東南利興、非細故也、即如東南之饒、三吳稱最、在禹貢揚州之域、厥土塗泥、厥田下下而已、漢之時、亦一澤國耳、惟晉室既東、民日聚而利漸興、然其財賦、亦未至于今日之盛也、至五代時、錢鏐竊據以稱饒、及南宋偏安、以致富、則民益聚、利益興、而財賦遂甲于天下矣。（靖康之亂、北人南來者更多、）嘗考宋紹興五年、屯田郎中樊賓言荆湖江南與兩浙膏腴之田、彌亘數千里、無人可耕、則地有遺利、中原士民扶携南渡、幾千萬人、則人有

餘力、若使流寓失業之人、盡田荒閒不耕之田、則地無遺利、人無遺力、以資中興、由此觀之、則宋室方南之時、東南尚有曠棄之田、及其季年、人多而田少、豪右擅陂湖以自殖、地利盡而民不聊生者、聚故也、東南地利盡而西北曠、厥有由哉、（南宋以東南支軍國之費、故其民窮、然其正賦亦止如今五分之一耳、）今國家當全盛之時、兵戈不試者二百餘年、西北生齒日漸繁夥、而東南之民、爭附於輦轂之下、誠勞來安集于其間、則民聚而利無不興矣、即畫井而溝洫之、亦不難也、矧秦漢以下、其興利而

足民者、獨不能尋其迹師其意而行之乎、何至待哺於江南也。彼其竊據稱饒。偏安致富者、亦不得已耳。乃今國家奚賴焉。其機固在一旋轉間也、客曰、西北利水、吾固知其舊矣、然吾聞懷慶紀守、嘗因丹沁支流、疏渠成田、民頗利之、紀去而田亦隨廢、又如眞定楊中丞之家居也、亦嘗募南人緣水墾田、歲入甚饒、及滹沱旁決、桑田之變、祇瞬息間耳、豈久廢之餘、固難卒舉者乎。徐子曰、是所謂廢食于噎、非通論也、夫利水之法、高則開渠、卑則築圍、急則激取、緩則疏引。

其最下者。遂以爲受水之區。因其勢不可强也。然其致力當先于水之源。源則流微而易御。不在源。即在委。源恒流。委恒潴。故無驟溢驟乾之患。若非源非委。在其中流者。亦必恒流不絕不溢。或絕而可引。溢而可捍者也。田漸成則水漸殺。水無汎溢之虞。田無衝激之患。彼懷慶當丹沁之下流。而眞定尤滹沱所必衝者也。安能久而無患哉。蓋不先于其源之故也。嘗考桑乾水發于渾源州經保安之境。則自懷來夾山而下。至瀘溝橋狠窩地方。衝溢爲患。漫至彰義門。先朝屢經修築。爲費不貲。今保安境上、聞有用土牛遏水成田者。

恐亦不能久而無患也。若督責有人、多方招募、使桑乾上流、皆引成田、則豈惟保安之田、恃以無患、而懷來以下水患亦殺矣、予又嘗物色瀛海之間、如元城窪、羅家灣窪、郝家莊窪、高橋鋪窪、章家橋窪、皆連阡黑壤、廢爲水區、非不可田、顧以下流受黑洋等九河之水、非先致力於水源、未可徼利旦夕、而終貽水患也、西北之水一開濬、遂可無患、而爲利大、要濬上流入海。濬下流入海而已、余嘗爲有司及鄉縉言之、以爲然、而當事者不知此理、遂中止、客曰、子論甚悉、然世之疑而不遽行者、亦有說焉、一難于得人、二憚于費財、三畏于勞

民、四忌于任怨、五狃於變習、子亦不可不察也、徐子曰、微子言、予亦籌之、夫畏事者既因循而不理、喜事者又輕率而罔功、固矣得人之難也、是必有經略之功、而無紛更之擾、使利興而民不知則善矣、世固有能任之者、亦不如宋人專以勸農之名、亦不如今制責以水利之職、蓋勸農而與水利、牧養斯民之首務也、今若另設勸農、而水利又有專職、則若于牧養斯民之外、增勸農水利一事、彼之號爲牧養斯民者、又將何爲耶、今之開府、持節與藩臬守令、皆以牧養斯

民也、勸農水利、責將誰諉、惟于開府持節者得人、以擇藩臬、以擇守令、久任而責成之、殿最繫焉、利與而民不知者、可坐而致也。世之言費者、吾惑焉。夫捐數萬金之費于春、而收數萬石之穫于秋、費於帑而償于田、此庸人操十一之利者、尚甘心焉、曾謂善于謀國者、而顧以費為憚乎、欲行此必不宜費公帑、彼執執者、曰欲害我、若用公帑、即其口何可支耶。且始而為穫、繼是有羨、即以所穫者為貲、漸而廣焉、不煩再費也、畏於勞民、雖蘇文忠公嘗有是論、文忠公之言曰、天下久平、民物滋息、四方遺利、皆

略盡矣、今欲鑿空尋訪水利、所謂即鹿無虞、豈惟徒勞、必大煩擾、所在追集老少、相視可否、吏卒所過、雞犬一空、審如文公之言、民信勞矣。予謂不必於牧養斯民之外、而專設勸農水利者、亦恐其喜事勞民、如文忠公之言也、誠得牧養斯民者、擇其勢順而功省之處、暫出官帑、募願就之民、經略其端、以示倡率之機、使民灼然知水利可興、則必有競勸而爭先者、庶令不煩而事自集、若槩以水利役民、使貧民苦于追呼、妨其生業、而富家反擅其利、予嘗見水利使者檄

下諸邑、閱治水利、輒飽吏胥之橐、而害及閭左、此文忠公所以極論而深嘆也、怨生有二、妨小民之業、怨隱而害深、奪豪右之利、怨顯而謗速、既不槩以水利役民、民無追呼之擾、怨不叢于小民矣、而豪右之利亦國家之利也、即此言推之、便可不勞小民而事集矣、何必奪之、周禮使世祿地主之有力者、與其廣瀦鉅野之可以利民者、曰主以利得民、曰藪以富得民、彼小民欲自利而力有所不逮、官為倡率、豪右從而競勸于其間、則借豪右之力以廣小民之利、固主與藪之遺意也、方欲

藉之、矧曰奪乎、此何以任怨為也、北之治田也逸、南之治田也勞、彼其以惰心而乘之以逸習、卒而驅之、宜有未從者、然彼之鹵莽而耕、亦鹵莽而穫、所入固微也、以南之勞治北之田、則一畝之入倍於數畝、而旱潦可以無憂、北之治田、獨有田者安于故習耳、其力作之人、何嘗不勞苦哉、蓋其勞不下南人、而淡泊過之、夫越人治水田、大都用北人之力也、誠一驅之、其嗜利之心、必潛易其好逸之習、且相率而為逸者、以其習之故然、比閭族黨皆然也、官為倡率、有能爭先力田者、稍優異之、則皆恥于逸而趨于勞矣、昔張全義起于羣

盜其尹河南也當喪亂之後白骨蔽地荆棘彌望居民不滿百戶全義擇人以修屯政招徠農戶流民漸歸遠近趨之如市全義爲政寬簡出見田疇美者輒下馬與僚佐共觀之召田主勞以酒食有蠶麥善收者或親至其家悉呼出老幼賜以茶綵衣物民間言張公不喜聲伎見之未嘗笑獨見佳麥良蠶則笑耳有田荒蕪者則集衆杖之或訴以乏人牛則召鄰里責之曰彼乏人牛何不助之由是鄰里相助比戶有積蓄在洛四十年遂成富庶蓋其勸農力本生聚教

誨變荒墟爲富壤非偶然也誠使西北牧養斯民者能以全義之心爲心未有狃於故習而不變者不一日倡率而遂日習之難變可乎夫得人而任捐公帑以募就役之民宜怨讟不生惰習可變而田功畢舉矣乃若不費公帑不煩募民而田功自舉者予又得而熟籌焉邊地屯田以餉軍也其道有三倡力耕之機定賞功之典廣世職之法而已內地墾田以阜民也其道有三優復業之人立力田之科開贖罪之條而已蓋大將固偏裨卒伍所望而趨也今諸邊沃土

多大將養廉之地使大將肯以其地畫井以田以率偏裨卒伍無不響應而競耕者昔郭子儀因河中軍嘗乏食乃自耕一畝將較以是爲差于是士卒皆不勸而耕是歲河中野無曠土軍有餘糧昔宋廖給事中剛亦嘗首陳是說也將卒捐生而赴敵者冀以功而獲賞也今若計田行賞又如廖給事所謂執耒之安方之操戈之危豈不特易此賞一行萬頃不難得者信然矣今富民得納貲以列武弁冗職而軍政無裨也若倣虞文靖公之意聽富民欲得官者能以萬

夫耕則爲萬夫之長千夫百夫亦如之先試以虛銜綏其征科俟其田入既饒積蓄漸充則命以官而量征其稅就所征者給以祿佩之印綬得世其官練集其耕夫以寓兵於其間眞良法也（第一宜戒此人衆何患無兵而先以此遂沮之乎）民之流離棄其業而畏不敢復蓋瘡痍未起科督又嚴甚則舉其宿負者而取盈焉此宜上有以招徠之蠲其負寬其征時其賑貸則流離就復荒蕪漸墾矣（寓兵于農此是古人不及今人處往以爲美談而欲效之可謂習而不察也平居聽其敎習以防禦盜賊則可）漢之盛時孝悌力田同科蓋務本重農以

寓勸率之微權也、今若定爲之制、有能於荒蕪之鄉、墾田而井者、田得自業而輸其稅於官、官因稅而稽田、因田而定等。上者如納粟待銓次者遥授散職、納粟官得理民治事、此方今最弊也、又其次者、補胥吏而役於官、則力田者兢起矣、贖罪有條、借貸墨以行私者何限也、使令罪而有力者、損貲墾田、官課其墾田之費、與贖罪相當、則歸其田而收其稅、即無力宜遠配者、亦得近屬于田畝之間、以力墾田而贖其罪、此固法行而人亦樂從也、言墾田而借資于鬻爵贖罪、猶病弱者以參苓爲劑、而以鴆毒爲引也、愚意欲以世爵誘人、則文靖之意而稍斟酌之、非鬻爵而使之治事也、此兩策相去遠矣、若今之軍徒、有名無實、則以田作當擺站差操甚善、又律文流罪、正欲徙民以實空虛也、營田之策行、可以復行流罪之法、尤大善矣、倘舉數者而行之、屯田可與、墾田可多、又何必費出公帑、而役煩募民哉、客曰、就子數說、尚有可疑者、捐生而獲邊賞、積汗馬之勳而獲世職、欲以田畝之勞並之、可乎、玄扈先生曰、爲此論者、蕭何不得與韓彭論功乎、力田贖罪、田固彼之田也、稅入幾何、恐無以足經費而佐司農之急、談何容易、子更籌之、徐子曰、審時度勢、各有攸當也、敵刃既接、軍功爲先、邊烽稍寧、屯政急矣、倘屯政舉而

邊地墾、食足兵強、虜來而應之有勝算、虜去而守之有長策、又何軍功之足羨乎、若徒尚軍功、則忽內修而啓外釁、非國家之福也、且邊人之剽悍者、勇于赴敵、其椎魯者樂於力田、各以其長邀上之賞、又何妨焉、今邊地久蕪。師不宿飽。非懸殊格。亦何望屯政之修乎。即兵興之時轉餉勤勞、亦得與對壘者論功、客何疑之、至於世職之法、所繫于今日之邊務者、尤非小也。今之武弁、能因世閥以樹功名者、固亦有之、然其間困乏孱弱僅存者。種種矣、惟其先世汗馬之勞。不忍遽廢則可耳、欲藉以練卒而應敵、必不能也。彼富民欲得官者、能以萬夫耕。則其財力智識、已出於萬人之上、能以千百人耕者。亦出于千百人之上。其財力智識。既足以爲主帥之倚用。使之部耕夫以爲勝卒。又皆其衣食安養者。心附而力倍。其與今之武弁、困乏孱弱、剝羸卒以自肥、固天壤懸也、子孫席其世業、亦不至于遽替、即有替者、又必有財力智識之人。代其業而繼其官。邊圉之間。轉弱爲強。茲其大端矣、瀕海之地、　國初皆設墩臺、分戍瞭守、以備南倭、

今草頭沽關及水道沽關以至于新橋海口赤洋海口等處、遺址尚存、日漸圮廢、遐想 國初設墩分戍、固將備倭、亦以其地勢懸、使瀕海墩戍、連絡于其間、則內地有梗、此路可通行、又防微慮遠之深意也、惟其初設墩戍稀少、與後日漸增、然無田可耕、則墩戍漸廢、勢必至也、今若于瀕海闢田、以世職之法屯駐於其間其中更多委曲、須議、久之田益闢而人益衆、則海上爲樂土、瀕海有通道、即內地有梗、南北不至懸隔、于 國初設墩分戍之意、固相成也、

國家分兵而屯、授之以田、統於衛所之官、法非不詳、然久則田隱占、而屯亦漸廢、蓋田授于官兵、非已業也、惟富民得官屯駐、則其田固已業、子孫相承、稽覈自詳、無隱占之患、蓋井田而寓封建之意也、如此勝于封建、封建者、生殺、爵祿自制也、今予之空名、如封君而不得治事理民、欲其治事理民、或將兵也、我又得選而用之也、謂封建爲業而募之、亦猶向者寓兵勸農之說乎、夫富民捐已之貲、闢荒區以輸稅養耕夫、以寓兵、其利於國者多矣、就其所入、給以祿、朝廷御之以虛名、使之世其職而守其業、有增課之饒、無養兵之費、又何靳而不與乎。彼即汗馬之勛者。祿入兵費、皆仰給于縣官、歲糜而無補、安可以此例論也、今民買子弟入胄監者、例得輸三百五十金、若使力田者、於荒蕪之野、墾田三百五十畝、得比輸三百五十金者而同科、則國家一時雖未得三百五十金之入、而歲收三百五十畝之稅、歲歲積之、其得更倍、諺謂千鎰而家藏、不若銖兩而時入、此尤易曉也、田少而殺、與贖罪而入者、即是可推也、若恐力田可同於輸金、則必有僞增田畝、以欺上、或始而墾、旋而廢、難以一一稽之、則又不然、夫民間始繫名於胄監、距其入

銓得官之時、多者三十年、少亦不下二十年、所墾之田、歲入官稅、總而計之、當不止於三百五十金、彼既墾田、歲以其田之入而輸官不難也、亦何樂於僞田增稅、歲以厲已乎、即有田僞而稅負者、有司將時稽而除其名、彼亦何利焉、若謂國用方詘、經費之內歲少三之一、必賴開納以紓其急、不能徐徐以待歲稅之入、則亦思之未詳也、蓋經費之廣、由于各邊主客兵餉、所費爲多、若各邊屯政漸舉。則經廢自省。況力田者、得以田自利、而歲稅又取足于田之所入、其從

之固易、則以力田而應者比今輸金之人必且數倍果數倍則選法如何其願輸金者仍輸金、不因此而廢彼、二者並行、國用又何患焉事例非所以足也乃所以不足也行之積久、田闢而稅廣、費省而用足、則力田之科與輸金者皆可漸罷此漸可行鄉舉里選之法、何時可罷又不必商盈詘于財賄酌多寡于開納也、客曰勝國都燕且百年、虞文靖公之議格焉未行、我 國家定鼎于茲又二百年矣、通漕理財紛然建議、而西南水利、未聞舉其議而行者、子何惓惓於今日也、徐子曰、勝國往事、已無足論、虞文靖

公之言既不獲售於泰定可為之時。及季年東南有梗。思其言。倣其意。設海口萬戶。已無救於元事矣。可勝慨哉。今 國家承平既久。竭東海之力。尚不足以裕西北之儲。幸外夷之款貢。修內地之水利。千載一時。不可失也。若駭然而圖之。其將及乎。此予之所以惓惓也、客曰、時信可行矣、然子方以罪逐、宜引咎緘晦、庶幾補過、乃又鼓舌談國家之大計、非所謂位卑而言高者乎、是益其罪也、徐子愀然曰、子何言、葵藿在崖谷之陰、見日則傾者、植性之定也、人臣居江湖

之遠憂時益切者、秉義之常也、苟裨國計、即閭閻尚得言之、矧予固 聖天子所嘗置諸左右、而責以獻納者、安敢以一出、遂自遠哉、且與客談而私識焉、又何罪也、客於是起而嘆曰、嗟乎、子去矣、其有味於子之言、而冀其復行者、予日望之、徐子曰、是非予所敢知也、然予曩上疏報罷、大司馬譚公惜予言未行。公又自言久歷塞上、深知其必可行也、王開府寓書於予。肯身任其事、戚元戎欲減南兵之願農者。惟開府是用吾輩不足信譚王戚諸公亦不足信耶、有何長慮、直是短見耳益往時塞上少

南人、今南人應募而至者成市。其方待募而未收。與募退而不願還者。皆可驅之為農。即數千人。呼吸而集也。夫開府抱濟時之略、而元戎有銷兵之心、乃大司馬公又握石畫于其間、即予去、二三同志、多是予言、倘有再疏以請者、西北水利、庶其興乎、惟國是裨、奚必言之自予也、予曩冀言行、遲回未去、適罹茲罪、客謂負國恩而違親養、予亦何以自解、倘人有舉其言而行者、予因得以效其區區、又或予之罪狀久而稍紓、將陳情以遂其私、力耕以奉老親、歌詠太平[illegible]

比於擊壤之遺民，豈不幸與。客意良厚，予將黽勉於君親間，以無忘客之大賜。談已，客散，徐子挐舟南去。

玄扈先生曰，北方之可爲水田者少，可爲旱田者多。公只言水田耳。而不言旱田。不知北人之未解種旱田也。

農政全書卷之十二　終

農政全書卷之十三

特進光祿大夫太子太保禮部尚書兼文淵閣大學士贈少保謚文定上海徐光啓纂輯
欽差總理糧儲提督軍務巡撫應天等處地方都察院右僉都御史貴陽張國維鑒定
直隸松江府知府穀城方岳貢同鑒

水利

東南水利上

宋范仲淹上呂相公幷呈中丞咨目曰，去年姑蘇之水，踰秋不退，某爲民之長，豈敢幽阻焉。然初未甚曉，惑於羣說，及按而視之，則了然可照，今得一二而陳焉。願垂鈞造，審而勿倦。則浮議自破。斯民之福也。姑

蘇四郊略平，窊而爲湖者，十之二三，西南之澤尤大，謂之太湖，納數郡之水，湖東一派，濬入于海，謂之松江。積雨之時，湖溢而江壅，橫沒諸邑，雖北壓楊子江而東抵巨浸，河渠至多，堙塞已久，莫能分其勢矣。惟松江退落，漫流始下，或一歲之水，久而未耗，來年暑雨，復爲沴焉。人必薦飢，可不經畫。今疏導者，不惟使東南入于松江，又使西北入于楊子之於海也，其利在此。或曰江水已高，不納此流，某謂不然。江河所以

爲百谷王者，以其下之，豈獨不下于此耶。江流或高，則必滔滔旁來，豈復姑蘇之有乎。矧今開畝之處，下流不息，亦明驗矣。或曰：日有潮來，水安得下？其謂不然。大江長淮無不潮也，來之時刻少，退之時刻多，故大江長淮會天下之水，畢能歸于海也。或曰：沙因潮至，數年復塞，豈人力之可支？其謂不然。新導之河，必設諸閘，常時扃之，禦其潮來，沙不能塞也。每春理其閘外，工減數倍矣。旱歲亦扃之，駐水灌田，可救熯涸之災；潦水則啓之，疏積水之患。或謂開畝之力，重勞

民力。其謂不然。東南之田，所植惟稻，大水一至，秋無他望，災沴之後，必有疾疫，乘其羸敗，十不救一，謂之天災，實由飢耳。或謂力役之際，大費軍食。其謂不然。姑蘇歲納苗米三十四萬斛，官司之糴，又不下數十百萬斛，去秋蠲放者三十萬，官司之糴，無復有焉。（玄扈先生曰：宋時歲納之少如此，蠲放之多如此。）如豐穰之歲，春役萬人，人食三升，一月而罷，用米九千石耳；荒歉之歲，日食五升，召民爲役，而賑濟，一月而罷，用米萬五千石耳。量此之出，較彼之入，孰爲費軍食哉。（何消如此計算，力役者，皆人也，不力役，其人，遂不食耶。）或謂陂澤之田，動成渺瀰，導川而無益也。其謂不然。吳中之田，非水不植，減之使淺，則可播種，非決而涸之，然後爲功也。昨開五河，洩去積水，今歲和平，秋望七八。積而未去，猶有二三，未能播種，復請增理數道，以分其流，使不停壅，縱遇大水，其去必速，而無來歲之患矣。（此理通于天下之水，何必東南。）又松江一曲，號曰盤龍，父老傳云：出水猶利，如總數道而開之，災必大減。蘇秀間有秋之半，利已大矣。畝澮之事，職在郡縣，不時開導，刺史縣令之職也。然今之所興作，橫議先至，

非朝廷主之，則無功有毀也。守土之人，恐無建事之意矣。蘇常湖秀，膏腴千里，國之倉庾也。浙漕之任及數郡之守，宜擇精心盡力之吏，不可以尋常資格而授之。恐功利不至，重爲朝廷之憂，且失東南之利也。

元任仁發水利集曰：議者曰：古者吳淞江狹處尚二里餘，尤不能吞受太湖之水，於是添浚三十六浦，以佐之。且後時有渰沒田疇之患。今所開江二十五丈，置閘十座，其能去水幾何？其利則未知也。答曰：所開江身二十五丈，置閘十座，每閘闊二丈五尺，可以泄

水二十五丈吳淞江緣潮水往來之故也此必然之畫古人論泄水之法極詳范文正公曰三分其時損居二焉謂如一日十二時晝夜兩潮四時辰潮漲八時辰潮落所設之閘晝夜皆去水之時也所以終江面二里之寬不如十閘之功也吳淞二里上海浦未大也黃浦既闊二里餘已代吳淞洩水矣豈開江二十五丈遂足當二里之舊吳淞哉任亦不達於水理亦不考於古今之故矣且閘止能閉潮無入豈能晝夜皆去水而當二里餘之舊江也況今東南有上海浦泄放澱山湖三泖之水東則劉家港耿涇疏通昆承等湖之水吳淞江置閘十座以居其中潮平則閉閘而

拒之潮退則開閘以放之滔滔不絕勢若建瓴直趨于海實疏通瀦水之上策也與古三江其勢相劣若夫時水雖太湖汪洋瀰漫其涸亦可待矣早則閉閘瀦水以灌溉乃一舉兩得其利也議者曰吳淞江自古無閘今置之非也何不開闊疏通使江復故道一任潮水往來豈不便易答曰治水之法先度地形之高下次審水勢之往來并追源泝流各順其性古人謂水歸深源又曰沙泥隨潮而來清水蕩滌而去今所往上海劉家港等處水深數丈今所開之河止二丈五尺若不置閘以限潮沙則渾潮捲沙而來清水歸深源而去新開江道水性不順兼以河沙約住河泥不數月間必復淺塞前工俱廢故閘不可不置也范文正公曰新導之河必設諸閘正此謂也若欲再復吳淞江之故道須候諸閘啓閉流深衆水歸源其洶湧之勢孰得而制禁當於此諸閘都閉挑開一處堰壩任潮水往來借清水力東衝而洪自復成江矣大謬無此理攷工記曰善溝水者水齧之之謂也議者曰吳淞江前時流通今日何爲而塞豈非海變桑田之

說黃河日走千里非人力所可爲者歟答曰東坡有言若要吳淞江不塞吳江一縣人民可盡徙于他處庶使上流寬瀉清水力盛沙泥自不能積何致有堙塞之患哉疏通清水以滌渾潮自是正論後來東南治水宜倣此意然瀦水之處日淤日淺亦大地自然之勢不然寶帶垂虹何自而立哉歸附之後將太湖東岸水出去處或釘木爲柵或用土草爲堰或築狹河身爲橋梁爲驛路及有湖泖港汊又慮私鹽船往來多行塞斷所有水脉不通清水日弱渾潮日盛沙泥日積而吳淞江日就淤塞今日江勢正與東坡所見合如曰

海變桑田黃河奔突一時之謂（謂黃河非人力可爲亦謬）則聖人手足胼胝盡力溝洫皆虛言也聖人豈欺我哉所當盡人力而爲可見也議者曰錢氏有國一百有餘年止長盈年間一次水災亡宋南渡一百五十餘年止景定間一二次水災今則一二年或三四年水災頻仍其故何也答曰錢氏有國亡宋南渡全藉蘇湖常秀數郡所產之米以爲軍國之計當時盡心經理使高田低田各有制水之法其間水利當興水害當除合役居民不以繁難合用錢糧不吝浩大又使名卿

重臣專董其事富豪上戶美言不能亂其法財貨不能動其心凡利害之端可以興除者莫不備舉又復七里爲一縱浦十里爲一橫塘（或作五里一縱浦）田連阡陌位位相承悉爲膏腴之產設有水患人力未嘗不盡遂使二三百年之間水患罕見欽惟國朝四海一統人才畢集擢居重任者或未知風土之所宜也以爲浙西地土水利與諸處同一例任地之高下任天之水旱所以一二年間水災頻仍皆不諳風土之同異故也（諸處何獨不然蓋天地之間無一處不宜興修水利者）議者曰蘇州地勢低與江水平故曰平江故稱澤國其地不可作田必然之理也今欲圍築硬岸亦逆土之性耳答曰晉宋以降倉廩所積悉仰給于浙西水田之利故曰蘇湖熟天下足若謂地勢高下不可作田以爲必然之理此誠無用之論也浙西之地低於天下而蘇湖又低于浙西澱山湖又低于蘇州此低之又低者也彼中富戶數千家于中每歲種植茭蘆埋釘樁笆委埋封土圍築硬岸豈非逆土之性何爲今日盡成膏腴之田此明效之驗不可掩也旣是澱山最低之湖經理

尚可以爲田却說已成之田不可作田天下寧有是理也議者曰水旱天時非人力所可勝自來討究浙西治水之法終無寸成答曰浙西水利明白易曉特行之不得其要何謂無成大抵治水之法其事有三浚河港必深瀉築圍岸必高厚置閘竇必多廣設遇水旱有河港深瀉隄防而乘除之自然不能爲害（河港浚瀉圍岸隄防閘竇乘除）倘有人力不至而一切委數于天天下寧有豐年也東坡有言浙西水旱此謂人事不修之積非時之數今之謂也昔范文正公親開海浦時議

者阻之。公銳意完具、排浮議、疏浚橫潦、數年大稔、乃謂終無寸利、爲是說者、皆聽受富家驅使、而妄爲無稽之言也、何處水旱非緣人事不修人不講不做耳東南久做久講所以有人如此說議者曰、吳淞江開之後、自合浙西永無水害、何爲大德十年、自濟以南、直至浙西、有水害甚深、答曰、凡體比年浙西所收子粒、分數比之淮北數幾十倍、皆吳淞江三閘并諸壩口出放澇水之力、以未開吳淞江之前、大德七年亦遭水害、所收子粒分數、比大德十年不及三分之一、以此論之、則水監豈爲無功、天災流

行、水淹爲害、人力之所致、不見備禦隄防之、若除一分之害則享一分之利、謂當永無水害、乃不近人情之論、爲執政者、不當便聽其言、不察是否、乃直謂無功而輒罷之。正如咽喉噎而廢食也。況自歸附以來、二三十年、所積之病、豈半年工役之所能盡哉、議者曰、行都水監、既是有益衙門、何謂衆口一詞、皆謂無益而明議罷之、答曰、民可使由之、不可使知之、事之利害。久而復明。非高識遠見熟于世務。通于水利者。安知有久遠無窮之利。彼愚民無知。但見一時工役

之繁、豪民肆奸、有吝供輸募夫之費、所以百般阻撓、但爲無益以敗事、殊不知浙西有數等之水、拯治方略、皆不相同、非專司不能盡力、責其成功、使水監衙門、真如無事、古之有國者、亦靡而不舉久矣、何謂周漢唐宋之世、未嘗不一日用心盡力經營水利之事、列之史傳、代不乏人、故諺曰、水利通、民力鬆、斯言信矣、并浙西水利低下之地、不須水監拯治、即今中原高阜之鄉、安用水監河道司爲哉、然則高阜之處、水監既不可缺、而低下之處、乃謂不必置立、何不思之

甚也、議者曰、水利不可不修、今隴西唐宋二渠、正是責于有司、疏浚田禾、有收民便、不擾、浙西水利、與隴西一體、責之有司兼管、豈不便哉、答曰、隴西唐宋二渠、長湖水也、浚成深渠、水自下流、何難拯治、浙西地面有江、海、河、浦、湖、泖、蕩、漾、溪、澗、溝、渠、汊、涇、浜、漕、漊、等名、水有長流、活水、瀦定、死水、往來潮水、泉石迸水、霖淫雨水、風決漲水、潮泥渾水、南來交水、風潮賊水、海嘯淫水等名、水名既異、則拯治方略亦殊、豈可以唐宋二渠長流水例之哉、略舉浙西治水、礎、堰、壩、水閘

石倉石囤蘧蒢土帚刺子水管銅輪鐵笆木杴木井
木簁木匣水車風車手戽桔槔等器（牐竇碶斗門）隴西木
必有也今設爲此策乃不知地理之人如醯雞井蛙
豈足與議遠大之事宋賢如范文正公蘇文忠公朱
文公王荆公皆命世大儒經綸天下之大材尚各各
建策設官置兵盡力經營水利之事不令有司兼管
必有所見而爲之當時有司兼管何往而不敗事爲
是說者未必長于蘇范諸公之議也况浙西地形高
下水旱不均古人有言東州之官莫問西州之利或

利於此必害于彼（此事今於畿輔最急）便有彼疆我界之分若
無水監通行管領一體整治何能用心協力于均水
利也哉
劉鳳續吳錄曰蘇之三江曰吳淞江曰婁河卽婁江
曰黃浦卽東江昔嘉定尹龍晉以御史左官濬治吳
淞百年以來淤滯民大被其利名之御史河方鑿地
時獲一石上云得一龍江水通蕃豫記之矣近巡撫
海公復疏之後乃專官以憲令督覗者累千蓋吳利
水稻其豐穰惟在水之節宣得其所昔單諤有書纔
則沈憲副啓圖志尤詳實不越禹貢所云三江旣入
震澤底定二言也
玄扈先生曰淞江之側有小聚落名三江口酈善長
云淞江自湖東北逕七十里至江水分流謂之三江
口吳越春秋載范蠡去越乘舟出三江口入五湖皆
謂此也三江卽禹貢所指者宜興士人單鍔著吳中
水利書其說謂蘇湖常三州之水瀦爲太湖湖之水
溢于松江以入海故少水患今吳江岸界于松江太
湖之間岸東則江岸西則湖江東則大海也自慶曆

二年欲便糧道遂築此隄橫截江流五十里遂致太
湖之水常溢而不洩浸灌三州之田又覩岸東江尾
與海相接之處茭蘆叢生沙泥漲塞而又江岸之東
自築岸以來沙漲今爲民居民田雖增吳江一邑之
賦而三州之賦不知反損幾百倍矣今欲洩太湖之
水莫若先開江尾茭蘆之地遷沙村之民運其所漲
之泥然後以吳江岸鑿其土爲木橋千所以通糧運
隨橋谹開茭蘆爲港走水仍于下流開白蜆安亭二
江使太湖之水由華亭青龍入海則三州水患必減

元祐中東坡在翰苑奏其書請行之
吳恩吳中水利曰蘇州之地北枕長江東表滇海而水泉之勢則與江平故曰平江郡然江水復高于海而平江之水決之赴海則順導之出江則平是以禹開三江于內地決震澤之瀦由三江以入海而底定之功埀之百代逮至有宋則因吳越錢氏舊議決湖水以入楊子江而其地之高下不甚相懸所以易爲通塞也唐人竊見一時利害輕視禹迹不尋三江之舊而遂築長隄橫截江湖之上凡四十五里以通漕

舟今寶帶橋一路是也所賴以洩湖波之怒下通吳淞者則有松陵治東之出耳而元人又有垂虹石梁之築雖足以爲公私病涉之利而于東南經久之規殆未嘗有深思遠慮以及之者矣故其橋洞雖設而梗塞日滋沙淤寖高而咽喉益隘終不若宋時木橋之爲得也今二橋不可去而三江之上流實在于此今欲順其歸海之勢而議者欲去三橋兩旁之塞大濬而擴清之使其深廣峻發（湖不自淺而清水果盛則二橋之兩旁何由而塞）此一說也惟不得禹之故道而范文正公乃欲導之以出楊子江於是有開濬白茆之議蓋因唐郡守李人原開常熟塘借湖水以救旱而後人因之以分太湖之水耳議者又欲分太湖之上流於是單諤欲開濬百瀆橫塘以分荊谿之流又欲濬石隄江尾茭蘆之地改木橋以通壅蘇文忠公獨取其說上之於朝乃謂雖增吳江一縣之稅顧二州之逋失者蓋不貲也獨以開江又不能經久通利於是郟亶論其不便蓋自沿江東自江陰透常熟太倉一路高阜之地謂之堈身凡三百餘里闊厚亦不下數十里其土腴

而高燥脉理稚結此天所以限長江而奠生民者也其中則爲低下之田爲圍百萬畝其南則有太湖之壅憑陵于上一遇水澇則泛溢旁出以蕩沒低田無所于救民天所寄國需所出遂爲魚龍之宮識治者蓋所不忍而必欲爲之所者矣且水澇之年江水必漲今鑿堈身以出湖波（堈身豈所以限長江乃海之涯也）是引湖水以侵低田而出江之流又未免爲江潮之壅遏則倒流入田其勢亦易見矣又江潮之入也常遠出也常緩不幾歲月淤積泥沙其塞可期而待也而其子郟

僑復申其說識者又多採之今、欲不廢已成之隄橋、而又欲疏通久長之利、則必悉舉衆議、而於奮八蕪湖之水、限之不使東注、復修常州十四瀆北出之防而下之江陰、則於太湖之上流、可以分殺矣、又於吳江江尾之壅、決去不疑而下開澱山湖、以便吳淞江之入、如是而始通白茆入江之路、則可久得其益也、永樂中、夏忠靖公開濬白茆、通八十九年、而今開鑿不過二十年而塞者、得非人力有缺也、如錢氏之撩淺軍歟、得非隄防未至也、如宋人之設閘留淸駛以

導之歟、得非濬法未詳也、如古之曲則深、直則塞歟、凡此皆可細究、而通謀盡利之方、厚民益國之務、莫有急于此時者矣、然置閘之法、則不可比京口江陰之例、蓋京口借江水以通漕、不得不閘以禦其去、江陰地居常熟之上、江水尤高、其外潮之入也有時、而內水之出也有限、故亦可閘、非比白茆之口、即今已一百餘丈矣、若欲置閘、則必厚築兩旁、厚築兩旁、則內水之出也益隘、將欲疏之、適以阻之矣、江閘而以閘束之可乎、必如任仁發之說、江二十五丈則十閘乃可、今言兩旁支港置閘亦妙、但河身必與江等深、而閘口必與江容等例爲是

然欲留淸水以滌淤沙、則如之何、謂宜大疏兩旁支港、使節節深濬、横置木閘、大則石閘、俟潮來即閉、潮退則開、庶可少得導沙之益矣、然撩淺之夫、則終不能廢也、其撩淺之法、募人爲卒、官爲雇値、設四指揮以督事、今若用之、則指揮不必設、而以各縣治水縣丞主之、官爲雇卒、而又有本府水利通判督之於上、使憂勤相須、以期事功、事不有益矣乎、夫東南諸郡、國家之外府也、而蘇之貢賦、又半於東南、一遇旱潦、至于逋亾者、不知有若干人于兹矣、隄

防之修、旱暵之備、實有不可緩焉者、若救旱之法、則必先于近山高阜之地、多爲積水池、如前人開鑿穹窿支溝、豬蓄雨泉以待用、而于堈身之地、則使多穿陂塘、而又必官爲之處、上下提督、則百錢石米之富、可復見于今日也、不然、則東南民事將不知其所終矣、然此其大略也、來源去委、并列于後、

一太湖所受之水、吳爲澤國、其藪具區、其浸五湖、又曰震澤、曰笠澤、即今太湖也、酈道元曰、萬水所聚、觸地成川、一自建康常潤宜興、由荊溪以入、一自天目

宣歙臨安苕霅諸溪以入。周圍五百里。浸洪三州而瀦聚汪洋盈溢。東注則皆東南出吳江奔流。分三道以入海謂之三江。禹治之舊跡也。

一三江遺迹。史記正義吳地記所載三江。並難尋究唐宋土人所稱獨指吳淞一江爲存耳今考自吳縣鱻塘即俗人所謂鮎魚口北折經郡城之婁門者爲婁江從吳江縣長橋東北合龎山湖者爲淞其自大姚分支入長洲縣界匯澱山湖東出嘉定縣界合于黃浦經嘉定之江灣青浦東北行名吳淞江者爲東

江。（此曲說也震澤出海者無三江禹貢所謂自指大江爲三江耳）

一太湖小汊其東出胥口與別流滙于石湖復東行抵郡城折北至閶門婁東入常熟塘下入白茆浦其分水墩北走觀瀆橋散出楊涇者皆入常熟塘其合沙湖者入崑山至和塘直入太倉者歸于海及分合于吳淞江向東而行

一吳江石堤隔塞江路自唐元和中刺史王仲舒築石堤以達松江糧運長亘數十里橫截江路堤外爲江堤內爲湖雖橋洞僅通五十三處名曰寶帶橋而宣洩細涓終不輕快回流積淤漸盤蘆葦而向所謂可敵千浦之江。遂爲淺渚平沙之境矣當時經制權宜實爲有益不虞水道漸塞竟爲諸郡良田之梗也

一垂虹橋復阻東流之勢自石堤横截江路所恃以東注者淞陵治東之洩也但湖水爲石堤所拘湍怒流急遂拆縣治之旁爲二於是風濤盛而公私隔矣慶曆中縣尉王庭堅作木橋以利來往而吳淞江獨眇然通利至元泰定中州判張顯祖遂構石梁而虛洞列至六十之外僅如管窺蓋不知前人立木之意

也遂使流沙日壅裹湖水而不得出而山原溪洞之來又成日至其泛溢自恣瀰漫浸淫無怪乎其然矣

一澱山湖狹隘不能展舒吐納吳中諸湖惟澱山爲最下而界于崑山吳江長洲之間南屬華亭而太湖之水入于淞江藉此以爲傳送者也元時尚有僧寺特立湖中而今則寺在良田之中則水路之隘可知矣議者欲復闢其故道暢而通之則未易爲力然此湖獨爲低下而吐納之機實在于此則其說或可採也。（自古無濬湖受水者不知濬法如何）

一白茆河形。夫水性帶東南則稍下。帶北則稍高。而今之白茆。則直向東北。今亦從其下趨之勢。因其勢而利導之。古之善經也。而近年開鑿。已非夏忠靖舊開之路。是以通塞久近。爲驗較然矣。其必于近江二三十里處。相其形便開向東南。以從其性。或可久得其利也。

一夾浦橋不可立。湖自大姚分肢。一從柳胥港瓜涇而北。又一從吳江縣北門委直北至夾浦橋而入。以下吳淞。此僅一脉之存耳。 國初嘗有石梁。爲水齧

廢。而周文襄公乃使造舟爲梁。鎖兩端而中貫之以通行者。至今爲便。而近者鄉人又謀疊石。此政不可許也。

一疏通次第。夫旱暵之年。來源必少。霜降水涸。可以賦功。若使先疏上源。則下流必壅。今無先啓白茆之路乎。其次則七丫浦。又其次則吳江隄長橋之冀。而又次則理百瀆以北以下江陰之江。分荆溪之注。又次則理宜歙九陽江之水。以入蕪湖。而中間各縣隄渠水竇之設。則分投就近得利之家。隨宜開浚。則施工之日。遂爲三州有秋之望矣。

一開江始末。夫田租始加於漢唐。而徵輸遂極於後代。徵法愈倍。則耕法愈詳。何者。民之苦於不得已也。故沿江之民。鑿堀身以救旱。而於其中低窪之處。了不相涉。而水澇之年。則太湖被隄橋之壅。泛溢瀰漫而各縣之低田遂成巨浸。於是內水高而江水下。而見者遂欲決之以入於江。此開江之說所由起也。暫時處置。實爲有益。及至江水復漲。則 內水高而不得出。亦有時而然者。此皆一時所見而欲飾宣不費

永益良田。以無失東南之利者。則人事之修。不可以不詳定也。然禹治震澤。則分疏東南之流。以歸于海無紛紛多事。而後人開江。得一益或生一事。至紛紜補葺。煩切而不可救。而又不能已者。何也。蓋自井邑丘甸之說。則必有卒兩軍師之制。水利之興。則江防不可不留意也。一自江陰之江開。始以通魚鹽之利耳。而竟開北兵窺南之路。僞吳守之。以捍吳。而國家得之。以入金陵。一自福山之江開。爲張士誠襲蘇之逕。而國家亦因之以取吳。一自許浦白茆之江。潤而

金人每於此窺宋其後李寶破敵兵于此遂設許浦軍而白茆乃有制置節度之設宿重兵而恒恐其不足一自劉家港之江開而元人以之通海運交六國市舶而朱清張瑄之徒爲患不絕其後二人招懷而海邊之軍鎮遂相望而列矣然永樂中尚有倭賊之寇又設守禦千戶所于崇明沙今縱不能如禹之行水而上下煩勞則皆開江之利啓之也然地維開張本爲國家之用而竊發時忌未清消弭之源則其較本厚民之實力田務農之政誠不可漫爲之說者矣

但積沙既爲漲灘而富家因爲已有是以客土恃勢力以負國暴水縱積怒以困民其害相因而不解也

農政全書卷之十三終

農政全書卷之十四

特進光祿大夫太子太保禮部尚書兼文淵閣大學士贈少保謚文定上海徐光啓纂輯
欽差總理糧儲提督軍務巡撫應天等處地方都察院右僉都御史東陽張國維鑒定
直隸松江府知府穀城方岳貢同鑒

水利

東南水利中

農政要覽曰戊戌正月 太祖高皇帝令康茂才爲營田使 上諭之曰比因兵亂隄防頹圮民廢耕耨故設營田司以修築隄防專掌水利今軍務實殷用度爲急理財之道莫先於農事故命爾此職分巡各

處俾高無患乾卑不病潦務在蓄洩得宜大抵設官爲民非以病民若但使有司增飾館舍迎送奔走所至紛擾無益於民而反害之則非付任之意

正統五年庚申令天下有司秋成時修築圩岸瀦陂塘以便農作仍具數繳報候考滿以憑黜陟

夏原吉奏治蘇松水利疏曰成化五年 上以蘇松水旱爲憂命臣特往疏治八月遣都御史俞吉齋水利集以賜臣原吉講究拯治之法臣與共事官屬及諸

水利者，參考輿論，頗得梗槩。蓋浙西諸郡，蘇松最居下流，太湖綿亘數百里，受納杭湖宣歙諸州溪澗之水，散注澱山等湖，以入三江。頃爲浦港湮塞，匯流漲溢，傷害苗稼。拯治之法，要在浚滌吳淞江諸浦，導其壅塞，以入于海。但吳淞江延袤二百五十餘里，廣一百五十餘丈，西接太湖，東通大海，前代屢浚屢塞，不能經久。自下江長橋至夏駕浦，約一百二十餘里，雖云通流，多有狹淺之處。自夏駕浦抵上海縣南蹌浦口，一百三十餘里，湖沙漸漲，已成平陸。欲即開浚，工

費浩大，且灔沙游泥，浮泛動盪，難以施工。臣等相視，得劉家港即古婁江，徑通大海；常熟之白茆港，徑入大江，皆繫大川，水流迅急，宜浚吳淞江南北兩岸安亭等浦港，以引太湖諸水入劉家白茆二港，使直注江海。又松江大黃浦乃通吳淞江要道，今下流壅遏難流，傍有范家浜至南蹌浦口，可徑達海，宜浚令深闊，上接大黃浦，以達泖湖之水，此即禹貢三江入海之迹。每年水涸之時，修築圩岸，以禦暴流。如此則事或可成，於民爲便也。

徐貫治東南水患疏曰：（弘治八年）臣等竊見嘉湖常鎮水之上流，蘇松水之下流，上流不浚，無以開其源；下流不浚，無以導其歸。於是督同委官人等，將蘇州府吳江長橋一帶茭蘆之地，疏濬深闊，導引太湖之水，散入澱山陽城昆承等湖。又開吳淞江并大石趙屯等浦，洩澱山湖水，由吳淞江以達于海。開白茆港并白魚洪鮎魚口等處，洩昆承湖水，以注于江。又開七浦鹽鐵等塘，洩陽城湖水，以達于海。下流疏通，不復壅塞。開湖水之淒涇，洩天目諸山之水，自西南入於太

湖。開常州之百瀆，洩荊溪之水，自西北入于太湖。又開各斗門，以洩運河之水，由江陰以入江。上流疏通，不復湮滯。自弘治七年十一月十七日興工，至八年二月十五日畢。幸而一向天氣晴和，人無疫癘。凡百衆庶，爭先效勞，即今水患稍弭，人無墊溺之憂，田有豐稔之望。是非臣等之能，皆　皇上盛德大福廣被東南之所致也。

吳巖興水利以充國賦疏曰：（弘治十四年）竊惟國家財賦，多出於東南，而東南財賦，皆資于水利。是故禹之治

水也、以四海爲壑、而盡力乎溝洫、宋元以來、諸儒以開江置閘治田爲東南第一義、有由然矣、夫何近年以來、東南地方、下流淤塞、圍岸傾頹、疏導不得其法董治不得其人、臣等備員該科、於地方水利嘗悉心推究、謹將東南水利之切要者、二事、曰疏濬下流。曰修築圍岸。一疏濬下流臣嘗考之浙西諸郡、蘇松最居下流、太湖綿亘數百餘里、受納天目諸山溪澗之水、由三江以入於海、是太湖者、諸郡之水所瀦、而三江又太湖之所洩也、禹貢所謂三江既入、震澤底定、

是已、若下流淤澱、衆水泛溢、渰没禾稼、爲害匪輕、爲今之計、要在隨其源委、相其利害、酌量便宜、爲之區處、如白茅港七浦塘劉家河、此蘇州東北洩水之大川。如吳淞江大黃浦、此蘇松南北交境與松江南境洩水之大川、而吳淞之南北、與白茆諸港、又各有支渠、引上流諸水以歸於其中、而並入於海、此所謂源委者也、就其中論之、蘇州之七浦塘劉家河松江之大黃浦、並皆深闊通利無阻、惟白茅一港、自弘治七年疏濬之後、今二十五六年、吳淞一江、自天順間疏濬之後、今六十有餘年、聞之白茆入海之處、潮汐壅積、勢若丘阜、吳淞雖名一江、僅如溝洫、潮回水落、雖舟楫亦艱於行、其旁渠港、亦多湮塞、下流既壅、上流曷歸、加以霪霖、能不泛溢、此其利害之可見者也、今能濬白茆一港、使之通利、如七浦劉家河、則蘇州東北之水、有所歸而不積矣、濬吳淞一江、使之通利如大黃浦、則吳淞南北兩界之水、有所歸而不積矣。一修築圍岸、臣嘗考之浙西之田、高下不等、隨其多寡各自成圍、遠近相望、吳越以來、素稱膏腴、宋儒范仲

淹嘗論于朝曰、江南圍田、中有渠、外有門閘、旱則開閘。引江水之利。澇則閉閘。拒江水之害。旱澇不及、爲農美利。雖然、圍田全仗乎岸塍、岸塍常利於修築、修築堅完、旱澇有備、否則反是、臣願自今以後、每歲於農隙之時、治農府州縣官、督令田主佃戶、各將圍田、取土修築、水漲則專增其裏、水涸則仍築其外、務令高闊堅固、可通往來、隨其旱澇而車戽、出入如此、先事有備、而田皆成熟矣、

葉紳請治水以防災荒疏曰、弘治十六年 竊惟直隸之蘇

松常、浙江之杭嘉湖、約其土地、雖無一省之多、計其賦稅、實當天下之半、況他郡所輸、猶多雜賦、六郡所出、純爲粳稻、玄扈先生曰公知六郡之水利修。可以當天下之半。不知天下之水利修。皆可爲六郡也誠國國家之基本、生民之命脈、不可一日而不經理也、若水道不通、爲六郡農田之害、所係亦重矣、太湖來天目諸山之水、瀦爲太湖、而六郡環乎其外、太湖之水、又由江河以入于海、聞昔人于溧陽則爲堰壩以遏其衝。於常州則穿港瀆以分其勢。於蘇松則開江河以導其流。惟是入海之處、潮汐往來、易爲湮塞、

故前代或置開江之卒。或置撩淺之夫。以時浚治、僅免水患、歷歲既久、其法廢弛、遂致諸湖巨浸、壅遏其中、江河故道、淤漲於外、土民利其膏腴、或堰而爲田、築而爲圍、是以渰没田疇、漂淪廬舍、固其所也、方弘治四年、一澇、迨五年復澇、今歲大水、視昔尤甚、伏乞聖明思念東南大害、於廷臣中選差有才力通曉水利者、一二員、授以節鉞、重以委任、前會同撫按講求民瘼、設法賑恤、俟民困稍甦、然後指定地方、分投相視何地爲山水入湖之衝。何港爲太湖入海之道。自源徂流一一講究相與度其經費、量其事期、然後大加浚治、使下流得以宣洩、然當此飢饉之際、欲興大役、若非任事者處之得其道、則民力不堪、不能不重困也

胡體乾修舉水利六款疏曰、嘉靖十年禹之治水有三、導川入海、洩之以去害也、瀦水爲澤、蓄之以興利也、濬畎及川、引之以播種也、蓋高山大原。衆水雜流。必有一低下處爲之壑。如人之有腹臟焉、彭蠡震澤是也、旁溪別緒、萬派朝宗、必有一合流入海之川爲之洩。

如人之有腸胃焉、江淮河漢是也、今以三吳水利觀之、有宣歙杭湖數郡之山、原而導之得所入、然後有太湖之汪洋、有太湖環五百里之容受而洩之得所歸、然後有蘇松常嘉湖五郡之財賦、漫衍浸注、爲蕩爲漾、縱橫分合。爲浜爲塘、於是江浦領之、經帶迂迴而放之海、此吳中形勢之大都、亦諸方言水利之準則矣、禹貢載治水成功、則曰九川滌源、九澤既陂、四海會同、而盡力溝洫、乃則壤奠宅中事也、故總叙其實、不過始之以決九川距四海、終之以濬畎澮距川、

今列水利事宜、一曰禁淤湖蕩、廣水利之翕聚也、二曰疏經河、通其幹也、三曰開溝渠、濬其支也、四曰築堤岸、防川澤之泛濫、固田間之圍欄也、并山鄉積水沿海護塘、共為六條、所採昔人之議、俱江南治水方略、引以為例、他可類推云、

呂光洵修水利以保財賦重地疏曰、嘉靖二十年臣聞善治病者必攻其本、善救患者必探其源、水利之興廢、乃吳民利病之源也、臣嘗巡歷各該地方、相視高下、詢問父老、頗得其說、輒敢條為五事、仰俟　聖明裁

擇、一曰廣疏濬以備瀦洩。二曰修圩岸以固橫流。三曰復板閘以防淤澱。四曰量緩急以處工費。五曰專委任以責成功。何謂廣疏濬以備瀦洩、蓋三吳之地、古稱澤國、其西南翕受太湖陽城諸水、形勢尤卑、而東北際海岡隴之地、視西南特高、大抵高者其田常苦旱、卑者其田常苦澇、昔人治之、高下曲盡其制、既於下流之地、疏為塘浦、導諸河之水、由北以入于江、由東以入於海、而又畝引江潮流行於岡隴之外、是以瀦洩有法、而水旱皆不為患、近年以來、縱浦橫塘

多湮塞不治、惟二江頗通、一曰黃浦、二曰劉家河、然太湖諸水、源多而勢盛、二江不足以洩之、而岡隴支河、又多壅絕、無以資灌溉、於是上下俱病、而歲常告災、臣據各府所報河浦湮塞之處、在下流者以百計而其大者六七所、在上流者、亦以百計、而其大者十餘所、治之之法、當自要害者始、宜先治澱山等處一帶茭蘆之地、導引太湖之水、散入陽城昆承三泖等湖、又開吳淞江并大石趙屯等浦、洩澱山之水以達于海、濬白茆港、并鮎魚口等處、洩昆承之水以注于

江、開七浦塩鐵等塘、洩陽城之水以達于江、又導田間之水悉入于小浦、小浦之水悉入于大浦、使流者皆有所歸、而瀦者皆有所洩、則下流之地治、而澇無所憂矣、乃濬臧村等港以溉金壇、濬澡港等河以溉武進、濬艾祁通波以溉青浦、濬顧浦吳塘以溉嘉定、濬大瓦等浦以溉崑山之東、濬許浦等塘以溉常熟之北、凡岡隴支河、湮塞不治者、皆濬之深廣、使復其舊、則上流之地亦治、而旱無所憂矣、此三吳水利之大經也、何謂修圩岸以固橫流、蓋四府最居東南下流

而蘇松又居常鎮下流其水易潴而難洩雖導河濬浦引注於江海而每遇秋霖泛漲風濤相薄則河浦之水逆行田間衝齧爲患宋轉運使王純臣常令蘇湖作田塍禦水民甚便之而司農丞郟亶亦云治河以治田爲本其說多可採行臣嘗訪問故老以爲二三十年以前民間足食無事歲時得因其餘力營治圩岸而田益完美近年空乏勤苦救死不贍不暇修繕故田圩漸壞而歲多水災是吳下之田以圩岸爲存亾也失今不治則坍没日甚而農桑日蹙矣宜令

民間如往年故事每歲農隙各出其力以治圩岸圩岸高則田自固雖有霖潦不能爲害且足以制諸湖之水不得漫行而咸歸于河浦則河浦之水自高於江江之水自高於海不待決洩自然湍流而岡隴之地亦因江水稍高又得畝引以資灌溉豈不但利于低田而已何謂復板閘以防淤澱河浦之水皆自平原流入江海水漫而潮急沙隨浪涌其勢易淤不數年即沮洳成陸歲修之則不勝其費昔人權其便宜去江海十餘里或七八里夾流而爲閘平時隨潮啓

閉以禦淤沙歲旱則閉而不啓以蓄其流歲潦則啓而不閉以瀉其流閘有三利葢謂此也而宋臣郟僑亦云錢氏循漢唐遺事自松江而東至于海又遵海而北至于楊子江又沿江而西至于江陰界一河一浦大者皆有閘小者皆有堰臣按郡志益與僑之言頗合然多湮廢惟常熟縣福山閘尚存正德間巡按御史謝琛議復吳塘等閘而不果即今金壇縣議復莊家閘江陰縣議復桃花閘嘉定縣議於橫瀝練塘等處各置閘如舊臣訪諸故老皆以爲便以是推之

凡河浦入海之地皆宜置閘然後可以久而不壅葢不獨數處爲然也何謂量緩急以處工費夫經略得宜則事易集施爲有漸則民不煩往歲凡有興作皆併役于一時是以功未成而財食告匱爲今之計宜令所在有司檢勘某水利害大某水利害小某水最急某水差緩其最大而急者則今歲修之次者明年修之次者又明年修之則興作有序民不知勞而其工費之資亦可以先時而集矣但方今歲時荒歉公私俱絀既不可加斂于民而内帑又不敢望乞將見

年未完錢糧、係糧解大戶侵欺者、督令有司、設法清追、數十餘萬兩存留在官、略倣宋臣范仲淹、以官糧募飢民修水利之法、行令有司、查審應賑人數、籍其老病無力者為一等、壯健有力者為一等、無力者日給米一升、聽其自便、有力者、日給米三升、就令開濬、通將前項官銀、及賑濟錢糧、一體通融給散、各另造冊查考、則官不徒費、民不徒勞、所謂一舉而兩利者也、

林應訓修築河圩、以備旱潦以重農務事文移曰、萬曆五年任直隸巡按為照溝洫圩岸皆以備旱潦、而為三農之急務、人人所當自盡者、縱使官府開深江浦。而各區各圖之溝洫圩岸不修。則終無以獲灌溉之利。杜浸淫之患也。除幹河支港、工力浩大者、官為估計處置興工外、至於田間水道、應該民力自盡、為此酌定式則、出給簡明告示、緣圩張掛、仍刻成書冊、給散糧里、令民一體遵守施行、

一定式樣以便稽查、吳中之田雖有荒熟貴賤之不同、大都低鄉病澇、高鄉病旱、不出二病而已、病澇者則以修築圩岸為急、圩岸既各高厚、雖有水溢、自難潰入而淹沒之矣。病旱者則以開濬溝洫為急、溝洫既各深通、雖遇旱乾、自可引流而灌注之矣。況開渠者勢必置土於圩旁、築圩者理當取土於溝內、二者又自有相成之機乎。今後不必差官泛然丈量、該府縣止分別孰為低鄉、當急修圩、孰為高鄉、當急開渠、每年府縣水利官先時議定開築之法、如開溝洫、不論舊時疏通與否、其闊即以兩傍老岸為主、其深務以一丈二尺為率、若相地宜應加深闊者、聽、決不許減少前數、挑起之土、務要置在舊堤之內、就便護堤、庶使雨水不能淋漓。復流于河。如附近有低田堪以培高者、即以其土培之、亦可、至於極高地方、不用堤岸、而土無堆放者、亦即就靠內一邊攤放、蓋高鄉多種荳棉、一時不妨陸種、挑得河深、則灌溉自利、內中田畝。仍自不妨於水種也。若惜此尺寸之地、弗令攤土沿河堆積、復入河中、無水灌溉、則內中田畝悉成枯槁矣、至於築圍岸、不論舊時完固與否、其底闊務要一丈、其面闊務要六尺、其高如底之數、底闊一丈面高五尺

者是塹堵也南方土性浮虛圩高一丈面闊六尺其底必二丈六尺然猶過峻稍令人畜登降一兩年後必無面矣要必三丈以外方可若如下方所言則墻也非岸也若應加高厚者聽決不許減少前數如田過五百畝以上者便要從中增築一界岸一千畝以上者便要從中增築二界岸每界岸底闊四尺面闊二尺高與外圩平岸之兩傍仍可栽種荳麥如極低鄉或近湖蕩深處難於取土者就便分別令民於圩内傍圩之田起土增築岸外再築圩岸一層高止一半如階級之狀岸上遍插水楊圩外雜植茭蘆以防風浪衝激取土之田計其所損

量派各田出銀津貼俟後陸續箭取河泥填平照舊耕種永無後憂是所損者小而所益者大也若互相吝惜不分界岸即如今年霪雨連旬洪水一發車救不前全圩無望矣又有一等低窪田畝嵌坐中心無從蓄洩有願開鑿通河運泥增高者聽廢田之價衆戶均認廢田之税牽攤本圩照此式樣給示遍諭委官分投區畫每一圩爲一圖明白貼説前件每一圖作二本一送縣備照一付圩甲諭衆俟至冬十月剋日出示興工

一定夫役以杜騷擾各鄉溝洫圩岸雖有長短廣狹不齊然不過爲一圩之田而設也故田少則圩必小田多則圩必大而環圩之溝洫因之此水利此圩之田則當役此圩有田之戶矣各縣即令塘長備開其圩周圍若干丈外環溝洫若干丈圩内之田若干畝其人得業若干畝共該圍岸若干丈不論官民士庶隨田起役各自施工如田横闊一丈者築岸一丈此法誤矣要須計算本圩之田與本圩之岸平分丈尺不宜偏累近岸之田開河亦然多有一家數畝俠長之田全並河岸者既盡壞其田復盡削其地偏累私横闊十丈者築岸十丈開

河亦然對河兩家各開其半溝頭岸側非一家所能辦者計畝出夫衆共協力挨序編號置簿稽查仍備載前圖之後興工之日塘長亦不必沿門催夫徒取需求科派之議先期五日插標分段責令圩甲播告各戶某日興工聽其至期各行照段用力如式挑築

一設圩甲以齊作止塘長之設與一區而言之也一區之中各有數圩若不立甲何以統衆而集事也計當僉舉殷實之家充之但一時僉報諸弊俱生或圖展脱或營冒充無不至矣各縣不必僉報即以本圩

田多者爲之。雖其殷實與否不可知、然其田既甲于一圩之中、則其人自足以當一圩之長矣。興工之日、塘長責令圩甲、躬行倡率、某日起工、某日完工、庶幾有所統領、而無泛散不齊之弊。中有業戶不聽倡率、聽其開名呈治、如圩甲不行正身充當、或至別行代頂、查出枷號示衆、是圩之有甲也、專爲本圩修濬而立、工完即罷、非如里長有勾攝之苦、亦非如塘長有奔走之煩、雖一時倡率、不無勞費、然利歸其田、又非若驅之赴公家之役者等也、

一嚴省視以責成功、訪得常年非不議行修濬、而水利之官、多不下鄉、乃使各區塘長至縣報數、或朔望遞結而已、如此虛文、何益實事、今後興工之日、各塘長圩甲、務要在圩時時催督、開濬工完、未可便行開壩放水、俱聽各府縣掌印官并水利官、分投親勘、如一圩不完、責在圩甲、一區不完、責在塘長、輕則懲戒、重則罰治、本院與該道又不時間出以察之、如一縣中有十處不完、責在縣官、一府有二十處不完、則官又有不得不任其咎矣、

一禁侵截以通便利、訪得各鄉水利、原自疏通、近多豪家、適已自便、於上流要害、廣種茭蘆、稍有淤墊、即謀佃爲田、所司不察、輕付執照、亦有居民貪圖小利、竭澤而漁、沿流置斷、及有挑出田內泥土、增廣田圩、堆放竹排木排、橫截河港、甚有上鄉全賴潮水灌溉、奸猾人戶乃於浦口下流、設堰橫截、百般刁難、然後放水入內、又其甚者、假以報稅起科、遂侵爲已物、瀦水專利、以致內地灌溉無資、若不通行嚴禁、終爲水道之梗、今後各府縣水利官、責令各塘長圩甲、凡有侵截之家、即便報出、姑令改正免罪、至於灘田、先年曾經丈量、收入會計冊內、無礙水道者、姑聽如舊、其未經徵糧者、盡數報官開除、

荒政要覽曰、萬曆戊子年水大、蘇州自沉湖澱湖三泖、抵松江、一望滔天、河水高出田間數尺、其一二堤岸高厚處、仍有不妨揷蒔者、乃知大澇時、吳田盡可作湖、百姓生命、寄於堤岸、蓋沿河堤圍阻截水勢成田、田間各自成圩、又藉圩岸隔斷、若堤岸不堅緻、卒然崩潰、諸農盡作魚鱉矣、蘇松地形卑下、嘗震澤之

流數郡山原之水，從此入海，若非年年濬渠築閘，卒汙萊在所不免。

玄扈先生量算河工及測驗地勢法萬曆癸卯送上海劉邑侯

一量某河自某處起至某處止，共實該應開河幾何丈尺。每步五尺，每二十步立一木界樁，編定號數，自某處起天字一號，盡十號，又起地字一號，盡十號，直編至某處止，要見若干號數若干丈尺。凡丈尺俱用官尺算，每二步折一丈

一量每號木界樁下兩岸準平相去今闊幾何丈尺，

木樁下老岸至河中心水底今深幾何丈尺，算該兩岸斜平至底見在河身空處每丈已得幾何方數。中有坳突，又用法加減，實該河身空處每丈已得幾何方數。今照原議或新議所酌定河面應闊幾何丈，河底應闊幾何丈，應加深幾何尺，算該木樁下兩老岸各去土幾何尺，河底中心去土幾何尺，河岸兩傍各去土幾何尺，此號內十丈河身中共該起土幾何方數。兩岸各用步弓量至二十步足，此岸下定木樁人足抵樁立，對岸人亦於步盡處站定，樁上人將矩度對岸準平，對岸人竪起套竿，權繩取直，將套竿靠定，套竿漸移向下，兩岸取平，對岸人即於平處站定，或用土石記定，樁上人用矩度對準人足或記處，看在直景何度何分，用地平測遠法，算得河面闊處。河狹者，只用竹篾活步弓對岸量之，亦得。次將丈竿竪起河中心，權繩取直，將矩極對準水面丈竿盡處，用勾股量深法算，即得木樁至水面股數，再加水深數，即得河底深數。或用重矩勾股量深法，亦得。或於水際兩傍取平，對準樁頂，用重矩重表勾股量高法算，

亦得。或不用算法，逕將套竿套定橫尺，用竪尺那移逐步量下至水際，總算竪尺多少數，亦得。或只於水次竪起一丈竿，權繩取直，依前兩岸取平法，樁上人用矩極照看，亦得。後二法於淺狹河道用之尤便。次將兩岸闊數、河底深數，用積方法算，即得河身見在每丈已得幾何方數。中有坳突，亦用套竿量取高下，小步弓量取闊徑，用堆積法扣算加減，即得見在實該河身方數。又將議定河面應闊之數，比照原闊應加幾何，用木石記定，即於兩岸記處用套竿量至折

半處。即、今應開河底中處比原樁深幾何。比照今議應深幾何。即得今應加深幾何。或用二繩、各長如今議闊數之半、中用轆轤交接、復用一繩記取尺寸、繫權墜下、亦得。或中繫方空木、用丈竿溜下、亦得。次于新河底中處用套竿量開。如新議河底闊數、盡處記定、視其高下、即知今應加深。左傍幾何、右傍幾何。次將兩老岸加闊、河底加深、河底兩傍加深五法、用積方法總算、即得此號內十丈河身中共該起土幾何方數、註入號簿、

一量見在河身、面闊底深、酌量堋定之數、折中議定今應開面底二闊丈尺數、及加深尺數、　河身底面腰深廣、必須三法相稱、方得上下相承、不致堋壞。若河底深闊、岸勢高峻、不免隨時崩堋、開闊河底、虛費工力。似應用衡量深法、量今木樁下至河底、算定勾幾何、股幾何、弦幾何、量取數處、便見何等勾股方得免堋。今新開勾股、欲依舊數量行加勾減股、不致大段懸絕、大率要令勾數少於股數、則弦上陂陀不致堋損。兩股之間即河底闊數、就令稍狹、政自無妨

一用衆測水、驗今河底深淺、酌量加深之數、　今見在河底、深淺不同、若酌定加深尺數、一槩開濬、即深者愈深、淺者仍淺、水走不順、極易填淤、且前量下樁編號、止據見在老岸、未免高下不齊、所云量深諸法亦止據號樁下至本號河底、未得通河準平、就用矩極以漸量算、亦止能測驗地勢、若水走之勢、西高東下、仍與地勢稍異、必須水準方平、但長流之水、消長不易、隨流測量、一人可就、此方潮汐、每日再消再長時刻不同、測驗未易、必須用衆同時量度、相應照前

編定號樁若干、即每樁用兵夫一名、各帶短槍、或木棍一條、不拘大小刀一把、每隊長另帶銃一門、幷火藥火繩藥線諸物、照號樁編給號票、令各守號樁、約潮退將涸未漲時、西境火炮應聲俱發、砲響後、各兵夫悉于各號河底中心將木棍量定水痕、用刀刻記回繳號票、隨驗所刻水痕尺寸、註定票上、編成號簿逐一扣算、酌量加深之數、即河身砥平、不致停積渾水、以成淺淤、若行此法、與矩極參驗、用前量深加闊之法、便可絲毫不爽。

一河工完後考驗課程果否如法　河面河底闊數
量法具前兩岸弦上用繩取直考驗俱易惟獨深數
易殺如留取樣墩即可培高如釘下樣樁便易拔起
別有用活絡樣樁者亦可挖井取出有打水線者亦
恐中途節水作弊有用輪車推驗者河闊便難造施
用有用木鷁推移者難施于未放水之河今只用前
量深諸法如極深極闊者宜用勾股度高度深法如
河身稍狹欲求便易即用套竿漸量法或慮遺委工
役宛轉欺斜挪移作弊即欲轆轤下繩方空下竿二

法其轆轤方空或加三或加五以驗底闊弦直尤便
此二法須極力挺直纔得取平無法可令加高毫末
即令開河工役自用量度亦難作弊
一量所開河某境起至某處如前法已得曲折弦若
干丈尺今欲知直弦幾何丈尺東西直股幾何丈尺
南北直勾幾何丈尺東邊地形下于西邊幾何丈尺
要見本處地形沿河而來幾何丈而下一尺東西直
股幾何丈而下一尺南北直勾幾何丈而下一尺其
大勾股之弦于二十四向中當作何向　先於某境

第一號竿至第二號用繩取直下定指南鍼審定繩
直于三百六十分度内定是何向注于號簿如河岸
廻曲一號中可分作二或作三四格定注實格完又
用矩極于第一號上立一人持丈竿取直于第二號
上立對準取平又互換覆看對準取平即知第二號
下于第一號幾何尺寸注于號簿每號俱用此二法
至號盡而止事畢布算先將逐號小弦依本號坐向
與子午鍼對算即知小勾幾何與卯酉鍼對算即知
小股幾何逐號算成小勾股注于號簿次將小勾積

算即知大勾小股積算即知大股以大勾股求弦即
知大直弦丈尺以大勾股依子午卯酉鍼上取弦即
知大直弦于二十四向中定作何向又用矩極所測
高下分寸積算便知二境相去高下之數亦便知沿
河而來每幾何丈尺而下一尺次用大勾股歸除之
即知直股上每幾何丈尺而下一尺直勾上每幾何
丈尺而下一尺
玄扈先生看泉法曰取過泉過泉者乃山泉遠來人
旱不絕其流橫來將下流作壩水隨壩長乃無限之

水。又看流之緩急。緩者源小。急者源大。又看嚴冬不凍。其氣如霧。即春夏用水之時。又無竭涸之患。此過泉之當取也。　棄仰泉。仰泉者。乃地泉也。其泉即從本地而起。水來有限。不能隨壩長有限之水。即有鉅河。其流必緩。嚴冬必凍。用水之時。必有乾涸之患矣。此仰泉之當棄也。

又曰。源大亦可用也。過泉孰非仰泉乎。

又有大河。如涿州拒馬河。固安渾河。其水皆可用。此亦可激取用之。是在人耳。顧非動支朝廷錢糧。築堤建閘。鉅費莫

固。此水不敢用也。

又曰。王鍔用拒馬河水以鑄泉。余數舉以問人。無應者。亦激取之法也。

凡看地勢。墾水田。可蓄可洩。即可田矣。入水之處。地勢宜高。洩水之處。地勢宜低。水能行動。看其下稍愈低愈妙。可無淹沒之患矣。北邊于夏至後。時發泓波。地勢宜平坦廣闊。則無衝激之患矣。土色不拘黃黑。堅則為佳。土鬆總是漏水地。取土作圍。注水于內。水不漏去。此土即可田矣。土鬆別有用處。何必水田。地內稍有石子。不妨農事。如是純沙。則不可用也。

農政全書卷之十四終

農政全書卷之十五

特進光祿大夫太子太保禮部尚書兼文淵閣大學士贈少保謚文定上海徐光啓纂輯

欽差總理糧儲提督軍務巡撫應天等處地方都察院右僉都御史東陽張國維鑒定

直隸松江府知府穀城方岳貢同鑒

水利

東南水利下

耿橘大興水利申曰、竊照東南之難、全在賦稅、而賦稅之所出、與民生之所養、全在水利、蓋瀦泄有法。則旱澇無患。而年穀每登。國賦不虧也。計常熟縣民間

田租之入、最上每畝不過一石二斗而實入之數、不過一石、乃粮之重者、每畝至三斗二升而實費之數殆逾四斗、是什四之賦矣、（玄扈先生曰蘇松大率如此。常鎮嘉湖次之。）以故爲吾民者。一遇小小水旱輒流散四方。逋負動以數萬計焉。嗟嗟賦不可減、歲不可必。元元其何以爲命則惟有水利大興、俾歲時無害爲今日救時之急務矧本縣坐落江海之交、潮汐三面而至、且居蘇常諸府下流、諸湖水由此入海、其水之利害視他處爲尤鉅、而其經理爲尤急也。卑職以其暇日、單騎輕舸遍歷川原、進諸父老、講求水利之故、凡地形高下之宜、水勢通塞之便、疏瀹瀦排之方、大小緩急之序、夫田力役之規、官帑補助之則、經營量度之法、催督考驗之術、一一條畫著爲圖說、以至區里利害之殊、土性肥瘠之異、錢粮輕重之等、田野荒熟之故、風俗淳澆之由、形勢險夷之辨、無不備具、務紓百世之訏謨、期垂一方之永利、爲此將查歷過通縣河圩形勢繪圖貼說、造冊具申、

開河法（凡九條）

一照田起夫量工給食

宋臣范仲淹曰、荒歉之歲。召民爲役。日以五升。因而賑濟。（此宋時斗斛也、幸勿慮多）蓋老成長慮之見如此。常熟民素驕佚、傭趂之人、頗少、況挑河非重其直不應、故莫善于照田起夫、量工給銀之法、然照田起夫、亦難言矣、說者謂有近水利者、遠水利者、不得水利者、及田止十畝以下者、分爲四等、除十畝以下者、免役外、餘以三等爲伸縮、蓋往年之役如此、職深以爲不然、本縣（最明理）之田未有不藉水而成者、但河有枝幹之殊、水有大

小之異耳。水大者則當施瀦蓄之法，水小者則當施疏鑿之方。彼幹河引江湖之水，而枝河非引幹河之水者乎？田近幹河者稱利矣，田近枝河者非幹河之利乎？若必爲四等之說，則奸戶積書，朦朧作弊，上戶那而爲中戶，中戶那而爲下戶，近利那而爲遠利，遠利那而爲不得利，而田少愚弱之氓，反差重役，如小民之偏苦何？故開河必觀水勢所向，（無一寸不受水利之田，亦無一寸不應開河之田。）應用某區某啚之民，必無論大戶小戶，通融驗派，然後于法均，于事便，于民無擾耳。派夫之法，

先弔黃冊，查明該區該啚坐圩田地總數，（分區分啚，未必與河道相應，要當以河道爲主。）隨令區書將業戶一一註明，然後通融算派某河應役田若干畝，每田若干畝，坐夫一名，田多者領夫，田少者湊補足數，名曰協夫。其勘明圩江板荒田地，俱豁免，如此貧富適均，衆擎易舉矣。

一水利不論優免

濬河以備旱潦，便轉輸也。論田而士夫之田，多於小民，河成而灌運之利，當亦多於小民，故同心協力，舉地方之大利，在士夫原有此意矣。職客歲開濬福山河，以此意白之本縣士夫，士夫咸各樂從，興工之日，倡率鼓舞，工反先于百姓，而百姓蒸蒸，無不子來趨事，爭先恐後，已有成績矣。今後凡濬河築岸之事，必如往規，庶勞逸均，而上下悅服也。

一准水面算土方多寡分工次難易

開河之法，其說甚難，均是河也，中間不無淤塞深淺之殊，地形亦有高下凹凸之異，而土方之多寡，工次之難易，必有判焉不相同者。宋臣郟僑云：以地面爲丈尺，不以水面爲丈尺，不問高下，匀其淺深，欲水之

東注，必不可得。須于勘河之時，先行分段編號，算土之法，若本河有水，即沿河照水有深淺不同之處，差一尺者，即另爲一段。假如通河水深一尺，而有深二尺者，即易段也；深三尺者，又易段也；深四尺者，極易段也。深與議開尺寸等者，免挑段也。濶倣此，各立樁編號以記之，隨令精算者逐段計算土方。其法每土四傍上下各一丈爲一方，每方計土一千尺。假如本河議開面濶五丈，底濶三丈，水面下開深五尺，每長一丈，該土二方。（誤算矣。然不言總深，亦難算其實數。假若原深一丈，而加深五尺，該土

二方又八百尺也。假若不論原深。以此權說。應開實土。則有水一尺者。實開土一方。又五百二十尺也。有水二尺者。實開土一方零八十尺也。有水三尺者。開土六百八十尺也。有水四尺者。開土三百二十尺也。又如某段水深一尺、該空土方四分實開土一方六分爲難工、某段水深二尺、該空土方八分實開一方二分爲易工、三尺四尺五尺做此濶做此、若本河無水即督夫先于中心挑一水線、深廣各三尺、或二尺、務要徹頭徹尾、一脉通流、却於水面上丈量。露出餘土。有厚薄不同之處。差一尺者。另爲一段。假如通河皆餘土一尺、而有餘二尺者、即難段也、餘三尺者又

難段也、餘四尺者大難段也、餘五尺者極難段也。立樁編號、筭土如前法、但此乃計水上之土、而水下應挑之土可一律齊矣、然後通筭本河。該實開土若干方。兩旁得利田若干畝。起夫若干名。每夫該土若干方。分工定宕。苐從土方。土少者宕長、土多者宕短。齊土方不齊丈尺而後夫役爲至均河形爲至平也

附打水線法

水線至平也、而人心不平、奸巧百出、如三十三年開稲山塘打水線十數日不成、管工官皆不知弊既識破其術、隨設法、五里委一官、官各乘馬、一里委一皂、皂各飛奔如是往來不停看其水線不令陰阻、乃一日而成、奸巧立破、何以故、渠功少者於水線中暗藏小壩、官來則暫决之、過則壩住、雖土高無水之地、而兩頭瀦蓄。中間水可不絕。此奸不破。高低不明。水線爲虛。何以知其然也、陰壩初决者。其水流動。不然者。其水靜定也。

一分工定宕

難易有號矣、土方有數矣、而夫役之來、道里遠近不

同、市野食宿異便、而土性亦有緊漫堅散之殊、崖岸不無險夷高下之別、强者奸者於此爭利焉、倘無術以處之、亦非盡善之道也、然此不可爲之河濱、宜先爲之于堂上、查照區圖遠近、自頭至尾、筭定丈尺、抵定工次、要令遠近適中、一一明註比工簿內、用印發各千百長、照簿竪立夫樁。一定不移。庶紛爭之擾。可免。而亦無作奸之處矣。苐初時量河。最要的確。臨期分宕。務秉至公。不則吏書虛報丈尺。而實尅夫價者有矣。强梁之徒。夫多宕少者亦有矣。大都正官能一

親行自無此弊。上司親行尤妙。

一堆土法

夫役偷安、類於近便岸上抛土、不思老岸平坦。一遇天雨淋漓、此土隨水流入河心、倏挑倏塞、徒費錢糧。徒勞夫工、亦竟何益。必于河岸平坦之處、務令遠挑二十步之外、照魚鱗法層層散堆。若有嬾夫就便亂抛者、重究。若有古岸高出田上者、即挑土岸內相幇、以固子岸亦可。其平岸之處、不得援此爲例。若岸有半圮之處、即宜挑土補塞、築成高岸、挑成一層、堅築一番、層層而上、岸必堅牢、一舉兩得、不可姑置岸上、待後日築之、後來日久人玩、貽害河道不小也。若田中有漊蕩、或原因取土、致田深陷者、即用河土填平。若岸邊有民房、有園亭逼近、不便挑土者、即令業戶自定樁笆於房園邊、旋築成岸、亦兩利之道也。若河狹則不可耳。

一考工法

金藻水學曰、勤省視者、官廉能也、或不省視、與不廉能同、省視不賞罰、與不省視同、賞罰不繼續、與不賞

罰同。職亦曰、廉能矣、省視矣、賞罰矣、繼續矣、而無考驗之法、與不廉能、不省視、不賞罰、不繼續同。夫考工之法、先必立信樁樣樁、以防其奸僞。樣樁者、用木椷刻畫尺寸。與應濬尺寸同。信樁則一木椷可已。法于號段既定之後、每段將畫尺木椷、釘入河心、與水面平、本河無水者、與水線之水面平、俗所謂水平樁是也。俟開方之後、以此椷爲準、蓋椷露一尺、則工滿一尺矣、故曰樣樁。却將二椷書明號段、直對樣樁、釘入兩岸老土、深與岸平、名曰信樁。此樁四旁封識老岸數尺、不許抛土鎮壓、致難認記。另具直丈竿一條。丈量一條。立竿樣樁之頂、拽量信樁之上。以量虛河深淺。如量在竿十尺上、則虛河深十尺矣。必十尺以下所有尺寸、乃算實工。虛河尺丈籍而藏之。夫役認宕時、又各立小樁、書其字第幾號、某千長下百長某分管領夫某、協夫某、應濬長若干、名曰夫樁。又按仰月形三濶丈尺之數、爲橫丈竿三條、俱畫尺寸、做成木輪車架。此三竿每查工之日、必攜籍持竿拽量架車而往、先稽號樁、而知其宕之長短、即據信樁樣樁拽

置豎竿、而得其工之淺深、工完之後、沿河推運三竿車、而驗其工之濶狹、勤慎在目、賞罰必加、而後人力齊工不虛耳、必信樁者。虞樣樁之上下其手也。又虞老岸之僞增其高也。驗老岸。驗信樁。驗樣樁。驗三竿車。而後僞無容矣。迨工完之後。復打水線以驗之。有於滯處。隨令復濬。務求線道通流、方可決壩放水。其或濬深水多、打水線不便。則于放水之後、用木鵞沿河較驗木鵝者、用直木一條。長與河深平。鐵裹其下端。隨濬過尺寸處。拴繫長繩、兩岸拽之。直立水中。循水面而進。遇鵝仆處。則土高水淺處也。將該管千百長究治、仍令撈泥、務如原議分數、須木鵝通行無滯、然後爲完工矣、

附輪竿式

此仰月形也面腹底三濶乃可以滿載水而又經久若止用面底二濶斜坡而下是曰斧形易于傾圮矣若上下同濶是曰筐形更易圮矣

輪竿式

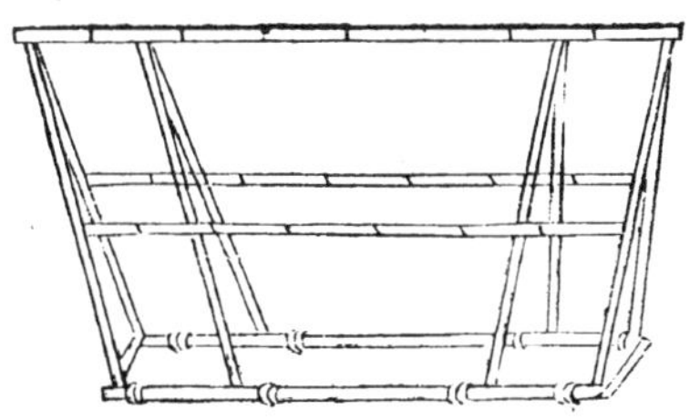

一分管員役

諺曰寧管千軍莫管一夫、言無紀律而難御也、故督責之法、必自下而上、由小及大、則工程易起、故每宕百丈、必用百長一名分催、千丈、必用千長一名督催、然此役須點該區田多大戶充之、蓋大戶必愛惜身家、又衆所推服、令此輩名照信地、千長立一小旗、一大樁百長立一小樁各書應管丈尺分數、千長催百丈、百長催小夫、而水利官又專督千百長、責任攸分大小相驅、然後甲職不時親詣稽查、考其工次、別其

勤惰量加賞罰，即頑猾之民，亦不得不盡其力矣。

附用千百長法

千百長非身家才幹兼全者，不能服衆。邇來照捋尖冊點用，十得八九，乃法立弊生，區書將大戶田花分，顯小戶於冊首，點者半係小戶，除將該書枷號外，其千長多用該區公正，不足則令公正舉報，乃叅之捋尖，始稱得人，得人而工不難究矣。

一立章程賞勤罰惰以示鼓舞

號段定矣，宿認夫集矣，催督有人矣，然衆力難齊，衆心難一，不有以約之，則勤者何所勸，而惰者無以懲，將使勤而爲惰矣。今定一河工比簿，每十日親查一次，是爲一限。假如本河自水面而下應開深五尺，則第一限要見工二尺，爲浮泥易做也；二限黃泥難做，要見工一尺五寸；三限通完，深濶如式，工大者亦以此法寬立期限。凡比工，每百長管百夫，就以十夫爲一分，千長管十百長，就以一百長爲一分，又立一賞功單，如依限如式開完者，即給一功單，日後遇有過犯，許齎單贖罪，以示勸。其有奸頑惰功者，即查千百長，該管十分中一分不及限者，責各小夫；二分不及限者，並責百長；三分不及限者，並責千長，以示懲。

章程既立，賞罰明而民自鼓舞，莫敢躭延矣。

附比簿式

都

領夫　田

協夫　田

共實熟田

筭派　夫　應開土方

今派　字　號歸見　尺　寸　分工

筭該開河　丈

初限　日開深　尺開濶　尺堆土離河　丈　尺

月　日起至　日止

二限　日開深　尺開濶　尺堆土離河　丈　尺

月　日起至　日止

三限　日開深　尺開濶　尺堆土離河　丈　尺

月　日起至　日止

附功单式

水利功单

常熟縣爲頒賞功单以昭勸懲事照得本縣賦重民疲田多蕪瘠高阜者因水利之不通坐澤者皆岸塍之低薄每遇旱澇防救無資本縣爲民父母安忍坐視以故修河築岸不惟勞瘁但慮爾等勤惰不齊相應激勸特置功单果有濬築如式蚤完工次者録給功单後日遇有過犯許齎赴贖罪決不爽示須至单者

右給付　　收執

縣　　年　　月　　日給

常字　　號

一幹河甫畢刻期齊濬枝河

凡田附幹河者少。而附枝河者多。蓋河有枝幹。譬之樹焉。千百枝皆附一幹而生。是幹爲重矣。然敷葉開花結子。功在于枝。不可忽也。彼枝河切近坵圩。灌溉之益。所關匪細。若濬幹河而不濬枝河。則枝河反高。水勢難以逆上。而幹河兩旁所及有限。枝河所經之多田。反成荒棄。即幹河之水。又焉用之。法當于幹河半工之時。即當官料理枝河。責令各枝河。得利業戶。但照田論工。一齊並與[illegible]令該枝河千百長催[illegible]

務要先期料理停妥。俟幹河工完之日。先放各枝河水。放畢。隨於各枝河口。築一小壩。俟小壩成。然後決大壩而放湖水。其工之次第如此。蓋濬幹河時。凡幹河水。悉放之枝河。而後大工可就。濬枝河時。凡枝河之水。悉歸之幹河。而後衆小工易成。况枝河高。幹河低。不過一決之力。若先放湖水。則方浚之初。水勢必大。此時枝河不能直入。必假車戽。勞費鉅矣。濬河者往往於幹河告成之後。心懈力疲。置枝河於不問。爲民者亦曰姑俟異日也。而前工荒矣。蓋機不可失。而

勞不可籍。其工之始終又如此。幹河之大者。量給官銀。枝河則專用民力焉。

築岸法　凡五條

一圍岸分難易三等及子岸同腳異頂法

老農之言曰。種田先做岸。蓋低田患水。以圍岸爲存亡也。（低鄉如此）矧本縣東南一帶。極目汪洋。十年九澇。故有田無岸與無田同。岸不高厚與無岸同。岸高厚而無子岸與不高厚同。今考修圍之法。難易畧有三等。一等難修。係水中突起。無基而成。又兩水相夾。易於

浸倒。須用木樁。甚則用竹笆。又甚則石礅。方可成功。樁笆黃石。宜佐官帑。難委民力。民力酌量出工。工大繁者。并佐以官帑。二等次難。係平地築基。較前稍易。不用樁笆。三等易修。係原有古岸。而後稍頹塌者。止費修補之力。築法。水漲。則專增其裏。水涸。則兼補其外。此二等岸專用民力。三等岸脚濶皆九尺。頂濶皆六尺。高以一丈爲率。又須相度田形。以爲高卑。大抵極低之田。務築極高之岸。雖大潦之年。而圍無恙。田必登。乃爲築岸有功耳。廣詢父老。詳稽水勢。能比往

昔大潦之水。高出一尺。則永無患矣。其田之稍高者。岸亦不妨稍卑。惟田有高卑。而岸能平齊。則水利大成矣。子岸者。圍岸之輔也。較圍岸又卑一二尺。蓋慮外圍水浸易壞。故內作此以固其防。築法與圍岸同。脚而異頂。如圍岸頂濶六尺。子岸須頂濶八尺。方爲堅固。其脚基總濶二丈。須一齊築起爲妥。圍岸一名圩岸。又名正岸。子岸一名副岸。又俗名㫰塌。總之一岸也。

一戧岸。岸外開溝。難易亦分三等

圍田無論大小。中間必有稍高稍低之別。若不分別彼此。各立戧岸。將一隙受水。遍圍汪洋。將彼此推諉勢必難救。稍高者曰。吾禍未甚也。將觀望而不之戽。稍低者曰。吾瑣瑣者。奈此浩浩何。將畏難而不敢戽。如此則圍岸雖築。亦屬無用。法於圍內細加區分。其高其低。某稍高某稍低。某太高某大低。隨其形勢截斷另築小岸以防之。蓋大圍如城垣。小戧如院落。二者不可缺一。萬一水潰外圍。纔及一戧。可以力戽。即多及數戧。亦可以衆力戽。乃家自爲守。人自爲戰之

法。築時要於堤田外邊開溝。取土。內邊築岸。內岸旣成。外溝亦就。外溝以受高田之水。使不內浸內岸以衛低田之稼。俾免外入。又爲高低兩便之法。此岸大畧亦有三等。一等難修。係地勢窪下。從水築起者。雖不似圍岸之難。工力亦頗稱鉅。二等次難。係稍低之地。岸亦稍卑。且平地築起。較前稱易。三等稍高之地。其岸亦卑三等岸俱脚濶五尺。頂濶三尺。高卑隨地形爲之。俱民力自築。

一圍外依形連搭築岸圍內隨勢一體開河

宋臣范仲淹言於朝曰、江南圍田、每一圍方數十里、中有河渠、外有門閘、旱則開閘引江水之利、澇則閉閘拒江水之害、旱澇不及、爲農美利、我　朝吳岩之疏有曰、治農之官、督令田主佃戶、各將圍岸取土、修築高濶堅固、旱則車水以入、澇則車水以出、夫車水出入以救旱澇、常熟之田、亦多有之、但此能禦小小旱澇、而不能禦大旱大澇、須建閘開渠、如文正之言、乃盡水田之制、而得水利之實、今查各圩疆界、多係犬牙交錯、勢難逐圩分築、況又不必于分築者、惟看

地形四邊有河。即隨河做岸。連搭成圍。大者合數十圩、數千百畝、共築一圍、小者即一圩數十畝、自築一圍亦可、但外築圍岸、內築戧岸、務合規式、不得鹵莽其大小圍內、除原有河渠水勢通利、及雖無河渠而田形平穩者、照舊外、不然者、必須相度地勢、割田若干畝而開河渠、蓋土之不平而水之弗便、或四面高中心下、如仰盂形者、或中心高四面下、如覆盂形者、或半高半下、或高下宛轉、諸不等形者、外岸既成。其何以救腹裏之旱澇。故須因形制宜、或開十字河、或丁字一字月樣弓樣等河、小者一道、大者數道、於河口要處建閘一座、或數座、旱澇有救、高下俱熟、乃稱美田、又不但爲旱澇高下之用而已、柴糞草餅、水通船便、可無難于搬運云、

一築岸務實及取土法

凡築岸先實其底、下脚不實。則上身不堅、務要十倍工夫、堅築下脚、漸次累高、加土一層、又築一層、杵搗其面、棍鞭其旁、必錐之不入、然後爲實築也、法如岸高一丈、其下五尺、分作一次、加土、每加五寸築一次、

上五尺、乃作五次加土、每加一尺築一次、如此用工何患不實、一勞永逸、法當如是、但低鄉水區、不患無堅築之人、而患無可用之土、合無先按圩中形勢、果有仰盂覆盂、高下不等、宜開十字丁字一字月樣弓樣等河渠者、查議的確、申明開鑿取土、以築其岸高下旱澇均屬有救、計無便于此者、田價衆戶均出。遺糧申入緩徵項下、候有陞科抵補、不然者、即查附近有何浜漊淤淺可濬者、斬壩戽水、就其中取土築岸岸既得高、而河又得深、計亦無便于此者、然潭塘任

陽唐市五瞿湖南畢澤諸極低之鄉往往田浮水面四邊純是塘涇又圩段延袤大者千頃小者五六十頃中間包絡水蕩數十百處河渠既多而浜漊又深無撮土可取也本縣再四思維此等處須查本地有老板荒田其根已入緩徵項下年久無人告墾者查明坵段丈尺出示聽民採土築岸又不然者須查有新荒田與夫九荒一熟宂且必有板荒者與夫年遠廢基遺址不便耕種者查議的確粮入緩徵項下俱聽民採土築岸又不然者須查本地有茭蘆塲之介

居水次止收草利止徵蕩税者申免其税聽民採土築岸但茭蘆塲俱占于大姓納百一之税享十倍之利人所不敢詰官所不能問處之爲難然與大利者無恤小言本縣籌已熟矣又不然者令民于岸裏二丈以外開溝取土其溝寧廣無深深不過二尺違者有刑夫就岸取土岸高溝深内外水浸岸旋爲土法之所深忌也但離岸遠則岸址寛而溝水未能即侵溝身淺則受水少而塡塞後易爲力但所取之溝諭令佃人匀攤田面之土兼篰外河之泥一年内務塡平滿無令損岸始得又查本縣低鄉土脉有三色不堪用者有烏山土有灰蘿土有竪門土烏山土性堅硬而質腴種禾茂且多實但湊理疏而透水以之築岸易高以之障水不密灰蘿土即烏山之根入田一二尺其色如灰握之不成團浸之則漫滤無論障水不能即杵之亦不必堅矣竪門土其性不横而直其脉自於水底貫穿圍岸雖固水却從田底溢出欲圍而救之無益也此三者築法必從岸脚先掘成溝深三尺或用潮泥或取别境白土實之然後以本土築

岸其上方爲有用此等處俱屬一等難工宜佐以官帑

附魚鱗取土法

田面上四散挑土俗呼爲抽田肋高鄉以此法换土揷田挑田肋置于岸邊篰河泥盖于田面而田益熟矣其法方一尺取一鍬四散掘之如魚鱗相似此法亦可取土築岸但用力多見功少

一業戸出本佃戸出力自佃窮民官爲出本

常熟之岸脞何其多壞而不修耶詢諸父老其故有

五、小民困于工力難繼。則苟且目前而不修。大戶之田與小民之田。錯壤而處。一寸之瑕。並累其百丈之瑜。卽大戶亦徘徊四顧而不修。又有小民而佃大戶之田者。佃者原非巳業。業者第取其租。則彼此駝誤而亦不修。或業戶肯出本矣而佃戶者。心虞其岸成而或爲他人更佃也。竟虛應故事而不實修。或工費浩大。望助于官。官又以錢糧無處。厚責于民。則公私相吝。因循苟且而不修。無怪乎田圩日壞也。除一等難修之岸。另行查議外。其二三等易修者。卽令業戶各于秋成之後。出給工本。俾佃戶出力修築。官爲省視。高厚堅實。務如規式。若窮戶自佃巳田者。查果貧難。官給工本。開河工本倣此。

附佃戶對支業戶工食票

佃戶支領工食票

常熟縣爲大興水利以足民足國事切惟國家賦税賴租税以輸將業戶田券賴佃戶以耕種業戶佃戶實有一體相須休戚相關之義本縣督民濬河築岸不能盡佐官帑量其工程難易着令各業戶出備工食給付佃戶傭工此雖一時小費實貽無窮後利邑中如法付佃者固有而慳惜厲民者不無擬合給票爲式如業戶某人應濬河一丈應給佃戶某人工食米若干築岸一丈應給佃戶某人工食米若干着各該公正塡註票是佃戶執票對支領訖方付業戶執照如有指扣糊租宿債凌虐佃戶者卽將原票繳還公正類齊造册繳縣至納租日許令佃戶加倍算除設使目今因而惰悞工次定行嚴提枷責加倍罰工不恕須至票者

計開

業戶　　區公正

應濬　　估定每丈給工食米

應築　　估定每丈給工食米

共應給工食米

右給付佃戶　　准此

年　月　日給

縣　常字　號

附守岸法

正岸六尺通人行。子岸八尺。間而無用。宜種植其上。法惟種藍爲最上。葢藍之爲物。必增土以培其根。愈培愈高。種藍三年。岸高尺許。其有土名烏山不宜於藍者。或種麻豆。或種菜茄。亦得葢利之所出。民必惜之。但禁鋤時勿損其岸可也。若正岸外址。令民蒔葑。或種茭。其上葢茭與葑其苗皆可禦浪。使岸不受齧。况茭實可啖。葑苗可薪。又其下皆可藏魚。利之所出。民必惜之。岸不期守。自無虞矣。

附建閘法

宋臣范仲淹有言修圍濬河置閘三者如鼎足缺一不可郟僑亦云漢唐遺法自松江而東至於海遵海而北至於楊子江沿江而西至於江陰界一浦一港大者皆有閘小者皆有堰以外控江海而内防旱澇也夫所謂遵海沿江而至於江陰界者半係常熟地方自今考之惟白茆港只福山港口七浦之斜堰僅有閘蹟其他更不多見何也蓋有閘必有守閘者寇盗豪强不利於大閘者十九而

江海口地多曠廓守之爲難况波濤衝蝕水道又有遷徙之患勢必難存者此等閘工費動逾千金鑚毁不逾數月置而不論可也至於圍田之上流涇浜之要口小閘小堰外抵横流内泄漲溢關係旱澇不小且工費亦不多如之何其不爲之所用工費驗田均派如某區某扇應建閘若干座合用物料銀若干兩得利某圩某字號田若干畝驗法每畝該銀五釐以下者民力自爲之二分者官助二釐斷堰法同此

附水利用湖不用江爲第一良法

水縣地勢東北濱海正北西北濱江白茆湖水極盛者達于小東門此海水也白茆之南若鑰脚港陸和港黄浜湖漕石撞浜皆爲海水自白茆抵江陰縣金涇高浦唐浦四馬涇吴六涇東瓦浦西瓦浦滸浦千步涇中沙涇海洋塘野兒漕耿涇崔浦蘆浦福山港萬家港西洋港陳浦錢巷港奚浦三丈浦黄泗浦新庄港烏泥港界涇等港口數十處皆江水也江潮最勝者及於城下縣治正西西南

正南東南三面而下東北而注之海注之江者皆湖水也此常熟水利之大經也夫湖水清灌田田肥其來也無一息之停江水渾灌田田瘦其來有時其去有候來之時雖高于湖水而去則泯然矣乃正北西北東北正東一帶小民第知有江海而不知有湖不思濬深各河取湖水無窮之利第計畧通江口待命於潮水之來當潮之來也各爲小壩以留之朔望汛大水盛則爭取焉逾期汛小水微則坐而待之曾不思縣南一帶享湖水之利者

無日無夜無時而不可灌其田也夫江水寧惟利小抑且害大彼其浮沙日至則河易淤來去衝刷而岸易崩往往濬未幾而塞隨之矣厥害一江水灌田沙積田內田日薄一遇水雨浮沙滲入禾心禾日枯厥害二湖水澄清底泥淤腐農夫罱取擁田年復一年田愈美而河愈深江水浮沙日積于河而不可取以爲用徒淤其河厥害三況江口通流鹽船盜艘揚帆出入百姓日受其擾厥害四欲求永利而驅四害宜何如曰沿江大小港浦淤淺

者隨急緩濬之濬之時必於港口築壩濬畢而壩不決則湖水不出而江水不入清濁判于一堤利害懸于霄壤而此河亦永永無勞再濬何也縣以南凡用湖水者未聞有塞河也此不待大智而後見也獨無良之民偷埧興謠爲可慮耳然此亦論其常耳若大旱之年湖水竭江水盛大澇之年江水低湖水高不妨決壩以濟之但濬河每先幹河而後枝河枝河未濬而身高湖水低不能上濟江潮稍高足以濟之則壩亦不復留矣福山港小壩正坐此弊吁安得並舉幹枝而成此悠遠之利也

附興工止工

凡事號令信則民從不信則民弗從濬築大事動大衆可不慎乎所以預行勘定某河某區啚應開某岸某區啚應用田若干或某字號某圩田若干某民力某官帑俱註明各河岸下出示三月民無異言隨刊成冊再不更改章程既立衆志皆定然後每年擇其最急者而爲之其法每十月滌塲之後下令興工官爲省視至次年三月終東作之期

放工則事有緒而農不妨工易舉矣

農政全書卷之十五終

農政全書卷之十六

特進光祿大夫太子太保禮部尚書兼文淵閣大學士贈少保謚文定上海徐光啓纂輯
欽差總理糧儲提督軍務巡撫應天等處地方都察院右僉都御史東陽張國維鑒定
直隸松江府知府穀城方岳貢同鑒

水利

浙江水利 附修築海塘 滇南水利

紹興二十三年、諫議大夫史才言、浙西民田最廣、而平時無甚害、太湖之利也。近年瀕湖之地、多爲兵卒侵據、累土增高、長堤彌望、名曰壩田。旱則據之以溉、

而民田不沾其利、澇則遠近泛濫、而民田盡沒。欲乞盡復太湖舊迹、使軍民各安田疇、均利。二十九年、知平江府陳正同言、相視到常熟諸浦、舊來雖有湖汶之患、每得上流迅湍、可以推滌、不致淤塞。後來被人戶圍裹湖瀼爲田、認爲永業、乞加禁止。戶部奏、在法瀦水之地、衆共溉田者、輒許人請佃承買、并請佃承買人、各以違制論。乞下平江府、明立界至、約束人戶、毋得占射圍裹。有旨從之。

永和五年、太守馬臻始築塘立湖、周三百十里、溉田九千餘頃、人獲其利。輿地志、山陰南海、縈帶郊郭、白水翠巖、互相映發、若鏡若圖。任昉述異記云、軒轅氏鑄鏡湖邊、因得名。紹興二十九年、上因與同知樞密院王綸論溝洫利害、云往年宰臣皆欲盡乾鑑湖、云歲可得米十萬石。朕答云、若旱無湖水引灌、即所損未必不過之。慮事須及遠也。綸曰、貪目前之小利、忘經久之遠圖、最謀國之深戒。

復鏡河議曰、會稽山陰兩縣之形勢、大抵東南高、西北低。其東南皆至山而北、抵于海、故凡水源所出、總

之三十六源。當其未有湖之時、水盍西北流入于江、以達于海。自東漢永和五年、太守馬公臻始築大堤、瀦三十六源之水、名曰鏡湖。堤之在會稽者、自五雲門東至於曹娥江、凡七十二里、在山陰者、自常喜門西至于小西江、一名錢清、凡四十五里。故湖之形勢亦分爲二、而隸兩縣。隸會稽曰東湖、隸山陰曰西湖、東西二湖由稽山門驛路爲界、出稽山門一百步有橋曰三橋、橋下有水門、以限兩湖。湖雖分爲二、其實相通、凡三百五十有八里、灌溉民田九千餘頃、湖之

勢高於民田，民田高於江海，故水多則泄民田之水入於江海，水少則泄湖之水以溉民田，而兩縣湖及湖下之水，啓閉又有石牌以則之。一在五雲門外，小凌橋之東。今春夏水則深一尺有七寸，秋冬水則深一尺有二寸，會稽主之。一在常喜門外，跨湖橋之南。今春夏水則高三尺有五寸，秋冬水則高二尺有九寸，山陰主之。會稽地形高於山，故曾南豐陰述杜杞之說，以爲會稽之石水深八尺有五寸，山陰之石水深四尺有五寸，是會稽水則幾倍山陰，今石牌淺深

乃相反，蓋今立石之地，與昔不同。今會稽石立於瀕隄水淺之處，山陰石乃立湖中水深之處，是以水則淺深，異於曩時。其實會稽之水，常高於山陰二三尺。於三橋閘見之。城外之水，亦高於城中二三尺，於都四閘見之。乃若湖下石牌，立於都泗門東，會稽山陰接壤之際，春季水則高三尺有二寸，夏則三尺有六寸，秋冬季皆二尺，凡水如則，乃固斗門以蓄之，其或過則，然後開斗門以泄之。自永和迄我宋，幾千年民蒙其利。祥符以來，並湖之民，始或侵耕以爲田。熙寧中，朝廷興水利，有廬州觀察推官江衍者，被遣至越訪利害。衍無遠識，不能建議復湖，乃立石牌以分內外，牌內者爲田，牌外者爲湖，凡曰牌內之田，始皆履畝，許民租之，號曰湖田。政和末，郡守方侈進奉，復廢牌外之湖，以爲田，輸所入於府。自是環湖之民不復顧忌，湖之不爲田者無幾矣。隆興改元，十一月，知府事吳公芾，因歲饑，請于朝，取江衍所立石牌之外，盜爲田者，盡復之，凡二百七十七頃四十四畝二角二十二步，計工度廬，先從禹廟，後唐賀知章放生池開

濬百餘日訖工，每歲期以農隙用工，至農務興而罷。然次第出入阡陌，詢故老，面形勢，度高卑，始知吳公未得復湖之要領。夫爲高必因丘陵，爲下必因川澤。豈有作陂湖，不因高下之勢，而徒欲資畚鍤以爲功哉。馬公惟知地勢之所趨，横築隄塘，章捍三十六源之水，故湖不勞而自成。歷歲滋久，淤泥填塞之處，誠或有之。然湖所以廢爲田者，非直以此也。蓋以歲月彌遠，湖塘既寖壞，斗門堰閘，諸私小溝，固護不謹，縱閘無節，湖水盡入江海，而瀕湖之民，始得增高益卑。

淤以爲田、使其隄塘固、堰閘堅、斗門啓閉及時、瀦泄禁窒不通、則湖可坐復、民雖欲淤耕爲尺寸田、不可得也、紹熙五年冬、孝宗皇帝靈駕之行、府縣懼漕河淺涸、盡塞諸斗門、固護諸堰閘、雖當霜降水涸之時不雨者踰月、而湖水僅減一二寸、湖田被浸者、久之訖事、決隄開堰、放斗門、水乃得去、是則復湖之要、又較然可見者也、夫斗門堰閘陰溝之爲泄水均也、然泄水最多者曰斗門、其次曰諸堰、若諸陰溝則又次焉、今兩湖之爲斗門堰閘陰溝之類不可殫舉、大抵

皆走泄湖水處也、吳公釋此不察、弊弊從事於開濬之誤矣、故吳公所開湖、才數年皆復爲田、故湖廢塞殆盡、而水所流行、僅有從橫枝港、可通舟行而已、每歲田未告病、而湖港已先涸矣、昔之湖、本爲民田之利、而今之湖、反爲民田之害、蓋春水泛漲之時、民田無所用水、而耕湖者、懼其害己、輒請於官、以放斗門、官不從、相與什伯爲羣、決隄縱水入於民田之內、是以民常於春時、重被水潦之害、至夏秋之間、雨或愆期、又無瀦蓄之水、爲灌溉之利、於是兩縣無處無水

旱、監司府縣亦無歲無賑濟、利害曉然、甚易知也、然則湖其可不復乎、道聽塗說者、方以闕上供、失民業爲說、是不然、夫湖田之上供、歲不過五萬餘石、兩縣歲一水旱、其所損所放賑濟勸分、殆不啻十餘萬石、其得失多寡、蓋已相絕矣、湖之爲田若蕩地者、不過餘二千頃、耕湖之民、多亦不過數千家之小利、而使兩縣湖下之田九千頃、民數萬家、歲受水旱饑饉而弗之恤、利害輕重、亦甚相遠、況湖未爲田之時、其民豈皆無以自業乎、使湖果復舊、水常瀰滿、則魚鱉蝦

蟹之類、不可勝食、茭荷菱芡之實、不可勝用、縱民採捕其中、其利自博、何失業之足慮哉、次鐔論載既畢、又有援執舊說而詰之曰、從子之說、不必濬湖使深、必須增隄使高、且懼隄高壅水、萬一決潰、必敗城郭、于時爲之柰何、是又未知形勢利害者也、夫水之湍急者、其地或陜、不能容、于是有衝激決溢之患、今湖之水源、不過三十六所、而湖廣餘三百里、以其地容其水、裕如也、況自水源所出、北抵于隄及城、遠者四五十里、近猶一二十里、其水勢固已平緩、於衝隄也

何有且隄之去漢如此其久，是必有虧無增。今誠築隄增於高者二三尺，計其勢，方與昔同。昔不慮其決，而今顧慮之，何哉。

給事傳崧卿守鄉郡，睞侍郎陳槖上夏蓋河議曰：槖前因至上虞境內，過夏蓋湖，而條宪湖田之為害，實吾民今日倒懸之苦，有不得不言者。古人設陂湖以備旱歲，王仲薿建請以為田，乃引鑑湖自然淤澱，已成田陸為說，又有不妨民間水利之語。其欺罔甚矣。玄扈先生曰：凡湖皆自然淤澱，但不宜多作田以盡之，使水無所容耳。然佃戶占請之

初，各有畝數，不敢侵冒。當時湖之為田者，纔十二三，佃戶止於高仰處作堘，未敢涸湖以自便，民田尚被其利。但瀦水不如曩日之多，故諸鄉之田，歲歲有旱處。比年以來，冒佔不已，今則湖盡為田矣。以夏蓋湖推之，諸處可以類見。槖所知者，止上虞、餘姚，其它四邑皆不及知。上虞、餘姚所管陂湖三十餘所，而夏蓋湖最大，周迴一百五里，自來蔭注上虞縣新興等五鄉，及餘姚縣蘭風鄉。此六鄉皆瀕海，土平而水易洩，田以畝計無慮數十萬，唯籍一湖灌溉之利。今既涸之為田，若雨不時降，則拱手以視禾稼之焦枯耳。其它諸湖所灌注，皆不下數百頃，植利人戶倚以為命，而乃盡奪之。一遇旱暵，非唯赤子饑餓，僵踣道路，而計司常賦，虧失尤多。雖盡得湖田租課，十不補其三四。又況每遇旱歲，湖田亦隨例申訴，官中檢放，與民田等。昨見上虞丞言，曾蒙上司差委，相度湖田利害，因點對靖康元年、建炎元年湖田租課，除檢放外，兩年共納五千四百餘石，而民田緣失陂湖之利，無處不旱，兩年計檢放秋米二萬二千五百餘石，只上虞

一縣如此。以此論之，其得其失，豈不較然。民間所損又可見矣。但當時以湖田租課歸御前，與省計自分兩家，雖得湖田百斛，而常賦虧萬斛，嬖倖之臣猶將曰：此百斛者，御前所得也，不括湖田，何以有此。省計虧羨，我何知哉。今湖田租課既充經費，則漕臺郡守固當計其得失之多寡，而辨其利害。夫公上之與民一體也，有損於公，有益於民，猶當為之，況公私俱受其害，可不思所以革之耶。建炎二年春，邑民嘗訴湖田之害於撫諭使者，使者下其狀于州縣，上虞令陳

休錫遂悉罷境內之湖田翟帥以未得朝廷指揮數
窘之陳不爲變是歲越境大旱如諸暨新嵊赤地數
百里農夫無事於銍艾獨上虞大熟餘姚次之餘姚
七鄉通江潮蔭注兼有燭溪湖等數處不可作田不
曾廢故亦熟而上虞新興等五鄉被夏蓋湖之利尤
爲倍收其冬新嵊之民糴於上虞餘姚者屬路不絕
向使陳令徇之不果則邑民救死不暇況他境乎夫
以一縣令尚能爲之豪之所望於左右宜如何
王廷秀曰水利記鄞縣東西凡十三鄉東鄉之田取
足於東湖俗所謂前湖是也西南鄉之田所恃者廣
德一湖環百里周以堤塘植榆柳以爲固四面爲斗
門碶閘方春山之水泛漲時皆聚於此溢則洩之江
夏秋交民或以旱告則令佐躬親相視開斗門而注
之湖高田下勢如建瓴閱日可浹雖甚旱亢決不過
一二而稻已成熟矣唐正元中民有請湖爲田者詔
闕投匭以聞朝廷重其事爲出御史按利否御史李
後素銜命詢洛本末利害之實錮獻利者置之法湖
得不廢後素與刺史及其寮一二公唱和長篇記其

事而刻之石詩語記湖之始興於時已三百年當在
魏晉也國初民或因淺淀盜耕有司正其經界禁其
侵占太平興國中禁黠民之窺其利而欲私之復進
狀請廢湖朝下其事於州州遣從事郎張大有驗視
力言其不可廢且摘唐御史之詩叙致詳緻記於石
刻熙寧二年知縣事張詢令民濬湖築堤工役甚備
曾子固爲作記歷道湖之爲民利本末曲折以戒役
人不輕於改廢也元祐中議者復唱廢湖之說直龍
圖舒亶信道閒居鄉里庸詰折之記其事於林村資
壽院綠雲亭壁間謂其利有四不可廢久之有俞襄
復陳廢湖之議守葉棣深罪襄不得騁遂走都省獻
其策蔡京見而惡之拘送本貫政宣間淫侈之用日
廣茶鹽之課不能給宦官用事務興利以中主欲一
時佻躁趨競者爭獻括天下遺利以資經費率皆以
無爲有縣官刮民膏血以應租數時樓异試可丁憂
服除到闕蔡京不喜樓而鄭居中喜之除知隨州不
滿意也與時高麗入貢絕洋泊四明易舟至京師將
迎館勞之費不貲崇寧加禮與遼使等置來遠局於

明中樓欲捨隨而得明會辭行上殿於是獻言明之廣德湖可爲田以其歲入儲以待麗人往來之用有餘且欲造畫舫百柁專備麗使作涉海二巨航如元豐所造以須朝廷遣使上說即改知明州下車與工造舟而經理湖爲田八百頃募民佃租歲入米僅二萬石於是西七鄉之田無歲不旱異時膏腴今爲下地廢湖之害也

東錢湖濬議曰東錢湖一名萬金湖以其爲利重也在唐曰西湖蓋鄮縣未徙時湖在縣治之西也天寶

三年縣令陸南金開廣之宋慶曆濬治周回八十里受七十二溪之流四岸凡七堰曰錢堰曰大堰曰莫枝堰曰高湫堰曰栗木堰曰平湖堰曰梅湖堰水入則蓄雨不時則啓閘而放之鄞定海七鄉之田資其灌溉茭葑蓴蒲荷芡滋漫不除湖輒湮塞淳熙四年魏王鎮州請于朝大浚之是年二月七日准尚書省劄子爲魏王奏然當時所除茭葑未出湖堤既復填淤嘉定七年提刑程覃攝守捐緡錢置田收租欲歲給濬治之費朝廷許其畫復舊址而後來有司奉行不虔田租浸移他用湖益湮寶慶二年尚書胡榘守郡請于朝得度牒百道米一萬五千石又濬之十月命水軍番上迭休且募七鄉之食水利者助役各給券食祁寒輟工明年春夏之交役再舉農不使妨耕兵不使妨閱募漁戶徐畢之十月七日告成胡公猶懼其無以繼也奏以羸錢二萬八千三百四十七緡有奇增置田畝合舊穀碩俾羸三千令翔鳳鄉長顧泳之主之分漁戶五百人爲四隅人歲給穀六石隨茭葑之生則絕其種立菅偶一人菅隊二十人以轄之

有旨悉如請自此不雜葑者十六年幾無湖矣淳祐壬寅冬淛守陳塏因歲稔農隙命制幹林元晉僉判石孝廣行買葑之策不差兵不調夫隨舟大小葑多寡聽其求售交葑給錢各有司存初至數百人已而棹舟槩糧至者日千餘可見遠近樂趨向也淘湖所收率以佐郡家支遣至此方全爲淘湖之用元大德間世家有以湖爲淺淀請以撩田若干畝入官租者時都水營田分司追斷復爲湖延祐新志所謂欲塞錢湖此其漸也後因鄉民告有司舉行淘湖拘七鄉

有田食利之家分畝步高下量撥湖蕩隨田多寡闊狹俾浚之積蕩于塘岸然宿蕩春泛冬涸次年復生則有司所行爲具文耳近年重修嘉澤廟有濯靈之異茭蕩不泛荷芡蓴蘆生之者鮮然未足恃也但大旱之年放水湖下一舉而涸知其積淤年久蓄水至淺東鄉河道又皆淺澁舊稱一湖之水可滿三河半今僅一河而竭是可憂也又況職守者不謹閘啓碶開傍湖人民通同漁戶每於水溢之時乘時射利私自開閘網魚洩水無度沿江堰壩又失修理日夜傾

注于江防旱之策果安在哉其原置買蕩田畝自元收以入官大明因之洪武二十四年本縣耆民陳進建言水利差官來董其事於農隙之時令七鄉食利之家出力淘浚雖能少除蕩草而根在復生況湖上溪澗沙土隨雨而下久不治則淤塞如舊矣

徐獻忠山鄉水利議曰我松瀕海數被倭患予寓居吳興屢見各縣山鄉旱災不收大受饑困山鄉平田既少一遇旱暵泉流枯涸既無所資坐以待斃有司者徒見下鄉平田頗有潤色不肯特爲奏免糧稅予按視其地皆坐不知水利之故元儒梁寅有鑿池溉田之議其略云畎畝之間若十畝而廢一畝以爲池則九畝可以無災患百畝而廢十畝以爲池則九十畝可以無災患予嘗至上虞之下溉湖觀之方知梁子之議可行而永久利民矣有志經國者當相視一鄉之中擇其最高仰者割爲陂湖先均其稅額於衆利之民次營別業以捕失田之戶大展陂岸使廣而多受雖亢旱之年不至耗涸從高瀉下均資廣及沾潤一番可以經月雖有凶災不能及矣惟水庫爲妙此費大耳然

山鄉措置灰石沙等止費工力不費大錢鈔況陂湖之利魚鰕雜產茭葦叢生貧者資以養生富者因而便利大雨一注衆流復積前者既瀉後者復蓄山鄉水利無逾此者故叔孫之芍陂汝南之鴻郤陂古人成績可以引見自非爲民父母者力主其事愚民誰肯割其成業者乎至於下鄉之田亦有高亢不通資灌者莫若照依北方掘鑿大井上置轆轤汲引之利亦足自辦民可樂成不可謀始若出力任事維存乎人必須久任方有成功也

俞汝爲註曰海邊斥鹵地方恃護塘隔絕鹽潮雨

水洗去鹵性有圍築成田者築堤鑿河引內湖之水以資灌溉而水達難致雨澤稍稀便乏車救十年三熟此與山鄉地形勢相類近年民間告明官府豁除掘損田畝之糧於田心中開積水溝爲夏秋車戽計凡溝瀆多處其田多熟或於進宅開池則近宅之地必有收成此蘇松沿海地方試之有成效者但細訪老農云每十畝之中用二畝爲積水溝纔可救五十日不雨若十分全旱年分尚不免于枯竭況一畝乎大抵水田稻苗全賴水養炎

日消水甚易以十日消水二寸計之五十日該消去田間水一尺即二畝溝中亦不免於消水總計其潤是溝中常有五六尺之積斯足用耳豈可望於夏秋亢旱之日且稻苗生長秀實該用水浸溉一百二十日十畝取二畝作積水溝僅救半旱斯言非謬必於山原上勢相視窪下可蓄水處築圍大澤或環數里或環數十里上流之水涓涓不息庶足救濟全旱矣常與潘知縣鳳梧熟論西北墾荒之要潘云若計開田先計潴水真確見也

永樂間平江伯陳瑄奉命以四十萬卒修海岸八百里

海寧捍海塘記曰浙西江南之地抑潮捍海之利以千計是塘爲急樹石培土在在爲力其工以萬計是塘爲大風猛潮峻不勝衝齧近海之濱難築而善崩者以百計是塘爲切塘無壞浙以西無海患塘不葺江以南且患海況浙哉夫是塘其創也自顧尹泳始其工頗力其修也或十載或五載民至于今獨稱楊郡丞冠其工頗固嗣是而修築者不惟不固且不力

有司病焉是歲七八月之間風潮倍于昔而塘之决亦倍于昔郡大夫蕭公有憂焉於是具狀以上於大司空李公李公曰盍亟圖之於是具狀以上於司空大夫林公林公曰吾事也於是林公館於其地蕭公往來於其塗取財於郡帑鳩卒於邑里伐石於太湖負土於草蕩散公而甃之列卒而築之分官而蒞之塘高若干丈自下以上尺無弗實者塘長若干丈自北以南丈無弗實者塘濶若干丈自內以外寸無弗密者一木一石其度其畫其堅其實其密無弗經林

公者、經始於九月、落成於十有一月、而塘告成
石海塘記曰、淳祐十六年、定海縣新築石塘成、其高十有一層、側厚數尺、數平倍之、袤六千五十尺有贏、基廣九尺、斂其上半之贏、又十之五、高下若一、從横布之如棊局、仆巨木以奠其地、培厚土以實其背、植萬春以殺其衝、役夫匠軍民、積土至三千餘萬、而人不告勞、閱春夏二時、舍田趨役、而農不告病、伐石於山、石頹而役者不傷、運之于海、波平而舟楫無恐、以巳酉春正月巳未初基、越六月甲寅、凡十有七旬、又

五日而訖事、先是定海塘以土木從事、歲有決溢之虞、丁酉之秋、江海爲一、民廬官寺、營壘師屯、被害尤酷、知縣事陳公亮、槪用石板、以護其外、僅支數年、大水至則與之俱去、蔑有存者、歲在戊申、風濤屢驚、九月守臣岳甫、始合軍丁之餘、以告于上、命部使者與守行視、覈其費以聞、詔賜緡錢六萬五千有奇、聖訓丁寧、毋得苟簡、及是告成、不愆於素、石海塘記
二谷山人水利策曰、夫滇。南。水利、於天下猶之彈丸黑子也、然而滇之人、非穀不養、穀非農不入、農非水利不植、聞之曰、水利之在天下、猶人之有血氣、一指之擿、一足之皸、固亦仁人之所隱也、請先論古今之所以異者、而質以芻蕘之慮、可乎、夫自禹陂九澤以來、三代之君、蓋靡不以農爲急、而其臣曾莫以水利稱者、非無其人也、誠以神禹其功、灑沈澹災、施於後世、後世賴之、故抑鴻水。非徒巳昏墊也。亦以興溝洫。非徒灌溉也。亦以殺流。故禹之稱曰盡力溝洫、而周官稻人亦曰、溝以蕩水、澮以瀉水、則九州之地。何者非穀土。土之所漸。何者非水利乎。自秦開阡

陌、水利乃興、於是史不絕書、以爲偉績、章氏俊卿所謂名生於不足者也、究而論之、非獨鄭國史起鄧晨白居易程上元爾也。李冰文翁之於蜀也。鄭當時白公之於渭也。番係之於汾也。莊熊羆之於洛也。趙充國之於鮮水也。皆其著者也。鄧艾張闓之於晉也。刁雍裴延儁之於魏也。雲得臣李襲稱之於唐也。倪寬因於鄭國。杜詩因於召信臣。王景劉義欣因於孫叔敖。許景山因於蕭何。或襲或剏。或微或鉅。雖人自爲制。地自爲制。而其疏導蓄泄之宜。夫固三代溝洫之

避也。我 國家撫有滇土、漸之文教、鎮之重兵、兵之屯者什七以耕、什三以隸、其恩厚矣、其慮深矣。爲兵慮也、爰有屯田爲田慮也爰有水利、法至密也。夫何近年以來、政軍稍弛、什七者耗、什三者饑、乃有如明問所憂水旱者、何歟、是有說也、夫曲靖之水、洱海之旱患之久矣、而未聞有治之者、不重也。今有司所重乃在夫藏府貯積、酤榷盈縮、泉布出入、徵輸緩急之間、即自詭以足國裕民之理盡矣而曾不知其本。其說在任氏之窖粟也、昔者漢楚之際、豪傑爭居金玉、

任氏獨窖粟、已而粟貴則金玉盡歸任氏、任氏以富、豪傑以貧、此不知務之患也、蓋金玉者以權粟而非所以養也。今誠有知粟之重者、則必相務於穡、而水利從此興矣。故曰知務爲急也。夫 國家之於水利重矣、秉之以憲臣、籍之以專 敕、并屯田職之以令於有司、以彼其權之重且專也、以治區區之水而有不治者、何也、官侵而令不一也、蓋有司之水利、有分職而職憲者不得專其予奪廢置、則不能以引繩而積之功、屯田利孔、奸所窟也、職屯者司其入而不得司其出、則不能以稽售僞而杜之、弊其說在宓子之請書吏也、昔者宓子令單父請善書者二人、書則肘引之、醜則怒之、書者以告魯君、曰、子賤以吾擾單父也、命毋徵發、而單父治、今誠能以治水之官。治粟之吏。功罪之予奪、倉庾之出入、悉挈而還之職憲之臣、則職不分、責不諉、以治水而水治矣、故曰任職爲急也、且曲靖之水、前未有也、蓋諸山源水、合流南出、東則東山。西則真峰山、東焉中爲草場舊稱荒海。水至以通流。水去以牧馬、既而馬廢不牧、地聽開墾、稍稍

築圍、然未甚也、近十歲間、則悉覈而征之、於是起圍徧於荒海、而水之所委無幾矣。迺始歲歲患潦。而民之黃粮、軍之屯粮、胥病矣、及水之盛。則或决圍而圍田亦病矣。夫其所爲病如此、治而愈之。非難也、而有不能者、蓋有二焉、官不能捐稍入之利、而武弁豪右窟穴其間者、假爲成功之說、恐而不能去、其說在龍介之論决蹯也、夫係蹄得虎而虎决蹯、非不愛也、不以蹯故害其軀、奈何其以小利害大事也、謂宜博詢利害、即不盡除、猶當先其甚者、去之、官減其額、歲歲

稍除期以水不爲災而止可矣故曰審計爲急也洱海之旱非他也梁王山之水分流而下者故皆有壩蓄之諸甸今畧巳湮廢而青海周官海之流亦罔瀦蓄以故一遇恒暘赤地千里而莫之救也夫陂塘蓄泄前人經營以爲水計慮者甚悉也其始之稍壞以補苴易矣則廢而任之以至於大壞而有司者猶莫以爲意其說在醫師之論解㑊也夫解㑊之爲病也脉理縱緩神氣不攝無疾痛之急旦暮之虞而甚害於身玩愒者亦然苟以避擅興之嫌偷恬靜之譽需

挨滿遷次則去之耳後來繼今者又復盡然非課之章程厲以誅賞此病不除故曰課功爲急也夫知務也任職也審計也課功也四者治水之要也此非愚之言也嘗徵之古矣夫九官熙載禹稷爲烈何也則以禹治水而稷治粟也鄭國在秦則關中沃野遂無凶年李冰在蜀亦沃野千里號稱陸海彼寧無雨暘天時之虞哉誠以地利勝之也此知務者也史公之歌白公之歌召父杜母之歌益民心也球稱召伯頌起新豐渠號右史則士譽也興化之民至乃以范爲

姓歪之子孫皆何自致之哉此任職者也唐之世嘗禠大賈牟利壅遏鄭白渠者一切毀之而宋臣所陳圍田湮塞水之道害尤悉焉氏所謂從知湖之可田而不知湖外之田將胥而爲水也章氏所謂豪民襲豐植之資官私享租輸之入日增歲衍而水利之故地皆爲剏置之良田曩之仰水利以耕者今不勝旱溢之苦倘公上不利絲毫之賦守令不恤豪右之民弗惑於紛紛之議則何害之不除哉曲靖之水是巳此審計者也且禹司空也手足胼胝召伯伯也循行

阡陌王尊端坐堤上蘇軾自呼營間若是乎其急之也今玩愒之吏徒擁符重茵雍容堂皇曾不聞以時行水按視倉廩而以委小吏何也蓋來時趙尚寬高賦皆以水利被留再任有功則陞陟無功終不得去如此則人自勸矣此課功者也嗟乎古法之不可復久矣兵農分矣溝洫廢矣嘗以爲古法之僅垂者莫如屯田與水利以其近之也蓋成周畎畝之制亦之與田分地而處治水之人乃羨於治田一同之地至五萬夫非其重且急也先王豈輕棄土穀與耕夫哉

商李悝商鞅苟以盡地力而隳經制亦惑矣李悝商鞅亦求及今所言然則法先王者法其近焉可也此水利之所以不可不講也雖然滇之水利非獨此也鄧川之龍泉勢將囓川永昌之疊水河每患淤塞其他源委當講者亦多矣

玄扈先生旱田用水疏曰謂欲論財計先當辨何者爲財唐宋之所謂財者緡錢耳今世之所謂財者銀耳是皆財之權也非財也古聖王所謂財者食人之粟衣人之帛故曰生財有大道生之者衆也若以銀

錢爲財則銀錢多將遂富乎是在一家則可通天下而論甚未然也銀錢愈多粟帛將愈貴困乏將愈甚矣故前代數世之後每患財乏者非乏銀錢也承平久生聚多人多而又不能多生穀也其不能多生穀者土力不盡也土力不盡者水利不脩也能用水不獨救旱亦可弭旱灌溉有法滋潤無方此救旱也均水田間水土相得興雲敲霧致雨甚易此弭旱也能用水不獨救潦亦可弭潦疏理節宣可蓄可洩此救潦也地氣發越不致鬱積既有時雨必有時暘此弭潦也不獨此也三夏之月大雨時行正農田用水之候若徧地耕墾溝洫縱橫播水于中資其灌溉必減大川之水先臣周用曰使天下人人治田則人人治河也是可損決溢之患也故用水一利能違數害調燮陰陽此其大者不然神禹之功僅抑洪水而已抑洪水之事則決九川距海濬畎澮距川而已何以遽曰水火金木土穀惟脩正德利用厚生惟和一舉而萬事畢乎用水之術不越五法盡此五法加以智者神而明之變而通之田之不得水者寡矣水之不爲

田用者亦寡矣用水而生穀多穀多而以銀錢爲之權當今之世銀方日增而不減錢可日出而不窮又以宋臣李綱所言節用救弊覈實開闔貿遷諸法設誠而致行之不加賦而國用足豈虛言也哉謹條例如左

一用水之源源者水之本也泉也泉之別爲山下出泉爲平地仰泉用法有六

其一源來處高于田則溝引之溝引者於上源開溝引水平行令自入于田諺曰水行百丈過墻頭

源高之謂也。但須測量有法。即數里之外。當知其高下尺寸之數。不然溝成而水不至。爲虛費矣。

其二溪澗傍田而卑于田。急則激之。緩則車升之。激者。因水流之湍急。用龍骨翻車龍尾車筒車之屬。以水力轉器。以器轉水。升入于田也。車升者。水流既緩。不能轉器。則以人力畜力風力運轉其器。以器轉水入于田也。圖見前

其三源之來甚高于田。則爲梯田以遞受之。梯田者。泉在山上山腰之間。有土尋丈以上。即治爲田。

節級受水。自上而下。入于江河也。梯田圖見田制

其四溪澗遠田而卑於田。緩則開河導水而車升之。急者或激水而導引之。開河者。從溪澗開河。引水至其田側。用前車升之法入于田也。激水者。用前激法起水于岸。開溝入田也。

其五泉在于此。用在于彼。中有溪澗隔焉。則跨澗爲槽而引之。爲槽者。自此岸達于彼岸。令不入溪澗之中也。

其六平地仰泉。盛則疏引而用之。微則爲池塘于其側。積而用之。爲池塘而復易竭者。築土椎泥以實之。甚則爲水庫而畜之。平地仰泉。泉之瀵湧上出者也。築土者。杵築其底。椎泥者。以椎椎底。作孔膠泥實之。皆令勿漏也。水庫者。以石砂瓦屑和石灰爲劑。塗池塘之底及四旁而築之。平之。如是者三。令涓滴不漏也。此畜水之第一法也。圖見前

一用水之流。流者。水之枝也。川也。川之別。大者爲江爲河。小者爲塘浦涇浜港汊沽瀝之屬也。用法有七

其一江河傍田。則車升之。遠則疏導而車升之。疏

導者。江南之法。十里一縱浦。五里一橫塘。縱橫脉散。勤勤疏濬。無地無水。此井田之遺意。宋人有言。塘浦欲深濶謂此也。

其二江河之流。自非盈涸無常者。爲之牐與壩。釃而分之爲渠。疏而引之以入于田。田高則車升之。其下流復爲之牐壩。以合於江河。欲盈則上閘下閉而受之。欲減則上閉下開而洩之。職所見寧夏之南靈州之北。因黃河之水。鑿爲唐來漢延諸渠。依此法用之。數百里間。灌溉之利。濊潤無方。寧城

絕塞城中之人。家臨流水。前賢之遺。可驗矣。因此推之。海内大川。倣此爲之。當享其利。濟亦孔多也。

其三、塘浦涇浜之屬。近則車升之。遠則疏導而車升之。

其四、江河塘浦之水溢入于田。則堤岸以衛之。堤岸之田。而積水其中。則車升出之。堤岸者。以禦水使不入也。大則爲黄河之堤。小則爲江南之圩。宋人有言隄岸欲高厚。謂此也。車升出之者。去水而秏稍。或已秏而去其水。使不沒也。

其五、江河塘浦源高而流卑。易涸也。則于下流之處。多爲牐以節宣之。旱則盡閉以留之。潦則盡開以洩之。小旱潦則斟酌開闔之。爲水則以準之。水則者。爲水平之碑。置之水中。刻識其上。知田間深淺之數。因知牐門啓閉之宜也。浙之寧波紹興。此法爲詳。他山鄉所宜。則倣也。

其六、江河之中。洲渚而可田者。堤以固之。渠以引之。牐壩以節宣之。

其七、流水之入于海而迎得潮汐者。得淡水迎而用之。得醎水。牐壩遏之。以留上源之淡水。職所見迎淡水而用之者。江南盡然。遏醎而留淡者。獨寧紹有之也。

一用水之瀦。瀦者。水之積也。其名爲湖。爲蕩。爲澤。爲洵。爲海。爲陂。爲泊也。用瀦之法有六。

其一、湖蕩之傍田者。田高則車升之。田低則隄岸以固之。有水車升而出之。欲得水。决堤引之。湖蕩而遠于田者。疏導而車升之。此數者。與用流之法畧相似也。

其二、湖蕩有源而易盈易涸。可爲害可爲利者。疏導以洩之。牐壩以節宣之。疏導者。懼盈而溢也。節宣者。損益隨時。資灌溉也。宋人有言牐竇欲多廣謂此也。

其三、湖蕩之上不能來者。疏而來之。下不能去者疏而去之。來之者。免上流之害。去之者。免下流之害。且資其利也。吳之震澤。受宣歙之水。又從三江百瀆注之于海。故曰三江既入。震澤底定。是也。

其四、湖蕩之洲渚可田者。隄以固之。

其五、湖蕩之豬太廣，而害于下流者，從其上源分之，江南五壩，分震澤以入江是也。

其六、湖蕩之易盈易涸者，當其涸時，際水而藝之麥，藝麥以秋，秋必涸也，不涸于秋，必涸于冬，則藝春麥，春旱則引水灌之，所以然者，麥秋以前無大水，無大暵，但苦旱耳，故用水者必稔也。

一用水之委，委者，水之末也，海也，海之用爲潮汐，爲島嶼，爲沙洲也。用法有四：

其一、海潮之淡可灌者，迎而車升之，易涸則池塘

以畜之，閘壩隄堰以留之，海潮不淡也，入海之水，迎而返之，則淡，禹貢所謂逆河也。

其二、海潮入而泥沙淤墊，屢煩濬治者，則爲牐爲壩爲竇，以遏渾潮，而節宣之，此江南舊法，宋元人治水所用，百年來盡廢矣，近并濬治亦廢矣，乃田賦則十倍宋元，民貧財盡，以此故也。其濬治之法，則宋人之言曰：急流搔乘，緩流撈剪，淤泥盤吊，平陸開挑，今之治水者，宜兼用之也。

其三、島嶼而可田，有泉者疏引之，無泉者爲池塘井庫之屬以灌之。

其四、海中之洲渚，多可田，又多近于江河，而迎得淡水也，則爲渠以引之，爲池塘以畜之。

一作原作豬以用水，作原者，井也，作豬者，池塘水庫也。高山平原，與水違行，澤所不至，開濬無施其力，故以人力作之，鑿井及泉，猶夫泉也，爲池塘水庫，受雨雪之水而豬焉，猶夫豬也，高山平原，水利之所窮也，惟井可以救之，池塘水庫，皆井之屬，故易井之彖稱井養而不窮也。作之之法有五：

其一、實地高無水，掘深數尺而得水者，爲池塘以畜雨雪之水，而車升之，此山原所通用，江南海壖數十畝一環池，深丈以上，圩小而水多者良田也。

其二、池塘無水脉而易乾者，築底椎泥以實之。

其三、掘土深丈以上而得水者，爲井以汲之，此法北土甚多，特以灌畦種菜，近河南及真定諸府，大作井以灌田，旱年甚獲其利，宜廣推行之也。井有石井、甎井、木井、柳井、葦井、竹井、土井，則視土脉之虛實縱橫，及地產所有也。其起法，有桔橰，有轆轤

有龍骨木斗有恒升筒。用人用畜高山曠野或用風輪也。圖見前

其四、井深數丈以上。難汲而易竭者。爲水庫以畜雨雪之水。他方之井。深不過一二丈。秦晋厥田上上。則有深數十丈者。亦有掘深而得鹹水者。其爲池塘爲淺井亦築土椎泥而水留不久。不若水庫之涓滴不漏千百年不漏也。

其五實地之曠者。與其力不能多爲井爲水庫者。望幸于雨。則歉多而稔少。宜令其人多種木。種木者用水不多。灌溉爲易。水旱蝗不能全傷之。既成之後。或取果。或取葉。或取材。或取藥。不得已而擇取其落葉根皮。聊可延旦夕之命。雖復荒歲。民猶戀此不忍遽去也。語曰木奴千。無凶年。

農政全書卷之十六終

農政全書卷之十七

特進光祿大夫太子太保禮部尚書兼文淵閣大學士贈少保諡文定上海徐光啓纂輯
欽差總督糧儲提督軍務巡撫應天等處地方都察院右僉都御史東陽張國維鑒定
直隷松江府知府穀城方岳貢同鑒

水利

灌溉圖譜

王禎曰。灌溉之利大矣。江淮河漢及所在川澤。皆可引而及田。以爲沃饒之資。但人情拘於常見。不能通變。間有知其利者。又莫得其用之具。今特多方搜摘。既述舊以增新。復隨宜而制物。或設機械而就假其力。或用挑浚而永賴其功。大可下潤於千頃。高可飛流於百尺。架之則遠達。穴之則潛通。世間無不救之田。地上有可興之雨。其用水有法。槩可見。故輯諸篇庶資農事云。

大水柵

水柵，排木障水也。若溪岸稍深，田在高處，水不能及，則於溪上流作柵遏水，使之旁出下溉，以及田所。其制：當流列植竪樁，樁上枕以伏牛，擗以植木，仍用塊石高壘衆楗，斜以邀水勢。此柵之小者。如秦雍之地所拒川水，率用巨柵。其蒙利之家，歲例量力均辦所需工物，乃深植樁木，列置石囤，長或百步，高可尋丈，以横截中流，使傍入溝港，凡所溉田畝計千萬，號爲陸海。今特列于圖譜，以示大小規制，庶彼方倣之，俾水爲有用之水，田爲不旱之田，由此柵也。

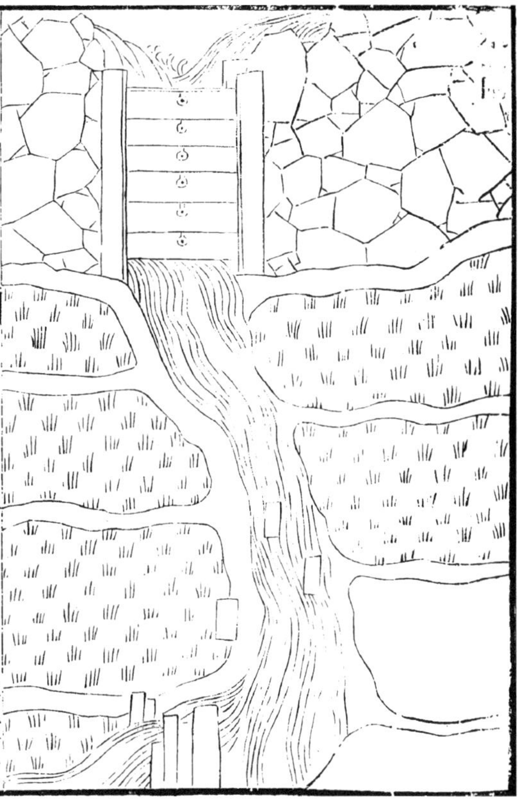

水閘、開閉水門也。間有地形高下。水路不均。則必跨據津要。高築堤壩匯水。前立斗門。甃石爲壁。疊水作障。以備啓閉。如遇旱涸。則撤水灌田。民賴其利。又得通濟舟楫。轉激輾磑。實水利之總揆也。

陂塘、說文曰、陂、野池也。塘、猶堰也。陂必有塘。故曰陂塘。周禮以潴蓄水。以防止水。說者謂潴者蓄流水之陂也。防者潴旁之隄也。今之陂塘。既與上同。考之書傳。廬江有芍陂。潁川有鴻隙陂。黃陵有雷陂、愛敬陂。陽平沛郡有鉗廬陂。其各溉田。大則數千頃。後世故跡猶存。因以爲利。今人有能別度地形。亦效此制。足溉田畝千萬。此作田圍。特省工費。又可畜育魚鼈。栽種菱藕之類。其利可勝言哉。

水塘

水塘即洿池因地形坳下用之潴蓄水潦或修築圳堰以備灌溉田畝兼可畜育魚鱉栽種蓮芡俱各獲利累倍大凡陸地平田別無溪澗井泉以溉田者救旱之法非塘不可夫江淮之間在在有之然官民異屬各爲永業歲收産利或用水之多便者

翻車

翻車今人謂龍骨車也魏畧曰馬鈞居京都城內有田地可爲圃無水以灌之乃作翻車令兒童轉之而灌水自覆漢靈帝使畢嵐作翻車設機引水灑南北郊路則翻車之制又起于畢嵐矣今農家用之溉田其車之制除壓欄木及列檻樁外車身用板作槽長可二丈闊則不等或四寸至七寸高約一尺槽中架行道板一條隨槽闊狹比槽板兩頭俱短一尺用置大小輪軸同行道板上下通週以龍骨板繫其在上大軸兩端各帶枴木四莖置於岸上木架之間人憑架上踏動枴木則龍骨板隨轉循環行道板刮水上岸此翻車之制關楗頗多必用木匠可易成造其起水之法若岸高三丈有餘可用三車中間小池倒水上之足救三丈已上高旱之田凡臨水地段皆可置用但田高則多費人力如數家相博計日趨工俱可濟旱水具中機械功捷惟此爲最

筒車

筒車流水筒輪。凡制此車，先視岸之高下，可用輪之大小。須要輪高於岸，筒貯於槽，方爲得法。其車之所在，自上流排作石倉，斜擗水勢，急湊筒輪。其輪就軸作轂，輻之兩旁閣於椿柱山口之内。輪軸之間，除受水板外，又作木圈縛繞輪上，就繫竹筒或木筒，謂小輪則用竹筒，大輪則用木筒。於輪之一週。水激轉輪，衆筒兜水，次第傾於岸上所横木槽，謂之天池，以灌田稻，日夜不息，絶勝人力。若水力稍緩，亦有木石制爲陂柵，横約溪流，旁出激輪，又省工費。或遇流水狹處，但壘石斂水湊之，亦爲便易。此筒車大小之體用也。有流水處，俱可置此。但恐他境之民未始經見，不知制度，今列爲圖譜，使倣傚通用，則人無灌溉之勞，田有常熟之利，輪之功也。

玄扈先生曰：凡取水之術有四：一曰括，二曰過，三曰盤，四曰吸。括之道有二：一曰獨刮，急流水中加逼脫，可括上數丈也；二曰遞括，不論急緩，但有流水，以三輪遞括，可利出入也。過之道有二：一曰全過，今之過山龍，必上水高於下水，則可爲之，至平則止；二曰二

過，以人力節宣，隨氣呼吸，苟上流高於下流一二尺，便可激至百丈以上也。盤之法至多，此書所載凡有輪軸者皆是。其妙絶者，遞互輪瀉，交輪叠盤，可至數里山巔。但括法必須流水；過法不論行止，必須上流高於下流；盤法在流水用水力，在止水必須風及人畜之力；獨吸法不論行止緩急，不拘泉池河井，不須風水人畜，只用機法，自然而上，但所取不能多，止可供飲，備用溉田，必須多作，頗亦易辦。

水轉翻車。其制與人踏翻車俱同。但於流水岸邊掘一狹塹。置車於內。車之踏軸。外端作一豎輪。豎輪之傍。架木立軸。置二臥輪。其上輪適與車頭豎輪輻支相間。乃擗水傍激。下輪既轉。則上輪隨撥車頭豎輪而翻車隨轉。倒水上岸。此是臥輪之制。若作立軸。當別置水激立輪。其輪輻之末。復作小輪。輻頭稍濶。以撥車頭豎輪。此立輪之法也。然亦當視其水勢。隨宜用之。其日夜不止。絕勝踏車。

玄扈先生曰。此却未便。水勢太猛。龍骨板一受齧齬即決裂不堪。與今風水車同病。若長流水中。不如筒車爲穩。平流用風。不佞別有一法。

牛轉翻車，如無流水處車之。其車比水轉翻車卧輪之制，但去下輪，置於車傍，岸上用牛拽轉輪軸，則翻車隨轉。比人踏功將倍之。與前水轉翻車，皆出新制，故遠近倣之，俱省工力。

驢轉筒車、即前水轉筒車、但於轉軸外端、別造豎輪豎輪之側、岸上復置卧輪、與前牛轉翻車之制、無異凡臨坎井、或積水淵潭、可澆灌園圃、勝於人力汲引。玄扈先生曰：此却太拙。筒車之妙、妙在用水。若用人畜之力。是水行迂道。比于翻車。枉費十分之三

高轉筒車其高以十丈爲準上下架木各竪一輪下輪半在水内各輪徑可四尺輪之一周兩傍高起其中若槽以受筒索其索用竹均排三股通穿爲一隨車長短如環無端索上相離五寸俱置竹筒筒長一尺筒索之底托以木牌長亦如之通線鐵線縛定隨索列次絡於上下二輪復於二輪筒索之間架刳木平底行槽一連上與二輪相平以承筒索之重或人踏或牛拽轉上輪則筒索自下兠水循槽至上輪輪首覆水空筒復下如此循環不已日所得水不啻平地車戽若積爲池沼再起一車計及二百餘尺如田高岸深或田在山上皆可及也所轉上輪形如軭制易繳筒索用人則如輪軸一端作掉拔用牛則制作竪輪如牛轉翻車之法或於輪軸兩端造作拐木如人踏翻車之制若筒索稍慢則量移上輪其餘措置當自忖度不能悉成

玄扈先生曰此製却可用之急流挈水雖少而行地頗高若在平水亦須用人畜之力然猶勝挈瓶也但凡車戽之制獨平水爲難耳若果係迅流即數里可激而上此區區者何足以云別有水轉筒車與高轉筒車之制頗同故著其說於後圖不載

水轉筒車遇有流水岸側欲用高水可立此車其車亦高轉筒輪之制但於下輪軸端別作竪輪傍用卧輪撥之與水轉翻車無異水輪既轉則筒索兠水循槽而上餘如前例又須水力相稱如打輾磨之重然後可行日夜不息絕勝人牛所轉此誠祕術今表暴之以諭來者

連筒以竹通水也凡所居相離水泉頗遠不便汲用乃取大竹内通其節令本末相續連延不斷閣之平地或架越澗谷引水而至又能激而高起數尺注之池沼及庖湢之間如藥畦蔬圃亦可供用杜詩所謂

遠筒灌小園

玄扈先生曰豈有激而高起之理若能高起必是上流受處高於下流洩處故也果高則百丈亦可不高則分寸不能但是上流高于下流一二尺即能取水至百丈之上此則制作之巧耳

架槽，木架水槽也。間有聚落，去水既遠，各家共力造木爲槽，遞相嵌接，不限高下，引水而至。如泉源頗高，水性趨下，則易引也。或在窪下，則當車水上槽，亦可遠達。若遇高阜，不免避礙，或穿鑿而通。若遇坳險，則置之叉木，駕空而過。若遇平地，則引渠相接。又左右可移，隣近之家，足得借用。非惟灌溉多便，抑可瀦蓄爲用。暫勞永逸，同享其利。

戽斗，挹水器也。唐韻云：戽，杼（上與切）也。杼，水器挹也。凡水岸稍下，不容置車，當旱之際，乃用戽斗，控以雙綆，兩人掣之，抒水上岸，以溉田稼。其斗或柳筲，或木罌，從所便也。

玄扈先生曰：此是岸下不必置車，或所用水少，權作此耳。若以溉田，即岸下亦是置車爲妙。

刮車，上水輪也。其輪高可五尺，輻頭濶至六寸。如水頗下田，可用此。其先於岸側掘成峻槽，與車輻同濶。然後立架安輪，輪軸半在槽內。其輪軸一端，擐以鐵鉤木拐。一人執而掉之，車輪隨轉，則衆輻循槽刮水上岸，溉田便於車戽。

玄扈先生曰：此必水與岸相去止一二尺，方可用。若歲潦，用以出水圩外，尤便。若並流水，便可激輪出入，則不煩人畜，其利甚博也。

桔槹、挈水械也通俗文曰桔槹機汲水也說文曰、桔結也所以固屬、槹臯也所以利轉、又曰臯綬也、一俯一仰有數存焉不可速也然則桔其植者而槹其俯仰者與、莊子曰子貢過漢陰、見一丈人方將爲圃畦、鑿隧而入井抱甕而出灌、搰搰然用力甚多而見功寡、子貢曰、有械於此、一日浸百畦、鑿木爲機、重前輕挈、水若抽數如泆湯、其名爲槹、又曰、獨不見夫桔槹者乎、引之則俯舍之則仰、彼人之所引、非引人者也、故俯仰不得罪於人、今瀕水灌園之家多置之、實古今通用之器、用力少而見功多者、

轆轤，纏綆械也。唐韻云：圓轉木也。集韻作犢轆，汲水木也。井上立架置軸，貫以長轂，其頂嵌以曲木。人乃用手掉轉，纏綆於轂，引取汲器。或用雙綆而逆順交轉，所懸之器，虛者下，盈者上，更相上下，次第不輟，見功甚速。凡汲於井上，取其俯仰則桔槔；取其圓轉則轆轤。皆挈水械也。然桔槔綆短而汲淺，獨轆轤深淺俱適其宜也。

玄扈先生曰：此大拙，不如吸法爲妙。吸法有二：一用人力，工費力省；一不用人力，作之少費工料，用之却甚利益。

瓦竇泄水器也、又名函管、以瓦筒兩端牙鍔相接。置於塘堰之中。時於田水須預於塘前堰内。叠作石檻以護筒口。令於啓閉、不然、則水湊其處、非惟難於窒塞、抑亦衝渲滲漏、不能久穩。必立此檻。其竇乃成。唐韋丹爲江南西道觀察使、築堤扞江竇以疏漲、此雖竇之大者、亦其類也、

石籠又謂之卧牛判竹、或用藤蘿、或木條編作圈眼大籠、長可三二丈。高約四五尺。以籤樁止之。就置田頭内貯碨石、以擗暴水、或相接連、延遠至百步。若水勢稍高則壘作重籠。亦可遏止。如遇隈岸盤曲尤宜周折以禦奔浪、併作洄流。不致衝蕩埂岸、農家瀕溪護田、多習此法、比於起叠堤障、甚省工力。又有石笆擗水與此相類、

浚渠

浚渠、凡川澤之水。必開渠引用。可及於田。考之古有溝洫畎澮以治田水、書云濬畎澮距川是也、逮夫疏鑿已遠井田變古、後世則引川水爲渠以資沃灌、按史記秦鑿涇爲渠、又關西有鄭國白公六輔之渠、外有能首渠河內有史起十二渠、范陽有督亢渠、河北有廣戾渠朗州有右史渠、今懷孟有廣濟渠、俱各溉田千百餘頃、利澤一方、永無旱暵所謂人能勝天、豈不信哉、後之人有能因其地利水勢繼此而作益國富民可見速效、凡長民者、宜審行之、

陰溝

陰溝。行水暗渠也、凡水陸之地。如遇高阜形勢。或隔田園聚落。不能相通。當於穿岸之傍。或溪流之曲。穿地成穴。以磚石爲圈。引水而至。若別無隔礙。則當踏視地形。用策索度其高下。及經由處所。畫爲界路。先引濬秤耕過。後復浚掘乃作甃穴。上覆元土。亦是一法。如灌溉之餘。常流不絕。又可蓄爲魚塘蓮蕩。其利亦溥、或貫穿城邑巷陌。及注之園囿池沼。悉歸於用。雖遠近大小深淺曲直不同、然皆伏流內達、背澤傍通、水利之中、最爲未便、此皆泉源在上、或在平地、易以通流、如水在溝下、當車水上之、溉田則一也、或遇田澇、則反能撤水下之、此又陰溝用水之變法、

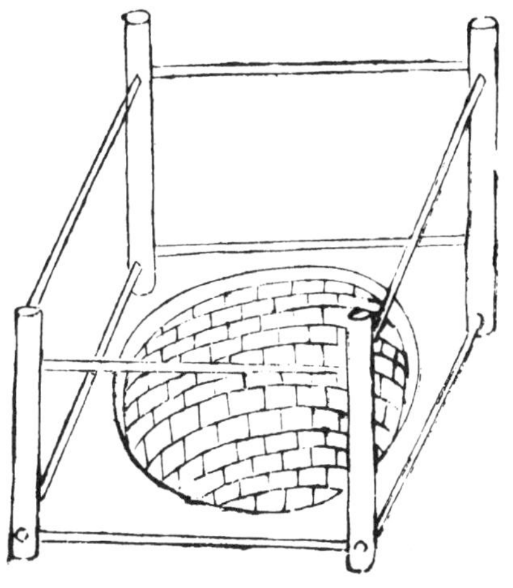

井，地穴出水也。說文曰：清也。故易曰：井冽寒泉食。甃之以石則潔而不泥，汲之以器則養而不窮，井之功大矣。按周書云：黄帝穿井。又世本云：伯益作井。堯民鑿井而飲，湯旱伊尹教民田頭鑿井以溉田，今之桔槔是也。此皆人力之井也。若夫巖穴泉竇流而不窮，汲而不竭，此天然之井也，皆可灌溉田畝，水利之中所不可闕者。

玄扈先生曰：井以深大爲佳。如南方小井則用木筒，大而敞口，則汲者懼險。須如北方三四眼者，以容轆轤，即大善矣。其蓋則須極厚，上施石欄焉。既言井，易不具汲法也。汲有三法：汲爲上，轆轤次之，挈綆缶爲下。轆轤又有一種，上文所具在中下之間。

水䉶，薄庚切。集韻云：竹箕也。又籠也。夫山田利於水源在上，間有流泉飛下，多經磴級，不無混雜泥沙淤壅畦埂。農人乃編竹爲籠，或木條爲捲芭，承水透溜，乃不壞田。

農政全書卷之十七終

農政全書卷之十八

特進光祿大夫太子太保禮部尚書兼文淵閣大學士贈少保謚文定上海徐光啓纂輯
欽差總理糧儲提督軍務巡撫應天等處地方都察院右僉都御史東陽張國維鑒定
直隸松江府知府穀城方岳貢同鑒

水利

利用圖譜

王禎曰：水利之用衆矣，惟關於農事係於食物者錄之。然必假他物，乃可成功。所以訪諸彼而得於此，稽諸古而行於今，啓祕於初，傳幹連機，而同運。或造穀食，代人畜之勞；或導溝渠，集雲雨之効；或資米引於戽漏；或供刻漏于田疇。其餘舟楫灌溉等事，已具前篇。覽者當互相參攷，以盡水利之用云。

濬鏵

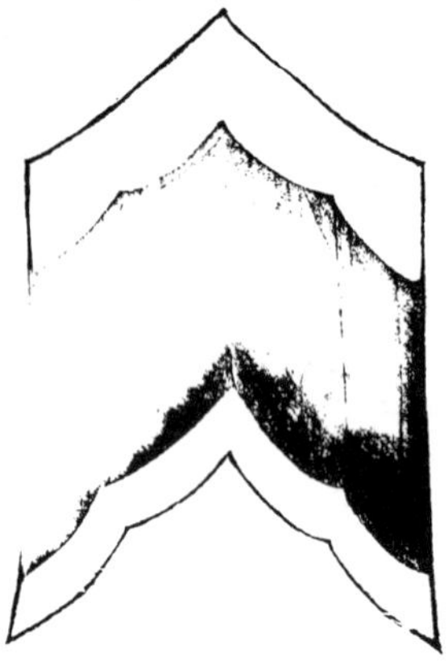

濬鏵：書云：濬畎澮距川。今濬鏵即此濬也。周禮匠人為溝洫，耜廣五寸，二耜為耦，一耦之伐，廣尺深尺。以此考之，則知濬鏵即耦耜之法，其制大倍常鏵，鏵亦稱是。凡開田間溝渠，及作陸塹，乃別制箭犂，可用此鏵。以犂底為胎，煅鐵為刃，犂轅貫以橫木，二人扶之，可使數牛輓行，捕犂既深。一去復回，即成大溝。挑浚之力，日省萬數。唐書天寶初，開砥柱之險以通流，石中得古鐵犂鏵，上有平陸二字，因改河北縣為平陸縣。此蓋先開險時所遺器也。又泰山下舊有曠野，其地洿下，不任種蒔，土人呼曰淳于泊，近于耕斸之際得舊鏵，大可尺餘，故老云，聞昔有大鏵，用開田間去水溝塹。當是此器，因并記之，以為興利者之助。

水排集韻作橐、與鞴同、韋囊吹火也、後漢杜詩爲南陽太守、造作水排、鑄爲農器、用力少而見功多、百姓便之、注云、冶鑄者爲排吹炭、今激水以鼓之也、魏志曰、胡暨字公至、爲樂陵太守、徙監冶謁者、舊時冶作馬排、每一熟石、用馬百匹、更作人排、又費工力、暨乃因長流水爲排、計其利益三倍於前、由是器用充實、以今稽之、此排古用韋囊、今用木扇、其制當選湍流之側。架木立軸、作二臥輪、用水激轉下輪。則上輪所週絃索、通激輪前旋。鼓掉枝一例隨轉、其掉枝所貫

行桄因而推輓、臥軸左右攀耳、以及排前直木。則排隨來去。搧冶甚速。過於人力。又有一法、先於排前直出木簨、約長三尺、簨頭豎置偃木、形如初月、上用鞦韆索懸之、復於排前植一勁竹、上帶捧索、以控排扇、然後却假水輪臥軸、所列拐木、自上打動、排前偃木、排卽隨入、其拐旣落、捧竹引排復回、如此間打一軸、可供數排、宛若水碓之制、亦甚便捷、故併錄此、

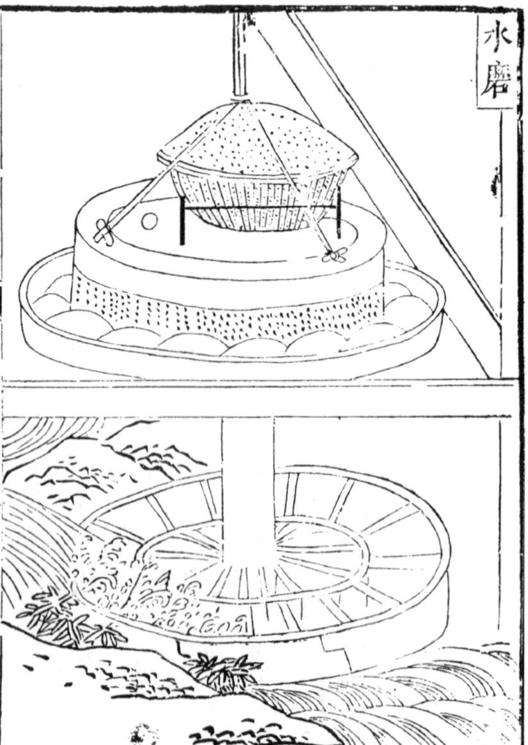

水磨凡欲置此磨必當選擇用水地所先儘並岸擗水激轉或別引溝渠掘地棧木棧上置磨以軸轉磨中下徹棧底就作臥輪以水激之磨隨輪轉比之陸磨功力數倍此臥輪磨也又有引水置閘甃爲峻槽槽上兩傍植木架以承水激輪軸軸要別作竪輪用擊在上臥輪一磨其軸末一輪傍撥周圍木齒一磨既引水注槽激動水輪則上傍二磨隨輪俱轉此水機巧異又勝獨磨此立輪連二磨也復有兩船相傍上立四楹以茅竹爲屋各置一磨用索纜於水急中流船頭仍斜揷板木湊水抛以鐵爪使不横斜水激立輪其輪軸通長旁撥二磨或遇泛漲則遷之近岸可許移借比他所又爲活法磨廢興利者度而用之

水礱、水轉礱也、礱制上同、但下置輪軸、以水激之、一如水磨、日夜所破穀數、可倍人畜之力、水利中未有此制、今特造立、庶臨流之家、以憑倣用、可爲永利、

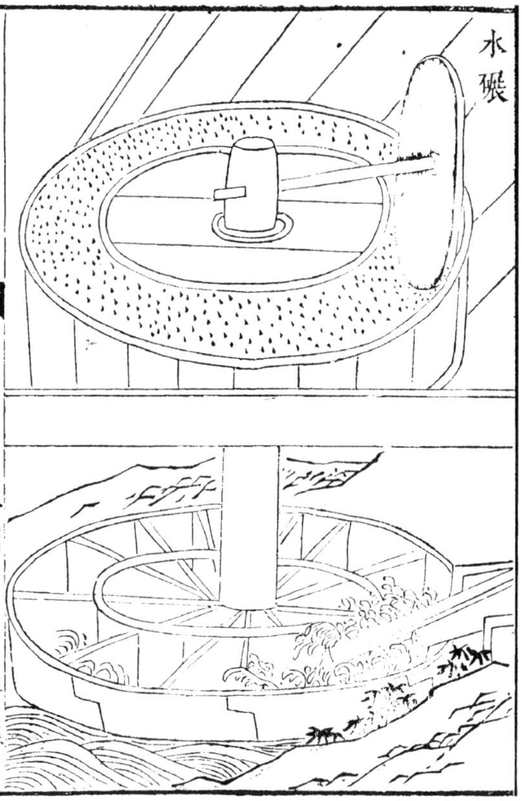

水碾、水輪轉碾也、後魏書、崔亮教民爲輾、奏於方張橋東堰谷水、造水輾數十區、豈水輾之制、自此始歟、其輾制上同、但下作臥輪或立輪、如水磨之法、輪軸上端穿其碢幹、水激則碢隨輪轉、循槽轢穀、疾若風雨、日所毀米、比於陸輾、功利過倍、

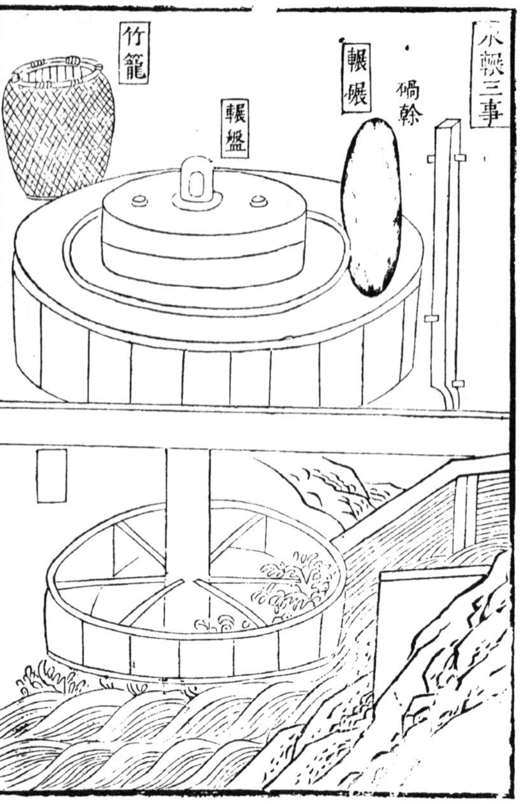

水輾三事，謂水轉輪軸可兼三事，磨、礱、輾也。初則置立水磨，變麥作麵，一如常法。復於磨之外周造輾圓槽。如欲毀米，惟就水輪軸首易磨置礱，既得糲米，則去礱置輾，碢斡循槽碾之，乃成熟米。夫一機三事，始終俱備，變而能通，兼而不乏，省而有要，誠便民之活法，造物之潜機。今創此制，幸識者述焉。

卷十八　十號

水轉連磨、其制與陸轉連磨不同此磨須用急流大水、以湊水輪、其輪高闊輪軸圍至合抱、長則隨宜中列三輪、各打大磨一盤磨之周匝、俱列木齒磨在軸上閣以板木、磨傍留一狹空、透出輪輻以打上磨木齒。此磨既轉其齒復傍打帶齒二磨、則三輪之功。互撥九磨。其軸首一輪。既上打磨齒。復下打碓輪。可兼數碓。或遇天旱、旋於大輪一週、列置水筒。晝夜溉田數頃。此一水輪、可供數事其利甚博、嘗至江西等處見此制度、俱係茶磨所兼碓具、用搗茶葉然後上磨、若他處地分、間有溪港大水、做此輪磨、或作碓輾日得穀食、可給千家、誠濟世之奇術也、陸轉連磨下用水輪亦可、

水擊麵羅隨水磨用之。其機與水排俱同按圖視譜當自考索、羅因水力互擊椿柱。篩麵甚速倍於人力。

又有就磨輪軸作機擊羅。亦為捷巧、

機碓、水擣器也、通俗文云水碓曰翻車碓、杜預作連機碓、孔融論水碓之巧、勝於聖人斵木掘地、則翻車之類愈出於後世之機巧、王隱晉書曰、石崇有水碓三十區、今人造作水輪、輪軸長可數尺、列貫橫木、相交如滚搶之制、水激輪轉、則軸間橫木、間打所排碓稍、一起一落舂之、即連機碓也。凡在流水岸傍、俱可設置、須度水勢高下爲之、如水下岸淺、當用陂柵、或平流、當用板木障水、俱使傍流急注、貼岸置輪、高可丈餘、自下衝轉、名曰撩車碓、水若高岸深、則爲輪減

小而濶、以板爲級、上用木槽、引水直下射轉輪板、名曰斗碓、又曰鼓碓、此隨地所制、各趨其巧便也、

槽碓、碓稍作槽受水、以爲舂也。凡所居之地、間有泉流稍細、可選低處、置碓一區、一如常碓之制、但前頭減細、後稍深潤、爲槽可貯水斗餘、上庇以厦、槽在厦、乃自上流用筧引水下注於槽、水滿則後重而前起。水瀉則後輕而前落、卽爲一舂、如此晝夜不止、可毀米兩斛、日省二工、以歲月積之、知非小利、

玄扈先生曰、不言轉輸機括、使後來者何述焉、

水轉大紡車，此車之制，但加所轉水輪，與水轉輾磨之法俱同。中原麻苧之鄉，凡臨流處所，多置之。今特圖寫，庶他方績紡之家，倣此機械，比用陸車，愈便且省，庶同獲其利。

缶

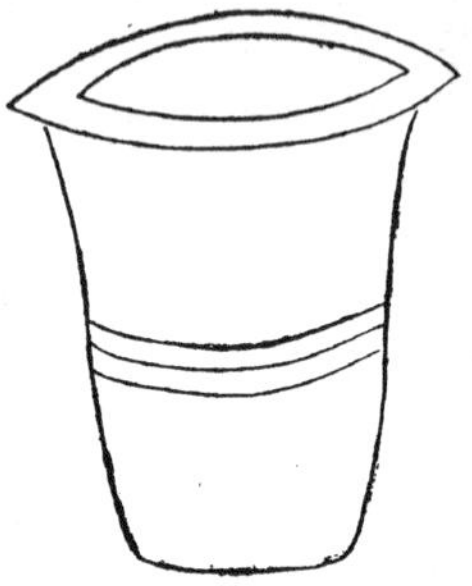

缶，汲水器。左傳宋災，樂喜爲政，具綆缶。爾雅疏云：比卦初爻有孚盈缶，注云：辰在爻木上值東井，井之水人所汲用缶。楊惲傳曰：田家作苦，歲時伏臘，烹羊炰羔，斗酒自勞，酒後耳熱，仰天擊缶而呼烏烏。應劭曰：缶，瓦器也。今汲器用瓦，亦缶之遺制也。

綆

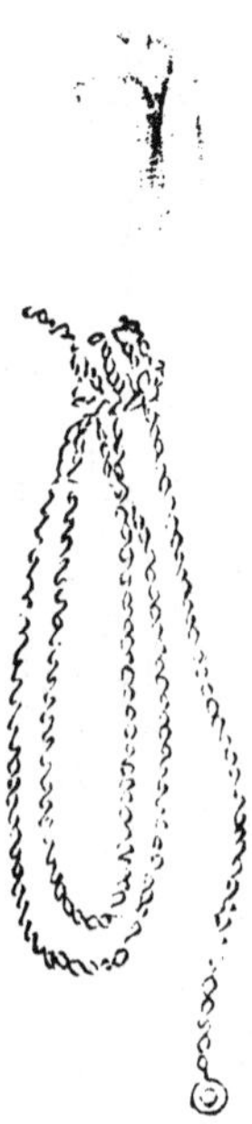

綆，郭璞云：汲水索也。易卦云：汔至亦未繘井。方言：繘，自關而東周洛韓魏間謂之絡，關西謂之繘綆，或作統，俗謂井索。下係以鈎，今汲用之家必有轆轤，爲綆設也。

農政全書卷之十八終

農政全書卷之十九

特進光祿大夫太子太保禮部尚書兼文淵閣大學士贈少保謚文定上海徐[illegible]
欽差總理糧儲提督軍務巡撫應天等處地方都察院右僉都御史東陽張國維鑒定
直隸松江府知府穀城方岳貢同鑒

水利

泰西水法上

用江河之水爲器一種

龍尾車記曰：龍尾車者，河濱挈水之器也。治田之法，旱則挈江河之水入焉，潦則挈田閒之水出焉。治水之法，淺涸則挈水而入，方舟焉；疏瀹則挈水而出，畚鍤焉。不有水之器，不得水之用。三代而上，僅有桔槔。東漢以來，盛資龍骨。龍骨之制，曰灌水田二十畝，以四三人之力，旱歲倍焉，高地倍焉，駕馬牛則功倍費亦倍焉。溪澗長流而用水，大澤平曠而用風，此不勞人力自轉矣。枝節一蠖，全車悉敗焉。然而南土水田，支分櫛比，國計民生，于焉是賴。即茲器所在，不爲無功已。獨其人終歲勤動，尚憂衣食。至北土旱災，赤地千里，欲拯斯患，宜有

進焉。今作龍尾車，物省而不煩，用力少而得水多。其大者，一器所出若決渠焉，累接而上，可使在山。是不憂高田，築爲堤塍而出之，計日可盡。是不憂潦歲與下田。去大川數里數十里，鑿渠引之，無論水稻若諸水生之種，可以必濟，即黍稷菽麥木棉蔬菜之屬，悉可灌溉。是不憂旱。濬治之功，出水當五分之一。今省十九焉，是不憂疏鑿。龍蟠之斗。旱熯之年，上源枯竭，穿渠旁引，多用此器，下流之水可令復上，是不憂漕也。蓋水車之屬，其費力也以重。水車之重也，以障水以帆風以運旋本身。龍尾者，入水不障水，出水不帆風，其本身無銖兩之重，且交纏相發，可以一力轉二輪，遞互連機，可以一力轉數輪，故用一人之力，常得數人之功。又向所言風與水，能敗龍尾之車也，在鶴膝斗板。龍尾者，無鶴膝，無斗板，器居水中，環轉而已。湍水疾風，彌增其利，故用風水之力而常得人之功。若有水之地，悉皆用之，竊計人力可以半省，天災可以半免，歲入可以倍多，財計可以倍足，方于龍骨之類，大

畧勝之然而千慮之一以當起予可也智士用之
曲盡其變不盡方來或者無煩覼縷焉
龍尾者水象也象水之宛委而上升也龍尾之物有六一曰軸軸者轉之主也水所由以下而爲上也二曰墻墻者以束水也水所由上也三曰圍圍者外體也所以爲固抱也四曰樞樞者所以爲利轉也五曰輪輪者所以受轉也六曰架架者所以制高下也承樞而轉輪也六物者具斯成器矣或人焉或水焉風馬牛焉巧者運之不可勝用也

一曰軸
圍木爲軸長短無定度視水之淺深斟酌焉而爲之度二十五分其軸之長以其二爲之徑木之圜必中規而上下等以八繩附臬之法八平分其軸之周直繩而施之墨軸之兩端因直繩之兩端而施之墨八繩之交得軸之心也以八平分之一分爲度以度八繩之墨皆平行相等而爲之界以句股求弦之法兩界斜相望而墨爲之弦弦之竟軸而得一螺旋之墨因螺旋之墨而立之墻爲螺墻墻之間而得螺旋之溝爲螺溝螺溝者水道也軸得一墨焉則得一墻焉一溝焉水得一道焉或二之或三之四之以上同于是多則均一則專惟所爲之既墻而圍之既建而遞之而轉之水則自螺旋之孔入也水之入于螺旋之孔也水自以爲已下也而不自知其已上也故曰軸者轉之主也水所由以下而爲上也
注曰圜與圓同量水淺深者下文言句四股三弦五則岸高九尺者軸之長當一丈五尺也凡作軸皆度岸高以三五之法準之二十五分之

二者如軸長一丈則徑八寸如本篇第一軸立面圖巳丁長一丈則丁丙之徑八寸也此畧言軸欲大耳若徑至三寸以上不嫌長丈八寸以上不嫌長二丈也軸過小則水爲之不升八繩附臬者周禮樹八尺之臬縣八繩下垂皆附于臬今軸身作線大畧似之也八平分者如軸兩端圖甲乙丙丁戊圈爲軸之周所分甲乙乙丙等八分者平分度也軸之兩端臥其軸各作巳甲過心線依法分之即上下合也次于軸兩端

之邊依所分各界兩兩相對各作平行直線八
線附木皆平直是爲八平分軸之周如立面圖
巳丁庚丙諸線是也次于兩端各作甲巳丁丙
諸線則得軸兩端之各庚心也以八平分之一
爲度者謂以甲乙爲度從庚至辛作庚辛辛壬
等短界線至丙而止八線皆如之各線之短界
線皆平行皆相等也墨爲之弦者從庚向癸依
句股法作庚癸斜弦線內纏之至子外纏之至
丑至寅至卯至辰斜纏軸面竟軸而止則得一

螺旋線也單線則爲單墻單溝也若欲爲雙溝
者則平分庚丑線得午從午外上向巳內下向
未亦依法作螺旋線也若作四槽者又平分庚
午于壬依法作之欲作三槽六槽九槽者先分
軸爲九平分欲作五槽十槽者先分軸爲十平
分依法作之

二曰墻

軸之上因各螺旋之繩而立之墻墻之法或編之或
累之皆塗之墻之兩端不至于軸之兩端其至也無
定度惟所爲之以樞之短長稱之八分其長以其
一爲墻之高可減也不可加也墻其累之也欲堅而
無墮也其編之也欲密而平也其塗之也欲均而無
罅也兩墻之間謂之溝溝水道也水行溝中而墻制
之使無下行也故曰墻者所以束水也水所由上

注曰編墻之法削竹爲柱依螺旋之線而立之
每立一柱即與軸面之八平分長線爲直角如
立柱于本篇一圖之午即於爲垂線與庚丙長
線爲直角也而又與軸兩端之丙丁爲一直線

也若本篇二圖之癸丙是也削柱欲均安柱欲
正列柱欲順立柱欲齊既畢則以繩編之畧如
織箔之勢繩以麻或紵或菅或布或篾惟所爲
之既畢以瀝青和蠟或和熟桐油和石灰瓦灰
塗之或以生漆和石灰瓦灰塗之凡瀝青加蠟
與桐油取和澤而止石瓦灰相半桐油或漆和
之取燥濕得宜而止累墻之法取柔木之皮如
桑槿之屬剝取皮裁令廣狹相等以瀝青和蠟
依螺旋之線層層塗而積之累畢如前法塗之

既畢而兩墻之間成螺旋之溝、水從溝行而墻不漏者、是墻之善也、八分之一者、如軸長八尺、則墻高一尺、此亦畧言高之所至也、一以下任意作之、故曰可減不可增、一法若欲爲長軸、則墻之高與軸之徑等、

三曰圍

墻之外、削版而圍之、版欲無厚、墻之兩端、順墻柱之勢、穿軸而立四柱焉、依墻之高而束之環、圍板之端入于環、圍之外、以鐵爲環而約之、長者中分圍之長、

以鐵環約之、又長者三分其長、以兩環約之、圍之版其相合也、與其合于墻之上也、皆合之以塗墻之齊、圍之外、皆塗之以受雨露也、圍其合也欲無罅、圍之合于墻也、欲無罅、有圍、故水入螺旋之孔而不絕、無罅。故水行于螺旋之溝而不洩、則水旋而上也、故曰圍者外體也、所以爲固抱也、

注曰、圍之板、量圍徑之大小與其長、酌全體之重輕而制厚薄焉、其長竟墻、其廣一寸以上、視圍徑之小大增損之、太廣而合之、則觚見也、其內面稍刳之、以就墻之圓、外面者、圍既合而削之、當墻之盡、穿軸爲四柱者、所以居環而受圍也、如本篇三圖之卯寅辰午等是也、環以堅靭之木爲四弧、弧各加于環柱之上、合之成環焉、環之下方或爲溝焉、居中以受圍板之端、或居外、或居內、爲刻而受之、如爲溝于未、此居中也、爲刻于申、此居外也、于酉居內也、鐵環之束在兩端者、與木環相抵、卯午也、戌亢也、或中分約之者、心斗是也、若兩中環者、則在尾與箕也、或

不用鐵環以繩約之而塗之、齊與劑同、合以塗墻之劑者、瀝青和蠟、或油灰、或漆灰也、若塗圍之周者、則漆灰爲上、油灰次之、瀝青和蠟者、恐不耐暑日也、爲下、而欲速成、則用之、欲解而時脩、則用之、是者暑日架之、則以苫蓋之、水入于螺旋之孔者、孔在環之內、軸之外、四柱之中、成亥角亢之間是也、雖下向必入者、以迤故、水趨于圍也、既其出、則在卯寅辰午之間矣、一法、墻之兩端、以二圓版蓋之、開圍板之下端而水入

之閘上端之圜板而出之其效同焉

四曰樞

軸之兩端鐵爲之樞當心而立之樞之用在圜輪在圜若在軸者皆圜之輪在上樞方其上樞之上輪在下樞方其下樞之下方之者以居輪立樞欲正欲直不正不直者輕重不倫也既正既直輕重均轉之如將自轉焉則雖大而無重也故曰樞者所以爲利轉也

注曰當心者本篇一圖之庚心也樞之大小長短無定度量全體之輕重制大小焉量輪之所在與地之所宜制短長焉輪所在者有七下方詳之也方則止故可以居輪正者當庚之心直者與軸端圓面爲直角與軸上八平分線俱爲一直線也求正尚有軸端諸線可憑求直稍難焉今立一試法視一圖軸兩端諸分線以規一抵軸端邊之乙一抵樞之頂心爲度次去乙抵戊量之又去戊抵巳量之皆至于樞之頂心者即樞直也如將自轉者成速之甚也

五曰輪

輪有七置輪有三式七置者當圜之中焉圜之兩端焉軸之兩端焉兩樞焉在圜者夾其圜而設之輻輻之末周之以輞焉輞樹之齒焉在軸與樞者方其處而入之轂轂樹之齒焉凡輪皆以他輪之齒發之其疾徐之數視輪與他輪之大小焉其齒之多寡焉故輪欲密附而少爲之齒輪附而齒少他輪大而齒多則其出水也必疾矣故曰輪者所以爲受轉也

注曰輪有七置者因地勢也量物力也相大小而制疾徐也在圜之中者本篇四圖之丁是也在圜之兩端者丙與戊是也在軸之兩端者乙與巳是也在兩樞者甲與庚是也若車大而軸長出水之地高則在丁矣若平地受水而用人力畜力風力者當在甲乙丙矣用水力當在戊巳庚矣夾圜之輻子丑之類是也辛者容圜之空也壬癸輞也寅卯之類齒也方其處者軸與樞當受轂之處也辰入樞之空也戌入軸之空也午轂也酉亦轂也未申亥角之類皆齒也他

輪者、或人、畜、或馬牛羸車、或風車、或水車之輪也、此諸車之輪者、非謂其大臥輪也。葢指接輪焉。接輪者、農家所謂撥子是也。試言人車則有臥軸也、臥軸之一端、有接輪、臥軸之上、有拐木也、今于甲乙丙、任置一輪焉、如置在軸之乙輪。即以臥軸之接輪、交于乙輪。人踐拐木而轉之。接輪與乙輪相發也。若馬牛羸車及風車。則有臥軸也。臥軸之兩端皆有接輪。今以其一交于乙輪。以其一交于彼車之大臥輪。駕畜焉、颿風

焉而轉之接輪與乙輪相發也。若水轉之車則有臥軸也。臥軸之一端有接輪。臥軸之上有立輪。立輪之外有受水之篷也。今于戊巳庚任置一輪焉。如置在軸之巳輪。即以臥輪之接輪交于巳輪。水激于篷。而臥軸爲之轉。接輪與巳輪相發也。疾徐之數與他輪相視者、如乙巳之輪齒十二、人車之接輪齒十二、是拐木一轉而得一轉也。如樞輪之齒八。而人車之接輪齒十六。是拐木一轉而得二轉也人車之接輪齒二十四是一轉而得三轉也若樞輪之齒八而[illegible]颿風之臥輪齒七十二是一轉而得九轉也故曰輪欲密附。密附則齒爲之少。他輪欲大。大則齒多。然而密者過密焉。則力爲之不任。大者過大焉。則遲。故曰因地勢、量物力、相大小、而制徐疾焉、今圖樞輪之齒八、軸輪十二、圍輪十六、約畧作之、非定率也、趣欲使兩輪之交、疎密相等焉、長短相入焉、相關相發而不滯、則足矣、其小者、欲無用輪、方其樞之末、別爲衡、衡之一端入

于樞焉、其一端植之柱焉、柱之體圓、又爲之掉枝而首爲圓孔焉、以掉枝之圓孔、入于柱而轉之、若大者而欲無用輪、則以兩掉枝同加于柱、兩人對執而轉之、最大者、兩掉枝之末、各爲持衡、四人或六人、對持其衡而轉之、

六曰架

架者、一上一下、皆爲砥柱、或木焉、或石焉、或瓴甋焉、柱之植、欲堅以固也、下柱居水中、以鐵爲管、施之柱首、迤而上向、以受下樞之末、制管高下、量水之勢、令

得入于螺溝之下孔而止也上者居岸以鐵爲管施之桯首迤而下向以受上樞之末若輪與衡在上樞之末者則中樞兩設之頸以鐵爲山口而架樞其上由其樞之末以受輪與衡也制高下之數以句股爲法而軸心爲之弦弦五焉則句四焉股三焉過偃則不高過高則不升

注曰瓴甋甎也堅者其本體堅固者其立基固也上桯者本篇五圖之甲乙是也下桯者丙丁是也上管以受上樞戊也下管以受下樞巳也

句股法者一高一下如四圖之亢房線而置之今上樞之末在亢下樞之末在房也三四五者如上樞之末爲亢至下樞之末爲房長一丈如法置之則自下樞之末房依地平作平行線自上樞之末亢作垂線而兩線相遇于氐其亢氐線必長六尺氐房線必長八尺也若迤建于岸之側謂無從作垂線者則以句股法反用之以圍板爲倒弦別作一尾箕垂線爲股尾爲直角作尾心橫線爲倒句若尾箕長一尺五寸偃仰移就之令尾心長二尺即心箕必二尺五寸而亢房線必合三四五之句股法也凡圍板長一丈水高必六尺求多焉不可得相水度地制器者以此計之若水過深岸過高器不得過長則累接而上之累接之法再以接輪交而相發也

龍尾一圖

軸立面

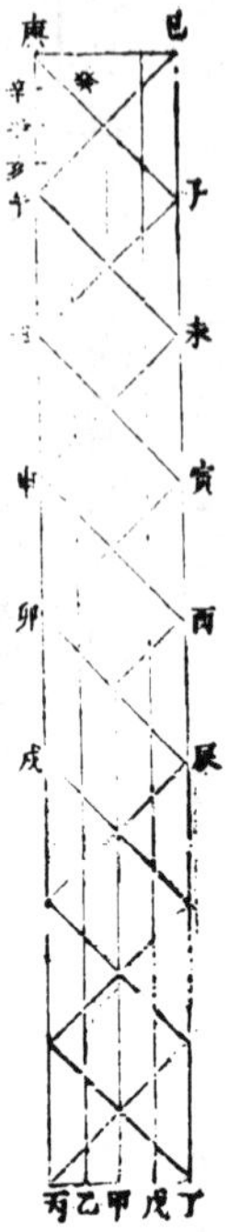

軸兩端

龍尾二圖

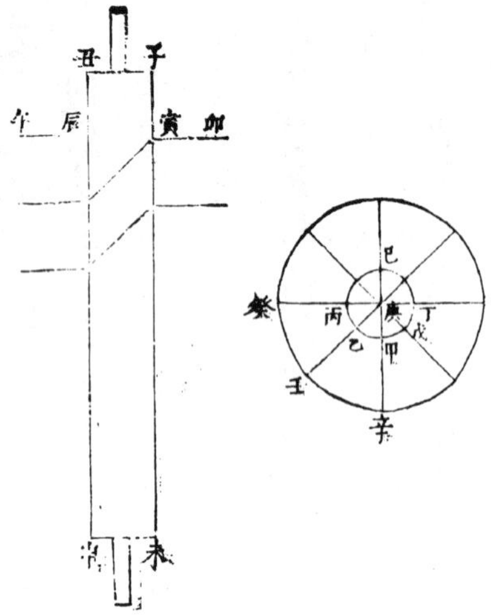

龍尾三圖

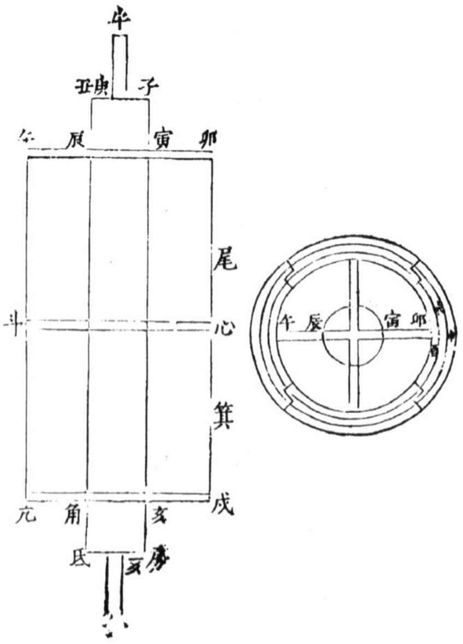

龍尾四圖

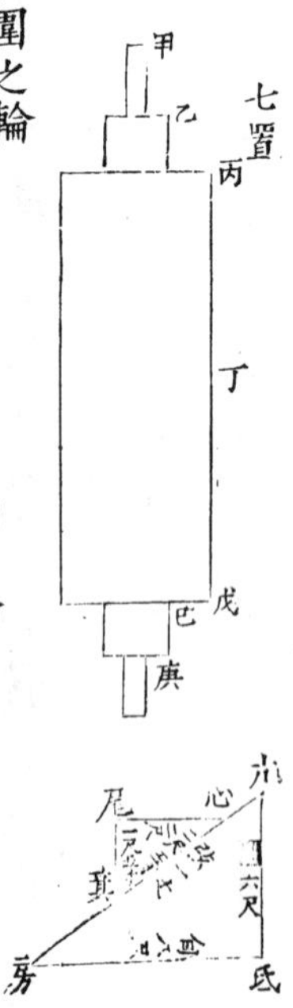

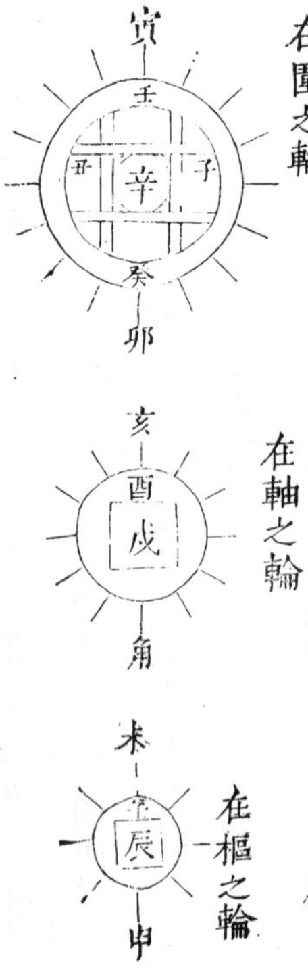

龍尾五圖

用井泉之水爲器二種

玉衡車記曰、玉衡車者、井泉挈水之器也、既遠江河、必資井養、井汲之法、多從綆缶、饔飧朝夕、未覺其煩、所見高原之處、用井灌畦、或加轆轤、或藉桔槔、似爲便矣、乃俛仰盡日、潤不終畝、聞三晉最勤汲井灌田、旱㬥之歲、八口之力、晝夜勤動、數畝而止、他方習惰、既見其難、不復問井灌之法、歲旱之苗、立視其槁、饑饉成已、後非殍則流、吁可憫矣、今爲此器、不施綆缶、非藉轆轤、無事桔槔、一人用之、可

當數人、若以灌畦、約省夫力五分之四、高地植穀、家有一井、縱令大旱、能救一夫之田、數家共井、亦可無饑餓流亡之患、若資飲食、則童幼一人、足供百家之聚矣、且不須俛仰、無煩提挈、器加幹運、其捷若抽、故煙火會集之地、一井之上、尚可活一縣民也、

玉衡者、以衡挈柱、其平如衡、一升一降、井水上出、如趵突焉、玉衡之物有七、一曰雙筩、雙筩者、水所由入也、二曰雙提、雙提者、水所由代升也、三曰壺、壺者

水之總也。水所由續而不絕也。四曰中筩。中筩者，壺水所由上也。五曰盤。盤者，中筩之水所由出也。六曰衡軸。衡軸者，所以挈雙提下上之也。七曰架。架者所以居庶物也。七物者備，斯成器矣。更爲之機輪焉，巧者運之，不可勝用也。

注曰：趵突泉水上出也。

一曰雙筩

鍊銅或錫爲雙筩，其圜中規而上下等，半其筩之長，以爲之徑。下有底，中底而爲之圜孔，以其底之半徑，爲孔之徑。筩之旁齊于底而樹之管，管外出而上迤也。管之容其圜中規。管之下端抒之，以合于筩。開筩之下端爲揹孔，融錫而合之于管。管之上端亦抒之。既樹之，則與筩之邊爲平行。三分其底之徑，以其一爲管之徑。底之圜孔，爲之舌以揜之。舌者方版，方版之旁爲之樞，底孔之旁爲之紐，樞入于紐，如戶焉而開闔之。舌之開闔，與管之孔無相背也。紐居左則管居右。舌其合于底也欲密，管之孔合于筩之孔欲利而無鑢，樞紐之動也欲不滯。凡水入也，必從其底

之孔也。有舌焉而開闔之，開之則入，闔之則不出。左開則右闔矣，是左入而右不出也，是恒有一孔焉入而終無出也。故曰雙筩者，水所由代入也。

注曰：凡徑皆言圓孔也，肉不與焉。如本篇一圖，甲至乙、丙至丁是也。半長爲徑者，徑三寸則筩長六寸。如丁丙廣三寸，則甲丁長六寸也。半徑爲孔者，徑三寸，孔徑一寸五分也。上迤者，斜迤而上，如戊至巳。辛壬一寸五分，如丁丙三寸，則丙至庚也。抒者，斜削之，如戊至丙、巳至庚是也。揹，長圓也，欲與戊丙之孔合也。融錫合之，小釬也。管之上邊與筩邊平行，將以合于壺之下孔也，巳庚是也。三分之一者，底徑三寸，則管徑一寸，未至申之度也。方板者，丑寅卯午是也。樞者，卯辰午是也。紐者，癸子是也。舌如橐籥之舌，以樞合紐，令丑卯之板恒加于辛壬孔之上，向內而開闔之也。

二曰雙提

斲堅木以爲柎，其圜中規而上下等。曷知其中規而

上下等也。砧之大，入于雙筩也。欲其密切而無滯也，展轉之，上下之，猶是也。斯之謂中規而上下等。當砧之心而立之柱。三分其砧之徑，以其一爲柱之徑。柱之短長無定度，以水之深也，井之高也，斟酌焉而爲之度。柱之上端爲之方枘而入于衡。凡水之入也，入于雙筩之孔也。孔有舌焉。砧升則舌開而水爲之入；砧降，則舌合而水爲之不出。水之入而不出者，舌也。舌之開闔者，砧也。砧之上下者，柱也。舌闔矣，水不出矣。砧又下焉，水將安之？則由筩之管而升于壺。左右

相禪也。故曰雙提者，水所由代升也。

注曰：砧形如截蕉，本篇一圖酉戌亥角是也。其高不言度者，趣其入于筩也，不轉側動搖而已矣。若爲鵲足之柱以固之，即無厚可也。三分之一者，砧徑三寸則柱徑一寸，如酉角三寸則亢一寸也。凡雙筩入井，近下則水濁，近上則水竭，故柱之短長宜量水深與井高也。枘，笋也。當房心之上，刻而方之，爲尾箕是也。

三曰壺

錄[illegible]以爲壺。壺之容，半加于雙筩之容。其形橢圜，腹廣而上下弇之。弇之度，視廣之度，殺其十之二。當其弇而設之蓋。壺之底爲橢圜之長徑，設二孔焉，皆在其徑。孔之橢圜，其大小也與管之上端等。嚴錫而合之。壺之兩孔，各爲之舌而拚之，舌之制，如筩中之舌也。壺之内當兩孔之中而設之紐，兩舌之樞悉係焉，而開闔之，左右相禪也。當蓋之中，爲圜孔焉，而合于中筩。蓋之合于壺也，欲其無罅也。既成，以鐵爲雙環而交纏束之，當其合而錮之錫，以備繕治也。夫水之

入于管也，左右禪也，而終無出也。水從管入者，以提柱之遞之也，則上衡，而壺之舌爲之開，以入于壺。水勢盡而彼舌開，則此闔矣。是代入于壺也，而終無出也。其代入也，壺爲之恒滿而上溢。其終無出也，而有筩之容，以俟其底之入也。故曰：壺者，水之總也。水所由續而不絕也。

注曰：半加容者，如之又加半焉，如雙筩共容四升，則壺容六升也。弇，斂也。腹廣而上下弇，如本篇二圖甲乙丙丁形是也。蓋者，戊巳庚辛也。橢

圓之長徑、底圓之乙丙是也、二孔者、未申也、酉戌也、皆在其徑者二孔之心、在乙丙線之上也、二孔揹圓者、如酉戌短、乾亥長、以合于一圖之未申巳庚也、二舌者寅卯也、辰午也、紐者子丑也、以樞合紐、令寅卯之扳、恒加于未申孔之上、向丙而開闔之也、辰午加于酉戌、亦如之左右相禪也、蓋之圓孔、庚辛是也、蓋合于壺者巳戊加于甲丁也、雙環纏束者本篇三圖之角亢氐房是也、既錮之、又束之者、求力大而易渫也、

四曰中箭

錬銅或錫以爲中箭、中箭之徑、與長箭旁管之徑等、中箭之下端爲敞口以關于蓋上之孔、融錫而合之、其長無定度、量水之出于井也、斟酌焉而爲之度、或銅錫之中箭、裁數寸、其上以竹木爲續之、竹木之箭之徑、必與下箭之徑等、其上出之徑、寧縮也、無羸也、水之入于壺也、代入也。而終無出也。則無所復之也。必由中箭而上。故曰中箭者。壺水所由上也。

注曰中箭者、本篇三圖之坎艮庚辛是也、上出之徑、必縮于下、合之徑者、所以爲出水之勢也

五曰盤

錬銅或錫以爲盤、中盤之底而爲之孔、以當中箭之上端、融錫而合之、盤底之旁爲之孔而植之管、管外出而下迤也、盤之容與壺之容等、管之徑、與中箭之徑等、管之長、無定度、其下迤也、及于索水之處也、中箭之水。其上溢也。盤畜之。管洩之。故曰盤者中箭之水所由出也。

注曰、本篇四圖之甲乙丙丁、盤也、丙丁爲孔、以

合于中箭之上端、上端者、三圖之坎艮也、底旁之孔者、戊巳也、下迤者、巳庚也

六曰衡軸

直木爲衡、衡之長、無過井之徑、雙提之柱、其相去也視雙箭雙提之上枘、入于衡之兩端、其相去也視雙提、直木爲軸、軸長于衡而無定度、圜其尾去首二尺、而圜其頸、當頸尾之中而設之鑿、當衡之中而設之枘、衡衡也、軸縱也、鑿枘而合之、欲其固也、軸展側焉、[illegible]氐昂焉、提上下焉、左右相禪也、故曰衡軸者、所以

挈雙提下上之也、

注曰、衡之長本篇四圖之壬辛是也、柄入于衡者子丑是也、軸之長卯午是也、卯尾午首、辰頭也、衡軸鑿枘之合寅是也、鑿孔也、衡横軸縱、卯辰子丑之交加也、

七曰架

井之兩旁爲之柱、或石焉、或瓴甋焉、或木焉、柱之上端爲山口、山口者、容軸之圜也、以利轉也、軸之首設之小衡與衡平行也、長二尺或三尺、小衡之兩端設

二木而三合之、如句股、以小衡爲弦、句股之交立之柄、持其柄而揺之、以轉軸也、水之中、穿井之脇而設之梁、横亘焉、梁之上爲二陌、以居雙筩之底、欲其固也、中其陌而設之孔、稍大于雙筩之底孔、水所從入也、梁居水中、其木必榆、榆爲木也無味、水不受之變、梁在其下、柱在其上、車所由孔安而利用也、故曰架者、所以居庶物也、

注曰、本篇四圖之卯亥也、辰乾也、柱也、當辰卯爲山口者、以容軸之圜也、小衡者、申未也、三合

勝用也、

八曰筩

刳木以爲筩、筩之長無定度、下端所至、居水之中。已上則易竭、已下則易濁、上端所至、出井之上、度及于索水之處而止、筩之徑無定度、因井之大小、索水之多寡、斟酌焉而爲之度、筩之容、任圜與方、其圜中規、其方中矩、而上下等、筩之周、以鐵環約之、環無定數、視筩短長、斟酌焉而爲之數、筩之下端爲之底、欲其密而無漏也、中底而爲之孔、孔之方圜、反其筩、若圜

筩而方孔、七分底之徑、以其四爲孔之徑、若方筩而圜孔、七分底之徑、以其五爲孔之徑、孔之上、象孔之方圜、爲之舌而掩之、如玉衡之雙筩、掩之欲其密而無漏也、開闔之欲其無滯也、筩之上端爲之管、管外出而下迤也、本廣而末狹也、水從孔入焉、既入而提柱之勢、能以舌掩之、既掩而提之、則從管而出也、故曰筩者、水所由入也、所以束水而上也、

注曰、玉衡之雙筩、與中筩爲二、此則合之、筩入于井、量井淺深、筩長短而置之、近上。趣恒得水

者未申酉爲三角形也酉戌柄也立之柄者立柄于酉戌酉未爲直角也坎艮梁也角亢氐房陷也心尾陷中孔也

若欲爲專筩之車則爲專筩專柱而入之中筩如恒升之法而架之而升降之其得水也當玉衡之半井狹則爲之

注曰專一也架法見恒升篇

恒升車記曰恒升車者井泉挈水之器也其用與玉衡相似而更速焉更易焉以之灌畦治田致爲

利益矣若爲之複井井之底爲竇而通之以大井瀦水以小井爲筩而出之則無用筩也若江河泉澗索水之處過高龍尾之力有不能至則用是車焉挈水以升架槽而灌之或迤而建之以當龍尾

恒升者從下入而不出也從上出而不息也恒升之物有四一曰筩筩者水所由入也所以束水而上也二曰提柱提柱者水所由恒升也三曰衡軸衡軸者所以挈提柱上下之也四曰架架者所以居庶物也四物者備斯成器矣更爲之機輪焉巧者運之不可勝用也

一曰筩

刳木以爲筩筩之長無定度下端所至居水之中已上則易竭已下則易澀上端所至出井之上度及于索水之處而止筩之徑無定度因井之大小索水之多寡斟酌焉而爲之度筩之容任圓與方其圓中規其方中矩而上下等筩之周以鐵環約之環無定數視筩短長斟酌焉而爲之數筩之下端爲之底欲其容而無漏也中底而爲之孔孔之方圓反其筩若圓

筩而方孔七分底之徑以其四爲孔之徑若方筩而圓孔七分底之徑以其五爲孔之徑孔之上象孔之方圓爲之舌而掩之如玉衡之雙筩掩之欲其容而無漏也開闔之欲其無滯也筩之上端爲之管管外出而下迤也本廣而末狹也水從孔出焉既入而提柱之勢能以舌掩之既掩而提之提之則從管而出也故曰筩者水所由入也所以束水而上也

注曰玉衡之雙筩與中筩爲二此則合之筩入于井量井淺深筩長短而置之近上邇恒得水

而止。近下趣無受濁而止。與玉衡同也。圓筩用竹，尤簡。用木，則方筩爲易焉。如木篇一圖，甲乙丙丁圓筩也。丙丁其底也。戊巳底方孔也。庚辛壬癸方筩也。壬癸其底也。子丑底圓孔也。寅方舌也。酉圓舌也。甲卯辛玑管也。辰午未申之屬環也。環之多寡疎密，趣不漏而止。餘見玉衡篇。

二曰提柱

鍊銅以爲砧，圜者中規，方者中矩。砧之大入于筩也，欲其密切而無滯也，展轉之，上下之，猶是也。當砧之

心而設之孔，孔之方圜，孔之徑，皆與筩底之孔等。孔之上爲之舌以掩之。舌之制，如筩底之舌也。直木以爲柱，柱有二式，一用長，一用短。用長者爲實取之柱，用短者爲虛取之柱。實取之柱，其砧入于水而升降焉。其長之度，下及于筩之底，上出于筩之口。其出于筩之口無定度，趣及于衡而止。虛取之柱無用長，入筩數尺而止。升降于無水之處，以氣取之。欲挈之先注水于砧之上，高數寸，以閉其罅而揜之。凡井淺者實取焉，井深者虛取焉。五分其筩之徑，以其一爲柱之徑，砧之合于柱也。鍊銅或鐵爲四足，隅立于方砧之四維，方孔之四旁而皆上聚之。聚之度，趣不害于舌之開闔而止。以其聚合于柱之下端，合之欲其固也。砧之厚，以其枝于隅足也。可無厚，既合而入于筩，砧降而底之舌爲之掩，砧升則開之，開之則水入，掩之則水不出。一升一降，是水恒入而不出也。既入之水，而砧降焉，則無復之也。則上衝于舌，而入于砧之孔。砧升而砧之舌爲之掩，一升一降，是水恒入而不出也。兩入而不出，則溢于筩而出。常如是，虛者實者

同于是，故曰提柱者，水所由恒升也。

注曰：玉衡之提柱，與壺之孔之舌，爲二。此則合之。又玉衡之水皆實取，此有虛取之法焉。氣法也。凡砧之入于筩，求密切而無滯也。求密切之法，成砧而入之能無漏者，國工也。不能無漏者，稍弱其砧之徑，以氈罽之屬，皮革之屬，附于砧之四周焉。附之法，若砧厚者，稍剡其周之上下如鼓木，當其剡而刻爲陷環，既附而堅束之。砧薄者則爲兩重之砧，夾其氈或革，以隅足貫之。

而桀之柱、如本篇二圖之甲乙是也、四足者丙丁戊酉也、砧者巳庚辛壬也、砧之孔、癸子也、其舌、丑寅也、砧可無厚、無厚則輕、餘見玉衡篇

三曰衡

直木以爲衡、衡之長無定度、量筩之大小、水之淺深多寡焉、長則輕、衡之兩端皆綴之石、以爲重、其兩重等、五分其衡二在前、三在後、而設之鑿、直木以爲軸、軸之長無定度、圜其兩端、中分其長而設之枘、衡衡也、軸縱也、鑿枘而合之、欲其固也、軸之兩端、各爲山

口之木而架之、中分其衡之前、而綴之提柱、綴之欲其密切而利轉也、抑其後重、而提柱爲之升、揚其後重、則前重降、而提柱隨之也、提柱之降也、實取者挹水而升于砧也、其升也、則下入于筩、而上出于筩也虛取者降而得氣焉、氣盡而水繼之、故曰衡者所以挈提柱上下之也

注曰、氣盡而水繼之者、天地之間悉無空際、氣水二行之交無間也、是謂氣法、是謂水理、凡用水之術、率此一語爲之本領焉、本篇三圖之甲乙、衡也、丙丁兩石重也、戊巳衡也、子、衡軸之交也、庚辛壬癸、山口之木也、寅、提柱也、綴之于丑、卯辰、筩上端也、午、管也、餘見玉衡篇、

四曰架

木爲井幹以持筩、持之欲其固也、筩之下端、爲盤以承之、盤與筩合之欲其固也、中盤而爲之孔、孔之徑、稍強于筩底之孔之徑、盤之下、爲髃足而置之井底、

注曰、本篇四圖之卯未辰午、井幹也、加于地平之上、申戌酉亥之間、爲正方之空、夾筩而持之、

丁戊、井面地平也、巳庚、井底也、辛壬癸、盤也、辛子、壬丑、癸寅、盤足也

若欲爲雙升之車、則雙筩焉、如玉衡之法而架之、而升降之、此升則彼降、用力一而得水二也、是倍利于恒升也、尤宜于江河

注曰、力一水二者、一升一降、各得水一焉、無虛用力也、恒升者、一升一降而得水一也、架法見玉衡篇、

農政全書　卷之十九　三十二　平露堂

玉衡一圖

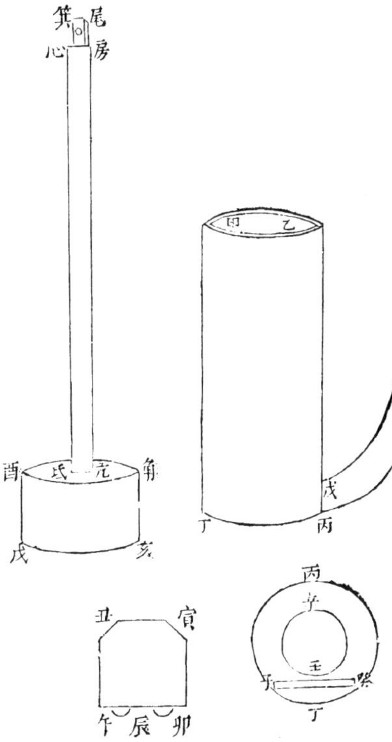

玉衡二圖

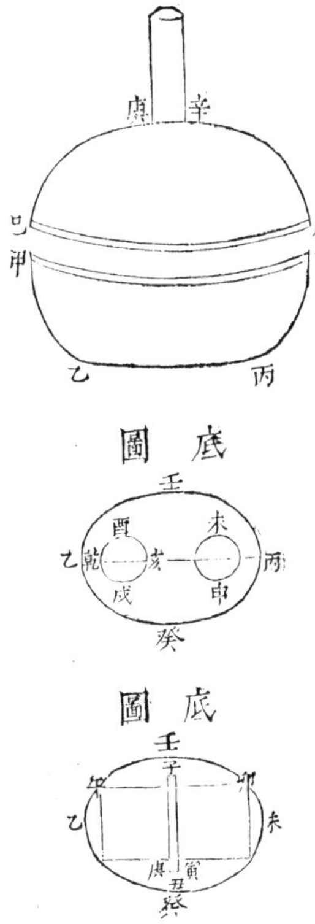

農政全書　卷之十九　三十三　平露堂

玉衡三圖

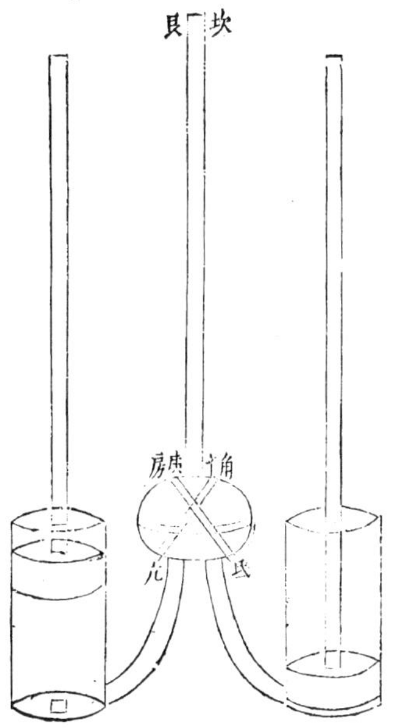

玉衡四圖

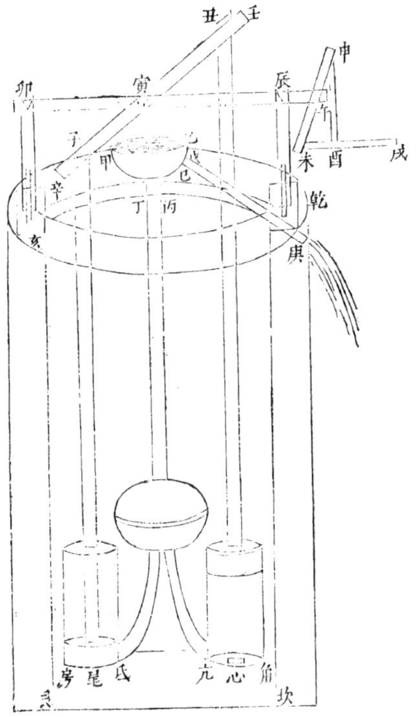

恒升一圖

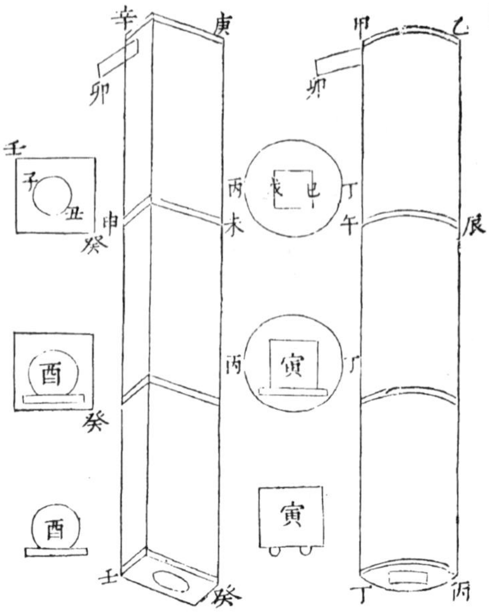

恒升二圖

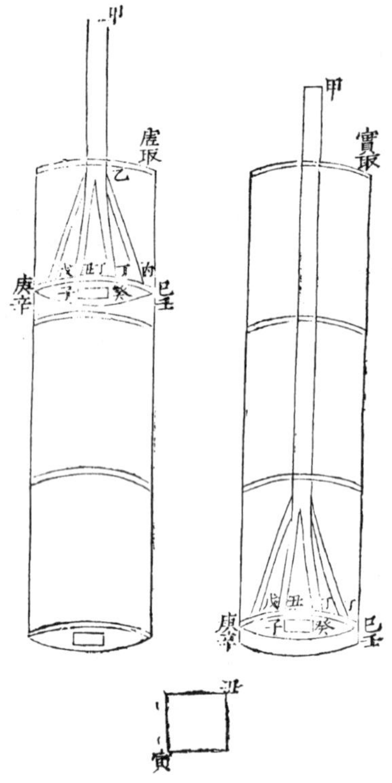

恒升三圖

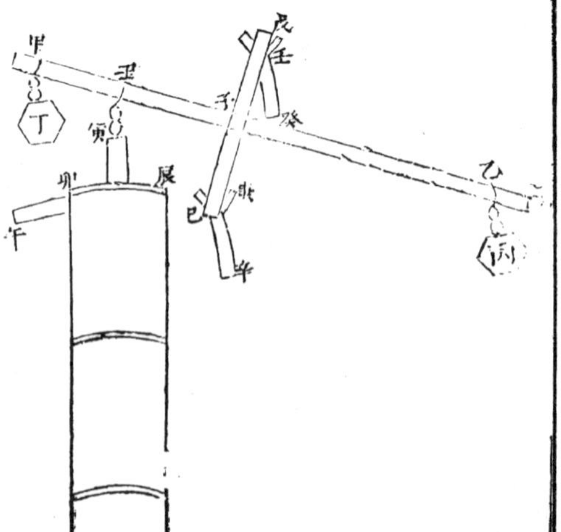

恒升四圖

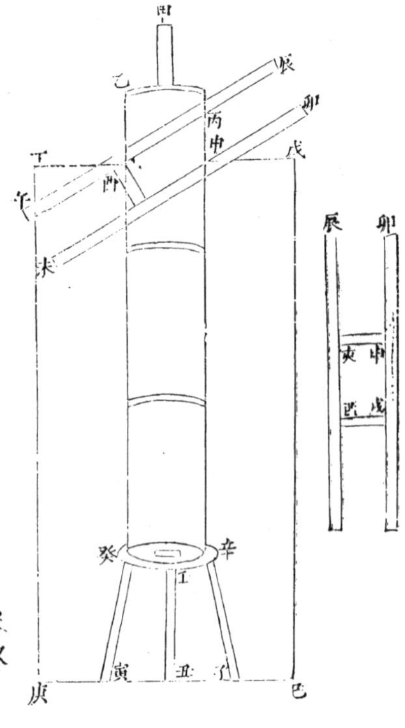

卷終

農政全書卷之二十

特進光祿大夫太子太保禮部尚書兼文淵閣大學士贈少保諡文定上海徐光啓纂輯
欽差總理糧儲提督軍務巡撫應天等處地方都察院右僉都御史東陽張國維鑒定
直隸松江府知府穀城方岳貢同鑒

水利

泰西水法下

用雨雪之水爲法一種

水庫記曰、水庫者、積水之處也。澤國下地、水之所都、平原易野、厥田中中、引河鑿井、斯足用焉、若乃重山複嶺、陡澗迅流、乘水之急、激而自上、庶人用器、厥利尤大矣。別有天府金城、居高乘險、江河溪澗、境絕路殊、鑿井百尋、盈車載綆、時逢亢旱、涓滴如珠、或乃絕徼孤懸、恒須遠汲、長圍久困、人馬乏絕、若斯之類、世多有之、臨渴爲謀、豈有及哉、計莫如恒儲雨雪之水、可以御窮、而人情狃近、未或先慮、及其已至、坐槁而已、亦有依山掘地、造作唐池、以爲旱備、而彌旬不雨、已成龜坼、徒傷挹注之易窮。不悟滲漏之寔多矣。西方諸國、因山爲城者、其

人積水有如積穀。穀防紅腐。水防漏滲。其爲計慮、亦畧同之、以故作爲水庫、率令家有三年之畜、雖遭大旱、遇強敵、莫我難焉、又上方之水。比于地中陳久之水。方于新汲。其蠲煩去疾、益人利物。往往勝之。彼山城之人。遇江河井泉之水。猶鄙不肯嘗也。今以所聞造作法著于篇、

水庫者、水池也、曰庫者、固之其下、使無受渫也、冪之其上、使無受損也、四行之性、土爲至乾。甚于火矣。水居地中。風過損焉。日過損焉、夏之日大旱金石流、土山焦。而水獨存乎。故固之、故冪之。水庫之事有九、一曰具、具者、庀其物也、二曰齊、齊所以爲之和也、三曰鑿、鑿所以爲之容也、四曰築、築所以爲之地也、五曰塗、塗所以爲之固守也、六曰蓋、蓋所以爲之冪覆也、七曰注、注所以爲之積也、八曰挹、挹所以受其用也、九曰脩、脩所以爲之彌縫其闕也、

注曰、冪防耗損、亦防不潔、古人井故有冪、易曰、井收勿幕、齊與劑同

一曰具、

水庫之物有六、以備築也、蓋也、塗也、築與蓋之物有三、曰方石、曰瓴甋、曰石卵、塗之物有三、曰石灰、曰砂、曰瓦屑、塗之物三合、謂之三和之灰、或砂或瓦去一焉、謂之二和之灰、煉灰之石或青或白、欲密理而色潤、否者疏而不昵、煉之以薪、或石炭焉、火不絕二日有半而後足、試之法、先取一石權之、雜衆石而煉之、既成而出之、權之損其初三分之一、此石質美而火齊得也、砂有三種、或取之湖、或取之地、或取之海、海爲上、地次之、湖又次之、砂有三色、赤爲上、黑次之、白又次之、辨砂之法有三、揉之其聲楚楚焉、純砂也、諦視之各有廉隅圭角、純砂也、散之布帛之上、抖擻之悉去之、不留塵坌者、純砂也、否則有土雜焉、以爲齊則不固、瓦之屑以出陶之毀瓦瓴甋、鐵石之杵臼、舂之而簁之、無新焉、而用其舊者、水濯之、日暴之、極乾而後舂之、而簁之、簁之爲三等、細與石灰同體、爲細屑、稍大焉、與砂同體、爲中屑、再簁之餘、其大者如菽爲沓、

注曰、方石瓴甋者、以彖爲墻爲蓋、二物皆無定

度也、爲墻之石、取正方焉、廣狹短長厚薄無定度、墻厚則堅、堅則久、爲蓋者、或穹之、穹之石、合之其圓半規、穹之法有三、詳見下方也、石卵者鵞卵之石也、以彖爲底也、無之以小石代之、大者無過一斤、小者任雜焉、凡石卵或小石、欲堅潤而密理、否者不固昵黏也、二日有半、三十時足也、陶、窰竈也、瓴甋、磚也、凡瓦之土、勝磚之土、用磚則謹擇之、簁、俗作篩、羅也、沓、滓也、沓無用簁、擇其過大者去之、三和之灰、今匠者多用之、其一則土也、用土不堅、以瓦屑故勝之、以後法爲之劑又勝之、西國別有一物、似土非土、似石非石、生于地中、掘取之、大者如彈丸、小者如菽、色黃黑、孔竅周通、狀如蜂窠、儼然石也、而體質甚輕、揉之成粉、舂以代砂、或代瓦屑、灰汁在其空中、委宛相入、堅凝之後、逾于鍋鐵、近數十年前、有發故水道者、啓土之後、鍬钁不入、百計無所施、既而穴其下方、乃壞墮焉、視其甃塗之灰、用是物也、厚半寸許耳、此道由來甚久、以歷年

計之在漢武之世矣後此凡用和灰甚貴是物焉或作室模和灰塗之崇閎窈窕雕意所爲既成之後絕勝冶銅鑄鐵矣然所在不乏計秦晉隴蜀諸高陽之地必多有之其形大段如浮石而顆細色赤黃質脆爲異耳以本草質之殆土殷孽之類也其生在乾燥之處土作硫黃氣者或產硫黃者或近温泉者火石者火井者或地中時出燐火者即有之求之法視其處艸不蕃盛茸茸短瘠又淺草之中忽有少分如斗許如席許大不生寸草者依此掘地數尺當可得也西國名爲巴初剌那求得之大利于土石之工或并無尨屑及砂以青白石末代之其細大之等與尨屑同

二曰齊

凡齊以斗斛槩其物水和之三分其凡而灰居一砂居二湅之如糜謂之甃齊三分其甃齊加水一焉而調之謂之築齊塗之齊有三湅之皆如糜四分其凡而尨查居二砂居一灰居一謂之初齊三分其凡而中屑居二灰居一謂之中齊五分其凡而細屑居三灰居二謂之末齊凡湅齊熟之又熟無亟于用無惜于力日再湅五日而成爲新齊新齊積之恒以水潤之下濕之處窖藏而土封之久而益良

注曰凡量灰必出窑之灰凡量尨屑必出臼之屑凡量砂必日暴之砂皆言乾也如糜者今匠人所用甃墻塗墻挑而槩之之劑也太燥則不附太濕則不居加水爲築劑則如稀糜沃而灌之之劑也凡治宮室築城垣造壙域皆以諸劑斟酌用之和之水以泉水江水雨水雜鹵與鹻勿用也雪水之新者勿用也凡總數也

三曰鑿

池有二曰家池曰野池家以共家野以共野共家者飲饌焉澡滌焉其野者畜牧焉溉灌焉爲家池計衆霤而曲聚之承而鍾之爲野池計岡阜原田水道之委而聚之而鍾之爲家池必二以上代積焉代用焉爲野池專可也隨積而用之皆計歲用之數而爲之容積二年以上皆遞倍之或倍之容或倍其處容

池平其底、中底而爲之坎、坎深二尺、以渟其垢、三分其底之徑、以其一爲坎之徑、墻方則稱、圜則固、大者圜之、小者方之、大者圜、而方者小、則不畏深也、墻之周、或壁立、或下侈而上弇、侈弇之數、無定度、雖爲之土囊之口可也、若上侈而下弇、則寡容也、中侈而上下弇、則難爲墻也、無所取之、或爲之複池、限之以墻、中墻而爲之竇、以通之、小者蘖之、大者㶿之、互輸寫之、可挹清而去濁也、代積而代用也、若山麓原田陂陁之地、則爲壺漏之池、高下相承、互輸寫之、爲野池利淺、以羣飲六畜、以溉田、方其墻、迤其一面、以爲塗、欲爲深者、迤其底、漸深之、無坎、爲野池、擇磽确之地、不宜稼而水輳焉者可也、是化無用爲有用也、

注曰、共與供同、霤簷溝也、容者通高下廣狹所容受多寡之數也、度池尺寸、計容多寡、用盤量倉窖術、在九章筭之粟米篇、專、獨也、迤、倍者二年則二倍、三年則三倍也、倍容者倍其大、倍處者倍其多也、倍大法亦用立方立圓術、酌量作之、在九章筭之少廣篇、方則稱者、或稱其室、或稱其庭、兩方相稱也、方墻而大、懼或隓焉、圜如井、周相恃爲固、上弇不隓、亦此理也、侈廣弇歛也、如本篇一圖之甲乙丙丁、方池也、辛壬癸子、圓池也、二形之外、或有爲長方者、方之屬也、有六角八角以上諸角形者、圜之屬也、惟所爲之、未暇詳也、戊巳丑寅、底坎也、乙庚辛壬、壁立之墻也、卯辰午未戌房氐亢、上弇之池也、卯未戌角、土囊之口也、複池、兩池並也、墻之實、多寡大小高下、任意作之、蘖、木杙也、凡㶿與蘖、或旁渫者、附之以煉[?]木之皮而塞之、壺漏之池者、從上而下、位置如刻漏之壺、其開竇輸寫、亦若漏水相承也、如本篇二圖之甲乙、複池也、丙丁、限墻也、午壬申竇也、戊巳庚辛、壺漏之複池也、壬其竇也、癸子丑寅卯辰、壺漏之三複池也、酉與戌、皆其竇也、三以上、任意作之、其連接之處、如庚至巳、丑至子、淺深高下、亦任意作之、迤之以爲塗、令人畜皆邐迤而下、恆及水際也、凡岡阜之下、山陵之麓、其地瀝脂[?]、故不宜稼、其勢建瓴水

則轃之牲降于河取飲既便掣以灌田趨下易達也

四曰築

築有二下築底旁築墻築底者既作池平其底則以木杵杵之或以石碪碪之杵之碪之欲其堅也依池之周而爲之墻或方石焉或瓴甋焉甃之以甃齊之灰甃必乘其界墻量池之小大淺深而爲之厚不厭厚若複池則爲共池而中甃其限墻仍甃爲行水之竇壺漏之複池則各爲池而穿行水之竇也墻畢以

鵝卵之石或小石甃之其底厚五寸以上不厭厚既甃之復杵之或碪之不厭堅無惜其力亦欲其平也既堅既平以築齊之灰灌之又灌之滿焉實焉平焉浮于石而止復杵之或碪之有隙焉復灌之滿實平而止中底之坎亦杵之亦墻之亦甃之而灌之如法作之凡底與墻之交碪杵或不及焉則以邊杵築之其甃與灌必謹察之而加功焉壺漏之竇居水之衝必謹察之而加功焉凡墻皆以方長之石爲之緣若過大石焉而鑿之池以石爲之底與墻與緣徑塗之有闕焉而爲之縫亦杵之而墻之而緣之而甃之而灌之如法作之野池或土或石皆如之

注曰乘界俗言騎縫也緣池面壓口也縫補也本篇三圖之甲乙丙木杵也丁邊杵也戊石碪也己辛己庚甃墻也庚辛石甃也本篇二圖之甲乙即共池也以意度之江海之濱平原易野土疏善壞必以甃墻處于山者如秦如晉厥土騂剛陶復陶穴壁立不隳若斯之處掘地爲池雖無甃墻而徑塗之不亦可乎同志者請嘗試

之

五曰塗

築畢候池之底既乾其十之八掃除之過乾則水沃之而後塗之塗之先以初齊厚五分池大者加二分之一池之底及周連塗之連塗之則周與底之交無罅也塗畢以木擊擊之欲其平以實也次日又擊之有罅焉以鐵槩槩之乾則以水沃而槩之無罅而止三日以後皆如之俟其乾十分之六而塗之中齊中齊之厚減其初二分之一亦擊之槩之次日以後皆

如之、候其乾十分之六而塗之。末齊、末齊之厚、減其次二分之一、亦擊之、槩之、次日以後、皆如之、候其乾十分之五、以鐵槩摩之、有罅焉、以水沃而摩之、周與底、中坎之周與底、復池之水竇皆同之、凡周與底之交若竇、必謹察之而加功焉、凡塗瓵甗之墻、或燥而不昵、以石灰之水遍灑之、作堊色、乾而後塗之則昵、凡塗石池與土池野池與家池皆同法、凡擊欲其堅如石也、摩欲其密如脂也、欲其瑩如鏡也、堅密以瑩、更千萬年不渫也。

注曰、本篇四圖之甲、木擊也、乙、鐵槩也、凡三和之灰、無所不可用、欲厚則四塗之、五塗之、任意加之、四塗者、初一中二末一、五塗者、初一中三末一、末塗以餙宮室之墻、欲令光潤者、以雞子清、或桐油和之、如法擊摩之、欲設色以所用色代瓦屑而和之、石色爲上、草木爲下、

六曰蓋、

家池之蓋有二、曰平之、曰穹之、平有二、曰石版、曰木版、皆平而羃之、爲之孔以出入水、穹有三、曰券穹、曰斗穹、曰蓋穹、方池皆券穹、正方者或爲斗穹、圜池之屬皆蓋穹、券穹者、形覆券也、又如截竹析其半而覆之、兩和爲之立墻、斗穹者、形覆斗也、方其隅而四嚮之、趨其頂也、皆以圜、蓋穹者、其形蓋也、中高而旁剸皆下垂、凡穹之空皆半規、皆去緣尺而甃之、甃之法皆架木以爲模、緣而成之、甃以石則治之以趨規、若瓵甗亦以趨規之模造之、無之則以甃齊加損而、之、穹之下、爲之竇以出入水、在野者或穹之、不則苫之、或露之、

注曰、平蓋出入之孔有二、一居中當底坎之上、以挹其渟汙也、一近池之緣、注水入之、挈水出之、大小皆無定度也、本篇四圖之丙丁戊己庚、券穹也、丁戊、戊巳、方池兩緣也、丁丙戊、和墻也、丙庚、穹背也、辛壬癸子丑、斗穹也、辛壬癸丑、方池緣也、子、穹頂也、依丑辛直線爲墻、漸狹而上、以趨子、其丑子辛子皆圓線、餘三同之、而結于子也、寅卯辰午、未蓋穹也、寅卯未辰、圓池緣也、午、穹頂也、旁周趨上皆爲圓線、其全空正如立

圓之半也。空皆半規者，謂丁丙戊丑子壬未午寅，皆半圓形也。如是則固去緣尺者，池口爲道，

將跨池以居梁也。趨規之勢，今工人謂之橋房形也。

七曰注。

凡家池以竹木爲承霤，展轉達之，其將入于池也，爲之露池，迎輻輳之水，暫積焉以滓其滓，既澱而後輸之。露池之緣爲竇焉以入于池，露池之底爲竇焉而他渫之，皆以牐，或以槷而節宣之。凡雨之初零也，必

有滓也。長夏之雨也，必有酷熱之氣也，則啓其下竇而池渫焉，度可入也者，塞之，啓其上竇而輸之。若水之來與地平，不能爲下竇者，則澱其滓，以時出之。爲新池，候乾極而注之，新注之水不食也。既浹月更注之而後食之。爲二池者，歲食經年之水，爲三池者，歲食三年之水，是恒得陳水焉。水陳者良。若爲複池者，既注之，澄而後啓中墻之竇而輸之空池，復注之，如是更積之，是恒得澄水焉。凡池既盈而閉之，則畜之金魚數頭，是食水蟲，或鯽魚，是食水垢。野池注之，以

原之水，遂以畜諸魚可也。魚之性有與牛羊相長者也。

注曰：澱，下凝也。露池，不幂也。如本篇五圖之甲乙丙，露池也。丁、上竇也。戊、下竇也。新注不食，灰氣入焉，味惡也。魚與牛羊相長者，如鯉食羊豕之惡而肥，鰱食鯉之惡而肥也。

八曰挹。

家池之水深，其挈之則以龍尾之車，更深者爲之玉衡之車，恒升之車，無立其足，則以大石爲墜，關巨木

而置之，無夾其筩，則跨池爲梁而置之。既出而爲槽以達之，若挈瓶施繘焉，亦從其梁中底之坎，既澱焉爲筩筩以去其澱，筩筩者，截竹而通其節，或卷銅錫爲，兩端塞之，中底而爲之孔，孔之徑當底三分之一，上端之旁爲之孔，無過三分，一指可揜也。揜其上孔而入之水，至于底而啓之，則自下孔入者皆澱也。既盈，揜而出之而傾之，如是數入焉，澱盡而止。凡施筩亦從其梁，野池之灌畦若田也，亦以三車挈之，置車亦如之。池大者無跨其梁，則跨之隅。

注曰足謂龍尾之下樞也、玉衡之雙筩恒升之筩底也筩者玉衡之中筩恒升之筩上端也、綆汲井繩也本篇五圖之巳庚辛石關巨木也、壬癸梁也、子丑喻筩也、寅喻筩之底孔也、卯旁孔也未申梁跨其隅也、

九曰脩、

池無新故或渫焉脩之則用細澗之石舂之篩之與灰同體亦與同量煮水百沸而投之和之日乾之復舂之篩之煮水投之如是四焉舂而篩之牛乳汁和之以塗其隙或以生漆和而塗之

注曰同體等細也、同量等分也、

水庫一圖

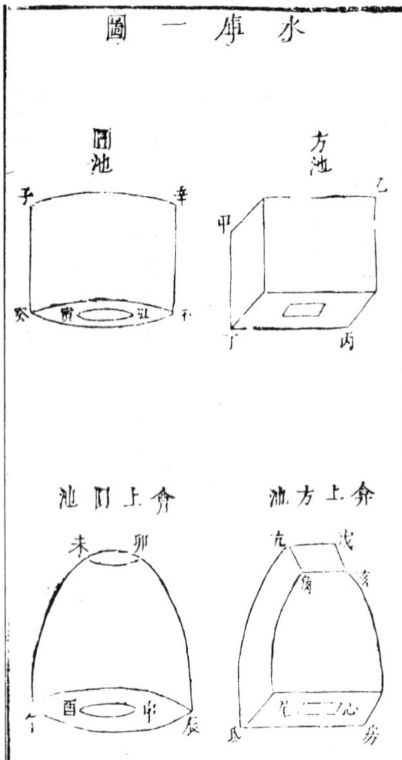

水庫二圖

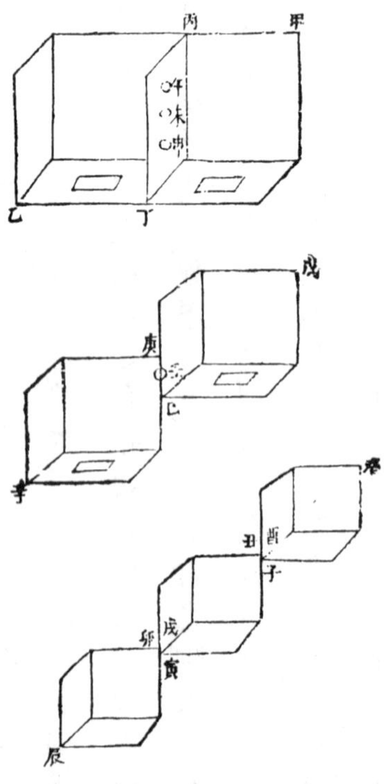

水庫三圖

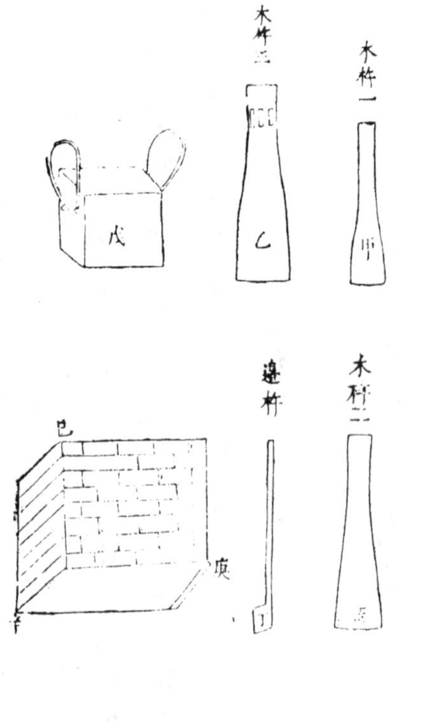

水庫四圖

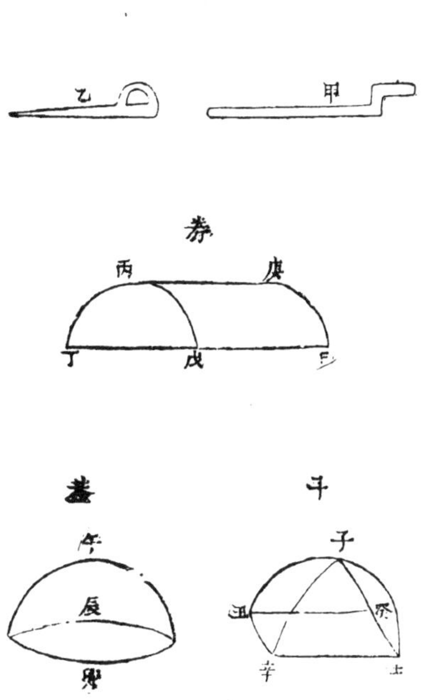

水庫五圖

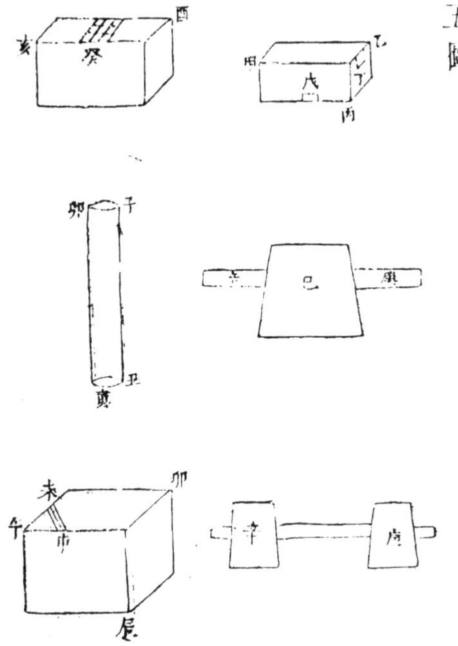

水法附餘

高地作井未審泉源所在其求之法有四

第一氣試

當夜水氣恒上騰日出即止今欲知此地水脉安在宜掘一地窖於天明辨色時人入窖以目切地望地面有氣如煙騰騰上出者水氣也氣所出處水脉在其下

第二盤試

望氣之法曠野則可城邑之中室居之側氣不可見

宜掘地深三尺廣長任意用銅錫盤一具清油微微遍擦之窖底用木高一二寸以搘盤偃置之盤上乾草蓋之草上土蓋之越一日開視盤底有水欲滴者其下則泉也

第三缶試

又法近陶家之處取瓶缶坯子一具如前銅盤法用之有水氣沁入瓶缶者其下泉也無陶之處以土甓代之或用羊絨代之羊絨者不受濕得水氣必足見也

第四火試

又法掘地如前篝火其底煙氣上升蜿蜒曲折者是水氣所滯其下則泉也直上者否

鑿井之法有五

第一擇地

鑿井之處山麓爲上蒙泉所出陰陽適宜園林室屋所在向陽之地次之曠野又次之山腰者居陽則太熱居陰則太寒爲下鑿井者察泉水之有無斟酌避就之

第二量淺深

井與江河地脉通貫其水淺深尺度必等今問鑿井應深幾何宜度天時旱潦河水所至酌量加深幾何而爲之度去江河遠者不論

第三避震氣

地中之脉條理相通有氣伏行焉強而密理中人者九竅俱塞迷悶而死凡山鄉高亢之地多有之澤國鮮焉此地震之所由也故曰震氣凡鑿井遇此覺有氣颼颼侵人急起避之俟洩盡更下鑿之欲候知氣盡者縋燈火下視之火不滅是氣盡也

第四察泉脉

凡掘井及泉視水所從來而辨其土色若赤埴土其水味惡赤埴黏土也中爲甓爲瓦者是若散沙土水味稍淡若黑墳土其水良黑墳者色黑稍黏也若沙中帶細石子者其水最良

第五澄水

作井底用木爲下甎次之石次之鉛爲上既作底更加細石子厚一二尺能令水清而味美若井大者于中置金魚或鯽魚數頭能令水味美魚食水蟲及土垢故

試水美惡辨水高下其法有五

第一煑試

取清水置淨器煑熟傾入白磁器中候澄清下有沙土者此水質惡也水之良者無滓又水之良者以煑物則易熟

第二日試

清水置白磁器中向日下令日光正射水視日光中

若有塵埃絪緼如游氣者此水質惡也水之良者其澄澈底

第三味試

水元行也元行無味無味者真水凡味皆從外合之故試水以淡爲主味佳者次之味惡爲下

第四稱試

有各種水欲辨美惡以一器更酌而稱之輕者爲上

第五紙帛試

又法用紙或絹帛之類色瑩白者以水蘸而乾之無跡者爲上也

農政全書卷之二十一

特進光祿大夫太子太保禮部尚書兼文淵閣大學士贈少保謚文定上海徐光啓纂輯
欽差總理糧儲提督軍務巡撫應天等處地方都察院右僉都御史東陽張國維鑒定
直隸松江府知府　穀城方岳貢同鑒

農器

圖譜一

王禎曰昔神農作耒耜以教天下後世因之佃作之具雖多皆以耒耜爲始然耕種有水陸之分而器用無古今之間所以較彼此之殊效參新舊以兼行使粒食之民生生永賴焉

耒耜

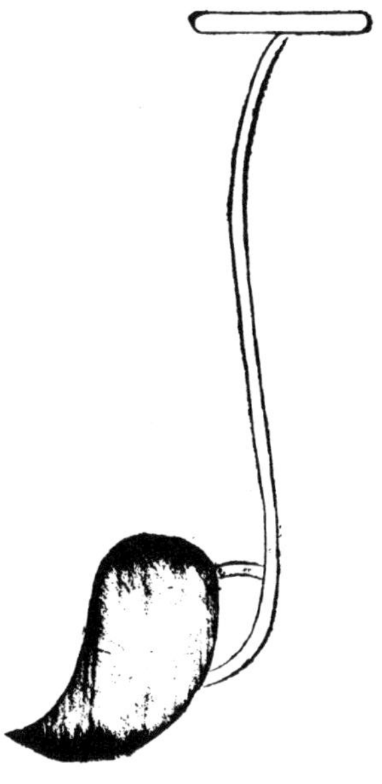

耒耜上句木也。易繫曰、神農氏作、斲木爲耜、揉木爲耒。說文曰、耒手耕曲木、從木推丰。周官車人爲耒、庇長尺有一寸。鄭注云、庇讀如棘刺之刺。刺、耒下前曲接耜。則耒長六尺有六寸、其受鐵處歟。自其庇緣其外、遂曲量之、以至於首、得三尺三寸。自首遂曲量之以至於庇、亦三尺三寸、合爲之六尺六寸。若從上下兩曲之內、相望如弦、量之只得六尺、與步相應。堅地欲直庇。柔地欲句庇。直庇則利推。句庇則利發。倨句磬折、謂之中地。耜、臿也。釋名曰、耜齒也、如齒之斷物也。說文云、耜從木、目聲。徐鉉等曰、今作耜。周官考工記匠人爲溝洫、耜廣五寸、二耜爲耦、一耦之伐、廣尺深尺、謂之甽。鄭云、古者耜一金、兩人併發之、其壟中曰甽、甽上曰伐、伐之言發也。今之耜岐頭兩金、象古之耦也。賈公彥疏云、古者耜一金者、對後代耜岐頭二金者也。云今之耜岐頭者、後用牛耕種、故有岐頭兩腳耜也。耒耜二物而一事、猶杵臼也。

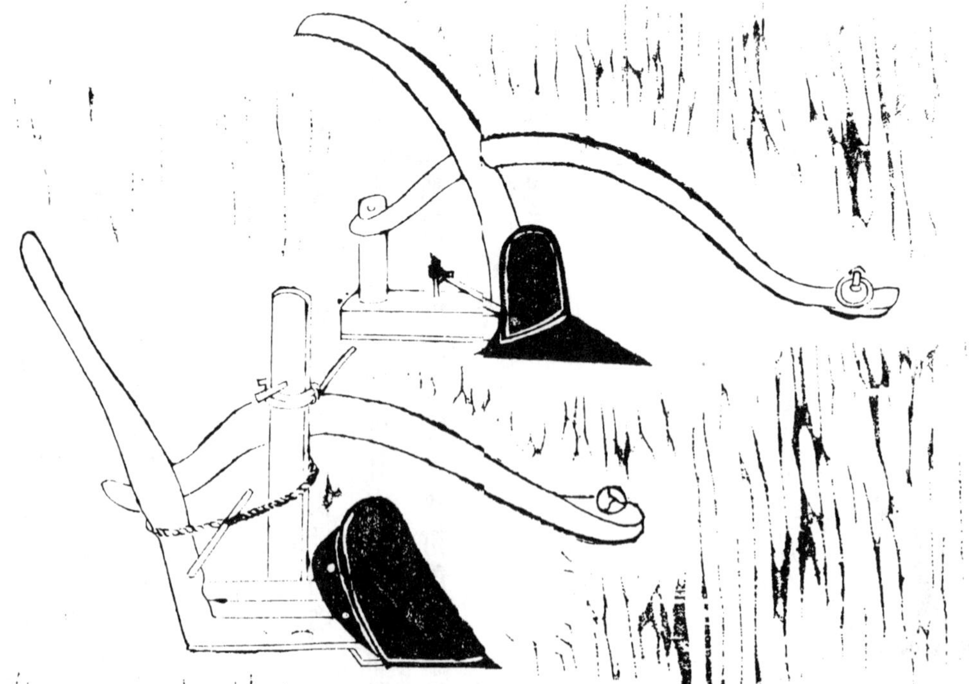

犂

犂墾田器釋名曰犂利也利則發土絶草根也治金
而爲之曰犂鑱曰犂壁斲木而爲之曰犂底曰壓鑱
曰策額曰犂箭曰犂轅曰犂梢曰犂評曰犂建曰犂槃木金凡十有
一事耕之土曰墢墢猶塊也起其墢者鑱也覆其墢
者壁也故鑱引而居下壁偃而居上鑱之次曰策額
皆貼然相戴自策額達于犂底縱而貫之曰箭前如
楹而樛者曰轅後如柄而喬者曰梢轅有越加箭可
弛張焉轅之上又有如槽形亦加箭焉刻爲級前高
而後庳所以進退曰評進之則箭下入土也深退之

則箭上入土也淺評之上曲而衡之者曰建建楗也
所以抳其轅與評無是則二物躍而出箭不能止橫
於轅之前末曰槃言可轉也左右繫以樫乎軛轅之
後末曰梢中在手所以執耕者也鑱長一尺四寸廣
六寸壁廣長皆尺微橢狹長也底長四尺廣四寸評底
過壓鑱二尺策額減壓鑱四寸廣狹與底同箭高三
尺評尺有三寸槃增評尺七焉建惟稱轅修九尺稍
得其半轅至梢中間掩四尺犂之終始丈有二陸龜蒙耒
耜經曰耒耜民
之習通謂之犂

牛圖不載耕牛也易曰黃帝堯舜服牛乘馬引重致遠
以利天下蓋取諸隨未有用之耕者山海經曰后稷
之孫叔均始作牛耕世以爲起於三代愚謂不然牛
若常在畎畝武王平定天下胡不歸之三農而放之
桃林之野乎故周禮祭牛之外以享賓駕車犒師而
已未及耕也即在詩有云載芟載柞其耕澤澤千耦
其耘徂隰徂畛又曰有略其耜俶載南畝以明竭作
于春皆人力也至于稷之積之如墉如櫛然後殺時
犉牡有捄其角以爲社稷之報若使果用之耕曾不

如迎猫迎虎列于蜡祭乎蓋牛之耕起于春秋之間
故孔子有犂牛之言而弟子冉耕字伯牛禮記呂氏
月令季冬出土牛示農耕早晚前漢趙過又增其制
度三犂一牛後世因之生民粒食皆其力也然知資
其力而不知養其力力既竭矣曾不審寒暑之異宜
疲癘之救藥有冬齎春租貰免芻豆之費壯鞭老殺
猶圖皮肉之貲今勸農有官牛爲農本而不加勸以
致生不滋盛價失廉平田野小民歲多租賃以耕
前計其所輸已過牛直是以貧者愈貧由不恤農之

本故也。若爲民牧者，當先知愛重所報，使不敢慢易絕其妄殺，憫其羸瘠，豐其荍牧，潔其欄牢，則無不字育蕃息，札瘥不作，耕種不失，足致豐盈。此誠善政務本之意也，其可忽諸。

耰

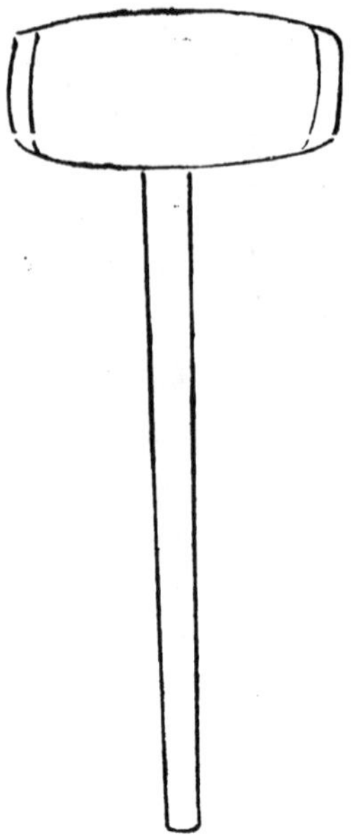

耰，椎塊器。說文云：耰，摩田器。晉灼曰：耰，椎塊椎也。呂氏春秋曰：鋤耰白梃。耰，椎也。管子云：一農之事，必有一銍一椎，然後成爲農。今田家所制無齒杷，首如木椎，柄長四尺，可以平田疇，擊塊壤，又謂木斫，即此耰也。

方耙

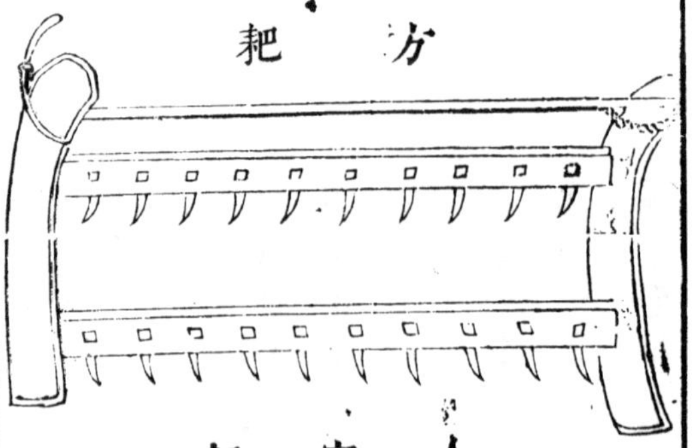

人字耙

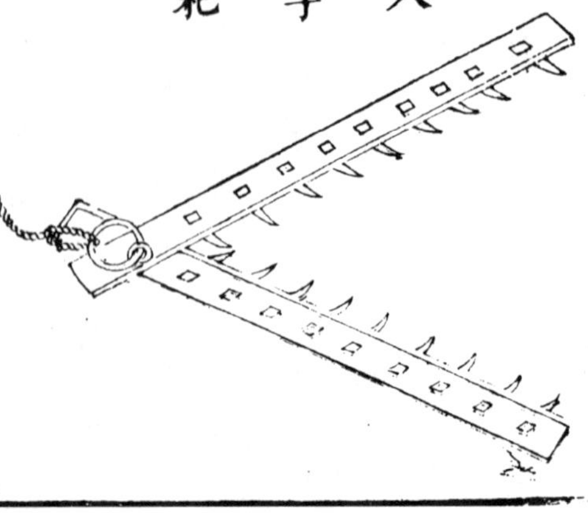

耙，作爬，今作䎱。宋魏之間呼爲渠拏，又謂渠疏。陸龜蒙曰：凡耕而後有耙，今日只知犂深爲功，不知耙細爲全功。蓋耙遍數惟多，爲熟。熟則上有油土四指，可沒雞卵，爲得耙。耙桯長可五尺，闊約四寸，兩桯相離五寸許。其桯上相間，各鑿方竅，以納木齒，齒長六寸許。其桯兩端木栝，長可尺三，前梢微昂，穿兩木栝以繫牛輓鉤索。此方耙也。又有人字耙，鑄鐵爲齒，齊民要術謂之鐵齒鎉鍱。凡耙田者，人立其上，入土則深。又當於地頭不時跋足，閃去所擁草木根荄。水陸俱必用之。

耖

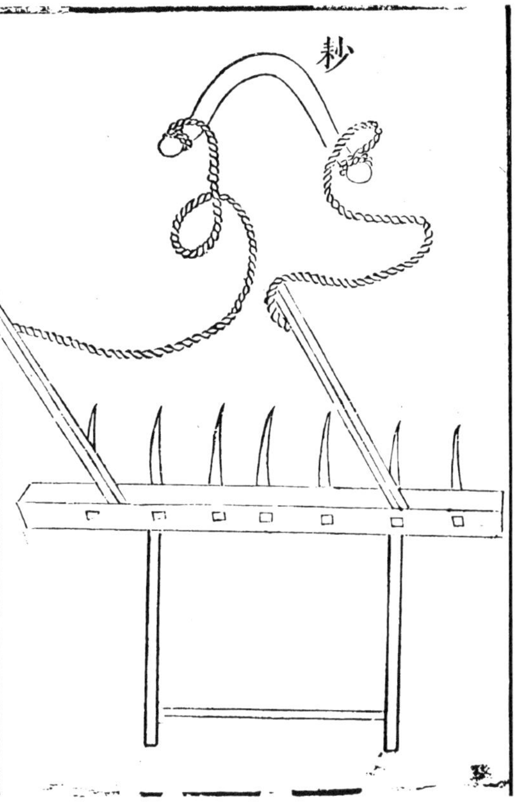

耖，疏通田泥器也，高可三尺許，廣可四尺，上有橫柄，下有列，以兩手按之，前用畜力輓行。一耖用一人牛。有作連耖，二人二牛，特用於大田，見功又速。耕耙而後，用此泥壤始熟矣。

勞

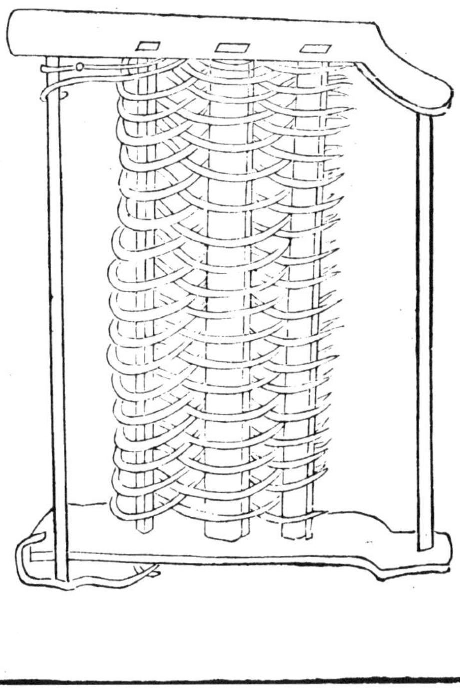

勞，無齒耙也，但耙梃之間，用條木編之，以摩田也。耕者隨耕隨勞，又看乾濕何如，但務使田平而土潤。與耙頗異。耙有渠疏之義，勞有蓋摩之功也。齊民要術曰：疏春耕，尋手勞；秋耕，待白背勞。注云：春多風，不即勞，則致地虛燥；秋田塌濕，速勞則恐致地硬。又曰：耕欲廉，勞欲再。今亦名勞曰摩，又名蓋。凡已耕耙欲受種之地，非勞不可。

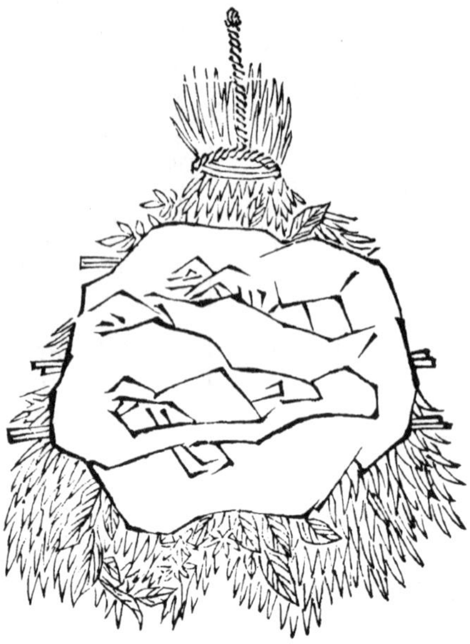

撻、打田篲也。用科木縛如埽篲，復加匾闊，上以土物厭之，亦要輕重隨宜，用以打地。長可三四尺，廣可二尺餘。古農法云：耬種既過後，用此撻使壠滿土實，苗易生也。齊民要術曰：凡春種欲深，宜曳重撻；夏種欲淺，直置自生。注云：春氣冷，生遲，不曳撻則根虛，雖生轉死；夏氣熱而生速，曳撻遇雨，必致堅垎。其春澤多者，或亦不須撻；必欲撻者，須待白背，濕撻則令地堅硬故也。又用曳打場面，極爲平實。今人耬種後，唯用砘車碾之，然執耬種者，亦須腰繫輕撻曳之，使壠土覆種稍深也。或耕過田畝，土性虛浮，亦宜撻之。

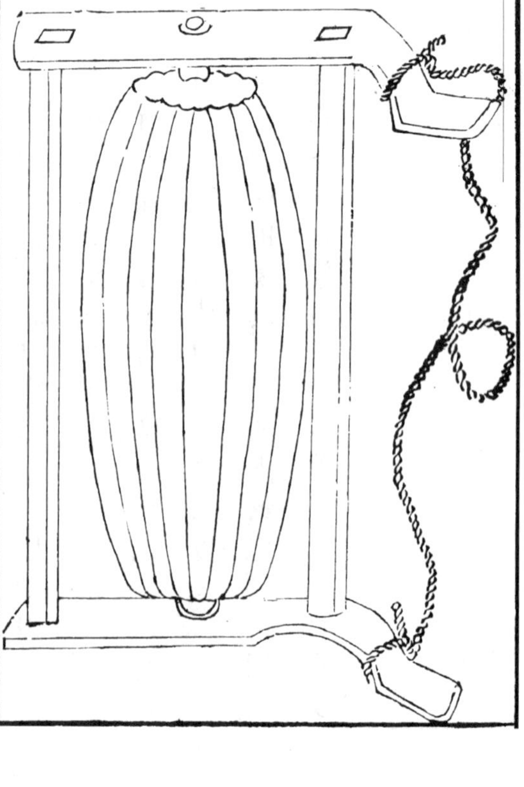

磟碡，又作碌碡。陸龜蒙耒耜經云：耙而後有磟碡焉，有礰礋焉。自爬至礰礋，皆有齒。磟碡觚稜而咸以木爲之，堅而重者良。余謂磟碡字皆從石，恐本用石也。然北方多以石，南人用木，蓋水陸異用，亦各從其宜也。其制長可三尺，大小不等，或木或石，刊木括之，中受簨軸，以利旋轉。又有不觚稜，混而圓者，謂混軸。俱用畜力輓行，以人牽傍，𨎶打田疇上塊垡，易爲破爛。及碾捍塲圃間，麥禾即脫稃穗。水陸通用之。

石礰礋

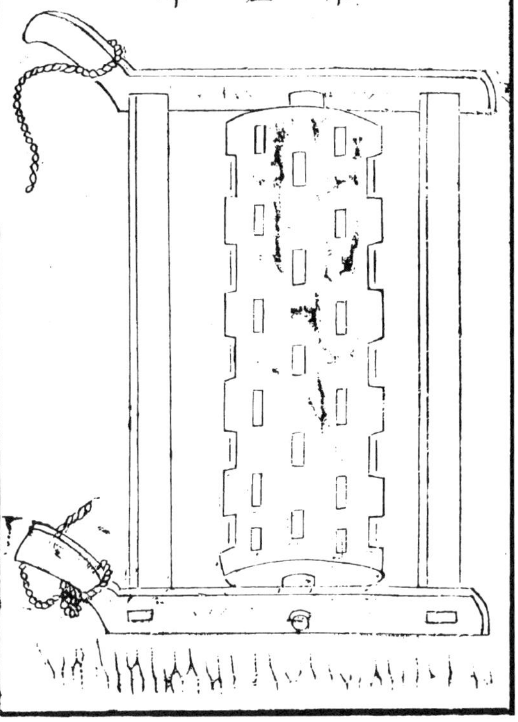

木礰礋

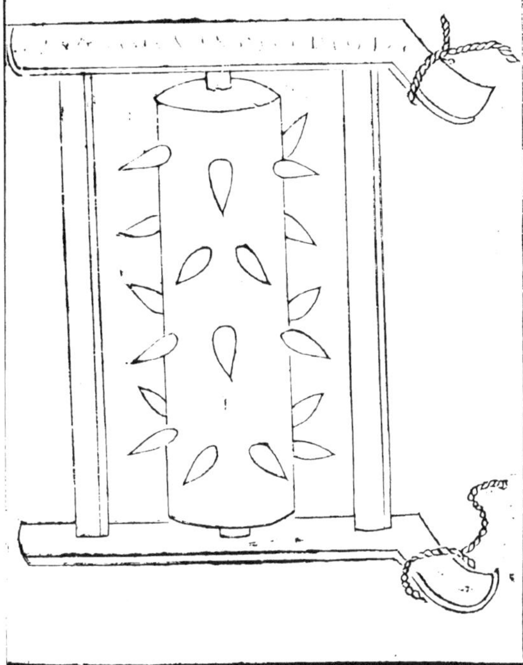

礰礋、又作䃺礋、與磟碡之制同、但外有列齒、獨用於水田、破塊滓、溷泥塗也、

瓠種

瓠種、竅瓠貯種、量可斗許、乃穿瓠兩頭、以木箄貫之、後用手執爲柄、前用作觜、瓠觜中草莛通之以下其種瀉種於耕壠畔、恐太深則致種於壠畔隨耕隨瀉、務使均勻、又犂隨掩過、遂成溝壠、覆土既深、雖暴雨不至榿撻、暑夏最爲能與耐同旱、且便於撮鋤、苗亦鬯茂、燕趙及遼以東多有之、齊民要術曰、兩耬重構、竅瓠下之、以批契維腰曳之、此舊制、以今較之、頗拙於用、故從今法、寡力之家、比耕耙耬砘、易爲功也、

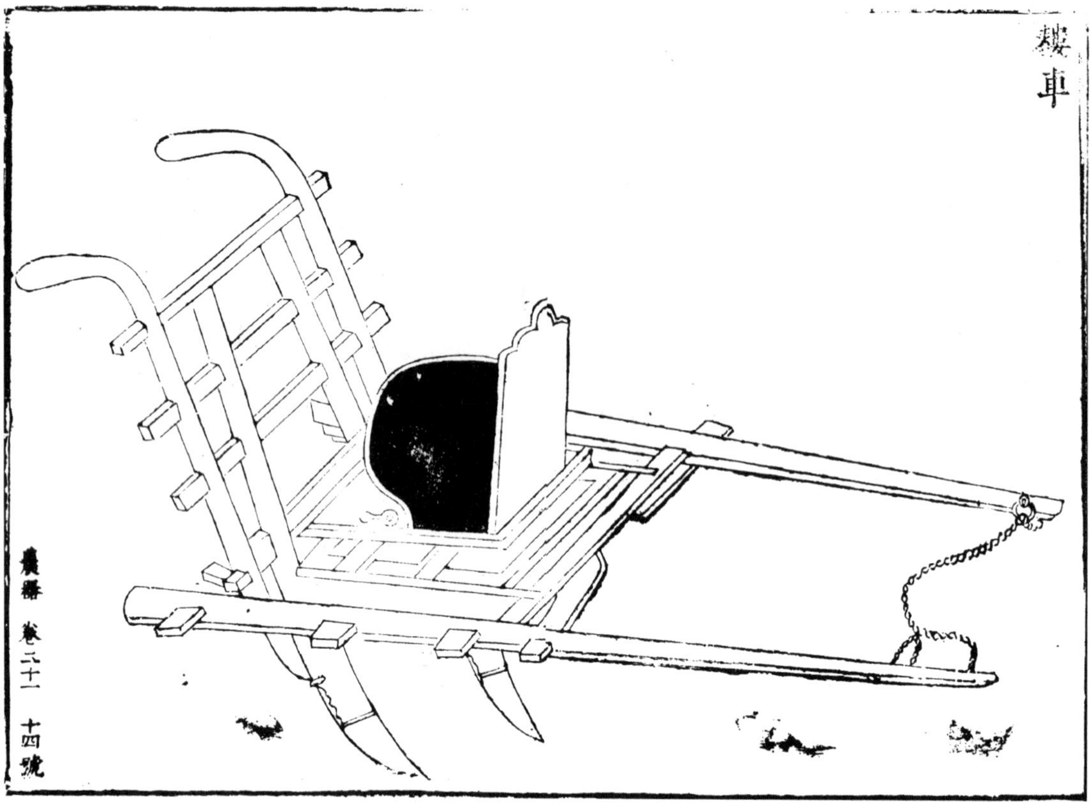

耬車、下種器也、通俗文曰、覆種曰耬、一云耬犂、其金似鑱而小、魏志略曰、皇甫隆爲燉煌太守、民不知耕、隆乃教民作耬犂、省力過半、得穀加五、崔寔論曰、漢武帝以趙過爲搜粟都尉、教民耕殖、其法三犂共一牛、一人將之、下種輓耬、皆取備焉、日種一頃、今三輔猶賴其利、自注云、按三犂共一牛、若今三脚耬矣、然則耬之制不一、有獨脚兩脚三脚之異、若今燕趙齊魯之間、多有兩脚耬、關以西有四脚耬、但添一牛、功又連地、夫耬中土皆用之、他方或未經見、恐難成造、其制兩柄上彎、高可三尺、兩足中虛、闊合一壠、横桄四匝、中置耬斗、其所盛種粒、各下通足竅、仍旁挾兩轅、可容一牛、用一人牽傍、一人執耬、且行且搖、種乃自下、此耬種之體用、今特圖錄、近有郷制下糞耬種、於耬斗後、另置篩過細糞、或拌蠶沙、耩時隨種而下、覆於種上、尤巧便也、今又名曰種蒔、曰耩子、曰耬犂、習俗所呼不同、用則一也、

砘車

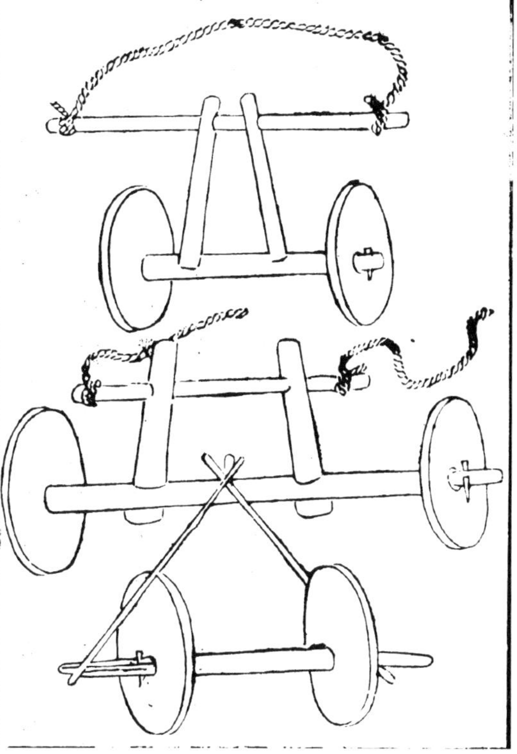

砘音屯車砘石碢也以木軸架碢爲輪故名砘車兩碢用一牛四碢兩牛力也鑿石爲圓徑可尺許竅其中以受機栝畜力輓之隨耬種所過泲壠碾之使種土相着易爲生發然亦看土脉乾濕何如用有遲速也古農法云耬種後用撻則壠滿土實又有種人足躡壠底各是一法今砘車轉碾溝壠特速此後人所刱尤簡當也

耕槃

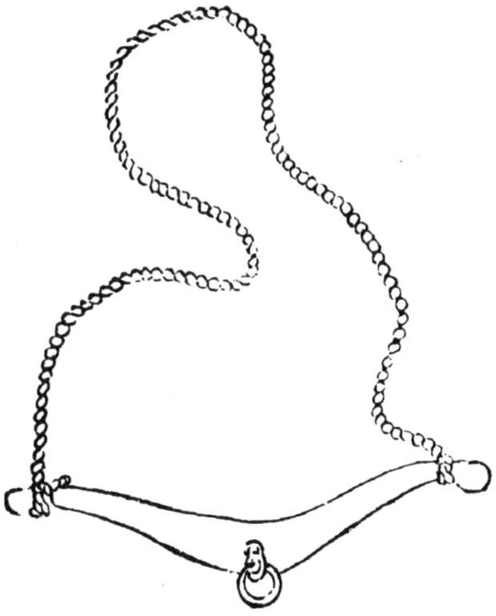

耕槃駕犂具也耒耜經云横於犂轅之前末曰槃言可轉也左右繫以樫乎軛也耕槃舊制稍短駕一牛或二牛故與犂相連今各處用犂不同或三牛四牛其槃以直木長可五尺中置鉤環耕時旋擐犂首與軛相爲本末不與犂爲一體故復表出之

牛軛

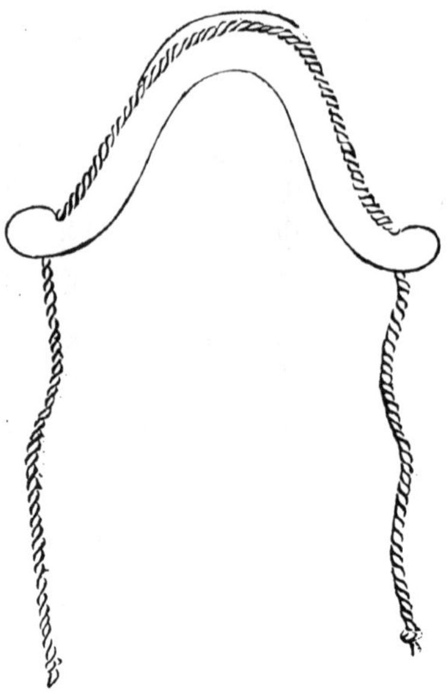

牛軛字亦作軏服牛具也隨牛大小制之以曲木竅其兩旁通貫耕索仍下繫鞅板用控牛頸軛乃穩順了無軒側說文曰軛轅前木也

秧馬

秧馬蘇文忠公序云余過廬陵見宣德郎致仕曾君安止出所作禾譜文旣溫雅事亦詳實惜其有所缺不譜農器也予昔遊武昌見農夫皆騎秧馬以榆棗爲腹欲其滑以楸梧爲背欲其輕腹如小舟昂其首尾背如覆瓦以便兩髀雀躍于泥中繫束藁其首以縛秧日行千畦較之傴僂而作者勞佚相絕矣史記禹乘四載泥行乘橇解者曰橇形如箕擿行泥土豈秧馬之類乎

钁

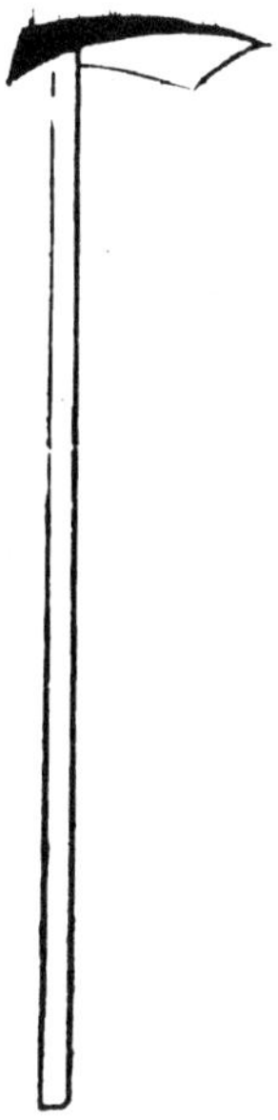

钁，斸田器也，爾雅謂之鐯斫也，又云魯斫，説文云，欘主以株除物根株也，蓋農家開闢地土，用以斸荒，凡田園山野之間，用之者，又有闊狹大小之分，然總名曰钁

臿

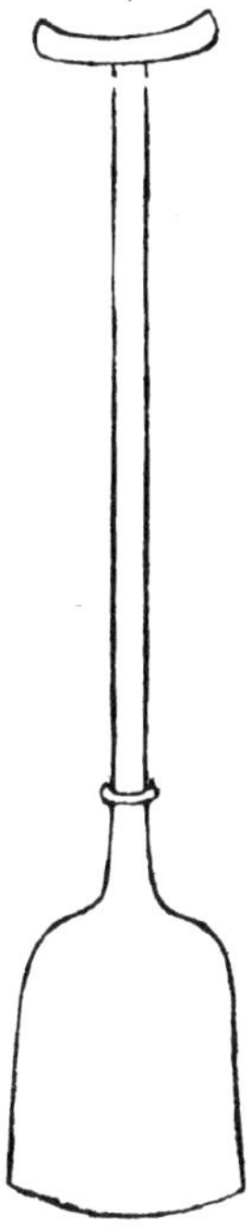

臿，顔師古曰，鍬也，所以開渠者，或曰削，有所守也，唐韻作𣂪，俗作鍤，同作插，爾雅曰，斛謂之疀，方言云，燕之東北朝鮮洌水之間謂之斛，宋魏之間謂之鏵，或謂之鍏，江淮南楚之間謂之臿，趙魏之間謂之喿，皆謂鍬也，然多謂之臿，蓋古謂臿，今謂鍬，一器二名，宜通用，淮南子曰，禹之時，天下大水，禹執畚臿，以爲民先，前漢溝洫志白渠歌曰，舉臿爲雲，決渠爲雨

鋒

鋒，古農器也，其金比犁鑱小而加鋭，其柄如耒，首如刃鋒，故名鋒，取其銛利也，地若堅垎，鋒而後耕，牛乃省力，又不乏刃，古農法云，鋒地宜深，鋒苗宜淺，齊民要術云，速鋒之地，恒潤澤而不硬，注曰，刈穀之後，即

鋒茇下令突起，則潤澤易耕，又云苗高一尺，則鋒之，苗生壠平，鋒而不耩，農書云，無鏵而耕曰耩，既鋒矣，固不必耩，蓋鋒與耩相類，今耩多用歧頭，若易鋒爲耩，亦可代也，近世農家不識此器，亦不知名，茲特錄其功用，知爲不可廢也，

長鑱

長鑱，踏田器也。鑱比犂鑱頗狹，制爲長柄，謂之長鑱。杜工部同谷歌曰：長鑱長鑱白木柄，即謂此也。柄長三尺餘，後偃而曲，上有橫木如拐，以兩手按之，用足踏其鑱柄後跟，其鋒入土，乃捩柄以起墢也。在園圃區田，皆可代耕，比於钁斸省力，得土又多。古謂之蹠鏵，今謂之踏犂，亦耒耜之遺制也。淮南子曰：伊尹之興土工也，修脚者使之蹠（音隻）鏵。注：長脚者蹠鏵得土多也。

鐵搭

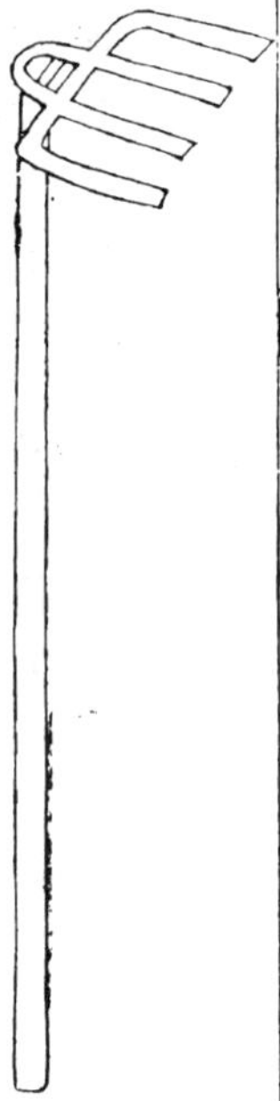

鐵搭，四齒或六齒，其齒銳而微鉤，似杷非杷，斸土如搭，是名鐵搭。就帶圍銎，以受直柄，柄長四尺。南方農家或乏牛犂，舉此斸地，以代耕墾，取其疏利，仍就編簇塊壤，兼有杷钁之效。嘗見數家爲朋，工力相傳，日可斸地數畝。江南地少土潤，多有此等人力，猶北方山田钁戶也。

鐵杴

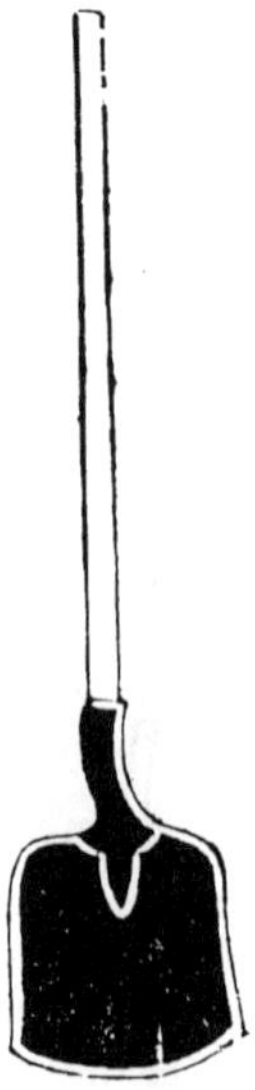

木杴

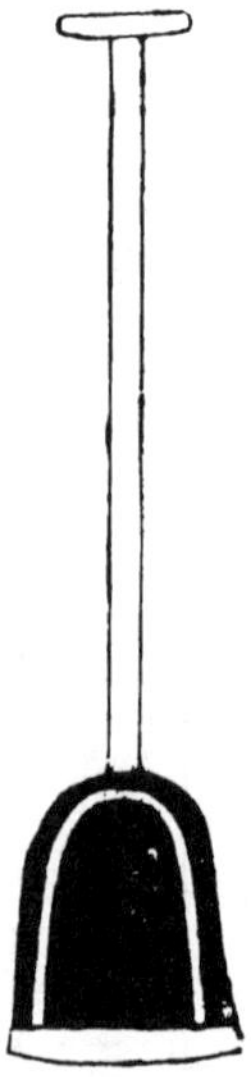

鐵刃杴

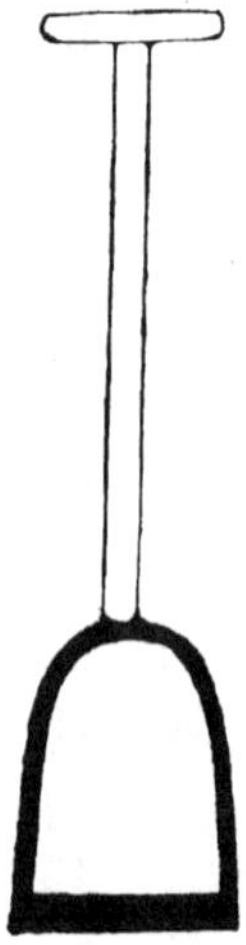

竹揚杴

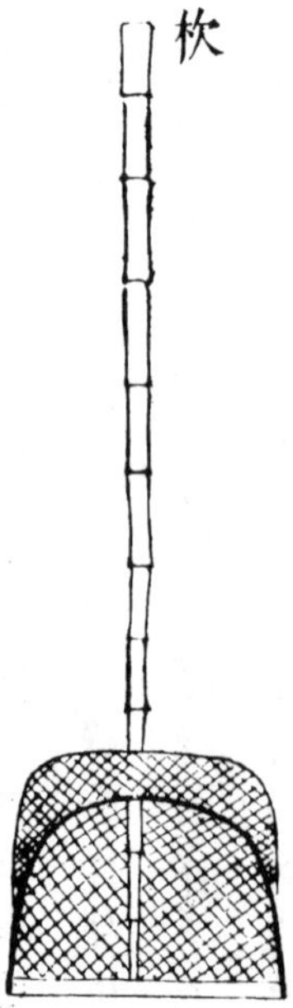

杴，臿屬，但其首方闊，柄無短拐，此與鍬臿異也。假鐵爲首，謂之鐵杴，惟宜土工。剡木爲首，謂之木杴，可撲穀物。又有鐵刃木杴，裁割田間塍埂。以竹爲之者，淮人謂之竹揚杴，與江浙颺（去聲）籃少異，今皆用之。

鑱

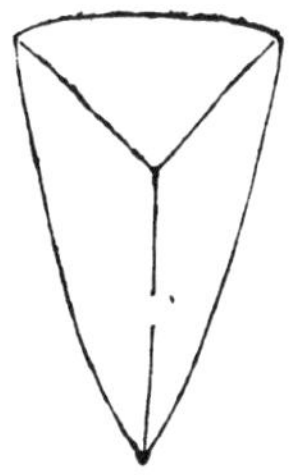

鑱、犂之金也、集韻注銳也、吳人云、鐵犂長尺有四寸、廣六寸、陸龜蒙耒耜經曰、冶金而爲之者曰犂鑱、起其墢者也、負鑱者底、底寘于鑱中、工謂之鼈肉、底之次曰壓鑱、皆貼然相戴、若剜土既多、其鋒必禿、還可鑄接、貧農利之

鐴

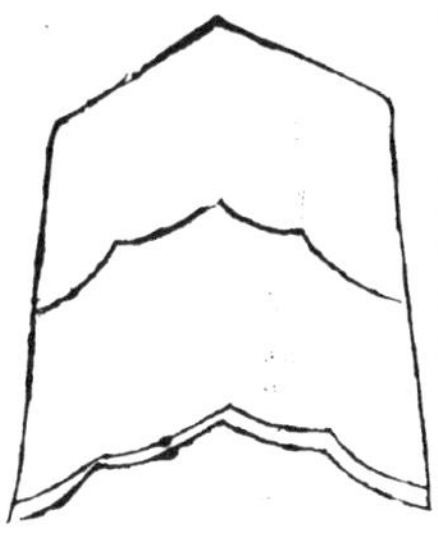

鐴、集韻云、耕具也、釋名、鐴、錇類、起土也、說文鐴作茦、兩刃鍤也、從木象形、宋魏作茦、集韻茦作鐴、或曰鍤、能有所穿也、又鐴剗地爲坎也、鐴與鑱頗異、鑱狹而厚、惟可正用、鐴闊而薄、翻覆可使、老農云、開墾生地、宜用鑱、翻轉熟地、宜用鐴、葢鑱開生地着力易、鐴耕熟地見功多、然北方多用鐴、南方皆用鑱、雖各習尚不同、若取其便、則生熟異氣、當以老農之言爲法、庶南北互用、鑱鐴不偏廢也、

鏵

鏵、犂耳也、其形不一、耕水田曰瓦繳、曰高脚、耕陸田曰鏡面、曰碗口、隨地所宜制也、

劐

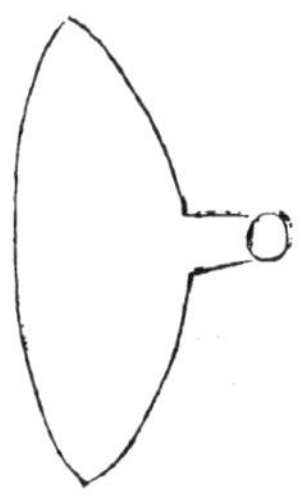

劐、俗又名鏟、周禮薙氏掌殺草、冬日至而耜之、鄭玄謂以耜測凍土而剗之、其刃如鋤而闊、上有深袴、插於犂底、所置鑱處、其犂輕小、用一牛或人輓行、北方幽冀等處、遇有下地、經冬水涸、至春首浮凍稍甦、乃用此器劐土而耕、草根既斷、土脉亦通、宜春種麰來

凡草莽汙澤之地，皆可用之。蓋地既淤壤肥沃，不待深耕，仍火其積草而種乃倍收，斯因地制器，劐土除草，故名劐，兼體用而言也。

劐

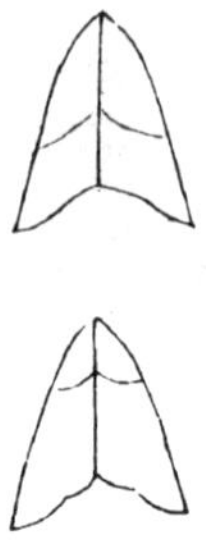

劐，農桑輯要云：燕趙之間用之，如鏃而小，中有高脊，長四寸許，闊三寸，插於耬足背上，兩竅以繩控於耬之下柁，其金入地三寸許，耬足隨瀉種粒，其種入土矣。

既深，田亦加熟，劐所過猶小犂一遍，如古耦耕之法，即一事而兩得也。

農政全書卷之二十一　終

農政全書卷之二十二

特進光祿大夫太子太保禮部尚書兼文淵閣大學士贈少保謚文定上海徐光啓纂輯
欽差總理糧儲提督軍務兼巡撫應天等處地方都察院右僉都御史東陽張國維鑒定
直隸松江府知府穀城方岳貢同鑒

農器

圖譜二

王禎曰：錢，鎛，古耘器，見於聲詩者尚矣，然制分大小而用有等差，揆而求之，其鋤、耨、鏟、盪等，皆其屬也，如耬鋤、鐙鋤、耘爪之類，是其變也，至于耬馬、耬鼓，又其

輔也。倘度而用之，則知水陸之耘事，有大功利在矣。

錢

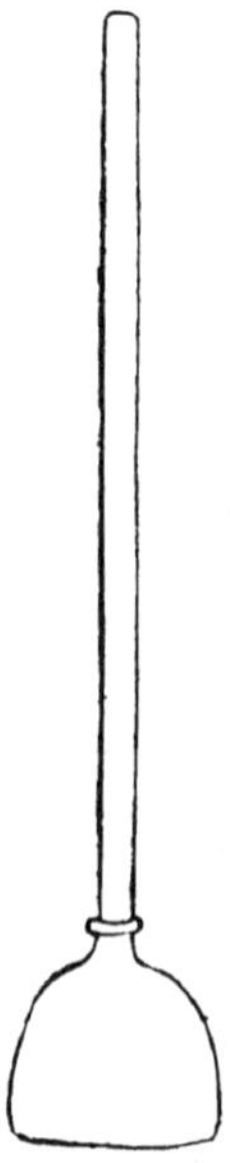

錢，臣工詩曰：庤乃錢鎛，注：錢，銚也。唐韻作㸕，器也，非鍬屬也。茲度其制似鍬，非鍬，殆與鏟同。纂文曰：養苗之道，鋤不如耨，耨不如鏟，鏟柄長二尺，刃廣二寸，以剗地除草，此鏟之體用，即與錢同。

鎛

鎛。耨別名也、詩曰、其鎛斯趙、以薅荼蓼、釋名曰、鎛、迫也、迫地去草也、爾雅疏云、鎛、耨一器、或云鉏、或云鋤屬、嘗質諸考工記、粤獨無鎛、何也、粤之無鎛、非無鎛也、夫人而能為鎛也

耨

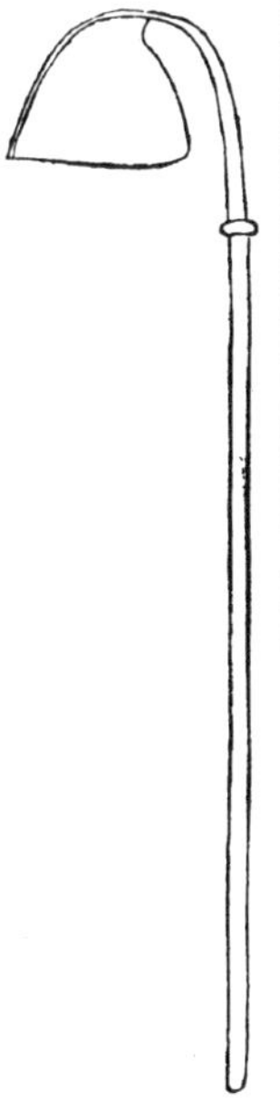

耨、除草器、易曰、耒耨之利、以教天下、呂氏春秋曰、耨柄尺、此其度也、其耨六寸、所以間稼也、高誘注云、耨所以耘苗也。六寸。所以入苗間、廣雅又云、定謂之耨、爾雅曰、斪斸謂之定、郭曰、鋤屬、淮南子曰、摩蜃而耨、蜃。大蚌也摩令利用耨此古農器也纂文曰、養苗之道、鋤不如耨、古農法云、耨苗生葉以上、稍耨壠草、因隤其土、以附苗根、此耨之功也

耰鉏

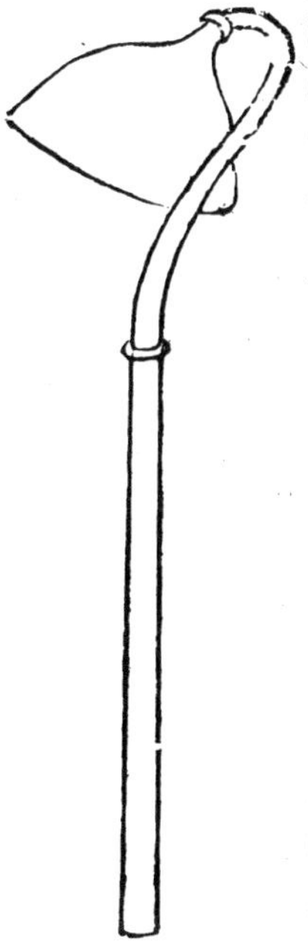

耰鉏、耰為鉏柄也。釋名、鋤、助也、去穢助苗也、說文、鋤、立薅也、夫鋤法有四。一次曰鏃。二次曰布。三次曰擁。四次曰復。鋤則苗隨茲茂、其刃如半月、比禾壠稍狹、上有短銎、以受鋤鉤、鉤如鵝項、下帶深袴、皆以鐵為之以受木柄、鉤長二尺五寸、柄亦如之、北方陸田、舉皆用此、江淮間雖有陸田、習俗水種、但用直項鋤頭刃、雖鋤也、其用如斸、是名钁鋤、故陸田多不豐收、今表此耰鋤之効、并其制度、庶南北通用、

耬鋤

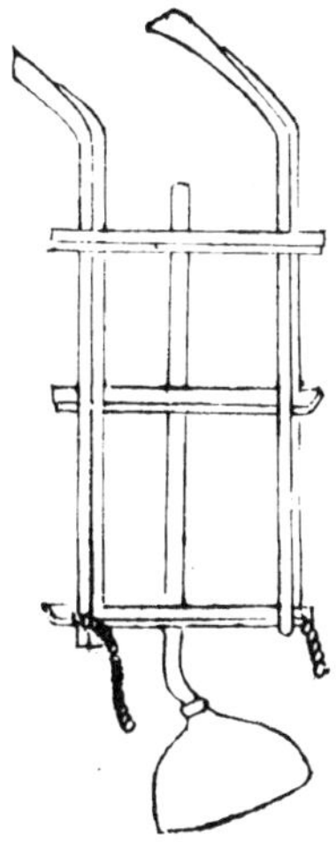

耬鋤、種蒔直說云、此器出自海壖、號曰耬鋤、耬制頗同、獨無耬斗、但用耰鋤鐵柄中穿耬之横桃下、仰鋤

刃形如杏葉，撮苗後用一驢帶籠觜輓之，初用一人牽，慣熟不用人，止一人輕扶，如土二三寸，其深痛過鋤力三倍，所辦之田，日不啻二十畝。今燕趙間用之，名曰劐子，劐子之制，又小異於此，劐子第一遍即成溝子，穀根未成，不耐旱，耬鋤刃在土中，故不成溝子，第二遍加擗土木，鴈翅方成溝子，其土分壅穀根，擗土，用木厚三寸，闊三寸，長八寸，取成三角，椽前爲尖，中作一竅，長一寸，闊半寸，穿於鐵鋤柄上，壓鋤刃上。韓氏直說云：如耬鋤過，苗間有小豁不到處，用鋤理撥一遍，即爲全功也。

鐙鋤

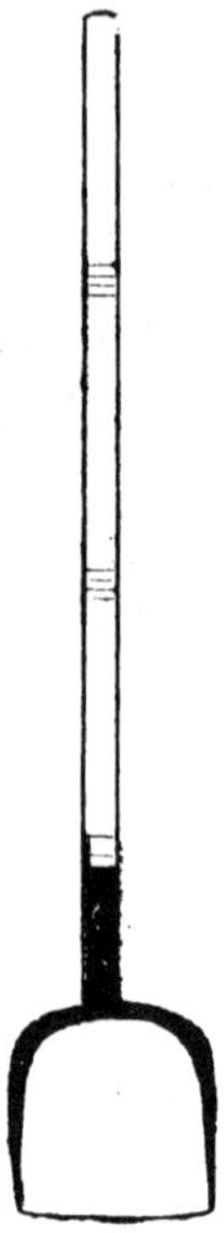

鐙鋤，剗草具也。形如馬鐙，其踏鐵兩旁作刃甚利，上有圓銎以受直柄，用之剗草，故名鐙鋤。柄長四尺，比常鉏無兩刃角，不致動傷苗稼根莖，或遇少旱，或熇苗之後，壠土稍乾，荒薉復生，非耘耙耘爪所能去者，故用此剗除。特爲徒利。此創物者隨地所宜，偶假其形而取便於用也。嘗見江東農家用之。

鏟

鏟，釋名曰：鏟，平削也。廣雅曰：截，纂文曰：養苗之道，鋤不如耨，耨不如鏟。鏟柄長二尺，刃廣二寸，以剗地除草。此古之鏟也。今鏟與古制不同，柄長數尺，首廣四寸許，兩手持之，但用前進攛之，剗去壠草，就覆其本，特號敏捷。今營州之東，燕薊以北，農家種溝田者皆用之。

耘盪

耘盪，江浙之間新制之形，如木屐而實，長尺餘，闊約三寸，底列短釘二十餘枚，簨其上以貫竹柄，柄長五尺餘，耘田之際，農人執之，推盪禾壠間草泥，使之溷溺，則田可精熟，既勝耙鋤，又代手足，水田有手耘足耘況所耘田數，日復兼倍，嘗見江東等處，農家皆以兩手耘

跪□匍匐承跼膝而行前、日曝於上、泥漬於下、豳詩農夫之叙、至耘苗、則曰暑日流金、田水若沸、耘耔是力、根荄是除、爬沙而指爲之戾、傴僂而腰爲之折、此耘苗之苦也、今覩此器、惜不預傳、以濟彼用、茲特圖錄、庶愛民者播爲普法、

玄扈先生曰、既盪仍須耘。但一盪可當一耘耳。

耘爪

耘爪、耘水田器也、即古所謂鳥耘者、其器用竹管隨手指大小截之、長可逾寸、削去一邊、狀如爪甲、或好堅利者以鐵爲之、穿於指上、乃用耘田、以代指甲、猶鳥之用爪也、今江南改爲此具更爲省便

薅馬

薅馬、薅禾所乘竹馬也、似籃而長、如鞍而狹、兩端攀以竹系。農人薅草之際、乃寘于跨間、餘裳斂之於內、而上控于腰畔、乘之兩股既寬、行壠上不礙苗行、又且不爲禾葉所緒、故得專意摘剔稂莠、速勝鋤耨、殆若秧馬之類、因命曰薅馬

銍

銍、穫禾穗刃也、臣工詩曰、奄觀銍艾、書禹貢曰二百里納銍、小爾雅云、截穎謂之銍、截穎即穫也、據陸詩釋文云、銍、穫禾短鎌也、纂文曰、江湖之間、以銍爲刈、說文云、此則銍器、斷禾聲也、故曰銍、

艾

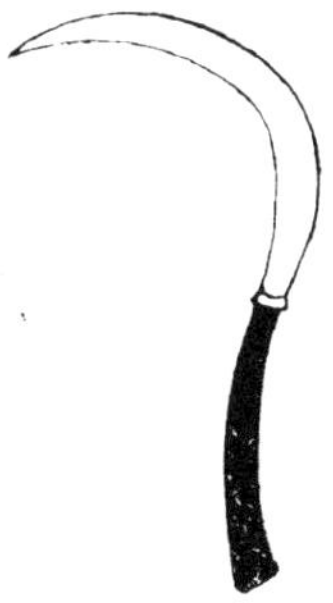

艾、穫器、今之刈鎌也、方言曰刈、江淮陳楚之間、謂之

鉊、音昭或謂之鍋、音渠自關而西、或謂之鉤或謂之鎌、或謂之鍥、音結詩奄觀銍艾、釋音乂、韻作艾、芟草、亦作刈、賈策若艾草菅、注艾讀曰刈、古艾從草、今刈從刀、宜通用、

鐮

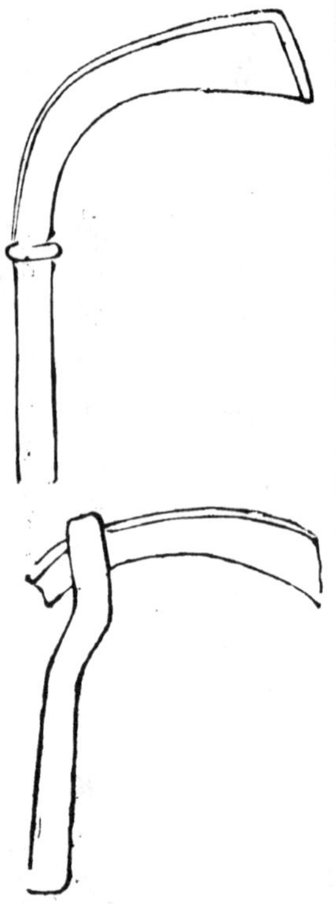

鐮、刈禾曲刀也、釋名曰鐮、廉也、薄甚、所刈似廉、考工又作鎌、風俗通曰、鐮刀自揆、積芻蕘之效、然鐮之制不一、有佩鐮、有兩刃鐮、有袴鐮、有鉤鐮、有鐮柌之鐮皆古今通用芟器也、

推鐮

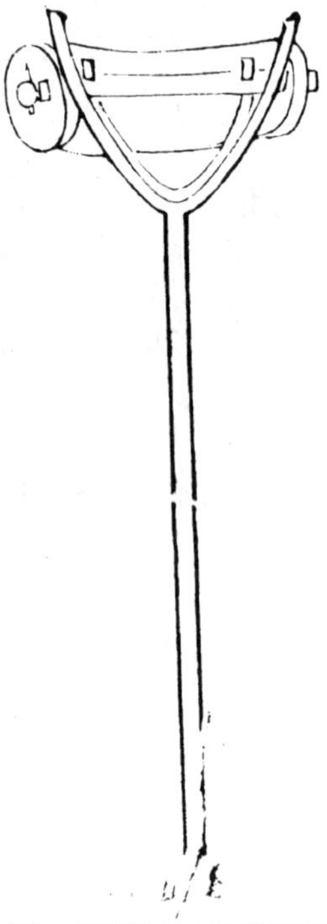

推鐮、斂禾刃也、如蕎麥熟時、子易焦落、故制此[illegible]於收斂、形如偃月、用木柄、長可七尺、首作兩股、短[illegible]架以横木、約二尺許、兩端各穿小輪、圓轉、中嵌鐮刃、前回仍左右加以斜杖謂之蛾眉杖、以聚所劉之物凡用則執柄就地推去、禾莖既斷、上以蛾眉權約之乃回手左擁成稕以離舊地另作一行子既不損又速於刀刈數倍此推鐮體用之效也、

粟鋻

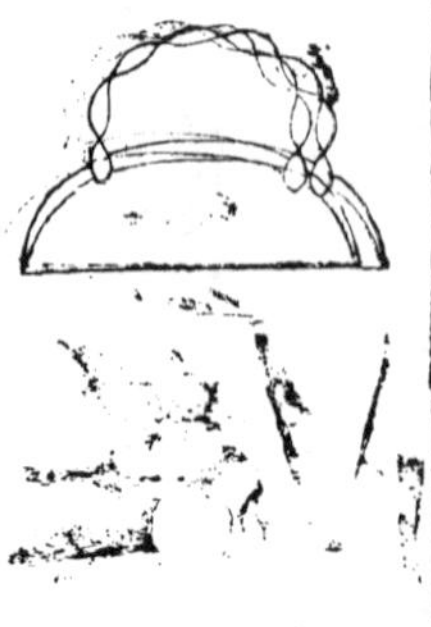

粟鋻截禾穎刃也、集韻云、鋻䥥也、其刃長寸餘、上帶圓銎、穿之食指、刃向手內、農人收穫之際、用摘禾穗與銍鐮制不同而名亦異、然其用則一、此特加便捷耳、

鍥

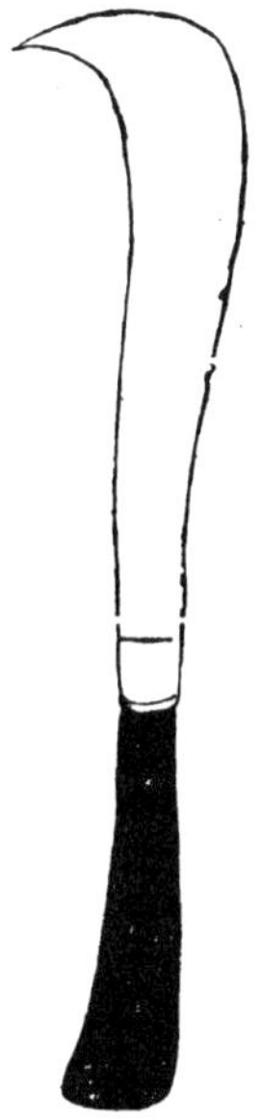

鍥，似刀而上彎，如鐮而下直，其背指厚，刃長尺許，柄盈二握，江淮之間恒用之，方言云，自關而西謂之鉤，江南謂之鍥，鍥鍥集韻通用，又謂之彎刀，以刈草木，或斫柴篠，或代鐮斧，一物兼用，農家便之，

鏺

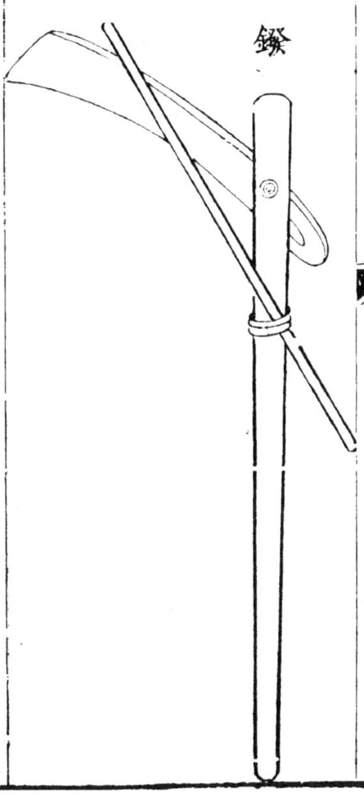

鏺，集韻云，鏺，兩刃刈也，其刃長餘二尺，闊可三寸，橫插長木柄內，牢以逆楔，農人兩手執之，遇草萊或麥禾等稼，折要展臂，匝地芟之，柄頭仍用掠草杖，以聚所芟之物，使易收束，太公農器篇云，春鏺草棘，又唐有鏺麥殿，今人亦云芟曰鏺，蓋體用互名，皆此器也，

劙刀

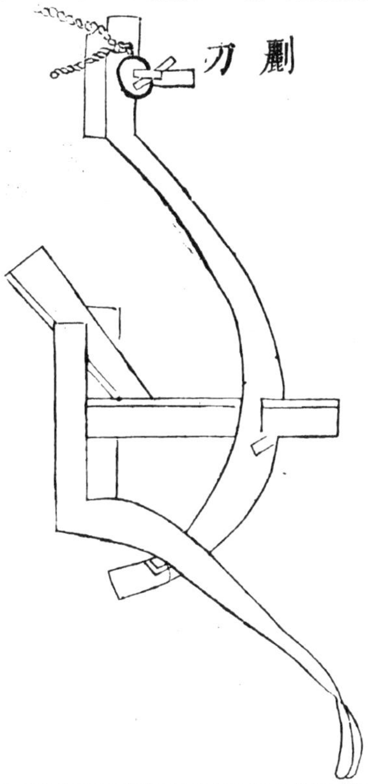

鑗刀，集韻與劙同，闢荒刃也，其制如短鐮，而背則加厚，嘗見開墾蘆葦蒿萊等荒地，根株駢密，雖強牛利器，鮮不困敗，故于耕犁之前，先用一牛引曳小犁，仍置刃裂地，闢及一隴，然後犁鑱隨過，覆墢截然，省力過半，又有於本犁轅首裏邊，就置此刃，比之別用人畜，就省便也

鍘

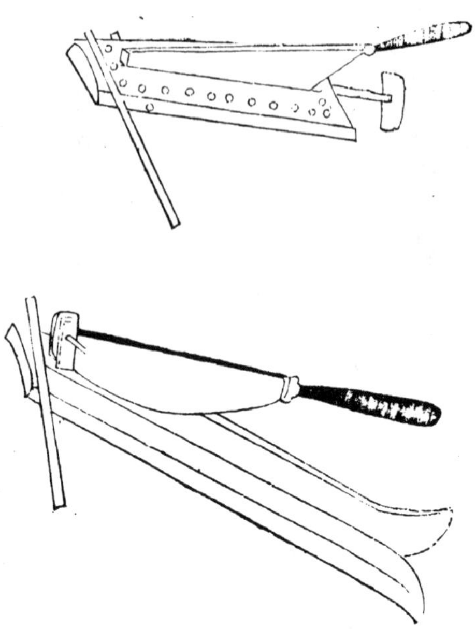

鍘切草也　凡造鍘先鍜鐵爲鍘背厚可指許內嵌鍘刃如半月而長下帶鐵袴以插木柄截木作碪長可三尺有餘廣可四五寸碪首置木簨高可三五寸穿其中以受鍘

斧圖不載　釋名曰斧甫始也凡將制器始以斧伐木已乃制之也周書曰神農作陶冶斧破木爲耒耜鉏耨以墾草莽然後五穀興其柄爲柯然樵斧桑斧制頗不同樵斧狹而厚桑斧闊而薄蓋隨所宜而制也今農耕作之際修㧖佃具隨身尤不可闕者

鋸圖不載　解截木也古史考曰孟莊子作鋸說文曰鋸槍唐也莊子曰禮若亢鋸之柄又曰天下好智而百姓求竭矣於是乎釿音斤鋸制焉太公農器篇云钁鍤斧鋸此鋸爲農器尚矣今接博桑果不可闕者

礪

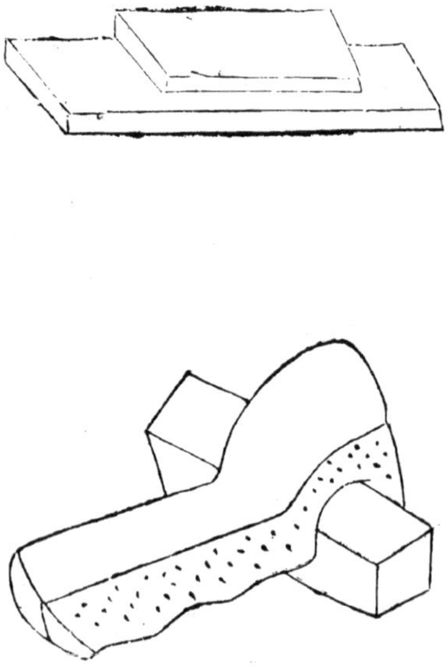

礪磨刃石也書曰揚州厥貢礪砥廣志曰礪石出首陽山有紫白粉色出南昌者最善山海經曰高梁之山多砥礪尸子曰鐵使干越之工鑄之以爲劒而勿加砥礪則以刺不如擊不斷磨之以礱加之以黄砥則刺也無前擊也無下自是觀之礪與弗礪其相去遠矣今農器鐮斧鎡錢之類非礪不可大小之家所必用也蔡邕銘曰木以繩直金以沛剛必須砥礪就其鋒鍔

大杷

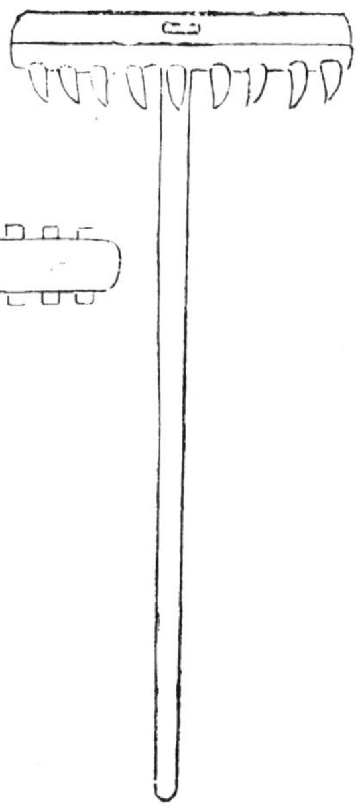

穀杷

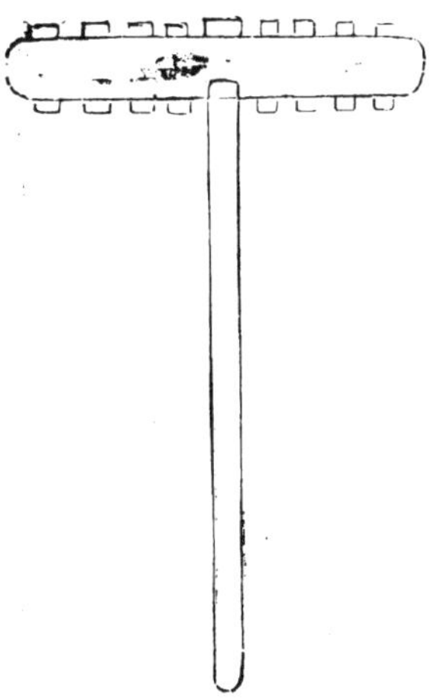

竹杷

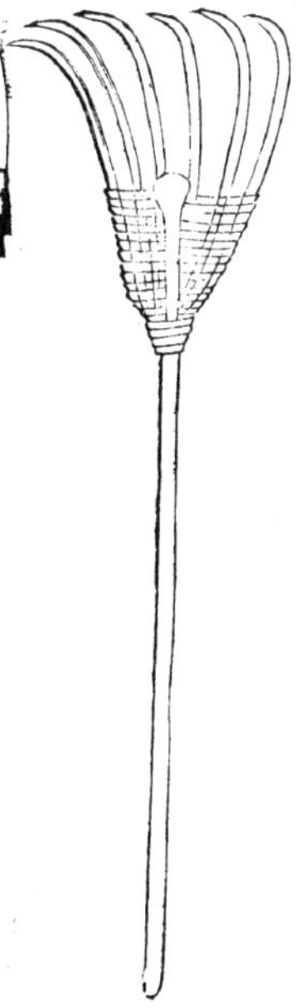

耘杷

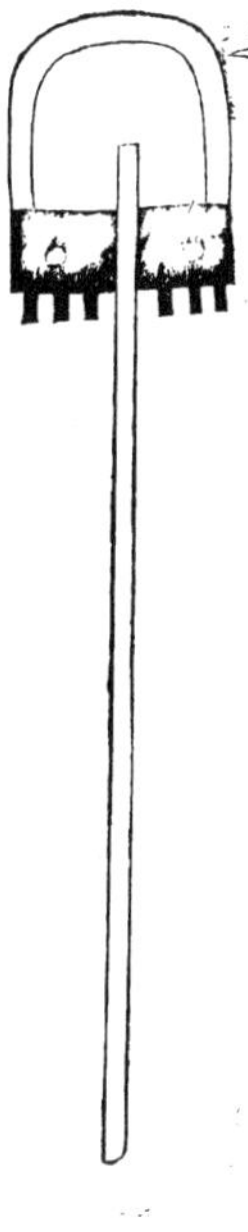

小杷

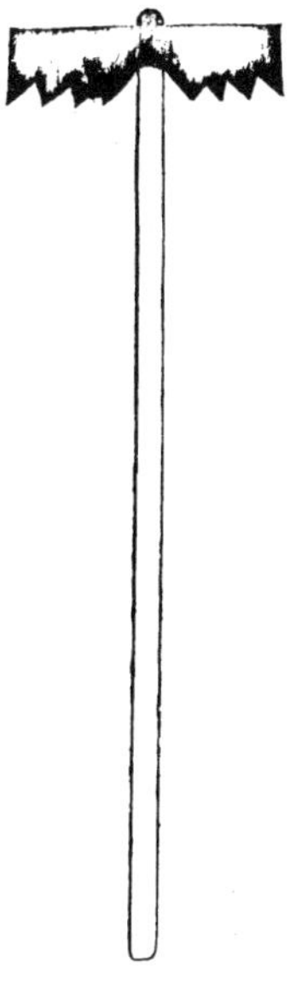

杷鏤鍬器也方言云宋魏間謂之渠挐或謂之渠疏直柄橫首柄長四尺首闊一尺五寸列鑿方竅以齒爲節夫畦畛之間鋤剔塊壤疏去瓦礫場圃之上摟聚麥禾擁積稭穗此益農之功也後有穀杷或謂透齒杷用攤曬穀又耘杷以木爲柄以鐵爲齒用耘稻禾竹杷場圃樵野間用之

朳

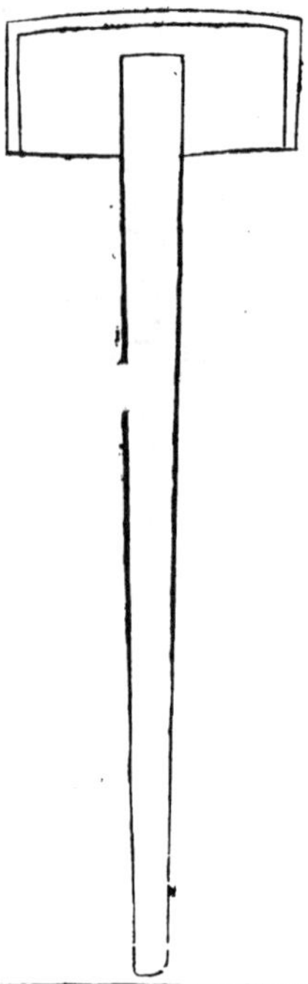

朳，無齒杷也，所以平土壤、聚穀實。說文云：無齒爲朳。禾譜字作㧓。周生烈曰：夫忠蹇朝之杷朳，正人國之埽篲。秉杷執篲，除凶掃穢，國之福，主之利也。杷朳之爲器也，見於書傳，至今不替其用，爲不負紀錄矣。

平板

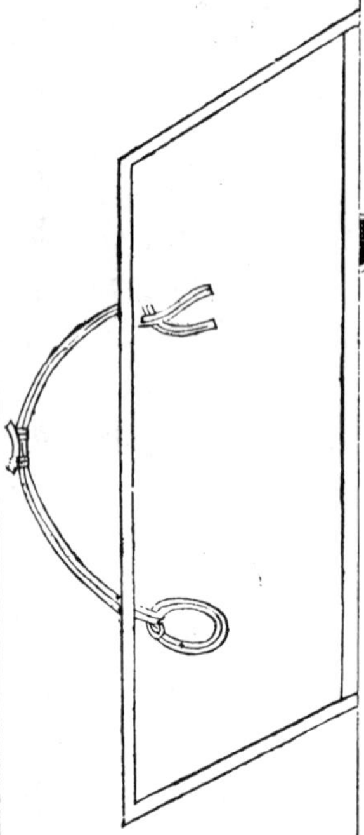

平板，平摩種秧泥田器也。用滑面水板，長廣相稱，上置兩耳，繫索連軛，駕牛或人拖之，摩田須平，方可受種，即得放水浸漬，匀停，秧出必齊。田家或仰坐蹬代之，終非本器。

田盪

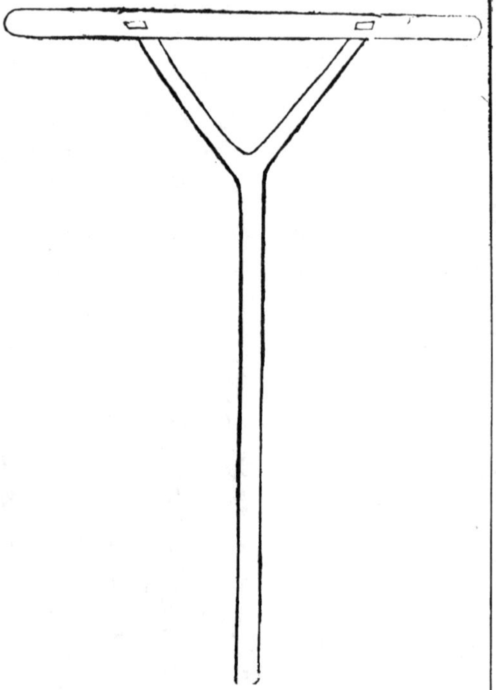

田盪，均泥田器也。用叉木作柄，長六尺，前貫橫木五尺許。田方耕耙，尚未匀熟，須用此器平着其上盪之，使水土相和，凹凸各平，則易爲秧蒔。農書種植篇云：凡水田渥漉精熟，然後踏糞入泥，盪平田面，乃可撒種。此亦盪之用也。夫田盪與上篇耘盪之盪字同音異，所用亦各不類，因辯及之。

輥軸

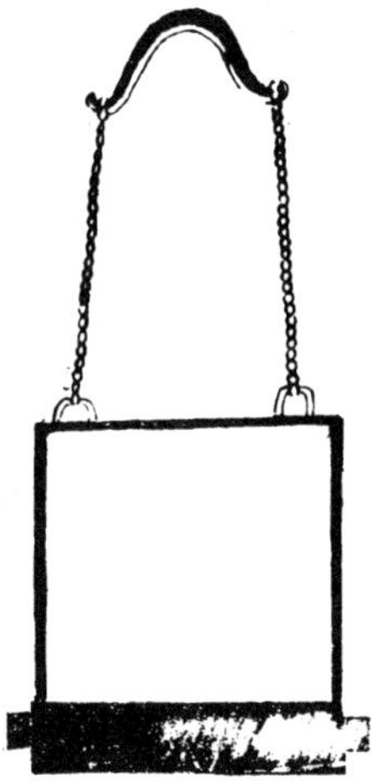

輥軸、軸輥、磙草木軸也、其軸木徑可三四寸、長約四五尺、兩端俱作轉簨、挽索用牛拽之、夫江淮之間、凡漫種稻田、其草禾齊生並出、則用此輥碾、使草禾俱入泥內。再宿之後。禾乃復出。草則不起。又嘗見一方。稻

田不解插秧、唯務撒種、却於軸間交穿板木、謂之鴈翅、狀如礰礋而小、以鞍打水土成泥、就碾草禾、如前江南地下、易於得泥、故用輥軸、北方塗田頗少、放水之後、欲得成泥、故用鴈翅鞍打、此各隨地之所宜用也、

秧彈

秧彈、平聲秧壠、以篾爲彈、彈猶弦也、世呼船牽去聲曰彈、字義俱同、蓋江鄉櫃田內、平而廣。農人秧蒔。漫無準則。故制此長篾。掣於田之兩際。其直如弦。循此布秧。了無欹斜。猶梓匠之繩墨也。

杈

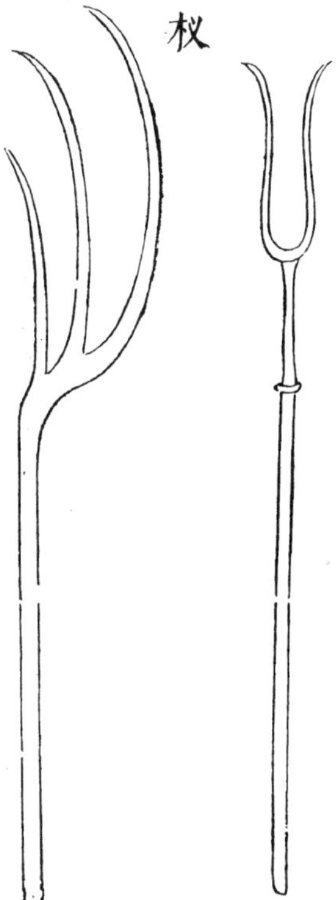

杈如加切箝禾具也、揉木爲之、通長五尺、上作二股、長可二尺、上一股微短、皆形如彎角、以箝取禾稇也、又有以木爲榦、以鐵爲首、二其股者、利如戈戟、唯用叉取禾束、謂之鐵禾杈、

笐架也。集韻作筦。竹竿也。或省作笐。今湖湘間收禾並用笐架。懸之以竹木。構如屋狀。若麥若稻等稼穫而聚(音藡)之。悉倒其穗控於其上。久雨之際。比於積塜不致鬱浥。江南上雨下水。用此甚宜。北方或遇霖潦亦可倣此。庶得種糧。勝於全廢。今特載之。冀南北通用。

農政全書 卷之二十二 農器 三十 平露堂

喬扦

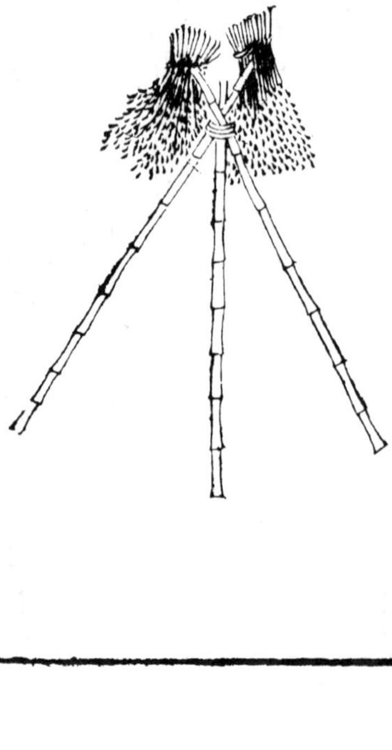

喬扦(音千)挂禾具也。凡稻皆下地沮濕。或遇雨潦。不無浥滲。其收穫之際。雖有禾穧。不能臥置。乃取細竹。長

短相等量水淺深每以三莖爲數近上用篾縛之又於田中上控禾把又有用長竹横作連脊挂禾尤多凡禾多則用笐架禾少則用喬扦雖大小有差然其用相類故并次之

禾鉤(圖不載)斂禾具也用禾鉤長可二尺嘗見壠畝及荒蕪之地農人將芟倒禾穰或草穰用此匝地約之成稛則易於就束比之手㩴(力展切)甚速便也

搭爪

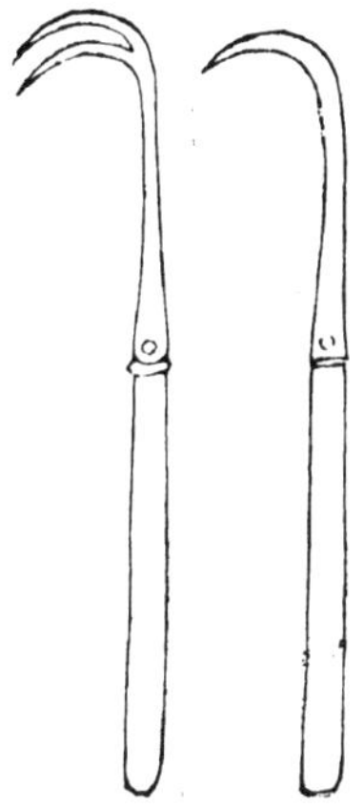

搭爪上用鐵鉤帶梼中受木柄通長尺許狀如彎爪用如爪之搭物故曰搭爪以摞草禾之束或積或擲日以萬數速於手挈可謂智勝力也

禾檐負禾具也其長五尺五寸剡匾木爲之者謂之輭檐斫圓木爲之謂之楤檐(集韻云楤音聰尖頭檐也)匾者宜負器與物圓者宜負薪與禾釋名曰檐任也力所勝任也凡山路巇嶮或水陸相半舟車莫及之處如有所負非檐不可(圖不載)

連枷

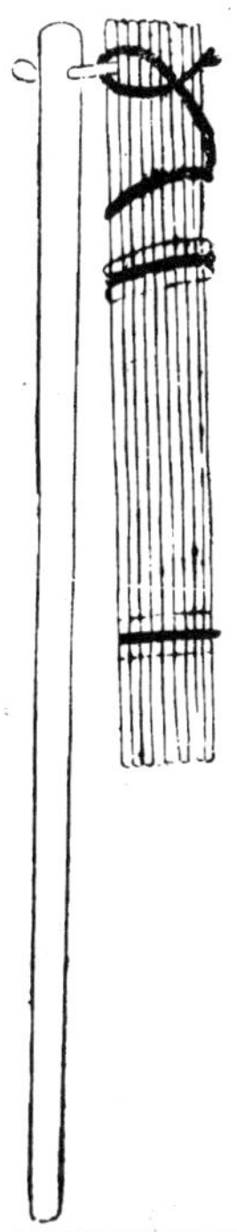

連枷(古牙切)擊禾器國語曰權節其用耒耜枷芟(枷拂也以擊草)廣雅曰拂謂之架說文曰拂架也拂擊禾連架釋名曰架加也加杖於柄頭以檛(陟爪切)穗而出穀也其制用木條四莖以生革編之長可三尺闊可四寸又有以獨梃爲之者皆於長木柄頭造爲擐軸舉而轉之以撲禾也方言云僉宋魏之間謂之欇殳(音殊)自關而西謂之棓(蒲項切)齊楚江淮之間謂之柍(音快)或謂之桲(音敎)今呼爲連枷南方農家皆用之北方穫禾少者亦易辦也

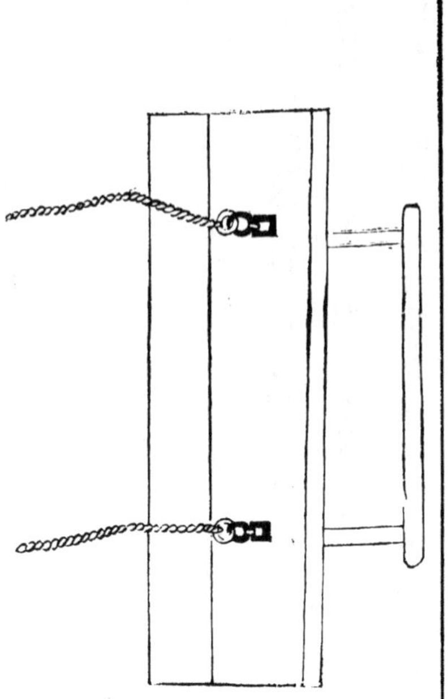

劃板

劃板，劃土具也。用木板一葉，闊二尺許，長則倍之，或煆鐵爲舌，板後釘木直二莖，高出板上，槊以橫柄，板之兩傍係二鐵鐶，以擐拽索，兩手推按，或人或畜挽行，以劃壅腳土。凡修閘堰、起堤防、填汚坎、積丘垤、均土壤、治畦埂、疊場圃、聚子粒、擁糠籺（胡骨切）、除瓦礫（郎擊切），雖若乏用，然農家之事居多也。

農政全書卷之二十二終

農政全書卷之二十三

特進光祿大夫太子太保禮部尚書兼文淵閣大學士贈少保謚文定上海徐光啓纂輯
欽差總理糧儲提督軍務兼巡撫應天等處地方都察院右僉都御史東陽張國維鑒定
直隸松江府知府穀城方岳貢同鑒

農器

圖譜三

王禎曰：昔聖人教民杵臼，而粒食資焉。後乃增廣制度，而爲碓、爲磑、爲礱、爲輾等具，皆本於此。至于蓄積之所，古有定制，而出納之用，與烹飪之器，尤不可闕，故以嘉量繼之，鼎釜終之。若夫舟車之事，任載所先，蓋南北道路之不同，故水陸乘行之亦異。然淮漢之間，俱可兼用。凡務農之家，隨其所便，所居廬室，尤不可無其動止之用，理存農器，故共錄於此。

杵臼，舂也。《易·係辭》曰：黃帝堯舜氏作，斷木爲杵，掘地爲臼，杵臼之利，萬民以濟。按古舂之制，秙百二十斤，稻重一秙，爲米二十斗，爲米十斗曰毇，爲米六斗大半斗曰粲，又曰糲米一石舂爲九斗曰糳，糳米之精者，斯古舂之制，自杵臼始也。（有圖下載）

碓

碓，舂器，用石。杵臼之一變也。廣雅曰：䃅，碓也。方言云：碓梢謂之碓機，自關而東謂之梴。桓譚新論曰：杵臼之利，後世加巧，因借身重以踐碓，而利十倍。

堈碓

堈碓，以堈作碓臼也。集韻云：堈，甕也。又作瓨。其制先掘埋堈坑，深逾二尺。次下木地釘三莖，置石于上。後將大磁堈穴透其底，向外側嵌坑內埋之。復取碎磁與灰泥和之，以窒底孔，令圓滑如一。候乾透，乃用半竹篘長七寸許，徑四寸，如合脊瓦樣，但其下稍濶，以熟皮周圍護之。（取其滑也。）倚於堈之下唇，篘下兩邊以石壓之，或兩竹竿刺定。然後注糙於堈內，用碓木杵（杵頭鐵團束之，堈內置两大牙釘，稍臥之。）搗于篘內。堈既圓滑，米自翻倒，簌於篘內。一搗一簌，既省人攪，米自匀細。然木杵既輕

動防杻逆須於踏碓時已起而落隨以左足蹋其碓腰方得穩順一堈可舂米三石功折常碓累倍始於浙人故又名浙碓今多於津要商旅輳集處所可作連屋置百餘具者以供往來稻船貨糴粳糯及所在上農之家用米既多尤宜置之

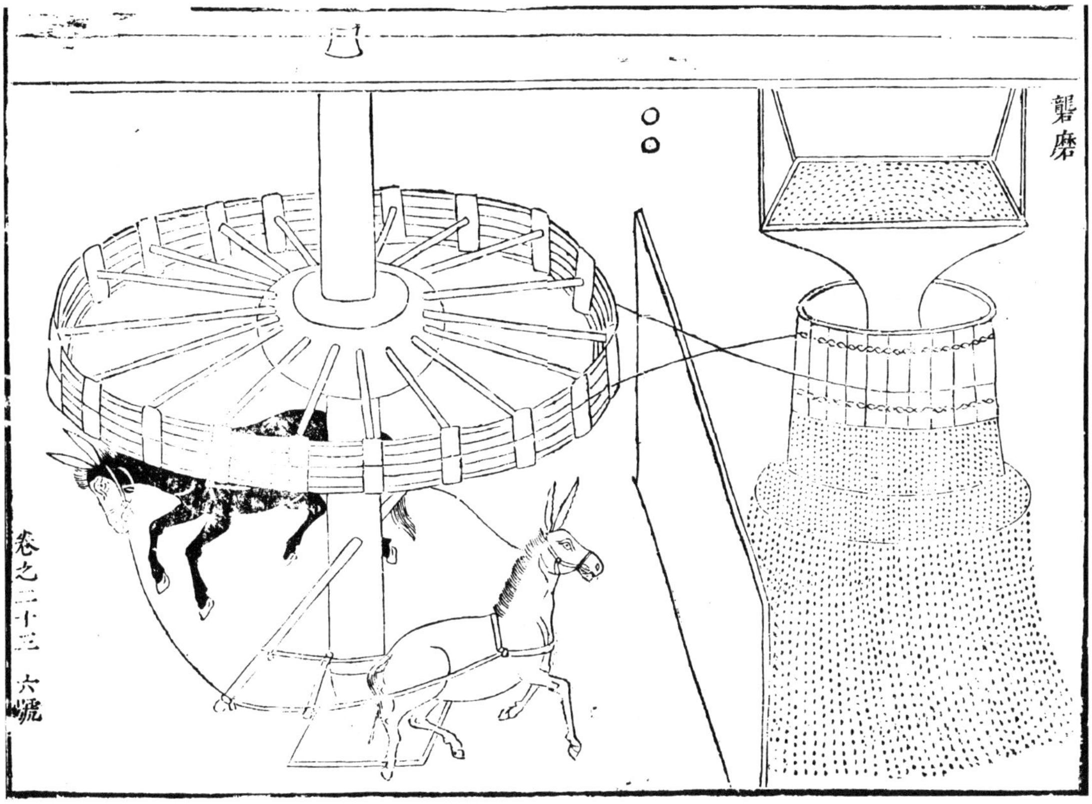

礱礪穀器所以去穀殼也淮人謂之礱江浙之間謂之礱編竹作圍內貯泥土狀如小磨仍以竹木排為密齒破穀不致損米就用拐木竅貫礱上掉軸以繩懸檩上衆力運肘以轉之日可破穀四十餘斛方謂之木礱石鑿者謂之石木礱礱字從石初本用石今竹木代者亦便又有廢磨上級已薄可代穀礱亦不損米或人或畜轉之謂之礱磨復有畜力輓行大木輪軸以皮弦或大繩繞輪兩周復交于礱之上級輪轉則繩轉繩轉則礱亦隨轉計輪轉一周則礱轉

十五餘周比用人工既速且省

輾

輾通俗文曰石碢轢穀曰輾後魏書曰崔亮在雍州讀杜預傳見其爲八磨嘉其有濟時用因教民爲輾玄扈先生曰後魏臣工最多留心民事者將上意所先耶抑兩漢之遺人也今以礪石甃爲圓槽周或數丈高踰二尺中央作臺植以簨軸上穿榦木貫以石碢有用前後二碢相遂前備撞木不致相擊仍隨帶攪杷畜力輓行循槽轉碾日得米三十斛近有法製輾槽法製用沙石芹泥與糯粥同膠和之以爲圓槽下以木椏綫築實直至乾透可用轢米特易可加前數此又輾之巧便者玄扈先生曰亮爲僕射奏于張方橋東堰穀水造磑磨二十區其利十倍國用便之

海青輾

碾䃺世呼曰海青碾喻其速也但比常碾減去圜槽就碢斡栝以石輥（輥徑可三尺長可五尺）上置簸檻隨碾斡圓轉作竅下穀不計多寡旋碾旋收易于得米較之碢碾疾過數倍故比于鷙鳥之尤者人皆便之

玄扈先生曰江右木作槽碾山右石作搓碾皆取機勢倍勝常碾

連磨連轉磨也其制中置巨輪輪軸上貫架木下承鐏臼復于輪之周回列遶八磨輪輻近與各磨木齒相間一牛拽轉則八磨隨輪輻俱轉用力少而見功多後魏崔亮在雍州讀杜預傳見其為八磨嘉其有濟時用劉景宣作磨奇巧特異策一牛之任轉八磨之重竊謂此雖並載前史然世罕有傳者今乃尋繹搜索度其可用述此制度既圖於前復叙於後庶來者倣之以廣食利（圖見水利部）

颺扇

颺扇集韻云颺風飛也揚穀器其制中置簨軸列穿四扇或六扇用薄板或糊竹為之復有立扇臥扇之別各帶掉軸或手轉足躡扇即隨轉凡舂碾之際以糠米貯之高檻底通作匾縫下瀉均細如簾即將機軸掉轉搧之糠粞既去乃得淨米又有舁之場圃間用之者謂之扇車凡揉打麥禾等稼穰粃相雜亦須用此風搧比之杴擲箕簸其功數倍

礳

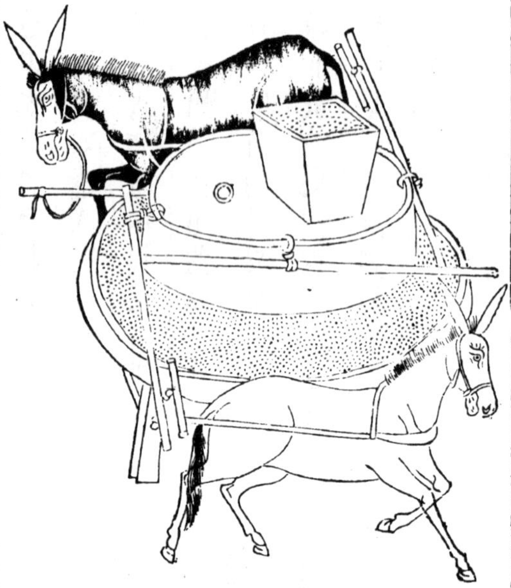

礳、唐韻作磨、磑也、說文云礳石磑也、世本曰公輸班作磑、方言或謂之䃶、通俗文曰塡䃶曰硐磨、床曰摘、今又謂主磨曰臍、注磨曰眼、轉磨曰斡、承磨曰槃、載磨曰床、多用畜力挽行、或借水輪、或掘地架木、下置鐏軸、亦轉以畜力、謂之旱水磨、比之常磨、特爲省力、凡磨上皆用漏斗盛麥、下之眼中、則利齒旋轉、破麥作麩、然後收之篩羅、乃得成麪、世間餅餌自此始矣。

油榨

油榨取油具也用堅大四木各圍可五尺長可丈餘疊作卧枋于地其上作槽其下用厚板嵌作底槃槃上圓鑿小溝下通槽口以備注油于器凡欲造油先用大鑊爨炒芝麻既熟即用碓舂或輾碾令爛上甑蒸過理草爲衣貯之圈內累積在槽橫用枋桯相拶復豎插長楔高處舉碓或椎擊擗之極緊則油從槽出此橫榨謂之卧槽立木爲之者謂之立槽傍用擊楔或上用壓樑得油甚速今燕趙間創有以鐵爲炕面就接蒸釜爨項乃傾芝麻於上執枚匀攪待熟入

磨下之即爛比鑊炒及舂碾省力數倍南北農家歲用既多尤宜則傚

穀盅

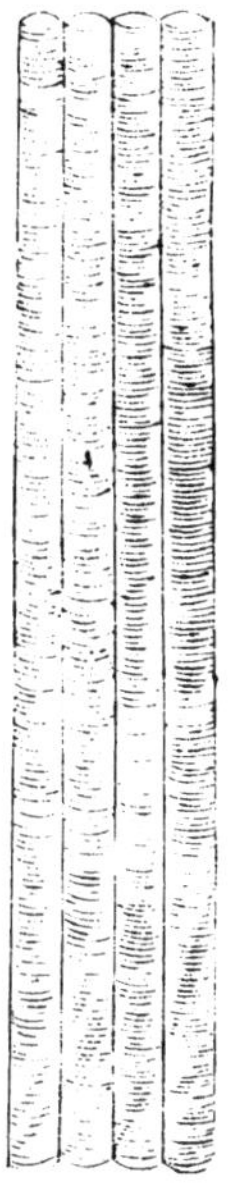

穀盅集韻云虛器也又謂之氣籠編竹作圍徑可一尺高或二丈底足稍大易于豎立內置木撑數層乃先列倉中每間或五或六亦量積穀多少高低大小而制之嘗見倉廩囷京等所貯米穀蒸濕結厚數尺謂之㬠頭以致壓盦變黃漸成熅腐往往耗損公私坐致陷害誠可甚惜今置此器使鬱氣升通米得堅燥免蹈前弊實濟物之良法凡儲蓄之家不可闕

窖

窖、藏穀穴也、史記貨殖傳曰、宣曲任氏、獨窖食粟、楚漢相拒滎陽、民不得耕、米石至數萬、而豪傑金玉盡歸任氏、任氏以是起富、嘗謂穀之所在、民命是寄、今藏至地中、必有重遇、且風蟲水旱、十年之內、儉居五六。安可不預備凶災。夫穴地爲窖。小可數斛。大至數百斛。先投柴棘燒令其土焦燥。然後周以糠穩貯粟於內。五穀之中。惟粟耐陳。可歷遠年。有于窖上栽樹大至合抱。內若變浥。樹必先槁。又謂葉必萎黃。又擣別窖。北地土厚。皆宜作此。江淮高峻土厚處。或宜倣之。

竇

竇、似窖、月令曰、穿竇窖、鄭注云、穿竇窖者、入地墮曰竇、方曰窖、疏云、墮者、似方非方、似圓非圓、釋文云、墮謂狹而長、令人下掘、或旁穿出土、轉于它處、內寔以粟、復以草墢封塞、他人莫辨、即謂竇也、蓋小口而大腹、竇小孔穴也、故名竇。

倉、穀藏也、釋名曰、倉藏也、天文集曰、廩星主倉、史記天官書、胃爲天倉、此名著于天象者、禮月令曰、孟冬命有司修囷倉、周禮倉人掌粟入之藏、此名著於公府者、詩曰、乃求千斯倉、管子曰、倉廩實而知禮節、此名著於民家者、今國家備儲蓄之所。上有氣樓。謂之敖房。前有簷楹。謂之明廈。倉爲總名。蓋其制如此。夫農家貯穀之屋。雖規模稍下。其名亦同。皆係累年蓄積所在。內外材木露者。悉宜灰泥塗飾。以辟火災。木又不蠹。可爲永法。圖不載

廩、倉之別名、詩曰、亦有高廩、萬億及秭、注云、廩所以藏粢盛之穗、說文曰、倉黃面而取之、故謂之面、或從一從禾、今農家構、及無壁廈屋、以儲禾穗種稑之種、即古之廩也、唐韻云、倉有屋曰廩、倉其藏穀之總名、

而廩庾又有屋無屋之辨也。圖不載

庾、鄭詩箋云、露積穀也、集韻庾、或作庾、倉無屋者、詩曰、曾孫之庾、如坻如京、又曰我庾維億、蓋謂庾、積穀多也、圖不載

囷、圓倉也、禮月令曰、修囷倉、說文、廩之圓者、圓謂之囷、方謂之京、吳志周瑜謁魯肅、肅指其囷以與之、西京雜記曰、曹元理善算囷之穀數、類而言之、則囷之名舊矣、今貯穀圜笆、泥塗其內、草苫於上、謂之露笆者、即囷也、圖不載

升、十合量也、前漢志云、以子穀秬黍中者千二百實其龠。以井水準其槩。二龠爲合。十合爲升。說文云升從斗象形、唐韻云、升成也、自此至末圖不載

斗、十升量也、前漢志云、十升爲斗、斗者、聚升之量也、說文云、斗象形有柄、天文集曰、斗星仰則天下斗斛不平、覆則歲稔。

斛、十斗量也、前漢志云、十斗爲斛、斛者、用斗平多少之量也、廣雅曰、斛謂之鼓、方斛謂之角、周禮曰、㮚氏爲量、改煎金錫則不耗、不耗然後權之、權之然後準

之、準之然後量之、其銘曰、時文思索、允臻其極、嘉量既成、以觀四國、永啓厥後、茲物維則時文思索言是玄德之君思求索爲民立法而作量漢書五量之法、用銅方尺而圓其外、旁有庣焉師古曰庣不滿之處也上爲斛、下爲斗上謂仰斛下爲覆斛之底受一斗也左耳爲升、右耳爲合龠、夫量者、躍于龠、合于合、登于升、聚于斗、角于斛、職在大倉、大司農長之。今夫農家所得穀數。凡輸納于官。販鬻于市。積貯于家。多則斛。少則斗。零則升。又必槩以平之。貧富皆不可闕者、

槩、平斛斗器、說文云、槩、杚斗斛、從木既聲、杚、平也、漢

書云、以井水準其概也。古有豆區釜鍾庾秉之量。左傳曰、四升爲豆、四豆爲區、四區爲釜、十釜爲鍾、又二釜半爲庾、十六斛爲秉、皆古量之名也。今雖以升斗斛爲準、鼎號簡要、蓋出納之司、易會計也。

鬲、說文云、鬲三足兩耳、烹飪器也、周禮烹人掌共鼎鑊、以給水火之濟、今農家乃用煑繭繰絲、嘗讀秦觀蠶書云、凡繰絲、常令煑繭之鼎、湯如蟹眼、夫鼎之爲器、大則烹牲而供上祀。小則和羹而備五味。今用之以取繭絲。而衣被斯民。嘉其兼用。遂寘名田譜之內。

釜、煑器也、古史考、黃帝始造釜甑、火食之道成矣。易說卦曰、坤爲釜、廣雅曰、鍑鉼鬲鑊鏕鍑鍪鬵錡釜也。說文釜作鬴。鍑屬。魏略曰、鍾繇爲相國、以五熟鼎範因太子鑄之、釜成、太子與繇書曰、昔周之九鼎、咸以一體調一味、豈若斯釜、五味時方、蓋鼎之烹飪、以享上帝、今之嘉釜、有踰茲義、異錄曰、南方有以沙土燒之者。燒熟以土油之。淨逾鐵器。尤宜煮藥。一斗者纔直十錢。斯濟貧之具。不可無者。

甑、炊器也、集韻云、甑、甗也、籀文作䰝、或作鬵、周禮陶人爲甑、實二鬴、厚半寸、脣寸、說文曰、窐甑空也、爾雅曰、鬵謂之鬲、方言或謂之酢餾、漢書項羽渡河破釜甑、又任文公知有王莽之變、悉賣奇物、唯存銅甑、以此知古人用甑、雖軍旅及反側之際、不可廢者、或謂釜甑、舉世皆用、今作農器何也、蓋民之力田。必資火食。非釜甑不成。以此起農事之始。及穀物既登。爨以釜甑。又爲農事之終。所需莫急于此、故附農器之內、

箄、甑箄也、說文云、箄、蔽也、所以蔽甑底也、淮南子曰、明鏡可以鑑形、蒸食不如竹箄、孔融同歲論曰、弊箄

徑尺、不能捄鹽池之鹹矣、箄弊可以止鹹故也、又曰弊箄甑瓾在旃茵之上、雖貧者不搏此、言易得之物也、字從竹、或無竹處、以荆柳代之、用不殊也

土鼓、古樂器也、杜子春云、以瓦爲匡、以革爲兩面可擊也、易繫辭曰、蕢桴土鼓、禮明堂位曰、土鼓蒯桴伊耆氏之樂也、周禮春官籥章掌土鼓豳籥、仲春晝擊土鼓、龡豳詩以逆暑氣、仲秋迎寒亦如之、凡國之祈年享田祖、龡豳雅、擊土鼓以息老物、今農家犂歛之後、擊鼓以祀田祖、即其遺意也、

農舟、農家所用舟也、夫水鄉種蓺之地、溝港交通、農人往來、利用舟楫、故異夫漁釣之名也。

野航、田家小渡舟也、或謂之舴艋、謂形如蚱蜢、因以名之、如村野之間、水陸相間、豈所在橋梁皆能畢備。故造此以便往來、制頗朴陋、廣纔尋丈、可載人畜一二、不煩人駕、但于渡水兩傍、維以竹草之索、各倍其長、過者掣索、即抵彼岸、或略具篙楫、田農便之

下澤車、田間任載車也、古謂箱者、詩曰、乃求萬斯箱、又皖彼牽牛、不以服箱、箱即此車也、周禮、車人、行澤

者反輮、又行澤者欲短轂、則利轉、今俗謂之板轂車、其輪用厚闊板木相嵌、斲成圓樣、就留短轂、無有輻也、泥淖中易于行轉、了不沾塞、盡如車制而略、但獨輮着地、如犂托之狀、上有竪帳、以擐牛輓、槃索上下坡坂、絕無軒輊之患、漢馬援弟少遊、嘗謂乘下澤車是也

大車、考工記曰、大車牝服二柯、鄭玄謂平地任載之車、世本云、奚仲造車、凡造車之制、先以腳圓徑之高為䡈、然後可視梯檻、長廣得所、制雖不等、道路皆同軌也、中原農家例用之、

拖車、即拖腳車也、以腳木二莖、長可四尺、前頭微昂、上立四簨、以橫木栝之、闊約三尺、高及二尺、用載農具及芻種等物、以往耕所、有就上覆草為舍、取蔽風雨、耕牛輓行、以代輪也、

守舍、看禾廬也、𥞊木苫草、略成構結、兩人可容、禾稼將熟、寢處其中、備防人畜、或就塍坎縛艸為之、若于山鄉及曠野之地、宜高架林木、免有虎狼之患

牛室、門朝陽者宜之、夫歲事逼冬、風霜淒凜、獸既氄

毛、率多穴處、獨牛依人而故宜入養密室、閉之、老農云、牛室內外、必事塗墍、以備不測火災、最為切要

農政全書卷之二十三終

農政全書卷之二十四

特進光祿大夫太子太保禮部尚書兼文淵閣大學士贈少保謚文定上海徐光啓纂輯
欽差總理糧儲提督軍務兼巡撫應天等處地方都察院右僉都御史東陽張國維鑒定
直隸松江府知府穀城方岳貢同鑒

農器

圖譜四

王禎曰：芟麥等器，中土人皆習用。蓋地廣種多，必制此法，乃爲收斂。比之鎌䥷手穫，其功殆若神速。今特各各圖録，庶他方業農者倣之，同省工力，而簑笠篢

篠之器附焉。

玄扈先生曰：古云收穫如寇盜之至，百穀皆宜速收。夏麥尤甚，故曰收麥如救火。此譜芟麥之器獨詳，以此類而推之，麥場宜高廣，莊屋宜寬大，他如笐架火炕，如豫宜設處，以備不時之霖潦可也。

麥籠盛芟麥器也判竹編之底平口綽廣可六尺深可二尺載以木座座帶四碢用轉而行芟麥者腰繫鈎繩牽之且行且曳就借使刀前向綽麥乃覆籠內籠滿則昇之積處往返不已一籠日可收麥數畝又謂之腰籠

麥釤

麥釤芟麥刃也集韻曰釤長鐮也狀如鐮長而頗直比鏺薄而稍輕所用斫而劙之故曰釤用如鏺也亦曰鏺其刃務在剛利上下嵌繫綽柄之首以芟麥也[illegible]刈穫功過累倍

麥綽

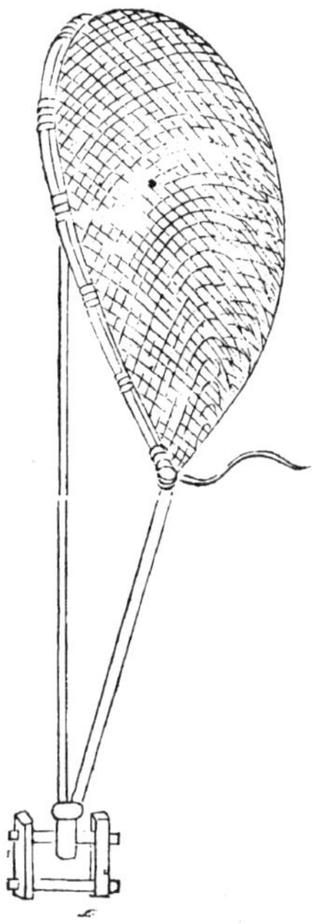

麥綽抄麥器也篾竹編之一如箕形稍深且大旁有木柄長可三尺上置釤刃下橫短拐以右手執之復於釤旁以繩牽短軸（繩近刃處以細竹代防爲刃所割也）左手握而掣之以兩手齊運芟麥入綽覆之籠也嘗見北地芟取蕎麥亦用此具但中加密耳夫籠釤綽三物而一事繫於人之一身而各周於用信乎人爲物本物因人而用也

捃刀

捃刀，集韻云：捃，拾也。俗謂拾麥刀。刃長可五寸，闊近二寸。上下竅，繩穿之，繫於指腕，隨手芟穗，取其便也。麥禾既熟，或收刈不時，莖穗狼籍，不能淨盡。單貧之人，得以取其遺滯，益捃拾之間，用此器也。

拖　杷

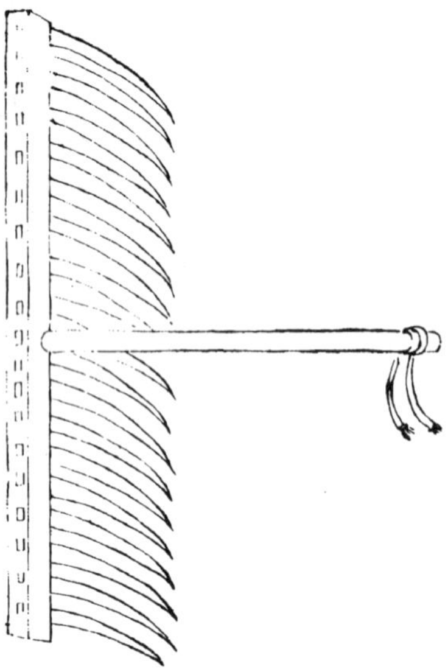

拖杷，摟麥長杷也。首列二十餘齒，短木柄，以此挈繫腰後之。嘗見麥野為風雨所損，而莖穗交亂，不能淨鉤，故制此具，腰後縱橫摟之，仍手握柄鐮芟其遺餘，跣行措穗，隨擁積之。有一杷，畢功得麥十餘斛。

抄竿

抄竿，扶麥竹也。長可及丈。麥已熟時，忽為風雨所倒，不能芟取，乃別用一人執竿抄起臥穗，竿舉則釤隨鑠之，殊無損失。必兩習熟者能用，不然則有矛盾之差矣。或曰：捃刀、拖杷、抄竿，冗細佀不足紀錄，而皆取之何也？曰：物有濟於人而遺之，不可，故綴於麥事之末。

蓑，雨衣。無羊詩云：何蓑何笠。毛註曰：蓑所以備雨，笠所以禦暑。唐韻云：蓑，草名，可為雨衣。又名襏襫。說文云：秦謂之萆。爾雅曰：薃侯，莎。蓑衣以沙草為之，故音同莎。又名薜。六韜農器篇曰：蓑薜簦笠。今總謂之蓑。雨具中最為輕便。圖不載笠。戴具也。古以臺皮爲笠。詩所謂臺笠緇撮。今之爲笠。編竹作殼。裹以籜箬。或大或小。皆頂隆而口圓。可芘雨蔽日。以爲蓑之配也。圖不載

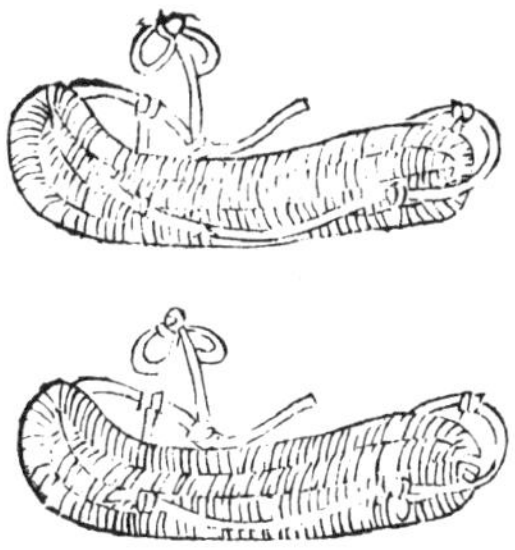

屝。草履也。左傳曰。共其資糧屝屨。說文曰。屝。草屨也。孔疏云。屝屨俱是在足之物。善惡異名耳。

屨

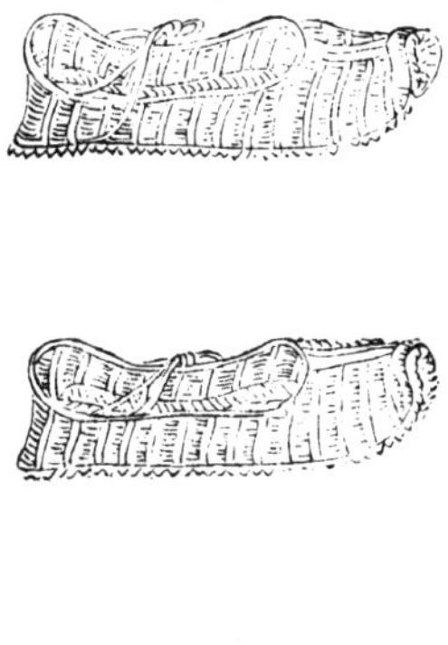

屨。麻履也。傳云。屨滿戶外。蓋古人上堂。則遺屨於外。此常履也。今農人春夏則屝。秋冬則屨。從省便也。方

言。屝麄屨也。徐兗之郊謂之屝。自關而西謂之屨。中有木者謂之複舄。自關而東謂之複履。其卑者謂之鞔。音婉下禪謂之鞮。絲作者謂之履。麻作者謂之不借。麄者謂之屨。東北朝鮮冽水之間謂之䩨。或謂之庥徐土邳沂之間。大麄謂之䩨角。皆屨之别名也。

橇

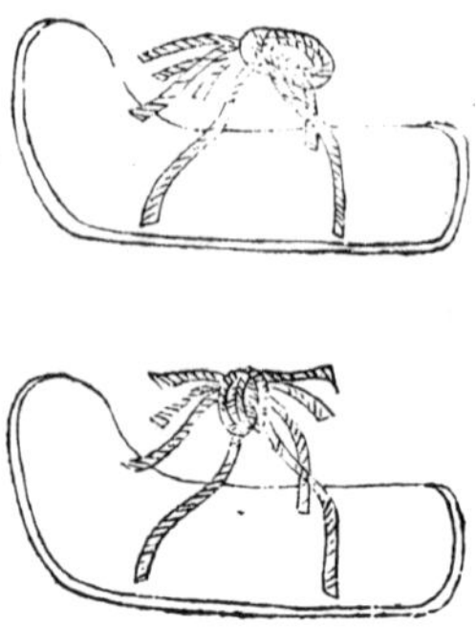

橇泥行具也史記禹乘四載泥行乘橇孟康曰橇形如箕擿行泥上嘗聞向時河水退灘淤地農人欲就泥裂漫撒麥種奈泥深恐没故制木板為履前頭及兩邊眉起如箕中綴毛繩前後繫足底板既闊則舉步不陷今海陵人一行及刈過葦泊中皆用之

覆殼

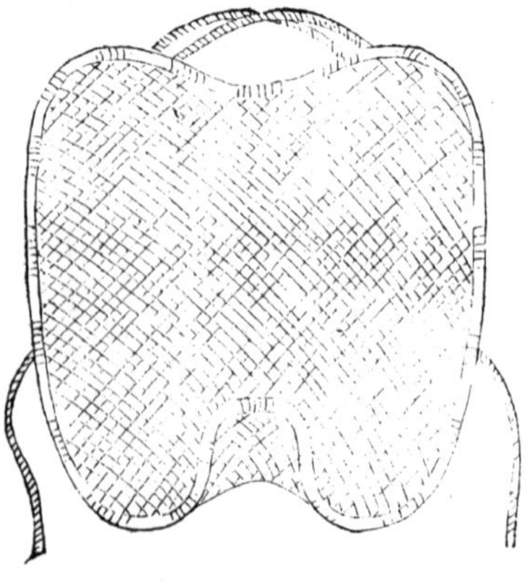

覆殼一名鶴翅一名背蓬篾竹編如龜殼裹以箬覆於人背繩繫肩下耘籽之際以禦畏日兼作雨具下有卷口可通風氣又分雨溜適當盛暑田夫得此以免曝烈之苦亦一壺千金之比也

篠

篠，許愼說曰，耘器也，或曰盛穀種器，南方盛稻種，用簞以竹爲之，北方藏粟種，蔞多以草木之條編之，篠蕢是此類。

臂篝，狀如魚笱，篾竹編之，又呼爲臂籠。江淮之間，農夫耘苗或刈禾，穿臂於內，以蓄衣袖，猶北俗芟刈草禾，以皮爲袖套，皆農家所必用者。

蕢

蕢，草器，所以盛穀也，集韻作簣。

筐

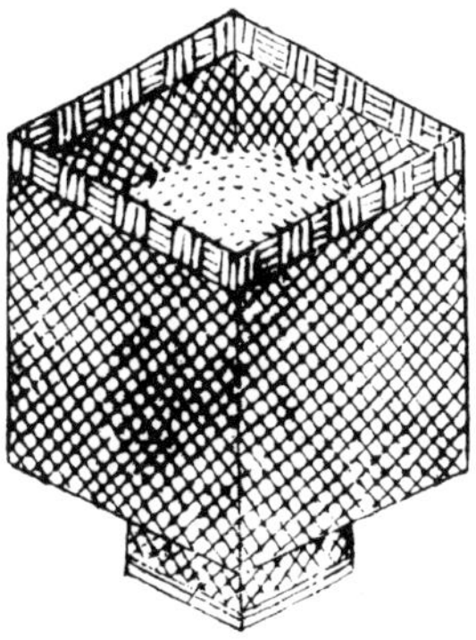

筐，竹器之方者。三禮圖曰，大筐以竹，受五斛，以盛米，致饋於聘賓；小筐以竹，受五升，以盛米。又曰，筐以盛熬穀。

筥

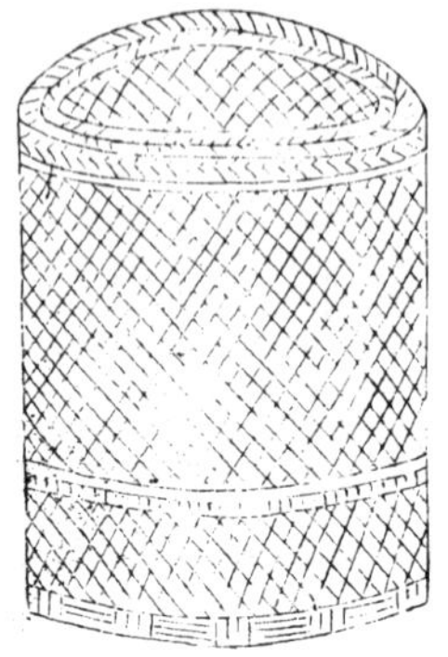

筥。亦作篆竹器之圓者注曰筥圓而長但可實物而已。三禮圖曰筥受五升盛黍稷之米致於賓館良耜詩曰載筐及筥。左傳筐筥錡釜之器字說云筐筥一器特方圓之異云耳江沔之間謂之籅趙岱之間謂之筥淇衛之間謂之牛筐小者南楚謂之篓自關而西秦晉之間謂之箄筥。其通語也。

畚

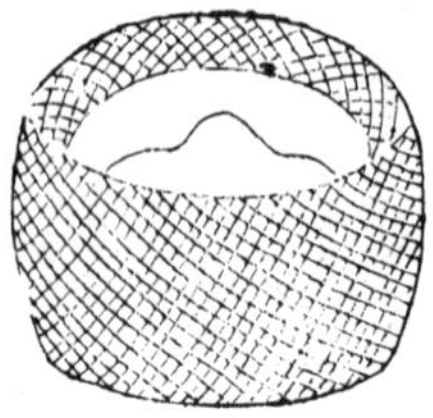

畚、土籠也、左傳樂喜陳畚梮、注云、畚簣籠、集韻作畚、晉書王猛少貧賤、嘗鬻畚為事說文云、畚𦉫屬、又蒲器也、所以盛種、杵林以為竹筥揚雄以為蒲器然南方以蒲竹、北方用荊柳或負土。或盛物、通用器也。

篅

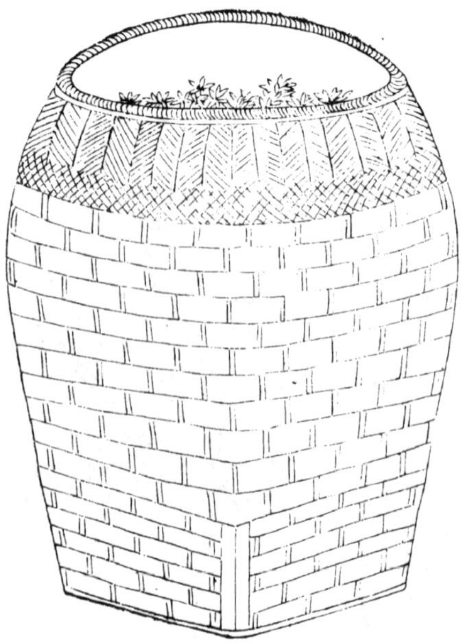

篅、集韻云盛穀器、或作圌、又一也、北方以荊柳或蒿芀制為圓樣。南方判竹編草或用籧篨空洞作圍。各用貯穀。南北通呼曰篅。兼篅䉛而言也。然篅多露置。可用貯糧。篅䉛在室。可用盛種。皆農家收穀所先具者。故併次之。篅、說文云、判竹圓以盛穀篅類也。篅或作圖、此䉛與篅皆篅之別名。但大小有差。亦蓧簣之舊制。不可遺也。䉛、集韻云䉛筐、盛種器、蓋連底小篅便於移用。

籮

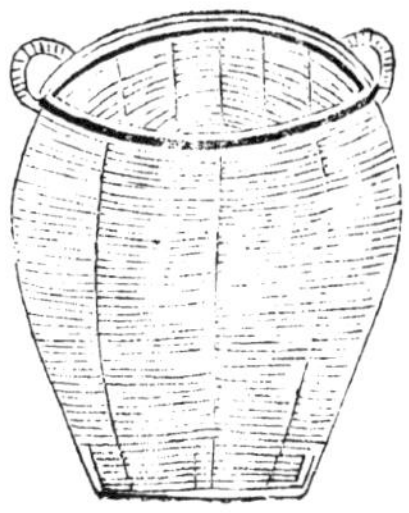

籮匠竹爲之上圓下方挈米穀器量可一斛方言籮
所以注斛陳魏宋楚之間謂之篅自關而西謂之注
箕皆籮之別名也

䈢

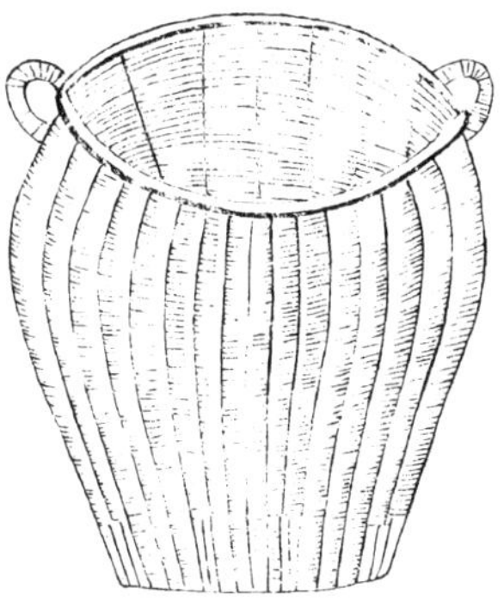

䈢亦籮屬比籮稍匾而小用亦不同䈢則造酒造飯
用之漉米又可盛食物葢籮盛其粗者而䈢盛其精
者精粗各適所受不可易也

儋

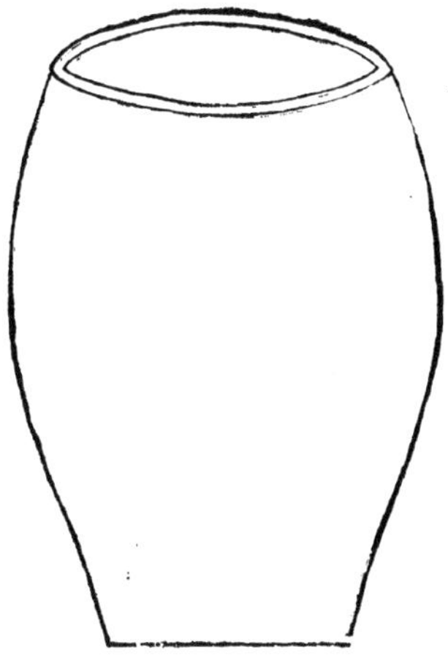

儋貯米器也漢書揚雄無儋石之儲晉劉毅家無儋
石之儲應劭曰齊人名甖爲儋受二斛顏師古曰儋
者一人所負檐也方言云罃陳魏宋楚之間曰甂或
曰㼚燕之東北朝鮮冽水之間謂之瓺周洛韓鄭之
間謂之甀儋或作甔字從瓦瓦器也今江淮間農家
造泥爲甕披以麻草用貯食米可以代儋細民甚便
之

籃

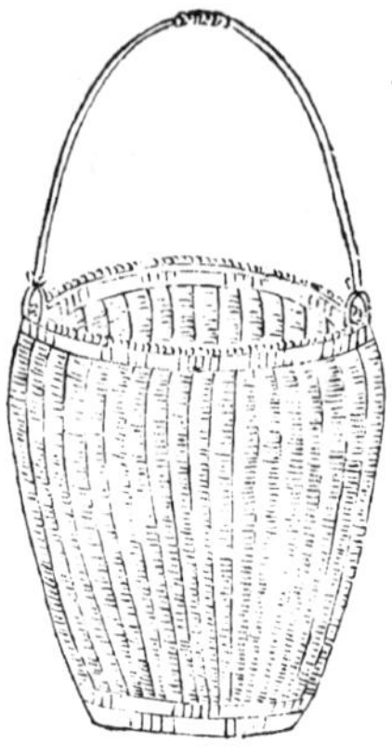

籃、竹器。無繫爲筐，有繫爲籃。大如斗量，又謂之笭箵。農家用採桑柘，取蔬果等物，易挈提者。方言：籃，南楚江沔之閒謂之篣，或謂之筊。郭璞云：亦呼籃。荅一器而異名也。

箕

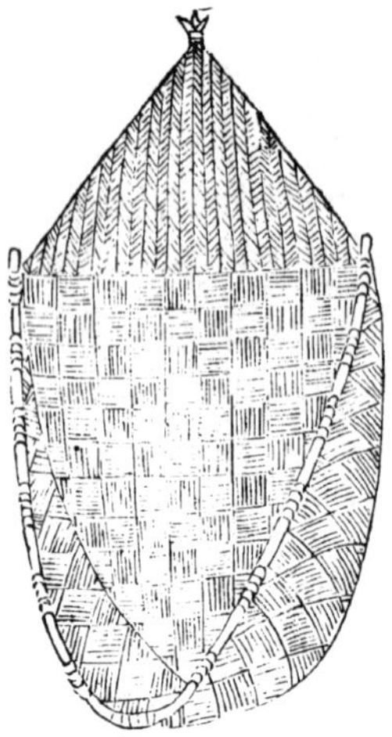

箕、簸箕也。說文云：簸，揚米去糠也。莊子曰：箕之簸物，雖去麄留精，然要其終，皆有所除是也。然北人用柳，南人用竹，其制不同，用則一也。詩云：哆兮侈兮，成是南箕。箕四星，二星爲踵，二星爲舌。哆侈，謂踵已大而舌又廣也。又維南有箕，載翕其舌，故箕皆有舌，易播物也。詩云：箕星好風，謂主簸揚。農家所以資其用也。

帚、今作箒，又謂之篲。集韻云：少康作箕帚。其用有二：一則編草爲之，潔除室内，制則匾短，謂之條帚；亦作苕帚。一則束篠爲之，潵掃庭院，制則麄長，謂之掃帚。又有種生掃帚，一科可作一帚，謂之獨掃。農家尤宜種之，以備場圃閒用也。圖不載

籭、竹器。内方外圓，用篩穀物。說文云：可以除麄取精。集韻作簛，又作簁，或作篩。其制有疎密大小之分，然皆粒食之總用也。圖不載

籅

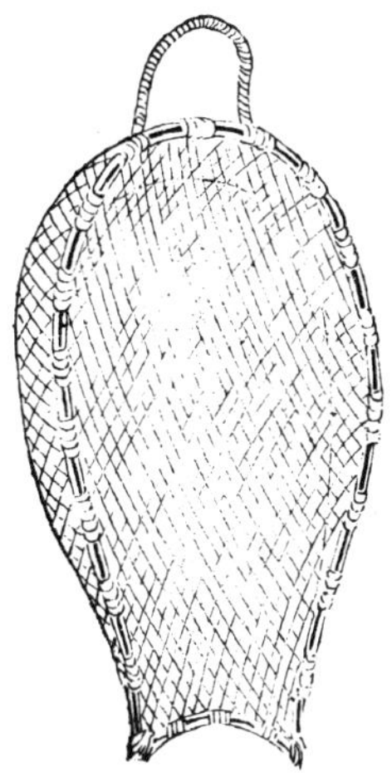

籅，漉米器。說文，淅箕也。又云，漉米藪。又炊籅也。廣雅曰，淅籅，匠籅。方言云，炊籅謂之縮，或謂之籅，或謂之匠。江東呼為淅籤也。蓋今炊米日所用者。箱，飯箱也。說文，陳留謂飯帚曰箱，從竹捎聲。一曰飯器，容五升。今人亦呼飯箕為箱箕。南曰籅，北曰箱。南方用竹，北方用柳。皆漉米器，或盛飯所以供造酒食，農家所先。雖南北名制不同，而其用則一，故附類之。

箉

篩穀箉，竹器。箉與袋同音，篇韻俱不收，蓋土俗所呼，傳寫於文字者如此。其制比籮疎而頗深，如藍大而箱淺。上有長繫，可挂。農人撲禾之後，同稃穗子粒旋旋貯之於內，輒篩下之，上餘穰藁，逐節棄去。其下所留穀物，須付之颺籃，以去糠粃。嘗見於江浙農家

颺籃

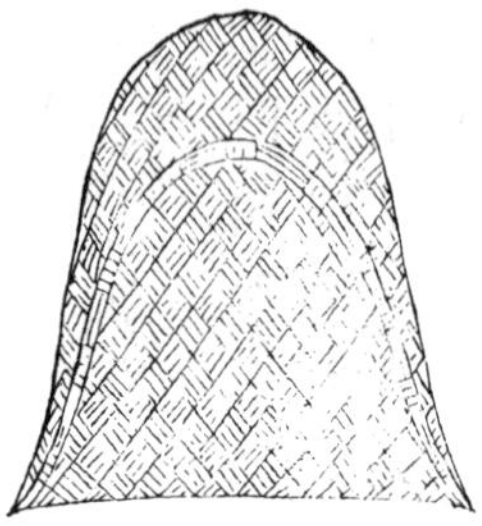

颺籃。颺集韻謂風飛也。籃形如簸箕而小。前有木舌。後只有竹柄。農夫收穫之後。場圃之間所颺禾穗。糠粃相雜。執此攘而向風擲之。乃得淨穀。不待車扇。又勝箕簸。田家便之。

種簞

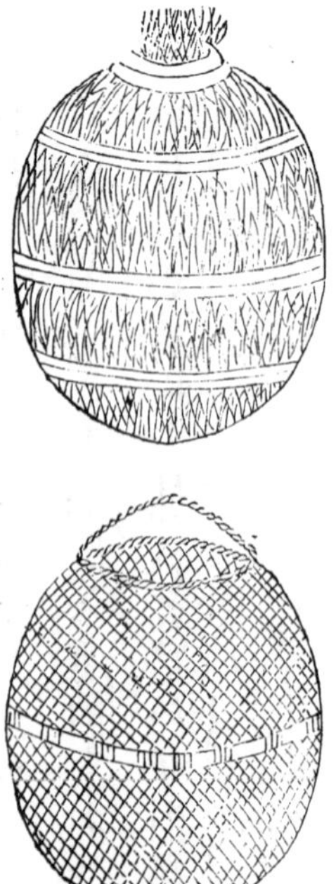

種簞。盛種竹器也。其量可容數斗。形如圓甕。上有篷口。農家用貯穀種。庋之風處。不致鬱浥。勝窖藏也。古謂修簞窖。論語一簞食之簞。食器。與此字雖同。然制度有大小之殊。作用有彼此之效。齊民要術云。藏稻必用簞。蓋稻乃水穀。宜風燥之。種時就浸水內。又其便也。

䉤籅，曝穀竹器。廣可五尺許，邊緣微起，深可二寸許。其中平闊，似圓而長，下用溜竹二莖，兩端俱出一握許，以便扛移。趁日攤布穀實曝之。蠶時農家兼用爲筐。但底密而不通風氣，終非蠶具。圖如蠶槃式，此異，故不載

玄扈先生曰：蠶槃通風乃是。

摜稻簟。摜，抖擻也。簟，承所遺稻也。農家禾有早晚，次第收穫，即欲隨手得糧，故用廣簟展布，置木物或石於上，各舉稻把摜之，子粒隨落，積於簟上。非惟免汚泥沙，抑且不致耗失，又可曬穀物，或捲作笆誠爲多便。南方農種之家，率皆制此。圖不載

玄扈先生曰：不如摜床爲便。今農家所用棱條即簟也。

農政全書卷之二十四　終

農政全書卷之二十五

特進光祿大夫太子太保禮部尚書兼文淵閣大學士贈少保謚文定上海徐

欽差總理糧儲提督軍務巡撫應天等處地方都察院右僉都御史東陽張國維鑒定

直隸松江府知府穀城方岳貢同鑒

樹藝

穀部上

王禎百穀序曰：嘗謂上古之時，人食鳥獸血肉以爲食。至神農氏作，始嘗草別穀，而後生民粒食賴焉。物理論曰：百穀者，三穀各二十種，爲六十種；蔬果各二十種，共爲百穀。注云：粱者，黍稷之總名；稻者，溉種之總名；菽者，種豆之總名。三穀各二十種爲六十。蔬果之類，所以助穀之不及也。夫蔬熟平時可以助食，儉歲可以救飢。其果實熟則可食，乾則可脯。豐歉皆可充飢，古人所謂木奴千，無凶年，非虛語也。雖曰種各有二十，始難枚舉，今故總爲編錄，其陂澤之産，園野之林，與夫雜物品類，上以助百穀之闕，下以補諸物之遺，條列而詳具之，庶幾覽者擇取而備用焉。

穀名攷：五谷，禾、麻、粟、麥、豆也。周禮註又以麻、黍、稷、麥、

豆為五穀。六谷者，穀黍稷稻粱麥苽。八谷者，黍稷稻粱禾麻菽麥。九谷者，穀黍稷秫稻麻大小豆大小麥。鄭玄註。又云九穀無秫大麥而有粱苽。

黍。爾雅曰：秬，黑黍；秠，一稃二米。郭璞曰：秠亦黑黍也。說文曰：黍可為酒，從禾入水為意。氾勝之曰：黍，暑也，當暑而生，暑後乃成也。雜陰陽書曰：黍生于榆，六十日秀，秀後六十日成。王禎曰：詩云維秬維秠，秬，黑黍也。又曰秬鬯一卣，此言黍之為酒尚矣。今有赤黍，米黃而黏，可蒸食；白黍釀酒，亞於糯秫。又北地遠處惟黍可生，其莖穗低小，可以釀酒，又可作饌粥，黏滑而甘。此黍之有補于粱食之地也。凡祭祀以之為上盛，貴其色味之美也。廣志有赤黍、白黍、黃黍、大黑黍、牛黍、燕頷、馬革、驢皮、稻尾、濕屯、黃田堰云鶯鴒之名。

齊民要術種黍法曰：凡黍穄田，新開荒為上，大豆底為次，穀底為下。地必欲熟。再轉乃佳。若春夏耕者，下種後再勞為良。一畝用子四升。三月上旬種者為上時，四月上旬為中時，五月上旬為下時。夏種黍穄，與植穀同時；非夏者，大率以椹赤為候。燥濕候黃𡑞，種訖不曳撻。常記十月、十一月、十二月凍樹日種之，萬不失一。凍樹者，凝霜封著木條也。假令月三日凍樹，還以月三日種黍，他皆倣此。十月凍樹宜早黍，十一月凍樹宜中黍，十二月凍樹宜晚黍。若從十月至正月皆凍樹者，早晚黍悉宜也。苗生壟平，即宜耙勞，鋤三遍乃止，鋒而不耩。苗晚耩即多折也。刈穄欲早，刈黍欲晚。穄晚多零落，黍早米不成。諺曰：穄青喉，黍折頭。皆即濕踐之，久積則浥鬱，燥踐多兜牟。穄踐訖即蒸而裛之。不蒸者準春米碎，至春又土臭；蒸則易春，米堅香氣經夏不歇。黍宜曬之令燥。濕聚則鬱。凡黍粘者薄收，穄味美者亦收薄，難舂。孝經援神契曰：黑墳宜黍麥。尚書考靈曜云：夏火星昏中，可以種黍。氾勝之書曰：先夏至二十日，此時有雨，彊土可種黍，一畝三升。黍心未生，雨灌其心，心傷無實。凡種黍，覆土鋤治，皆如禾法，欲踈於禾。踈黍雖科而米黃，又多減及空；今概雖不科而米白，且均熟不減，更勝踈者。崔氏曰：四月蠶入簇時，雨降，可種黍禾，夏至先後各二日，可種黍。蟲食李者，黍貴也。

稷。爾雅曰：粢，稷也。禮記祭宗廟稷曰明粢。南人承北音，呼稷為穄。謂其米可供祭也。陶弘景曰：稷與黍相似。許慎曰：稷，五谷之長，田正也。此乃官名，非谷號。先儒又以稷為粟類也。賈思勰曰：穀者，總名，非止為粟也。然今人專以稷為穀，望俗名之耳。郭璞曰：今江東呼稷為粢。孫炎曰：稷，粟也。雜陰陽書曰：稷生于棗或楊，九十日秀，秀後六十成。春秋說題曰：粟之為言續也。粟五變：一變而以陽生為苗，二變而秀為禾，三變而粲然為之粟，四變入臼米出甲，五變而蒸飯可食。宋均注云：陽以一立為法，故粟積大一分，穗長一尺，文以七列，精以五立。西者金所立，米者陽精，故西字米而為粟。廣志曰：有赤粟白莖，有黑格雀粟，有張公斑，有含黃，有蒼背稷，有雪白粟，亦名白粟，又有白藍下竹頭青、白逯麥、擢石精、狗蹯之名種云。賈思勰曰：朱穀、高居黃、劉猪猪、道愍黃、聒穀黃、雀懊黃、續命黃、百日糧、有起婦黃、辱稻糧、奴予塲、音加支穀、焦金黃、鶴鳴、合犢、今一名麥爭塲。此十四種早熟，耐旱，免蟲。聒谷黃、辱稻糧，二種味美。今墮車、下馬看、白羣羊、懸蛇、赤尾龍、虎黃、雀民、漆馬洩、韉劉猪、赤李谷、黃河、摩糧、東海黃、石騎、歲青、莖青、黑好黃、陌南、木隈、隄黃、宋黃、癡指張、黃兎䐁、青惠日、黃寫風、赤一睍、黃山䅿、頓党黃。此二十四種，穗皆有毛，耐風，免雀暴。一睍黃一種易舂。寶珠黃、俗得白、張鄰黃、白䅿谷、鉤干黃、張蟻白、䟽虎黃、䣕奴、赤茄蘆、黃薰猪、赤䴢䴬、黃白莖、青竹根、青調母梁、磊碨黃、劉沙白、憎延黃、赤梁穀、靈忽黃、獺尾青、續得黃、得客青、孫延黃、猪矢青、煙熏黃、樂婢青、平壽黃、鹿橛白、䅿折作黃、䅌穇、阿居黃、赤巴梁、鹿蹄黃、鋨狗、倉可憐、黃米谷、鹿橛青、阿返。此三十八種中，龕大穀。白䅿穀、調母梁，二種味美。𥟍谷青、阿居黃、猪矢青，有二種味惡。黃䅌穇、樂婢青，二種易舂。竹葉青、石柳閼、竹根青、一名胡谷、水黑穀、忽泥青、衝天棒、𩀱子青、鵰脚穀、鴈頭青、攬堆黃、青子規。此十種晚熟，耐蟲災則盡矣。玄扈先生曰：古所謂黍，今亦稱黍，或稱黃米。穇

則黍之別種也。今人以音近，誤稱爲稷。古所謂稷，通稱爲穀，或稱粟。梁與秫，則稷之別種也。今人亦槩稱爲穀。物之廣生而利用者，皆以其公名名之，如古今皆稱稷爲穀也。晉人稱蔓菁爲葑菜，吳人稱棗爲菓，稱陵苕爲草，洛陽稱牡丹爲花。又曰：穄之苗葉莖穗與黍不異，經典初不及穄，後世農書輒以黍穄並稱，故穄者，黍之別種也。郭璞注爾雅：虋，赤粱粟；芑，白粱粟；皆好穀也。言粱又言粟言穀，故粱者稷之別種也。廣志曰：秫，黏粟。說文曰：秫，稷之黏者。故秫亦稷之別種也。凡黏穀皆可爲酒，秬黍黏，故古人以爲酒。秫者黏稷，亦可爲酒，故陶潛種五十畝秫，非今之蜀秫也。

齊民要術種稷法曰：凡穀成熟有早晚，苗稈有高下，收實有多少，質性有强弱，米味有美惡，粒實有息耗。早熟者苗短而收多，晚熟者苗長而收少。强苗者短，黃穀之屬是也；弱苗者長，青白黑者是也。收少者美而耗，收多者惡而息也。地勢有良薄，良田宜種晚，薄田宜種早。良田非獨宜晚，早亦無害；薄地宜早，晚必不成實也。山澤有異宜。山田種强苗，以避風霜；澤田種弱苗，以求華實也。順天時，量地利，則用力少而成功多。任情返道，勞而無獲。入泉伐木，登山求魚，手必虛；迎風散水，逆坂走丸，其勢難。凡穀田，菉豆、小豆底爲上，麻、黍、胡麻次之，蕪菁、大豆爲下。良地一畝，用子五升，薄地三升。穀田必須歲易。二月、三月種者爲稙禾，四月、五月種者爲穉禾。二月上旬及麻菩、楊生種者爲上時，三月上旬及清明節、桃始華爲中時，四月上旬及棗葉生、桑花落爲下時。歲道宜晚者，五月

六月初亦得。凡春種欲深，宜曳重撻；夏種欲淺，直置自生。春風冷，生遲，不曳撻則根虛，雖生輒死。夏氣熱而生速，曳撻遇雨必堅垎。其澤多者，或亦不須撻。必欲撻者，宜須待白背，濕撻令地堅硬故也。凡種穀，雨後爲佳。遇小雨，宜接濕種；遇大雨，待薉生。小雨不接濕，無以生禾苗；大雨不待白背，濕轢則令苗瘦。薉若盛者，先鋤一遍，然後納種乃佳也。春若遇旱，秋耕之地，得仰壟待雨。夏若仰壟，匪直盪汰不生，兼與草薉俱出。凡田欲早晚相雜。有閏之歲，節氣近後，宜晚田。然大率欲早，早田倍多於晚。早田淨而易治，晚者蕪薉難出。其收多少，從歲所宜，非關早晚。然早穀皮薄，米實而多；晚穀皮厚，米少而虛也。凡五穀，唯小鋤爲良。小鋤者，非直省功，穀

亦倍勝。大鋤者草根繁茂，用功多而收益少。**艮田率一尺留一科。**劉章耕田曰：深耕穊種，立苗欲疏，非其類者，鋤而去之。諺云：迴車倒馬，擲衣不下，皆十石而收。玄扈先生曰：言初則迴車倒馬，後則擲衣不下，所謂其生欲疏，其熟欲相扶也。**氾勝之書曰：燒黍稷則害瓠。**史記曰：陰陽之家拘而多忌，正可知梗槩，不可委曲從之。諺曰：以時及澤爲上策也。**尚書考靈曜曰：春鳥星昏中，以種稷。**鳥，朱鳥，鶉火也。**秋虛星昏中，以收斂。**虛，玄枵也。

稻、爾雅曰：稌，稻。郭璞注曰：沛國今呼稻爲稌。郭義恭廣志云：有虎掌稻、紫芒稻、赤芒稻、白米。南方有蟬鳴稻，七月熟。有葢下白稻，正月種，五月穫，穫其莖根復生，九月復熟。青芋稻，六月熟。累子稻、白漠稻，七月熟。此三稻大而且長，稉有烏稉、黑穬、青幽、白夏之名。說文曰：穬稻，紫莖不黏者，稉稻屬。周處風土記曰：穬稻，紫莖穗稻之青穗，米皆青白也。字林曰：秜，稻今年死，來年自生曰秜。案今世有黃稻、黃陸稻、青稗稻、豫章青稻、尾紫稻、青杖稻、飛青稻、赤甲稻、烏陵稻、大香稻、小香稻、白地稻、孤灰稻，一年再熟。有秫稻，秫稻米一名糯米，俗云亂米，非也。有九格秫、雉木秫、大黃秫、常秫、馬身秫、長江秫、惠成秫、黃滿秫、方滿秫、虎皮秫、蒼杂秫，皆米也。楊泉物理論曰：稻者，漑種之總名。李時珍曰：稻有水、旱二種。南方土下塗泥，多宜水稻；北方地平，唯澤土宜旱稻。古者唯下種成畦，故祭祀謂之嘉蔬。今皆拔秧栽種矣。其種近百，其穀之先芒長短、大細，與米之赤白紫烏、堅鬆香否，亦百不同也。雜陰陽書曰：稻生于柳或楊，八十日秀，秀後七十日成。黃省曾理生玉鏡曰：稻之粒，其白如霜，其性如水。說文謂之稌，沛國謂之稉。以黏者謂之糯，亦謂之秫；以不黏者謂之秔，亦謂之稉。故氾勝之云：三月而種秔，四月而種秫。然皆謂之稻。魯論之食夫稻，稉也；月令之秫稻，糯也。糯無芒，稉有芒。稉之小者謂之秈，秈之熟也早，故曰早稻；稉

之熟也晚，故曰晚稻。京口大稻謂之稉，小稻謂之秈。其粒細長而白，味甘而香，九月而熟，是謂稻之上品，曰箭子。其粒大而芒紅，皮赤，五月而種，九月而熟，謂之紅蓮。其粒尖，色紅而性硬，四月而種，七月而熟，曰金城稻，是惟高仰之所種，松江謂之赤米，乃穀之下品。其粒長而色斑，五月而種，九月而熟，松江謂之勝紅蓮。性硬而皮莖俱白，謂之穲種稻。其粒大色白，稃軟而有芒，謂之雪裏揀。其粒白無芒而稃矮，五月而種，九月而熟，謂之師姑秔，湖州錄云言其無芒也。四月謂之矮白。其粒赤而稃芒白，五月初而種，八月而熟，謂之早白稻，松江謂之小白，四明謂之細白。九月而熟，謂之晚白，又謂蘆花白，松江謂之大白。其三月而種，六月而熟，謂之麥爭場。其再蒔而晚熟者，謂之烏口稻，在松江色黑而能水與寒，又謂之冷水結，是爲稻之下品。其粒白而大，四月而種，八月而熟，謂之中秋稻，在松江八月望而熟者，謂之早中秋，又謂之閃西風。其粒白而殼紫，五月而種，九月而熟，謂之紫芒稻，其秀最易，謂之下馬看，又謂之三朝齊，湖州錄云言其齊熟也。其在松江，粒小而性柔，有紅芒、白芒之筭，七月而熟，曰香秔。其粒小色斑，以三五十粒入他米數升炊之，芬芳馨美者，謂之香子，又謂之香𥝩。其粒長而釀酒倍多者，謂之金釵糯，其色白而性軟。五月而種，十月而熟，曰羊脂糯，其芒長而穀多白斑。五月而種，九月而熟，謂之胭脂糯，太平謂之硃砂糯。其白斑，五月而種，十月而熟，謂之虎皮糯，太平又云厚稃紅黑斑而芒。其粒最長，白稃而有芒，四月而種，七月而熟，謂之趕陳糯，太平謂之趕不着，亦謂之秈糯。其粒[illegible]而色白，四月而種，九月而熟，謂之矮糯。其稃芒而[illegible]亦巳熟而稃微青，布宜良田，四月而種，九月而熟，謂之青稈糯。其粒大而色白，芒長而熟最早。其名易變，而釀酒最佳，謂之蘆黃糯，湖州謂之泥裏變。[illegible]其不待日之曬也。其粒圓白而稃黃，大暑可刈。其色難變，不宜於釀酒，謂之秋風糯，可以代稉而輸租，又謂之瞞官糯，松江謂之冷粒糯。其不耐風水，四月而種，八月而熟，謂之小娘糯，譬閨女然也。其在湖州，色烏而香者，謂之烏香糯。其稈挺而什者，謂之鐵

稉穤芒如馬鬃而色赤者謂之赤馬鬃穤其粒小而色白四月而種六月而熟謂之六十日稻又遲者謂之八十日稻又遲者謂之百日赤而毘陵小稻之種亦有六十日秈八十日秈百日秈之品而皆自占城來寔賴水旱而成實作飯則差硬宋氏使占城珍寶易之以給於民者在太平六十日秈謂之拖犁歸有赤紅秈有百日秈俱白稃而無芒或七月或八月而熟其味白淡而紅甘在閩無芒而粒細有六十日可穫者有百日可穫者皆曰占城稻其已刈而根復發苗再實者謂之再熟稻亦謂之再撩其在湖州一穗而三百餘粒者謂之三穗子 周官曰稻人掌稼下地以豬蓄水以防止水以溝蕩水以遂均水以列舍水以澮寫水以涉揚其芟作田凡稼澤夏以水殄草而芟夷之澤草所生種之芒種 玄扈先生曰稻田用水隨地隨時不拘一法括之以兩言曰蓄與洩而已周禮稻人職曰以豬蓄水以防止水皆言蓄也禹之陂九澤亦蓄也以澮寫水言洩也禹之決九川亦洩也以溝蕩水以遂均水以列舍水者上源所蓄釃

諸田間也禹盡力溝洫暨稷播奏庶艱食則用水之效也 亢倉子曰得時之稻莖葆長稠穗如馬尾失時之稻纖莖而不滋厚糠而菑死又曰樹肥無使扶疎樹磽不欲專生而獨居肥而扶疎則多秕磽而專居則多死 孝經援神契曰汙泉宜稻

崔寔曰種稻美田欲稀

氾勝之書曰種稻春凍解耕反其土種稻區不欲大大則水深淺不過冬至後一百一十日可種稻稻地美用種畝四升始種稻欲濕濕者缺其塍令水道相直夏至後大熱令水道錯

齊民要術種稻法曰稻無所緣唯歲易為良選地欲近上流地無良薄水清則稻美也玄扈先生曰水田之處不在水原則在水委原欲近泉委欲近渚非泉非渚則於溪澗江河長流不竭之處 三月種者為上時四月上旬為中時中旬為下時先放水十日後曳陸軸十遍遍數唯多為良地既熟淘淨種子浮者不去秋則生稗玄扈先生曰凡種子皆宜淘去浮者穀浮者秕果浮者油也漬經三宿漉出內草篅中裛之判竹圓以盛穀復經三宿芽生長二分一畝三升擲三日之中令人驅鳥稻苗長七八寸陳草復起以鎌侵水芟之草悉膿死稻苗漸長復須薅薅訖決去水曝根令堅量時水旱而溉之將熟又去水霜降穫之北土高原本無

陂澤隨逐隈曲而田者二月冰解地乾燒而耕之仍即下水十日塊既散液持木斫平之納種如前法既生七八寸拔而栽之既非歲易草稗俱生芟亦不死故須栽而薅之溉灌收刈一如前法畦畤大小無定須量地宜取水均而已

藏稻必須用箪此既水穀窖埋得地氣則爛敗也若於久居者亦如劁麥法春稻必須冬時積日燥曝一夜置霜露中即春若冬春不乾即米青赤脉起不經霜不燥曝則米碎秋稻法一切同

王禎稻論曰稻之為言藉也稻舍水盛其德也稻太陰精含水漸洳乃能化也淮南子曰江水肥而宜稻

南方下土塗泥，皆宜水稼。治稻者，蓄陂塘以瀦之，置閘以止之。又有作為畦埂，耕耙既熟，放水勻停，擲種於內。候苗生五六寸，拔而秧之。今江南皆用此法。苗高七八寸則耘之。（耘具，見農器譜。耘杷、耘）耘畢，放水熇之。欲秀復用水浸之。苗既長茂，復事薅拔，以去根莠。農家收穫，尤當及時。江南上雨下水，收稻必用喬扦篅架，乃不遺失。（喬扦篅架，具農器譜）蓋刈早則米青而不堅，刈晚則零落而損收，又恐為風雨損壞。此九月築場，十月納稼工夫次第，不可失也。大抵稻穀之美種，江淮以南，直徹海外，皆宜此稼。

玄扈先生曰：今人用穀種，畝一斗以上，密種而少糞雍，耘而薄收也。但揷蒔早者，用種須少；揷蒔遲者，用種宜稍多。吾鄉人多種吉貝，芒種以前，甚無暇，夏至前方揷蒔，亦有過夏至者，用種不得不多。（亦有小暑後揷蒔，而用種如常，則先種麻、燈心、蓆草之屬，田底極肥故也。）

齊民要術種旱稻法曰：旱稻用下田，白土勝黑土。（非言下田勝高原，但下停水者，不得禾、豆、麥，稻四種雖澇亦收，所謂彼此俱獲，不失地利故也。下田種者用功多，高原種者與禾同等也。）凡下田停水處，燥則堅垎，（土乾）濕則汙泥難治而易荒，墝埆而殺種。（玄扈先生曰：旱稻有秔有糯，有遲有早，每畝須糞二十餘石，亦懼大旱，可灌之。又曰：旱稻最須水，宜用區種、畦種兩法。）其春耕者，殺種尤甚，故宜五六月暵之，以擬穬麥。麥時水澇不得納種者，九月中復一轉，至春種稻，萬不失一。（春耕者十不收五，蓋誤人耳。）凡種下田，不問秋夏，候水盡，地白背時，速耕，杷勞頻煩令熟。（過燥則堅，過雨則泥，所以宜速耕。）二月半種稻為上時，三月為中時，四月初及半為下時。漬種如法，裛令開口。耬耩掩種之。（掩種者，省種而生科，又勝擲者。）即再遍勞。（若歲寒早種，慮時晚，即不漬種，恐芽焦也。）其土黑堅強之地，種未生前遇旱者，欲

得牛羊及人踐履之。（輒亦可）溼則不用一迹入。稻既生，猶欲令人踐壠背。（踐者茂而多實。）苗長三寸，杷勞而鋤之。鋤唯欲速。（稻苗性弱，不能扇草，故宜數鋤之。）每經一雨，輒欲杷勞。苗高尺許則鋒。天雨無所作，宜冒雨薅之。科大如概者，五六月中霖雨時，拔而栽之。（栽法欲淺，令其根鬚四散，則滋茂；深而直下者，聚而不科。其苗長者，亦可拔去葉端數寸，勿傷其心也。）又七月不復任栽。（七月百草成時，晚故也。玄扈先生曰：水稻秧長亦用此法。南土立秋後十日尚可栽，北土不然。）其高田種者，不求極良，唯須廢地。（過良則苗折，廢地則無草。）亦秋耕、杷勞令熟，至春黃場納種。（不宜溼下。）餘法悉與下田同矣。

王禎旱稻論曰、今閩中有得占城稻種、高仰處皆宜種之、謂之旱占、其米粒大而且甘、爲旱稻種甚佳、北方水源頗少、陸地沾濕處、宜種此稻、玄扈先生曰、賈氏齊民要術著旱稻種法頗詳、則中土舊有之、乃遠取諸占城者何也、賈故高陽太守、豈幽燕之地、自昔有之、爾時南北隔絕、無從得耶、抑北魏時有之、後絕其種耶、既或昔有今無、何妨昔無今有、真宗從占城移之江淅、江翺從建安移之中州、稍一展轉、便令方內足食、則執言土地不宜、使人息意移植者、必不可也、今北土種者甚多、畿內種推平峪、山東推沂州、不啻新城種稻矣

丘濬曰、地土高下燥濕不同、而同於生物、生物之性雖同、而所生之物則有宜不宜焉、土性雖有宜不宜人力亦有至不至、人力之至、亦或可以回天、況地乎、

宋太宗詔江南之民種諸穀、江北之民種秔稻、真宗取占城稻種、散諸民間、是亦大易裁成輔相以左右民之一事、今世江南之民、皆雜蒔諸穀、江北民亦兼種秔稻、昔之秔稻、惟秋一收、今又有旱禾焉、二帝之功利及民遠矣、後之有志於勤民者、宜倣宋主此意、通行南北、俾民兼種諸穀、有司考課書其勸相之數、其地昔無而今有、有成效者、加以官賞、玄扈先生曰、仲深先生所云南北宜兼種諸穀、考課有司、欲令昔無而今有者、至哉言也、居上者人有此心、民安得歲死哉、王禎有言、悠悠之論、率以風土不宜爲說、按農桑輯要云、雖托之風土、種藝不謹者有之、種藝雖謹、不得其法者有之、余謂風土不宜、或百中間有一二、其他美種不能彼此相通者、正坐懶慢耳、凡民既難慮始、仍多坐井之見、士大夫又鄙不屑談、則先生之論將千百載爲空言耶、且展轉溝壑者何罪焉、余故深排風土之論、且多方購得諸種、即手自樹藝、試有成效、乃廣播之、倘有俯同斯志者、盍勉圖焉、凡種不過一二年、人享其利、即亦不煩勸相耳、

徐獻忠曰、居山中往往旱荒、乞得旱稻種、吳石岐大叅家、糯紫黑色、而粳者白、往時宋真宗因兩浙旱荒命於福建取占城稻三萬斛散之、仍以種法下轉運司示民、即今之旱稻也、初止散於兩浙、今北方高仰

處類有之者、因宋時有江翺者、建安人、爲汝州魯山令、邑多苦旱、乃從建安取旱稻種、耐旱而繁實、且可久蓄、高原種之、歲歲足食、種法大率如種麥、治地畢豫浸一宿、然後打潭下子、用稻草灰和水澆之、每鋤草一次、澆糞水一次、至于三即秀矣、

粱、爾雅曰、虋赤苗、芑白苗、郭璞註曰、粱也、谷之良者曰粱、陶弘景曰、粱即粟類、惟其芽頭色異、爲分別耳、廣志曰、有解粱、貝粱、遼東赤粱、蘇恭曰、粱雖粟類、細論則別、黃粱出蜀漢、閩浙間、穗大毛長、殼米俱麄、人號竹根黃、白粱穀麄扁長、不似粟圓也、青粱殼穗有毛而粒微青、早熟而收薄、止堪作餳耳、王禎曰、赤白粱、其禾莖葉似粟、粒差大、其穗帶毛芒、牛馬皆不食、與粟同時熟、

梁秫，爾雅曰：粟秫也。犍爲舍人曰，是伯夷叔齊所食首陽草也。廣志曰：秫，黏粟，有赤有白者。有胡秫，早熟及麥。說文曰：秫，稷之黏者。案今世有黃粱穀秫，桑根秫，穗天棓林也。

蜀秫。玄扈先生曰：蜀秫古無有也。後世或從他方得種，其黏者近秫，故借名爲秫。今人但指此爲秫，而不知有粱秫之秫，誤矣。別有一種玉米，或稱玉麥，或稱玉蜀秫，蓋亦從他方得種，其曰米麥蜀秫，皆借名之也。

齊民要術種梁秫法曰：種秫欲薄地而稀，一畝用子三升半。地良多雜尾，苗穊穗不成。種與植穄同時。晚者全不收也。燥濕之宜，杷勞之法，一同穄苗。收刈欲晚。性不零落，早刈損實。

又種蜀秫法曰：春月種，宜用下土。莖高丈餘，穗大如帚。其粒黑如漆，如蛤眼。熟時收刈成束，攢而立之。其子作米，可食，餘及牛馬。又可濟荒。其莖可作洗帚，稭稈可以織箔、編蓆、夾籬、供爨，無有棄者，亦濟世之一穀，農家不可闕也。

玄扈先生曰：北方地不宜麥禾者，乃種此，尤宜下地。立秋後五日，雖水潦至一丈深，不能壞之。但立秋前水至，即壞。故北土築堤二三尺，以禦暴水，但求隄防數日，即客水大至，亦無害也。

又曰：秦中嶮地則種蜀秫，下地種蜀秫特宜早，須清明前後耩。

附稗

稗，爾雅曰：稊，苵。按稗禾之卑者，最能亂苗，其莖葉相似。釋曰：稊一名苵，似稗之穢草，亦生於地，而稗則生下澤中，故古詩曰：蒲稗相因依。羅願爾雅翼曰：稊與稗二物也，皆有米而細小，故莊子曰：道在稊稗，言比於穀則微細而不精，道亦在焉。又曰：若稊米之在太倉，亦言小也。玄扈先生曰：稗亦有多種。水曰稗，旱曰稊，水旱皆有植有穭。

玄扈先生疏曰：稗多收，能水旱，可救儉。孟子言五穀不熟，不如荑稗。淮南所謂小利者，皆以此。且稗稈一畝可當稻稈二畝，其價亦當米一石。宜擇嘉種于下田藝之，歲歲無絕，倘遇災年，便得廣植，勝于流移㨿拾，不其遠矣。

又曰：北土最下地極苦澇，土人多種蜀秫，數歲而一收，因之困敝。余教之多蓺麥，當不懼澇。澇必於伏秋間，弗及麥也。澇後能疏水，及秋而涸，則蓺秋麥。不能疏水，及冬而涸，則蓺春麥。近河近海，可引潮者，即旱後又引秋潮灌之，令沙淤地澤，亦隨時蓺春秋麥。此法可令十歲九稔。若收麥後，隨意種雜糧，則聽命於水旱可也。凡春麥皆宜雜旱稗耩之，刈麥後長稗，即歲再熟矣。稗既能水旱。又下地。不遇異常客水。必收亦十歲可致七八稔也。

又曰。下田種稗。遇水澇。不滅頂不壞。滅頂不踰時不壞。春種者先秋而熟。可不及于澇。或夏澇及秋而水退。或夏旱秋初得雨速種之。秋末亦收。故宜歲歲留種待焉。

氾勝之書曰。稗既堪水旱。種無不熟之時。又特滋茂盛。易生蕪穢。良田畝得二三十斛。宜種之。備凶年。稗中有米。熟擣取米炊食之。不減粟米。又可釀作酒。酒甚美醲。尤踰黍秫。魏武使典農種之。頃收二千斛。斛得米三四斗。大儉可磨食也。若値豐年。可飯牛馬猪羊。

羅願爾雅翼曰。草之似穀可以養人者甚多。博物志稗篩草實生海洲上。食之如大麥。從七月熟。民斂至冬乃訖。或曰禹餘糧。言禹治水。棄其餘糧。化而爲此。本草稱東廧。子虛賦云東廧。張揖曰實可食。生河西。苗似蓬。子似葵。可爲飯。河西人語曰。貸我東廧。償爾田粱。又菵米可爲飯。生水田中。苗子似小麥而小。四月熟。久食不飢。爾雅所謂皇守田者也。又有蒯草子。亦堪食。如粳米。又蓬草子作飯。無異粳米。儉年食之。此皆五穀之外可以接糧者。故附著之。

玄扈先生疏曰。荒儉之歲。於春夏月。人多采掇木萌草葉。聊足充飢。獨三冬春首。最爲窮苦。所恃木皮草根實耳。余所經嘗者。木皮獨榆可食。枯木葉獨槐可食。且嘉味。在下地則燕蕒鐵荸薺。皆甘可食。在水中則蘋菰米。在山間則黃精山茨菇蕨芋薯蕷之屬。尤梟草實則野稗黃蘆蓬蒿蒼耳。皆穀類也。又南北山中橡實甚多。可淘粉食。能厚腸胃。令人肥健不飢。凡此諸物。并救荒本草所載。擇其勝者。於荒山大澤曠野。皆宜預種之。以備飢年。

農政全書卷之二十五終

農政全書卷之二十六

特進光祿大夫太子太保禮部尚書兼文淵閣大學士贈少保謚文定上海徐光啓纂輯
欽差總理糧儲提督軍務巡撫應天等處地方都察院右僉都御史東陽張國維鑒定
直隸松江府知府穀城方岳貢同鑒

樹藝

穀部下

大豆、爾雅曰、戎菽、謂之荏菽、孫炎注曰、戎菽、大菽也。廣雅曰、大豆、菽也。有黃落豆。有御豆。其豆角長。有場豆。葉可食。有青有黃者。今世大豆有黑白二種。及長稍牛踐之名。又有黑高麗豆。鷰豆。豍豆。大豆類也。豆角曰莢。葉曰藿。莖曰萁。寇宗奭曰、有綠褐黑三種。呂覽春秋曰、得時之豆。長莖短足。其莢二七爲族。多枝數節。大菽則圓。小菽則團。先時者必長蔓浮葉疎節。小莢不實。後時者必短莖疎節。本虛不實。雜陰陽書曰、大豆生于槐。九十日秀。秀後七十日熟。

崔寔曰、正月可種豍豆。二月可種大豆。又曰二月昏參夕。杏花盛。桑椹赤。可種大豆。謂之上時。四月時雨降。可種大小豆。美田欲稀。薄田欲稠。

孝經援神契曰、赤土宜豆也。

齊民要術曰、春種大豆。次植穀之後。二月中旬爲上時。一畝用子八升。三月上旬爲中時。一畝用子一斗。四月上旬爲下時。一畝用子一斗二升。歲宜晚者。五六月亦得。然稍晚稍加種子。地不求熟。秋鋒之地。即摘種。地過熟者。苗茂而實少。收刈欲晚。此不零落。刈早損實。必須耬下。種欲深。故豆性強。苗深則及澤。鋒耩各一。鋤不過再。葉落盡。然後刈。葉不盡。則難治。刈訖則速耕。大豆性溫。秋不耕則無澤。種茭者。用麥底。一畝用子三升。先漫散訖。犁細淺畤而勞之。旱則糞堅。葉落稀則苗莖不高。深則土厚不生。若澤多者。先深耕訖。逆坌擲豆。然後勞之。澤少則否。爲其浥鬱不生。九月中。候近地葉有黃落者。速刈之。葉少不黃必浥鬱。刈不速。逢風則葉落盡。遇雨則葉爛不成。

汜勝之曰、大豆保歲易爲。宜古之所以備凶年也。謹計家口數種大豆。率人五畝。此田之本也。三月榆莢時有雨。高田可種大豆。土和無塊。畝五升。土不和則益之。種大豆。夏至後二十日尚可種。戴甲而生。不用深耕。大豆須均而稀。豆花憎見日。見日則黃爛而根焦也。穫豆之法。莢黑而莖蒼。輒收無疑。其實將落。反失之。故曰豆熟於場。於場穫豆。即青莢在上。黑莢在下。又區種大豆法。坎方深各六寸。相去二尺。一畝得千六百八十坎。其坎成。取美糞一升。合坎中土攪和。以內坎中。臨種沃之。坎三升水。坎内豆三粒。覆上土勿厚。以掌抑之。令種與上相親。玄扈先生曰、凡種宜然。故用足踐用砘也。

一畝用種一升用糞十六石八斗豆生五六葉鋤之旱者溉之坎三升水丁夫一人可治五畝至秋收一畝十六石種之上土纔令蔽豆耳

王禎曰大豆當及時鋤治上土使之葉蔽根庶不畏旱大豆之黑者食而充飢可備凶年豐年可供牛馬料食黃豆可作豆腐可作醬料白豆粥飯皆可拌食白黑黃三豆色異而用別皆濟世之穀也

種大豆鋤成行壠春穴下種早者二月種四月可食名曰梅豆皆三四月種地不宜肥有草則削去種黑

豆三四月間種其豆亦可作醬及馬料

俞貞木種樹書曰種諸豆及麻若不及時去草必爲草所蠹耗雖結實亦不多諺云麻耘地豆耘花麻須初生時耘豆雖開花亦可耘

小豆廣雅曰小豆荅也賈思勰曰小豆有菉赤白三種𧎗豆豌豆豇豆蠶豆留豆亦其類也小豆花曰腐婢雜陰陽書曰小豆生于李六十日秀秀後六十日成

齊民要術曰種小豆大率用麥底然恐小晚有地者常須兼留去歲穀下以擬之夏至後十日種者爲上時一畝用子八升初伏斷手爲中時一畝用子一斗中伏斷手爲下時一畝用子一斗二升中伏以後則晚矣熟耕耬下以爲良澤多者耬耩漫擲而勞之如種麻法未生白背勞之極佳漫擲犁畤次之稙種爲下鋒而不耩鋤不過再葉落盡則刈之葉未盡者難治而易濕也豆角三青兩黃拔而倒豎籠從之生者均熟不畏嚴霜從本至末全無秕減乃勝刈者牛力若少得待春耕亦得稙種凡大小豆生既布葉皆得用鐵齒鍋楱從橫杷而勞之

氾勝之曰小豆不保歲難得椹黑時注雨種畝一升豆生布葉鋤之生五六葉又鋤之大豆小豆不可盡

治也古所不盡治者豆生布葉豆有膏盡治之則傷膏傷則不成而民盡治故其收耗折也故曰豆不可盡治養美田畝可十石以薄田尚可畝取五石諺曰與他作豆田斯言良美可惜也

菉豆菉豆本作綠以其色名也粒大而色鮮者爲官綠皮薄粉多粒細而色深者爲油綠皮厚粉少早種者呼爲摘綠遲種呼爲拔綠以水浸濕生白芽爲菜中佳品

王禎農桑通訣曰北方惟用菉豆最多農家種之亦廣人俱作豆粥豆飯或作餌爲炙或磨而爲粉或作麪材其味甘而不熱頗解藥毒乃濟世之良穀也南

方亦間種之。

俞貞木種樹書曰，種菉豆地宜瘦。四月種，六月收了，再種，八月又收。中作粉。豆芽菜，揀菉豆，水浸二宿，候漲，以新水淘控乾，用蘆席灑濕襯地，摻豆於上，以濕草薦覆之。其芽自長。大豆芽同此。

赤豆。小而色赤，心之穀也。或云共工氏有不才子，以冬至死，爲疫鬼，而畏赤豆，故於是日作粥以厭之。

齊民要術曰，大赤豆，三月種，六月旋摘。遲者四月種，亦可。宜稀稠得所，太密不實。玄扈先生曰，有一種米赤，最能殺草。

蠶豆。王禎謂其蠶時始熟，故名。李時珍曰，莢狀如蠶，亦通。張騫使外國，得胡豆種歸，即此。南土多種之，蜀人收其子以備荒歉。

王禎農書曰，蠶豆，百谷之中最爲先登，蒸煮皆可便食，是用接新代飯，充飽。今山西人用豆多麥少，磨麪可作餅餌而食。

玄扈先生曰，蠶豆種花田中，冬天不拔，花秸用以拒霜，至清明後拔之。

又曰，蠶豆八月初種，臘月宜厚壅之。此種極救農家之急，且蝗所不食。

豌豆。遼志作回鶻國豆，唐史作畢豆，崔寔作豍豆，即青斑豆也。田野間禾中往往有之。俗名小寒者是也。

務本新書曰，豌豆二三月種。諸豆之中，豌豆最爲耐陳，又收多熟早。如近城郭，摘豆角賣，先可變物。舊時莊農往往獻送此豆，以爲嘗新，蓋一歲之中，貴其先也。又熟時少有人馬傷踐，以此校之，甚宜多種。

玄扈先生曰，豌豆與蠶豆各種，蠶豆之利倍于豌十一。其耐陳則一也。

豇豆。一名跭𨇾。莢必雙生，紅色居多，故名。李時珍曰，豇豆開花結莢，必兩兩並垂，有習坎之義。其子微曲，

如腎形，所謂豆爲腎穀，宜以此當之。穀雨後種，六月收子，收來便種，再生，八月又收子，一年兩熟。

稨豆。古名蛾眉，俗名沿籬。有黑白二種，黑者名鳴豆。其莢狀凡十餘色，嫩時可充蔬食茶料，老則收子煮食。白者入藥品。清明日下種，以灰蓋之，不宜土覆。芽長分栽，搭棚引上。玄扈先生曰，以口向上種，粒七出，若扁種十不出一。蓋豆瓣重項，土不起，故爛耳。

刀豆。酉陽雜俎云，樂浪有挾劒豆，即此。三月下種蔓生。清明時鋤地作穴，每穴下種一粒，以灰蓋之，只用水

澆。待芽出則澆以糞水。蔓長搭棚引上。

黎豆、古名貍豆。又名虎豆。其子有點如虎貍之斑。故名。爾雅所謂攝虎櫐。三月下種蔓生。江南多炒食之

麥、爾雅曰、大麥麰、小麥來、廣志曰、虜水麥其實大麥形有縫。㯄麥似大麥出涼州。旋麥三月種八月熟出西方。赤小麥赤而肥出鄭縣。語曰湖猪肉鄭稀熟。山提小麥至粘弱以貢御。有半夏小麥。有禿芒大麥。有黑積麥。陶隱居本草云。大麥爲五穀長。即今倮麥也。一名麰麥。似穬麥唯無皮耳。穬麥此是今馬食者。然則大穬二麥種別名異。而世人以爲一物。謬矣。按世有落麥者。禿芒是也。又有春種之穬麥也。玄扈先生曰。今人皆指穬爲大麥。又有雀麥。即燕麥也。穗細長。子亦小。去皮作麵可救飢。蕎麥一作荍麥。又作烏麥。烈日曝令開口。去皮取米作飯蒸食之。鄭玄曰。麥者接絕續乏之穀。尤宜種之。許慎曰。麥芒穀。秋種厚埋。故謂之麥。麥金王而生。火王而死。蘇頌曰。大小麥秋種冬長。春秀夏熟。具四時之氣。爲五穀之貴。雜陰陽書曰。大麥生于杏。二百日秀。秀後五十日成。蟲食杏。麥價貴。

尚書大傳曰、秋昏虛星中、可以種麥。虛北方玄武之宿。八月昏中見于南方。

崔寔曰、凡種大小麥。得白露節可種薄田。秋分種中田。後十日種美田。惟穬早晚無常。正月可種春麥。盡二月止。

氾勝之書曰、凡田有六道、麥爲首種。種麥得時。無不善。夏至後七十日可種宿麥。早種則蟲而有節。晚種則穗小而少實。當種麥。若天旱無雨澤。則薄漬麥種以酢漿并蠶矢。夜半漬。向晨速投之。令與白露俱下。酢漿令麥耐旱。蠶矢令麥忍寒。麥生黃色。傷于太稠。稠者鋤而稀之。秋鋤以棘柴耬之。以壅麥根。故諺曰。子欲富。黃金覆。黃金覆者。謂秋鋤麥。曳柴壅麥根也。至春凍解。棘柴曳之。突絕其乾葉。須麥生復鋤之。到榆莢時。注雨止。候土白背復鋤。如此則收必倍。冬雨雪止。以物輒藺麥上。掩其雪。勿令從風飛去。後雪復如此。則麥耐旱多實。春凍解。耕如土。種旋麥。麥生根茂盛。莽鋤如宿麥。玄扈先生曰。春無注雨冬無雪。並宜車水灌之

區種麥法、凡種一畝。用子二升。覆土厚二寸。以足踐之。令種土相親。麥生根成。鋤區間秋草。緣以棘柴律土。壅麥根。秋旱則以桑落燒澆之。秋雨澤適勿澆之。麥凍解。棘柴律之。突絕去其枯葉。區間草生鋤之。大男大女治十畝。至五月收。區一畝得百石以上。十畝得千石以上。玄扈先生曰。北土多苦春旱。區種者尤便灌水。今作畦種法。其便宜倍勝區也。

齊民要術曰、大小麥皆須五月六月暵地。不暵地而種其收倍薄。崔寔曰。五月一日菑麥田也。種大小麥先畤。逐犂稀種者佳。再倍省

了而耕犬逐犁壩之亦得然不如作耩耐旱。其山田及剛强之地，則耧下之。其種子宜加五省于下田。凡耧種者，匪直土淺易生，然于鋒鋤亦便。穡麥非良地，則不須種。薄地徒勞種，而必不收。凡種穡麥，高下田皆得用，但必須良熟耳。高田借擬禾豆，自可專用下田也。八月中戊社前種者爲上時，擲者畝用子二升半。下戊前爲中時，用子三升。八月末九月初爲下時。用子三升半或四升。小麥宜下種。歌曰：高田種小麥，穇穇不成穗。男兒在他鄉，那得不憔悴。玄扈先生曰：北方有水處，即高地種之亦可灌也。南上下地種之，又畏濕。八月上戊社前爲上時，擲者用子一升半。中戊前爲中時，用子二升。下戊前爲下時。用子二升半。正月二月，勞而鋤之；三月四月，鋒而更鋤。鋤麥倍收，皮薄麵多。而鋒勞各得再遍爲良也。今立秋前治訖，立秋後則蟲生。蒿艾簞盛之良。以蒿艾閉窖埋之亦佳。窖麥法：必須日曝令乾，及熱埋之。多種久居供食者，宜作劁麥，倒刈，薄布，順風放火，火既着，即以掃箒撲滅，仍打之。如此者，夏蟲不生，然惟中作麥飯及麵用耳。士農必用曰：古農語云：彭祖壽年八百，不可忘了種蠶植麥。又云：社後種麥爭回耧。又云：社後種麥爭回牛。言奪時之急如此之甚也。玄扈先生曰：蠶早麥田亦早。麥田早，秋田亦早。桑須趁梅前，兼免致雨損。

韓氏直說曰：五六月麥熟，帶青收一半，合熟收一半。

若過熟則拋費。每日至晚，即便載麥上場堆積，用苫繳覆，以防雨作。苫須於雨前農隙時備下。如般載不及，即於地內苫積。天晴乘夜載上場，即攤一二車。薄則易乾。碾過一遍，翻過又一遍，起稭下場，揚子收起。雖未淨，直待所收麥都碾盡，然後將未淨稭稈再碾。如此可一日一場。比至麥收盡，已碾訖三之二。農家忙併，無似蠶麥。古語云：收麥如救火。玄扈先生曰：梅天雨更多故。若少遲慢，一值陰雨，即爲災傷；遷延過時，秋苗亦誤鋤治。

俞貞木種樹書曰：麥苗盛時，須使人縱牧於其間，令稍實，則其收倍多。麥屬陽，故宜乾原；稻屬陰，故宜水澤。諺云：冬無雪，麥不結。玄扈先生曰：雪可必乎？秋冬宜灌水，令保澤可也。小麥不過冬，大麥不過年。種麥之法：土欲細，溝欲深，耙欲輕，撒欲勻。

王禎農書曰：麥種初收時，旋打旋揚，與蠶沙相和，辟蟲傷，貸地力，苗又耐旱。凡種須用耧犁下之，又用砘車碾過，日種數畝，蓋成壟，易于鋤治。又有漫種一法：農人左手挾器盛種，右手握而勻擲于地，既遍，則用耙勞覆之，又頗省力。此北方種麥之法。南方惟用攛種故用種不多然糞而鋤之人工既到所收亦厚北方芟麥用釤綽腰籠一人日可收麥數畝南方收麥鎌割手棄所種麥少故也若力省而功倍當以北方爲法

種大麥早稻收割畢將田鋤成行壠令四畔溝洫通水下種以灰糞蓋之諺云無灰不種麥須灰糞均調爲上玄扈先生曰大麥最能藏久可以多積

種小麥須揀去雀麥草子簸去秕粒在九十月種種法與大麥同若太遲恐寒鴉至被食之則稀出少收

齊民要術曰種青稞麥治打時稍難惟伏日用碌碡碾右每十畝用種八斗與大麥同時熟好收四十石石八九斗麵堪作麨及餅飥甚美磨總盡無麩鋤一遍佳不鋤亦得

齊民要術曰種瞿麥以伏爲時一名地麵良地一畝用子五升薄田三四升畝收十石渾蒸曝乾舂去皮米全不碎炊作飱甚滑細磨下絹簁作餅亦滑美然爲性多穢一種此物數年不絕耘鋤之功更益劬勞

齊民要術曰種蕎麥五月耕經二十五日草爛得轉并種耕三遍立秋前後皆十日內種之假如耕地三遍即三重著子下兩重子黑上一重子白皆是白汁滿似如濃即須收刈之但對梢答鋪之其白者日漸盡變爲黑如此乃爲得所若待上頭總黑半已下黑子盡落矣

王禎農書曰蕎麥立秋前後漫撒種即以灰糞蓋之稠密則結實多稀則結實少若種遲恐花經霜不結子

蕎麥赤莖烏粒種之則易爲工力收之則不妨農時晚熟故也霜降收則恐其子粒焦落乃用推鎌穫之推鎌見農器圖譜

北方山後諸郡多種治去皮殼磨而爲麪焦作煎餅配蒜而食或作湯餅謂之河漏滑細如粉亞于麵麥風俗所尚供爲常食然中土南方農家亦種但晚收磨食搜作餅餌以補麵食飽而有力實農家居冬之日饌也

四時類要曰曬大小麥今年收者於六月掃庭除候地毒熱衆手出麥薄攤取蒼耳碎剉拌曬之至未時及熱收可以二年不蛀若有陳亦須依此法更曬須在立秋前秋後則已有蟲生又藏麥三伏日曬極乾

帶熱收。先以稻草灰鋪缸底、復以灰蓋之。不蛀。

玄扈先生曰、耕種麥地。俱須晴天。若雨中耕種。令土堅垎。麥不易長。明年秋種亦不易長。南方種大小麥、最忌水濕。每人一日。只令鋤六分。要極細。作壠如龜背。小麥早種。每畝種七升。晚種九升。大麥早種。種一斗。晚種一斗二升。麥溝口種之蠶豆。豆亦忌水畏寒。臘月宜用灰糞蓋之。冬月宜清理麥溝。令深直瀉水。即春雨易洩。不浸麥根。理溝時。一人先運鋤。將溝中土杷墾鬆細。一人隨後持鍬。鍬土勻布畦上。溝泥既肥。麥根益深矣。

胡麻、廣雅曰、胡麻、一名藤弘。即俗名脂麻也。作芝麻者非。一名巨勝。以其角巨如方勝也。一名方莖。以莖名。一名狗虱。以形名。脂麻名油麻。以其多油也。葉名青蘘。莖名麻藍。亦作麻稭。中國止有大麻。自漢使張騫于大宛得其種。故名胡麻。所以別于大麻也。有遲早二種。黑白赤三色。俗傳胡麻、須夫婦同種。即茂盛。久服之可以休糧。賈思勰曰、俗人呼爲烏麻者非也。今世有白胡麻。八稜胡麻。白者油多。本草註云、角作八稜者爲巨勝。四稜者爲胡麻。皆以烏者良。白者劣。

崔寔曰、二月三月四月五月、時雨降。可種之。

齊民要術曰、胡麻宜白地種。二三月爲上時。四月上旬爲中時。五月上旬爲下時。月半前種者實多而成。月半後種者少子而多秕也。種欲截雨腳。若不緣濕則不生。一畝用子二升。漫種者先以耬耩。然後散子。空曳勞。勞上加人。則土厚不生。耬耩者、炒沙令燥。中和半之。不和沙下不均。壠種若荒。得用鋒耩。鋤不過三遍。刈束欲小。束大則難燥。打手復不勝。以五六爲一叢。斜倚之。不爾則風吹倒損收也。候口開。乘車詣田斗藪。倒豎以小杖微打之。還叢之。三日一打。四五遍乃盡耳。若乘濕橫積蒸熱速乾、雖曰鬱裛、無風吹虧損之慮。浥者不中爲種子。然于油無損也。

王禎農書曰、麻胡地所出者、皆肥大。其紋鵲。其色紫黑。取油亦多。可以煎烹。可以燃點。又可以爲飯。

四時類要曰、種胡麻、每科相去一尺爲法

李時珍曰、按服食家有種青蘘法、云秋間取胡麻子種畦中。如生菜之法、候苗出采食。滑美如葵。

玄扈先生曰、胡麻油查。可壅田。

農政全書卷之二十七

特進光祿大夫太子太保禮部尚書兼文淵閣大學士贈太保謚文定上海徐光啓纂輯
欽差總理糧儲提督軍務巡撫應天等處地方都察院右僉都御史東陽張國維鑒定
直隸松江府知府穀城方岳貢同鑒

樹藝

蓏部

瓜爾雅曰瓞瓝以其綿綿而生也 廣雅曰土芝瓜也在木曰果在地曰蓏大曰瓜小曰瓞其子曰瓤其肉曰瓤其附曰環謂脫花處也其蒂曰㚅謂繫蔓處也廣志曰瓜之所出以遼東盧江燉煌之種爲美瓜州大瓜大如斛陽城御瓜大如三升魁者名香登長二尺餘者名桂枝蜀地溫食瓜至冬熟春白瓜正月種二月成秋泉瓜秋種十月熟 許愼說文曰瓞小瓜瓞也 陸機瓜賦曰栝樓定桃黃瓤白傳金釵密筩小春大班玄骭素腕狸首虎蹯東陵出于秦谷桂髓起于巫山皆瓜名也 張孟陽瓜賦曰羊骹累錯瓤子市江 又有烏瓜瓞瓜龍肝虎掌兎頭羊髓貍蟱六瓤女臂秋無餘之屬 王禎農桑通訣曰甘肅有蓏瓜大如頭枕其肉甚甘割其皮暴之柔韌賫之中土以爲贈送甘而有味 又浙中有陰瓜宜于陰地種之秋熟冬藏至春食之如新 王禎曰瓜之爲種不一而其用有二供果爲果瓜甜瓜西瓜是也供菜爲菜瓜胡瓜越瓜是也禮記天子削瓜及瓜祭皆指果瓜也 永嘉記曰永嘉寒瓜八月熟李時珍曰即寒瓜也

齊民要術曰收瓜子法常歲歲先取本母子瓜截去兩頭止取中央子本母子者瓜生數葉便結子子在早熟用中輩瓜子蔓長二三尺然後結子用後輩子者蔓長足然後結子子亦晚熟種早子熟速而瓜小種晚子熟遲而瓜大去兩頭者近蔕子瓜曲而細近頭子瓜短而喎凡瓜落疏青黑者爲美黃白及斑雖大而惡若種苦瓜子雖爛熟氣香其味猶苦也

又收瓜子法食瓜時美者收即以細糠拌之日曝向燥挼而簸之淨而且速也

良田小豆底佳黍底次之刈訖即耕頻頻轉之二月上旬種者爲上時三月上旬爲中時四月上旬爲下時五月六月上旬可種藏瓜玄扈先生曰秋瓜凡下小實中堅故中藏種先以水淨淘瓜子以鹽和之鹽和則不能死先臥鋤耬却燥土不耬者坑雖深大常雜燥土故瓜不生然後培坑大如斗口納瓜子四枚大豆三個於堆旁向陽中諺曰種瓜黃臺頭瓜生數葉掐去豆瓜性弱苗不能獨生故須大豆爲之起土瓜生不去豆則豆反扇瓜不得滋茂但豆斷汁出更成良潤勿拔之拔之則土虛燥也多鋤則饒子不鋤則無實五穀蔬菜果蓏之屬皆如此也五六月種晚瓜

治瓜籠法但起霧未解以杖舉瓜蔓散灰於根下後一兩日復以土培其根則迥無蟲矣

又種法於良地中先種晚禾晚禾令地膩熟劁刈取穗欲令茇長秋耕之耕法弭縛犂耳起規逆耕耳弭則禾拔頭出而不沒矣至春德復順耕亦弭縛犂耳翻之

還令草頭出。耕訖勞之。令甚平。種植穀時種之。種法使行陣直。兩行微相近。兩行外相遠。中間通步道。道外還兩行相近。如是作次第。經四小道。通一車道。凡一項地中。須開十字大巷。通兩乘車。來去運輦。其瓜都聚在十字巷中。瓜生比至初花。必須三四遍熟鋤。勿令有草生。草生。脇瓜無子。鋤法皆起禾茇。令直豎其瓜蔓本底。皆令上下四廂高。微雨時得停水。瓜引蔓皆沿茇上。茇多則瓜多。茇少則瓜少。茇多則不廣蔓。廣則岐多。岐多則饒子。其瓜會是岐頭而生。蔓岐而花者。皆是浪花。終無瓜矣。故令蔓生於茇上。瓜懸在下。

區種瓜法。六月雨後種菉豆。八月中犁稀殺之。十月又一轉。即十月終種瓜。率兩步為一區。坑大如盆口。深五寸。以土壅其畔。如菜畦形。坑底必令平正。以足踏之。令其保澤。以瓜子大豆各十枚。遍布坑中。（瓜中大豆兩物為雙耕其起土故也）以糞五升覆之。（亦令均平）又以土一斗。薄散糞上。復以足微躡之。冬十月大雪時。速併力推雪于坑上。為大堆。至春草生。瓜亦生。莖葉肥茂。異于常者。且常有潤澤。旱亦無害。五月瓜便熟。（其掐豆鋤瓜之法與常同。若瓜子盡生則大槩掐出之。一區四根即足矣。）

又法冬天以瓜子數枚。内熱牛糞中。凍即拾聚。置之陰地。（量地多少以足為限）正月地釋。即耕。逐場布之。率方一步。下一斗糞。耕土覆之。肥茂早熟。雖不及區種。亦勝凡瓜遠矣。（凡生糞糞地無勢。多于熟糞。令地小荒矣。）有蟻者。以牛羊骨帶髓者。置瓜科左右。待蟻附。將棄之。棄二三次。則無蟻矣。

氾勝之曰。區種瓜一畝。為二十四科。區方圓三尺。深五寸。一科用一石糞。糞與土合和。令相半。以三斗瓦甕埋著科中央。令甕口上與地平。盛水甕中。令滿。種瓜甕四面各一子。以瓦蓋甕口。水或減。輒增。常令水滿。種常以冬至後九十日百日種之。又種薤十根。令週廻甕居瓜子外。至五月瓜熟。薤可拔賣之。與瓜相避。又可種小豆于瓜中。畝四五升。其藿可賣。此法宜平地。瓜收畝萬錢。

○○○摘瓜法。在步道上。引手而取。勿令浪人踏瓜蔓。及翻覆之。（踏則莖破。翻則成細。皆令瓜不茂而蔓早死。）若無茇而種瓜者。地雖美好。正得長苗直引。無多槃岐。故瓜少子。若無茇處竪乾柴亦得。（凡乾柴草不妨滋茂。）凡瓜所以早爛者，皆由脚蹋及摘時不慎，翻動其蔓故也。若以理慎護，及至霜下葉乾，子乃盡矣。（但依此法，則不必別種早晚及中三輩之瓜。）

黃瓜，一名胡瓜，白瓜即越瓜也，又名冬瓜，（以其至冬而熟也。）
（廣志謂之蔬菰，神仙本草謂之土芝。）

齊民要術曰：種越瓜胡瓜法，四月中種之。（胡瓜宜竪柴木，令其蔓緣之。）收越瓜，欲飽霜。（霜不飽則爛。）收胡瓜，候色黃則摘。（若待色赤則皮存而肉消。）並如凡瓜，於香醬中藏之亦佳。（玄扈先生曰：甜瓜生者，以鑱骨刺頂上，易熟。）

種法：傍墻陰地作區，圓二尺，深五寸，以熟糞及土相和。正月晦日種。（二月三月亦得。）既生，以柴木倚墻，令其緣上。旱則澆之。八月斷其梢，減其實。一本但存六枚。（多留則不成也。）十月霜足收之。（早收則爛。）削去皮子，於芥子醬中或美豆醬中藏之佳。

便民圖纂曰：種冬瓜法，先將濕稻草灰拌和細泥鋪地上，鋤成行隴。二月下種，每粒離寸許，以濕灰篩蓋，河水灑之。又用糞澆，蓋乾則澆水，待芽頂灰，于日中將灰揭下，搓碎，壅于根旁，以清糞澆之。三月下旬治畦鋤穴，每穴栽四科，離四尺許。澆灌糞水須濃。凡瓜種法俱同。

王禎曰：冬瓜初生正青綠，經霜則白如塗粉，其中肉及子俱白，故謂之白瓜。荆楚歲時記曰：七月採瓜犀以為面脂。木草圖經曰：犀，瓣也。瓤亦堪作澡豆。夫瓜種最多，獨此瓜耐久，經霜乃熟，藏可彌年不壞。今人亦用為蜜餞，其犀用為茶果，則兼蔬果之用矣。

冬瓜越瓜，十月區種，冬則推雪著區上為堆，潤澤肥好，乃勝春種。種常瓜宜陽地，暖則易長。杜詩所謂陽坡可種瓜者是也。（玄扈先生曰：每分栽，相去三尺許。）

王瓜，月令四月王瓜生。（廣義曰：菝葜也，謂之瓜者，以其根似之也。）

種王瓜法：二月初撒種，長寸許，鋤穴分栽，一穴栽一科。每日早以清糞水澆之，旱則早晚皆澆，待蔓長，用竹引上作棚。

絲瓜，即縑瓜也。嫩小者可食，老則成絲，可洗器滌膩。種法與前同。

西瓜，種出西域，故名。（玄扈先生曰：按五代郃陽令胡嶠，陷回紇，歸，得瓜種，以牛糞種之。結實如斗大，味甚甘美，名曰西瓜。楊用修以西瓜晚出，疑文選浮甘瓜于清泉，蓋指王瓜，不知王瓜非

甘瓜也當作黃瓜

農桑通訣曰種西瓜法區行差稀多種者垡頭上漫擲勞平苗出之後根下擁作土盆欲瓜大者步留一科科止留一瓜餘蔓花皆掐去則實大如三斗栲栳矣味寒解酒毒其子曝乾取仁瀹茶亦得清明時於肥地掘坑納瓜子四粒待芽出移栽栽宜稀澆宜頻蔓短時作綿兜每朝取螢恐其食蔓待茂盛則不必

博聞錄曰種花藥最忌麝瓜尤忌之瓣栽數株蒜薤遇麝不損

魚龍河圖曰瓜有兩鼻者殺人

養生書曰瓜之兩商者殺人 玄扈先生曰商音滴木根果蒂瓜當蔕鼻皆曰商也

茄本草曰茄一名落蘇 五代貽子錄作酪酥蓋以其味相似也 段成式云茄蓮莖也以此名落蘇不知何自 農桑通訣曰隋煬帝改茄子爲崑崙瓜一種出自暹羅國者其色微紫蔕長味甘今之紫茄黃山谷所謂紫膨脝者是也又有青茄白茄白者爲勝亦名銀茄有一種白者謂之渤海茄又一種白花青色稍匾一種白而匾者皆謂之番茄甘脆不澁生熟可食又一種水茄其形稍長甘而多水可以止渴此數種中土頗多南方罕得亦宜種之種茄二十科糞壅得所可供一人食張浮休云身纍百贅頸附于疣採之不勤茄之頗柔茄視他菜爲最耐久供膳之餘糟丘豉腊無不宜者須蜜穫

之

齊民要術種茄法九月熟時摘取擘破水淘子取沉者速曝乾裹置 玄扈先生曰裹須布囊 至二月畦種 治畦下水一如葵法性宜水常取潤澤 著四五葉雨時合泥移栽之 若旱無雨澆水令微澤夜栽之白日以蓆蓋勿令見日 十月種者如區種瓜法推雪著區中則不須栽其春種不作畦直如種凡瓜法者亦得唯須曉夜數澆耳

農桑通訣曰凡栽根株宜築實不實則死區中不宜有浮土恐雨泥汚葉則萎而難茂栽時得晴爲宜早晚澆灌之

務本新書曰茄初開花斟酌窠數削去枝葉再長晚茄秋深老茄煮軟水浸去皮以鹽拌勻冬月食用旋添麻合爲上

便民圖纂曰茄二月治畦與冬瓜同種則漫撒長寸許三月移栽栽宜稀澆以糞水宜頻每科于根上加少硫黃其實大且甘

天茄清明時撒于肥地蔓長則引上

俞貞木種樹書曰種茄子時初見根處擘開掐硫黃

一星。以泥培之，結子倍多。其大如盞，味甘而益人。

瓠。爾雅曰：瓠棲瓣。衛詩曰：匏有苦葉。毛：匏謂之瓠。豳風曰：九月斷壺。小雅曰：幡幡瓠葉。詩義疏云：瓠葉少時可以為羹，又可淹煮，極美。故云采之烹之。河東及播州常食之。八月中堅強不可食，故云苦葉。說文曰：瓠，一名曰壺。皆匏屬也。陸農師曰：頭短大腹曰瓠，細而合上曰匏，似匏而肥圓者壺。然有甘苦二種，甘者供食，苦者充器。詩註云不才于大，惟供濟而已。蓋以作壺濟水也。王禎曰：其為物也，蔓生而繭辮，夏熟而秋枯。本草云：味甘冷，無毒，利水道，止消渴。惟苦者有毒，不宜食。廣志曰：有都瓠子，如牛角，長四尺有餘。又有約瓠，其腹甚細，緣蔕為口，出雍縣。朱崖有千葉瓠，其大者受斛餘。郭子曰：東吳有長柄口接。釋名曰：瓠畜皮瓠以為脯，蓄積以待冬月用也。淮南萬畢術曰：燒穰殺瓠物，自然也。一名瓝姑，俗曰葫蘆。農桑撮要曰：懸瓠可

以為笙，曲沃者尤善。秋乃可用，漆其裡。匏苦瓠甘酌酒，冬盛則暖，夏盛則寒。王禎曰：匏之為物，纍然而生，食之無窮。種得其法，其實碩大。小之為瓠杓，大之為盆盎，其濟用溥矣。玄扈先生曰：甘者瓠，苦者匏。詩曰：甘瓠纍之，匏有苦葉。壺即瓠也。

千金月令云：冬至日，取葫蘆盛蔥根莖汁，埋于庭中。夏至發開，盡為水。以漬金玉銀石青各三分，自銷暴乾如飴，可休糧。久服，名曰金液漿。

氾勝之書曰：種瓠之法，以三月耕良田十畝，作區，方深一尺，以杵築之，令可居澤。相去一步。區種四實。蠶矢一斗，與土糞合。澆之水二升，所乾處復澆之。著三實，以馬箠㲉其心，勿令蔓延。多實，實細。以藁薦其下，無令親土多瘡瘢。度可作瓢，以手摩其實，從蔕至底去其毛，不復長且厚。八月微霜下，收取。掘地深一丈，薦以藁，四邊各厚一尺，以實置孔中，令底下向瓠一行。覆上土厚二尺。二十日出，黃色好，破以為瓢。其中白膚以養豬致肥，其瓣以作燭致明。一本三實，一區十二實，一畝得二千八百八十實，十畝凡得五萬七千六百瓢。瓢直十錢，并直五十七萬六千文。用蠶矢二百石，牛耕功力直二萬六千文。餘有五十五萬。肥

豬明燭，利在其外。

又曰：區種瓠法：收種子須大者。若先受一斗者，得收一石；受一石者，得收十石。先掘地作坑，方圓深各三尺，用蠶沙與土相和，令中半。若無蠶沙，生牛糞亦得。著坑中，足躡令堅。以水沃之，候水盡，即下瓠子十顆，復以前糞覆之。既生，長二尺餘，便總聚十莖一處，以布纏之五寸許，復用泥泥之。不過數日，纏處便合為一莖。留強者，餘悉掐去。引蔓結子，子外之條亦掐去之，勿令蔓延。留子法：初生二三子不佳，去之。取第四五六區留

二子。即足。旱時須澆之。坑畔周匝小渠子。深四五寸。以水停之。令其遙潤。不得坑中下水。玄扈先生曰、不論草木本。凡根株大者俱宜遙肥遙潤

崔寔曰、正月可種瓠。六月可畜瓠、八月可斷瓠作蓄瓠、家政法曰、二月可種瓜瓠、

農桑通訣曰、凡種瓠如瓜法、蔓長則作架引之、

四時類要云、種大葫蘆、二月初、掘地作坑、方四五尺深亦如之、實填油麻菉豆藳。及爛草等。一重糞土。一重草。如此四五重。向上尺餘着糞土。種十來顆子。待

生、後、揀取四莖肥好者。每兩莖肥好者相貼着、相貼處、以竹刀子刮去半皮、以刮處相貼、用麻皮纏縛定、黃泥封裹。一如接樹之法。待相著活後。各除一頭、又取所活兩莖。准前刮去皮相著。一如前法、待活後唯留一莖。四莖合爲一本。待著子。揀取兩個周正好大者。餘者旋旋除去食之。如此一斗種。可變爲盛一石者、曝乾、至春二月、種如葵法、常澆潤之、旱即乾死、候着四五葉、高可五寸許帶土移栽之、

芋、前漢書曰、岷山之下沃野有蹲鴟、顏師古注曰芋也、一名土芝齊人口莒。蜀漢爲最。說文曰、芋大葉實根駭人名故謂之芋、廣雅曰、渠芋、其葉謂之蔌、藉姑、水芋也、亦曰烏芋、廣志曰、蜀漢既繁芋、民以爲資、凡十四等。有君子芋、大如斗、魁如杵簇、有草轂芋。有鋸子芋、有旁巨芋、有青邊芋、此四芋多子、有談善芋、魁大如瓶、少子。葉如散蓋、紺色紫莖長丈餘、易熟長味、芋之最善者也。莖可作羹臛、肥澀、得飲乃下、有蔓芋、緣枝生、大者次二三升。有雞子芋、色黃、有百果芋、魁大子繁多。畝收百斛、種一百畝以養彘、有早芋、七月熟、有九面芋、大而不美。有象空芋、大而弱、使人易飢、有青芋。有素芋、子皆不可食。莖可爲菹、凡此諸芋皆可乾、又可藏至夏食之、又百子芋、出葉俞縣、有魁芋無旁子、生永昌縣、有大芋二升、出范陽新鄭、風土記曰、博士芋。蔓生、根如鵝鴨卵、王禎曰、芋葉如荷、長而不圓。莖微紫、乾之亦中食、根白亦有紫者。其大如斗、食之味甘。旁生子甚夥。拔之則連茹而起。宜蒸食。亦中

爲羹臛。東坡所謂玉糝羹者此也。煮法宜先用鹽微滲之、則不模糊。

汜勝之書曰、種芋、區方深皆三尺。取豆萁內區中足踐之。厚尺五寸。取區上濕土。與糞和之。內區中。其上令厚尺二寸。以水澆之足踐令保澤。取五芋子皆長三尺。一區收三石。

又種芋法、宜擇肥緩土。近水處。和柔糞之。二月注雨可種芋。率二尺下一本。芋生根欲深斸其旁以緩其土。旱則澆之。有草鋤之。不厭數多。治芋如此。其收常倍。又列仙傳曰、酒客爲梁令、蒸民益種芋、後三年當

大飢，卒如其言，深民不死。（案：芋可以救飢饉，度凶年。今中國多不以此爲意，後生中有耳目所不聞見者，及水旱風露霜雹之災，便能餓死滿道，白骨交橫。知而不種，坐致泯滅。悲夫！人君者安可不督課之也哉。）

崔寔曰：正月可菹芋。

家政法曰：二月可種芋也。

務本新書曰：芋宜沙白地，地宜深耕。二月種爲上時。相去六七寸，下一芋。芋羞三月，衆人來往，眼目多見，并聞刷鍋聲處，多不滋胤。此火炎熱，苗高則旺。頻鋤其旁。秋生子葉，以土壅其根。芋可以救飢饉，蝗蟲不能傷。霜後收之。冬月食不發病，其餘月分不可多食。霜後芋子上芋白，擘下，以液漿水煠過，曬乾。冬月炒食，味勝蒲笋。區芋：區長丈餘，深潤各一尺，區行相間一步。寬則透風滋胤。

便民圖纂曰：芋之種，須揀圓長尖白者，就屋南簷下掘坑，以礱糠鋪底，將種放下，稻草蓋之。至三月間取出，埋肥地。待苗發三四葉，於五月間擇近水肥地移栽。其科行與種稻同。或用河泥，或用灰糞爛草壅培。旱則澆之，有草則鋤之。若種旱芋，亦宜肥地。

齊民要術曰：芋種宜軟白沙地，近水爲善。（芋畏旱，故宜近水。）區深可三尺許，區行欲寬，寬則過風。芋本欲深，深則根大。（率二尺一根，漸漸加土壅之。）春宜種，秋宜壅。（立夏種不生卵，秋失壅而瘦不肥。）霜降捩其葉，使收液以美其實，則芋愈大而愈肥。

氾勝之書云：區方深各三尺，下實豆萁尺有五寸，以糞着其上，深如其萁。一區種五本。復以糞土上覆之。（旁四本，中一本，漸漸培之。）芋成其爛，皆長三尺。此亦良法。今之農不然，但于淺土秧子，俟苗成移就區種，故其利亦薄。其可不知此法？夫五穀之種，或豐或歉，天時使然。芋則繫之人力，若種藝有法，培壅及時，無不獲利。以之度凶年，濟飢饉，助穀食之不及。

玄扈先生曰：芋有三種：一曰雞窠芋，一曰香沙芋，一曰䕸頭芋。香沙芋味美，根株小，子少。䕸頭芋根株大，高可四五尺，魁大子少。惟雞窠芋魁大子多。清明前十日下種，三月中多用濃糞灌之，四月細耘之。種芋宜在稻田、近墻、近屋、近樹之處，雨露不及，種稻則不秀，惟芋則收。五六月中起之，壅根，每科作小墪，敦更澆濃糞二次。七八月收，每科并魁子可二斤。二尺一

本一畝得二千一百六十本為芋四千二百二十斤秋月禾苗未收斯續乏之大用歟芋幹剝去皮乾之亦蔬茹中上品

備荒論曰蝗之所至凡草木葉無有遺者獨不食芋桑與水中菱芡宜廣種之

譜曰鋤芋宜晨露未乾及雨後令根旁空虛則芋大子多若日中耘則大熱熱則蔫

附香芋 形如土豆味甘美 土芋 一名土豆一名黃獨蔓生葉如豆根圓如雞卵肉白皮黃可灰汁煮食亦可蒸食又煮芋汁洗膩衣潔白如玉

蓮爾雅曰荷芙蕖其莖茄其葉蕸其本蔤其華菡萏其實蓮其根藕其中菂菂中薏 邢昺註云芙蕖總名也郭璞云蔤乃莖下白蒻在泥中者蓮乃房也菂乃子也薏乃心中苦薏也蓮一名水芝一名澤芝一名水旦一名水花葉圓如蓋色青翠六月開花有數色花心有黃蘂長寸餘花褪蓮房成菂菂在房如蜂子在窠六七月採嫩者生食至秋房枯子黑其堅如石謂之石蓮其子花隨晨昏為闔闢凡物先花後實獨此花實齊生其種有重臺 並頭 一品 四面 灑金 錦邊 華山頂池產千葉蓮 滇池產衣鉢蓮 儋州南水池產四季蓮臘月尤盛 九嶷山有黃蓮 金池有金蓮華洲人研之如泥以之彩繪燦爛無異真金 南海有睡蓮晝開夜入水底次日復出 分香蓮一歲再結每實子十隻 分枝蓮一名底光荷一枝四葉狀如駢蓋日照則葉低蔭根若葵之衛足實如玄珠可以飾佩 又有佛座蓮金鑲玉印蓮斗大紫蓮碧蓮金邊蓮瓣周圍一線色微黃 蘇州府學前有百子蓮及黃蓮名佳都碧臺蓮花白而瓣上恒滴一翠點房之上復抽綠葉似花非花 百丈山有草花如蓮名山蓮 旱蓮出終南山服之延壽 茄蓮葉似蓮根似蘿菔味甘脆 西番蓮花雅澹自春至秋花相繼不絕 鐵線蓮花葉俱似西番花心黑如鐵線 木蓮產白鷗山佛殿前其葉堅厚如桂夏作花狀似芙蓉每花圻時聲如破竹 藕月生一節遇閏多一節有孔有絲大者如臂可作粉蒸煮食補五臟實下焦與蜜同食令人腹臟肥不生蟲亦可休糧 葉及房主破血胎衣不下酒煎服 葉蒂味苦主安胎去滯養血

農桑通訣曰蓮子八九月中收堅黑者于瓦上磨蓮子頭令薄取墐土作熟泥封之如三指大長二寸使蔕頭平重磨處尖銳泥乾時擲於泥中重頭沉下自

然周正皮薄易生不時即出其不磨者皮既堅厚倉卒不能生也種藕法春初掘藕根接頭著魚池泥中種之當年即有蓮花蓮子可磨為飯輕身益氣令人強健藕止渴散血常食之不可池藕二月間取帶泥小藕栽池塘淺水中不宜深水待茂盛深亦不妨或糞或豆餅壅之則益盛 玄扈先生曰深池中種藕用今種盆荷法橫種炭簍內以繩放下水底三吳人用大甕于下田中種之甚盛

春分前栽則花出葉上凡種時藕壯大三節無損者順鋪在上頭向南芽朝上用硫黃研碎紙撚簪包[illegible]

繼藕節一二道、當年有花、

管子曰、五沃之土生蓮、故栽宜壯土、然不可多加壯糞、灰致發熱壞藕、

種蓮子法、用雞子一枚、開一小孔、去青黃、將蓮子填滿、紙糊孔三四層、令雞抱之、雞出、取放煖處、不拘時用天門冬末硫黃同肥泥或酒罈泥、安盆底栽之、仍用酒和水澆、開花如錢、

蓮子磨薄尖頭、浸靛缸中、明年清明所種子開青蓮花、凡蓮畏桐油、宜忌之、

菱、周禮曰、加籩之實、蔆芡㮚脯、蔆陵也、爾雅謂之厥欆、音屈、 按國語屈到嗜芰、芰即菱也。 許氏說文曰、楚謂之芰、秦謂之薢茩、一名水栗、一名沙角。 武陵記、三角四角者爲芰、兩角者爲菱、俗呼菱角。其色有青紫之殊 陶弘景曰、菱實廬江間最多、皆取火燔以爲米、充糧、今多蒸食之 蘇頌曰、菱處處有之、葉浮水上、花黃白色、花落實生、漸向水中乃熟、 李時珍曰、菱湖濼處則有之、菱落泥中、最易生發、有野菱家菱、皆三月生蔓延引、葉廣而有尖光、面如鏡、葉下之莖、有股如蝦、一莖一葉、兩兩相差、如蝶翅狀、花背日而生、晝合宵炕、隨月轉移

農桑通訣曰、秋上子黑熟時、收取散着池中、自生、

種法、重陽後、收老菱角、用籃盛、浸河水內、待二三月發芽、隨水淺深、長約三四尺許。用竹一根、削作火通口樣。箝住老菱。插入水底。若澆糞。用大竹打通節注之

王禎曰、生食性冷、煑熟爲佳、蒸作粉、蜜和食之、尤美、江淮及山東。曝其食以爲米。可以當糧。猶以橡爲資也。

李時珍曰、嫩時剝食、老則曝乾、剁米爲飯、爲粥爲餻、爲果、皆可代糧。其莖亦可暴收。和米作飯。以度荒歉、蓋澤農有利之物也。

玄扈先生曰、莖之嫩者。亦可爲菜茹。

芡、本草云、芡實、一名雞頭、莊子名雞雍 管子名卯蔆 古今注名鴈頭。亦曰鴈喙 淮南子曰、雞頭已瘻、注曰芡也。 揚雄方言云、南楚謂之雞頭、青徐淮泗謂之芡子、其莖謂之蔿亦曰茷 陶弘景曰、莖上花似雞冠、故名、 蘇頌曰其苞形類雞鴈頭、故云 王禎曰、芡苗生水中、葉大如荷、皺而有刺、花開向日、花下結實、故菱寒而芡暖 李時珍曰可濟儉歉。故謂之芡。芡三月生葉、面青背紫、莖葉皆有刺、其莖長丈餘、有孔有絲、花開結苞內有斑駁軟肉、裹子累累如珠、內白米狀如魚目。韓退之名芡爲鴻頭、山谷詩云、剖蚌煑鴻頭、是也、

種法、秋間熟時、收取老子、以蒲包包之、浸水中。三月間撒淺水內、待葉浮水面、移栽深水、每科離五八尺許、先以麻餅或豆餅拌匀河泥。種時以蘆插記根處、一

餘日後，每科用河泥三四碗壅之。

王禎曰：八月採芡，擘破取子，散著池中自生。

又曰：雞頭作粉食之甚妙。河北沿溏濼居人採之，春去皮，擣爲粉，烝㵾作餅，可以代糧。龔遂守渤海，勸民秋冬益蓄菱芡。蓋謂其能充飢也。

又曰：芡莖之嫩者，名爲𦼮。人採以爲菜茹。

李時珍曰：秋深老時，澤農廣收芡子，藏至囷石，以備荒歉。其根狀如三菱，煑食如芋。

烏芋、即俗名荸臍也。爾雅曰：鳧茈，鳧喜食之，故曰。後人訛爲荸臍，音相似也。鄭樵通志以爲地栗，一名黑三稜，一名芍。舊名烏芋者，以其形似芋，而鳧燕食之也。寇宗奭曰：皮厚色黑，肉硬而白者爲猪荸臍；皮薄澤色淡紫，肉軟而脆者爲羊荸臍。李時珍曰：鳧茈生淺水田中，其苗三四月出土，一莖直上，無枝葉。其根白蒻，秋後結顆，大如山查、栗子，而臍有聚毛，累累下生，入泥底。野生者黑而小，食之多滓。種出者紫而大，食之多毛。

種法：正月留種，種取大而正者，待芽生，埋泥缸內，二三月間，復移水田中，至茂盛，于小暑前分種，每科離五尺許，冬至前後起之。耘盪與種稻同。豆餅或糞皆可壅之。玄扈先生曰：破草鞋壅甚盛。

李時珍曰：肥田栽者，麤近葱蒲，高二三尺，三月下種，霜後苗枯，冬春掘收爲果，生食煑食皆良。

董炳曰：地栗能毀銅，兼能辟蟲。傳聞下蠱之家知有此物，便不敢下。

寇宗奭曰：荒歲多採，可以爲糧。

慈姑、一名藉姑，慈姑一根歲生十二子，如慈姑之乳諸子，故名。一名河鳧茈，一名白地栗，一名水萍，苗名剪刀草，又名箭搭草、槎丫草。陶弘景曰：藉姑生水田中，葉有椏，狀如澤瀉。其根黃，似芋而小，煑之可啖。蘇恭曰：葉如剪刀，莖似嫩蒲，開小白花，蘂深黃色。五六月採葉，正二月採根。福州別有一種小異，三月開花，四時採根，功亦相似。又有山慈姑，名同實異。

種法：預於臘月間，折取嫩芽，插於水田，來年四五月如插秧法種之，每科離尺四五許，田最宜肥。

陶弘景曰：藉姑三月三日採根，暴乾，可療飢。

李時珍曰：慈姑三月生苗，青莖中空，霜後葉枯，根乃練結，冬及春初掘以爲果，須灰湯煑熟，去皮，不致麻澀戟咽也。嫩莖亦可煠食。又取汁，可制粉霜、雄黃。

菰、即俗名茭白也。爾雅曰：蘧蔬。菰也。又曰：药茭。郭璞曰：江東呼藕紹緒如指空中可啖者爲茭，江南人呼菰爲茭，以其根交結也。一名蔣草，一名茭筍，一名菰菜，一名茭粑。韓保昇曰：菰根生水田中，葉如蔗荻，久則根盤而厚，三年者中心生白薹如小兒臂中有黑脉堪啖者名菰首也。陳藏器曰菰首孽之內有黑灰如墨者名烏鬱人亦食之晉張翰思蓴菰即此也。蘇頌曰茭白生熟皆可啖其中心小兒臂者名菰手作菰首者謬其根亦如蘆根二浙下澤處最多彼人謂之菰葑削去其葉便可耕蒔。又有一種中有一粒可食所謂菰米者是也

種法宜水邊深栽逐年移動則心不黑多用河泥壅根則色白。

李時珍曰葑田其苗有莖硬者謂之菰歲飢掘以當糧。

寇宗奭曰菰根江湖陂澤中皆有之生水田中葉如蒲葦刈以秣馬甚肥。

山藥山海經曰其草多諸藇音同薯蕷。本草衍義曰薯蕷英廟諱蕷犯唐代宗名故改爲山藥　吳氏本草曰薯蕷一名諸薯齊越名山芋一名修脆一名兒草一名土藷一名王延或生臨朐鍾山始生赤莖細蔓五月華白七月實青黄八月熟落根種曰皮黄類芋。異苑曰薯蕷若欲掘取嘿然則獲唱名便不可得人有植之者隨所種之物而像之也。　玄扈先生曰山藥出處見山海經注四本草復云出嵩山北京開明東山南江永康滁州眉州大寧處處有之今齊魯之間尤多有二種其一黄山藥形圓長細而甘適夏月不壞一種形如手指者大而淡春月易爛擇種宜取皮薄光潤者若根毛粗勁種多不佳　又曰山藥各處所出不一大都形類壯大者不免虛疎入藥尤無力閩中有一種形細如指新安一種形匾而細性堅實味勝。

地利經曰大者折二寸爲根種當年便得子收子後一冬埋之二月初取出便種忌人糞如旱放水澆又不宜苦濕須是牛糞和土種則易成。玄扈先生曰山藥用子作種生絕細有用宿根頭者亦須根大方可用不若逕用大薯斷作種爲便

務本新書曰種山藥宜寒食前後沙白地區長丈餘深闊各二尺少加爛牛糞與土相和平勻厚一尺揀肥長山藥上有芒刺者每段折長三四寸鱗次相挨臥於區內復以糞勻覆五寸許旱則澆之亦不可太濕忌大糞苗長以高梢扶架霜降後比及地凍出之外將蘆頭另窖來春種之勿令凍損。

山居要術云擇取白色根如白米粒成者先收子作三五所阬長一丈闊三尺深五尺下密布甎四面亦側布甎防別入傍土中根即細也作阬子訖填糞土排行下子種之填阬滿待苗著架經年已後根甚麄一阬可支一年食種者截長一寸下種。玄扈先生曰山東種薯法沙地深耕之起土坑深二尺用大糞乾者和土各半填入坑深一尺次加浮土一尺足踐實正月中畦種薯苗上又加土壅厚二寸候苗長一尺常用水灌數日一次苗長架起春夏長苗秋深即長根根下行遇堅土即大若土大實即不長浮土太深即長而細又曰今江南種薯法亦用沙地正月盡耕深二尺每一步灌大糞一石候乾轉耕耙細作埒每埒相去一尺餘其種須極大者竹刀切作一二寸斷用鐵刀切

易爛。埒中布種。每相去五六寸。橫臥之。入土只二寸。不宜太深。種後用水糞各半灌之。每畝用大糞四十石。苗長用葦或細竹作架。三以爲簇。有草數耕之。旱數澆之。八九月掘取根。向畦一頭先掘一溝。深二尺。漸削去土取之。又曰。藏種法。于南簷下向日避風處掘土窖。深二尺。下用礱糠鋪二三寸。次下種。仍以礱糠蓋之。次下土蓋之。臨種時起用。又曰或云山藥下種時。勿用手。以鍬钁下之。則易大。每年易人而種之。

甘藷。即俗名紅山藥也　異物志曰。甘藷似芋。亦有巨魁。剝去皮。肌肉正白如脂肪。南人專食。以當米穀。嵇含南方草木狀曰。甘藷味甘甜。經久得風乃澹泊。稗史彙編曰。甘藷或曰芋之類。根葉亦如芋。大如拳。有大如甌者。皮紫而肉白。烝食味如薯蕷。性冷。生於朱厓之地。海中之人

皆不業耕稼。惟掘地種甘藷。秋熟收之。烝曬切如米粒。作飯食之。貯之以充飢。是名藷糧。北方人至者。或盛于具豕膾炙諸味。以甘藷薦之。若粳粟然。海中之人壽百餘歲者。由食甘藷故耳。圖經云。江湖閩中出甘藷。根如薑芋之類。而皮紫。極有大者。一枚可重斤餘。刮去皮。煎煮食之俱美。玄扈先生曰。藷有二種。其一名山藷。閩廣故有之。其一名番藷。則土人傳云。近年有人在海外得此種。海外人亦禁不令出境。此人取藷藤絞入汲水繩中。遂得渡海。因此分種移植。略通閩廣之境也。兩種莖葉多相類。但山藷植援附樹乃生。番藷蔓地生。山藷形魁壘。番藷形圓而長。其味則番藷甚甘。山藷爲劣耳。蓋中土諸書所言藷者。皆山藷也。今番藷撲地傳生。枝葉極盛。若于高仰沙土。深耕厚壅。大旱則汲水灌之。無患不熟。閩廣人賴以救飢。其利甚大。又曰。薯蕷與山藷。顯是二種。與番藷爲三種。皆絕不相類。

玄扈先生曰。種藷法。種須沙地。仍要極肥。臘月耕地。以大糞壅之。至春分後下種。先用灰及剉草或牛馬糞和土中。使土脈散緩。可以行根。重耕地二尺深。次將藷種截斷。每長三二寸。種之以土。覆深半寸許。大略如種薯蕷法。每株相去數尺。俟蔓生盛長。剪其莖另插他處。即生與原種不異。至秋冬掘起。生熟烝煮任用。其藏種有二法。其一傳卵。于九十月間掘藷卵。揀近根先生者。勿令傷損。用軟草苞之。掛通風處陰乾。至春分後。依前法種。一傳藤。八月中揀近根老藤。剪取長七八寸。每七八條作一小束。耕地作埒。將藤

束栽種。如畦韭法。過一月餘。即每條下生小卵如蒜頭狀。冬月畏寒。稍用草器蓋。至來春分種。若原卵在土中者。冬至後無不壞爛也。

又曰。藷根極柔脆。居土中甚易爛。風乾收藏。不宜入土。又不耐氷凍也。余從閩中市種北來。秋時用傳藤法。造一木桶。栽藤種于中。至春全桶携來。過嶺分種必活。春間携種。即擇傳根者持來。有時傳藤或爛壞。不壞者生發亦遲。惟帶根者力厚易活。生卵甚早也。

又曰。藏種三法。其一以霜降前。擇於屋之東南無雨

屋。有東日處以稻草疊基方廣丈餘。高二尺許。其上更疊四圍高二尺。而虛其中。方廣二尺許。用稻穩襯之。置種焉。復用穩覆之。縛竹爲架。籠罩其上。以支上覆也。上用稻草高垛覆之。度令不受風氣雨雪。乃已。又一法。稻穩襯底一尺餘。上加草灰盈尺。置種其中。復以灰穢厚覆之。上用稻草斜苫之。令極厚。二法。藤卵俱合。并安置俱得不壞。而卵較勝。又以磁盆於八月中移栽。至霜降如前二法藏之。亦活。其窖藏者。仍壞爛也。

又曰。藏種之難。一懼濕。一懼凍。入土不凍而濕。不入土。不濕而凍。向二法。令必不受濕與凍。故得全也。若北土風氣高寒。即厚草苫蓋。恐不免氷凍。而地窖中濕氣反少。以是下方仍着窖藏之法。冀因愚說。消息用之。

又曰。藏種必於霜降前。下種必於清明後。更宜留一半於穀雨後種之。恐清明左右。尚有薄凌微霜也。

又曰。閩中藏種藤卵。俱晒七八分乾。收之。向後南北收藏。俱宜用乾者。或半用不乾者。雜試之。

又曰。復有一閩人。說留種法。於霜降前。剪取老藤。作種。先用大罈洗淨晒乾。或烘乾。次剪藤。晒至七八分乾。用乾稻草殼襯罈。將藤蟠曲置稻草中。次用稻草殼塞口。先掘地作坎。量濕氣淺深。令不受濕。深或二尺許。淺或平地。先用稻草殼。或籠糠鋪底。厚二三寸。將罈倒卓其上。次實土滿坎。仍填高。令罈底土高四五寸。至來年清明後取起。即罈中已發芽矣。是說疑諸方具可用。并識之。

又曰。藷每二三寸作一節。節節居土上。即生枝。節居土下。即生根。種法。待延蔓時。須以土密壅其節。每節可得三五枚。不得土。即盡成枝葉。層疊其上。徒多無益也。今擬種法。每株居畝中。橫相去二三尺。縱相去七八尺。以便延蔓。壅節。即遍地得卵矣。若枝節已遍。待生遊藤者。宜剪去之。猶中飼牛羊。

又曰。吾東南邊海高鄉。多有橫塘縱浦。潮沙淤塞。歲有開濬。所開之土。積於兩崖。一遇霖雨。復歸河身。淤積更易。若城濠之上。積土成丘。是未見敵而代築距堙也。此等高地。既不堪種稻。若種吉貝。亦久旱生蟲。

種豆則利薄種藍則本重若將岡脊攤入下塍又壞損壞花稻熟田惟用種藷則每年耕地一遍斷根一遍皆能將高仰之土劖入平田平田不堪種稻并用種藷亦勝稻田十倍是不數年間丘阜將化爲平疇也况新起之土皆是潮沙土性虛浮于藷最宜特異常土此亦任土生財之一端耳

又曰剪莖分種法待苗盛枝繁枝長三尺以上者剪下去其嫩頭數寸兩端埋入土各三四寸中以土擫壓之數日延蔓矣

又曰藷苗延蔓用土壅節後約各節生根即從其連綴處剪斷之令各成根苗不致分力此最要法

又曰藷苗二三月至七八月俱可種但卵有大小耳卵八九月始生便可掘食或賣若未須者勿頓掘居土中日漸大南土到冬至北土到霜降須盡掘之不則爛敗矣其種宜高地遇旱災可導河汲井灌溉之在低下水鄉亦有宅地園圃高仰之處平時作場種藷者悉將種藷亦可救水災也若旱年得水澇年水退在七月中氣後其田遂不及藝五穀蕎麥可種又寡收而無益于人計惟剪藤種藷易生而多收至于蝗蝻爲害草木無遺種種災傷此爲最酷乃其來如風雨食盡即去惟有藷根在地薦食不及縱令莖葉皆盡尚能發生不妨收入若蝗信到時能多并人力益發土遍壅其根節枝榦蝗去之後滋生更易是蟲蝗亦不能爲害矣故農人之家不可一歲不種此實雜植中第一品亦救荒第一義也

又曰凡藷二三月種者其占地也每科方二步有半而卵徧焉四五月種者地方二步而卵徧焉六月種

者地方一步有半七月種者地方一步而卵皆徧焉八月種者地方三尺以内得卵細小矣種之疎密略以此準之方二步者畝六十科也方一步有半者畝一百六科有奇也方一步者畝一百四十科也方三尺者畝九百六十科也九月畦種卵生其下如箸如棗擬作種早種而密者謹視之去其交藤

又曰人家凡有隙地悉可種藷若地非沙土可多用柴草灰雜入凡土其虛浮與沙土同矣即市井湫隘但有數尺地仰見天日者便可種得石許其法用糞

和土曝乾雜以柴草灰入竹籠中如法種之

又曰或問藷本南產而子言可以移植不知京師南北以及諸邊皆可種之以助人食無令軍民枵腹否余遽應之曰可也藷春種秋收與諸穀不異京邊之地不麼種穀何獨不宜藷耶今此方種藷未若閩廣者徒以三冬氷凍留種爲難耳欲避氷凍莫如窖藏吾鄉窖藏又忌水濕若北方地高掘土丈餘未受水濕但入地窖即免氷凍仍得發生故今京師窖藏菜果三冬之月不異春夏亦有用法煨煖令冬月開花

結蔬者其收藏藷種當更易於江南耳則此種傳流決可令天下無餓人也

又曰吳下種吉貝吾海上及練川尤多頗得其利但此種甚畏風潮每至秋間纔生花實一遇風雨便受其損若大風之後更遇還風則根撥實落大不入矣若將吉貝地種藷十之一二雖風潮不損此種撲地成蔓風無所施其威也還風者一日東南一日西北之類也

又曰昔人云蔓菁有六利又云柿有七絶余續之甘藷十三勝一畝收數十石一也色白味甘于諸土種中特爲夐絶二也益人與薯蕷同功三也遍地傳生剪莖作種今歲一莖次年便可種數百畝四也枝葉附地隨節作根風雨不能侵損五也可當米穀凶歲不能災六也可充籩實七也可以釀酒八也乾久收藏屑之旋作餅餌勝用餳蜜九也生熟皆可食十也用地少而利多易于灌溉十一也春夏下種初冬收入枝葉極盛草薉不容其間但須壅土勿用耘鋤無妨農功十二也根在深土食苗至盡尚能復生蟲蝗無所奈何十三也

又曰閩廣人收藷以當糧自十月至四月麥熟而止東坡云海南以藷爲糧幾米之十六今海北亦爾矣經春風易爛壞須先曬乾藏之

又曰甘藷所在居人便足半年之糧民間漸次廣種米價諒可不至騰踊矣但慮豐年穀賤公家折色銀輸納甚艱民間急宜多種桑株育蠶擬納折銀可也

造酒法藷根不拘多少寸截斷曬晾半乾上甑炊熟取出揉爛入甕中用酒藥研細搜和按實中間作小坎候漿到看老嫩如法下水用絹袋濾過或生或烝

熟。任用。其入缸寒、煖酒藥分兩、下水升斗。或用麴蘗。或加藥物香料。悉與米酒同法。若造燒酒。或即用諸酒入鍋蒸以錫兜鍪。悉煮糟或頭子燒酒或用諸糟依法造成常用燒酒。亦與米酒米糟造燒酒同法

蘿蔔。爾雅葖蘆葩。註云紫花菘也。一名萊菔。一名雹突。一名土酥。王禎曰、蘆葩、俗呼蘿蔔、在在有之、北方者極脆食之無查、中原有造秤者其質白、其味辛甘、尤宜生啖、能解麵毒、子可入藥、四時皆可種、然不如末伏秋初爲善、破甲以後。便可供食、老圃云、蘿蔔一種而四名、春曰破地錐、夏曰夏生、秋曰蘿蔔、冬曰土酥、故黃山谷云、金城土酥淨如練、以其潔也、蘇頌曰、有大小二種、大者肉堅宜烝食。小者白脆、河朔有極大者。信陽有重過二三十斤者。一時種蒔之力也

齊民要術曰、種蘆菔法。與蔓菁同。蘆菔根實粗大。其角及根葉並可生食非無菁比也。

四時類要種法、宜沙糯地。五月犂五六遍、六月六日種。鋤不厭多。稠即小間、拔令稀。至十月收窖之。又新添種蘿蔔、先深斸成畦、耙平。每畦可長一丈二尺。闊四尺。用細熟糞一擔。勻布畦內。再斫一遍、即起覆土再耬平。澆水滿畦。候水滲盡撒種于上。用木杴勻撒覆土。苗出兩葉。旱則澆之。每子一升。可種二十畦。水蘿蔔。正月二月種。六十日根葉皆可食。夏四月。亦同

王省曾曰、胡蘿蔔。伏內畦種、或北地漫種。頻澆灌。則自然肥大。

農政全書卷之二十七終

俚。大蘿蔔，初伏種之。水蘿蔔，末伏種。皆候霜降，或淹或藏，皆得用。如要來年出種，深窖內埋藏，中安透氣草一把。至春透芽生，取出作壠或畦，下糞栽之。旱則澆，令得所。夏至後收子，可爲秋種。　蘿蔔三月下種，四月可食；五月下種，六月可食；七月下種，八月可食。地宜肥土，宜鬆，澆宜頻，種宜稀，密則芟之，肥大。農桑通訣曰：種同蔓菁法。每子一升，可種二十畦。（畦可長一丈二尺，闊四尺。）擇地宜生，耕地宜熟。（地生則不蠹，耕熟則草少。）凡種先用熟糞勻布畦內，仍用火糞和子，令勻，撒種之。俟苗

出成葉，視稀稠去留之。其去之者，亦可供食。以疎爲良。（疎則根大而美，密則反是。）尺地約可二三窠，厚加培壅，其利自倍。欲收種子，宜用九月十月收者，擇其良，去鬚帶葉移栽之，澆灌得所，至春二月收子，可備時種。（宿根在地不經移種者，爲紂子，種之疥而不肥。）按蔬茹之中，惟蔓菁與蘿蔔可廣種，成功速而爲利倍。然蔓菁北方多獲其利，而南方罕有之。蘆菔南方所通美者，生熟皆可食，淹藏腊豉，以助時饌，凶年亦可濟飢，功用甚廣。（玄扈先生曰：蘿蔔尅氣耗血，不如蔓菁十分。）

農政全書卷之二十八

特進光祿大夫太子太保禮部尚書兼文淵閣大學士贈少保謚文定上海徐光啓纂輯
欽差總理糧儲提督軍務兼巡撫應天等處地方都察院右僉都御史東陽張國維鑒定
直隸松江府知府穀城方岳貢同鑒

樹藝

蔬部

葵　廣雅曰：蘬，丘葵也。說文：葵，菜也。（按爾雅翼云：葵，揆也。葵葉傾日，不使照其足，因知足以揆之。公儀休相，食葵而美，拔之，不與民爭利。古人採葵，必待露解，故一名露葵。陶弘景曰：葵子出少室山。以秋種，覆養經冬，至春作子者，謂之冬葵。正月種者爲春葵。一名衛足，一名滑菜。言其性也。　賈思勰曰：有紫莖、白莖二種，種別有大小之殊。又有鴨腳葵。　天有十日，葵與終始，故葵從癸。葵，陽草也。其性易生，不拘肥瘠地，皆有之。　王禎曰：葵爲百菜之主。備四時之饌，本豐而耐旱，味甘而無毒。供食之餘，可爲菹腊；枯枿之遺，可爲榜簇。子若根，則能療疾。咸無棄材，誠蔬茹之上品，民生之資助也。　另有蜀葵、莧葵、龍葵、菾葵附後。）

齊民要術種法：臨種時，必燥曝葵子。（葵子雖經歲不浥，然濕種者，疥而不肥也。玄扈先生曰：凡種皆然，不獨葵也。）地不厭良，故墟彌善，薄即糞之。不宜妄種。春必畦種水澆。（春多風旱，非畦不得。且畦者省地而菜多。一畦供一口。）畦長兩步，廣一步。（大則水難均，又不用人足入。）深掘，以熟糞對半和土，覆其上，令厚一寸。鐵齒杷耬之，令熟。足蹋

使堅平下水徹澤水盡下葵子又以熟糞和土覆其上令厚一寸餘葵生三葉然後澆之澆用晨夕日中便止每一掐輒杷樓地令起下水加糞三掐更種一歲之中凡得三輩凡畦種之物治畦皆如種葵法不復條列煩文早種者必秋耕十月末地將凍散子勞之一畝三升正月末散子亦得人足踐踏之乃佳踐者菜肥地釋即生鋤不厭數五月初更種之春者既老秋葉落未生故種此相接六月一日種白莖秋葵白莖者宜乾紫莖者乾即黑而澀秋葵堪食仍留五月種者取子春葵子熟不均故須留中輩於此時附地剪却春葵冷根上枿生者柔輭至好仍供常

食美于秋菜掐秋菜必留五六葉不掐則莖孤留葉多則科大凡掐必待露解諺曰觸露不掐葵日中不剪韭八月半剪去留其岐多者則去地一二寸獨莖者亦可去地四五寸枿生肥嫩比至收時高與人膝等莖葉皆美科雖不高菜實倍多其不剪早生者雖高數尺柯葉堅硬全不中食所可用者惟有葉心附葉黃澀至惡煑亦不美看雖似多其實倍少收待霜降傷早黃爛傷晚黑澀榜簇皆須陰中見日亦澀其碎者割訖即地中尋手紉之待萎而紉者必爛

又種冬葵法九月收菜後即耕至十月半令得三遍每耕即勞以鐵齒杷樓去陳根使地極熟令如麻地

於中逐常穿井十口井必相當邪角則妨地地形狹長者井必作一行地形正方者作兩三行亦不嫌也井別作桔槔轆轤井深用轆轤井淺用桔槔柳鑵令受一石鑵小用則功費十月末地將凍漫散子惟穊為佳畝用子六升散訖即再勞有雪勿令從風飛去勞雪令地保澤葉又不蟲每雪輒一勞之若令冬無雪臘月中汲井水普勞澆悉令徹澤有雪則不荒玄扈先生曰無草木不待雪無雪悉宜澆凡草木冬植者皆以乾不以寒也正月地釋驅踏破地皮不踏即枯涸皮破即膏潤春煖草生葵亦俱生三月初葉大如錢逐穊處拔者賣生十手拔乃禁取兒女子七歲已上皆得充事也一升葵還得一升米日日常拔看稀稠

得所乃止有草拔却不得用鋤自四月八日以後則日日剪賣其剪處尋以手拌斫斸地令其起水澆糞覆之四月亢旱不澆則不長有雨則不須四月以前雖旱亦不須澆地實保澤雪勢未盡故也比及剪遍初者還復周而復始日日無窮至八月社日止留作秋菜九月指地賣收訖即急耕依去年法三十畝勝作十頃穀田止須一乘車牛專供此園耕勞輦糞賣菜終歲不閑若糞不可得者五六月中穊種菉豆至七月八月犂掩殺之如以糞糞田則良美與糞不殊又省功力其井間之田犂不及者可畦以種諸菜

崔寔曰、正月可作種瓜瓠葵芥薤大小蔥蒜苜蓿及雜蒜亦種、此二物、皆不如秋六月六日可種葵中伏後可種冬葵九月作葵菹乾葵、

家政法曰、正月種葵、

農桑通訣曰、春宜畦種、種宜散蒔、然夏秋皆可種也、詩曰、七月烹葵、此種之早者、俗呼為秋葵、遲者為冬葵、又曰六月六日種葵、中伏以後可種冬葵、時有先後、為之在人、宿根在地、春生嫩葉、亦可採食、前金人以韭蓼汁併雞肉和食、謂之冷羹、最為上饌

莖葉叢茂時。方可刈。嫩惟採擷之耳、杜詩云刈葵莫放手、放手傷葵根、蓋傷根則不生、葵花乾。入炭墼內。引火耐燒。葵葉可染紙。所謂葵箋也。

蜀葵爾雅曰、菺戎葵也郭璞注云、今蜀葵也　爾雅翼云、蜀葵、即吳葵、　夏小正云、四月小滿後五日。吳葵蘤陶弘景云、吳葵。即此也　又有一種小者名錦葵。即荊葵也爾雅謂之荍。　又有黃蜀葵。別是一種。即秋葵也。

種法、春初種子、冬月宿根、亦自生、苗過小滿後長、莖高五六尺、花似木槿而大、

李時珍曰、葉嫩時。亦可茹食。其稭。剝皮。可緝布作繩。

龍葵釋名曰苦葵、一名苦菜、一名天泡草、一名鴉眼睛、一名酸漿草、　陶弘景云、益州有苦菜、乃是苦蘵、法即龍葵也、　蘇頌曰、葉如茄子葉、故一名天茄子、

蘇恭曰、龍葵所在有之、俗名苦菜、然非茶也、葉圓花白、子若牛李子、生青熟黑、但堪煑食、不任生噉

李時珍曰、龍葵龍珠、一類二種也、處處有之、四月生嫩苗、時可食、柔滑、漸高二三尺、莖大如筯、似燈籠草而無毛、五月後開小白花、結子、味酸、亦可食、

蔠葵即紫草子、爾雅曰、蔠葵、蘩露也其葉最能承露。其子垂垂如綴露、故名。又

一名藤菜。一名天葵。一名御菜。一名燕脂菜。一名落葵。落字疑蔠字相傳之訛。

陶弘景曰、落葵、人家多種之、葉可鉦鮓食、甚滑

李時珍曰、落葵、三月種之、嫩苗可食五月蔓延、其葉肥厚軟滑、可作蔬、和肉食、子紫黑色、採取汁可染布物、謂之胡燕脂、但久則色易變、

蔓菁、爾雅曰、須葑蓯、說文曰、葑、蕪菁也、一名九英菘、一名諸葛菜、一曰蕘蕪。一名蕘一名芥　廣志曰、蕪菁、有紫花者、有白花者。　劉禹錫云、諸葛亮所止令兵士皆種蔓菁者。取其纔出甲可生啖。一也、葉舒可煑食。二也、久居則隨以滋長。三也。棄不令惜。四也、可則易尋而採。五也、冬有根可食六也。　溪蠻叢話云。猫獠猺狫所產馬王菜、味澀多刺、即諸葛菜也、相傳馬以所遺、故云、　蘇頌曰、南北

皆有北土尤多。河東太原所出，其根極大。陳藏器本草曰：蕪菁南北之通稱也。今并汾河朔間燒食其根，呼爲蕪根，猶是北種者，名九英。蔓菁根大，并皆爲軍糧。

齊民要術曰：種不求多，唯須良地，故墟新糞壞牆垣乃佳。若無故墟糞者，以灰爲糞，令厚一寸，灰多則燥不生也。一耕地欲熟，七月初種之。一畝用子三升。從處暑至八月白露節皆得，早者作菹，晚者作乾。漫散而勞，種不用濕，濕則地堅菜焦。既生不鋤，九月末收葉，晚收則黃落。仍留根取子，十月中犂麄畤，拾取耕出者，若不耕畤，則留者英不茂，實不繁也。其葉作菹者，料理如常法。擬作乾菜及蘸菹者，蘸菹者，後年正月始作耳，須留第一好菜擬之。其菹法列後條。割訖，則尋手擇治而辮之，勿待萎，萎而後辮則爛。挂著屋下陰中風涼處，勿令烟熏，烟熏則苦。燥則上在廚積置以苫之，積時宜候天陰潤，不爾多碎折。久不積苫則澀也。春夏畦種，供食者，與畦葵法同。剪訖更種，從春至秋，得三輩，常供好菹。取根者，用大小麥底，六月中種，十月將凍，耕出之。一畝得數車，早出者根細。又多種蕪菁法：近市良田一頃，七月初種之。六月種者根雖粗大，葉復蟲食。七月末種者，葉雖膏潤，根復細小。七月初種，根葉俱得。擬賣者，純種九英。九英葉根粗大，欲自食者，須種細根。一頃取葉三十載，正月二月，賣作蘸菹，三載得一奴。收根依時法，一頃收二百載，二十載

得一婢。細剉和莖飼牛羊，全擬乞猪，并得充肥，亞于大豆耳。一頃收子二百石，輸與壓油家，三量成米，此爲收粟米六百石，亦勝穀田十頃。玄扈先生曰：種蔓菁宜用北人畦種菜法，及吳下壠種油菜法，厚糞勤灌之，宜得三倍收。

漢桓帝詔曰：橫水爲災，五穀不登，令所傷郡國皆種蕪菁，以助民食。然此可以度凶年，救飢饉。乾而蒸食，既甜且美，自可藉口，何必飢饉？若值凶年，一頃乃活百人耳。玄扈先生曰：人久食蔬，無穀氣，則有菜色。唯蕪菁獨否。其莖根皆膏潤故也。蕪菁味似芋，兩物皆似穀氣，故漢詔種蕪菁以助民食，而史稱蹲鴟至死不飢。

崔寔曰：四月收蕪菁及芥、葶藶、冬葵子。六月中伏後，七月可種蕪菁，至十月可收也。

孟祺農桑輯要曰：耕地宜加糞，往復勻蓋，秋初可種。自破甲至結子，皆可食。十月初，撓苗煠作和菜。餘者瞭過，留根在地，或慮河朔地寒凍死，可於十月終，以牛隔兩犁耕一犁，拾去菜根之後，卻將暍土擺勻，據先耕出之數，瞭過月蒸食，甜而有味。玄扈先生曰：賈氏言種宜七月初，六月種者蟲食。余家七月種者甚茁，蟲惟六月種者根株稍大，蟲不能傷耳。遇連日陰雨，易生青蟲，須勤撲治。

又曰：十月終，犁出蕪菁根，數瞭過冬月，蒸食，甜而有

味春生薹苗亦菜中上品四月收子打油芝麻易種收多油不發風油臨用時熬動少摻芝麻煉熟即與小油無異

臞仙神隱曰凡種蕪菁以鰻鱺魚汁浸其子曬乾種之無蟲

本草衍義曰蕪菁今世俗謂之蔓菁夏則枯當此之時蔬圃中復種之謂之雞毛菜食心正在春時諸菜之中有益無損於世有功採擷之餘收子爲油玄扈先生曰蔓菁獨留根取子者當六月種明年四月收耳若供食者正月至八月無月不可種賈氏所謂自春至

秋得三輩常供好蔬此云雞毛菜者無亦謂其鱗次供用耳

玄扈先生曰南方種蕪菁收子多在芒種後梅雨中子既不實亦有莢中生芽者浸將作種便無大根加以客種少糞其變爲菘亦無怪也今欲稀種多壅似亦無難獨梅時多雨非人力可爲近立一法可得佳種凡蕪菁春時摘薹者生子遲半月若摘薹二遍即遲一月矣宜將留種蕪菁分作三停其一不摘薹擬芒種後收子其一摘薹一遍擬夏至後收子其一摘薹二遍擬小暑後收子南方梅雨多在夏至前或時在夏至後小暑後伏時多晴分作三次收定有一兩次不秕者又復簡擇淘汰稀種厚壅無緣可變爲菘矣

又曰蕪菁擇子下種出甲後即耘出小者作茹若不欲移植即取次耘出存其大者令每本相去一尺許若欲移植候長五七寸擇其大者移之

又曰種法先薙草雨過耕地不雨先一日灌地濕透明日熟耕作畦或耬種或漫散子覆土厚一指五六日內遇雨不須灌無雨戽水溝中遙潤之種少者噴

壺下水或水斗遙灑之無澆土令實苗寸以上灌水糞

又曰種蕪菁用故墟壞墻基甚善但此地不能多宜得沙土高燥者厚壅之若欲廣植用旱稻地亦佳但須六七月下種候刈稻後作速耕糞移植

又曰有三晉人傳種蕪菁法先下子候苗長可蒔豫耕熟地作畦每畦深七八寸起土作壠蒔苗其上壠土虛深根大倍常也或徑于壠上下子亦得種蘆菔法同

本草圖經曰、南人取北種種之、初年相類、至二三歲則變爲菘矣、玄扈先生曰、按唐本草注云、菘菜不生北土、有人將子北種、初一年半爲蕪菁、二年菘種都絕、有將蕪菁子南種、亦二年都變、土地所宜、須有此例、其子亦隨色變、但粗細無異耳、菘子黑、蔓菁子紫赤、大小相似、據如此說、則南之菘、北之蔓菁、種類因地必無移植之理、然圖經于菘菜條下又言今京都種菘都類兩種、但肥厚差不及耳、則菘未嘗不宜北也、余家種蔓菁三四年、亦未嘗變爲菘也、獨其根隨地有大小、亦如菘有厚薄、齊民要術稱并州蕪菁根、其大如椀口、雖種他州子、一年亦變、而今三晉所產、大于齊魯、秦中所產、大于三晉、此理雖則有之、顧小而爲用、何妨蕃植耶、秦中種瓜、其大十倍他方、他方亦不廢種瓜也、王禎所謂悠悠之論、率以風土不宜爲說、嗚呼此言大傷民事、有力本良農、輕信傳聞、捐棄美利者、多矣、計根本者不可不力排其妄也、又曰、本草言南人種蕪菁變爲菘、此亦有故、按菘與蕪菁本相似、但根有大小耳、北人種菜、大都用乾糞壅之、故根大、南人用水糞、十不當一、又新傳得蕪菁種、不肯加意糞壅、二三年後、又不知擇種、其根安得不小、如此、便似蕪菁變爲菘也、吾鄉諸菜種大槩不若京師、病皆坐此、徒恨土之瘠薄、或言種類不宜、皆謬矣、又耕地須極疎緩、地非沙上、多用草灰和之、上若强緊、根亦不大、又曰、種蔬果穀蓏諸物、皆以擇種爲第一義、種一不佳、即天時地利人力俱大半棄擲矣、蕪菁子、比菜稍遲、正値梅天、南方多雨、子多不實者、種時務宜簸揚、或淘汰、或導擇取其最粗而圓滿者、種之、其本末俱大、若漫種秕者、即十不當一也

農桑通訣曰、蔓菁四時仍有、春食苗、夏食心、謂之薹子、秋可爲菹、冬蒸根食、菜中之最有益者、杜詩云、冬菁飯之半、其子九蒸九曝、可搗爲粉、塗帛者資之、亦可爲油、陝

西惟食此油、燃燈甚明、能變蒜髮、

李時珍曰、六月種者、根大而葉蠹、八月種者、葉美而根小、唯七月初種者、根葉俱良、今燕京人以瓶醃藏、謂之閉甕菜、

齊民要術蒸乾蕪菁根法、曰、作湯淨洗蕪菁根、漉著一斛甕子中、以葦荻塞甕裏以蔽口、著釜上、繫甑帶、以乾牛糞然火、竟夜蒸之、麄細約熟、謹謹著不眞類鹿尾、蒸而賣者、則收米十石也、

又蕪菁作鹹菹法、曰、收菜時、即擇取好者、菅蒲束之、作鹽水令極鹹、於鹽水中洗菜、即內甕中、若先用淡水洗者、菹爛、其洗菜鹽水、澄取清者、瀉著甕中、令沒菜、肥、即止、不復調和、菹色仍青、以水洗去鹹汁、煮爲茹、與生菜不殊、三日抒出之、粉黍米、作粥清、搗麥麵作末、絹篩、布菜一行、以麵末薄坌之、即下熱粥清、重重如此、以滿甕爲限、其布菜法、每行必莖葉顛倒安之、舊鹽汁、還瀉甕中、菹色黃而味美、作淡菹、用黍米粥清、及麥麵末、味亦勝、

又作湯菹法、曰、收好菜擇訖、即於熱湯中煠出之、若

菜已萎者，水洗漉出，經宿生之，然後湯煠，煠訖，令水中灌之，鹽醋中熬胡麻油，香而且脆，多作者，亦得至春不敗。

又，釀菹法曰：[菹，菜也。不切曰釀菹。]用乾蔓菁，正月中作，以熱湯浸菜，令柔軟，解辦，擇治，淨洗，沸湯煠，即出於水中淨洗，便復作鹽水，斬度出，著箔上，經宿，菜色生好，粉黍米粥清，亦用絹篩麥䴷末澆菹，布菜，如前法，然後粥清不用大熱，其汁纔令相淹，不用過多，泥頭七日便熟。菹甕以穰茹之，如釀酒法。[玄扈先生曰：齊民要術所著食物烹治，古今習

尚不同，有難施用者，今錄之，一見此種爲用之博，一見古人留心民事之勤耳。大都此物兼芋魁、蘆菔及菘芥諸菜之用，製造之法亦依諸品從事可也。]

附烏菘菜，八月下種，九月下旬治畦分栽。

夏菘菜，五月上旬撒子，糞水頻澆，密則芟之。

蒜，爾雅曰：蒚，山蒜。[說文曰：蒜，葷菜也。按，初中國止有小蒜，一名澤蒜，餘唯山蒜、石蒜，自張騫使西域得大蒜種歸種之，今京口有蒜山，多出蒜。蒜有大小之異，大曰葫，卽今大蒜，每頭六七瓣，收條中子種者，一年爲獨蒜，再種之則皆六七瓣矣。小曰蒜，葉似細葱而澀，頭小如蕎，卽今山蒜也。王禎曰：蒜性熱而有小毒，氣極葷，然以入臭肉，掩臭氣，夏月食之，解暑辟瘴氣，北方食餅肉不可無此，家有其種，多者收一二頃，以供歲計，今在在種之。]

齊民要術曰：蒜宜良軟地。[白軟地，蒜甜美而科大；黑軟次之；剛強之地，辛辣而瘦小也。]三徧熟耕，九月初種。種法：黃𡋯時，以耬耩，逐壠手下之，五寸一株。[諺曰：左右通鋤，一萬餘株。]空曳勞。二月半鋤之，令滿三徧。[勿以無草則不鋤，不鋤則科小。]條拳而軋之。[不軋則獨科。]葉黃，鋒出，則辮，于屋下風涼之處桁之。[早出者，皮赤科堅，可以遠行；晚則皮壞而喜碎。]冬寒，取穀稈布地，一行蒜，一行稈。[不爾則凍死。]收條中子種者，一年爲獨瓣；種二年者，則成大蒜，科皆如拳，又逾于凡蒜矣。[尨子壠底置獨瓣蒜于瓦上，以土覆之，蒜科橫闊而大，形容殊則，亦足以爲異。今并州無大蒜，朝歌取種，一歲之後，還成百子蒜矣，其瓣粗細，正與條中子同。蕪菁根，其大如碗口，

雖種他州子，一年亦變。大蒜瓣變小，蕪菁根變大，二事相反，其理難推。又八月中方得熟，九月中始刈得花子。至于五穀蔬果，與餘州早晚不殊，亦一異也。并州豌豆，度井陘已東，山東穀子，入壺關上黨，苗而無實。皆余目所親見，傳信傳疑，蓋土地之異者也。]

崔寔曰：布谷鳴，收小蒜。六月七月可種小蒜，八月可種大蒜。

農桑通訣曰：又一種澤蒜，可以香食，吳人調鼎，率多用此根解菹，更勝葱韭。此物易滋蔓，隨斸隨合，熟時採子，漫散種之。按諸菜之葷者，惟宜採鮮食之，經日則不美，惟蒜雖久而味不變，嫩薹亦可爲蔬。

又曰、種法、半尺地一根、鋤治令淨、時加糞壅、菜上一尺許、漸漸撥開上頭土、見白則本大、不爾止益草耳、或結葉亦佳、

四時類要、種蒜作行、下糞水澆之、

務本新書、蒜畦栽、每窠先下麥糠少許、地宜虛、春暖則鋤、拔薹時頻澆、㓨麥時人多食、解暑毒、蒜于肥地鋤成溝隴、隔二寸栽一科、糞水澆之、八月初可種、或以牛草鞋小便浸之、將種包在內一夾、糞土栽之上糞令厚、其大如碗

葱、爾雅曰、茖山葱、說文曰、葱、葷菜也、其色葱葱然、故名、葱淺綠色 凡四種、由葱。胡葱、漢葱。凍葱。一名芤、草中有孔也、一名鹿胎、初生曰葱針、葉曰葱青。衣曰葱袍、莖曰葱白。葉中涕曰葱苒、諸物皆宜。故又名菜伯。又名和事草。 王禎曰、山葱宜入藥、胡葱亦然、食惟用漢葱凍葱耳、漢葱木葱也、漢葱葉大而香薄、冬即葉枯、宜供羹食、凍葱葉細而益香、又宜過冬、比漢爲勝、或名大官葱 廣志曰、葱有冬春二種、有胡葱木葱山葱、晉令曰、有紫葱、昔龔遂渤海、勸農口種葱一畦、非惟足供烹飪、種多亦可資富、梁呂僧珍、其先販葱爲業、及貴、其兄子棄業求官、珍不許曰、汝等自有常分、不可妄求、可速歸葱肆爾 可謂知所本矣

齊民要術曰、收葱子。必薄布。陰乾。勿令浥鬱。此葱性熱、多喜浥鬱、浥鬱則不生。其擬種之地、必須春種菉豆。五月掩殺之

比至七月、耕數遍。一畝用子四五升。良田五升、薄田四升。炒穀拌和之、葱子性澀。不以穀和。下不均調。不炒穀、則草穢生。兩耬重構、竅瓠下之。以批契繼腰曳之。七月納種。至四月始鋤、鋤遍乃剪。剪與地平。高留則無葉、深剪則傷根。剪欲旦起、避熱時。良地三剪、薄地再剪、八月止。不剪則不茂。剪過則根跳。若八月不止。則葱無袍而損白。十二月盡、掃去枯葉枯袍、不去枯葉、春初則不茂。二月三月出之、良地二月出。薄地三月出。收子者別留之。葱中亦種胡荽、尋手供食。乃至孟冬爲菹亦不妨。

崔寔曰、二月別小葱。六月別大葱。七月可種大小葱、夏葱曰小。冬葱曰大。

四時類要、種葱、炒穀攪勻、塞樓一眼、於一眼中種之、他月葱出、取其塞摟一眼之地、中土培之、路容恰好、又不勞移

王禎曰、種法先以子畦種移栽、却作溝壟、糞而壅、俱成大葱、皆高尺許、白亦如之、宿根在地。來春併得作種、移栽之、

又曰、葱種不拘時、先去冗鬚、微晒、疎行密排種之、宜糞培壅、猪糞雞鴨糞和粗糠壅之

韭、禮記曰、豐本、爾雅曰、藿山韭、說文曰、韭字象葉出地上形。一種而久生故謂之韭。一名草中乳。言其溫補也。一名起陽草。一名懶人菜。以其不須歲種也。蘇頌曰、韭一歲三四割。其根不傷。至冬壅培之。先春復生。莖名韭白。根名韭黃。花名韭菁。韭之美在白。白在黃。黃乃未出土者。羅願云、物久必變。故老韭爲莧。鄭玄曰、久道得利。陰變爲陽。故葱變爲韭。金幼孜北征錄曰、雲臺戍地有野韭。人皆採食。即許愼所謂韱也。王禎曰、詩七月獻羔祭韭。周禮醢人其實韭菹。禮王制庶人春薦韭以卵。杜詩夜雨剪春韭。樂天詩秋韭花初白。玄扈先生曰、種樹書云、深其畦爲容糞也。

齊民要術曰、收韭子、如葱子法、若市上買韭子、宜試之、以銅鐺盛水。加于火上微煑、韭子須臾芽生者好。芽不生者。是浥鬱矣。治畦、下水糞覆、悉與葵同。然畦欲極深。韭一剪一加糞。又根性上跳。故須深也。二月七月種、種法以升盞合地爲處。布子于圍內。韭性內生。不向外。長。圍種令科盛。薅令常淨。韭性多穢。數薅爲良。高數寸剪之。初種歲止一剪。至正月掃去畦中陳葉。凍解。以鐵杷耬起。下水加熟糞。韭高三寸便剪之。剪如葱法。一歲之中。不過五剪。每剪。杷耬下水加糞。悉如初。收子者。一剪則留之。若早種者。但無畦與水耳。杷糞悉同。一種永生

崔寔曰、正月掃除韭畦中枯葉。七月藏韭菁、菁韭杷出菁韭花也

王禎曰、凡近城郭園圃之家、可種三十餘畦、一月可

割兩次、所易之物、足供家費、積而計之、一歲可割十次、秋後可採韭花、以供蔬饌之用、謂之長生韭、至冬移根藏于地屋蔭中、培以馬糞、煖而即長、高可尺許、不見風日、其葉黃嫩、謂之韭黃、比常韭易利數倍、北方甚珍之、又有就舊畦內、冬月以馬糞覆之、于迎陽處、隨畦以蜀黍籬障之、用遮北風、至春、蔬其芽早出、長可三二寸、則割而易之、以爲嘗新韭、

韭、二月下旬撒子、九月分栽。十月將稻草灰蓋三寸許、又以薄土蓋之。則灰不被風吹。立春後芽生灰內。則可取食。天若晴煖。二月中芽長成菜。以次割取。舊根常留。分栽更不須撒子矣。

四時類要、九月收韭子、種韭不如栽作行。令通鋤。割一遍。以杷耬之。令根不相接。爲佳。如此。當葉闊如薤。

博聞錄、韭畦若用雞糞尤好。

薤、音械。古文作䪥。爾雅曰、薤鴻薈、一名莜子。一名火葱。一名䪥子。一名菜芝。薤、韭之大者也、收種宜火熏。故名火葱。又一種山薤。生山中。莖葉與薤相類。而差長大。即爾雅所謂葝也、亦可供食但不多有。王禎曰、薤本出魯山平澤、今處處有之。葉似韭而闊本豐而白深。本草云、雖辛不葷。五臟。學道人長餌之。以其能溫中通神。安魂魄。續筋力。爾。漢史渤太守龔遂勸農家種薤百本、民獲其利。

齊民要術曰種薤宜白軟良地三轉乃佳二月二月種。秋種亦得但春末生率七八支為一本諺曰蔥三薤四移蔥者三支為一本種薤者四支為十科然支多者科圓大故以七八為率薤子三月葉青便出之未青而出者肉未滿令薤瘦燥曝挼去莩餘切却薑根留薑根而濕者卽瘦細不得肥也先重耬耩地壟燥培而種之壟燥則薤肥耬重則白長率一尺一本葉生卽鋤鋤不厭數薤性多穢荒則羸惡五月鋒八月初耩。不耩則白短葉不用剪剪則損白供常食者別種九月十月出賣經久不出也擬種子至春地釋卽曝之

農桑通訣曰杜甫詩云束比青芻色圓齊玉筋頭或取其白芼酒尤佳樂天詩云酥煖薤白酒又內則曰切蔥薤實諸醯以柔之碎錄云豚脂用蔥膏用薤然則酒也醢也膏也無施不可種法與韭同

薑魯論不撤薑食說文禦溼之菜也呂覽春秋曰和之美者有楊僕之薑註楊僕蜀地名史記曰種千畦薑與千戶侯等春秋運斗樞云璇星散而為薑蘇頌曰薑以漢溫池州者為佳苗高二三尺葉似箭竹葉而長兩兩相對薑性畏日而惡濕故秋熱則無薑初生嫩者其尖微紫名曰紫薑或作子薑宿根謂之母薑

齊民要術曰薑宜白沙地少與糞和熟耕如麻地不厭熟縱橫七徧尤善三月種之先種耬耩尋壟下薑一尺一科令上土厚三寸數鋤之六月作葦屋覆之不耐寒熱故九月掘出置屋中中國土不宜薑僅可存活勢不滋息玄扈先生曰今北土種之甚滋息矣云不宜也

崔寔曰三月清明節後十日封生薑至四月立夏後蠶大食芽生可種之九月藏茈薑蘘荷其歲若溫皆待十月生薑謂之茈薑茈音紫

四時類要種薑闊一步作畦長短任地形橫作壟相去一尺餘深五六寸壟中一尺一科帶芽大如三指闊蓋土厚三寸以蠶沙蓋之糞亦得芽出後有草卽耘漸漸加土已後壟中卻高壟外卽深不得併上土鋤不厭頻

農桑通訣曰凡種宜用沙地熟耕或用鍬深掘為善三月畦種之畦闊一步長短任地橫作壟深可五七寸壟中一尺一科以土上覆厚三寸許仍以糞培之益以蠶糞尤佳芽出生草勤鋤之壟中漸漸加土培壅一法用蓆草覆之勿令他草生使薑芽自迸出覆其上六月用枝葉作棚以防日曝薑性不耐寒熱故爾或只用帶葉枯枝扦插四月竹筍爬開根土取薑母貨之不虧元本秋

社前新芽頓長、采之、即紫薑。芽色微紫、故名。最宜糟食、亦可代蔬。劉屏山詩云、恰似匀妝指、柔尖帶淺紅。似之矣。白露後則帶絲、漸老爲老薑、味極辛、可以和烹飪、蓋愈老而愈辣者也。曝乾則爲乾薑、醫師資之。今北方用之頗廣、九月中掘出、置屋中。宜作窖、穀稈合埋之。今南方地煖、不用窖。至小雪前、以不經霜爲上、拔去日、就土晒過、用篛篰盛貯、架起、下用火熏、三日夜、令濕氣出盡、却掩篰口、仍高架起、下用火熏。令常煖、勿令凍損。至春擇其芽之深者、如前法種之。

爲効速而利益倍。諺云、養羊種薑、子利相當。

王禎曰、薑宜耕熟肥地、三月種之、以蠶沙或腐草灰糞覆蓋、每壠闊三尺、便于澆水。待芽發後、又揠去老薑、上作矮棚蔽日、八月收取、九十月宜掘深窖、以糠秕合埋煖處、免致凍損、以爲來年之種、置火閤亦可。

又云、按薑辛而不葷、去邪辟惡、蔬茹中之拂士也、日用不可闕。

芥本草云、芥植名水蘇。陶弘景曰、芥似菘而有毛、味辣、可生食。一名勞蒻。一名辣菜、一名臘菜。王禎曰、芥字從介、取其氣辛而有剛介之性。其種不一、有青芥、紫芥、白芥、南芥、荆芥、旋芥、馬芥、石芥、皺葉芥、蕓臺芥、蜀芥、即胡芥也。劉恂嶺南異物志曰、南土芥高五六尺、子大如雞子。芥極多心、嫩者爲芥藍、又有一種花芥、葉多刻缺、如蘿蔔英。冬月食者、俗呼臘菜、春月食者、俗呼春菜。

齊民要術曰、種芥子及蜀芥、蕓薹取子者、皆二三月好雨澤時種。三物性不耐寒、經冬則死、故須春種。

又曰、蜀芥、蕓臺芥取葉者、皆七月半種。地欲糞熟。蜀芥一畝、用子一升。

崔寔曰、六月大暑中伏後、可收芥子、七月八月可種芥。

務本新書、芥菜宜秋前種、大槩雖不及蔓菁、餘亦頗

同。子作芥花芥末、如近郭芥菜、宜多種蕓臺芥子、種同蜀芥。每畝用子四升、足霜始收、辛不甚香。經三冬以草覆之、不死、至春復可供食。

王禎曰、今江南農家所種、如種葵法、俟成苗、必移栽之。早者七月半後種、遲者八月種。厚加倍壅、草即鋤之、旱即灌之、冬芥經春長心、中爲鹹淡二葅、亦任爲鹽菜。

又云、十月收蕪菁訖時、收蜀芥。

又云、如即收子者、即不摘心。夫芥之爲物、心多而耐久、味辣而性温、可擣取汁、以供庖饌

務本新書曰，芥藍，二月畦種，苗高剝葉食之，剝而復生，刀割則不長，加火煮之，以水淘浸，或炒爁，或拌食，或包餕餡，或捲餅生食，頗有辛味，五月園枯，此菜獨茂，故又曰，主園菜食至冬月，以草覆其根，四月終結子，可收作末，根又生葉，又食一年，陝西多食此菜，若中人之家，但能自種，三兩畦藍菜，并一二畦韭，周歲之中，甚省菜錢，

玄扈先生曰，芥菜，八月撒種，九月治畦，分栽，糞水頻灌，冬月淹藏，家家用度，晒乾，于無烟雨處，架起，三年

亦可食，

蒝荽，說文葰，註可以香口，其莖柔葉細，而根多鬚，綏綏然也，一名胡荽，張騫使西域，始得種歸，故名，一名香荽，并汾之間，避石勒諱，胡也，俗呼為蒝荽，蒝，乃莖葉布散之貌，俗作芫非，又有一種名石蔚荽，亦名鵞不食草，載在本草，堪入藥，却非此種，

齊民要術曰，胡荽，宜黑軟青沙良地，三徧熟耕，樹陰下不得，和豆處亦得，春種者，用秋耕地，開春凍解，地起有潤澤時，急接澤種之，種法，近市負郭田，一畝用子二升，故概種，漸鋤，取賣供生菜也，外舍無市之處，一畝用子一升，疎密正好，六七月種，一畝用子一升，先燥曬，欲種時，布子於堅地，一升子與一掬濕土和之，以脚蹉令破作兩段，多種者，以磚瓦蹉之，亦得，以木礱之，亦得，子有兩人，人各著，故不破兩段，則疎密水浥而不生，著土者，令注入殼中，則生疾而長速，種時欲燥，此菜非雨不生，所以不求濕下也，於旦暮潤時，以耬耩作壟，以手散子，即勞令平，春雨難期，必先揩澤，蹉跎失機，則不得矣，地正月中凍解者，時節既早，雖浸芽不生，但燥種之，不須浸子，地若二月始解者，歲月稍晚，恐澤少不時生，失歲計矣，便於暖處，籠盛胡荽子，一日三度，以水沃之，二三日則芽生，於旦暮時投潤漫擲之，數日悉出矣，大體與種麻相似，假令十日二十日未出者，亦勿怪之，尋自當出，有草方令拔之，菜生二三寸，鋤去概者，供食及賣，十月足霜，乃收之，取子者，仍留根間拔令稀，概即不生，以草覆上，覆者得供生食，

又不凍死，又五月子熟，拔取曝乾，勿使令濕，濕則浥鬱，格柯打出，作蒿篅盛之，冬日亦得入窖，夏還出之，但不濕亦得五六年停，一畝收十石，都邑糶貴，石堪一疋絹，若地柔良，不須重加耕墾者，於子熟時，好子稍有零落者，然後拔取，直深細鋤地一遍，勞令平，六月連雨時，穭生者，亦尋滿地，省耕種之勞，秋種者，五月子熟，拔去，急耕十餘日，又一轉，令好調熟，如麻地，即於六月中旱時，耬耩作壟，蹉子令破，手散，還勞，令平，一同春法，但既是旱種，不須耬潤，此菜旱種，非連雨不生，所以不

同春月要求濕下種後未遇連雨雖一月不生亦勿怪麥底地亦得種止須急耕調𨁝名秋種會在六月六月中無不霖望連雨生則根强科大七月種者雨多亦得雨少則生不盡但根細科小不同六月種者便十倍失矣大都不用觸地濕入中生高數寸鋤去穊者供食及賣作葅者十月足霜乃收之一畝兩載載直絹三疋若留冬中食者以草覆之尚得竟冬中食其春種小小供食者自可畦種畦種者一如葵法若種者挼生子令中破籠盛一日再度以水沃之令

生芽然後種之再宿即生矣（晝用箔蓋夜則去之晝不蓋熱不生夜不去虫擾之）凡種菜子難生者皆水沃令芽生無不即生矣（玄扈先生曰畦種水澆何必須連雨乎可必乎）

王禎曰先將子捍開四月五月七月晦日晚宜種種宜濕地以灰覆之水澆則易長

又曰胡荽其子擣細香而微辛食饌中多作香料以助其味於蔬菜子葉皆可用生熟皆可食甚有益于世也

齊民要術曰作胡荽菹法湯中渫出之著大甕中以暖蓋經宿水浸之明日汲水淨洗出別器中以鹽酢浸之香美不苦亦可洗訖作粥津麥䴷味如蘸芥菹法亦有一種味作裹菹者亦須渫去苦汁然後乃用之矣

博聞錄曰胡荽必於月晦日晚下種

蕓薹服虔通俗文曰胡菜（註羌隴氐胡多種此菜能歷霜雪故名或云塞外有地名雲臺戍始種此菜故名一名油菜　陶弘景云蕓薹乃人間所噉菜也　寇宗奭曰蕓薹經冬不死辟蠹　李時珍曰乃今油菜也形色微似白菜冬末春初採心爲茹三月則老不可食開小黃花四瓣結莢收子灰赤色炒過榨油然燈甚明近人因有油利種者頗廣）

齊民要術曰蕓薹一畝（用子四升）種法與蕪菁同既生亦不鋤之

又云蕓薹足霜乃收（不足霜即澀）

又云旱則畦水澆五月熟而收子（蕓薹冬天草覆亦得取子[illegible]種又得生茹供食）

王禎曰蕓薹不甚香經冬根不死

便民圖纂曰油菜八月下種九十月治畦以石杵舂穴分栽用土壓其根糞水澆之若水凍不可澆至二月間削草淨澆不厭頻則茂盛薹長摘去中心則四

而叢生子多、子可榨油、柤可壅田、
藏菜、七月下種、寒露前後治畦、分栽栽時、用水澆之、
待活、以清糞水頻澆、遇西風則不可澆
玄扈先生曰、吳下人種油菜法、先于白露前日中鋤
連泥草根曬乾、成堆用穰草起火、將草根煨過、約用
濃糞攪和、如河泥、復堆起頂上作窩、如井口、秋冬間、
將濃糞再灌三次、此糞灰泥、為種菜肥壅也、到明年
九月、耕菜地再三、鋤令極細、作壠、并溝、廣六尺、壠上
橫四科、科科行相去各一尺五寸、用前糞灰泥勻撒土

面、然後將菜栽移植、植之明日、糞之、地濕者、糞三水
七。乾者糞一水九。如是三四遍、菜栽漸盛、漸加真糞、
冬月再鋤壠溝。泥鍬起加壠上。一則培根。一則深其
溝。以備春雨。臘月又加濃糞生泥上。春月凍解、將生
泥打碎。正二月中、視田肥瘦燥濕。加減加糞壅四次、
二月中生薹、摘取之。醃醃聽用、即復多生薹心、花實
益繁、立夏後拔科收子、中農之入、畝子二石。薪十石。
薪中為蠶簇也。種蔓菁法、宜倣此、
菠菜、菠薐、一名赤根、又名波斯草、劉禹錫云、菠薐本西國中種、自頗陵國。將其子來。今呼其名。語頗訛耳。博聞錄、菠菜過月朔乃生。須二十七八間種之、月初即生。種時須以其子研開易浸脹。
農桑輯要云、菠薐作畦下種、如蘿蔔法、春正月二月、
皆可種、逐旋食用、秋社後二十日、種于畦下、以乾馬
糞培之、以備霜雪、十月內、以水沃之、以備冬食
農桑通訣曰、菠薐七八月間、以水浸子殼軟、撈出控
乾、就地以灰拌撒、肥地澆以糞水、芽出、惟用水澆、待
長、仍用糞水澆之、則盛、
春月出薹、至春暮莖葉老時。用沸湯掠過曬乾。以備

園枯時食用。甚佳。實四時可用之菜也。
莧、爾雅曰、蕢、赤莧、莖葉皆高大易見、故從見。莧亦多種、有馬齒莧、鼠齒莧、及糠莧、此野莧也、若夫赤莧、白莧、紫莧、紅莧、人莧、又有五色莧、皆可蔬茹、人白二莧、亦可供藥、易言莧陸夬夬、謂其柔脆也、列子言寧生程、程生馬、馬生人、馬者馬莧、馬藍草之類。人者、人參人莧之類也
農桑輯要曰、人莧但五月種之、園枯則食、今人有三四月種者
如欲出種、留食不盡者、八月收子、本草云、不可以莧
菜與鼈同食、則生鼈癥、試以鼈甲、如豆片大者、以莧
菜封裹之、置于土坑、以土蓋之、一宿盡變成鼈也、
莧菜、二月間下種、三月下旬、移栽于茄畦之旁。同澆

灌之則茂。

茼蒿、蓬蒿、形氣同于蓬蒿故名。王禎曰：茼蒿者，葉絲而細莖，梢白，味甘脆。

農桑通訣曰：茼蒿春二月種，可為常食；秋社前十日種，可為秋菜。如欲出種，春菜食不盡者，可為子。俱是畦種。其葉又可湯泡，以配茶茗，實菜中之有異味者。

李時珍曰：八九月下種，冬春採食。四月起薹，花淺黃色，如單瓣菊花。結子近百成毬，最易繁茂。

甜菜、古作菾。釋名菾菜，即若蓬也。

農桑通訣曰：若蓬作畦下種，如蘿蔔法。春二月種之，夏四月移栽，園枯則食。如欲出子，留食不盡者，地凍時，出于暖處收藏，來年春透，可栽收種。或作蔬，或作羹，或作菜乾，無不可也。

本草云：莖灰淋汁，洗衣，其白如玉。

便民圖纂曰：莙蓬，八月下種，十月治畦，分栽，頻用糞水澆之。

芹、爾雅曰：芹，楚葵。芹古作蘄、一名水英。按生江湖陂澤間者，水芹也；生平地者，旱芹也。二月生苗，其葉對節生。晉書：立春日，以芹芽為菜盤相饋。又有紫芹，出太行黃石，可制汞，不可食。又一種馬芹，爾雅所謂茭，牛蘄，葉細銳，可食，亦芹類也。又別有一種黃花者，名毛芹，食之殺人。蛟龍食之亦病。

齊民要術曰：芹菜收根，畦種之。常令足水。尤忌潲泔及鹹水，澆之則死。性易繁茂，而甜脆勝野生者。

陶隱居曰：二三月，芹作英時，可作菹，及熟瀹食之。

玄扈先生曰：野芹須取嫩白為佳。輕鹽一二日，湯焯過，曬須一日乾，方妙。

蘧、古苣。小雅：薄言采芑。疏云：苦菜也，青州謂之芑。說文：蘧作苣，吳人呼為苣菜。莖青白色，摘其葉，白汁出，脆可生食，亦可蒸為茹。按苣有三種：白苣、苦苣、萵苣，皆不可烹煮，故通曰生菜。彭乘曰：萵菜自咼國來，故名。

農桑通訣曰：萵苣作畦下種，如菠薐法。但得生芽，先用水浸一日，於濕地上布襯，置子于上，以盆椀合之。候芽漸出，即種。正二月種之，可為常食；秋社前一二日種者，可為醃菜。其莖去皮，蔬食，又可糟藏，謂之萵筍。

苜蓿、爾雅翼曰：木粟。言其米可炊飯也。郭璞作牧宿，謂其宿根自生，可飼牧牛馬也。漢書西域傳曰：罽賓有苜蓿、大宛馬。武帝時得其馬，漢使採苜蓿種歸。陸機與弟書曰：張騫使外國十八年，得苜蓿歸。西京雜記曰：樂遊苑自生玫瑰樹，樹下多苜蓿。苜蓿一名懷風，時人或謂光風。風在其間，蕭蕭然，日照其花有光采，故名懷風。茂陵人謂之連枝草。李時珍曰：二月生苗，一科數十莖，葉[illegible]。入夏及秋，開細黃花，結小莢，圓扁旋轉，有刺，內有米如穄米，可為飯，亦可釀酒。

齊民要術曰：地宜良熟，七月種之，畦種水澆，一如韭法。玄扈先生曰：苜蓿須先剪一上，糞，鐵杷摟之令起，然後下水。早種者，重耬耩地，使壟深闊，竅瓠下子，批契曳之。每至正月，燒去枯葉，地液，輒耕壟，以鐵齒鎒榛鎒榛之，更以魯斫斸其科土，則滋茂矣。不爾則瘦。一年則三刈，留子者，一刈則止。春初既中生噉，爲羹甚香。長宜飼馬，馬尤嗜之。此物長生，種者一勞永逸。都邑負郭所宜種之。

崔寔曰：七月八月可種苜蓿。

玄扈先生曰：苜蓿七八年後，根滿地亦不旺，宜別種之。根亦中爲薪。

紫蘇，爾雅曰：蘇，桂荏。註曰：蘇，荏類也，故名桂荏。一名赤蘇。又有一種白蘇。王禎曰：蘇，六畜所不犯，類能全身遠害者。于五谷有外護之功，于人有燈油之用。東人呼爲魚，以其似蘇字，但除木旁故也。莖方，葉圓而有尖，四圍有齒。肥地者，背面皆紫；瘠地背紫面青。面背皆白，即白蘇也。荏子白者良，黃者不美。荏，即今白蘇子也。

齊民要術曰：荏隨宜園畔漫擲，便歲歲自生。荏子秋末成，可收蓬於醬中藏之。蓬，荏角也。實成則惡。其多種者，如種穀法。雀甚嗜之，必須近人家種。收子壓取油，可以煑餅。荏油色綠可愛，其氣香美，煑餅亞胡麻油，而勝麻子脂膏。麻子脂膏並有腥氣。然荏油不可爲澤，焦人髮。併爲羹臛，美於麻子遠矣。又可以爲燭。良地十石，多種博谷，則倍收，於諸田不同也。爲帛煎油彌佳。荏油性淳，塗帛勝麻油。

玄扈先生曰：二月三月下種，或宿子在地自生。

務本新書：凡種五穀，如地畔近道者，亦可另種蘇子，以遮六畜傷踐。收子打油，燃燈甚明，或熬油以油諸物。

王禎曰：蘇子碾之，雜米作糜，甚肥美，下氣補益。蘇，採葉茹之，或鹽或梅滷作菹食，甚香。夏月作熟湯飲。

五六月連根收採，以火煨其根，陰乾，經久則葉不落。

蓼，爾雅曰：薔，虞蓼。郭璞註：虞蓼，澤蓼也。一名水蓼。

齊民要術曰：三月可種荏蓼。荏性甚易生，蓼尤宜水畦種也。

崔寔曰：正月可種蓼。

家政法曰：三月可種蓼。

齊民要術曰：蓼作菹者，長二寸則剪，絹袋盛，沈於醬甕中。又長，更剪，常得嫩者。若待秋子成而落，莖既堅硬，葉又枯燥也。取子者，候實成，速取之。性易凋零，晚則落盡。五月六月中，蓼可爲韲

以食莧、

蘇恭曰、堇赤色、水挼食之、勝于蓼子。

寇宗奭曰、水蓼造酒取葉、以水浸汁和麵作麴、蓋取其辛耳。

蘭香、羅勒也。北人避石勒諱、改蘭香。一名瞖子草、以其子能入目去瞖也。韋弘賦叙曰、羅勒者、生崑崙之丘、出西蠻之俗、案今世大葉而肥者、名朝胯香矣。劉禹錫曰、蘭香、處處有之、有三種、一種似紫蘇葉、一種葉大、二十步內即聞香、一種堪作生菜。

齊民要術曰、三月中、候棗葉始生、乃種蘭香。早種者徒費子耳、天寒不生。治畦下水、一同葵法。及水散子訖、水盡、蓰熟糞、僅得蓋子便止。厚則不生、弱苗故也。晝日箔蓋、夜則去之。晝不宜見日色、夜須受露氣。生即去箔、常令足水。六月連雨、拔栽之。掐心著泥中亦活。作葅及乾者、九月收。晚即乾惡。作乾者、大晴時、薄地刈取、布地曝之、乾乃挼取末、甕中盛、須則取用。拔頭懸者、裛爛、又有雀糞塵土之患也。取子者十月收。自餘雜香菜不列者、種法悉與此同。

博物志曰、燒馬蹄羊角成灰、春散著濕地、羅勒乃生。

事類全書云、香菜常以洗魚水澆之、則香而茂。溝泥水、米泔亦佳。夏秋採葉、可作菜食、或切葉以芼諸菜、

或於素食麵粉之類、皆可覆食、以助香味也。

俞貞木種樹書曰、香菜與土龍脚、不得用糞澆、澆則不香、只以溝泥水、米泔汁澆之佳。

蘘荷、說文、葍苴也。搜神記作嘉草、一名覆苴、一名蘘草、一名猼苴、與芭蕉音相近。潘岳閑居賦云、蘘荷依陰。蘇頌曰、荊襄江湖間多種之、北方亦有。春初生葉、似芭蕉、根似薑芽而肥。其葉冬枯、根堪爲葅。性好陰、在木下生者尤美。史遊急就章曰、蘘荷冬日藏、其來遠矣。然有赤白二種、赤者堪啖。崔豹古今注云、似芭蕉而白色。楊慎丹鉛錄云、蘘荷注甘露、甘露即芭蕉也。玄扈先生曰、蘘荷絕似芭蕉、芭蕉結子、此不結子、有時開花承甘露、故又名爲甘露子、非蔓生之甘露也。今嶺北人家所種蕉、皆蘘荷耳。

齊民要術曰、蘘荷宜在樹陰下、二月種之。一種永生、亦不須鋤、微須加糞、以土覆其上。八月初、踏其苗令死。不踏則根不滋潤。九月中、取旁生根爲葅、亦可醬中藏之。十月終、以穀麥種覆之。不覆則凍死。二月掃去之。

食經藏蘘荷法、蘘荷一石、洗漬以苦酒六斗、盛銅盆中、著火上使小沸、以蘘荷稍稍投之、小萎便出、著席上令冷。下苦酒三斗、以二升鹽著中、乾梅三升、使蘘荷一重、鹽酢澆上、綿覆罌口、二十日便可食矣。

崔豹曰、其子花生根中、花未敗可食、久則消爛、

寇宗奭曰、八九月間、醃貯、以備冬月作蔬果、

甘露子、（苗長四五寸許、根如累珠、味甘而脆、故名甘露、）

王禎曰、凡種宜於園圃近陰地、春時種之、用麥糠糞、糞地宜沾潤爲佳。至秋乃收、

務本新書曰、白地内區種、暑月以麥糠蓋之。承露滋胤、以是得名、

又云、宜肥地熟鋤、取子稀種、其根皆連珠、須耘淨方茂、

又云、甘露子生熟可食、可用蜜、或醬漬之、作豉、亦得

菌、爾雅曰、中馗菌、小者菌、（郭璞曰、地蕈也、似蓋、今江東名爲土菌、亦曰馗廚、可惔之、 王禎曰、菌皆朽株濕氣烝浥而生、中原呼菌爲菌茹、又爲莪、又一種謂之天花、桑樹上生者、呼爲桑莪、施之素食、最佳、雖南北異名、而其用則一、今江南山中松下生者、名爲松滑、菌之種不一、名亦如之、野蕈如赤菰黃耳、皆可食、然辨之不精、多能毒人、雖甘無益也、不復具載、 玄扈先生曰、北土有羊肚菜、生天淀中、此蕈根所爲也、南土有天仙菜、此茅根所爲也、有竹菇、竹根所爲也、他如天花、麻菇、雞㙡、猴頭之屬、皆草木根腐壞而成者、又曰、五木耳、亦桑槐楡楊楮所生、）

四時類要曰、三月種菌子、取爛構木及葉、於地埋之、常以泔澆令濕、三兩日即生、又法、畦中下爛糞、取構木、可長六七寸、截斷磓碎、如種菜法、於畦中勻布、土蓋、水澆、長令潤、如初有小菌子、仰杷推之、明旦又出、亦推之、三度後出者甚大、即收食之、本自構木、食之不損人、（玄扈先生曰、構樹即穀樹也。一名楮。葉有瓣曰楮。無瓣曰構、見段成式酉陽雜俎。）

農桑通訣曰、取向陰地、擇其所宜木、（楓、楮、栲等樹）伐倒、用斧碎砍成坎、以土覆壓之。經年樹朽、以蕈碎剉、勻布坎内。謂之驚禪、雨雪之餘、天氣烝煖、則蕈生矣、雖踰年。而獲以繼取。及土覆之時。用泔澆灌。越數時、則以槌棒擊樹。利利則堪摶采、訖、遺種在内、來歲仍發、復相地之宜、易歲代種、新採趁生煑食、香美、曝乾則爲乾香蕈、今深山窮谷之民、以此代耕、殆天茵此品、以遺其利也。

農政全書卷之二十九

特進光祿大夫太子太保禮部尚書兼文淵閣大學士贈少保謚文定上海徐光啓纂輯
欽差總理糧儲提督軍務巡撫應天等處地方都察院右僉都御史東陽張國維鑒定
直隸松江府知府穀城方岳貢同鑒

樹藝

果部上

棗、爾雅曰：壺棗、邊要棗、櫅白棗、樲酸棗、楊徹齊棗、遵羊棗、洗大棗、煮填棗、蹶泄苦棗、晳無實棗、還味棯棗。郭璞注曰：今江東呼棗大而銳者爲壺，壺猶瓠也。要，細腰，今之鹿盧棗。櫅，即今棗子白熟。樲，酢遵實小

而圓紫黑色，俗呼羊矢棗，即羊棗也。洗，今河東猗氏大棗，子如雞卵。蹶泄，子味苦。晳，不著子者。還味，短味也。陸佃埤雅曰：大曰棗，小曰棘。棘，酸棗也。河東安邑出御棗，今名落蘇。樂氏棗，豐肌細核，多膏肥美。舊傳樂毅自燕攜來。盧容棗，即大白，核小而肥。穀城紫棗，長二寸。章丘脆棗，實小而圓，生食脆美，不能久留。西王母棗，冬夏有葉，九月生花，十一月乃熟，大如李核，三子一赤，又云名玉文棗，其實如瓶。羊角棗，亦三子一赤。青城無核棗，實小，核僅有形，食之不覺。窑坊棗，味佳，出應天府窑坊門。洛陽夏白棗。汲郡墟棗。信都大棗。梁國夫人棗。兗山有歷棗。又有三星棗、駢白棗、灌棗、狗牙棗、雞心棗、牛頭棗、獼猴棗、氐棗、夕棗、木棗、桂棗、棠棗、丹棗、崎廉棗、玉門棗、水菱棗。說文云：樸棗也，似柹而小。陶弘景曰：出青州，若形大而核細，多膏甚甜。鬱州互市者亦好，微不及耳。李時珍曰：棗木赤心有刺，四月生小葉，尖觥光澤，五月開小花，白色微青。本草衍義曰：南北皆有之，然南棗堅燥，不如北棗肥美，生於青晉絳者尤佳。

齊民要術曰：常選好味者，留栽之。候棗葉始生而移之。棗性硬，故生晚。栽早者，堅格生遲也。三步一樹，行欲相當。如本年芽未出，勿遽刪除。諺云：三年不算死。亦有久而復生者。令牛馬履踐令淨。棗性堅強，不以苗稼，是以耕；荒穢則蟲生，所以須淨；地堅饒，故宜踐也。正月一日日出時，反斧班駮椎之，名嫁棗。不椎則花無實，子而零落也。玄扈先生曰：北方棗未歲歲椎之，結實繁盛，而木俱內傷，不堪作林。候大蠶入簇，以杖擊其枝間，振落狂花。不打，花繁則實不成。全赤即收。收法：日日撼落之爲上。人家凡有阜勞之地，不任耕稼者，歷落種棗，則任矣。棗性燥收，故任阜勞之地。

太史公曰：安邑千樹棗，其人與千戶侯等。

羣芳譜曰：棗全赤即收，撼而落之爲上。半赤而收者，肉未充滿，乾則色黃而皮皺，將赤味亦不佳。全赤久不收，則皮破，復有鳥雀之患。一法：將纔熟棗乘清晨連小枝葉摘下，勿損傷，通風處晾去露氣，揀新缸無油酒氣者，清水刷淨，火烘乾，晾冷，取淨稈草曬乾，候冷，一層草一層棗，入缸中，封嚴密，可至來歲猶鮮。

齊民要術曰：先治地令淨，布椽於箔下，置棗於箔上

以檬聚而復散之，一日中二十度乃佳，夜仍不聚。得霜露氣，乾速成；陰雨之時，乃聚而苫之。五六日後，別擇取紅軟上高廚上曝之。廚上者已乾，雖厚一尺，亦不壞。擇去胖爛者，其未乾者曝曬如法。

食經曰：作乾棗法，須治淨地，鋪菰箔之類承棗，日曬夜露，擇去胖爛，曝乾收之。切而曬乾者為棗脯；煮熟榨出者為棗膏，亦曰棗瓤；蒸熟者為膠棗，加以糖蜜拌蒸則更甜；以麻油葉同蒸，則色更潤澤。搗棗膠曬乾者為棗油。其法：取紅軟乾棗入釜，以水僅淹平，煮

沸，漉出，砂盆研細，生布絞取汁，塗盤上曬乾，其形如油，以手摩刮為末，收之。每以一匙投湯盌中，酸甜味足，即成美漿。用和米麨，最止飢渴，益脾胃也。盧諶祭法云：春祀用棗油，即此。

寇宗奭曰：青州人以棗去皮核，焙乾為棗脯，以為奇果。

桃，爾雅曰：旄，冬桃；榹桃，山桃。郭璞注曰：旄桃，子冬熟。山桃，實如桃而不解核。羣芳譜曰：褫桃，一名毛桃，味惡不堪食，其仁充滿多脂，可入藥。 鄴中記曰：石虎苑中有句鼻桃，重二斤。 洛中崑崙桃，一名王母桃，一名仙人桃，一名冬桃，形如栝蔞，表裏徹赤，得霜始熟，味甘美。 日月桃，一枝二花，或紅或白。 波斯國扁桃，形扁肉澀，不堪食，核狀如盒，樹高五六丈，圍四五尺，葉似桃而闊，三月開白花，花落結實如桃。彼地名波淡樹，仁甘美，番人珍之。 新羅桃，子可食，性熱。 方桃，形微方。 餅子桃，狀如香餅，味甘。 油桃，小於衆桃，有赤斑點，光如塗油。月令中桃始華，即此。花多子小，不堪啗，惟取仁。出汴中。 常山巨核桃，霜下始花，盛暑方熟，漢明帝時獻。 緋桃，俗名蘇州桃，花如剪絨，比諸桃開遲而色可愛。 積石桃，大如斗斛器。 漢武帝上林苑有緗桃，紫文桃，金城桃。 瑞仙桃，色深紅，花最密。 絳桃，千瓣。 二色桃，色粉紅，花開稍遲，千瓣極佳。 金桃，形長色黃，如金，肉粘核，多蛀，熟遲，用柿接者，味甘色黃。 銀桃，形圓色青白，肉不粘核，六月中熟。 千葉桃，花色淡，結實少。 美人桃，花粉紅，千葉，又名人面桃，不實。 鴛鴦桃，千葉深紅，開最後，結實不雙。 李桃，花深紅，形圓色青，肉不粘核，其實光澤如李，一名光桃。 十月桃，花紅形圓，色青肉粘核，味甘酸，十月中成熟，一名古冬桃，又名雪桃。 水蜜桃，上海有之，

其味亞於生荔枝。 雷震紅，每雷雨過，輒見一紅暈，更為難得。 絡絲桃，開時垂絲一二尺，採之煉以松脂，纏織成履，甚輕。 壽星桃，樹矮而花能結大桃，然不甚食。 盧山有山桃，大如檳榔。又有白桃，烏桃，五月桃，秋桃，胭脂桃，灰桃，秋白桃，秋赤桃，綈帶桃，合桃。 農桑通訣曰：早熟者謂之絡絲白，晚熟者謂之過雁紅，夏秋咸有，食之不厭。

齊民要術曰：種法：熟，合肉全埋糞地中。直置凡地則不茂，桃惟早實，三歲便結子，故不求穀也。 至春既生，移栽實地。若仍糞中，則實小而味苦矣。

栽法：以鍬合土掘移之。桃性易種難栽，若離本土，率多死，故須然矣。

又法：桃熟時，墻南陽中煖處，深寬為坑，選取好桃數十枚，擘取核，即內牛糞中，頭向上，取好爛和土厚覆之，令厚尺餘。至春桃始動時，徐徐撥去糞土，皆因生芽，合取核種之，萬不失一。其味以熟糞糞之，則

益桃味、桃性皮急、四年以上、宜以刀竪劚其皮、不劚者皮急則死、七八年便老、老則子細、十年則死、是以宜歲歲常種之

便民圖纂曰、於煖處爲坑、春間以核埋之、蒂子向上、尖頭向下、長二三寸許、和土移種、其樹接杏最大、接李紅甘、

種樹書曰、柹接桃則爲金桃、李接桃則爲李桃、梅接桃則爲脆桃

羣芳譜曰、或云種時將桃核刷淨、令女子豔粧種之、他日花艷而子離核、

凡種桃淺則出、深則不生、故其根淺不耐旱而易枯、近得老圃所傳云、於初結實次年、斫去、其樹復生、又斫、又生、但覺生氣、即斫令復長、則其根入地深、而盤結固、百年猶結實如初、

桃實太繁、則多墜、以刀橫斫其幹數下、乃止、又社日舂根下土、持石壓樹枝、則實不墜、桃子蛀者、以煑猪首汁冷澆之、或以刀疎斫之、則穰出而不蛀、如生小蟲如蚊、俗名蚜蟲、雖桐油灑之不能盡除、以多年竹燈檠掛懸樹梢間、則蟲自落、且驗、

李時珍曰、生桃切片瀹過、曬乾可充果食

又酢法、取桃爛自零者、收去內之於甕中、以物蓋口、七日之後既爛、漉去皮核、密封閉之、三日酢成、香美可食

三月三日、採桃花酒浸服之、除百病、好顏色

又三月三日、取桃花陰乾爲末、收至七月七日、取烏雞血和塗面、光白潤色如玉、

李（附棠棣）爾雅曰、休無實李、痤椄慮李、剝赤李、荊州記曰、房陵南郡有名李　風土記曰、南郡細李四月先熟　西京雜記曰、有朱李黃李紫李綠李青李綺李青房李車下李顏回李合枝李羌李燕李猴李、武帝修上林苑、羣臣獻木李實大而美、　麥李麥秀時熟、實小有

溝肥甜、一名痤、一名椄慮、　南居李、解核如杏、堆入藥　李春李、冬花春實、　御黃李形大而味厚核小而甘香、　均亭李、紫而肥大、味甘如蜜　擘李熟則自裂、　餻李、一名離李、肥粘如餻、　中植李麥前熟　趙李無核、一名休、　御李大如櫻桃、紅黃色、先諸李熟、　赤駁李其實赤　冬李十月十一月熟、　離核李、似柰有劈裂、　經李、一名老李、樹數年即枯、　杏李、味小酸、似杏、　縹青李、出房陵、　建黃李、出河沂、　又有黃扁李、夏李、青皮李、赤陵李、馬肝李、牛心李、紫粉李、小青李、水李、扁縫李、金李、鼠精李、晚李、赤李之類、今建寧者甚甘、李乾皆出焉、　李時珍曰、李名嘉慶子、出東都嘉慶坊、今人呼乾李爲嘉慶子、稱謂既熟、不復知其所自矣、　梵書名李曰居陵迦、　琳國玉華李、五千歲一熟、　員丘紅李、　鍾山李大如瓶、食之生奇光、　天台水晶李

便民圖纂曰、取根上發起小條、移栽別地、待長又移

栽成行，栽宜稀，不宜肥地，肥則無實，宜臘月移栽。玄扈先生曰：李接桃梅易活，且耐久，亦耐糞。

齊民要術曰：樹下欲鋤去草穢，而不用耕墾。耕則肥而無衍實，樹下犁撥即死。桃李大率方兩步一根。大槩連陰，則子細而味不佳。管子曰：三沃之土，其木宜梅李。韓詩外傳云：簡王曰：春樹桃李，夏陰其下，秋得食其實；春種蒺藜，夏不得採其實，秋得刺焉。家政法曰：二月徙梅李也。

李性耐久，樹得三十年，老雖枯，枝子亦不細。嫁李法：正月一日，或十五日，以磚著李樹岐中，令實繁。又臘月中以杖微打岐間，正月時日復打之，亦足子也。又以煑醴酪火㮇著樹枝間，亦良。樹寒實多者，故多束之以

取火焉。

李時珍曰：用鹽曝糖藏蜜煎為果，惟曝乾白李有益。其法：用夏李色黃便摘取，於鹽中挼之，鹽入汁出，然後合鹽曬令萎，手捻之令褊，復曬更捻，極褊乃止。曝乾，餘酒時以湯洗之，漉著蜜中，可酒矣。

附棠棣如李而小，子如櫻桃，熟食美，北方呼之林思，又名郁李。

梅：爾雅曰：梅，柟。時，英梅。郭璞注曰：梅似杏，實醋。英子，雀梅。廣志曰：蜀名梅為䕩，大如鴈子。綠萼梅：凡梅花跗蒂皆絳紫色，惟此純綠，枝梗亦青，實大，五月熟，特為清高。重葉梅：花叢數層，如小白蓮，結實多雙。消梅：實圓鬆脆，多液無滓，落地必碎，惟可生噉，不入煎造。玉蝶梅：花虛可愛。冠城梅：實甚大，五月熟。時梅：實大，五六月熟。早梅：四月熟。冬梅：實小，十月可用，不熟。千葉紅梅：出湘閩，有福州紅、潭州紅、邵武紅。鶴頂梅：實大而紅。鴛鴦梅：花輕盈，葉數層，凡雙果必並蒂，惟此一蒂而結雙梅。雙頭紅梅：葉重，或結並蒂。小實不堪啖。杏梅：色淡紅，實扁而斑，味似杏。冰梅：實吐自葉鑢，不花，色如冰玉，無核，含之自融如冰。墨梅：花黑如墨，或云以苦楝樹接者。又有千葉黃臘梅、侯梅、朱梅、紫梅、同心梅、紫蒂梅、麗枝梅、胭脂梅、百葉梅、湘梅。梅先衆木而花，子赤者材堅，子白者材脆。接本葉皆如杏，實亦于杏而酸，亦生噉。

便民圖纂曰：春間取核埋糞地，待長三二尺許移栽。其樹接桃則實脆，若移大樹，則去其枝稍，大其根盤，沃以溝泥，無不活者。

接法：春分後用桃杏體，杏更耐久。梅譜云：江梅野生者，不經栽接，花小而香，子小而硬。

齊民要術曰：栽種與桃李同。

梅實采半黃者，籠盛於突上熏乾者，烏梅。濃燒穰以湯沃之，取汁以梅投之，使澤，乃出蒸之，則不蠹。烏梅入藥，不任調食。青者以鹽漬之，日曬夜漬，十晝夜為白梅，亦可蜜煎糖藏，以充果飣。白梅調鼎和羹，所在多任。熟者笮汁曬收為梅醬。夏凡可調水飲。陸機詩疏云：其實酢，曝乾為脯，入羹臛虀中，又可含以香口。

食經曰：蜀中取梅極大者，剝皮陰乾，勿令得風，經二

宿去鹽汁，內瓷甕中，月許更易蜜，經年如新。一糖脆取青梅每百個，以刀劃成路，將熟冷醋浸一宿，取出控乾，別用熟醋調沙糖一斤半浸沒，入新瓶內，以箬紮口，仍覆碗藏地深一二尺，用泥上蓋，過白露節，取出換糖浸。

杏釋名曰甜梅。廣志曰：有黃杏、有李杏。西京雜記曰：文杏材有文彩。濟南金杏大如梨，黃如橘，熟最早，味最勝，一名漢帝杏。榮陽白杏熟時色白或微黃，味甘淡而不酢。沙杏甘而多汁，世稱水杏。梅杏黃而帶酢。鄭中柰杏青而帶黃。金剛拳赤大而扁，肉厚味佳，一名肉杏。木杏形扁，色青黃，味酢不堪食。山杏不堪食，可收仁用。玄紫杏、蓬萊杏、赤杏。齊民要術曰：梅花早而白，杏花晚而紅；梅實小而酸，核有蘿文；杏實太而甜，核無文采。世人或不能辨，言梅杏爲一物，失之遠矣。花六出者必雙仁，有毒。千葉者不結實。葉似梅差大，色微紅，圓而有尖。花二月開，未開色純紅，開時色白微帶紅，至落則純白矣。實如彈

丸，有大如梨者，生酢熟甜。

便民圖纂曰：熟杏和肉埋核於糞土中，待長四尺許大，則移栽，不移則實小而苦。凡薄地不生，生亦不茂。至春生後，即換地移栽。不移則實小而味苦。若栽樹下一年不可種，種則肥而不實矣。

四時類要曰：既移不得更於糞地，必致少實而味苦。移須合土三步一樹，稀即味甘。服食之家尤宜種之。樹大花多實，根最淺，以長石壓枝則花盛子牢。

種杏宜近人家。樹大戒移栽，移則不茂。正月钁樹下地，通陽氣。二月除樹下草。三月離樹五步作畦，以通水。旱則澆灌。遇有霜雪，則燒烟樹下，以護花苞。

桃樹接杏，結果紅而且大，又耐久不枯。

釋名曰：杏、梅皆可以爲油。

生杏可曬脯，作乾果食之。杏熟時，榨濃汁塗盤中，曬乾，以手摩刮收之，可和水調麨食。

齊民要術曰：杏子仁可以爲粥。多收買者，可以供紙墨之直也。

嵩高山記曰：牛山多杏，自中國喪亂，百姓飢餓，皆資此爲命，人人充飽。

神仙傳曰：董奉居廬山，爲人治病不取錢，重病得愈使種杏五株，輕病一株，數年中杏有十數萬株。杏熟

於林中，所在作倉，宣語買杏者不須求報，但自取之，其一器穀便得一器杏。奉悉以前所得穀賑救貧乏。

梨爾雅曰山樆。郭璞注曰：即今梨。樆一名快果，一名果宗，一名蜜父，一名玉乳。廣志曰：洛陽北邙張公夏梨，海內惟有一樹。常山真定、山陽鉅野、梁國睢陽、齊國臨菑、鉅鹿並梨。上黨楟梨小而加甘。廣都梨，又云鉅鹿豪梨，重六斤，數人分食之。新豐箭谷梨。弘農、京兆及扶風郡界諸谷中梨多供御。陽城秋梨、夏梨。三秦記曰：漢武東園一名御宿，有大梨如斗，落地即破，取者以布囊盛之，名曰含消梨。荊州風土記曰：江陵有石梨。永嘉青田村民家有一梨樹，名曰官梨，樹大一圍五寸，常以貢獻，名曰御梨，實落地即融釋。西京雜記曰：上林苑有青玉梨、金荷梨、縹蒂梨、紫條梨、紫梨、芳梨實小、青梨實大、大容梨、細葉梨。瀚海梨出瀚海地，耐寒不枯。本草圖經曰：乳梨又名雪梨，出宣州，皮厚而

內寶鵞梨出近京州郡及北都，皮薄而漿多，味差短於乳梨，香則過之。其餘有水梨、消梨、紫煤梨、赤梨、甘棠梨、御兒梨之類。又有桑梨，惟堪煮食。今北地有香水梨，最爲上品。太上之藥玄光梨，塗山有梨大如斗，紫色。

齊民要術曰：種者，梨熟時全埋之。經年至春地釋，分栽之。多著熟糞及水。至冬葉落，附地刈殺之，以炭火燒頭。二年即結子。若穭生及種而不栽者，著子遲。每梨有十許子，惟二子生梨，餘皆生杜。插者彌疾。插法：用棠杜。棠梨大而細理，杜次，桑梨大惡。棗、石榴上插得者爲上梨，雖治十，收得一二也。杜如臂已上皆任插。當先種杜，經年後插之。至冬俱下亦得。然俱下者，地死則不生也。杜樹大者插五枝，小者或二。梨葉微動爲上時。玄扈先生曰：凡貼法皆於葉微動時，無不活者。將欲開莩爲下時。先作麻紉纏十許匝，一鋸截杜，令去地五六寸。斜攙竹刺皮木之際，令深一寸許。折取其美梨枝陽中者，陰中枝則實少。長五六寸，亦斜攙之，令過心，大小長短與籤等。以刀劉梨枝斜攙之際，剝去黑皮。勿令傷青皮，青皮傷即死。拔去竹籤，即插梨令至劉處，木還向木，皮還近皮。插訖，以綿幕杜頭，封熟泥於土，以土培覆之，勿令堅固，百不失一。梨枝甚脆，培土時宜慎之，勿使掌撥，護撥護則折。

其十字破杜者，十不收一。所以然者，木裂皮開，虛燥故也。梨既生杜，旁有葉出，輒去之。不去勢分，梨長必遲。玄扈先生曰：凡樹皆然。凡插梨，園中者用旁枝，庭前者中心。旁枝葉下上易收，中心上聳不妨。用根蒂小枝，樹形可喜，五年方結子；鳩腳老枝，三年即結子而樹醜。吳氏本草曰：金創、乳婦不可食梨。多食即損人，非補益之物。產婦蓐中及疾病未愈，食梨多者無不致病。欬逆氣上者，尤宜慎之。

便民圖纂曰：梨春間下種，待長三尺許移栽。或將根上發起小科栽之亦可。俟幹如酒鍾大，於來春發芽時，取別樹生梨嫩條如指大者，截作七八寸長，名曰梨貼。將原幹削開兩邊，插入梨貼，以稻草緊縛，不可動。月餘自發芽長大，就生梨。梨生用箬包裹，恐象鼻蟲傷損。在洞庭山用此法，或用身接、根接尤妙。春分可插。

栽梨：春分前十日，取旺梨笋如拐樣，截其兩頭，火燒鐵器烙定津脈，臥栽於地即活。

齊民要術曰：凡遠道取梨者，下根即燒三四寸，可行數百里猶生。

藏梨法：初霜後即收。霜多即不得經夏也。於屋下掘作深陰坑底無令潤濕收梨置中不須覆蓋便得經夏摘時必令好接勿令損傷物類相感志云梨與蘿蔔相間收藏或削梨蒂種于蘿蔔上藏之皆可經年不爛今北人每於樹上包裹過冬乃摘亦妙

凡醋梨易水熟煮則甘美而不損人也

太史公曰淮北滎河南濟之間千株梨其人與千戶侯等好梨多產於北土南方惟宣城者爲勝

魏文帝曰真定郡梨大如拳甘若蜜脆若菱可以解煩熱參之神農經中療病之功亦爲不少西路產梨處用刀去皮切作瓣子以火焙乾謂之梨花嘗充貢

獻實爲佳果上可貢於歲貢下可奉於盤珍張敷稱百果之宗豈不信乎

栗附榛爾雅曰櫟其實梂郭璞注曰有梂彙自裹廣志曰關中大栗如雞子大蔡伯喈曰有胡栗魏志云有東夷韓國山大栗狀如梨三秦記曰漢武帝栗園有栗十五顆一升王逸曰朔濱之栗西京雜記曰榛栗瑰栗嶧陽都尉栗都尉曹龍所獻其大如拳栗之大者爲板栗中心扁子爲栗楔稍小者爲山栗山栗之圓而末尖者爲錐栗圓小如橡子者爲莘栗小如指頂者爲茅栗即所謂栭栗也一名栵栗可炒食之劉恂嶺表錄云廣中無栗惟靳州山中有石栗一年方熟圓如彈子皮厚而味如胡桃衍義云湖北一種栗頂圓末尖謂之旋栗或云即榛栗也與栗子圓而細惟江湖有之或云即莘也陸機疏曰栗五方皆有周秦吳揚特饒漁陽及范陽生者甜美味長梵書名篤迦

本草圖經云兖州宣州者最勝治腰腳之疾燕山栗小而味最甘樹高二三丈苞生多刺如蝟毛四月開花青黃色長條似胡桃花實有房彙大者若拳中子三四小者若桃李中子惟一二

便民圖纂曰栗臘月或春初將種埋濕土中待長六尺餘移栽二三月間取別樹生子大者接之

齊民要術曰栗種而不栽栽者雖生尋死矣要初熟出殼即裏埋著濕土中埋必須深勿令凍徹若路遠者以韋囊盛之見風日則不復生矣至春二月悉芽生出而種之既生數年不用掌近凡新栽之樹皆不用掌近栗性尤甚也三年內每到十月常須草裹至二月乃解不裹則還死大戴禮夏小正曰八月零而後取之故不言剝之玄扈先生曰凡裹樹俱須三月

解之

種樹書曰栗採時要得披殘明年其枝葉益茂九月霜降乃熟其苞自裂而子墜者乃可久藏苞未裂者易腐也其花作條大如筋頭長四五寸可以點燈玄扈先生云古賦云榛栗罅發栗熟自開殼落子

寇宗奭曰栗欲乾收莫如曝之欲濕收莫如潤沙藏之至夏初尚如新也藏乾栗法取稻灰淋取汁漬栗日出曬令栗肉焦燥不畏蟲蛀至後年春夏藏生栗法著器中細沙可煨以盆覆之至後年二月皆生芽而不蟲者也

太史公曰秦飢應侯請發五苑之棗栗由是觀之本

草所謂栗厚腸胃、補腎氣、令人耐飢、殆非虛語、

附榛、周官曰、似栗而小、（說文曰、榛似梓、實如小栗、衛詩曰、山有榛、　陸璣詩疏云、榛有兩種、一種大小枝葉皮樹皆如栗而子小、形如橡子、味亦如栗、枝莖可以爲燭、詩所謂樹之榛栗者也、一種高丈餘、枝葉如水蓼子、作胡桃味、遼代上黨甚多、久留亦易油壞、）

栽種與栗同、其枝莖生樵爇燭、明而無煙、

太史公曰、燕秦千樹栗、其人與千戶侯等、栗之利誠不減於棗矣、本草言遼東榛子軍行食之當糧、榛之功亦可亞於栗也、

柰、廣志曰、椿掩蘆柰也、（與林檎一類而二種、白者爲素柰、赤者爲丹柰、又名朱柰、

青者爲綠柰、張掖有柰、酒泉有赤柰、　魏明帝時諸王朝京、賜東城柰一匳、陳思王謝曰、柰以夏熟、今則冬生、物非時爲珍、恩以須爲厚、詔曰、此柰從涼州來、晉官閣簿曰、秋有白柰、　西京雜記曰、紫柰別有素柰、朱柰、　涼州有冬柰、色微碧、大如兎頭、　上林苑紫柰、大如升、核紫、花青、汁如漆、著衣難浣、名脂衣柰、樹與葉皆似林檎而實稍大、味酸帶澀、梵言謂之頻婆、）

齊民要術曰、不種但栽之、（種之、雖生、而味不佳、）取栽如壓桑法、（玄扈先生曰、此果最多蟲、宜勤勤修治。）栽之如桃李法、亦可接林檎、

便民圖纂曰、花紅將根上發起小條、臘月移栽、其接法與梨同、摘實後有蛀處、與修治橘樹同、三月開花結子、若八月復開花結子、名曰林檎、

西方多柰、家以爲脯、數十百斛以爲蓄積、如藏棗栗法、謂之頻婆糧、

柰麨、（其法拾爛柰內甕盆、合勿令風入、六七月許、當大爛、以酒淹痛拌之、令如粥狀、下水更拌、以羅漉去皮子、良久、澄清瀉去汁、更下水復拌如初、看無臭氣、乃上瀉去汁、羅布於上、以灰飲汁、如作米粉法、汁盡刀劚大如梳掌、於日中曝乾、研作末、便甜酸得所、芳香非常也、）

柰油、（其法以柰擣汁塗繒上曝燥、取下色如油、）

李時珍曰、今關西人以赤柰取汁塗器中曝乾、名果單、味甘酸、可以饋遠、又曰、柰有冬月再實者、

陶隱居云、江東有之、而北國最豐、皆作脯、

林檎、一名來禽、一名文林郎果、一名蜜果、（此果味甘能來眾禽于林、故有林禽來禽之名、　唐高宗時、紀王李謹得五色林檎以朱柰以貢、帝大悅、賜謹爲文林郎、人因呼林檎爲文林郎果、又云、其樹從河中浮來、有文林郎拾得種之、因以爲名、　本草圖經曰、木似柰、實比柰差圓、亦有甘酢二種、甘者早熟而味脆美、酢者差晚、須熟爛堪啖、　陳士良云、大長者爲柰、圓者爲林檎、夏熟、小者味澀爲梣、又名楸子、秋熟　林檎樹二月開粉紅花、六七月熟、又有金紅水蜜黑五種、　李時珍曰、其味酢者即楸子也、）

栽壓法與柰同、（此果根不浮薉、栽故難求、是以須壓也、）又法、於樹旁數尺許掘坑、洩其根頭、則生栽矣、凡樹栽者皆然、

物類相感志云、林檎樹生毛蟲、埋蠶蛾于下、或以洗

魚水澆之即止

林檎麨、林檎赤熟時、劈破去子心蔕、日晒令乾、或磨或擣、下細絹篩、麤者更磨擣、以細盡爲限、以方寸七投於椀中、即成美漿、不去蔕則大苦、合子則不度夏、留心則大酸、若乾噉者以林檎麨一升和二麪二升、味正適調、

冷金丹、林檎百枚、蜂蜜浸十日、取出別入蜂蜜五斤、細丹砂末二兩、攪拌封泥、一月出之、陰乾、飯後酒時食一二枚、甚妙、

柹、附椑柹君遷子說文曰、柹赤實果也、廣志曰、小者如小杏王逸曰、苑中牛柹李九曰、鴻柹苦瓜、張衡曰、山柹、本草云、黃柹出近京州郡、紅柹南北通有之、朱柹出華山、似紅柹而皮薄更甘珍、諸柹食之皆善而益人、衍義曰、柹有着蓋柹、於蔕下別生一重、有牛心柹、蒸餅柹、皆以

形得名、華州有一等朱柹、比諸品數小、深紅色、有一種椑柹、又有椑柹、生江淮南、似柹而青黑、潘岳閑居賦云、梁侯烏椑之柹是也、酉陽雜俎云、柹有七絕、一壽、二多陰、三無鳥巢、四無蟲、五霜葉可愛、六嘉賓、七落葉肥大、其樹高大、四月開花、黃白色、八九月熟、

荒政要覽曰、三月間、秧黑棗、備接柹樹、上戶秧五畦、中戶秧三畦、下戶秧二畦、凡坡陡地內、各密栽成行柹成做餅以佐民食、

齊民要術曰、柹有小者栽之、無者取枝於梗棗根上插之、梬而亢反、紅藍棗似柹

便民圖纂曰、冬間下種、待長移栽、肥地接及三次、則全無核、接桃枝則成金桃、玄扈先生曰、樹無再接之理、況三次乎、

藏柹、柹熟時取之、以灰汁燥再三、令汁絕、著器中、可食、

烘柹、生柹置器中、自然紅熟、澀味盡去、其甘如蜜、

醂柹、水一甕、置柹其中、數日即熟、但性冷、亦有鹽藏者、有毒。

烏柹、火熏乾者、

柹糕、糯米一斗、洗淨、乾柹五十、同擣成粉、如乾煑棗泥、和拌之、烝食乃佳、

柹餅、大柹去皮、撚扁、日晒夜露、至乾、納甕中、待生白霜取出、一名白柹、又名柹花、

柹霜、即柹餅所出霜也、乃柹中精液、

玄扈先生曰、今三晉澤沁之間多柹、細民乾之、以當

糧也、中州齊魯亦然、

附椑柹、一名漆柹、一名綠柹、一名青椑、一名烏椑、一名花椑、一名赤棠椑、椑乃柹之小而卑者、故名椑、他柹至熟則黃赤、惟此雖熟亦青黑色、擣碎浸汁、謂之柹漆、可以染罾扇諸物、出宣歙荊襄閩廣間、大如杏、惟堪生啖、不可爲乾也、閑居賦所謂梁侯烏椑之柹是也、

君遷子、一名梗棗、又作軟棗、一名樗棗、一名牛奶柹、一名丁香柹、一名紅藍棗、生海南、樹高丈餘、子中有汁、如乳汁、甜美、吳都賦平仲君遷是也、其木類柹而葉長、實亦尤佳美、救荒本草以爲羊矢棗、亦誤矣、

種軟棗法、陰地種之、陽中則少實、足霜色殷然後乃收之、早收者澀不任食之也、

安石榴、博物志曰、張騫出使西域、得塗林安石國榴

種以歸、故名安石榴、一名若榴、一名丹若、一名金罌、一名金龐、一名天漿、有富陽榴、實大如碗、海榴來自海外、樹僅二尺、栽盆中、結實亦大、直垂至盆、黃榴色微黃、帶白、花大于常榴、結實甚多、最易傳種、河陰榴中間有三十八子、四季榴四時開花、秋結實、實方綻、旋復開花、火石榴其花如火、餅子榴花大、不實、番花榴花大于餅子、出山東、移他省便不若、鄴中記云、石虎苑中有安石榴、子大如盃碗、其味不酸、抱朴子曰、積石山有苦榴、廬山記曰、香爐峯頭有大盤石、可坐數百人、垂生石榴、二月中作花、色如石榴而小、淡紅敷紫萼、煒爗可愛、京口記曰、龍剛縣有石榴、西京雜記曰、有甘石榴、酉陽雜俎云、南詔有榴、皮薄如紙、

農桑通訣曰、出河陰者最佳、其樹不甚大、枝柯附幹、自地便生、五月開花、有大紅粉紅黃白四色、實有甜酸苦三種、果大如盃、皮赤有黑斑、皮中如蜂窠、有黃膜隔之、

齊民要術曰、栽石榴法、三月初取枝大如手大指者、斬令長一尺半、八九枝共為一窠、燒下頭二寸、不燒則漏汁矣、掘圓坑、深一尺七寸、口徑尺、豎枝於坑畔、環口布枝、令勻調也、置枯骨礓石於枝間、骨石此是樹性所宜、下土築之、一寸上一重骨石、平坎止、其上令沒枝頭一寸許也、水澆常令潤澤、既生、又以骨石布其根下、則科圓滋茂可愛、若孤根獨立者、雖生亦不佳焉、十月中以蒲藁裹而纏之、不裹則凍死也、二月初解放、若不能得多枝、取一長條、燒頭、圓屈如牛拘而橫埋之、亦得、然不及上法、根強早成、其拘中亦安骨石、其斸根栽者、亦圓布之、安骨石于其中也、玄扈先生曰、石榴須于春分前剪去繁枝及樹梢、則實大、

便民圖纂曰、石榴三月間將嫩枝條插肥土中、用水頻澆、則自生根、根邊以石壓之、則多生果、又須時常剪去繁枝、則力不分、玄扈先生曰、此果最宜多種。又宜痛剃。

性喜肥、濃糞澆之無忌、當午澆、花更茂盛、蠶沙壅之佳、

不結子者、以石塊或枯骨安樹叉間、或根下、則結子不落、所謂榴得骸而葉茂也、

農桑通訣曰、藏榴之法、取其實有稜角者、用熟湯微泡、置之新甆瓶中、久而不損、若圓者則不可留、留亦壞爛、榴房比它果最為多子、北齊高延宗納妃、妃母宋氏薦石榴、蓋取其房中多子之義、北人以榴子作汁、加蜜為飲漿、以代盃茗、甘酸之味、亦可取焉、

道家書謂榴為三尸酒、言三尸蟲得此果則醉也、

農政全書卷之二十九終

農政全書卷之三十

特進光祿大夫太子太保禮部尚書兼文淵閣大學士贈少保謚文定上海徐光啓纂輯
欽差總理糧儲提督軍務兼巡撫應天等處地方都察院右僉都御史東陽張國維鑒定
直隷松江府知府穀城方岳貢同鑒

樹藝

果部下

荔枝、上林賦曰、離枝、蜀都賦曰、荔枝、一名丹荔、一名飣坐真人。其類有三四十種、以狀元香爲最、然不如長樂勝、肉厚而味甘、爲種中第一、第乾之不能如狀元香風味。南記曰、此木以荔枝爲名者、以其結實時、枝弱而蔕牢、不可摘取。以刀斧劙去其枝、故以爲名。生嶺南巴中、泉福漳興化、蜀瀘渝涪、二廣州郡皆有之。其品閩爲最、蜀川次之、嶺南爲下。樹形團圓如帷蓋、葉如冬青、華如橘、朵如蒲萄、核如枇杷、殼如紅繒、膜如紫綃、肉白如肪。花於二三月、實於五六月。

農桑通訣曰、荔枝根浮、必須加糞土以培之。性不耐寒、最難培植、纔經繁霜、枝葉枯死。玄扈先生曰、亦云冬夏不凋。遇春二三月、再發新葉。初種五六年、冬月覆蓋之、以護霜雪。種之四五十年、始開花結實。其木堅固、有經四百餘年、猶能結實者。熟時人未採、百蟲不敢近。人纔採摘、諸鳥蝙蝠之類、群然傷殘。故採者必日中而衆採之。最忌麝香、遇之花實盡落。其果皆然。

曬荔、摘下即用竹筥朗曬、經數日、色變核乾、用火焙之、以核十分乾硬爲度。收藏用竹籠箬葉裹之、可以致遠。成朵曬乾者、名爲荔錦。其肉生以蜜漿作煎、嚼之如糖霜然、名爲荔煎。北方無此種、自漢南粤以備方物、於是荔枝始通中國。

農桑通訣曰、漢唐時、命驛馳貢洛陽、取於嶺南、長安來於巴蜀。雖曰解獻傳置之速、然腐爛之餘、色香味之存者無幾。蓋此果若離本枝、一日色變、二日香變、三日味變、四五日外、色香味盡皆去矣。非惟中原不皆生荔之味、江浙之間亦罕焉。今閩中歲首亦曬乾

者、昔李直方第果實、或薦荔枝、曰當舉之首。魏文帝詔郡臣曰、南方果之珍異者、有荔枝龍眼焉。今閩中荔枝初著花時、商人計林斷之、以立券。一歲之出、不知幾千萬億、水浮陸轉、販鬻南北、外而西夏新羅日本琉球大食之屬、莫不愛好、重利以酬之。夫以一木之實、生於海濱巖險之遠、而能名徹上京、外被四夷、重於當世。是亦有足貴者。

龍眼附山龍眼龍荔、廣雅曰、益智龍眼也、一名驪珠。一名龍目。一名比目。一名圓眼。一名蜜脾。一名燕卵。一名繡水團。一名海珠叢。一名川彈子。一名亞荔枝、一名荔枝奴。龍眼花與

枝同關樹亦如荔枝但枝葉稍小殼青黃色形如尤核如木梡子而不堅肉白而帶漿其甘如蜜熟八月白露後方可採摘一朵五六十顆作一穗荔過即龍眼熟故謂之荔枝奴福州興化泉州有之比荔枝特罕木性畏寒北方亦無此種今充歲貢焉玄扈先生曰乾龍眼肉勝荔枝且能補心氣大益人鮮食之大不如荔真堪作奴

曬龍眼 採下用梅鹵浸一宿取出曬乾用火焙之以核乾硬爲度如荔枝法收藏之成朵乾者名龍眼錦

附山龍眼 出廣中夏月熟可啖此亦龍眼之野生者

龍荔 出嶺南狀如小荔枝而肉味如龍眼其身葉亦似二果故名曰龍荔不可生啖但可熟食

橄欖 附餘甘

橄欖一名青果一名忠果一名諫果 生嶺南及閩廣州郡性畏寒江浙難種樹大數圍實長寸許形如訶子而無稜瓣其子先生者向下後生者漸高有野生者蜜漬食之 波斯橄欖生邕州色類相似但核作兩瓣 綠欖色青綠核內無仁有亦乾小 烏欖色青黑肉爛而甘取肉搥碎乾自有霜如白鹽謂之欖醬仁最肥大有紋疊疊如海螵蛸色白外有黑皮最甘嫩 方欖出廣西兩江洞中似橄欖有三角或四角

農桑通訣曰樹峻不可梯緣但刻其根方寸許內鹽於其中一夕子皆自落蜜藏極甜生啖煑食之並消酒解諸毒人誤食鯸鮐 即河魨 **魚肝迷悶欲死者飲其汁立解以其木作楫撥着魚皆浮出物之相畏有如此者此果南人尤重之可作茶果其味苦酸而澀食久味方回甘故昔人名爲諫果然消酒解毒亦米中之有益於人者** 一云以木釘釘之其子亦自落

附餘甘 惟泉州有之乃深山窮谷自生之物非人家所種其樹稍高其子稜形又如梅實兩頭銳如嚼味酸澀飲水乃甘九月採比之橄欖酷相似以蜜藏之亦佳

櫻桃 附山嬰桃 **爾雅曰楔荆桃** 郭璞注曰今櫻桃 廣雅曰楔桃大者如彈丸子有長八分者有白色者凡三種 孫炎云大而甘者謂之崖蜜 櫻桃一名楔一名荆一名英桃一名鸎桃一名含桃一名朱櫻一名牛桃一名麥英 西京雜記列櫻桃含桃爲二種 蘇頌曰櫻桃處處有之洛中者最勝其實深紅者謂之朱櫻紫色皮裏有細黃點者謂之紫櫻味最珍重又有正黃明者謂之蠟櫻小而紅者謂之櫻珠味皆不及極大者

齊民要術曰二月初山中取栽陽中者還種陽地陰中者還種陰地 若陰陽易地則難生生亦不實此果性生陰地既入園圃便是陽中故多難得生宜堅實之地不可用虛糞也又法二三月間分有根枝栽土中糞澆即活

李時珍曰三月熟時須守護否則鳥食無遺也 其法以二破竹相擊鳥聞聲自去或以網張其上鳥亦不至熟時以糞置其下則一樹齊熟 **鹽藏蜜煎皆可久食或同蜜擣作餻唐人以酪煎食之** 櫻桃經雨則蟲自內生人莫之見用水浸良久則蟲皆出乃可食也試之果然

附山嬰桃 本草釋名朱桃麥櫻英豆李桃 孟詵曰此嬰桃俗名李桃又名柰桃前櫻桃名櫻非桃也 別錄曰嬰桃實大如菽多毛四月採陰乾陶弘景曰嬰桃即今朱櫻可煑食亦嬰桃形相似

而實乖異，山間時有之。李時珍曰：樹如朱欒，但葉長尖不團，子小而尖，生青熟黃赤，亦不光澤，而味惡不堪食。

楊梅。博物志云：地瘴處多生楊梅。一名杭子。生江南嶺南山谷間。會稽產者為天下冠。楊梅種類甚多，大葉者最早熟，味甚佳。次則卞山，本出苕溪，移植光福山中，尤勝。又次為青蒂、白蒂，及大小松子。揚州呼白者為聖僧。樹若荔枝，葉細青如龍眼。二月開花結實，如楮實子，肉在核上，無皮殼。五月熟，生青，熟則有白、紅、紫三色。

便民圖纂曰：六月間，取糞池中浸過核，收盆。二月鋤地種之。待長尺許，次年三月移栽。三四年後，取別樹生子枝條接之。復栽山地，其根多留宿土。臘月開溝於根旁高處，離四五尺許，以夾糞壅之，不宜着根。每遇雨，肥水滲下，則結子肥大。

物類相感志云：桑樹接楊梅，則不酸。樹上生癩，以甘草釘釘之，則去。

鹽藏、蜜漬、糖製、火酒浸，皆佳。

林邑記云：邑有楊梅，大如杯盌，青時酸，熟則如蜜，用以釀酒，號為梅花酎，甚珍重之。

葡萄。附野葡萄。張騫使大宛，取葡萄實於離宮別館旁盡種之。一名蒲萄，一名賜紫櫻桃。廣志曰：有黃、白、黑三種。水晶葡萄，暈色帶白，如着粉，形大而長

味甘。紫葡萄，黑色，有大小二種，酸甜二味。綠葡萄，出蜀中，熟時色綠。至若西番之綠葡萄，名兔睛，味勝糖蜜，無核，則異品也。瑣瑣葡萄，出西番，實小如胡椒，小兒常食，可免生痘。又云：痘不快，食之即出。今中國亦有種者，一架中間生一二穗。雲南者，大如棗，味尤長。波斯國所出，大如雞卵，可生食，可釀酒，最難乾，不乾不可收。齊民要術曰：蔓延性緣，不能自舉，作架以承之，葉密陰厚，可以避熱。

便民圖纂曰：二三月間，截取藤枝，插肥地。待蔓長，引上架。根邊以煮肉汁或糞水澆之。待結子，架上剪去繁葉，則子得成。雨露肥大。冬月將藤收起，用草包護，以防凍損。其根莖中空相通，暮溉其根，至朝而水浸其中矣。以米泔水最良。以麝入其皮，則葡萄盡作香氣。以甘草作針針其根，則立死。三元延壽書云：葡萄架下，不可飲酒，恐蟲屎傷人。玄扈先生曰：須春分便插。太遲則有漿出，損本。

又法：宜栽棗樹邊。春間鑽棗樹作一竅，引葡萄枝從竅中過。候葡萄枝長，塞滿竅子，斫去葡萄根，托棗以生，其實如棗。十月中，去根一步許，掘作坑，收卷葡萄悉埋之。近枝莖薄安黍穰彌佳，無穰，直安土亦得。不宜濕，濕則冰凍。二月中還出，舒而上架。性不奈寒，不埋即死。其歲久根莖粗大者，宜遠根作坑，勿令莖折。其坑外處，亦掘土並穰培覆之。玄扈先生曰：北方必須舒卷，年遠亦難。南方竟以穰草裹根，可也。

正月末，取嫩枝長四五尺者，卷為小圈。先治地令鬆，沃之以肥。種時止留二節在外。春氣萌動，發芽盡萃

子出土、二節。不一年、成大棚。實大而多液。生子時去其繁葉遮露、則子尤大。忌澆人糞、

齊民要術曰、摘葡萄法、（逐熟者一一零疊。一作摘取。從本至末。悉皆無遺。世人全房折殺者。）

作乾葡萄法、（極熟者、一一零壓摘取。刀子切去蔕。勿令汁出。蜜兩分和。内葡萄中煑四五沸。漉出陰乾。便成矣。滋味倍勝、又夏月不敗、）

藏葡萄法、（極熟時、全房折取。於屋下作蔭坑。坑内近地鑿壁爲孔。插枝於孔中。還築孔使堅。屋子置土覆之。經冬不異也。）

玄扈先生曰、葡萄作酒、極有利益。然非西種不可。亦可作醋作糖。今山西亦作酒。然不真也

附野葡萄、（一名蘡薁、一名山葡萄。蔓生、苗葉花實與葡萄相似、但實小而圓。色不甚紫。堪爲酒。）

銀杏、一名白果、一名鴨脚子。（銀杏以白得名。鴨脚取其葉之似。其木多歷歲年。其大或至連抱。可作棟樑。多生江南。以宣城者爲勝。二月開花成簇。青白色。二更開花。隨即卸落。人罕見之。一枝結子百十。狀如楝子。經霜乃熟。爛去肉。取核爲果。）

便民圖纂曰、春初種於肥地、候長成小樹、來春和土移栽。

以生子樹枝接之、則實茂。

農桑通訣曰、春分前後移栽。先掘深坑、水攪成稀泥、然後下栽子。掘取時連土封、用草要或麻繩纏束、則不致碎破。土封其子。至秋而熟。初收時小兒不宜食。食則昏霍。惟炮煑作粿食爲美。以榨油甚良。顆如綠李。積而腐之。惟取其核。卽銀杏也

其木有雌雄之意。雄者不結實。雌者結實。其實亦有雌雄。雌者二稜。雄者三稜。須雌雄同種。其樹相望。乃結實。或雌樹臨水照影。或鑿一孔。納雄木一塊。泥之亦結。

採摘、（熟時。以竹篾箍樹本。擊篾。則銀杏自落。）

枇杷、上林賦曰盧橘、（枇杷易種。葉微似栗、冬夏不凋。冬花春實。夏熟。大者如雞子、小者如龍眼。白者爲上。黄者次之。無核者名焦子。出廣州。李時珍曰、枇杷、非盧橘也）

便民圖纂曰、以核種之、卽出。待春移栽。三月宜接、

橘、（附柑柚佛手柑金橘金豆）禹貢曰、厥包橘柚錫貢、（注云、大曰柚。小曰橘。然自是兩種。橘有數種。有綠橘。有紅橘。有蜜橘。有金橘。而洞庭橘爲勝。今充土貢。又有黄橘。扁小多香霧。爲上品、芡塌橘。狀大而扁。外綠心紅。巨瓣多液。春熟甚美、包橘。外薄内盈。隔皮可數、綿橘。微小極軟美可愛。不多結、凍橘。八月花開。冬結春采、穿心橘。實大皮光。心虛可穿又有沙橘、早黄橘、朱橘。荔枝橘、乳橘。油橘。橘之下品生南山川谷。及江浙荆襄。皆有之。木高可丈許。刺出於莖間。夏初生白花。至冬實黄。踰淮則化爲枳、閩中柑橘以泉州爲最。福州次之。樹多接成。惟種成者。氣味尤勝。）

便民圖纂曰、正月間、取核撒地上。冬月搭棚。春和撒

去待長二三尺許，三月移栽。澆忌猪糞。旣生橘，摘後又澆。有虫，則鑿開蛀處，以鐵線鈎取。一說以杉木釘塞其孔，則虫自死。取虫訖，以硫黃和土塞其竅。

農桑通訣曰：種植之法，種子及栽，皆可以枳樹截接，或掇栽尤易成。宜於肥地種之。冬收實後，須以火糞培壅，則明年花實俱茂。乾旱時，以米泔灌溉，則實不損落。

玄扈先生曰：此樹極畏寒，宜于西北種竹，以蔽寒風。又須常年搭棚，以護霜雪。霜降搭棚，穀雨卸却。樹大

不可搭棚，可用礱糠覯根，柴草裹其餘，或用蘆蓆寬裹根，餘礱糠實之。

須記南枝，掘深坑，糞河泥實底，方下樹。下鬆土滿半坑，築實，又下糞河泥，方下土平坑，又下糞河泥，又加築實，則旺。凡樹耐肥者，皆用此法。

以死鼠浸坑中浮起，取埋根中，極肥。

種樹書曰：南方柑橘雖多，然亦畏霜，不甚收。惟洞庭霜雖多，無所損，橘最佳，歲收不耗，正謂此焉。以死鼠浸溺缸內，候鼠浮，取埋橘樹根下，次年必盛。涅槃經云：如橘得鼠，其果子多。橘見屍則多實。

玄扈先生曰：冬寒無損，正因種者多，且培植有方耳。惟閩廣地煖，即無損耗，而實甚佳，勝浙者十倍。

橘柚橙柑等，須於臘月根邊寬作盤，連糞三次，不宜着根。遇春旱，以水澆之，雨則不必。花實並茂。橘之種不一，惟匾橘、蜜罐、甜瓶爲佳，洲橘耐久。

最忌猪糞，以茅灰及羊糞壅之，多生實。

農桑輯要曰：西川唐鄧，多有栽種成就，懷州亦有舊日橘樹。北地不見此種，若於附近而訪學栽植，甚得

濟用。畏寒多死，北地非宜。

述異記曰：越多橘柚園，越人歲出橘稅。

收藏：十月後，將金橘安錫器內，或芝麻雜之，經久不壞。藏菉豆中尤妙，近米即爛。

又法：鋪乾松毛藏于不近酒處，多不壞。

農桑通訣曰：惟皮與核，堪入藥。用皮之陳者，最良。又宜作食料。其肉味甘酸，食之多痰，不益人。以蜜煎之，爲煎則佳。食貨志云：蜀漢江陵千樹橘，其人與千戶侯等。夫橘，南方之珍菓，味則可口，皮核愈疾，近升盤俎，遠備方物，而種植之獲利又倍焉。其利世益人，故

非時與他菓同日語也、

柑、一名木奴、一名瑞金奴、農桑通訣曰、柑、甘也、橘之甘者也、莖葉無異於橘、但無刺爲異耳、生江漢唐鄧間、而泥山者名乳柑、地不一里所、其柑大倍常、皮薄味珍、脉不粘瓣、食不留滓、一顆之核纔一二、間有全無者、然又有生柑、有邪柑、有海紅柑、有衢柑、雖品不同、而溫台之柑、最良、歲充土貢焉、江浙之間種之甚廣、利亦殊博、又有山柑、洞庭柑出洞庭、皮細味美熟最蚤、甜柑每顆八瓣、未霜先黃、饅頭柑、生枝柑、平蒂柑、大如升、出成都、朱柑、大柑、黃柑、白柑、淡柑、江南嶺南爲盛、蜀次之、實似橘而圓大、未經霜猶酸、霜後始熟、柑樹猶畏冰雪、

栽種與橘同、

種樹書曰、柑樹爲虫所食、取蟻窠於其上、則虫自去、

柑之大者、擘破氣如霜霧、

李衡於武陵龍陽洲上、種柑千樹、謂其子曰、吾州里有千頭木奴、不責汝衣食、歲止一疋、亦足用矣、及柑成、歲輸絹數千疋、故史游急就篇註云、木奴千、無凶年、蓋言可以市易穀帛也、

柚、爾雅曰、柚條、又曰櫠椵、郭璞曰、柚屬也、似橙而實酢、大於橘、橘皮薄味辛苦、柚皮厚而肥甘、其肉有甘有酸、酸者名胡柑、一名條、一名櫾、一名壺柑、一名臭橙、廣雅謂之鐳、實有大小二種、小者如柑如橙、俗呼爲蜜筩、大者如升如瓜、俗呼爲朱欒、有圍及尺餘者、俗呼香欒、閩中嶺外江南皆有之、南人種其核、云長成以接柑橘甚良、呂氏春秋曰、果之美者、有雲夢之柚。

佛手柑、木似朱欒而葉尖長、枝間有刺、植之近水乃生、其實如人手、有指、有長尺餘者、皮皺而光澤、味不甚佳、而清香襲人、置衣笥中、雖形乾而香不歇、可糖煎蜜煎、作果甚佳、搗蒜罨其蒂。香更充溢。浸汁洗葛紵。絕勝酸漿。

金橘、一名金柑、一名夏橘、吳越江浙川廣間出、營道者爲冠、五月開白花、秋冬黃熟、大者徑寸、小者如指頭、糖造蜜煎皆佳、廣人連枝藏之、入膾醋尤香美、

便民圖纂曰、金橘三月將枳棘接之、至八月、移栽肥地、灌以糞水爲佳、

金豆、一名山金柑、一名山金橘、木高尺許、實如櫻桃、生青熟黃、形圓而光溜、皮甜可食、味清而香美、可蜜漬、

橙、埤雅曰、橙柚屬、可登而成、故字從登、一名棖、一名金毬。一名鵠殼。葉有兩刻缺者是也、似橘樹而有刺、葉大而形圓、皮甚香、厚而皺、其瓤味酸、唐鄧間多有之、江南尤盛、北地亦無此種、過淮則化爲枳、

種植與橘同、

其皮香氣馥郁、可以熏衣、可以芼鮮、可以和葅醢、可以爲醬虀、可以蜜煎、可以糖製爲橙丁、可以蜜製爲橙膏、嗅之則香、食之則美、誠佳果也、

其瓤洗去酸汁、細切和蜜鹽煎成、食之亦佳

桑、甚、栽種別見蠶桑部 爾雅曰、桑辨有葚、梔、

農桑通訣曰：嘗攷之史傳，三國魏武祖軍乏食，乃得乾葚以濟飢。魏志：武祖軍無糧，新鄭長楊沛進乾葚。後遷沛爲鄴令。後漢王莽時，天下大荒，有蔡順採葚，赤黑別盛之。赤眉賊見而問之，順曰：黑者奉母，赤者自食。蓋桑葚乾濕皆可食，可以救儉。昔聞之故老云：前金之末，飢歉民多餓莩。至夏初，青黃未稟，其桑葚已熟，民皆食葚，獲活者不可勝計。凡植桑多者，葚黑時，悉宜振落箔上，曬乾。平時可當果食，歉歲可禦飢餓。雖世之珍異果實，未可比之適用之要，故錄之。

玄扈先生曰：桑生葚者，葉小而薄，故蠶桑之家，不得有葚。

木瓜，爾雅曰：楙，木瓜。郭璞注曰：實如小瓜，酢可食。一名鐵腳梨。山陰蘭亭尤多，西京亦有之，而宣城者爲佳。李時珍曰：其葉光而厚，其實如小瓜而有鼻，津潤味不木者爲木瓜；圓小於木瓜，味木而酢澀者爲木桃；似木瓜而無鼻，大於木桃，味澀者爲木李，亦曰木梨，即榠樝及和圓子也。鼻乃花脫處，非臍蒂也。

農桑通訣曰：木瓜種子及栽皆得，壓枝亦生，栽種與桃李同法。秋社前後移栽，至次年，率多結實，勝春栽者。

宣城人種蒔最謹，始實則簇紙花薄其上，夜露日曝，漸而變紅，花文如生。本州以充土貢，故有天下宣城花木瓜之稱。

廣志曰：木瓜子可藏，枝可爲數號，一尺百二十節。

詩疏義曰：欲啖者，截著熱灰中，令萎蔫，淨洗，以苦酒頭汁蜜之，可案酒食。蜜封藏百日，乃食之，甚美。凡腰腎腳膝者，服食不宜闕。以蜜漬食，亦堪益人。蜜漬之法：先切皮，煑令熟，着水中，拔去酸味，却以蜜熬成煎藏之。又宜去子，爛蒸擂作泥，入蜜與薑作煎飲用，冬月尤美。夫木瓜得木之正，故入

筋。試以鉛霜塗之，則失醋味，受金之制也。五行相尅之義，於此益亦可驗。此果既能愈疾，又宜飲啖，兼用有益，誠可貴焉。陶弘景曰：木瓜最療轉筋，如轉筋時，但呼其名及書土作木瓜字，皆愈。此理亦不可解。俗人拄木瓜杖，云利筋脈也。

樝子，爾雅云：似梨而酢澁。埤雅曰：木桃。陶隱居本草注云：木瓜利筋脛。又有榠樝，大而黃，可進酒去痰。樝子澁，斷痢。禮記曰：樝梨曰攢之。鄭公不識樝，乃云是梨之不臧者。雷公炮炙論和圓子即此也。李時珍曰：樝子乃木瓜之酢澀者，小於木瓜，色微黃，蒂核皆粗，核中之子小圓也。

淮南子曰：樹柤梨橘，食之則美，嗅之則香。莊子曰：樝

梨橘柚皆可於口者、蓋古人以樝列於名果、今人罕食之耳。西川唐鄧、多種此、亦足濟用、然樝味比之梨與木瓜、雖爲稍劣、而以之入蜜作湯煎、則香美過之亦可珍也。

榠樝、詩經曰木李、埤雅曰木梨、鄭樵通志曰、蠻樝、拾遺曰癡樝、李時珍曰、榠樝、乃木瓜之大而黃色無重蔕者也、可浸酒去痰、置衣箱中、殺蠹蟲、

榲桲、李時珍曰、即榠樝之生於北土者、蘇頌曰今關陝有之、沙苑出者更佳、其實類樝、但膚慢而多毛、味尤甘、其氣芬馥、置衣笥中亦香、

寇宗奭曰、食之須淨去浮毛、不爾損人肺、其果最多生蟲、少有不蛀者、

山樝、爾雅曰杭子、繫梅、又名赤瓜子、鼠樝、猴樝、茅樝、羊梂、棠梂子、山裏果、生於田原茅林中、猴鼠喜食之故有諸名也、

九月熟、取去皮核、搗和糖蜜作爲樝糕、以充果物、亦可入藥、令人少睡、有力悅志

甘蔗、說文曰、藷蔗也、或爲芋蔗、或干蔗、或邯睹或甘蔗、或都蔗、所在不同、漢書離騷、俱作柘、有數種、曰杜蔗、即竹蔗、綠嫩薄皮味極醇厚、專用作霜、曰白蔗、一名荻蔗、一名劣蔗一名蠟蔗可作糖、江東爲勝、今江浙閩廣蜀川湖南所生、大者圍數寸、高丈許、又扶風蔗、一丈三節、見日則消、遇風則折、交趾蔗、長丈餘、取汁曝之數日成飴、入口即消、彼人謂之石蜜、叢生、莖似竹、內實直理、有節無枝長者六七尺、短者三四尺、八九月收莖、可留至來年春夏玄扈先生曰、甘蔗、糖蔗、是二種、

農桑輯要曰、種法、用肥壯糞地、每歲春間耕轉四遍、耕多更好、擺去柴草使地淨熟、蓋下上頭宜三月內下種、迤南暄熱、二月內亦得、每栽子一個截長五寸許、有節者中須帶三兩節、發芽於節上、哇寬一尺下種處、微壅、上高兩邊低、下相離五寸、臥栽一根、覆土厚二寸、栽畢、用水遶澆止令濕潤根脈無致渰沒栽封、早則二三日澆一遍、如雨水調勻、每一十日澆一遍其苗高二尺餘、頻用水廣澆之、荒則鋤之、無不開花結子、直至九月霜後、品嘗稭稈、酸甜者成熟味苦者、未成熟、將成熟者、附根刈倒、依法即便煎熬、外將所留栽子稭稈斬去虛梢、深撅窖坑、窖底用草襯藉將稭稈豎立、收藏於上、用板蓋土覆之、毋令透風及凍損、直至來春、依時出窖、截栽如前法、大抵栽種者多用上半截、儘堪作種、其下截肥好者、留熬沙糖、若用肥好者、作種尤佳、

煎熬法、若刈倒放十許日、即不中煎熬、將初刈倒稭

蔗稍葉截長二寸、碓搗碎、用密筐或布袋盛頓壓
擠取汁、即用銅鍋內斟酌多寡、以文武火煎熬。其鍋
隔墻安置、墻外燒火、無令煙火近鍋。專令一人看視
熬至稠粘、似黑棗合色、用瓦盆一隻、底上鑽箸頭大
竅眼一個、盆下用甕承接、將熬成汁、用瓢豁於盆內。
極好者、澄於盆、流於甕內者、止可調渴水飲用。將好
者、止就用有竅眼盆盛頓、或倒在瓦器內、亦可以物
覆蓋之、食則從便。慎勿置於熱炕上、恐熱開花。大抵
煎熬者、止取下截肥好者、有力糖多、若連上截用之、
亦得。玄扈先生曰、熬糖法、未盡于此。

家法政曰、三月可種甘蔗。
雩都縣土壤肥沃、偏宜甘蔗、味及采色、餘縣所無、一
節數寸長、供獻御。

農政全書卷之三十　終

農政全書卷之三十一

特進光祿大夫太子太保禮部尚書兼文淵閣大學士贈少保諡文定上海徐光啓纂輯
欽差總理糧儲提督軍務巡撫應天等處地方都察院右僉都御史東陽張國維鑒定
直隸松江府知府穀城方岳貢同鑒

蠶桑

總論

易曰、神農氏沒、黃帝堯舜氏作、通其變、使民不倦、垂
衣裳而天下治、蓋取諸乾坤。疏、黃帝已上、衣鳥獸之皮、其後人多獸少、事或
窮乏、故以絲麻布帛而製衣裳、使民得宜也。○玄扈先生曰、可以遍于北虜。

禮記月令曰、季春無伐桑柘。鄭玄注曰、愛養蠶食也
周禮曰、馬質禁原蠶者。注曰、質、平也、主買馬平其大
小之價直者。原、再也。天文辰爲馬、蠶書蠶爲龍精、月
直大火、則浴其蠶種、是蠶與馬同氣、物莫能兩大、故
禁再蠶者、爲傷馬與。
尚書大傳曰、天子諸侯必有公桑蠶室、就川而爲之、
大昕之朝、夫人浴種于川、
春秋考異郵曰、陽物大惡水、故蠶食而不飲、陽立於
三春、故蠶三變而後消、死於三七二十一日、故二十

一日而繭

淮南子曰原蠶而一歲再登非不利也然王者法禁之爲其殘桑也

俞益期牋曰日南蠶八熟繭軟而薄椹採少多

楊泉物理論曰使人之養民如蠶母之養蠶其用豈徒絲而已哉

五行書曰欲知蠶善惡常以三月三日天陰如無日不見雨蠶大善（又法埋馬牙齒於槌下令宜蠶）

王禎蠶繅篇曰淮南王蠶經云黃帝元妃西陵氏始

蠶蓋黃帝制作衣裳因此始也其後禹平水土禹貢所謂桑土既蠶其利漸廣禮月令曰季春之月具曲植蘧筐后妃齋戒親東鄉躬桑禁婦女毋觀（毋觀去容飾也）省婦使以勸蠶事（婦使謂縫線紃串之事）蠶事既登分繭稱絲效功以供郊廟之服無有敢惰及考之歷代皇后與諸侯夫人親蠶之事昭然可見況庶人之婦可不務乎

王禎蠶館序曰蠶館皇后親蠶之所古公桑蠶室也周制天子諸侯必有公桑蠶室近川而爲之築宮仞有三尺棘牆而外閉之后妃齋戒享先蠶而躬桑以勸蠶事后妃親蠶儀曰皇后躬桑始捋一條執筐受桑捋三條女尚書跪曰可止執筐者以桑授蠶母以桑適金室前漢文帝紀詔皇后親桑以奉祀服景帝詔后親桑爲天下先元帝王皇后爲太后幸繭館率皇后及列夫人桑明帝詔皇后諸侯夫人蠶魏文帝黃初中皇后蠶于北郊遵周典也晉武帝太康中立蠶宮皇后躬桑依漢魏故事宋孝武立蠶觀后親桑循晉禮也北齊置蠶宮皇后躬桑于所後周制皇后

至蠶所桑隋制皇后親桑於位唐太宗貞觀元年皇后親蠶顯慶元年皇后武氏先天二年皇后王氏乾元二年皇后張氏並見親蠶禮玄宗開元中命宮中食蠶親自臨視宋開寶通禮郊祀錄並有后親蠶祀辭此歷代后妃親蠶之事采之史編昭然可見茲特冠於篇首庶有國家者披圖考譜知繭館之不徒名也賦云惟蠶有功於世歸美廣物產之貨貲作生人之衣被中春之月天子詔后以躬桑大昕之朝內宰告期而命祀於是詣靈壇降寶殿翠幃夾乎道肅鳳

章翔于畿甸。順春氣於東方，朝先蠶於北面。具夫青縹之服。皇后蠶服，青上縹下，深衣。侑以芳馨之薦，九宮傾動，藹然際以成陪班。三獻禮成，沛矣迎祥於囘春。當其疊承寵命，適對韶光，擇世婦於吉卜，受鞠衣於明堂。月令：三月薦鞠衣，祭先帝于明堂。所以崇開禁館，始入公桑，援條有三聽女尚書之勸止。執筐不再，受宮大人之是將。體之以坤儀之柔順，視之以母道之慈良。破蟻以來，庶養至于千簿。獻繭之後，諒化被於多方。是以命繅治之成絲。就趨工而俟織，玄黃朱綠，染各精明，黼黻文章。古者獻繭使繅，遂朱綠之，玄黃之，以為黼黻文章。祭同品色。繭館圖不載

王禎先蠶壇序曰：先蠶，猶先酒先飯，祀其始造者。壇築土為祭所也。黃帝元妃西陵氏始蠶，即先蠶也。按黃帝元妃西陵氏曰儽祖，始勸蠶稼，月大火而浴種。夫人副褘而躬桑，乃獻繭稱絲，織維之功，因之廣織，以供郊廟之服。皇圖要覽云：伏羲化蠶，西陵氏養蠶。淮南王蠶經云：西陵氏勸蠶稼，親蠶始此。禮月令：季春是月也，后妃齋戒，享先蠶而躬桑，以勸蠶事。周禮天官內宰：仲春，詔后帥外內命婦，始祭於北郊。蠶于北郊，以純陰也。漢禮儀志：皇后祀先蠶，禮以中牢。魏黃初中，置壇於北郊，依周典也。晉置先蠶壇，高一丈，方二丈，四出陛，陛廣五尺。皇后至西郊，親祭躬桑。北齊先蠶壇，五尺，方二丈，四面陛，陛各五尺，外兆四十步，面開一門。皇后升壇，祭畢而桑。後周皇后至先蠶壇親饗。隋制：宮北三里，壇高四尺，皇后以太牢制幣而祭。唐置壇在長安宮北苑中，高四尺，周圍三十步，皇后並有事於先蠶，其儀備開元禮。宋用北齊之制，築壇如中祠禮。通禮義纂：后親享先蠶，貴妃亞獻，昭儀終獻。夫蠶祭有壇，稽之歷代，雖儀制少異，然皆遞相沿襲，餼羊不絕，知禮之不可獨廢。有天下國家者，尚鑒茲哉。有圖不載

王禎蠶神序曰：蠶神，天駟也。天文辰為龍，蠶辰生，又與馬同氣，謂天駟即蠶神也。淮南王蠶經云：黃帝元妃西陵氏始蠶，至漢祀宛窳婦人、寓氏公主，蜀有蠶女馬頭娘，此歷代所祭不同。然天駟為蠶精，元妃西陵氏為先蠶，實為要典。若夫漢祭宛窳寓氏公主，婦人蜀有蠶女馬頭娘，又有謂三娘為蠶母者，此皆後世之溢典也。然古今所傳，立像而祭，不可遺闕，故併附之。稽之古制，后妃祭先蠶壇壝牲幣如中祠，此后

妃親蠶祭神禮也蠶書云臥種之日諸旦升香割雞
設醴以禱先蠶此庶人之祭也自天子后妃至于庶
人之婦事神之禮雖有不同而敬奉之心一是誠爲
知所本矣乃作祈報之辭曰祈惟蠶之神伊駟有星
惟蠶之神伊昔著名氣鍾於此孕卵而生既桑而育
既眠而興神之福汝有箔皆盈尚頼終惠用彰厥靈
簇老獻瑞繭盆效成敬獲吉卜願契心盟神宜享之
祈祀惟馨報龍精一氣功被多方繼當是歲神降于
桑載生載育來福來祥錫我繭絲製此衣裳室家之

慶閭里之光敬帥長幼諸旦升香設殺于俎奠醴於
饋工祝致告神德彌彰有圖不載
郭子章蠶論曰木各有所宜土惟桑亡不宜桑亡不
宜故蠶無不可事豳風之詩曰女執懿筐遵彼微行
爰求柔桑則豳可蠶將仲子之詩曰無折我樹桑則
鄭可蠶車鄰之詩曰阪有桑隰有楊則秦可蠶氓之
詩曰桑之未落其葉沃若桑之落矣其黃而隕桑中
之詩曰期我乎桑中則衛可蠶皇矣之詩曰攘之剔
之其檿其柘桑柔之詩曰菀彼桑柔其下侯旬則周

可蠶禹貢兗州桑土既蠶厥篚織文則魯可蠶青州
厥篚檿絲管子亦曰五粟之土其檿其桑則齊可蠶
荊州厥篚玄纁則楚可蠶孟子告梁惠王曰五畝之
宅樹之以桑十畝之詩曰十畝之間桑者閑閑則梁
可蠶蠶叢都蜀衣青衣教民蠶桑則蜀可蠶猶之農
夫之於五穀非龍堆狐塞極寒之區猶可耕且穫也
今天下蠶事疎濶矣東南之機三吳越閩最夥取給
於湖繭西北之機潞最工取給於閬繭予道湖閬女
桑姨桑參差牆下未嘗不羨二郡女紅之廑而病四

遠之惰也夫一女不績天下必有受其寒者而况乎
半天下女不績也豈第五十之老帛無所出不績則
逸逸則淫淫則男子爲所蠱蝕而風俗日以頽壞今
天下門内之德不甚貿貞每歲奏牘姦淫十五毋亦
蠶教不興使然與公父文伯母曰王后親織玄紞公
侯夫人加之以紘綖卿之内子爲大帶命婦成祭服
列士之妻加之以朝服自庶士以下皆衣其夫社而
賦事烝而獻功男女効績愆則有辟古之制也彼大
夫之家而主猶績奈何令天下女習於逸以趨於淫

乎國家蠶桑載在令甲、凡民田五畝至十畝者栽桑麻木棉各半畝。十畝以上者倍之、田多者以是爲差、特廢不舉耳、故月令躬蠶之禮、后妃繢總之辟、與令甲桑麻之數、此三者、不可謂迂而不講也、

養蠶法

永嘉記曰、永嘉有八輩蠶、蚖珍蠶、(三月績、)柘蠶、(四月初績、)蚖蠶、(四月初績、)愛珍、(五月績、)愛蠶、(六月末績、)寒珍、(七月末績、)四出蠶、(九月初績、)寒蠶、(十月績、)凡蠶再熟者、前輩皆謂之珍、養珍者、少養之愛蠶者、故蚖蠶種也、蚖珍三月既績、出蛾取卵、七

八日便剖卵、蠶生多養之、是爲蚖蠶、欲作愛者、取蚖珍之卵。藏内甖中、隨器大小亦可、拾紙蓋覆器口、安硎泉冷水中、使冷氣折其出勢。得三七日、然後剖生養之、謂爲愛珍、亦呼愛子、績成繭、出蛾、卵卵七日、又剖成蠶、多養之、此則愛蠶也、藏卵時、勿令見人、應用二七赤豆安器底、臘月桑柴二七枝、以麻卵紙、當令水高下與種相齊、若外水高則卵死不復出、若外水下卵則冷氣少不能折其出勢。不能折其出勢則不得三七日。不得三七日。雖出不成也。不成者謂徒績成繭出蛾生卵、七日不復剖生、至明年方生耳、欲得陰樹下亦有泥器三七日、亦有成者、

雜五行書曰、二月上壬取土泥屋四角宜蠶吉、(案今世有三臥一生蠶、四臥再生蠶、白頭蠶、頡石蠶、楚蠶、黑蠶、有一生再生之異、灰兒蠶、秋母蠶、秋中蠶、老秋兒蠶、秋末老獺兒蠶、錦兒蠶、同繭蠶、或二蠶三蠶共爲一繭、凡三臥四臥、皆有絲綿之別、凡蠶從小與大者、乃至大入簇、得飼荊魯二桑、小食則桑中與魯桑、荊有裂腹之患也、)

齊民要術曰、收取種繭、必取居簇中者、(近上則絲薄、近下則子不生也、)屋欲四面開窗紙糊、厚爲籬、屋内四角著火。(火若在一處、則冷熱不均。)初生以毛掃。(用荻掃則傷蠶。玄扈先生曰、毛掃亦傷蠶、用桑葉葢覆、即自上矣。)

調火令冷熱得所、(熱則焦燥、冷則長遲、)比至在眠、常須三箔。中箔上安蠶、上下空置、(下箔障土氣。上箔防塵埃。)小時採桑著懷中令煖。然後切之。(蠶小不用見露氣。得人體則衆惡除。)每飼蠶卷窗幃。飼訖還下、(蠶見明則食、食多則生長。)老時值雨者則壞繭。宜於屋裏簇之。薄布薪於箔上。散蠶訖。又薄以薪覆之。一槌得安十箔。

又法、以大蓬蒿爲薪。散蠶令遍。懸之於棟梁椽柱。或垂繩鉤戈鶚爪龍牙。上下數重所在皆得。懸訖。薪下微生炭火以煖之。得煖則作速。傷寒則作遲。數入候

者熱則去火蒿蓬生涼無鬱浥之憂炙蠶旋墜無汚繭之患妙法葉不住無瘢痕之疵鬱浥則難練繭汚則絲散瘢痕則無用蓬蒿簇亦良玄扈先生曰勝今簇遠甚而人不用之何故其外簇者晚遇天寒則全不作繭用火易練而絲明日曝死者雖白而澀脆縑練衣著幾將倍矣甚者虛實失歲功堅脆懸絕蠶生要理安可不知哉

崔寔曰三月清明節令蠶妾治蠶室塗隙穴具槌持箔籠

王禎曰育蠶之法始於擇種收繭取簇之中向陽明淨厚實者蛾出第一日者名苗蛾末後出者名末蛾皆不可用次日以後出者取之鋪連於槌箔雄雌相配至暮拋去雄蛾將母蛾於連上勻布所生子環堆者皆不用黃省曾曰放子必覆而暗之見光則其子遊散連必桑皮紙出于南潯生子數足更就連上令覆養三五日黃省曾曰覆三五日則氣乃周掛時須蠶子向外恐有風磨損其子黃省曾曰貫連須用桑皮忌苧麻之線懸于涼處忌烟薰日炙之所冬節及臘八日浴時無令水極凍浸二日取出復掛年節後瓮內豎連須使玲瓏每十數日日高時一出每陰雨止即便曬暴黃省曾曰臘月十二浸之于鹽滷至二十四而出則利於絲或曰臘八日以桑柴灰或草灰淋汁以蠶連浸焉一日而出繼以雪水浸之懸乾或懸桑木之上以冒雨雪三宿而收之則耐養二月十二浴清明之曉則綿紙裹之藏於廚內候桑芽如茶匙大則綿絮裹之暮也覆以所服之煖衣晨也覆以所蓋之煖被既出也溫以火未出也禁以火焙其浸也用桑條之灰濕其連而後摻之摺而浸之於滷中即鹽化之水有分兩恐其浮也以磁器壓之其至二十四出也周河水滌去其灰或置之偏中而沃而後涼之掛之則至春生齊陰不至於費葉至二月十二浴以菜花野菜花韭花桃花白豆花採之之中而浴之蛾之放子也一夜而止否則生蟻不齊蠶子變色要在遲速由己勿致損傷自變桑葉已生自辰巳間將瓮內取出舒卷提掇亦無度數但要第一日變三分第二日變七分却用子蓋糊封了還瓮

內收藏至第三日午時又出連舒卷須要變至十分其蠶屋火倉蠶箔並須預備蠶屋宜高廣牕戶虛明易辨眠起仍上於行槌各置照牕每臨早暮以助高明下就附地列置風竇令可啟閉以除濕鬱若新泥濕壁用熱火薰乾窓上用淨白紙新糊門窓各掛葦簾蓐薦下蟻之時勿用雞翎等物掃拂惟在詳款稀勻不至驚傷稠疊生齊取葉若懷中令煖用利刀切極細篩於器內薜紙上勻薄將連合於葉上蟻聞葉香自下或過時不下連及緣上連背者並棄養蟻

時先辟東間一二間四角押壘空龕狀如三眼竈以均火候謂屋小則易收火氣也停眠前後則徹去擇日安槌每槌上下閑鋪三箔上承塵埃下隔濕潤鋪砌碎稈草於上中箔以備分擡用細切搗軟稈草勻鋪為蓐又採淨紙粘成一片鋪蓐上安蠶初生色黑漸漸加食三日後漸變白則向食宜少加厚變青則正食宜益加厚復變白則慢食宜少減變黃則短食宜愈減純黃則停食謂之正眠眠起自黃而白自白而青自青復白自白而黃又一眠也每眠例如此候之以

加減食凡葉不可帶雨露及風日所乾或浥臭者食之令生諸病常收三日葉以備霖雨則蠶常不食濕葉且不失飢採葉歸必疎爽於室中待熱氣退乃與食蠶時晝夜之間大槩亦分四時朝暮類春秋正晝如夏夜深如冬寒暄不一雖有熱火各合斟量多少不宜一例自初生至兩眠正要溫煖蠶母須著單衣以為體測自覺身寒則蠶必寒便添熟火自身覺熱蠶亦必熱約量去火一眠之後但天氣晴明已午之間時暫揭起窗間簾薦以通風日南風則捲北窗北

風則捲南窗放入倒溜風氣則不傷蠶大眠起後飼罷三頓剪開窗紙透風日必不頓驚生病大眠之後捲簾薦去窗紙天氣炎熱門口置甕旋添新水以生涼氣如遇風雨夜涼却當將簾薦放下其間自小至老蠶滋長則分之沙燠厚則擡之失分則稠疊失擡則蒸濕蠶柔輭之物不禁揉觸小而分擡人知愛護大而分擡或懶倦而不知顧惜久堆亂積遠擲高拋損傷生疾多由於此蠶自大眠後十五六頓即老得絲多少全在此數北蠶多是三眠南蠶俱是四眠日

見有老者量分數減飼候十蠶九老方可入簇值雨則壞繭南方例皆屋簇北方例皆外簇然南簇在屋以其蠶少易辦多則不任北方蠶多露簇率多損壓壅閼南北簇法俱未得中今有善蠶者一說南北之間蠶少疏開總戶屋簇之則可蠶多選于院內構長春草廈內制蠶簇週以木架平鋪蒿梢布蠶於上用席箔圍護自無簇病實良策也（蠶簇見圖譜）又有夏蠶秋蠶夏蠶自蟻至老俱宜涼惟忌蚊蠅蠹秋蠶初宜涼漸漸宜暖亦因天時漸涼故也簇與繰絲法同春蠶

南方夏蠶不中繰絲、惟堪線纊而已、凡繭宜併于箔擇涼處薄攤。蛾自遲出。免使抽繰相逼。恐有不及。則有𤍠浥籠蒸之法。士農必用云、繰絲之訣、惟在細圓勻緊、使無褊慢節核、麤惡不勻也、繰絲有熱釜冷盆之異、然皆必有繰車絲軖、然後可用、熱釜要大、置於釜上、接一杯甑、添水至甑中八分滿、甑中用一板欄斷、可容二人對繰也、水須當熱、旋旋下繭、多下則繰不及、蠶損、此可繰麤絲單繳者、雙繳者亦可但不如冷盆所繰、潔淨光瑩也、冷盆要大、先泥其外、用時添

水八九分、水宜溫煖長勻、無令乍寒乍熱、可繰全繳細絲、中等繭、可繰雙繳、比熱釜者、有精神而又堅韌也、南北蠶繰之事、摘其精妙、筆之於書、以為必效之法、業蠶者取其要訣、歲歲必得、庶上以廣府庫之貨資、下以備生民之纊帛、開利之源、莫此為大、

元孟祺農桑輯要論蠶性曰、蠶之性、在連則宜極寒。成蟻則宜極煖、停眠起宜溫。大眠後宜涼。臨老宜漸煖。入簇則宜極煖。（黃省曾曰、蠶之性喜靜而惡喧故宜靜室、喜煖而惡濕故宜版室、室靜可以避人聲之喧鬧、室密可以避南風之襲吹、室版可以辟地氣之蒸鬱。）

務本新書曰、養蠶之法、繭種為先、今時摘繭、一槃併堆箔上、或因繰絲不及、有蛾出者、便就出種、罨壓重蒸、因熱而生、決無完好、其母病則子病、誠由此也、今後繭種開簇時、須擇近上向陽、或在苫草上者、此乃強良好繭。（農桑要旨云、繭必雌雄相半、簇中在上者多雄、下者多雌。○陳志弘云、雄繭尖細緊小、雌者圓慢厚大。）另摘出於通風涼房內淨箔上。一一單排日數既足、其蛾自生。免熏罨鑽延之苦。此誠胎教之最先。若有拳翅禿眉。焦腳焦翅焦尾熏黃、赤肚無毛。黑紋黑身黑頭。先出末後生者。揀出不用。止留完全

肥好者、勻稀布於連上、擇高明涼處置箔鋪連、箔下地須灑掃潔淨。蠶連厚紙為上。薄紙不禁浸浴。（野語云、連用小灰紙更妙、）候蛾生足、移蛾下連、尾內一角空處、豎立柴草、散蛾於上、至十八日後、西南淨地掘坑、貯蛾上用柴艸搭合、以土封之、庶免禽蟲傷食、蓋有功於人、理當如此、

農桑旨要云、將蛾作三坑。埋種田地內。能使地中數年不生刺芥。

士農必用曰、蠶事之本。惟在謹於謀始。使不為後日

之患蠶眠起不齊由于變生之不一變生之不一由于收種之不得其法故曰惟在謹于謀始

又曰取簇中腰東南明淨厚實繭蛾第一日出者名苗蛾不可用（屋中置柴草上放不用蛾）次日以後出者可用每一日所出爲一等輩各於連上寫記後來下蛾時各爲一等輩二日相次爲一輩猶可次三日者則不可爲將來成蠶眠起不能齊極爲患害另作一輩養則可末後出者名末蛾亦不可用鋪連於搥箔上雄雌相配當日可提掇連三五次（去其尿也）至末時後款摘去雄

蛾（放在苗蛾一處）

務本新書曰深秋桑葉未黃多廣收拾曝乾搗碎於無煙火處收頓春蠶眠後用

士農必用曰桑欲落時捋葉（未欲落捋傷來年桑眼已落者短津味泥封收閉）至臘月內搗磨成麪（臘月內製者能消蠶熱病甕器內可多收飼蠶餘剩做牛料牛食甚美）

務本新書曰臘八日新水浸菉豆（每箔約半升）薄攤晒乾又淨淘白米（每箔約半升）控乾以上二物背陰處收頓以備大眠起用拌葉飼蠶

務本新書曰冬月宜收牛糞堆聚（春月旋拾恐臨時闕少）春踏成墼子晒乾苫起煙時香氣宜蠶

士農必用曰臘月曝牛糞春碾搥碎一半收起一半用水拌匀杵築爲墼

務本新書曰臘月刈茅草作蠶蓐則宜蠶

士農必用曰收黃蒿豆稭桑梢（其餘梢乾勁不臭氣者亦可）

士農必用曰修治苫薦穀草黃野草皆可（但必令緊密一頭截齊一頭留梢者爲苫兩頭齊截者爲薦也○野語云苫用茅草上簇輕快又不蒸熱）

士農必用曰蠶具及繅絲器皿務要寬廣（搥箔椽切刀鎌斧軠

釜等熱絲則釜宜大冷絲則釜宜小盆欲大其竈臨時治之）春磨米麪（蠶忙時不及也）

黃省曾曰切桑之刀宜濶而利其方筐之制縱八尺廣六尺其圓箔之造在盤門張公橋有火箱蠶自蟻而三眠用之

齊民要術曰修屋欲四面開窗紙糊爲籬（崔寔曰二月清明治蠶屋塗隙穴）收拾火氣蠶小時將牛糞墼子燒令無煙移入龕內頓放如無壁龕等止於搥箔四向約量頓火（近兩眠則止）若寒熱不均後必眠起不齊又今時蠶屋內素無禦寒熟火止是旋燒柴薪煙氣籠熏太甚蠶蘊

毒。多成黑蔫。

士農必用曰、治火倉、屋當中、掘一阬、闊狹深淺、量屋大小。謂如一三間四椽屋、四方一面、可闊四尺、隨屋大小加減。阬周圍、塼坯接壘高二尺、長粘泥泥了、通計深四尺。細碎乾牛糞阬底上鋪攤一層、厚三四指。臘月所收、槌碎者。帶根節麄乾柴於糞上鋪一層、五寸以上徑者、凡桑榆槐等堅硬者皆可。柴上又鋪糞一層、於柴空隙處築得極實。慎不可底虛、則火焰起、傷屋、又熟火不能長久。糞柴相間、椿阬滿、上復用糞厚蓋了。約蠶生前七八日、糞上煨熟火、黑黃煙五七日、於蠶蛾生前一日、少開門、出盡煙、即閉了。恐煖氣出。其柴糞陷下、已成熟火、蠶小喜煖、怕煙。不可用生火、又生火或驟或歇、不能均勻。此火既熟、絕無煙氣。一兩月不滅不動。便如無火。用柴枝剔撥、便煙氣熏騰也。上必壘高二尺者、欲使火氣上騰。至室中散布均勻。又防寅夜人行、誤陷入也。其屋乾透、其壁皆煖、黑婆等諸蟲、盡熏了。牛糞熏屋、大宜蠶也。蠶喜牛糞、牛喜蠶沙。糊窗窗上、故紙却用淨白紙替換、外莫捲草薦。旋扯故紙糊新紙、不使熱氣出去。每一窗上、嵌四大捲窗、宜密。

士農必用曰、上下二箔、上皆鋪切碎稈草、中一箔用切碎搗軟稈草爲蓐、鋪案平勻、仍須四邊留箔棱五七寸、採淨紙粘成一段、可所鋪蓐大、鋪了、中薄糝等上、

捺紙極軟如綿。○要旨云、底箔須鋪二領、蠶蟻生後、每日日高捲出一領、曬至日斜、復布於生蠶箔底。明日又將底箔收出曬曝、如前番覆鋪藉、使受自然陽和之氣、停眠起食、然後徹去。

務本新書曰、清明將篭中所頓蠶連、遷於避風溫室、酌中處懸掛。太高傷風、太下傷土。穀雨日、將連取出、通見風日、那表爲裏、左捲者却右捲、右捲者却左捲、每日交換捲那、捲罷、依前收頓。比及蠶生、均避風日、生發勻齊。要旨云、清明後種初變、經和肥滿、再變實圓、其中如春柳色、再變蟻周盤其中、如遠山色、此必收之種也。若頂平焦乾、及蒼黃赤色、便不可養、此不收之種也。

士農必用曰、蠶子變色、惟在遲速由己、不致損傷、自變。觀桑葉之生、以定變子之日、須治之三日、以色齊爲准。農語云、蠶欲三齊、子齊、蟻齊、蠶齊是也。其法、桑葉已生、自辰巳間、於風日中、將篭內連取出、舒卷提掇、舒時連背向日、曬至溫、不可至熱。凡一舒一捲時、將元捲向外者却捲向裏、元向裏者却捲向外、橫者豎捲、豎者橫捲、以至兩頭捲來中間相合。舒捲無度數、但要第一日十分中變灰色者、變至三分收了。次二日變至七分收了。此二日收了後、必須用紙密糊封了、如法還篭內收藏、至第三日、於午時後、出連舒捲提掇。其連手提之。凡一日日數遍。須要變至十分。第三次必須至午時後出連者、恐第一次先變者先生、蟻拖蠶生在巳午時之前、過午時便不生。

桑蠶直說曰：欲疾生者，頻舒捲。捲之須虛漫。欲遲生者，少舒捲。捲之須緊實。

士農必用曰：生蟻惟在凉暖知時。開揹得法，使之莫有先後也。（生蟻不齊，則其蠶眠起至老俱不能齊也。）其法：變灰色巳全，以兩連相合，鋪於一淨箔上，緊捲了，兩頭繩束，卓立於無煙淨凉房內。第三日，晚取出展箔，蟻不出爲上。若有先出者，雞翎掃去，不用。（名行馬蟻，留則蠶不齊。）每三連虛捲爲一卷，放在新煖蠶屋內，（槌匝下，隔箔上。）候東方白，將連於院內一箔上單鋪，（如有露，於凉房中，或棚下。）待半頓飯時，移連入

農政全書　卷之三十一　蠶桑　二十　平露堂

蠶房，就地一箔上單鋪。少間，黑蟻齊生，（並無一先一後者。）和蟻秤，連記寫分兩。

博聞錄曰：用地桑葉細切如絲髮，摻淨紙上，却以蠶種覆於上，其子聞香自下。切不得以鵝翎掃撥。

務本新書曰：農家下蟻，多用桃枝，番連敲打，蟻下之後，却掃聚，以紙包裹，秤見分兩，布在箔上。巳後節節病生，多因此弊。今後比及蟻生，當勻鋪蓐草，（蓐宜擣軟焙。）火內燒棗一二枚。先將蠶紙秤見分兩，次將細[illegible]在蓐上。蟻要勻稀，連必頻移。生盡之後，再秤[illegible]

知蠶蟻分兩。依此生蠶，百無一損。今時謂如下蟻二兩，往往止布一蓆，重疊審壓，不無損傷。今後下蟻三兩，決合勻布一箔。（若分兩多少，驗此差分。）又慎莫貪多。謂如巳力止合放蟻三兩，因爲貪多，便放四兩，以致桑葉、房屋、椽箔、人力、柴薪俱各不給，因而兩失。

士農必用曰：下蟻惟在詳款稀勻，使不至驚傷而稠疊。（是時蠶母沐浴淨衣入蠶屋，蠶屋內焚香。又將院內雞犬孳畜，逐向遠處，恐驚新蟻也。）蟻生既齊，取新葉，用快利刀切極細。（須下蟻時旋切，則葉查上有津；若用刀預切下，則查乾無津。）用篩子篩於中箔蓐紙上，務要勻薄。（須用篩子

農政全書　卷之三十一　蠶桑　二十一　平露堂

篩勻。不勻則食偏。篩用竹編篩子，亦可秫黍穰，亦可如小椀大，篩底方眼可穿過一小指也。）將連合於葉上，蟻自緣葉上。或多時不下連，及緣上連背蠶過又不下者，並連棄了，此殘病蟻也。（一箔蓐上下蟻三兩，蠶至老可分三十箔。每蟻一錢，可老蠶一箔也。係長一丈、闊二尺之箔。如箔小，可減蟻下。蟻多則蠶稠，爲後患也。養蠶過三十箔者，可更加下蟻。箔養蠶少者，用筐可也，蓐如前法。）

士農必用曰：加減凉煖。（蠶成蟻時，宜極煖，是時天氣尚寒。大眠後，宜凉，是時天氣巳暄。又風雨陰晴之不測，朝暮晝夜之不同，一或失宜，蠶病即生。惟蠶屋得法，則可以應。蠶屋之制，周置捲窓，中伏熟火。謂如蠶欲煖而天氣寒，閉苫窓，撥火，則外寒不入，和氣內生。若遇大寒，屢撥熟火不能勝其寒，則外燒糞墼，絕煙，置屋中四隅，和氣自然熏蒸。寒退則去餘火。蠶欲凉而天氣暄，閉火而捲苫窓，則

火氣内息，而凉氣外入。若遇大熱，盡捲苫窓，不能解其熱，則去其窓紙，上捲照窓，下開風眼，窓外揵下洒潑新水，凉氣自然透達。熱退則糊補其窓，閉塞風眼。使其蠶自初及終，不知有寒熱之苦，病少繭成。一室之功也。然寒不可驟加煖熱，當漸漸益火；寒而驟熱，則生黄輭等疾。熱不可驟加風凉，當漸漸開窓；熱而驟風凉，則變殭。此又不可不知也。又正熱猛著寒，便禁口不食。即用鍬子盛無煙熟牛糞火，用杈托火，鍬於揵箔下，往來碎去寒氣，蠶自食葉。

務本新書曰：蠶必晝夜飼。若頓數多者，蠶必疾老，少者遲老。二十五日老，一箔可得絲二十五兩；二十八日老，得絲二十兩；若月餘或四十日老，一箔止得絲十餘兩。飼蠶者，慎勿貪眠，以懶爲累。每飼蠶後，再宜遶箔看一遍。飼蠶葉要均匀。若值陰雨天寒，比及飼

蠶，先用乾桑柴或去葉稈草一把，點火繞箔照過，煏出寒濕之氣，然後飼之，則蠶不生病。一眠候十分眠，纔可住食；至十分起，方可投食。若八九分起，便投葉飼之，直到老，決都不齊，又多損失。停眠至大眠，蠶欲向眠時，見黄光，便住食，擡解直候起齊，慢飼，葉宜薄擡，厚則多傷慢食之病，蓋因生蠶得食力須勤飼，最忌露水濕葉并雨濕葉飼之，則多生病。

韓氏直説曰：抽飼斷眠法，蠶向眠時，量黄白分數抽減所飼之葉，漸次細切薄擡頻飼。如十分中有三分黄光者，即十分中減葉三分，比尋常飼宜細切薄擡，頓數亦宜稍頻。如十分中有五分黄光，即減五分，比先次又細切薄擡，其頓數亦宜加頻。如十分中有八分黄光，即減去八分，比先次切令極細，擡令極薄，其頓亦令極頻，候十分黄光，不問陰晴早夜，急須擡過。可無失悮，預備箔蓐。擡過時任食。起齊時投食。此爲抽飼斷眠之法，謂抽減眠蠶之葉，不致覆壓，專飼未眠之蠶，使之速眠，不惟眠起得齊，且無葉罨㷔熱之病。前人謂學取抽飼斷眠法，年年歲計得絲，蠶不可不知也。

務本新書曰：擡蠶要衆手疾擡，若箕内堆聚多時，蠶身有汗，後必病損。漸漸隨擡減耗，縱有老者，簇内多

作薄皮，蠶沙宜頻除，不除則久而發熱，熱氣熏蒸，後多白殭。每擡之後，箔上蠶宜稀布，稠則强者得食，弱者不得食，必遶箔遊走。又風氣不通，忽遇倉卒開門，暗值賊風，後多紅殭。布蠶須要手輕，不得從高擲下，如或高擲，其蠶身遍相擊撞，因而蠶多不旺。已後簇内懶老翁、赤蛹是也。要青云：蠶有白殭，是小時陰氣蒸損，天晴急用簸箕三四具，轉蠶中庭，使日氣照暖，一箔則復布一箔，得日氣則蠹解矣。野語云：蠶爍乾縮者，其蠶無病；蠶爍成片濕潤白積者，蠶爲有病，速宜擡解，如正可擡，却遇陰雨風冷，則不敢擡，用茅草細切如荳，每一箔可用一斗或二斗，匀撒蠶上，上再擡葉，移時蠶因食葉，陷上其茅草，能隔蠶沙，天晴再擡。如無茅艸，稈草次之。

士農必用曰：分擡之便，惟在頻款稀勻，使不致先濕損傷也。（蠶滋多，必須分之；沙燠厚，必須擡之。失分則不勝稠疊，失擡則不勝蒸濕，故宜頻。蠶者，柔軟之物，不禁觸弄，小而分之，猶能愛護；大而擡之，莫能顧惜也。未免久堆亂積，遠擲高拋，生病損傷，寔由于此。故宜安款而稀勻也。）或有不齊，頻飼以督其後者，使之相及而各取其齊也。（蠶眠不齊，病原于初，今既然矣，當從此以治之。如于純黃之中，雜見其退白而向黃者，是與純黃不相懸遠，頻飼以督之，則循得稍及，飼頻則可速其眠，故爾。如已見純黃，又多青白，此與純黃既遠，雖飼之之頻，則亦莫及。蓋蠶之變色，為變之小；其眠則絕食退膚，為變之大也。為蛹為蛾，則變之尤大，而至于化也。凡至純黃，則結觜不食而眠，如人之大病，周身之氣血，一為變換，一晝夜爭安不大，則眠為得所。今以青白者尚多，飼而亂之，動而躁之，則眠而失其所矣。此其青白者變黃，而向眠）

（則此已過眠而動，起動起之初，欲得少食，亦如人之病起欲得少食，以接氣血也。以後者方眠，勤其食而不投，以困以餓，又必待後者動起而飼之，多病少絲，端為可惜。故蠶經云：眠起不齊，絲減少。良謂此也。）

務本新書曰：初飼蟻法，宜旋切細葉，微篩（切刀宜快，快則粗細勻停）不住頻飼，一時辰約飼四頓，一晝夜通飼四十九頓，或三十六頓。懶者頗疑煩冗，予曰：新蟻止食桑葉脂脈，若頓數不多，譬如寸乳嬰兒，小時失乳，後必羸弱，病生。蟻初生，須隔夜採東南枝肥葉，篭中另頓，旋取細切。

士農必用曰：飼蟻之法，（當宿澆其桑，旋摘其葉。宿澆則多液，旋摘則不乾。利刃以細切之，疎篩以薄布之。非利刃則無液，非細切則蓋壓，非篩則不勻，非勻則傷食。然葉樁之微液，不能久存，少頃之間，即成枯涸。故須旋切而頻篩也。）第一日飼一復時，可至四十九頓，第二日飼至三十頓，（葉微作厚）第三日飼至二十餘頓。（又稍加厚）宜極煖，宜暗。（大凡初蠶宜暗，眠宜暗，將眠及眠起，宜微明，向食宜明，後做此。）

士農必用曰：擘黑法：第三日巳午時間，于別槌上安三箔，（如前初安槌法）微帶燠，薄搯蟻，款手擘如小棊子，奐布於中箔，可盈滿，（不留植也）可漸漸加葉飼，早晴可捲東窗苫，（使受東照）及當日背風窗。（自此後常日宜如此。天陰早暮且不宜，至夜則閉。凡迎風窗苫及西照窗苫不可開，蠶畏風也，後皆做此。雖大眠後喜凉，亦可以避其猛風也。）漸漸變色，

隨色加減食，至純黃則不飼，是謂頭眠。不以早晚擡過。

士農必用曰：擡頭眠，（蠶眠結觜不食，皮膚退換，蠶之一大變也）別槌上布四箔，（上下隔塵潤，中二箔安蠶，用葦如前）薄帶沙燠，搯蠶分如大棊子大，布滿中二箔，（沙燠厚則蒸蠶生病）一復時可六頓，次日可漸漸加葉，可開捲窗一半，初向黃時，宜極暖，眠定宜暖。起齊宜微暖。擡頭眠飽食，（正食時擡，名擡飽食）分如小錢大。布滿三箔。（辨色加減食。）

士農必用曰：擡停眠，分如小錢，微大，布滿六箔，起齊

頭食宜薄。一復時可四頓。次日可漸加葉。辨色加減。或全開捲窗。惟避當風窗。初向黃時宜暖。眠定宜微暖。起齊宜溫。　擡停眠飽食法。如前。蠶可撥可摻。不須分揭。可布滿十二箔。然不可高抛遠置。恐損蠶身。辨色加減食。務本新書曰、大眠起。頻宜頻除。蠶宜疎飼。或西南風起。將門窗簾薦放下。此際不宜擡解。箔上布蠶。須相去一指。布蠶一箇。取臘月所藏菉豆。水浸微生芽。曬乾。磨作細麵。臘月所藏白米蒸熟作粉亦可。第四頓收食。拌葉勻飼。解蠶熱毒。絲多易繰。堅韌有色。如葉必去秋所收桑葉。再搗爲末。水洒新葉微濕。摻末拌勻。接鬬飼蠶。此食豆麵係本食之物。又萵苣亦可接。蠶屋南簷外、先所架立搭棚檩柱、此時搭盖。

士農必用曰、擡大眠。分如折二錢大、布滿二十五箔。起齊投食、一復時可三頓。第一頓宜薄。但可覆白。第二頓比前又薄、仍覆白。第三頓如第一頓。覆白。此三頓食如不勻。則其蠶至老食慢。次日可漸加葉。辨色加減頓數。可全開捲窗照窗。遇熱。則更剺開窗紙。但不至熱。則不拘此例。初向黃時宜微暖。眠定宜溫。齊宜涼。可落蓐。大眠起、投食後第六七頓。可落蓐。全去沙燠。蓐草息。即是擡飽食。可分至三十箔。辨色加減食。正食時。每飼後可挾葉篚遶槌巡之。擡見箔上有班黎處。即摻葉補合。蠶至大眠後正食時鬬。一分葉。即減。一分絲也。但見有班黎處。是蠶先食葉透也。即當補合。不如此。則後來多有薄繭也。拌米粉。臘月內成造者。至第七八頓食後。於巳午時間將切下葉攤在箔上。玄扈先生曰、大眠後。尚切葉食。今人全不爾。不知北土何如。宜詳問之。亦不知今人不切無害否。宜爾試之。新水洒拌極勻。待少時。納羅白粉子。拌令極勻。每葉一筐。用新水一升。粉子四兩、如無、止用新水。一筐可飼一箔。所有之蠶皆可飼一頓。拌桑麵。令蠶體充實。爲繭堅厚。爲絲堅韌也。切葉洒拌新水極勻。羅桑麵拌勻。于大眠後間飼三五頓。假令每頓飼葉二筐。今止用一筐。減葉一半。如蠶盛葉鬬、大眠後、間飼之五頓亦無妨。蠶食不鬬、不可用。擡沙于大眠

後飼食、第十一二頓間可擡、擡如前法、全去沙燠不如此則不禁蒸熱、踏老生病難、以抽繰。蠶欲老。飼之宜細薄。宜頻。養。老。如養小亦如人老多食則傷。若不如此。則食葉不淨。其葉蒸溫帶葉入簇。所結繭亦濕潤如經鹽水。此名簇汗。蠶難抽繰。宜微暖。如人老。不禁寒涼。然亦可相度當時天氣涼暖、消息斟酌。大意比大眠後未老時。宜微暖也。依按其法。蠶自蠶至老。不過二十四五日。過此日數愈多。桑愈費。而絲愈少也。韓氏直說曰、蠶自大眠後、十五六頓、即老、得絲多少全在此數日、葉足則絲多。不足則絲少。見有老者、依抽飼斷眠法飼之、候十蠶九老、方可就箔上撥蠶入簇、如是則無簇汗蒸熱之患、繭必早作、而多絲。養蠶無巧食到便老

桑蠶直說曰、四眠蠶別是一種、與養春蠶同、但第三眠、止擡開十五箔擡飽食二十箔、大眠擡三十箔、黄省曾曰、蠶之自蟻而三眠也俱用切葉。其替擡也。用糠蘢之灰糝焉。則蠶體快而無疾或布網而擡替。其飼火蠶也必勤。葉盡即飼毋使饑呑火氣而病。其替蠶也。食半而替。則功省而蠶不勞。其三眠之起也、斤分於一筐、一筐之蠶可以得繭八斤爲絲一車而十六兩、其蟻之初出也。以薔薇之葉焙燥揉碎之糝之蟻上、聞香而集之於上、乃以鵞翎拂下。其厝火也、

炭之團蘇之、而灰以遏之、庵以覆之、溫溫然而已。緜被以隔之、而後置之於被之上焉、若熾焉。或饑焉。則傷於火、其長也焦黄、不食而死、勿食水葉、食則放白水而死、雨中之所採也必拭乾之、或風戾之、簇以稻草爲之、殺疏之必潔、則不牽絲、乃握而束之、厚籍以所殺疏之草殼可以禦地濕可以承墜蠶乃以握許登之、勿覆以紙至次日少以稻稈糝焉、以屬其作繭之未成者、勿用萊箕、善絆擾而薄繭七日而摘、半月而蛾生。交五月節、梅風吹之則生。凡蠶色之青也、簷苫之筱、其在簇而有雷、則以退紙覆之。以護其長。繭長而瑩白者、細絲之繭、大而晦色青蔥者、粗絲之繭、皆擇去其蒙戎之衣、其內潰而清濕者、謂之陰繭、及薄而雜者、綿之繭、可爲粗絲、不可以經、日經日則絲爛而難抽、不可以焚香、焚香則蛆穴而難抽、大者謂之龕工、繰之不可及也、淹而甕之泥之、每大缸用鹽四兩。荷葉包之於缸甕之口、又塞實荷葉。至七日而蛾死、泥之也仍數視之、有少罅則蛾生、凡拈絲綿之線、一分銀、是拈一兩、其爲綿也、蛾口爲最、上岸次之、黄繭又次也、繭衣者爲最下、蛾口者出蛾之繭也、上岸者、繰湯無緒、撈而出者也、繭衣繭外之蒙茸、蠶初作繭而營者也、

蠶不可以受油鑊之氣、不可以受煤氣。不可以焚香。亦不可以佩香。零陵香亦在所忌。否則焦黄而死。不可以入生人。否則遊走而不安箔。蠶室不可以食韮。暨蠶豆。養之人、後高爲善、以筐計、凡二十筐、庸金一兩、看繰絲之人、南潯爲善、以日計、每日庸金四分一車也、六分、其上簇也而無火。則繰之也必不淨。蠶婦

之手。不可以擷苦費。手有苦費之氣。令蠶青爛。食之者亦不可以入蠶之室。

韓氏直說曰。種蠶疾老。少病省葉。多絲不惟收却今年蠶。又成就來年桑。種蠶生於穀雨。不過二十三四日老。方是時。桑葉發生。津液上行。其桑斫去。比及夏至。夏至後一陰生。津液不上行。可長月餘。其條葉長盛。過於往歲。至來年春。其葉生又早矣。積年既久。其桑愈盛。蠶自早生。

韓氏直說曰。晚蠶遲老。多病。費葉。少絲。不惟晚却今年蠶。又損却來年桑。世人惟知婪多爲利。不知趨早之爲大利。壓覆蠶連。以待桑葉之盛。其蠶既晚。明年之桑。其生也尤晚矣。

務本新書曰。蠶有十體。寒、熱、饑、飽、稀、密、眠、起、緊、慢。謂飼時緊慢也。

蠶經曰。蠶有三光。白光向食。青光厚飼。皮皺爲饑。黃光以漸[illegible]食

韓氏直說曰。蠶有八宜。方眠時宜暗。眠起以後宜明。蠶小并[illegible]眠時。宜暖宜暗。蠶大并起時。宜明宜凉。向食時宜有風。避迎風窗。開下風窗。宜加葉緊飼。新起時怕風。宜薄葉慢飼。蠶之所宜。不可不知。反此者爲其大逆。必不成矣。

蠶經曰。蠶有三稀。下蟻、上箔、入簇。

蠶經曰。蠶有五廣。一人。二桑。三屋。四箔。五簇。謂苫、薦、蒿、梢等。

務本新書蠶忌曰。忌食濕葉。忌食熱葉。蠶初生時。忌屋内掃塵。忌煎煿魚肉。不得將煙火紙撚於蠶房内吹滅。忌側近舂搗。忌敲擊門窗槌箔及有聲之物。忌蠶房内哭泣叫喚。忌穢語淫辭。

夜間無令燈火光。忽射蠶屋窗孔。未滿月產婦不宜作蠶母。蠶母不得頻換顏色衣服。洗手長要潔淨。忌帶酒人。將桑飼蠶。及擡解布蠶。蠶生至老大。忌煙熏。不得放刀于竈上箔上。竈前忌熱湯潑灰。忌產婦孝子入家。忌燒皮毛亂髮。忌酒醋五辛膻魚麝香等物。忌當日迎風窗。忌西照日。忌正熱著猛風暴寒。忌正寒走令過熱。忌不淨潔人入蠶屋。蠶屋忌近臭穢。

務本新書曰。簇蠶地宜高平。内宜通風。匀布柴草稀

蠶宜稀。密則熱，熱則繭難成，絲亦難繅。東北位并養六畜處、樹下阬上、糞惡流水之地，不得簇。(野語：如天氣悶熱，不宜日午簇蠶，蠶光不禁日氣晒暴故也。)

士農必用曰：治簇之方，惟在乾暖，使內無寒濕。(簇中繭病有六：一簇汙，二落簇，三遊走，四變赤蛹，五變殭，六黑色。簇汙之病，蠶老食葉不淨，其葉蒸濕帶葉入簇故。繭亦濕潤，此爲簇汙。其餘五病，皆地濕天寒所致。〇玄扈先生曰：亦不止爲地濕天寒，自擇種至上簇，無時不可得病也。)蠶欲老，可簇地盤，燒令極乾，除掃灰淨，於上置簇。(玄扈先生曰：此是北法。南方正值梅天，萬難作此。所以皆須屋內簇，定須着火。)

韓氏直說曰：安圓簇於阜高處，打成簇腳，一簇可六

箔蠶十分中有九分老者，宜少摻葉，(名上馬棗。)就箔上用簸箕般去，宜款手摻於簇上，(自東南起頭，不合落地。)務令稀勻。上復覆梢蒿，(或荳藍。)復摻蠶如前，至三箔覆梢倒根在上，(如此則簇圓又穩。)自後蠶可近上摻，至六箔覆蒿，令簇圓，上用箔圍，苫繳簇頂，如亭子樣。(防雨。)至晚又用苫，將簇從下繳至上，苫相接。日出高時，捲去；至晚復繳。三日外繭成，不用。(馬頭簇亦依上苫繳，柴薪要廣，簇又玲瓏，中間宜架起。蠶多者宜馬頭簇，放腳宜南北。)曬簇，上蠶後第三日，辰巳時間，開苫箔，日曬至未時，復苫蓋如前。如當日過熱，上精單箔，遮日色。

翻簇上蠶時，被雨害濕，雨纔止、纔晴，即選一簇地鋪，(如雨濕了，則取乾牆上厚覆，治簇之法如前。)不以成繭不成繭，翻騰遷移，別簇封苫，如前。小雨則不須，但可曝曬。(又有一法，臨簇有雨，只於蠶屋中本槌下地面上安簇，開了門窗，使透風氣。早夜或陰雨變寒，則開門窗，添牛糞火。比翻簇之法，又爲妙也。又一法，槌箔上虛撒蒿，總周圍簇梢與蒿箔苫圍之，蠶自作繭，猶勝於雨中簇也。)

務本新書曰：繭宜併手忙擇，涼處薄攤，蛾自遲出，免使抽繅相逼。

士農必用曰：繅絲之訣，惟在細、圓、勻、緊，使無褊慢節核。(接頭爲節，疙疸爲核。)麤惡不勻也。(生繭繅爲上，如人手不及，殺過繭慢慢繅。殺繭法有三：一日曬，二鹽浥，三蒸。蒸最好，人多不會，日曬損繭，鹽浥者穩。)熱釜，(可繅粗絲單繳者，雙繳亦可，但不如冷盆所繅者潔淨光瑩也。)釜要大，置於竈上，(如蒸竈法。)釜上大盆甑接口，添水至甑中八分滿，甑中用一板攔斷，可容二人對繅也。繭少者止可用一小甑，水須熱，宜旋旋下繭，(多下則繅絲不及，煮損。)冷盆，(可繅全繳細絲，中等繭可繅雙繳，比熱釜者有精神而又堅韌。雖曰冷盆，亦是大溫也。)盆要大，先泥其外。(口徑二尺五寸之上，於前先翻過，用長粘泥泥底并四圍，至唇，厚四指，將至唇漸薄，日晒乾，名爲串盆。)用時添水八九分，(水宜溫暖常勻，無令乍寒乍熱。)釜要小，(口徑一尺以下者。小則下繭少，繭欲頻下，多下則煮過，又不勻也。)用實竈，半破墫坏，圓壘一遭，中空，(直桶子樣。)其高比繅

絲人身一半其圓徑相盆之大小當中壘一小臺徑尺

盆底大坐串盆於小臺上其盆要比圓壘高一唇靠元

壘安打絲頭小釜竈比圓壘低一半拚火透圓壘竈子

後火煙過處名拚火與拚火相對圓壘面近上開煙突口做一

臥突長七八尺已上先於安突一面壘一臺比突口

微低又相去七八尺外安一臺高五尺或就用牆或用木為架子

用長一丈椽二條斜磴在二臺上二椽相去闊一塼

坏許用塼坏泥成一臥突二椽上平鋪塼坏一層兩邊側立上復平蓋泥了便

成一臥突也須與竈口相背謂如竈口向南突口向北是也繅盆居中火衝盆底與盆下臺煙焰遶盆過

煙出臥突中故得盆水常溫又勻也又得煙火與繅盆相遠其繅絲人不為煙火所逼故得安詳也○

軖車床高與盆齊軸長二尺中徑四寸兩頭三寸用榆

槐木四角或六角臂通長一尺五寸六角不如四角軖角少則絲易解臂

者輻條也或雙輻或單輻雙輻者穩須脚踏又繅車竹筒子宜細細似織絹

穗子筒鐵條子串筒兩椿子亦須鐵也兩竪樁子上橫串鐵條鐵條穿

筒子既輕又利也不如此則不能成絕妙好絲古人有言工欲善其事必先利其器餘如常法○打

絲頭用一人小釜內添水九分滿竈下燃麁乾柴柴細旋添

火不勻停候水大熱下繭於熱水內下繭宜少不宜多多則煮過繅絲必用

筯輕剔撥令繭滾轉盪勻挑惹起囊頭粗絲頭名囊頭手撚

住於水面上輕提掇數度復提起其囊頭下即是清

絲摘去囊頭如重手攬撥囊頭又於手拐子纏數遭可長五七尺將繭上好絲十分中去了

三二分實為可惜如輕手剔撥起囊頭長不過五尺也一手撮撚清絲一手用

漏杓窈繭款送入溫水盆內杓底上多鑽眼子為漏杓漏瓢更好將清

絲掛在盆外邊絲老翁上盆邊釘揷一橛子名絲老翁○玄扈先生曰如此分

得極勻為安詳故即熱釜亦宜如此○繅絲用一人將絲老翁上清絲約

十五絲之上黃絲粗減繭數總為一處穿過錢眼錢下繭攢聚名絲窩

又名絮盤繳過篙頭蛾眉杖子上兩繳杖子下兩繳掛於

軖上又取絲老翁上清絲如前掛於軖子兩箇絲窩其頭齊行

右脚踏軖右轉長切照覷撥掠兩絲窩於內有繭絲

先盡蛹子沉了者繭絲斷了繭浮出絲窩者其絲窩

減小即取清絲約量添加務要兩絲窩大小長均眼專

覷手頻撥頻添添不過三四絲失添則細了多添則粗了如或手添不迭脚慢踏軖其絲絲較爭粗如或手

添得多了脚緊踏軖其絲較爭細手脚相應亦可取勻也○玄扈先生曰緊慢可為粗細却無此理○添

絲搭在絲窩上便有接頭將清絲用指面喂在絲窩內自然帶上去便無接頭也此名合繳絲圓緊無疙

瘩上等也中作紗羅上等疋段如蛾眉杖上只兩繳名雙繳絲不甚圓緊有小疙瘩中等也不中紗羅中

中等疋段如蛾眉杖上只一繳名單繳絲又名歇口絲褊慢有大疙瘩不中疋段只中絹帛亦不堅壯此

單繳歇口絲多只是熱釜中繅也○玄扈先生曰今各處繅絲皆只雙繳亦無蛾眉杖而秦王諸家亦共

不言全繳雙繳單繳之異。蓋古法之廢已久，著書者亦只抄寫節畧舊文而已。未見今北繅車，不知有蠶看杖否。宜索一具觀之。

玄扈先生曰：愚意要作連冷盆，釜俱改用砂鍋或銅鍋，比鐵釜絲必光亮。以一鍋專煮湯，供絲頭釜二具。串盆二具，繅車二乘，五人共作。一鍋二釜共一竈門，火烟入於卧突，以熱串盆。一人執爨，以供二釜二盆之水，爲溝以瀉之，爲門以啓閉之。二人直釜專打絲頭，二人直盆主繅，即五人一竈可繅繭三十斤，勝於二人一車。一竈繅絲十斤也，是五人當六人之功。一竈當二繅之薪矣。并具圖于後。

韓氏直說曰：蠶成繭，硬紋理粗者，必繅快，此等繭可以蒸餾繅冷盆絲。其繭薄紋理細者，必繅不快，不宜蒸餾。此上宜繅熱盆絲也。其蒸餾之法：用籠三扇，用軟草扎一圈，加於釜口，以籠兩扇坐於上。其籠不以大小，籠内匀鋪繭，厚三四指許。頻於繭上以手背試之，如手不禁熱，可取去底扇，却續添一扇在上，亦不要蒸得過了。過了則軟了絲頭；亦不要蒸得不及，不及則蛾必鑽了。如手背不禁熱，恰得合宜。於蠶房槌箔上，從頭合籠内繭在上，用手微撥動，如箔上繭滿，打起，更攤一箔。候冷定，上用細柳梢微覆了。其繭只於當日却要蒸盡，如蒸不盡，來日必定蛾出。如此繅絲，一月一般繅快。釜湯内用鹽一兩，油半兩，所蒸繭不致乾了絲頭。如鍋繭多，油鹽旋入。

務本新書曰：凡養夏蠶，止須些小，以度秋種。慮恐損壞萌條，有誤明年春蠶桑葉。今時養熱蠶以紙糊窗，因避飛蠅，遮盡往來風氣。天晴罨熱病生，陰則濕主白醭。陰晴俱不便。當以紗糊窗，陳稈草作薦。紙條先貼紗邊，餘紙就糊窗上，中間以線縶紗，在窗櫺上，蠶罷以水潤紙揭下，明年再用。或用荻簾，粗簾線縶。

織、凡窗繫定不岦泥之、遮蔽飛蠅、透脫風氣、另搆一房。不令雜人出入（決要南北窗）以剪剪葉。旦暮擡分。兼夜頻飼○秋蠶初生時、去三伏猶近、暑氣仍存、蠶屋多生濕潤、正要四通八達。風氣往來。蓋初生却要凉快。以陳稈草作蓐。勿用麥秸。一日一擡。失擡多生白醭一眠宜溫。再眠如春。門窗俱掛薦簾。屋内須用無煙熟火。大眠全要暄暖。大忌北風寒氣。勿飼雨露冷葉。春秋蠶法首尾顛倒深宜體測○簇蠶時。相次秋高。恐值夜寒風冷。不能作繭。可於簇西北。埋柱繫椽箔。

遮禦北風寒氣。三兩夜之間。便可作繭。（玄扈先生曰、斟酌用火）

士農必用曰、夏蠶（此別是一等、俗謂三生蠶。春養出夏種、夏養出秋種。秋養出來春種。不可間斷。斷則絕其種。○玄扈先生曰、今人呼二蠶種甚細。然余家用春蠶種夏月養之、仍得良繭也。）自蟻至老、俱宜凉。忌蠅蟲。先於蠶生前。用麥糠擁於蠶房壁脚下燒之（去濕氣及諸蟲子）擘黑後、須一日早晨一擡。其餘並與養春蠶同。（此蠶不可多養。止欲收秋蠶種。冬則損葉。然只可科採桑中穴條取葉也。）○秋蠶（一名原蠶。採葉不無傷桑。春蠶不幸過夭、不得已養之、以補歲計。然不宜植宜釋也。）初宜凉。漸漸宜暖。與養春蠶正相反。（其間體候須欲得所）初可摘葉。蠶大則捋葉。初欲紗糊窗。漸漸天寒。上

復用紙糊留捲窗。簇與繰絲法如前。（要旨：熱蠶從底亦宜用麥糠麥藁燒之、又大路上踏踐起乾塵土、墊三四寸、生蠶日于棧底攤平、可辟暑濕、簇秋蠶、多于簇必用熟火、或致焚燒、不若止于映北風處為簇、簇底用麥藁均鋪簇則用乾桑柴為梢、新乾麥藁為草、得自然溫暖之氣、不須用火矣。經雨則倒簇。○玄扈先生曰、今人不養秋蠶、止以夏蠶作來春種。亦生。又云、秋蠶以補歲計。此言甚妙。秋時多晴。更比春蠶為穩。今人先言二蠶不食頭葉。致昧秋蠶補歲計之理。不知二蠶何故不食頭葉。夏秋蠶俱要計筭除致蠅。）

農政全書卷之　終

農政全書卷之三十二

特進光祿大夫太子太保禮部尚書兼文淵閣大學士贈少保謚文定上海徐光啓纂輯
欽差總理糧儲提督軍務巡撫應天等處地方都察院右僉都御史東陽張國維鑒定
直隸松江府知府穀城方岳貢同鑒

蠶桑

栽桑法

桑爾雅曰、桑辨有葚梔、郭璞曰、辨半也、葚與椹同、半有椹半無椹者名梔。女桑、俗稱桑之小而條長者、桋桑、山桑、似桑材中為弓及車轅、檿桑、即柘也、飼蠶絲中琴瑟、亦材之美者也、典術云、桑乃箕星之精、徐鍇曰、桑音若、東方自然神木之名、乃蠶所食也

王禎種植篇曰、貨殖傳云、山居千章之材、安邑千樹棗、燕秦千樹栗、蜀漢江陵千樹橘、齊魯千樹桑、其人皆與千戶侯等、其言種植之利博矣、觀柳子厚郭橐駝傳稱駝所種樹、或移徙無不活、且碩茂早實以蕃、他人效之、莫能如也、又知種樹之不可無法也、考之於詩、帝省其山、柞棫斯拔、松柏斯兌、周之所以受命也、樹之榛栗、椅桐梓漆、衛文公之所以興其國也、夫以王侯之富且貴、猶以種樹為功、況於民乎、周禮太宰以九職任萬民、一曰三農生九穀、二曰園圃之職效於三農、其為民事之重尚矣、然則種植之務、其可緩乎、種植之類夥矣、民生濟用、莫先於桑、故首述而備論之、

王禎曰、桑種甚多、不可偏舉、世所名者、荊與魯也、荊桑多椹、魯桑少椹、葉薄而尖、其邊有瓣者、荊桑也、凡枝幹條葉堅勁者、皆荊之類也、葉圓厚而多津者、魯桑也、凡枝幹條葉豐腴者、皆魯之類也、荊之類根固而心實、能久遠、宜為樹、魯之類根不固、心不實、不能久遠、宜為地桑、然荊之條葉、不如魯葉之盛茂、當以

魯桑條接之、則能久遠而又盛茂也、魯為地桑、而有壓條之法、傳轉無窮、是亦可以久遠也、荊桑所飼蠶其絲堅韌、中去聲紗羅用、禹貢稱厥篚檿絲、注曰、檿山桑也、此蓋荊之美而尤者也、魯桑之類、宜飼大蠶、荊桑宜飼小蠶、

博聞錄曰、白桑少子、壓枝種之、若有子可便種、須用地陰處、其葉厚大、得繭重實、絲每倍常

齊民要術曰、桑椹熟時、收黑魯椹、黃魯桑不耐久、諺曰、魯桑百、豐錦帛、言其桑好、功省用力、即日以水淘取子、曬燥、仍畦種、常薅令淨、明年正月、移而栽之、率五尺一根、凡栽桑不得者、無他故、正悉犁撥耳

是以須穊不用稀且穊則長疾大都種椹長遲不如壓枝之速無栽者乃種椹也其下常劚掘種綠豆小豆二豆良美潤澤栽後二年慎勿採沐小採者長倍遲大如臂許正月中移之亦不須髡率十步一樹陰相接者則妨禾豆行欲小犄角不用正相當相當者則妨犁須取栽者正月二月中以鉤弋壓下枝令著地條葉生高數寸仍以燥土壅之土濕則爛明年正月中截取而種之住宅上及園畔固宜即定其田中種者亦如種椹法先穊種一二年然後更移之

王禎曰齊民要術載收椹之黑者剪去兩頭惟取中間一截蓋兩頭者其子差細種則成雞桑花桑中間

一截其子堅栗則枝幹堅强而葉肥厚將種之時先以柴灰淹揉次日水淘去輕秕不實者曬令水脉才乾種乃易生

齊民要術曰凡耕桑田不用近樹傷桑破犁所謂兩失其犁不着處斸斷令起斫去浮根以蠶矢糞之去浮根不妨耬犁十五年任爲弓材一張二百亦堪作履一兩六十裁截碎木中作錐刀靶一箇直三文二十年好作犢車材一乘直萬錢欲作鞍橋者生枝長三尺許以繩繫旁枝木橛釘著地中令曲如橋十年之後便是渾成柘橋一具直絹一疋欲作快弓材者宜於山石之間北陰中種之其高原山田土厚水深之處多掘深坑於坑之中種桑柘者隨坑深淺或一丈五直上出坑乃扶疎四散此樹條直異於常材十年之後無所不任一樹直絹十疋柘葉飼蠶絲可作琴瑟等絃清鳴響徹勝於凡絲遠矣

氾勝之書曰種桑法五月取椹著水中即以手潰之以水灌洗取子陰乾治肥田十畝荒田久不耕者尤善好耕治之每畝以黍椹子各三升合種之黍桑當

俱生鋤之桑令稀疏調適黍熟穫之桑生正與黍高平因以利鎌摩地刈之曝令燥後有風調放火燒之常逆風起火桑至春生一畝食三箔蠶玄扈先生曰取葚與雞鴨食之糞中萌出種者更不生甚

王禎曰剝桑十二月爲上時正月次之二月爲下大抵桑多者宜苦斫桑少宜省剝農桑要古云平原淤壤土地肥虛荊桑魯桑種之俱可若地連山陵土脉赤硬止宜荊桑士農必用云種藝之宜惟在審其時月又合地力之宜使之不失其宜然討栽培之宜[illegible]

分前後十日及十月並爲上時春分前後以及發生也十月號陽月又曰小春木氣長發之月故宜栽培以養元氣此洛陽方佐千里之所宜其他地方隨時取中可也大抵春時及寒月必於天氣晴明巳午時藉其陽和如其栽子已出元土忽變天氣風雨即以熱湯調泥培之暑月則必待晚凉仍預於園中稀種麻麥爲蔭惟十一月栽種不生活

四時類要曰種桑上不得厚厚即不生待高一尺又上糞土一遍

務本新書曰四月種椹東西掘畦熟糞和上摟平下水水宜濕透然後布子或和黍子同種椹藉水力易爲生發又遮日色或預於畦南畦西種檾後藉檾陰遮映夏日長至三二寸早則澆之若不雜黍種須旋搭矮棚於上以箔覆蓋晝舒夜捲處暑之後不須遮蔽至十月之後桑與黍稭同時刈倒順風燒之仍摻糞土蔽灰春煖榮茂次年移栽

一法熟地先耩黍一隴另捲草索截約一托以水浸軟麵飯湯更妙索兩頭各歇三四寸中間勻抹濕椹子十餘粒將索臥於黍壠內索兩頭以土厚壓中間摻土薄覆隔一步或兩步依上臥一索四面取齊成行久旱宜澆十月刈燒加糞如前冬春掃雪蓋糞清明前後掃去霖雨特覷稀稠移補比之畦種旋移省力决活早二年得力如舊有椹春種更妙後宜築圍牆固護或處索繫碎以黍椹相和於葫蘆內點種過處用箒掃勻或處天旱宜就黍壠內撥土平勻順壠作區下水種之

又法春月先於熟地內東西成行勻稀種檾次將桑

椹與蠶沙相和或炒黍穀亦可趁逐雨後於檾北單耩或點種比之搭矮棚與黍同種綠檾陰高密又透風露雖種十數畝亦不甚委曲費力

士農必用曰種子宜新不宜陳新椹種之爲上隔年春種多不生蔭畦搭棚爲上檾蔭次之黍苗又次之桑芽出間令相去五七寸營造尺寸也他倣此頻澆過伏可長至三尺剝去繁枝至十月內附地割了撒亂草走火燒過火不可大恐損根糞草蓋至來春把摟去糞草澆每一科自出芽三數筒留旺者一條已成根則不須蔭可頻澆至秋魯桑可長五七尺荊桑可長三四尺魯桑可移爲地

荆桑可移入園養之

務本新書曰夫地桑本出魯桑次以魯桑萌條如法栽培揀肥旺者約留四五條鋤治添糞條有定數葉不繁多衆葉脂膏聚於一葉其葉自大即是地桑栽地桑法秋地於熟白地內深耕一爲如壠加糞擬土爲區如無牛搃區亦可春分前後取臘月所埋桑條揀有萌芽處各盤七八寸或一尺鍬區下水卧條栽之覆土約厚三四指深厚則難生以手按勻區東南西種黍五七粒五月之後芽葉微高旋添糞土已後條高便作地桑或揀魯桑篳兒秋間埋頭深栽更疾得力

士農必用曰地桑之功惟在治之如法不致荒燥無樹桑之家純用地桑則人力倍省有樹桑兼地桑之家樹桑既成地桑可止而勿用加澆三之功使之滋長至其蠶大眠之後或樹桑不能時至則可溉取地桑使晚蠶至終者不致缺食○布地桑法牆圍成園將園內地或牛犁或钁斸熟方五尺內掘一阬每地一畝今栽二百四十科方深各二尺阬內下熟糞三升生糞不中壯地少用和土勻下水一桶調成稀泥將畦內種成魯桑連根掘出一科自根上留身六七寸其餘截去

根斷處火鍁上烙過每一阬栽一根將根坐於泥中欲疾見功者栽二根按至阬底提三五次欲令根須皆順按桑身填與阬平擁周圍熟土令阬滿次日築實匝阬四邊築下土至半阬根下土自實不實則根土不相著多懸死上半阬擁熟土輕築令平滿附身土不可築實實則芽難生用虛土封堆如大鍬子樣可厚五七寸周圍自成環池水澆於內芽出於土四五指每一根止留一二條澆鋤如法當年可長五尺餘次年附根割條葉飼蠶須用厚背鋼鐮一割要斷鈍鐮一割不能斷則修楂又齊雨浸傷根地桑不要放出身只要緊從土中長出身出土名爲脚高身上所長條不旺又多被風雨擺折割過處每一根盤周圍數芽出

每一科可許留四五條餘者間去年年附地割之根漸旺留條漸多野魯桑根科栽之亦可全如前法也桑三年後正長旺五年後根相交根交則不旺春時將相交根斫斷掘去添上糞土或澆過或得雨即復長旺次後斟酌其根欲大將壓成栽子園別園如前法栽之三年後新桑茂盛養蠶斫桑時將舊桑根上只斫一條隔年自成一根分出栽爲行桑如此傳轉無有盡期然魯桑所飼蠶其絲少堅韌可斟酌栽荆桑樹于大眠後以荆間飼之

韓氏直說曰地桑須於近井園內栽之有草則鋤無雨則澆比及蠶生可澆三次其葉自然早生桑種自有早生者遲生者須擇其早生者爲地桑則可

鍾化民曰種桑在正二月至八月亦可種根要理直泥要挨緊當以水糞澆灌方有生意玄扈先生曰初種不用糞桑有二種一種有桑椹即以桑椹植地一二月即出一種將桑樹柔條攀至於地以泥壓於其上每一桑眼即發一枝待至二三尺長其桑有根用剪剪下移種於地上即成桑樹如今年壓明年起明年又壓後年又起生生不窮

黃省曾藝桑總論曰有地桑出於南潯有條桑出於杭之臨平其鬻之時以正月之中上旬其鬻之地以

北新關內之江將橋旭旦也擔而至陳於梁之左右午而散大者株以二厘其長八尺其種也耨地而糞之截其枝謂之嫁留近本之枝尺餘許深埋之出土也寸焉培而高之以泄水壟其瘢或覆以螺殼或塗以蠟而瀝青油煎封之是防梅雨之所侵糞其周圍使其根四達若直灌其本則韓而死未活也不可灌水灌以和水之糞二年而盛其在土也月一鋤焉或二起翻也必尺許灌以純糞遍沃於桑之地使及其根之引者不摘葉也三年則其發茂禁損其枝之奮者桑之下厥草木留則茂蠶之時其摘也必潔淨遂剪焉南潯之剪價以七分必於交湊之處空其幹焉則來年條滋而葉厚歲歲剪條則盛禁原蠶之飼飼則來年枝纖而葉薄桑之壅也以糞以蠶沙以稻草之灰以溝池之泥以肥土其初蓺之壅也以水藻以棉花之子壅其本則燦而易發玄扈先生曰以荳餅以棉餅以麻餅以豬羊牛馬之糞初春而修也去其枝之枯者樹之低小者啓其根而糞泥壅之不然則葉遲而薄凡擇桑之本也皺皮者其葉必小而薄白皮而節疎芽大者爲柿葉之桑其葉必大而厚是

堅藺而多絲高而白者宜山岡之地或牆隅而籬畔五月也收桑椹而水淘少曬焉畦而種之至冬而焚其梢及明年而分種之短而青者宜水鄉之地正二月也木鉤攀之土壓昔年而截之移而種之歲糞也二其壓也濕土則條爛焦土則根生撒子而種不若條而壓其爲桑之害也有桑牛尋其穴桐油抹之則斃或以蒲母草草之狀也如竹葉其桑葉之葉癩也亦以草汁而沃之桑之下可以蓺蔬其蓺桑之園不可以蓺楊蓺之多楊甲之蟲玄扈先生曰楊不可絕宜勤捕之是食

桑皮而子化其中焉。二月而接也。有插接，有劈接，有壓接，有搭接，有換接。穀而接桑也，其葉肥大；桑而接梨也，則脆美；桑而接楊梅也，則不酸。勿用雞腳之桑，其葉薄，是薄繭而少絲。其葉之生黃衣而皺者，木將就槁，名曰金桑，蠶則不食。先椹而後葉者，其葉必少。有柘蠶焉，是食柘而早繭。其青桑無子而葉不甚厚者，是宜初蠶。望海之桑種之術，與白桑同。是皆臘月開塘而加糞，即壅之以土泥，或二或三。六七月之間，乃去其蟲，開塘加糞，壅土宜遲。紫藤之桑，其種高大，

是不用剪其葉，厚大尤早，種之也，宜邇於竈屋，不必開塘而糞壅，惟幼稚之時，待冬而糞，或二或三，以臘月爲佳。

務本新書曰：桑生一二年，脂脉根株亦必微嫩，春分之後，掘區移栽。區北亘上下，栽成土壁，壁底旁鍬其土下水三四，外將桑窠兒靠壁栽立，根科須得勻舒，以土堅覆。土壁地區，地約高三二寸。大抵一切草木根科，新栽之後，皆惡搖擺，故用土壁遮禦北風，又合日色也。今時移栽小桑，微帶根鬚，上無寸土，但經路遠，風日耗竭脂脉，栽後難活，縱活亦不榮旺。邦稱地法不宜，此係拙謬。今後應栽小樹，若路遠移多，約十餘樹通爲一束，於根鬚上蘸沃稀泥，泥上糝土，上以草包（或蓆蒲包）包，內另用淳泥固塞，仍擗夾車箱兩頭，不透風日。中間順臥樹身，上以蓆草覆蓋。預於栽所掘區下糞，樹到之時，書便下水，依法栽培。秋栽法：平昔栽桑，多於春月全樹移栽，春多大風吹擺，加之春雨艱得，又天氣漸熱，芽葉難禁，故多不活（活亦遲得力）。若是斫去元榦，再長樹身，桑間鐵腥，愈旺地桑，是其驗也。

迤南地分，十月埋栽；河朔地法頗寒，故宜秋栽（霖雨內爲上時）。區深一尺之上，平地約留樹身一二指，餘者斫去。栽罷，地須堅築，以土封瘢。比及地凍，於上約量添糞，春煖之後，就糞擬爲土盆，雨則可聚，旱則可澆。樹南春先種穄，比及霖雨以來，芽條叢茂，就作地桑。或削去細條，存留旺者一二枝，次年便可成樹。或是就壓傍條，一樹又斛十餘，比之全樹栽者，樹樹必活，桑亦榮茂也。十月木迷，宜栽埋頭桑（截去桑身栽，如秋栽）。冬月根脉下行，乘春併發，一年之間，長過元樹，栽二年之上

桑。穀雨。其間。但有芽葉不旺者，以硬木貼樹身，去地半指，一斧截斷。快鏟更妙。糝土封其樹瘢。樹南種黍五七粒，十餘日始出芽條，旱則頻澆。立夏之後，不宜此法、大暑則不能。一歲之中，除大寒時分不能移栽，其餘月分皆可、

農桑要旨云：凡新栽桑斫科採葉，須得宜。初栽後成科時，中心長條上葉勿採，其餘在傍脚科。止將其葉且勿剝斫，蓋令枝條繁密，就爲藩蔽，以防牛畜咽咬、掣擺拖挽之患。後中心枝既粗，即可剝斫在旁科條。

本根既盛。脂脉盡歸中心枝，便可長成大樹。堅久茂盛。不生糖心。

士農必用曰：種藝之宜，惟在審其時月，又合地方之宜，使之不失其中、栽培所宜，春分前後十日。十月內。並爲上時。春分前後以及發生也。十月號陽月，又曰小春，本生長之月，故宜栽培以養元氣。

又曰：桑者易生之物，除十一月不生活，餘月皆可移。須于園內稀種䅘或麻黍爲蔭。每歲三月三日晴雨卜桑之貴賤。

養樹桑法、牆圍成園。大小隨人所欲、將園內地耕劚熟，方三尺許。掘一阬。阬之方澤下糞水與栽地桑法同　將畦內種出荆桑。全條連根。掘出栽培。亦如前法，但所築實土與地平。上復用土封身一二尺，周圍自成環池。無雨則澆　待桑身長至一大人高。割去稍子。則橫條自長。任令滋長休科去新條當春不宜科。科了數年不旺十二月內或次年正月科則不妨　如澆治有功，至秋可長大，如壯椽、十月內、或次年春可移爲行桑、若不如此于園內養成從小便栽爲行桑者多被風雨孳畜損壞　野荆桑不成身者，移根於園內養之、亦同、栽培如地桑法芽出留旺者一條長至如大人高其科養法如前

務本新書曰、壓。條。法、寒食之後，將二年之上桑全樹以兠橛袪定、掘地成渠，條上已成小枝者出露土上、其餘條樹以土全覆樹根、週圍擬作土盆、旱宜頻澆、如無元樹，止就桑下脚窠，依上掘渠埋壓。六月不宜全壓、

士農必用曰、春氣初透時、將地桑邊傍一條、稍頭折了三五寸、屈倒於地空處、多用栽子多屈幾條隨人所欲　地上先兠一渠。可深五指餘。臥條於內。用鉤橛子即釘住。條短則二

（箇長則三箇）懸空不令著上，其後芽條向上生，如細杷齒狀。横條上約五寸留一芽，其餘剃去。（可飼小蠶）至四五月內，晴天巳午時間，横條兩邊取熟瀌土擁横條上，成壠。横條即爲卧根。至晚澆其根科。（當夜卧根生鬚）至秋，其芽條苗爲條身。至十月（或次年春分前後）際卧根，根頭截斷，取出土，隨間空處斫斷一一（拐子樣），每一根爲一栽。（此法出徹栽子無窮）

務本新書曰：栽條法，秋暮農隙時分，預掘下區，藉地氣經冬藏濕。又分減栽時併忙。區方深各二尺之上，

熟糞一二升，與土相和，納於區內。土宜北高南下，以留冬春雨雪。（餘區准此）臘月內揀肥長魯桑條三二枝，通連爲一窠，快斧斫下，即將楂頭於火內微微燒過，每四十五條，與稃草相間作一束，卧於向陽阬內。（阬深長三四尺，當預掘下，防冬深地凍難掘）以土厚覆，春巳分後取出，却將元區跑開，下水三四升，布粟三二十粒，將條盤曲，以草索繫定，卧栽區內，覆土約厚三四指。如或出露條尖三二寸，覆土宜厚尺餘，俱當堅築，仍以虛土另封條尖。巳後芽生，虛土自脱。先於區南種穄，地宁陰濕，時時澆之。若全卧栽者，巳後逐旋添土，芽條長高，斫去傍枝，三年可以成樹，或就作地桑。

栽桑梢據埋頭栽桑，斫下桑梢，相連三二枝爲一窠，栽如前法。或於蘿蔔內穿過一枝，假藉氣力，更妙。掘區堅埋，依前法。

壠種桑條，秋耕熟地，二月再擺匀，東西起畛，約量遠近，擬土爲區，將臘月元埋桑條栽，依前法。或是單根肥長桑條，依上栽之亦可。

栽種桑條者，若舊桑多處，可以多斫萌條；若是少處，

又慮斫伐太過，次年悮蠶，故具種椹、壓條、栽條之法，三者擇而行之。

士農必用曰：插條法，墻圍成園，掘阬如地桑法。大葉魯桑條上青眼動時，科條長一尺之上，截斷，兩頭烙過，每一阬內微斜插三二條，待芽出，封堆虛土三五寸。每一根科止留一條，至秋可長數尺，次年割條葉飼蠶。（此怕當年三伏日流蔭不缺，無不活者。畦內插亦可）如當處無可採之條，預於他處擇下大葉魯桑，臘月割條，藏於土穴。（如藏花果法，接頭透風則乾了）候至桑樹條上青眼微動時，開穴藏條上

眼亦動，截烙栽培，用度如前。

玄扈先生曰：齊民要術云：種椹而後移栽，移栽而後布行。務本新書云：畦種之後，即移爲行桑，無轉盤之法。二法皆可也。

士農必用曰：園內養成荊魯桑小樹，如轉盤時，於臘月內，可去不便枝梢，小樹近上留三五條，梳口以上樹留十餘條，長一尺以上，餘者皆科去。至來春桑眼動時，連根掘來，於漫地內，濶八步一行，行內相去四步一樹，相對栽之。栽培澆灌如前法。桑行內種在闊八步，牛耕一轍地也。行內相去四步一樹，彼地四步已耎，可成大樹，相對則可以橫耕，故田不廢墾，桑不致荒。荊棘圍護。當年橫枝上所長條，至臘月，科令稀匀得所，至來年春，便可養蠶。

士農必用曰：科斫樹桑，惟在稀科時斫。依時斫也。使其條葉豐腴而早發，不致蠶之稺也。稀則條自豐，葉自腴。今年科不過時，則長條豐美。明年之葉自然早發，而又腴潤也。○又科斫之利，惟在不留中心之枝，容立人于其內，轉身運斧，條葉偃落於外。比之擔負高几遠樹上下，科有心之樹者，一人可敵數人之功。條不可冗，冗則費芟科之功，葉薄而無味。是故科斫爲蠶事之先務。時人不知預治於農隙之時，而徒費功力於蠶作之日，人則倍勞，蠶復失所。如得其法，使樹頭易得其條，條上易得其葉，蠶不待食，葉以時至，又其葉潤

廣農語云：鍬頭自有三寸澤，斧頭自有一倍桑。奈中一法，名曰剶桑。臘月中悉去其冗，所存之條甚踈。又於所存條根之上，僅留四眼，餘皆去之。其所留者，明年則爲柯，其眼中所發青條，可長三數尺，其葉倍常光潤，如沃。蠶遇老而手採之，獨留上向外之條滋養。及秋，其長以至尋丈。臘月復科之如前。歲久則所留之科重繁，復從下斫去。既周而復始。洛陽河東亦同。山東河朔則異於是，必留明條，疑風土所宜。然欲一試此剶桑之法而未果也。又斫樹法：自移栽時，長五七尺高，便割去梢。既不留中心，其條自向外長，樹長大，中心可容立一人。如長成樹者，當中有身及枝者，亦可斫去也。科條法：凡可科去者，有四等：一瀝水條，向下垂者。一刺身條，向裏生者。一駢指條，相併生者，選去其一。一冗脞條。雖順生，却稠冗。臘月爲上、

正月次之。臘月津脉未上，又農隙人家春科只圖容易，剶皮損了津液也。欲用桑皮，將臘月正月科下條，向陽土內培了，至二月中取之，亦可剶。

士農必用曰：接換之妙，荊桑根株，接魯桑條也。凡博接皆同此說爲要訣。惟在時之和融，手之審密，封繫之固，擁包之厚，使不至疎淺而寒凝也。春分前十日爲上時，前後五日爲中時。然取其條，眼飽青爲時妙。此不以地方遠近，皆可準也。然必待晴暖之日，以藉其陽和也。接不密則氣液難通，擁包不固厚則風寒入而害之也。果之一生者，質小而味惡；既一接之，則質碩大而味美。桑亦如是，故接換之。接時取遠處有者，須先取下，可節氣內割取其條。其採取培養之法，全如採條桑內所說。如取接萌處過遠者，可於未曾盛油新抻簍中，與蒲包裹一處，搭了外密封不透，雖行千里，不致凍損。果木宜三年條

（其藏及接法亦同。）

玄扈先生曰：莫如當年條爲妙。三年之説，不然也。且接時必待月暗，自下弦至上弦皆可，晦尤妙；自上弦至下弦皆忌，望尤險。

劈接法：先附地平鋸去身榦，於砧盤傍向下一寸半皮肉上，用快刀子尖向上左右斜批豁兩道，至平面其下尖，其上濶一指，中間批豁斷者剔去。（其批豁了處，如二鴉嘴樣，渠子也。兩壁有斜面，無平底，其尖淺，向上漸深，至平面可深至半指許。）接頭可長五寸，其粗細如一指許者，於根頭一寸半內量留一半，

將其外一半左右削兩刀子，成喬麥楞樣，令頭尖，口內噙養溫煖，嵌於砧盤傍所批渠子內，極要緊密，須使老樹肌肉與接頭肌肉相對著於一砧盤上。如此接至數箇，（斟酌砧盤大小。）用新牛糞和土成泥，封泥其接頭周遭。又用新桑皮纏繳牢固，上又用牛糞土泥封泥了。所繳桑皮，然後用濕土封堆接頭上，可厚五寸，（大小斟酌其樹盤。）周圍棘刺遮護。接頭生條芽出土，長高一二尺，約量留三二條，用依柱如前。（玄扈先生曰：渠子淺深，量樹大小，及接頭粗細。其緊要處，只在皮對皮，骨對骨；更緊要處，在縫對縫。）

又曰：接大桑宜劈接、插接，小桑宜搭接、壓接。附地接者，封泥擁培如前。半身截成砧盤接者，但其縫罅上用紙封，又用破蓆片包繫如仰盆子樣，內盛潤土培養其接頭，勿令透風。（用無底瓦罐盆子代蓆片亦可。）土乾則洒水。所包土上條芽長出，其所包土亦休取去，至秋條長成，接處長定，所包土不用也。（如接頭都活，則斟量橫枝多少，樹之氣力留之。）壓接者，可就於橫枝上截了，留一尺許，（然尺寸不可定，惟取樹勢圓也。）於接頭上眼外方半寸，刀尖刻斷皮肉，至骨款揭下帶眼皮肉一方片。（其眼底骨上一小心子如米粒，此是一莖生氣之根。揭時用指甲尖剗起，令其小心子帶於皮肉之上。）

口噙少時，取出，印濕痕於橫枝上，復噙養之。用刀尖依濕痕四圍刻斷皮肉，揭去露骨，將接頭上靨皮嵌貼上，（其眼向上，勿令顛倒。）上下兩頭用新細薄桑皮繫了。（斟酌其緊慢，太緊則生氣不通，太慢則不相附著，俱難活也。）用牛糞和泥，眼四邊泥了。其所貼之靨，多少可量其樹之大小。又接小芽條，（可用搭接法。）就畦內將已種出荊桑隔年芽條，去地二寸許，向土削成馬耳狀，將一般粗細魯桑接頭，亦削成馬耳狀，兩馬耳相搭，細桑皮繫了，牛糞泥封，濕土擁培。其芽條出土，可留一二莖，至秋長

如一大人高明年可移入園中養之其法如前全要大小一般令其縫對縫取藏接頭側近有接頭者土中種之其高

原上田土厚水深之處多掘深阬中種桑柘者隨阬深淺或一丈丈五直上出阬乃扶疎四散此樹條直異於常材十年之後無所不任

博聞錄曰柘葉多叢生榦疎而直葉豐而厚春蠶食之其絲以冷水繰之謂之冷水絲柘蠶先出先起而先繭柘葉隔年不採者春再生必毒蠶如不採夏月皆要打落方無毒

齊民要術曰種柘法耕地令熟耬耩作壠柘子熟時多收以水淘汰令淨曝乾散訖勞之草生拔却勿令荒沒三年間劚去堪爲渾心扶老杖十年中四破爲杖任爲馬鞭胡床十五年任爲弓材亦堪作履裁截碎木中作錐刀靶二十年好作犢車材欲作鞍橋者生枝長三尺許以繩縛旁枝木橛釘著地中令曲如橋十年之後便是渾成柘橋欲作快弓材者宜於山石之間北陰

柘葉比桑葉澁薄十減二三又招天水生牛蠹等蟲

若種蜀黍其稍葉與桑等如此叢亦不茂如種菉豆黑豆芝麻瓜芋其桑鬱茂明年葉增二三分種黍亦可農家有云桑發黍黍發桑此大槩也

務本新書曰假有一村兩家相合低築圍墻四面各一百步若戶多地寬更甚省力一家該築二百步墻內空地計一萬步每一步一桑計一萬株一家計分五千株若一家孤另一轉築墻二百步內空地止二千五百步依上一步一桑法止得二千五百株其功之不侔如此恐起爭端當于園心以籬界斷比之獨力築墻不止桑多

一倍亦遞相藉力容易勾當

務本新書曰桑皮抄紙春初剶斫繁枝剝芽皮爲上餘月次之桑木爲弓弩射則耐挽拽桑莪素食中妙物又五木耳桑槐榆柳楮是也桑槐者爲良野田中者恐有毒不可食

農政全書卷之三十二終

農政全書卷之三十三

特進光祿大夫太子太保禮部尚書兼文淵閣大學士贈少保謚文定上海徐光啓纂輯
欽差總理糧儲提督軍務巡撫應天等處地方都察院右僉都御史東陽張國維鑒定
直隸松江府知府穀城方岳貢同鑒

蠶桑

蠶事圖譜

王禎曰、蠶繅之事。自天子后妃。至於庶人之婦、皆有所執。以共衣服。故篇目以蠶室爲首。示率天下之蠶者。其作用之門。如曲、植、鉤、筐之類。與夫軖、斧、繭、繰之法。必先精曉習熟。而後可望於獲利。今條列名件、一一備述、又使世之縉纊其身者、皆知所自出也

蠶室記曰古者天子諸侯、皆有公桑蠶室、近川而爲之築宮、仞有三尺、棘墻而外閉之、三宮之夫人、世婦之吉者、使入蠶室、奉種、浴於川、桑于公桑、此公桑蠶室也、其民間蠶室、必選置蠶宅。負陰抱陽。地位平爽、正室爲上、南西爲次、東又次之、若室舊、則當淨掃塵埃、預期泥補、若逼近臨時墻壁濕潤、非所利也、夫繕構之制、或草或瓦、須內外泥飾材木、以防火患、復要間架寬敞。可容槌箔。牕戶虛明。易辨眠起。仍上于行間各置熠牕。俾臨蠶暮以助高明。下就附地。列置風竅。令可啓閉。以除濕鬱。考之諸蠶書云蠶時。先辟東間養蟻。停眠前後。撤去西牕。宜遮西晒。尤忌西南風起。大傷蠶氣。可外置墻壁四五步以禦。所有蠶神室、蠶神像、宜于高空處安置、凡一切忌惡之事、邪穢之氣、辟除蠲潔、夙夜齋敬、不致褻慢、余觀蠶書云毋治堰毋誅草毋沃灰毋室入外人四者神實惡之 如能依上法、自然宜蠶、不必泥于陰陽家、拘忌巫覡女巫也等誘惑、至使回換門戶、諂禱神祇、虛費財用、實無所益、故表而出之、以爲業蠶者之戒、銘曰、世業農桑、既典我室、北臨蠶月、復事塗飾、桃茢祓除、神主斯立、曲植既具、錡筐乃集、連蟻方生、若不厭寒、婦以母名、肯有慈德、爰求柔桑、入此飼食、寒燠身先、是爲體測、上無疎薄。下無濕浥。簾箔垂門。竈火在壁。夜牕或遮。風竇時窒、願忌北風。空障西日。他工莫興、外人勿入、庶護攸安、漸至捉績、祈祀以時、願獲終吉、神實相之、簇如雪積、分繭秤絲、來告功畢、

擡爐

火倉

火倉凡蠶生室內，四壁挫壘室龕，狀如三星，務要玲瓏，頓藏熟火，以通煖氣，四向匀停。蠶家或用旋燒柴薪，烟氣熏籠，蠶蘊熱毒，多成黑蔫。今制為擡爐，先自外燒過薪糞。牛糞擡入室內，各龕約量頓火，隨寒熱添減。若寒熱不均，後必眠起不齊。已上出蠶書農書云：蠶，火類也，宜用火以養之。用火之法，須別作一爐，令可擡舁出入。火須在外燒熟，以穀灰蓋之，即不暴烈生焰。

夫擡爐之制，一如矮床，內嵌燒爐，兩旁出柄，二人舁之，以送熟火。

蠶箔

蠶箔，曲薄承蠶具也。禮具曲植。曲，即箔也。周勃以織薄曲爲生。顏師古注云：葦簿爲曲。北方養蠶者多，農家宅院後或園圃間多種萑葦，以爲箔材。秋後芟取，皆能自織，方可四丈，以二椽棧之，懸於槌上，至蠶分蘆去薄時，取其卷舒易用。南方萑葦甚多，農家尤宜用之，以廣蠶事。

蠶筐

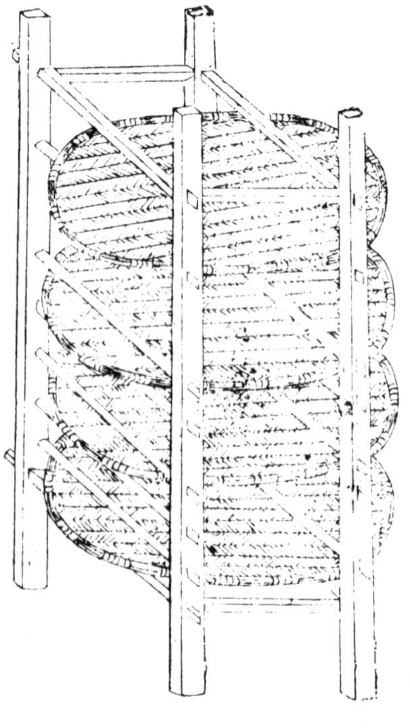

蠶筐，古盛幣帛竹器，今用育蠶，其名亦同。蓋形制相類，圓而稍長，淺而有緣，適可居蠶。蟻蠶及分居時用之，閣以竹架，易於擡飼。梅聖俞《蠶箔》詩云：相與爲蠶曲，還殊作筠筐。北箔南筐，皆爲蠶具，然彼此論之，若南蠶大時用箔，北蠶小時用筐，庶得其宜，兩不偏也。

蠶盤

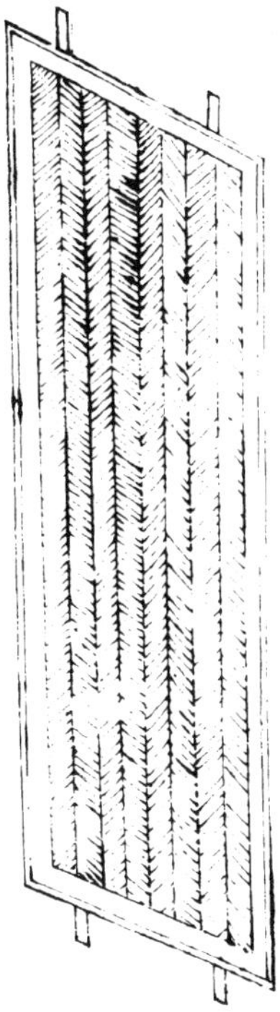

蠶盤，盛蠶器也。秦觀蠶書云：種變方尺，及乎將繭，乃方尺四。織萑葦，範以蒼莨竹，長七尺，廣五尺，以爲筐。懸筐中間九寸，凡槌十懸，以居食蠶。今呼筐爲槃。又有以木爲框，以疎簟爲底，架以木槌，用與上同。

蠶椽

蠶槌，禮，季春之月，具曲植。植即槌也。務本直言云：穀雨日，豎槌，立木四莖，各過梁柱之高。夫槌隨屋每間豎之。其立木外旁刻如鋸齒而深，各每莖挂桑皮繞繩，蠶不宜麻。四角按二長椽，椽上平鋪葦箔，稍下縋之。凡槌十懸，中離九寸，以居擡飼之間，皆可移之上下。農桑直說云：每槌上中下閑鋪三箔，上承塵埃，下隔濕潤，中備分擡。

蠶椽，架蠶箔木也。或用竹，長一丈二尺，皆以二莖為偶，控於槌上，以架蠶箔。須直而輕者為上，只不蠹者又為上。為蠶因食葉上緣之蠹屑不能透砂事，見農桑要旨。

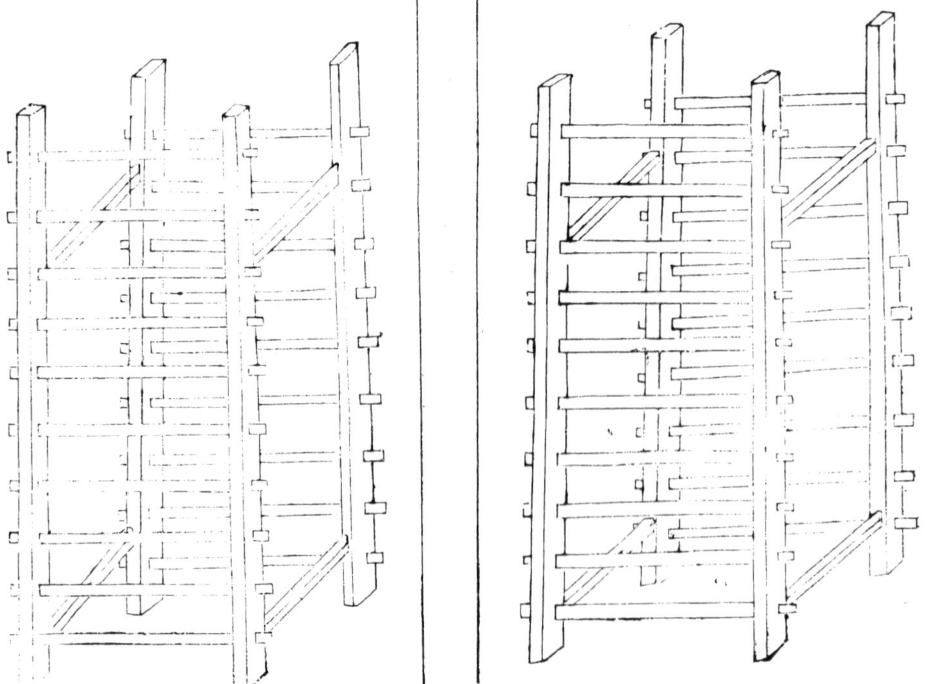

蠶架

蠶架，閣蠶槃筐具也。以細枋四莖竪之，高可八九尺，上下以竹通作横桄十層，層每皆閣養蠶槃筐，隨其大小。葢筐用小架，槃用大架。此南方槃筐有架，猶北方椽箔之有槌也。

蠶網，擡蠶具也。結繩爲之，如魚網之制。其長短廣狹，視蠶槃大小制之。沃以漆油，則光緊難壞；貫以網索，則維持多便。至蠶可替時，先布網於上，然後灑桑。蠶聞葉香，皆穿網眼上食。候蠶上葉齊，手共提網，移置制別槃，遺除拾去。比之手替，省力過倍。南蠶多用此法，北方蠶小時亦宜用之。

蠶杓，集韻杓作勺，量器也。周禮勺容一升，所以斞（臾朱切，挹也，酌也）酒。說文曰：杓音標，今云酌物爲杓，以勺從木。姑與今同，此作蠶杓，剡木刻之，首大如棒，柄長三尺許。如槃蠶空（去聲）隙，或飼葉偏疎，則必持此送之，以補其處。至蠶老歸簇，或稀密不倫，亦用均布。儻有不及，復以竹接其柄。此南俗蠶法，北方箔簇頗大，臂指間（去聲）有不能周徧，亦宜假此以便其事，幸毋忽諸。

團簇

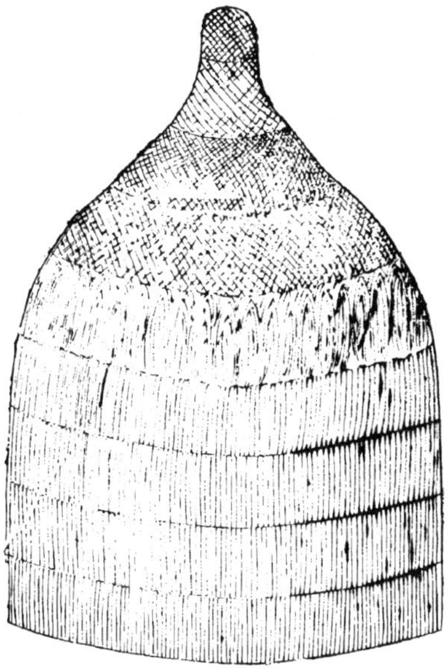

馬頭簇

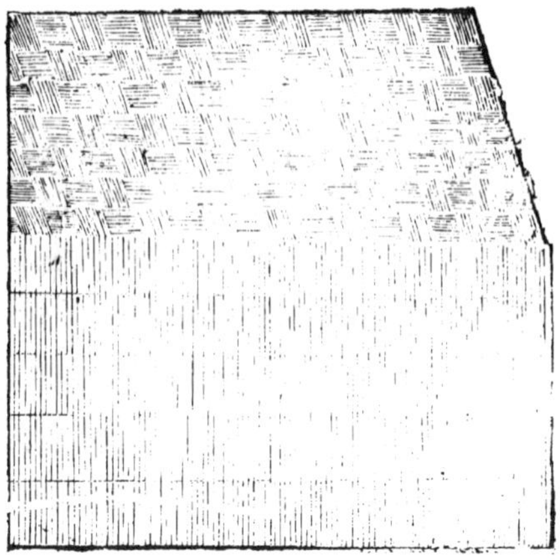

蠶簇農桑直說云簇用蒿稍叢柴苫席等也凡作簇先立簇心用長椽五莖上撮一處繫定外以蘆箔繳合是爲簇心仍周圍匀豎蒿梢布蠶簇訖復用箔圍及苫繳簇頂如圓亭者此團簇也又有馬頭長簇兩頭植柱中架橫梁兩傍以細椽相搭爲簇心餘如常法此橫簇皆北方蠶簇法也嘗見南方蠶簇止就屋内蠶槃上布短草簇之人既省力蠶亦無損又按南方蠶書云簇箔以杉木解枋長六尺闊三尺以箭竹作馬眼槅插茅疏密得中復以無葉竹篠從横搼之簇背鋪以蘆箔而竹茂透背面縛之即蠶可駐足無跌墜之患此皆南簇較之上文北簇則蠶有多少故簇有大小難易之不同也然嘗論之南北簇法俱未得中何哉夫南簇蠶少規制狹小殆若戲技故獲利亦薄北簇雖大其弊頗多蒿薪積疊不無覆壓之害風雨侵浥亦有翻倒之虞謂經雨倒簇也蠶桑直說云簇蠶時雨被沾濕纔晴不以成繭不成繭翻倒別簇如雨少則曝乾復外内寒燠之不匀或高下稀密之易所以致簇病内生繭少皆由此故習俗既久未能遽革今聞善蠶者一法約量本家育蠶多少

選於院内空地就添椽木苫草等物作連脊厦屋尋常別用至蠶老時置簇於内隨其長短先構簇心空直如洞就地掘成長槽隨宜闊狹旁可人行以備火患謂用火法也蠶書云已入簇微用熟灰火溫之待入繭漸漸加火不宜中輟稍冷游絲亦止繰之即斷多致爛作絮不能一緒抽盡矣外則用以層架隨層卧布蒿稍以均蠶居既畢用重箔圍之若蠶少屋多疏開牕戶就内簇之亦可如此則上有芘覆下無濕潤架既寬平蠶乃自若又總簇用火便于熇料南北之間去短就長制此良法宜皆用之則始終無慊矣

繭甕

繭甕蠶書云凡泥繭列埋大甕地上甕中先鋪竹簀次以大桐葉覆之乃鋪繭一重以十斤為率摻鹽二兩上又以桐葉平鋪如此重重隔之以至滿甕然後客蓋以泥封之七日之後出而繅之頻頻換水欲繅明快蓋為繭多不及繅故即以鹽藏之蛾乃不出其絲柔韌潤澤不得勻細此南方淹繭法用甕頗多可不預備嘗讀北方農桑直說云生繭即繅為上如人手不及殺繭慢慢繅者殺繭法有三一曰日晒二曰鹽浥三曰籠蒸籠蒸最好人多不解日晒損繭鹽浥甕藏者穩玄扈先生曰鹽著於繭則底泡濕令人只於甕中藏繭另用紙或箬或荷葉包鹽一二兩置繭上亦可但只須甕口密封不走氣耳此必用鹽泥乃可

繭籠

繭籠蒸繭器也農桑直說云用籠三扇以軟草扎圈加於釜口以籠兩扇坐於其上籠內勻鋪繭厚三指許頻於繭上以手試之如手不禁熱可取去底扇却續添一扇在上如此登倒上下故必用籠也不要蒸得過了過則軟了絲頭亦不要蒸得不及不及則蠶必鑽了如手不禁熱恰得合宜此用籠蒸繭法也將已蒸過繭于蠶房槌箔上役頭合籠內繭在上用手撥動如箔上繭滿打起更攤一箔候冷定上用細柳稍微覆了只于當日都要蒸盡如蒸不盡來日必定蛾出如此繅絲有一般快釜湯內用鹽二兩油一兩所蒸繭不致乾了絲頭如鍋小繭多沺鹽旋入

繅車

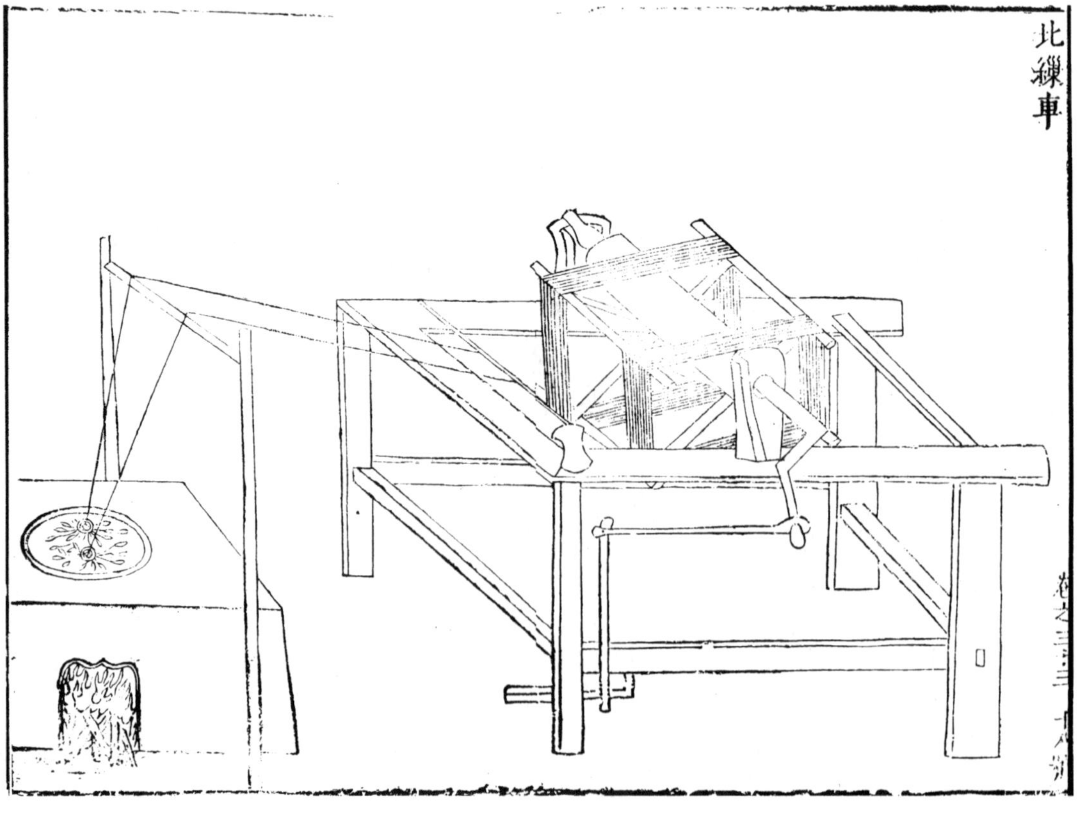
北繅車

繅車：繅絲自鼎面引絲，以貫錢眼，升繅於星，星應車動，以過添梯，乃至於軖，繅輪也方成繅車。秦觀蠶書：繅車之制，錢眼爲版，長過鼎面，廣三寸，厚九黍，中其厚，插大錢一，出其端，横之鼎耳，後鎮以石。鏁星爲三蘆管，管長四寸，樞以圓木，建兩竹，夾鼎耳，縳樞於竹，中管之轉，以車下直錢眼，謂之鏁星。星應車動，以過添梯。農桑直說云竹筒子宜細鐵條子串筒兩捲子亦須鐵也添梯車之左端，置環繩，其前尺有五寸，當牀左足之上，建柄長寸有半，匼柄爲鼓，鼓生其寅，以受環繩之應，車運如環無端，鼓因以旋。鼓上爲魚，魚半出鼓，其出之中，建柄半寸，上承添梯者，二人五寸片竹也。其上揉竹爲鉤，以防繚竅，左端以應柄，對鼓爲耳，方其穿，以閉添梯，故車運以牽環繩，繩簇鼓，鼓以舞魚，魚振添梯，故絲不過偏，制車如轆轤，必活兩輻，以利脫絲。竊謂上文云車者，今呼爲軖。軖必以牀，農桑直說云軖牀下鼎一尺軸長二尺中經四寸兩頭二寸用榆槐木四角或六角輻通長三尺五寸六角不如四角軖小則絲易解以承軖軸，軸之一端，以鐵爲裊掉，復用曲木擐作活軸，右足踏動，軖即隨轉，自下引絲上軖，總名曰繅車。

熱釜

熱釜：秦觀蠶書云：繅絲自鼎面引絲直錢眼，此繅絲必用鼎也。今農家象其深大，以盤甑按釜，亦可代鼎。故農桑直說云：釜要大，置於竈上，如蒸竈法可繅粗絲單繳者雙繳者亦可釜上大盤甑接口，添水至甑中八分滿，可容二人對繅，水須常熱，宜旋旋下繭，繅之多則煑損。凡繭多者，宜用此釜，以趨速効。

冷盆農桑直說云冷盆可繰全繳細絲中等繭可繰下繳比熱釜者有精神又堅韌也

玄扈先生曰冷盆絕略當由王氏北人不知冷盆之利耳輯要稍詳今人亦少用可急試也

又曰只說冷盆令人如何用之此則抄舊說節略遂書耳非實有意欲前民用者也

蠶連蠶種紙也舊用連二大紙蛾生卵後又用線長綴通作一連故因曰連匠者嘗別抄以鬻之務本新書云蠶連厚紙爲上薄紙不禁浸浴如用小灰紙更妙連須以時浴之浴畢挂時令蠶子向外恐有風磨損冬至日及臘月八日浴時無令水極深浸浴取出比及月望數連一卷桑皮索繫定務本新書云蠶連不得用麻繩繫挂如或不忌後多乾死不生本草陳藏器云以苧麻近種則不生當遠之庭前立竿高挂以受臘天寒氣年節後甕內豎連須使玲瓏安十數日候日高時一出每陰雨後即便晒曝恐傷濕潤見風亦不可多

此蠶連浴養之法直至暖種而生

農政全書卷之三十三終

農政全書卷之三十四

特進光祿大夫太子太保禮部尚書兼文淵閣大學士贈少保謚文定上海徐光啓纂輯
欽差總理糧儲提督軍務巡撫應天等處地方都察院右僉都御史東陽張國維鑒定
直隸松江府知府穀城方岳貢同鑒

蠶桑

桑事圖譜 織紝附

王禎曰：夫蠶之用桑，必有鉤筐等器，以供其事。然遠近之間，習俗不通，故其制度巧拙絕異，彼有併力而不及，此或一工而兼倍，今特采輯，去短從長，使知所擇。夫桑具，蠶之用也，故次於蠶事之後。

桑几，狀如高櫈，平穿二桄，就作登級，凡柔桑不勝梯者，須登几上，乃易得葉。齊民要術云：採桑必須高几。士農必用云：擔負高几，遶樹上下。今蠶家採彼女桑，茲爲便器。圖不載

桑梯

桑梯，說文曰：梯，木階也。夫桑之稺者，用几採摘；其桑之高者，須梯剝斫。梯若不長，未免攀附，勞條不還，則鳩脚多亂，摎枝折垂，則乳液旁出。必欲趁手高下，隨意去留，須梯長可也。齊民要術云：採桑必須長梯，梯不長，則高枝折。正謂此也。

斫斧

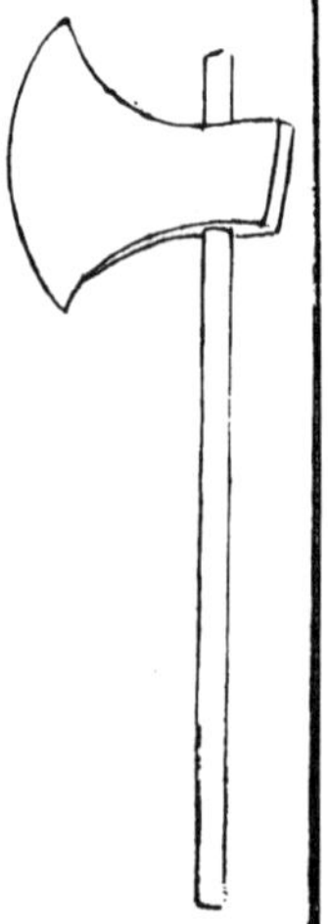

斫斧，桑斧也。其斧銎匾而刃濶，與樵斧不同。詩謂蠶月條桑，取彼斧斨，以伐遠揚。士農必用云：轉身運斧，條葉偃落于外，即謂以伐遠揚也。凡斧所剝斫，不煩再刃者爲上；至遇枯枝勁節，不能拒遏，又爲上；如剛而不闕，利而不乏，尤爲上也。然用斧有法，必須轉腕回刃，向上斫之，枝查既順，津脉不出，則葉必復茂。故農語云：斧頭自有一倍葉。以此知科斫之利，勝惟在夫善用斧之効也。

桑鉤，採桑具也。凡桑者欲得遠揚枝葉，引近就摘，故用鉤木，以代臂指攀援之勢。昔者親蠶皆用筐鉤採桑。唐上元初，獲定國寶十三，內有採桑鉤一，以此知古之採桑皆用鉤也。然北俗伐桑而少採，南人採桑而少伐。歲歲伐之則樹脉易衰，久久採之則枝條多結。欲南北隨宜，採斫互用，則桑斧、桑鉤各有所施，故兩及之。

桑籠

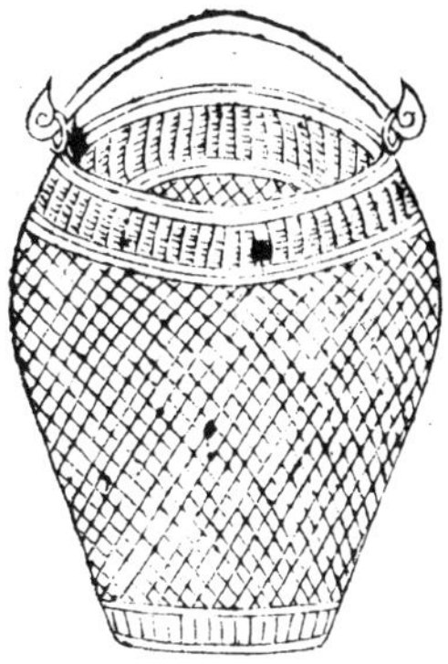

桑籠集韻云籠大篝也即今謂有係筐也桑者便於携挈古樂府云羅敷善採桑採桑城南頭青絲爲籠

繩桂枝爲籠鉤今南方桑籠頗大以檐負之尤便於用

切刀

切刀斷桑刄也蠶蟻時用小刄蠶漸大時用大刄或用漫鏩蠶多者又用兩端有柄長刄切之名曰懶刄懶刀如皮匠刮刄長三尺許兩端有短木柄以手按刀半裁半切斷葉雲積可供十筐先于長櫈上鋪葉勻厚人於其上俯按此刀左右切之一刄之利可桑百箔

桑網

桑網盛葉繩兜也先作圈木緣圈繩結網眼圓垂三尺有餘下用一繩紀爲網底桑者挈之納葉于內網腹既滿歸則解底繩傾之或人挑負或用畜力䭾送比之筐盤甚爲輕便北方蠶家多置之

桑碪

桑碪。爾雅曰：碪謂之榩。郭璞註曰：碪，木碩也。碪從石，

榩從木，即木碪也。碪，截木為碢，圓形竪理，切物乃不拒刃。此北方蠶小時，用刀切葉碪上，或用几，或用夾。南方蠶無大小，切桑俱用碪也。玄扈先生曰：木碪傷葉，吳中用麥稭造者為佳。

劖刀，剝桑刃也。刃長尺餘，闊約二寸，木柄一握。南人斫桑剝桑，俱用此刃。北人斫桑用斧，劖桑用鐮。鐮刃雖利，終非本器，殆不若劖刀之輕且順也。若南人斫桑用斧，北人劖葉用刀，去短就長，兩為便也。

桑夾

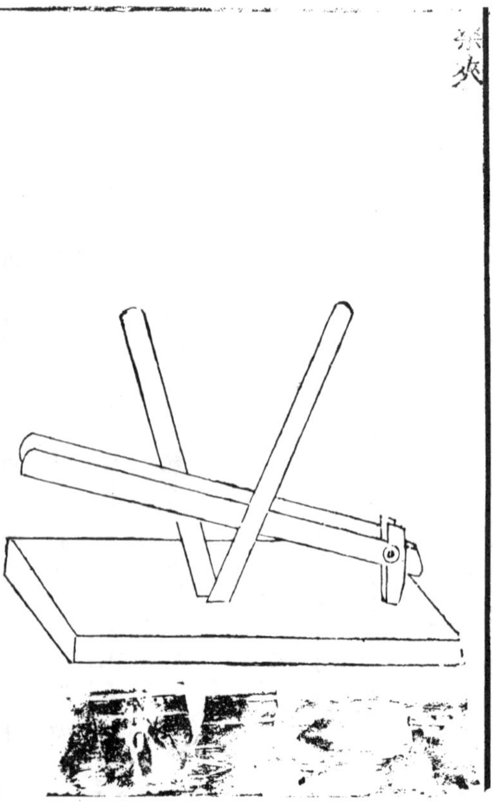

桑夾，挾桑具也。用木碩上仰置叉股，高可二三尺，於上順置鍘刃，左手茹葉，右手按刃切之。此夾之小者。若蠶多之家，乃用長椽二莖，駢竪壁前，中寬尺許，乃實納桑葉，高可及丈。人則躡梯上之，兩足後踏屋壁，以胸前向壓住，兩手緊按長刃向下裁切，此桑夾之大者。南方切桑，唯用刀碪，不識此等桑具，故特歷述，庶倣用之，以廣其利。今人自三眠以後，食切葉二頓，即食帶枝全葉矣。

附織紝圖譜

王禎曰、織紝婦人所親之事、傳曰一女不織民有寒者、古謂庶士以下各衣其夫、秋而成事、烝而獻功、懋則有辟是也、凡紡絡經緯之有數。梭維機杼之有法、雖一絲之緒。一綜之交。各有倫叙。皆須積勤而得、累工而至、日夜精思、不致差悞、然後乃成幅匹、如閨閫之屬、務之、不惟防閑驕逸、又使知其服被之所自、不敢易也、

絲籰

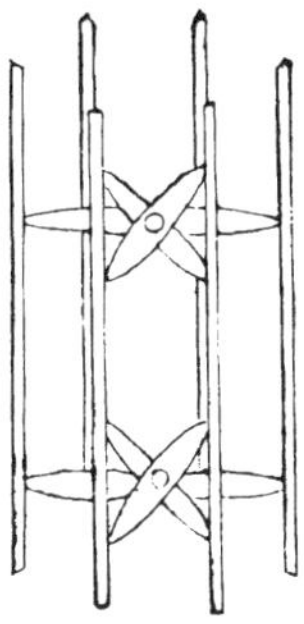

絲籰、絡絲具也、方言曰援、兖豫河濟之間又謂之轅（郭璞注云所以絡絲）說文曰、籰收絲者也、或作𧤗、從角間聲、今字從竹、又從矍、竹器從人持之、矍矍然、此籰之義也、然必竅貫以軸、乃適于用、爲理絲之先具也。

絡車

絡車、方言曰河濟之間絡謂之給、（郭璞註曰所以轉籰給事也）說文云、車柎爲柅、易姤曰繫于金柅、（金者堅剛之物、柅者制動之主）通俗文曰、張絲曰柅、蓋以脫軖之絲。張于柅上。上作懸鈎。引致緒端。逗于車上。其車之制。必以細軸穿籰、措於車座兩柱之間。（謂一柱獨高中爲通槽以貫其籰軸之首。一柱下而管其籰軸之末。）人既繩牽軸動。則籰隨軸轉絲。乃上籰。此北方絡絲車也。南人但習掉籰取絲。終不若絡車安且速也。今宜通用、

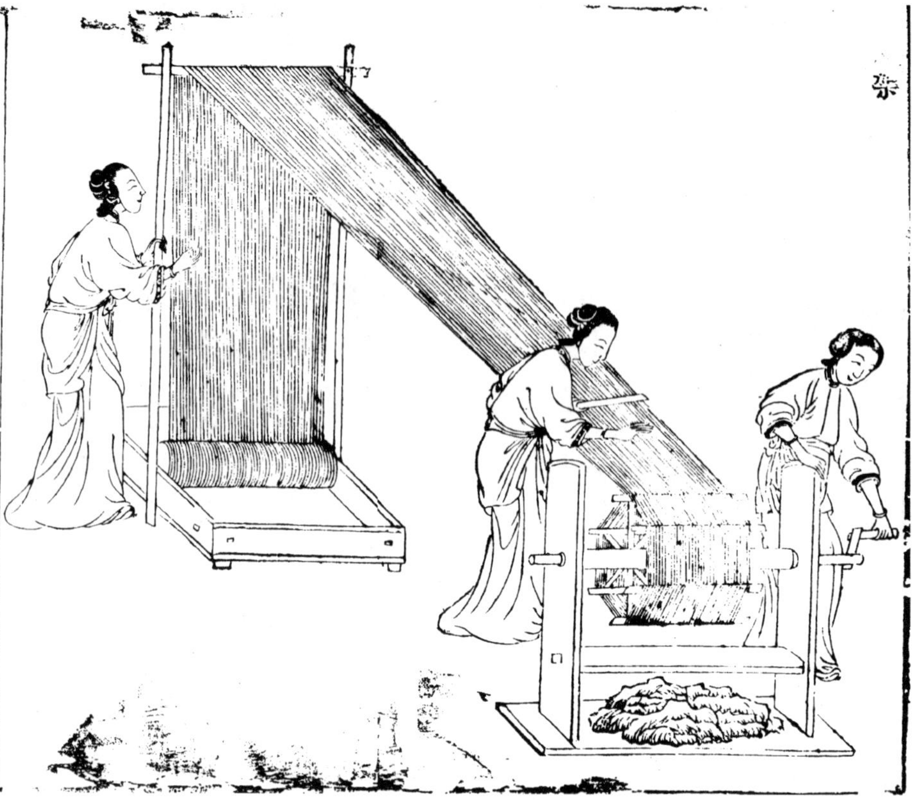

經架、牽絲具也、先排絲籰於下、上架橫竹列環以引衆緒、總于架前經簰、與牌同一人往來挽而歸之紖軸、然後授之機杼、

緯車、方言曰、趙魏之間謂之歷鹿車、東齊海岱之間謂之道軌、今又謂緯車、通俗文曰織纖謂之緯、受緯曰莩、其柎上立柱置輪、輪之上近以鐵條中貫細筒、乃周輪與筒繚環繩、右手掉綸、則筒隨輪轉、左手引絲上筒、遂成絲緯、以充織緯、

織機織絲具也按黃帝元妃西陵氏曰儽祖始勸蠶稼月大火而浴種夫人副禕而躬桑乃獻繭絲遂稱織紝之功因之廣織以給郊廟之服見路史傳子曰舊機五十綜者五十躡六十綜者六十躡馬生者天下之名巧也患其遺日喪巧乃易以十二躡今紅音工女織繒惟用二躡又爲簡要凡人之衣被於身者皆其所自出也

梭

梭通俗文曰織具也所以行緯之莎

砧杵

砧杵、擣練具也、東宮舊事曰、太子納妃、有石砧一枚、又擣衣杵十、荊州記曰、秭歸縣有屈原宅、女媭廟擣衣石猶存、蓋古之女子對立、各執一杵、上下擣練于砧、其丁冬之聲、互相應答、今易作卧杵、對坐擣之、又便且速易成帛也、

王禎曰、纊絮禦寒、古今所尚、然制造之法、南北互有所長、故特總輯、庶知通用、今附於後、

綿矩

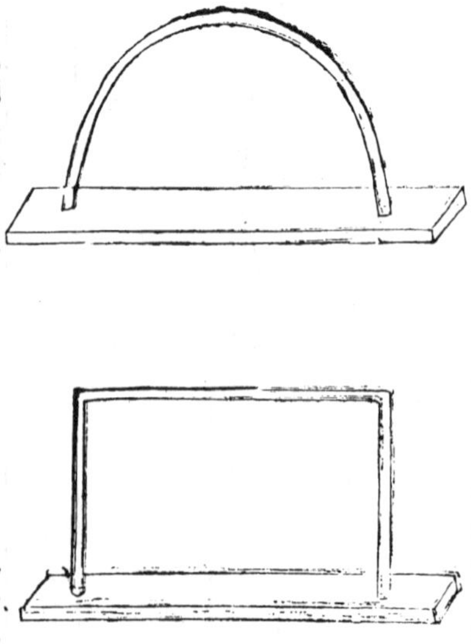

綿矩、以木框方可尺餘、用張繭綿、是名綿矩、又有揉竹而彎者、南方多用之、其綿外圓內空、謂之猪肚綿、又有用大竹筒、謂之筒子綿、就可改作大綿、裝時未免拖裂、北方大小用瓦盆、所尚不同、各從其便、然用木矩者、最爲得法、酈善長水經註曰、房子城西出白土、細滑如膏、可用濯綿、霜鮮雪耀、異于常綿、世俗言房子之纊也、抑亦類蜀郡之錦、得江津矣、今人張綿用藥使之膩白、亦其理也、但爲利者圖而作僞[illegible]失其眞、不若不用之爲愈、因及之、以爲世戒、

絮車構木作架上控鉤繩滑車下置煑繭湯甕絮者掣繩上轉滑車下徹甕內鉤繭出没灰湯漸成絮段莊子所謂洴澼絖者疏云洴浮也澼漂也絖絮也古者纊絮綿一也今以精者爲綿粗者爲絮因蠶家退繭造絮故有此車煑之法常民藉以禦寒次于綿也彼有擣繭爲胎謂之牽縺者較之車煑工拙懸絕矣

撚綿軸

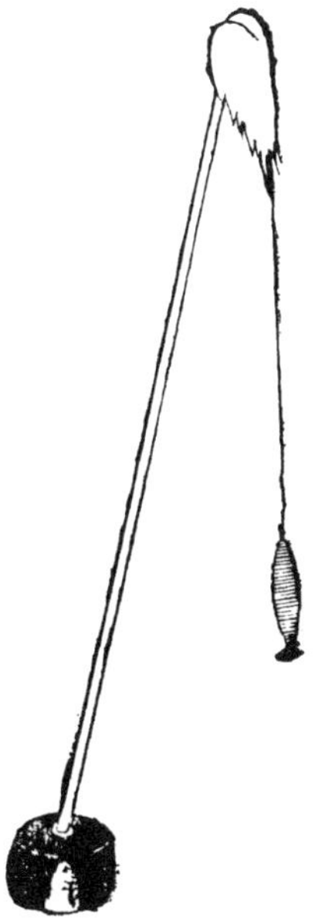

撚綿軸制作小碢或木或石上插細軸先用叉頭掛綿上軸懸之撚作綿絲即爲紬纑可代紡績

農政全書卷之三十四終

農政全書卷之三十五

特進光祿大夫太子太保禮部尚書兼文淵閣大學士贈少保謚文定上海徐光啓纂輯
欽差總理糧儲提督軍務兼巡撫應天等處地方都察院右僉都御史東陽張國維鑒定
直隸松江府知府穀城方岳貢同鑒

蠶桑廣類

木棉

禹貢曰島夷卉服厥篚織貝 蔡沈傳曰卉服葛及木棉之屬南夷木棉之精好者亦謂之吉貝以卉服來貢而吉貝之精者則入篚焉 裴淵廣州記曰蠻夷不蠶採木棉為絮 方勺泊宅編曰南海蠻人以木棉紡織為布布上出細字雜花尤工巧名曰吉貝布即古白氎布也 范政

敏遯齋閒覽曰林邑等國出吉貝布木棉為之 南州異物志曰木棉吉貝木所生熟時狀如鵝毳細過絲綿中有核如珠珣用之則治出其核昔用輾軸今用攪車尤便但紡不績在意外抽牽引無有斷絕其為布曰斑布繁縟多巧曰城次麄者曰文縟又次麄者曰烏驎 張勃吳錄曰交阯定安縣有木棉樹高丈實如酒杯口有綿如蠶之綿也又可作布名曰白緤一名毛布 諸番雜志曰木棉吉貝木所生占城闍婆諸國皆有之今已為中國珍貨但不自本土所產不能足用 李延壽南史曰高昌國有草實如繭中絲為細纑名曰白疊取以為帛甚軟白 沈懷遠南越志曰桂州出古終藤結實如鵝毳核如珠珣治出其核約如絲綿染為斑布 李時珍本草綱目曰木棉有草木二種交廣木綿樹大如抱其枝似桐其葉大似胡桃葉入秋開花紅似山茶花黃蕊花片極厚為房甚繁短側相比結實大如拳實中有白綿綿中有子今人謂之斑枝花訛為攀枝花江南淮北所種木棉四月下種莖弱如蔓高者四五尺葉有尖如楓葉入秋開花黃色如葵花而小亦有紅紫者實大如桃中有白綿綿中有子大如梧子亦有紫綿者八月採梂謂之綿花然則張勃所謂木棉蓋指似木之木棉也李延壽沈懷遠所謂木棉則指似草之棉也此種出南番宋末始入江南今則徧及江北中州矣不蠶而綿不麻而布利被天下其益大哉又南越志言南詔諸蠻不養蠶惟收娑羅木子中白絮紉為絲織為幅名娑羅籠段祝穆方輿志言平緬出娑羅樹大者高三五丈結子有綿紉綿織為白氎名兜羅綿此亦斑枝花之類各方稱呼不同耳 玄扈先生曰吉貝之名獨昉于南史相傳至今不知其義意是海外方言也小說家所謂木棉其所為布曰城曰文縟曰烏驎曰斑布曰白氎白緤曰屈眴者皆此故是草本而吳錄稱木棉者南中地煖一種後開花結實以數歲計頗似木芙蓉不若中土之歲一下種也故曰十餘年不換明非木本矣吉貝之稱木即禹貢之言卉取別于蠶綿耳閩廣不稱木棉者彼中稱攀枝花為木棉也攀枝花中作裀褥雖柔滑而不韌

絕不能牽引豈堪作布或疑木棉是此謂可為布而其法不傳非也吳錄所言木棉亦即是吉貝或疑其云樹高丈當是攀枝不知攀枝高十數丈南方吉貝數年不凋其高丈許亦不足怪蓋南史所謂林邑吉貝吳錄所謂永昌木棉皆指草本之木棉可為布意即娑羅木然與斑枝花絕不類又中土所織棉布及西洋布精麄不等絕無光澤而余見曹溪釋惠能所傳衣曰屈眴布即白氎布云是西域木棉心所織者其色澤如蠶絲豈即娑羅籠段耶抑西土吉貝尚有他種耶又嘗疑洋布之細非此中吉貝可作及見榜葛刺吉貝其核絕細綿亦絕軟與中國種大不類乃知向來所傳亦非其佳者 又曰中國所傳木棉亦有多種江花出楚中棉不甚重二十而得五性强緊北花出畿輔山東柔細中紡織棉稍輕二十而得四或得五浙花出餘姚中紡織棉稍重二十而得七吳下種大都類此更有數種稍異者一曰黃蔕穰蔕有黃色如粟米大棉重一曰青核核青色細于他種[illegible]一曰黑核核亦細純黑色棉重一曰寬大衣核

而穰溼。棉重。此四者皆二十而得九。黃蔕稍强緊。餘皆柔細。中紡織。堪爲種。又一種曰紫花。浮細而核大。棉輕。二十而得四。其布以製衣。頗朴雅。市中遂染色以售。不如本色者良。堪爲種。　又曰。余見農人言吉貝者。即勸令擇種。須用青核等三四品。棉重倍入矣。或云。凡種植。必用本地種。他方者。土不宜種。亦隨地變易。余深非之。乃擇種者。竟獲棉重之利。三五年來農家解此者十九矣。嗚呼。即如彼言。吉貝自南海外物耳。吾鄉安得而有之。而今且徧有。下土。衣被九有哉。又曰。嘉種移植。間有漸變者。如吉貝子色黑者漸白。棉重者漸輕也。然在近地。不妨歲歲購種。稍遠者不妨數歲一購。其所由變者。大半因種法不合。間因天時水旱。其緣地力而變者。十有一二耳。

孟祺農桑輯要曰。栽木棉法。擇兩和不下濕肥地。於正月地氣透時。深耕三遍。擺蓋調熟。然後作成畦畛。

每畦長八步。闊一步。內半步作畦面。半步作畦背。不斸。二遍用杷耬平。起出覆土。於畦背上堆積。至穀雨前後。揀好天氣日下種。先一日。將已成畦畛。連澆三次。用水淘過子粒。堆於濕地上。瓦盆覆一夜。次日取出。用小灰搓得伶利。看稀稠撒於澆過畦內。將元起出覆土。覆厚一指。再勿澆。待六七日苗出齊時。旱則澆溉。鋤治常要潔淨。穊則移栽。稀則不須。每步只留兩苗。稠則不結實。苗長高二尺之上。打去衝天心。旁條長尺半。亦打去心。葉葉不空。開花結實。直待綻

落時爲熟。旋熟旋摘。隨即攤於箔上。日曝夜露。待子粒乾。取下。用鐵杖一條。長二尺。麄如指。兩端漸細。如趕餅杖樣。用梨木板長三尺。闊五寸。厚二寸。做成床子。逐旋取綿子。置於板上。用鐵杖旋趕出子粒。即爲淨綿。撚織毛絲。或綿裝衣服。特爲輕暖。

王禎農桑通訣曰。木棉穀雨前後種之。立秋時。隨獲隨收。其花黃如葵。其根獨而直。其樹不貴乎高長。其枝榦貴乎繁衍。不由宿根而出。以子撒種而生。所種之子。初收者未實。近霜者又不可用。惟中間時月收

者爲上。須經日晒燥。帶綿收貯。臨種時再晒。旋碾即下。玄扈先生曰。此慮冬月碾子收藏。風日所侵。恐致油浥。若受水濕。仍當鬱爛故也。余聞老農云。棉種必於冬月碾取。謂碾必須晒。秋冬生氣收斂。于時晒曝不傷萌芽。春間生意萌發。不宜大晒也。二說皆有理。余意謂春碾者。秋收時。留取種棉。曝極乾。置高燥處。臨種時。略晒即碾。當無害。秋碾者。碾下種。用草裹置高燥處。不受風日水濕。可無鬱浥。惟春時旋買棉花。碾作種。即不可。恐是陳棉。或當受濕蒸故。若旋買棉核作種。尤不可。恐是陳核。或經火焙故。今息創一法。不論冬碾春碾。收藏旋買。但臨種時用水浥濕。過半刻淘汰之。其秕者。遠年者。火焙者。油者。鬱者。皆浮。其堅實不損者必沉。沉者可種也。又曰。木棉核果當年者。亦須淘汰。擇取。浮者秕種也。其羸種亦沉。取其沉者微撚之。羸者殼軟而仁不滿。其堅實者乃佳。或疑導擇損功。此不足慮也。若依世俗密種。畝用子十餘觔。果如法。科間三尺。概種之。畝用子一升。以斗

足矣。其種本南海諸國所產。後福建諸縣皆有。近江東陝右。亦多種。滋茂繁盛。與本土無異。種之則深荷其利。悠悠之論。率以風土不宜爲說。按農桑輯要云。雖託之風土。種藝不謹者有之。種藝雖謹。不得其法者有之。信哉言也。玄扈先生曰。農桑輯要作于元初。當時便云木棉種陝右行之。其他州郡多以土地不宜爲解。獨孟祺苗好謙暢師文王禎之屬。能排貶其說。抑不知當時之人。果以數子爲是耶否耶。至于今率土仰其利。始信數君子非欺我者。嗚呼。豈獨木棉哉。後之視今。猶今之視昔也。

便民圖纂曰。棉花。穀雨前後先將種子。用水浸片時漉出。以灰拌勻。候芽生。於糞地上。每一尺作一穴。種五七粒。待苗出時。密者芟去。止留旺者二三科。頻鋤。時常掐去苗尖。勿令長太高。若高。則不結子。至八月間收花。玄扈先生曰。木棉一步留兩苗。三尺一株。此加傳古法。依此則能雨耐旱。肥而多收。圖纂作于近代。云一尺一穴者太密。此邇來獨種少收之濫觴也。又曰吳人云。千稈萬稈。不如密花。此言最害事。稀不如密者。就極瘠下田言之。所謂瘠田欲稠也。田之肥瘠在糞多寡。在人勤惰耳。已則瘠之而偶之。自令薄收。非最下情農。嘗作此語。飛若田肥自不得密。密即青酣不實。實亦生蟲。故稀種則能肥。肥則實繁而多收。今肥用密種者。既無行次。稍即強弱相害。苗愈長愈不忍剪芟之。惜此而生。不交遠風。難望之鬱蔥而有葉無枝。有花無實矣。既慮其然。則瘠其苗。非從事之下那。棉之幹長數尺。枝間數尺。子百顆。畝收二三石。其本性也。今人密種少收。皆其天閼不者耳。齊魯人種棉者。既壅田下種。率三尺留一科。

苗後蓄乾糞。視苗之瘠者輒壅之。畝收二三百斤以爲常。餘姚海堧之人。種棉極勤。亦二三尺一科。長枝布葉。科百餘子。收極早。亦畝得二三百斤。其爲畦廣丈許。中高旁下。畦間有溝。深廣各二三尺。秋葉落積溝中爛壞。冬則就溝中起生泥壅田。歲種蠶豆。至春翻罨作壅。即地虛行根極易。又極深。則能久雨。能久旱。能大風。此皆稀種故能肥。能肥故多收。若如吾鄉之密種。而又用齊魯之糞肥。餘姚之草肥。安得不青酣不蟲蠹耶。但慮酣之爲患。不知稀之得力。又慮稀之少收。不知肥之得力。人情之習于故常如此哉。彼兩方人聞吾鄉之密種薄收也。每大笑之。

張五典種法曰。種之時。在清明穀雨節。以霜氣既止也。種之力。或生地。用糞耕盍後種。或花苗到鋤三遍高聳。每根苗邊用熟糞半升培植。鋤非六七遍盡去草茸不可。種之疎密。苗初頂兩葉時。止剗去草顆。宜密留以備死傷。再鋤尚宜稍密。三鋤則定苗顆。宜疎不宜密。大約每花苗一顆。相距八九寸遠。斷不可兩顆連並。苗之去葉心。在伏中晴日。三伏各一次。有苗未長大者。隨時去之。花性忌燥。燥則濕烝而桃易脫落。花忌苗並。並則直起而無旁枝。中下少桃。種不宜晚。晚則秋寒。早則桃多不成實。即成亦不甚大。而花軟無絨。去心不宜於雨暗日。雨暗去心。則灌聾而多空幹。此北方種花法也。北方地高寒。尚宜若此。況此中地濕燥何可不以北法行之。按張、山東信陽人萬曆乙卯按吳行部至海上、時六月初察視田間花苗多穉弱根其三五為族。卽根以上尺許無蓓蕾根其密也。曰江左賦繁役重。全賴田收。而樹藝無法。歲得半入此傷農之大者極論其理甚詳悉。手書此則刻而傳之。海上官民軍竈。墾田幾二百萬畝。大半種棉當不止百萬畝。若此言必行。畝益棉三十斤足供賦額五十斤足繇役豐歉獲收家戶殷給。悉仁言之利矣

玄扈先生曰、棉花密種者有四害苗長不作蓓蕾花開不作子。一也。開花結子。雨後鬱蒸。一時墮落。二也。行根淺近不能風與旱。三也。結子暗蛀。四也。

又曰、總種棉不熟之故有四病。一秕。二密。三瘠。四蕪。

農政全書 卷之三十五 七 平露堂

秕者種不實。密者苗不孤。瘠者糞不多。蕪者鋤不數。

又曰、凡田來年擬種稻者可種麥。擬棉者勿種也。諺曰歇田當一熟。言息地力。卽古代田之義。若人稠地狹。萬不得已可種大麥。或稞麥。仍以糞壅力補之。決不可種小麥。凡高仰田。可棉可稻者種棉二年。翻稻一年。卽草根潰爛。土氣肥厚。蟲螟不生。多不得過三年。過則生蟲。三年而無力種稻者。收棉後周田作岸。積水過冬。入春凍解。放水。候乾耕鋤如法。可種棉。蟲亦不生。

又曰、棉田秋耕為良。穫稻後卽用人耕。又不宜耙細。須大墢岸起令其凝沍。來年凍釋。土脈細潤。正月初轉耕。或用牛轉。二月初再轉。此二轉必撈蓋令細。清明前作畦畛。土欲絕細。畦欲闊溝欲深。既作畦。便于白地上鋤三四次。雨後鋤為良則土細而草除。鋤白一。當鋤青二。去草自其芽蘖故。

又曰、凡棉田于清明前先下壅。或糞、或灰、或豆餅、或生泥。多寡量田肥瘠。剉豆餅。勿委地。仍分定畦畛。均布之。吾鄉密種者。不得過十餅以上。糞不過十石以

農政全書 卷之三十五 八 平露堂

上。懼太肥。虛長不實。實亦生蟲。若依古法。苗間三尺。不妨一再倍也。有種晚棉。用黄花苕饒草底壅者。田擬種棉。秋則種草。來年刈草壅稻。留草根田中。耕轉之。若草不甚盛。加別壅。欲厚壅。卽並草稀覆之。或壅大麥蠶豆等。並稀覆之。皆草壅法也。草壅之收有倍他壅者。惟生泥棉所最急。不論何物壅必須之。故姚江之畦間有溝最良法。凡水土氣過寒。糞力盛峻熱。生泥能解水土之寒。能解糞力之熱。使實繁而不蠹。諺曰生泥好棉花。甘國老。但下糞須在壅泥前。泥上

加糞併泥無力
又曰種棉有漫種者易種難鋤穴種者反之漫種者下種宜密鋤時簡別而痛芟之令絕疎穴種者穴四五核鋤時簡別去留之留不得過二留二者高五六寸則以塊壓其中而平分之使根榦相去而面生枝終不如孤生者良簡別之法老農云一二次鋤去大葉者此大核少棉種也三鋤後去小葉者此秕不實種也或實而油浥病種也第此爲雜種言耳若純用墨核等佳種精擇之自無大核雜種即全去小者

又曰棉子用臘雪水浸過不蛀亦能旱或云鰻魚汁浸之凡種皆然種棉須土實漫種者既覆土用木磙礴實之穴種者覆土後以足踐之
又曰苗高二尺打去衝天心者令旁生枝則子繁也旁枝尺半亦打去心者勿令交枝相揉傷花實也摘時視苗遲早早者大暑前後摘遲者立秋摘秋後勢定勿摘矣摘亦不復生枝
又曰鋤棉須七次以上又須及夏至前多鋤爲佳諺曰鋤花要趁黃梅信鋤頭落地長三寸
又曰鋤棉者功須極細密昔有人傭力鋤者密埋錢于苗根鋤者貪覓錢深細爬梳棉則大熟
又曰棉田溝側勿種豆疑慮傷災利其微獲者是下農夫也畦中尺寸空餘少俟即枝條森接補豆一簇并害傍苗十數尤癡絕赤豆害棉更甚
又曰凡種植以旱爲良吾吳濱海多患風潮若比常時先種十許日到八月潮信有旁根成實數顆即小收矣但早種遇寒苗出多死今得一法於舊冬或新春初耕後畝下大麥種數升臨種棉轉耕并麥苗稚覆之麥根在土棉根遇之即不畏寒麥兼四氣之和性故能寒也用此法可先他田半月十日種

又曰今人種麥雜棉者多苦遲亦有一法預于舊冬耕熟地穴種麥來春就于麥隴中穴種棉但能穴種麥即漫種棉亦可刈麥
又曰吉貝遇大水淹沒七日以下水退尚能發生若淹過八九日水退必須翻種矣遇大旱戽水潤之但戽水後一兩日得雨復損苗須較量陰晴方可車戽若能稀種行根深遠即車後得雨亦無妨也

陶九成南村輟耕錄曰松江府東去五十里許曰烏泥涇其地土田磽瘠民食不給因謀樹藝以資生業遂覓木棉之種初無踏車椎弓之製率用手剖去子線弦竹弧置案間振掉成劑厥功甚艱國初時有嫗黃婆者自崖州來乃教以作造捍彈紡織之具至於錯紗配色綜綫挈花各有其法以故織成被褥帶帨其上折枝團鳳棋局字樣粲然若寫人既受教競相作爲轉貨他郡家既就殷未幾嫗卒莫不感恩灑泣而共葬之又爲立像祠焉越三十年祠毁鄉人趙愚

軒重立

丘濬大學衍義補曰按自古中國布縷之征惟絲枲二者而已今世則又加以木棉焉唐人調法民丁歲輸絹綾絁及綿輸布及麻是時未有木棉也宋林勳作政本書匹婦之貢亦惟絹與縑非蠶鄉則貢布麻元史種植之制丁歲種桑棗雜果亦不及木棉則是元以前未始以爲貢賦也考之禹貢揚州島夷卉服註以爲吉貝則虞時已有之島夷時或以充貢中國本有也故周禮以九職任民嬪婦惟治絲枲而無木棉焉中國有之其在宋元之世乎蓋自古中國所以爲衣者絲麻葛褐四者而已漢唐之世遠夷雖以木棉入貢中國未有其種民未以爲服官未以爲調宋元之間始傳其種入中國關陝閩廣首得其利蓋此物出外夷閩廣海通舶商關陝壤接西域故也然是時猶未以爲征賦故宋元史食貨志皆不載至我

國朝其種乃徧布于天下地無南北皆宜之人無貧富皆賴之其利視絲枲蓋百倍焉故表出之使天下後世知卉服之利始盛于 今代 玄扈先生曰陶宗儀稱松江以黃嫗

故有棉布之利而仲深先生亦云其利視絲枲百倍此言信然然其利今不在民矣嘗攷宋紹興中松郡稅糧十八萬石耳今平米九十七萬石會計加編徵收耗剩起解鋪墊諸色役費當復稱是是十倍宋也壤地廣袤不過百里而遂農畝之入非能有加于他郡邑也所繇共百萬之賦三百年而尚存視息者全賴此一機一杼而已非獨松也蘇杭常鎮之幣帛枲紵嘉湖之絲纊皆恃此女紅末業以上供賦稅下給俯仰若求諸田畝之收則必不可辦故論事者多言東南之民勤力以事上比于孝子順孫不虛耳松江志又言綾布二物衣被天下原此中之布實不如西洋之麗密曾見浙中一種細布亦此中所未見者徒以家紡戶織遠近通流遂以爲壤貨爲利源也第事勢推移無數百年不變者元人稱關陝而外諸郡土地不宜吉貝識者非之今之藝吉貝者所在而是焉何樹藝之獨然而織紝之獨不然也邪安能禁他郡邑之人不爲黃嫗邪今北土之吉貝賤而布貴南方反是吉貝則泛舟而鬻諸南布則泛舟而鬻諸北此

習事之不可解者。若以北之棉。歟南之織。豈不反惑爲貴。反貴爲賤。余居恒謂北方之人。必有從事者。若云彼土風高。不能抽引。此語誠然。顧豈無善巧之法而總料其不然。亦未免爲悠悠之論。故常揣度後此數十年。松之布當無所洩。無所洩。即無以上共賦稅下給俯仰。宜當早爲計者。人情多未以爲然也。而數年來。肅寧一邑。所出布疋。足當吾松十分之一矣。初猶莽莽。今之細密。幾與松之中品埒矣。其值僅當十之六七。則向所云吉貝賤故也。夫以一邑漸及之他邑。何難。既能其下。進之其上。何難。由下品而中。由中品而上。何難。吾欲利而能謂人已邪。北土既爾。他方復然。則後此數十年。松之布竟何所洩哉。至于此。即當事者必有輕重經通之策。第吾儕自朝謀夕。竊謂宜及今兼事蠶桑。以濟布匹之窮。或者又復以上地不宜爲言。嗚呼。慮始之難。甚哉。昔人有言。未事豫言固常爲虛。及其已至。又無所及。余唯幸余言之不驗也。夫即余言之不驗。而以數十日之功。收蠶桑之利。餘日以事紡織。亦安所不便乎。

玄扈先生曰、近來北方多吉貝、而不便紡織者、以北土風氣高燥。綿毳斷續。不得成縷。縱能作布。亦虛疏不堪用耳。南人寓都下者。多朝夕就露下紡。日中陰雨亦紡。不則徙業矣。南方卑濕。故作縷緊細。布亦堅實。今肅寧人乃多穿地窖。深數尺。作屋其上。檐高于平地僅二尺許。作窗櫺以通日光。人居其中。就濕氣紡織。便得緊實。與南土不異。若陰雨時。窖中濕烝太甚。又不妨移就平地也。刱始何人。殊有意致。但南中用糊有二法。其一先將綿維作絞。糊盆度過。復于撥車轉輪作維。次用經車縈迴成紝。吳語謂之漿紗。其一先將綿維入輕車成紝。次入糊盆度過。竹木作架。兩端用繂急維。竹帚痛刷。候乾上機。吳語謂之刷紗。南布之佳者。皆刷紗也。今肅寧尚未作此。亦緣風土高燥。塵沙坌起故耳。法當如前作窖。令長二三丈廣三四丈。冐以長廊。循檐作窗櫺。開闔以避風日。于中經刷。或輕陰無風。纖塵不起。亦不妨移向平地。若作如此方便。其成布當盛吳下。第功力頗費。當如農桑輯要所云義桑之法。聚衆力成之。若有力者作

此。計日賃用。亦大收儌直也。農桑通訣所載攪車用兩人。今止用一人。紡車容三維。今吳下猶用之。間有容四維者。江西樂安至容五維。往見樂安人于馮可大所。道之。因託可大轉索其器。未得。更不知五維何一手間何處安置也。聊舉一二。其他善巧。所在有之。且智巧日窮不盡。後之制作。若能虛訪勤求。即吳宮機絕。尚有進乎技者。何況其他。嗟乎。又豈直抒軸之間。瑣爾細事已哉。

孟祺農桑輯要言、一步留兩苗、又言旁枝長尺半、亦

[illegible]去心此爲每科相去皆三尺古法也便民圖纂言每一尺作一穴此爲每科相去皆一尺近法也今或相去二三寸一二寸乃至三五成族是謂無法自取薄收耳祺又言苗長二尺打去衝天心此亦古法須三伏者方盛長時令旁生枝也吾鄉人知去心者百中有一二然非早種稀留肥壅亦自無由高大去心何益北土用熟糞者堆積乾糞罨覆踰時熱蒸已過然後用之勢緩而力厚雖多無害南土無之大都用水糞豆餅草薉生泥四物水糞積過半年以上與熟

糞同此既難得旋用新糞畝不能過十石過則青酣一爲糞性熱二爲花科密也豆餅亦熱畝不能過十餅過者與糞多同病若能稀種科間一尺此二物者可加一倍間二尺可加三倍間三尺可加五倍也更能于冬春下壅後耕蓋之可加至十倍既不傷苗二三年後尚有餘力矣草壅甚熱過于糞餅糞因水解餅亦勻細草壅難勻當其多處峻熱傷苗故有時倍收有時損損用此一物特宜詳愼生泥者或開挑溝[illegible]或罱取草泥罨蒸去熱此種最良凡先下糞餅草

薉用此覆之大能緩其勢益其力姚江法全用草壅加以生泥科間二尺方之吾鄉畝收數倍也蓋生泥中具有水土草薉和合渟熟其水土能制草薉之熱草薉能調水土之寒故良農重之有國老之稱矣余勸人稀種棉本疏中言之詳矣余法須苗間三尺或未信宜先一尺二尺試之今更有一論推明必然之理吾鄉種棉花極稔時間有一二大株俗稱爲花王者於榦上結實旁枝甚多實亦多人以爲神異賽祭祈禱或罄其所入此至愚也余謂下一花子便當得

一花王其不花王者皆夭閼不遂者耳意此中花種久受屈抑少全氣之核種之又遲又密又瘦故皆不獲遂其本性萬一中有豐滿之核種復早又偶值稀疎之處偶遇肥饒之地偶當豐稔之時此四五事偶相得則花王矣然安能一一湊合若此所爲萬萬中有一而花王絶少也若依吾法歲歲擇種取其高大繁實者特留作種淘汰擇取精核又早種科間三尺科用糞數升而遇豐年豈不遍地花王哉即歉歲亦數倍恒時矣若不信此言請詳花王何物試言[illegible]

亦合有王他卉木不合有王乎他卉木能遂其性者
多矣獨花未也必予地三尺而後可按杜史所疏種
花法其吾土者略有三指一曰稀二曰肥三曰早稀
之為利稀則耐肥而能為利余既備論之今特論所
云早者按吾鄉北極出地三十度山東濟南三十六
度相去六度寒煖甚懸絕杜史言其邑陽信俱于清
明種木棉無過穀雨者則吾鄉當在清明前無疑但
此時霜信未絕苗出土經霜則萎今定于清明前五
日為上時後五日為中時穀雨為下時決不宜過穀

雨矣如此早種即早實早收縱遇風潮之年亦有近
根之實不至全荒也吾鄉向稱早種者在立夏前遲
或至小滿後詢其緣由皆不獲已其一為惜麥北方
地寬絕無麥底花得早種吾鄉間種麥雜花者不得
不然今請無惜麥必用荒田底即種麥亦宜穴種可
得早種花後收麥旋以厚壅起之也其一為力不辦
翻耕北土堅強兼少梅雨故早種無耗損栽及夏至
已得結桃南土虛浮濕烝翻耕首年十全無患三年
以後土仍虛浮復生地蠶早種者或遇梅雨濯露

根遂多萎壞或遇地蠶斷根食葉一蟲之害亦地步
武今請數翻耕即不辦亦宜冬灢夫糞以實其田殺
其蟲又不辦亦宜穴種花令根深不至濯露可無死
慮蟲傷者耕地訖將種再耕之勞之殺其蟲既被蟲
食者撿殺其蟲移栽補之但今人不知擇種即秕者
半不秕之中癟者半凡遇梅雨輒死或梅中草盛輒
死皆癟種而咎早種乎此物即不死亦少成少實凡
容種者其地力人力糞力半為此物所耗豈不可惜
故擇種要矣又孟祺言稠則移栽棉花帶土移栽一

體成實人言茶與棉移栽不生皆妄也移栽不生亦
癟種稠生故耳不移栽旋下子補種又晚矣大抵棉
花早種必是晚種必非吾輩宜據理商求以圖成早
種之是勿執辭推諉以曲蓋晚種之非明此義者視
世間萬事盡然何獨秕棉而已乎
每見議者執言此中棉花早種多死立夏前後種者
即不死此寒凍所致乃山東相去六度更寒清明下
種卻不死其理難明也深求其故所以不禁寒凍者
大抵在於根淺根淺之緣復有數事一者種病二者

漫種浮露三者太密四者太瘦種病如胎病又少壅
兩者皆無力可蚪根漫種者子粒浮露根不入土密
則無處行根根不遠不遠亦不深故雨濯其根風寒
中其根多立死凡種樹須築實其根土若有罅風中
其根亦死此恒理也犯此多病時在死法中更梅時
鋤却一再遍土尤虛浮淒風寒雨十日半月苗蘖有
餘根力不足故早種者中寒則死梅中尤多死反不
若遲種者根苗俱穉與草同生過梅天已入盛夏不
懼寒凍可得苟全也而生計薄矣譬人通身是疾不

禁霧露晏行早宿行路無幾何如不病者櫛風沐雨
日中而趨百里乎欲求不病擇種一矣稀二矣厚壅
三矣穴種者下種後覆土一指足踐實之漫種者下
子後亦覆土厚一指木礰礋實之若能穴種復作畦
壠者苗生耨壠草遣土附苗根也四矣此四法者皆
令根深能風雨亦且能旱即早種何慮死其他蟲傷
草熱則人事不精非關寒凍畧見上文未遑具論也
舊傳早種一法擬種棉地先耕地種大麥轉耕並麥
苗掩覆之耙蓋下種餘姚亦早種棉却先種蠶豆轉
耕掩覆之二法略同此是何理蓋皆令地虛苗得深
遠行根便能寒且能風雨旱亦深根之義耳且隨地
翻罨草壅必勺勝刈他草下壅餘姚法罨豆殼勿上
生泥泥不止去草熱亦令草少蟲少種疊地花者不
可不知

余為吉貝疏說棉頗詳恐不能偏農家茲刻宜可遍
或不建不知書者今括之以四言儻知書者口授之
婦女嬰兒必可通也曰精揀核早下種深根短幹稀
科肥壅

王禎木棉圖譜叙曰中國自桑土既蠶之後惟以繭
纊為務殊不知木棉之為用夫木綿產自海南諸種
藝制作之法駸駸北來江淮川蜀既獲其利至南北
混一之後商販於此服被漸廣名曰吉布又曰綿布
（考之異物志云木綿之為布曰斑布繁縟多巧者曰城次麁者曰文辦又次麁者名曰烏驎）其幅
疋之制特為長闊茸密輕暖可抵繒帛又為毳服毯
段足代本物按裴淵廣州記云蠻夷不蠶採木綿為
絮又諸番雜志云木綿吉貝木所生占城闍婆諸國
皆有之今已為中國珍貨但不自本土所產不能足

用且比之桑蠶、無採養之勞、有必收之效、埒之枲苧、免績緝之工、得禦寒之益、可謂不麻而布、不繭而絮、雖曰南產、言其通用、則北方多寒、或繭纊不足、而裘褐之費、此最省便、列製造之具於此、庶遠近滋習、農務助桑麻之用、華夏兼蠻夷之利、將自此始矣

木綿攪車

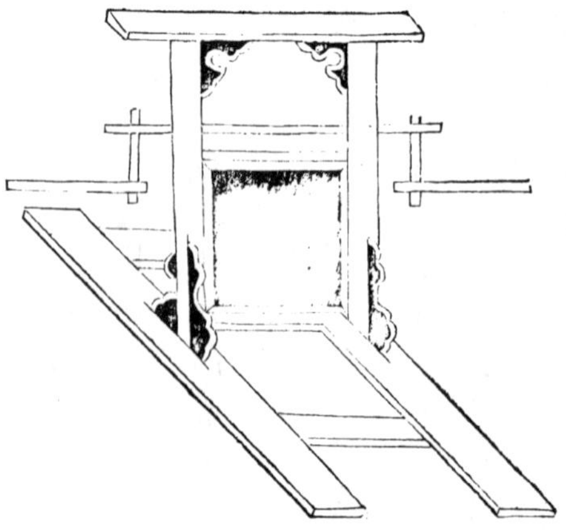

木綿攪車、木綿初採曝之、陰或焙乾、用此以治出其核、昔用輾軸、今用攪車尤便、夫攪車用四木作框、上立二小柱、高約尺五、上以方木管之、立柱各通一軸、軸端俱作掉拐、軸末柱竅不透、二人掉軸、一人喂上綿英、二軸相軋、則子落於內、綿出於外、比用輾軸、工利數倍、凡木綿雖多、今用此法、即去子得綿、不致積滯、

玄扈先生曰、今之攪車、以一人當三人矣、所見句容式、一人可當四人、太倉式、兩人可當八人、

木綿彈弓

木綿彈弓以竹爲之長可四尺許上一截頗長而彎下一截稍短而勁控以繩絃用彈綿英如彈氊毛法務使結者開實者虛假其功用非弓不可

玄扈先生曰今以木爲弓蠟絲爲弦

木綿捲筳

木綿捲筳淮民用蜀黍梢莖取其長而滑今他處多用無節竹條代之其法先將綿毳條於几上以此筳捲而扞之遂成綿筒隨手抽筳每筒牽紡易爲匀細皆捲筳之效也

木綿紡車

木綿紡車其制比麻苧紡車頗小夫輪動弦轉莩繀隨之紡人左手握其綿筒不過二三續於莩繀牽引漸長右手均撚俱成緊縷就繞繀上欲作線織置車在左再將兩繀線絲合紡可爲綿線南州異物志曰吉貝木熟時狀如鵞毳但紡不績在意外抽牽引無有斷絕此即紡車之用也

玄扈先生曰置車在左不便若轉輪右旋可作亦不便今人以線爲絃繞莩一周下成單繳即輪右左轉而能括莩右旋矣

木綿軠床

木綿軠床，其制如所坐交椅，但下控一軠，四股軠軸之末，置一掉枝，上椅竪列八維，下引綿絲，轉動掉枝，分絡軠上，絲紝既成，次第脫卸，比之撥車，日得八倍。始出閩建，今欲傳之他方，同趨省便（工巧要訣）。詩云：八維綿絲絡一軠，巧憑坐椅作軠床，試將觸類深思索，麻苧鄉中用亦良。

木綿撥車

木綿撥車，其制頗肖麻苧蟠車，但以竹爲之，方圓不等，特更輕便。按舊說，先將紡絍綿維於稀糊盆內度過，稍乾，然後將綿維頭縷撥於車上，遂成綿紝。

木綿線架

木綿線架，以木爲之。下作方座，長闊尺餘，卧列四維。座上豎置獨柱，高可二尺餘。柱上横木，長可二尺。用竹篾均列四彎，内引下座四維，紡於車上，即成綿線。舊法先將此維絡於篗上，然後紡合。今得此制，甚爲速妙。

農政全書卷之三十五終

農政全書卷之三十六

特進光祿大夫太子太保禮部尚書兼文淵閣大學士贈少保諡文定上海徐光啓纂輯
欽差總理糧儲提督軍務巡撫應天等處地方都察院右僉都御史東陽張國維鑒定
直隸松江府知府穀城方岳貢同鑒

蠶桑廣類

麻 苧麻 大麻 檾麻 葛附

苧麻，爾雅曰：麔，枲實。又曰：枲麻。又曰：莩麻母。禮記曰：苴麻之有蕡。崔寔註：苴麻，麻之有蘊者，苧麻是也。陶弘景曰：苧麻，今績苧麻是也。陸璣草木疏云：苧一科數十莖，宿根在地，至春自生，不須别種。荆揚間歲三刈，官令諸園種之。剝取其皮，以竹刮其表，厚處自脫，得裏如筋者，煑之用緝。蘇頌曰：苧根舊不載所出州土，今閩蜀江淛有之。其中可以績布。苗高八九尺，葉如楮葉，面青背白，有短毛。其根黄白而輕虚，二月八月採。王禎曰：苧有二種，一曰紫麻，一曰白苧，本南方之物，近河南亦多藝之。寇宗奭曰：苧如蕁麻，花如白楊而長，成穗，每一朶凡數十穗，青白色。李時珍曰：苧，家苧也。又有山苧、野苧。凡麻絲之細者爲絟，粗者爲紵。玄扈先生曰：詩言漚紵，傳稱紵衣，中土之有紵舊矣，而賈思勰不言種苧之法，崔寔始言苧麻，繇是推之，五代以前，所謂紵所謂枲者，殆皆苴麻之屬，而今所謂苧者，特南方有之。陸璣始著其名，唐甄權乃以入藥方，至宋掌禹錫云，南方績以爲布，顯是北方所無，而釋詩者尚未知陸所謂苧，非詩所謂紵也。

大麻，即火麻、黄麻。爾雅翼所謂漢麻也。雄者名枲麻、牡麻，雌者名苴麻。吳普云：麻蕡是寔，麻勃是花，寔中之仁，先藏地中者，及麻葉皆有毒

食之殺人寇宗奭曰麻子海東毛羅島來者大如蓮
實其次出上郡北地者大如豆南地子小蘇頌曰
麻子處處種之績其皮可以爲布農家擇其子之有
班黑文者謂之雌麻種之則結子繁他子則不結也
李時珍曰大麻即今黃麻大科如油麻葉狹而長狀
如益母草葉一枝七葉或九葉五六月開細黃花隨
結實大如胡荽子可取油剝其皮作
麻其稭白而有稜輕虛可爲燭心

檾麻 許氏說文曰檾枲屬爾雅翼云檾高四五尺或五六尺葉似苧而薄實如大麻子或作苘或作蔶種必連頃故謂之蔶也周禮典枲麻草注草葛蔶也 王禎曰檾其長如竹葉大如扇上團如葵花黃結子蓬如橡斗然 李時珍曰苘即今白麻多生卑濕處六七月開黃花結實如半磨形有齒嫩青老黑中子扁黑狀如黃葵其莖輕虛北人取皮作麻以莖蘸硫黃作焠燈引火甚速其嫩子小兒亦食之

齊民要術曰凡種麻地須耕五六遍倍蓋之以夏至

前十日下子亦鋤兩遍仍須用心細意抽拔全稠闊
細弱不堪留者即去却一切但依此法除蟲災外小
小旱不至全損何者緣蓋磨數多故也

農桑輯要種苧麻法三四月種子者初用沙薄地爲
上兩和地爲次園圃內種之如無園瀕河近井處亦
得先倒斸土一二遍然後作畦闊半步長四步再斸
一遍用腳浮躡或杴背浮按稍實不然著水虛懸再
把平隔宿用水飲畦明旦細齒把浮耬起土再把平
隨時用濕潤畦土半升子粒一合相和勻撒子一合
可種六七畦撒畢不用覆土覆土則不出於畦內用
極細梢杖三四根撥刺令平可畦搭二三尺高棚上
用細箔遮蓋五六月內炎熱時箔上加苫重蓋惟要
陰密不致曬死但地皮稍乾用炊箒細洒水於棚上
常令其下濕潤或子未生芽或苗出力弱不禁注水陡澆故也如遇天陰及
早夜撤去覆箔至十日後苗出有草即拔苗高三指
不須用棚如地稍乾用微水輕澆約長三寸却擇比
前稍壯地別作畦移栽臨移時隔宿先將有苗畦澆
過明旦亦將做下空畦澆過將苧麻苗用刀器帶土

撅出轉移在內相離四寸一栽務要頻鋤三五日一
澆如此將護二十日之後十日半月一澆至十月後
用牛驢馬生糞蓋厚一尺預選秋耕擺熟肥地更用
細糞糞過來年春首移栽地氣已動爲上時芽動爲
中時苗長爲下時栽法掘區成行方闊相去一尺五
寸將畦中科苗移出栽於區內擁土區中以水湮之
若夏秋移栽須趁雨水地濕分根連土於側近地內
宿根忌見星月
分栽亦可移栽年深宿根者移時用刀斧將根截斷
長可三四指栽時成行作區方圍各離一尺五寸每

區卧栽三二根，棋盤相對，擁土畢，然後下水，候三五日復澆，苗高勤鋤，旱則澆之。若地遠移栽者，須根科少帶原土，蒲包封裹，外復用席包掩合，勿透風日。雖數百里外栽之，亦活。栽培法如前。初年長約一尺，便割一鎌，麻未堪用，再候長成，所割即堪績用。至十月，即將割過根楂，用牛馬糞蓋厚一尺，不至凍死。玄扈先生曰：如此蓋厚則栽得過冬，所以中土得種。若北方未知可否。吾鄉三十度上下地方，蓋厚一二寸即得矣。至二月初，把去糞，令苗出。以後歲歲如此。壓條滋衍，如桑法，移栽亦可。第三年，根科交胤稠密，不移必漸不旺，即將本

科周圍稠密新科，再依前法分栽，每歲可割三鎌。每割時須根傍小芽出土約高五分，其大麻即爲可割。大麻既割，其小芽榮長，便是下次再割麻也。若小芽過高，大麻不割，不惟小芽不旺，又損已成之麻。大約五月初一鎌，六月半一鎌，八月半一鎌。唯中間一鎌長疾，麻亦最好。刈倒時隨即用竹刀或鐵刀從梢分批開，用手剝下皮，即以刀刮其白瓤，其浮上皺皮自去。縛作小緊，搭於房上，夜露晝曝，如此五七日，其麻自然潔白。然後收之。若値陰雨，即於屋底風道內搭涼去聲。恐經雨黑漬故也。所剝之麻，春夏秋汎暖時分績，與常法同。若於冬月，用溫水潤濕，易爲分擘也。如乾硬難分，其績既成，纏作纓子，於水甕內浸一宿，紡車紡訖，用桑柴灰淋下水內浸一宿，撈出，每纑五兩，可用淨水一盞，細石灰拌勻，置於器物內，停放一宿，至來日，擇去石灰，却用黍稭灰淋水煑過，自然白輭，曬乾，再用清水煑一度，別用水擺拔極淨，曬乾，逗成纑鋪，經緯織造，與常法同。此麻一歲三割，每畝得麻三十斤，少不下二十斤。目今陳蔡間每斤價錢三百

文，已過常麻數倍。善績者，麻皮一斤得績一斤，細者有一斤織布一疋，次斤半一疋，又次二斤三斤一疋。其布柔肕潔白，比之常布，又價高一二倍。然則此麻，但栽植有成，便自宿根，可謂暫勞永利矣。

齊民要術曰：種苧麻法，止取實者，種斑黑麻子。斑黑者饒實。崔寔曰：苴麻子黑，又實而重，擣治作燭，不作麻。耕須再遍。一畝用子二升。種法與大麻同。三月種者爲上時，四月爲中時，五月初爲下時。大率二尺留一科。概則不成。鋤常令淨。荒則少定。既放勃，拔去雄。若未放勃去雄者，則不成子實。凡五穀地畔近[illegible]

為六畜所犯。宜種胡麻麻子。胡麻六畜不食，麻子齧頭則科大。收此二實，足供美燭之費也。慎勿於大豆地中雜種麻子。扇地兩損，而收並薄。六月中可於麻子地間散蕪菁子而鋤之，擬收其根。

氾勝之書曰：種麻，預調和田。二月下旬、三月上旬，傍雨種之。麻生布葉，鋤之。率九尺一樹。樹高一尺，以蠶矢糞之，樹三升。無蠶矢，以溷中熟糞糞之，亦善，樹一升。天旱，以流水澆之，樹五升。無流水，曝井水，殺其寒氣以澆之。凡用泉水灌田，皆宜作池，曝之以殺其寒氣也。雨澤適時，勿澆。澆不欲數。養麻如此，美田則畝五十石，及百石，薄田尚三十石。穫麻之法，霜下實成，速斫之。其樹大者，以鋸鋸之。崔寔曰：二三月可種苴麻。麻之有實者為苴。

玄扈先生曰：苧，初種用子。一種之後，宿根自生。數年之後，根叢糾結，即須分栽耳。今安慶、建寧諸處亦多掘根分栽。無種子者，亦如壓條栽桑，趣易成速效。而已然無根處，取遠致為難，即宜用種子之法。凡苗長數寸，即用糞和半水澆之。割後旋澆，澆必以夜或陰天。日下澆苧，有鏽瘢。又最忌豬糞。

又曰：今年壓條，來年成苧。或云月月可栽。

又凡種大麻，用白麻子。白麻子為雄麻。顏色雖白，齧破枯燋無膏潤者，秕子也，亦不中種。市糴者，口含令少時，顏色如舊者佳，如變黑者裛。崔寔曰：牡麻青白無實，兩頭銳而輕浮。麻欲得良田，不用故墟。故墟亦良，有點葉夭折之患，不任作布也。地薄者糞之。糞宜熟。無熟糞者，用小豆底亦得。崔寔曰：正月糞疇。疇，麻田也。耕不厭熟。縱橫七遍以上，則麻無葉也。田欲歲易。抛子種則節高。良田一畝，用子三升；薄田二升。穊則細而不長，稀則粗而皮惡。夏至前十日為上時，至日為中時，至後十日為下時。麥黃種麻，麻黃種麥，亦良候也。諺曰：夏至後，不沒狗。或答曰：但雨多，沒橐駝。又諺曰：五月及澤，父子不相借。言及澤急也。夏至後者，匪惟淺短，皮亦輕薄。此亦趨時不可失也。澤多者，先漬麻子，令芽生。取雨水浸之，生芽疾；用井水，則生遲。浸法：著水中，如炊兩石米頃，出，著席上，布令厚三四寸，數攪之，令均得地氣，一宿則芽出。水若滂沛，十日亦不生。待地白背，耬耩，漫擲子，空曳勞。截雨腳即種者，地濕，麻生瘦；待白背者，麻生肥。澤少者，暫浸即出，不得待芽生，耬頭中下之。不勞曳捷。麻生數日中，常驅雀。布葉而鋤。勃如灰，便刈。刈拔各隨鄉法。未勃者收，皮不成；放勃不收，即驪。穊欲小，摶欲薄。穊，古典反，小束也。摶，音胡反。為其易乾。一宿輒翻之。得霜露則皮壞也。穫欲淨。有葉者易爛。漚欲清水，濁水則麻黑，水少則麻脆。生則難剝，大爛則不任。暖泉不冰凍，冬日漚者，即為柔明也。生熟合宜。

衛詩曰：蓺麻如之何？衡從其畝。氾勝之書曰：種枲太早，則剛堅、厚皮、多節；晚則皮不堅。寧失於早，不失於

穫麻之法、穗勃勃如灰拔之、夏至後二十日漚枲、枲和如絲。崔寔曰、夏至先後五日、可種牡麻、

種大麻法曰、十耕蘿蔔、九耕麻、地宜肥熟、須殘年開墾、候凍過則土酥。來春鋤成行壠。正月半前後下種、種子取斑黑者爲上、撒後以灰蓋之、密則細、疎則粗布、葉後以水糞澆灌、恐葉焦死、亦不可立行壠上、恐踏實不長、七月間、收子、麻布包之、懸掛則易出、

種苘麻法、地宜肥濕、早者四月種、遲者六月亦可、繁密處芟去則長、

蘇恭曰、䔢麻宜九十月採、陰乾爲佳。

農桑通訣曰、苘與黃麻同時熟、刈作小束池內漚之爛、去青皮。取其麻片潔白如雪。耐水爛。可織爲毯被及作汲綆牛索。或作牛衣雨衣草覆等具。農家歲歲不可無者。

附葛

葛詩葛之覃兮 按葛一名黃斤 一名鹿藿 一名雞齊 有野生有家種 春長苗引藤蔓延 治之可作布 根外紫內白 大如臂 長者五六尺 葉有三尖如楓葉 七月着花纍纍成穗 莢如小黃豆宂 七八月採之

採葛法、夏月葛成。嫩而短者留之。一丈上下者。連根取。謂之頭葛。如太長。看近根有白點者。不堪用。無白點者。可截七八尺。謂之二葛。

練葛法、採後即挽成綑。緊火煑爛熟。指甲剝看。麻白不粘青。即剝下。長流水邊捶洗淨。風乾。露一宿尤白。安陰處。忌日色。紡之以織。

葛根、端陽日採。破之。晒乾。敷蟲蛇傷。平時採之。亦可蒸。及作粉食。

葛花、採之。晒乾。煠食。

洗葛衣法、清水揉梅葉洗。前夏不脆。或用梅樹葉搗碎。泡湯入磁盆內洗之。忌用木器則黑。

王禎麻苧圖譜敘曰：麻苧之有用具，南北不無異同，民俗豈能通變。如南人不解刈麻，北人不解治苧，及有漚浸審生熟之節，車紡分大小之工。凡絺綌繩紼皆其所出。今併所附類，一一條列，庶使南北互相爲法云。

玄扈先生曰：苧性畏寒，不宜北土。北方地氣所絶，無如之何。然紵衣漚紵，即又北方自古有之，宜試種爲得。

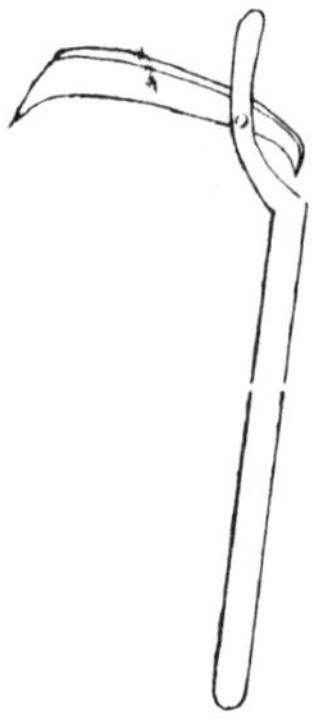

刈刀，穫麻刃也。或作兩刃，但用鐮柯，旋插其刃，俯身控刈，取其平穩便易。北方種麻頗多，或至連頃，另有刀工，各具其器，割刈根莖，劙削稍葉，甚有速效。南東惟用拔取，頗費工力，故錄此篇首，示其便也。

漚池

漚池，漚，浸漬也。池，猶泓也。凡藝麻之鄉，如無水處，則當掘地成池，或甃以磚石，蓄水於內，用作漚所。大凡北方治麻，刈倒即束之，臥置池內，水要寒煖得宜，麻亦生熟有節，須人體測得法，則麻皮潔白柔韌，可績細布。南方但連根拔麻，遇用則旋浸旋剝，其麻片黃

皮粗厚，不任細績。雖南北習尚不同，然北方隨刈即漚於池，可爲上法。又問之南方造苧者，謂苧性本難軟，與漚麻不同，必先績苧，已紡成纑，乃用乾石灰拌和累日（夏天三日，冬天五日，春秋約中。），既必抖去，別用石灰煮熟，待冷，於清水中濯淨，然後用蘆簾平鋪水面（如水遠則用大盆盛水，鋪簾或卓攤纑浸曝，每日換水亦可），攤纑於上，半浸半曬，遇夜收起瀝乾。次日如前，候纑極白，方可起布。此治苧池漚之法。須假水浴日曝而成，北人未之省也。今書之，冀南北通用。（至有理可推廣其意別用之也）

苧刮刀

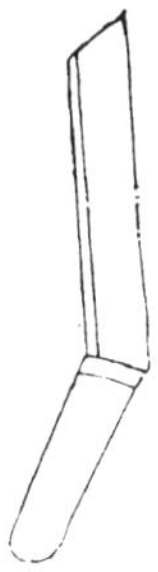

苧刮刀、刮苧皮刃也、鍜鐵爲之、長三寸許、捲成小槽、內插短柄兩刃向上、以鈍爲用、仰置手中、將所剝苧皮橫覆刃上、以大指就按刮之、苧膚即脫、農桑輯要云、苧刈倒時、用手剝下皮、以刀刮之、其浮皴自去、今制爲兩刃、鐵刃尤便於用

績簽

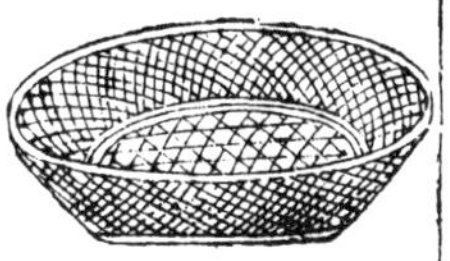

績簽、盛麻績器也、績、集韻云緝也、簽、說文曰籠也、又姑簍也、字從竹、或以條莖編之、用則一也、大小深淺、隨其所宜、制之、麻苧蕉葛等爲之絺綌、皆本於此、有日用生財之道也、

小紡車

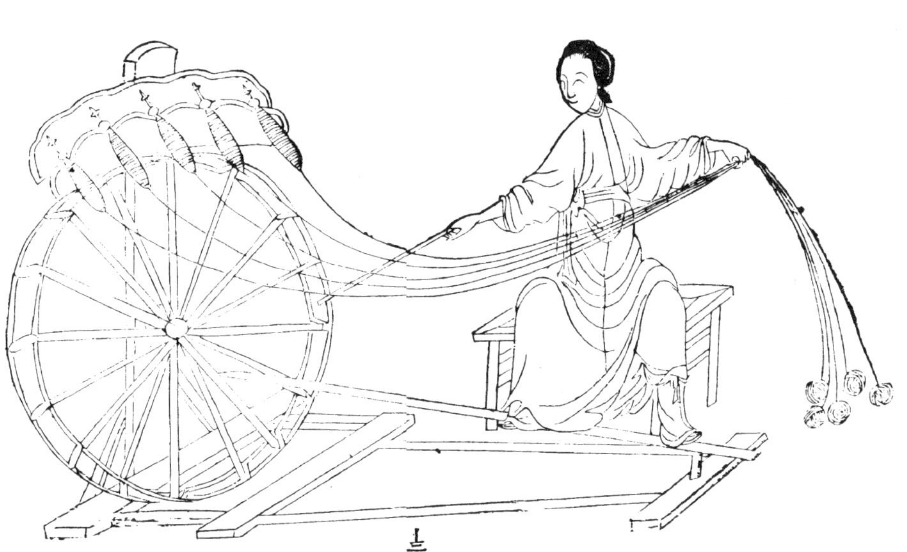

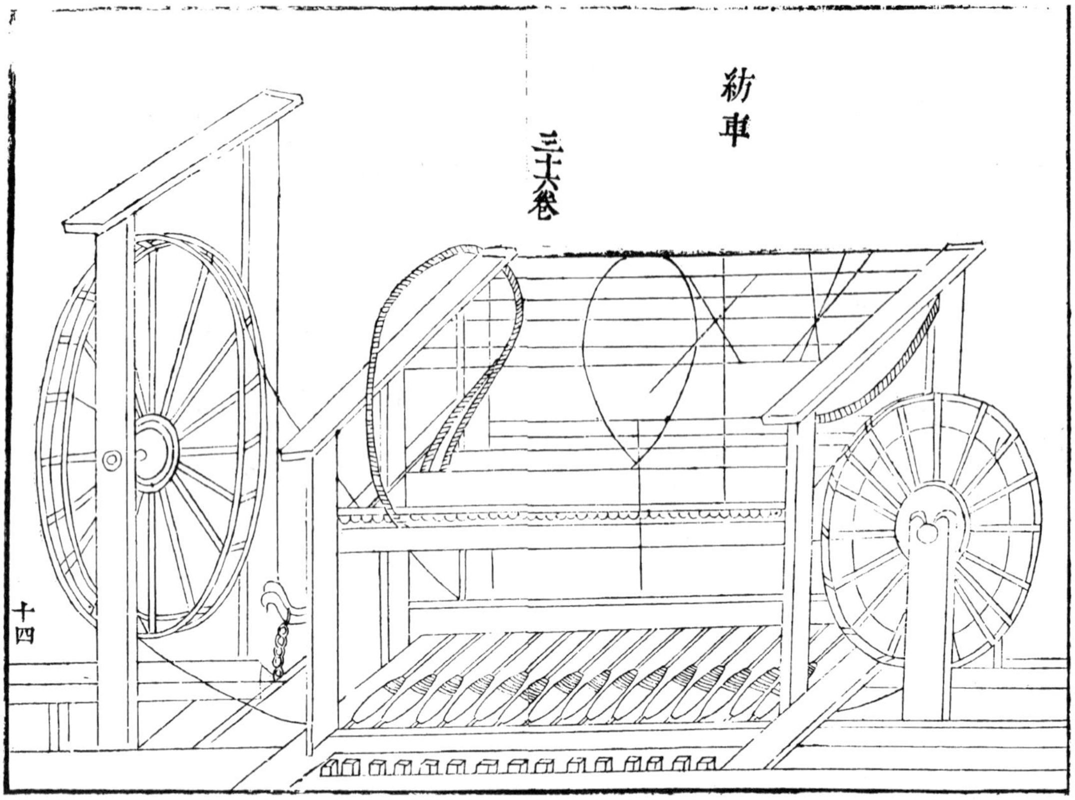

小紡車此車之制凡麻苧之鄉在在有之前圖具陳兹不復述隋書鄭善果母清河崔氏恒自紡績善果曰母何自勤如是耶荅曰紡績婦人之務上自王后下至大夫妻各有所製若惰業者是爲驕逸吾雖不知禮其可自敗名乎今士大夫妻妾衣被纖美曾不知紡績之事聞此鄭母之言當自悟也

大紡車其製長餘二丈闊約五尺先造地柎木相四角立柱各高五尺中穿横桄上架枋木其枋木兩頭山口卧受捲纑長軖鐵軸次於前地柎上立長木座

座上列臼以承轤底鐵簨（夫轤用木車成筩子長一尺二寸圍一尺二寸計三十二枚內受績纑）轤上俱用杖頭鐵環以拘轤軸又於額枋前排置小鐵叉分勒績條轉上長軖仍就左右別架車輪兩座通絡皮弦下經列轤上撥轉軖旋鼓或人或畜轉動左邊大輪弦隨輪轉衆機皆動上下相應緩急相宜遂使績條成紧纏於軖上晝夜紡績百斤或衆家績多乃集於車下秤績分纑不勞可畢中原麻布之鄉皆用之又新置絲線紡車一如上法但差小耳比之露地桁架合線特爲省易因附于此

蟠車

蟠車，纏纑具也。又謂之撥車，南人謂撥柎，又云車柎，南北人皆慣用，習見，已圖於前，茲不必述。

纑刷

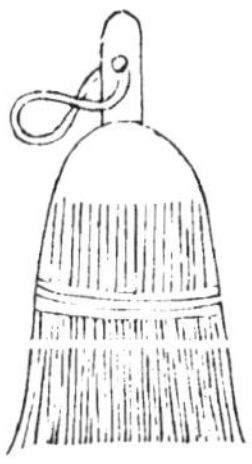

纑刷，䟽布縷器也。束草根爲之，通柄長可尺許，圍可尺餘。其纑縷杼軸既畢，架以叉木，下用重物掣之，纑縷已均，布者以手執此，就加漿糊順下刷之，即增光澤，可授機織。此造布之内，雖曰細具，然不可闕。

布機

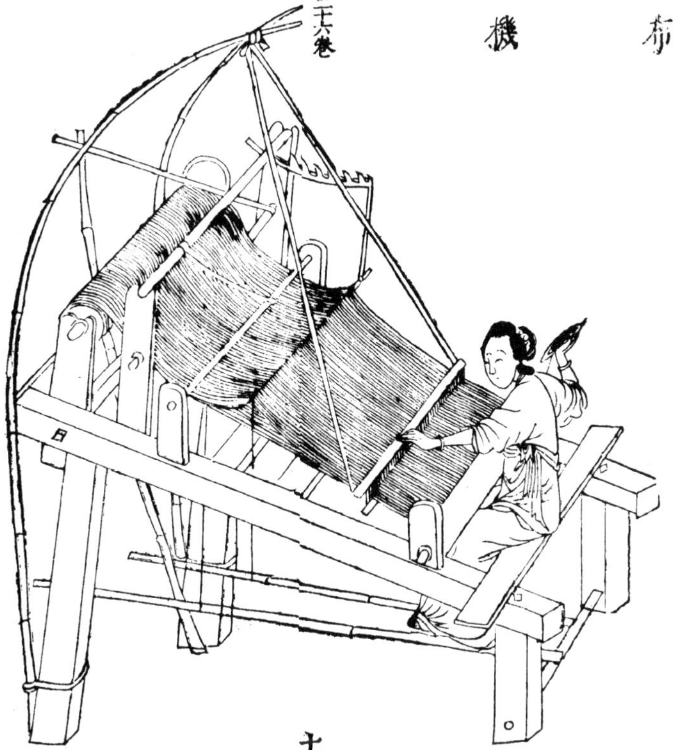

布機。釋名曰。布列諸縷。淮南子曰。伯餘之初作布也。伯餘黃帝臣也。綫麻索縷。手經指挂。後世爲之。機杼幅疋。廣長疎密之制存焉。農家春秋績織。最爲要具。

行臺監察御史詹雲卿造布之法曰。揀一色白苧麻水潤。分成縷。粗細任意。旋緝旋搓。本俗於腿上搓作纑。逗成鋪。不必車紡。亦勿熟漚。只經生纑。論帖穿苧。如常法。以發過稀糊。調細豆麪。刷過。更用油水刷之。於天氣濕潤時。不透風處。或地窨子中。洒地令潤。經織爲佳。若風日高燥。則纑縷乾脆難織。每織必先以

油水潤苧。及潤纑。經織成生布。於好灰水中浸蘸。聯乾。再蘸再聯。如此二日。不得揉搓。再蘸濕了。於乾灰内。周徧滲浥兩時久。納於熟灰水内。浸濕。於甑中蒸之。文武火養二三日。頻頻飜覷。要識灰性及火候緊慢。次用淨水斡濯。天晴再三帶水。搭聯如前。不計次數。惟以潔白爲度。灰須上等白者。落藜桑柴豆稭等灰。又少許炭灰妙。北方古有此法。今獨肅寧用之。

鐵勒布法。將揀下雜色苧麻。水潤分縷。隨緝隨搓。織皆如前法。水煑過。便是。先將生苧麻。折作二尺五寸長。不斷聯乾。蒸過。帶濕剝下去粗皮。如常法。水潤緝搓如前。

麻鐵黎布法。將雜色老火麻。帶濕曲折作二尺五寸長。聯乾收之。欲用時。旋於木甑中蒸過。趁濕剝下。聯乾。以木椑子兩箇。夾麻順歷數次。至麻性頗軟。堪緝爲度。水潤緝績。紡作纑。生織成布。水煑便是。

王禎曰。此布妙處。惟在不搓揉了。麻之骨力。好灰水蘸聯。布子潔白而已。雖曰蘸聯頗煩。而省纏縈熟纑等工。亦多比之南布。或有價高數倍者。真良法也。鏤

板印布。與世之治生君子共之。

紉車

繩車

繩車絞合經緊作繩也其車之制先立簨虡一座植木止之簨上加置橫板一片長可五尺闊可四寸橫板中間排鑿八竅或六竅各竅內置掉枝或鐵或木皆彎如牛角又作橫木一莖列竅穿其掉枝復別作一車亦如上法兩車相對約量遠近將所成經緊各結於兩車掉枝之足車首各一人將掉枝所穿橫木俱各攪轉候經股勻緊却將三股或四股撮而爲一各結於掉枝一足計成二繩然後將另制瓜木置於所合經緊之首復攪其掉枝使經緊成繩瓜木自行

繩盡乃止凡農事中用繩頗多故田家習制此具遂列於農譜之內

紉車續麻枲經緊具也造作簨虡高二尺上穿橫軸長可二尺餘貫以軖轂左手引麻牽軖既轉右手續接麻皮成緊縱纏上軖經縷既盈乃脫軖付之繩車或作別用

紉車

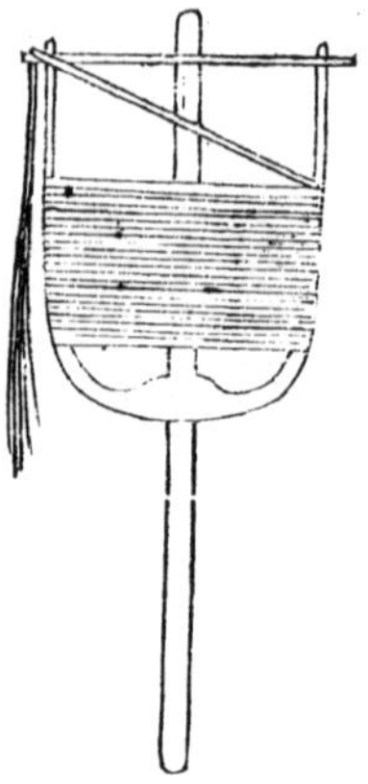

紉車，縳繩器也。通俗文曰：單縳曰紉。揉木作捲，中貫軸柄，長可尺餘，以捲之上角，用縳麻皮，右手執柄轉之，左手續麻股，既成緊，則纏於捲上，或隨繩車用之，以助糾絞經緊。又農家用作經織麻履、牛衣、簾箔等物。此紉車復有大小之分也。

旋椎

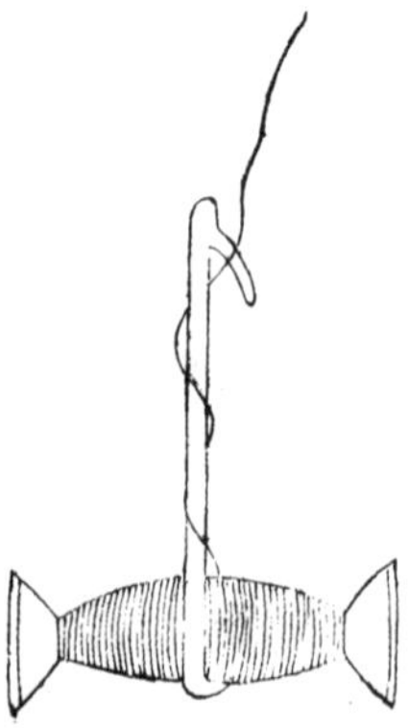

旋椎，掉麻紱具也。截木長可六寸，頭徑三寸許，兩間斫細，樣如腰鼓，中作小竅，插一鈎簨，長可四寸，用繫麻皮於下，以左手懸之，右手撥旋，麻既成緊，就纏椎上。餘麻挽於鈎內，復續之如前。所成經緯，可作粗布，亦可織履。農隙時，老稚皆能作此，雖係瑣細之具，然於貧民不爲無補，故繫於此。

農政全書卷之三十六終

農政全書卷之三十七

特進光祿大夫太子太保禮部尚書兼文淵閣大學士贈少保謚文定上海徐光啓纂輯
欽差總理糧儲提督軍務巡撫應天等處地方都察院右僉都御史東陽張國維鑒定
直隸松江府知府穀城方岳貢同鑒

種植

種法

齊民要術曰凡作園籬法於墻基之所方整耕深凡耕作三壟中間相去各二尺秋上酸棗熟時收於壟中概種之至明年秋生高三尺許間斷去惡者相去一尺留一根必須稀概均調行五條直相明當至明年春剶去横之剶必留距（若不留距侵皮痕大逢寒即死此剶樹常法也）又至明年春更剶其末又編之高七尺便足（欲高作者匪亦任人意）又至訖即編爲巴籬隨宜夾剶務使舒緩（急則不復得長故也）

直姦人慙笑而返狐狼亦息望而廻行人見者莫不嗟嘆不覺白日西移遂忘前途尚遠盤桓瞻矚久而不能去枳棘之籬折柳樊圃斯其義也（種樹書曰棘能辟霜花果以棘圍中即茂）其種柳作之者一尺一樹初時斜插插時即編其種榆莢者一同酸棗如其栽榆與柳斜直高共人等然後編之數年長成共相蹙迫交柯錯葉特似房櫳既圖龍蛇之形復寫鳥獸之狀緣勢欹嵜其貌非一若值巧人其便採用則無事不成尤宜作机其盤紆茀鬱其文互起縈布錦繡萬變不窮

玄扈先生曰凡作園於西北兩邊種竹以禦風則果木畏寒者不至凍損若於園中度地開池以便養魚灌園則所起之土挑向西北二邊築成土阜種竹其上尤善西北既有竹園禦風但竹葉生高下半仍透風老圃家作稻草苫縛竹上遮滿之若種慈竹則上下皆隱蔽矣

凡作園籬諸品

冬青取其幹可作骨取子作藥取其葉冬夏不凋病在二十年後即爛壞或云以猪糞壅之則久宜試二三八九月移

爵梅取其條葉作刷綠布取其幹可作骨取其遠年者根株盤結可作几机等器正二月移

五加皮取其幹可作骨取其刺可却姦取其芽可食取其根皮作藥作酒正月插

金櫻子取其刺可却姦取其花香味可翫取其子可作藥正月插

梅取其花香味可翫取其幹可作

骨。取其榦上微有刺。移種不拘時。　枸杞。取其芽可食。取其子作藥。取其根作藥。取其榦作骨。正八九月插。　飛來子。取其花可食。種不拘時。　椒。取其刺可却姦。取其榦可作骨。取其實可食可作藥。取其葉可作味。核可作油。四月種。　茱萸。取其榦可作骨。取其實可食。可作藥　梔子取其榦可作骨。取其花香。弟臺者取其子作藥。作染色。取其葉不凋。　貓奶子取其榦可作骨。取其刺可却姦。取其葉冬夏不凋。取其花香。取其嫩葉可食。名神仙茶。此移種者。　迎春花

取其花呆種于籬內。　酸棗取其榦可作骨。取其枝可却姦。取其子可實。取其仁藥材。移種不拘時。　木筆取其榦可作骨。取其花美。分移於籬內。　桑。取其榦可作骨。取其葉可飼蠶。取其椹可食可作藥。壓條　枳。取其榦可作骨。取其刺可却姦。取其枝可盖墻可賣。取其子可傳生接博移種。　槿。取其榦可作骨取其花不拘時插。　野薔薇。取其刺可却姦。取其花可蒸露。可插。可移。　穀樹。取其榦可作骨。取其汁可作膠書金字。取其子中藥材。取其皮可造紙。取其木可種蕈。　楝。取其榦可作骨。且速成。　榆。取其榦可作骨。且速成。莢可食。　白楊。取其榦可作骨。速成。修取爲薪。且不若楊柳之多蛀也。宜插。　刺杉。取其榦可作骨。刺可却姦。　皁莢。榦作骨。且速成。芽可食。有刺可却姦。　種山礬不凋。花香易成。　插金銀花。花香中藥。　移椿樹。易成。芽可食。　種枇杷易成。冬月開花。花藥材。榦葉俱青。　插小葉樹。易成。芽可食。木龍。易成。葉貼毒瘡。不凋。

齊民要術曰。凡移栽。一切樹木。欲記其陰陽。不令轉易。陰陽易位則難生。小小栽者不須記也　大樹髠之。不髠風搖則死小則不髠。先爲深坑。內樹訖。以水沃之。著土令如薄泥。東西南北搖之良久。搖則泥入根間無不活者。不搖虛多死。其小樹則不須爾然後下土堅築。近上二寸不築。取其柔潤也時時灌溉。常令潤澤。每澆水盡即以燥土覆之。覆則保澤。不覆則乾涸埋之欲深。勿令撓動。凡栽樹訖。皆不用手捉。及六畜觝突。戰國策曰。夫柳縱橫顚倒樹之皆生。十人樹之。一人搖之。則無生矣凡栽樹。正月爲上時。諺曰。正月可栽樹。言得時易生也二月爲中時。三月爲下時。棗雞口。槐兔目。桑蝦蟇眼。榆負瘤散。自餘雜木。鼠耳虻翅。各其時。此等名。目皆是葉生形容之所象似。以此時栽。

（種者。葉皆即生。早栽者、葉晚出、雖然、寧大早爲佳。不可晚也。）樹大率種數既多、不
可一一備舉。凡不見者、栽蒔之法、皆求之此條、崔寔
曰、正月自朔暨晦可移諸樹、竹漆桐梓松栢雜木、唯
有果實者、及望而止、過十五日、則果少實。務本新書
曰、一切移栽枝記南北、根深土遠、寬掘土、以蓆包包
裹、不令見日、大車上般載、以人擡、拽緩緩而行、車前
數百步、平治路上、車轍務要平坦、不令車輪搖擺、於
處所依法栽培、樹樹決活、古人有云、移樹無時、莫令
樹知區宜寬深、以水攪土成泥、仍摻新粟大麥百餘

粒、即下樹栽、樹大者須以木扶架、若根不動搖、雖丈
許之木可活、仍須芟去繁枝、則不招風。務本直言云、
近聞諸般材木、比之往年價直重貴、蓋因不種不栽、
一年少如一年、可爲深惜、古人云、木奴千、無凶年、木
奴者、一切樹木皆是也、自生自長、不費衣食、不憂水
旱、其果木材植等物、可以自用、有餘、又可以易換諸
物、若能多廣栽種、不惟無凶年之患、抑亦有久遠之
利焉、種樹書曰、凡移樹不要傷根鬚、須闊、不可去土、
恐傷根。（玄扈先生曰、土封縱小、無絕根鬚、其法宜先寬掘土封、漸用竹木剔去旁土、勿傷細根、約

量人力可致者、以繩束之、新坑務摺令潤大、令根鬚條直、不可卷曲）移樹者、以小牌記
取南枝、不若先鑿窟沃水攪泥、方栽築令實、不可踏、
仍多以木扶之、恐風搖動其顛、則根搖、雖尺許之木、
亦不活、根不搖、雖大可活、更莖上無使枝葉繁、則不
招風。又曰、移樹木用穀調泥漿水于根下沃之、無不
活者、又曰、凡栽植忌西風、又曰、凡植果木、先于霜降
後、鋤掘轉成圓垛、以草索盤定泥土、復以鬆土填滿
四遭、用肥土澆實、次年正二月、移至今種處、宜寬作
區、安頓端正、然後下土半區、將木棒斜築根垛、底下

須實、上以鬆土加之、高于地面二三寸、度其淺深得
所、不可培壅太高、但不露大根爲限、若本身高者、必
用椿木扶縛、庶免風雨搖動、灌以肥水、天晴每朝水
澆、半月根實生意動則已、大樹禿稍小不必禿、若路
遠未能便種、必須遮蔽日色、緊碎日炙、則難活矣、凡
移果樹、宜寬深開掘、先入糞和泥乾、次日用土蓋根、
無宿土者、深栽泥中、輕輕提起樹根、使與地平、則其
根舒暢易活、必三四日後方可用水澆灌、勿令搖動、
柳宗元作郭橐駝傳曰、駝所種樹、或移徙、無不活、且

碩茂蚤實以蕃他植者雖窺伺傚慕莫能如也有問之對曰槖駝非能使木壽且孳也以能順木之天以致其性焉爾凡植木之性其本欲舒其培欲平其土欲故其築欲密旣然已勿動勿慮去不復顧其蒔也若子其置也若棄則其天者全而其性得矣故吾不害其長而已非有能碩而茂之也不抑耗其實而已非有能蚤而蕃之也他植者則不然根拳而土易其培之也若不過焉則不及苟有能反是者則又愛之太恩憂之太勤旦視而暮撫已去而復顧甚者爪其

膚以驗其生枯搖其本以觀其踈密而木之性日以離矣雖曰愛之其實害之雖曰憂之其實讎之故不我若也

玄扈先生曰凡諸木俱宜在下弦後上弦前移種地氣隨月而盛觀諸潮汐此理易晰矣方氣盛時生氣全在枝葉故移則傷其性接則失其氣伐用則潤氣滿中久而生蠹也

分栽者于樹木根傍生小株每株就本根連處截斷未可便移須待次年方可移植別處或叢生亦必挨時月分植則易活也

壓條者身截半斷屈倒于地熟土挖一區可深五指餘卧條于内用木鈎子攀拗在地以燥土壅近身半段露稍頭半段勿壅以肥水澆區中至梅雨時枝葉仍茂根必生矣次年此日初葉將萌方斷連處是年霜降後移栽尤妙

凡扦插花木先于肥地熟斸細土成畦用水滲定正二月間樹芽將動時揀肥旺發條斷長尺餘每條上下削成馬耳狀以小杙刺土深約與樹條過半然後

以條插入土壅入每穴相去尺許常澆令潤搭棚蔽日至冬換作煖蔭次年去之候長高移栽初欲扦插天陰方可用手過雨十分無雨難有分數矣大凡草木有餘者皆可採條種尋枝條嫩直者刀削去皮二寸許以窖固底次用生山藥搗碎塗窖上將細軟黃泥裹外埋陰處自然生根

春花以半開者摘下卽插之蘿蔔上實土花盆内種之灌溉以時花過則根生矣不傷生意又可得種亦奇法也立夏日取交春一個時辰内扦插各色樹木

入地四五寸。無不活者。當年即便生結。又云于正二月上旬、取樹木嫩枝扦插、勝于種核、五年方大、插扦全活、則二年已生矣。食經曰、種名果法、三月上旬、斫好直枝、如大母指長五尺、内著芋魁種之、無芋大蕪菁根亦可用、

務本新書曰、凡桑果以接博爲妙、一年後便可獲利、昔人以之譬螟子者、取其速肖之義也、凡接枝條、必擇其美、（宜用宿條向陽者庶氣壯而茂嫩條陰弱而難成）根株各從其類、然（荆桑亦可接魯桑梅可接杏桃可接李）接工必有用其細齒截鋸一連厚

脊利刃小刀一把、要當心手凝穩、又必趁時。（以春分前後十日爲宜或取其條觀青爲期然必待時暄可接蓋欲藉陽和之氣也。）一經接博、二氣交通、以惡爲美、以彼易此、其利有不可勝言者矣、接博其法有六。一曰身接。（先用細鋸截去元樹枝莖作盤砧高可及肩以利刃小刀際其盤之兩旁微啟小罅深可寸半先用竹籤之測其深淺却以所接條約五寸長一頭削作小篦子先噙口中假津液以助其氣却內之罅中皮肉相對插之訖用皮樹封繫寬緊得所用牛糞和泥斟酌封裹之勿令透風外仍上留二眼以泄其氣玄扈先生曰謂砧宜用老樹爲妙高如馬低如尾）二曰根接。（[illegible]截斷元樹身去地五寸許以所接條削篦插之一如身接法就以土培封之以棘之圍護之。）三曰皮接。（用小利刃刀子於元樹身八字斜劉之以小竹籤測其淺深以所接枝條皮肉相向插之

[illegible][illegible]前法候接枝發茂以斷[illegible]其元樹枝莖使之莖茂耳。）四曰枝接。（如皮接之法而差近之[illegible]）五曰靨接。（小樹爲宜先於元樹橫枝上截了留一尺許於所取接條樹上眼外方半寸刀[illegible]刻斷皮肉至骨併帶凝揭皮肉一方片須帶芽心[illegible]丁口含少時取出印濕痕於橫枝上以刀尖依痕刻斷元樹靨處大小如之以接按之上下兩頭以桑皮封繫緊慢得所仍用牛糞泥塗護之隨樹大小酌量多少接之。）六曰搭接。（將已種出芽條去地三寸許上削作馬耳將所接條併削馬耳相搭接之封繫如前法糞壅）

農桑輯要曰、正月、取樹本大如斧柯、及臂者、皆堪接、謂之樹砧。砧若稍大、即去地一尺截之、若去地近截之、則地力大壯矣。若夫所接之木稍小、即去地七八寸截之、若砧小而高截、則地氣難應須

以細齒鋸截。鋸齒麄、即損其砧皮。取快刀子於砧緣相對側劈開。令深一寸。每砧對接兩枝、候俱活、即待葉生、去一枝弱者、所接樹、選其向陽細嫩枝如筋麄者、長四寸許、陰枝即少實。其枝須兩節。兼須是二年枝。方可接。接時微批一頭入砧處、插入砧、緣劈處令入五分、其入須兩邊批所接枝皮處、插了、令與砧皮（皮對皮骨對骨毫末不差更妙）齊切令寬急得所、寬即陽氣不應、急則力大夾煞。全在細意酌度。插枝了、別取本色樹皮一片、長尺餘、濶二三分、纏所接樹枝并砧緣瘡口、恐雨水入、纏訖、即

以黃泥泥之，其砧面并枝頭，並以黃泥[illegible]之，對揷一邊，皆同此法，泥訖，仍以紙裹頭，麻繩縛之，恐泥落故也，砧上有葉生，即旋去之，乃以大糞擁其砧根外，以刺棘遮護，勿使有物動撥其枝，春雨得所，尤易活，其實內子相類者，林檎梨向木瓜砧上，栗子向櫟砧上，皆活，蓋是類也，張約齋種花法，注云，春分和氣盡，接不得，夏至陽氣盛，種不得。玄扈先生曰：春接樹必待貼頭回青，無有不活。大都在春分前後。亦有宜待穀雨者。何云春分不接也。種則立夏後便不宜矣。立春正月中旬，宜接櫻桃、木樨、徘徊、黃薔薇，正月下旬，宜接桃梅杏

李半支紅、臘梅、梨棗栗柿、楊梅、紫薔薇。浙人亦云，然宜試之，恐彼中稍暖，故得早耳。二月上旬，可接紫笑、綿橙、匾橘，已上種接埜於十二月間，沃以糞壤，兩至春時，其果自然結實，立秋後，可接林檎、川海棠、黃海棠、寒球、轉身紅、視家棠、梨葉海棠、南海棠，以上接法，並要時將頭與木身皮對皮，骨對骨，用麻皮緊緊纏上，用箬葉寬覆之，如萌出相長，即撤去箬葉，無有不盛也，但取實內核相似、葉相同者，皆可接換，下向根貼，謂之樹貼，如桃貼接杏、接梅、櫟貼接栗，蓋此類也，枳接柑橘，亦宜本色

接換本色美者最妙，若貼大宜高截，貼小宜近地截，截訖，用利刀銛貼上齒痕，尋樹本佳者，取到接頭，須經二年肥盛、嫩枝，如筋大者，斷長三四寸以上，根頭一寸半，用薄刀子刻下中半，刻成判官頭樣，削其骨成馬耳狀，又將馬耳尖頭，薄骨翻轉，割去半分，將接頭口內噙養，溫暖，以借生氣，然後將刀寸貼盤左右，皮內膜外，批豁兩道，或三道，納所噙接頭于渠子內，極要快捷緊密，須使老樹肌肉與接頭肌肉相對着，或二或三，皆了，用竹籜攔寸許，劈開，雙[illegible]齊貼面于

接頭外面所批痕處，包裹定，麻皮復用竹籜包其貼頂，縛定，次用爛泥封其纏處，舊麻縛着，上用寬甕盛土培養，接頭勿令透風見日，土乾則洒之，所包土上條芽長出，非接頭上者，悉令去之，以防分力，培土上露接頭一二眼，通活氣，上用竹籜蔽之，以防日雨。種樹書曰：凡接花木，雖已接活，內有脂力未全，包生接頭處，切要愛護，如梅雨浸其皮，必不活。又曰：凡接矮果及花，用好黃泥曬乾，篩過，以小便浸之，又曬乾，篩過，再浸之，凡十餘度，以泥封樹皮，用竹筒破兩半封

裹之則根立生次年斷其皮截根栽之又曰接樹須取向南隔年者接之則着子多經數次接者核小但核不可種耳不可接者乃用過貼先移葉相似之小樹于其畔可以枝相交合處以刀各削其半對合着竹篺包裹麻皮纏固泥封之大樹所合枝傍截半段小樹所合枝去稍弱不必半段欲花果兩般合色則勿去其稍來年春始截斷復待長定然後移栽貼繡毬花先取八仙花栽培于瓦盆中次年春連盆移就繡毬花畔將八仙花梗離根七八寸許刮去半邊皮

約二三寸又將繡毬花嫩枝亦刮去皮半邊彼此挨合一處用麻繩縛頻用水澆至十月候皮生合為一處截斷繡毬本身入土栽培自然暢茂周歲斷者尤妙貼玉蘭花先以木筆同上法為之

玄扈先生曰接樹有三訣第一襯青第二就節第三對縫依此三法萬不失一

便民圖曰修葺法正月間削去低枝小亂者勿令分樹氣力則結子自肥大又曰凡樹脚下常令耘草清淨草多則引虫蠹亦能偷力之樹弗使下有坑坎雨後水清根朽葉黃宜令平滿高如地面三五寸

玄扈先生曰凡果木皆須剪去繁枝使力不分不信時試看開花結果之際凡無花無果細枝後來亦須發葉豈不減力若預先芟去則力聚於花果矣又凡果俱三年老枝上所生則大而甘又曰凡樹欲取材如椐榆杉栢之類可令挺枝無旁枝其他取花葉芽實者皆令枝旁生剃削令至六七尺其下可通人行可也如此便于採掇凡本樹未發芽前半月以上俱可修理

種樹書曰澆灌法凡木早晚以水沃其上以唧筒唧水其上必須用停久冷糞正宜臘月亦必和水三之一草之類宜四季用肥如正月則用五分糞五分水二月三分糞七分水三四月二分糞八分水五六七八月十一二月八分糞二分水臘月純糞不妨遇天旱只宜白水澆或加一分糞二月或用澆肥多有所忌假如二月樹上已發嫩條必生新根澆肥則根枯而死如萌未發者不妨三月亦然又有一等不怕肥者如石榴茉莉之屬雖多肥不妨五月夏至梅雨時

澆肥根必腐爛八月亦不可澆肥白露雨至必生細根肥之則死六七月花木發生已定者皆可輕輕用肥謹依月令等級澆之及小春時便能發旺如柑橘之類則不可但用肥則皮被破脂流冬必死矣玄扈先生曰蘇人種柑橘用肥培壅一切樹木俱宜十一二月正月餘皆不可合用灰糞和土或麻餅屑和土壅根高三五寸澆水實定不可太過

收種下種法凡收子核必擇其美者作種必待果實熟甚擘取于牆下向陽煖處深寬爲坑以牛馬糞和

土以半于坑底鋪平取核尖頭向上排定復以糞土覆之令厚尺餘至春生芽萬不失一忌水浸風吹皆令仁腐一切草木種子俱瓢盛懸掛爲佳凡取種子必充實老黑者晒乾以瓶收貯高懸弗近地氣恐生白樸則無用隔年亦不生及時秧子勿使遲誤亦不宜大旱地不厭高土肥爲上鋤不厭數土鬆爲良各要按時及節臨下子時必日中晒曝擇淨然合浸者浸之不浸便用撒入土內子細者撒在土面下子訖即以糞沃其上成行與打潭種者亦然下子者必要晴雨則不苗三五日後又要雨旱則不生須頻澆水

種樹書曰凡果須候肉爛和核種之否則不類其種

便民圖曰採果實法凡果實初熟時以兩手採摘則年年結實果子熟時須一頓摘其美者遲留之雖待熟亦不美勿先摘動被人盜吃飛禽就來窺食切宜謹之

遯齋閒覽曰用人髮掛枝上則飛鳥不敢近

種樹書曰凡果實未全熟時摘若熟了即抽過筋脉來歲必不盛玄扈先生曰宜少留以養其力有過不採者甚壞樹果實異常者

根下必有毒蛇切不可食

文子曰冬冰可折夏木可結時難得而易失木方盛雖日採之而復生秋風下霜一夕而零故採摘不可不慎也

玄扈先生曰凡鳥來食果或張網罩樹多損樹枝或持竿鼓柝甚費力須用弩射取一二置竿首倚竿于樹其鳥悉不來

便民圖曰治蠹蟲法正月間削杉木作釘塞其穴則蟲立死正月一日五更把火遍照一切果樹下則無

虫災。或清明日亦可。農桑輯要曰、木有蠹虫。以芫花納孔中。或納百部葉。虫立死。種樹書曰、果樹生小青虫。虸蛣肹掛樹自無。

玄扈先生曰、凡治樹中蠹虫。以硫黃研極細末。和河泥少許。令稠遍塞蠹孔中。其孔多而細。即遍塗其枝榦。虫即盡死矣。又法、用鐵線作鈎取之。又用硫黃雄黃作烟塞之。即死。或用桐油紙油燃塞之亦驗。如生毛虫。以魚腥水潑根。或埋蚕蛾于地下。

便民圖曰、凡果樹茂而不結實者。於元日五更以斧

斑駁雜斫、則子繁而不落。謂之嫁果。十二月晦日夜同。若嫁李樹、以石頭安樹丫中。又曰、正月間根芽未生。於根旁寬深掘開。尋攢心釘地根鑿去。謂之騸樹。留四邊亂根勿動。仍用土覆盖築實。則結子肥大。勝插接者。農桑輯要曰、凡木皆有雌雄。而雄者多不結實。可鑿木作方寸大。以雌木填之。乃實。以銀杏雄樹試之便驗。社日以杵舂百果樹下、則結實牢。不實者亦宜用此法。種樹書曰、鑿果樹、納少鍾乳粉、則子多且美。又樹老、以鍾乳末和泥於根上。揭去皮抹之、復茂。

玄扈先生曰、雄木無用。而衆雌之中。間有一二雄者。更妙。諺云、群雌間一雄、結實飽蓬蓬。

崔氏曰、衛果法、正月盡二月。可剥樹枝。二月盡三月可掩樹枝。（埋樹枝土中令生二歲以上可移種矣）凡五果花盛時。遭霜則無子。常預於園中。往往貯惡草糞。天雨新晴北風寒切。是夜必霜。此時放火作熅。少得烟氣。則免於霜矣。種樹書曰、草木、羊食者不長。凡花最忌麝香、瓜尤忌之、賸栽蒜薤之類、則不損。又法、於上風頭、以艾和

雄黃末焚。即如初。種樹書曰、木自南而北、多枯。寒而不枯。只於臘月去根旁土。麥穰厚覆之。燃火深培如故。則不過一二年。皆結實。若歲用此法。則南北不殊。猶人炷艾耳。

齊民要術曰、凡伐木四月七月。則不虫而堅韌。榆莢下、桑椹落、亦其時也。然則凡木有子實者。候其子實將熟。皆其時也。（非時者虫蛀且脆也）凡非時之木。水漚一月。或火煏取乾。虫則不生。（水浸之木、皆亦柔韌）周官曰、仲冬斬陽木。仲夏斬陰木。（鄭司農云、陽木、春夏生者。陰木、秋冬生者。松柏之屬。鄭玄曰、陽木生山南者。陰

宜生山北者、冬則斷陽、夏則斬陰、調堅也、今案北之性、不生蚛蠹、四時皆得無所選焉、山中雜木、自非七月四月兩時殺者、率多生蚛、無山南山北之異、鄭君之說、又無取則、周官伐木、蓋以順天道、調陰陽、未必爲堅肕之異蚛蠹者也、禮記月令孟春之月、禁止伐木、孟夏之月、無伐大樹、逆時氣也、季夏之月、樹木方盛、乃命虞人入山行木爲斬伐、季秋之月、草木黃落、乃伐薪爲炭、仲冬之月、日短至、則伐木取竹箭、淮南子曰、草木未落、斧斤不入山林、九月草木解也、崔寔曰、自正月以終季夏、不可伐木、必生蠹蚛、或曰以上旬伐之、雖春夏不蠹、猶有剖析間解之害、又犯時令、非急非伐、十一月伐竹木、十二月斬竹伐木、不蛀、斫松在下弦後、上弦前、永無白蟻、他樹亦同、

農政全書卷之三十八

特進光祿大夫太子太保禮部尚書兼文淵閣大學士贈少保謚文定上海徐光啓纂輯
欽差總理糧儲提督軍務兼巡撫應天等處地方都察院右僉都御史東陽張國維鑒定
直隸松江府知府穀城方岳貢同鑒

種植

木部

榆、爾雅曰、榆白枌、又曰蘁荎、註曰、枌榆先生葉、却著莢、皮色白、蘁荎、今之刺榆、廣志曰、有姑榆、有郎榆。案今世有刺榆木、甚牢肕。可以爲犢車材、梜榆可以爲車轂及器物。山榆可以爲蕪荑。凡種者。宜種刺梜兩種、利者爲多。其餘軟弱。例非佳好之木也。齊民要術曰、榆性扇地。其陰下五穀不植。隨其高下廣狹東西北三方所扇各與樹等 種者宜於園地北畔、秋耕令熟、至春榆莢落時、收取漫散、犁細畊勞之、榆生共草俱長、明年正月初附地芟殺。以草覆上、放火燒之、一根上必十數條俱生、止留一根强者、餘悉掐去之 一歲之中。長八九尺矣、不燒則長遲也 後年正月二月移栽之、初生即移者喜曲、故須叢林長之、三年乃移栽 初生三年、不用採葉、尤忌採心。採心則科茹太長、更須依法燒之、則依前茂矣 不用剝沐、剝者長而細、又多瘢痕、不剝則短麄而無病、諺曰、不剝沐、十年成轂、言易麄也、必欲剝者、宜留二寸 於壍坑中種者。以陳屋草布壍中。散榆莢於草上、以土

技之燒亦如法（陳草還似肥良勝糞無陳草者用糞糞之。亦佳不糞雖生而瘦既栽移者燒亦如法也）

又種榆法，其餘地畔種者，致雀損谷，既非叢林，率多曲戾，不如割地一方種之。其田土薄地不宜五穀者，唯宜榆及白楊。地須近市。（賣柴、莢、葉省功也。）梜榆、刺榆、凡榆三種，色別種之。勿令和雜。（梜榆莢葉味苦。凡榆莢味甘。甘者春時將煮賣，是須別也）先耕地作壟，然後散榆莢。（壟者看好料理又易三寸一莢稀穊得中）散訖，勞之。榆生，芟殺燒斫。一如前法。三年春，可將莢葉賣之。五年之後，便堪作椽，不梜者，即可砍賣，（一根十文）梜者鏇作獨樂及盞、（一箇三文）十年之後，魁椀瓶榼器皿，無所不任。（一椀七文，一魁二十，瓶榼器皿一百文也）十五年後，中爲車轂及蒲桃甕。（甕一口值二百，車轂一具值絹三疋）其歲歲科簡剶治之功，指柴雇人，十束雇一人，無業之人，爭來就作。賣柴之利，已自無貲。（歲出萬束，一束三文，則三十貫，莢葉在外也）況諸器物，其利十倍。（於柴十倍，歲收三十萬）斫後復生，不勞更種，所謂一勞永逸。能種一頃，歲收千疋，唯須一人守護、指揮、處分，既無牛耕種子人功之費，不慮水旱風蟲之災，比之穀田，勞逸萬倍，男女初生，各與小樹二十株。比至嫁娶，悉任車轂。一樹三具。一具值絹三疋，成絹一百八十疋，聘財資遣，麄得充事。

崔寔曰：二月榆莢成，及青收，乾以爲旨蓄。（旨，美也。蓄，積也。司部收青小蒸曝之，至冬以釀酒，滑香，宜養老。詩云：我有旨蓄，亦以御冬也。）色變白將落，可作醬醃，隨節早晏，勿失其適。（醬音牟、醃音頭、榆醬。）

農桑通訣曰：榆醬能助肺，殺諸蟲，下氣。榆葉曝乾，擣羅爲末，鹽水調勻，日中炙曝，天寒於火上熬過，拌菜食之。味頗辛美。榆皮，去上皺澁乾枯者，將中間嫩處剉乾，磑爲粉。當歉歲亦可代食。昔沛豐歲饑，民以榆皮作屑，煮食之，人賴以濟焉。

玄扈先生曰：榆根皮作麵，可和香劑。嫩葉煠浸淘淨可食。榆錢可羹，又可蒸糕餌。榆皮濕擣，如糊粘瓦石極有力。汴洛以石爲碓嘴，用此膠之。

楸、梓、榎。爾雅曰：槐小葉曰榎，大而皵楸，小而皵榎。椅梓，鼠梓。又曰：如木楸曰喬。（郭璞注曰：槐當爲楸，楸細葉者爲榎，老乃皮粗皵者爲楸。小而皮粗皵者爲榎。椅梓即楸，梗楸，楸屬，今人謂之苦楸。江東人謂之虎梓。詩義疏曰：楸梓之疏理[illegible]白而生子者爲梓。說文曰：檟，楸也。然則楸梓二木相類者也。白色有角者名爲梓。似楸有角者名爲角楸。或名子楸。黃色無子者爲柳楸。世人見其色黃，呼爲荊黃根也。）楸之與梓，本同末異。梓名木王。植干燥，諸木皆內此，造器有此木，則華材皆不震木卜濕則脆，燥則堅，良材也。檟，櫝也，亦楸屬，葉大而早脫，故謂之楸；葉小而早秀，故謂之櫝。

齊民要術曰：宜割地一方種之，梓楸各別，無令和雜。

又曰：種梓法：秋耕地令熟，秋末冬初，梓角熟時，摘取曝乾，打取子，耕地作壟，漫散，即再勞之。明年春生，有草拔令去，勿使荒沒。後年正月間，斸移之。方步兩步一樹。此樹須大，不得概栽。即無子，可於大樹四面掘坑，取栽移之。一方兩步一根，兩畝一行，一行百一十株，五行合六百株。十年後，一樹千錢，柴在外。車板、盤合、樂器所

在任用，以爲棺材，勝于松栢。

玄扈先生曰：春月斷其根，瘞于土，遂能發條，取以分種。

又曰：花葉飼猪，並能肥大且易養。

松、杉、栢、檜。爾雅曰：栢，椈；柀，煔；檜，栢葉松身。李時珍曰：松，百木之長，猶公，故字從公。四時常青，不改柯葉。三針者爲栝子松，七針者爲果松。千歲之松，下有茯苓，上有兎絲。又有赤松、白松、鹿尾松。杉，一名煔，一名沙，一名檠。有赤白二種，赤杉實而多油，白杉虛而乾燥。樹類松而幹端直。栢，一名椈，陰木也。凡木皆向陽，栢獨向陰指西。古以生泰山者爲良，今陝州、宜州、密州皆佳，而乾陵者，其木之文理多爲雲氣、人物、鳥獸，狀態分明，徑尺一株，可值萬錢。川栢亦細膩，以爲几案，光滑悅是。榆一名枌。今人常園栢，以別側栢。

事類全書云：栽松，春社前帶土栽培，百株百活，舍此時決無生理也。斫松木須五更初，便削去皮，後無白蟻。山人斫老松根，取松脂燃之，以代油燭，亦貧家之利。

農桑通訣曰：揷松，用驚蟄前後五日，斬新枝，斸阬入枝，下泥杵緊，相視天陰即揷，遇雨十分生，無雨即皆分數。種松栢法：八九月中，擇成熟松子、栢子同，去臺收頓。至來春春分時，甜水浸子十日，治畦下水，土糞漫

散子於畦內，如種菜法。或單排點種，上覆土厚二指許，畦上搭短棚蔽日，旱則頻澆，常須濕潤。至秋後去棚，長高四五寸。十月中夾薥秫籬，以禦北風，畦內亂撒麥糠，覆樹令稍上厚二三寸止。南方宜微蓋。至穀雨前後，手爬去麥糠，澆之。次冬封蓋，亦如此。二年之後，三月中帶土移栽。先擜區，用糞土相合，內區中，水調成稀泥，植栽于內，擁土令區滿，下水塌實。無用杵築，脚踏。次日有裂縫處，以脚躡合，常澆令濕。至十月，袪倒，以土覆藏，毋使露樹。至春去土。次年不須覆栽。大樹者於三

月中移。廣留根土、謂如一丈樹留土方三尺、廣邊移者二尺五寸、一丈五尺樹留土三尺、或三尺五寸。用草繩纏束根上。樹大者、從下剸去枝三二層。

樹記、南北運至區處、栽如前法。

種樹書曰、栽松須去尖大根、惟留四邊鬚根、則無不盛。春分後勿種松。秋分後方宜種。法大槪與竹同、只要根實、不令動搖、自然活。

齊民要術曰、油松法、將青松斫倒、去枝、于根上鑿取大孔。入生桐油數斤。待其滲入、則堅久不蛀。他木同。

本草曰、松花用布鋪地、擊取其蘂。和沙糖作餅、甚清香。不能久留。

又曰、松子出遼東雲南者尤大、食之香美。

又曰、松脂、一名松膏、一名松香、一名松膠、一名松肪、一名瀝青、皆爲物用。

玄扈先生曰、插杉法、江南宣歙池饒等處、山廣土肥、先將地耕過、種芝蔴一年。來歲正二月、氣盛之時、截嫩苗頭一尺二三寸。先用橛舂穴、插下一半、築實、離四五尺成行、密則長、稀則大。勿雜他木。每年耘鋤、至高三四尺、則不必鋤。如山可種、則夏種粟、冬種麥、可

[illegible]種杉木斑文有如雉尾者、謂之野雞斑、入土不腐。作棺尤佳、不生白蟻。燒灰最能發火藥。今南方人造舟屋多用之。

又曰、種栢、九月中、栢子熟時、採、俟來年二三月間、用水淘取沉者、着濕地二三日、淘一次、候芽出、將劚熟地調成畦、水飲足、以子勻撒其中、覆細土半寸、再以水壓下。二三日澆一次。勿太濕、勿大乾。旣生、四圍豎矮籬護之、恐爲蝦蟇所食、常澆水糞、俟長高數尺、分栽。

又曰、秋時翦小枝二三尺、亦可插活。

農桑通訣曰、檜種如松法、插枝者、二三月、檜芽蘗動時、先熟斸黃土地、成畦、下水飲畦一遍。滲定、再下水。候成泥漿、斫下細如小指檜枝、長一尺五寸許、下削成馬耳狀。先以杖刺泥成孔、插檜枝於孔中、深五六寸以上。栽宜稠密、常澆令潤澤。上搭矮棚蔽日。至冬換作煖蔭。次年二三月去、後候樹高移栽、如松栢法。

洞庭陸氏曰、移松杉栢檜、冬至及年盡、雖不帶土根亦活。正月九分活、二月七分活、淸明後半活。

使民圖曰、松杉栢檜俱三月下種。次年三月分栽。

椿、禹貢曰杶、一作櫄一作楯今名香椿 農桑輯要曰本實而葉香有鳳眼草者謂之椿木疎而氣臭無鳳眼草者謂之樗又云有花而莢者謂樗無花不實謂椿

玄扈先生曰、椿宜于春分前後栽之。

又曰、其葉自發芽及嫩時、皆香甘生熟鹽醃皆可茹

梧桐、爾雅曰榮桐木、又曰櫬梧、郭璞注云、即梧桐也今人以其皮青號曰青桐又名櫬皮其木無節直生理細而性緊四月開花五六月結子莢長三寸許五片合成老則開裂如箕名曰橐鄂子綴其上大如黃豆雲南者更大可生噉亦可炒食 遁甲書云梧桐可知月正閏歲生十二葉一邊六葉從下數一葉爲一月有閏則十三葉視葉小處則知閏何月立秋之日如某時立秋至期

一葉先墜 又有白桐一名華桐一名泡桐華而不實蔡邕月令曰桐始華桐木之後華者也 岡桐一名油桐一名荏桐一名罌子桐一名虎子桐實大而圓取子作桐油入漆及油器物艌船爲時所須人多僞爲之惟以篾圈撣起如皺面者爲眞 海桐生南海及雷州白而堅韌可作繩入水不爛

齊民要術曰、青桐九月收子、二三月中作一步圓畦種之、方大則難裹所以須圓小 治畦下水、一如葵法、五寸下一子少與熟糞和土覆之生後數澆令潤澤、此木宜濕故也 當歲即高一丈、至冬豎草於樹間令滿、外復以草圍之以葛十道束置、不然則凍死也 明年三月中、移植於廳齋之前華淨妍秀極爲可玩 明年冬不須復裹、成樹之後剩下子一石、子於葉上生多者五六少者二三也 炒食甚美、多噉亦無妨也 白桐無子、冬結似子者乃是明年之花房 亦遶大樹掘坑、取栽移之成樹之後、任爲樂器、青桐則不中用 於山石之間生者樂器則鳴、

青白二桐、並堪車板盤合屧等用作

玄扈先生曰、正二月內、以黃土拌鉅末少許或盆或地上、俱可種、上覆土末寸半許時時用水澆灌、使土長濕、待長尺餘移、栽冬間不用苫蓋、

又曰、江東江南之地、惟桐樹黃栗之利易得、乃將旁近山塲盡行鋤轉種芝蔴收畢仍以火焚之使地熟

而沃首種三年桐其種桐之、法要在二人並耦可順而不可逆一人持洞油一瓶持種一籮一人持小鋤一把將地劉起即以油少許滴土中隨以種置之次年苗出仍要耘耔一遍此桐三年乃生首一年猶未盛第二年則盛矣生五六年亦衰即以栗樹剩之一二年其栗便生且最大但其味畧滞耳首種三年桐爲利近速圖久遠之利仍要樹千年桐法亦如前種黃栗之法候秋季落子多收擇高厚之處掘地爲坑下用礱糠鋪底將種放下上用稻艸蓋定以土覆之

候來年春氣盛時治地成畦約一尺二寸成行分種空地之中仍要種豆使之二物爭長又可使直而不曲待長一二尺即將山場依前法燒鋤過約潤五尺成行移苗栽之次年耘耔

椒爾雅曰椴大椒椒椴帥醜菉郭璞注曰今椒樹叢生實大者名為椴 范子計然曰蜀椒出五都秦椒出天水 案今青州有蜀椒種本商人居椒為業見椒中黑實乃遂生意種之凡種數千株有一根生數歲之後更結子實芳香形色與蜀椒不殊氣勢微弱耳遂分布種移畧遍州境也 陸機詩疏云椒樹似茱萸有針刺葉堅而滑澤味辛香蜀人作茶吳人作茗皆以其葉合煮為香今成皐諸山有竹葉椒其木亦如蜀椒小毒熱不中合藥可入飲食中及蒸鷄豚東海諸島上亦有椒

枝葉皆相似子長而不圓甚香其味似橘皮島上麞鹿食其葉其肉自然作椒橘香今南北所生一種椒其實大於蜀椒與陶氏及郭陸之說正相合當以實大者為秦椒即花椒也 崖椒俗名野椒不甚香而子灰色野人用炒鷄鴨食出施州彼土四季採皮入藥 蔓椒蔓生氣臭如狗彘生雲中山谷及丘冢間采莖根煮釀酒 地椒出北地如蔓椒之小者煮羊肉香美 胡椒出摩伽陁國呼為昧履支今南番諸國及交阯滇南海南諸地皆有之已遍中國為日用之物矣 番椒亦名秦椒白花子如禿筆頭色紅鮮可觀味甚辣 椒樹最易繁衍四月生花五月結實生青熟紅

齊民要術曰熟時收取黑子俗名椒目不用人手數近促之則不生也四月初畦種之治畦下水如種葵法方三寸一子篩土覆之令厚寸許復篩熟糞以蓋土上旱輒澆之常令潤澤生高數寸夏連雨時可移之移法先作小坑圓深三寸以刀子圓劚椒栽合土移之於坑中萬不失一若拔而移者率多死若移大栽者二月三月中移之先作熟蘘泥掘出即封根合泥埋之行百餘里猶得生之此物性不耐寒陽中之樹冬須草裹不裹即死其生小陰中者少稟寒氣則不用裹所謂習以性成一木之性寒暑易容若朱藍之染能不易質故觀鄰識士見友知人也候實口開便速收之天時晴摘下薄布曝之令一日即乾色赤椒好若陰時收者色黑失味其葉及青摘取可以為菹乾而末之亦足充事

務本新書曰三鄉椒種秋深熟時揀粒秋深摘下蔭乾將椒子包裹掘地深埋春暖取出向陽掘畦種之二年後春月移栽樹小時冬月以糞覆根地寒處以草裹縛次年結子椒不欲條一年繁勝一年

玄扈先生曰中伏後晴天帶露收摘忌手捻陰一日曬三日則紅而裂遇雨薄攤當風處頻翻若俺則黑不香若收作種用乾土拌和埋于避雨水地內深一尺勿令水浸生芽其自開口者殺人

又曰椒子為油亦可食微辛甘晉中人多以炷燈也

造油如小油法。

穀。小雅曰：其下惟穀。說文曰：穀，楮也。有二種：一種皮有斑花文，謂之穀，今人用爲冠者；一種皮白無花，枝葉相類。或云：斑者是楮，白者是穀。陸機詩疏云：構，幽州謂之穀桑，或曰楮桑，荆揚交廣謂之穀。酉陽雜俎云：穀田久廢，必生構。葉有瓣曰楮，無曰構。李時珍曰：楮本作柠，其皮可績爲紵，故也。

齊民要術曰：宜澗谷間種之。地欲極良。秋上楮子熟時，多收，淨淘，曝令燥。耕地令熟，二月耬耩之，和麻子漫散之，即勞。秋冬仍留麻勿刈，爲楮作煖。若不和麻子種，卒多凍死。明年正月初，附地芟殺，放火燒之。一歲即沒人。不燒者瘦，而長亦遲。三年便中斫。未滿三年者，皮薄不任用。斫法：十二月爲上，四月次之。非此兩月而斫者，則多枯死也。每歲正月，常放火燒。自有乾葉在地，足得火燃。不燒則不滋茂也。二月中間斫去惡根。斸者地熟楮科，亦以留潤澤也。移栽者，二月蒔之，亦三年一斫。三年不斫者，徒失錢，無益也。楮地賣者，省功而利少；煮剝賣皮者，雖勞而利大。其柴足以供燃。自能造紙，其利又多。種三十畝者，歲斫十畝，三年一徧，歲收絹百疋。

陶弘景曰：南人呼穀紙亦爲楮紙，武陵人作穀皮衣，甚堅好。

陸氏詩疏云：食其嫩芽，可當菜茹。

李時珍曰：穀有雌雄，雄者不結實。歉歲人采花食之。雌者實如楊梅，半熟時水澡去子，蜜煎作果食。

廣州記云：蠻夷取穀皮熟搥爲揭裹罽布，以擬氈，甚煖也。其木腐後生菌耳，味甚佳。

農桑通訣曰：南方鄉人以穀皮作衾，甚堅好。鬻之實爲貧家之利焉。

槐。爾雅曰：櫰，槐大葉而黑；守宮槐，葉晝聶宵炕。又曰：槐棘醜喬。郭璞註曰：槐葉大色黑者名櫰。葉晝聶合而夜炕布者，名守宮槐。槐有青黃白黑數色，黑者爲猪屎槐，材不堪用。花可染黃。槐之生也，季春五日而兔目，十日而鼠耳，更旬而始規，二旬而葉成。諸槐功用，大畧相等。有極高大者，材實重，可作器物。

齊民要術曰：槐子熟時，多收，擘取數曝，勿令蟲生。五月夏至前十餘日，以水浸之，如浸麻子法也。六七日，當芽生。好雨種麻時，和麻子撒之。當年之中，即與麻齊。麻熟刈去，獨留槐。槐既細長，不能自立，根別樹木，以繩欄之。冬天多風雨，繩欄宜以茅裹，不則傷皮成痕瘢也。明年斸地令熟，還於下種麻。脅槐令長。三年正月，移而植之，亭亭條直，千百若一。所謂蓬生麻中，不扶自直。若隨宜取栽，匪直長遲，樹亦曲惡。宜於園中

荊地種之若園妨耒發之間妨廢耕墾也
玄扈先生曰收取花可染黃并可入藥
又曰初生嫩芽煠熟水泡去苦味可薑醋拌食晒乾
亦可代茶飲也
楊柳　爾雅曰檉柜柳檉河柳旄澤柳楊蒲柳又曰桑
柳醜條郭璞注云檉今河旁赤莖小楊旄生澤中者楊可以爲箭說文曰柳小楊易生之木也
柳一名雨師一名赤檉一名人柳一名三眠柳一名觀音柳一名長壽仙人柳性柔脆壯土最多枝條長
軟至春晚葉長成花中結細子上帶白絮如絨名柳絮又名柳絨隨風飛舞着毛衣即生蟲入池沼隔宿
化爲浮萍
楊有二種白楊青楊白楊一名高飛一名獨搖微帶白色高者十餘丈青

楊又有二種一種梧桐青楊身聳直高大一種身矮多岐枝不堪用楊與柳自是二物柳枝長脆葉狹長
楊枝短硬葉圓闊
齊民要術曰種柳正月二月中取弱柳枝大如臂長
一尺半燒下頭二三寸埋之令沒常足水以澆之必
數條俱生留一根茂者餘皆斫去別豎一柱以爲依生每
一尺以長繩柱欄之若不欄必爲風所摧不能自立一年中即高一
丈餘其旁生枝葉即掐去令直聳上高下任人取足
便掐去正心即四散下垂婀娜可愛若不掐心則枝不四散或斜或
而生亦不佳也六七月中取春生少枝種則長倍疾少枝葉青氣壯

[illegible]長疾也下田停水之處不得五穀者可以種柳八九月
中水盡燥濕得所時急耕則鐑楱之至明年四月又
耕熟勿令有塊即作塲壠一畝三壠一壠之中逆順
各一到塲中寬狹正似葱壠從五月初盡七月末每
天雨時即觸雨折取春生少枝長疾三歲成椽比於
餘木雖微脆亦足堪事一畝二千六百六十根三十
畝六萬四千八百根根直八錢合收錢五十一萬八
千四百文百樹得柴一載合柴六百四十八載直錢
一百文柴合收錢六萬四千八百文都合收錢五十

八萬三千二百文歲種三十畝三年種九十畝歲賣
三十畝終歲無窮
陶朱公術曰種柳千樹則足柴十年以後髡一樹得
一載歲髡二百樹五年一週
憑柳可以爲楂車輞雜材及椀
種箕柳法山澗河旁及下田不得五穀之處水盡乾
時熟耕數遍至春凍釋於山陂河坎之旁刈取其柳
三寸絕之漫散即勞勞訖引水停之至秋任爲簸箕
五條一錢歲收萬錢山柳赤而脆河柳白而韌

便民圖曰、種杞柳。二月間、先將田用糞壅灌。水耕平。以柳鬚斷作三寸許。每人一握。隨田廣狹。併力一日齊種。頻以濃糞澆之。有草即用小刀剜出田勿令乾。八月斫起刮去柳皮晒乾爲器。根旁敗葉掃淨。則不蛀。至臘月間將重長小條復斫去。長者亦可爲器。舊根常留。

齊民要術曰、種白楊。秋耕地熟、至正月二月中、以犁作壟、一壟之中以犁逆順各一到塲中寛狹正似作葱壟。作訖、又以鍬掘底一坑作小塹。所取白楊枝大

如指、長三尺者、屈着壟中。以土壓上。令兩頭出土。向上直豎。二尺一株、明年正月中、剝去惡枝、一畝三壟、一壟七百二十株、一株兩根、一畝四千三百二十株、三年中爲蠶擿、（都格反）五年任爲屋椽、十年堪爲棟梁、以蠶擿爲率、一根五錢、一畝歲收二萬一千六百文、（柴又作梁歸住在外）歲種三十畝、三年九十畝、一年賣三十畝、得錢六十四萬八千文、周而復始、永世無窮、比之農夫、勞逸萬倍、去山遠者實宜多種、千根以上所求必備、

白楊、性甚勁直、堪爲屋材。折則折矣、終不曲撓。（榆性軟久無不曲、比之白楊、不如遠矣、直木性多曲次之撓爲下也、）

博聞錄曰、楊柳根下。先埋大蒜一枚。不生蟲

種樹書曰、種水楊。須先用木椿釘穴。方入楊。庶不損皮。易長。臘月二十四日種楊樹、不生蟲。

女貞山海經曰、貞木、（李時珍曰、女貞木、凌冬青翠。有貞守之操。故以貞女狀之。東人因女貞茂盛。亦呼爲冬青。與冬青同名異物。蓋一類二種也。二種皆因子自生。最易長。其葉厚而柔長。綠色。面青背淡。女貞葉長者。四五寸。子黑色。冬青葉微圓。子紅色爲異。其花皆繁。子並纍纍滿樹。近時以放蠟蟲。故俱呼爲蠟樹。唐宋以前。澆燭所用白蠟。皆蜜蠟也。此蟲白蠟。自元以來。人始知之。今則爲日用物。

矣、四川。湖廣。滇南。閩嶺。吳越東南諸郡有之。以川滇衡永產者爲勝。）

便民圖曰、臘月下種。來春發芽。次年三月移栽。長七尺許、可放蠟蟲、栽女貞、畧如栽桑法、縱橫相去一丈上下、則樹大力厚、須糞壅極肥、歲耕地一再過、有草便鋤之。令枝條壯盛。即多蠟也、

李時珍曰、蠟蟲。大如蟣虱。芒種後延緣樹枝。食汁吐涎。粘於嫩莖。化爲白脂。乃結成蠟。狀如凝霜。處暑後剝取。謂之蠟渣。過白露則粘住難刮矣。其渣煉化濾淨。或甑中蒸化瀝下器中。待凝成塊。即爲蠟也。其蟲

種時白色作蠟及老則赤黑色乃結苞於樹枝初若黍米大入春漸長大如雞頭子紫赤色纍纍抱枝宛若樹之結實也蓋蟲將遺卵作房正如雀甕螵蛸之類爾俗呼爲蠟種亦曰蠟子子內皆白卵如細蟣一包數百次年立夏日摘下以箬葉包之分繫各樹芒種後苞拆卵化蟲乃延出葉底復上樹作蠟也樹下要潔淨防蟻食其蟲玄扈先生曰女貞之爲白蠟勝國以前略無紀載今則遍東南諸省皆有之向嘗疑焉以爲古人著書未暇遠徵遐僻耳非果昔無今有也然見婺州人言彼中放蠟不過二十年吳興人言不過十許年即余邑五年前亦無人知此自余庚戌嘗先隴始樹女貞數百本擬作

蠟近年來村中亦多自生蠟蟲填寄子半用吳興子半用土子土人言土子爲勝則昔無今有理亦有之事固非目前所見遽可懸斷也

汪機本草彙編曰蟲白蠟與蜜蠟之白者不同乃小蟲所作其蟲食冬青樹汁久而化爲白脂粘敷樹枝人謂蟲矢着樹而然非也至秋刮取以水煮溶濾置冷水中則凝聚成塊矣碎之文理如白石膏而瑩澈人以和油澆燭大勝蜜蠟也玄扈先生曰蟲白蠟純用作燭勝他燭十倍若以和他油不過百分之一其燭亦不淋故爲用頗廣多植無害

宋氏雜部曰冬青子可種堪入酒至長盛時五月養以蠟子七月收蠟不宜盡採留追來年四月又得生子取養蠟曬乾以越布蒙於甑口置蠟布上置器甑中釜內水沸蠟遂鎔下入器凝則堅白而爲燭材其滓盛之以絹囊復投於熱油中則蠟盡油遂可爲燭

凡養蠟子經三年停亦三年

又曰巴蜀摘其子漬淅米水中十餘日搗去　種之蠟生則近蹤伐去發肄再養蠟養一年停一年採蠟必伐木無老榦

玄扈先生曰女貞收蠟有二種有自生者有寄子者

自生者初時不知蟲何來忽遍樹生白花枝上生臘如霜雪人謂之花取用煉蠟明年復生蟲子向後恒自傳生若不曉寄放樹枯則已若解放者傳寄無窮也寄子者取他樹之子寄此樹之上也其法或連年或停年或就樹或伐條若樹盛者連年就樹寄之俟有衰頓即斲酌停年以休其力培壅滋茂仍復寄放即宋氏雜部所謂養一年停一年者也伐條者取樹栽徑寸以上者種之俟盛長寄子生蠟即離根三四尺截去枝榦收蠟隨手下壅冬月再壅明年旁長新枝芽蘖以後

恒擇去繁冗令直達又明年亦復修理恒加培壅第
三年可放蠟子四年再放五年復放迨收蠟仍剪去
枝如是更代無窮此所謂經三年停三年者也凡寄
子皆于立夏前三日內從樹上連枝剪下去餘枝獨
留寸許令子抱木或三四顆乃至十餘顆作一簇或
單顆亦連枝剪之剪訖用稻穀浸水半日許灑取水
剝下蟲顆浸水中一刻許取起用竹箬虛包之大者
三四顆小者六七顆作一苞勤草束之置潔淨甕中
若陰雨頓甕中可數日天熱其子多迸出宜速寄之

寄法取箬包剪去角作孔如小豆大仍用草係之樹
枝間其子多少視枝小大斟酌之枝大如指者可寄
枝太細榦太粗者勿寄也寄後數日防鳥來啄箬苞
攫取子勤驅之天漸暖蟲漸出苞先緣樹上下行若
樹根有艸即附艸不復上矣故樹下須芟刈極淨也
次行至葉底棲止更數日復下至枝條嚙皮入咂食
其脂液因作花約略蟲出盡即取下苞視有餘子并
作苞別寄他樹秋分後撿看花老嫩若太嫩不成蠟
太老不成蠟太老不可剝矣剝時或就樹或剪枝俱

先洒水潤之則易落乘雨後或侵晨帶露摘采之尤
便次取蠟花投沸湯中鎔化候稍冷取起水面蠟再
煎再取滓沉鍋底勺去之若蠟未淨再依前法煎澄
之既淨乘熱投入繩套子候冷牽繩起之成蠟堵也
又曰浸穀水漬蠟子剝下苞之此是婺州法吳興人
但于立夏後剪子到小滿前三日連舊枝作苞寄之
亦生蠟檇李及吾邑有自生之子不煩寄放亦生蠟
可見傳生之物氣足為上若吾鄉傳有土子不論節
氣但俟其氣足欲迸時速剪下寄之可也

又曰立夏前二日剪子此是常法但浙東氣暖從他
方鬻子還恐蟲迸出故以此為期若吳興在北吾邑
又在吳興北則吾鄉往吳興及浙東買子者宜立夏
後剪小滿前後寄也若浙東從吾鄉鬻子仍須立夏
前剪去耳吾鄉以北愈寒寄宜愈遲依此消息之
又曰蠟子若本地所無傳貿他方者可行千里如浙
中獨金華業此最盛而鬻子於紹興台州湖州川中
獨南部西充嘉定最盛而鬻子于潼川其間相去各
數百里蓋蠟子在立夏前氣已足可剪小滿前雖未

出時寄耳亦須疾行遲則蟲先期出不及寄拆損多矣諺云走馬販蠟謂此若依前法先作苞置器中蟲出不離箬苞中尚可遲二三日寄也

又曰金華之於湖州也嘉定之於潼川也歲鬻子以去而不傳子明年又鬻之叩之則云金華嘉定但生花不生子故然金華尚有土子其價以半嘉定絕無之鬻子之價十倍潼川此理殊不可曉嘗臆度之大都樹少多生花樹老多生子樹早多生花樹高多生子一樹之中寄子多則生花寄子少則生子又北種販至南多生花南種販至北多生子如湖州子販至金華盡生花金華子販至閩中又生花故金華子多入閩而轉販于吳興若金華種販至湖州又生子矣吳興在北金華在南閩又在金華南也又如潼川販至嘉定盡生花若嘉定種販至潼川又生子矣潼川在北嘉定在南也蓋花性喜煖子性能寒其以老少異以高下異以南北異理則一耳

又曰或云樹生花即無子生子即無花此間有之不盡然也大槩多花子並生者但欲留種不宜早收花絕不可見至春中方着枝如螺靨入夏頓長前花與子不相見耳子盛長時有膏如錫蜜去之即子枯

附冬青 陳藏器曰冬青木肌白有文作象齒笏其葉堪染緋 李時珍曰凍青亦女貞別種也山中時有之但以葉微團而子赤者爲凍青葉長而子黑者爲女貞 玄扈先生曰女貞吳下稱冬青蓋蠟處皆稱蠟樹此冬青吳下稱水冬青或稱細葉冬青

宋氏雜部曰水冬青葉細利于養蠟子

玄扈先生曰冬青樹凋枯以猪糞壅之即茂或云以猪溺灌之

附水槿 玄扈先生曰水槿葉似女貞而邊有鋸齒五葉攢生不花李所謂水蠟樹必此也蜀中又有一種插蠟葉似菊尤易生插之一年便可寄子三四年大如酒杯口即衰壞須更插矣此與水槿異種水槿雖扦插易生却難大又蜀中蠟子生女貞樹上必生插蠟樹上者多故當以蜀種爲勝

李時珍曰有水蠟樹葉微似榆亦可放蟲生蠟

宋氏雜部曰水槿細葉小黃花又名水裾臘月斬其條而插之易成大木材可爲器宜養蠟子以取蠟

附櫧山海經曰前山有木其名曰櫧 郭璞註曰櫧子似柞子可食冬月采之木作屋柱棺材難腐也 汪穎食物本草曰櫧子生江南皮樹如栗冬月不凋子小於橡子櫧子有苦甜二種治作粉食餻食褐色甚佳 李時珍曰櫧子處處山谷有之其木大者數抱高二三丈葉長大如栗葉稍尖而厚堅光澤鋸齒峭小凌冬不凋三四月開白花成穗如栗花結實大如槲子外有小苞

農政全書 卷之三十八 種植 圭 平露堂

[illegible]子圓褐而有尖大如菩提子內仁如[illegible]作生食苦澀者煮炒乃帶甘亦可磨粉甜櫧子粒小木文細白俗名麵櫧苦櫧子粒大木粗赤文俗名血櫧其色黑者名鐵櫧

李時珍曰甜櫧子亦可產蠟

玄扈先生曰余所聞樹可放蠟者數種以意度之當不止此即如飼蠶之樹世人皆知有桑柘矣而東萊人育山繭者於樹無所不用獨楊樹否耳諸樹中獨椒繭最上桑柘次之椿次之樗為下由此言之事理無窮聞見之外遺佚甚多坐井自拘何為哉

烏臼玄中記曰荊陽有烏臼烏臼樹高數仞葉似梨杏花黃白子黑色極易生長

玄扈先生曰烏臼樹收子取油甚為民利他果實總佳論濟人實用無勝此者江浙人種者極多樹大或收子二三石子外白穰壓取臼油造蠟燭子中仁壓取清油然燈極明塗髮變黑又可入漆可造紙用每收子一石可得臼油十斤清油二十斤彼中一畝之宮但有樹數株者生平足用不復市膏油也臨安郡中每田十數畝田畔必種臼數株其田主歲收臼子便可完糧如是者租額亦輕佃戶樂于承種謂之熟田若無此樹要當于田收完糧租額必重謂之生田所省之人既食其利凡高山大道溪邊宅畔無不種之亦有全用熟田種者用油之外其查仍可壅田可燎爨可宿火其葉可染皂其木可刻書及雕造器物且樹久不壞至合抱以上收子逾多故一種即為子孫數世之利吾三吳人家凡有隙地即種楊柳余逢人即勸令之拔楊種臼則有難色凡所利于楊者歲取枝條作薪耳取臼子者須連枝條剝之亦何嘗不得薪也凡他方美利不能相通者其故有二種植力

本人罕出途路江湖客遊人無意種植若夫殊方異種偶爾流傳遂成土利未有不從客游人攜來者余生財賦之地感慨人窮且少小游學經行萬里隨事咨詢頗有本末若力作人能相憑信無論豐凶必或補于生計耳

又曰臼不須種野生者甚多若收子即佳種種出者亦不中用必須接博乃可未接者江浙人呼為草臼種草臼幹如酒杯口大便可接大至一兩圍亦可接但樹小低接樹大高接耳接須春分後數日接法與

雜果同其種之佳者有二曰葡萄曰穗聚子大而穰厚曰鷹爪曰穗散而殻薄又聞山中老圃云曰樹不須接博但于春間將樹枝一一捩轉碎其心無傷其膚即生子與接博者同余試之良然若地遠無從取佳貼者宜用此法此法農書未載農家未聞恐他樹木亦然宜逐一試之

又曰採臼子在中冬但以熟爲候採須連枝條剝之但留取指大以上枝其小者總無子亦宜剝去則明年枝實俱繁盛其剝刀長三四寸廣半寸形如却月

鉤刃在鉤內以竹木竿爲柄刀著柄嘴令刃向上剝時向上鑱之不傷枝幹剝下枝仍充燎爨揀取浮子曬乾入臼舂落外白穰篩出之蒸熟作餅下榨取油如常法即成白油如蠟以製燭若穰少不滿一榨者即作餅入他油餅雜榨之榨下盛油餅中置一草帚候油出冷定白油即凝附草帚不雜他油矣其篩出黑子用石磨𥖁礲碎簸去殻存下核中仁復磨或碾細蒸熟榨油如常法即成清油凡製燭每白油十斤加白蠟三錢則不淋蠟多更佳常時肆中賣者白油十斤雜清油十斤白蠟不過一二錢其燭則淋

又曰養魚池邊勿種臼落葉入水變黑色令魚病

又曰種烏臼取白油清油種女貞樹取白蠟其利濟人百倍他樹古來遂無人曉此非魏賈思勰撰齊民要術既不著女貞獨有烏臼一則乃雜入殊方異物中陳藏器唐人也日華子五代人也各言烏臼油可染髮亦止是清油不及白油藏器說女貞亦言木蟗在葉中卷葉如子羽化爲蟗亦不知蟗之爲蠟至元人開局撰農桑輯要王禎著農書二書是千年以來

農家之裒然者亦總不及二物又何望近代俗書也白蠟之利今世最盛于蜀其次浙烏臼最盛于江浙豈元人修書詳于北產聞見所限未及遠徼吳蜀耶抑邇年始食其利前此未著耶若吳蜀舊有爲元人所遺可見他方嘉種亟宜遷貿若宋元未有近代始食其利可見生財無盡亟宜講求恒農土著安知頃畝之外必求利物活人者其責不在寘寘之民也

又曰烏臼樝之屬但取膏油似不入救荒品中但膏油不可闕而民間所用多取諸麻菽荏菜麻菽非穀

耶。荏菜非穀也。藝荏菜者，非穀田耶？烏曰之屬，比諸麻菽，荏菜有十倍之收。且取諸荒山隙地，以供膏油，而省麻菽以克糧，省荏菜之田以種穀，其益于積貯不爲少矣。

漆。秦風曰：山有漆。說文云：木汁可以髤物，一作桼，如水滴而下。生漢中山谷、梁益陜襄皆有。金州者最善。廣州者性急易燥。今廣浙中出一種漆，六月取汁漆物，黃澤如金，即唐書所謂黃漆也。廣南漆作飴糖氣，沾沾無力。樹似榎而大，高二三丈，身如柿，皮白，葉似椿，花似槐，子似牛李子，木心黃。六七月刻取滋汁。

春分前移栽，易成有利。一云臘月種。

取用者，以竹筒釘入木中，取汁。或以剛斧斫其皮開，以竹管承之，滴汁則爲漆也。凡取時須荏油解破，故淳者難得。可重重別制拭之，色黑如瑿。若鐵石者爲上等，黃嫩若蜂窠者不佳。凡驗漆，性稀者以物蘸起，細而不斷，斷而復收，更又塗于乾竹上，蔭之速乾者並佳。試訣有云：微扇光如鏡，懸絲急似鈎，撼成琥珀色，打着有浮漚。

農桑通訣曰：用漆在燥熱及霜冷時，則難乾；得陰濕，雖寒月亦易乾，物之性也。若苦霑人，以油治之。凡漆器，不問真僞，送客之後，皆須以水淨洗，置牀薄上，於日中半日許曝之，使乾，下晡乃收，則堅牢耐久。若不即洗者，鹽醋浸潤，氣徹則皺，器便壞矣。其朱裹者，仰而曝之，朱本和油，性潤耐日，故盛夏連雨，土氣蒸熱，什器之屬，雖不經夏用，六七月中各須一曝，使乾。俗人見漆器暫在日中，恐其炙壞，合著陰潤之地，雖欲愛慎，朽敗更速矣。

又曰：凡木畫服翫箱桅之屬，入五月盡七月九月中，每經雨，以布纏指揩令熱徹，膠不動作，光淨耐久。若不揩拭者，地氣蒸熱，徧上生衣，厚潤徹膠便皺，動處起發，颯然破矣。

皂莢。廣志曰：雞栖子。一名皂角，一名烏犀，一名懸刀。有三種：一種小如猪牙；一種長而肥厚，多脂而粘；一種長而瘦薄，枯燥不粘。以多脂爲佳。今所在有之。樹高大，枝間有刺，夏開花，秋後實。

玄扈先生曰：猪牙者良。其角亦有長尺一二寸者。種者二三月種。不結角者，南北二面去地一尺，鑽孔，用木釘釘之，泥封竅，即結。或曰：樹不結，鑿一大孔，入生鐵三五斤，以泥封之，便開花結子。既實，以篾束其本數匝，木楔之，一夕自落。用以洗垢滌膩最良。角與刺俱堪入藥，亦物之利益于世者。

㯶櫚。山海經曰：石翠之山，其木多㯶。一名栟櫚。出嶺南西川，今江南所在之木高一二丈無枝條葉大而圓有如車輪萃于樹杪其下有皮重疊裹之每皮一匝爲一節二旬一采皮轉復生上六七月生黃白花八九月結實作房如魚子黑色九月十月采其皮用

便民圖曰棕櫚二月間撒種長尺許移栽成行至四尺餘始可剝每年四季剝之半年一剝亦可其皮作繩入水千歲不爛昔有人開塚得一索已生根

李時珍曰棕櫚葉大如扇上聳四散岐裂其莖三稜四時不凋其幹正直身赤黑皆筋絡宜爲鍾杵亦可旋爲器物其皮有絲毛錯縱如織剝取縷解可織衣帽褥椅之屬每歲必兩三剝之否則樹死或不長也

柞爾雅曰栩杼郭璞注曰柞樹俗人呼杼爲橡子以橡殼爲杼斗以剜剜似斗

齊民要術曰宜於山阜之曲三徧熟耕漫散橡子即勞之生則薅治常令淨潔一定不移十年中椽可雜用一根値十文二十歲中屋欂一根値百錢柴在外斫去尋生料理還復

玄扈先生曰橡子儉歲可以爲飯豐年牧豬食之可以致肥

楝爾雅翼曰楝葉可以練物故謂之楝說文曰苦楝木也一名金鈴子有雌雄兩種雄者無子根毒食之使人吐不止雌者有子可入藥以蜀川者爲佳今處處有之樹高

丈餘易三四月開花實如圓棗

齊民要術曰以楝子于平地耕熟作壟種之其長甚疾五年後可作大椽北方人家欲構堂閣先於三五年前種之其堂閣欲成則楝木可椽

農桑通訣曰子熟時雨後種如種桃李法成樹移栽

棠梨爾雅曰杜甘棠又曰杜赤棠白者棠郭璞注曰今之杜梨詩曰蔽芾甘棠毛云甘棠杜也詩義疏云今甘棠梨一名杜梨如梨而小味酢可食也唐詩曰有杕之杜毛云杜即棠也與白棠同但有赤白美惡子赤白色者爲白棠甘棠也酢滑而美赤棠子澁而酢無味赤棠木理赤可作弓幹案今棠葉有中染絳者有惟中染土紫者杜則全不用其實三種則爾雅毛郭以爲同未詳也丹鉛錄云尹伯奇采楟花以濟飢詩言楟即山梨乃今棠梨也

齊民要術曰棠熟時收種之否則春月移栽八月初天晴時摘葉薄布曬令乾可以染絳必候天晴時少摘葉乾之復晴則摘慎勿頓收若遇陰雨則浥浥不堪染絳也成樹之後歲收絹一百疋亦可多種利乃勝桑也

附海紅一名海棠梨即爾雅赤棠也鄭樵通志云海棠子名海紅狀如木瓜而小二月開花八月熟

椰上林賦曰胥餘又名越王頭相傳林邑王與越王有怨使刺客乘其醉取其首懸于樹化爲椰子其核猶有兩眼故俗謂之越王頭而其漿猶如酒也南州異物志曰椰樹大三四圍長十

大過身無枝、至百餘年、有葉狀如蕨菜、長丈四五尺、皆直竦指天。其實生葉間、大如瓠、外皮苞之、如蓮狀。皮中核堅過於石、裏肉正白如鷄子、著皮而腹內空、含汁、大者含升餘。實形團團然、或如瓜蔞、橫破之、可作爵形、並應器用、故人珍貴之。廣志曰、柳出交趾、家家種之。

交州記曰、柳子有漿、截花以竹筒承其汁、作酒飲之、亦醉也。

寇宗奭曰、柳子、開之有汁、白色如乳、如酒極香、別是一種氣味、強名爲酒。中有白瓤、形圓如栝樓、上起細壠、亦白色而微虛、其紋若婦人裙褶、味亦如汁。與着殼一重白肉、皆可糖煎爲菓。其殼可爲酒器、如酒中有毒、則酒沸起、或裂破。今人漆其裏、即失用柳子之意。

玄扈先生曰、柳用甚多、南中人樹之者、資生之類、大率在焉。

梔子、司馬相如賦曰、鮮支黃爍。註曰、即支子。佛書稱薝蔔、又名林蘭、又名越桃、又名禪友。有兩三種、小異、以七稜者爲佳。三四月開花、夏秋結實、經霜乃收。蜀中有紅梔子、花紅色。染物則赭紅色。

齊民要術曰、十月選成熟梔子、取子淘淨、曬乾。至來春三月、選沙白地、斸畦區、深一尺、全去舊土、却收地上濕潤浮土、篩細、填滿畦區。下種稠密、如種茄法。細土薄糝、上搭箔棚遮日、高可一尺。旱時一二日用水於棚上頻頻澆灑、不令土脉堅垎。四十餘日、芽方出土。薅治澆漑。至冬月、厚用蒿草藏護。次年三月移開、相去一寸一科。鋤治澆漑宜頻。冬月用土深擁根株、其枝梢用草包護。至次年三四月又移、一步半一科、栽成行列。須園內穿井、頻澆。冬月用土深擁、須北面夾籬障以蔽風寒。第四年開花結實、十月收摘、甑內微蒸過、曬乾用。梅雨時、以沃壤一團、插嫩枝其中、置鬆畦內、常灌糞水、候生根移種亦可。

種樹書曰、黃梔子、候其大時摘青者、曬收。至黃熟則消花水矣。大朶重臺者、梅醬糖蜜製之、可作羹果。

椋、玄扈先生曰、椋木生閩廣江右山谷間、橡栗之屬也。其樹易成、材亦堅韌、若修治令勁挺者、中爲杠。實如橡斗、斗無刺、爲異耳。斗中函子、或一或二或三四、甚似栗、而殼甚薄、殼中仁皮色如榧、瓤肉亦如栗。味甚苦而多膏油、江右閩廣人多用此油燃燈、甚明、勝于諸油、亦可食。椋在南中爲利甚廣、乃字書既無此字、而偏方雜記、亦未之見、或直書爲茶、尤非也。獨本草有櫧子、云小于橡子、味苦澁、皮樹如栗、或者櫧椋聲近、土俗音訛耶。其不言子可爲油、或昔人未食其利、如烏臼女貞之類耶。不敢傅會、姑志之以俟再味。

玄扈先生曰種桕法秋間收子時簡取大者掘地作一小窖勿令及泉用沙土和子置窖中至次年春分取出畦種秋分後分栽三年結實

又曰作油法每歲于寒露前三日收取桕子則多油遲則油乾收子宜晾之高處令透風樓上尤佳過半月則鋪發取去斗欲急開則攤曬一兩日盡開矣開後取子曬極乾入碓磑中碾細蒸熟榨油如常法

又曰桕油能療一切瘡疥塗數次即愈其性寒能退濕熱用造印色生者亦不泌或云以澤首尤勝諸膏

油不染衣不膩髮其查可爨用法每餅作四破先于冷竈中疊架起下用乾柴發火發火後用餅屑漸次撒入則起燄燒熟者可以宿火勝用炭墼

農政全書卷之三十八　終

農政全書卷之三十九

特進光祿大夫太子太保禮部尚書兼文淵閣大學士贈少保謚文定上海徐光啓纂輯
欽差總理糧儲提督軍務兼巡撫應天等處地方都察院右僉都御史東陽張國維鑒定
直隸松江府知府穀城方岳貢同鑒

種植

雜種上

竹爾雅曰莽數節桃枝四寸有節粼堅中簡筡中仲無笎篃箭萌篠箭簜禹貢曰揚州厥貢篠簜荊州厥貢箘簵竹紀云竹之品類六十有一黃魯直以為竹類至多竹紀所類皆不詳欲作竹史不果成

方竹產澄州體如削成勁挺堪為杖桃源山亦有方竹隔洲亦出大者數丈寧波志云葛仙翁煉丹于定海靈峰植竹筯化為竹而方　斑竹即吳地稱湘妃竹者其斑如淚痕杭產者不如亦有二種出古者佳出陶虛山者次之土人裁為筯甚妙亦有大如匙者　棕竹有三種上曰筯頭梗短葉垂堪置書几次曰短栖可列庭階次曰樸竹節稀葉硬全欠溫雅但可作扇骨料耳性喜陰畏寒風冬月藏不通風處三月方可見天原不見日秋分後可分須出盆視其根鬚不甚堅固處劈開栽盆欲變化為盆則盆大更旺灌用浸豆水極肥否此但不堪用　猫竹一作茅竹又作毛竹幹大而厚異于衆竹人取以為舟　雙竹篠簹嫩篠對抽並胤王子敬謂之扶竹　蘄竹生蘄州以色瑩者為簟節踈者為笛帶鬚者為杖　慈孝竹大叢長幹中聳群篠外護向陽高臺種茂　柯亭竹生雲夢南以七月望前生明年七月望前伐未期伐則音浮過期伐則音滯　觀音竹每節二三寸產占城　黃金間碧玉產成都青黃相間　龍公

大徑七尺一節長丈二尺葉若焦出羅浮山、譜[illegible]竹、生辰州山谷間高不盈尺、細僅如針、稱尺、竹可爲䉤、出湖湘、四季竹、節長而圓、中管簫、生山石者音清亮、月竹每月抽笋、不堪食、出嘉定州、十二時竹、產蘄州、其竹繞節凸生地于十二字、䈽簩竹出䈽簩國、可礪指甲、蘄州有此種、製成琴樣、爲礪甲之具、用久微滑、以酸漿漬之過宿快利如初、亦可作箭、大夫竹凌雲圖三尺、郎延一人代此竹、見內二仙翁相謂平生勁節惜爲主人所伐、遂騰空去、鳳尾竹、纖小猗那、植盆可作清玩、龜文竹、產陽縣寶陀岩、製扇甚奇、人面竹、出剡山、節極促四面參差、竹皮如魚鱗面凸頗類人面、黑竹、如藤色如鐵、思摩竹、出交廣、筍自節生既成竹、至春節中復生筍無節竹、出瓜州、大節竹、出黎母山、一節一丈、疎節竹、六尺一節、通竹、出秦州、直上無節、扁竹出灊須藤竹、出占城、船竹、出貝丘、弓竹、長百尋、郤曲如藤、得木乃倚、出東方、質有文章、須高塗火灼乃見、沛竹、出南荒、長百丈、丹青竹、葉黃碧丹相

間、出熊耳山、十抱竹、出臨賀、慈竹、內實節疎、性弱、形緊而細、可代藤、桂竹、高四五丈、圍二尺、狀如甘草、而皮赤、出南康、以南、傷人即死、桃竹、葉如棕身似竹、密節而實中、厚理瘦骨、蓋天成拄杖也、出巴渝間、出豫者細文、一節四尺、北人呼爲排絲竹、相思竹、出廣東、兩兩生笋、始興郡有筀竹、大者圍二尺、長四丈、交阯有簝竹、八月爲竹小春、竹之萌曰笋竹之節曰約、竹之叢曰筤、竹之得風而體夭屈曰笑、竹死曰箹

齊民要術曰、宜高平之地、近山阜尤是所宜、下田得水則死黃白軟土爲良、正月二月中、斸取西南引根并莖、芟去葉、於園內東北角種之、令坑深二尺許、覆土厚五寸、竹性愛向西南引、故園東北角種之、數歲之後、自當滿園、諺云東家種竹、西家治地、爲滋蔓而來生也、其居東北角者、老竹種不生、亦不能滋茂、故須取西南引少根也、稻麥糠糞之、二糠各自堪糞、不令和雜、不用水澆、澆則淹死、勿令六畜入園、二月食淡竹筍、四月五月食苦竹筍、蒸煑炰酢在人所好、其欲作器者經年乃堪殺、未經年者、歉未成也、

農桑通訣曰、種竹宜太稍葉、作稀泥於坑中、下竹栽以土覆之、杵築定、勿令脚踏、水厚五寸、竹忌手把、及洗手面脂水澆著、即枯死、月庵種竹法、深濶掘溝、以乾馬糞和細泥填高一尺、無馬糞、礱糠亦得、夏月稀冬月稠、然後種竹、須三四莖作一叢、亦須土鬆淺種、

不可增土於株上、泥若用钁打實、則筍不生、種時斬去稍、仍爲架扶之、使根不搖易活、又法、三兩竿作一本移、其根自相持、則尤易活也、或云不須斬稍、只作兩重架、尤妙、夔溪云、種竹但林外取向陽者、向北而栽、蓋根無不向南、必用雨下、遇有西風則不可、花木亦然、諺云栽竹無時、雨下便移、多留宿土、記取南枝、志林云、竹有雌雄、雌者多筍、故種竹常擇雌者、凡欲識雌雄、當自根上第一枝觀之、有雙枝者乃爲雌竹、獨枝者、乃爲雄竹、

種樹書曰、種竹處當積土、令稍高於傍地二三尺、則

雨潦不浸損錢唐人謂之竹脚移時須是根埰大紲以草繩仍向背不失其舊爲佳種竹須將竹毋斬去只留四五尺仍斜植之用壟糠和泥抱根然後用淨土傅其上或鋪少大麥於其中令竹根着麥上以土蓋之其根易行一法擇大竹就根上去三四寸許截斷之去其上不用只以竹根截處打通節實以硫黄末顛倒種之第一年生小竹隨即取之次年亦去之至第三年生竹其大如所種者種時以舊茅茨夾土則竹根尋地脉而生禁中種竹一二年間無不茂盛

園子云初無他術只有八字䟽種密種淺種深種䟽種謂三四步種一棵欲其地虚行鞭密種謂種雖䟽每窠却種四五竿欲其根密淺種謂其種時不甚深深種謂種時雖淺却用河泥壅之竹林中有樹切勿去之蓋竹爲樹枝所礙雖風雪不復欹斜竹根多穿害堦砌惟聚皂莢刺埋土中障之根則不過或用鐵屑栽油麻其尤妙玄扈先生曰筀竹根强能害他竹不宜雜種必須障之其法莫如深滿耳或云以炭屑實之太費或云以糠灰實之移竹惟五月十三日謂之竹醉日又謂竹迷日又謂龍生日栽竹則茂盛玄扈先生曰五月實竹筍已出生氣內歛故可移栽竹以六月爲臘也龍生竹醉無理可通或曰不必五月但每月二十日皆可又一云正月一日二月二日三月三日皆可種無不活者每月倣此如要不間年出筍用正月一日二月二日又云用辰日山谷所謂根雖辰日斸筍看上番成又曰宜用臘日杜少陵詩東林竹影薄臘月更宜栽然臘月之說大謬少陵所謂臘正指夏月少陵通達非業所及也麥以五月爲秋竹以六月爲臘冬伐竹不蛀夏伐必蛀正謂潤澤在焉故也此論大謬矣竹之滋澤春發於枝葉夏藏於幹冬歸於根如冬伐竹經日一裂自首至尾不得全盛夏伐之

最佳但於林有損夏伐竹則根色而鞭皆爛然要好竹非盛夏伐之不可七八月尚可自此滋澤歸根而不中用矣如要竹不蛀取五月以前但此月以前竹不生皆根爛竹與菊根皆長向上添泥覆之爲佳晉起居注曰惠帝二年巴西郡竹生紫色花結實如麥皮青中米白味甜玄扈先生曰此恒有萬曆辛丑余鄉亦有此余嘗目見其米實與稞麥不異耳玄扈先生曰移竹泥埰須原所云多留宿土是也平地止掘深尺許將泥埰移置其上四週以鬆泥蓋之

不用脚踏撻打、日日以水澆之、度其實乃已、又須搭架以防風搖、　又法移竹種離生枝節上四五節斫斷、即不帆風、不須用架、尤簡便、若竹有花輒槁死、花結實如稗、謂之竹米、一竿如此、久之則舉林皆然、其治之之法、於初米時、擇一竿稍大者、截去近根三尺許、通其節、以糞入之則止、瑣碎錄云、引竹法、隔籬埋狸、或猫於墻下、明年筍自迸出、竹以三伏内及臘月中斫者不蛀、竹有六七年、便生花、所謂留三去四、蓋三年者留、四年者伐去、諺曰、一人種竹廿年盛、十人種竹一年盛、言須大科移植、方不傷其根也。若只二三幹作一科、四面根皆斷、斷安得有生氣耶。

又曰、浙中人代園種竹。甚有理、所謂祖孫不相見也、余別有園說、此法甚得利、而工人用竹者。則以平園爲勝。謂山間代園之竹。嫩而不堅。不如平地園林者。竹老而堅韌也。蓋事不能兩利如此。

又曰、竹生花生實、輒滿林枯死、此有二病、其一私者竹園既久、根多蟠結故也。治之之法、將園地分段掘起宿根。間一段、起一段。使其根舒展。次年還復盛矣。其一公者遍地皆然。此必水澇之年。或水災之後也、此則無法可治。但不可因其枯瘁。遽起竹根。只須留以待之。一二年後自然復發。依然故林、倘是老園。亦宜用間段掘根、彼拙者不知此理、遻自掘盡。謂復栽之。無論因循不栽、即復栽。豈能一二年遽盛耶。

又曰、簕竹爲藩、可禦大寇、余謂南中宦遊者言之、禦寇長策。惟有村居者。家有此藩而已、今南土苗亂。或至村落無居人。而不知作此何哉。此竹亦可移至北土。而無人爲我致之。徒有舌敝唇焦耳。簕竹實中勁强、有毒、銳似刺、虎中之則死、

又曰、種簕竹以禦寇、余曾爲廣西大參張叔翹言之、渠寇至廣右、賫捧入都、大以吾言爲然、後安南之寇來侵土司、沿江有簕、皆不能渡、當益信余言不誣、

筍　爾雅曰、筍、竹萌也、說文曰、筍、竹胎也、孫炎曰、初生竹謂之筍、詩義疏云、筍皆四月生、唯巴竹筍八月生、盡九月、成都有之、篃冬夏生、始數寸、可煑、以苦酒浸之、可下酒及食、又可米藏及乾、以待冬月也、陸佃云、字從旬、從日、包之日爲筍、解之日爲竹、又曰、字從竹從旬、旬内爲筍、旬外爲竹也

農桑通訣曰、採筍之法、視其叢中斜密者擇取之、鞭方行處不宜採、採則竹不繁、採時可避露、日出後掘深土取之、半折取鞭根、旋得、投密器中、以油單覆之、勿令見風、風吹則堅、筍味甘美、有毒、惟香與薑能殺其毒、煑宜久、熟生則損人、然食品之中、最爲珍貴、故禮云、加豆之實、筍菹魚醢、詩云、其簌伊何、維筍及蒲、蓋貴之也、

永嘉記曰、含隋竹笋、六月生迄九月、味與箭竹笋相似、凡諸竹笋、十一月掘土取、皆得長八九寸、長澤民家盡養黃苦竹、永寧南漢、更年上笋、大者一圍五六寸、明年應上、今年十一月笋土中已生、但未出、須掘土取、可至明年正月出土訖、五月方過、六月便有含隋筍、含隋筍迄七月八月九月、已有箭竹筍、迄後年四月、竟年常有筍不絕也、種樹書曰、陰雨土虛則鞭行、明年筍莖交出也

竹譜曰、棘竹筍味淡、落人鬚髮、笙節出筍無味、鷄頭竹筍肥美、篃竹筍冬生者也

食經曰、淡竹筍法、取筍肉五六寸者、按鹽中一宿、出鹽令盡、煑糜一斗、分五升與一升鹽相和、糜熱須令冷、內竹筍鹹糜中一日、拭之、內淡糜中、五日可食也

茶、爾雅曰、檟、苦荼、郭璞注曰、樹小似梔子、冬生葉、可煑作羹飲、今呼早采者爲荼、晚取者爲茗、一名荈、蜀人名之苦荼　茶經云、一曰茶、二曰檟、三曰蔎、四曰茗、五曰荈、早採曰茶、次曰檟、又其次曰蔎、晚曰茗、至荈則老葉矣、蓋以早爲貴也　六經中無茶、蓋茶即荼也、詩云、誰謂荼苦、其甘如薺、以其苦而甘味也、　南越志云、茗苦澀、亦謂之過羅、有高一尺者、有二尺者、有數丈者、有兩人合抱者、出巴山峽川、　有建州大小龍團、始于丁謂、成于蔡君謨、熙寧末、有吉下建州製密雲龍一品、尤爲奇絕、蜀州雀舌鳥嘴麥顆、蓋嫩芽取形似之、又有片甲者、早春黃芽、葉相抱、如片甲也、蟬翼、葉軟薄如蟬翼也　清異錄云、開寶中、竇儀以新茶飲予、味極美、奩面標云、龍陂山子茶、龍陂、是顧渚山之別境、洪州鶴嶺茶、其味極妙、蜀之雅州蒙山頂、有露芽、穀芽、皆云火前者、言採造于禁火之前也、火後者次之、一云雅州蒙頂茶、其生最晚、在春夏之交、常有雲霧覆其上、若有神物護持之、又有五花茶者、其片作五出花、雲腳、出袁州界橋、其名甚著、不若湖州之研膏紫筍、烹之有綠腳垂下、　吳淑賦云、雲垂綠腳、有紫筍者、其色紫而似筍、唐德宗每賜同昌公主饌、其茶有綠花紫英之號、　草茶盛于兩浙、日注第一、自景祐以來、洪州雙井白芽、製作尤精、遠在日注之上、遂爲草茶第一、宜興溜湖出含膏、宣城縣有了山、形如小方餅、橫鋪茗芽產其上、其山東爲朝日所燭、號曰陽坡、其茶最勝、太守薦之京洛人士、題曰了山陽坡橫文茶、一名瑞草魁、又有建州北苑先春、洪州西山白露、安吉州顧渚紫筍、常州宜興紫筍、陽羨春池陽鳳嶺、睦州鳩坑、南劍石花露鋑芽籛芽、南康雲居、峽州小江園、碧澗寮、明月寮、茱萸寮、東川獸目、福州方山露芽、壽州霍山黃芽、六安州小峴春、皆茶之極品、玉壘關外寶唐山、有茶樹產懸崖、筍長三寸五寸、方有一葉兩葉、太和山騫林茶、初泡極苦澀、至三四泡、清香特異、人以爲茶寶、[illegible]州出三般茶、最上[illegible]製于早春、其次白[illegible]

丁消陵收茶在四月、嫩則益人、粗則損人、樹如瓜蘆、葉如梔子、花如白薔薇而黃心、清香隱然、實如栟櫚、蒂如丁香、根如胡桃、

四時類要曰、熟時收取子、和濕沙土拌、筐籠盛之、穰草蓋、不爾即凍不生、至二月中出種之、於樹下或北陰之地、開坎圓三尺、深一尺、熟斸著糞和土、每坑中種六七十顆子。蓋土厚一寸強、任生草。不得耘。相去二尺種一方、旱時以米泔澆。此物畏日。桑下竹陰地種之皆可。二年外方可耘治。以小便稀糞蠶沙澆擁之。又不可太多。恐根嫩故也。大槩宜山中帶坡峻、若

於平地、即於兩畔深開溝壟洩水、水浸根必死、三年後收茶、

玄扈先生曰、茶之爲法、釋滯去垢、破睡除煩、功則著矣、其或採造藏貯之無法、碾焙煎試之失宜、則雖建芽浙茗、祗爲常品、故採之宜早、率以清明穀雨前者爲佳、過此不及、然茶之美者、質良而植茂、新芽一發、便長寸餘、其細如針、斯爲上品、如雀舌麥顆、特次材耳、採訖、以甑微蒸、生熟得所、生則味硬、熟則味減、蒸已、用筐箔薄攤、乘濕略揉之、培勻佈火、烘令乾、勿使焦、編竹爲焙、裹箬覆之、以收火氣、茶性畏濕、故宜箬、收藏者必以箬籠、剪箬雜貯之、則久而不浥、宜置頓高處、令常近火爲佳、凡煎試須用活水、活火烹之、故東坡云、活水仍將活火烹者是也、活水謂山泉水爲上、江水次之、井水爲下、活火謂炭火之有焰者、常使湯無妄沸、始則蟹眼、中則魚目、纍然如珠、終則泉湧鼓浪、此候湯之法、非活火不能爾、東坡云、蟹眼已過魚眼生、颼颼欲作松風聲、盡之矣、茶之用有三、曰茗茶、曰本茶、曰蠟茶、凡茗煎者、擇嫩芽、先以湯泡去熏氣、以湯煎

飲之、今南方多效此、然末子茶尤妙、先焙芽令燥、入磨細碾、以供點試、凡點湯多茶少則雲腳散、湯少茶多則粥面聚、鈔茶一錢七、先注湯調極勻、又添注入、迴環擊拂、視其色鮮白、着盞無水痕爲度、其茶既甘而滑、南方雖產茶、而識此法者甚少、蠟茶最貴、而製作亦不凡、擇上等嫩芽、細碾入羅、雜腦子諸香膏油、調齊如法、印作餅子、製樣任巧、候乾、仍以香膏油潤飾之、其製有大小龍團帶胯之異、此品惟充貢獻、民間罕見之、間有他造者、色香味俱不及、蠟茶珍藏既

久熟時先用溫水微漬去膏油、以紙裹搥碎、用茶鈐微炙、旋入碾羅、旋碾則色白、經宿則色昏、新者不用漬、茶鈐屈金鐵爲之、砧用石、椎用木、碾餘石皆可、茶之用笔胡桃松實脂麻杏栗任用、雖失正味、亦供咀嚼、然茶性冷、多飲則能消陽、山谷謚以薑鹽煎飲、其亦以是歟、因併及之、夫茶靈草也、種之則利博、飲之則神清、上而王公貴人之所尚、下而小夫賤隸之所不可闕、誠民生日用之所資、國家課利之一助也、

又曰、博物志云、飲真茶令人少眠、此是實事、但茶佳

乃效、又須末茶飲之、但葉烹者不效也、

菊、爾雅、曰、蘜治蘠、郭璞註曰、今之秋華菊也、埤雅云、蘜窮也、花事至此而窮、種有數百、另有譜、黄白者皆可入藥、其莖青而作蒿氣者、俱不堪、意也非菊也、苗可入茶、花子入藥、然野菊大能瀉人、惟真菊延年、花乃黃中之色、氣味和正、花葉根實皆長生藥、其性介烈、不與百花同盛衰、是以通仙靈、甘菊花大如錢、花邊草葉中一大平心、色黃、苗可鹽淹湯綽過、茶花可供、藥造酒、真菊延齡、野菊瀉人、不可不辨、

務本新書曰、宜白地栽、甜水澆、苗作菜食、花入藥用、三四月帶根土掘出、作區、下糞水調成泥、擘根分栽、每區一二科、後極滋胤、

玄扈先生曰、凡藝菊有六事、一貯土、擇肥地一方、冬至後以純糞潑之、候凍而乾、取其土浮鬆者、置場地之上、再糞之、收水後、乃收於室中、春分後出而曬之、日數次翻之、去其蟲蟻、及其草梗、草梗不去、則蒸而腐焉、是生紅蟲、生土蠶、生蚯蚓、爲菊之害、土淨矣、乃善藏以待登盆之需、登盆也、俱用此土、又以待加盆之需、菊登於盆、或遭三日以上之雨、土實根露、則以土加而覆之、一則日之曝、不枯其根、一則收雨之澤、不爛其根、二留種、冬初而菊殘也、一衰、即并英葉

而去其上莖、其幹留五六寸焉、或附於盆、或出於盆、理之圃之陽、鬆土之內、臘之月、必濃糞澆之、以數次、菊之性耐於寒、故須土糞多、則煖而不冰、可以壯菊本、可以禦隆寒、可以潤澤而不至於枯燥、三分秧、春分之後、是分菊秧、根多鬚而土中之莖黃白色者、謂之老、鬚少而純白者、謂之嫩、老可分、嫩不可分、分之於新鋤之鬆地、不宜太肥、肥則籠菊頭而不能長發、陰天之天可分、有日分之則枯乾而難活、種之其宿土也盡去、否則恐有蟲子之害、既秧於土矣、以越[illegible]

架而覆之。毋令經日。經日則難醒。毋日晨灌之。既灌之。天之陰不可傷於水。秧心發芽矣、可去其覆席、先用半糞之水、復用肥水灌之、葉上不可以沾糞、沾之則葉枯。用河之水。則純河之水。用井之水、則純井之水。不可雜焉。四登盆。立夏之候、菊苗成矣可五六寸許、是爲上盆之期將上盆也數日不可以澆灌使苗受勞而堅老、則在盆可以耐日。起秧苗也、掘根之土必廣而大、少則露根而傷其本。用臘前所漉之土壅之、其灌也視陰晴而爲增損、使土壯而入根、服盆而

生葉、則用肥水灌之、久雨加臘土以浥之、其種也根深則不耐水、淺不耐日、隨土而稍深焉、蓋菊之根。其生也向上。故常覆土爲加。五理緝。菊之尺許矣、是宜理緝、欲長也則去其旁枝、欲短也則去其正枝、花之朶視其種之大小而存之大者四五蘂焉。次者七八蘂焉。又次十餘蘂焉。小者二十餘蘂焉。惟甘菊寒菊獨梗而有千花、不可去也、六護養。菊稍長也、竹而縛之、毋令風得搖之雨之久也。宜出水、盆內亦然菊傷之多蟻也、則以鼈甲置於傍、蟻必集焉、移之遠所、夏

至之前後有虫焉、黑色而硬殼、其名曰菊虎、晴暖而飛出、不出於巳午未之三時。宜候而除之、菊之爲菊虎所傷也、傷之處、仍手微摘之、磨去其下、虫毒可以免、秋後之生虫如虎之多也、必多栽易壯盛之菊於園之周、菊有香焉蟻上而糞之、則生虫、虫長而蟻又食之、則菊籠頭而不長、其虫之狀如白虱、以棕線作帚而刷之扇以承之、揮之於遠所、秋後而不見虫也、宜認糞跡、是有象幹之虫、其色與幹無殊也、生於葉底上、半月在於葉根之上幹下。半月在於葉根之下

幹。凡草木盡然、其骨脂以晦朔爲升降故耳、此物理也、或破幹取之。以紙撚縛之、常以水而潤其紙條花乃無恙、或用鐵線。磨爲邪鋒之小刀上半月於蛀眼向上而搜虫下半月在蛀眼向下而搜虫有菊牛焉沿之則萎、種臺葱、則可以辟、麻雀愛取菊之葉而爲巢、取之則萎、四之月、雀乃爲巢、時宜慎也、

農政全書卷之三十九　終

農政全書卷之四十

特進光祿大夫太子太保禮部尚書兼文淵閣大學士贈少保謚文定上海徐光啓纂輯
欽差總理糧儲提督軍務兼巡撫應天等處地方都察院右僉都御史東陽張國維鑒定
直隸松江府知府穀城方岳貢同鑒

種植

雜種下

紅花。博物志曰：張騫得種於西域。一名紅藍，一名黃藍，以其花似藍也。今處處有之，色紅黃，葉綠，有刺，夏開花，花下有梂，花出梂上，梂中結實，大如小豆。

齊民要術曰：花地欲得良熟，二三月間候雨後速下。或漫散種，或耬下，一如種麻法。亦有鋤掊而掩種者，子科大而易料理。花出，欲日日乘涼摘取，不摘則乾。摘必須盡。餘留即合。五月子熟，拔曝令乾，打取之。子亦不用鬱浥。五月種晚花。春初即留子，入五月便種，若待新花熟後取子，則太晚矣。七月中摘，深色鮮明，耐久不黦，勝春種者。負郭良田，種一頃者，歲收絹三百疋。一頃收子二百斛，與麻子同價，既任車脂，亦堪為燭，即是直頭成米。二百石米，已當穀田，三百疋絹，端然在外。一頃收花，日須百人摘，以一家手力，十不充一。但駕車地頭，每日當有小兒僮女百十餘群，自來分摘，正須平量

中半分取。是以單夫隻妻，亦得多種。

便民圖纂曰：八月中鋤成行壠，春穴下種，或灰或雞糞蓋之，澆灌不宜濃糞。次年花開，侵晨採摘，微搗去黃汁，用青蒿蓋一宿，捻成薄餅，晒乾收用，勿近濕牆壁去處。

齊民要術曰：殺花法：摘取，即碓擣使熟，以水淘，布袋絞去黃汁；更擣，以粟飯漿清而醋者淘之，又以布袋絞汁，即收取染紅，勿弃也。絞訖，著甕器中，以布蓋上，雞鳴更擣，以粟令均，於席上攤而曝乾，勝作餅。作餅者不得乾，令花浥鬱也。

又曰：作胭脂法：預燒落藜、藜藿及蒿作灰，無者，即草灰亦得。以湯淋取清汁，初汁純厚太釅，即放花不中用，惟可洗衣；取第三度湯者，以用揉花，和，使好色也。揉花，十許變，勢盡乃生。布袋絞取純汁，著甕椀中，取醋石榴兩三個，擘取子，擣破，少著粟飯漿水極醋者和之，布絞取瀋，以和花汁。若無石榴者，以好醋和飯漿，亦得；若復無醋者，清飯漿極酸者，亦得空用之。下白米粉，大如酸棗，粉多則白。以淨竹箸不膩者，良久痛攪，蓋冒至夜，瀉去上清汁，至淳處止，傾著白練角袋子中懸之，明日乾浥浥時，捻作小瓣，如半

麻子膏乾之則成矣

又曰合香澤法如清酒以浸香夏用冷酒春秋溫酒令煖冬則小熱雞舌香俗人以其似丁子則為丁子香也藿香苜蓿蘭香凡四種以新緜裹而浸之夏一宿春秋再宿冬三宿用胡麻油兩分猪腹腹宜作脽或膁一分內銅鐺中即以浸香酒和之煎數沸後便緩火微煎然後下所浸香煎緩火至暮水盡沸定乃熟以火頭內澤中作聲者水未盡有煙出無聲者水盡也澤欲熟時下少許青蒿以發色綿羃鐺觜瓶口瀉

又曰合面脂法牛髓牛髓少者用牛脂和之若無髓空用脂亦得也溫酒浸丁香藿香二種浸法如煎澤法煎法一同合澤亦著青蒿以發色綿濾著瓷漆盞中令凝若作脣脂者以熟朱和之青油裹之其冒霜雪遠行者常齧蒜令破以揩脣既不劈裂又令辟惡賊面患皴者夜燒梨令熟以糠湯洗面訖以煖梨汁塗之令不皴赤連染布嚼以塗面亦不皴也

又曰合手藥法取豬脽一具摘去其脂合蒿葉於好酒中痛挼使汁甚滑白桃人二七枚去黃皮研碎酒解取其汁以綿裹丁香藿香甘松香橘核十顆打碎著脽汁中仍浸置勿出瓷貯之夜煮細糠湯淨洗面拭乾以藥塗之令手軟滑冬不皴

又曰作紫粉法用白米英粉三分胡粉一分不著胡粉不著人面和合勻調取葵子熟蒸生布絞汁和粉日曝令乾若色淺者更蒸取汁重染如前法

又曰作米粉法粱米第一粟米第二如用一色純粱米勿使有雜白使甚細簡去碎者各自純作莫雜餘種其雜米糯米小麥黍米穄米作者不得好也於槽中下水脚蹋十徧淨淘水清乃止大甕中多著冷水以浸米春秋則一月夏則二十日冬則六十日唯多日佳不須易水臭爛乃佳日若淺者粉不潤美日滿更汲新水就甕中沃之

以手把攪淘去醋氣多與徧數氣盡乃止稍出著一砂盆中熟研以水沃攪之接取白汁絹袋濾著別甕中麤沉者更研之水沃接取如初研盡以杷子就甕中良久痛抨然後澄之接去清水貯出淳汁著大盆中以板一向攪勿左右迴轉三百餘匝停置蓋甕勿令塵汙良久清澄以杓徐徐去清以三重布帖粉上以粟糠著布上糠上安灰灰濕更以乾者易之灰不復濕乃止然後削去四畔麤白無光潤者別收之以供麤用麤粉米皮所成故無光潤其中心圓如鉢形酷似鴨子白

先潤者，名曰粉英。英，粉米心所成，是以先潤也。無風塵好日時，舂布於牀上，刀削粉英如𣊟之，乃至粉乾，足將任反手痛挼勿住。痛挼則滑美，不挼則澀惡。擬人客作餅，及作香粉，以供粧摩身體。

又曰：作香粉法，唯多著丁香於粉合中，自然芬馥。亦有受香木細和粉者，亦有水沒香，以汁溲粉者，皆損色，又費香，不如全著合中也。

玄扈先生曰：苗生嫩時，亦食其子，搗碎煎汁，入醋拌蔬食極肥美，又可為車脂及燭。

藍。爾雅曰：葴，馬藍。郭璞注曰：今大葉冬藍也。李時珍曰：藍凡有五種：蓼藍，葉如蓼，五六月開花，成穗淺紅色，子亦如蓼，歲可三刈；崧藍，葉如白菘；馬藍，葉如苦蕒；吳藍，長莖，如蒿而花白；木藍，長莖如決明，葉似槐，七月開花淡紅色。別有一種甘藍，可食。

齊民要術曰：藍地欲得良，三徧細耕，三月中浸子，令芽生，乃畦種。治畦下水，一同葵法。藍三葉，澆之。晨夜再澆之。薅治令淨。五月中新雨後，即接濕耬耩拔栽。夏小正曰：五月啓灌藍蓼。玄扈先生曰：栽時宜併功急手，無令地燥也。三莖作一科，相去八寸。栽時既濕，白背不急鋤，堅確也。五徧為良。七月中作坑，令受百許束，作麥稈泥泥之，令深五寸，以苫蔽四壁。刈藍倒豎於坑中，下水，以木石鎮壓，令沒。熱時一宿，冷時再宿，漉去荄，內汁於甕中。率十石甕，著石灰一斗五升，急抨普彭反之，一食頃止。澄清瀉去水，別作小坑，貯藍澱著坑中，候如強粥，還出甕中盛之，藍澱成矣。種藍十畝，敵穀田一頃，能自染青者，其利又倍矣。

崔寔曰：榆莢落時，可種藍。五月可刈藍。六月種冬藍。冬藍，木藍也。

農桑通訣曰：木藍、崧藍，可以為澱者，蓼藍但可染碧，不堪作澱。藍一本而有數色，刮行青綠雲碧青藍黃，豈有青出于藍而青於藍者乎？藍非獨可染青，絞其

汁飲之，最能解蟲蟲豸諸藥等毒，不可闕也。

便民圖纂曰：正月中，以布袋盛子浸之，芽出，撒地上，用糞灰覆蓋，待放葉，澆水糞。長二寸許，分栽成行，仍用水糞澆活。至五六月，烈日內，將糞水潑葉上，約五六次。俟葉厚，方割離土二寸許，將梗葉浸水缸內，晝夜濾淨，每缸內用礦灰，色清者灰八兩，濃者九兩，以木杴打轉，澄清去水，是謂頭靛。其在地舊根旁須去草淨，澆灌一如前法。待葉盛，亦如前法，收割浸打，謂之二靛。又俟長，亦如前澆灌，斫則齊根，浸打法亦同

前謂之三旋、其濾出柤、壅田亦可、

紫草爾雅曰、藐茈草、郭璞註曰、一名紫茢、廣志曰、隴西紫草紫之上者、本草經曰、一名紫丹、博物志曰、平氏山之陽、紫草特好也、

齊民要術曰、黃白軟良之地、青沙地亦善、開荒黍穄下大佳、性不耐水、必須高田、秋耕地、至春又轉耕之、三月種之、耬耩地、逐壟手下子、良田一畝用子二升、薄田用子三升、下訖、勞之、鋤如穀法、唯淨為佳、其壟底草則拔之、壟底用鋤則傷紫草、九月中子熟、刈之、候稃芳蒲反、燥載聚、打取子、濕載子則鬱浥、即深細耕、不細不深則失草矣、尋壟以耙耬取、整理、收草宜併手力、速竟為良、遭雨則損草也、一扼隨以茅結之、擘葛彌善、四扼為一頭、當日則斬齊、顛倒十重許為長行、置堅平之地、以板石鎮之、令扁、濕鎮直而長、燥鎮則碎折、不鎮、賣難售也、兩三宿、豎頭著日中曝之、令浥浥然、不曝則鬱黑、太燥則碎折、五十頭作一洪、洪十字、大頭向外、以葛纏絡、著敞屋下、陰涼處、棚棧上、其棚下勿使驢馬糞及人溺、又忌煙、皆令草失色、其利勝藍、若欲久停者、入五月內著屋中、閉戶塞向、密泥、勿使風入漏氣、過立秋、然後開草、出色不異、若經夏在棚棧上、草便變黑、不復任用、

務本新書曰、種訖、拖瓶擺之、或以輕鈍礰過、秋深子熟、旁去其土、連根取出、就地鋪穧、頗乾、輕振其土、以茅篾束、切去虛稍、以之染紫、其色殊美、

附地黃種須黑良田、五遍細耕、三月以上旬為上時、中旬為中時、下旬為下時、一畝下種五石、其種還用三月中掘取者、逐犁後如禾麥法下之、至四月末、五月初生苗訖、至八月盡九月初根成、中染、若須留為種者、即在地中、勿掘之、待來年三月、取之為種、計一畝可收根三十石、有草鋤、不限遍數、鋤時別作小刃鋤。勿使細土覆心。今秋收訖。至來年更不須種。自旅生也。唯鋤之如此。得四年不要種之、皆餘根自出矣、

枸杞。爾雅曰、杞、枸檵、郭璞註曰、今枸杞也、一名枸棘、一名天精、一名地仙、一名却老、一名苦杞、一名甜菜、一名地節、一名羊乳、枸杞二木名、此木棘如枸之刺、莖如杞之條、故兼稱之、處處有之、春生苗、葉軟薄堪食、其莖幹高三五尺、叢生、六七月開花、紅紫色、隨結實、微長、生青熟紅、味甘美、根皮名地骨皮、古以韋山為上、近以甘州者為絕品、今陝之蘭州靈州以西、並是大樹、子圓如櫻桃、乾時可作果食、

種樹書曰、收子及掘根、種于肥壤中、待苗生、剪為蔬食、甚佳、

博聞錄曰、種枸杞法、秋冬間收子、淨洗日乾、春耕熟地作町、闊五寸、紐草稕如臂大、置畦中、以泥塗草稕上、然後種子、以細土及牛糞蓋令徧苗出、頻水澆之、又可插種、

務本新書曰、枸杞、宜故區畦種、葉作菜食、子根入藥、秋時收好子、至春畦種、如種菜法、又三月中、苗出時移栽、如常法伏內壓條、特爲滋茂、一法截條長四五指許、掩於濕土地中、亦生、

農桑通訣曰、春夏採葉、秋採莖實、冬採根、朱孺子幼事道士王元正、居大若巖、汲于溪、見二花犬、因逐之入于枸杞叢下、掘之根形如二犬、食之忽覺身輕、諺云、去家千里、勿食蘿藦枸杞、言其補精氣也、

茱萸、禮記曰三牲用藙、注曰、藙、茱萸也、李時珍曰、此即欓子也、蜀人呼爲艾子、楚人呼爲辣子、古人謂之藙及椒子、因其辛辣螫口慘腹、使人有殺毅黨然之狀、故有諸名、蘇恭謂茱萸之開口者爲食茱萸、孟詵謂茱萸之開口者爲欓子、馬志謂粒大色黃黑者爲食茱萸、粒緊小色青綠者爲吳茱萸、山茱萸則不任食也、其樹處處有之、江淮蜀漢猶多、木高丈餘、三月開花、七八月結實、

齊民要術曰、二月栽之、宜故城、隄冢高燥之處、凡於城上種蒔者、先宜隨長短掘壍、停之經年、然後於壍中種蒔、保澤沃壤、與平地無差、不爾者、土堅澤流、長、[illegible]遲、經年、倍樹木、尚小、候實開便收之、挂著屋裏壁上、令陰乾、勿使煙熏、煙熏則苦、而不辛也、用時去中黑子、肉醬魚鮓偏可所用、

萬畢術曰、井上宜種茱萸、茱萸葉落井中、有化水者無瘟病、

風土記曰、俗尚九月九日、謂之上九、茱萸到此日氣烈熟色赤、可折其房以插頭、云辟惡氣禦冬、

決明、爾雅曰、薢茩、郭璞注曰、藥草、決明也、即青葙子、有二種、一種馬蹄決明、入藥最良、一種茳芏決明、又小異、二種皆可作酒麴、嫩苗及花角、惟茳芏可食、馬蹄勒苦、不堪食也、

四時類要曰、二月取子畦種、同葵法、葉生便食、直至秋間有子、若嫌老、畨種亦得、若入藥、不如種馬蹄者、

博聞錄曰、園圃四旁宜多種、蛇不敢入。

黃精、許見救荒本草、博物志曰、天老云、太陽之草名黃精、

四時類要曰、二月擇取葉相對生者、是眞黃精、擘長二寸許、稀種之、一年後甚稠、種子亦得、其葉甚美、入菜用、其根堪爲煎、术與黃精、仙家所重、

五加、異物志云、文章作酒、能成其味。以金買草、不[illegible]其貴、即五、加也、一名五花、一名文章草、一名白刺、一名追風使、一名木骨、一名金鹽、一名豺漆、一名豺節、又名五佳、五葉交加者良

玄扈先生曰：取根深掘肥地二尺，埋一根，令没舊根，甚易活。苗生從一頭剪取，每剪訖，鋤土壅之。久服輕身耐老，明目，下氣，補中益氣，精堅筋骨，强志意。葉可作蔬菜食。五七月採根，陰乾，造酒，有服五加皮散而獲延年者不勝計。或即爲散，以代湯茶，餌之驗，亦同。

又曰：正二月取枝插，亦易活。

百合，一名䐁，一名强瞿，一名蒜腦諸，一名夜合。根如葫蒜，數十片相累，或云是蚯蚓相纏結變作之。其葉短而闊，微似竹葉，白花四垂者，百合也。葉長而狹尖，如柳葉，紅花不四垂者，山丹也。莖葉似山丹而高，紅花帶黄而四垂，上有黑斑點，其子先結在枝葉間者，卷丹

也。又有一種色微綠者，開花最遲，俗名真百合。

四時類要曰：二月種百合。此物尤宜雞糞。每阬深五寸，如種蒜法。又云取根曝乾，搗爲麪，細篩，甚益人。

玄扈先生曰：宜肥地，加雞糞熟鋤。春取根大者，劈雜于畦中，如種蒜法。五寸一科，二月中鋤之，滿三遍。則不鋤不長。三年大如盞，頻澆，則花開爛熳，清香滿庭。秋分亦可分。

薏苡 漢書曰：馬援在交阯，常餌薏苡，載還爲種。一名芑實，一名屋菼，一名贛米，一名解蠡，一名薏珠子，一名西番蜀秫，一名回回米，一名草珠兒，處處有之。交阯者最大。春生苗，莖高三四尺，葉如黍。五六月結實，以顆小，色青，味甘粘牙者良。形尖而殼薄，米白如糯米，此真薏苡也。可粥，可麪，可同米釀。其一種圓而殼厚者，即菩提子也。

玄扈先生曰：九月霜後收子，至來年三月中，隨耕地於壠内點種，撈蓋，令平。有草則鋤。

芭蕉 廣志曰：芭蕉一曰芭苴，或曰甘蕉。莖如荷芋，重皮相裹，大如盂升。子有角，子長六七寸，有蔕三四寸，角著蔕生，爲行列，兩兩共對，若相抱形。剝其上皮，色黄白，味似葡萄，甜而脆，亦飽人。其根大如芋魁，大一石，青色。南方異物志曰：甘蕉，草類，望之如樹，株大者一圍餘，葉長一丈，或七八尺，廣尺餘。華大如酒杯，形色如芙蓉，莖末百餘子，大名爲房。根似芋魁，大者如車轂。實在華中，每華一闔，各六子，先後相次。子不俱生，華不俱落。此蕉有三種：一種子大如拇指，長而銳，有似羊角，名羊角蕉，味最甘好；一種大如雞

卵，有似羊乳，味微減羊角蕉；一種蕉大如藕，長六七寸，形正方，名方蕉，少甘，味最弱。其莖如芋，取濩而煮之，則如絲，可紡績。玄扈先生曰：今南中獨漳浦甘蕉絕美味。

齊民要術曰：其莖解散如絲，織以爲葛，謂之蕉葛。雖脆而好，色黄白，不如葛色。出交阯建安。

異物志曰：甘蕉如飴蜜，甚美，食之四五枚可飽，而餘滋味猶在齒牙間。顧微廣州記曰：甘蕉與吴花、實、根、葉不異，直是南土暖，不經霜凍，四時花葉展。其熟甘，未熟時亦苦澀。玄扈先生曰：此謬矣，吳下所有者，蘘荷也。

萱 詩曰：焉得諼草。註曰：諼草忘憂，婦人佩其花則生男，故名宜男。鹿食九種解毒之草

萱乃其一，故又名鹿蔥。董子云，欲忘人之憂，則贈之丹棘，吳人謂之療愁。有單臺，有重臺，有秋萱，有夏萱。又有一種，以色言之，則名金萱；以香言之，名麝香萱。五月開花，姿韻可愛，今田野間處處有之。

玄扈先生曰：春間芽生，移栽。栽宜稀，一年自稠密矣。春剪其苗，若枸杞食，至夏則不堪食。種時用根向上，葉向下，當年開花，皆千葉也。

又曰：五月採花，八月採根，今人多採其嫩苗及花跗作俎食。

芥藍，王禎農桑通訣曰：芥之嫩者為芥藍，極脆。東坡詩云：芥藍如菌蕈，脆美牙頰響。玄扈先生曰：芥藍，芥屬也。葉色如藍，故南人謂之芥藍，仍可擘取食，故北人謂之擘藍。其葉大于菘，根大于芥，薹苗大于白芥，子大于蔓菁，花淡黃色。其苗、葉、根、心俱任為蔬，子可壓油，亦四時可種，四時可食，大略如蔓菁也。但食根之菜，如芥、蘆菔、蔓菁之屬，魁皆在土中，此則魁在土上為異耳。收根者，須四五月種，少長擘食其葉，漸擘，魁漸大。八九月并根葉取之，葉作菹，或作乾菜，根剝去皮，或煮食，或糟藏、醬豉，留根至明春復發，苗可採食。三月花，四月實，子每畝收可三四石。

玄扈先生曰：種芥藍宜耕熟地，厚壅之土，強者多用草灰和之，耕熟後，或漫散子，取次耘之；或種苗，長數寸，移植之；或就平地種，或作埒，大略與種蔓菁同法，但須疎行，則魁大子多。每本令相去一尺餘。

又曰：凡菜種多冬榮夏枯，獨芥藍乾枯收子之後，根復生蘖，經數年不壞。蓋一種之後，無論子粒傳生，即原本亦供數年採拾。冬月悉取葉，空留根，來年亦生。或并斸去大根，稍存入土細根，來年亦生。

又曰：芥藍莖葉用芝蔴油煮，如常煮菜法，食之，并歠其汁，能散積痰。其葉及子亦能消食積，解麪毒。

又曰：菜名藍者，不止因葉色似藍，北人直用作澱，可染紺帛，勝于福青。

蓴，魯頌曰：薄採其茆。註云：茆，鳧葵也。詩義疏云：茆與葵相似，葉大如手，亦圓，有肥，斷著手中，滑不得停也。莖大如箸，皆可生食，又可約滑羹。江南人謂之蓴菜，或謂之水葵。本草云：雜鯉魚作羹，亦逐水而性滑，謂之淳菜，或謂之水芹，服食之不可多。

齊民要術曰：近陂湖，可於湖中種之；近流水者，可決水為池種之。以深淺為候，水深則莖肥葉少，水淺則葉多而莖瘦。蓴性易生，一種永得，宜潔淨，不耐汙，糞穢入池即死矣。種一斗餘許，足用。

葦，爾雅曰：葦，醜芀。葭，華。蒹，薕。葭，蘆。菼，薍。其萌，虇。郭璞註曰：其類皆芀秀。葭，即今蘆也。蒹，似萑而細。葭，葦也。菼，似葦而小，實中，今江東呼蘆笋為虇，然則蘆葦之類，其初生者皆名虇，花名蓬蕽。詩疏云：薍，或謂之荻，至秋堅成，即刈，謂之萑。生下濕地，長丈許，今處處有之。

農桑輯要曰：葦四月苗高尺許，選好葦連根栽成上墩，如椀口大，於下濕地內掘區栽之，縱橫相去一二尺。欲得力、則密栽。至冬放火燒過，次年春芽出便成好葦。十月後刈之。

一法：二月熟耕地作壠，取根臥栽，以土覆之，次年成葦。

又壓栽法：其葦長時，掘地成渠，將莖袪倒，以土壓之，露其稍，凡葉向上者，亦植令出土，下便生根，上便成笋，與壓桑無異。五年之後，根交，當隔一尺許斸一钁，即滋旺矣。其花絮沾濕地，即生蘆，然不如根栽者。

三月初生，其心挺出，其下本大如箸，上銳而細，有黃黑勃，著之汙人手。把取正白，噉之甜脆。一名蓬蕵。揚州謂之馬尾，幽州謂之旨苹。

蒲：爾雅曰：莞，苻蘺，其上蒚。郭璞註曰：今西方人呼蒲為莞蒲；蒚，謂其頭臺首也。今江東謂之苻蘺，西方亦名蒲，中莖為蒚，用之為席。又名甘蒲，又名醮石，花上黃粉名蒲黃。

農桑通訣曰：四月揀綿蒲肥旺者，廣帶根泥，移出于水地內栽之，次年即堪用。其水深者白長，水淺者白短。

玄扈先生曰：春初生嫩葉，出水時取其中心入地白蒻，大如匕柄者，生噉之，甘脆。以醋浸食，如食筍，法亦美。周禮所謂蒲菹也。亦可煠食、蒸食，及曬乾磨粉作餅食。詩曰：惟筍及蒲，是矣。八九月收葉，可作扇，又可作包裹。

蓆草：玄扈先生曰：小暑後斫起，以備織蓆。留老根在田，壅培發苗。至九月間，鋤起，擘去老根，將苗去稍，分栽如插稻法。用河泥與糞培壅。清明穀雨時，復用糞或豆餅壅之，即耘草。立梅後，不可壅，若灰壅之則生蟲退色。

燈草：玄扈先生曰：種法與蓆草同，最宜肥田，瘦則草

細。五月斫起，曬乾，以尖刀釘板櫈上，劃開其心，可點燈，及為燭心。其皮可製雨簑。

農政全書卷之四十終

農政全書卷之四十一

特進光禄大夫太子太保禮部尚書兼文淵閣大學士贈少保謚文定上海徐光啓纂輯
欽差總理糧儲提督軍務巡撫應天等處地方都察院右僉都御史東陽張國維鑒定
直隸松江府知府穀城方岳貢同鑒

牧養

六畜 雜附

禮記月令曰：季春之月，合累牛騰馬，遊牝于牧。累騰皆乘匹之名。仲夏之月，遊牝別羣，則縶騰駒。孕任欲止，爲其牝氣有餘，恐相蹄齧。仲冬之月，牛馬畜獸有放逸者，取之不詰也。

陶朱公曰：子欲速富，當畜五牸。牛、馬、豬、羊、驢，五畜之牸。然畜牸則速富之術也。

齊民要術曰：服牛乘馬，量其力能；寒温飲飼，適其天性。如不肥充繁息者，未之有也。

凡馬驢駒初生，忌灰氣，遇新出爐者輒死。經雨者則不忌。

四時類要曰：凡驢馬牛羊收犢子駒羔法：常于市上伺候，含重垂欲生，輒買取駒，一百五十日，羊羔六十日，皆能自活，不復藉乳。乳母好，堪爲種產者，因留之以爲種；惡者還賣，不失本價。坐羸駒犢，還更買懷子孕者。一歲之中，牛馬驢得兩番，羊得四倍。羊羔臘月正月生者，留以作種；餘月生者，剩而賣之。用二萬錢爲羊本，必歲收千口。所留之種，率皆精好，與世絕殊，不可同日而語之。何必羔犢之饒，又羸酪之利也。羔有死者，皮好作裘褥，肉好作乾腊及作肉醬，味又甚美。

玄扈先生曰：居近湖草廣之處，則買小馬二十頭，大騍馬兩三頭，又買小牛三十頭，大牸牛三五頭。搆草屋數十間，使二人掌管牧養。二人仍各授一便業，以爲日用飲食之資。久而羣聚，增人牧守。湖中自可任以孳息，養之得法，必致繁息。且多得糞，可以壅田。

馬

爾雅曰：駒駼馬。又曰：宗廟齊毫，戎事齊力，田獵齊足。郭璞註曰：齊毫尚純也；齊力尚強也；齊足尚疾也。

相馬經曰：馬頭爲王，欲得方；目爲丞相，欲得光；脊爲將軍，欲得強；腹脇爲城郭，欲得張；四下爲令，欲得長。

凡相馬之法，先除三羸五駑，乃相其餘。大頭小頸，一羸；弱脊大腹，二羸；小頸大蹄，三羸。大頭緩耳，一駑；長頸不折，二駑；短上長下，三駑；大髂短脅，四駑；淺髋薄髀，五駑。騮馬、驪馬、駓鹿毛、騆黃馬、驒駱馬，皆善馬也。馬生墮地無毛，行千里；溺舉一腳，行五百里。相馬不藏法：肝欲得小，耳小則肝小，肝小識人意；肺欲得大，鼻大則肺大，肺大則能奔；心欲得大，目大則心大，心大則猛利不驚；目四滿則朝暮健；腎欲得小；䐗欲得厚且長腸厚則腹下廣方而平。脾欲得小。膁腹小則脾小。脾小則易養。望之大就之小。筋馬也。望之小。就之大。肉馬也。皆可乘致。致瘦欲得見其肉。（謂前肩守肉。）致肥欲得見其骨。（骨謂頭顱。）馬龍顱突目。平脊大腹。脞重有肉。此三事備者。亦千里馬也。水火欲得分。（水火在鼻兩孔間也。）上唇欲急而方。口中欲得紅而有光。此馬千里馬。上齒欲鉤。鉤則壽。下齒欲鋸。鋸則怒。頷下欲深。下唇欲緩。牙欲去齒一寸。則四百里。牙劍鋒則千里。嗣骨欲廉如織杼而闊、又欲長、（頰下側八骨是。）目欲滿而澤。眶欲小。上

欲弓曲。下欲直。素中欲廉而張、（素鼻孔上。）陰中欲得平、（股下。）主人欲小、（股裏上近前也。）陽裏欲高則怒、（股中上之主人。）額欲方而平、八肉欲大而明、（耳下。）玄中欲深、（耳下近牙。）耳欲小而銳如削筒、相去欲促、鬐欲戴中骨高二寸、（鬐中骨也。）易骨欲直（眼下直下骨也。）頰欲開赤長、膺下欲廣一尺以上。名曰挾（一作扶。）尺。能久走。鞅欲方（頰前。）喉欲曲而深。胸欲直而出。（髀間前向。）鳧間欲開、望視之如雙鳧、頸骨欲大、肉次之、鬐欲桎而厚且折、季毛欲長多覆肝肺無病、（髮後毛是。）背欲短而方脊欲大而抗。膂筋欲大。（夾脊筋也。）飛鳧見者怒、（胸欲筋也。）

三府欲齊。（兩髂及中骨也。）尻欲頹而方。尾欲減、本欲大。脅肋欲大而窪。名曰上渠。能久走、龍趐欲廣而長、升肉欲大而明、（髀外肉也。）輔肉欲大而明、（前腳下肉。）腸欲充腔小、（腔膁。）季肋欲張、（短肋。）懸薄欲厚而緩、（腳脛。）虎口欲開。（股肉。）腹下欲平滿、善走、名曰下渠、日三百里、陽肉欲上而高起、（髀外近前。）髀欲廣厚、汗溝欲深明、直肉欲方、能久走、（髀後肉也。）輸（一作翰）鼠欲方、（直肉下也。）胸肉欲急、（髀裏也。）間筋欲急短而減、善細走。（輸鼠下筋。）機骨欲舉上曲如懸匡、馬頭欲高距骨欲出、前間骨欲出、前後曰（外鳧臨蹄骨也。）附蟬欲大、前後目、（夜眼。）

股欲薄而博、善能走、（後髀前骨。）臂欲長而膝本欲起有力（前腳膝上向前。）肘後欲開能走、膝欲方而痺髀骨欲短、兩肩骨欲深、名曰前渠、怒蹄欲厚三寸、硬如石、下欲深而明、其後開如鷂翼。能久走。相馬從頭始、頭欲得高峻如削成、頭欲重宜少肉、如剝兔頭、壽骨欲得大。如縣絮苞圭石。（壽骨者髮所生處也。）白從額上入口名俞膺、一名的顱、奴乘客死、主乘棄市、大凶馬也、馬眼欲得高、眶欲得端正、骨欲得成三角、睛欲得如懸鈴、紫艷光、目不四滿、下唇急、不愛人、又踐不徙食、目中縷貫瞳子者

五百里、下上徹者千里、睫亂者傷人、目下而多白畏驚、瞳子前後肉不滿、皆凶惡、若旋毛眼眶上、壽四十年、値眶骨中、三十年、値中眶下、十八年、在目下者不借、睛却轉後白不見者、喜旋而不前、目睛欲得黄、目欲大而光、目皮欲得厚、目上白中有橫筋、五百里、上下徹者、千里、目中白縷者老馬子、目赤睫亂齧人、反睫者、善奔、傷人、目下有橫毛不利人、目有火字在者壽四十年、目偏長一寸、三百里、目欲長大、旋毛在目下、名曰承泣、不利人、目中五采盡具、五百里、壽九十

年、良多血氣也、駑多赤、青、肝氣也、走多黄、腸氣也、材知多白、骨氣也、材多黑、腎氣也、駑用策乃使、詭也、白馬黑目、不利人、目多白、却視有態、畏物喜驚、馬耳欲得相近而前竪、小而厚、一寸、三百里、三寸千里、耳欲得小而前竦、耳欲得短、殺者良、植者駑、小而長者亦駑、耳欲得小而促、狀如斬竹筒、耳方者千里、如斬筒七百里、如雞距者五百里、鼻孔欲得大、鼻頭文如王火字、欲得明、鼻上文如王公、五十歲、如火、四十歲、如天、三十歲、如小一、十歲、如今、十八歲、如四八、歲、如宅

七歲、鼻如水文、二十歲、鼻欲得廣而方、脣不覆齒、少食、上脣欲得急、下脣欲得緩。上脣欲得方。下脣欲得厚而多理。故曰脣如板鞮、御者啼、黄馬白喙不利人、口中色欲得紅、白如火光爲善材、多氣良且壽、卽黑不鮮明、上盤不通明。爲惡材、少氣不壽、一曰相馬氣發口中欲見紅白色、如穴中看。此皆老壽、一曰口中欲正赤、上理文欲使通直、勿令斷錯、口中青者三十歲、如虹腹下皆不盡壽、駒齒死矣、口吻欲得長、口中色欲得鮮好、旋毛在物後爲御禍、不利人、刺芻欲竟

骨端、（刺芻者齒間肉）齒左右蹉不相當、難御、齒不周密、不久疾不滿不原、不能久走、一歲上下生乳齒各二、二歲上下生齒各四、三歲上下生齒各六、四歲上下生成齒二、（成齒皆背三入四方生也）五歲上下著成齒四、六歲上下著成齒六、（兩廂黄生區受麻子也）七歲齒兩邊黄各缺區平受米、八歲上下盡區如一受麥、九歲下中央兩齒臼受米、十歲下中央四齒臼、十一歲下六齒盡臼、十二歲下中央兩齒平、十三歲下中央四齒平、十四歲下中央六齒平、十五歲上中央兩齒臼、十六歲上中央四齒

臼、若看上齒依下齒次第者十七歲上中央六齒皆臼、十八歲上中央兩齒平、十九歲上中央四齒平、二十歲上中央六齒平、二十一歲下中央兩齒黃、二十二歲下中央四齒黃、二十三歲、下中央六齒盡黃、二十四　上中央二齒黃、二十五歲上中央四齒黃、二十六歲、上中央六齒盡黃、二十七歲、下中二齒白、二十八歲、下中四齒白、二十九歲、下中盡白、三十歲、上中央二齒白、三十一歲上中央四　白、三十二歲上中盡白、頸欲得腿而長、頸欲得重、頷欲折、胸欲出、臆欲廣、頸項欲

厚而強、廻毛在頸不利人、白馬黑毛不利人、肩肉欲宰、宰者却也雙鳧欲大而上、雙鳧胷兩邊肉如鳧脊欲得平而廣、能負重、背欲得平而方、鞍下有廻毛名負尸、不利人、從後數其脇肋、得十者良、凡馬十一者、二百里、十二者、千里、過十三者、天馬、萬乃有一耳、一云十三肋五百里十五肋千里也腋下有廻毛、名曰挾尸、不利人、左脇有白毛直下名曰帶刀、不利人、腹下欲平、有八字、腹下毛欲前向、腹欲大而垂、結脈欲多、大道筋欲大而直、大道筋從腸下抵股者是腹下陰前兩邊生逆毛入腸帶者、行千里、一尺者五百里、三封欲得齊如一、三封者即尻上三骨也尾骨欲高而垂、尾本欲大、尾下欲無尾、汗溝欲得深、尻欲多肉、莖欲得粗大、蹄欲得厚而大、踠欲得細而促、髂骨欲得大而長、尾本欲大而張、膝骨欲圓而長、大如杯盂、溝上通尾本者、蹹殺人、馬有雙腳脛亭、行六百里、廻毛起踠膝是也、脛欲得圓而厚、裏肉生焉、後腳欲曲而立、臂欲大而短、骹欲、小而長、腕欲促而大、其間纔容鞣、烏頭欲高、烏頭後足外節後足輔骨欲大、輔足骨者後足骹之後骨後左、右足白、不利人、白馬四足黑不利人、黃馬白喙不利

人、後左右足白、殺婦、相馬視其四蹄、後兩足白、老馬子、前兩足白、駒馬子、白毛者、老馬也、四蹄欲厚且大、四蹄顛倒、若堅履、不可畜、

便民圖曰、看馬捷法、頭欲高峻。面欲瘦而少肉。眼下無肉多咬人。胸堂欲濶。肋骨過十二條者良。三山骨欲平則易肥。四蹄欲注實則能負重。腹下兩邊生逆毛到膁者良、

相馬毛旋歌括云、項上須生旋、有之不用誇、還緣不利長、所以號騰蛇、後有喪門旋、前兼有挾尸、勸君不

用畜無事也，須疑牛頷并銜禍，非常害長多，古人如是說。此事不虛歌，帶劍渾開事，喪門不可當，的盧婦入口有禍也，須防。黑色耳全白，從來號孝頭，假饒千里足，奉勸不須留。背上毛生旋，驢騾亦有之，只惟鞍貼下，此者是馳尸。銜禍口邊衝，時間禍必逢，古人稱是病，焉敢不言凶。眼下毛生旋，遙看是淚痕，假饒福也病，無禍亦防侵。毛病深知害，妨人不在占，大都知此類，無禍也宜嫌。檐耳驄鬃項，雖然毛病殊，若然兼豹尾，有實不如無。

玄扈先生曰：五明爲國馬，四足白去之，三足白可自乘，二足白速去之，一足白留之。訣曰：一明留，二明丟，三明收，取四明售，五明國馬載王侯。

齊民要術曰：久步即生筋勞，筋勞則發蹄痛凌氣。一曰：生骨則發癰腫。一曰：發蹄生癰也。久立則發骨勞，骨勞即發癰腫。久汗不乾則生皮勞，皮勞者，輾而不振。汗未善燥而飼飲之，則生氣勞，氣勞者，即輾而不起。驅馳無節，則生血勞，血勞則發強行。何以察五勞？終日驅馳，舍而視之，不輾者，筋勞也。輾而不時起者，骨勞也。起而不振者，皮勞也。振而不噴者，氣勞也。噴而不溺者，血勞也。筋勞者，兩絆却行三十步而已。一曰：筋勞者，輾起而絆之，徐行三十里而已。骨勞者，令人牽之起，從後笞之起而已。皮勞者，夾春摩之，熱而已。氣勞者，緩繫之櫪上，遠餧草，噴而已。血勞者，高繫無飲食之，大溺而已。飲食之節，食有三芻，飲有三時。何謂也？一曰惡芻，二曰中芻，三曰善芻。善謂飢時與惡芻，飽時與善芻，引之令食，食常飽，則無不肥。剉草粗，雖是豆穀，亦不肥充；細剉無節，簁而食之者，令馬肥，不咥，自然好矣。何謂三時？一曰朝飲少之，二曰晝飲則胷饜水，三曰暮極飲之。一曰：夏汗冬寒，皆當節飲。諺曰：旦起騎穀，日中騎水。

斯言旦飲須節水也。每飲食令行，驟則消水。小驟數百步亦佳。十日一放，令其陸梁舒展，令馬硬實也。夏即不汗，冬即不寒，汗而極乾。

便民圖曰：馬者火畜也，其性惡濕，利居高燥之地。日夜餵飼，仲春羣蓋，順其性也。季春必啗，恐其退也。盛夏午間必牽於水浸之，恐其傷于暑也。季冬稍遮蔽之，恐其傷于寒也。啗以猪膽、犬膽，和料餵之，欲其肥也。餵料時須擇新草，篩簸豆料。若熟料，用新汲水浸淘放冷，方可餵飼。一夜須二三次起餵草料。若天熱時不宜加熟料，止可用豌豆大麥之類，生餵。夏月自早至晚，宜飲水三次。秋冬只飲一次可也。飲宜新水，宿水能令馬病。冬月飲畢，亦宜緩騎數里。卸鞍不宜當簷下，風吹則成病。

飼父馬令不鬬法。多有父馬者，別作一坊，多置槽廐，剉芻及穀豆，各自別安，唯著韁頭，浪放，不繫，非直飲食遂性，舒適自在，至於黃溺，自然一處，不須掃除，乾地服臥，不濕不污，百匹羣行，亦不鬬也。

飼征馬令硬實法。細剉芻，杴擲揚去葉，專取剉和穀豆秣等，置槽於迥地，雖復雪寒，仍令安廄下，一日一走，令其肉熱，馬則硬實而耐寒苦也。

凡以猪槽飼馬，以石灰泥馬槽，馬汗繫著門，此三事

皆令馬落駒。術曰：常繫獼猴於馬坊，令馬不辟惡，消百病故也。

治馬病疫氣方。取獺屎煮，以灌之。獺肉及肝更良，不能得肉肝，只用屎耳。

治馬患喉痺欲死方。纏刀子露鋒刃一寸，刺咽喉令潰破，即愈。不治必死也。

治馬黑汗方。取燥馬屎置瓦上，以人頭亂髮覆之，火燒馬屎及髮，令煙出，著馬鼻下熏之，使煙入馬鼻中，須臾即差也。

又方　取猪脊引脂、雄黃、亂髮，凡三物，著馬鼻下燒之，使煙入馬鼻中，須臾即差。

治馬中熱方。煮大豆及熱飯啖馬，三度愈也。

治馬汗凌方。取美豉一升，好酒一升，夏著日中，冬則溫熱，浸豉使液，以手搦之，絞去滓，以汁灌口，汗出則愈矣。

治馬疥方。用雄黃、頭髮二物，以臘月猪脂煎之，髮消，以揩摶疥，令赤，及熱塗之，即愈也。

又方　湯洗疥，拭令乾，煮麵糊，熱塗之，即愈也。

又方　燒柏脂塗之，良。

又方　研芥子塗之，差。六畜疥，悉愈。然柏瀝、芥子，並是燥藥，其遍體患疥者，宜歷落斑駮，以漸塗之，待差更塗餘處，一日之中頻塗遍體，則無不死。

治馬中水方。取鹽著兩鼻中，各如雞子黃許大，捉鼻，令馬眼中淚出，乃止，良也。

治馬中穀方。手捉甲上長髮，向上提之，令皮離肉，如此數過，以鈹刀子刺空中皮，令突過，以手當刺孔，則有如風吹人手，則是穀氣耳。令人溺上，又以鹽塗，使人立乘，數十步，即愈耳。

又方　取餳如雞子大，打碎和草飼馬，甚佳也。

又方　取麥蘗末三升和穀飼馬，亦良。

治馬脚生附骨不治者，入膝節，令馬長跛方。取芥子熟擣，如雞子黃許，取巴豆三枚，去皮，留臍三枚，亦擣熟，以水和令相著，和時用刀子，不爾破人手，當附骨上拔去毛，骨外融蜜蠟周匝擁之，不爾恐藥燥瘡大，著蠟罷，以藥傅骨上，取生布割兩頭作三道，急裹之，骨小者一宿便盡，大者不過再宿，然須要數看，恐骨盡便傷好處，看附骨盡，取冷水淨洗瘡上，刮取車軸頭脂作餅子，著瘡上，速以淨布急裹之，三四日解去，即生毛而無瘢，此法甚良，大勝灸者，然瘡未差，不得輒乘，若瘡中出血，便成大病也，此方可治跛。

治馬被刺脚方。用穬麥和小兒哺塗，即愈。

治馬炙瘡，未差不用令汗，瘡白痂時慎風，得差後從意騎耳。

治馬瘙蹄方、以刀刺馬蹄叢毛中，使出血，愈。

又方、驢羊脂塗瘡上，以布裹之。

又方、取鹹土兩石許，以水淋取一石五斗，釜中煎取三二斗，剪去毛，以泔清淨洗，乾，以鹹汁洗之，三度即愈。

又方、以湯洗淨，燥拭之，嚼芥子塗之，以布帛裹，三度愈。若不斷，用穀塗五六度，即愈。

又方、剪去毛，以鹽湯淨洗，去加，燥拭，於破孔中煑人尿，令沸熱，塗之，即愈。

又方、以鋸子割所患蹄頭前正當中，斜割之，令上狹下闊，如鋸齒形，去之，如剪箭括，向深一寸許，刀子摘令血出，色必黑，出五升許，解放即愈。

又方、先以酸泔清洗淨，然後爛煑豬蹄，取汁及熱洗之，瘥。

又方、取炊釜底湯淨洗，以布拭水令盡，取黍米一升，作稠粥，以故布廣三四寸、長七八寸，以粥糊布上，厚裹蹄上瘡處，以散麻纏之，三日去之，即當瘥也。

又方、耕地中拾取禾茇東倒西倒者，若東西橫地，取南倒北倒者，一壟取七科，三壟凡取二十一科，淨洗，釜中煑取汁，色黑乃止，剪却毛，泔淨洗去痂，以禾茇汁熱塗之，一上即愈。

又方、尿清羊糞令液，取屋四角草，就上燒，令灰入鉢中，研令熱，用泔洗蹄，以糞塗之，再三愈。

又方、煑酸棗根，取汁淨洗，訖，水和酒糟，毛袋盛漬蹄，沒瘡處，數度即瘥也。

又方、淨洗了，擣杏仁和豬脂塗，四五上即當愈。

治馬大小便不通，眠起欲死、須急治之，不治一日即死、以脂塗人手，探穀道中，去結屎，以鹽納溺道中，須臾得溺，便當瘥也。

治馬卒腹脹眠臥欲死方、用冷水五升、鹽二斤，研鹽令消，以灌口中，必愈。

治馬發黃方、用黃栢、雄黃、木鼈子仁等分為末，醋調塗瘡上，紙貼之。初見黃腫處，便用針遍刺，塗藥。

治馬疥癆方、馬疥癆及瘙痒，用川芎、大黃、防風、全蝎各一兩，荊芥穗五兩，為末，分作五服，白湯調冷灌之。

治馬梁脊破方、或瘡不能騎坐，如未破，將馬脚下濕稀泥塗上，乾即再易，濕者三五次，自消。或只用溝中青臭泥亦可。已破成瘡者，用黃丹、枯白礬、生薑燒存性、人天靈蓋燒存性，各等分為末，入麝香少許，瘡乾用麻油調；若瘡濕有膿，用漿水同葱白煎湯洗淨，傅之，立效。

治馬中結方、川山甲炒黃色、大黃、郁李仁各一兩，風化石灰一合，如無灰，以朴硝代之，共為

末，作一服，用麻油四兩、蜜一升，調勻灌之，立效。如灌藥不通，用豬牙皂角為細末，同麻油各四兩和勻，填糞門中，再灌煎藥一服，即愈。

常啖馬藥方、鬱金、大黃、甘草、貝母、山梔子、白藥、黃藥、款花、黃栢、黃連、知母、桔梗各等分，為末，每服二兩，以油蜜拌灌之。若駒，則隨其大小，量為加減。啖後不得飲水，至渴喂飼。

治馬諸病方、用白鳳仙花連根葉熬成膏，抹于馬眼角上，汗出即愈。

治馬諸瘡方。夜合花葉、黃丹、乾薑、檳榔、五倍子為末，先以鹽水洗瘡，後用麻油加輕粉調傅。

治馬傷料方、用生蘿蔔三五個，切作片子，啖之，效。

治馬傷水方、用葱、鹽、油相和，搓作團，納鼻中，以手掩其鼻，令氣不通，良久，使淚出，即愈。

治馬錯水方、緣馳驟喘息未定，即與水飲，須臾兩耳并鼻息皆冷，或流冷涕，即此證也。[illegible]

入亂髮燻兩鼻、後用川烏草烏白芷猪牙皂角胡椒各等分、麝香少許、爲細末用竹筒盛藥一字吹入鼻中立效又法葱一握鹽一兩、同杵爲泥罨兩鼻内須臾打通清水流出是其效也、

治馬患眼方、用青鹽黃連馬牙硝蕤仁各等分同研爲末用蜜煎入磁瓶内盛貯點時旋取多少、以井水浸化點、

治馬頰骨脹方、用羊蹄根草四十九箇燒灰熨骨上冷即換之、如無羊蹄根以楊柳枝如指頭大者、炙熱熨之

治馬喉腫方、螺青川芎知母川鬱金牛蒡炒薄荷貝母同爲末、每服二兩蜜二兩、用水煎沸候温調灌之、

又方取乾馬糞置瓶中、以頭髮覆蓋燒烟熏其兩鼻

治馬舌硬方、用款冬花瞿麥山梔子地仙草青黛硼砂朴硝油烟墨等分爲細末、每用五錢許、塗舌上、立瘥、

治馬傷脾方、川厚朴去麁皮爲末同薑棗煎灌、一應脾胃有傷、不食水草、褰唇似笑鼻中氣短宜速與此藥治之

治馬心熱方、甘草芒硝黃栢大黃山梔子瓜蔞爲末水調灌、一應心肺壅熱口鼻流血跳躑煩燥宜急與此藥治之

治馬肺毒方、天門冬知母貝母紫蘇芒硝黃芩甘草薄荷葉、同爲末飯湯入少許、醋調灌療肺毒熱極鼻中噴水、

治馬肝壅方、朴硝黃連爲末、男子頭髮燒灰存性、漿水調灌一應邪氣衝肝眼昏似睡忽然眩倒、此方主治、

治馬卒熱肚脹方、用藍汁二升、井花水二升、或冷水和灌之立効、

治馬流沫方、當歸菖蒲白朮澤瀉赤石脂枳殼厚朴加甘草爲末每服一兩半酒一升、葱白三握、水煎温灌之

治馬氣喘方、玄參葶藶升麻牛蒡兜苓黃耆知母貝母、同爲末、每服二兩、漿水調草後灌之一應喘嗽皆治

治馬啌喘毛焦方、用大麻子、揀淨一升、餵之大效

治馬結糞方、皂角燒灰存性、大黃枳殼麻子仁黃連厚朴爲末、清米泔調灌若腸突加蔓荆子、末同調、

治馬傷蹄方、大黃五靈脂木鼈子去油、海桐皮甘土黃芸薹子白芥菜子、爲末、黃米粥藥攤帛上裹之

治療馬結熱起臥戰不食水草方黃連二兩、杵末、白鮮皮一兩、杵末油五合、猪脂四兩、細切、右以温水一升半、和藥調停、灌下牽行拋糞即愈、

治新生小駒子瀉肚方、藁本末三錢七大麻子、研汁調灌丁咽喉便效、次以黃連末大麻汁解之

治馬氣藥方、青橘皮當歸桂心大黃芎藭木通郁李仁瞿麥白芷牽牛子、右件一十味各等分同擣羅爲末、用温酒調灌每疋馬、藥末半兩

治馬急起臥方、取壁上多年石灰、細杵、羅用油酒調二兩、用水灌之、立効、

治馬食槽內草結方。好白礬末一兩，分爲二服，每服和飲水後啖之，不過三兩度，即內消却。此法神驗。

治馬腎搐方。烏藥、芍藥、當歸、玄參、山茵蔯、白芷、山藥、杏仁、秦艽。每服一兩，酒一大升，同煎，溫灌。隔日再灌。

治馬尿血方。黃耆、烏藥、芍藥、山茵蔯、地黃、兜苓、枇杷爲末，漿水煎沸，候冷調灌。應卒熱尿血皆主療之。

治馬結尿方。滑石、朴硝、木通、車前子爲末，每服一兩，溫水調灌。隔時再服。結時甚，則加山梔子、赤芍藥，同末。

治馬隔痛方。羌活、白藥、甜瓜子、當歸、沒藥、芍藥爲末，春夏漿水加蜜，秋冬小便，調療膈痛低頭難不食草。

附驢。大都類馬。驢覆馬生贏，則准常。以馬覆驢所生騾者，形容壯大，彌復勝馬。然選七八歲草驢骨目正大者，母長則受駒，父大則子壯。草驢不產，產無不死。養草驢，常須防，勿令離羣也。

治驢漏蹄方。鑿厚磚石，令容驢蹄，深二寸許，熱燒磚，令熱赤，削驢蹄令出漏孔，以蹄頓著磚孔中，傾鹽酒醋令沸，浸之牢，捉勿令脚動，待磚冷然後放之，即愈。入水遠行，悉不發。

治驢打磨破潰方。馬齒菜、石灰一處搗爲團，曬乾後，復搗羅爲末。先口含鹽漿水洗淨，用藥末貼之，驗。

牛。爾雅曰：犘牛、犦牛、犤牛、犩牛、犣牛、犝牛、犑牛。角一俯一仰觭，皆踊觢，黑脣犉，黑眥牰，黑耳犚，黑腹牧，黑腳犈。其子犢，體長牬，絶有力欣犌。

農桑通訣曰：牛之爲物，切于農用。善畜養者，勿犯寒暑，勿使太勞，固之以勞捷，順之以凉燠，時其飢飽，以適其性情，節其作息，以養其血氣。若然，則皮毛潤澤，肌體肥腯，力有餘而老不衰，其何困若羸瘠之有？於春之初，必去牢欄中積滯蓐糞，自此以後，但旬日一除，免穢氣蒸鬱爲患，且浸漬蹄甲，易以生疾。又當以時祓除不祥，淨爽乃善。方舊草凋朽，新草未生之時，宜取潔淨藁草，細剉之，和以麥麩、穀糠、碎豆之屬，使之微濕，槽盛而飽飼之。春秋草茂，放牧飲水，然後與草，則腹不脹。至冬月天氣積陰，風雪嚴凜，即宜處之燠煖之地，煮糜粥以啖之。又當預收豆楮之葉，舂碎而貯積之，以米泔利剉草糠麩以飼之。玄扈先生曰：冬月以棉餅飼之。古人有臥牛衣而待旦，則知牛之寒，蓋有衣矣；飯牛而牛肥，則知牛之餓，蓋啖以菽粟矣。衣以褐薦，飯以菽粟，古人豈重畜如此哉？以此爲衣食之本故也。

此所謂時其飢飽以適性情者也每遇耕作之月除已牧放夜復飽飼至五更初乘日未出天氣凉而用之則力倍于常半日可勝一日之功日高熱喘便令休息勿竭其力以致困乏此南北晝耕之法也若夫北方陸地平遠牛皆夜耕以避晝熱夜半仍飼以芻豆以助其力至明耕畢則放去此所謂節其作息以養其血氣也且古者分田之制必有萊牧之地稱田爲等差故養牧得宜而無疾苦觀宣王考牧之詩可見矣今夫藁秸不足以充其飲水漿不足以濟其渴

凍之曝之困之瘠之役之勞之又從而鞭箠之則牛之斃者過半矣飢欲得飲渴欲得食物之情也至于役使困乏氣喘汗流耕者急于就食或放之山或逐之水牛困得水動輒移時毛竅空疎因而乏食以致疾病生焉放之高山筋力疲乏顛蹶而僵仆者往往相藉也利其力而傷其生烏識其爲愛養之道哉失之爲病不一其用藥與人相似但大爲劑以飲之無不愈者便溺有血傷于熱也以致便血之藥治之冷結則鼻乾而不喘以發散藥投之熱結即鼻汗而喘以解利藥投之其或天行疫癘率多薰蒸相染其氣然也愛之則當離避他所拔除沴氣而救藥或可偷生傳曰養備動時則天下能使之病然有病而治猶愈于不治若夫醫治之宜則亦有說周禮獸醫掌療獸病凡療獸病灌而行之以發其惡則藥之其來尚矣

齊民要術曰牛歧胡有壽(歧胡牽兩腋亦分爲三也)眼去角近行駃眼欲得大眼中有白脉貫瞳子最快二軌齊者快(二軌從鼻至髀爲前軌甲至髂爲後軌)頸骨長且大快壁堂欲得闊(壁堂

脚肢間也)倚欲得如絆馬聚而正也莖欲得小膺庭欲得廣(膺庭胷也)天關欲得成(天關脊接骨也)儁骨欲得垂(儁骨脊骨中央欲得下也)洞胡無壽(洞胡從頸至臆也)旋毛在珠淵無壽(珠淵當眼下也)上池有亂毛起妨主(上池兩角中一日戴麻也)倚脚不正有勞病角冷有病毛拳有病毛欲得短密若長踈不耐寒氣耳多長毛不耐寒熱單膂無力有生癖即決者有大勞病尿射前脚者快直下者不快亂睫者觝人後脚曲及直並是好相直尤勝進不甚直退不甚曲爲下行欲得似羊行頭不用多肉臀欲方尾不用至地至地

少力，尾上毛少骨多者，有力。膝上縳肉欲得硬，角欲得細，横竪無在大。身欲得促，形欲得如卷。（卷者，其形側也。）揷頸欲得高。一曰：體欲得緊。大膁疎肋難飼。龍突目好跳。（又云：不能行也。）鼻如鏡鼻，難牽。口方易飼。蘭株欲得大。（蘭株，尾株。）豪筋欲得人就。（豪筋，脚後横筋。）豐岳欲得大。（豐岳，膝株骨也。）蹄欲得竪。（竪如羊角。）垂星欲得有努肉。（垂星，蹄上有肉覆蹄，謂之努肉。）力柱欲得大而成。（力柱，常車。）肋欲得密。肋骨欲得大而張。（張而廣也。）髀骨欲得出儁骨上。（出背脊骨上也。）易牽則易使，難牽則難使。泉根不用多肉及多毛。（泉根，莖所出也。）懸蹄欲得横。（如八字也。）陰

虹屬頸，行千里。（陰虹者，有雙筋白毛骨屬勁，甯公所。）陽鹽欲得廣。（陽鹽者，夾尾株前兩膁也。）當陽鹽中間，脊骨欲得窜。（窜則雙脊，不窜則為單脊。）常有似鳴者，有黄。

便民圖曰：相㹀牛法：毛白乳紅者，多子；乳踈而黑者無子。生犢時，子卧面相向者，吉；相背者，生子踈。一夜下糞三堆者，一年生一子；一夜下糞一堆者，三年生一子。

農桑直說曰：餵養牛法：農隙時，入暖屋，用場上諸穰樸鋪牛脚下，謂之牛鋪。牛糞其上，次日又覆穰，[illegible]日一覆。十日除一次。牛一具三隻，每日前後餉，約飼草三束，豆料八升，或用蠶沙、乾桑葉，水三桶浸之。牛下餉，瞧透刷飽，飯畢，辰巳時間上槽一頓，可分三和，皆水拌。第一和，草多料少；第二，比前草減半，少加料；第三，草比第二又減半，所有料全繳拌食，盡即往使耕。瞧了牛無力，夜餵牛各帶一鈴，草盡牛不食，則鈴無聲，即拌之飽，即使耕。俗諺云：三和一綴，須管要飽，不要瞧了，使去最好。　水牛飲飼與黄牛同，夏須得水池，冬須得煖廠牛衣。

家政法云：四月伐牛骨茇。（四月毒草，與茇豆不殊。齊俗不收，所失大也。）

治牛腹脹欲死方：（研麻子取汁，温令微熱，擘口灌之五六升許，愈。此治生豆腹脹，垂死者，大良。）

又方：（用燕子屎一合，調灌之。）

治牛肚反及嗽方：取榆白皮，水煑極熱，令甚滑，以五升灌之，即瘥也。

治牛中熱方：取兎腸肚，勿去屎，以裹草吞之，不過再三，即愈。

治牛虱方：以胡麻油塗之，即愈。猪脂亦得。凡六畜虱，脂塗悉愈。

治牛病：用牛膽一个，灌牛口中，瘥。

又方：真安息香，于牛欄中燒，如燒香法。如初覺有一頭至兩頭是疫，即牽出，以鼻吸之，立愈。

又方十二月兎頭燒作灰、和水五升、灌口中良、

治牛鼻脹方、以醋灌口中立差、

治牛疥方、煮烏豆汁、熱洗五度差、一本作烏頭汁、

治牛瘴疫方、用真茶末二兩、和水五升灌之、又治牛卒疫而動頭打脇、急用巴豆七箇、去殼細研出油、和灌之、卽愈、又燒蒼术令牛鼻吸其香止

治牛尿血方、川當歸紅花爲細末、以酒二升半煎取二升、冷灌之、又法、豉汁調服鹽灌

治牛患白膜遮眼方、用炒鹽并竹節燒存性、細研一錢貼膜効

治牛氣噎方、以皂角末、吹鼻中、更以鞋底拍尾停骨下効、

治牛觸人方、牛顛走、逢人卽觸大也、用黃連大黃各半兩、爲末、雞子清酒一升、調灌之

治牛尾焦不食水草方、以大黃黃連白芷各五錢、爲末、雞子清酒調灌之

治牛氣脹方、淨水洗汗韉、取汁一升、好醋半升許、灌之愈、

治牛肩爛方、舊綿絮二兩燒存性、麻油調抹、忌水五日愈、

治牛漏蹄方、紫礦爲猪脂和納入蹄中、燒鐵篦烙之愈

治牛沙疥方、蕎麥蓆多寡燒灰淋汁、入綠礬一合、和塗愈、

治水牛患熱方、用白术二兩半、蒼术四兩二錢、紫苑、藁本各三兩三錢、牛膝三兩二錢、麻黃三兩、去節、厚朴三兩一分、當歸三兩半、共爲末、每服二兩、以酒二升、煎放溫、草後灌之

治水牛氣脹方、用白芷一兩、茴香、官桂、細辛各一兩一錢、桔梗一兩、芎藭、蒼术各一兩三錢、橘皮七錢五分、共爲末、每服一兩、加生薑一兩、鹽水一升、同煎候溫灌之、

治水牛水瀉方、青皮、陳皮各二兩一錢、白礬一兩九錢、蒼术、橡斗子、乾薑各三兩二錢、枳殼一兩九錢、芍藥、細辛各二兩五錢、茴香二兩三錢、共爲末、每服一兩、生薑一兩、鹽三錢、水二升、煎灌之

羊、爾雅曰、羊牡羒牝牂、夏羊牡羭牝羖、角不齊觤角三觠羷、羳羊黃腹、未成羊羜、絕有力奮、

便民圖曰、羊者、火畜也、其性惡濕、利居高燥、作棚宜高、常除糞穢、若食秋露水草則生瘡。

齊民要術曰、常留臘月正月生羔爲種者上、十一月二月生者次之、非此月數生者、毛必焦卷、骨髓細小、所以然者、是逢寒遇熱故也、其八九十月生者、雖値秋熱、比至冬暮、母乳已竭、春草未生、是故不佳、其三四月生者、雖茂美而羔小、未食、常飲

熱乳、所以亦惡、六七月生者、兩熱相仍、中之甚、其十一月及二月生者、母既含重、膚軀充儲、草雖枯亦不羸瘦、母乳適盡、卽得春草、是以亦佳也、大率十口一羝、羝少則不孕、羝多則亂羣、不孕者必瘦、瘦則非惟不蕃息、經冬或死、羝無角者更佳、有角者喜相觝、傷胎所由也、供厨者宜剌之、剌一作剌、剌法十餘日用布裹齒揷碎也、羊必須老人及心性宛順者、起居以時、調其宜適、卜式云、牧民何異於是者、若使急性人及小兒者、攔約不得、必有打傷之災、或勞戲不看、則有狼犬之害、懶不驅行、無肥充之理、將息失所、有羔死之患也、唯遠水爲良、二日一飲、頻飲則傷水而鼻膿、緩驅行、勿停息、息則不食而羊瘦、急行則坌塵而羊顙也、春夏早放、秋冬晚出、春夏氣軟、所以宜早、秋冬霜露、所以宜晚、養生經云、春夏早起、與雞俱興、秋冬晏起、必待

日光。此其義也。夏月盛暑，須得陰涼；若日中不避熱，則塵汗相漸，秋冬之間，必致癬疥。七月以後，霜氣降，後必須日出霜露晞解，然后放之；不爾，則逢毒氣，令羊口瘡、腹脹也。圈不厭近，必須與人居相連，開窗向圈。所以然者，羊性怯弱，不能禦物，狼一入圈，或能絕羣也。架北牆為廠。為屋即傷熱，熱則疥癬；且屋處慣煖，冬月入田，尤不耐寒。圈中作臺，開竇，無令停水。二日一除，勿使糞穢。穢則污毛，停水則挾蹄，眠濕則腹脹。也。圈內須並牆豎柴栅，令周匝。羊不揩土，毛常自淨；不豎柴者，羊揩牆壁上鹹相得，毛皆成氈。又豎栅頭出牆者，虎狼不敢踰也。羊一千口者，三四月中種大豆一頃，雜穀并草留之，不須鋤治。八九月終刈作青茭。若不種豆穀者，初草實成時，收刈雜草，薄鋪

使乾，勿令鬱浥。萱豆、胡豆、蓬藜、荊棘為上，大小豆萁次之，高麗豆萁尤有所便，蘆薍二種則不種。凡秋刈草，非直為羊，然大凡悉皆倍勝。崔寔曰：十月七月刈芻茭。既至冬寒，多饒風霜，或春初雨落，青草未生時，則須飼，不宜出放。積茭之法。于高燥之處，豎桑棘木作兩圓栅，各五六步許，積茭著栅中，高一丈，亦無嫌，任羊繞栅抽食，竟日通夜，口常不住，終冬過春，無不肥充；若不作栅，假有千車茭，擲與十口羊，亦不得飽，羣羊踐蹋而已，不得一莖入口。不收茭者，初冬乘秋，似如有膚，羊羔乳食其母，比至正月，母皆瘦死；羔小未能獨食水草，尋亦俱死。非直不滋息，或滅羣斷種矣。余昔有羊二百口，茭豆既少，無以飼，歲之中，餓死過半，假有在者，亦瘦羸，與死不殊，手後淺短，全無潤澤。余初謂家自不宜，又疑歲道疫

疾，乃饑餓所致，無他故也。人家八月收穫之始，多無庸假，且買羊雇人，所費既少，所存者大。傳曰：三折臂始為良醫。又曰：亡羊治牢，未為晚也。世事略皆如此，安可不存意哉。寒月生者，須然火於其邊。夜不然火，必凍死也。凡初產者，宜煮穀豆飼之。白羊留母二三日，即母子俱放。白羊性很，不得獨留，并母久住，則令乳之。羖羊但留母一日，寒月者，內羔子坑中，日父母還，乃出之。坑中暖不苦風寒，地熱使眠，如常飽者也。十五日後，方喫草，乃放之。白羊三月得草力，毛牀動，則鉸之。鉸訖，于河水之中淨洗羊，則生白淨之毛也。五月，毛牀將落，又鉸取之。鉸訖，更洗，如前。八月初，胡菓子未成時，又鉸之。鉸了，亦洗，如初。其八月半後鉸者，勿洗，白露已降，寒氣侵人，洗即不益。胡菓子成，然後鉸者，匪直著毛難治，又歲稍晚，比至寒時，毛長不足，令羊瘦損。漠北塞之羊，則八月不鉸，鉸則不耐寒。

中國必須鉸，不鉸則毛長相著作氈，難成也。

便民圖曰：棧羊法，向九月初，買膘羯羊，多則成百，少則不過數十羫，初來時，與細切乾草，少着糟水拌經五七日後，漸次加磨破黑豆，稠糟水拌之，每羊少飼，不可多與，與多則不食，可惜草料，又兼不得肥。勿與水，與水則退膘、溺多。可一日六七次上草，不可太飽，則有傷；少則不飽，不飽則退膘，欄圈常要潔淨。一年之中，勿餵青草，餵之則減膘、破腹，不肯食枯草矣。

家政法云、養羊法、當以瓦器盛一升鹽、懸著、[illegible][illegible]羊喜鹽、自數還啖之、不勞人收、　羊有病、輒相污、欲令別病、法當欄前、作瀆深二尺、廣四尺、往還皆跳過者、無病、不能過者、入瀆中行過、便別之、　術曰、懸羊蹄著戶上、辟盜賊、

龍魚河圖曰、羊有一角、食之殺人、

玄扈先生曰、牧養須已出未入、不使沾星露之草。則無耗。羊一羣、擇其肱而大者而立之主。一出一入。使之倡先。或圈于魚塘之岸。草糞則每早掃于塘中。以

飼草魚。而羊之糞又可飼鰱魚。一舉三得矣。露草上有綠色小蜘蛛。羊食之即死。故不宜早放、

作氈法、春毛秋毛中半和用。秋毛緊强。春毛軟弱。獨用太偏。是以須雜。三月桃花水氈第一。凡作氈不須厚大。唯緊薄均調乃佳耳。二年敷臥小覺垢。以九月十月賣作鞾氈。明年四五月出氈時更買新者。此為長存不穿敗。若不數換。非直垢汙穿穴之後便無所直。虛成糜費。此不朽之功。豈可同年而語也

令氈不生虫法、夏月敷席下卧上則不生虫。若氈多無人卧上者。預收榷柴燥灰。入五月中羅灰、徧著氈上、厚五寸許、卷束于風涼之處閣置、虫亦不生、如其不爾、無不生虫、

羝羊四月末五月初鉸之、性不耐寒。早鉸寒則凍死。雙生者多易為緊息性既豐乳、有酥酪之饒、毛堪酒袋、兼繩索之利、其潤益又過于白羊也

作酪法、牛羊乳皆得。別作和作。隨人意。牛產日即粉穀如糕屑。多著水。煮作則薄粥。待冷飲牛。牛若不飲者、莫與水。明日渴自飲。牛產三日。以繩絞牛項頸。令徧身脈脹。倒地即縛。以手痛接乳核。令破。以腳二七徧蹴乳房。然後解放。羊產三日。直以手接痛令破。不破、腳蹴。若不如此破核者。乳脈細微。攝身則閉。核破脈開。將乳易得。曾經破核後產者。不須復治。牛產五日外。羊十日外。羔犢得乳力强健。能噉水草。然後取乳。取乳之時。須人斟酌。三分之中。當留一分。以與羔犢。若取乳太早及不留一分乳者。羔犢瘦死。三月末四月初。牛羊飽草。便可取酪。以取其利。至八月末止。從九月一日後。止可小小供食。不得多作。天氣枯寒。牛羊漸瘦故也。大作酪時。日暮牛羊還。即間羔犢別著一處。凌旦早放。母子別羣。至日東南角。噉露草飽。驅歸捋之。訖。還放之。聽羔犢隨母。日暮還別。如此得乳多。牛羊不瘦。若不先放先捋者。比竟日高則露解。常食燥草。無復膏潤。非直漸瘦。得乳亦少。捋訖。於鐺釜中緩火煎之。火急則著底焦。常以正月二月。預收

乾牛羊失煎乳第一好。草既灰汁柴又喜焦。乾糞火輭無此三患。常以杓揚乳。勿令溢出。時復徹底縱橫直勾。慎勿圓攪。喜斷。亦勿口吹。則解。四五沸便止。瀉著盆中。勿便揚之。待小冷。遂取乳皮。著別器中。以為酥。屈木為棬。以張生絹袋子。濾熟乳。著瓦瓶中臥之。臥之新瓶。即直用之。不燒。若舊瓶已曾臥酪者。輒須灰火中燒瓶。令津出。迴轉燒之。皆使周匝熱徹。好乾。待冷乃用。不燒者有潤氣。則酪斷不成。若日日燒瓶。酪猶有斷者。作酪屋中有蛇蝦蟇故也。宜燒人髮羊牛角以辟之。聞臭氣則去矣。其臥酪待冷煖之節。溫溫小煖于人體為合宜適。熱臥則酪醋。傷冷則難成。濾乳訖。以先成甜酪為酵。大率熟乳一升。用酪半匙。著杓中。以匙痛攪令散。瀉著熟乳中。仍以杓攪使均調。以氈絮之屬。茹瓶令煖。良久以單布蓋之。明旦酪成。若去城中遠。無熟酪作酵者。急揄醋飧。研熟以為酵。大率一斗乳。下一匙飧。攪令均調。亦得成。其酢酪為酵者。酪亦醋。甜酵傷多。酪亦醋。其六七月中作者。臥時令如人溫。直置冷地下。必須溫茹。冬天作者。臥

時少令熱於八寶一斗餘月茹令極熟

作乾酪法、七月八月中作之、日中炙酪、酪上皮成、掠取、更炙之、又掠肥盡無皮乃止、得一斗許、于鐺中炒少許時、即出於盤上、曝浥浥時、作圓大如梨許、又曝使乾、得經數年不壞、以供遠行、作粥作漿時、細削著水中煮沸、便有酪味、亦有全擲一團著湯中、嘗有酪味、還漉取、曝乾、一團則得五遍煮、不破、看勢兩漸薄、乃削研、用倍省矣、

作漉酪法、八月中作、取好淳酪、生布袋盛、懸之、當有水出、滴滴然下、水不盡、著鐺中暫炒、即出於盤上、日曝、浥浥時作團、大如梨許、亦數年不壞、削作粥漿、味勝前者、炒雖味短、不及生酪、然不炒生蟲、不得過夏、乾漉二酪、久停皆暍氣、不如年別作、歲管用盡、

作馬酪酵法、用驢乳汁二三升、和馬乳、不限多少、澄酪成、取下澱、團曝乾、後歲作酪、用此為酵也、

抨酥法、以夾榆木椀為杷、法割去椀半、上剜四廂、各作一團孔、大小徑寸許、正底施長柄、如酒杷形、抨酥、酥酪甜皆得所、數日陳酪極大酪、著亦無嫌、酪多用大甕、酪少用小甕、置甕於日中、旦起瀉酪著甕中炙、直至日西南角、起手抨之、令把子常至甕底、一食頃、作熱湯、水解、令得下手、瀉著甕中、湯多少令常半酪、及抨之、良久酥出、下冷水、多少亦于湯等、更急抨之、于此時杷子不須復達甕底、酥已浮出故也、酥既遍覆酪上、更下冷水、多少如前、酥凝、抨止、大盆盛冷水著甕邊、以手接酥、沈手盆水中、酥自浮出、更掠如初、酥盡乃止、酥酪漿中和飧粥、盆中浮酥、待冷悉凝、以手接取、擲去水、作圓、著銅器中、或不津瓦器亦得、十日許、得多少、併納鐺中、然羊矢緩火煎、如香澤法、當日內乳涌出如雨打水中、水乳既盡、聲之沸定、酥便成矣、冬即內著羊肚中、夏盛不津器、初煎乳時、上有皮膜、以手隨即掠取、著器中、寫熟乳著盆中

未濾之前、乳皮凝厚、亦悉掠取、明者酪成、若有黃皮、亦悉掠取、併著甕中、有物痛熟研、良久下湯、又研、亦下冷水、純是好酪、接取作團、與大段同煎矣、

羊有疥者、間別之、不別相染汙、或能合羣致死、羊疥先著口者、難治多死、

治羊疥方、取藜蘆根、㕮咀令破、以泔浸之、以瓶盛、塞口、於竈邊常令煖、數日醋香、便中用、以磚瓦刮疥令赤、若强硬痂厚者、亦可以湯洗之、去痂、拭燥、以藥汁塗之、再上愈、若多者、日別漸漸塗之、勿頓塗、令遍、羊瘦不堪藥勢、便死矣、

又方、去痂如前、洗燒葵根為灰、煮醋澱、熱塗之、以灰厚傅、再上愈、寒時勿翦毛、去即凍死矣、

又方、臘月猪脂加熏黃塗之、即愈、

羊膿鼻眼不淨者、皆以中水治方、以湯和鹽、用杓研之極鹹、塗之為佳、更待冷、接取清、以小角受一雞子者、灌兩鼻各一角、非直水差、永息天虫、五日後必飲、以眼鼻淨為候、不差更灌、一如前法、

羊膿鼻口頰生瘡如乾癬者、名曰可妬渾、迭相染易、著者多死、或能絕羣、治之方、豎長竿於圈中、竿頭施橫板、令獼猴上居、數日自然差、此獸辟惡、常安于圈中亦好、

治羊挾蹄方、取羝羊脂和鹽煎使熟、燒鐵令微赤、著脂烙之、著乾、勿令水泥入、七日自然差耳、

凡羊經疥得差者、至夏後初肥時宜賣易之、不爾發年春疥發必死矣、

治羊火蹄方，以殺羊脂煎熟去滓，取鐵篦子燒熱，將脂勻塗篦上，烙之，勿令入水，次日即愈。
豬。爾雅曰：豕子猪，豶猪么幼，奏者豱，豕三豵二師一
特，所寢橧，四豴皆白豥，其跡刻，絕有力豝，牝豝。注云：彘也。
其子曰豚，一歲曰豵。廣志曰：豨、豠、彘，皆豕也，豰，艾豭也。
齊民要術曰：母猪取短喙無柔毛者良。喙長則牙多，三牙以上則
不煩畜，爲難肥，故有柔毛治難淨也。牝者子母不同圈，子母一圈，喜聚不食，則不充肥。
牡者同圈則無嫌，圈不厭小，圈小肥疾。處不厭穢，泥穢得避暑。
亦須小廠，以避雨雪。春夏中生，隨時放牧，糟糠之屬，
當日別與；八九十月放而不飼，所有糟糠，則畜待冬。

春初猪性甚便水生之草，杷數水藻等近岸，猪食之皆肥。初產者，宜煑穀飼之。
其子三日掐尾，六十日後犍。三日則不畏風，凡死者皆尾風所致耳。犍不截
尾，則前大後小，犍者骨細肉多，不犍者骨粗肉少，如犍牛法者，無風死之患。十二月子生
者，豚一宿蒸之。蒸法，索籠盛。腦凍不合，出旬便死。所以然者，豚性
腦少，寒盛則不能自煖，故須煖氣攻之。供食豚乳下者佳，簡取別飼之，
愁其不肥，共母圈，粟豆難足，宜埋車輪爲食場，散粟
豆於內，小豚足食，出入自由，則肥速。
農桑通訣曰：江南水地多湖泊，取近水諸物，可以飼
猪。凡占山皆用橡食藥苗，謂之山猪，其肉爲上。江北

陸地可種，當約量多寡，計畝數種之，易活耐旱，割之
比終一畝，其初已茂，用之漸切，以泔糟等水浸於大
檻中，令酸黄，或拌麩糠雜飼之，特爲省力，易得肥腯。
前後分別，歲歲可鬻，足供家費。
四時類要曰：閹猪了，待瘡口乾平復後，取巴豆兩粒
去殼爛搗，和麻籸糟糠之類，飼之，半日後當大瀉，其
後日見肥大。
玄扈先生曰：猪多總設一大圈，細分爲小圈，每小圈
止容一猪，使不得閙轉，則易長也。肥猪法用管仲三

觔，蒼术四兩，黄荳一斗，芝麻一升，各炒熟，共爲末，餌
之，十二日則肥。
肥猪法：麻子二升，搗十餘杵，鹽一升，同煑，和糠三升，飼之立肥。
治猪病方：割去尾尖，出血即愈。若瘟疫，用蘿蔔或及梓樹葉與食之，不食難救。
狗。爾雅曰：犬生三，猣；二，師；一，玂。未成毫，狗。長喙，獫。短
喙，猲獢。絕有力，狣。尨，狗也。
便民圖曰：凡人家勿養高脚狗，彼多喜上卓櫈竈上。
養矮脚者便益，純白者能爲怪，勿畜之。凡黑犬四足
白者凶，後二足白頭黄者吉，足黄招財，尾白者大吉

一足白者益家、白犬黃頭吉、背白者害人、帶虎班者吉、黃犬前二足白者吉、胸白者吉、尸黑者招官事、四足俱白者凶、青犬黃斗者吉、犬生三子俱黃、四子俱白、八子俱黃、五子六子俱青、吉、

治狗病方、用水調平胃散灌之、加赤豉巴豆尤妙、

治狗卒死方、用葵根塞鼻內、即活、

治狗癩方、狗遍身膿癩、用百部濃煎汁塗之、狗蠅多者、以香油遍身擦之立去、

猫、爾雅曰、猫如麃、善登木、郭璞注曰、健上樹、

便民圖曰、猫兒身短最爲良、眼用金銀尾用長、面似

虎威聲要喊、老鼠聞之自避藏、露爪能翻瓦、腰長會走家、向長鶏絕種、尾大懶如蛇、又法口中三坎者捉一季、五坎者捉二季、七坎捉三季、九坎者捉四季、花朝口咬頭牲、耳薄不畏寒、毛色純白純黑純黃者不須揀、若看花猫、身上有花、又要四足及尾花纏得過者方好、

治猫病方、凡猫病用烏藥磨水灌之、若偎火瘦悴、用硫黃少許入猪湯中泡熱餵之、或入魚湯中餵之亦可、小猫悞被人踏死、用蘇木濃煎湯濾去柤灌之、

鵞、爾雅曰、舒鴈鵝、廣雅曰、駕鵞、野鵝也、說文曰、鴚鵝、野鵞也、晉沈充鵞賦序曰、於時綠眼黃喙、家家有焉、太康中、太倉有鵝、從喙至足四尺有九寸、體色豐麗、鳴驚人、

鴨、爾雅曰、舒鳧鶩、說文曰、鶩、舒鳧、廣雅曰、鶩、鴨也、野雅、雄者、赤頭有短、鶩生百卵、或一日再生、有露鶩、以秋冬生、頻並世蜀口

齊民要術曰、鵞鴨並一歲再伏者爲種、一伏者待時少、三伏者冬寒、雛亦多死也、大率鵞三雌一雄、鴨五雌一雄、鵝初輩生子十餘、鴨生數十、後輩皆漸少矣、常足五穀飼之生子多、不足者生子少、欲放廠屋之下作窠、以防猪犬狐狸鷲恐之害、多著細草于窠中、令煖、先刻白木爲卵形、窠別著一枚以誑之、不爾不肯入窠、喜西浪生、若獨著窠、後有爭窠之患、生時、尋即收取、別作一煖處、以柔

細草覆之、停置窠中、凍即須死、伏時大鵞一十子、大鴨二十子、小者減之、多則不周、數起者、不任爲種、數起則凍死也、其貪伏不起者、須五六日一與食、起之令洗浴、久不起者、飢羸身冷、雖伏無熱、鵞鴨皆一月雛出、量雛欲出之時、四五日內不用打鼓紡車大叫、猪犬及舂聲、又不用器淋灰、不用親見產婦、觸忌者、雛多厭殺、不能自出、假令出、亦尋死也、雛既出、別作籠籠之、先以粳米爲粥糜、一頓飽食之、名曰填嗉、不爾喜軒虛羌量而死、然後以粟飯切苦菜蕪菁英爲食、以清水與之、濁則易、不易歷塞、臭則死、入水中不用停久、尋宜驅出、此既水禽、不得

水則死，臍未合，久在水中，冷徹亦死。於籠中高處敷細草，令寢處其上。雛小臍未合，不欲冷也。十五日後乃出。早放者匪直乏力致又有寒冷兼鳥鴟災也。鶩唯食五穀、稗子、草、菜，不食生蟲。葛洪方曰：居射工之地，常養鵝，鵝見此物食之，故羣此物也。鶩鴨靡不食矣，水稗成實時，尤是所便，噉此足得肥充。供廚者，子鶩百日以外，子鴨六七十日佳，過此肉硬。大率鶩鴨六年以上，老，不復生伏矣，宜去之。少者初生伏，又未能工，惟數年之中佳耳。　風土記曰：鴨，春季雛，到夏五月則任啖，故俗五六月則烹食之。

便民圖曰：凡相鶩鴨母，其頭欲小，口上齒有小珠，滿五者生卵多，滿三者爲次。

棧鶩易肥法。稻子或小米、大麥，不計，煮熟，先用磚蓋成小屋，放鶩在內，勿令轉側，門中木棒簽定，只令出頭喫食，日餵三四次，夜多與食，勿令住，只擇去尾際毳毛，如此三日，加肥一觔。

養雌鴨法，每年五月五日，不得放棲，只乾餵，不得與水，則日日生卵，不然，或生或不生。土硫黃飼之易肥。

作杬子法，純取雌鴨，無令雜雄，足其粟豆，常令肥飽，一鴨便生百卵。俗所謂谷生者。此卵既非陰陽合生，雖伏亦不成雛，宜以供膳。杬木皮。爾雅曰：杬，魚毒。郭璞注曰：杬，大木子，似栗，生南方，皮厚汁赤，中藏卵果。無杬皮者，虎杖根、牛並作用。

爾雅曰：茶，虎杖。郭璞注云：似紅草，粗大，有細刺，可以染赤。淨洗細莖，剉，煮取汁，率二斗，及熟，下鹽一升許，和之，汁極冷，內甕中。汁熱，卵則致敗，不堪久停。浸鴨子一月，任食，煮而食之，酒食俱用，鹹徹則卵浮。吳中多作者，至十數斛，久停彌善，亦得經夏也。

鷄，爾雅曰：雞大者蜀，蜀子，雛，未成雞，僆，絕有力，奮，雞三尺爲鶤。郭璞注曰：陽溝巨鶤，古之雞名。廣志曰：雞有胡髮、五指、金骹、反翅之種，大者蜀，小者荊，自雞、金骹者，鳴美。吳中送長鳴雞，鷄鳴長，倍于常雞。異物志曰：九真長鳴雞最長，聲甚好，清朗，鳴未必在曙時，潮水夜至，因之並鳴，或名曰伺潮雞。風俗通云：俗說朱氏公化而爲雞，故呼雞者皆言朱朱。

齊民要術曰：雞種取桑落時生者良，形小，淺毛，脚細短是也，守窠少

聲，則無雛子。春夏生者則不佳。形大，毛羽悅澤，脚粗長者是，遊蕩饒聲，產乳易厭，既不守巢，則無緣蕃息也。鷄春夏雛，二十日內無令出窠，飼以燥飯。出窠早，不免烏鴟，與濕飯則令臍膿也。雞棲宜據地爲籠，內著棧，雖鳴聲不朗，而安穩易肥，又免狐狸之患。若任之樹林，一遇風寒，大者損瘦，小者或死。燃柳柴，雞雛小者死，大者盲。此亦燒穰殺瓠之流，其理難悉。

家政法曰：養雞法，二月先耕一畝作田，秫粥灑之，刈生茅覆上，自生白蟲，便買黃雌雞十隻，雄一隻，于地上作屋，方廣丈五，于屋下懸簣，令雞宿上，并作[illegible]

懸中。夏月盛晝雞當還屋下息，并于園中築作小屋，覆雞得養子，烏不得就。龍魚河圖曰：畜雞白頭食之病人，雞有六指者亦殺人，雞有五色者亦殺人。養生論曰：雞肉不可食小兒，食令生蚘蟲，又令消體瘦。鼠肉味甘無毒，令小兒消穀，除寒熱，炙食之良也。

玄扈先生曰：或設一大園，四圍築垣，中築垣，分為兩所，凡兩開墻下東西南北各置四大雞棲，以為休息每一旬，撥粉于園之左地，覆以草，二日盡化為蟲，園右亦然，俟左盡，即驅之右，如此代易，則雞自肥而生

卵不絕，若遇瘟疫傳染，即須以藍盛雞，又四懸挂。或移于樓閣上，即免矣。

養雞令速肥，不杷屋，不暴園，不畏烏鴟狐狸法：別築墻匡，開小門，作小廠，令雞避雨日，雌雄皆斬去六翮，無令得飛出，園多收秕稗，胡豆之類以養之，亦作小槽以貯水。荊藩為棲，去地一尺，數掃去屎，鑿墻為窠，亦去地一尺，惟冬天著草，不茹則子凍，春夏秋三時則不須。直置匡上，任其產伏，留草則蜓蟲生，雞出則著外許，以罩籠之，鵪鶉大，還內墻匡中，其供食者又別作墻匡，蒸小麥飼之，三七日便肥大矣。

又穀產雞子供常食法：別取雌雞，勿令與雄相雜，其墻匡，斬翅，荊樓，土窠一法，惟多與穀，令竟冬肥盛，自然穀產矣。一雞生百餘卵，不雛，並食之，無咎。餅炙所須皆宜用此。

瀹雞子法：打破著沸湯中，浮出即掠取，生熟正得，即如鹽醋也。

炒雞子法：打破銅鐺中，攪令黃白相雜，細擘葱白，下鹽米、渾豉，麻油炒之，甚香美。

棧雞易肥法：以油和麵，捻成指尖大塊，日與十數枚食之；又以做成硬飯，同土硫黃研細，每次與五分許，同飯拌匀，餵數日即肥。

養雞不菢法：母雞下卵時，日逐食內夾以麻子餵之，則常生卵不菢。

養生雞法：雞初來時，即以淨溫水洗其腳，自然不走。

治雞病方：凡雞雜病，以真麻油灌之，皆立愈。若中蜈蚣毒，則研茱萸解之。

治鬬雞病方：以雄黃末搜飯飼之，可去其胃蟲。此藥性熱，又可使其力健。

魚　陶朱公曰：治生之法有五，水畜第一。水畜，魚也。

以六畝地為池，池中有九洲，求懷子鯉魚長三尺者二十頭，牡鯉魚長三尺者四頭，以二月上庚日內池中，令水無聲，魚必生。至四月內一神守，六月內二神守，八月內三神守。神守者，鱉也。內鱉則魚不復飛去，在池中周遶九洲無窮，自謂游江湖也。至來年二月，得魚長一尺者一萬五千，三尺者五千枚，二尺者萬枚，直五千，得錢一百二十五萬。至明年，一尺者十萬枚，二尺者五萬枚，三尺者五萬枚，長四尺者四萬枚，留長二尺者二千枚作種，所餘皆貨，得錢五百一十

鰱飯至明年，不可勝計。所以養鰱魚者，不用食易長不費也。

農桑通訣曰：凡育魚之所，須擇泥土肥沃、蘋藻繁盛爲上。然必召居人築舍守之，仍多方設法，以防獺害。凡所居近數畝之湖，如依陶朱法畜之，可致速富。今人但上江販魚，取種塘內畜之，飼以青草，歲可及尺，以供食用，亦爲便法。

農圃四書：魚種，古法俱求懷子鯉魚，納之池中，但自涵育，或在取近江湖藪澤陂瀕水際之土數舟，布底

則二年之內，土中自有大魚宿子，得水即生也。今之俗惟購魚秧，其秧也，漁人汎大江乘潮而布網取之者，初也如針鋒然，乃飼之以雞鴨之卵黃，或大麥之麸屑，或炒大豆之末，稍大則鬻魚池養之家。閩錄云：仲春取子于江，曰魚苗，畜于小池，稍長入草塘，曰草鰱，可尺許，徙之廣池，飼以草，九月乃取。有難長之秧，曰艋艘，其首黃色，曰螺師青，以其食螺師也，故名。爾雅翼曰：鱒魚，螺蚌是也，其口尖，期年而鼻竅始通，不得通則死，長至尺許，乃易大，惟鯶魚爲良，其口濶而盆首，似鯉而身圓，謂之草魚，食草而易長。爾雅翼曰：鯇魚食草，白鰱乃魚之貴者，白露左右，始可納之池中，或前一月，或後一月，皆不育。漁人擕于舟，若煎炙油氣觸之，則目皆瞎。京口錄云：巨首細鱗，池塘中多畜之。鯔魚，松之人於潮泥地鑿池，仲春潮水中捕盈寸者養之，秋而盈尺，腹背皆腴，爲池魚之最。是食泥，與百藥無忌。京口錄云：頭匾而骨軟。閩志云：目赤而身圓，口小而鱗黑。吳王論魚，以鯔爲上也。其魚至冬，能牽被而自藏。

養法：凡鑿池養魚，必以二，有三善焉：可以蓄水，鬻時可去大而存小，可以解泛（此池泛可入彼池），不可以漚麻。一日即泛，魚遭鴿糞則泛，以圊糞解之，魚之自糞多而返復食之則泛，亦以圊糞解之。池不宜太深，深則水寒而難長。魚食雞鴨卵之黃則中寒而不子，故魚秧皆不子。魚之行遊，晝夜不息，有洲島環轉則易長。池之傍樹以芭蕉，則露滴而可以解泛；樹楝木，則落子池中，可以飽魚；樹葡萄架子于上，可以免鳥糞；種芙蓉岸周，可以辟水獺。魚食楊花則病，亦以糞解之。食

蹴躋嫩草食稗于池之正北從宜特深魚必聚焉則三面有日而易長飼之草亦宜此方一日而兩番須有定時魚小時草必細飼至冬則不食凡魚鱅子必沿水痕蠏乾涸十年遇水即生其長甚易其鱅子也以五月鯉魚以五月下惟銀魚鱠殘魚鱅子于氷氷解三日乃生也飼魚之草不可撩水草恐有黑魚鮎魚等子在草上是能食魚黑魚者鱧魚也夜則仰首而戴斗鮎魚者鮧魚也即鯷魚也大首方口背青黑而無鱗是多涎池中不可着礆水石灰能令魚氾凡

池之瓢相傳一夜生七子太密則魚皆鬱死必去其半乃佳

便民圖曰凡魚遭毒翻白急疏去毒水別引新水入池多取芭蕉葉擣碎置新水來處使吸之則解或以溺澆池面亦佳

玄扈先生曰江西養魚法掘小池方一丈深八尺底又作小池方五尺深二尺用杵築實畜水至清明前後出時買鰱魚鯽魚苗長一寸上下者每池鰱六百鯽二百每日以水荇帶草餵之無草時可用鹹蛋殼食之常時積下至時用之冬月尤宜用之令魚拜泥食之不散游至五月五日後五更時用夏布袱于塘近邊釘四樁張布袱其上次以夏布兜撈魚苗傾袱內選去雜魚另置一水盆中其鰱鯽入水桶旋送入中池中池方二三丈每池可放七八百池中先栽荇草栽法于二三月邊舊魚入大塘去水曬乾栽荇草于內栽完放水長草以養新魚其中池移過大池之鯽魚每百日用草二擔則中池過塘時魚重一觔者至十月可得三四觔大塘者大小爲魚多寡水宜

深五尺以上每食魚只于大塘內取之中塘荇草盡再入之或用正本草若大池面方二三十步以上者可畜三四斤以上魚即與老草連根食之刮苧麻取下葉以席蓋之勿曬乾至晚入池中當夜食盡又冬月大魚無食有一法常時積舊草蔿置僻處使人溺其上久之至冬月剉細以稻泥或黃土和草成碗大團子曬乾置池中心深處大魚則拜泥食之中池中魚剉草宜更細入水二三日和土成團冬月乾塘取起魚寄別池內或入大桶速乾水起生泥壅池生泥

只取爛泥勿取乾者池瘦傷魚令生虱取遶泥塗栽
荇草放水入魚魚虱如小豆大似團魚凡山中暴雨
入池帶惡蟲毒氣亦令魚生虱則極瘦凡取魚見魚
瘦宜細撿視之有則以松毛遍池中浮之則除凡小
池定在大池之旁以便冬月寄魚小池邊小魚于中
甲池即栽荇
又曰作羊棧于塘岸上安羊每早掃其糞于塘中以
飼草魚而草魚之糞又可以飼鰱魚如是可以損人
打草但魚罟有微滯耳水畜之利須擇背山面湖山

衆水曲之處起造住宅先置田地山場凡僕從即便
播谷種蔬樹植蠶繅以爲衣食之源然後擴築方圓
大塘以收水利塘內有九州八谷如同江湖納蝦
螺蚌爲神守使魚相忘相若自以爲江湖之中
遊戲而不息矣
蜜蜂王禎曰人家多於山野古窯中收取蜜蜂盍小
房或編荊囤兩頭泥封開一二小竅使通出入另開
一小門泥封時時開却掃除常淨不令他物所侵及
于家院掃除蛛網及關防山蜂土蜂不使相傷秋花

彫盡留冬月可食蜜脾餘者割取作蜜蠟至春三月
掃除如前常于蜂窠前置水一器不致渴損春月蜂
盛一窠止留一王其餘摘之其有蜂王分窠羣蜂飛
去用碎土撒而收之别置一窠其蜂即止春夏合蜜
及蠟每窠可得大絹一疋有收養生分息數百窠者
不必他求而可致富也
經世民事曰十月割蜜天氣漸寒百花已盡宜開蜂
窶後門用艾燒烟微薰其蜂自然飛向前去若怕蜂
螫用薄荷葉嚼細塗在手面其蜂自然不螫或用紗

帛蒙頭及身上截或皮套互指尤妙約量冬至春其
蜂食之餘者揀大蜜脾用利刀割下却封其窶將蜜
絞淨不見火者爲白沙蜜見火者爲紫蜜入窶盛頓
將絞下蜜柤入鍋內慢火煎熬候融化撈出絞柤再
熬預先安排錫鏇或瓦盆各盛冷水次傾蠟水在內
凝定自成黃蠟以柤內蠟盡爲度要知其年收蜜多
寡則看當年雨水何如若雨水調勻花木茂盛其蜜
必多若雨水少花木稀其蜜必少或蜜不敷蜜蜂食
用宜以草雞或一隻或二隻退毛不用肚腸懸掛窶

內。其蜂自然食之，又力倍常。至春來二月，門開其封，止存雞骨而已。

玄扈先生曰：冬月割蜜過多，則蜂飢。飢時可將嫩雞白煑，置房側，令食之。

農政全書卷之四十一　終

農政全書卷之四十二

特進光祿大夫太子太保禮部尚書兼文淵閣大學士贈少保謚文定上海徐光啓纂輯
欽差總理糧儲提督軍務巡撫應天等處地方都察院右副都御史東陽張國維鑒定
直隸松江府知府穀城方岳貢同鑒

製造

食物

齊民要術曰：凡甕七月坯爲上，八月爲次，餘月爲下。凡甕無問大小，皆須塗治。甕津則造百物皆惡，悉不成。所以時宜留意。新出窰及熱脂塗者大良。若市買者，先宜塗治，勿使盛水。未塗遇雨亦惡。塗法：掘地爲小員坑，傍開兩道，以引風火。生炭火於坑中，合甕口於坑上而熏之。火盛喜破，微則難熱，務令調適乃佳。數以手摸之，熱灼人手，便下。寫熱脂於甕中，廻轉濁流，極令周匝。脂不復滲乃止。牛羊脂爲第一，好；猪脂亦得。俗人用麻子脂者，誤人耳。若脂不濁流，直一徧拭之，亦不免津。俗人釜上蒸甕者，水氣亦不佳。玄扈先生曰：黃蠟甚佳，價貴耳。松脂亦可。以熱湯數斗著甕中，滌盪疏洗之，瀉却，滿盛冷水。數日便中用。用時更洗淨，日曝令乾。

治釜令不渝法：常於暗信處買取最初鑄者，鐵精不渝，輕利易然。其渝黑難然者，皆是鐵滓鈍濁所致。玄扈先生曰清之又清之可作佳器也　治令不渝法以繩急束蒿斬兩頭令齊著水釜中以乾牛屎然釜湯煖以蒿三遍淨洗杼却水乾然使熱買肥猪肉脂合皮大如手者三四段以脂處處徧揩拭釜察作聲復著水痛疎洗視汁黑如墨杼却更脂拭疎洗如是十徧許汁清無復黑乃止則不復渝煑杏酪煑餳煑地黃染皆須先治釜不爾則黑惡

造神麴凡作三斛麥麴法蒸炒生各一斛炒麥黃莫令焦生麥擇治甚令精好種各別磨磨欲細磨乾合

和之七月取甲寅日使童子著青衣日未出時面向殺地汲水二十斛勿令人潑人長水亦可瀉却莫令人用其和麴之時面向殺地和之令使絕強團麴之人皆是童子小兒亦面向殺地有行穢者不使不得令入室近團麴當日使訖不得隔宿屋用草屋勿使用瓦屋地須淨掃不得穢惡勿令濕畫地爲阡陌周成四巷作麴人各置巷中假置麴王王者五人麴餅隨阡陌比肩相布訖使主人家一人爲主莫令奴客爲主與王酒脯之法濕麴王手中爲椀中盛酒脯湯餅主人三徧讀文各再拜其房欲得板戶密泥塗之勿令風入至七日開當處翻之還令泥戶至二七日聚麴還令塗戶莫使風入至三七日出之盛著甕中塗頭至四七日穿孔繩貫日曝欲得使乾然後內之其餅麴手團二寸半厚九分

祝麴文曰某年月某日辰朔日敬啓五方五土之神主人某甲謹以七月上辰造作麥麴數千百餅阡陌縱橫以辨疆界須建立五王各布封境酒脯之薦以相祈請願垂神力靳鑒所願使出類絕蹤穴蟲潛影

衣色錦布或蔚或炳殺熱火燌以烈以猛芳越椒熏味超和鼎飲利君子既醉既逞惠彼小人亦恭亦靜敬告再三格言斯整神之聽之福應自冥人願無爲希從畢永祝三遍各再拜

又造神麴法其麥蒸炒生三種齊等預前事麥三種合和細磨之七月上寅日作麴溲欲剛擣欲粉細作熟餅用圓鐵範令徑五寸厚一寸五分於平板上令壯士熟踏之以杙刺作孔淨揩東向開戶屋布麴餅於地閉塞窗戶密泥縫隙勿令通風滿七日翻之二

七日聚之，皆還寄泥，三七日出外日中曝之，令燥，麴成矣。任意舉閣，亦不用甕盛，甕盛者則麴烏腹，烏腹者，繞孔黑爛。若欲多作者，任人耳，但須三麥齊等，不以三石爲限。此麴一斗，殺米三石；笨麴一斗，殺米六斗，省費懸絕如此。用七月七日焦麥麴及春酒麴，皆笨麴法。

女麴法：秫稻米三斗，淨淅，炊爲飯，軟炊，停令極冷，以麴範中用手餅之，以青蒿上下奄之，置牀上，如作麥麴法。三七二十一日開看，徧有黄衣則止，三七日無

衣，乃停，要須衣徧乃止。出，日曝之，燥則用。以藏瓜菹最妙。

釀酒法：皆用春酒麴。其米、糠、瀋汁、饋飯，皆不用人及狗鼠食之。

黍米法酒：預剉麴，曝之令極燥。三月三日，秤麴三斤三兩，取水三斗三升，浸麴。經七日，麴發細泡起，然後取黍米三斗三升，淨淘。凡酒米，皆欲極淨，水清乃止。法酒尤宜存意，淘米不得淨，則酒黑。炊作再餾飯，攤使冷，著麴汁中，搦黍令散，兩重布蓋甕口。候米消盡，更炊四斗半米酘之。每酘皆搦令散。第三酘，炊米六斗。自此以後，每酘以漸，和米甕無大小，以滿爲限。酒味醇美，宜合醅飲食之。飲半，更炊米重酘，如初，不著水麴，唯以漸加米，還得滿甕。竟夏飲之，不能窮盡，所謂神異矣。

作當梁酒法：當梁下置甕，故曰當梁。以三月三日，日未出時，取水三斗三升，乾麴末三斗三升，炊黍米三斗三升，爲再餾黍，攤使極冷，水麴黍俱時下之。三月六日，炊米六斗酘之。三月九日，炊米九斗酘之。自此

以後，米之多少，無復斗數，任意酘之，滿甕便止。若欲取者，但言偷酒，勿云取酒。假令出一石，還炊一石米酘之，甕還復滿，亦爲神異。其糠瀋悉瀉坑中，勿令狗鼠食之。

秔米作酒法：三月三日，取井花水三斗三升，絹簁麴末三斗三升，秔米三斗三升。稻米佳，無者，旱稻米亦得充事。再餾弱炊，攤令小冷，先下水麴，然後酘之。七日，更酘，用米六斗六升。二七日更酘，用米一石三斗二升。二七日更酘，用米二石六斗四升，乃止。量酒備

足便止、合醅飲者、不復封泥、令清者、以盆蓋泥封之、經七日、便極清澄、接取清者、然後押之、

作頤酒法。八月九月中作者、水定難調適、宜煎湯三四沸、待冷、然後浸麴、酒無不佳、大率用水多少、酘米之節、畧準春酒、而須以意消息之、十月桑落時者酒氣味頗類春酒、

河東頤白酒法。六月七月作、用笨麴陳者彌佳、刻治細剉、麴一斗、熟水三斗、黍米七斗、麴殺多少、各隨門法、常於甕中釀、無好甕者、用先釀酒大甕、淨洗曝乾、

側甕著地作之、旦起煮甘水、至日午、令湯色白、乃止、量取三斗、着盆中、日西淘米四斗、使淨、卽浸、夜月炊作再餾飯、令四更中熟、下黍飯、席上薄攤、令極冷、於黍飯初熟時、浸麴、向曉昧旦日未出時下釀、以手搦破塊、仰置勿蓋、日西更淘三斗米、浸炊、還令四更中稍熟、攤極冷、日未出前酘之、亦搦破塊、明日便熟、押出之、酒氣香美、乃勝桑落時作者、六月中、唯得作一石米酒、停得三五日、七月半後、稍稍多作、於北向戶大屋中作之、第一、如無北向戶屋、於清涼處亦得、然要須日未出前清涼時下黍、日出已後熱、卽不成、一石米者、前炊五斗半、後炊四斗半。

笨麴桑落酒法。預前淨刻麴、細剉、曝乾、作釀池、以藁茹甕、不茹甕、則酒甜、用穰則大熱、黍米淘須極淨、九月九日、日未出前、收水九斗、浸麴九斗、當日卽炊米九斗爲饙、下饙著空甕中、以釜內炊湯及熱沃之、令饙上者水深一寸餘便止、以盆合頭、良久、水盡饙熟、極軟、瀉著席上、攤之令冷、挹取麴汁、於甕中搦塊、令破、瀉甕中、復以酒杷攪之、每酘皆然、兩重布蓋甕口、

七日一酘、每酘皆用米九斗、隨甕大小、以滿爲限、假令六酘、半前三酘、皆用沃饙、半後三酘、作再餾黍、其七酘者、四炊沃饙、三炊黍飯、甕滿好熟、然後押出、香美、勢力倍勝常酒、

笨麴白醪酒法。淨削治麴、曝令燥、漬麴必須累餅、置水中、以水沒餅爲候、七日許、搦令破、漉出滓、炊糯米爲黍、攤令極冷、以意酘之、且飲且酘、乃至盡、粇米亦得作、作時必須寒食前、令得一酘之也、

作黃衣法（黃衣一名麥䴷）。六月中、取小麥淨淘、納於甕中、以

水浸之令醋漉出熟蒸之䆃箔上敷席置麥於上攤令厚二寸許預前一日刈藡葉薄無藡葉者刈胡葈胡葈者耳也擇去雜草無令有水露氣候麥冷以胡葈覆之七日看黄衣色足便出曝之令乾去胡葈而已慎勿颺簸齊人喜當風颺去黄衣此大謬凡有所造作用麥䴹者皆仰其衣爲勢令反颺去之作物必不善

作黄蒸法七月中取生小麥細磨之以水溲而蒸之氣餾好熟便下之攤令冷布置覆蓋成就一如麥䴹法亦勿颺之慮其所損

作糵法八月中作盆中浸小麥即傾去水日曝之一日一度着水即去之脚生布麥于席上厚二寸一日一度以水澆之芽生便止即散收令乾勿使餅餅則不復任用此煑白餳糵若煑黑餳即待芽生青成餅然後以刀劚取乾之欲令餳如琥珀色者以大麥爲其糵

造常滿鹽法以不津甕受十石者一口置庭中石上以白鹽滿之以甘水沃之令上恒有游水須用時挹取煎即成鹽還以甘水添之取一升添一升日曝之熱盛還即成鹽永不窮盡風塵陰雨則蓋天晴爭還仰若黄鹽鹹水者鹽汁則苦是以必須白鹽甘水

玄扈先生曰是法令鹽味焦永不窮盡恐無此理姑試之

造花鹽印鹽法五月中旱時取水二斗以鹽一斗投水中令清盡又以鹽投之水鹹極則鹽不復消融易器淘治沙汰之澄去垢土瀉清汁於淨器中鹽甚白不廢常用又一石還得八斗汁亦無多損好日無風塵時日中曝令成鹽浮即便是花鹽厚薄光澤似鍾乳久不接取即成印鹽大如豆粒四方千百相似而

成印輒沉漉取之花印二鹽白如珂雪其味尤美

作醬法十二月正月爲上時二月爲中時三月爲下時用不津甕甕津則壞植酢者亦不中用之置日中高處石上夏雨無令水浸甕底以一鉎鍬一本作生縮鉄釘子背歲殺釘著甕底石下後雖有姙娠婦人食之醬亦不壞爛也用春種烏豆春豆粒小而均晚豆粒大而雜於大甑中燥蒸之氣餾半日許復貯出更裝之迴在上居下不爾則生熟不多調均也氣餾周徧以灰覆之經宿無令火絕取乾牛屎圓累令中央空然之不烟勢類好炭者能多收常用作食既無灰塵又不失火勝於草遠矣䵩看豆黄色黑極

熟、乃下日曝取乾、夜則聚覆無令潤濕臨炊舂去皮、更裝入甑中、蒸令氣餾、則下一日曝之、明旦起淨簸、擇滿臼舂之而不碎、若不重餾碎而難淨簸揀去碎者、作熱湯、於大盆中浸豆黃、良久淘汰、挼去黑皮、湯少則添慎勿易湯易湯則走失豆味令醬不美漉而蒸之、淘豆湯汁即煑碎豆作醬以供旋食大醬則不用汁一炊傾下置淨席上、攤令極冷、預前日曝白鹽黃蒸草蓄麥麯令極乾燥、鹽色黃者發醬苦鹽若潤濕令醬壞黃蒸令醬赤美蓄令醬芬芳蓄挼簸去草土麯及黃蒸各別擣細末馬尾羅𥶄好大率豆黃一斗、麯末一斗、黃蒸末一斗、白鹽五升、蓄子三指一撮、鹽少令醬酢後雖加鹽無復美味其用神麯者一升當笨麯三升殺多故也豆黃堆量不槩、鹽麯輕重平槩、三種量訖、於盆中面向太歲和之、向太歲則無蛆蟲也攪令均調、以手痛挼、皆令潤徹、亦面向太歲、內著甕中、手挼令堅、以滿為限、半則難熟、盆蓋密泥、無令漏氣、熟便開之、臘月五七日正月二月四七日三月三七日當縱橫裂、周迴匝甕底生衣、悉貯出、搦破塊、兩甕分為三甕、日未出前、汲井花水、於盆中以燥鹽和之、率一石水、用鹽三斗、澄取清汁、又取黃蒸於小盆內、減鹽汁浸之、挼取黃瀋、漉去滓、合鹽汁瀉著甕中、率十石醬黃蒸三斗鹽水多少亦無定方醬如薄粥便是豆乾水故

也、仰甕口曝之、諺曰萎蕤葵日乾醬言其美矣十日內、每日數度、以杷徹底攪之、十日後、每日輒一攪、三十日止、雨即蓋甕、無令水入、水入生蟲每經雨後、輒須一攪、解後二十日堪食、然要百日始熟耳、

作酢法、酢者今醋也凡酢甕下皆須安磚石以離濕潤為妊娠婦人所壞者磚輒中乾土末淘著甕中即還好崔寔曰、四月可作酢、五月五日亦可作酢、

作大酢法。七月七日取水作之、大率麥䴷二斗、勿揚簸、水三斗、粟米熟飯三斗、攤令冷、任甕大小、依法加之、以滿為限、先下麥䴷、次下水、次下飯、直置物攪之、以綿幕甕口、拔刀橫甕上、一七日旦、著井花水一碗、三七日旦、又著一碗、便熟、常置一瓠瓢、以挹酢、若用濕器內甕中、則壞酢味也、

秫米神酢法、七月七日作、置甕於屋下、大率麥䴷一斗、水一石、秫米三斗、無秫者粘黍米亦中用、隨甕大小、以向滿為限、先量水浸麥䴷訖、然後淨淘米、炊而再餾、攤令冷、細擘面破、勿令有塊子、一頓下釀、更不重投、又以水就甕裏搦破小塊、痛攪令和、如粥乃止、以綿幕口、一七日一攪、二七日一攪、三七日亦二攪

一月日極熟。十石甕不過五斗澱，得數年停久爲驗。其淘米泔即瀉去，勿令狗鼠喫。得食貴，添亦不得人喫。

又法：亦以七月七日取水。大率麥䴷一斗，水三斗，粟米熟飯二斗，隨飯大小，以向滿爲度。水及黃衣當日頓下之。其飯分爲三分，七日初作時下一分，當夜即沸；又三七日，更炊一分投之；又三日，復投一分。但綿幕甕口，無機刀盐水之事，溢即加甑也。

大麥酢法：七月七日作。若七日不得作者，必須收藏取七日水，十五日作。除此兩日則不成。於屋裏近戶裏邊置甕。大率小麥䴷一石，水三石，大麥細造一石，不用作米則科麗，是以用造簸訖，淨淘，炊作再餾飯。揮令小煖如人體，下釀，以杷攪之，綿幕甕口。二日便發，時數攪，不攪則生白醭，則不好。以棘子徹底攪之；恐有人髮落中，則壞醋，悉爾，亦去髮則還好。六七日，淨淘粟米五升，亦不用過細，炊作再餾飯，亦揮如人體，投之，杷攪，綿幕。三四日，看水消，攪而嘗之，味甘美則罷；若苦者，更炊三二升粟米投之，以意斟量。二七

日可食，三七日好熟，香美淳釅，一盞醋和水一碗，乃可食之。八月中，接取清，別甕貯之，盆合泥頭，得停數年。未熟時，一日三日，須以冷水澆甕外，引出熱氣，勿令生水入甕中。若用黍米投，彌佳，白倉粟米亦得。

食經作大小豆千歲苦酒法：（苦酒，醋也。）用大豆一斗，熟汰之，漬令澤，炊，曝極燥，以酒灌之，任性多少，以此爲率。

作小麥苦酒法：小麥三斗，炊令熟，著堈中，以布密封其口，七日開之，以二石薄酒沃之，可久長不敗也。

○豆豉：六月造豆豉，黑豆不限多少，三二斗亦得。淨淘，宿浸，漉出，瀝乾，蒸之令熟，於席上攤，候如人體，蒿覆，一如黃衣法。三日一看，候黃衣上遍，即得，又不可太過。簸去黃，曝乾，以水浸拌之，不得令太濕，又不得令大乾，但以手捉之，使汁從指間出爲候。安瓮中，實築，桑葉覆之，厚可三寸，以物蓋瓮口，密泥，於日中七日，開之，曝乾，又以水拌，卻入瓮中，一如前法，六七度，候好顏色，即蒸過，攤卻大氣，又入瓮中，實築之，封泥，即成矣。

○麩豉：六月造麩豉，麥麩不限多少，以水勻拌，熟蒸，攤

如人體蒿艾罨取黃衣遍出攤曬令乾、卽以水拌令浥浥卻入缸甕中實捺、安於庭中、倒合在地、以灰圍之、七日外取出攤曬、若顏色未深、又拌、依前法入甕中、色好爲度、色好黑後又蒸令熱、及熱入甕中、築泥密、一冬取喫、溫暖勝豆豉、

夏月飯甕井口邊無虫法。清明節前二日、夜雞鳴時、炊黍熟、取釜湯、遍洗井口甕邊地、則無馬蚿、百虫不近井甕矣、甚是神驗、

蒸藕法、水和稻穰糟揩令淨、斫去節、與蜜灌孔裏、使

滿、漫蘇麪封下頭、蒸熟、除麪、瀉去蜜、削去皮、以刀截奠之、又云夏生冬熟、雙奠亦得、按食經所載食物法甚多。今以其近于農者錄之。

缹茄子法。用子未成者、子成則不好也以竹刀骨刀四破之、用鐵則渝黑也湯煠去腥氣、細切葱白、熬油香醬清擘葱白、與茄子共下、缹令熟、下椒薑末、

作葅藏生菜法。蕪菁菘葵蜀芥鹹葅皆同收菜時、卽擇取好者、菅蒲束之、作鹽水、令極鹹、於鹽水中洗菜、卽內甕中、若先用淡水洗者葅爛、其洗菜鹽水、澄取清者、瀉著甕中、令沒菜肥、卽止、不復調和、葅色仍青、以水洗去鹹汁、煑爲茹、與生菜不殊、其蕪菁蜀芥二種、三日抒出之、粉黍米作粥清、擣麥麪䴷作末、絹篩、布菜一行、以䴷末薄坌之、卽下熱粥清、重如此以滿甕爲限、其布菜法、每行必莖葉顛倒安之、舊鹽汁還瀉甕中、葅色黃而味美、作淡葅用黍米粥清、及麥䴷末、味亦勝、

釀葅法。葅菜也、一曰葅不切曰釀葅、用乾蔓菁正月中作、以熱湯浸菜、令柔軟、解辮擇治、淨洗、沸湯煠、卽出於水中淨洗、便復作鹽水斬度、出著箔上、經宿菜

色生好、粉黍米粥清、亦用絹篩麥䴷末、澆葅、布菜如前法、然後粥清不用大熱、其汁纔令相淹、不用過多、泥頭七日、便熟、葅甕以穰茹之、釀酒法、

藏生菜法。九月十月中、於墻南日陽中掘作坑、深四五尺、取雜菜、種別布之、一行菜。一行土、去坎一尺便止、穰厚覆之、得經冬、須卽取、粲然與夏菜不殊

食經藏瓜法。取白米一斗、鑩中熬之、以作糜、下鹽使鹹淡適口、調寒熱、熟拭瓜、以投其中、密塗甕、此蜀人方美好、又法、取小瓜百枚、豉五升、鹽三升、破去瓜子

以鹽布瓜片中次著甕中緜其口三日豉氣盡可食之

𢬵酸酒法若冬月造酒打扒遲而作酸即炒黑豆一二升石灰二升或三升量酒多少加減却將石灰另炒黃二件乘熱傾入缸內急將扒打轉過一二日榨則全美矣○又方每海一大瓶用赤小豆一升炒焦袋盛放酒中即解

造千里醋烏梅去核一斤以釅醋五升浸一伏時曝乾再入醋浸曝乾以醋盡爲度擣爲末以醋浸蒸餅和爲丸如雞豆大投一二丸於湯中即成好醋

治醬生蛆用草烏五七個切作四片撒入其蛆自死

治飯不餿用生莧菜鋪蓋飯上則飯不作餿氣

營室 樵附

沈括曰營室之法謂之木經或云喻晧所撰凡屋有三分自梁以上爲上分地以上爲中分階爲下分凡梁長幾何則配極幾何以爲榱等如梁長八尺配極三尺五寸則廳法堂也此謂之上分楹若干尺則配堂基若干尺以爲榱等若一丈一尺則階基四尺五寸之類以至承拱榱桷皆有定法謂之中分階級有峻平慢三等宮中則以御輦爲法凡自下而登前竿垂盡臂後竿展盡臂爲峻道荷輦十二人前二人曰前竿女曰前條又次曰前會後三人曰後脇又後曰後條末後曰後竿輦前隊長一人曰傳倡後一人曰報賽前竿平肘後竿平肩爲慢道前竿垂手後竿平肩爲平道此之爲下分其書三卷近歲土木之工益爲嚴道善舊木經多不用未有人重爲之亦良工之一業也

王禎法製長生屋論曰天生五材民並用之而水火皆能爲災火之爲災尤其暴者也春秋左氏傳曰天

火曰災人火曰火夫古之火正或食于心或食于味味爲鶉火心爲大火天火之孽雖曰氣運所感亦必假於人火而後作焉人之飲食非火不成人之寢處非火不明人火之孽失於不慎始於毫髮終于延緜且火得木而生得水而熄至土而盡故木者火之母人之居室皆資于木易以生患水者火之牡而足以勝火人皆知之土者火之子而足以禦火而人未之知也水者救之于已然之後土者禦于未然之前救于已然之後者難爲功禦於未然之前者易爲力此

曲突徙薪之謀、所以愈于焦頭爛額之功也、吾嘗觀古人救火之術、宋災、樂喜爲政、使伯氏司里火所未至、徹小屋、塗大屋、陳畚挶、具綆缶、備水器、蓄水潦、積土塗、表火道、此救療之法也、是皆救于已然之後、嘗見往年腹裏諸郡、所居瓦屋、則用磚裹杣簷、草屋則用泥杇上下、既防延燒、且易救護、又有別置府藏外護磚泥、謂之土庫、火不能入、竊以此推之、凡農家居屋、厨屋、蠶屋、倉屋、牛屋、皆宜以法製泥土爲用、先宜選用壯大材木、締構既成、椽上鋪板、板上傳泥、泥上

用法製油灰泥塗飾、待日曝乾、堅如瓷石、可以代瓦、凡屋中内外材木露者、與夫門窗壁堵、通用法製灰泥杇墁之、務要匀厚固密、勿有罅隙、可免焚爇之患、名曰法製長生屋、是乃禦於未然之前、誠爲長策、又豈特農家所宜哉、今之高堂大厦、危樓傑閣、所以居珍寶而奉身體者、誠爲不貲、一旦患生于不測、欻起于微眇、轉盼之間、化爲煨燼之區、瓦礫之場、千金之軀、亦或不保、良可哀憫、平居暇日、誠能依此製造、不惟歷劫火而不壞、亦可防風雨而不朽、至若闤闠之市、居民輳集、雖不能盡依此法、其間或有一爲、亦可以間隔火道、不至延燒、安可惜一時之費、而不爲永久萬全之計哉、

法製灰泥法、用磚屑爲末、白善泥、桐油枯、（如無桐油枯以油代之）莩炭、石灰、糯米膠、以前五件、等分爲末、將糯米膠調和得所、地面爲磚、則用磚模脫出、趁濕于良平地面上、用泥墁成一片、半年乾硬如石磚然、杇墁屋宇、則加紙筋和匀用之、不致拆裂、塗飾材木上、用帶筋石灰、如材木光處、則用小竹釘簪麻鬚惹泥、不致脫落、

造雨衣法。茯苓狼毒與天仙、貝母蒼朮等分全、半夏浮萍加一倍、九升水煑不須添、騰騰慢火熬乾滭、雨下隨君到處穿、莫道單衫元是布、勝如披着幾重氈、

去墨汙衣。用棗嚼爛搓之、仍用冷水洗、無迹、或用飯擦之、或嚼生杏仁、旋吐旋洗、皆可、

去油汙衣。用蛤粉厚摻汙處、以熱熨斗坐粉上、良久、卽去、或用蕎麥麪鋪、上下紙隔定、熨之無迹、或用白沸湯泡紫蘇擺洗、若牛油汙者、用生粟米洗之、羊油

汙者，用石灰湯洗之，皆淨。

洗黃泥汙衣。以生薑挼過，用水擺去。

洗蟹黃汙衣。用蟹中腮揩之，即去。

洗血汙衣。用冷水洗即淨。若瘡中膿汙衣，用牛皮膠洗之。

洗白衣。取豆稭灰，或茶子去殼洗之，或煮蘿蔔湯，或煮芋汁，洗之，皆妙。

洗葛蕉。清水揉梅花葉洗之，不脃。或用梅葉搗碎泡洗之，亦可。

洗竹布。竹布不可揉，洗須摺起，以隔宿米泔浸半日，次用溫水淋之，用手輕按，晒乾，則垢膩盡去。

洗黃草布。以肥皂水洗，取清灰汁浸壓，不可揉。

漂苧布。用梅葉搗汁，以水和浸，次用清水漂之，帶水鋪晒，未白，再浸再晒。

治漆汙衣。用油洗，或以溫湯略擺過，細嚼杏仁接洗，又擺之，無迹。或先以麻油洗去，用皂角洗之，亦妙。

治糞汙衣。埋土中一伏時，取出洗之，則無穢氣。

熏衣除虱。用百部、秦艽搗為末，依焚香樣，以竹籠覆蓋，放衣在上，熏之，虱自落。若用二味煮湯洗衣，尤妙。

去蠅矢汙。凡巾帽上，取蟾酥一蜆殼許，用新汲水化開，淨刷子蘸水遍刷過，候乾，則蚊蠅自不作穢。或用大燈草，或束捲定，堅擦其迹自去。

絡絲不亂。木槿葉揉汁浸絲，則不亂。

收氈物不蛀。用芫花末摻之，或用晒乾黃蒿布撒收捲，則不蛀。

收皮物不蛀。用芫花末摻之，則不蛀。或以艾捲置甕口，泥封甕口，亦可。

補磁碗。先將磁碗烘熱，用雞子清調石灰補之，甚牢。又法，用白芨一錢，石灰一錢，水調補之。

補缸。缸有裂縫者，先用竹箍箍定，烈日中曬縫令乾，用瀝青火鎔塗之，入縫內令滿，更用火略烘塗開，水不滲漏，勝於油灰。

穿井。凡開井，必用數大盆貯水，置各處，俟夜氣明朗，觀所照星，何處最大而明，則地必有甘泉，試之屢驗。

補磚縫草。官桂末補磚縫中，則草不生。

浸炭不爆。米泔浸炭一宿，架起令乾，燒之不爆。

留宿火。用好胡桃一個，燒半紅，埋熱灰中，三日尚不燼。

長明燈。雄黃、硫黃、乳香、瀝青、大麥麪、乾漆、胡蘆頭、牙硝等分爲末，漆和爲丸，如彈子大，穿一孔，用鐵線懸繫陰乾。一丸可點一夜。

點書燈。用麻油炷燈，不損目。每一斤入桐油二兩，則不燥，又辟鼠耗。若菜油，每斤入桐油三兩，以鹽少許置盞中，亦可省油。以生薑擦盞，不生滓暈。以蘇木煎燈心，晒乾，炷之無燼。

乾蜜法。地丁花、皂角花、百合花，共陰乾，等分爲末，黃蠟丸如彈子大，收之。每十斤蜜，砂鍋内煉沸滾，搥碎一丸在蜜，候滾乾，滴在水内，如凝不散成蠟，得三十兩。

祛寒法。用馬牙硝爲細末，唾調塗手及面，則寒月迎風不冷。

護足法。用防風、細辛、草烏爲末，摻鞋底。若着靴，則水調塗足心。若草鞋，則以水濕草鞋之底，沾上藥末。雖遠行不疼不趼。

治壁虱。用蕎麥稈作薦，可除。或蜈蚣萍晒乾燒烟熏之。

辟蟻。凡器物，用肥皂湯洗抹布抹之，則蟻不敢上。

辟蠅。臘月内，取楝樹子，濃煎汁，澄清，泥封藏之。用時取出些少，先將抹布洗淨，浸入楝汁内，扭乾，抹宴用什物，則蠅自去。

辟蚊蠹諸虫。用鰻鱺魚乾，于室中燒之，蚊虫皆化爲水。若熏氊物，斷蛀虫。置其骨于衣箱中，則斷蠹魚。若熏屋宅，免竹木生蛀，及殺白蟻之類。

治菜生虫。用泥礬煎湯，候冷灑之，虫自死。

解魘魅。凡卧房内有魘魅，捉出者，不要放手，速以熱油煎之，次投火中，其匠不死即病。○又法：起造房屋，于上梁之日，偷匠人六尺竿并墨斗，以木馬兩個，置二門外，東西相對，先以六尺竿横放木馬上，次將墨斗綫横放竿上，不令匠知。上梁畢，令衆匠人跨過，如使魘魅者，則不敢跨。

逐鬼魅法。人家或有鬼怪，密用水一鍾，研雌黃一二錢，向東南，桃枝縛作一束，濡雌黃水灑之，則絕跡矣。

所用物件，切忌婦女知之。有犯，再用新者。

祛狐貍法。妖貍能變形，惟千百年枯木，能照之。可尋得年久枯木擊之，其形自見。

農政全書卷之四十三

特進光祿大夫太子太保禮部尚書兼文淵閣大學士贈少保謚文定上海徐光啓纂輯
欽差總理糧儲提督軍務巡撫應天等處地方都察院右僉都御史東陽張國維鑒定
直隸松江府知府穀城方岳貢同鑒

荒政

備荒總論

穀梁傳曰：古者稅什一，豐年補助，不外求而上下皆足也。雖累凶年，民弗病也。一年不艾而百姓飢，君子非之。

荀卿曰：田野縣鄙者，財之本也。垣（墻也）窌（窖也）倉廩者，財之末也。百姓時和（謂天時和順），事業得敘者，貨之源也。等賦（謂以差等制賦也）府庫者，貨之流也。故明主必謹養其和，節其流，開其源，而時斟酌焉。潢然使天下必有餘，而上不憂不足。如是則上下俱富，交無所藏之。是知國計之極也。故禹十年水，湯七年旱，而天下無菜色者，十年之後，年穀復熟，而陳積有餘。是無他故焉，知本末源流之謂也。（丘濬曰：荀卿本末源流之說，有國家者不可以不知也。誠知本之所在則厚之，源之所自則開之，謹守其末，節制其流，量入以爲出，挹彼以注此，使下常有餘，上無不足以供天下之用，其平居雖不至于虐取其民，而有急則不免于厚賦，故其國可靜而不可動，可逸而不可勞。此亦一時之計也。至于最下而無謀者，量出以爲入，用之不給，則取之益多，天下晏然無大患難，而盡用衰世苟且之法，不知有急，則將何以加之，此所謂不終月之計也。

管子曰：天以時爲權，地以財爲權，人以力爲權，君以令爲權。失天之權，則人地之權亡。湯七年旱，禹九年水，民之無糧賣子者，湯以莊山之金鑄幣而贖之，禹以歷山之公鑄幣而贖之，故天權失，人地之權皆失也。

鼂錯曰：聖王在上而民不凍餓者，非能耕而食之，織而衣之也，爲開其資財之道也。故堯禹有九年之水，湯有七年之旱，而國亡捐瘠者，以畜積多而備先具也。今海內爲一，土地人民之衆不辟湯禹，加以亡天災數年之水旱，而畜積未及者，何也？地有遺利，民有餘力，生穀之土未盡墾，山澤之利未盡出也，游食之民未盡歸農也。民貧則奸邪生。貧生于不足，不足生于不農，不農則不地著，地著則離鄉輕家。民如鳥獸，雖有高城深地，嚴法重刑，猶不能禁也。夫寒之于衣，不待輕煖；飢之于食，不待甘旨。飢寒至身，不顧廉

恥。人情一日不再食則飢，終歲不製衣則寒。夫腹飢不得食，膚寒不得衣，雖慈母不能保其子，君安能以有其民哉！明王知其然也，故務民于農桑，薄賦斂，廣畜積，以實倉廩，備水旱，故可得而有也。今農夫五口之家，其服役者不下二人，其能耕者不過百畝，百畝之收，不過百石。春耕夏耘，秋穫冬藏，伐薪樵，治官府，給徭役，春不得避風塵，夏不得避暑熱，秋不得避陰雨，冬不得避寒凍，四時之間，亡日休息。又私自送往迎來，弔死問疾，養孤長幼在其中，勤苦如此，尚復被水旱之災，急政暴虐，賦斂不時，朝令而暮改。當其有者半賈而賣，亡者取倍稱之息，于是有賣田宅、鬻子孫以償債者矣。而商賈大者積貯倍息，小者坐列販賣，操其奇贏，日游都市，乘上之所急，所賣必倍。故其男不耕耘，女不蠶織，衣必文采，食必粱肉，亡農夫之苦，有阡陌之得。因其富厚，交通王侯，力過吏勢，以利相傾，千里游敖，冠蓋相望，乘堅策肥，履絲曳縞。此商人所以兼并農人，農人所以流亡者也。今法律賤商人，商人已富貴矣；尊農夫，農夫已貧賤矣。故俗之所

貴王之所賤也，吏之所畀，法之所尊也。上下相反，好惡乖忤，而欲國富法立，不可得也。方今之務，莫若使民務農而已矣。欲民務農，在于貴粟。粟者王者大用，政之本務。陸贄嘗謂國家救荒，所貴者財用，所得者人心。晁錯謂腹飢不得食，雖慈母不能保其子，人君安能以有其民。此意惟贄得之。

陸贄曰：君養人以成國，人戴君以成生，上下相成，事如一體。然則古稱九年六年之蓄者，蓋率土臣庶通爲之計耳，固非獨豐公庾，不及編甿。

范鎮知諫院言：今歲荒歉，朝廷爲放稅免役，及以常

平倉軍食拯貸存恤，不爲不至，然而人民流離，父母妻子不能相保者，平居無事時，不能寬其力役，輕其租賦，雖大熟，使民不得終歲之飽。及小歉，雖重施，固已無及矣。此無他，重斂之政在前故也。臣竊以爲水旱之作，由民生不足，憂愁無聊之歎，上薄天地之和耳。

蘇軾曰：救災恤患，尤當在早。若災傷之民，救之于未飢，則用物約而所及廣，不過寬減上供，糶賣常平，官無大失，而人人受賜，今歲之事是也。若救之于已飢，則用物博而所及微，至于耗散省倉，虧損課利，官爲一困，而已飢之民，終于死亡，熙寧之事是也。熙寧之災傷，本緣天旱米貴，而沈起、張靜之流，不先事奏聞，但立賞閉糶，富民皆事藏穀，小民無所得食，小民能束手斃乎。今世之沈起、張靜不少矣，而人以爲救荒奇策。有言勿閉糶者，皆爲爲隣游說；有言勿抑價者，以爲爲富民游說。患。奈何哉。流殍既作，然後朝廷知之，始敕運江西及截本路上供米一百二十三萬石濟之，巡門俵米，攔街散粥，終不能救。飢饉既成，繼之以疫疾，本路死者五十餘萬人，城郭蕭條，田野丘墟，兩稅課利，皆失其

舊。勘會熙寧八年，計所失共計三百餘萬石，其餘耗散，不可悉數。至今轉運司貧乏，不能舉手。此無他，不先事處置之過也。去年淛西數郡，先水後旱，災傷不減熙寧。二聖仁智聰明，于去年十一月中，首發德音，截撥本路上供斛斗二十萬石賑濟；又于十二月終，寬減轉運司元祐四年上供斛三分之一，爲米五千餘斛，盡用其錢買銀絹上供，了無一毫虧損縣官。而命下之日，所在歡呼，官既住糶，米價自落；又自正月開倉，糶常平米，仍免數路稅場所收五穀力勝錢，且

賜度牒三百道以助賑濟本路帖然絶無一人餓殍者此無他先事處置之力也

程頤曰常見今時州縣濟飢之法或給之米豆或食之粥飯來者與之不復有辨中雖欲辨之不能也穀貴之時何人不願得倉廩既竭則殍死者在前無以救之矣雞鳴而起親視俵散官吏後至者必責怒之于是流民歌詠至者日衆未幾穀盡殍者滿道愚常矜其用心而嗤其不善處事救飢者使之免死而已當擇寬廣之處宿或使晨入至巳午而後與之食給

米者午時出日得一食則不死矣其力自能營一食者皆不來矣比之不擇而與者當活數多倍之也凡濟飢當分兩處擇羸弱者作稀粥早晚兩給勿使至飽俟氣稍完然後一給第一先營寬廣居處切不得令相藉如作粥飯須官員親嘗恐生及入石灰或不給浮浪游手無此理也平日當禁游惰至其飢餓哀矜之一也

呂祖謙曰大抵荒政統而論之先王有預備之政上也修李悝平糴之政次也所在蓄積有可均處使之流通移民移粟又次也咸無焉設糜粥最下也

王楨曰蓋聞天災流行國有代有堯有九年之水湯有七年之旱雖二聖人亦不能逃其適至之數也春秋二百四十二年書大有年僅二而水旱螽螟屢書不絶然則年穀之豐蓋亦罕見爲民父母者當爲思患豫防之計故古者三年耕必有一年之食九年耕必有三年之食以三十年之通制國用雖有旱乾水溢而民無菜色者蓄積多而備先具也　玄扈先生曰謂措國于不傾之地脩備是也

楊溥曰堯湯之世不免水旱之患而不聞堯湯之民有困窮之難者蓋預有備也凡古聖賢立日必修預備之政我　太祖高皇帝惓惓以生民爲心凡有預設備荒定制洪武年間每縣于四境設立倉場出官鈔糴穀儲貯其中又于近倉之處僉點大戶看守以備荒年賑貸官籍其數斂散皆有定規又于縣之各鄉相地所宜開濬陂塘及修築濱江近河損壞堤岸以備水旱耕農甚便皆萬世之利自洪武以後有司政務日繁前項便民之事率無暇及該部雖有行移

亦皆視爲文具。是以一遇水旱飢荒，民無所賴，官無所措，公私交窘。只如去冬今春，畿內郡縣艱難可見。况聞今南方官倉儲穀，十處九空，甚者穀既全無，倉亦無存矣。大抵親民之官得人，則百廢舉；不得其人，則百弊興。此固守令之責。若養民之務，風憲之臣皆所當問，年來因循，亦不之及。此事雖若可緩，其實關係甚切。

何景明曰：救荒之策，竊爲民計，大率利一而其害有三。徵求之擾，工役之勤，寇盜之憂，此爲三害。而所利

于民者，獨發倉廩一事耳。夫發倉廩，本以利民，而其弊反甚。倉舍一啓，豪强駢集，里胥鄉老，匿貧佑富，公家之積，秖以飽市井遊食之徒，而野處之民，曾不得見糠粃。富者連車方輿，而貧者曾不獲斗升。鄉民有入城待給者，資糧已盡，日貸餅餌自啖，而卒不得與。此其少得不足償貸，反因是等死耳。聞目覩，可爲痛扼。夫欲有所與，必先爲去其所奪，養馴兔者不蓄獵犬，植茂樹者不宿斧柯，以其近害也。故止沸不換其薪，徒酌水浥之，沸不見止。養人不圖其口腹，而封其股肉，終不得活。今三害未去，而欲興一利，以救民之凶也，何以異此也。

焦竑曰：天下事有見以爲緩，而其實不可不早爲之計者，備荒弭盜是已。嘗觀周禮以荒政十二，而除盜賊即具于中，何者？國富民殷，善良自衆；民窮財盡，奸宄易生。蓋天下大勢，往往如此。昔人謂聖王之民不餒，治平之世無盜，此篤論也。今飢饉頻仍，群不逞之徒，鈎連盤詰，此非盛世所宜有也。愚以爲備荒弭盜，皆今急務，而備荒爲尤急。總之修先王儲偫之政，上

也；綜中世斂散之規，次也；在所畜積，均布流通，移粟移民，裒盈益縮，下也；咸無焉，而孳孳糜粥之設，是激西江之水，蘇涸轍之魚，篾有及矣。試詳論之：周官既有荒政，爲遇凶救濟之法矣，而又遺人所掌收諸委積，爲待凶施惠之法；廩人所掌歲計豐凶，爲嗣歲移就之法。未荒也，預有以待之；將荒也，先有以計之；既荒也，大有以救之。故上古之民，災而不害，後世每多[illegible]事，權宜之術，非經遠之道也。

又爲論捕蝗曰：昔唐太宗吞蝗，姚崇捕蝗，或者譏

其以人勝天、予竊以爲不然、夫天災非一、有可以用力者、有不可以用力者、凡水與霜。非人力所能爲。姑得任之。至于旱傷。則有車戽之利。蝗蝻則有捕瘞之法。凡可以用力者。豈可坐視而不救耶。爲守宰者當激勸斯民。使自爲方畧以禦之可也。吳遵路知蝗不食豆苗。且慮其遺種爲患。故廣收豌豆。教民種植。非惟蝗虫不食。次年三四月間。民大獲其利。古人處事其周悉如此、夫宋朝捕蝗之法甚嚴、然蝗虫初生。最易捕打。往往村落之民惑于祭拜不敢打撲以故遺

患。未知姚崇倪若水盧懷愼之辨論也。

備荒考上

周禮大司徒以荒政十有二聚萬民、一曰散財、二曰薄征、三曰緩刑、四曰弛役、五曰舍禁、六曰去幾、（關市不幾察）七曰眚禮、（凡有禮節皆從減省）八曰殺哀、（凡行喪禮皆從降殺）九曰蕃樂、（閉藏樂器）十曰多昏、（不備禮而婚娶）十一曰索鬼神、（求廢祀而修之）十二曰除盜賊、（飢饉盜賊多戒備緝捕以除之）

荒政要覽曰、管仲相桓公、通輕重之權、曰歲有凶穰故穀有貴賤、民有餘則輕之。故人君斂之以輕。民不足則重之。故人君散之以重。使萬室之邑。有萬鍾之藏。千室之邑。有千鍾之藏。故大賈蓄家。不得豪奪吾民矣。

李悝爲魏文侯作平糴之法曰糴甚貴傷民。甚賤傷農。民傷則離散。農傷則國貧。故甚賤與甚貴。其傷一也。善爲國者使民無傷而農益勸。故大熟則上糴三而舍一。（計民食終歲長四百石官糴一百石）中熟糴二。下熟糴一。使民適足價平而止。小饑則發小熟之斂。中飢則發中熟之斂。大飢則發大熟之斂而糶之。故雖遇飢饉水

旱。糴不貴而民不散。取有餘而補不足。行之魏國、國以富强、（董煟曰令之和糴、其弊在于籍數定價、且不能視上中下熟。故民不樂與官爲市。最爲患者、吏胥爲奸。交納之際。必有誅求。稍不滿欲。量折監陪之患。紛然而起。故糴米之官不得不低價滿量。豪奪于民。以逃曠責。是其爲糴也、烏得謂之和哉至于巳糴之後。又不能以新易陳。故積而不散。化爲埃塵而民間之米愈少也。）

隋開皇五年度支尚書長孫平奏令民間每秋家出粟麥一石以下、貧富有差、輸之當社、委社司檢校、以備凶年、名曰義倉（胡寅曰、賑飢莫要乎近其人、隋義倉取之于民不厚、而置倉于當社飢民之得食也其庶矣乎、後世義倉之名固在、而置倉于州郡、一有凶飢無狀、有司固不以上聞也、良有

敢以聞矣。比及報可，委吏胥出而施之，文移反復，給散艱阻。監臨胥吏相與侵沒。其受惠者大抵城郭之近。力能自達之人耳。居之遠者安能扶老携幼。數百里以就倉合之廩哉。

唐李訢曰，去歲京師不稔，移民就豐，既廢營生，困而後達，又于國體實有虛損，曷若預備倉粟，安而給之，豈不愈于驅督老弱，餬口千里之外哉。宜敕州郡常調九分之二，京師度支歲用之餘，各立官司，年豐糴粟，積之于倉，儉則加私之二，糶之于人，如此民必力田，以取官絹，積財以取官粟，年登則常積，歲凶則直給，數年之中，穀積而人足，雖災不爲害矣。

辛棄疾帥湖南賑濟榜文，秖用八字，曰劫禾者斬，閉糶者配。丘濬曰，荒歉之年，民間閉糶，固是不仁，然當此際米價翔涌，正小人射利之時也，而必閉之者，蓋彼亦自量其家口之衆多，恐嗣歲之不繼耳，彼有何罪而配之耶。若夫劫禾之舉，此盜賊之端，禍亂之萌也。周人荒政除盜賊，正以此耳。小人乏食，計出無聊，謂飢死與殺死等死耳，與其飢而死，不若殺而死，況又未必殺耶。聞粟所在，羣趨而赴之，哀告求貸，苟有不從，即肆劫奪，自諉曰我非盜也，迫于飢寒，不得已耳。嗚呼，白晝攫人所有，謂之非盜可乎，漸不可長，彼知其負罪于官，因之鳥駭鼠竄，竊弄鋤梃，以扞游徼之吏，不幸而傷一人焉，勢不容已，遂至變亂亦或有之。臣願明敕有司，遇有旱災之歲，勢必至飢窘，必先榜示，禁其劫奪，諭之不從，痛懲首惡，以警餘衆，決不可行姑息之政。此非但救飢荒，乃弭禍亂之先務也。然則富民閉糶，何以處之，曰必先諭之以恩義，次開之以積福，許其隨時取直，禁人侵其所有，民之無力者，官予之，務許其取息，待熟之後，官爲追償，苟積粟之家，丁口頗衆，亦必爲之計算，推其贏餘，以濟匱乏。若彼僅僅自足，亦不可强也。然亦嚴爲之限，凡有所積，不肯發者，非至豐穰，禁不許出糶。彼見得利，恐其後時，自計有餘，亦不能以不發矣。

趙抃救災記曰，熙寧八年，吳越大旱，州縣吏錄民之孤老疾弱不能自食二萬一千九百餘人，以故事歲廩窮人，當給粟三千石而止，及簡富人所輸，及僧道士食之羨者，得粟四萬八千餘石，佐其費，使自十月朔日，人受粟日一升，幼小者半之，憂其衆相蹂也，使受粟男女異日，而人受二日之食，憂其且流亡也，于

城市郊野爲給粟之所，五十有七，使各以便受之，而告以去其家者勿給，計官爲不足用也，取吏之不在職而寓于境者，給其食而任以事，告富人無得閉糶，又爲之出官粟，得五萬二千餘石，平其價予民，爲糶粟之所凡十有八，使糴者自便，如受粟，又僦民修城四千一百人，爲工三萬八千，計其傭與粟再倍之，民取息錢者，告富人縱予之，而待熟，官爲責其償，棄男女者，使人得收養之，明年春人疫病，爲病坊，處疾病之無歸者，募僧二人屬以視醫藥飲食，令無失時，凡

死者使住處收瘞之法廩窮人盡三月當止是歲五月而止事有非便文者扑一以自任不以累其屬有上請者或便宜多輒行事無巨細必躬親給病者藥食多出私錢民得免于轉死得無失斂埋者皆扑力也

又曰救沴之行治世不能使之無而能爲之備民病而後圖之與夫先事而爲計者則有間矣不習而有爲與夫素得之者則有間矣

富弼擘畫屋舍安泊流民事行移曰當司訪聞青淄

登濰萊五州地分甚有河北災傷流移人民逐熟過來其鄉村縣鎮人戶不那趲房屋安泊多是暴露並無居處目下漸向冬寒切慮老小人口別致飢凍死甚損和氣須議別行擘畫下項

一州縣坊郭等人戶雖有房屋又緣見是出賃與人戶居住難得空閑房屋今逐等合那趲房屋間數如後

第一等五間　第二等三間
第三等兩間　第四等五等一間

一鄉村等人戶甚有空閑房屋易得小可屋舍逐等合那趲間數如後

第一等七間　第二等五間
第三等三間

有各請體認見今流民不少在州即請本州出榜在縣鎮鄉村即指揮縣司曉示人戶依前項房屋間數各令那趲立定日限須管數足仍叮嚀約束管當人等不得因緣騷擾乞覓人戶錢物如有違犯嚴行斷決仍指揮州縣城鎮門頭人常切辨認才候見有上件災傷流民老小到門內其在州則引于司理處出頭其在縣即引于知縣處出頭其在鎮內即引于監務處出頭各仰逐官相度人數指定那趲房屋主人姓名令幹當人畫時引押于抄點下房屋內安泊如

門頭不肯引領者許流民于隨處官員處出頭速取勘決訖當便指揮安泊了當如有流民欲前去未肯安泊者亦聽從便如有流民不奔州縣直往鄉村內安泊者仰着壯畫時引領于趲那下房內安泊訖申報本縣及當職官員躬親勸誘逐家量口數各與柔土或貨種救濟種植度日如內有見在房數少者亦令收拾小可材料權與蓋造應副若有下等人戶委實貧虛別無房屋那應不得一例施行除此擘畫之外如更有安泊不盡老小即指揮逐處僧尼等寺道

士女冠宮觀門樓廊廡及更別趲那新居房屋安泊、河北逐熟老小、如有指揮不及事件、亦請當職官員、相度利害、一面指揮施行、務要流民安居、不致暴露失所、

富弼曉示流民許令諸般採取營運不得邀阻事曰、當司訪聞得上件飢民等、多在山林泊野、打刈柴薪草木、貨賣糴食、及拾橡子造作吃用、并于沿河打魚、取採蒲葦、博口食、多被逐處地主、或地分耆壯、妄稱係官或有主地土、諸般名目、邀阻不得採取、似此向

去、冬寒必是大段拋擲死損、須至專行指揮、

右請當職官員體認見今流移飢民至處、立便叮嚀指揮諸縣官、火急行遣、遍于鄉村道店村疃內分明粉壁曉示、應係流移飢民等、除人戶墓園系棗果園、及應係耕種地內諸般樹不得採取斫伐外、其近外遠去處泊野山林內柴薪草木橡子、并沿河蒲葦芰、打捕魚、諸般養活流民等事件、不拘係官係私、有主地分、自隨流民諸般採取養活骨肉、其耆壯地主、並不得輒有約攔阻障、如違、仰逐地方耆壯、具地主姓名、解押送官、嚴行斷遣、若耆壯通同攔障、並仰流民于近便縣鎮官員處出頭陳告、立便追捉、重行勘斷、申當司所有前項事件、蓋爲應急救濟流移飢民、未候向去豐熟日、即依舊施行、

富弼告諭勸誘人戶各量出斛米以救濟飢民事曰、勘會當路淄青濰登萊五州、自春以來、風雨時若、夏

已大稔、秋復倍登、咸遂收成、絕無災害、兼曾指揮州縣、許人戶就近輸納、務從百姓之便、不顧公家之煩、當司累奉朝廷指揮、凡事並從寬恤、一無騷擾、頗獲安居。今者河北一方、盡遭水害、老小流散、道路填塞、風霜日甚、衣食不充、已逼飢寒、將棄溝壑、坐見死亡之阨、豈無賑恤之方、又緣廩所收簿書有數、流民不絕、濟贍難周、欲盡救災、必須衆力、庶幾凍餒稍可安存、況乎今年田苗、既大豐于累載、而又諸郡物價、復數倍于常時、蓋因流民之來。遂收踴貴之值。豈可只

思厚己、不肯救人、共覩災傷、諒皆痛憫、兼日累據諸處申報、以斛斗不任、增長價例、乞當司指揮諸州縣城郭鄉村百姓、不得私下擅添物價、所貴飢民易得糧食、見今別路州縣城郭鄉村、並皆有此指揮、惟當司不曾行、蓋恐止定價例、則傷我土居之人、須至別作擘畫、可使兩無所失、其上項五州鄉村人戶分等第、並令量出口食、以濟急難、施斗石之微、在我則無所損、聚萬千之數、于彼則甚有功、凡在部封、共成利濟、歛不節之物、救鄰封之民、寔用通其有無、豈復[illegible]

于彼此，令具逐家均定所出斛米數目如後

第一等二石　第二等一石五斗

第三等一石　第四等七斗

第五等四斗　客戶三斗　已上並米豆中半送納

富弼支散流民斛斗畫一指揮行移曰：當司昨爲河北遭水，失業流民，擁併過河南，于京東青淄潍登萊五州豐熟處逐處散在城郭鄉村不少，當司雖已諸般擘畫，採取事件，指揮逐州官吏，多方安泊存恤，救濟施行，本使體量，尚恐流民失所，等出給告諭文字送逐州給散諸縣，令逐耆長，將告諭指揮鄉村等第

人戶，并客戶，依所定石斗出辦米豆數內，近州縣鎮只于城郭內送納，其去州縣鎮城遠處，只于逐耆令耆長置曆受納，于逐耆第一等人戶處，圖那房屋盛貯收附，封鎖施行去訖，自後據逐州申報，已告諭到斛米數目，受納各有次第，令體量得飢餓死損，須至令上項五州一例，于正月一日委官分頭支散，上件勸諭到斛斗救濟飢民者

一請本州纔候牒到，並便酌量逐縣耆分多少，差官每一官令專十耆，或五七耆，據耆分合用員數，除逐縣正官外，請于見任并前資寄居，及文學助教長史等官員內，須是揀擇有行止清廉幹當得事，不作過犯官員，仍斟會所差官員本貫，將縣分交互差委支散，免致所居縣分，親故顏情，不肯盡公，及將封去貼牒書填定官員職位姓名，所管耆分去處，給與逐官收執，火急發遣，往差定縣分計會縣司，畫時將在縣收到臟罰錢，或頭子錢，并檢取遠年不用故紙，賣錢收買小紙，依封去式樣字號，空歇雕造印板，酌量流民多少，覓剩出給印押曆子，頭各于曆子後粘連空紙三兩張，便令差定官員，令本縣約度逐耆流民家數，分擘曆子，與所差官員，便令親自收執，分頭下鄉，勒耆壯引領，排門點檢，抄劄流民，每見流民，逐家盡底喚出，本家骨肉數目，當面審問的實人口，填定姓名口數，逐家便各給曆子一道收執，照証，准備請領米豆，即不差委公人，耆壯抄劄，別致作弊，虛僞重疊，請却曆子，

一指揮差委官抄劄給曆子時，仔細點檢，逐處流民如內有雖是流民，見今已與人家作客，鋤田養種

及有錢本機織販賣諸般買賣，圖運過日，不致失所人，更不得一例劄姓名，給與曆子，請領米豆，

一應係流民雖有屋舍，權時居住，只是旋打刈柴草日逐求口食人等，並盡底抄劄，給與曆子，令請領米豆，

一應有流民老小羸疲，全然單寒，及孤獨之人，只是尋討乞丐，安泊居止，不然等人，委所差官員擘畫歸著耆分，或神廟寺院，安泊，亦便出給曆子，令請米豆，不得謂見難爲拘管，輒敢遺棄，却致拋擲死損，請提舉官常切覺察，

一應係土官貧窮年老，殘患孤獨，見求乞貧子等，仰抄劄流民官員，躬親檢點，如別不是虛僞，亦各依曆子令依此請領米豆，

一指揮差委官員，須是于十二月二十五日已前，抄劄集定流民戶口數，給散曆子，了當須管自呈祈

元年正月一日起首一齊支給不得施
延有悞至日支散不得日數前後不齊
一流民所支米豆十五歲已上每人日支一升十五
歲已下每日給五合五歲已下男女不在支給仍
曆子頭上分明細算定一家戶數合請米豆都
數逐旋依都數支給所貴更不臨時旋計者
一緣已就門抄劄見流民逐家戶數及歲數則支散
日更不令全家到來只每家一名親執曆子請領
一逐官如管十耆即每日支兩耆逐耆并支五日戶
食候五日支遍十耆即却從頭支散所貴逐耆每
日有官員躬親支散如管五七耆者即將耆分大
者每日散支一耆其分小者每日支散兩耆亦須
每日一次支遍逐次併支五日戶食仍預先有村
庄剩出曉示及令本耆壯丁四散名報流民指定
支散日分去處分明開說甚字號耆分仍仰差去
官員須是及早親自先到所支斛斗去處等候流
民到來逐旋支散纔候支絕一耆速往下次合支
耆分不得自作違慢拖延過時別至流民歸家遲

晚道途
凍露
一指揮差管官員相度逐處受納下米豆如內有在
耆分遙遠第一等戶人家枚附恐流民所去請令
遙遠即勸耆壯量事圖那車乘般赴本耆地分中
心穩便人家房屋空內收附就彼便行支散貴要
一耆之內流民
盡得就近請領
一指揮所差官員除抄劄籍定給散流民外如有逐
旋新到流民並須官員親到審問仔細點檢本家
的寔戶數安泊去處如委不是重疊處偽立便給
與曆子據所到戶分起請如有已得曆子流民起
移仰居停主人畫時令流民將元給曆子于監散
官員毀抹若是不來申報及稱帶却曆子並仰量
行科決不得內裏重疊給
印曆子亦不得阻滯流民
一逐耆盡各均匀納下斛斗切慮流民于逐耆安泊
不均仰縣司勘會據流民多處耆分酌量人數發

遣趲併于少處耆分安泊令逐耆均匀支散救濟
若是流民安泊處穩便不願起移即趲併別耆斛
斗就便支俵不得抑
勒流民須令起移
一州縣鎮城郭內流民若差委本處見任官員亦先
且躬親排門抄劄逐戶家口數依此給與曆子每
一度并支五日米豆候食盡挨排
日分接續支給米豆一般施行
一逐州除逐處監散官員仍請委通判或選差清幹
職官一員任本州界內往來都大提舉諸縣支散
米豆官吏仍點檢逐耆元納并逐官支散文曆一
依逐件鈐束指揮施行仍親到所支散米豆處仔
細體問流民所請米豆委的均濟別無漏落如有
官員弛慢不切用心信縱手下公人作弊減刻流
民合請米豆不得均濟即密具事由申報
本州別選差官充替訖申當司不得蓋庇
一所支斛斗如州縣內支絕已納到告諭斛斗外有
未催到數目便且于省倉斛斗內權時借支據見

欠斛斗如未足處亦逐旋請緊切
催促不得闕絕支散悞流民
一每官一員在縣摘道手分斗子各一名隨行幹當
仍給升斗各一隻乃差本縣公人三兩人當直如
在縣公人數少即權差
壯丁亦不得過三人
一所差官員除見任官外應係權差請官如手下幹
當人并耆壯等及流民內有作過者本官不得一
面區分具事由押
送本縣勘斷施行
一權差官每月于前項贓罰錢內支給食
直錢五貫文見任官不得一列支給
一權差官已有當司封去帖牒若差見任官員即請
本州出給文示幹當其賞罰一依當司封去權差
官帖牒內
事理施行
一纔候起支當司必然別州差官徧詣逐州逐縣逐
耆點檢如有一事一件違慢本州承牒手分并縣

司官吏、必然勘罪嚴斷的不虛行指揮、

一逐州縣鎮候、差定官員、將印行指揮畫一抄劄一本付逐官收執、照會施行、

一勘會二麥將熟、諸處流民盡欲歸鄉、等指揮逐州并監散官員、將見今籍定流民、據每人合請米豆數、月自五月初一日算至五月終、一併支與流民、充路糧、令各任便歸鄉、

一指揮出榜青淄等州河口曉示、與免流民稅渡錢、仍不得邀難住滯、

一指揮青淄等州曉示道店、不得要流民房宿錢事、

右具如前事、須各牒青淄濰登萊五州、候到各請一依前項逐件指揮施行訖報所有當司封去帖牒如右剩數却請封送當司、不得有違、

富弼宣問救濟流民事劄子曰、臣復奉聖旨取索孽畫救濟過流民事件、今節畧編纂作四冊具狀繳奏去訖、臣部下九州軍、其間近河五州頗熟、遂醵于民、得粟十五萬斛、第一等兩石第五等三斗而已民甚樂輸只令人戶就本村耆、隨處散納、貴不傷土民、多差官員領之見任不足即借倩前資寄任待闕閒官又先時已于州縣城鎮及鄉村抄下舍宇十餘萬間、流民來者、隨其意散處民舍中、逐家給一曆、曆各有號使不相侵欺、仍曆前討定逐家口數、及合給物數、令官員詣逐廂逐耆就流人所居處每人日給生豆米各半升、流民至者安居而日享食物、又以其散在村野薪水之利甚不難致、以此直養活至去年五月終麥熟、仍各給與一去路糧、而遣歸、而按籍總三十餘萬人、此是以必死之中、救得活者也、與夫只于城中煑粥、使四遠飢羸老弱、每日奔走、屯聚城下、終日等候、或得或不得、閃誤死者、大不侔也、其餘未至羸病老弱、稍營運、自給者、不預此籍、然亦徧曉示五州人民、應是山林河泊、有利可取者、其地主不得占悋、一任流民採掇、如此救活者甚多、卽不見數目、

山林河泊地主、寧非所損、然損者無大害、而流民獲利者、便活性命、其利害皎然也、又減利物、廣招兵從、一萬餘人、尋常利物每一人可招三人有四五只及四五萬人、大約通計不下四五十萬人生全、傳云百萬者妄也、謹具劄子奏聞、

蘇軾奏、臣在浙江二年、親行荒政、只用出糶常平米一事、更不施行餘策、若欲抄劄飢貧、不惟所費浩大、有出無收、而此聲一布、飢民雲集、盜賊疾疫、客主俱斃、惟有依條將常平斛斗出糶、卽官司簡便、不勞抄

劄勘會給納煩費但得數萬石斛斗在市自然壓下物價境內百姓人人受賜古今之法莫良于此

曾鞏救災議曰河北地震水災有司建言請發倉廩與之粟壯者人日二升幼者人日一升然百姓暴露乏食已廢其業矣使之相率日待二升之廩于上則其勢必不暇乎他爲是農不復得修其畎畝商不復得治其貨賄工不復得利其器用閒民不復得轉移執事一切棄百事而專意于待升合之食以偷爲性命之計是直以餓殍養之而已非深思遠慮爲百姓

長計也以中戶計之戶爲十人壯者六人月當受粟三石六斗幼者四人月當受粟一石二斗率一戶月當受粟五石難可以久行也不行則百姓何以贍其後久行之則被水之地既無秋成之望非至來歲麥熟賑之未可以罷自今至于麥熟凡十月一戶當受粟五十石今被災者十餘州州以二十萬戶計之中等以上及非災害所被不仰食縣官者去其半則仰食縣官者爲十萬戶食之不遍則爲施不均而民猶無告者也食之徧則當用粟五百萬石而足何以辦此又非深思遠慮爲公家長計也至于給授之際有淹速有均否有眞僞有會集之擾有辨察之煩措置一差皆足致弊又群而處之氣久蒸薄必生疾癘此皆必至之害也且此不過能使之得旦暮之食耳其于屋廬修築之費將安取哉屋廬修築之費既無所處而就食于州縣必相率而去其故居雖有頹牆壞屋之尚可全者故材舊瓦之尚可因者什器衆物之尚可賴者必棄之而不暇顧甚則殺牛馬而去之者有之伐桑棗而去之者有之其害又可謂甚也萬一

或出于無聊之計有窺倉庫盜一囊之粟一束之帛者彼知已負有司之禁則必鳥駭鼠竄竊弄鋤梃于草茆之中以扞游徼之吏強者既囂而動則弱者必隨而聚矣不幸或連一二城之地有抱鼓之警國家胡能晏然而已乎然則爲今之策下方紙之詔賜之以錢五十萬貫貸之以粟一百萬石而事定矣何則今被災之州爲十萬戶姑計一戶得粟十石得錢五千下戶常產之貲平日未有及此者也彼得錢以全其居得粟以給其食則農得修其畎畝商得治其貨

賄。工得利其器用。閑民得轉移執事。一切得復其業。而不失夫常生之計。與專意以待一升之廩于上。而勢不暇乎他爲。豈不遠哉。由有司之說。則用十月之費。爲粟五百萬石。由今之說。則用兩月之費。爲粟一百萬石。況貸之于今而收之于後。足以賑其艱乏。而終無損于儲待之實。所實費者。錢五鉅萬貫而已。此可謂深思遠慮。爲公家長計者也。

朱子社倉法曰。臣所居建寧府崇安縣開耀鄉。有社倉一所。係昨乾道四年。鄉民艱食。本府給到常平米六百石。委臣與本鄉土居朝奉郎劉如愚。同其賑貸。至冬收到元米。次年夏間。本府復令依舊貸與人戶。冬間納還。臣等申府措置。每石量收息米二斗。自後逐年依舊斂散。或遇小歉。即蠲其息之半。大饑即盡蠲之。至今十有四年。量支息米。造成倉廒三間收貯。已將元米六百石納還本府。其見管三千一百石。並是累年人戶納到息米。已申本府照會。將來依前斂散。更不收息。每石只收耗米三升。係臣與本鄉土居官及士人數人同其掌管。遇斂散時。即申府差縣官

一員監視出納。以此之故。一鄉四五十里之間。雖遇凶年。人不闕食。竊謂其法可以推廣行之他處。乞特依義役體例。行下諸路州軍。曉諭人戶。有願依此置立社倉者。州縣量支常平米斛。責與本鄉出等人戶。主執斂散。每石收息二斗。仍差本鄉土居官員士人有行義者。與本縣官同其出納。收到息米十倍本米之數。即送元米還官。卻將息米斂散。每石只收耗米三升。其有富家情願出米作本者。亦從其便。息米及數。亦與撥還。如有鄉土風俗不同者。更許隨宜立約。申官遵守。實爲久遠之利。其不願置立去處。官司不得抑勒。則亦不至騷擾。

一逐年五月下旬。新陳未接之際。預于四月上旬申府。乞依例給貸。仍乞選差本縣清強官一員。人吏一名。斗子一名。前來與鄉官同其支貸。

一申府差官訖。一面出榜。排定日分。分都支散。先遠後近。一日一都。曉示人戶產錢六百文以上及自有營運。衣食不闕。不得請貸。各依日限具狀（狀內開說大人小兒）戶數結保。每十人結爲一保。遞相保委。如保內逃亡之

人同保均備取保十人以下不成保不支正身赴倉請米仍仰社首保正副隊長大保長並各赴倉識認面目照對保簿如無僞冒重叠即與簽押保明其社首保正等人不保而掌主保明者聽其日監官同鄉官入倉據狀依次支散其保明不實別有情弊者許人告首隨事施行其餘即不得妄有邀阻如人戶不願請貸亦不得妄有抑勒

一收支米用淳熙七年十二月本府給到新漆黑官桶及官斗仰斗子依公平量其監官鄉官人從逐廳

只許兩人入中門其餘並在門外不得近前挨擾攙奪人戶所請米斛如違許被擾人當廳告覆重作施行

一豐年如遇人戶請貸官米即開兩倉存留一倉若遇飢歉則開第三倉專賑貸深山窮谷耕田之民庶幾豐荒賑貸有節

一人戶所貸官米至冬納還不得過十一月下旬先于十月上旬定日申府乞依例差官將帶吏斗前來公共受納兩年交量舊例每石收耗米二斗今更不收上件耗米又慮倉厫折閱無所從出每石量收三升准備折閱及支吏斗等人飯米其米正行附曆收支

一申府差官訖即一面出榜排定日分分都交納先近後遠一日一都仰社首隊長告報保頭告報人戶遞相糾率造一色乾硬糙米具狀同保共爲一狀未足不得交納如保內有人逃亡即同保均備納足赴倉交納監官鄉官吏斗等人至日赴倉受納不得妄有阻節及過數多取其餘並依給米約束施行其收

米人吏斗子要知首尾次年夏支貸日不可差換

一收支米訖逐日轉上本縣所給印曆事畢日具總數申府縣照會

一每遇支散交納日本縣差到人吏一名斗子一名社倉算交司一名倉子兩名每名日支飯米一斗約半月發遣裹足米二石共計米一十七石五斗又貼書一名貼斗一名各日支飯米一斗約半月發遣裹足米六斗共計四石二斗縣官人從共一十名每名日支飯米五升十日共計米八石五斗已上共計米

三十石二斗、一年、收支兩次、共用米六十石四斗、逐年葢墻并買藁薦收補倉厫約米九石通計米六十九石四斗、

一排保式、某里第某都社首某人今同本都大保長隊長編排到都內人口數下項、

一請米狀式、某都第某保隊長某人大保長某人下某處地名保頭某人等幾人今遞相保委、就社倉借米、每大人若干、小兒減半、候冬收日、備乾硬糙米、每石量收耗米三升、前來送納、保內一名、走失事故、保

內人情願均備取足、不敢有違、謹狀、

一簿書鎖鑰鄉官公共分掌、其大項收支、須同監官簽押、其餘零碎出納、即委官公共掌管、務要均平、不得徇私容情、別生奸弊、

一如遇豐年、人戶不願請貸、至七八月而產戶願請者聽、

一倉內屋宇什物、仰守倉人常切照管、不得毀損、及借出他用、如有損失、鄉官點檢、勒守倉人備償、如些小損壞、逐時修整、大段改造、臨時具因依申府、乞撥

米斛、

宋隆興中中書門下省言、河南江西旱傷、立賞格以勸積粟之家、凡出米賑濟、係崇尚義風、不與進納同、

丘濬曰、鬻爵非國家美事、然用之他則不可、用之于救荒、則是國家爲民、無所利之也、宋人所謂崇尚義風、不與進納同是也、臣願遇歲凶荒、民間有積粟者、輸以賑濟、則定爲等第、授以官秩、自遠而來者、并計其路費、授官之後、給與璽書、俾有司加禮優待、與見任同、雖有過犯、亦不追奪、如此則平

寧之時、人爭積粟、荒歉之歲、民爭輸粟矣、是亦救荒之一策也、

宋淳熙勑、諸虫蝗初生、若飛落、地主鄰人、隱蔽不言、耆保不即時申舉撲除者、各杖一百、許人告報、當職官承報不受理、及受理而不即親臨撲除、或撲除未盡、而妄申盡靜者、各加二等、諸官司荒田牧地、同經飛蝗住落處、令佐應差募人、取掘虫子、而取不盡、因致次年生發者、杖一百、諸蝗虫生發飛落、及遺子而撲掘不盡、致再生發者、地主耆保、各杖一百、

又因穿掘打撲損苗種者除其稅仍計價官給地主錢數毋過一頃（玄扈先生曰見北人云蝗子初生在地土脉墳起趁此撲除極易爲力）

王禎備荒法曰北方高亢多粟宜用竇窖可以久藏南方墊溼多稻宜用倉廩亦可歷遠年其備旱荒之法則莫如區田區田者起于湯旱時伊尹所制（至當不易之論）斷地爲區布種而灌溉之救水荒之法莫如櫃田櫃田者于下澤沮洳之地四圍築土形高如櫃種藝其中水多浸淫則用水車出之可種黃穋稻地形高處亦可陸種諸物（區田櫃田詳見農器譜）此皆救水旱永遠之計也備

虫荒之法惟捕之乃不爲之災然蝗之所至凡草木葉靡有遺者獨不食芋桑與水中菱芡（亦不食豌豆）宜廣種此其餘則果食之脯米豆之麵棲于山者有粉葛（取葛根肉爲粉）蕨萁（取蕨根擣碎以水淘汰停粉爲其）蒟蒻橡栗之利瀕于水者有魚鱉蝦蟹皆可救飢也

農政全書卷之四十三 終

農政全書卷之四十四

特進光祿大夫太子太保禮部尚書兼文淵閣大學士贈少保謚文定上海徐光啓纂輯

欽差總理糧儲提督軍務巡撫應天等處地方都察院右僉都御史東陽張國維鑒定

直隸松江府知府穀城方岳貢同鑒

荒政

備荒考中

洪武元年八月 詔曰今歲水旱去處所在官司不拘時限從實踏勘實災租稅即與蠲免

永樂九年七月戶部言賑北京臨城縣饑民三百餘

戶給糧三千七百石有奇 上曰國家儲蓄上以供國下以濟民故豐年則斂凶年則散但有土有民何憂不足今後但遇水旱民饑即開倉賑給無令失所

洪熙元年正月 詔曰各處遇有水旱災傷所司即便從實奏報以憑寬恤毋得欺隱坐視民患

宣德二年十一月 詔曰各處鹽糧稅糧除宣德二年以來未完者依例徵納其宣德三年稅糧鹽糧以十分爲率蠲免二分

宣德三年三月工部侍郎李新自河南還言山西民

飢流徙至南陽諸郡不下十萬餘口有司軍衛各遣
人捕逐民死亡者多　上諭夏原吉曰民飢流移豈
其得已仁人君子所宜矜念昔富弼知青州飲食居
處醫藥皆爲區畫山林湖泊之利聽民取之不禁所
活至五十餘萬人今乃使之失所不仁甚矣其即
官往同布政司及府縣官加意撫綏發倉廪給之隨
所至居住有捕治者罪之
宣德九年十月　敕諭巡撫侍郎周忱比聞直隸亢
旱人民乏食爾等即委官前去于所在官倉量給米

糧賑濟毋得坐視民患一各處府州縣逃移人戶其
遞年拖欠非見徵糧草爾等即同府州堂上官從實
取勘見徵俱令停徵仍設法招撫其復業蠲免糧差
一年
正統五年七月　敕諭工部侍郎周忱朕惟飢饉之
患治平之世不能無之惟國家思患預防其爲賑濟
自古聖帝明王暨我　祖宗成憲于茲洪武中倉廪
有備旱澇有備具在令典民用賴之比年所任州縣
匪人不知保民隳廢成法凡遇飢荒民無仰給今特

命爾兼總督南直隸應天鎮江蘇州常州松江太平
安慶池州寧國徽州十府及廣德州預備之務爾等
其精選各府州縣之廉公才幹者委之專理必在得
人爾則往來提督朕承　祖宗大統夙夜惓惓以生
民爲心爾等其祇體朕心堅乃操勵乃志精謀慮勤
慎毋怠凡事所當行者並以便宜施行具奏來聞勿
怠勿徐須處置有方不致騷擾而必見成效庶使倅
遇災荒民患有資不至甚艱撰選擇而委任爾必精
白一心以副委任其往懋哉如所選委官先有別差

爾則差官代理其先辦之事令選委者遇其考滿亦
須事完然後赴京爾亦不必來朝有事但遣人齎奏
一切合行事宜條示于後故諭
一見今官司收貯諸色課程并贓法等項鈔貫及收
貯諸色物料可以貨賣者即依時價對換穀粟或易
鈔糴買隨土地所產不拘稻穀米粟二麥之類務要
堅實潔淨不許摻和糠粃沙土等項并須照依當地
時直兩平變易不許虧官不許擾民凡州縣正官所
積預備穀粟須計民多寡約量足照備用如本處官
庫支糴本府官庫不敷
具申戶部奏聞處置
一凡有丁力田廣及富實良善之家情願出穀粟于
官以備賑貸者悉與收受仍具姓名數目奏聞非情
願者不許
抑逼科擾

一糶米在倉每倉須立文簿一樣二扇備書所積之數一本州縣收掌一付看倉之人收掌并用州縣印信鉗記但遇飢歲百姓艱苦即便賑貸并須州縣官一員躬親監支不許看倉之人擅自放支二處文簿并書放支之數還官之數亦用放支之後并將實數具申戶部所差看倉須選忠厚中正有行止老人富戶就兼收支不許濫用素無行止之人及僉斗級等項名色庶免後來作弊

一凡各處閘洪陂塘圩田濱江近河堤岸有損壞當修築者先計工程多寡務要農隙之時量起人夫用工或人力不敷工程多者先于緊要去處整理其餘以次用工不可追急若近江河堤防工程浩大者但于受利之處令起夫協同修理其起集人夫務在驗其丁力均平差遣毋容徇私作弊凡所作工程務要堅固經久不許苟且徒費人力府縣正佐官時常巡視毋致損壞

一各處陂塘圩岸果有實利及比先有司或失于開報許令條陳利民之實踏勘明白畫圖貼說具申工

部定奪如利不及衆不許虛費人力

一但遇近經水旱災傷去處預備之事并暫停止豐年有收依例整理或有衝決圩岸必須修理者及時修整亦須斟酌人力

正統五年七月二十四日 敕行在工部右侍郎周忱得奏鎮常蘇松等府潦水爲患農不及耕心爲惻焉今遣員外郎王瑛往視就齎敕諭爾爾即躬自踏勘凡各部所渰沒不得耕種之處具實奏來處置其被水之民有艱難乏食者悉于官倉儲糧給濟仍戒飭郡縣官善加存恤毋令失所比聞浙江湖州嘉興皆被水患今亦命爾一體整理朝廷專以數郡養民之務委爾爾宜夙夜用心勤思精慮區畫以稱付託

欽哉故敕

正統六年四月初八日 敕行在工部左侍郎周忱比聞應天太平池州安慶等府自去年四月以來水旱相仍軍民艱食嘗敕南京守備等官糶糧接濟尚慮貧難之民無由糴買朕深念之敕至爾即查究被災郡邑如果人民缺食將預備倉糧量給賑濟加意撫綏毋令失所仍戒飭有司官吏人等不許託此作弊違者就拿問罪故敕

正統十四年十一月十九日遣官招撫河南流民

敕曰今聞河南開封府陳州等處多有各處逃來趁食流民或與本處居民相聚一處誠恐其中有等小人久則至于誘惑爲非難以處置今特簡命爾往彼處會同左副都御史王來及彼處三司堂上官并原專一撫流民官員及巡按御史及本府州縣堂上能幹官平日爲民所信服者分投設法小心招撫令各自散處耕種生理有缺食者量給米糧賑濟無田種

者量撥與田耕種務令得所宜諭朝廷恩重使之擧悟不許急遏致有激變又爲患害其中果有能體朝廷恩恤各散復業者量與免其糧差三年庶俾有所慕戀仍提督所在衛所官軍操練軍馬固守城池如有寇盜生發即令相機剿捕毋致滋蔓爾爲近臣受朝廷之委命必須夙夜盡心以畢乃事不可因循怠忽有誤事機如違罪有所歸事妥民安之時具奏俟命然後回京故諭

萬曆十七年　敕户科右給事中楊文舉曰直隸浙江係財賦重地近該各撫按官奏報旱災異常小民飢困流離失所朕心惻然已該部議發太僕寺馬價及南京户部銀各二十萬兩分給賑濟今特命爾前去南直隸應天蘇松等府及浙江杭嘉湖三府地方會同彼處撫按官查照被災輕重人户多寡將前項銀兩通融分派仍慎選實心任事有司官員計口給賑務須放散如法使飢民各沾實惠不許任憑里書人等侵尅冒支其應徵應停及改折等項錢糧仍與撫按官備細查理逐一示諭小民無使奸猾吏胥及

糧長土豪通同作弊各該承委官員悉聽爾會同撫按官嚴加稽考遵照上中下定格分別薦奬論劾倘有無知惡少乘機嘯聚假名勸借公行搶奪甚至拒捕傷人者爾即會同撫按官遵照先次諭旨擒拿首惡審實一面梟示一面具奏若府州縣官有縱容隱匿者從實參奏敕内開載未盡事宜聽爾斟酌奏請施行事完之日通將賑過州縣用過銀兩數目造册奏繳爾受茲委任尤當持法奉公悉心經畫務使惠溥人安以副朕軫恤小民至意如或遷延疎玩具文塞責罪有所歸爾其欽哉故敕

龐嵩奏疏曰、嘉靖十七年　臣竊見今歲南京地方夏秋旱澇頻仍人民飢饉殊甚初賣牛畜繼鬻妻女老弱展轉流移或縊死于家餓死于路父老皆言今非昔比各官已嘗具奏廷議已下賑恤但飢民甚多錢糧絕少以此數乏錢穀茲欲按圖給濟如汲壺水以洒涸河徒有虚聲决無實補爲今日計先須分别等第酌量緩急以地言之江北鳳陽廬淮揚四府滁和二州爲甚江南應天鎮江太平三府次之徽寧池安蘇常等府又次之此地有三等難于一例處也以戶言之有絕爨枵腹垂命旦夕者有貧難已甚可營一食得免溝壑者有秋禾全無尚能舉貸者民有三等難于一槩施也今賑恤兩畿宜先江北次及江南二等三等州縣可也賑濟戶口宜先垂死次及可緩二等三等人民可也臣日夜籌計今日有司倉庫既無儲備戶部錢糧又難遍給考求荒政于古率多有碍于今惟作粥一法不須審戶不須防奸至簡至要可以舉行時下可以救死目前今世俗皆謂作粥

不可輕舉緣曾有聚于一城不知散布諸縣以致四遠飢民聞風併集生者勢力難給死者堆積無訴遂謂作粥之法不宜輕舉可痛可惜今計南畿相應作粥州縣江南宜于應天太平鎮江分布一十二縣江北擇要急者宜分布三十二縣總計四十三州縣大約大縣設粥十六處中縣減三之一小縣減十之五如臣賑粥事宜欵目備行各該州縣設粥廠分約日並舉凡窮餓者不分本郡外省不分江南江北不分或軍或民不分男女老幼一家三口五口但赴廠者

一體給粥賑濟計自十一月中起至麥熟爲止四個半月爲率江南十二縣約用米五萬餘石江北三十州縣約用米十萬餘石有司能守此法一行餓窮垂死之人晨舉而午即受惠三四舉而即免死亡其効甚速其功甚大此古遺法非今剏舉竊謂此法非但宜于兩畿實可推于天下舍此而欲將今在銀兩循係貧民唱名支散飽者多或竊冒餓者率至潰亡死者仍死逃者仍逃求補尺寸萬萬决無能矣

林希元曰（嘉靖八年）救荒有二難曰得人難審戶難

有三便曰極貧之民便賑米次貧之民便賑錢稍貧之民便賑貸有六急曰垂死貧民急饘粥疾病貧民急醫藥病起貧民急湯米既死貧民急墓瘞遺棄小兒急收養輕重繫囚急寬恤有三權曰借官錢以糴糶興工作以助賑貸牛種以通變有六禁曰禁侵漁禁攘盜禁遏糴禁抑價禁宰牛禁度僧有三戒曰戒遲緩戒拘文戒遣使（戒遣使何也在得人耳如萬曆己丑之役使者如中丞之鍾化民何可不遣如江南之楊何可遣）其綱有六其目二十有三

程文德疏曰（嘉靖三十二年）水災異常言官屢奏持

議未見歸下，臣以今日內帑不必發，大臣不必往，夫救荒莫便于近，莫不便于拘，宜各遣行人，齎詔宣諭，令各州縣自爲賑給，聽其便宜處置。凡官帑公廩贖納勸借，苟可濟民，一不限制。又近日戶部申明開納事例，亦許就本地上納，即粟麥黍菽，凡可救飢者，得輸官計直，請劄受官，決不可開事例。仍登計全活之數，定爲等則，以憑黜陟，即撫按守巡賢否，亦以是稽之。得旨下部行之。

馮應京實用編載張朝瑞保甲法曰：弭盜救荒，莫良于保甲。二者相須並行，方克成功。蓋保甲爲弭盜而設，是以治之之道編之也，民情莫不偷安，故其成也難；爲賑飢而設，是以養之之道編之也，民情莫不好利，故其成也易。先將城內以治所爲中央，餘分爲東南西北四坊。如東坊以東一保、東二保、東三保等爲號，每保統十甲，設保正副各一人，每甲統十戶，設甲長一人。南西北坊亦如之。東坊自北編起，南坊自東編起，西坊自南編起，北坊自西編起，至東北而合。坊不可易而序不可亂，大約如後天八卦流行之序，自

東方之震起，歷由南方之離，西方之兌，北方之坎，至東北之艮止。次將境內以城郭爲中央，餘外鄉邸亦分東南西北四方，各量山川道里，即令在城四坊保正副分方下鄉，會同該鄉保正副，量村莊爲界編之。其編亦如在城法，大村分爲數保，中村自爲一保，小村合鄰近數處共爲一保。一保十甲，聽自增減甲數，因民居也；一甲十戶，不可增減戶數，便官查也。或餘剩二三戶，總附一保之後，名曰畸零。此皆不分土著流寓，而一體編之也。其在鄉四坊保正，俱以在城保正副分坊統之。如在城東一保，統東鄉幾保，在城東二保，統東鄉幾保，以至南與西北，莫不皆然。是保甲者，舊法也；分東南西北四坊，而以在城統在鄉者，余之管見也。蓋計坊分統，內外相維，久之周知其地里，熟察其人民。凡在鄉戶口眞僞，盜賊有無，飢饉輕重，在城皆得與聞。或有在鄉保長抗令者，即添差人役，助在城保長拿治之。此法行，則不煩青衣下鄉，而公事自辦矣。有司唯就近隨事覺察在城保長，使不爲鄉邸害耳。此蓋居重馭輕、強幹弱枝之意，亦待[illegible]

之微權也而于弭盜賑飢尤爲切要編完以在城四
坊保數及所統在鄉保數要見在城某坊一保統某
鄉幾保某保坐落何地名及各甲數并保正副甲長
姓名俱要開寫真正書名不許混造排行或曰往歲
賑飢皆領于里甲而今欲編保甲以代之不亦迂乎
不知國初之里甲猶今時之保甲也初以相鄰相近
故編爲一里今年代久遠里甲人戶皆散之四方矣
每見里長領賑輒自侵隱甲首住居窵遠難以周知
及至知而來來而取取而訟訟而追追而得計所得

不足償其所失是故強者怒于言懦者怒于色只得
隱忍而去甚有鰥寡孤獨之人里甲曰彼保甲報之
我何與焉保甲曰彼里甲報之我何與焉互相推諉
使其轉死溝壑無與控訴者往往有之不若立爲晝
一之法俱歸保甲蓋凡編甲之民萃處一處責之查
審其呼喚爲易集其貧富爲易知其奸弊爲易察也
昔熙寧就村賑濟張詠照保糶米徐寧孫逐鎮分散
朱文公分都支給皆用此法何名爲迂哉
附放糶倉穀法各倉所錢糧出入之地奸僞易生若

不立法稽核恐民不霑平糶實惠各縣凡遇放糶先
宜當官較准斗斛等秤務與時勢相合印单釘號給
各領用仍存一副在官備照次置官單照式刊刻聽
各收銀富民刷印填給交銀已完之人執憑支穀每
倉置木籌三十根每根長三尺方一寸二分以天地
人三字編號自天一號歷至天十號止地人俱照編
號并發委官收候給糴穀人執照出入各富民于倉
外擇一近便空處專收價銀經收守倉居民在倉發
穀該縣選發謹慎吏役四名赴糶穀倉聽用一名掌

籌傳送一名在東邊門外查驗單票號籌放人入倉
二名在西邊門內一收單驗穀一收籌放穀出門倉
內用大銅鑼一面東邊門外置鼓一面凡有保甲人
民持銀赴糴富民即時將銀秤收明白備將保甲人
名銀數并應與穀數登記號簿及填單付糴穀人執
候類有十人先將天字號籌十根散各執單持籌從
東邊聽吏查明擊鼓三聲放入如糴穀二石或一石
五斗者必數人支領單上明註幾人進倉領籌幾根
即一人止糴穀五斗亦准領籌一根蓋有一人餉[illegible]

一籌也、量穀牙斗用盪平斛、不許用手平斛、致有高下、十人量完、發穀之人、將單即註發訖二字、鳴鑼一聲、十人負穀齊行、然後門外擊鼓、放人入廒、倉內不致壅雜、若散天字號籌已盡、即散地字號籌、地字號籌已盡、即散人字號籌、計散人字號籌之時、而送天字號籌之吏已至矣、相繼輪轉、周流不窮、如東無單籌執照而入者、與西無單籌負穀而出者、及有單無籌、有籌無單、幷穀比單數多者、許各吏一體拿送究治、委官選差皁隸四名守門、捕役四名、內外巡綽、以

防奸弊、至晚收單吏將單類送委官查銷、委官將銀封貯縣庫、仍聽道府幷府管糧官、該縣正官不時親臨倉所查驗、或曰、限以五斗、恐貧民銀少、聽其升糴、恐人衆擁擠、富民收銀、不及、宜另擇空處、每晨領穀數石、或以升糴、或以斗糴、此不論保甲、不用單籌、不拘銀錢、聽其便宜、令糴至晚交價還官、此亦一法也、

耿橘條議曰、荒年煮粥、全在官司處置有法、就村落散設粥廠。若盡聚之城郭、少壯棄家就食、老弱道路難堪。一不便也。竟日伺候二飧、遇夜投宿無地。二不便也、穢雜易染疾疫。給散難免擠踏、三不便也。非上人親嘗嚴察、人衆虞粥缺少、增入生水、食之往往致疾。且有插和雜物於米麥中、甚至有插入白土石灰者、立見斃亡。以上諸弊。一一講防、窮民庶可籍延喘息。有謂煮粥不若分米、蓋目擊其艱若也、若城郭中官司加意經理、各處村落屬慕義者主之、畫地分煮、澤易偏而取效速、亦荒政之不可廢者、

城四門擇空曠處爲粥場、總列數十行、每行兩頭豎木橛、繫繩作界。飢民至。令入行中、挨次坐定、男女異

行。有病者另入一行、乞丐者另入一行。預諭飢民各携一器、粥熟鳴鑼、行中不得動移、每粥一桶。兩人舁之而行。見人一口。分粥一杓、貯器中。須臾而盡。分畢。再鳴鑼一聲、聽民自便、分者不患雜踩。食者不苦見遺、上午限定辰時、下午限定申時、亦無守候之勞、庶法便而澤周也。

王士性賑粥十事、一曰示審法。夫賑恤所以不霑實惠者、止因官倚里甲排年編造、而里甲細戸散住、各鄉不在一處、故里老得任意詭造花名、借甲當乙、[illegible]

由查核、既住居不一、則其勢不得不裹糧入城、赴縣候審、喧集、就延、令約報飢民、不照里排、止照保甲、州縣官先畫分界、小縣分爲十四五方、大縣二三十方、大約每方二十里、每方內一義官、一殷實戶領之、如此方內若干村、某村若干保、某保灾民若干名、先令保正副造冊、義官殷實戶覆完、送縣、仍依冊用一小票、粘各人自己門首、縣官親到。逐保令飢民琥伏門首、按冊覆查、排門沿戶、舉目瞭然、貧者既無遺漏、富者又難詭名。且不致聚集縣之民。赴縣淹待他日

散粟散粥。亦俱照方舉號、挈領提綱、官民兩便、

二曰別等第。夫賑多詭冒、良不如散粥便、第生儒之、華門稍之家、有寧餓死不食嗟來者、則賑尤不可後也。所慮賑粟散粥、兩相影射、重支則倉粟不及。各保正副報冊之時、即確查次貧願領賑灾民某人、極貧願食粥灾民某人、其次貧願賑者、又分爲二等、某係正次、量賑若干。某係極次、應多賑若干、庶無冒破、

三曰定賑期。賑之不需實惠者、非獨詭名冒領、即賑矣、里甲一召、四鄉雲集、由其居錯犬牙、一動百動、故也、及至城市、動淹旬日、得不償失、遂棄而歸、此殼皆爲里長歇家有耳、今既照保甲、可以隨方定期、如初三日開倉、則初一日出示、初三日賑東方灾民、仰天字號地字號若干方保甲、帶領應賑人赴縣、餘方不許預動、初四日賑西方、亦如之、南北亦然、如東方至者、亦視其遠近、以爲次第、庶無積日空回之弊、

四曰分食界。今煮粥者、多止于城內、則仍爲強棍所得啜、而遠者病者殘軀體者、猶然溝中瘠也、故莫若分界而多置爨所、今既每方二十里、則以當中一村

爲爨所、州縣出示、此方東至某村、西至某村、南至某村、北至某村、但在此方之內、居住飢民、已報名者、方得每日至村就食、令保甲察之、不在此方內者、中令還本方、不得預此方之食、庶乎方內之民、極遠者不過行十里而返、近者或一二里、人縱飢餓、然午得一飽、緩步而歸、明日早至、决不致損命、

五曰立食法。夫煮粥之難、難在分散、待哺既衆、彼我相擠、隨手授之、不得人人均其多寡、當令飢民至者隨其先後、來一人則坐一人、後至者坐先至肩下、如

坐下者、即不許起、一行坐盡、又坐一行、以面相對以背相倚、空其中街、可用走動、坐者令直其雙足、不許蹲踞盤辟、轉身附耳、人頭一亂、查數為難、有起便手者、畢則仍回本處坐、至正午、官擊梆一聲、唱給一次食、即令兩人擡粥桶、兩人執瓢杓、令饑民各持碗坐給之、其有速食先畢者、或不得再與、再與則亂生、須將頭碗散遍、然後擊二梆、高唱給二次食、從頭又散亦如之、又遍、然後擊三梆、高唱給三次食、從頭分散

亦如之、三食已畢、縱頭食者、不得過多、但求免死而已、然後再查簿中、誰係有父母妻子、饑病在家、不能自行者、以其所執瓶罐、再給一人之食、與之攜歸、如是處分俱訖、方令饑民起行、其有流民欲去東西南北、從此方過者、亦炤此坐食、但食畢、即分派保甲數人、欲東者押過東方、欲西者押過西方、送此境訖、明日不得再預此方之食、恐其聚為亂階也、

六曰立賑法、臨賑無法、則強壯先得、孱弱空手、甚至病瘠者、且踐踏而死矣、當令各村保饑民、隨地遠近、各定立其處、聚集弗混、先後每一村保、用藍旗一竿、先引、次用大牌一面、即炤冊書各姓名于上、要以軍法巡行、保正副領各細戶、執門首原票、魚貫從左而入、交票于官、官驗畢、鈐二斗三斗字樣于票、執之向廒口領穀、一村保畢、堂上鳴鑼一聲、仍執旗牌從右引出、聽鑼聲、則左者復入、庶無混亂、出者仍令原人押送關外、貧民不許在街停留、富民不許邀截討債、再差探馬于近城一二十里外、不時查訪、違者即枷號遊示、以警其餘、

七曰備爨具、煮粥之穀、必發于官倉、不勸借富民、但必須殷實戶領之、所領之穀、亦不必定將原穀、以夫車絡繹于道、但令伊將已穀舂用、不失官數則已、其所領倉穀、任從殷實戶附城自糶、在官胥徒不得指以糶官穀、勒掯之、至于領穀之後、殷寔戶與保甲擇中村寬潤處所、置灶十餘座、或公館、或寺院、無則空地搭蓋籬泊、須可隱風、毋令飢者凍死、又當多置缸桶瓢杓、其碗筯則饑民自備、柴亦取給于官穀、若取于保甲、又必指此以科派細戶矣、水則令保甲編戶挑之、煮粥之人、借用殷寔戶家下廚官、與稍算數石

之時不得指他人影射爲奸人飢必成疫須多置蒼术醋碗薰燒以逐瘟氣其粥成之後又須嚴禁將生水攙稀致久飢者食後暴死

八曰登日曆監賑官置一曆簿送州縣鈐印如今日初一日起分爲二大款一本處飢民照其坐位從頭登寫花名趙天錢地孫玄李黃有父母妻子病在家下不能來者公同保甲查的即註于本人下父係何名妻係何姓不得冒支前件以上若干人二外處流民又分作東西南北四小款一某處人某人某人係

欲過東者一某係欲走西走南走北者其下即註本日保甲某人送出境訖違者連坐保甲前件亦結以上共若干人至初二日又分作三大款一本處舊管飢民即昨日給過粥者官則先炤昨日舊名盡數塡此項下來者分付先儘舊人炤昨日坐定點名如有不到者大紅筆抹去前件總結共若干人二本處新救飢民其有新來者令坐於人之下以便查點亦結共若干人三外處流移若干民則每日皆新來者其昨日給過舊人除病老不能動移外再與給食餘者

不得存留炤前記共若干人至初三日以後即與初二日同但初二新收者亦作初三舊管登如初三無新收即于本款下註無字如此不惟人數有所稽查有一人即有一人之食合勺米穀無由冒破

九曰禁亂民如此賑粟如此煮粥則邑無不遍之村人無不得之食病而死者有餓而死者無矣各災民但當安心守法聽侯賑期本州縣窮民不許三三五五強行勒借富戶躁呼嚷亂致生事端其外州縣流民亦當散處訖食不許百十爲郡搶奪市集驚動鄉

村違者以亂民論先打一百棍綁縛遊示三日處以强盜之律各州縣將本地方飢民有無勒借流民有無嘯聚盜賊有無生發五日馬上一報見形察影預爲撲滅

十日省冗費此行賑飢必以官就民本道單車就道止用藍旗四竿執板皂隸四名行李一槓差遣舍快馬足稱是到處中火止蔬肉三器諸長吏亦宜如是如州縣正官遍歷不完分遣佐貳或教官陰醫巡驛等官亦無不可但須單騎耦役自齋飲食可也

玄扈先生除蝗疏曰國家不務畜積不備凶飢人事之失也凶飢之因有三曰水曰旱曰蝗地有高卑雨澤有偏被水旱爲災尚多倖免之處惟旱極而蝗數千里間草木皆盡或牛馬毛幡幟皆盡其害尤慘過于水旱也雖然水旱二災有重有輕欲求恒稔雖唐堯之世猶不可得此殆由天之所設惟蝗不然先事修備既事修救人力苟盡固可殄滅之無遺育此其與水旱異者也雖然水而得一丘一垤旱而得一井一池即单寒孤子聊足自救惟蝗又不然必藉　國

家之　功令必須百郡邑之協心必賴千萬人之同力一身一家無勠力自免之理此又與水旱異者也總而論之蝗災甚重而除之則易必合衆力共除之然後易此其大指矣謹條例如左

一蝗災之時謹案春秋至于勝國其蝗災書月者一百一十有一書二月者二書三月者三書四月者十九書五月者二十書六月者三十一書七月者二十書八月者十二書九月者一書十二月者三是最盛于夏秋之間與百穀長養成熟之時正相值也故爲害最廣小民遇此乏絕最甚者二三月蝗者按宋史言二月開封府等百三十州蝗蝻復生多去歲蟄者漢書安帝永和四年五年比歲書夏蝗而六年三月書去歲蝗處復蝗子生曰蝗蝻蝗子則是去歲之種蝗非蟄蝗也聞之老農言蝗初生如粟米數日旋大如蠅能跳躍群行是名爲蝻又數日即群飛是名爲蝗所止之處喙不停嚙故易林名爲飢蟲也又數日孕子於地矣地下之子十八日復爲蝻蝻復爲蝗如是傳生害之所以廣也秋月下子者則依附草木枵

然枯朽非能蟄藏過冬也然秋月下子者十有八九而災于冬春者百止一二則三冬之候雨雪所摧隕滅者多矣其自四月以後而書災者皆本歲之初蝗非遺種也故詳其所自生與其所自滅可得殄絕之法矣

一蝗生之地謹按蝗之所生必于大澤之涯然而洞庭彭蠡具區之旁終古無蝗也必也驟盈驟涸之處如幽涿以南長淮以北青兗以西梁宋以東諸郡之地湖濼廣衍暵溢無常謂之涸澤蝗則生之歷稽前

代及耳目所睹記大都若此若他方被災皆所延及與其傳生者耳畧摭往牘如元史百年之間所載災傷路郡州縣幾及四百而西至秦晉稱平陽解州華州各二稱隴陝河中稱絳耀同陝鳳翔岐山武功靈寶者各一大江以南稱江浙龍興南康鎮江丹徒各一合之二十有二於四百爲二十之一耳自萬曆三十三年北上至天啓元年南還七年之間見蝗災者六而莫盛於丁巳是秋奉使夏州則關陝邠岐之間徧地皆蝗而土人云百年來所無也江南人不識蝗

爲何物而是年亦南至常州有司士民盡力撲滅乃盡故涸澤者蝗之原本也欲除蝗圖之此其地矣

一蝗生之緣必于大澤之旁者職所見萬曆庚戌滕鄒之間皆言起于駱陽呂孟湖任丘之人言蝗起于趙堡口或言來從葦地葦之所生亦水涯也則蝗爲水種無足疑矣或言是魚子所化而職獨斷以爲蝦子何也凡倮虫介虫與羽虫則能相變如螟蛉爲果蠃蛣蜣爲蟬水蛆爲蚊是也若鱗虫能變爲異類未之聞矣此一證也爾雅翼言蝦善游而好躍蝻亦善躍此二證也物雖相變大都蛻殼即成故多相肖若蝗之形酷類蝦其首其身其紋脉肉味其子之形味無非蝦者此三證也又蠶變爲蛾蛾之子復爲蠶太平御覽言豐年則蝗變爲蝦知蝦之亦變爲蝗也此四證也蝦有諸種白色而殼柔者散子于夏初赤色而殼堅者散子于夏末故蝗蝻之生亦早晚不一也江以南多大水而無蝗蓋湖瀼積潴水草生之南方水草農家多取以壅田就不其然而湖水常盈草恒在水蝦子附之則復爲蝦而已北方之湖盈則四溢

草隨水上迨其既涸草留涯際蝦子附於草間既不得水春夏鬱蒸乘濕熱之氣變爲蝗蝻其勢然也故知蝗生於蝦蝦子之爲蝗則因於水草之積也

一考昔人治蝗之法載籍所記頗多其最著者則唐之姚崇最嚴者則宋之淳熙勑也崇傳曰開元三年山東大蝗民祭且拜坐視食苗不敢捕崇奏詩云秉彼蟊賊付畀炎火漢光武詔曰勉順時政勸督農桑去彼螟蜮以及蟊賊此除蝗證也且蝗畏人易驅又田皆有主使自救其地必不憚勤請夜設火坎其旁

且焚且瘞乃可盡古有討除不勝者特人不用命耳乃出御史爲捕蝗使分道殺蝗汴州刺史倪若水上言除天災者當以德昔劉聰除蝗不克而害愈甚拒御史不應命崇移書謂之曰聰僞主德不勝妖今妖不勝德古者良守蝗避其境謂修德可免彼將無德致然乎今坐視食苗忍而不救因以無年刺史其謂何若水懼乃縱捕得蝗四十萬石時議者諠譁帝疑復以問崇對曰庸儒泥文不知變事固有違經而合道反道而適權者昔魏世山東蝗小恐不除至人相

食後秦有蝗草木皆盡牛馬至相噉毛今飛蝗所在充滿加復蕃息且河南河北家無宿藏一不穫則流離安危繫之且討蝗縱不能盡不愈於養以遺患乎帝然之黄門監盧懷慎曰凡天災安可以人力制也且殺蝗多必戾和氣願公思之崇曰昔楚王吞蛭而厥疾瘳叔敖斷蛇福乃降今蝗幸可驅若縱之穀且盡如百姓何殺虫救人禍歸于崇不以累公也蝗害訖息宋淳熙勑諸虫蝗初生若飛落地主鄰人隱蔽不言耆保不即時申舉撲除者各杖一百許人告報

當職官承報不受理不即親臨撲除或撲除未盡而妄申盡淨者各加二等諸官司荒田牧地經飛蝗住落處令佐應差募人取掘虫子而取不盡因致次年生發者杖一百諸蝗虫生發飛落及遺子而撲除不盡致再生發者地主耆保各杖一百又因穿掘打撲損苗種者除其稅仍計價官給地主錢數毋過一頃此外復有二法一曰以粟易蝗晉天福七年命百姓捕蝗一斗以粟一斗償之此類是也一曰食蝗唐貞元元年夏蝗民蒸蝗曝颺去翅足而食之臣謹按蝗

虫之災不捕不止倪若水盧懷慎之說謬也不忍于蝗而忍于民之饑而死乎爲民禦災捍患正應經義亦何違經反道之有修德修刑理無相左夷狄盜賊比于蝗災總爲民害寧云修德可弭一切攘却捕治之法廢而不爲也淳熙之勑初生飛落咸應申報撲除取掘悉有條章今之官民所未聞見似應依倣申嚴定爲公罪著之絜令也食蝗之事載籍所書不過二三唐太宗吞蝗以爲代民受患傳述千古矣乃今東省畿南用爲常食登之盤飧臣常治田天津適

此災。田間小民不論蝗蝻。悉將煑食。城市之內用相餽遺。亦有熟而乾之。鬻于市者。則數文錢可易一斗。噉食之餘。家戶囷積。以為冬儲。質味與乾蝦無異。其朝餔不充。恒食此者。亦至今無恙也。而同時所見山陝之民。猶惑于祭拜。以傷觸為戒。謂為可食。卽復駭然。蓋妄信流傳。謂戾氣所化。是以疑神疑鬼。甘受戕害。東省畿南。既明知蝦子一物。在水為蝦。在陸為蝗。卽終歲食蝗。與食蝦無異。不復疑慮矣。

一今擬先事消弭之法。臣竊謂既知蝗生之緣。卽當

于原本處計畫。宜令山東河南南北直隸有司衙門。凡地方有湖蕩淘窪積水之處。遇霜降水落之後。卽親臨勘視。本年潦水所至。到今水涯。有水草存積。卽多集夫眾。侵水芟刈。斂置高處。風戾日曝。待其乾燥。以供薪燎。如不堪用。就地焚燒。務求淨盡。此須撫按道府。實心主持。令州縣官。各各同心協力。方為有益。若一方怠事。就此生發。蔓及他方矣。姚崇所謂討除不盡者。人不用命。此之謂也。若春夏之月。居民于湖淘中。捕得子蝦一石。減蝗百石。乾蝦一石。減蝗千石。但令民通知此理。當自為之。不煩告戒矣。

一水草既去。蝦子之附草者。可無生發矣。若蝦子在地。明年春夏。得水土之氣。未免復生。則須臨時捕治。其法有三。其一臣見傍湖官民言。蝗初生時。最易撲治。宿昔變異。便成蝻子。散漫跳躍。勢不可遏矣。法當令居民里老。時加察視。但見土脉墳起。卽便報官。集眾撲滅。此時措手。力省功倍。其二已成蝻子。跳躍行動。便須開溝捕打。其法視蝻將到處。預掘長溝。深廣各二尺。溝中相去丈許。卽作一坑。以便埋掩。多集人

眾。不論老弱。悉要趨赴。沿溝擺列。或持箒。或持撲打器具。或持鍬鍤。每五十人。用一人鳴鑼。其後蝻聞金聲。努力跳躍。或作或止。漸令近溝。臨溝卽大擊不止。蝻虫驚入溝中。勢如注水。眾各致力。掃者自掃。撲者自撲。埋者自埋。至溝坑俱滿而止。前村如此。後村復然。一邑如此。他邑復然。當淨盡矣。若蝻如豆大。尚未可食。長寸以上。卽燕齊之民。畚盛囊括。負載而歸。烹煑暴乾。以供食也。其三振羽能飛。飛卽蔽天。又能渡水。撲治不及。則視其落處。糾集人眾。各用繩兜兜取

布囊盛貯，官司以粟易之。大都粟一石易蝗一石，差而埋之。然論粟易，則有一說，先儒有言：救荒莫要乎近其人。假令鄉民去邑數十里，負蝗易粟，一往一返，即二日矣。臣所見蝗盛時，幕天匝地，一落田間，廣數里，厚數尺，行二三日乃盡。此時蝗極易得，官粟有幾，乃令人往返道路乎？若以金錢近其人而易之，隨收隨給，即以數文錢易蝗一石，民猶勸爲之矣。或言差官下鄉，一行人從，未免蠶食里正民戶，不可不戒。臣以爲不然也。此時爲民除患，膚髮可捐，更率人蠶食，

尚可謂官乎？佐貳爲此，正官安在？正官爲此，院道安在？不于此輩創一警百，而懲噎廢食，亦復何官不可廢，何事不可已耶？且一郡一邑，豈乏義士，若紳若弁，青衿義民，擇其善者，無不可使，亦且有自願捐貲者，何必官也。其給粟則以得蝗之難易爲差，無須預定矣。

一後事剪除之法，則淳熙令之取掘蟲子是也。元史食貨志亦云：每年十月，令州縣正官一員巡視境內，有蟲蝗遺子之地，多方設法除之。臣按：蝗蟲下子，必擇堅垎黑土高亢之處，用尾栽入土中下子，深不及一寸，仍留孔竅。且同生而群飛群食，其下子必同時同地，勢如蜂窠，易尋覓也。一蝗所下十餘，形如豆粒，中止白汁，漸次充實，因而分顆，一粒中即有細子百餘。或云一生九十九子，不然也。夏月之子易成，八日內遇雨則爛壞，否則至十八日生蝻矣。冬月之子難成，至春而後生蝻，故遇臘雪春雨則爛壞不成，亦非能入地千尺也。此種傳生，一石可至千石，故冬月掘除尤爲急務。且農力方閒，可以從容搜索。官司即以

數石粟易一石子，猶不足惜。第得子有難易，受粟宜有等差。且念其衝冒嚴寒，尤應厚給，使民樂趨其事可矣。臣按：已上諸事，皆須集合衆力，無論一身一家，一邑一郡，不能獨成其功。即百舉一隳，猶足僨事。唐開元四年夏五月，勑委使者詳察州縣勤惰者，各以名聞。繇是連歲蝗災，不至大飢，蓋以此也。臣故謂主持在各撫按，勤事在各郡邑，盡力在各郡邑之民。所惜者，北土閒曠之地，土廣人稀，每遇災時，蝗陣如雲，荒田如海，集合佃衆，猶如晨星，畢力討除，百不及一。

徒有傷心慘目而已。昔年蝗至常州。數日而盡。雖緣官勤。亦因民衆。以此思之。乃愈見均民之不可已也。

一備蝗雜法有五、

一王禎農書言。蝗不食芋桑與水中菱芡。或言不食菉豆。豌豆。豇豆。大麻。苘麻。芝蔴。薯蕷。凡此諸種農家宜兼種。以備不虞。

一飛蝗見樹木成行。多翔而不下。見旌旗森列。亦翔而不下。農家多用長竿。挂衣裙之紅白色。光彩映日者。群逐之。亦不下也。又畏金聲砲聲。聞之遠舉。總不如用鳥銃入鐵砂或稻米。擊其前行。前行驚奮。後者隨之去矣

一除蝗方用稈草灰。石灰灰。等分爲細末。篩羅禾穀之上。蝗即不食。

一傳子曰、陸田命懸于天。人力雖修。苟水旱不時一年之功棄矣。水田之制由人力。人力苟修。則地利可盡也。且虫災之害。又少于陸。水田既熟。其利兼倍。與陸田不侔矣。

一元仁宗皇慶二年復申秋耕之令。蓋秋耕之利。掩陽氣于地中。蝗蝻遺種。翻覆壞盡。次年所種必盛于常禾也。

玄扈先生曰、荒飢之極。則辟穀之法、亦可用爲辟穀方者、出於晉惠帝時、黃門侍郎劉景先、遇太白山隱士所傳、曾見石本、後人用之多驗、今錄于此、昔晉惠帝時、永寧二年、黃門侍郎劉景先表奏、臣遇太白山隱士。傳濟飢辟穀仙方上進、言臣家大小七十餘口更不食別物、惟水一色、若不如斯、臣一家甘受刑戮、今將真方鏤板廣傳天下、大豆五斗。淘洗蒸三遍去皮。又用大麻子三斗。浸一宿。漉出。蒸三遍。令口開。右件二味。豆黃搗爲末。麻仁亦細擣、漸下黃豆同搗令匀。作團子如拳大。入甑內蒸。從初更進火。蒸至夜半子時住火。直至寅時出甑。午時曬乾。搗爲末。乾服之。以飽爲度。不得食一切物。第一頓。得七日不飢。第二頓。得四十九日不飢。第三頓。得三百日不飢。第四頓。得二千四百日不飢。更不服。永不飢也。不問老少。但依法服食。令人強壯。容貌紅白。永不憔悴。渴即研大麻子湯飲之。轉更滋潤臟腑。若要重喫物。用葵子

三合許，未煎冷服。取下其藥。如金色。任喫諸物。並無所損。前知隨州朱頁，教民用之有驗，序其首尾，勒石于漢陽軍大別山太平興國寺。又傳寫方用黑豆五斗，淘淨蒸三遍，曬乾去皮，細末。秋麻子三升，溫浸一宿，去皮曬乾爲細末。細糯米三升，做粥熟，和擣前二味爲劑。右件三味，合擣爲如拳大，入甑中蒸一宿。從一更發火蒸至子時，日出方纔取出甑，曬至日午令乾。再擣爲末。用小棗五斗，煮去皮核，同前三味爲劑，如拳頭大，再入甑中蒸一夜，服之。一飽爲度。如渴者

渴麻子水飲之。便更滋潤臟腑。芝麻汁、無白湯，亦得少飲。不得別食一切之物。又許眞君方，武當山李道人傳，累試有驗，避難歇食方：用白麪六兩，黃臘三兩，白膠香五兩，右拌將前麪冷水凍冷熟，如打麪一同，然後爲圓，如黑豆大，日曬乾，再將蠟溶成汁了，將圓子投入內，打令勻，候冷單紙裹，安在淨處。如服時，每日早晨空心可服三五十丸，冷水嚥下。不得熱食。如要喫時，任意不妨。又服蒼朮方：用蒼朮一斤，好白芝麻香油半斤。右件將朮用白米泔浸一宿，取出切成片子，前香油炒令熟，用瓶盛取。每日空心服一撮，用冷水湯嚥下，大能壯氣駐顏色，僻邪。又能行履。飢卽服之。詳此數方，其間所用品味，不出乎穀。民間亦難卒得，若官中預蓄品味，飢歲荒年，給賜飢民，無資振賑濟之勞，而可延餓莩時月之命，實益世之方，安可秘而不流傳哉。

農政全書卷之四十五

特進光祿大夫太子太保禮部尚書兼文淵閣大學士贈少保謚文定上海徐光啓纂輯
欽差總理糧儲提督軍務兼巡撫應天等處地方都察院右僉都御史東陽張國維鑒定
直隸松江府知府穀城方岳貢同鑒

荒政

備荒考下

張朝瑞建議常平倉廒、曰、伏覩 大明會典、洪武初令天下縣分各立預備四倉、官爲糴穀收貯、以備賑濟、就責本地年高篤實人民管理、蓋次災則賑糶、其

費小、極災則賑濟、其費大、曰賑濟、則賑糶在其中矣、賑糶即常平法也、奈何歲久法湮、各州縣僅存城內預備一倉、其餘鄉社倉盡亡之矣、看得天災流行、國家代有、則救荒之政、誠當亟講、顧既荒而賑救之也難。未荒而預備之也易。今之談荒政者不越二端。曰義倉、曰社倉、此預備而斂散者也、曰平糶、曰常平、此預備而糶糴者也、昔魏李悝平糴法、中飢則發中熟之所斂、大飢則發大熟之所斂而糶之、漢耿壽昌請令邊郡築倉、以穀賤時則增價而糴以利農。穀貴時則減價而糶以利民、名曰常平倉、英雄豪傑、先後所見略同、萬世理荒之上策在是矣、今欲爲生民長久之計、則常平倉斷乎當復者、茲欲令各屬縣備查四鄉有倉者因之、有而廢者修之、無者各於東西南北適中水陸通達、人煙輳集、高阜去處、官爲各立寬大堅固常平倉一所、倉基約四畝、合用工料本道查發贓罰、幷該府縣查處、無礙官銀湊合、陸續備辦建造每歲將守巡道及府縣所理罪犯紙贖、實將一半糴穀入倉、或查有廢寺田產、及無礙官銀、聽其隨宜糴

買、又或民願納穀者、一如 祖宗已行之法。一千五百石。請敕獎爲義民。三百石以上。勒石題名。或如近日救荒之令。二百石以上。給與冠帶。五十石以上。給與旌扁。大約每鄉一倉、上縣糴穀五千石、中縣糴穀四千石、下縣糴穀三千石、各實之、但不許逼抑科擾平民、各擇近倉殷富篤實居民二名掌管。免其雜差准其開耗。每收穀一百石、待後發糶之時、每名准與平糶三石、二名共糶六石、以酬其勞、糶完即換掌管勿使重役、城中預備倉、照常造送查盤、四鄉常平倉

免送查盤、止於年終各倉經管居民、將舊管新收開除實在總撒數目、用竹紙小冊開報該縣、縣將四倉類冊申送各院、幷布政司及道府查考、凡收糴俱該縣掌印官、或委賢能佐貳官監督、不許濫委滋弊、穀到、用該縣原發較勘平準斛斗收量明白、暫貯別所、積至百石以上、方許禀官一收、如有臨收留難、及未收虛出倉收、旣收侵盜私用、冒借虧欠等弊、查追完足、各縣徑自從輕發落、其有侵冒至百石者、通詳定奪、每歲秋冬之交、本道或該府掌印管糧官、單車間

一巡視、以防掌印官之沽名而不治實者、每除無飢小飢之年不糴外、或值中飢大飢、四鄉管倉人役禀官監糴、另委富民數名、用官較平等收銀、其出糴一節、當與四隣保甲之法並行、如該鄉穀多、卽糴穀一日、保甲一週、穀少則糴穀分爲二三日、或四五日、保甲一週、務使該鄉積貯之穀數、可待飢民冬春之糴數方善、四鄉不能盡同、各宜審量行之、大率賑糴與賑濟不同、不必每甲尋貧民而審別之、以多寡其穀數、如一甲應糴五斗、或一石、或二石、則甲甲皆同、雖以穀攤入、不因人增穀、糴銀每甲一封亦可、庶乎易簡不擾、或甲中十家輪糴、則每日每甲糴不過二人、每人糴不過二斗、此荒年賑糴之大較也、每鄉除無災都保不開外、先期將有災保甲派定次序、分定月日、某日糴某保某甲、某日糴某保某甲、明日出令、保正副公舉貧民至期令其特價糴買、如富者混買、連坐保甲、仍行宋張詠賑蜀之法、一家犯罪、十家皆坐、不得糴中飢糴倉穀之半、大飢糴倉穀之全、俱照原糴價銀出糴、不可加增、寧減之、大約減荒年市價三

分之一、方可壓下穀價、不至騰踴、或倉穀糴盡、而民飢未已、則愼選員役、持所糴之穀本、赴有收去處循環糴糴、源源而來、民自無飢、救荒有功、員役分別獎賞、此蓋儲用社倉之法、而糴用常平之意者也、四鄉糴完、卽將穀價送官、聽掌印官於秋成之日、就近各選殷實人戶、領銀盡數照時價糴穀、雖牙脚等費曬揚等耗、與造冊紙張工食等項、俱准開銷、其穀曬揚乾潔、官監上倉、如法安置、仍總計糴穀正銀并牙脚折耗等費、每石約共銀若干、報官貯冊、以爲日後出

糶張本官不得將銀貯庫過冬致高殺價難買如穀賤不糴責有所歸是倉不設於空僻去處者恐荒年盜起是齎之糧也穀不隸於臺使查盤者恐委盤間罪是遺之害也行平糴之政而不用稱貸取悉之法者恐出納追呼蹈青苗法之擾民也蓋社倉之法立則以時斂散富者不得取重息而貧民需惠於一歲之中常平之法立則減價糶賣富者不得騰高價而貧民受賜於數十年後大飢之日昔蘇文忠公自謂在浙中二年親行荒政只用出糶常平米一事更不

施行餘策若欲抄劄飢貧不惟所費浩大有出無收而此聲一布飢民雲集盜賊疾疫客主俱斃惟有依條將常平斛斗出糶即官司簡便不勞抄劄勘會給納煩費但將數萬石斛斗在市自然壓下物價境內百姓人人受賜此前賢已試之法信不我欺故曰常平法斷當復也就經金衢二府勘議申呈隨該本道看得城内之預備倉以待賑濟然有出無收其費甚鉅四鄉之社倉以待斂散然易散難斂其弊頗多惟常平倉胡端敏公所謂不必更爲立倉就當藏穀於四鄉倉之側者其法專主糶糴而糴本常存蓋不費之惠其惠易徧弗損之益其益無方誠救荒之良策矣矧今節奉明文建倉積穀以備凶荒此正興復常平倉之大機也但積穀固難建倉尤難建一時美觀之倉非難建百年永賴之倉爲難欲如法建倉非多方處費不可今據二府屬縣查勘四鄉倉基雖各就緒而營造之費則未備也本道隨查將守巡兩道項下紙贖每縣先坐發銀四十兩各爲買基造倉之費餘少工料合聽陸續議處外惟事當經始若非仰藉

各院明示允賜遵行曷克有濟合無候詳允日備行各府定委管糧通判專董其事仍嚴督各縣掌印官先將查出各鄉倉基舊址及空閒官地并尚義捐助者聽從建倉外若係湊買民地即以所發紙贖照時值給買不得虧損於民其倉務要宏敞堅固可垂百年蓋藏之計寧廣毋狹寧質毋文毋惜小費毋急近功見在興工匠役食費應照府議行令各縣酌量動支預備倉穀給用倉簿內按季開報欠少工料價値悉聽本道陸續查發贓罰或該府縣查處無碍官銀

請詳動支輳合建造，並不許分毫科擾里甲。如工費一時不能接濟，許於四倉之中，擇近便或一倉或二倉先行起建，餘聽漸舉，至於各倉穀本，以後許將守巡道、并府縣所理罪犯紙贖，實將一半糴穀入倉，仍聽查處別項無礙官銀，隨宜糴買，陸續積貯，不急取盈。如民間有義助建倉及輸粟備賑者，照依前例呈請分別獎勸，但不許坐派大戶，科罰擾民。其餘糴買安置掌管稽查糶放等項事宜，悉照前議舉行。工完之日，聽道府親行查閱，有功員役，甄別獎賞，年久倉

有損壞，如無官銀，准及時支穀修理，但不許賤算穀價，仍令該府縣掌印官，遵照新頒保民實政簿式，將創修過倉厫積貯過穀數等項，逐一欵填造，遇蒙各院巡歷復命，及本官考滿，一體申送稽核。中間未盡事宜，俟本道博採輿論，隨時斟酌舉行。

一定倉基　凡倉基俱南向，以四畝爲率，或地不足四畝者，聽其隨地建造，前後左右院落務要酌量停匀，毋使偏邪。甚有基地不足三畝者，聽其將社學及看倉耳房，從便另造於別地，不造入倉內亦可。然地基窄狹者，正廳房門可小，而兩倉房間架斷不可小，以其每間盛穀原約四百石有餘，小則難容也。各倉基址必擇高阜之處，以避水濕侵穀。若地有不平者須填補方正平坦，方可興工。四面水道必開濬歸一，不得聽其二三漫流。各縣先將四倉四至丈尺畝數坐落地名，與應建倉厫廳舍間數，每倉畫圖一張，貼說明白，并應給買民基價數，一一勘處停妥，徑送二道及該府廳查覈。

一定倉式　保民實政簿開各縣立四鄉倉，每縣積

穀務期萬石爲率，州縣大者倍之，則大縣當儲二萬石，中縣一萬五千石，小縣一萬石矣。今議頒倉式，該府廳督令各縣，相度地基，依式建造。每縣各分四鄉，每鄉建倉一所。　頭門一座，約高一丈三尺八寸，中闊一丈，入深連簷一丈七尺六寸，兩傍耳房，每間闊八尺，以便住看倉人役，頂上用大竹篷覆之，蓋瓦，大門二扇，每扇闊三尺。　東西厫房，大縣共該貯穀五千石，每邊應造厫房七間，中縣約共四千石，每邊應造厫房五間，小縣約共二千五百石，每邊應造厫房

三間、每厫房一間約貯穀四百石以上、約高一丈
三尺六寸、闊一丈一尺二寸、入深一丈六尺、厫內先
用地工將厫深築堅實、外簷用石板鑲砌、內用厚磚
砌底、仍用條石墊擱楞木、從宜鋪釘、松木杉木厚板、
方鋪簟蓆、其倉頂上方木爲椽、椽上用板幔、板上用
大貓竹打笆覆之、笆上用土、土上蓋瓦、其瓦須密、各
週圍厫墻、角闊二尺八寸、先行築實、方用條石砌脚、
三層、上用地伏磚扁砌、純灰抿縫、中用稍碎磚瓦、少
以泥和塡實、仍用鐵牽鈐釘、如地勢高燥者、四面俱

用磚墻、厫後及兩側墻俱包簷、厫前墻上簷闊二尺
四寸、不拘七間五間三間、中俱隔爲三段、七間者、中
三間、兩傍各二間、五間者、中三間、兩傍各一間、三間
者、亦隔三段、各開三門、氣樓亦如之、其厫內貼墻處、
用木柵釘相思縫厚板、使穀不著墻、以防浥爛、厫口
亦用相思厚板橫闘、如地勢卑濕者、厫前一面不用
磚墻、厫板外用圓木柵欄一帶、上面建廊闊五尺六
寸、廳前及兩倉外、明堂空地、俱用石板鋪平、以便晒
穀、　正廳三間、中間止作一天花板、懸　聖諭六條

以便朔望講習鄉約、約高一丈九尺六寸、中間閣一
丈四尺八寸、兩傍每間闊一丈四寸、入深除簷二丈
水寸、中間照壁門六扇、廳前兩傍用欄杆、外簷三尺、
頂上、用便磚、磚上用瓦、內地用方磚砌、簷下石板幔
三面墻垣、墻脚闊二尺、先用地下築實、方用大石板
砌脚三層、上用地伏磚扁砌、亦用鐵牽鈐釘牢固、
後社學三間、或買舊磚建造、約高一丈七尺二寸、中
間闊一丈一尺二寸、兩傍每間闊一丈、入深一丈六
尺、四寸頂上用幔板、鋪完蓋瓦、內地用方磚砌、兩傍

用磚砌、腰墻上用窓、每邊四扇、中間用槅門四扇、三
面墻垣、墻脚闊二尺、先用地工築實脚、用石砌二層、
高二尺、上用磚砌、　本倉外週圍墻垣、墻脚闊三尺
五寸、約高一丈一尺、上用墻梯瓦蓋、先用地工深築
堅實、墻脚用大石塊砌、高三尺、方用土築、務離倉墻
一二丈、內可容人行、其土不可貼近本墻掘取、　以
上各項倉房廳舍務期堅固經久、不在華美、其丈量
地基起造房屋、并量木植磚石、俱用大官鈔尺爲準、
其木匠小尺不用、須使畫一、毋致參差、

一辦倉料　倉厫每邊七間，合用柱木，每根徑六寸；矮柱每根徑六寸；桁條每根徑五寸五分；抽楣每根徑四寸；椽木每根徑三寸；窄柵木每根徑四寸；地板楞木每根徑五寸；地板壁板每塊厚八分。　正廳三間，合用中柱木，每根徑一尺一寸，用實木；邊柱每根徑九寸；大梁每根長二丈，徑一尺四寸；二梁每塊長一丈，徑一尺一寸；步梁每塊長八尺，徑一尺；抽楣木每根徑四寸五分；桁條每根徑六寸；椽木每根徑三寸。　門房三間，合用柱木每根徑五寸；桁條每根徑

四寸；抽楣木每根徑三寸；大門二扇，每扇闊三尺。後社學三間，合用柱木，每根徑六寸；桁條每根徑五寸五分；抽楣木每根徑三寸五分；大梁每根徑九寸，長一丈八尺；二梁每塊徑八寸五分，長一丈；椽木每根徑二寸五分；頂上用幔板鋪完蓋瓦，其餘帮機連簷門窗等項開載不盡者，俱要隨宜酌量，採買製作，務使與各項材木大小規式相稱。　凡磚瓦，就於近倉之地，立窰一二座，令窰戶自燒造，石灰見買。地伏磚每塊長一尺二寸，闊七寸，厚三寸，秤重十八斤[illegible]燒常平二字；開磚每塊長一尺一寸，闊五寸，厚一寸，上燒常平二字；方磚每塊長一尺，闊一尺；便磚每塊長七寸，闊六寸三分；瓦每塊長九寸，闊七寸，重一斤半。　凡採買木植，俱要選擇圓長首尾相應乾燥老黃色者，毋將背山白色嫩木搪塞虛應。石板採買上好青白堅細者，黃色疎爛者不用。其磚瓦須擇青色者，如黃色者不用。　以上各項物料，各縣掌印官親將每倉應造厫房廳舍，逐一親自從實勘估，酌量某項應用若干，該價若干；某項應用若干，該價若干，估

定照數給銀，責令原定各役，採買木石等料，搬運一到，即具數報掌印官并佐貳委官及總管，各查驗揀選，堪用者收之，不堪者即時退換，不得虛冒混收。燒造磚瓦不如式者，不許混用。仍置簿送縣印鈐，日逐登塡收發數目明白，委官不時稽查。各縣仍將查估過工料價銀總撒數目，逐一造冊報道查核。　東西兩邊倉厫與正廳，一應木石磚瓦皆用新料。其門房社學材植等料，倘有見成民房願賣，可以改用者，一照時價給與見銀平買，庶工省費廉，建造充遠。惟不

虧其價，而人自樂從矣

一督保甲。凡保甲之法，先行府，督令各縣舉行，當趁冬月農隙之時，上緊督催，各查照原行審編其四鄉保甲，以在城保甲分東西南北各統之，凡各鄉倉工如有遲候，即以在城保甲，各催在鄉保甲，以在鄉保甲，各催管工人役，不得用公差下鄉，恐滋煩擾。

呂坤積貯條件曰：穀積在倉，第一怕地濕房漏，第二怕雀入鼠穿，此其防禦，不在人力乎。大凡建倉，擇於城中最高處所，院中地基務須鋤背，院墻水道務須多留。凡鄰倉處居民不許挑坑聚水，違者罰修倉廒

一倉屋根基須掘地實築，有石者石為根脚，無石者用熟透大磚磨邊對縫，務極嚴匝，厚須三尺，丁橫俱用交磚做成一家，以防地震，房須寬，寬則積不蒸，須高，高則氣得洩，仰覆瓦須用白礬水浸，雖連陰彌月亦不滲漏，梁棟椽柱務極粗大，應費十金者，費十五二十金，一時無處，固利於苟完，數年即更，實貽之倍費，故善事者，一勞永逸，一費永省，究竟較多寡，一費之所省為多也。以室家視倉廒者，當細思之。

一風窗，本為積熱壞穀，而不知雀之為害也，既耗我穀，而又遺之糞，食者甚不宜人，今擬風窗之內障以竹篾編孔，僅可容指，則雀不能入，倉墻成後洞開風窗過秋，始得乾透，其地先鋪煤灰五寸，加鋪麥糠五寸，上墁大磚一重，糯米雜信浸和石灰稠黏，對合磚縫，如木有餘，再加木板一週，缺木處所釘蓆一週可也。

一假如倉廒五間，東西稍間各用板隔斷，與門楣齊穀止積於四間，留板隔東一間，如常開空，值六七月久陰氣濕，或新收穀石生性未除，倘不發洩，必生內熱，州縣官責令管倉人役，將穀自東第三間起倒入

東一間開空之處，一間倒一間，是滿倉翻轉一遍，熱氣盡洩，本味自全，何紅腐之有。

一太倉禁用燈火，今各倉積柴安竈，全無禁約，萬一火起，何以救之，以後不許，仍用官吏以下飯食，外面喫來，不得已者送飯，冬月但用湯壺，如違重治。

一倉斛有洪武年間鐵樣，用木邊角，以鐵葉固之，以防鬪縫，仍用印烙，其四裏以防剜空，但有不係官烙，自作矮身闊口，及小出大入者，坐贓重究。

附笋粥法吳興掌故云嘗見山僧作笋粥幽尚可愛又云山僧煮笋用大塊云薄則味脫大塊久煮令軟其味自全贊寧寄問天目舊友山中所出伊僧報詩云山中人事違天眼中修定我本無根株只將笋爲命但笋亦有毒須用薑或茱萸醬制之一說滑利大腸而益于肺謂之刮腸篦一云竹實少陽之氣而赴脾土

淡黃虀煮粥法取菜洗淨貯缸中用麥麪入滾熱水調極薄漿澆菜上以石壓之不用鹽滲六七日後菜

變黃色味有微酸便成黃虀矣此後但以菜投入虀汁中便可作虀更不復用麪取虀切碎虀米相兼煮粥食之每米二升可當三升之用雖不及純米養人（用蕪菁爲之獨可當米）充塞飢腸聊以免死亦儉歲節縮之一法也往從陽羨山中野人家得此法念其可以度荒每用語人且如此用菜菜之用益弘穀不熟曰飢菜不熟曰饉古人飢饉並言良有以也

辟穀方用黃蠟炒粳米充飢食胡桃肉即解

千金方蜜二斤白麪六斤香油二斤茯苓四兩甘草二兩生薑四兩去皮乾薑二兩炮爲末拌勻搗爲塊子蒸熟陰乾爲末絹袋盛每服一匙冷水調下可待百日（玄扈先生曰未必然）

生服松栢葉法用茯苓骨碎補杏仁甘草搗羅爲末取生葉蘸水衮藥末同食香美

食草木葉法用杜仲（醋鹽炒去絲）茯苓甘草荆芥等分爲末糊丸如桐子大每服數丸細嚼即喫草木可以充飢止有竹葉惡草不可食嘗見苦行僧人入山耽靜必炒鹽入竹筒携往云食草葉有毒惟鹽可解（玄扈先生曰或云先食碧芸草則草木葉皆可食）

食生黃豆法取槿樹葉同生黃豆嚼之味不作嘔可以下咽每日食豆二三合可度一日

服百滾水法水經百滾煎熬亦能補人曾在嚴陵見衲僧枯坐深崖多積山柴每日煎服沸水數碗棗數枚芝麻合許可百日不死

療垂死飢人法邊海有失風船飄至塘船中人餓將絕者急與食往往狠吞致死有煮稀粥澄卓上令飢人漸漸吮食之盡生飢腸微細不堪頓食也

救水中凍死人法、凡隆冬冒氷雪或入水中凍死急取綿絮蓋煖。用熱灰鋪心膺間可活。若遽用火烘炙、逼冷氣入內。多不能生

長史卞同序救荒本草曰、植物之生於天地間莫不（高識人）各有所用苟不見諸載籍雖老農老圃、亦不能盡識而可亨可芼者皆躪藉於牛羊鹿豕而已。自神農氏品嘗草木、辨其寒温甘苦之性作爲醫藥以濟人之夭札、後世賴以延生、而本草書中所載多伐病之物而於可茹以充腹者、則未之及也。敬惟　周王殿下

體仁遵義、孳孳爲善、凡可以濟人利物之事、無不留意。嘗讀孟子書、至於五穀不熟、不如荑稗、因念林林總總之民、不幸罹于旱澇、五穀不熟、則可以療飢者恐不止荑稗而已也。苟能知悉而載諸方冊、俾不得已而求食者不惑甘苦於荼薺取昌陽棄烏喙因得以裨五穀之缺、則豈不爲救荒之一助哉。於是購田夫野老、得甲坼勾萌者、四百餘種植於一圃、躬自閱視、俟其滋長成熟、迺召畫工繪之爲圖、仍疏其花實根榦皮葉之可食者、彙次爲書一帙、名曰救荒本草命臣同爲之序臣惟人情於飽食煖衣之際、多不以凍餒爲虞一旦遇患難則莫知所措惟付之於無可（說盡世人之情）奈何故治已治人鮮不失所今　殿下處富貴之尊保有邦域。於無可虞度之時。乃能念生民萬一或有之患。深得古聖賢安不忘危之旨。不亦善乎神農品嘗草木以療斯民之疾　殿下區別草木欲濟斯民之飢、同一仁心之用也雖然今天下方樂雍熙泰和之治、禾麥產瑞家給人足、不必論及於荒政、而　殿下亦豈忍覩斯民仰食於草木哉是編之作蓋欲辨

載嘉植、不沒其用、期與圖經本草並傳于後世、庶幾萍實有徵、而凡可以亨芼者、得不躪藉於牛羊鹿豕苟或見用於荒歲、其及人之功利、又非藥石所可擬也、尚慮四方所產之多、不能盡錄、補其未備、則有俟於後日云、

僉事李濂序重刻救荒本草曰、淮南子曰、神農嘗百（實心實語）草之滋味、一日而七十毒、由是本草興焉。陶隱居徐之才陳藏器日華子唐慎微之徒代有演述皆爲療病也、嗣後孟詵有食療本草陳士良有食性本草皆

因飲饌以調攝人，非爲救荒也。救荒本草二卷，乃永樂間周藩集錄而刻之者。今亾其板，濂家食時訪求善本，自汴攜來，晉臺按察使石岡蔡公見而嘉之，以告于巡撫都御史蒙齋畢公，公曰：是有裨荒政者，乃下令刊布，命濂序之。按周禮大司徒以荒政十二聚萬民，五曰舍禁。夫舍禁者，謂舍其虞澤之厲禁，縱民采取，以濟飢也。若沿江瀕湖諸郡邑，皆有魚蝦螺蜆菱芡茭藻之饒，飢者猶有賴焉。齊梁秦晉之墟，平原坦野，彌望千里，一遇大侵，而鵠形鳥面之殍，枕藉

于道路，吁可悲已。後漢永興二年，詔令郡國種蕪菁以助食。然五方之風氣異宜，而物產之形質異狀，名彙既繁，真贗難別，使不圖列而詳說之，鮮有不以虵床當蘼蕪，薺苨亂人參者，其弊至於殺人，此救荒本草之所以作也。是書有圖有說，圖以肖其形，說以著其用，首言產生之壤，同異之名，次言寒熱之性，甘苦之味，終言淘浸烹煮蒸晒調和之法。草木野菜凡四百一十四種，見舊本草者一百三十八種，新增者二百七十六種云。或遇荒歲，按圖而求之，隨地皆有，無艱得者，苟如法采食，可以活命，是書也有功於生民大矣。昔李文靖爲相，每奏對常以四方水旱爲言，范文正爲江淮宣撫使，見民以野草煮食，即奏而獻之，畢蔡二公刊布之盛心，其類是夫。

救荒本草總目

草木野菜等共四百一十四種（出本草一百三十八種，新增二百七十六種）

草部二百四十五種

木部八十種

米穀部二十種

果部二十三種

菜部四十六種

葉可食二百三十七種

實可食六十一種

葉及實皆可食四十三種

根可食二十八種

根葉可食一十六種

根及實皆可食五種

根笋可食三種

根及花可食二種

花可食五種

花葉可食五種

花葉及實皆可食二種

葉皮及實皆可食二種

莖可食三種

笋可食一種

笋及實皆可食一種

農政全書卷之四十五終

農政全書卷之四十六

特進光祿大夫太子太保禮部尚書兼文淵閣大學士贈少保謚文定上海徐光啓纂輯

欽差總理糧儲提督軍務巡撫應天等處地方都察院右僉都御史東陽張國維鑒定

直隸松江府知府穀城方岳貢同鑒

荒政　採周憲王本草

草部　葉可食

野生薑

野生薑　本草名劉寄奴，生江南，其越州滁州皆有之。今中牟南沙崗間亦有之。莖似艾蒿，長二三尺餘。葉似菊葉而瘦細，又似野艾蒿葉亦瘦細。開花白色。結實黃白色。作細筒子，蒴兒蓋蒿之類也。其子似稗而細。苗葉味苦，性溫，無毒。

救飢　採嫩葉，煠熟，水浸淘，去苦味，油鹽調食。

刺薊菜

刺薊菜　本草名小薊、俗名青刺薊、北人呼爲千針草、出冀州、生平澤中、今處處有之苗高尺餘、葉似苦苣葉、莖葉俱有刺、而葉不皺、葉中心出花頭如紅藍花而青紫色、性凉無毒、一云味甘性溫、

救飢　採、嫩苗、葉、煠、熟、水、浸、淘、淨、油、鹽、調、食、甚美、

除風熱、

大薊

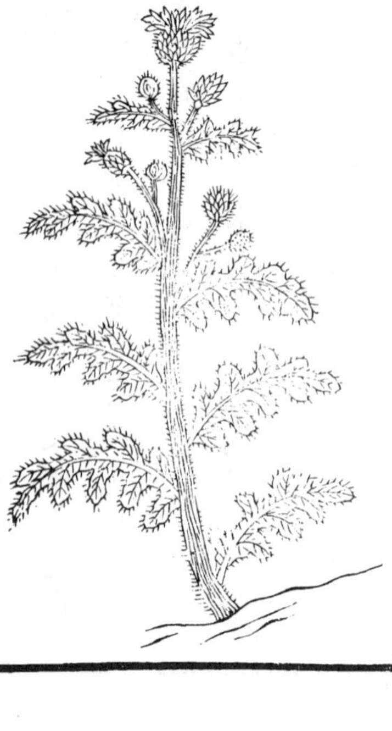

大薊　生山谷中、今鄭州山野間亦有之、苗高三四尺、莖五稜、葉似大花苦苣菜葉、莖葉俱多刺、其葉多皺、葉中心開淡紫花、味苦、性平無毒、根有毒、

救飢　採、嫩、苗、葉、煠、熟、水、淘、去、苦味、油鹽調食、

山莧菜

山莧菜　本草名牛膝，一名百倍，俗名腳斯蹬，又名對節菜。生河內川谷及臨朐、江淮、閩粵、關中、蘇州皆有之，然皆不及懷州者爲眞。蔡州者最長大柔潤。今鈞州山野中亦有之。苗高二尺已來，莖方青紫色，其莖有節如鶴膝，又如牛膝狀，以此名之。葉似莧菜葉而長，頗尖艄（音哨），葉皆對生。開花作穗。根味苦酸，性平，無毒。葉味甘微酸。惡螢火、陸英、龜甲、白前。

救飢　採苗葉煠熟，換水浸去酸味，淘淨，油鹽調食。

款冬花

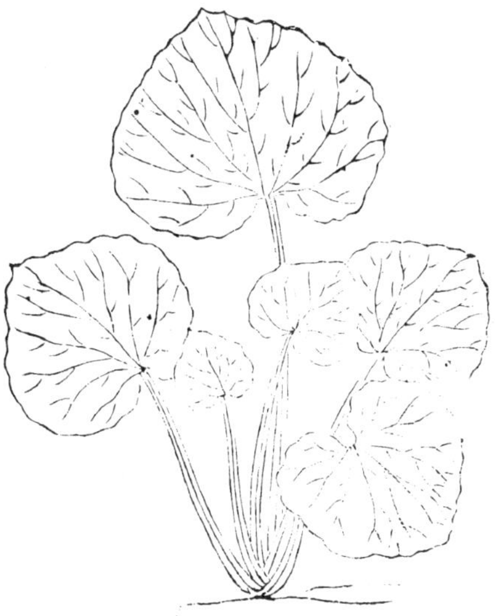

款冬花　一名橐吾，一名顆東，一名虎鬚，一名菟奚，一名氐冬。生常山山谷及上黨水傍，關中、蜀北宕昌、秦州、雄州皆有。今鈞州密縣山谷間亦有之。莖青微帶紫色。葉似葵葉，甚大而叢生。又似石葫蘆葉，頗團。開黃花。根紫色。圖經云：葉如荷而斗直，大者容一升，小者容數合，俗呼爲蜂斗葉，又名水斗葉。此物不避冰雪，最先春前生，雪中出花。世謂之鑽凍。又云有葉似萆薢，開黃花，青紫萼，去土一二寸，初出如菊花萼，通直而肥實，無子。陶隱居所謂出高麗百濟者近此類也。其葉味苦，花味辛甘，性溫，無毒。杏仁爲之使，得紫菀良，惡皂莢、硝石、玄參，畏貝母、辛夷、麻黃、黃芩、黃連、青葙。

救飢　採嫩葉煠熟，水浸淘去苦味，油鹽調食。

萹蓄

萹蓄　亦名萹竹生東萊山谷今在處有之布地生道傍苗似石竹葉微闊嫩綠如竹赤莖如釵股節間花出甚細淡桃紅色結小細子根如蒿根苗葉味苦性平一云味甘無毒

救飢　採苗葉煠熟水浸淘淨油鹽調食

大藍

大藍　生河內平澤今處處有之人家園圃中多種苗高尺餘葉類白菜葉微厚而狹窄尖艄淡粉青色莖叉稍間開黃花小莢其子黑色本草謂菘藍可以為靛染青以其葉似菘菜故名菘藍又名馬藍爾雅所謂葴馬藍是也味苦性寒無毒

救飢　採葉煠熟水浸去苦味油鹽調食

石竹子

石竹子　本草名瞿麥，一名巨句麥，一名大菊，一名大蘭，又名杜母草，鷰麥，蘥音藥麥。生太山川谷，今處處有之。苗高一尺已來，葉似獨掃葉而尖小，又似小竹葉而細窄，莖亦有節，梢間開紅白花，而結蒴，內有小黑子，味苦辛，性寒，無毒。蘘草、牡丹為之使，惡螵蛸。

救飢　採嫩苗葉煠熟，水浸淘淨，油鹽調食。

紅花菜

紅花菜　本草名紅藍花，一名黃藍，出梁漢及西域，滄魏亦種之，今處處有之。苗高二尺許，莖葉有刺，似刺薊葉而潤澤，窊面，稍結梂彙，亦多刺，開紅花，蕊出梂上，圃人採之，採已復出，至盡而罷。梂中結實，白顆如小豆大，其花暴乾，以染真紅及作胭脂。花味辛，性溫，無毒。葉味甘。

救飢　採嫩葉煠熟，油鹽調食。子可笮作油用。

萱草花

萱草花　俗名川草花。本草一名鹿葱，謂生山野，花名宜男。風土記云：懷妊婦人佩其花，生男，故也。人家園圃中多種。其葉就地叢生，兩邊分垂，葉似菖蒲葉而柔弱，又似粉條兒菜葉而肥大。葉間攛葶，開金黃花。味甘，無毒。根涼，亦無毒。葉味甘。

救飢　採嫩苗葉煠熟，水浸淘淨，油鹽調食。

玄扈先生曰：花葉芽俱嘉蔬，不必救荒。根亦可作粉。如治蕨法，遇歲洊飢，山民多賴之。京師人食其土中嫩芽，名扁穿。花葉芽俱嘗過。

車輪菜

車輪菜　本草名車前子，一名當道，一名芣苢，一名蝦蟆衣，一名牛衣，一名勝舄菜。爾雅云：馬舄。幽州人謂之牛舌草。生滁州及真定平澤，今處處有之。春初生苗，葉布地如匙，面累年者長及尺餘，又似玉簪葉稍大而薄，葉叢中心攛葶三四莖，作長穗如鼠尾，花甚密，青色微赤，結實如葶藶子，赤黑色。生道傍。味甘鹹，性寒，無毒。一云味甘，性平。葉及根味甘，性寒。常山為之使。

救飢　採嫩苗葉煠熟，水浸去涎沫，淘淨，油鹽調食。

白水葒苗

白水葒苗　本草名葒草，一名鴻藹，有赤白二色。爾雅云紅蘢古，其大者蘬。鄭詩云隰有遊龍是也。所在有之。生水邊下濕地。葉似蓼葉而大長，有澁，花開紅白。又似馬蓼。其莖有節而赤。味鹹，性微寒，無毒。

救飢　採嫩苗葉煠熟，水浸淘淨，油鹽調食。洗淨，蒸食亦可。

黃耆

黃耆　一名戴糝，一名戴椹，一名獨椹，一名芰草，一名蜀脂，一名百本，一名王孫。生蜀郡山谷及白水漢中、河東、陝西。出綿上，呼爲綿黃耆。今處處有之。根長二三尺。獨莖，叢生枝榦。其葉扶疎，作羊齒狀，似槐葉微尖小，又似蒺藜葉闊大而青白色。開黃紫花，紅槐花大。結小尖角，長寸許。味甘，性微溫，無毒。一云味苦，微寒。惡龜甲、白蘚皮。

救飢　採嫩苗葉煠熟，換水浸淘，洗去苦味，油鹽調食。藥中補益，呼爲羊肉。

威靈仙

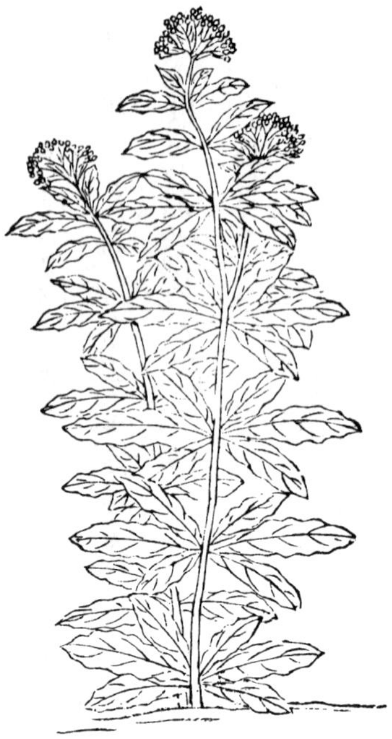

威靈仙　一名能消、出商州上洛華山、并平澤、及陝西河東河北河南江湖石州寧化等州郡、不聞水聲者良、今密縣梁家衝山野中亦有之、苗高一二尺、莖方如釵股四稜、莖多細茸白毛、葉似柳葉而闊、邊有鋸齒、又似旋覆花葉、其葉作層生、每層六七葉、相對排如車輪樣、有六層至七層者、花淺紫色、或碧白色、作穗似蒲臺子、亦有似菊花頭者、結實青色、根稠密多鬚、味苦、性溫、無毒、惡茶及麵湯、以甘草枝子代飲可也、

救飢　採葉煠熟、換水浸去苦味、再以水淘淨、油鹽調食、

馬兜鈴

馬兜鈴　根名雲南根、又名土青木香、生關中、及信州滁州河東河北江淮夔州澥州郡、皆有、今高阜等去處亦有之、春生苗如藤蔓、葉如山藥葉而厚大、背白、開黃紫花、頗類枸杞花、結實如鈴、作四五瓣、葉脫時鈴尚垂之、其狀如馬項鈴、故得名、味苦、性寒、又云平無毒、

救飢　採葉煠熟、用水浸去苦味、淘淨、油鹽調食、

旋覆花

旋覆花　一名戴椹、一名金沸草、一名盛椹、上黨田野人、呼爲金錢花、爾雅云蕧盜庚出隨州、生平澤川谷、今處處有之、苗多近水傍、初生大如紅花葉、而無刺、苗長二三尺已來、葉似柳葉、稍寬大、莖細如蒿簳、開花似菊花、如銅錢大、深黃色、花味鹹、甘、性溫微冷利、有小毒、葉味苦、性涼、

救飢　採葉、煠熟、水浸去苦味、淘淨、油鹽調食

防風

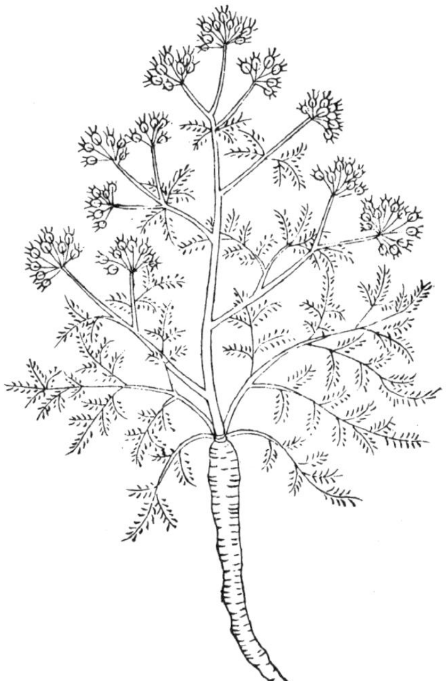

防風　一名銅芸、一名茴草、一名百枝、一名屏風、一名簡根、一名百蜚、生同州沙苑川澤、邯鄲琅邪上蔡、陝西山東處處皆有、今中牟田野中亦有之、根土黃色、與蜀葵根相類、稍細短、莖葉俱青綠色、莖深而葉淡、葉似青蒿葉而闊大、又似米蒿葉而稀疎、莖似茴香、開細白花、結實似胡荽子而大、味甘辛、性溫、無毒、殺附子毒、惡乾薑、藜蘆、白斂、芫花、又名石防風、亦療頭風眩痛、又有叉頭者令人發狂、叉尾者發痼疾、

救飢　採嫩苗葉作菜茹、煠熟、極爽口、

䕡臭苗

䕡臭苗　本草茺蔚子是也、一名益母、一名益明、一名大札、一名貞蔚、皆云蓷音推益母也、亦謂蓷臭穢、生海濱池澤、今田野處處有之、葉似荏子葉、又似艾葉而薄小、色青莖方、節節開小白花、結子黑茶褐色、三稜細長、味辛甘微溫、一云微寒、無毒、

救飢　採苗葉煠熟。水浸淘淨。油鹽調食。

澤漆

澤漆　本草一名漆莖、大戟苗也、生太山川澤及冀州鼎州明州、今處處有之、苗高二三尺、科叉生、莖紫赤色、葉似柳葉微細短、開黃紫花、狀似杏花而瓣頗長、生時摘葉、有白汁出、亦能嚙刺人、故以爲名、味苦辛、性微寒、無毒、一云有小毒、一云性冷微毒、小豆爲之使、惡薯蕷、今嘗葉味澁苦、食過回味甜、

救飢　採葉及嫩莖煠熟。水浸淘淨。油鹽調食、採嫩葉蒸過、晒乾。做茶喫亦可。

酸漿草

酸漿草　本草名酢漿草，一名醋母草，一名鳩酸草，俗爲小酸茅。舊不著所出州土，今處處有之。生道傍下溼地。葉如初生小水萍，每莖端皆叢生三葉。開黃花，結黑子。南人用苗揩鍮（音偷）石器，令白如銀色光豔。味酸，性寒，無毒。

救飢　採嫩苗葉生食。

蛇床子

蛇床子　一名蛇粟，一名蛇米，一名虺床，一名思益，一名繩毒，一名棗棘，一名牆蘼，爾雅一名盱。生臨淄川谷田野，今處處有之。苗高一二尺，青碎作叢，似蒿枝。葉似黃蒿葉，又似小葉蘼蕪，又似藁本葉。每枝上有花頭百餘，結同一窠，開白花，如傘蓋狀。結子半黍大，黃褐色。味苦，性甘，無毒，性平，一云有小毒。惡牡丹、巴豆、貝母。

救飢　採嫩苗葉，煠熟，水浸淘洗淨，油鹽調食。

茴香

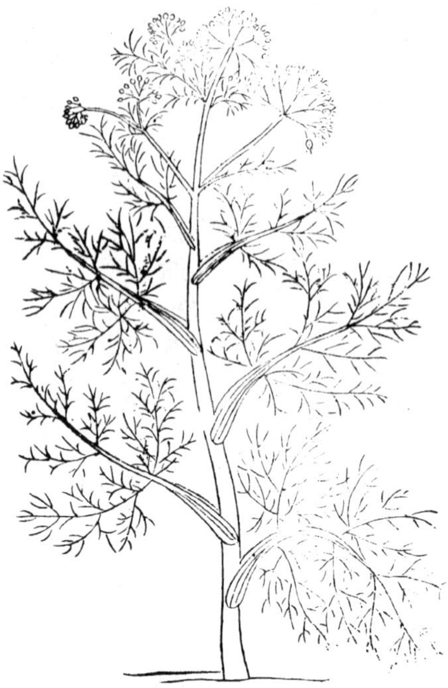

茴香　一名蘹　香子北人呼爲土茴香、茴蘹聲相近、故云耳、今處處有之、人家園圃多種、苗高三四尺、莖粗如筆管、傍有淡黄袴葉抪莖而生、袴葉上發生青色細葉似細蓬葉而長、極疎細如絲髮狀、袴葉間分生叉枝、稍頭開花、花頭如傘蓋、黄色、結子如蒔蘿子、微大而長、亦有線瓣、味苦辛、性平無毒、

救飢　採苗葉煠熟、換水淘淨。油鹽調食。子調和諸般食味。香美。

玄扈先生曰、葉可作佰蔬。

夏枯草

夏枯草　本草一名夕句、一名乃東、一名燕面、生蜀郡川谷、及河淮浙滁平澤、今祥符西田野中亦有之、苗高二三尺、其葉對節生、葉似旋覆葉而極長大、邊有細鋸齒、背白、上多氣脉紋路、葉端開花、作穗長二三寸許、其花紫白似丹參花、葉味苦微辛、性寒、無毒、土瓜爲之使、俗又謂之鬱臭苗、非是

救飢　採嫩葉煠熟。換水浸淘去苦味。油鹽調食

藁本

藁本　一名鬼卿，一名地新，一名微莖，生崇山山谷及西川河東兗州杭州，今衛輝輝縣栲栳圈山谷間亦有之，俗名山園荽，苗高五七寸，葉似芎藭葉細小，又似園荽葉而稀疎，莖比園荽莖頗硬直，味辛微苦，性溫微寒，無毒，惡藺茹，畏青箱子。

救飢　採嫩苗葉煠熟，水浸淘淨，油塩調食。

柴胡

柴胡　一名地薰，一名山菜，一名茹草葉，一名芸蒿，生弘農川谷及宛句壽州淄州關陝江湖間皆有，銀州者為勝，今鈞州密縣山谷間亦有，苗甚辛香，莖青紫堅硬，微有細線楞，葉似竹葉而小，開小黃花，根淡赤色，味苦，性平，微寒，無毒，半夏為之使，惡皁莢，畏女菀藜蘆。又有苗似斜蒿，亦有似麥門冬苗而短者，開黃花，生丹州，結青子，與他處者不類。

救飢　採苗葉煠熟，換水浸淘，去苦味，油塩調食。

漏蘆

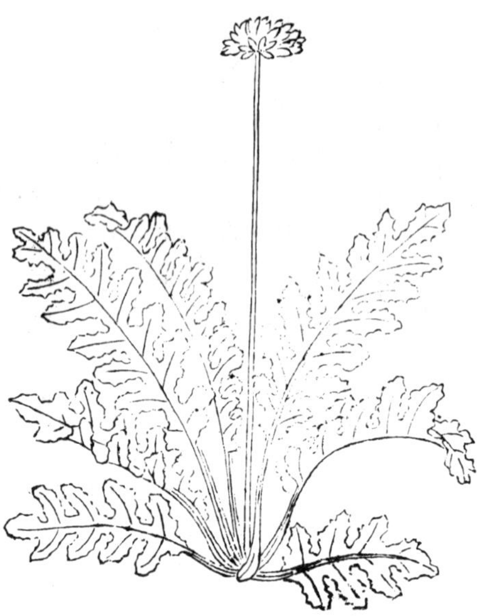

漏蘆　一名野蘭、俗名莢蒿、根名鹿驪根、俗呼爲鬼油麻、生喬山山谷、及秦州海州單州曹兗州、今鈞州新鄭沙崗間、亦有之、苗葉就地叢生、葉似山芥菜葉而大、又多花叉、有似白屈菜葉、又似大蓬蒿葉、及似風花菜腳葉而大、葉中攛葶上開紅白花、根苗味苦鹹、性寒、大寒、無毒、連翹爲之使、

救飢　採葉煠熟、水浸淘去苦味、油鹽調食、

龍膽草

龍膽草　一名龍膽、一名陵游、俗呼草龍膽、生齊朐山谷、及宛句襄州吳興、皆有之、今鈞州新鄭山崗間亦有、根類牛膝、而根一本十餘莖、黃白色、宿根苗高尺餘、葉似柳葉而細短、又似小竹、開花如牽牛花、青碧色、似小鈴形樣、陶隱居注云、狀似龍葵、味苦如膽、因以爲名、味苦、性寒、大寒、無毒、貫衆小豆爲之使、惡防葵地黃、又云、浙中又有龍膽草、味苦澁、此同類而別種也、

救飢　採葉煠熟、換水浸淘去苦味、油鹽調食、勿空腹服餌、令人溺不禁、

鼠菊

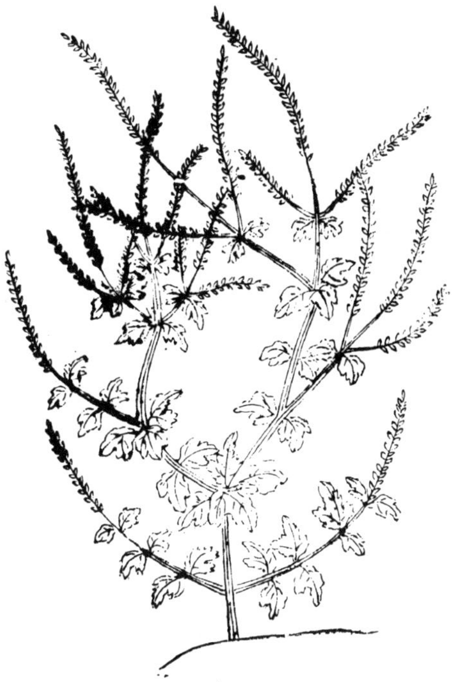

鼠菊　本草名鼠尾草，一名葝（音勁），一名陵翹。出黔州及所在平澤有之，今鈞州新鄭崗野間亦有之。苗高一二尺，葉似菊花葉，微小而肥厚，又似野艾蒿葉而脆，色淡綠。莖端作四五穗，穗似車前子穗，而極疎細。開五瓣淡粉紫色花，又有赤白二色花者。黔中者苗如蒿。爾雅謂葝，鼠尾，可以染皁。味苦，性微寒，無毒。

救飢　採葉煠熟，换水浸去苦味，再以水淘令淨，油塩調食。

前胡

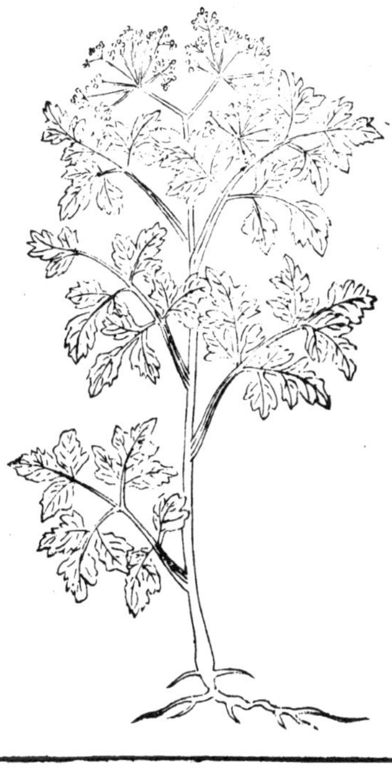

前胡　生陝西漢梁江淮荆襄江寧成州諸郡，相孟越衢婺睦等州皆有，今密縣梁家衝山野中亦有之。苗高一二尺，青白色，似斜蒿，味甚香美。葉似野菊葉而瘦細，頗似山蘿蔔葉，亦細，又似芸蒿。開黪白花，類蛇床子花。秋間結實。根細，青紫色，一云外黑裡白。味甘辛，微苦，性微寒，無毒。半夏為之使，惡皁莢，畏藜蘆。

救飢　採葉煠熟，换水浸淘淨，油塩調食。

地榆

地榆　生桐柏山及宛句山谷、今處處有之、密縣山野中亦有此、多宿根、其苗初生布地、後攛葶直高三四尺、對分生葉、葉似榆葉而狹細、頗長、作鋸齒狀、青色、開花如椹子、紫黑色、又類豉、故名玉豉、其根外黑裡紅、似柳根、亦入釀酒藥、燒作灰、能爛石、味苦甘酸、性微寒、一云沉寒、無毒、得髮良、惡麥門冬、

救飢　採嫩葉煠熟、用水浸去苦味、換水淘淨、油鹽調食、無茶時、用葉作飲、甚解熱、

川芎

川芎　一名芎藭、一名胡藭、一名香果、其苗葉名蘼蕪、一名微蕪、一名茳蘺、生武功川谷斜谷西嶺、雍州川澤及宛句、其關陝蜀川江東山中。亦多有、以蜀川者為勝、今處處有之、人家園圃多種、苗葉似芹而葉微細窄。却有花叉叉、似白芷葉亦細、又如園荽葉、微壯、又有一種、葉似蛇床子葉而亦粗壯、開白花、其芎人家種者、形塊大重、實多脂潤、其裡色白、味辛甘、性溫無毒、山中出者瘦細、味苦辛、其節大莖細、狀如馬銜、謂之馬銜芎。伏如雀腦者、謂之雀腦芎。皆取有力。白芷為之使、畏黃連、其蘼蕪味辛香、性溫無毒、

救飢　採葉煠熟、換水浸去辛味、淘淨、油鹽調食、亦可煮飲、甚香。

葛勒子

葛勒子秧　本草名葎草，亦名葛勒蔓，一名葛葎蔓，人名澁蘿蔓。蔓而生，藤長丈餘，莖多細澁刺，葉似萆麻葉而小，亦薄，莖葉極澁，能抓挽人，莖葉間開黄白花，結子類山絲子，其葉味甘苦，性寒，無毒。

救飢　採嫩苗葉煠熟，換水浸去苦味，淘淨油鹽調食。

豬牙菜

豬牙菜　本草名角蒿，一名莪蒿，一名蘿蒿，又名藨蒿。舊云生高崗，及澤田塹洳處多有，今處處有之。生田野中，苗高一二尺，莖葉如青蒿葉，似斜蒿葉而細，又似蛇子葉，頗似，稍間開花紅赤色，鮮明可愛，花罷結角子，似蔓菁角，長二寸許，微彎，中有子黑色，似王不留行子，味辛苦，性温，無毒，一云性平，有小毒。

救飢　採嫩苗莖葉煠熟，水浸去苦味，淘淨油鹽調食。

連翹 一名異翹，一名蘭華，一名折根，一名軹，音紙 一名三廉，爾雅謂之連，一名連苕。生太山山谷及河中、江寧、澤、潤、淄、兗、鼎、岳、利州、南康皆有之。今密縣梁家衝山谷中亦有。科苗高三四尺，莖稈赤色。葉如榆葉大，面光，色青黃，邊微細鋸齒，又似金銀花葉，微尖艄。開花黃色可愛。結房狀似山梔子，蒴微匾而無稜瓣。蒴中有子如雀舌樣，極小。其子折之，間片片相比如翹，以此得名。味苦，性平，無毒。葉亦味苦。

救飢 採嫩葉煠熟，換水浸去苦味，淘洗淨，油鹽調食。

農政全書卷之四十七

特進光祿大夫太子太保禮部尚書兼文淵閣大學士贈少保謚文定上海徐光啓纂輯

欽差總理糧儲提督軍務兼巡撫應天等處地方都察院右僉都御史東陽張國維鑒定

直隸松江府知府穀城方岳貢同鑒

荒政 採周憲王救荒本草

草部 葉可食

桔梗 一名利如，一名房圖，一名白藥，一名梗草，一名薺苨。生嵩高山谷及冤句、和州、解州，今鈞州密縣山野亦有之。根如手指大，黃白色。春生苗，莖高尺餘。葉似杏葉而長橢，四葉相對而生，嫩時亦可煮食。開花紫碧色，頗似牽牛花。秋後結子。葉名隱忍。其根有心，無心者乃薺苨也。根葉味辛苦，性微溫，有小毒。一云味苦，性平，無毒。節皮爲之使。得牡蠣、遠志療恚怒，得硝石、石膏療傷寒。畏白芨、龍眼、龍膽。

救飢 採葉煠熟，換水浸去苦味，淘淨，油鹽調食。

青杞

青杞　本草名蜀羊泉、一名羕泉、一名羊飴、俗名漆姑、生蜀郡山谷及所在平澤皆有之、今祥符縣西田野中亦有苗高二尺餘、葉似菊葉稍長花開紫色子類枸杞子、生青熟紅、根如遠志、無心有椽、味苦性微寒無毒、

救飢　採嫩葉煠熟、水浸去苦味、淘洗淨油鹽調食、

馬蘭頭

馬蘭頭　本草名馬蘭、舊不著所出州土但云生澤傍如澤蘭北人見其花呼爲紫菊以其花似菊而紫也苗高一二尺莖亦紫色葉似薄荷葉邊皆鋸齒又似地瓜兒葉微大味辛性平無毒又有山蘭生山側似劉寄奴葉無椏不對生花心微黃赤、

救飢　採嫩苗葉煠熟新汲水浸去辛味淘洗淨油鹽調食、

玄扈先生曰葉可作恒蔬嘗過、

稀薟

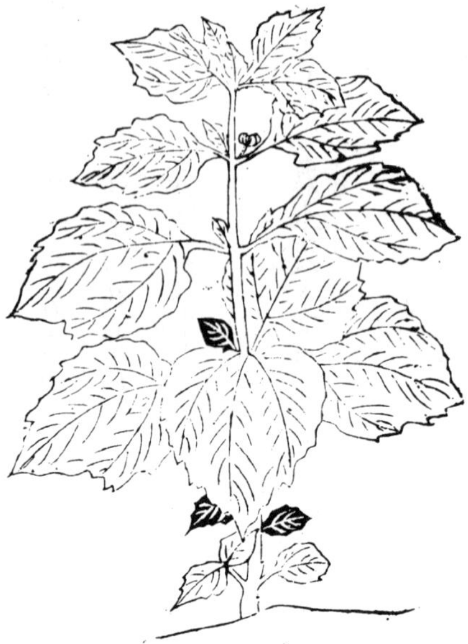

豨薟　俗名粘糊菜，俗又呼火杴草。舊不著所出州郡，今處處有之。苗高三四尺，金稜銀線，素根紫稭，莖叉對節而生。莖葉頗類蒼耳，莖葉紋脈竪直。稍葉間開花，深黄色。又有一種苗葉似芥葉而尖狹，開花如菊，結實頗似鶴虱科。苗味苦，性寒，有小毒。

救饑　採嫩苗葉煠熟，浸去苦味，淘洗淨，油鹽調食。

澤瀉

澤瀉　俗名水蓄菜，一名水瀉，一名及瀉，一名芒芋，一名鵠瀉。生汝南池澤及齊州，山東、河陜、江淮亦有，漢中者爲佳。今水邊處處有之。叢生苗葉，其葉似牛舌草葉，紋脈竪直。葉叢中間攛葶，對分莖叉，莖有線楞。稍間開三瓣小白花，結實小青細子。味甘，葉味微鹹，俱無毒。

救饑　採嫩葉煠熟，水浸淘洗淨，油鹽調食。

竹節菜

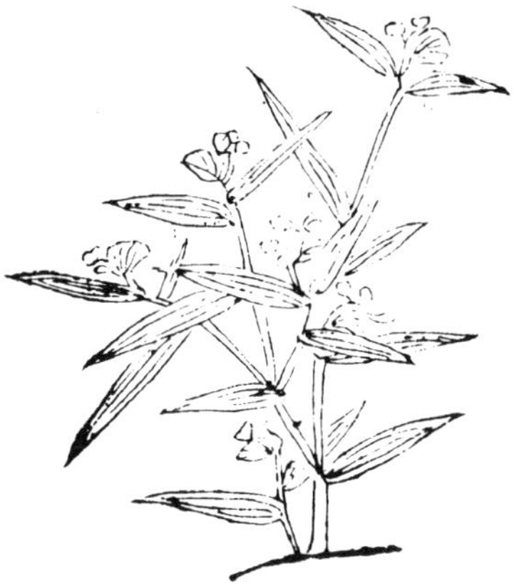

竹節菜　一名翠蝴蝶、又名翠娥眉、又名笪竹花、一名倭青草、南北皆有、今新鄭縣山野中亦有之、葉似竹葉微寬、短莖淡紅色、就地叢生、攛節似初生嫩葦節、梢葉間開翠碧花、狀類蝴蝶、其葉味甜

救飢　採嫩苗葉煠熟、油鹽調食

玄扈先生曰、南方名淡竹葉、嘗過、

獨掃苗

獨掃苗　生田野中、今處處有之、葉似竹形、而柔弱細小、抪莖而生、莖葉稍間結小青子、小如粟粒、科莖老時可爲掃帚、葉味甘、

救飢　採嫩苗葉煠熟、水浸淘淨、油鹽調食。曬乾煠食、不破腹、尤佳。

玄扈先生曰、可作恒蔬。南人名落帚、嘗過。

歪頭菜

歪頭菜　出新鄭縣山野中、細莖就地叢生、葉似豇豆葉而狹長、背微白、兩葉並生一處、開紅紫花、結角比豌豆角短小匾瘦、葉味甜、

救飢　採葉煠熟、油鹽調食、

兎兒酸

兎兒酸　一名兎兒漿、所在田野中皆有之、苗比水葒矮短、莖葉皆類水葒、其莖節密、其葉亦稠、比水葒葉稍薄小、味酸、性寒、無毒、

救飢　採苗葉煠熟、以新汲水浸去酸味、淘淨、油鹽調食、

鹻蓬

鹻蓬　一名鹽蓬、生水傍下濕地、莖似落藜、亦有線楞、葉似蓬而肥壯、比蓬葉亦稀疏、莖葉間結青子極細小、其葉味微鹹、性微寒、

救飢　採苗葉煠熟、水浸去鹹味、淘洗淨、油鹽調食、

蔄蒿

蔄蒿　田野中處處有之、苗高二尺餘、莖幹似艾、其葉細長鋸齒、葉抪莖而生、味微苦、性微溫、

救飢　採嫩苗葉煠熟、水浸淘淨、油鹽調食、

玄扈先生曰、可作恒蔬、嘗過、

水蒿苣

水蒿苣　一名水菠菜水邊多生苗高一尺許葉似麥藍葉而有細鋸齒兩葉對生每兩葉間對叉又生兩莖稍間開青白花結小青蓇葖如小椒粒大其葉味微苦性寒

救飢　採苗葉煠熟水淘淨油鹽調食

金盞菜

金盞菜　一名地冬瓜菜生田野中苗高二三尺莖初微赤而有線路葉似線柳葉微厚攛莖而生莖葉稠密開花紫色黃心其葉味甘性鹹

救飢　採苗葉煠熟水淘淨油鹽調食

水辣菜

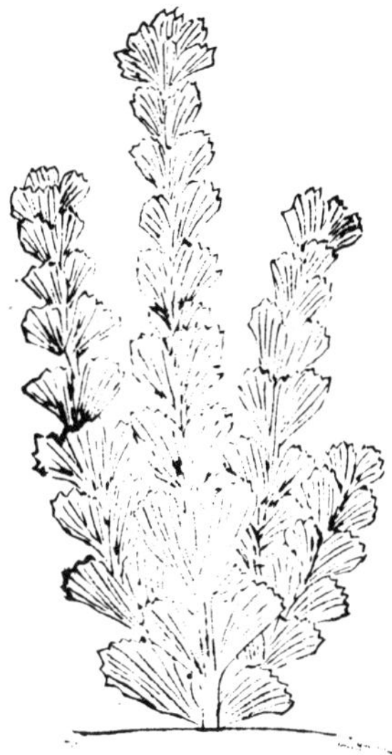

水辣菜　生水邊下濕地中莖高一尺餘、莖圓葉似
雞兒腸葉、頭微齊短、又似馬蘭頭葉、亦更齊短、其葉
抪莖生、稍間出穗如黄蒿穗、其葉味辣、

救飢　採嫩苗葉煠熟換水淘去辣氣、油鹽調食
生亦可食、

紫雲菜

紫雲菜　生密縣傳家衝山野中、苗高一二尺、莖方
紫色對節生、又葉似山小菜葉、頗長抪梗對生葉頂
及葉間開淡紫花、其葉味微苦、

救飢　採嫩苗葉煠熟、水浸淘去苦味、油鹽調食

鴉蔥

鴉蔥　生田野中、枝葉尖長、搨地而生、葉似初生蜀秫葉而小、又似初生大藍葉、細窄而尖、其葉邊皆曲皺、葉中攛葶、吐結小骨突、後出白英、味微辛、

救飢　採苗葉煠熟、油鹽調食、

匙頭菜

匙頭菜　生密縣山野中、作小科苗、其莖面窊背圓、葉似團匙頭樣、有如杏葉大、邊微鋸齒、開淡紅花、結子黃褐色、其葉味甜、

救飢　採葉煠熟、水浸淘淨、油鹽調食、

鷄冠菜

雞冠菜 生田野中、苗高尺餘、似青莢葉窄小、又似山菜葉而窄、䏍稍間出穗、似兎兒尾穗、却微細小、開粉紅花、結實如莧菜子、苗葉味苦、

救飢 採苗葉煠熟、水浸淘去苦氣、油鹽調食、

水蔓青

水蔓菁 一名地膚子、生中牟縣南沙堈中、苗高一二尺、葉彷彿似地瓜兒葉、却甚短小、捲邉窊面、又似雞兒腸葉、頗尖、䏍稍頭出穗、開淡藕絲褐花、葉味甜、

救飢 採苗葉煠熟、油鹽調食

野園荽

野園荽　生祥符縣西北田野中苗高一尺餘苗葉結實皆似家胡荽但細小瘦窄味甜微辛香

救飢　採嫩苗葉煠熟油盐調食

牛尾菜

牛尾菜　生輝縣鴉子口山野間苗高二三尺葉似龍鬚菜葉葉間分生叉枝及出一細絲蔓又似金剛刺葉而小紋脉皆竪莖葉稍間開白花結子黑色其葉味甘

救飢　採嫩葉煠熟水浸淘淨油盐調食

山蔚菜

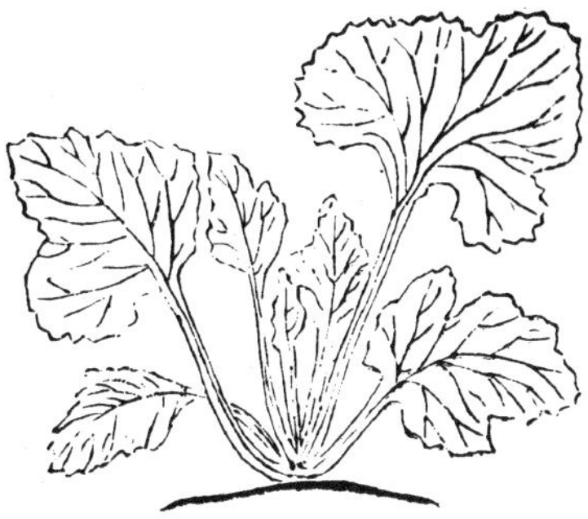

山蔚菜　生密縣山野中、苗初塌地生、其葉之莖背圓面突、葉似初出冬蜀葵葉、稍五花叉、鋸齒邊、又似蔚臭苗葉而硬厚、頗大、後攛莖叉、莖深紫色、稍葉頗小、味微辣、

救飢　採苗葉煠熟、換水浸淘淨、油鹽調食、

綿絲菜

綿絲菜　生輝縣山野中、高一二尺、葉似兔兒尾葉、但短小、又似柳葉菜葉、亦比短小、稍頭攢生小蓇葖、開黲白花、其葉味甜、

救飢　採嫩苗葉煠熟、水浸淘淨、油鹽調食、

米蒿

米蒿　生田野中所在處處有之、苗高尺許、葉似園荽葉微細、葉叢間分生莖叉、稍上開小青黃花、結小細角、似葶藶角兒、葉味微苦、

救飢　採嫩苗葉煠熟。水浸過淘淨。油鹽調食、

山芥菜

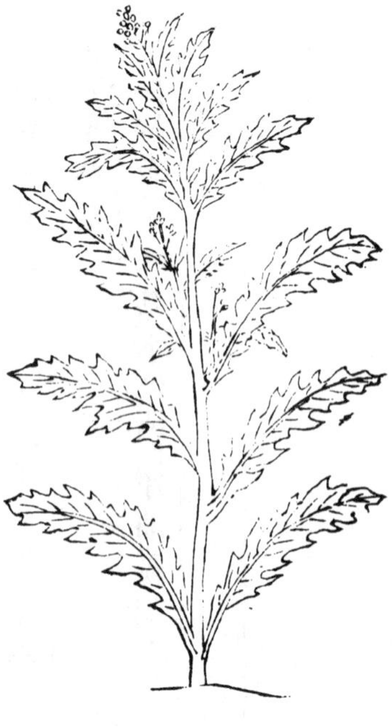

山芥菜　生密縣山坡及岡野中、苗高一二尺、葉則家芥菜葉、瘦短微尖而多花叉、開小黃花、結小短角兒、味辣微甜、

救飢　採苗葉揀擇淨煠熟。油鹽調食、

舌頭菜

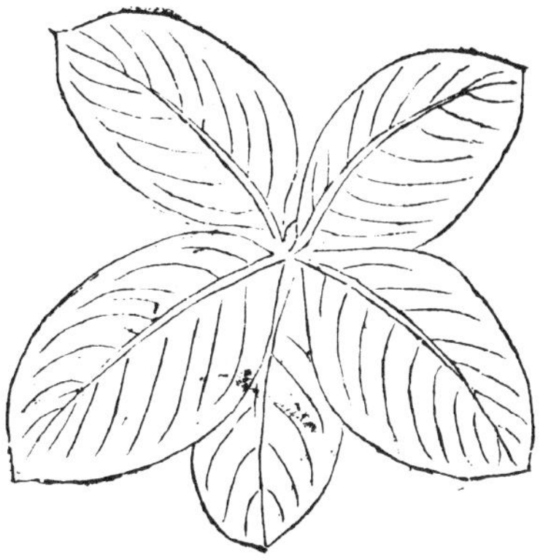

舌頭菜　生密縣山野中苗葉塌地生葉似山白菜葉而小頭頗團葉面不皺比小白菜葉亦厚狀類猪舌形故以爲名味苦

救飢　採葉煠熟水浸去苦味換水淘淨油鹽調食

紫香蒿

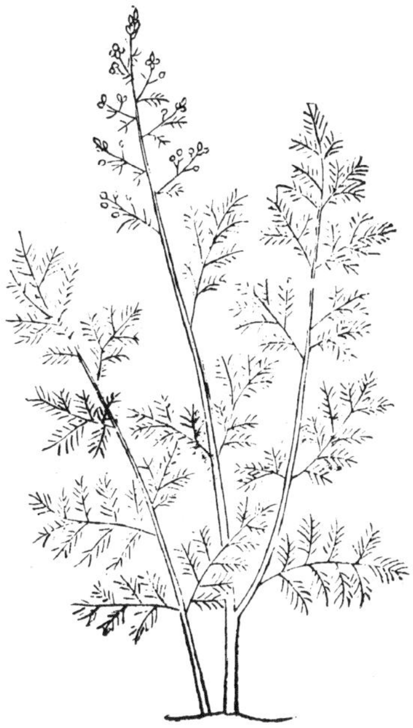

紫香蒿　生中牟縣平野中苗高一二尺莖方紫色葉似邪蒿葉而背白又似野胡蘿蔔葉微短莖葉稍間結小青子比灰菜子又小其葉味苦

救飢　採葉煠熟水浸去苦味油鹽調食

金盞兒花

金盞兒花　人家園圃中多種，苗高四五寸，葉似初生萵苣葉，比萵苣葉狹窄而厚，抪莖生葉，莖端開金黃色盞子樣花，其葉味酸，

救飢　採苗葉煠熟。水浸去酸味，淘淨，油鹽調食。

六月菊

六月菊　生祥符西田野中，苗高一二尺，莖似鐵桿蒿莖，葉似雞兒腸葉，但長而澀，又似馬蘭頭葉而硬短，稍葉間開淡紫花，葉味微酸澀，

救飢　採葉煠熟，水浸去邪味。油鹽調食。

蕢菜

蕢菜 生輝縣太行山、車箱衝山野間、苗高尺許、似火䕲草葉而小、頭頗齊、上有鋸齒、其葉抪莖而生、葉稍上開五瓣小尖淡黃花、結五瓣紅小花蒴兒、苗葉味酸、

救飢 採嫩苗葉煠熟、換水淘去酸味。油鹽、調食。

千屈菜

千屈菜 生田野中、苗高二尺許、莖方四楞、葉似山梗菜葉而不尖、又似柳葉菜葉、亦短小、葉頭頗齊、葉皆相對生、稍間開紅紫花、葉味甜、

救飢 採嫩苗葉煠熟。水浸淘淨。油鹽調食。

柳葉菜

柳葉菜　生鄭州賈峪山山野中苗高二尺餘莖淡黃色葉似柳葉而厚短有澀毛稍間開四瓣深紅花結細長角兒其葉味甜

救飢　採苗葉煠熟油鹽調食

農政全書卷之四十七終

仙靈脾

仙靈脾　本草名淫羊藿一名剛前俗名黃德祖千兩金乾雞筋放杖草棄杖草俗又呼三枝九葉草生上郡陽山山谷及江東陝西泰山漢中湖湘沂州等郡并永康軍皆有之今密縣山野中亦有苗高二尺許莖似小豆莖極細緊葉似杏葉頗長近蔕皆有一缺又似菉豆葉亦長而光稍間開花白色亦有紫色花作碎小獨頭子根紫色有鬚形類黃連狀味辛性寒一云性溫無毒生處不聞水聲者良薯蕷紫芝為之使

救飢　採嫩葉煠熟水浸去邪味淘淨油鹽調食

農政全書卷之四十八

特進光祿大夫太子太保禮部尚書兼文淵閣大學士贈少保謚文定上海徐光啓纂輯

欽差總理糧儲提督軍務兼巡撫應天等處地方都察院右僉都御史東陽張國維鑒定

直隸松江府知府穀城方岳貢同鑒

荒政 採周憲王救荒本草

草部 葉可食

剪刀股

剪刀股 生田野中，處處有之。搨地作科，苗葉似嫩苦苣葉，而細小，色頗似藍，亦有白汁。莖叉稍間，開淡黃花，葉味苦。

救飢 採苗葉煠熟，水浸淘去苦味，油鹽調食。

婆婆指甲菜

婆婆指甲菜 生田野中，作地攤科，生莖細弱，葉像女人指甲，又似初生棗葉，微薄，細莖稍間結小花蒴，苗葉味甘。

救飢 採嫩苗葉煠熟，油鹽調食。

鐵桿蒿

鐵桿蒿　生田野中、苗莖高二三尺、葉似獨掃葉微肥短、又似扁蓄葉、而短小、分生莖叉、稍間開淡紫花黃心、葉味苦、

救飢　採葉煠熟。淘去苦味。油鹽調食。

山甜菜

山甜菜　生密縣、韶華山、山谷中、苗高二三尺、莖青白色、葉似初生綿花葉而窄、花叉頗淺、其莖葉間開五瓣淡紫花、結子如枸杞子、生則青、熟則紅色、葉味苦、

救飢　採葉煠熟。換水浸淘去苦味。油鹽調食。

水蘇子

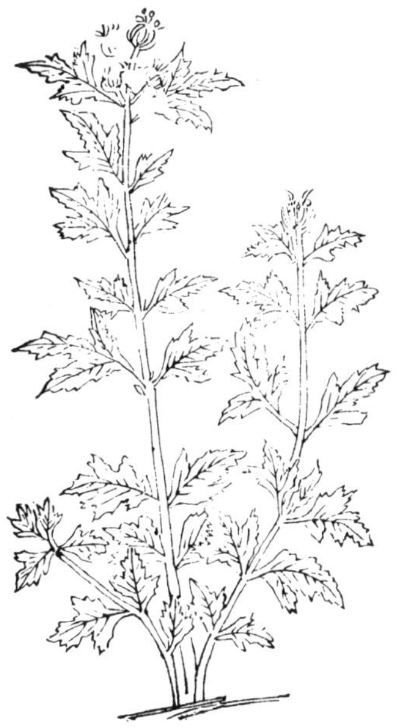

水蘇子　生下溼地、莖淡紫色、對生莖叉、葉亦對生、其葉似地瓜葉、而窄邊有花、鋸齒三叉尖、葉下兩傍叉有小叉葉、稍開花黄色、其葉微辛

救飢　採苗葉煠熟、油鹽調食。

風花菜

風花菜　生田野中、苗高二尺餘、葉似芥菜、葉而瘦長、又多花叉、稍間開黄花、如芥菜花、味辛微苦、

救飢　採嫩苗葉煠熟、换水浸淘去苦味、油鹽調食。

鵝兒腸

鵝兒腸　生許州、水澤邊就地妥莖而生、對節生葉、葉似蟧豆葉而薄、又似佛指甲葉、微觕葉間、分生枝又開白花、結子似葶藶子、其葉味甜、

救飢　採苗葉煠熟。油塩調食。

粉條兒菜

粉條兒菜　生田野中其葉初生就地叢生、長則四散分垂、葉似萱草葉、而瘦細微短葉間、擴莛開淡黃花、葉甜、

救飢　採葉煠熟淘洗淨油鹽調食。

辣辣菜

辣辣菜 生荒野中，今處處有之。苗高五七寸，初生

火葉，後分枝莖，上出長葉，開細青白花，結小匾蒴，其

子似米蒿子，黃色，味辣。

救飢 採嫩苗葉煠熟。水浸淘淨，油鹽調食。生揉

亦可食。

毛連菜

毛連菜 一名常十八，生田野中。苗初搨地生，後攛

莖叉，高二尺許。葉似刺薊葉而長大，稍尖，其葉邊褶

曲皺，上有澁毛，稍間開銀褐花，味微苦。

救飢 採葉煠熟，水浸淘淨，油鹽調食。

此乃鳳仙若夾竹桃木本枝生多岐

小桃紅

小桃紅　一名鳳仙花，一名夾竹桃，又名海蒳，俗名染指甲草。人家園圃多種，今處處有之。苗高二尺許，葉似桃葉而旁邊有細鋸齒。開紅花，結實形類桃樣，極小，有子似蘿蔔子，取之易迸散，俗称急性子。葉味苦，微澀。

救飢　採苗葉煠熟，水浸一宿，做菜，油鹽調食。

玄扈先生曰：嘗過難食。

青荚兒菜

青荚兒菜　生輝縣太行山山野中。苗高二尺許，對生莖，叉葉亦對生。其葉面青背白，鋸齒三叉。葉脚葉花叉頗大，狀似荏子葉而狹長尖艄。莖葉稍間開五瓣小黃花，衆花攢開，形如穗狀。其葉味微苦。

救飢　採苗葉煠熟，換水浸淘去苦味，油鹽調食。

八角菜

八角菜　生輝縣、太行山、山野中、苗高一尺許、苗莖甚細、其葉狀、類牡丹葉而大、味甜、

救飢　採嫩苗葉煠　水浸淘淨。油鹽調食。

耐驚菜

耐驚菜　一名蓮子草以其花之脊荚狀似小蓮蓬樣故名生下濕地中苗高一尺餘莖紫赤色對生莖叉葉似小桃紅葉而長稍間開細瓣白花而淡黃心葉味苦

救飢　採苗葉煠熟油鹽調食

地棠菜

地棠菜　生鄭州南沙堈中苗高一二尺葉似地棠花葉甚大又似初生芥菜葉微狹而尖味甜

救飢　採嫩苗葉煠熟油鹽調食

鷄兒腸

鷄兒腸　生中牟田野中苗高一二尺莖黑紫色葉似薄荷葉微小邊有稀鋸齒又似六月菊稍葉間開細瓣淡粉紫花黃心葉味微辣

救飢　採葉煠熟換水淘去辣味油鹽調食

雨點兒菜

雨點兒菜　生田野中，就地叢生，其莖脚紫，稍靑，葉如細柳葉而窄小，抪莖而生，又似石竹子葉而頗硬，稍間開小尖五瓣白花，結角比蘿蔔角又大，其葉味甜。

救飢　採葉煠熟，水浸作過，淘洗令淨，油鹽調食。

白屈菜

白屈菜　生田野中，苗高一二尺，初作叢生，莖葉皆靑白色，莖有毛刺，稍頭分叉，上開四瓣黃花，葉頗似山芥菜葉，而花叉極大，又似漏蘆葉，而色淡，味苦微辣。

救飢　採葉和淨土煮熟，撈出，連土浸一宿，換水淘洗淨，油鹽調食。

扯根菜

扯根菜　生田野中，苗高一尺許，莖赤色紅，葉似小桃紅葉微窄小，色頗綠，又似小柳葉，亦短而厚窄，其葉週圍攢莖而生，開碎瓣小青白花，結小花蒴，似蒺藜樣，葉苗味甘。

救飢　採苗葉煠熟，水浸淘淨，油鹽調食。

草零陵香

草零陵香　又名芫香，人家園圃中多種之，葉似苜蓿葉而長大，微尖，莖葉間開小淡粉紫花，作小短穗，其子如粟粒，苗葉味苦，性平。

救飢　採苗葉煠熟，換水淘淨，油鹽調食。

治病　今人遇零陵香缺，多以此物代用。

水落藜

水落藜　生水邊所在處處有之莖高尺餘莖色微紅葉似野灰菜葉而瘦小味微苦澁性凉

救飢　採苗葉煠熟換水浸淘洗淨油鹽調食曬乾煠食尤好

涼蒿菜

涼蒿菜　又名甘菊芽生密縣山野中葉似菊花葉而長細尖艄又多花叉開黄花其葉味甘

救飢　採葉煠熟換水浸淘淨油鹽調食

粘魚鬚

粘魚鬚　一名龍鬚菜，生鄭州賈峪山，及新鄭山野中亦有之，初先發笋，其後延蔓生莖發葉，每葉間皆分出一小叉，及出一絲蔓，葉似土茜葉而大，又似金剛刺葉，亦似牛尾菜葉，不澁，而光澤，味甘。

救飢　採嫩笋葉煠熟，油鹽調食。

節節菜

節節菜　生荒野下溼地，科苗甚小，葉似雞蓬，又更細小而稀疏，其莖多節，堅硬，葉間開粉紫花，味甜。

救飢　採嫩苗，揀擇淨，煠熟，水浸淘過，油鹽調食。

野艾蒿

野艾蒿　生田野中，苗葉類艾而細，又多花叉，葉有叉，香味苦。

救飢　採葉煠熟，水淘去苦味，油鹽調食。

菫菫菜

菫菫菜　一名箭頭草，生田野中，苗初搨地生，葉似鈹箭頭樣，而葉蒂甚長，其後葉間攛葶，開紫花，結三瓣蒴兒，中有子如芥子大，茶褐色，味甘。

救飢　採苗葉煠熟，水浸淘淨，油鹽調食。

治病　今人傳說，根葉搗傅諸腫毒。

婆婆納

婆婆納 生田野中苗搨地生葉最小如小面花靨兒狀類初生菊花芽葉又團邊微花如雲頭樣味甜

救飢 採苗葉煠熟水浸淘淨油鹽調食

野茴香

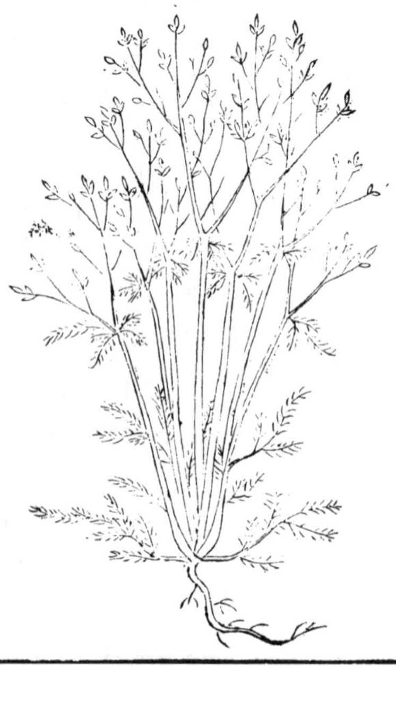

野茴香 生田野中苗初搨地生葉似抪娘蒿葉微細小後于葉間攛葶分生莖叉稍頭開黃花結細角有黑子葉味苦

救飢 採苗葉煠熟水浸淘去苦味油鹽調食

蝦子花菜

蝦子花菜　又名蚖蚕花一名野菠菜生田野中苗初搨地生葉似初生菠菜葉而瘦細葉間攛生莛又高一尺餘莖有線楞稍間開小白花其葉味苦

救飢　採嫩葉煠熟水淘淨油鹽調食

白蒿

白蒿　生荒野中苗高二三尺葉如細絲似初生松針色微青白梢似艾香味微辣

救飢　採嫩苗葉煠熟換水浸淘淨油鹽調食

野同蒿

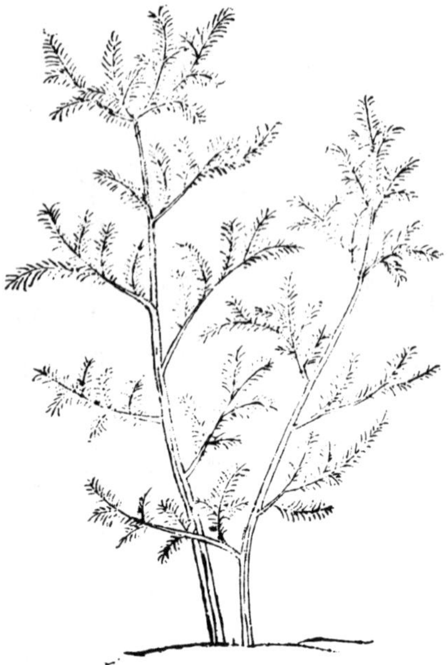

野同蒿　生荒野中苗高二三尺、莖紫赤色葉似白蒿、色微青黃、又似初生松針而茸細、味苦、

救飢　採嫩苗葉煠熟換水浸淘淨油鹽調食、

野粉團兒

野粉團兒　生田野中苗高一二尺、莖似鐵桿蒿、莖葉似獨掃葉而小、上下稀疏、枝頭分叉、開淡白花、黃心、味甜辣、

救飢　採嫩苗葉煠熟、水浸淘淨、油鹽調食、

蚵蚾菜

蚵蚾菜　生密縣山野中、苗高二三尺許、葉似連翹葉微長、又似金銀花葉而尖、紋皺却少、邊有小鋸齒、開紛紫花、黃心、葉味甜。

救饑　採嫩苗葉煠熟、水浸淘淨、油鹽調食。

農政全書卷之四十八終

農政全書卷之四十九

特進光祿大夫太子太保禮部尚書兼文淵閣大學士贈少保謚文定上海徐光啓纂輯

欽差總理糧儲提督軍務兼巡撫應天等處地方都察院右僉都御史東陽張國維鑒定

直隸松江府知府穀城方岳貢同鑒

荒政　採周憲王救荒本草

草部　葉可食

山梗菜

山梗菜　生鄭州賈峪山山野中、苗高一二尺、莖淡紫色、葉似桃葉而短小、又似柳葉菜葉亦小、稍開淡紫花、其葉味甜。

救饑　採嫩葉煠熟、淘洗淨、油鹽調食。

狗掉尾苗

狗掉尾苗　生南陽府馬鞍山中苗長二三尺拖蔓而生莖方色青其葉似歪頭菜葉稍大而尖艄色深綠紋脈微多又似狗筋蔓葉稍間開五瓣小白花黃心衆花攢開其狀如穗葉味微酸

救飢　採嫩葉煠熟水浸去酸味淘淨油鹽調食

石芥

石芥　生輝縣鴉子口山谷中苗高一二尺葉似地棠菜葉而闊短每三葉或五葉攢生一處開淡黃花結黑子苗葉味苦微辣

救飢　採嫩葉煠熟換水浸去苦味油鹽調食

獾耳菜

獾耳菜　生中牟平野中苗長尺餘、莖多枝叉、其莖上有細線楞葉似竹葉而短小亦軟、又似萹蓄葉却頗闊大、而又尖。莖葉俱有微毛、開小黲白花結細灰青子苗葉味甘、

救飢　採嫩苗葉煠熟水浸淘淨油鹽調食。

回回蒜

回回蒜　一名水胡椒、又名蟣虎草生水邊下濕地、苗高一尺許葉似野艾蒿而硬、又甚花叉、又似前胡葉頗大、亦多花叉、苗莖稍頭開五瓣黄花結穗如初生桑椹子而小又似初生蒼耳實亦小色青味極辛辣、其葉味甜、

救飢　採葉煠熟。換水浸淘淨油鹽調食。子可擣爛調菜用。

地槐菜

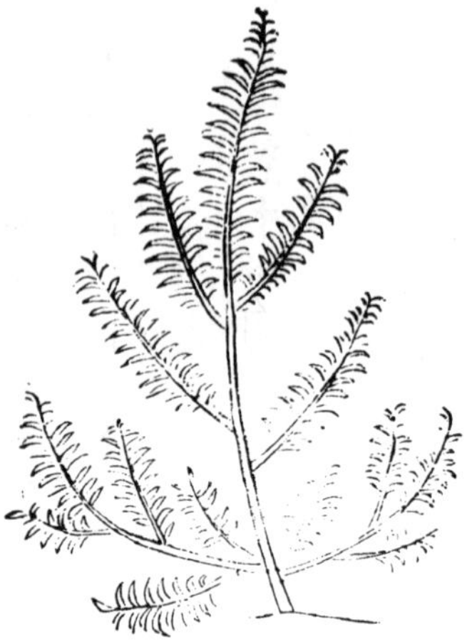

地槐菜　一名小蟲兒麥，生荒野中。苗高四五寸，葉似石竹子葉，極細短，開小黃白花，結小黑子。其葉味甜。

救飢　採葉煠熟，水浸淘淨，油鹽調食。

螺黶兒

螺黶兒　一名地桑，又名痢見草。生荒野中。莖微紅，葉似野人莧葉，微長窄而尖，開花作赤色小細穗兒。其葉味甘。

救飢　採苗葉煠熟，水浸淘去邪味，油鹽調食。

治病　今人傳說治痢疾，採苗用水煮服，甚效。

泥胡菜

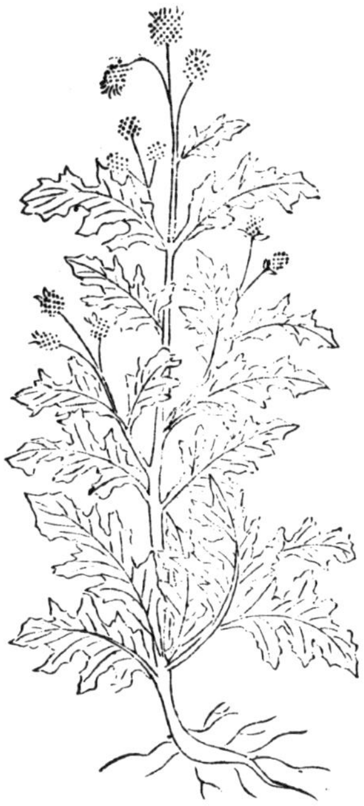

泥胡菜 生田野中苗高一二尺、莖梗繁多、葉似水芥菜葉、頗大花叉甚深、又似風花菜葉、却比短小、葉中攛葶分生莖叉、稍間開淡紫花、似刺薊花、苗葉味辣、

救飢 採嫩苗葉煠熟。水浸淘淨。油鹽調食。

兎兒絲

兎兒絲 生田野中、其苗就地拖蔓、節間生葉、如指頂大、葉邊似雲頭樣、小黄花、苗葉味甜、

救飢 採嫩苗葉煠熟。水浸淘淨。油鹽調食。

老鶴筋

老鶴筋　生田野中，就地拖秧而生，莖微紫色，莖叉繁稠，葉似園荽葉而頭不尖，又似野胡蘿蔔葉而短小，葉間開五瓣小黃花，味甜。

救飢　採嫩苗葉煠熟，水浸去邪味，淘洗淨，油鹽調食。

紋股藍

紋股藍　生田野中，延蔓而生，葉似小藍葉，短小軟薄，邊有鋸齒，又似痢見草葉亦軟，淡綠，五葉攢生一處，開小花，黃色，又有開白花者，結子如豌豆大，生則青色，熟則紫黑色，葉味甜。

救飢　採葉煠熟，水浸去邪味涎沫，淘洗淨，油鹽調食。

抪娘蒿

抪娘蒿　生田野中苗高二尺許莖似黃蒿莖其葉碎小茸細如針色頗黃綠嫩則可食老則為柴苗葉味苦

救飢　採嫩苗葉煠熟換水浸淘去蒿氣油鹽調食

雞腸菜

雞腸菜　生南陽府馬鞍山荒野中苗高二尺許莖方色紫其葉對生葉似菱葉樣而無花叉又似小灰菜葉形樣微匾開粉紅花結碗子蒴兒葉味甜

救飢　採苗葉煠熟水淘淨油鹽調食

水胡蘆苗

水胡蘆苗　生水邊。就地拖蔓而生。每節間開四葉。四葉如指頂大。其葉尖上皆作三叉。味甜。

救飢　採嫩秧連葉煠熟。水浸淘淨。油鹽調食。

胡蒼耳

胡蒼耳　又名回回蒼耳。生田野中。葉似皂莢葉微長大。又似望江南葉而小。頗硬。色微淡綠。莖有線楞。結實如蒼耳實。但長艄。味微苦。

救飢　採嫩苗葉煠熟。水浸去苦味。淘淨。油鹽調食。

治病　今人傳說治諸般瘡。採葉用好酒熬喫。治腫。

水棘針苗

水棘針苗　又名山油子、生田野中、苗高一二尺、莖方四楞、對分莖叉、葉亦對生、其葉似荊葉而軟、鋸齒尖葉、莖葉紫綠、開小紫碧花、葉味辛辣、微甜。

救飢　採苗葉煠熟、水淘洗淨、油鹽調食。

沙蓬

沙蓬　又名雞爪菜、生田野中、苗高一尺餘、初就地上蔓生、後分莖叉、其莖有細線楞、葉似獨掃葉狹窄而厚、又似石竹子葉亦窄、莖葉稍間結小青子、小如粟粒、其葉味甘、性溫。

救飢　採苗葉煠熟、水浸淘淨、油鹽調食。

麥藍菜

麥藍菜　生田野中。莖葉俱深萵苣色。葉似大藍稍葉而小。頗尖。其葉抱莖對生。每一葉間攛生一叉。莖叉稍頭開小肉紅花。結蒴有子。似小桃紅子。苗葉味微苦。

救飢　採嫩苗葉煠熟。水浸淘淨。油鹽調食。

婁菜

女婁菜　生密縣韶華山山谷中。苗高一二尺。莖叉相對分生。葉似覆旋花葉頗短。色微深綠。擶莖對生。稍間出青蓇葖。開花微吐白蘂。結實青。子如枸杞微小。其葉味苦。

救飢　採嫩苗葉煠熟。換水浸去苦味。淘淨。油鹽調食。

委陵菜

委陵菜　一名翻白菜生田野中苗初搨地生後分莖叉莖節稠密上有白毛葉彷彿類柏葉而極闊大邊如鋸齒形面青背白又似雞腿兒葉而却窄又類鹿蕨葉亦窄莖葉梢間開五瓣黃花其葉味苦微辣

救飢　採苗葉煠熟水浸淘淨油鹽調食

獨行菜

獨行菜　又名麥稭菜生田野中科苗高一尺許葉似水棘針葉微短小又似水蘇子葉亦短小狹窄作瓦隴樣稍出細莖開小點白花結小青蓇葖小如菉豆粒葉味甜

救飢　採嫩苗葉煠熟換水淘淨油鹽調食

山蓼

山蓼　生密縣山野間苗高一二尺葉似芍藥葉而長細窄又似野菊花葉而硬厚又似水胡椒葉亦硬開碎瓣白花其葉味微辣

救飢　採嫩葉煠熟換水浸去辣氣作成黃色淘洗淨油鹽調食

葛公菜

葛公菜　生密縣韶華山山谷間苗高二三尺莖方窊面四楞對分莖叉葉方對生葉似蘇子葉而小又似荏子葉而大稍間開粉紅花結子如小米粒而茶褐色其葉味甜微苦

救飢　採葉煠熟水浸去苦味換水淘淨油鹽調食

鯽魚鱗

鯽魚鱗　生密縣韶華山山野中苗高一二尺莖方而茶褐色對分莖叉葉亦對生葉似雞腸菜葉頗大又似桔梗葉而微軟薄葉而却微紋皺稍間開粉紅花結子如小栗粒而茶褐色其葉味甜

救飢　採葉煠熟水浸淘淨油鹽調食

尖刀兒苗

尖刀兒苗　生密縣梁家衝山野中苗高二三尺葉似細柳葉更而細長而尖葉皆兩兩抪音布莖對葉生而開淡黃花結尖角兒長二寸許麄如蘿蔔角中有白穰及小匾黑子其葉味甘

救飢　採葉煠熟水淘洗淨油鹽調食

珍珠菜

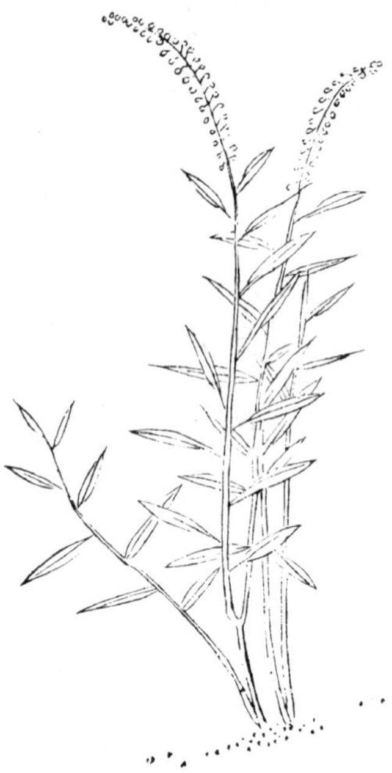

珍珠菜　生密縣山野中苗高二尺許莖似蒿稈微帶紅色其葉狀似柳葉而極細小又似地梢瓜葉頂出穗狀類鼠尾草穗開白花結子小如菉豆粒黃褐色葉味苦澀

救飢　採葉煠熟換水浸去澀味淘淨油鹽調食

杜當歸

杜當歸　生密縣山野中其莖圓而有線楞葉似山芹菜葉而硬邊有細鋸齒刺又似蒼朮葉而大每三葉攢生一處開黃花根似前胡根又似野胡蘿蔔根其葉味甜

救飢　採葉煠熟水浸成黃色換水淘洗淨油鹽調食

治病　今人遇當歸缺以此藥代之

薔蘼

薔蘼音墻梅　又名刺蘼今處處有之生荒野崗嶺間人家園圃中亦栽科條青色莖上多刺葉似椒葉而長鋸齒又細背頗白開紅白花亦有千葉者味甜淡

救飢　採芽葉煠熟換水浸淘淨油鹽調食

風輪菜

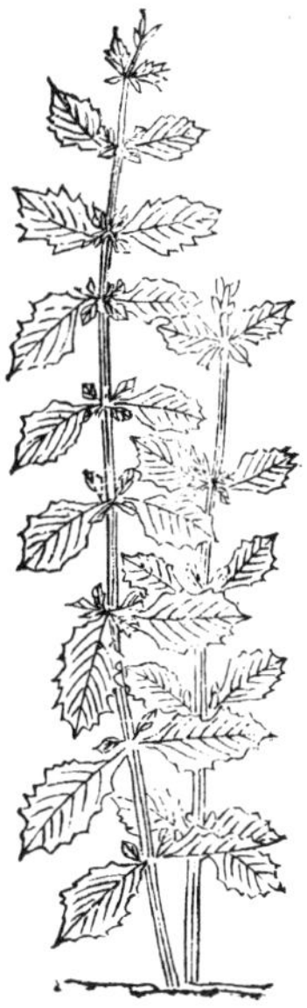

風輪菜　生密縣山野中苗高二尺餘方莖四楞色淡綠微白葉似荏子葉而小又似威靈仙葉微寬邊有鋸齒又兩葉對生而葉節間又生子葉極小四葉相攢對生開淡粉紅花其葉味苦

救飢　採葉煠熟水浸去邪味淘洗淨油鹽調食

拖白練苗

拖白練苗　生田野中苗搨地生葉似垂盆草葉而又小葉間開小白花結細黃子其葉味甜

救飢　採苗葉煠熟油鹽調食

酸桶筍

酸桶筍　生密縣韶華山、山間邉初發筍葉、其後分生莖叉科苗高四五尺莖稈似水葒莖、而紅赤色、其葉似白槿葉而澁、又似山格刺菜、葉亦澁紋脈亦麄、味甘微酸、

救飢　採嫩筍葉煠熟水浸去邪味淘淨油鹽調食

鹿蕨菜

鹿蕨菜　生輝縣山野中苗高一尺許其葉之莖背圓而面窊（五化切）葉似紫香蒿脚葉而肥闊頗硬又似胡蘿蔔葉亦肥硬味甜

救飢　採苗葉煠熟水浸淘淨油鹽調食

山芹菜

山芹菜　生輝縣山野間苗高一尺餘葉似野蜀葵葉稍大而有五叉又似地牡丹葉亦大葉中攛生莖叉稍結刺毬如鼠粘子刺毬而小開花黲白色葉味甘

救飢　採苗葉煠熟水浸淘淨油鹽調食

金剛刺

金剛刺 又名老君鬚生輝縣鴉子口山野間科條高三四尺條似刺蘼音梅花條其上多刺葉似牛尾菜葉又似龍鬚菜葉比此二葉俱大葉間生細絲蔓其葉味甘

救飢 採葉煠熟水浸淘淨油鹽調食

柳葉菜

柳葉菜 生中牟荒野中科苗高二尺餘莖似蒿莖葉似柳葉而短抪莖而生開小白花銀褐心其葉味微辛

救飢 採嫩葉煠熟水浸淘淨油鹽調食

大蓬蒿

大蓬蒿　生密縣山野中莖似黄蒿莖色微帶紫葉似山芥菜葉而長大極多花叉又似風花菜葉叉亦多又似漏蘆葉却微短開碎瓣黄花苗葉味苦

救飢　採葉煠熟水浸淘去苦味油鹽調食

狗筋蔓

狗筋蔓　生中牟縣沙崗間小科就地拖蔓生葉似狗掉尾葉而短小又似月芽菜葉微尖艄而軟亦多紋脉兩葉對生稍間開白花其葉味苦

救飢　採葉煠水浸淘去苦味油鹽調食

農政全書卷之四十九終

農政全書卷之五十

特進光祿大夫太子太保禮部尚書兼文淵閣大學士贈少保謚文定上海徐光啓纂輯
欽差總理糧儲提督軍務兼巡撫應天等處地方都察院右僉都御史東陽張國維鑒定
直隸松江府知府穀城方岳貢同鑒

荒政

救荒本草 草部〇葉可食

花蒿

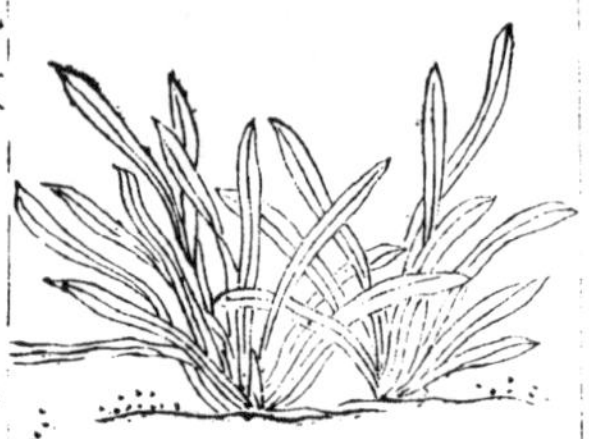

花蒿 生荒野中苗葉就地叢生葉長三四寸四散分垂葉似獨掃葉而長硬其頭頗齊微有毛澁味微辛

救飢 採葉煠熟水浸淘淨油鹽調食

兎兒傘

兎兒傘 生滎陽塔兒山荒野中其苗高二三尺許每科初生一莖莖端生葉一層有七八葉每葉分作四叉排生如傘蓋狀故以爲名後於葉間攛生莖叉上開淡紅白花根似牛膝而踈短味苦微辛

救飢 採嫩葉煠熟換水浸淘去苦味油鹽調食

地花菜

地花菜　又名墓頭灰生密縣山野中苗高尺餘葉似野菊花葉而窄細又似鼠尾草葉亦瘦細稍葉間開五瓣小黃花其葉味微苦

救飢　採葉煠熟水浸淘洗淨油鹽調食

杓兒菜

杓兒菜　生密縣山野中苗高一二尺葉類狗掉尾葉而窄頗長黑綠色微有毛澁又似耐驚菜葉而小軟薄稍葉更小開碎瓣淡黃白花其葉味苦

救飢　採葉煠熟水浸去苦味淘洗淨油鹽調食

佛指甲

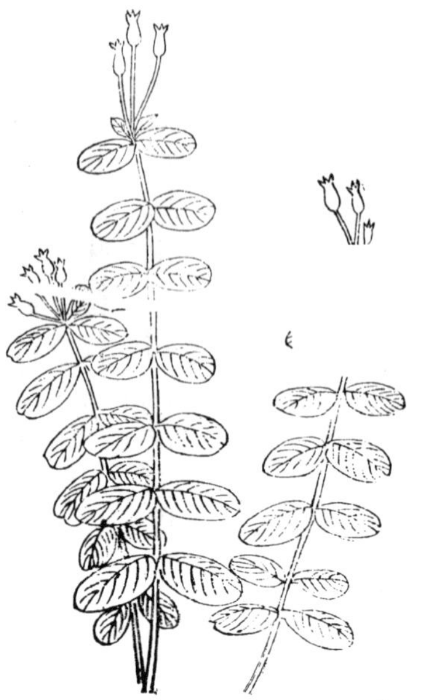

佛指甲　生密縣山谷中科苗高一二尺莖微帶赤黃色其葉淡綠背皆微帶白色葉如長匙頭樣似黑豆葉而微寬又似鵝兒腸葉甚大皆兩葉對生開黃花結實形如連翹微小中有黑子小如粟粒其葉味甜

救飢　採嫩葉煠熟換水淘洗淨油鹽調食

虎尾草

虎尾草　生密縣山谷中科苗高二三尺莖圓葉頗似柳葉而瘦短又似兔兒尾葉亦瘦窄又似黃精葉頗軟抪莖攢生味甜微澁

救飢　採苗葉煠熟換水淘去澁味油鹽調食

野蜀葵

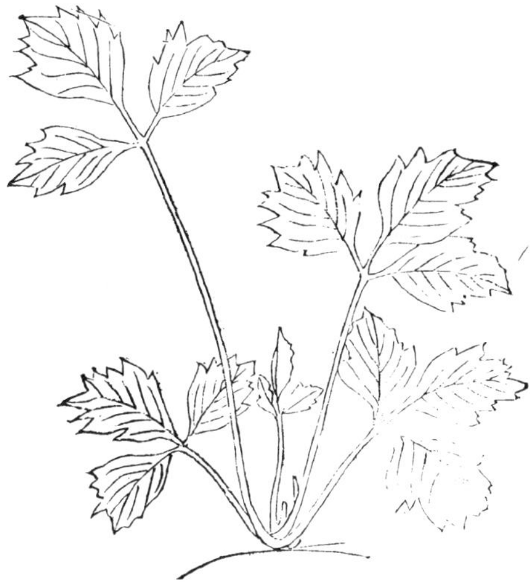

野蜀葵　生荒野中就地叢生苗高五寸許葉似葛勒子秧葉而厚大又似地牡丹葉味辣

救飢　採嫩葉煠熟水浸淘淨油鹽調食

蛇葡萄

蛇葡萄　生荒野中拖蔓而生葉似菊葉而小花叉繁碎又似前胡葉亦細莖葉間開五瓣小銀褐色結子如豌豆大生青熟則紅色苗葉味甜

救飢　採葉煠熟換水浸淘淨油鹽調食

星宿菜

星宿菜 生田野中作小科苗生葉似石竹子葉而細小又似米布袋葉微長稍上開五瓣小尖白花苗葉味甜

救飢 採苗葉煠熟水浸淘淨油鹽調食

水蓑衣

水蓑衣 生水泊邊葉似地稍瓜葉而窄音側每葉間皆結小青蓇葖音骨突其葉味苦

救飢 採苗葉煠熟水浸淘去苦味油鹽調食

牛嬭菜

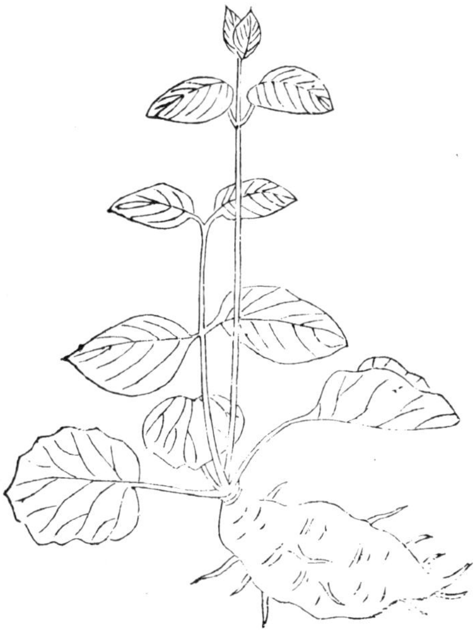

牛嬭菜　出輝縣山野中拖藤蔓而生葉似牛皮消葉而大又似馬兜零葉極大葉皆對節生稍間開青白小花其葉味甜

救飢　採嫩苗葉煠熟水浸淘淨油鹽調食

小虫兒卧單

小虫兒卧單　一名鉄線草生田野中苗搨地生葉似星宿葉而極小又似鷄眼草葉亦小其莖色紅開小紅花苗味甜

救飢　採苗葉煠熟水浸淘淨油鹽調食

兎兒尾苗

兎兒尾苗　生田野中苗高一二尺葉似水蘇葉而短其目大其葉味酸

救饑　採嫩苗葉　水浸淘淨油鹽調食

地錦苗

地錦苗　生田野中小科苗高五七寸莖葉似園荽音雖葉間開紫花結小角兒苗葉味苦

救饑　採苗葉煠熟水浸淘淨油鹽調食

野西瓜苗

野西瓜苗　俗名秃漢頭生田野中苗高一尺許葉似家西瓜葉而小頗硬葉間生蔕開五瓣銀褐花紫心黃蘂花罷作蓇葖內結實如楝子大苗葉味微苦

救飢　採嫩苗葉煠熟水浸去邪味淘過油鹽調食

治病　今人傳說採苗擣傅瘡腫拔毒

香茶菜

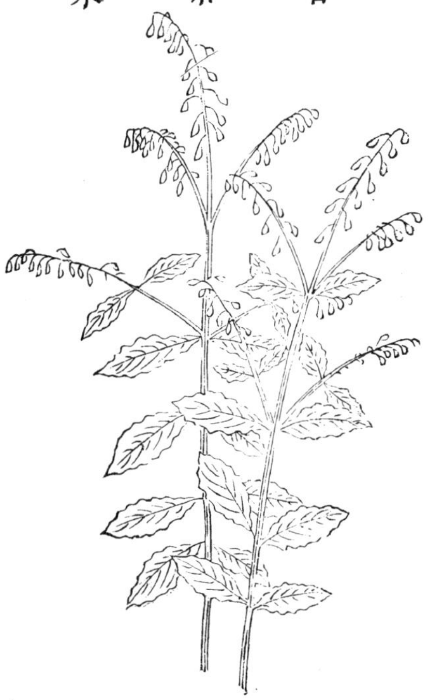

香茶菜　生田野中莖方窊（五化切）面四楞葉似薄荷葉微大抪莖稍頭出穗開粉紫花結蒴（音朔）如蕎麥蒴而微小葉味苦

救飢　採葉煠熟水浸去苦味淘洗淨油鹽調食

透骨草

透骨草　一名天芝蔴生中牟荒野中苗高三四尺莖方窊面四楞其莖脚紫對節分生莖叉葉似蕳蒿葉而多花叉葉皆對生莖節間攢開粉紅花結子似胡麻子葉味苦

救飢　採嫩苗葉煠熟水浸去苦味淘淨油鹽調食

治病　今人傳說採苗搗傳腫毒

毛女兒菜

毛女兒菜　生南陽府馬鞍山中苗高一尺許葉似綿絲菜葉而微尖又似兎兒尾葉而小莖葉皆有白毛稍間開淡黃花如大黍粒數十顆攢成一穗味甘酸

救飢　採苗葉煠熟水浸淘淨油鹽調食或拌米麪蒸食亦可

鬮牛兒苗

鬮牛兒苗（音麗）又名鬪牛兒苗生田野中就地掩秧而生莖蔓細弱其莖紅紫色葉似蒝荽葉瘦細而稀疎開五瓣小紫花結青蓇葖（音骨突）兒上有一嘴（郎委切）甚尖銳（音芮）如細錐（音追）子狀小兒取以為鬪戲葉味微苦

救飢　採葉煠熟水浸去苦味淘淨油鹽調食

鈌掃箒

鈌掃箒　生荒野中就地叢生一本二三十莖苗高三四尺葉似苜蓿葉而細長又似細葉胡枝子葉亦短小開小白花其葉味苦

救飢　採嫩苗葉煠熟換水浸去苦味油鹽調食

山小菜

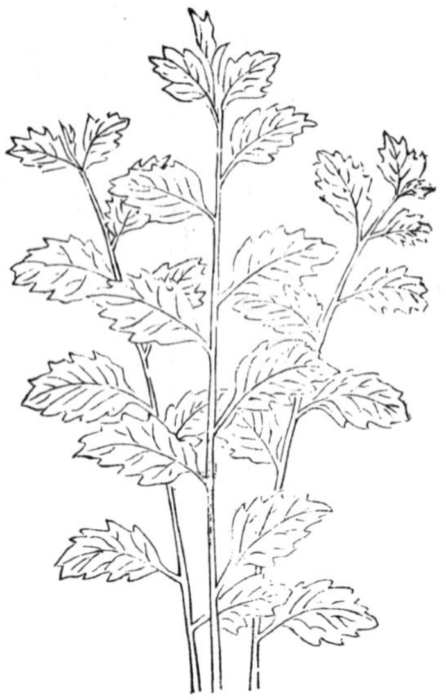

山小菜　生密縣山野中科苗高二尺餘就地叢生葉似酸漿子葉而窄小面有細紋脈邊有鋸齒色深綠又似桔梗葉頗長艄味苦

救飢　採葉煠熟水浸淘去苦味油鹽調食

羊角菜

羊角菜　又名羊妳科亦名合鉢兒俗名婆婆針扎兒又名細絲藤一名過路黄生田野下濕地中拖藤蔓而生莖色青白葉似馬㼚零葉而長大又似山藥葉亦長大面青背頗白皆兩葉相對生莖葉折之俱有白汁出葉間出葯開五瓣小白花結角似羊角狀中有白穰其葉味甘微苦

救飢　採嫩葉煠熟換水浸去苦味邪氣淘淨油鹽調食

耬斗菜

耬斗菜　生輝縣太行山山野中小科苗就地叢生苗高一尺許莖梗細弱葉似牡丹葉而小其頭頗團味甜

救飢　採葉煠熟水浸淘淨油鹽調食

甌菜

甌菜　生輝縣山野中就地作小科苗生莖叉葉似山莧菜葉而有鋸齒又似山小菜葉其鋸齒比之却小味甜

救飢　採嫩苗葉煠熟水浸淘淨油鹽調食

變豆菜

變豆菜　生輝縣太行山山野中其苗葉初作地攤科生葉似地牡丹葉極大五花叉鋸齒尖其後葉中分生莖叉稍葉頗小上開白花其葉味甘

救飢　採葉煠熟作成黃色換水淘淨油鹽調食

和尚菜

和尚菜　田野處處有之初生搨地布葉葉似野天茄兒葉而大背微紅紫色後攛苗高一二尺葉似蒿蓬葉短小而尖又似紅落藜葉而色不紅結子如灰菜子葉味辛酸微鹹

救飢　採嫩葉煠熟換水浸去邪味淘淨油鹽調食或晒乾煠食亦可或云不可多食多食令人面腫

農政全書卷之五十一

特進光祿大夫太子太保禮部尚書兼文淵閣大學士贈少保謚文定上海徐光啓纂輯

欽差總理糧儲提督軍務巡撫應天等處地方都察院右僉都御史東陽張國維鑒定

直隸松江府知府穀城方岳貢同鑒

荒政

救荒本草　草部○根可食

沙參

沙參　一名知母，一名苦心，一名志取，一名虎鬚，一名白參，一名識美，一名文希。生河內川谷及寃句般陽續山，并淄齊潞隨歸州，而江淮荆湖州郡皆有，今輝縣太行山邊亦有之。苗長一二尺，叢生崖坡間。葉似枸杞葉，微長，而有叉牙鋸齒。開紫花。根如葵根，赤黄色，中正白實者佳。味微苦，性微寒，無毒，惡防已，反藜蘆。又有杏葉沙參及細葉沙參，氣味與此相類，但圖經內不曾該載此二種，葉莖形容未敢併入本條，今皆另條開載。

救飢　掘根浸洗極淨，換水煮去苦味，再以水煮極熟食之。

百合

百合　一名重箱，一名摩羅，一名中逢花，一名强瞿。生荆州山谷，今處處有之。苗高數尺，幹麄如箭，面有葉如鷄距，又似大柳葉而寬，青色稀疎。葉近莖微紫，莖端碧白。開淡黄白花，如石榴嘴而大，四垂向下覆長藥。花心有檀色，每一顆須五六花。子色圓如梧桐子，生於枝葉間，每葉一子，不在花中，此又異也。根色白，形如松子殼，四向攢生，中間出苗。又如葫蒜，重疊生二三十瓣。味甘辛，平，無毒。一云有小毒。又有一種開紅花，名山丹，不堪用。

救飢　採根煮熟食之，甚益人氣。又云蒸過與蜜食之，或爲粉，尤佳。

玄扈先生曰：嘗過。根本嘉蔬，不必救荒。

萎蕤

萎蕤　本草一名女萎，一名熒，一名五㑊，一名患薫，生太山山谷，及舒州、滁州、均州，今南陽府馬鞍山亦有。苗高一二尺，莖斑，葉似竹葉，濶短而肥厚，葉尖處有黃點，又似百合葉，却頗窄小。葉下結青子，如椒粒大。其根似黃精而小異，節上有鬚，味甘，性平，無毒。

救飢　採根，換水煮極熟，食之。

天門冬

天門冬　俗名萬歲藤，又名婆羅樹。本草一名顛勒，或名地門冬，或名筵門冬，或名顛棘，或名淫羊食，或名管松。生奉高山谷，及建州、漢州，今處處有之。春生藤蔓，大如釵股，長至丈餘，延附草木上。葉如茴香，極尖細而疎滑，有逆刺。亦有澁而無刺者，其葉如絲杉而細散，皆名天門冬。夏生白花，亦有黃花及紫花者。秋結黑子，在其根枝傍。入伏後無花，暗結子。其根白或黃紫色，大如手指，長二三寸，大者為勝。其生高地根短味甜氣香者上，其生水側下地者，葉細似蘊而微黃，根長而味多苦，氣臭者下，亦可服。味苦甘，性平、大寒，無毒。垣衣、地黃及貝母為之使。畏曾青。服天門冬，誤食鯉魚中毒，浮萍解之。

救飢　採根，換水浸去邪味。去心煮食。或曬乾煮熟，入蜜食。

章柳根

章柳根　本草一名商陸、一名蕩根、一名夜呼、一名白昌、一名當陸、一名章陸、爾雅則謂之蓫廣雅則謂之馬尾、亦謂之莧陸生咸陽川谷今處處有之苗高三四尺莖麄似鷄冠花莖微有線楞色微紫赤葉青如牛舌微闊而長根如人形者有神。亦有赤白二種、花赤根亦赤花白根亦白、赤者不堪服食傷人乃至痢血不已白者堪服食、亦有一種名赤昌、苗葉絕相類、不可用、須細辨之商陸味辛酸、一云味苦、性平有毒、一云性冷得大蒜良

救飢　取白色根。切作片子。煠熟。換水浸洗淨。淡食得大蒜良。凡製薄切。以東流水。浸二宿撈出與豆葉隔間入甑蒸從午至亥。如無葉。用豆依法蒸之亦可。花白者。年多。仙人採之作脯。可爲下酒。

麥門冬

麥門冬　本草云秦名羊韭、齊名愛韭、楚名馬韭、越名羊蓍、一名禹葭、一名禹餘粮、生隨州陸州、及函谷堤坂肥土石間、久廢處有之、今輝縣山野中、亦有葉似韭葉而長、冬夏長生、根如穬麥而白色、出江寧者小潤、出新安者大白、大者苗如鹿葱、小者如韭、味甘性平、微寒無毒、地黄車前爲之使、惡款冬苦瓠苦芙、畏木耳苦參青蘘、

救飢　採根換水浸去邪味。淘洗淨。蒸熟去心

苧根

苧根　舊云閩蜀江浙多有之今許州人家田園中亦有種者苗高七八尺一科十數莖葉如楮葉而不花叉而青背白上有短毛又似蘇子葉其葉間出細穗花如白楊而長每一朶凡十數穗花青白色子熟茶褐色其根黄白色如手指麄宿根地中至春自生不須藏種根味甘性寒

救飢　採根刮洗去皮煑極熟食之甜美

蒼朮

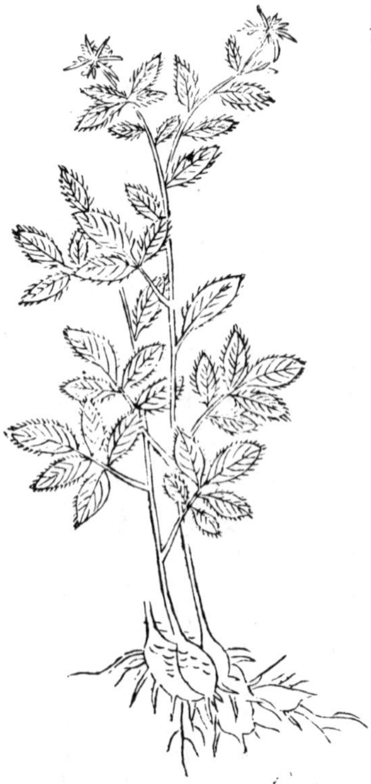

蒼朮　一名山薊一名山薑一名山連一名山精生山漢中山谷今近郡山谷亦有嵩山茅山者佳苗淡青色高二三尺莖作蒿幹葉抪莖而生稍葉似棠葉脚葉有三五叉皆有鋸齒小刺開花淡紫碧色亦似刺薊花或有黄白花者根長如指大而肥實皮黑茶褐色味苦甘一云味甘辛性溫無毒防風地榆爲之使

救飢　採根去黑皮薄切浸二三宿去苦味煑熟食亦作煎

菖蒲　一名堯韭、一名昌陽、生上洛池澤及蜀郡嚴道、戎衛衡州、并嵩岳石磧上、今池澤處處有之、葉似蒲而匾、有脊、一如劒刄、其根盤屈有節、狀如馬鞭、莖大根傍引三四小根、一寸九節者良、節尤密者佳、亦有十二節者、露根者不可用、又一種名蘭蓀、又謂溪蓀、根形氣色極似石上菖蒲、葉正如蒲、無脊、俗謂菖蒲生於水次、失水則枯、其菖蒲味辛性溫無毒、秦皮秦艽爲之使、惡地膽麻黃、不可犯鐵、令人吐逆、

救飢　採根肥大節稀、水浸去邪味、製造作果食之。

玄扈先生曰、難食。

葍子根　俗名打碗花、一名兔兒苗、一名狗兒秧、幽薊間謂之燕葍根、千葉者、呼爲纏枝牡丹、亦名穰花、生平澤中、今處處有之、延蔓而生、葉似山藥葉而狹小、開花狀似牽牛花、微短而圓、粉紅色、其根甚多、大者如小筋麄、長一二尺、色白、味甘、性溫。

救飢　採根洗淨蒸食之、或晒乾杵碎。炊飯食亦好、或磨作麪。作燒餅蒸食。皆可。久食則頭暈破腹、間食則宜。

玄扈先生曰、嘗過、兗人呼秋子根。弃地宜移植備荒。

莜蕿根

莜蕿根　俗名麪碌碡音祿軸生水邊下濕地其葉就地叢生葉似蒲葉而肥短葉背如劒脊樣葉叢中間攛葶上開淡粉紅花俱皆六瓣花頭攢開如傘蓋狀結子如韭花蓇葖其根如鷹爪黃連樣色如墐泥色味甘

救饑　採根揩去皴及毛用水淘淨蒸熟食或曬乾炒熟食或磨作麪蒸食皆可

野胡蘿蔔

野胡蘿蔔　生荒野中苗葉似家胡蘿蔔俱細小葉間攛生莖叉稍頭開小白花衆花攢開如傘蓋狀比蛇床子花頭又大結子比蛇床子亦大其根比家胡蘿蔔尤細小味甘

救饑　採根洗淨去皮生食亦可

綿棗兒

綿棗兒　一名石棗兒出密縣山谷中生石間苗高三五寸葉似韭葉而潤瓦隴樣葉中攛葶出穗似鷄冠莧穗而細小開淡紅花微帶紫色結小蒴兒其子似大藍子而小黑色根類獨顆蒜又似棗形而白味甜性寒

救飢　採取根添水久煑極熟食之不換水煑食後腹中鳴有下氣

土圞兒

土圞兒　一名地栗子出新鄭山野中細莖延蔓而生葉似菉豆葉微尖艄每三葉攢生一處根似土瓜兒根微團味甜

救飢　採根煑熟食之

野山藥

野山藥　生輝縣太行山山野中，妥藤而生，其藤似葡萄條，稍細，藤頗紫色，其葉似家山藥葉而大，微尖，根比家山藥極細瘦，甚硬，皮色微赤，味微甜，温，平，無毒。

救饑　採根煮熟食之。

金瓜兒

金瓜兒　生鄭山田野中，苗初生似小葫蘆葉而微小，又似赤雹兒葉，莖方，莖葉俱有毛刺，每葉間出一細藤，延蔓而生，開五瓣尖碗子黄花，結子如馬瓟（音雹）大，生青熟紅，根形如鷄彈，微小，其皮土黄色，内則青白色，味微苦，性寒，與酒相反。

救饑　掘取根，換水煮，浸去苦味，再以水煮極熟食之。

細葉沙參

細葉沙參　生輝縣太行山山衝間。苗高一二尺。莖似蒿薢。葉似石竹子葉而細長。又似水蓑衣葉。亦細長。稍間開紫花。根似葵根而麄。如拇音母指大。皮色灰。中間白色。味甜。性微寒。本草有沙參苗葉莖狀。所說與此不同。未敢併入條下。今另爲一條。開載於此。

救飢　掘取根。洗淨。煮熟食之。

雞腿兒

雞腿兒　一名飜白草。出鈞州山野中。苗高七八寸。細長鋸齒葉。硬厚。背白。其葉似地榆葉而細長。開黃花。根如指大。長三寸許。皮赤內白。兩頭尖艄。味甜。

救飢　採根煮熟食。生食亦可。

山蔓菁

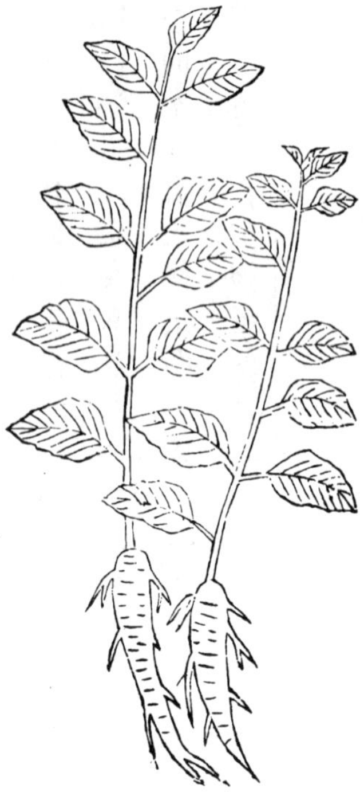

山蔓菁　出鈞州山野中苗高一二尺莖葉皆萵苣色、葉似桔梗葉、頗長艄而不對生、又似山小萊葉、微窊、根形類沙參、如手指麄、其皮灰色、中間白色、味甜、

救飢　採根煮熟。生食亦可。

老鴉蒜

老鴉蒜　生水邊下濕地中其葉直生、出土四垂、葉狀似蒲而短、背起劒脊其根形如蒜瓣味甜、

救飢　採根煠熟。水浸淘淨。油鹽調食。

玄扈先生曰此草中頗神用。

山蘿蔔

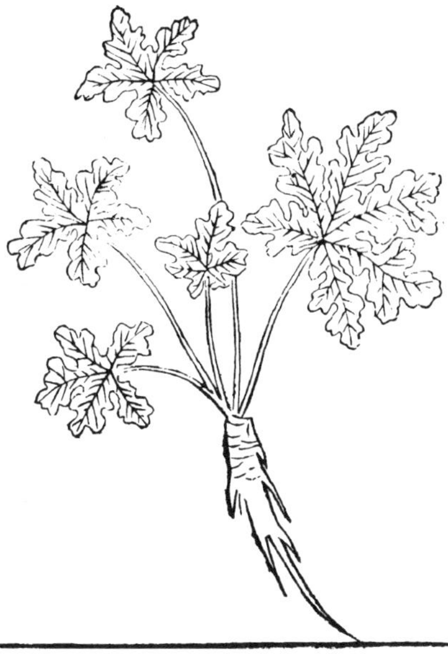

山蘿蔔　生山谷間田野中亦有之苗高五七寸四散分生莖葉其葉似菊葉而濶大微有艾香每莖五七排生如一大葉稍間開紫花根似野胡蘿蔔根而帶黲白色味苦

救飢　採根煠熟水浸淘去苦味油鹽調食

地參

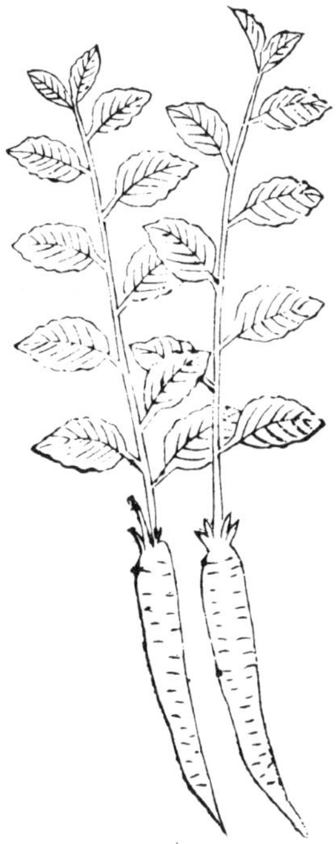

地參　又名山蔓菁生鄭州沙崗間苗高一二尺葉似初生桑科小葉微短又似桔梗葉微長開花似鈴鐸樣淡紅紫花根如拇指大皮色蒼肉黲白色味甜

救飢　採根煮食

獐牙菜

獐牙菜　生水邊。苗初搨地生。葉似龍鬚菜葉而長窄。葉頭頗團而不尖。其葉嫩薄。又似牛尾菜葉。亦長窄。其根如芽根而嫩。皮色灰黑。味甜。

救飢　掘根洗淨。煑熟。油鹽調食。

雞兒頭苗

雞兒頭苗　生祥符西田野中。就地妥秧生。葉甚踈稀。每五葉攢生。狀如一葉。其葉花叉。有小鋸齒。葉間生蔓。開五瓣黃花。根叉甚多。其根形如香附子而鬚長。皮黑。肉白。味甜。

救飢　採根換水煑熟食。

農政全書卷之五十一終

農政全書卷之五十二

特進光祿大夫太子太保禮部尚書兼文淵閣大學士贈少保謚文定上海徐光啓纂輯

欽差總理糧儲提督軍務巡撫應天等處地方都察院右僉都御史東陽張國維鑒定

直隸松江府知府穀城方岳貢同鑒

荒政 採周憲王救荒本草

草部 實可食

雀麥

雀麥　本草一名鷰麥，一名籥。音藥 生于荒野林下，今處處有之。苗似鷰麥而又細弱，結穗像麥穗而極細小，每穗又分作小叉穗十數個，子甚細小。味甘，性平，無毒。

救飢　採子舂去皮，擣作麵，蒸食，作餅食亦可。

回回米

回回米　本草名苡薏仁，一名解蠡，音离 一名屋菼，一名起實，一名贛。音縮 俗名草珠兒，又呼爲西番蜀秫。生真定平澤及田野，交阯生者子最大，彼土人呼爲贛珠。今處處有之。苗高三四尺，葉似黍葉而稍大，開紅白花，作穗子，結實青白色，形如珠而稍長，故名薏珠子。味甘，微寒，無毒。今人俗亦呼爲菩提子。

救飢　採實舂去殼，其中仁煑粥食。取葉煑飲亦香。

玄扈先生曰：嘉穀良藥，不必救荒。

蒺藜子

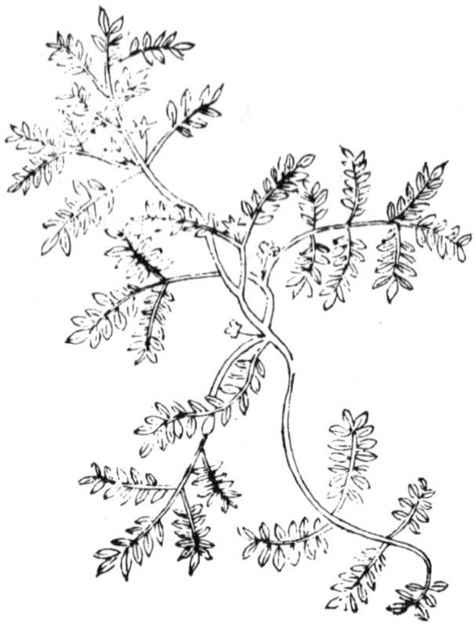

蒺藜子　本草一名旁通，一名屈人，一名止行，一名犲（音柴）羽，一名升推，一名即藜，一名茨。生馮翊平澤道傍，今處處有之。布地蔓生，細葉，小黃花，結子有三角，刺人是也。味苦辛，性溫微寒，無毒。烏頭爲之使。又有一種白蒺藜，出同州沙苑，開黃紫花，作莢子，結子狀如腰子樣，小如黍粒，補腎藥多用，味甘，有小毒。

救飢　收子炒微黃，搗去刺，磨麵作燒餅，或蒸食皆可。

玄扈先生曰，本是勝藥，嘗過。

檾子

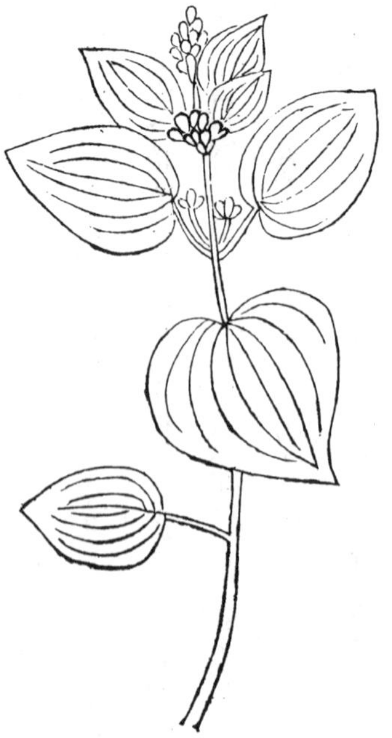

檾子　本草名莔（與檾同）實，處處有之，北人種以打繩索。苗高五六尺，葉似芋葉而短薄，微毛澁，開金黃花，結實殼似蜀葵實殼而圓大，俗呼爲檾饅頭，子黑色，如豌豆大，味苦，性平，無毒。

救飢　採嫩檾饅頭，取子生食。子堅實時，收取子浸去苦味，晒乾，磨麵食。

玄扈先生曰，可食。

稗子

稗子　有二種、水稗生水田邊、旱稗生田野中、今皆處處有之、苗葉穇子葉色深綠、脚葉頗帶紫色、稍頭出匾穗、結子如黍粒大、茶褐色、味微苦、性微澀。

救飢　採子搗米煮粥食、蒸食尤佳。或磨作麵食皆可。

玄扈先生曰、稗自穀屬、十得五米。下田種之。甚有益、野生者可捃拾積貯、用備飢窘。

穇子

穇子　生水田中、及下溼地內、苗葉似稻、但差短、稍頭結穗、彷彿稗子穗、其子如黍粒大、茶褐色、味甘。

救飢　採子搗米煮粥。或磨作麵。蒸食亦可。

川榖

川榖　生汜水縣田野中苗高三四尺葉似初生薥林葉微小葉間叢開小黃白花結子似草珠兒微小味甘

救飢　採子擣爲米生用冷水淘淨後以滾水湯三五次去水下鍋或作粥或作炊飯食皆可亦堪造酒

莠艸子

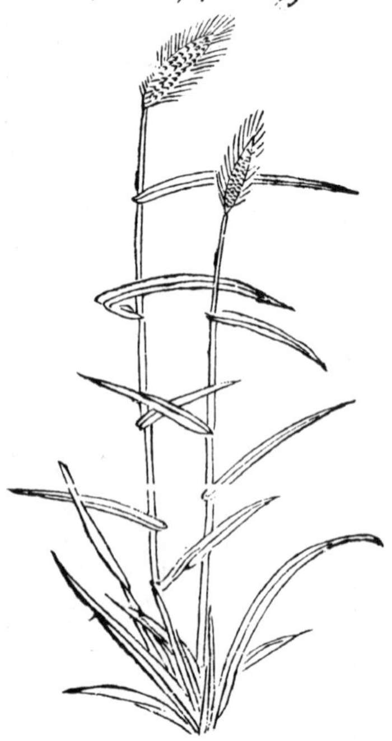

莠草子　生田野中苗葉似穀而葉微瘦稍間開茸音戎細毛穗其子比穀細小舂米類折米熟時即收不收即落味微苦性溫

救飢　採莠穗揉取子擣米作粥或作水飯皆可食

野黍

野黍　生荒野中科苗皆類家黍而莖葉細弱穗甚瘦小黍粒亦極細小味甜性微温

救飢　採子舂去粗糠或搗或磨麵蒸餻食甚甜

鷄眼草

雞眼草　又名掐不齊以其葉用指甲掐之作劐不齊故名生荒野中搨地生葉如雞眼大似三葉酸漿葉而圓又似小虫兒臥單葉而大結子小如粟粒黑茶褐色味微苦氣與槐相類性温

救飢　採子搗取米其米青色先用冷水淘淨却以滾水泡三五次去水下鍋或煑粥或作炊飯食之或磨麪作餅食亦可

鷰麥

鷰麥　田野處處有之、其苗似麥攛（七官切）葶、但細弱、葉亦瘦細、抪莖而生、結細長穗其麥粒極細小、味甘、

救飢　採子舂去皮擣磨爲麵食。

潑盤

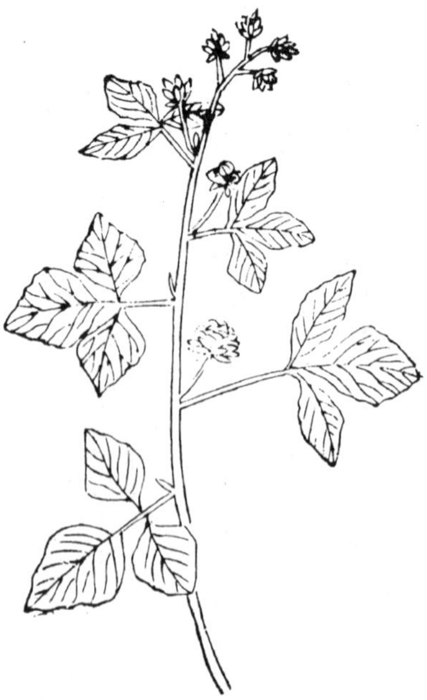

潑盤　一名托盤、生汝南荒野中、陳蔡間多有之、苗高五七寸、莖葉有小刺、其葉彷彿似艾葉稍團、葉背亦白每三葉攢生一處、結子作穗、如半柿大。類小盤堆石榴顆狀、下有蒂承、如柿蒂、形味甘酸性溫、

救飢　以潑盤顆粒。紅熟時採食之。彼土人取以當果。

絲瓜苗

絲瓜苗　人家園籬邊多種之、延蔓而生、葉似括樓葉、而花又大、每葉間出一絲藤、纏附草木上、莖葉間五瓣大黃花、結瓜形如黃瓜而大、色青、嫩時可食、老則去皮、內有絲縷、可以擦洗油膩器皿、味微甜。

救飢　採嫩瓜切碎、煠熟、水浸淘淨、油鹽調食。

玄扈先生曰嘉蔬、不必救荒。不實之花作蔬更佳。

地角兒苗

地角兒苗　一名地牛兒苗、生田野中、搨地生、一根就分數十莖、其莖甚稠、葉似胡豆葉、微小、葉生莖面、每攢四葉對生作一處、莖傍另又生葶、稍頭開淡紫花、結角似連翹角而小、中有子、狀似䝁豆顆、味甘。

救飢　採嫩角生食、硬角煑熟食豆。

馬瓟（音雹）兒　生田野中、就地拖秧而生、葉似甜瓜葉極小、莖蔓亦細、開黃花、結實比雞彈微小、味微酸、

救飢　摘取馬瓟熟者食之、

山黧豆　一名山豌豆、生密縣山野中、苗高尺許、其莖窊面劒脊、葉似竹葉而齊短、兩兩對生、開淡紫花、結小角兒、其豆匾如䝁豆、味甜、

救飢　採取角兒煑食、或打取豆食、皆可、

龍芽草　一名瓜香草、生輝縣鴨子口山野間、苗高一尺餘、莖多澁毛、葉形如地棠葉而寬大、葉頭齊團、每五葉或七葉作一莖、排生、莖葉脚上又有小芽葉、兩兩對生、稍間出穗、開五瓣小圓黄花、結青毛蓇葖、有子大如黍粒、味甜、

救飢　收取其子。或搗或磨。作麵食之。

地稍瓜　生田野中、苗高尺許、作地攤科生、葉似獨掃葉而細窄、光硬、又似沙蓬葉亦硬、週圍攢莖而生、莖葉開小白花、結角長大如蓮子、兩頭尖艄、狀又似鴉嘴形、名地稍瓜、味甘、

救飢　其角嫩時摘取煠食、角若皮硬、剝取角中嫩穰生食、

錦荔枝

錦荔枝　又名癩葡萄。人家園籬邊多種。苗引藤蔓延，附草木生。莖長七八尺，莖有毛澁。葉似野葡萄葉，而花又多。葉間生細絲蔓，開五瓣花，碗子花。結實如雞子大，尖艄紋皺，狀似荔枝而大。生青熟黃，內有紅瓤。味甜。

救飢　採荔枝黃熟者，食瓤。

玄扈先生曰：南中人甚食此物，不止于瓤實。青時採者，或生食，與瓜同用，名苦瓜也。青瓜頗苦，赤時脆可食耳。閩廣人爭詫為極甘也。此恒蔬，不必救荒，嘗過。

鷄冠果

雞冠果　一名野楊梅。生密縣山谷中。苗高五七寸。葉似潑盤葉而小，又似雞兒頭葉，微團。開五瓣黃花。結實似紅小楊梅狀。味甜酸。

救飢　採取其果紅熟者，食之。

羊蹄苗

草部　葉及實皆可食

羊蹄苗　一名東方宿、一名連虫陸、一名鬼目、一名蓄、俗呼猪耳朶、生陳留川澤、今所在有之、苗初搨地生、後攛生莖叉、高二尺餘、其葉狹長、頗似萵苣而色深青、又似大藍葉、微潤、莖節間紫赤色、其花青白、成穗、其子三稜、根似牛蒡而堅實、味苦、性寒、無毒、

救飢　採嫩苗葉、煠熟、水浸淘淨苦味、油鹽調食、

其子熟時、打下、擣爲米、以滚水湯三五次、淘淨、下鍋作水飯食、微破腹、

蒼耳

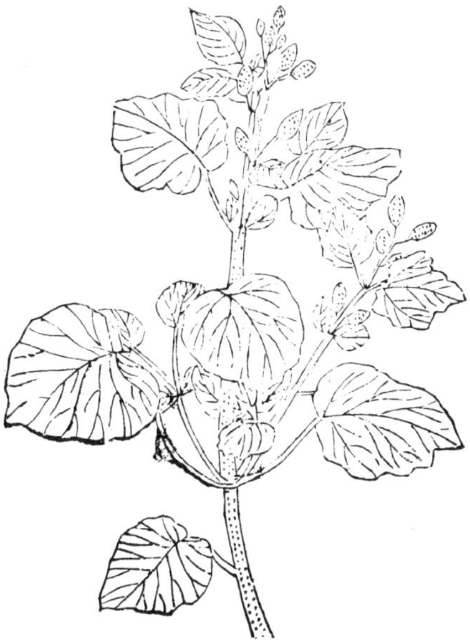

蒼耳　本草名葈(音徙)耳、俗名道人頭、又名喝起草、一名胡葈、一名地葵、一名葹(音詩)、一名常思、一名羊負来、詩謂之卷耳、爾雅謂之苓耳、生安陸川谷及六安田野、今處處有之、葉青白、類粘糊菜葉、莖葉稍間結實、比桑椹短小而多刺、其實味苦甘、性溫、葉味苦辛、性微寒、有小毒、又云無毒、

救飢　採嫩苗葉、煠熟、換水浸去苦味、淘淨、油鹽調食、其子炒微黄、擣去皮、磨爲麪、作燒餅蒸食亦可、或用子熬油點燈、

玄扈先生曰、油可食、北人多用以煠寒具、

姑娘菜

姑娘菜　俗名燈籠兒又名掛金燈本草名酸漿一名醋漿生荆楚川澤及人家田園中今處處有之苗高一尺餘苗似水莨而小葉似天茄兒葉窄小又似人莧葉頗大而尖開白花結房如囊似野西瓜蒴形如撮口布袋又類燈籠樣囊中有實如櫻桃大赤黃色味酸性平寒無毒葉味微苦別條又有一種酸漿草三葉與此不同治證亦別

救飢　採葉煠熟水浸淘去苦味油鹽調食子熟摘取食之

土茜苗

土茜苗　本草根名茜根一名地血一名茹藘一名茅蒐一名蒨生喬山川谷徐州人謂之牛蔓西土出者佳今北土處處有之名土茜根可以染紅葉似棗葉形頭尖下濶紋脈竪直莖方莖葉俱澁四五葉對生節間莖蔓延附草木開五瓣淡銀褐花結子小如菉豆粒生青熟紅根紫赤色味苦性寒無毒一云味甘一云味酸畏鼠姑葉味微酸

救飢　採葉煠熟水浸作成黃色淘淨油鹽調食其子紅熟摘食

王不留行　又名剪金草、一名禁宮花、一名剪金花。生太山山谷，今祥符沙堈間亦有之。苗高一尺餘，其莖對節生叉葉，似石竹子葉而寬短，抪莖對生，腳葉似槐葉而狹長，開粉紅花，結蒴如松子大，似罌粟殼樣極小，有子如葶藶子大而黑色，味苦甘，性平，無毒。

救飢　採嫩葉煠熟，換水淘去苦味，油塩調食。子可搗爲麵食。

白薇　一名白幕、一名薇草、一名舂草、一名骨美。生平原川谷，并陝西諸郡及滁州，今鈞州密縣山野中亦有之。苗高一二尺，莖葉俱青，頗類柳葉而濶短，又似女婁腳葉而長硬毛澁，開花紅色，又云紫花，結角似地稍瓜而大，中有白瓤，根狀如牛膝根而短，黃白色，味苦鹹，性平、大寒，無毒。惡黃芪、大黃、大戟、乾姜、乾漆、山茱萸、大棗。

救飢　採嫩葉煠熟，水淘淨，油塩調食，并取拔角煠熟亦可食。

蓬子菜

蓬子菜　生田野中所在處處有之。其苗嫩時莖有紅紫線楞，葉似鹻蓬葉微細，苗老結子，葉則生出叉刺，其子如獨掃子大，苗葉味甜。

救饑　採嫩苗葉煠熟，水浸淘淨，油鹽調食。晒乾煠食尤佳。及採子搗米，青色，或煑粥，或磨麪作餅蒸食，皆可。

胡枝子

胡枝子　俗亦名隨軍茶，生平澤中。有二種，葉形有大小，大葉者類黑豆葉，小葉者莖類蓍草，葉似苜蓿葉而長大，花色有紫白，結子如粟粒大，氣味與槐相類，性溫。

救饑　採子微舂，即成米，先用冷水淘淨，復以滾水湯三五次，去水下鍋，或作粥，或作炊飯，皆可食。加野菉豆，味尤佳。及採嫩葉蒸晒爲茶，煑飲亦可。

米布袋

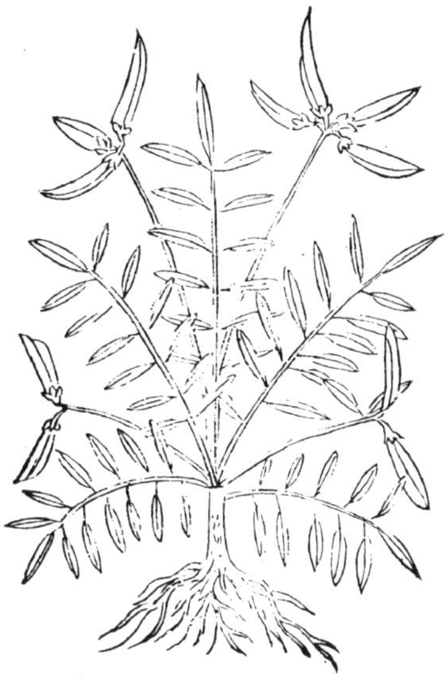

米布袋　生田野中苗搨地生、葉似澤漆葉而窄、其葉順莖排生、稍頭攢結三四角中有子如黍粒大、微區味甜、

救飢　採角取子、水淘洗淨下鍋煮食、其嫩苗葉煠熟油鹽調食亦可、

天茄苗兒

天茄苗兒　生田野中苗高二尺許莖有線楞葉似姑娘草葉而大又似和尚菜葉却小開五瓣小白花、結子似野葡萄大、紫黑色味甜、

救飢　採嫩葉、煠熟水浸去邪味、淘淨油鹽調食、其子熟時亦可摘食、

治病　今人傳說、採葉傅貼腫毒、金瘡拔毒、

苦馬豆

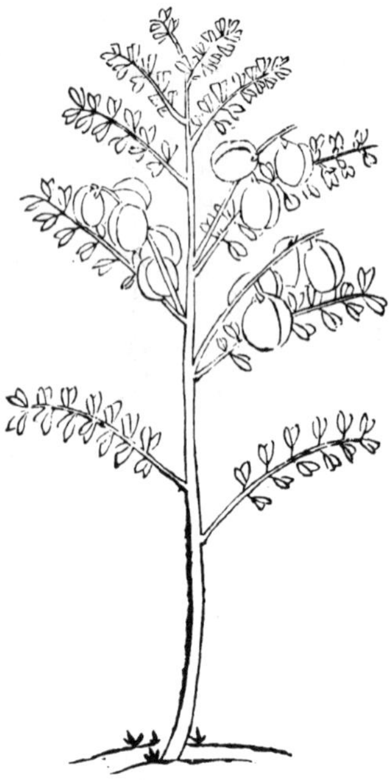

苦馬豆 生延津縣郊野中在處有之苗高二尺許莖似黃芪苗、莖上有細毛葉似胡豆葉微小、又似蒺藜葉、却大枝葉間開紅紫花結殼如拇指頂大、半頭間多虛、俗呼爲羊尿胞、內有子如檾子大茶褐色、子葉俱味苦、

救飢 採葉煠熟、換水浸去苦味、淘淨油鹽調食又取子、水浸淘去苦味、晒乾或磨或搗爲麵、作燒餅蒸食皆可。

豬尾把苗

豬尾把苗 一名狗腳菜、生荒野中、苗長尺餘、葉似耳露兒葉而甚短小、其頭頗齊、莖葉皆有細毛、每葉間順條開小白花、結小蒴兒、中有子、小如粟粒、黑色、苗葉味甜

救飢 採嫩葉、煠熟、換水浸、淘淨、油鹽調食、子可搗爲麵食

農政全書卷之五十二終

農政全書卷之五十三

特進光祿大夫太子太保禮部尚書兼文淵閣大學士贈少保諡文定上海徐光啓纂輯
欽差總理糧儲提督軍務巡撫應天等處地方都察院右僉都御史東陽張國維鑒定
直隸松江府知府穀城方岳貢同鑒

荒政

救荒本草

草部○根葉可食

草三柰

草三柰　生密縣梁家衝山谷中苗高一尺許葉似蓑草而狹長開小淡紅花根似雞爪形而麄亦香其味甘微辛

救飢　採根換水煑食近根嫩白新葉亦可煠食

黃精苗

黃精苗　俗名筆管菜一名重樓一名菟竹一名雞格一名救窮一名鹿竹一名萎蕤一名仙人餘糧一名垂珠一名馬箭一名白及生山谷南北皆有之嵩山茅山者佳根生肥地者大如拳薄地者猶如拇指葉似竹葉或二葉或三葉或四五葉俱皆對節而生味甘性平無毒又云莖光滑者謂之太陽之草名曰黃精食之可以長生其葉不對節莖葉毛鈎子者謂之太陰之草名曰鈎吻食之入口立死又云莖不紫花不黃爲異

救飢　採嫩葉煠熟換水浸去苦味淘淨油鹽調食山中人採根九蒸九暴食甚甘美其蒸暴用瓮去底安釜上裝滿黃精密蓋蒸之令氣溜即暴之如此九蒸九暴令極熟不熟則刺人喉咽久食長生辟穀其生者若初服只可一寸半漸漸增之十日不食他食能長服之食止三尺服三百日後盡見鬼神餌必升天又云花實可食罕見難得

玄扈先生曰嘗過根本勝藥苗亦恒蔬

地黃苗

地黃苗 俗名婆婆嬭，一名地髓，一名芐，一名芑。生咸陽川澤，今處處有之。苗初塌地生，葉如山白菜葉而毛澁，葉面深青色，又似芥菜葉而不花，又比芥菜葉頗厚。葉中攛莖，上有細毛，莖稍開筒子花，紅黃色，比人謂之牛嬭子。花結實如小麥粒。根長四五寸，細如手指，皮赤黃色。味甘苦，性寒，無毒。惡貝母，畏無荑，得麥門冬、清酒良，忌鐵器。

救飢 採葉煮羹食，或擣絞根汁搜麪作餺飥，及冷淘食之，或取根浸洗淨，九蒸九暴，任意服食，或煎以為煎食，久服輕身不老，變白延年。

牛旁子

牛蒡子 本草名惡實，未去萼名鼠粘子，俗名夜叉頭，根謂之牛菜。生魯平山澤，今處處有之。苗高二三尺，葉如芋葉，長大而澁，花淡紫色，實似葡萄而褐色，外殼如栗梂而小，多刺，鼠過之則綴惹不可脫，故名殼中有子如半粒麥而匾小。根長尺餘，麄如拇指，其色灰黲。味辛，性平，一云味甘，無毒。

救飢 採葉煠熟，水浸去邪氣，淘洗淨，油鹽調食，及取根洗淨，煑熟食之，久食甚益人，身輕耐老。

遠志

遠志　一名棘菀、一名葽繞、一名細草生太山及宛句川谷、河陜商齊泗州亦有、俗傳夷門遠志最佳、今密縣梁家衝山谷間多有之、苗名小草、葉似石竹子葉、又極細開小紫花、亦有開小紅白花者、根黃色、形如蒿根、長及一尺許、亦有根黑色者、根葉俱味苦、性溫無毒、得茯苓冬葵子龍骨食殺天雄附子毒、畏珍珠藜蘆蜚蠊齊蛤蠐螬、

救飢　採嫩苗葉煠熟、換水浸去苦味、淘淨油鹽調食、及掘取根換水煮浸淘去苦味、去心再換水煮極熟、食之、不去心令人心悶、

杏葉沙參

杏葉沙參　一名白麪根生密縣山野中苗高一二尺、莖色青白、葉似杏葉而小、邊有叉牙、又似小小菜葉、微尖而背白稍間開五瓣白碗子花、根形如野胡蘿蔔頗肥、皮色灰黲、中間白色味甜、性微寒、本草有沙參、苗葉根莖、其說與此形狀皆不同、未敢併入條下、乃另開于此、其杏葉沙參、又有開碧色花者、

救飢　採苗葉煠熟、水浸淘淨、油鹽調食、掘根換水煮食亦佳、

藤長苗

藤長苗　又名旋菜、生密縣山坡中、拖蔓而生、苗長三四尺餘、莖有細毛、葉似滴滴金葉、而窄小、頭頗齊、開五瓣粉紅大花、根似打碗花根、根葉皆味甜、

救飢　採嫩苗葉煠熟、水浸淘淨、油鹽調食、掘根換水煮熟、亦可食、

牛皮消

牛皮消　生密縣野中、拖蔓而生、藤蔓長四五尺、葉似馬兜零葉、寬大而薄、又似何首烏葉、亦寬大、開白花、結小角兒、根類葛根而細小、皮黑肉白、味苦、

救飢　採葉煠熟、水浸去苦味、油鹽調食、及取根去黑皮、切作片、換水煮去苦味、淘洗淨、再以水煮極熟、食之、

菹草

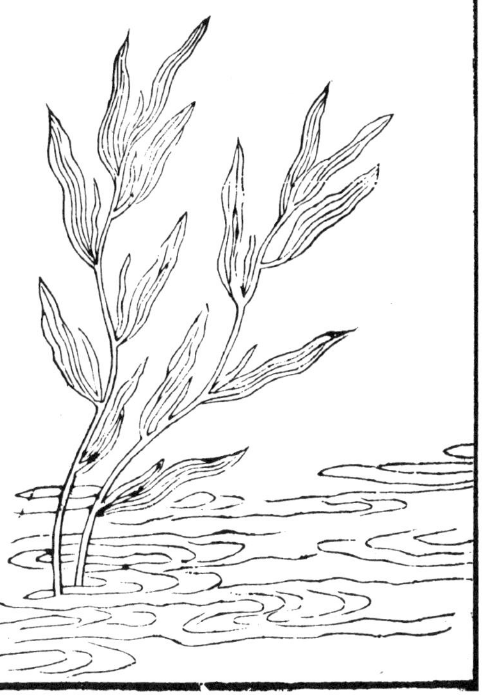

菹草上音　即水藻也，生陂塘及水泊中，莖如麄線，長三四尺，葉形似柳葉而狹長，故名柳葉菹。又有葉似蓬子葉者，根麄如釵股而色白，味微鹹，性微寒。

救飢　撈取葉連嫩根，揀擇洗淘潔淨，剉碎煠熟，油鹽調食，或加少米煮粥食尤佳。

水豆兒

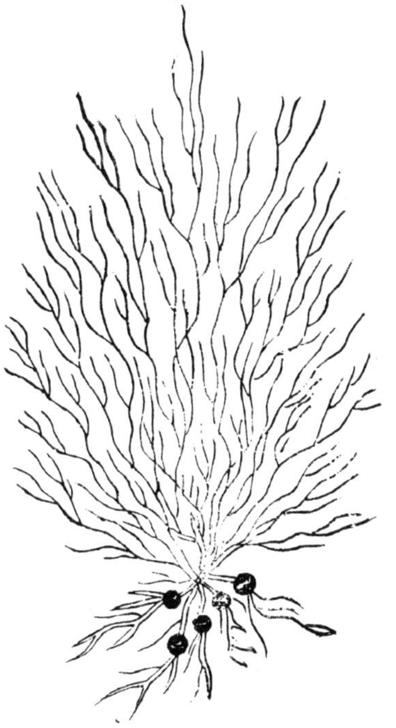

水豆兒　一名葳菜，生陂塘水澤中，其莖葉比菹草又細，狀類細線，連綿不絕，根如釵股而色白，根下有豆如退皮菉豆，瓣味甘。

救飢　採秧及根豆，擇洗潔淨，煑食，生醃食亦可。

水葱

水葱　生水邊、及淺水中、科苗彷彿類家葱、而極細長、稍頭結蓇葖、彷彿類葱蓇葖而小、開黪白花、其根類葱根、皮色紫黑、根苗俱味甘、微鹹、

救飢　採嫩苗連根揀擇、洗淨、煠熟、水浸淘淨、油鹽調食、

蒲笋

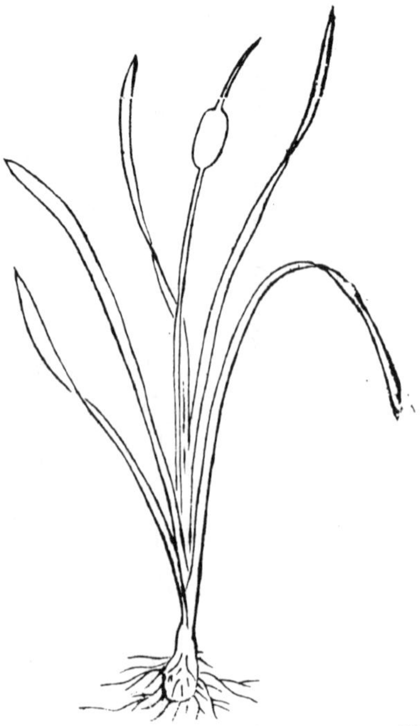

蒲笋　本草名其苗爲香蒲、即甘蒲也、一名雎、一名醮、俚俗名此蒲爲香蒲、謂菖蒲爲臭蒲、其香蒲水邊處處有之、根比菖蒲根極肥大而少節、其葉初未出水時、葉莖紅白色、採以爲笋、後攛梗於叢葉中、花抱梗端、如武士棒杵、故俚俗謂蒲棒、蒲黄、即花中蘂屑也、細若金粉、當欲開時、有便取之、市廛間亦採以蜜搜作果食、貨賣、甚益小兒、味甘、性平、無毒、

救飢　採近根白笋、揀剝洗淨、煠熟、油鹽調食、蒸食亦可、採根刮去麄皴、晒乾磨麪、打餅蒸食、皆可、

蘆筍

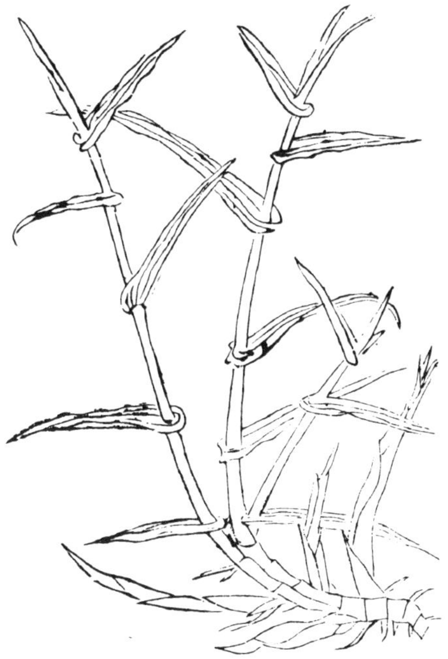

蘆筍　其苗名葦子草本草有蘆根爾雅謂之葭華生下濕陂澤中其狀都似竹但差小而葉抱莖生無枝叉花白作穗如茅花根如竹根亦差小而節疎露出浮水者不堪用味甘一云辛性寒

救飢　採嫩筍煠熟油鹽調食其根甘甜亦可生咂食之

玄扈先生曰嘗過根本勝藥北方亦作果食其筍則北方者可食南產不可食

茅芽根

茅芽根　本草名茅根一名蘭根一名茹根一名地菅一名地筋一名兼杜又名白茅菅其芽一名茅針生楚地山谷今田野處處有之春初生苗布地如針夏生白花茸茸然至秋而枯其根至潔白亦甚甘美根性寒茅針性平花性溫俱味甘無毒

救飢　採嫩芽剝取嫩穰食甚益小兒及取根咂食甜味久服利人服食此可斷穀

玄扈先生曰嘗過

葛根　一名雞齊根、一名鹿藿、一名黄斤、生汶山川谷、及成州海州浙江并澧鼎之間、今處處有之、苗引藤蔓、長二三丈、莖淡紫色、葉頗似楸葉而小、色青、開花似豌豆花、粉紫色、結實如皂莢而小、根形如手臂、味甘、性平、無毒、一云性冷、殺野葛巴豆百藥毒

救饑　掘取根入土深者、水浸洗淨、蒸食之、或以水中揉出粉、澄濾成塊、蒸煑皆可食、及採花晒乾、煠食亦可、

玄扈先生曰、嘗過、

何首烏　一名野苗、一名交藤、一名夜合、一名地精、一名陳知白、又名桃柳藤、亦名九真藤、出順州南河縣、其嶺外江南諸州、及虔州皆有、以西洛嵩山歸德柘城縣者爲勝、今鈞州密縣山谷中亦有之、蔓延而生、莖蔓紫色、葉似山藥葉而不光嫩、葉間開黄白花、似葛勒花、結子有稜、似蕎麥而極細、小如粟粒大、根大者如拳、各有五稜瓣、狀似甜瓜樣、中有花紋、形如鳥獸山嶽之狀者極珍、有赤白二種、赤者雄、白者雌、又云雄者苗葉黄白、雌者赤黄色、一云雄苗赤、生必相

對遠不過三四尺，夜則苗蔓相交，或隱化不見。凢修
合藥須雌雄相合服有驗，宜偶日服，二四六八日是
也。其藥本無名，因何首烏見藤夜交，採服有功，因以
採人爲名耳。又云仙草，其爲五十年者，如拳大，號山
奴，服之一年，髭鬢烏黑；百年如碗大，號山哥，服之一
年，顔色紅悦；百五十年，如盆大，號山伯，服之一年，齒
落重生；二百年如斗栲栳大，號山翁，服之一年，顔如
童子，行及奔馬；三百年如三斗栲栳大，號山精，服之
一年延齡，純陽之體，久服成地仙。又云其頭九數者，

服之乃仙。味苦澁，性微温，無毒。一云味甘。茯苓爲之
使。酒下最良。忌鐵器、猪羊血，及猪肉、無鱗魚，與蘿蔔
相惡。若並食，令人髭鬢早白，腸風多熱。
救飢　掘根洗去泥土，以苦竹刀切作片，米泔浸
經宿，換水煮去苦味，再以水淘洗淨，或蒸
或煑食之。花亦可煠食。

玄扈先生曰：嘗過，根本勝藥，不必救荒。

瓜樓根

瓜樓根　俗名天花粉，本草名括樓實，一名地樓，一
名果贏，一名天瓜，一名澤姑，一名黄瓜。生弘農川谷
及山陰地，今處處有之。入土深者良，生鹵地者有毒。
詩所謂果蓏之實是也。根亦名白藥，大者細如手臂，
皮黄肉白。苗引藤蔓，葉似甜瓜葉而作花叉，有細
開花似葫蘆花，淡黄色。實在花　大如拳，生　熟黄
根味苦，性寒，無毒。枸杞爲之使　長
反烏頭
救飢　採根削皮至白處寸
換水浸經四五日
之澄濾令極細
水浸澄濾二十餘
餅或作煎餅切細麪昔可食
粥食極甘取
玄扈先生曰：嘗過，根本勝藥

磚子苗

磚子苗　一名關子苗、生水邊、苗似水葱而麄大、內實、又似蒲萼、稍開碎白花、結穗似水菼草穗、紫赤色、其子如黍粒大、根似蒲根而堅實、味甜、子味亦甜、

救飢　採子磨麪食、及採根擇洗淨、換水煮食、或曬乾磨爲麪食亦可、

菊花

菊花　一名節華、一名日精、一名女節、一名女華、一名女莖、一名更生、一名周盈、一名傅延年、一名陰成、生雍州川澤及鄧衡齊州田野、今處處有之、味苦甘、性平無毒、朮枸杞桑根白皮爲之使、

救飢　取莖紫氣香而味甘者、採葉煠食、或作羹皆可、青莖而大、氣味作蒿苦者、不堪食、名苦薏、其花亦可煠食、或炒茶食、

玄扈先生曰、嘗過、

金銀花

金銀花　本草名忍冬、一名鷺鷥藤、一名左纏藤、一名金釵股、又名老翁鬚、亦名忍冬藤、舊不載所出州土、今輝縣山野中亦有之、其藤凌冬不凋、故名忍冬草、附樹延蔓而生、莖微紫色、對節生葉、葉似薜荔葉而青、又似水茶舊葉、頭微團而軟、背頗澁、又似黑豆葉而大、開花五出、微香、蒂帶紅色、花初開白色、經一二日則色黃、故名金銀花、本草中不言善治癰疽發背、近代名人用之奇效、味甘、性溫、無毒、

救飢　採花煠熟、油鹽調食、及採嫩葉換水煮熟、浸去邪味、淘淨油鹽調食、

玄扈先生曰、嘗過、花本勝藥、

望江南

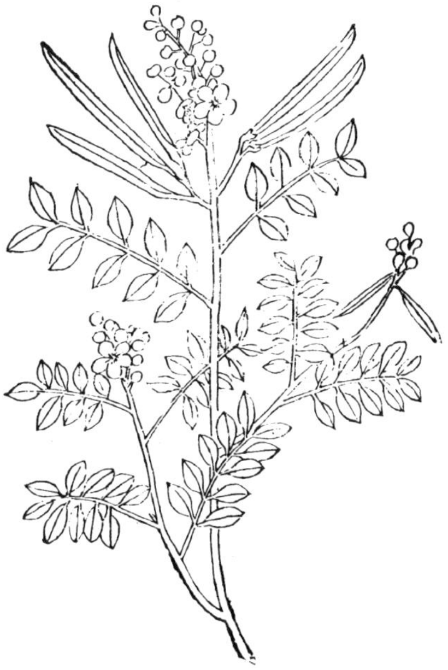

望江南　其花名茶花兒、人家園圃中多種、苗高二尺許、莖微淡赤色、葉似槐葉而肥大、微尖、又似胡蒼耳葉、頗大、及似皂角葉、亦大、開五瓣金黃花、結角長三寸許、葉味微苦、

救飢　採嫩苗葉煠熟、水浸淘去苦味、油鹽調食、

花可炒食、亦可煠食、

玄扈先生曰、嘗過、或名槐豆、或直稱決明、

大蓼　生密縣梁家衝山谷中，拖藤而生，莖有線楞而頗硬，對節分生莖叉，葉亦對生，葉似山蓼葉，微短，拳曲，節間開白花，其葉味苦，微辣。

救飢　採葉煠熟，換水浸去辣味，作成黃色，淘洗淨，油鹽調食，花亦可煠食。

草部　莖可食

黑三稜　舊云河陝江淮荆襄間皆有之，今鄭州賈峪山澗水邊亦有，苗高三四尺，葉似菖蒲葉而厚大，背皆三稜劒脊，葉中攛葶，葶上結實，攢爲刺毬，狀如楮桃樣，而三顆，瓣甚多，其顆瓣形似草決明子而大，生則青，熟則紅，黃色，根狀如烏梅而頗大，有鬚蔓延相連，比京三稜體微輕，治瘀並同，其葶味甜，根味苦，性平，無毒。

救飢　採嫩葶剝去麄皮，煠熟，油鹽調食。

荇絲菜

荇絲菜　又名金蓮兒，一名藕蔬菜。水中拖蔓而生。葉似初生小荷葉，近莖有椏劐。葉浮水上。葉中攛莖，上開金黃花。莖味甜。

救飢　採嫩苗煠熟，油鹽調食。

水慈菰

水慈菰　俗名爲剪刀草，又名剪搭草。生水中。其莖面窊背方，背有線楞。其葉三角，似剪刀形。葉中攛生莖叉，稍間開三瓣白花，黃心。結青蓇葖，如青楮桃狀，頗小。根類葱根而麄大。其味甜。

救飢　採近根嫩笋莖煠熟，油鹽調食。

茭　筍

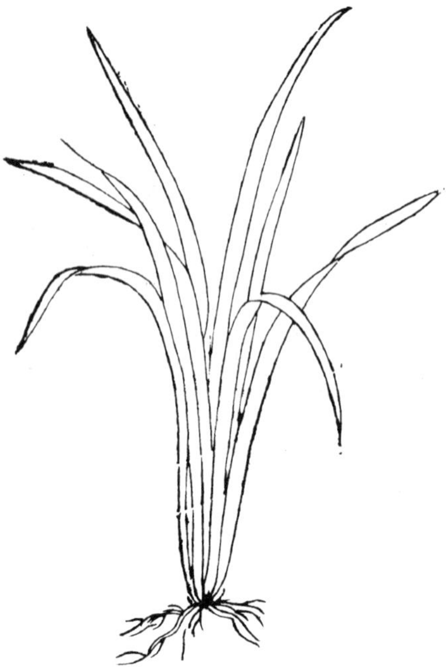

草部　筍及實皆可食、

茭筍　本草有菰根、又名菰蔣草、江南人呼為茭草、俗又呼為茭白、生江東池澤水中及岸際、今在處水澤邊皆有之、苗高二三尺、葉似蔗荻、又似茅葉而長闊厚、葉間攛葶開花、如葦、結實青子、根肥、剝取嫩白筍可啖、久根盤厚生菌、音窘、細嫩、葉可啖、名菰菜、三年已上、心中生葶、如藕、白、軟、中有黑脉、甚堪啖、名菰首、味甘、性大寒、無毒、

救飢　採茭菰筍、煠熟、油鹽調食、或採子舂為米、合粟煮粥食之、甚濟飢、

玄扈先生曰、嘗過、

農政全書卷之五十四

特進光祿大夫太子太保禮部尚書兼文淵閣大學士贈少保謚文定上海徐光啓纂輯

欽差總理糧儲提督軍務兼巡撫應天等處地方都察院右僉都御史東陽張國維鑒定

直隸松江府知府穀城方岳貢同鑒

荒政　採周憲王救荒本草

木部　葉可食

茶　樹

茶樹　本草有茗、苦搽、圖經云、生山南漢中山谷、閩浙蜀荊江湖淮南山中皆有之、惟建州北苑數處産者、性味獨與諸方不同、今蜜縣梁家衝山谷間亦有之、其樹大小皆類梔子、春初生芽、為雀舌、麥顆、又有新芽、一發便長寸餘、微麄如針、漸至環腳、軟枝條之類、葉老則似水茶、白葉而長、又似初生青岡橡葉而小、光澤、又云、冬生葉、可作羹飲、世呼早採者為搽、晚取者為茗、一名荈、蜀人謂之苦搽、今通謂之茶、茶茶聲近、故呼之、又有研治作餅、名為臘茶者、皆味甘苦、性微寒、無毒、如茱萸、葱、薑等良、又別有一種蒙山中頂上清峯茶、云春分前後、多聚人力、候雷初發聲、併手齊採。若得四兩服之、即為地仙、

救飢　採嫩葉。或冬生葉、可煮作羹食、或蒸焙作茶。皆可

夜合樹

夜合樹　本草名合歡，一名合昏。生益州及雍洛山谷，今鈞州、鄭州山野中亦有之。木似梧桐，其枝甚柔弱。似皂莢葉，又似槐葉，極細而密，互相交結。每一風來，輒似相解，了不相牽綴。其葉至暮而合，故名合昏。花發紅白色，瓣上若絲茸然，散垂。結實作莢，子極薄細。味甘，性平，無毒。

救飢　採嫩葉煠熟，水浸淘淨，油鹽調食。晒乾煠食尤好。

木槿樹

木槿樹　本草云：木槿如小葵，花淡紅色，五葉成一花，朝開暮斂。花與枝兩用。湖南北人家多種植為籬障。亦有千葉者，人家園圃多栽種。性平，無毒。葉味甜。

救飢　採嫩葉煠熟，冷水淘淨，油鹽調食。

白楊樹

白楊樹　本草白楊樹皮、舊不載所出州土、今處處有之、此木高大、皮白似楊、故名、葉圓如梨、肥大而尖、葉背甚白、葉邊鋸齒狀、葉蒂小無風自動也、味苦性平無毒、

救飢　採嫩葉煠熟、作成黃色、換水淘去苦味、洗淨、油鹽調食、

黃櫨

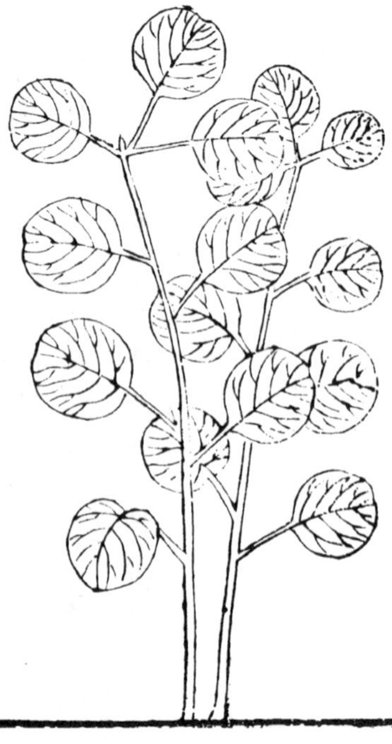

黃櫨　生商洛山谷、今鈞州鄭州山野中亦有之、葉圓木黃、枝莖色紫赤、葉似杏葉而圓大、味苦性寒無毒、木可染黃、

救飢　採嫩芽煠熟、水淘去苦味、油鹽調食、

玄扈先生曰、嘗過。

椿樹芽

椿樹芽　本草有椿木樗木舊不載所出州土今處處有之二木形幹大抵相類椿木實而葉香可啖樗木踈而氣臭膳夫熬去其氣亦可啖比人呼樗爲山椿江東人呼爲虎目葉脫處有痕如樗蒲子又如眼目故得此名夏中生莢樗之有花者無莢有莢者無花莢常生臭樗上未見椿上有莢者然世俗不辨椿樗之異故俗名爲椿莢其實樗莢耳其無花不實木大端直爲椿有花而莢大小幹多迂矮者爲樗椿味苦有毒樗味苦有小毒性溫一云性[illegible]無毒

救飢　採嫩芽煠熟水浸淘淨油鹽調食

玄扈先生曰嘗過

椒樹

椒樹　本草蜀椒一名南椒一名巴椒一名蓎藙生武都川谷及巴郡歸峽蜀川陝洛間人家園圃多種之高四五尺似茱萸而小有針刺葉似刺蘼葉微小葉堅而滑可煮食甚辛香結實無花但生於葉間如豆顆而圓皮紫赤此椒江淮及比土皆有之莖皆相類但不及蜀中者皮肉厚腹裏白氣味濃烈耳又云出金州西城者佳味辛性溫大熱有小毒多食令人乏氣口閉者殺人十月不食椒損氣傷心令人多忘杏仁爲之使畏款冬花

救飢　採嫩葉煠熟換水浸淘淨油鹽調食椒顆調和百味香美

椋子樹

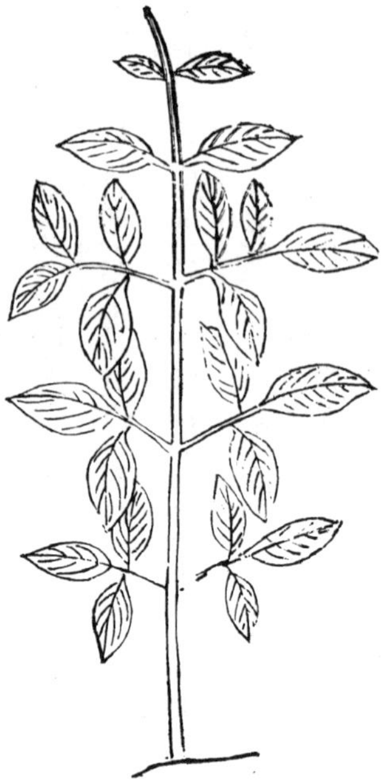

椋子樹　本草有椋子木。舊不載所出州土。今密縣山野中亦有之。其樹有大者。木則堅重。材堪爲車輞。初生作科條狀。類荊條。對生枝叉。葉似柿葉而薄小。兩葉相當對生。開白花。結子細圓。如牛李子。大如豌豆。生青熟黑。味甘鹹。性平。無毒。葉味苦。

救飢　採葉煠熟。水浸淘去苦味。洗淨。油鹽調食。

雲葉

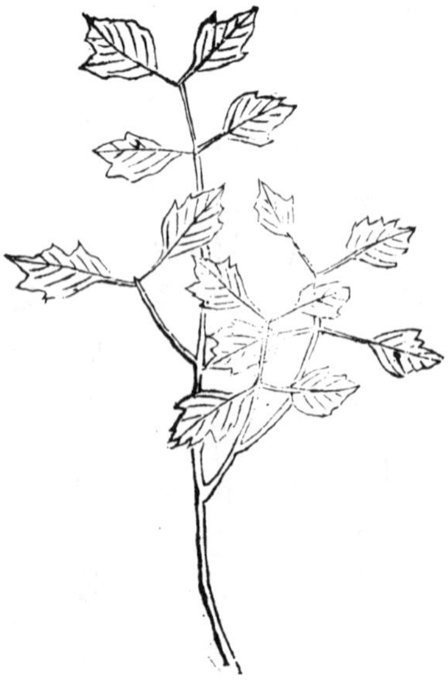

雲葉　生密縣山野中。其樹枝葉皆類棗。但其葉如雲頭花叉。又似木欒樹葉。微潤。開緑青黃花。其葉味微苦。

救飢　採嫩葉煠熟。換水浸淘去苦味。油鹽調食。或蒸晒作茶尤佳。

黄楝樹

黄楝樹　生鄭州南山野中、葉似初生椿樹葉而極小、又似楝葉、色微帶黄、開花紫赤色、結子如豌豆大、生青熟亦紫赤色、葉味苦、

救飢　採嫩芽葉煠熟。換水浸去苦味。油鹽調食。蒸芽曝乾亦可作茶煑飲。

凍青樹

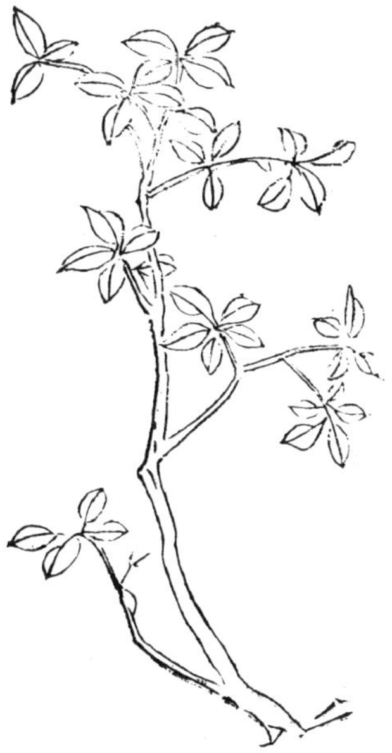

凍青樹　生密縣山谷間、樹高丈許、枝葉似枸骨子樹而極茂盛、凌冬不凋、又似樝子樹葉而小、亦似穁芽葉微窄、頭頗團而不尖、開白花、結子如豆粒大、青黑色、葉味苦、

救飢　採芽葉煠熟。水浸去苦味。淘洗淨、油鹽調食。

稗芽樹

稗芽樹　生輝縣山野中。科條似槐條，葉似冬青葉，微長。開白花，結青白子。其葉味甜。

救飢　採嫩葉煠熟，水淘淨，油鹽調食。

月芽樹

月芽樹　又名芀芽。生田野中。莖似槐條，葉似歪頭菜葉，微短，稍硬。又似稗芽葉，頗長艄。其葉兩兩對生。味甘微苦。

救飢　採嫩葉煠熟，水浸淘淨，油鹽調食。

女兒茶

女兒茶　一名牛李子、一名牛筋子、生田野中、科條高五六尺、葉似郁李子葉而長大、稍尖、葉色光滑、又似白棠子葉而色微黃綠、結子如豌豆大、生則青、熟則黑、茶褐色、其葉味淡微苦、

救飢　採嫩葉煠熟、水浸淘淨、油鹽調食、亦可蒸曬作茶煮飲

省沽油

省沽油　又名珎珠花、生鈞州風谷頂山谷中、科條似荊條而圓、對生枝叉、葉亦對生、葉似驢駞布袋葉而大、又似葛藤葉却小、每三葉攢生一處、開白花似珎珠色、葉味甘苦、性、

救飢　採葉煠熟、水浸淘淨、油鹽調食

白槿樹

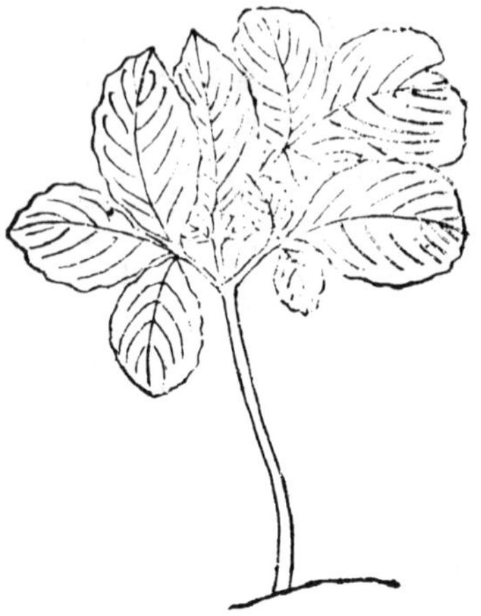

白槿樹　生密縣梁家衝山谷中、樹高五七尺、葉似茶葉而甚濶大光潤、又似初生青岡葉而無花叉、又似山格剌樹葉、亦大、開白花、其葉味苦、

救飢　採葉煠熟、水浸淘淨。油鹽調食。

回回醋

回回醋　一名淋樸樕、生密縣韶華山、山野中、樹高丈餘、葉似兜櫨樹葉而厚大、邊有大鋸齒、又似厚椿葉而亦大、或三葉或五葉排生一莖、開白花、結子大如豌豆、熟則紅紫色、味酸、葉味微酸、

救飢　採葉煠熟、水浸去酸味、淘淨。油鹽調食、其子調和湯味如醋。

槭樹芽

槭樹芽　生鈞州風谷頂山谷間、木高一二丈、其葉狀類野葡萄葉、五花尖叉、亦似綿花葉而薄小、又似絲瓜葉、却甚小、而淡黃綠色、開白花、葉味甜、

救飢　採葉煠熟、以水浸作成黃色、換水淘淨、油鹽調食。

老葉兒樹

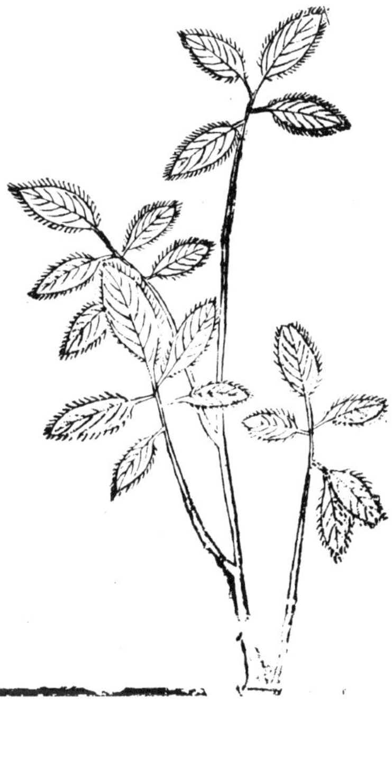

老葉兒樹　生密縣山野中、樹高六七尺、葉似茶葉而窄瘦尖艄、又似李子葉而長、其葉味甘微澀、

救飢　採葉煠熟。水浸去澀味。淘洗。油鹽調食。

青楊樹

青楊樹　在處有之，今密縣山野間亦多有。其樹高大，葉似白楊樹葉而狹小，色青，皮亦頗青，故名青楊。其葉味微苦。

救飢　採葉煠熟，水浸作成黃色，換水淘淨，油鹽調食。

龍栢芽

龍栢芽　出南陽府馬鞍山中。此木久則亦大，葉似初生橡櫟小葉而短，味微苦。

救飢　採芽葉煠熟，換水浸淘淨，油鹽調食。

兠櫨樹

兠櫨樹　生密縣梁家衝山谷中、樹甚高大、其木枯朽極透、可作香焚、俗名壞香、葉似回回醋樹葉而薄窄、又似花楸樹葉、却少花叉、葉皆對生、味苦、

救飢　採嫩芽葉煠熟。水浸去苦味。淘洗淨。油鹽調食。

青岡樹

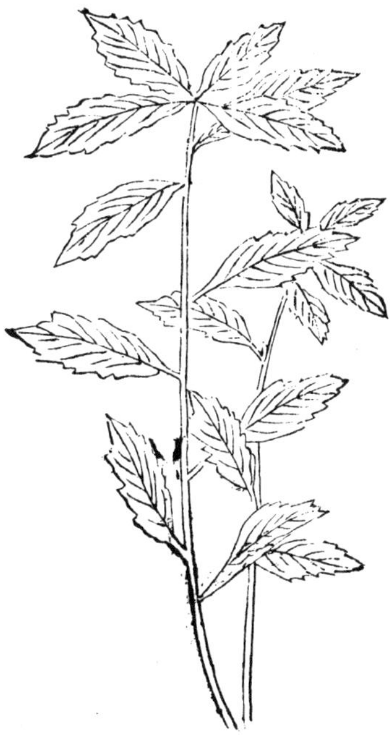

青岡樹　舊不載所出州土、今處處有之、其木大而結橡斗者爲橡櫟、小而不結橡斗者爲青岡、其青岡樹枝葉條幹皆類橡櫟、但葉色頗青而少花叉、味苦、性平無毒、

救飢　採嫩葉煠熟。以水浸漬作成黃色。換水淘洗淨、油鹽調食。

檉樹芽

檉樹芽　生寄縣山野中、樹高一二丈、葉似槐葉而長大、開淡粉紫花、葉味苦、

救飢　採嫩芽葉煠熟、換水浸去苦味。淘洗淨、油鹽調食

山茶科

山茶科　生中牟土山田野中、科條高四五尺、枝梗灰白色、葉似皂莢葉而團、又似槐葉亦團、四五葉攢生一處、葉甚稠密、味苦、

救飢　採嫩葉煠熟。水淘洗淨。油鹽調食。亦可蒸曬乾、做茶煑飲。

木葛

木葛 生新鄭縣山野中。樹高丈餘，枝似杏枝，葉似杏葉而團，又似葛根葉而小，味微甜。

救飢 採葉煠熟，水浸淘淨，油鹽調食。

花楸樹

農政全書 卷之五十四 荒政 三十七 平露堂

花楸樹 生密縣山野中。其樹高大。葉似回回醋葉微薄，又似兜櫨樹葉，邊有鋸齒，又其葉味苦。

救飢 採嫩芽葉煠熟，換水浸去苦味，淘洗淨，油鹽調食。

白辛樹

白辛樹　生滎陽搭兒山崗野間。樹高丈許。葉似青檀樹葉，頗長而薄，色微淡綠。又似月芽樹葉而大，色亦差淡。其葉味甘微澁。

救飢　採葉煠熟，水浸淘去澁味，油鹽調食。

木欒樹

木欒樹　生密縣山谷中。樹高丈餘。葉似楝葉而寬大，稍薄。開淡黃花。結薄殼，中有子，大如豌豆，烏黑色。人多摘取，串作數珠。葉味淡甜。

救飢　採嫩芽葉煠熟，換水浸淘淨，油鹽調食。

烏稜樹

烏稜樹　生密縣梁家衝山谷中，樹高丈餘，葉似省沽油樹葉，而背白，又似老婆布鞊葉，微小而艄，開白花，結子如梧桐子大，生青熟則烏黑，其葉味苦。

救飢　採葉煠熟，換水浸去苦味，作過淘洗淨，油鹽調食。

剌楸樹

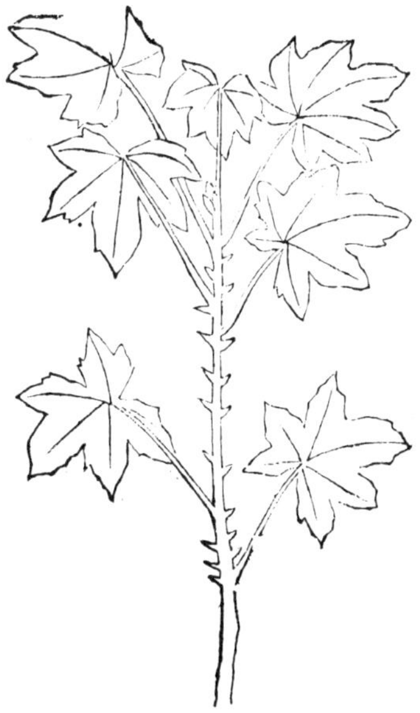

剌楸樹　生密縣山谷中，其樹高大，皮色蒼白，上有黃白班點，枝梗間多有大刺，葉似楸葉而薄，味甘。

救飢　採嫩芽葉，煠熟，水浸淘洗淨，油鹽調食。

黃絲藤

黃絲藤　生輝縣太行山山谷中條類葛條葉似山格剌葉而小又似婆婆枕頭葉頗硬背微白邊有細鋸齒味甜

救飢　採葉煠熟水浸淘淨油鹽調食

山格剌樹

山格剌樹　生密縣韶華山山野中作科條生葉似白槿樹葉頗短而尖艄又似茶樹葉而闊大及似老婆布鞊葉亦大味甘

救飢　採葉煠熟水浸作成黃色淘洗淨油鹽調食

梳樹

梳樹　生輝縣太行山山谷中，其樹高丈餘，葉似槐葉而大，却頗軟薄，又似檀樹葉而薄小，開淡紅色花，結子如菉豆大，熟則黃茶褐色，其葉味甜。

救飢　採葉煠熟，水浸淘淨，油鹽調食。

報馬樹

報馬樹　生輝縣太行山山谷間，枝條似桑條色，葉似青檀葉而大，邊有花叉，又似白辛葉頗大而長硬，葉味甜。

救飢　採嫩葉煠熟，水淘淨，油鹽調食。硬葉煠熟，水浸作成黃色，淘去涎沫，油鹽調食。

椵樹

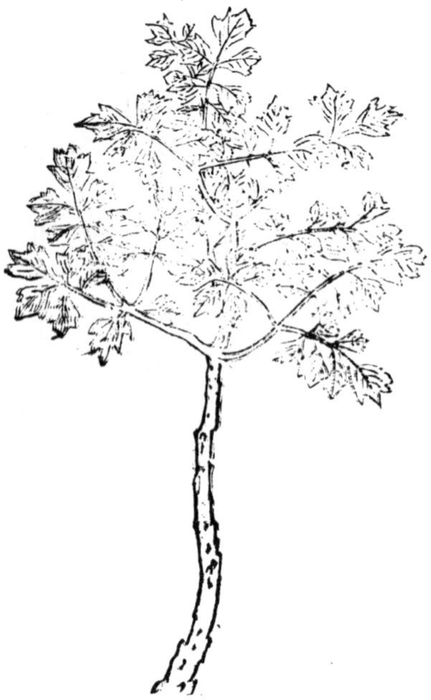

椵樹　生輝縣太行山山谷間。樹甚高大。其木細膩。可為卓器。枝叉對生。葉似木槿葉而長大。微薄。色頗淡綠。皆作五花椏叉。邊有鋸齒。開黃花。結子如豆粒大。色青白。葉味苦。

救飢　採嫩葉煠熟。水浸去苦味。淘洗淨。油鹽調食。

莢蒾

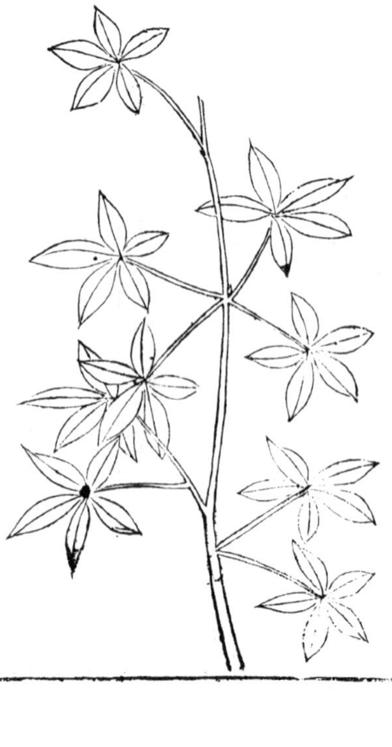

莢蒾　生密縣楊家衝山谷中。科條高四五尺。葉似拧爪葉而尖艄。又似金銀花葉。亦尖艄。五葉攢生如一簇。開花白色。其葉味甜。

救飢　採葉煠熟。水浸淘淨。油鹽調食。

堅莢樹

堅莢樹 生輝縣太行山山谷中其樹枝幹堅勁可以作棒皮色烏黑對分枝叉葉亦對生葉似拐棗葉而大微薄其色淡綠又似土欒樹葉極大而光潤開黃花結小紅子其葉味苦

救飢 採嫩葉煠熟水浸去苦味淘油鹽調食

吳竹樹

吳竹樹 生輝縣太行山山野中樹甚高大葉似楸葉而厚頗艄却少花叉又似枴棗葉亦大其葉面青背白味甜

救飢 採葉煠熟水浸去邪臭氣味油鹽調食

馬魚兒條

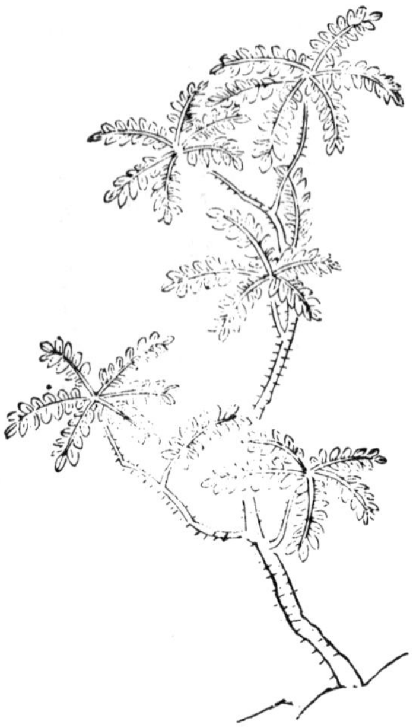

馬魚兒條　俗名山皂角生荒野中葉似初生刺蘼花葉而小枝梗色紅有刺似棘針微小葉味甘微酸

救飢　採葉煠熟水浸淘淨油鹽調食

老婆布鞊

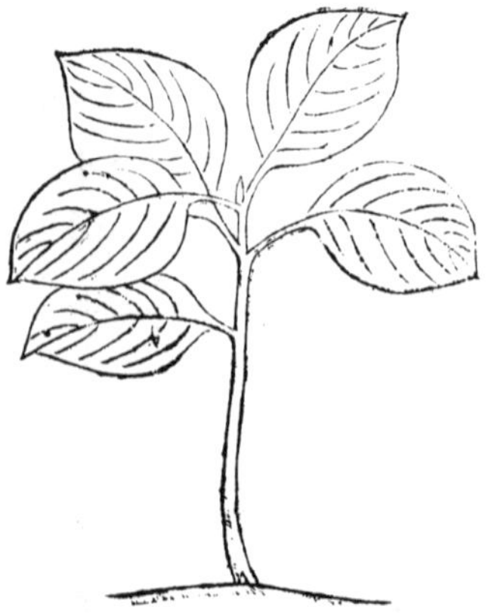

老婆布鞊　生鈞州風谷頂山野間科條淡蒼黃色葉似匙頭樣色嫩綠而光俊又似山格剌葉却小味甘微缺

救飢　採葉煠熟水浸作過淘淨油鹽調食

農政全書卷之五十四終

農政全書卷之五十五

太保禮部尚書兼文淵閣大學士贈少保謚文定上海徐光啓纂輯
軍務兼巡撫應天等處地方都察院右僉都御史東陽張國維鑒定
直隸松江府知府穀城方岳貢同鑒

荒政 採周憲王救荒本草

木部 實可食

櫱核樹

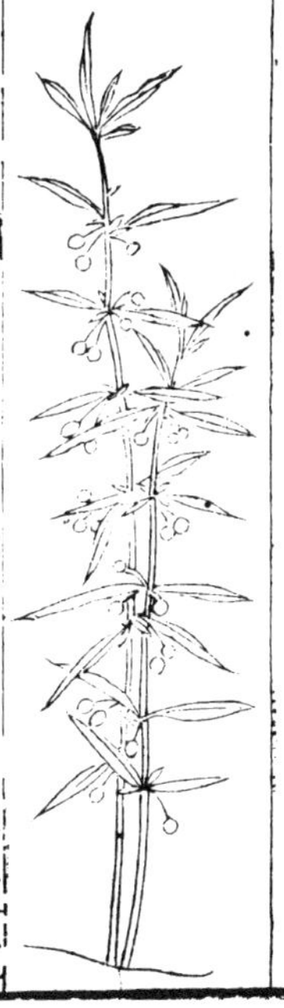

櫱核樹 俗名櫱李子、生函谷川谷、及巴西河東皆有、今古崤關西茶店山谷間亦有之、其木高四五尺、枝條有刺、葉細似枸杞葉而尖長、又似桃葉而狹小、亦薄、花開白色、結子紅紫色、附枝莖而生、狀類五味子、其核仁味甘、性温微寒、無毒、其果味甘酸、

救飢 摘取其果紅紫色熟者食之。

酸棗樹

酸棗樹 爾雅謂之樲棗、出河東川澤、今城壘坡野間多有之、其木似棗而皮細、莖多棘刺、葉似棗葉微小、花似棗花、結實紅紫色、似棗而圓小、核中人微匾、名酸棗人、入藥用、味酸、性平、一云性微熱、惡防巳、

救飢 採取其棗爲果食之、亦可釀酒。熬作燒酒飲、未紅熟時、採取煮食亦可。

玄扈先生曰、嘗過、

橡子樹

橡子樹　本草橡實，櫟木子也。其殼一名杼斗，所在山谷有之。木高二三丈。葉似栗葉而大，開黄花。其實橡也。有梂彙自裹。其殼即橡斗也。橡實味苦澁，性微溫，無毒。其殼斗可染皂。

救飢　取子換水浸煮十五次，淘去澁味，蒸極熟食之，厚腸胃，肥健人，不飢。

玄扈先生曰：食麥橡，令人健行。

又曰：取子碾或舂或磨細，水淘去苦味，次淘取粗查飼豕，甚充腸。淘取細粉，如製真粉、天花粉法，與栗粉不異也。凡木實草根去惡味取淨粉法並同。

荆子

荆子　本草有牡荆實，一名小荆實，俗名黄荆。生河間、南陽、宛句山谷，并眉州、蜀州、平壽都鄉高岸及田野中。今處處有之，即作箠杖者。作科條生，枝莖堅勁。對生枝叉。葉似麻葉而疎短，又有葉似棕葉而短小，却多花叉者。開花作穗，花色粉紅，微帶紫。結實大如黍粒而黄黑色，味苦，性溫，無毒。防風爲之使，惡石膏、烏頭。陶隱居登真隱訣云：荆木之華葉通神見鬼精。

救飢　採子換水浸淘去苦味，晒乾，搗磨爲麵食之。

實棗兒樹

實棗兒樹　本草名山茱萸、一名蜀棗、一名鷄足、一名魃實、一名鼠矢、生漢中川谷、及瑯琊宛句東海承縣海州、今鈞州密縣山谷中亦有之、木高丈餘、葉似榆葉而寬稍團、紋脉微麄、開淡黄白花、結實似酸棗大、微長兩頭尖䚡、色赤、既乾則皮薄、味酸、性平微温無毒、一云味鹹辛、大熱、蓼實爲之使、惡桔梗防風防巳、

救飢　摘取實棗紅熟者食之、

孩兒拳頭

孩兒拳頭　本草名莢蒾、一名擊蒾、一名弄先、舊不著所出州土、但云所在山谷多有之、今輝縣太行山山野中亦有、其木作小樹、葉似木槿而薄、又似杏葉頗大、亦薄澁、枝葉間開黄花、結子似溲疏、兩兩切並、四四相對、數對共爲一攢、生則靑、熟則赤色、味甘苦、性平無毒、葢檀榆之類也、其皮堪爲索、

救飢　採子紅熟者食之、又煮枝汁少加米作粥甚美、

玄扈先生曰、詩疏云、斫檀不得得繫迷、即此木也、

山藜兒

山藜兒　一名金剛樹、又名鉄刷子、生鈞州山野中、科條高三四尺、枝條上有小刺、葉似杏葉頗團小、開白花、結實如葡萄顆大、熟則紅黃色、味甘酸、

救飢　食之、

山裹果兒

山裹果兒　一名山裹紅、又名映山紅果、生新鄭縣山野中、枝莖似初生桑條、上多小刺、葉似菊花葉稍團、又似花桑葉亦團、開白花、結紅果、大如櫻桃、味甜、

救飢　採樹熟果食之、

無花果

無花果　生山野中、今人家園圃中亦栽、葉形如葡萄葉頗長硬、而厚、稍作三叉枝葉間生果、初則青小熟大、狀如李子、色似紫茄色味甜、

救飢　採果食之、

治病　今人傳説治心痛、用葉煎湯服甚效

玄扈先生曰、子本佳果、第須良種、宜廣植之。

青舍子條

青舍子條　生密縣山谷間、科條微帶柿黃色葉似胡枝子葉而光俊微尖枝條稍間開淡粉紫花、結子似枸杞子微小、生則青而後變紅、熟則紫黑色、味甜、

救飢　採摘其子紫熟者食之、

白棠子樹

白棠子樹　一名沙棠梨兒一名羊妳子樹又名剪子果生荒野中枝梗似棠梨樹枝而細其色微白葉似棠葉而窄小色亦頗白又似女兒茶葉却大而背白結子如豌豆大味酸甜

救飢　其子甜熟時摘取食之

拐棗

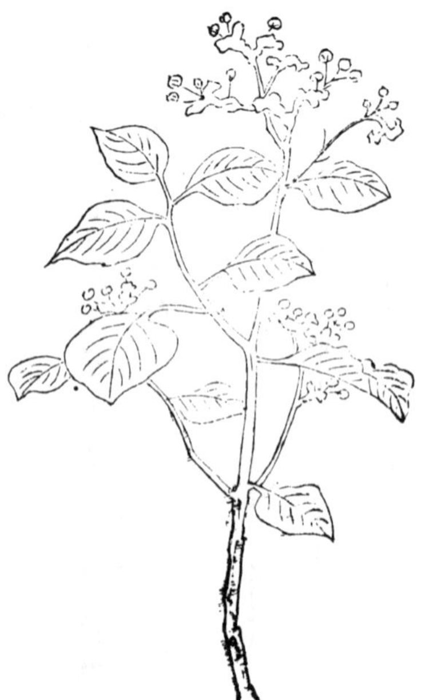

拐棗　生密縣梁家衝山谷中葉似楮葉而無花叉却更尖艄面多紋脈邊有細鋸齒開淡黃花結實伏似生姜拐叉而細短深茶褐色故名拐棗味甜

救飢　摘取拐棗成熟者食之

木桃兒樹

木桃兒樹　生中牟土山間、樹高五尺餘、枝條上氣脉積聚爲瘩狀、類小桃兒、極堅實、故名木桃、其葉似楮葉而狹小、無花叉、却有細鋸齒、又似青檀葉、稍闊另又開淡紫花、結子似梧桐子而大、熟則淡銀褐色、味甜可食、

救飢　採取其子熟者食之、

石岡橡

石岡橡　生汜水西茶店山谷中、其木高丈許、葉似橡櫟、葉極小而薄、邊有鋸齒而少花叉、開黃花、結實如橡斗而極小、味澁微苦、

救飢　採實換水煮五七水、令極熟食之

水茶臼

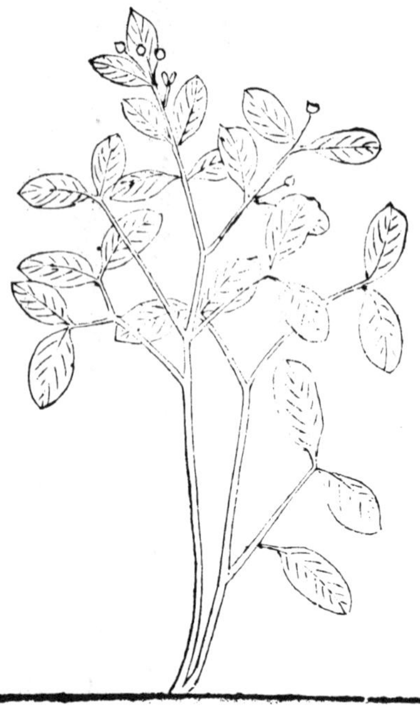

水茶臼　生蜜縣山谷中、科條高四五尺、莖上有小刺、葉似大葉胡枝子葉、而有尖、又似黑豆葉而光厚、亦尖、開黃白花、結果如杏大、狀似甜瓜瓣而色紅、味甜酸、

救飢　果熟紅時摘取食之、

野木瓜

野木瓜　一名八月樝、又名杵瓜、出新鄭縣山野中、蔓延而生、妥附草木上、葉似黑豆葉微小光澤、四五葉攢生一處、結瓜如肥皂大、味甜、

救飢　採嫩瓜換水煮食。樹熟者亦可摘食。

土欒樹

土欒樹 生汜水西茶店山谷中其木高大堅勁人常採斫以爲秤簳葉似木葛葉微狹而厚背頗白微毛又似青楊葉亦窄開淡黄花結子小如豌豆而匾生則青色熟則紫黑色味甘

救飢 摘取其實紫熟者食之

驢駝布袋

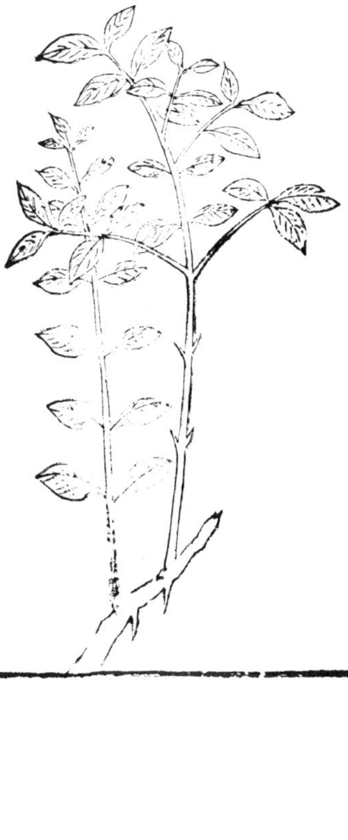

驢駝布袋 生鄭州沙崗閒科條高四五尺枝梗微帶赤黄色葉似郁李子葉頗大而光又似省沽油葉而尖頗齊其葉對生開花色白結子如菉豆大兩兩並生熟則色紅味甜

救飢 採紅熟子食之

婆婆枕頭

婆婆枕頭　生鈞州密縣山坡中科條高三四尺葉似櫻桃葉而長艄開黄花結子如菉豆大生則青熟紅色味甜

救飢　採熟紅子食之

吉利子樹

吉利子樹　一名急縻子科荒野處有之科條高五六尺葉似野桑葉而小又似櫻桃葉亦小枝葉間開五瓣小尖花碧玉色其心黄色結子如椒粒大兩兩並生熟則紅味甜

救飢　其子熟時採摘食之

農政全書卷之五十五　終

農政全書卷之五十六

特進光祿大夫太子太保禮部尚書兼文淵閣大學士贈少保謚文定上海徐光啓纂輯
欽差總理糧儲提督軍務巡撫應天等處地方都察院右僉都御史東陽張國維鑒定
直隸松江府知府穀城方岳貢同鑒

荒政 採周憲王救荒本草

木部 葉及實皆可食

枸杞

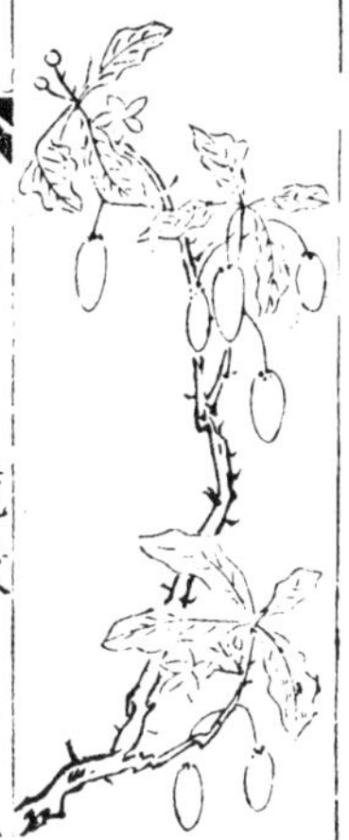

枸杞 一名杞根，一名枸忌，一名地輔，一名羊乳，一名却暑，一名仙人杖，一名西王母杖，一名地仙苗，一名托盧，或名天精，或名却老，一名枸檵（杞同），一名苦杞，俗呼爲甜菜子，根名地骨。生常山平澤，今處處有之。其莖幹高三五尺，上有小刺。春生苗，葉如石榴葉而軟薄，莖葉間開小紅紫花，隨便結實，形如棗核，熟則紅色。味微苦，性寒。根大寒，子微寒，無毒。白色無刺者良。陝西枸杞長一二丈，圍數寸，無刺，根皮如厚朴，甘美，異於諸處。生子如櫻桃，全少核，暴乾如餅。

救飢 采葉煠熟，水淘淨，油鹽調食，作羹食皆可。子紅熟時亦可食。若渴，煮葉作飲，以代茶飲之。

玄扈先生曰：嘗過。子、本勝藥，葉亦嘉蔬。

栢樹

栢樹 本草有栢實，生太山山谷及陝州宜州，其乾州者最佳，蜜州側栢葉尤佳，今處處有之。味甘，一云味甘辛，性平，無毒。葉味苦，一云味苦辛，微溫，無毒。牡礪及桂、瓜子爲之使，畏菊花、羊蹄草、諸石及麪麯。

救飢 列仙傳云：赤松子食栢子，齒落更生。採栢葉新生并嫩者，換水浸其苦味，初食苦澁，入蜜或棗肉和食尤好，後稍易喫，遂不復飢，冬不寒，夏不熱。

皂莢樹

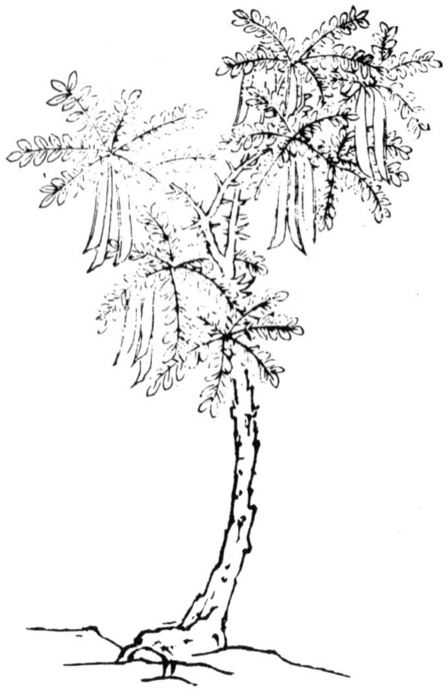

皂莢樹　生雍州川谷及魯之鄒縣懷孟產者爲勝今處處有之其木極有高大者葉似槐葉瘦長而尖枝間多刺結實有三種形小者爲猪牙皂莢良又有長六寸及尺一者用之當以肥厚者爲佳味辛鹹性溫有小毒栢實爲之使惡麥門冬畏空青人參苦參可作沐藥不入湯

救飢　採嫩芽煠熟換水浸洗淘淨油鹽調食又以子不以多少炒舂去赤皮浸軟煮熟以糖漬之可食○玄扈先生曰嘗過

楮桃樹

楮桃樹　本草名楮實一名穀實生少室山今所在有之樹有二種一種皮有斑花紋謂之斑穀人多用皮爲冠一種皮無花紋枝葉大相類其葉似葡萄作瓣叉上多毛澁而有子者爲佳其桃如彈大青綠色後漸變深紅色乃成熟浸洗去穰取中子入藥一云皮斑者是楮皮白者是穀皮可作紙實味甘性寒葉味甘性涼俱無毒

救飢　採葉并楮桃帶花煠爛水浸過握乾作餅焙熟食之或取樹熟楮桃紅色食之甘美不可久食令人骨軟

玄扈先生曰嘗過子花勝葉

柘樹

柘樹　本草有柘木、舊不載所出州土、今北土處處有之、其木堅勁、皮紋細密、上多白點、枝條多有刺、葉比桑葉甚小而薄、色頗黃淡、葉稍皆三叉、亦堪飼蠶、綿柘、刺少、葉似柿葉微小、枝葉間結實、狀如楮桃而小、熟則亦有紅蘂、味甘酸、葉味甘微苦、柘木味甘、性溫、無毒、

救飢　採嫩葉煠熟、以水浸作成黃色。換水浸去邪味、以水淘淨、油鹽調食、其實紅熟、甘酸可食、

木羊角科

木羊角科　又名羊桃、一名小桃花、生荒野中、紫莖、葉似初生桃葉、光俊、色微帶黃、枝間開紅白花、結角似豇豆角、甚細而尖艄、每兩兩角並生一處、味微苦酸、

救飢　採嫩稍葉。煠熟。水浸淘淨。油鹽調食。嫩角亦可煠食。

青檀樹

青檀樹　生中牟南沙崗間、其樹枝條紋細薄葉形類棗微尖艄背白而澁、又似白辛樹、葉微小、開白花、結青子、如梧桐子大、葉味酸澁、實味甘酸、

救饑　採葉煠熟、水浸淘去酸味。油鹽調食。其實成熟亦可摘食。

臘梅花

木部花可食

臘梅花　多生南方、今北土亦有之、其樹枝條頗類李、其葉似桃葉而寬大、紋微麄、開淡黃花、味甘微苦、

救飢　採花煠熟。水浸淘淨。油鹽調食。

藤花菜

藤花菜 生荒野中、沙崗間、科條叢生、葉似皂角葉而大、又似嫩椿葉而小、淺黃綠色、枝間開淡紫花、味甘、

救飢 採花煠熟。水浸淘淨。油鹽調食。微焯過晒乾。煠食尤佳。

壩齒花

壩齒花 本名錦雞兒、又名醬瓣子、生山野間、中州人家園宅間亦多栽、葉似枸杞子葉而小、每四葉攢生一處、枝梗亦似枸杞、有小刺、開黃花、狀類鷄形、結小角兒、味甜、

救飢 採花煠熟。油鹽調食。炒熟。喫茶亦可、

楸樹

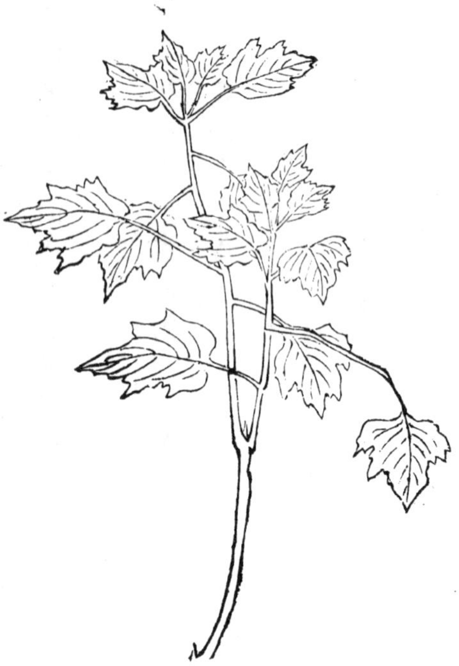

楸樹　所在有之今密縣梁家衝山谷中多有樹甚高大其木可作琴瑟葉類梧桐葉而薄小葉稍作三角尖叉開白花味甘

救飢　採花煠熟油鹽調食及將花晒乾或煠或炒皆可食

馬棘

馬棘　生滎陽崗野間科條高四五尺葉似夜合樹葉而小又似蒺蔾葉而硬又似新生皂莢科葉亦小稍間開粉紫花形狀似錦雞兒花微小味甜

救飢　採花煠熟水浸淘淨油鹽調食

槐樹芽

槐樹芽　本草有槐實生河南平澤今處處有之其木有極高大者爾雅云槐有數種葉大而黑者名櫰槐又有晝合夜開者名守宮槐葉細而青綠者但謂之槐其功用不言有別開黃花結實似豆角狀味苦酸鹹性寒無毒景天爲之使

救飢　採嫩芽煠熟換水浸淘洗去苦味油鹽調食或採槐花炒熟食之

玄扈先生曰嘗過花性太冷亦難食

晉人多食槐葉又槐葉枯落者亦拾取和米煮飯食之嘗見曹都諫真予述其鄉先生某云世間真味獨有二種謂槐葉煮飯蔓菁煮飯也

乙卯見趙六亨民部言食槐芽法煠熟置新磚瓦上陰乾更煠如是三過絕不苦凡食樹芽葉並宜用此法去其苦味

棠梨樹

棠梨樹　今處處有之生荒野中葉似蒼朮葉亦有團葉者有三叉葉者葉邊皆有鋸齒又似女兒茶葉其葉色頗白開白花結棠梨如小楝子大味甘酸花葉味微苦

救饑　採花煠熟食或晒乾磨麪作燒餅食亦可及採嫩葉煠熟水浸淘淨油鹽調食或蒸晒作茶亦可其棠梨經霜熟時摘食甚美

文冠花

文冠花　生鄭州南荒野間陝西人呼爲崖木瓜樹高丈許葉似榆樹葉而狹小又似山茱萸葉亦細短開花彷彿似藤花而色白穗長四五寸結實狀似枳殼而三瓣中有子二十餘顆如肥皂角子子中瓤如栗子味微淡又似米麪味甘可食其花味甜其葉味苦

救饑　採花煠熟油鹽調食或採葉煠熟水浸淘去苦味亦用油鹽調食及摘實取子煑熟食

玄扈先生曰嘗過予本嘉果花甚多可食

桑椹樹

桑椹樹　本草有桑根白皮舊不載所出州土今處處有之其葉飼蠶結實爲桑椹有黑白二種桑之精英盡在於椹桑根白皮東行根益佳肥白者良出土者不可用殺人味甘性寒無毒製造忌鐵器及鉛葉椏者名鷄桑最堪入藥續斷麻子桂心爲之使桑椹味甘性暖或云木白皮亦可用

救饑　採桑椹熟者食之或熬成膏攤於桑葉上晒乾擣作餅收藏或直取椹子晒乾可藏經年及取椹子清汁置瓶中封三二日即成酒其色味似葡萄酒甚佳亦可熬燒酒可藏經年味力愈佳其葉嫩老皆可煠食皮炒乾磨麪可食

榆錢樹

榆錢樹　本草有榆皮、一名零榆、生潁川山谷、秦州今處處有之、其木高大、春時未生葉、其枝條間先生榆莢、形狀似錢而薄小、色白、俗呼爲榆錢、後方生葉、似山茱萸葉而長尖艄潤澤、榆皮味甘、性平、無毒、

救飢　採肥嫩榆葉煠熟。水浸淘淨。油鹽調食。其榆錢煮糜羹食佳、但令人多睡、或焯過曬乾。備用或爲醬。皆可食。榆皮刮去其上乾燥皴澁者、取中間軟嫩皮剉碎曬乾。炒焙極乾、擣磨爲麪。拌糠麧草末蒸食、取其滑澤易食。又云、榆皮與檀皮爲末、服之令人不飢。根皮亦可擣磨爲麪食

竹笋

竹笋　本草竹葉有箽竹葉、苦竹葉、淡竹葉、本經並不載所出州土、今處處有之、竹之類甚多、而入藥者惟此三種、人多不能盡別、箽竹堅、而促節、體圓而質勁、成白如霜、作笛者有一種、亦不名箽竹、苦竹亦有二種、一種出江西及閩中、本極麄大、笋味甚苦、不可噉、一種出江浙近地、亦時有之、肉厚而葉長闊、笋微苦味、俗呼甜苦笋、食所最貴者、亦不聞入藥用、淡竹肉薄、節間有粉、南人以燒竹瀝者、醫家只用此一品、又有一種薄殻者、名甘竹、葉最勝、又有實中竹、篁竹、並以笋爲佳、於藥無用、凡取竹瀝、惟用淡竹、苦竹、箽竹爾、陶隱居云、竹實出藍田、江東乃有花而無實、而頃來斑斑有實、狀如小麥、堪可爲飯、圖經云、竹笋味甘無毒、又云、寒、

救飢　採竹嫩笋煠熟、油鹽調食、焯過、曬乾、煠食尤好、

卷之五十六終

農政全書卷之五十七

特進光祿大夫太子太保禮部尚書兼文淵閣大學士贈少保謚文定上海徐光啓纂輯
欽差總理糧儲提督軍務巡撫應天等處地方都察院右僉都御史東陽張國維鑒定
直隸松江府知府穀城方岳貢同鑒

荒政 採周憲王救荒本草

米穀部 實可食

野豌豆

野豌豆　生田野中。苗初就地拖秧而生，後分生莖叉。苗長二尺餘。葉似胡豆葉稍大，又似苜蓿葉亦大。開淡粉紫花。結角似家豌豆角，但秕小，味苦。

救飢　採角煮食，或收取豆煮食，或磨麵製造食用，與家豆同。

勞豆

勞豆　生平野中，北土處處有之。莖蔓延附草木上。葉似黑豆葉而窄小微尖。開淡粉紫花。結小角。其豆似黑豆形，極小，味甘。

救飢　採取豆淘洗淨，煮食，磨爲麵，打餅蒸食皆可。

山扁豆

山扁豆　生田野中小科苗高一尺許葉似蒺藜葉微大根葉比苜蓿葉頗長又似初生豌豆葉開黃花結小匾角兒味甜

救飢　採嫩角煠食其豆熟時收取豆煑食

回回豆

回回豆　又名那合豆生田野中莖青葉似蒺藜葉又似初生嫩皂莢而有細鋸齒開五瓣淡紫花如蒺藜花樣結角如杏仁樣而肥有豆如牽牛子微大味甜

救飢　採豆煑食

胡豆

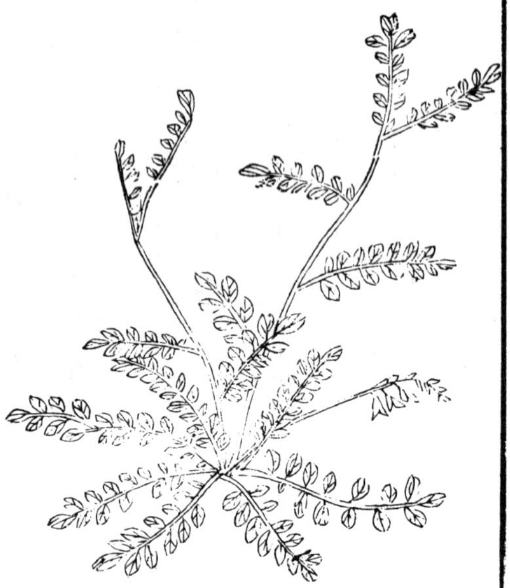

胡豆 生田野間，其苗初搨地生，後分莖叉，葉似苜蓿葉而細，莖葉稍間，開淡葱白褟花，結小角，有豆如䝁豆狀，味甜。

救飢 採取豆煑食，或磨麪食，皆可。

蚕豆

蚕豆 今處處有之，生田園中，科苗高二尺許，莖方，其葉狀類黑豆葉而團長，光澤，紋脉竪直，色似豌豆頗白，莖葉稍間，開白花，結短角，其豆如豇豆而小，色赤，味甜。

救飢 採豆煑食，炒食亦可。

山菉豆

山菉豆 生輝縣、太行山、車箱衝山野中。苗莖似家菉豆，莖微細，葉比家菉豆葉狹窄，艄開白花，結角亦瘦小，其豆黯綠色，味甘。

救飢 採取其豆煑食，或磨麵攤煎餅食亦可。

蕎麥苗

蕎麥苗 處處種之。苗高二三尺許，就地科叉生，其莖色紅，葉似杏葉而軟，微艄開小白花，結實作二蒴，味甘平，性寒，無毒。

救飢 採苗葉煠熟，油鹽調食。多食微瀉。其麥或蒸使氣餾音溜，於烈日中曬令口開，舂取人，煑作飯食。或磨爲麵，作餅蒸食，皆可。

御米花

御米花　本草名罌子粟、一名象穀、一名米囊、一名囊子、處處有之。苗高一二尺、葉似靛葉色而大、邊皺多有花、又開四瓣紅白花、亦有千葉花者、結穀似髇音霍箭頭、殼中有米數千粒、似葶藶子、色白、隔年種則佳、米味甘、性平、無毒。

救飢　採嫩葉煠熟。油鹽調食。取米作粥。或與麵作餅皆可食。其米和竹瀝煑粥食之皆美。

玄扈先生曰：嘗過。嘉蔬。嘉實。不必救荒

赤小豆

赤小豆　本草舊云江淮間多種蒔、今北土亦多有之。苗高一二尺、葉似豇豆葉微團艄、開花似豇豆花、微小淡銀褐色、有腐氣、人故亦呼為腐婢、結角比菉豆角頗大、角之皮微白帶紅、其豆有赤白黧色三種、味甘酸、性平、無毒、合鮓食成消渴、為醬合鮓食成口瘡、人食則體重、

救飢　採嫩葉煠熟。水淘洗淨。油鹽調食。明目。豆角亦可煑食。又法赤小豆一升半炒大豆黃一升半焙二味搗末每服一合。新水下。日三服盡三升。可度十一日不飢、又說小豆食之逐津液、行小便、久服則虛人、令人黑瘦枯燥

山絲苗

山絲苗　本草有麻蕡、音焚一名麻勃、一名苧。音宁、一名麻母、生太山川谷、今皆處處有之、人家園圃中多種蒔、績其皮以爲布、苗高四五尺、莖有細線楞、葉形狀似椰葉而邊皆有叉牙鋸齒、每八九葉攢生一處、又似荊葉而狹、色深青、開淡黃白花、結實小如藜豆顆而匾、圖經云、麻蕡、此麻上花勃勃者、味辛、性平、有毒、

麻子味甘、性平微寒、滑利、無毒、入土者損人、畏牡蠣、白薇、惡茯苓、

救飢　採嫩葉煠熟、換水浸去邪惡氣味、再以水淘洗淨、油鹽調食、不可多食、亦不可久食、動風、子可炒食、亦可打油用、

油子苗

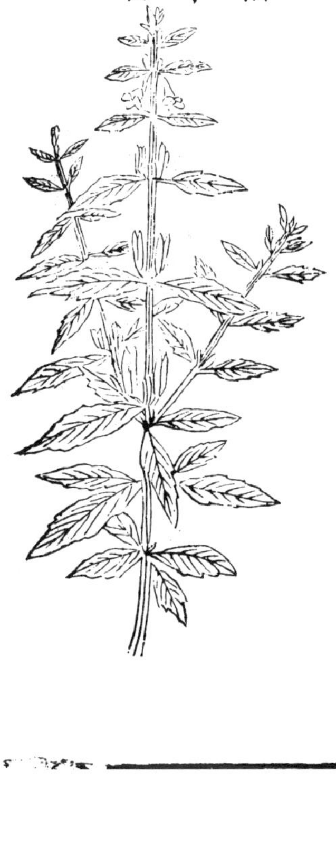

油子苗　本草有白油麻、俗名脂麻、舊不著所出州土、今處處有之、人家園圃中多種、苗高三四尺、莖方窊面四楞、對節分生枝叉、葉類蘇子葉而長尖艄、邊多花叉、葉間開白花、結四稜蒴兒、每蒴中有子四五十餘粒、其子味甘微苦、生則性大寒、無毒、炒熟則性熱、壓窄爲油、大寒、

救飢　採嫩苗葉煠熟、水浸淘洗淨、油鹽調食。其子亦可炒熟食、或煮食、及窄爲油食、皆可。

黃豆苗

黃豆苗　今處處有之、人家田園中多種、苗高一二尺、葉似黑豆葉而大、結角比黑豆葉角稍肥、大其葉味甘。

救飢　採嫩苗葉煠熟。水浸淘淨油鹽調食。或採角煮食。或收豆煮食。及磨爲麵食皆可。

刀豆苗

刀豆苗　處處有之、人家園籬邊多種之、苗葉似豇豆葉肥大、開淡粉紅花、結角如皂角狀而長、其形似屠刀樣故以名之、味甜微淡、

救飢　採嫩苗葉煠熟。水浸淘淨油鹽調食。豆角嫩時煮食。豆熟之時、收豆煮食、或磨麵食亦可、

眉兒頭苗

眉兒豆苗　人家園圃中種之。妥他果切蔓而生。葉似菉豆葉而肥大闊厚。潤澤光俊。每三葉攢生一處。開淡粉紫花。結匾角。每角有豆止三四顆。其豆色黑匾而皆白眉。故名。味甜。

救飢　採嫩苗葉煠食。豆角嫩時採角煮食。豆成熟時打取豆食。

玄扈先生曰：南名稨豆。種類甚多。植其佳者。

紫豇豆苗

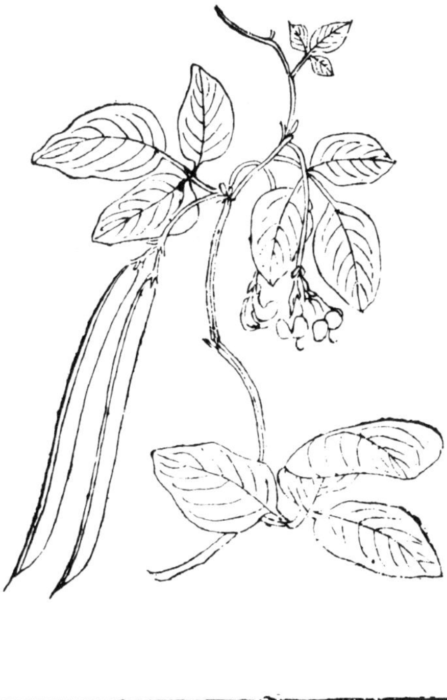

紫豇豆苗　人家園圃中種之。莖葉與豇豆同。但結角色紫。長尺許。味微甜。

救飢　採嫩苗葉煠熟。油鹽調食。角嫩時採角煮食。亦可做菜食。豆熟時打取豆食之。

蘇子苗

紫蘇苗 人家園圃中多種之，苗高二三尺，莖方窊面四楞，上有澁毛，葉皆對生，似紫蘇葉而大，開淡紫花，結子比紫蘇子亦大，味微辛，性溫。

救飢 採嫩葉煠熟，換水淘洗淨，油鹽調食。子可炒食，亦可笮油用。

豇豆苗

豇豆苗 今處處有之，人家田園多種，就地拖秧而生，亦延籬落，葉似赤小豆葉而極長艄，開淡紫粉花，結角長五七寸，其豆味甘。

救飢 採嫩葉煠熟，水浸淘淨，油鹽調食。及採嫩角煠熟食亦可。其豆成熟時，打取豆食。

山黑豆

山黑豆　生密縣山野中。苗似家黑豆，每三葉攢生一處，居中大葉，如菉豆葉，傍兩葉似黑豆葉，微圓。開小粉紅花，結角比家黑豆角極瘦小，其豆亦極細小，味微苦。

救飢　苗葉嫩時，採取煠熟，水淘去苦味，油鹽調食。結角時，採角煮食，或打取豆食，皆可。

舜芒穀

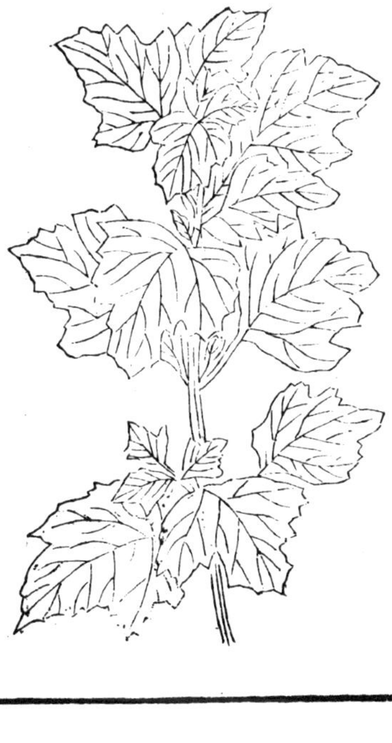

舜芒穀　俗名紅落藜。生田野及人家舊庄窠音科上多有之。科苗高五尺餘。葉似灰菜葉而大，微帶紅色。莖亦高麄，可爲拄杖。其中心葉甚紅，葉間出穗結子，如粟米顆，灰青色，味甜。

救飢　採嫩苗葉，晒乾，揉音柔去灰，煠熟，油鹽調食。子可磨麪，做燒餅蒸食。

農政全書卷之五十八

特進光祿大夫太子太保禮部尚書兼文淵閣大學士贈少保謚文定上海徐光啓纂輯
欽差總理糧儲提督軍務兼巡撫應天等處地方都察院右僉都御史東陽張國維鑒定
直隸松江府知府穀城方岳貢同鑒

荒政 採周憲王救荒本草

果部 實可食

櫻桃樹

櫻桃樹　詳見樹藝果部

救飢　採果紅熟者食之

胡桃樹

胡桃樹　詳見樹藝果部

救飢　採核桃漚去青皮。取瓤食之。令人肥健

柹樹

柹樹　詳見樹藝果部

救飢　摘取軟熟柹食之。其柹未軟者，摘取以溫水醂（音攬）熟食之。麄心柹不可多食，令人腹痛。生柹彌冷，尤不可多食。

梨樹

梨樹　詳見樹藝果部

救飢　其梨結硬未熟時，摘取煑食。已經霜熟，摘取生食，或蒸食亦佳。或削其皮，晒作梨糁，收而備用亦可。

葡萄

葡萄 詳見樹藝果部

救飢 葡萄爲果食之又熟時取汁以釀酒飲

李子樹

李子樹 詳見樹藝果部

救飢 取摘李實色熟者食之不可臨水上食亦不可和蜜食損五臟及與雀肉同食和漿水食令人霍亂澀氣多食令人虛熱

木瓜

木瓜　詳見樹藝果部

救飢　採成熟木瓜食之。多食亦不益人。

樝子樹

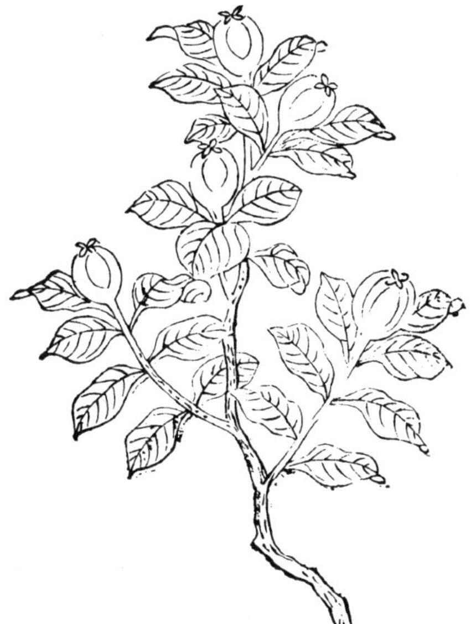

樝子樹　舊不著所出州土，今鞏縣趙峯山野中多有之。樹高丈許，葉似冬青樹葉，稍濶厚，背色微黃，葉形又類棠梨葉，但厚。結果似木瓜，稍團。味酸甜，微澀，性平。

救飢　果熟時採摘食之。多食損齒及筋。

郁李子

郁李子　詳見樹藝果部

救飢　其實紅熟時摘取食之。酸甜味美

菱角

菱角　詳見樹藝蓏部

救飢　採菱角鮮大者去殼生食。殼老及雜小者煮熟食。或晒其實火燔以爲米。充糧作粉極白潤宜人。服食家蒸爆蜜和餌之。斷穀長生。又云多食臟冷損陽氣痿莖腹脹滿煖薑酒飲。或含吳茱萸嚥津液即消。

軟棗

軟棗　詳見樹藝果部

救飢　採取軟棗成熟者食之。其未熟結硬時摘取以溫水漬養酣去澀味。另以水煮熟食之。

野葡萄

野葡萄　俗名爍黑。生荒野中。今處處有之。莖葉及實俱似家葡萄。但皆細小。實亦稀疏。味酸。

救飢　採葡萄顆紫熟者食之。亦中釀酒飲。

梅杏樹　詳見樹藝果部

救飢　摘取黃熟梅果食之。

野櫻桃　生鈞州山谷中樹高五六尺葉似李葉更尖開白花似李子花實比櫻桃又小熟則色鮮紅味甘微酸。

救飢　摘取其果紅熟者食之。

石榴

果部　葉及實皆可食

石榴　詳見樹藝果部

救飢　採嫩葉煠熟，油鹽調食。榴果熟時，摘取食之。不可多食，損人肺，及損齒令黑。

杏樹

杏樹　詳見樹藝果部

救飢　採葉煠食。以水浸漬，作成黃色，換水淘淨，油鹽調食。其杏黃熟時，摘取食。不可多食，令人發熱，及傷筋骨。

棗樹

棗樹　詳見樹藝果部

救飢　採嫩葉煠熟。水浸作成黃色。淘淨。油鹽調食。其棗紅熟時。摘取食之。其結生硬未紅時煮食亦可。

桃樹

桃樹　詳見樹藝果部

救飢　採葉煠熟。水浸作成黃色。換水淘淨。油鹽調食。桃實熟軟時。摘取食之。其結硬未熟時。亦可煮食。或切作片。晒乾。為糝。收藏備用。

沙果子樹

沙果子樹　一名花紅。南北皆有。今中牟崗野中亦有之。人家園圃亦多栽種。樹高丈餘。葉似櫻桃葉而色深綠。又似急藤子葉而大。開粉紅花，似桃花，瓣微長不尖。結實似李而甚大。味甘微酸。

救飢　摘取紅熟果食之。嫩葉亦可煠熟，油鹽調食。

玄扈先生曰：此即柰也。有冬柰。

芋苗

果部　根可食

芋苗　本草一名土芝，俗呼芋頭。生田野中，今處處有之。人家多栽種。葉似小荷葉而偏長不圓。近蔕邊皆有一劐（音霍）兒。根狀如鷄彈大。皮色茶褐，其中白色。味辛，性平，有小毒。葉冷，無毒。

救飢　本草芋有六種：青芋細長，毒多，初煮須要灰汁，換水煮熟，乃堪食。白芋、真芋、連禪芋、紫芋毒少，蒸煮食之。又宜冷食，療熱止渴。野芋大毒，不堪食也。

鐵荸薺

鐵荸薺　本草名烏芋詳見樹藝蓏部
救飢　採根煮熟食製作粉食之厚人腸胃不飢服丹石人尤宜食解丹石毒孕婦不可食
玄扈先生曰茨菰荸薺二種絕異混合註釋爲不精也

蓮藕

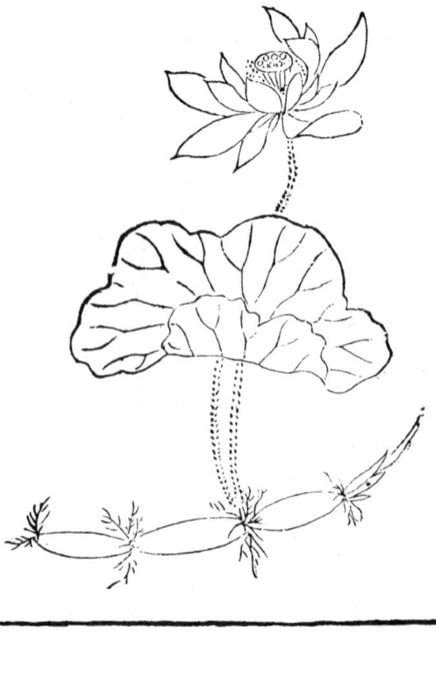

果部　根及實皆可食

蓮藕　詳見樹藝蓏部
救飢　採藕煠熟食生食皆可蓮子蒸食或生食亦可又可休糧仙家貯石蓮子乾藕經千年者食之至妙又以蓮磨爲麪食或屑爲米加粟煮飯食皆可

鷄頭實

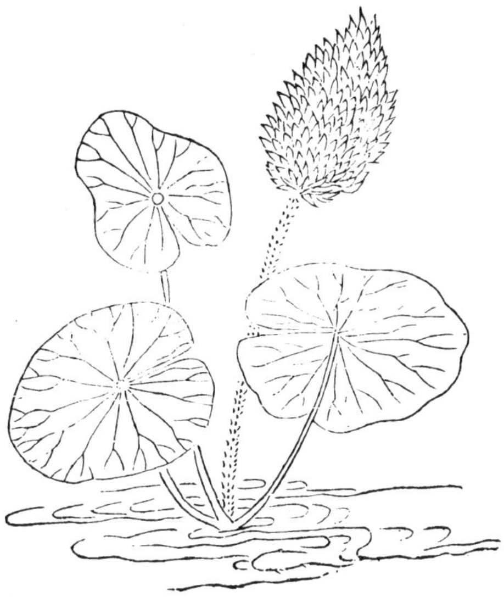

鷄頭實 一名芡詳見樹藝蓏部

救飢 採嫩根莖煠食熟實採實剝人食之蒸過烈日晒之其皮即開舂去皮搗碎爲粉蒸煠作餅皆可食多食不益脾胃氣兼難消化生食動風冷氣與小兒食不能長大故駐年耳

芸薹菜

菜部 葉可食

芸薹菜 詳見樹藝蓏部

救飢 採苗葉煠熟水浸淘洗淨油鹽調食

莧菜

莧菜　詳見樹藝蔬部

救飢　採苗葉煠熟。水淘洗淨。油鹽調食。晒乾煠食尤佳。

玄扈先生曰。恒蔬。不必救荒。

苦苣菜

苦苣菜　本草云。即野苣也。又名褊苣。俗名天精菜。舊不著所出州土。今處處有之。苗搨地生。其葉光者似黄花苗葉。葉花者似山苦蕒葉。莖葉中皆有白汁。味苦。性平。一云性寒。

救飢　採苗葉煠熟。用水浸去苦味。淘洗淨。油鹽調食。生亦可食。雖性冷。甚益人。久食輕身少睡。調十二經脉。利五臟。不可與血同食。作脯。療痎。一云不可與蜜同食。

馬齒莧菜

馬齒莧菜　又名五行草。舊不著所出州土，今處處有之。以其葉青、梗赤、花黃、根白、子黑，故名五行草耳。味甘，性寒，滑。

救飢　採苗葉，先以水焯過，晒乾，煠熟，油鹽調食。

玄扈先生曰：嘗過。可作恒蔬。

苦蕒菜

苦蕒菜　俗名老鸛菜。所在有之。生田野中，人家園圃種者爲苦蕒。脚葉似白菜，小葉抪莖而生，稍葉似鴉嘴形，每葉間分叉，攛葶如穿葉狀，稍間開黃花。味微苦，性冷，無毒。

救飢　採苗葉，煠熟，以水浸洗淘淨，油鹽調食。出蠶蛾時，切不可取拗，令蛾子赤爛。蠶婦忌食。

玄扈先生曰：可作恒蔬。蠶特忌之。嘗過。

莙薘菜

莙薘菜　所在有之，人家園圃中多種，苗葉搨地生，葉類白菜而短，葉莖亦窄，葉頭稍團，形狀似糜匙樣，味鹹，性平寒，微毒。

救飢　採苗葉煠熟，以水浸洗淨，油鹽調食。不可多食。動氣破腹。

玄扈先生曰：恒蔬。

邪蒿

邪蒿　生田園中，今處處有之，苗高尺餘，似青蒿細軟，葉又似胡蘿蔔葉，微細而多花叉，莖葉稠密，稍間開小碎瓣黃花，苗葉味辛，性温平，無毒。

救飢　採苗葉煠熟，水浸淘淨，油鹽調食。生食微動風氣，作羹食良。不可同胡荽食，令人汗臭氣。

同蒿

同蒿　處處有之，人家園圃中多種，苗高一二尺，葉類葫蘿蔔葉而肥大，開黃花，似菊花，味辛，性平。

救飢　採苗葉煠熟，水浸淘淨，油鹽調食。不可多食，動風氣，熏人心，令人氣滿。

冬葵菜

冬葵菜　本草冬葵子，是秋種葵，覆養經冬，至春結子，故謂冬葵。子生少室山，今處處有之，苗高二三尺，莖及花葉似蜀葵而差小，子及根俱味甘，性寒，無毒，黃芩為之使，根解蜀椒毒，葉味甘，性滑利，為百菜主，其心傷人。

救飢　採葉煠熟，水浸淘淨，油鹽調食。服丹石人尤宜食，天行病後食之，頓夜明。熟食亦令人熱悶動風。

蓼芽菜

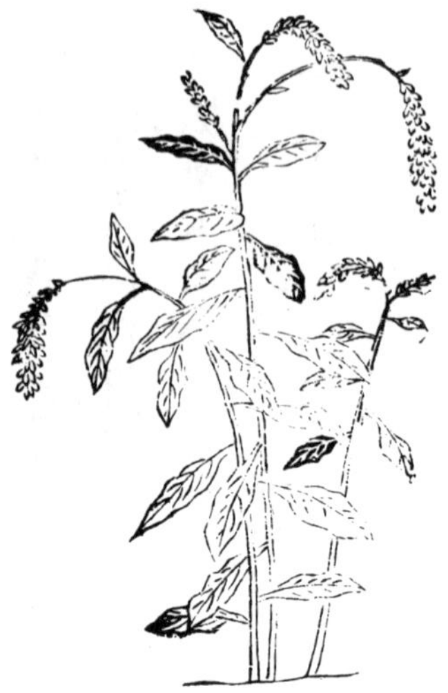

蓼芽菜　本草有蓼實，生雷澤川澤，今處處有之。葉似小藍葉微尖，又似水葒葉而短小，色微帶紅，莖微赤，稍間出穗，開花赤色。莖葉味辛，性溫。

救飢　採苗葉煠熟，水浸去辣氣，淘淨，油鹽調食。

苜蓿

苜蓿　出陝西，今處處有之。苗高尺餘，細莖分叉而生，葉似綿雞兒花葉微長，又似豌豆葉頗小，每三葉攢生一處，稍間開紫花，結彎角兒，中有子如黍米大，腰子樣。味苦，性平，無毒。一云微甘淡，一云性涼，根寒。

救飢　苗葉嫩時採取煠食。江南人不甚食，多食利大小腸。

玄扈先生曰：嘗過，嫩葉恒蔬。

薄荷

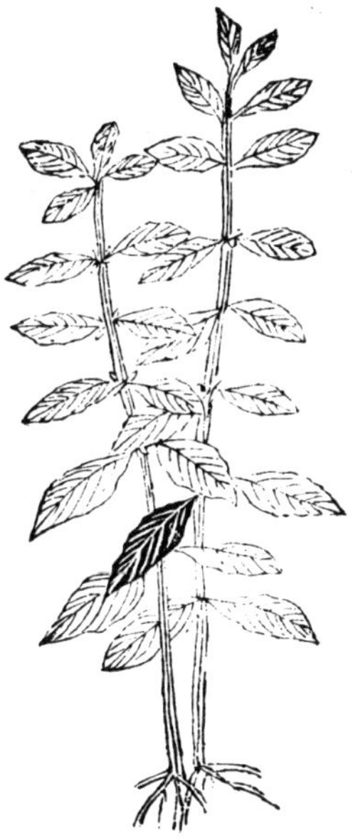

薄荷　一名鷄蘇、舊不著所出州土、今處處有之。莖方、葉似荏子葉小、頗細長、又似香菜葉而大、開細碎黲白花、其根經冬不死、至春發苗。味辛苦、性温、無毒。一云性平。東平龍腦崗者尤佳、又有胡薄荷、與此相類、但味少甘、爲別、生江浙間、彼人多作茶飲、俗呼爲新羅薄荷。又有南薄荷、其葉微小。

救飢　採苗葉煠熟、水浸去辣味。油鹽調食。與薤作虀食相宜。煎豉湯暖酒和飲、煎茶並宜。新病瘥人勿食。令人虚汗不止。猫食之即醉。物相感耳。

荊芥

荊芥　本草名假蘇、一名鼠蓂、一名薑芥、生漢中川澤、及岳州歸德州、今處處有之、莖方窊面、葉似獨掃葉而狹小、淡黄綠色、結小穗、有細小黑子、銳圓、多生中以香氣似蘇、故名假蘇。味辛、性平、無毒。

救飢　採嫩苗葉煠熟、水浸去邪氣。油鹽調食。初生香辛可啖、人取作生菜醃食。

水蘄

水蘄（音勤）俗作芹菜，一名水英。出南海池澤，今水邊多有之。根莖離二三寸，分生莖叉，其莖方，窊面四楞，對生葉，似痢見菜葉而闊短，邊有大鋸齒。又似薄荷葉而短，開白花，似蛇床子花。味甘，性平，無毒。又云大寒。春秋二時，龍帶精入芹菜中，人遇食之，作蛟龍病。

救飢　發英時採之，煠熟食。芹有兩種，秋芹取根白色，赤芹取莖葉，並堪食。又有渣芹，可爲生菜食之。

玄扈先生曰：恒蔬。

農政全書卷之五十九

特進光祿大夫太子太保禮部尚書兼文淵閣大學士贈少保謚文定上海徐光啓纂輯

欽差總理糧儲提督軍務兼巡撫應天等處地方都察院右僉都御史東陽張國維鑒定

直隸松江府知府穀城方岳貢同鑒

荒政　採周憲王救荒本草

菜部　葉可食

香菜

香菜　生伊洛間，人家園圃種之。苗高一尺許，莖方，窊面四稜，莖色紫，稔葉似薄荷葉微小，邊有細鋸齒，亦有細毛。稍頭開花作穗，花淡藕褐色。味辛香，性溫，無毒。

救飢　採苗葉煠熟，油鹽調食。

銀條菜

銀條菜　所在人家園圃多種苗葉皆似萵苣長細色頗青白攛葶高二尺許開四瓣淡黃花結蒴似蕎麥蒴而圓中有小子如油子大淡黃色其葉味微苦性凉

救飢　採苗葉煠熟水浸淘淨油鹽調食生揉亦可食

後庭花

後庭花　一名雁來紅人家園圃多種之葉似人莧葉其葉中心紅色又有黃色相間亦有通身紅色者亦有紫色者莖葉間結實比莧實差大其葉衆葉攢聚殺如花朶其色嬌紅可愛故以名之味甜微澁性凉

救飢　採苗葉煠熟水浸淘淨油鹽調食晒乾煠食尤佳

玄扈先生曰莧屬也可作恒蔬

火燄菜

火焰菜　人家園圃多種苗葉俱似菠菜但葉稍微紅形如火焰結子亦如菠菜子苗葉味甜性寒冷

救飢　採苗葉煠熟水淘洗淨油鹽調食

山葱

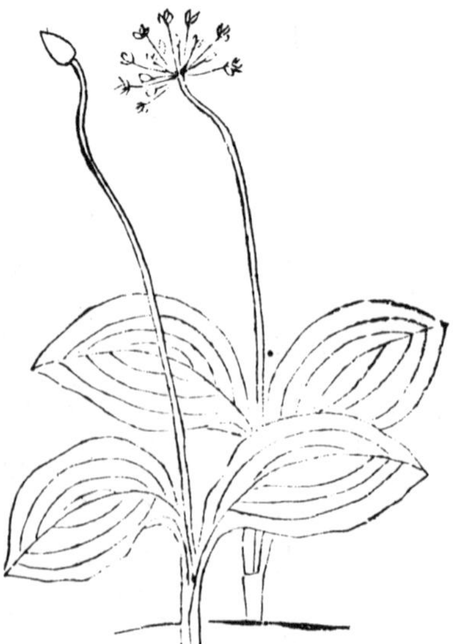

山葱　一名隔葱又名鹿耳葱生輝縣太行山山野中葉似玉簪葉微團葉中攛葶似蒜葶甚長而澁稍頭結青葖音骨突似葱青葖微開白花結子黑色苗味辣

救飢　採苗葉煠熟油鹽調食生醃食亦可

背韭

背韭 生輝縣太行山山野中。葉頗似韭葉而甚寬大。根似葱根。味辣。

救饑 採苗葉煠熟。油鹽調食。生醃食亦可。

水芥菜

水芥菜 水邊多生。苗高尺許。葉似家芥菜葉極小。色微淡綠。葉多花叉。莖叉亦細。開小黃花。結細短小角兒。葉味微辛。

救饑 採苗葉煠熟。水浸去辣氣。淘洗過。油鹽調食。

過藍菜

過藍菜　生田野中下濕地、苗初搨地生、葉似初生菠菜葉而小、其頭頗團、葉間攛葶分叉、上結莢兒、似榆錢狀而小、其葉味辛香、微酸、性微溫、

救飢　採葉煠熟、水浸取酸辣味。復用水淘淨作虀。油鹽調食。

牛耳朵菜

牛耳朵菜　一名野芥菜、生田野中、苗高一二尺、苗莖似蒿、色葉似牛耳朵形而小、葉間分攛葶、叉開白花、結子如粟粒大、葉味微苦辣、

救飢　採苗葉淘洗淨、煠熟。油鹽調食。

山白菜

山白菜　生輝縣山野中苗葉頗似家白菜而葉莖細長其葉尖艄有鋸齒叉又似蓍莛菜葉而尖瘦亦小味甜微苦

救飢　採苗葉煠熟水淘淨油鹽調食

山苴菜

山苴菜　又名山苦菜生新鄭縣山野中苗初搨地生葉似薄荷葉而大葉根兩傍有叉背白又似青莢兒菜葉亦大味苦

救飢　採苗葉煠熟油鹽調食

山苦蕒

山苦蕒　生新鄭縣山野中苗高二尺餘莖似萵苣葶而節稠其葉甚花有三五尖叉似花苦苣葉甚大開淡棠褐花表微紅味苦

救飢　採嫩苗葉煠熟水淘去苦味油鹽調食

南芥菜

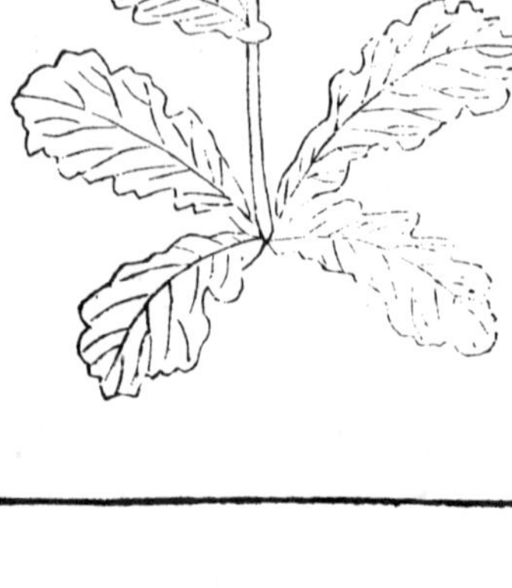

南芥菜　人家園圃中亦種之苗初搨地生後攛葶叉葉似芥菜葉但小而有毛澁莖葉稍頭開淡黃花結小角兒葉味辛辣

救飢　採苗葉煠熟水浸淘去澁味油鹽調食生焯過醃食亦可

山蒿苣

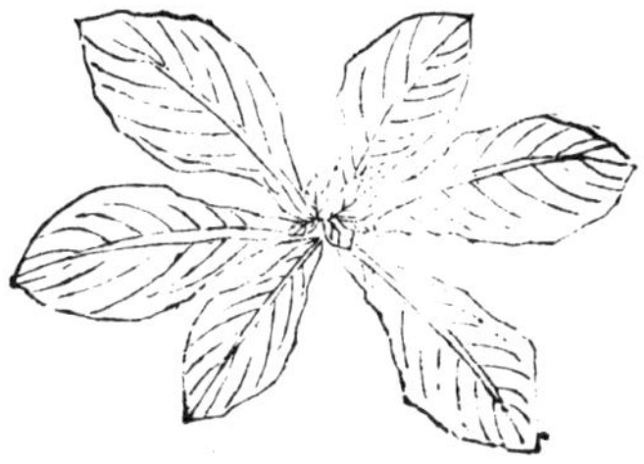

山蒿苣　生輝縣山野間苗葉搨地生葉似蒿苣葉而小又似苦苣葉而却寬大葉脚花叉頗少葉頭微尖邊有細鋸齒葉間攛葶開淡黃花苗葉味微苦

救飢　採苗葉煠熟水浸淘去苦味油鹽調食生採亦可食

黃鵪菜

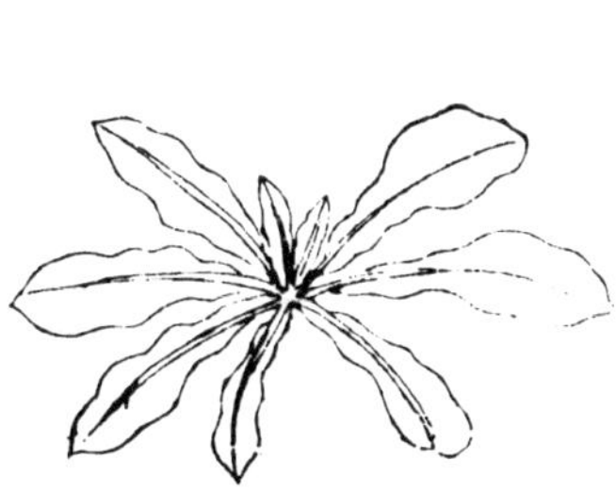

黃鵪菜　生密縣山谷中苗初搨地生葉似初生山蒿苣葉而小葉脚邊微有花叉又似孛孛丁葉而頭頗團葉中攛生葶叉高五六寸許開小黃花結小細子黃茶褐色葉味甜

救飢　採苗葉煠熟換水淘淨油鹽調食

鵓兒菜

鵓兒菜　生密縣山澗邊、苗葉搨地生、葉似匙頭樣頗長、又似牛耳朵菜葉而小、微澁、又似山萵苣葉亦小、頗硬、而頭微團、味苦、

救飢　採苗葉煠熟、換水浸淘淨、油鹽調食。

孛孛丁菜

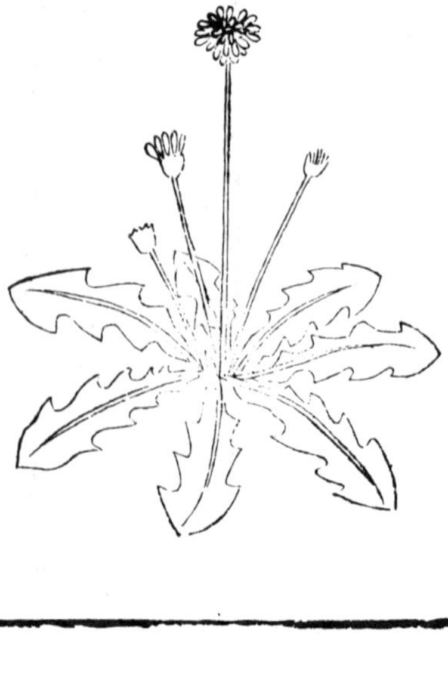

孛孛丁菜　又名黃花苗、生田野中、苗初搨地生、葉似苦苣葉微短小、葉叢中間攛葶、稍頭開黃花、莖葉折之、皆有白汁、味微苦、

救飢　採苗葉煠熟、油鹽調食、

玄扈先生曰、南俗名黃花郎。本草蒲公英

紫韭

紫韭　生荒野中。苗葉形狀如韭。但葉圓細而瘦。葉中攛葶開花如韭。花狀粉紫色。苗葉味辛。

救飢　採苗葉煠熟。水浸淘淨。油鹽調食。生醃食亦可。

野韭

野韭　生荒野中。形狀如韭。苗葉極細弱。葉圓。比紫韭又細小。葉中攛葶。開小粉紫花。似韭花狀。苗葉味辛。

救飢　採苗葉煠熟。油鹽調食。生醃食亦可。

甘露兒

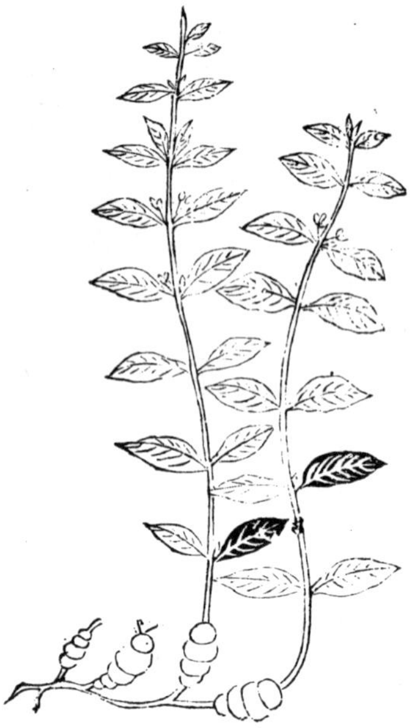

菜部　根可食

甘露兒　人家園圃中多栽葉似地瓜兒葉甚闊多有毛澁其葉對節生色微淡綠又似薄荷葉亦寬而皺開紅紫花其根呼爲甘露兒形如小指而紋節甚稠皮色黲白味甘

救飢　採根洗淨煠熟油鹽調食生醃食亦可。

玄扈先生曰又一種與甘露同而根作盂枝[illegible]者名銀條菜。

地瓜兒苗

地瓜兒苗　生田野中苗高二尺餘莖方四楞葉似薄荷葉微長大又似澤蘭葉抪莖而生根名地瓜形類甘露兒更長味甘

救飢　掘根洗淨煠熟油鹽調食生醃食亦可

澤蒜

菜部　根葉皆可食

澤蒜　又名小蒜、生田野中、今處處有之、生山中者名蒿苗、似細韭、葉中心攛葶、開淡粉紫花、根似蒜而甚小、味辛、性溫、有小毒、又云熱有毒、

救飢　採苗根作羹、或生醃、或煠熟。油鹽調、皆可食。

樓子葱

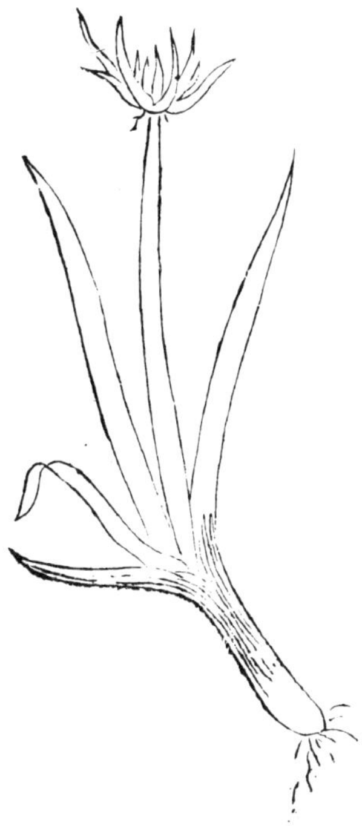

樓子葱　人家園圃中多栽、苗葉根莖、俱似葱、其葉稍頭、又生小葱四五枝、叠生三四層、故名樓子葱、不結子、但掐下小葱栽之便活、味甘辣、性溫、

救飢　採苗莖連根。擇去細鬚。煠熟。油鹽調食。生亦可食。

治病　與本草菜部木葱同用、

玄扈先生曰、俗作樓子葱。

蕹韭

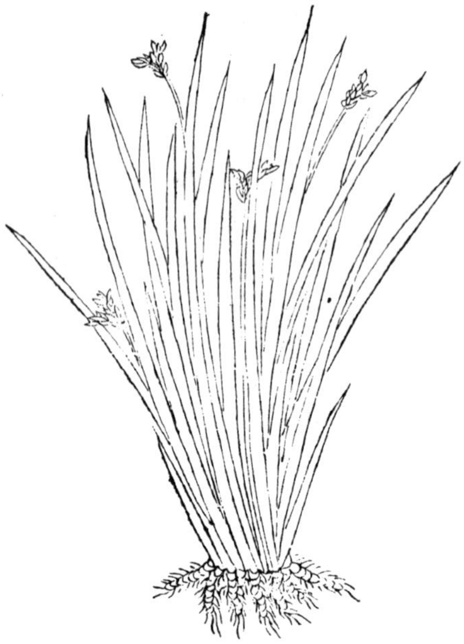

蕹韭　一名石韭，生輝縣太行山山野中。葉似蒜葉而頗窄狹，又似肥韭葉微瀾。花似韭花，頗大。根似韭根，甚麄。味辣。

救飢　採苗葉煠熟，油鹽調食。生亦可食。冬月採取根煠食。

水蘿蔔

水蘿蔔　生田野下濕地中。苗初搨地生，葉似蔓菁葉形而厚大，鋸齒尖。花葉又似水芥葉，亦厚大。後分莖叉，梢間開淡黃花，結小角兒。根如白菜根而大。味甘辣。

救飢　採根及葉，煠熟，油鹽調食。生亦可食。

野蔓菁

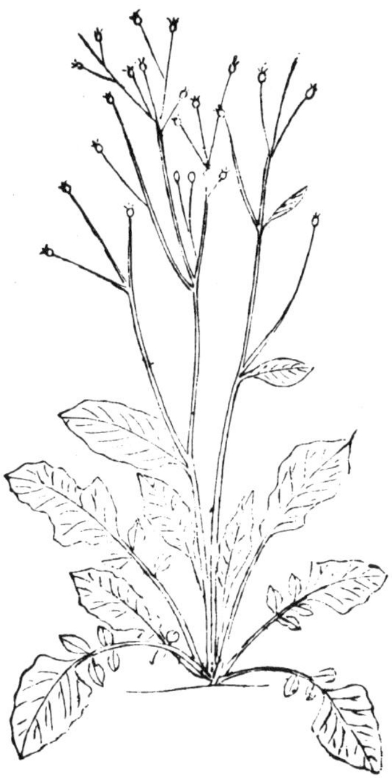

野蔓菁　生輝縣栲栳圈山谷中苗葉似家蔓菁葉而薄小其葉頭尖艄葉脚花叉甚多葉間攛出枝叉上開黃花結小角其子黑色根似白菜根頗大苗葉根味微苦

救飢　採苗葉煠熟水浸淘淨油鹽調食或採根換水煮去苦味食之亦可

薺菜

菜部　葉及實皆可食

薺菜　生平澤中今處處有之苗搨地生作鋸齒葉三四月出葶分生莖叉稍上開小白花結實小似菥蓂（音錫覓）子苗葉味苦性溫無毒其實亦呼菥蓂子其子味甘性平患氣人食之動冷疾不可與麪同食令人背悶服丹石人不可食

救飢　採子用水調攪良久成塊或作燒餅或煮粥食味甚粘滑葉煠作菜食或煮作（羮皆可）

玄扈先生曰恒蔬

紫蘇

紫蘇　一名桂荏，又有數種，有勺蘇、魚蘇、山蘇，出簡州及無爲軍，今處處有之。苗高二尺許，莖方，葉似蘇子葉，微小，莖葉背面皆紫色，而氣甚香。開粉紅花，結小蒴，其子狀如黍顆，味辛，性溫，又云味微辛甘，子無毒。

救飢　採葉煠食，煮飲亦可。子研汁煮粥食之，皆好。葉可生食，與魚作羹，味佳。

玄扈先生曰：葉堪爲味，子堪爲藥，必求充腹，宜以他種穰之。

荏子

荏子　所在有之，生園圃中。苗高一二尺，莖方，葉似薄荷葉，極肥大。開淡紫花，結穗似紫蘇穗，其子如黍粒。其枝莖對節生。東人呼爲䔡，音魚。以其蘇字但除禾邊故也。味辛，性溫，無毒。

救飢　採嫩苗葉煠熟，油鹽調食。子可炒食，又研雜米作粥，甚肥美，亦可笮油用。

灰菜

灰菜　生田野中，處處有之。苗高二三尺，莖有紫紅線楞，葉有灰麲音勃，結青子，成穗者甘，散穗者微苦，性暖。生墻下樹下者，不可用。

救飢　採苗葉煠熟，水浸淘淨，去灰氣，油鹽調食。晒乾煠食尤佳。穗成熟時，採子搗爲米，磨麪作餅蒸食皆可。

丁香茄苗

丁香茄苗　亦名天茄兒，延蔓而生，人家園籬邊多種。莖紫，多刺，藤長丈餘。葉似牽牛葉，甚大而無花叉，又似初生嫩樑葉，却小。開粉紫邊紫色心筒子花，狀如牽牛花樣。結小茄，如丁香樣而大，有子如白牽牛子，亦大，味微苦。

救飢　採茄兒煠食，或醃作菜食。嫩葉亦可煠熟，
油鹽調食。

玄扈先生曰：嘗過，恒蔬，亦作齏煎。

菜部　根及實皆可食

山藥　本草名薯蕷，一名山芋，一名諸薯，一名脩脆，一名兒草，秦楚名玉延，鄭越名土藷，音諸 出明州、除州，生嵩山山谷，今處處有之。春生苗，蔓延籬援，莖紫色，葉青，有三尖角，似千葉狗兒秧葉而光澤。開白花，結實如皂莢子大。其根皮色黲黃，中則白色。人家園圃種者，肥大如手臂，味美。懷孟間產者入藥最佳。味甘，性溫平，無毒。紫芝爲之使，惡甘遂。

救飢　掘取根蒸食，甚美。或火燒熟食，或煮食，皆可。其實亦可煮食。

玄扈先生曰：嘉蔬，不必救荒。

卷終

農政全書卷之六十

特進光祿大夫太子太保禮部尚書兼文淵閣大學士贈少保謚文定上海徐光啓纂輯
欽差總理糧儲提督軍務兼巡撫應天等處地方都察院右僉都御史東陽張國維鑒定
直隸松江府知府穀城方岳貢同鑒

荒政

野菜譜

王磐野菜譜序曰：穀不熟曰飢，菜不熟曰饉。飢饉之年，堯湯所不能免，惟在有以濟之耳。正德間，江淮迭經水旱，飢民枕藉道路。有司雖有賑發，不能徧濟，率

皆採摘野菜以充食，賴之活者甚衆。但其間形類相似，美惡不同，誤食之或至傷生。此野菜譜所不可無也。予雖不爲世用，濟物之心，未嘗忘。田居朝夕，歷覽詳詢，前後僅得六十餘種。取其象而圖之，俾人人易識，不至誤食而傷生。且因其名而爲詠，庶乎因是以流傳。非特於吾民有所補濟，抑亦可以備觀風者之採擇焉。此野人之本意也。同志者因其未備而廣之，則又幸矣。

張綖跋曰：昔陶隱居註本草，謂誤註之害，甚於註局

易之誤。其言雖過，要之有補於世也。吾西樓著野菜譜，觀其自叙，亦隱居之意歟，較又微矣。雖然，無逸、豳風，其言稼穡艱難至矣。自井田廢，王政缺，民生之艱，尤有不忍言者。斯譜備述閭閻小民艱食之情，仁人君子觀之，當憮然而感，惻然而傷，由是而講孟子之王道，備周官之荒政，思艱圖易，使怨咨者獲乃寧之願，不特多識庶草之名而已。故曰可以備觀風者之採擇，意正在此歟。然則斯譜也，孰謂其微哉，孰謂其微哉。

白鼓釘

白鼓釘，白鼓釘，豐年賽社鼓不停，凶年罷社鼓絕聲。鼓絕聲，社公惱，白鼓釘，化爲草。

救飢　一名蒲公英，四時皆有，惟極寒天小而可用，采之熟食。

猪殃殃

猪殃殃，胡不祥，猪不食，遺道傍，我拾之，充饑糧。

救飢　春采熟食，猪食之則病，故名。

絲蕎蕎

絲蕎蕎，如絲縷，昔爲養蠶人，今作挑菜侶。養蠶衣整齊，挑菜衣襤褸。張家姑，李家女，隴頭相見淚如雨。

救飢　二三月采熟食，四月結角不用。

牛塘利

牛塘利。牛得濟種草有餘
青。蓄水有餘味。年來水草
枯。忽變爲荒薺。采采療人
飢。更得牛塘利。
救飢　二三月采。熟食。亦
可作虀。

浮薔

采采浮薔。涉彼滄浪。無根
可托。有莖可嘗。野風浩浩。
野水茫茫。飄蕩不返。若我
流亡。
救飢　入夏生水中。六七
月采。生熟皆可食。

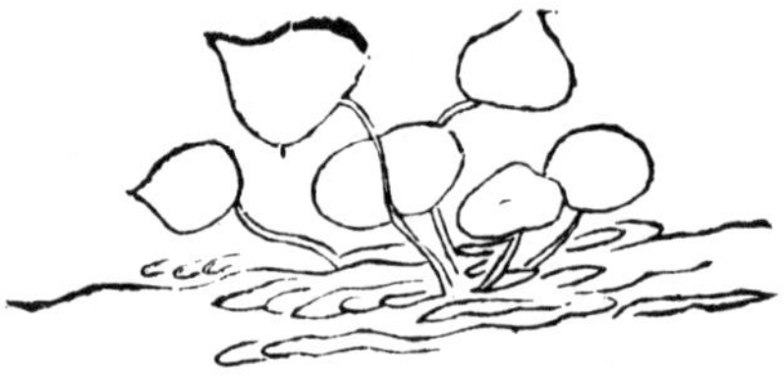

水菜

水菜生水中。水深不可得。
挈筥遶堤行。日暮風波息。
水清忽照人。面色如菜色。
救飢　秋生水田。狀類白
菜。熟食。

看麥娘

看麥娘。來何早。麥未登。人
未飽。何當與爾還厥家。共
嚥糟糠暫相保。
救飢　隨麥生隴上。因名。
春采熟食。

狗脚跡

狗脚跡。何處尋。狡兎亂走妖狐吟。北風揚沙一尺深。狗脚跡。何處尋。

救飢　生霜降時。采之熟食。葉如狗印。故名。

破破衲

破破衲。不堪補。寒且飢。聊作脯。飽煖時。不忘汝。

救飢　臘月便生。正二月采。熟食。三月老不堪食。

斜蒿

斜蒿復斜蒿。采采臨春郊。終日不盈把。悵望登東臯。欲進不能進。風日寒瀟瀟。

救飢　三四月生。小者一科俱可用。大者摘嫩頭於湯中畧過。晒乾。再用湯泡。油鹽拌食。白食亦可。

江薺

江薺青青江水綠。江邊挑菜女兒哭。爺孃新死兄趂熟。止存我與妹看屋。

救飢　生熟皆可用。花時不可食。但可作虀。臘月生。

燕子不來香

燕子不來香。燕子來時便不香。我願今年燕不來。常與吾民充饑粮。

救飢 早春採可熟食。燕來時則腥臭不堪食。故名。

猢猻脚跡

猢猻脚跡。宜爾梟石。胡不自安。犯我田宅。遭彼侵淩。畝畆蕭瑟。獲而烹之。償我稼穡。

救飢 三月采之。熟食。

眼子菜

眼子菜。如張目。年年。盼春懷。布穀。猶向秋來望時熟。何事頻年。倦不開。愁看四野波漂屋。

救飢 采之熟食。六七月採。生水澤中。青葉背紫色。莖柔而細長可數尺。

貓耳朵

貓耳朵。聽我歌。今年水患傷田禾。倉廩空虛鼠棄窠。貓兮貓兮將奈何。

救飢 正二月採。擣爛。和粉麵作餅。蒸食。

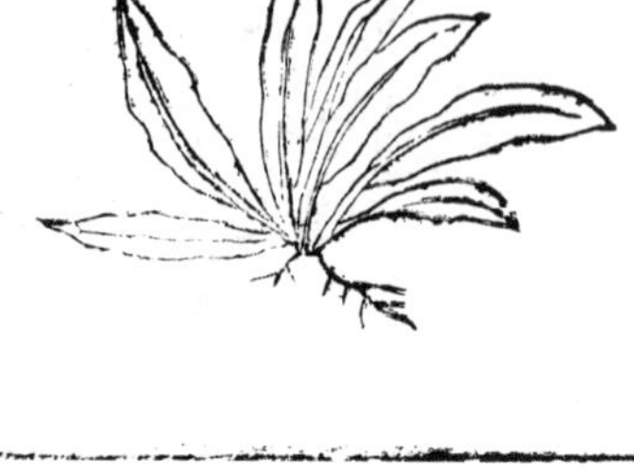

地踏菜

地踏菜。生雨中。晴日一照。郊原空。莊前阿婆呼阿翁。相攜兒女去匆匆。須臾采得青滿籠。還家飽食忘歲凶。東家懶婦睡正濃。

救飢 一名地耳。狀如木耳。春夏生雨中。雨後采熟食。見日即枯沒。

窩螺薺

窩螺薺。如螺髻。生水邊。照華麗。去年郎家田不收。挑菜女兒不上頭。出門忽見窩螺羞。

救飢 正月二月采之。熟食。

烏藍擔

烏藍擔。擔不動。去時腹中飢。歸來肩上重。肩上重。行路遲。日暮還家方早炊。

救飢 此菜但可熟食。烏大也。村人呼大爲烏。

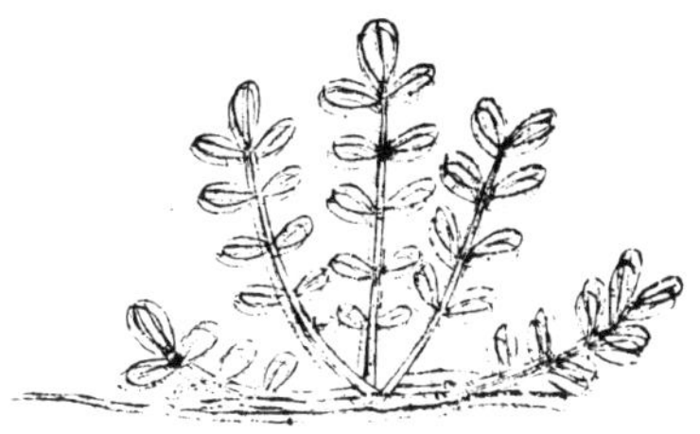

蒲兒根

蒲兒根。生水曲。年年斫蒲千萬束。水鄉人家衣食足。今年水深涂絕蒲。食盡蒲根生意無。

救飢 即蒲草嫩根也。生熟皆可食。

馬攔頭

馬攔頭。攔路生我爲拔之容馬行。只恐救荒人出城。騎馬直到破柴荆。

救飢　二三月叢生。熟食。又可作虀。

青蒿兒

青蒿兒纔發穎二月二日春猶冷。家家競作茵陳餅。茵陳療病還療飢。借問采蒿知不知。

救飢　即茵陳蒿。春月采之炊食。時俗二月二日。和粉麪作餅者。是也。

藩籬頭

藩籬頭。延蔓草。傍籬生。青裊裊。今年薪貴穀不收。拆藩籬。煮藩籬頭。

救飢　臘月采熟食。入春不用。

馬齒莧

馬齒莧。馬齒莧。風俗相傳食元旦。何事年來采更頻。終朝賴爾供飧飯。

救飢　入夏采沸湯淪過。曬乾。冬用旋食。亦可。楚俗元旦食之。

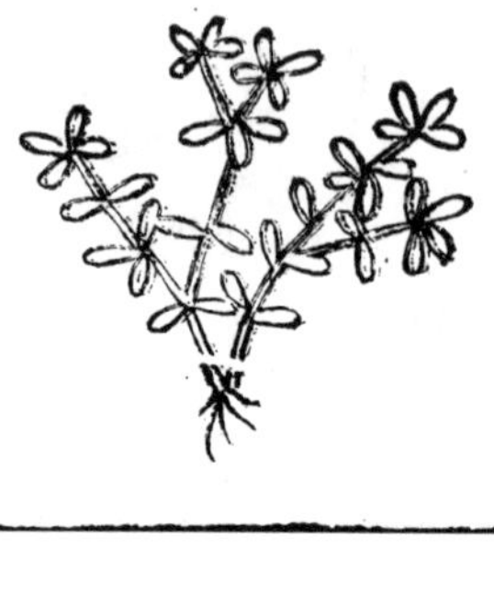

鴈腸子

鴈腸子。遺溝壑。應是今年絕飲啄。兩翼低垂去不前。苦遭餓鶻相擒搏。嗟哉鴈兮有羽翰。何況人生行路難。

救飢　二月生。如豆芽菜。熟食之。生亦可食。

野落籬

野落籬。舊遮護。昔爲里正家。今作逃亡戶。春來荒薺滿堦生。挑菜人穿屋裏行。

救飢　正二月采頭湯過可食。

茭兒菜

茭兒菜。生水底。若蘆芽。勝菰米。我欲充飢采不能。滿眼風波淚如洗。

救飢　入夏生水澤中。即茭芽也。生熟皆用。

倒灌薺

倒灌薺。生旱田。上無雨露下有泉。抱甕不來還自鮮。造物冥冥解倒懸。

救飢　采之熟食。亦可作虀。

灰条　北藋也葉間有𦬸故稱灰爲北方藋條同音

灰条復灰条。采采何辭勞。野人當年飽藜藿。凶歲得此爲佳穀。東家罔食滋味饒。徹却少牢羹太牢。

救飢　此菜二種。一種葉大而赤。即藜藿。一種葉小而青。即今所采者。湯過。油鹽拌食。

烏英

烏英花。烏英菜。菜可茹兮花可愛。連朝摘菜不聊生。豈有心情摘花戴。

救飢　一名烏英花、入夏生水澤中、生熟皆食。六月不可用。

抱孃蒿

抱孃蒿。結根牢。解不散。如漆膠。君不見昨朝兒賣商船上。兒抱孃啼不肯放。

救飢　二三月采熟食。叢生故名。

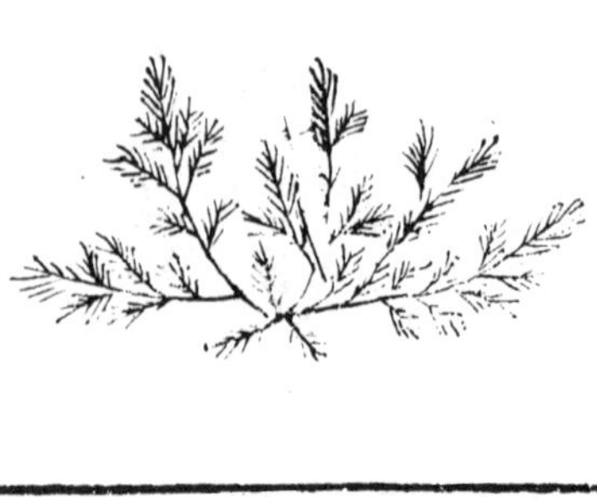

枸杞頭

枸杞頭。生高丘。實爲藥餌來甘州。二載淮南穀不收。采春采夏還采秋。飢人飽食如珍饈。

救飢　村人采爲甜菜頭。春夏采嫩頭熟食。秋采實即枸杞子。冬采根即地骨皮。

苦蔴薹

苦蔴薹，帶苦嘗，雖逆口，勝空腸。但願收租了，官府不嗔，喫盡田家苦。

救飢 三月采，用葉搗和麵作餅，生亦可食。

羊耳秃

羊耳秃，短簇簇，穿藩籬，如抵觸。飢來進退無如何，前村後村荊棘多。

救飢 二三月采，熟食。

剪刀股

剪刀股，剪何益，剪得今年地皮赤，東家羅綺西家綾，今年不聞剪刀聲。

救飢 春采，生食，兼可作虀。

水馬齒

水馬齒，何時落，食玉粒，銜金嚼，我民餓殍盈溝壑。惟皇震怒剔厥齶，化為野草充藜藿。

救飢 采之熟食，生水中，與旱馬齒菜相類。

野莧菜

野莧菜生何少盡日采來
充一飽城中赤莧美且肥
一錢一束賤如草
救飢　夏采熟食類家莧

黄花兒

黄花兒郊外艸不愛爾花
愛爾充我飽洛陽姚家深
院深一年一賞費千金
救飢　正二月采熟食

野荸薺

野荸薺生稻畦苦薅不盡
心力疲造物有意防民飢
年來水患絕五穀爾獨結
實何纍纍
救飢　四時采生熟皆食

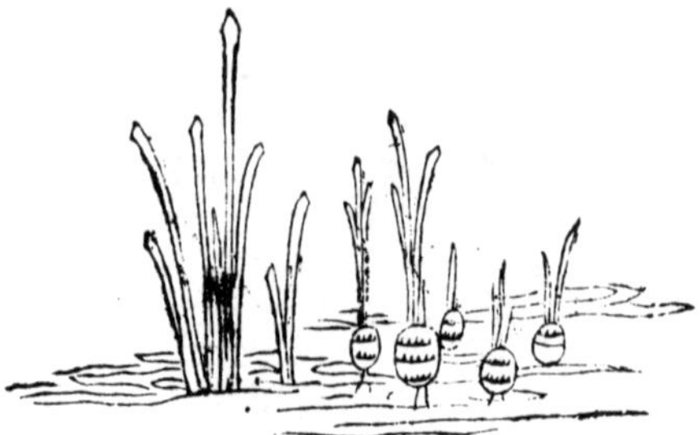

蒿柴薺

蒿柴薺我獨憐葉可食楷
可燃連朝風雪攔村路飢
寒不能出門去
救飢　正二三月采熟食
又可作虀

野菉豆

野菉豆。匪耕耨。不種而生。不其而秀摘之無窮食之無臭百穀不登爾何獨茂。

救飢　生熟皆可食莖葉似菉豆而小生野田多藤蔓。

油灼灼

油灼灼。光錯落。生岸邊。照滿壑。滿壑朝來餓殍塡骨內未冷攢烏鳶。

救飢　生熟皆食。又可作乾菜。生水邊。葉光澤

雷聲菌

雷聲菌。如卷耳。恐是蟄龍見。雷聲呼輒起。休誇瑞草生。莫嘆靈芝死。如此凶年穀不登。縱有禎祥安足倚。

救飢　夏秋雷雨後生茂草中。如蘑菇。味亦相似。

蔞蒿

采蔞蒿。采枝采葉還采苗。我獨采根賣城郭。城裏人家半凋落。

救飢　春采苗葉。熟食。夏秋莖可作虀。心可入茶。

掃箒薺

掃箒薺。青簇簇。去年不收
空倚屋。但願今年收兩熟。
場頭掃箒掃盡秃。
救飢　春采熟食。

雀兒綿單

雀兒綿單。託彼終宿。如茵
如衾。匪絲匪縠。年飢願得
充我餐。任穿我屋蔽爾寒。
收飢　三月采。可作虀。此
采甚延蔓。鋪地而
生。故名。

菱科

采菱科。采菱科。小舟日日
臨清波。菱科采得餘幾何。
竟無人唱采菱歌。風流無
復越溪女。但采菱科救飢
餒。
救飢　夏秋采。熟食。

燈蛾兒

燈蛾兒落滿地。化作草青
青。遭此飢荒歲。曾見當年
遶絳紗。於今燈火幾人家。
救飢　二月采。熟食。

薺菜兒

薺菜兒。年年有。采之一二遭。八九。今年纔出土眼中。挑菜人來不停手。而今狼籍已不堪。安得花開三月三。

救飢　春月采之。生熟皆可食。

芽兒拳

芽兒拳。生樹邉白如雪。軟似綿。煮來不食淚如雨。昨朝兒賣他州府。

救飢　正二月采熟食。

板蕎蕎

板蕎蕎兮吾不識。出無路兮入無室。將學道兮歸空山。草爲衣兮木爲食。

救飢　正二月和菱采之。炊食。三四月結角。老不堪用。

碎米薺

碎米薺。如布穀。想爲民飢天雨粟。官倉一月一開放。造物生生無盡藏。

救飢　三月采。止可作虀。

天藕兒

天藕兒，降平陸，活生民，如雨粟。昨日湖邊聞野哭，忽憶當年采蓮曲。

救飢　根如藕而小，熟食。

揩葉不可食。

老鸛觔

老鸛觔，老鸛觔，去年水涸無纖鱗，蟻垤纍纍聲不聞。老鸛何在觔獨存。

救飢　二月采之，熟食，亦可作虀。

鵝觀草

鵝觀草，滿地青，青鵝食飽年來赤地不堪觀，又被飢人分食了鵝觀草。

救飢　正二月如麥青炊食。

牛尾瘟

牛尾瘟，不敢吞，疫氣重，流遠村。黄毛牸，烏毛犢，十莊九疃無一存。摩挲犁耙淚如湧，田中無牛更無種。

救飢　生深水中，葉如髮，莖如藻，冬月和魚煮食，夏秋亦可食。

野蘿蔔

野蘿蔔。生平陸。匪蔓菁。若蘆菔。求之不難烹易熟。飢來獲之勝粱肉。

救飢　葉似蘆菔。故名。熟食。

兎絲根

兎絲根。莢可嘗。千萬結。如我腸。飢人得食不輟口。腸細食多死八九。

救飢　一名兎絲菌。春采葉苗。秋冬采根。蒸食。味甘。多食令人眩暈。

草鞋片

草鞋片。甘貧賤。不踏軟紅塵。嘗行芳草茵。從教惡且敝。恐向泥塗棄。一任前途阻且長。着來猶能趁熱場。

救飢　二三月采。熟食。

抓抓兒

抓抓兒。生水瀕。却似尾松初出時。須知可食不可棄。不能療瘥能療飢。

救飢　深秋采之。日乾。和穀煮食。如芋青香可愛。

雀舌草

雀舌草葉似茶。采之采之溪之涯。途中飢渴不能進遍尋烟火無人家。

救飢　初生時采熟食。以形似稱。

卷終

出版後記

早在二〇一四年十月，我們第一次與南京農業大學農遺室的王思明先生取得聯繫，商量出版一套中國古代農書，一晃居然十年過去了。

十年間，世間事紛紛擾擾，今天終於可以將這套書奉獻給讀者，不勝感慨。

當初確定選題時，經過調查，我們發現，作爲一個有著上萬年農耕文化歷史的農業大國，我們整理的農業古籍叢書只有兩套，且規模較小，一是農業出版社自一九五九年開始陸續出版的《中國古農書叢刊》，收書四十多種；一是農業出版社一九八二年出版的《中國農學珍本叢刊》，收書三種。其他點校整理的單品種農書倒是不少。基於這一點，王思明先生認爲，我們的項目還是很有價值的。

經與王思明先生協商，最後確定，以張芳、王思明主編的《中國農業古籍目錄》爲藍本，精選一百五十二種中國古代最具代表性的農業典籍，影印出版，書名初訂爲『中國古農書集成』。接下來就是正常的流程，先確定編委會，確定選目，再確定底本。看起來很平常，實際工作起來，卻遇到了不少困難。

古籍影印最大的困難就是找底本。本書所選一百五十二種古籍，有不少存藏於南農大等高校圖書館。但由於種種原因，不少原來准備提供給我們使用的南農大農遺室的底本，當時未能順利複製。最後所有底本均由出版社出面徵集，從其他藏書單位獲取。

本書所選古農書的提要撰寫工作，倒是相對順利。書目確定後，由主編王思明先生親自撰寫樣稿，副主編惠富平教授（現就職於南京信息工程大學）、熊帝兵教授（現就職於淮北師範大學）及編委何彦超博士（現就職於江蘇開放大學）及時拿出了初稿，爲本書的順利出版打下了基礎。

本書於二〇二三年獲得國家古籍整理出版資助，二〇二四年五月以『中國古農書集粹』爲書名正式出版。

二〇二二年一月，王思明先生不幸逝世。没能在先生生前出版此書，是我們的遺憾。本書的出版，或可告慰先生在天之靈吧。

是爲出版後記。

鳳凰出版社

二〇二四年三月

《中國古農書集粹》總目

六

七

八

御製耕織圖詩　（清）愛新覺羅・玄燁 撰　（清）焦秉貞 繪
農説　（明）馬一龍 撰　（明）陳繼儒 訂正
梭山農譜　（清）劉應棠 撰
澤農要録　（清）吴邦慶 撰
區田法　（清）王心敬 撰
區種五種　（清）趙夢齡 輯
耕心農話　（清）奚誠 撰
理生玉鏡稻品　（明）黄省曾 撰
江南催耕課稻編　（清）李彦章 撰
金薯傳習録　（清）陳世元 彙刊
御題棉花圖　（清）方觀承 編繪
木棉譜　（清）褚華 撰
授衣廣訓　（清）愛新覺羅・顒琰 定　（清）董誥 等 撰
栽苧麻法略　（清）黄厚裕 撰

九

二如亭群芳譜　（明）王象晉 撰

十

佩文齋廣群芳譜（全三册）　（清）汪灝 等 編修

十一

洛陽花木記　（宋）周師厚 撰
桂海花木志　（宋）范成大 撰
花史左編　（明）王路 撰
花鏡　（清）陳淏 撰

十二

洛陽牡丹記　（宋）歐陽修 撰
洛陽牡丹記　（宋）周師厚 撰
亳州牡丹記　（明）薛鳳翔 撰
曹州牡丹譜　（清）余鵬年 撰
菊譜　（宋）劉蒙 撰
菊譜　（宋）史正志 撰

十三

十四

十五